王貴祥 疏 鍾曉青 校

《營造法式注釋》補疏 上編

凡

例

一、本書是在梁思成著《營造法式注釋》與陳明達、傅熹年對《營造法式》文本所作點注、彙校，以及徐伯安對《營造法式注釋》文本所作校訂等研究基礎上，對《營造法式》文本的補續性注疏。

二、本書以中國建築工業出版社2001年版《梁思成全集》第七卷所收《營造法式注釋》中，由梁思成及其助手以陶湘版本的《營造法式》（下文簡稱"陶本"）爲原本，結合其他版本勘校核訂的《營造法式》文本爲源文本。

三、本書參照注引了浙江攝影出版社2020年版《營造法式（陳明達點注本）》、中華書局2018年版傅熹年彙校《營造法式合校本》與中國建築工業出版社2020年版傅熹年校注《合校本營造法式》中的文本及其點注、彙校文字。

四、本書對應《營造法式》原文三十四卷（包括正文二十九卷，附圖五卷）依序分章。《營造法式》正文前三個附加文本"進新修《營造法式》序""劄子""看詳"列爲本書"前序章"，正文後追附陶本"《營造法式》附錄"等作爲本書最後一章。本書各章前附"本章導言"，對全章內容加以綜述。本書附錄包括各作制度權衡表與各作制度圖樣等。

五、本書附圖與附表說明

1. 本書所收《營造法式》卷第二十九至卷第三十四原文附圖，以梁思成著《營造法式注釋》書末所附采自陶本附圖爲準。凡《營造法式注釋》未收入之陶本添加晚清民初工匠所繪說明性補繪圖，本書亦未收入。陶本原附大木作側樣圖中三幅有誤，《營造法式注釋》已將原圖更正，本書亦以《營造法式注釋》更正之側樣圖爲準。

2. 本書書末所附現代重繪諸作圖樣，以《營造法式注釋》圖樣爲準。其中壕寨制度、石作制度與大木作制度圖樣，均采用《營造法式注釋》原圖。小木作等作圖樣，以《營造法式注釋》圖樣圖面構圖形式重新繪製編排。其中部分小木作圖以《營造法式注釋》中徐伯安先生所繪小木作圖爲基礎，摹繪修改而成。部分未見于《營造法式注釋》中的小木作、彩畫作等圖，皆由作者助手依據對本書行文及注疏文字的理解或參照《營造法式》原圖自繪完成。諸附圖來源及繪製者均在書末附表說明。

3. 本書行文中隨注疏文字所附說明性表格，均由作者依據對原文的理解，自行設計推算所列。

4. 本書書末所附諸作制度權衡尺寸表中，大木作制度、石作制度諸表，仍依《營造法式注釋》中所附原表稍加整理修改而成。其餘諸作，包括小木作諸制度及泥作、旋作諸表，均由作者依據對原文的理解與相關數據，設計推算而來。

六、全書文字使用標準

1. 本書所引古文文獻，包括《營造

4

法式》及其他古籍舊典文字，尊重古籍原文，使用古籍原字。

2.《營造法式》中所涉古建築專用詞，皆以該字在《營造法式》中所使用的繁體字（或異體字）爲準。爲方便讀者閱讀，凡例後附規範繁體字與本書常見異體字對照表。此外，陶本中同一字往往有多種寫法，個別字甚至有誤，現文本依《營造法式注釋》原旨予以更正統一（如"於"，也有寫作"于"，本書統一爲"於"；"並"也有寫作"并""竝"，本書統一爲"並"；"祗"也有寫作"只""祇""衹"，本書統一爲"祗"；"疏"也有寫作"疎""疎""疏"，

本書統一爲"疏"）。

3. 除以上文字外，包括本書所引現當代作者作品在内的文字，均使用規範漢字繁體字，以商務印書館2016年版《現代漢語詞典》（第7版）爲標準編校。

七、行文順序：依《營造法式》原書文本順序，用方正小標宋字體以細目化的解構性手法逐節、逐條引入（節錄）《營造法式》文字。其後以方正楷體字體分別引入梁思成、陳明達、傅熹年與徐伯安的注釋文字。之後爲本書作者的補疏文字及研究總結的表格。補疏文字及其引文采用方正書宋字體。

規範繁體字	異體字 字	異體字 例詞
A 暗	闇	闇栔
B 板	版	版壁、裏栿版
杯	盃	流盃渠
遍	徧	徧裝
并	並	—
C 采	採	採出
床	牀	寶牀
唇	脣	盆脣
葱	蔥	蔥臺
粗	麤	麤泥
D 搗	擣	麻擣
雕	彫	彫作
叠	疊	疊暈
鬥	鬦	鬦八藻井
朵	朶	—
垛	垜	射垜
E 鵝	鵞	鵞項
F 峰	峯	駝峯
G 皋	皐	皐門
鈎	鉤	鉤闌
挂	掛	安掛功
H （鳳）凰	（鳳）皇	鳳皇
J 迹	跡	事跡
减	減	增減
净	淨	淨地錦
鐫	鐫	彫鐫
K 况	況	—
L 凉	涼	涼棚
櫺	櫺	櫺窗
琉	瑠	瑠璃
爐	鑪	香鑪

規範繁體字	異體字 字	異體字 例詞
M 脉	脈	水脈
N 楠	枏	枏木
P 瓶	缾	寶缾
栖	棲	雞棲井幹
棋	棊	平棊
Q 墻	牆	露牆
球	毬	毬文
群	羣	羣書
R 繞	遶	遶碇
紝	絍	抽絍
S 腮	顋	繫顋鐵索
澀	澁	疊澁
糝	粆	麻粆
升	昇	昇龍
獅（子）	師（子）	師子
笋	筍	筍文
T 兔	兎	伏兎
W 碗	盌	注盌
吴	吳	吳雲
X 綫	線	線道石
廂	廂	廂壁版
修	脩	脩築
Y 烟	煙	煙匣子
雁	鴈	鴈翅版
燕	鷰	鷰頷版
窑	窰	窰作
于	於	—
Z 折	摺	摺疊
磚	塼	塼作
鐲	鋜	鋜脚石

異體字　　　　　　　　　　　　　　　　異體字

目録

引言

從印刷出版而不是從寫作的角度觀察，中國北宋徽宗朝將作監李誡奉旨編撰的《營造法式》（以下簡稱《法式》），應該算得上是世界上第一部由官方頒行并正式印刷出版且一度曾海行天下的建築學專著。

宋李誡《法式》問世已近千年，但由于其書撰著時代久遠，書中所使用的文字與建築術語已歷經滄桑巨變，使得《法式》幾成一部無人能夠讀懂的天書。1919年，學界先驅朱啓鈐先生，在南京圖書館發現出自錢塘丁氏嘉惠堂藏張芙川（蓉鏡）影宋抄本《法式》，遂與當時江蘇省長齊耀琳商之，由商務印書館"縮付石印以廣其傳世"①，此即近代問世最早的丁本《法式》。丁本《法式》的問世，使宋《法式》得以被時人所知，并得到較爲廣泛流傳。

由于丁本《法式》"係重抄張氏者，亥豕魯魚觸目皆是"②，該版本問世"其後不久，在由内閣大庫散出的廢紙堆中，發現了宋本殘葉（第八卷首頁之前半）。于是，由陶湘以四庫文溯閣本、蔣氏密韻樓本和丁本互相勘校；按照宋本殘葉版面形式，重爲繪圖、鏤版，于公元1925年刊行。"③

經過勘誤訂正的陶本，使這部古籍確實在更大程度上接近了其原初面貌。雖然做了大量校讀勘誤，其中的個別性文字疏漏似也在所難免，且因其技術性

術語及其内涵早已蒙覆了近千年的歷史塵埃，即使是飽讀詩書的陶湘先生對于《法式》文本，亦未必能夠真正讀懂。這從他特別邀請當時的故宮老工匠，以清代宮廷内的官式建築術語對《法式》所附大木作圖樣特別用紅字加以注解這一做法中，或可以略窺一斑。換言之，陶本問世之時，在大部分人眼中，仍然是一部字詞佶屈聱牙，内容充滿奧秘，令人茫然不解的古代秘籍。

無論如何，自從這部由朱啓鈐先生親自委托校正的陶本出版問世，國人學習、研究或校核勘誤，多以這一版本爲底本，在此基礎上，中國營造學社的前輩學者們不斷在其行文與内容上加以勘合校正。如學社創始人朱啓鈐先生對陶本所做的文字校讀與更正，學社文獻部負責人劉敦楨先生結合故宮本《法式》（以下簡稱"故宮本"）對陶本法式所做的核對與更正，及後來陳明達先生結合日本人竹島卓一所存竹本及其他版本《法式》對陶本所做的校對與點注，都在《法式》文本的勘校方面作出了重要貢獻。

更爲重要且系統的校勘，是傅熹年先生在此基礎上，綜合了朱批、劉批，以及文津四庫本、故宮本、張本、丁本、陶本、瞿本、梁思成注釋本，并結合宋人晁載之《續談助》中抄録的宋崇寧法式的部分内容，以及尚存南宋影抄本《法式》的部分内容，對《法式》文

① [宋]李誡. 營造法式（陳明達點注本）. 第四册. 第244頁. 朱啓鈐前序. 浙江攝影出版社. 2020年
② [宋]李誡. 營造法式（陳明達點注本）. 第四册. 第249頁. 識語. 浙江攝影出版社. 2020年
③ 梁思成. 梁思成全集. 第七卷. 文前第9頁. 《營造法式》注釋序. 中國建築工業出版社. 2001年

本所做的最爲系統性、全面性的縝密彙校。傅先生的這一彙校，在一定程度上，也是在以陶本爲底本的基礎上，結合了幾乎所有尚存版本，彙聚了幾代學者數十年點點滴滴的勘校成果而完成的。透過傅先生在中華書局出版的《營造法式合校本》與在中國建築工業出版社出版的《合校本營造法式》，其行文結合諸版本在一些字詞、句子及字義上的細微差異所做的細緻入微的分析與點評，一部最接近宋代李誡《法式》原初面目的文本，大致可以較爲完整地顯現出來。

客觀地説，在文本勘核校正的基礎上，在對《法式》文本與字義及其文字中深深蘊藏的中國古代建築學之學術性、技術性內涵的理解與發掘方面，著力最深的是積數十年之力撰寫了《營造法式注釋》的梁思成先生和他的助手們。早在20世紀20年代中葉，梁思成還在美國讀書的時候，就收到了其父梁啓超寄贈給他的新版陶本，此乃梁思成先生接觸這部歷史巨著并最終踏上中國建築史與古代建築研究的漫長學術道路之始。20世紀20年代末，梁思成與林徽因伉儷自歐洲考察歷史建築并返回中國之初，對中國古代建築產生了濃厚興趣。爲了破解中國建築之謎，在朱啓鈐先生的無私幫助下，梁先生先從清代官式建築入手，通過古代建築實例測繪，及研

讀清工部工程做法則例，向古建築匠師學習請教，并搜集整理匠師中流傳的清式建築營造算例等。僅用了短短幾年時間，至1932年時，先生就將原本幾乎無人問津，僅見于清代工部所藏工程做法則例及清代官式建築工匠口傳心授的口訣、術語，及秘傳工程算例抄本中有關清代建築規制、做法、名詞術語加以綜匯整理，撰寫完成了《清式營造則例》一書，并于1934年將這部指導時人學習理解明清建築，具有現代建築學意義的第一部中國古代建築文法書正式印刷出版。

基于建構一部能够躋身世界建築史學之林的中國建築史的宏大構想，同是在中國營造學社初創之時，梁思成就一邊研讀宋《法式》，一邊開展對遼宋古建築的系統考察，及對唐代古建築的資料搜集與分析。其最重要的學術願景：一是通過考察，結合遼宋建築，初步弄懂《法式》這部中國建築古籍的基本意義，并厘清尚存古代木構建築的歷史發展綫索；二是通過科學的研究與考察，希望能够儘可能多地發現一些與《法式》撰寫年代較爲接近的宋、遼、金時期的木構建築，尤其是年代更早的唐代建築實例，從而將中國古代建築的歷史建構與中國古代木構建築的體系詮釋，建立在更爲扎實的歷史建築實例研究的基礎之上。

令人感到難以置信的是，在當時那種極端困難的條件下，這兩個看起來幾乎不太可能在短期內實現的宏大學術目標，卻在自20世紀30年代中國營造學社成立之初至1937年抗日戰爭全面爆發之前的短短幾年時間，經由梁思成、劉敦楨等先生的艱苦努力，都獲得了令世界學術界感到震驚的巨大成果，從而除了爲梁先生在後來更爲艱難的抗戰歲月中撰寫《中國建築史》奠定了堅實基礎之外，也爲先生正式開啓宋《法式》的注釋研究積累了相當豐富的中國中古時期建築之結構、構件與形象的實例資料。

事實上，在開展古代建築實例考察與研究的同時，《法式》的勘校工作并没有停止，如梁先生所言："公元1932年，在當時北平故宫殿本書庫中發現了鈔本《法式》（下文簡稱'故宫本'），版面格式與宋本殘葉相同，卷後且有平江府重刊的字樣，與紹興本的許多鈔本相同，這是一次重要的發現。"①

據梁先生的描述："故宫本發現之後，由中國營造學社劉敦楨、梁思成等以'陶本'爲基礎，并將其他各本與'故宫本'互相勘校，又有所校正。其中最重要的一項，就是各本（包括'陶本'）在卷第四'大木作制度'中，'造栱之制有五'，但文中僅有其四，完全遺漏了'五

日慢栱'一條四十六個字。惟有'故宫本'，這一條卻獨存。'陶本'和其他各本的一個最大的缺憾得以補償了。"②

梁先生還特別指出："對于《法式》的校勘，首先在朱啓鈐先生的指導下，陶湘等先生已做了很多工作；在'故宫本'發現之後，當時中國營造學社的研究人員進行了再一次細緻的校勘。今天我們進行研究工作，就是以那一次校勘的成果爲依據的。"③

《法式》文本的勘校工作，除了結合諸不同版本對其行文文字所做的一一核對之外，梁先生還加入了科學分析與合理推算的勘校内容，正如先生所言："文字中另一種錯誤，雖各版本互校一致，但從技術上可以斷定或計算出它的錯誤。……凡屬上述類型的錯誤，祇要有所發現，并認爲確實有把握予以改正的，我們一律予以改正。至于似有問題，但我們未敢擅下結論的，則存疑。"④此外，在對文字做勘核校正之外，梁思成先生的《營造法式注釋》文本還包括了一項重要工作内容："是將全書加以標點符號，至少讓讀者能毫不費力地讀斷句。"⑤換言之，梁先生的注釋研究工作："主要是把《法式》用今天一般工程技術人員讀得懂的語文和看

① 梁思成. 梁思成全集. 第七卷. 文前第9頁.《營造法式》注釋序. 中國建築工業出版社. 2001年
② 梁思成. 梁思成全集. 第七卷. 文前第9-10頁.《營造法式》注釋序. 中國建築工業出版社. 2001年
③ 梁思成. 梁思成全集. 第七卷. 文前第10頁.《營造法式》注釋序. 中國建築工業出版社. 2001年
④ 梁思成. 梁思成全集. 第七卷. 文前第12-13頁.《營造法式》注釋序. 中國建築工業出版社. 2001年
⑤ 梁思成. 梁思成全集. 第七卷. 文前第13頁.《營造法式》注釋序. 中國建築工業出版社. 2001年

得清楚的、準確的、科學的圖樣加以注釋，而不重在版本的考證、校勘之學。"①而這也正是我們今天學習與理解梁思成先生積數十年之力完成的《營造法式注釋》這部學術巨著的關鍵所在。

正是在中國營造學社所開展的一系列發現與校勘的基礎上，梁思成和他的助手們正式開啓了這部古代建築典籍的科學詮釋工作："公元1940年前後，我覺得我們已具備了初步條件，可以着手對《法式》開始做一些系統的整理工作了。在這以前的整理工作，主要是對于版本、文字的校勘。這方面的工作，已經做到力所能及的程度，下一階段必須進入諸作制度的具體理解；而這種理解不能停留在文字上，必須體現在對從個別構件到建築整體的結構方法和形象上，必須用現代科學的投影幾何的畫法，用準確的比例尺，并附加等角投影或透視的畫法表現出來。這樣做有助于對《法式》文字的進一步理解，并且可以暴露其中可能存在的問題。"②

大約是在最爲困難的1939—1945年，梁先生帶領他的助手在四川宜賓李莊農舍中那些簡陋的圖桌上，繪製出了能夠詮釋宋《法式》壕寨、石作與大木作制度的一些精美圖樣，爲後來他

的《營造法式注釋》一書的撰寫奠定了堅實的基礎。這一工作也如梁先生所描述的："從公元1939年開始，到1945年抗日戰爭勝利止，在四川李莊我的研究工作仍在斷斷續續地進行着，并有莫宗江、羅哲文兩同志參加繪圖工作。我們完成了'壕寨制度''石作制度'和'大木作制度'部分圖樣。"③

進一步的深入研究工作是自20世紀60年代重新開始的："公元1961年始，黨采取了一系列的措施，以保證科學家進行科學研究的條件。加之以中華人民共和國成立以來，全國各省、市、縣普遍設立了文物保管機構，進行了全國性的普查，實例比之前更多了。在這樣優越的條件下，在校黨委的鼓舞下，在建築系的教師、職工的支持下，這項擱置了將近二十年的工作又重新'上馬'了。校領導爲我配備了得力的助手。他們是樓慶西、徐伯安和郭黛姮三位青年教師。"④在這段行文之後，梁先生還特別提到了莫宗江先生三十年來與他一道從事《法式》研究所投入的大量精力，及他對幾位年輕教師的具體指導。

正是在這一次重新開啓研究工作之後，經過一年多的努力，梁先生和他的助手們就將"壕寨制度""石作制度"

① 梁思成. 梁思成全集. 第七卷. 文前第10頁.《營造法式》注釋序. 中國建築工業出版社. 2001年
② 梁思成. 梁思成全集. 第七卷. 文前第11頁.《營造法式》注釋序. 中國建築工業出版社. 2001年
③ 梁思成. 梁思成全集. 第七卷. 文前第11頁.《營造法式》注釋序. 中國建築工業出版社. 2001年
④ 梁思成. 梁思成全集. 第七卷. 文前第11頁.《營造法式》注釋序. 中國建築工業出版社. 2001年

和"大木作制度"的圖樣完成，并計劃了未來幾年擬對其他諸作制度圖樣的調查、研究與繪圖的初步計劃。當然，由于眾所周知的原因，這些計劃未能如期開展。其中的部分工作，如部分小木作制度圖樣的繪製，主要是由徐伯安先生陸續繪製的，其中的一些圖樣，甚至可能是在梁先生辭世之後纔逐漸完成的。

但即使是在這樣特殊的歷史境遇之下，梁先生還是基本上完成了《營造法式注釋》（下文簡稱"梁注釋本"）上下卷的基本文字工作。其過程中所面對的研究工作，其難度之大，工作量之多，是常人難以想象的。例如，文字的勘校工作，梁先生并未在行文與注釋中作特別的説明，但梁注釋本中的《法式》行文，無疑是在陶本基礎上，經過與故宮本、文津四庫本進行詳細縝密的勘校（尤其包括早期中國營造學社社友，特別是朱啓鈐、劉敦楨先生的批注與勘校工作），纔逐字逐句地確定下來的。祇是爲了把主要精力落墨在學術性詮釋，以便利學界同行的理解，梁先生采取了"大音希聲"的態度，對隱含于書中的這一部分龐大的文本勘校工作内容，在其注釋文字中并沒有特別加以展示。

對《法式》文字的解釋，梁先生也是盡了最大的努力。其中對一些概念的詮釋與理解，如對"鋪作"及"鋪作數"這一概念的科學解釋，梁先生謙虛地將之歸在了他的助手們的功勞簿上："作爲一個科學研究集體，我們工作進展得十分順利，真正收到了各盡所能、教學相長的效益，解決了一些過去未能解決的問題。更令人高興的是，他們還獨立地解決了一些幾十年來始終未能解決的問題。例如：'爲什麼出一跳謂之四鋪作，……出五跳謂之八鋪作？'這樣一個問題，就是由于他們的深入鑽研苦思，反復校核數算而得到解決的。"[①]

其實，雖然在梁注釋本的序中沒有特別提到，但梁先生在他的研究中還有一個極爲重要的發現，就是對《法式》文本中出現的一些諸如"皆以××每尺之高，積而爲法"中所列數字性話語表述的比例化理解。

或許由于在梁注釋本上卷中，類似的話語表述僅出現在與石作制度的鉤闌與贔屭鼇坐碑的尺寸相關的兩個小節中，故梁先生沒有對此作出特別細緻的解釋。但是，充分理解《法式》中這一話語所隱含之重要意義的梁先生，却通過對石作鉤闌圖樣繪製的尺寸標注方式，即不在圖中標出實尺，而是采用比例方式標注，對《法式》文本的數字敘述附以了明晰的科學詮釋内涵。

類似話語的再次頻繁出現，是在《法式》卷第六"小木作制度一"中，如

① 梁思成. 梁思成全集. 第七卷. 文前第11-12頁.《營造法式》注釋序. 中國建築工業出版社. 2001年

其中有關"版門雙扇版門、獨扇版門"一節中有："其名件廣厚，皆取門每尺之高，積而爲法。"在這裏梁先生做了清晰的解釋："'取門每尺之高，積而爲法'就是以門的高度爲一百，用這個百分比來定各部分的比例尺寸。"①這一解釋，也是對石作制度鉤闌與蟲屓龜坐碑相應數字表述之科學理解的一個追述性詮釋。

爲了更清晰地闡釋《法式》"石作制度"中所載部分數據爲比例性數據這一發現，梁先生還在其注釋末章附了兩個"石作制度權衡尺寸表"，將在《法式》文本敘述中隱喻叙述的"×尺×寸"，經過比例換算得出，以石作重臺鉤闌或單鉤闌高度爲100，鉤闌其他細部尺寸爲其高度的"百分之×"的比例形式列入表中。這一做法無疑對《法式》後文中小木作制度、混作制度等中的大量數據的理解，具有重要啓示性意義。

2021年是梁思成先生誕辰120周年，接踵而至的2022年，就是梁先生離我們而去的第50個年頭。這一年也恰好迎來了中國營造學社的創立者朱啓鈐先生誕辰150年周年紀念日。雖然兩位先生和中國營造學社的其他前輩們的背影離我們漸漸遠去，但先生們留下的博大學術財富卻日益顯露出令人驚異的持續影響力。在清華大學建築學院建築歷史研究所同仁們的督促下，筆者在幾年前

與所內幾位同道共同申請并獲得了國家社會科學基金重大項目的支持，希望沿着梁先生所開創的學術道路，繼續深化對《法式》的研究，本書就是這一重大研究課題的一個子課題。

也就是説，這一研究是2017年獲批的國家社會科學基金重大項目"《營造法式》研究與注疏"（項目號：17ZDA185）的子課題之一。同時，這一研究也獲得了由清華大學建築學院建築歷史研究所申請獲批的清華大學自主科研課題"《營造法式》與宋遼金建築案例研究"（項目號：2017THZWYX05）的支持。在國家與學校的雙重支持下，課題的研究取得了一定的進展，其成果之一，就是這部《〈營造法式注釋〉補疏》。

所謂"補疏"，就是在前輩學者既有的《法式》注釋與研究基礎上的一個補續性注疏工作。之前的學術成果中，不僅有中國建築工業出版社于1983年出版的《營造法式注釋》（卷上）與2001年出版的《梁思成全集》第七卷中所收入的梁先生所著《營造法式注釋》（卷上與卷下合集本）的系統研究，還有陳明達先生在其《營造法式（陳明達點注本）》（下文簡稱"陳點注本"）中的詳細點注，特別是傅熹年先生在其于中華書局出版的《營造法式合校本》（下文簡稱"傅書局合校本"）與中國建築工業出版社出版的《合校本營造法式》（下文

① 梁思成. 梁思成全集. 第七卷. 第167頁. 營造法式卷第六. 小木作制度一. 版門（雙扇版門、獨扇版門）. 注4. 中國建築工業出版社. 2001年

簡稱"傅建工合校本"）中，對《法式》文本的進一步勘誤校正，及對《法式》文本中諸多疑難字詞的注釋。此外，梁注釋本還蘊含了梁先生助手，特別是徐伯安先生的一些補充性注釋及徐先生繪製的小木作制度圖樣。所有這些，都爲筆者開展下一步的補疏研究奠定了堅實的基礎。

補疏研究中所依賴的《法式》文本，是梁思成先生在陶本基礎上，結合朱啓鈐、劉敦楨先生綜合陶本與故宮本等《法式》文本所做的既有勘校成果，并經過多年反復勘核校驗之後的文本。因爲梁先生并沒有在其書中特別標示出這一部分勘校工作，使其大量研究心血隱含在了文本的正常陳述之中，故本書對梁先生在陶本基礎上所做的更正做了一些力所能及的説明。同時，本書對陳明達先生的點注、傅熹年先生的校注，及徐伯安先生的補注，特別是傅熹年先生細緻發掘整理出來的學社前輩朱啓鈐與劉敦楨先生的勘校文字，都一一列在了與文本敘述相應的位置上，以使讀者充分了解諸位前輩學者在《法式》注釋這一艱巨工程中曾經作出的重大貢獻。其中，諸位先生對同一問題在注釋或更正上的不同見解也都明確列出，既是爲了展示出在這部建築典籍的注釋上前輩學者面臨的困難之大，也是爲了使後來學者在進一步深化研究中對可能面臨的

疑難之點有所了解，或也爲他們未來可能開展的深入研究提供一點綫索。

對于文本中諸多疑難字詞，筆者也儘可能借助史料及《漢語大字典》，加以適當的補綴性解釋。對于前輩學者間所存不同見解的問題，如果沒有充分的依據，筆者也祇是采取平行羅列的方式加以補充注疏，以便讀者自己獨立判斷。但對于《法式》基本文本的陳述行文，本書全文始終依托梁注釋本中依陶本爲基礎所確定的文字。

爲了使這部古代典籍在敘述邏輯的基本架構上顯得更爲清晰易懂，本書將《法式》文本語言加以細目化的解構性處理，也就是説，本書不是簡單地按照《法式》文本的敘述模式整段地節錄《法式》文字，而是按照《法式》文本的敘述邏輯與原始順序，將《法式》行文中的大段文字加以細分，并將經過細分的較小文字段落，標以與之細節內容相對應的小標題。其目的既是對《法式》文本作語言學上的解析，從而更爲細緻地發掘與展現原書的敘述邏輯，也是爲了便利讀者能夠更加容易地以文本閱讀的方式理解《法式》文字中內涵的具體而微的內在意義。在涉及相關數據時，筆者儘可能將文本敘述轉化爲能夠使讀者一目了然的數字性表格，其目的仍然是希望能夠幫助讀者進一步理解《法式》文本的敘述邏輯與細微內涵。

基于梁先生通過石作重臺鈎闌權衡尺寸表，與石作單鈎闌權衡尺寸表，對石作制度之鈎闌尺寸所做的比例化表述，筆者將梁先生未及完成的小木作諸制度中各種房屋名件之尺寸，列出了多個權衡尺寸表，以期對這些名件的尺寸加以比例化表述，使讀者能夠透過這些表格，直接換算出不同基本尺度下，該名件各個組成部分的詳細尺寸，從而對讀者理解文本，或從事相關研究與設計提供一定幫助。相應的權衡尺寸表，也覆蓋了《法式》泥作制度與旋作制度中所涉及的有關數據。

因爲本書是對梁注釋本的一個補續性研究，故除了將《法式》原書中所附六卷圖樣，全部附録于書後以保持《法式》文本本體的完整性之外，也將梁注釋本原書中的標準配圖，即壕寨制度圖樣、石作制度圖樣，與大木作制度圖樣，完整地附着于本書之內，以使讀者對梁先生既有的研究成果有更爲完整的認知。

筆者在本書中所作出的一個較爲重要的成果，是對小木作制度中"芙蓉瓣"所蘊含的模數性意義的發現。《法式》小木作制度中反復出現的"芙蓉瓣"一詞，很容易將人們的理解視角引向小木作裝飾中可能采用的"芙蓉瓣"式造型形式，但無論從行文，還是從原書附圖中，我們并沒有找到其文所言之芙蓉瓣的具體形式。然而，其行文中反復提到的與芙蓉瓣相關的一個基本尺寸"六寸六分"，以及小木作制度中從下到上，即從其鋜脚、束腰、帳坐，到腰檐、鈎闌、枓栱鋪作、天宮樓閣、山華蕉葉中，都會用到的"芙蓉瓣"這一概念，忽然令人想到這可能暗示了一個可以上下對位的小木作標準模數單元。這一模數單元通貫了每一座小木作製品之通身上下，使這一小木作作品不僅存在整體性的內在比例節律與韻律，也會十分便于其在加工過程中不同工匠之間的分工協作與設計施工的內在契合。透過文本研讀發現的這一重要理念，又經過筆者的助手楊博先生用繪圖加以實踐，最終驗證了筆者在這一問題上的判斷是合乎古人的小木作營作邏輯的。這無疑是對宋代小木作制度模數化工藝做法的一個重要揭示，也是對中國古代工匠智慧性創造的一個重要發現。

需要特別加以説明的一點是，本書對梁注釋本行文中所加的大量説明性插圖，并未采用。這樣做可能會對讀者的閱讀造成一定的困難。但依筆者的理解，大部分讀者在閱讀這部補續性研究文字之前，應該已對《法式》文本，特別是梁思成先生的《營造法式注釋》有了比較充分的了解與較爲詳細的學習。因此，再將梁先生書中隨行文配置的大量插圖引入本書，除了徒增書頁的厚度之外，在撰著邏輯上，亦顯得十分不宜。

雖然，本書中未將梁注釋本中由徐伯安先生所繪小木作插圖列入本書，但出于對《法式》行文理解上的需要，也依據《法式》文字的描述，筆者請本人工作室的楊博、唐恒魯、閆崇仁幾位同事，參照徐先生所繪小木作圖及法式行文，重新系統繪製了一批小木作圖樣。同時，還請唐恒魯先生依據《法式》所附彩畫圖樣，繪製了雖然未經着色却更加精細規整的《法式》彩畫綫條圖樣。

此外還須強調的一點是，由于這些小木作及彩畫圖樣沒有任何相應的實例參考，祇是通過文字閱讀和《法式》原文所附，以及前輩學者繪製的既有圖形，在摹繪與推測的基礎上完成的。因此，這些插圖的主要作用，祇是希望對讀者在文本閱讀中有一個參考的樣式，并不具有嚴格意義上的科學依據。如果讀者在此基礎上，通過文本閱讀，甚至此後的考察發現，能夠將這些圖樣中的某些形象加以進一步完善或更正，則是對本書作者及圖樣繪製者的最大幫助。

本書也將梁先生未收入其《營造法式注釋》，但在陶本卷首所附朱啓鈐先生撰寫之《重刊營造法式後序》與闞鐸先生所撰《李誡補傳》和書末所附《營造法式附錄》及陶湘先生《識語》等內容也綜合爲一個章節，加在了本書文字結尾的末章內容中。另外，筆者在原書附錄的基礎上，補充了一些從史料中進一步發掘出來的與李誡及其家族或歷史上所涉與《法式》有關的文字，作爲"附錄"的補充。

在此基礎上，本書還將李誡的生平及《法式》傳抄保存的相關史料信息列爲表格，并且把傅熹年先生對《法式》版本源流的研究也以表格的形式加以展示。本書還特別將成麗、王其亨所著《宋〈營造法式〉研究史》中通過深入研究所發掘闡述的《法式》尚存版本綫索加以介紹，并列爲表格，以使讀者對當代學者在前輩《法式》版本源流研究基礎上所取得的進一步成果有所了解。其目的除了希望幫助讀者對《法式》文本本身加以深入了解之外，也對李誡的家世與生平及《法式》文本的歷代傳抄、不同版本的保存、傳承與發現等情況，有初步了解。

值得一提的是，中國建築工業出版社還邀請熟諳《營造法式》文本與內容的中國建築設計研究院建築歷史研究所鍾曉青研究員對本書作了系統的校對，幫助筆者彌補了諸多文字與詞語上的疏漏。對鍾先生及出版社責任編輯所付出的辛苦及對全書文字質量保證所作出的貢獻，即使筆者以怎樣充滿熱情的詞語，似乎也難以充分表達內心的謝意。

儘管筆者用了五年多的時間，并獲

得了諸位同事與友人的諸多幫助，纔有了這樣一個初步的成果，但對于在《法式》注釋這樣一件梁思成先生以畢生之力從事的研究，也包括陳明達、傅熹年、徐伯安諸先生大量研究成果基礎上所做的任何補綴性工作，相較于這些前輩學者既有的成果而言，無論如何都會是相形見絀的。

筆者雖惴惴不安，如履薄冰，但這一研究過程，畢竟也經歷了數年的艱難求索，不僅使筆者從中進一步體驗了梁先生等學界前輩在此之前的破冰之難，更體會了老一輩學者在建築史學研究上所取得之既有成果的博大精深。這裏祇能不揣淺陋地將這部拙著呈現在讀者面前，一是爲了對這幾年獲得國家與學校支持的研究工作有一個交代；二是將自己這幾年學習與研究的心得與收獲做一個總結。其中或有對前輩學者既有研究的些微補綴，或對讀者理解《法式》文本增加某些有所助益的内容，也會使筆者的内心能够得到些許寬慰。

還有一點需要特别説明的是，2001年由中國建築工業出版社出版的《梁思成全集》第七卷，即梁注釋本上、下卷合集，其行文全部采用了繁體字印刷。這一方面是因爲20世紀60年代刻印的梁先生原著上、下卷油印本初稿，就是采用的繁體字形式，該書的出版充分尊重了梁先生的原作。另外一方面是因爲，《法式》是一部中國歷史上絕無僅有的古代建築學大著，其中的許多重要建築術語與名詞，幾乎是僅見于這本古籍，而未見于其前或其後的其他歷代文獻。而其中的每一字詞，當有其本來的建築學或建築結構、構造與裝飾方面的特殊含義，如果將其簡單地簡體字化，不僅會使許多建築名件的術語或字詞難以相互區別，而且，還有可能會使人誤解其字詞的原本意義，如此，則有可能會脱離本書對《法式》這一重要古籍中所内蘊之意義作進一步解釋與注疏的本來目的。

故在本書撰寫與編輯出版過程中，經與出版社負責本書的編輯溝通，獲得中國建築工業出版社領導的慨允與支持，同意仍采用當年對待梁注釋本行文印刷的做法，保留《法式》繁體字詞原文的原真性，與之相應，相關的注釋與補疏，及附表、附圖等中的文字，也都采用了同樣的繁體字形式，以保證其在文字上與宋人李誡《法式》和梁注釋本的完全一致性，從而也保證了本書所希望保持的在梁注釋本既有基礎上加以補綴的學術延續性與學術術語表述的連續性。

前序章

進新修《營造法式》序、劄子、看詳

營造法式看詳

通直郎管修蓋皇弟外第專一提舉修蓋班直諸軍營房等臣李誡奉

聖旨編修

方圜平直　　取徑圍

定功　　　　取正

定平　　　　牆

舉折　　　　諸作異名

總諸作看詳

【0.0】
本章導言

全書所引《法式》文本，係梁思成先生對陶本勘校後的文本。在此基礎上，本書將梁思成、陳明達、傅熹年、徐伯安等先生在其各自研究中發表的與《法式》行文有關之注釋與更正加以引介、歸納，并對《法式》行文及注釋做了一些力所能及的補疏。

《法式》作者李誡，在其原著正文之"卷第一"開篇之前，附加了三篇引導性短小前序文字，分別是：（1）進新修《營造法式》序；（2）劄子；（3）《營造法式》看詳。梁思成在其研究的專著《營造法式注釋》中，對這三篇文字作了相當詳盡的注解，并爲前兩篇文字給出了清晰明確的現代譯文。讀者可以從梁先生原著中，直接閱讀其譯文。

"進新修《營造法式》序"相當于李誡爲全書所作序言，從《周易》談到《周禮》；從將作監設置談到都城與宮殿營造；從枓、栱、昂、柱談到規、矩、繩、墨；也談到房屋設計與施工。接着，作者話鋒一轉，目標直指當時房屋營造過程中種種弊端，"不知以'材'而定'分'，乃或倍料而取長。弊積因循，法疏檢察。"從而點破其"新修《營造法式》"宗旨，是要爲大宋王朝宮室營造，提供一個可以"治'三宮'之精識"及"新

一代之成規"的營造體系、制度與規則。

在序言中，作者描述了自己寫作、研究與思考過程，以期爲朝廷的宮室營造，提供各種類例、條章。

"劄子"，相當于作者呈交其研究與寫作成果的一則非正式公文。其中引證了紹聖四年（1097年）與崇寧二年（1103年），朝廷下達的兩次敕令，從而表明其書撰寫過程及其合法性。并特別表明，這部宋代營造學巨著的關鍵內容："係營造制度、工限等，關防功料最爲要切，內外皆合通行。"公文結束部分，還進一步明確，在崇寧二年（1103年）正月十八日，"三省同奉聖旨：依奏。"説明，該書是得到了北宋朝徽宗帝正式御批後纔得以頒行天下的。

元代馬端臨撰《文獻通考》提到宋《法式》撰修："熙寧初，始詔修定，至元祐六年書成。紹聖四年命誡重修，元符三年上，崇寧二年頒印。前二卷爲《總釋》，其後曰《制度》、曰《功限》、曰《料例》、曰《圖樣》，而壕寨石作，大小木、彫、鏇、鋸作，泥瓦，彩畫刷飾，又各分類，匠事備矣。"[①]

其中提到元祐六年（1091年）所成書，被稱爲"元祐《法式》"，已不存于世。今存《法式》爲李誡撰"崇寧《法式》"，是宋哲宗紹聖四年（1097年）李誡受命編撰的。這裏所云"命誡重修"之"誡"，指的應當就是作者李誡。"誡"

① [元]馬端臨. 文獻通考. 卷二百二十九. 經籍考五十六. 子（雜藝術）. 將作營造法式. 卷三十四. 看詳. 第6282頁. 中華書局. 2011年

與"誠"字形相近，古籍傳抄影寫，或有訛誤。今人亦有考而正言，李誡，或應當是"李誠"之誤①，其說或與此書歷來傳抄、影寫之際，時將"誠"與"誡"兩字有所混淆相關。無論如何，其書頒印時間確爲宋徽宗崇寧二年（1103年）。

另從其"劄子"所云，北宋朝廷最早啓動《營造法式》編撰之事，始于宋神宗熙寧中。雖未詳其年，但以熙寧年號總有10年（1068—1077年），可暫以熙寧五年（1072年）推算，推知自熙寧中神宗敕撰《營造法式》，至元祐六年（1091年）完成"元祐《法式》"，用了近20年；再至李誡編修的"崇寧《法式》"頒行，前後共用31年。具體而言，最終問世的"崇寧《法式》"是在"元祐《法式》"完成後重新編撰的，之後又用7年時間，方始完成。從所用時間上推測，"元祐《法式》"在一定程度上，可能爲李誡後來編修"崇寧《法式》"奠定了一個基礎。

關于《法式》作者究竟是李誡還是李誠，因經歷代之影寫傳抄的《法式》文本中，兩種情況均有出現，界内不同學者間各執一詞。本書無力涉入相關爭論，僅可提到的是，《宋史·藝文六》提及此書時稱："李誡新集《木書》一卷"②，北宋人晁載之《續談助》記爲："右鈔崇寧二年正月通直郎試將作少監李誡所編《營造法式》"③，均顯稱"李誡"。

仍可舉出的依據是陶本《法式》編者陶湘，于其書末撰"識語"提到："江安傅沅叔氏曾於散出廢紙堆中，檢得《法式》第八卷首葉之前半李誡銜名具在，誡字之誤，更不待辨，又八卷内第五全葉，宋槧宋印，每葉二十二行，行二十二字，小字雙行，字數同。殆即崇寧本歟。"④換言之，近代發現之北宋崇寧所刊《法式》初本殘葉，明明白白刻有"李誡"二字，可知"李誠"之稱係後世傳抄之誤，似無須再特加辨識。

本書仍以《宋史》、宋人晁載之、近人陶湘和梁思成所認定之"李誡"爲《法式》作者名。其書内容包括"總釋"及各作"制度""功限""料例"與"圖樣"五個部分。

《法式》看詳中所涉内容，在後面章節中幾乎都一一作了詳述，故這一小節文字，應是對全書要點的歸納與提點。

【0.1】
進新修《營造法式》序

〔0.1.1〕
將作大匠

臣聞"上棟下宇"，《易》爲"大壯"之時；"正位辨方"，《禮》實太平之典。"共工"命

① 曹汛. 李誡本名考正. 中國建築史論彙刊. 第三輯. 第3-37頁. 清華大學出版社. 2010年
② [元]脱脱等. 宋史. 卷二百零七. 志第一百六十. 藝文六. 第5290頁. 中華書局. 1985年
③ [宋]李誡. 營造法式（陳明達點注本）. 第四冊. 第219頁. 附録. 晁載之《續談助》. 浙江攝影出版社. 2020年
④ [宋]李誡. 營造法式（陳明達點注本）. 第四冊. 第252頁. 附録. 識語. 浙江攝影出版社. 2020年

於舜日，"大匠"始於漢朝。各有司存，按爲功緒。

梁思成注（以下簡稱"梁注"）：

（1）"《周易·繫辭下傳》第二章：'上古穴居而野處，後世聖人易之以宮室，上棟下宇，以蔽風雨；蓋取諸大壯'。'大壯'是《周易》中'乾下震上，陽盛陰消，君子道勝之象'的卦名。朱熹注曰：'壯，固之意'。"①

（2）"《周禮·天官》：'惟王建國，辨方正位'。'建國'是營造王者的都城，所以李誡稱之爲'太平之典'。"②

（3）"'共工'是帝舜設置的'共理百工之事'的官。"③

（4）"'大匠'是'將作大匠'的簡稱，是漢朝開始設置的專管營建的官。"④

梁先生對作者所引《周易》大壯卦在房屋營造方面的意義作出提示，指出房屋營造重要原則之一，是要保證人所創造的"上棟下宇，以蔽風雨"之宮室，應該"壯固"。古羅馬建築師維特魯威提出的"堅固、實用、美觀"建築三原則正好與之相呼應。

不同的是，《周易》大壯卦，卦義中，除包含"實用"性遮風避雨與"堅固"性"大壯""壯固"內涵外，還有一層意思：宮室營造，必須遵循儒家禮制規範："《象》曰：雷在天上，大壯。君子以非禮弗履。"⑤這種將儒家禮制規範納入房屋建築體系中的思想，與西方人的建築三原則相較，在同樣主張"實用""堅固"原則基礎上，又表現出截然不同的特徵。

宮室建築，是爲了遮風避雨；其營造，需遵照儒家禮制規範。故其下文所引《周禮·天官》中提到"惟王建國，辨方正位"思想中，就包含有中國古代禮制思想內涵。

宮室營造之始，首應辨別方向，端正位置。所謂"辨方正位"，其中既有房屋朝向之端正問題，也內蘊有"君臣父子，長幼尊卑"之類"禮"的內涵。故作者在這裏強調："'禮'實太平之典"。其意是說，惟有遵照禮制規範營建的城垣與宮室，纔合乎太平盛世的秩序。接着，作者敘述了主管國家營造之將作大匠的歷史，也指出在將作大匠之下，還應有一些相應職能部門，對宮室營造全過程，各自分工負責。

〔0.1.2〕
職責範圍

況神畿之千里，加禁闕之九重；內財宮寢之宜，外定廟朝之次；蟬聯庶府，棊列百司。

① 梁思成. 梁思成全集. 第七卷. 第3頁. 進新修《營造法式》序. 注1. 中國建築工業出版社. 2001年
② 梁思成. 梁思成全集. 第七卷. 第3頁. 進新修《營造法式》序. 注2. 中國建築工業出版社. 2001年
③ 梁思成. 梁思成全集. 第七卷. 第3頁. 進新修《營造法式》序. 注3. 中國建築工業出版社. 2001年
④ 梁思成. 梁思成全集. 第七卷. 第3頁. 進新修《營造法式》序. 注4. 中國建築工業出版社. 2001年
⑤ 〔宋〕朱熹. 周易本義. 卷之二. 周易. 下經. 大壯（卦三十四）第137頁. 中華書局. 2009年

梁注："'神畿'，一般稱'京畿'或'畿輔'，就是皇帝直轄的首都行政區。"① 又注："'禁闕'，就是宮城，例如北京現存的明清故宮的紫禁城。"並注："'財'即'裁'，就是'裁度'。"②

這裏描述的是將作大匠承擔的職責範圍：

（1）首都行政區範圍內重要國家營造；

（2）帝王大内宮殿營造；

（3）宮禁範圍內之前殿後寢的規劃、營建；

（4）宮禁之外皇家祭祀建築的規劃、營建；

（5）京畿之地諸官署衙門的規劃、營建；

（6）不同層級政府辦公部門的規劃、營建。

〔0.1.3〕
歷史考證

欃櫨枅柱之相枝，規矩準繩之先治；五材並用，百堵皆興。惟時鳩僝之工，遂考翬飛之室。

此處，梁先生有五注：

（1）"'欃'音尖，就是飛昂；'櫨'就是科；'枅'音堅，就是棋。"③

（2）"'五材'是'金、木、皮、玉、土'，即要使用各種材料。"④

（3）"'百堵'出自《詩經·斯干》：'築室百堵'，即大量建造之義。"⑤

（4）"'鳩僝'（乍眼切，zhuan），就是'聚集'，出自《書經·堯典》：'共工方鳩僝功'。"⑥

（5）"'翬飛'出自《詩經·斯干》，描寫新的宮殿'如鳥斯革，如翬斯飛'。朱熹注：'其簷阿華采而軒翔，如翬之飛而矯其翼也'。"⑦

《法式》作者在這裏，將宮室營造，從規劃、設計與營建等大的層面，逐步深入科、棋、昂、柱等更爲細緻的結構與構造層面，同時也深入規矩、準繩的施工層面，木、土、金等材料使用層面，以及房屋大規模營造方面。作者還

① 梁思成. 梁思成全集. 第七卷. 第3頁. 進新修《營造法式》序. 注5. 中國建築工業出版社. 2001年

② 梁思成. 梁思成全集. 第七卷. 第3頁. 進新修《營造法式》序. 注7. 中國建築工業出版社. 2001年

③ 梁思成. 梁思成全集. 第七卷. 第3頁. 進新修《營造法式》序. 注8. 中國建築工業出版社. 2001年

④ 梁思成. 梁思成全集. 第七卷. 第3頁. 進新修《營造法式》序. 注9. 中國建築工業出版社. 2001年

⑤ 梁思成. 梁思成全集. 第七卷. 第3頁. 進新修《營造法式》序. 注10. 中國建築工業出版社. 2001年

⑥ 梁思成. 梁思成全集. 第七卷. 第3頁. 進新修《營造法式》序. 注11. 中國建築工業出版社. 2001年

⑦ 梁思成. 梁思成全集. 第七卷. 第3頁. 進新修《營造法式》序. 注12. 中國建築工業出版社. 2001年

特別主張，要通過對工匠遴選與人力聚集，以成就如翬斯飛、如翼斯展的優美宮室。這反映了宮室營造是一個既需要專門技術人才，也需要大量普通勞動者的巨大工程。

以材定分

而斲輪之手，巧或失真；董役之官，才非兼技。不知以"材"而定"分"，乃或倍斗而取長。弊積因循，法疏檢察。非有治"三宮"之精識，豈能新一代之成規？

梁注：其一，"關于'材''分'，見'大木作制度'。"[①]其二，"一說古代諸侯有'三宮'，又說明堂、辟雍、靈臺爲'三宮'。'三宮'在這裏也就是建築的代名詞。"[②]

這段文字，是作者"序言"所表述觀點之核心。其意是說：即使是技術醇熟的工匠，也會有百密一疏；同樣，即使是經驗豐富的官員，在營建方面的知識也有不能應付裕如之處；尤其是許多參與其中之人，甚至還不懂宮室營造"材分之制"的本義；更不知以"材"定"分"的規則；反而誤以爲可以將"枓"作爲房屋營造的基本模數。如果不解決這一根本問題，則會在房屋營造過程中

既因循積弊，亦無法察覺可能存在的隱患。

顯然，作者希望表達的意思是：房屋營造是一門極其複雜的學問，沒有豐富的建築知識與營造經驗，又如何能夠承擔制定新營造規章的重要職責？

菲食卑宮

溫詔下頒，成書入奏，空麋歲月，無補涓塵。恭惟皇帝陛下仁儉生知，睿明天縱。淵靜而百姓定，綱舉而衆目張。官得其人，事爲之制。丹楹刻桷，淫巧既除；菲食卑宮，淳風斯復。

梁注："'丹楹刻桷'，《左傳》：莊公二十三年'秋，丹桓宮之楹'。又莊公'二十四年春，刻其桷，皆非禮也'。"[③]又注："'菲食卑宮'，《論語》：子曰：'禹，吾無間然。菲飲食，而致孝乎鬼神；惡衣服，而致美乎黻冕；卑宮室，而盡力乎溝洫。禹，吾無間然矣。'"[④]

所謂"丹楹刻桷"是形容古代統治階層在房屋營造上，追求奢靡風格與不必要裝飾等做法的代名詞。與之相對應的是春秋時期孔子提出的"菲食卑宮"的主張。孔子的這一思想，一方面來自

① 梁思成. 梁思成全集. 第七卷. 第3頁. 進新修《營造法式》序. 注13. 中國建築工業出版社. 2001年

② 梁思成. 梁思成全集. 第七卷. 第3頁. 進新修《營造法式》序. 注14. 中國建築工業出版社. 2001年

③ 梁思成. 梁思成全集. 第七卷. 第3頁. 進新修《營造法式》序. 注15. 中國建築工業出版社. 2001年

④ 梁思成. 梁思成全集. 第七卷. 第3頁. 進新修《營造法式》序. 注16. 中國建築工業出版社. 2001年

《尚書》中所載上古聖王大禹的主張；另一方面則主要體現了孔子對周代禮制規範的尊崇。在孔子看來，統治階層追求"丹楹刻桷"等奢靡做法，在一定程度上是對周代禮制規範的逾越與違反，故孔子纔有"禹，吾無間然矣"的感慨與喟嘆。事實上，由大禹與孔子提出的"卑宮室"思想，與歷代統治者實際追求的"丹楹刻桷"奢侈之風，作爲一組對立的建築觀念範疇，貫穿中國2000多年的營造思想史。

作者提出反對"丹楹刻桷"，堅持"菲食卑宮"主張，其實是向皇帝委婉表述儒家思想中内涵之大禹所提"正德、利用、厚生"之爲政（及宮室營造）三原則。

此三項原則，見于《尚書》中大禹一段話："禹曰：'於！帝念哉！德惟善政，政在養民。水、火、金、木、土、穀，惟修；正德、利用、厚生，惟和。'"①其核心思想是，統治階層應以"正德"爲約己性標準，將水、火、金、木、土、穀諸生產與生活要素（包括宮室營造），加以充分利用，以達造福百姓"厚生"之目的。禹所提"正德"原則，被孔子表述爲"菲飲食，而致孝乎鬼神；惡衣服，而致美乎黻冕；卑宮室，而盡力乎溝洫。"亦即《法式》作者李誡所稱"菲食卑宮"。

《法式》上文描述，是作者奉旨編撰

《法式》一書，在這一浩繁大作即告完成之日，向曾下達這一宏大任務的皇帝本人呈奏報告，且謙恭表達自己所做工作的不足。在恭維皇帝仁儉睿智之高貴品德的同時，也通過一組對立範疇，建議君主應居于"正德"道義高端，其日常施政方針，真正貫徹于"利用、厚生"方面。

作者暗示皇帝在宮室營造方面，應選用適當人才；營造過程，要遵循古代聖王先賢提出的既有原則，秉持"正德"立場，不要因循"丹楹刻桷"奢靡之風，遵照孔子"菲食卑宮"教誨，以引導内外百官、天下百姓，在房屋營造與日常生活中，恢復古人提倡的節儉淳樸之風。

〔0.1.6〕
撰寫内容

乃詔百工之事，更資千慮之愚。臣考閱舊章，稽參衆智。功分三等，第爲精粗之差；役辨四時，用度長短之晷。以至木議剛柔，而理無不順；土評遠邇，而力易以供。類例相從，條章具在。研精覃思，顧述者之非工；按牒披圖，或將來之有補。

梁注："'千慮之愚'，《史記·淮陰侯傳》：'智者千慮，必有一失；愚者千慮，必有一得。'"②

① 尚書. 虞書. 大禹謨第三

② 梁思成. 梁思成全集，第七卷，第3頁，進新修《營造法式》序，注17. 中國建築工業出版社，2001年

上文"第爲精粗之差"，傅建工合校本注："張本及丁本均誤'差'爲'著'，已據故宮本、文津四庫本改正。"①

傅建工合校本注："朱批陶本：'看詳'十二頁末後結語云'委臣重別編修'。此處曰'差'、曰'著'，似引聖旨中語。按宋代曰'差'、元代曰'著'，應從'差'字。劉校故宮本：疑爲'差'字。"②（朱批，指朱啓鈐先生批注。劉校，指劉敦楨先生校正。劉批，指劉敦楨先生批注。以下同）。

這段文字是其"序"的結束語。說明《法式》編撰是皇帝直接過問與關注，更直接委任作者來完成。接着作者陳述了《法式》這本書在編撰過程中，既要參考閱讀既有經典文獻，又要薈萃衆人智慧與經驗。

在充分研究與大量積累基礎上，作者意識到，工匠們的製造價值推算，要按其精細與粗陋差別分爲若干等級；力役們的勞作回報，要按照四季時日長短確定。此外，木材加工，還需分出材質剛柔；土功推算，亦需區別距離遠近；并需保證人力調配上的便捷。

所有這一切，作者已條分縷析羅列在書内諸章節中，可以提供相應例證與規則。最後，作者仍謙恭地認爲，自己雖然做了最大努力，但文字上還欠精準工細；儘管按照文字表述，儘可能給出相應圖樣，仍期待將來或能在圖例上做進一步補充。

〔0.1.7〕
作者身份

通直郎、管修蓋皇弟外第、專一提舉修蓋班直諸軍營房等、編修臣李誡謹昧死上。

作者對自己身份與職責的一種自謙式表述。"通直郎"，是自南北朝以來就有的一個官職，屬尚書省吏部管轄。據《唐六典》："從六品下曰通直郎（晉、宋以來，諸官皆有通直，蓋謂官有高下，而得通爲宿直者。隋煬帝置通直郎三十人，從六品）。"③

所謂"通直"，意爲"通爲宿直"，即可以承擔不同等級高下主官所安排的相應職責，其本身官位爲"從六品"。另據《文獻通考》："宋元豐更官制，以通直郎換太子中允、贊善大夫、洗馬。自通直郎以上係升朝官。"④可知，通直郎是文職散官中，位于中間的一個官職，其地位僅次于能够直接面見天子的升朝官。

"管修蓋皇弟外第"，似爲李誡當時所承擔之一項工程的職位。皇弟，爲當朝一位皇族成員，應是當時皇帝的

① [宋]李誡，傅熹年校注. 合校本營造法式. 第5頁. 進新修營造法式序. 注2. 中國建築工業出版社. 2020年
② [宋]李誡，傅熹年校注. 合校本營造法式. 第8頁. 劄子. 注4. 中國建築工業出版社. 2020年
③ [唐]張九齡、李林甫等. 唐六典. 卷二. 尚書吏部. 吏部郎中、員外郎. 第31頁. 中華書局. 1992年
④ [元]馬端臨. 文獻通考. 卷六十四. 職官考十八. 文散官. 開府儀同三司

兄弟。外第，即這位皇族成員在王宅之外，又獲准營建的一所邸第。因是皇族成員外第，其修蓋經費可能是由皇家支持，故李誡負責的這一工程，亦可歸在正式官職範疇內，故作者在這裏特別表述出來。

《宋史》中提到徽宗兩位皇弟：燕王趙俁與越王趙偲："（崇寧）四年（1105年）五月夏至，親祭地於方澤，以皇弟燕王俁爲亞獻，趙王偲爲終獻。"據《宋史》，徽宗爲神宗十四子之一，其兄長較多，且多早薨，包括哲宗。其後有三位弟弟，分別是燕王俁、楚榮憲王似、越王偲。而以燕王俁、越王偲地位較高。相信李誡一度負責修蓋的"皇弟外第"，很可能是這兩位親王，或兩位皇弟中的一位？未可知。

"專一提舉修蓋班直諸軍營房等"，作者承擔的另外一個職務：專職負責提舉修蓋班直諸軍營房工程。"提舉"，其意應是負責；"班直"，約有"值班"，具體實施之意。其意是説，李誡當時還承擔了修蓋諸軍營房工程直接（專一）負責人之職。

"編修臣"是李誡負責編修《法式》這一工作之職責的自稱。由如上分析可知，在負責《法式》編修工作的幾年中，作者李誡不僅是一部宏大官修營造類百科全書主要編撰人，同時，還承擔修蓋皇弟外第、統管修蓋諸軍營房，及

後文中提到的"提舉修置外學"等諸多繁雜房屋營造工程職責與任務。可知李誡不僅是一位知識淵博的學者，也是一位經驗豐富的實踐建築師，抑或還是一位有一定權威的建築設計與施工管理者。

梁先生對這段"進新修《營造法式》序"給予了很高評價，他認爲透過《法式》，可以看出作者李誡"是一位方面極廣，知識淵博，'博學多藝能'的建築師"。①

還可以了解到："他又是一位科學家。在《法式》的文字中，也可以看出他有踏踏實實的作風。首先從他的'進新修《營造法式》序'中，我們就看到，在簡練的三百一十八個字裏，他把工官的歷史與職責，規劃、設計之必要，制度、規章的作用，他自己編修這書的方法，以及書中所要解決的主要問題和書的內容，説得十分清楚。"②

這段文字是對李誡"進新修《營造法式》序"豐富內涵的一個高度概括與總結。梁先生關于本節內容的現代漢語"譯文"，詳見《梁思成全集》第七卷，第4頁，中國建築工業出版社，2001年4月版。

① 梁思成. 梁思成全集. 第七卷. 文前第8頁.《營造法式》注釋序. 中國建築工業出版社. 2001年

② 梁思成. 梁思成全集. 第七卷. 文前第8頁.《營造法式》注釋序. 中國建築工業出版社. 2001年

【0.2】
劄子

梁注："'劄子'是古代的一種非正式公文。"①

傅建工合校本注："熹年謹按：故宮藏傳抄錢曾述古堂本、上海圖書館藏張蓉鏡抄本、文津閣四庫本均以此篇居首，次爲序。而國家圖書館藏瞿氏鐵琴銅劍樓舊抄本則序在前，劄子在後，次序有異。但故宮本、張本均前無標題'劄子'二字，惟四庫本首標'劄子'。此處故依故宮本順序，但據四庫本增標題'劄子'二字，以清眉目。"②

梁注釋本仍依陶本順序并有標題"劄子"。

據《法式》文本，"編修《營造法式》所"，似暗示《法式》編修是由一個專門機構——編修《營造法式》所——完成的。編修所，可能是一個由數人組成的研究與寫作機構。

據《元史》："耶律楚材請立編修所於燕京，經籍所於平陽，編集經史，召儒士梁陟充長官，以王萬慶、趙著副之。"③由此推測李誡可能是負責《營造法式》編修所的長官。但《元史》所載事迹，晚于宋。北宋時期是否存在類似編撰機構，尚未發現直接例證。故這裏

的"編修《營造法式》所"是否爲一專門研究與寫作機構——編修所，仍需進一步資料證明。

〔0.2.1〕
皇帝敕令

編修《營造法式》所
準崇寧二年正月十九日敕："通直郎試將作少監、提舉修置外學等李誡劄子奏"：

梁注："'準'，根據或接受到的意思。"④又注："'敕'，皇帝的命令。"⑤并注："'奏'，臣下打給皇帝的報告。"⑥

崇寧二年（1103年）農曆正月十九日，徽宗皇帝詔敕頒行《營造法式》，故李誡依據皇帝敕令，向朝廷呈遞有關《法式》編撰過程的簡要説明——"劄子"。這裏説明撰寫這篇"劄子"的起因。

劄子起首，表述的是作者李誡官職與身份。"通直郎"，其官職已如前述。"試將作少監"，類似職務，見于五代時一位人物。五代天福三年（938年）十二月："戊寅，制以……副使黃門將軍、國子少監張再通爲試衛尉卿；監使殿頭承旨、通事舍人吳順規爲試將作少監。"⑦這裏提到兩種官職：試衛尉卿與試將作少監。疑這裏的"試"，有"準"

① 梁思成. 梁思成全集. 第七卷. 第5頁. 劄子. 注1. 中國建築工業出版社. 2001年
② [宋]李誡，傅熹年校注. 合校本營造法式. 第7頁. 劄子. 注1. 中國建築工業出版社. 2020年
③ [明]宋濂. 元史. 卷二. 本紀第二. 太宗. 第34頁. 中華書局. 1976年
④ 梁思成. 梁思成全集. 第七卷. 第5頁. 劄子. 注2. 中國建築工業出版社. 2001年
⑤ 梁思成. 梁思成全集. 第七卷. 第5頁. 劄子. 注3. 中國建築工業出版社. 2001年
⑥ 梁思成. 梁思成全集. 第七卷. 第5頁. 劄子. 注4. 中國建築工業出版社. 2001年
⑦ 二十五史. 舊五代史. 卷七十七（晉書）. 高祖紀三. 第4963頁. 上海古籍出版社—上海書店. 1986年

或"代"之意思，當時李誡，可能是"準將作少監"或"代將作少監"。

將作少監，爲將作監轄下一個官職，承擔輔佐將作監職責。據《唐六典》："將作監：大匠一人、少匠二人、丞四人、主簿二人、録事二人、府十四人、史二十八人、計史三人、亭長四人、掌固六人。"①大匠，即"將作監"主官；少匠，應即"將作少監"。將作監官職爲從三品："將作監：大匠一人，從三品。……將作大匠之職，掌供邦國修建土木工匠之政令，總四署、三監、百工之官屬，以供其職事；少匠貳焉。"②

據《宋史》："元豐官制行，始正職掌。置監、少監各一人，丞、主簿各二人。監掌宮室、城郭、橋梁、舟車營繕之事，少監爲之貳，丞參領之，凡土木工匠版築造作之政令總焉。"③將作監，約相當于今日建設部長，將作少監，應爲輔佐將作監的副手。

"提舉修置外學"，與前文提到"管修蓋皇弟外第""專一提舉修蓋班直諸軍營房"一樣，是李誡同時承擔的一個工程性職責。《續資治通鑑長編》提到宋神宗熙寧四年（1071年）："丁丑，命殿中丞樂渙提舉修置惠民河上下壩閘。"④這時，李誡除任將作少監外，還承擔"修置外學""管修蓋皇弟外第"臨時性職責，以及"專一提舉修蓋班直諸軍營

房"職責。

關于"提舉修置外學"，《宋史》中有載：徽宗崇寧元年（1102年），"命將作少監李誡，即城南門外相地營建外學，是爲辟雍。"⑤可知，《法式》即將完成前一年，李誡受命承擔在開封城南門外擇地相土，營建外學任務。這裏的外學即爲"辟雍"，是當時最高等級的建築之一。

之後行文，即是這篇具有公文性質"劄子"的正文。

〔0.2.2〕

劄子正文

契勘熙寧中敕，令將作監編修《營造法式》，至元祐六年方成書。準紹聖四年十一月二日敕，以元祐《營造法式》祇是料狀，別無變造用材制度；其間工料太寬，關防無術。三省同奉聖旨，着（臣）重別編修。

梁注："'契勘'：公文發語詞，相當于：'查''照得'的意思。"⑥并注："三省：中書省、尚書省、門下省。中書省掌管庶政，傳達命令，興創改革，任免官吏。尚書省下設吏（人事）、戶（財政）、禮（教育）、兵（國防）、刑（司法）、工（工程）六部，是國家的行政機構。門下省在宋朝是皇帝的辦事

① [唐]張九齡，李林甫等．唐六典．卷二十三．將作都水監．將作監．第589頁．中華書局．1992年
② [唐]張九齡，李林甫等．唐六典．卷二十三．將作都水監．將作監．第593頁．中華書局．1992年
③ [元]脫脫等．宋史．卷一百六十五．志第一百一十八．職官五．將作監．第3918頁．中華書局．1985年
④ [宋]李燾．續資治通鑑長編．卷二百二十六．神宗熙寧四年（辛亥）．第5506頁．中華書局．2004年
⑤ [元]脫脫等．宋史．卷一百五十七．志第一百十．選舉三（學校試 律學等試附）．第3663頁．中華書局．1985年
⑥ 梁思成．梁思成全集．第七卷．第5頁．劄子．注5．中國建築工業出版社．2001年

機構。”①

傅書局合校本注：“‘契勘’：《吏學指南》卷二，‘契勘’條云：‘謂事應推驗而行者。’”關于“着（臣）重別編修”，傅書局合校本注：“看詳十二頁末後結語云：‘委臣重別編修’。此處曰‘差’、曰‘著’，似引聖旨中語。按宋代曰‘差’，元代曰‘著’，應從‘差’。”②

傅建工合校本注：“熹年謹按：（元）徐元瑞《吏學指南》卷二‘契勘’條云：‘謂事應推驗而行者’。”③

古文中“着”與“著”通。故《法式》原文：“着（臣）重別編修”，亦可理解爲“著（臣）重別編修”。依傅先生注，亦似應爲：“差（臣）重別編修”。

行文之首語“契勘”後這段文字，先核查北宋熙寧（1068—1077年）年間，神宗皇帝曾詔敕將作監，編修《營造法式》。這部較早編撰的《營造法式》，至哲宗元祐六年（1091年）纔告完成。

關于這部較早編撰的《法式》，《宋史》中亦有提及：“元祐七年，詔放將作監修成《營造法式》。八年，又詔本監營造檢計畢，長貳隨事給限，丞、簿覆檢。”④自熙寧中至元祐六年完成的《營造法式》，即所稱“元祐《法式》”，曾于元祐七年（1092年），由皇帝下詔頒布。但到元祐八年（1093年），哲宗帝

又下詔，要求將作監依據實際營造工程，加以檢察核對（檢計），將作監主官與副官，按照實際工程情況，提出意見，其下所屬丞、簿等官員再在這一基礎上進行複檢。

《宋史》中提到：“《營造法式》，二百五十冊（元祐間。卷亡）。”⑤可知，在元代人編纂《宋史》之時，“元祐《法式》”已不存于世。《宋史》也提到了李誠編撰的“崇寧《法式》”：“李誠《營造法式》，三十四卷。”⑥編纂《宋史》的元代人，知道李誠編撰“崇寧《法式》”是存世的。

關于“元祐《法式》”，《續資治通鑑長編》有提及：“詔將作監編修到《營造法式》共二百五十一冊，內淨條一百一十六冊，許令頒降。”⑦元祐《法式》有251冊。這裏的“淨條”不知所指，推測可能是與宮室建築直接有關的條目文字，其數量亦達116冊之多。相較之，元祐《法式》較崇寧《法式》，要冗長瑣細許多。

元祐《法式》未能通行天下，可能也是因爲未能得到哲宗皇帝認可，故這裏提到，依據（准）哲宗紹聖四年（1097年）農曆十一月二日詔敕：“以元祐《營造法式》祇是料狀，別無變造用材制度；其間工料太寬，關防無術。”

對于元祐《法式》這一評價，顯然來自北宋朝廷最高層——哲宗皇帝。可

① 梁思成. 梁思成全集. 第七卷. 第5頁. 劄子. 注6. 中國建築工業出版社. 2001年
② [宋]李誠, 傅熹年彙校. 營造法式合校本. 第一冊. 劄子. 校注. 中華書局. 2018年
③ [宋]李誠, 傅熹年校注. 合校本營造法式. 第7頁. 劄子. 注2. 中國建築工業出版社. 2020年
④ [元]脫脫等. 宋史. 卷一百六十五. 志第一百一十八. 職官五. 將作監. 第3919頁. 中華書局. 1985年
⑤ [元]脫脫等. 宋史. 卷二百四. 志第一百五十七. 藝文三. 第5136頁. 中華書局. 1985年
⑥ [元]脫脫等. 宋史. 卷二百六. 志第一百五十九. 藝文五. 第5259頁. 中華書局. 1985年
⑦ [宋]李燾. 續資治通鑑長編. 卷四百七十一. 哲宗元祐七年（壬申）. 第11253頁. 中華書局. 2004年

知元祐《法式》，雖内容細緻冗長，但因主要内容爲"料狀"，大約相當于不同建築物所使用物料情況，却未能給出各個不同工種"變造用材制度"，此爲其一；其書所列諸多工種物料，存有"工料太寬"弊病，即對于施工物料計算與把握，過于寬鬆，從而使官方管理機構"關防無術"。朝廷管理部門無法依據該書規則，對實際建造中工程物料，加以管理、控制。這很可能違背了熙寧中，處于王安石變法時期的神宗皇帝希望通過編撰《法式》，達到其變法所追求的通過"理財"以解決朝廷所面臨經濟困境之目的。

這一點從《宋史》記述，可略窺一斑："神宗嗣位，尤先理財。熙寧初，命翰林學士司馬光等置局看詳裁减國用制度，仍取慶曆二年數，比今支費不同者，開析以聞。"[1]自王安石執政始，更將理財作爲國策："王安石執政，議置三司條例司，講修錢穀之法。……時天下承平，帝方經略四夷，故每以財用不給爲憂。日與大臣講求其故，命官考三司簿籍，商量經久廢置之宜，凡一歲用度及郊祀大費，皆編著定式。"[2]在這樣一種社會背景與政治語境下，神宗熙寧中詔敕當時將作監編修與宮室營造有關"定式"，即《營造法式》。

但這部"元祐《法式》"未能達成神宗最初所要求之"理財"目標，因爲這部《法式》，除了其書"祇是料狀，别無變造用材制度"弊端外，還造成了正與"理財"原則相違背的"工料太寬，關防無術"之遺患，故在哲宗紹聖四年（1097年），朝廷再次詔命將作監重新編修。或因爲有"元祐《法式》"作參考，僅僅四年之後的哲宗元符三年（1100年），將作少監李誡已將編修完成的《法式》送所屬看詳、校訂；再三年後的徽宗崇寧二年（1103年），終于獲朝廷恩准，開始將這部《法式》刊印并頒行天下。

〔0.2.3〕
編撰過程

（臣）考究經史羣書，並勒人匠逐一講説，編修海行《營造法式》。元符三年内成書，送所屬看詳，别無未盡未便，遂具進呈。奉聖旨：依。

梁注：（1）"'海行'，普遍通用。"[3]（2）"'看詳'，對他人或下級著作的讀後或審核意見。《法式》看詳可能是對北宋以前有關建築著述發表的意見，提出自己的看法。"[4]（3）"'依'，同意或照辦。"[5]

傅書局合校本注："'海行'：《吏學指南》卷二，'海行'條云：'謂公事天下可以奉行者，故曰海行。'"[6]

① [元]脱脱等. 宋史. 卷一百七十九. 志第一百三十二. 食貨下一（會計）. 第4354頁. 中華書局. 1985年
② [元]脱脱等. 宋史. 卷一百七十九. 志第一百三十二. 食貨下一（會計）. 第4354頁. 中華書局. 1985年
③ 梁思成. 梁思成全集. 第七卷. 第5頁. 劄子. 注7. 中國建築工業出版社. 2001年
④ 梁思成. 梁思成全集. 第七卷. 第5頁. 劄子. 注8. 中國建築工業出版社. 2001年
⑤ 梁思成. 梁思成全集. 第七卷. 第5頁. 劄子. 注9. 中國建築工業出版社. 2001年
⑥ [宋]李誡. 傅嘉年彙校. 營造法式合校本. 第一册. 劄子. 校注. 中華書局. 2018年

傅建工合校本注："熹年謹按：
（元）徐元瑞《吏學指南》卷二'海
行'條云：謂公事天下可以奉行
者，故曰海行。"①

這段文字描述李誡編修海行《法式》
過程，他用三年時間，詳細參閱探究經
史群書，要求工匠逐一講説，以此作爲
撰寫《法式》基礎。成書之後，還將其
稿送予下屬評閲看詳，直到確認別無未
盡未便，纔將其書上呈聖閲，進而得到
皇帝肯定與批准。

〔0.2.4〕
法式頒行

**續準都省指揮：祇録送在京官司。竊緣上件
《法式》，係營造制度工限等，關防功料最爲
要切，内外皆合通行。（臣）今欲乞用小字
鏤版，依海行敕令頒降。取進止。正月十八
日，三省同奉聖旨：依奏。**

在徽宗帝下旨恩准後，這部《法
式》，准予都省指揮，僅僅録送在首都
汴梁各個官署衙門。説明這部《法式》，
最初并没有立即獲准頒行天下。正因如
此，作者李誡强調，這部《法式》關涉
營造制度與功限等；對于政府各部門統
計營造工程中用功、用料等方面，大有
裨益；尤其對工程方面"理財"（關防功

料）最爲要切。而且，其書内容，無論
朝廷内外諸類工程，都可適用。

因此，李誡懇請朝廷，以小字鏤版
印刷，并依海行敕令頒降天下。最終，
李誡這一懇求，獲得批准，至崇寧二年
（1103年）正月十八日，朝廷内三個主
管部門，即中書、尚書、門下三省，奉
皇帝聖旨，批准這部《法式》正式頒行。

參照本篇"劄子"之首所云"準崇
寧二年正月十九日敕"，則可確知，這
部古代營造大著正式頒行，是在獲得北
宋朝廷中樞機構"三省"批准後的第二
天，即北宋徽宗崇寧二年正月十九日。

"崇寧《法式》"在其頒行後的宋元
時期，還是得到了那一時代人的相當肯
定。元人馬端臨撰《文獻通考》，引宋
人晁氏之語贊之："《將作營造法式》
三十四卷，《看詳》一卷。晁氏曰：皇
朝李誡撰。熙寧中，敕將作監編修法
式。誡以爲未備，乃考究經史，並詢討
匠氏，以成此書，頒於列郡。世謂喻皓
《木經》極爲精詳，此書殆過之。"② 同
時，又引："陳氏曰：熙寧初，始詔修
定，至元祐六年書成。紹聖四年命誡重
修，元符三年上，崇寧二年頒印。前二
卷爲《總釋》，其後曰《制度》、曰《功
限》、曰《料例》、曰《圖樣》，而壕寨、
石作，大小木、彫、鏇、鋸作，泥瓦，
彩畫刷飾，又各分類，匠事備矣。"③
可見，宋元時期，李誡所撰《法式》，

① [宋]李誡，傅熹年校注. 合校本營造法式. 第8頁.
　　劄子. 注5. 中國建築工業出版社. 2020年
② [元]馬端臨. 文獻通考. 卷二百二十九. 經籍考
　　五十六. 子（雜藝術）. 第6282頁. 中華書局.
　　2011年
③ [元]馬端臨. 文獻通考. 卷二百二十九. 經籍考
　　五十六. 子（雜藝術）. 第6282頁. 中華書局.
　　2011年

已在社會上產生相當程度影響。這或也是其書能够傳承與保留至今的一個重要原因。

【0.3】
《營造法式》看詳

通直郎、管修蓋皇弟外第、專一提舉修蓋班直諸軍營房等

臣李誡奉聖旨編修

這篇短文標題下的"通直郎、管修蓋皇弟外第、專一提舉修蓋班直諸軍營房等臣李誡奉聖旨編修"，仍是作者對自己的稱謂，也是對自己承擔編修工作之合法性與合理性的標示。但是，未知這裏所説的"編修"，究竟是指《法式》全書，還是僅指這篇"看詳"文字。因爲這裏并没有將作者所承擔職責充分表述。如"進新修《營造法式》序"中，作者自稱官職爲"通直郎、管修蓋皇弟外第、專一提舉修蓋班直諸軍營房等、編修臣"，四個職位。"劄子"中，進一步表述了"通直郎試將作少監、提舉修置外學"兩個職位。這裏却僅列出了與"進新修《營造法式》序"中相同的"通直郎、管修蓋皇弟外第、專一提舉修蓋班直諸軍營房等臣"三個職位。

從這三篇短文的每一篇，都不厭其煩提到作者李誡自身官職，可知這裏官職表述，更像是專門就這篇"《營造法式》看詳"文字而列。換言之，這篇"看詳"與"劄子"一樣，也是一篇獨立于《法式》正文之外的專門文字，可能是專門呈遞給皇帝及三省官員閱讀的有關《法式》全書的一個摘要性文字。故這篇文字可能也是作者奉皇帝旨意特意撰寫。

此外，要了解李誡所承擔的全部職責，需要將這前序三篇文字加以綜合，纔能得其全貌。

（1）《法式》看詳：約是對《法式》全書一個概要描述。其中一些内容，如"取正""定平""牆"，屬《法式》卷第三"壕寨制度"中内容；"舉折"，是《法式》卷第五"大木作制度二"中内容。

（2）諸作異名：則是對《法式》各作制度中一些重要名稱的解釋，其中内容業已包含各作制度文本本身，"看詳"部分描述，與正文相應部分有所重複。

（3）總諸作看詳：似爲對全書内容的一個簡略綜述。

通觀"看詳"全文，惟有"方圜平直""取徑圍""定功"3個條目未在《法式》正文中特別加以重複。故這裏除將這3個條目稍作細緻討論外，其餘條目，僅録其《法式》文本及梁先生注釋，不做進一步贅述。

016

〔0.3.1〕

方圓平直

《周官·考工記》：圜者中規，方者中矩，立者中懸，衡者中水。鄭司農注云：治材居材，如此乃善也。

上文"立者中懸"，陶本："立者中垂"。梁注："'立者中懸'：這是《考工記》原文。《法式》因避宋始祖玄朗的名諱，'懸'和'玄'音同，故改'懸'爲'垂'，現在仍依《考工記》原文更正。以下皆同，不另注。"[1]又注："鄭司農：鄭衆，字仲師，東漢經學家，章帝時曾任大司農的官職，後世尊稱他爲'鄭司農'。"[2]

傅書局合校本注："'垂'，《考工記》原文作'懸'。宋避始祖玄朗諱，改'懸'爲'垂'。"[3]又"懸，宋避始祖玄朗諱改'懸'爲'垂'。依《考工記》原文更正，以下皆同，不另注。"[4]

傅建工合校本注："劉校故宮本：《考工記》原文作'懸'，宋代避始祖玄朗偏諱，改'懸'爲'垂'，後同。"[5]

〔0.3.1.1〕

子墨子言

《墨子》：子墨子言曰：天下從事者不可以無法儀。雖至百工從事者，亦皆有法。百工爲方以矩，爲圜以規，直以繩，衡以水，正以懸。無巧工不巧工，皆以此五者爲法。巧者能中之，不巧者雖不能中，依放以從事，猶愈於已。

梁注："《墨子·法儀篇》原文無'衡以水'三個字。"[6]

傅建工合校本注："劉批陶本：《墨子·法儀篇》無'衡以水'三字。"[7]

又注："朱批陶本：今本《墨子》錯落實多，不可盡從。李明仲好蓄古書，所引必有所據。如下文《周髀算經》比今本多二句，意義較勝，是其例也。'衡以水'不可刪。"[8]

傅書局合校本注："'衡以水'，《墨子·法儀篇》無此三字。"[9]

〔0.3.1.2〕

規矩繩墨

《周髀算經》：昔者周公問於商高曰："數安從出？"商高曰："數之法出於圜方。圜出於方，方出於矩，矩出於九九八十一。萬物周事而圜方用焉；大匠造制而規矩設焉。或毀

① 梁思成. 梁思成全集. 第七卷. 第9頁. 看詳. 方圓平直. 注1. 中國建築工業出版社. 2001年
② 梁思成. 梁思成全集. 第七卷. 第9頁. 看詳. 方圓平直. 注2. 中國建築工業出版社. 2001年
③ [宋]李誡，傅熹年彙校. 營造法式合校本. 第一册. 營造法式看詳. 校注. 中華書局. 2018年
④ [宋]李誡，傅熹年彙校. 營造法式合校本. 第一册. 營造法式看詳. 校注. 中華書局. 2018年
⑤ [宋]李誡，傅熹年校注. 合校本營造法式. 第46頁. 營造法式看詳. 方圓平直. 注3. 中國建築工業出版社. 2020年

⑥ 梁思成. 梁思成全集. 第七卷. 第9頁. 看詳. 方圓平直. 注3. 中國建築工業出版社. 2001年
⑦ [宋]李誡，傅熹年校注. 合校本營造法式. 第46頁. 營造法式看詳. 方圓平直. 注1. 中國建築工業出版社. 2020年
⑧ [宋]李誡，傅熹年校注. 合校本營造法式. 第46頁. 營造法式看詳. 方圓平直. 注2. 中國建築工業出版社. 2020年
⑨ [宋]李誡，傅熹年彙校. 營造法式合校本. 第一册. 營造法式看詳. 校注. 中華書局. 2018年

方而爲圜，或破圜而爲方。方中爲圜者謂之圜方；圜中爲方者謂之方圜也。”

《韓非子》：韓子曰：“無規矩之法，繩墨之端，雖王爾不能成方圜。”

梁注：“《法式》陶本原文以‘韓子曰’開始這一條。爲了避免讀者誤以爲這一條也引自《周髀算經》，所以另加‘《韓非子》’書名于前。”① 又注：“《法式》陶本原文‘王爾’作‘班亦’，按《韓非子》卷四‘姦劫弒臣第十四’改正。據《韓子新釋》注云：王爾，古巧匠名。”②

傅書局合校本注：“‘韓非子’，脫‘非’字。”③ 又注：“‘王爾’，《韓非子》卷四：‘非王爾不能以成方圜。’”④

傅建工合校本注：“劉批陶本：故宮本、丁本均作‘班爾’。然《韓非子》卷四作‘雖王爾不能以成方圜’。‘班爾’應作‘王爾’。”⑤

[0.3.1.3]
方圜平直看詳

看詳：諸作制度皆以方圜平直爲準；至如八棱之類，及猷、斜、羨 《禮圖》云，“羨”爲不圜之貌。譬羨以爲量物之度也。鄭司農云，“羨”，猶延也，以善切；其表一尺而廣狹焉。**陊** 《史記·索隱》云，“陊”，謂狹長而方去其角也。陊，丁果切；

俗作“隋”，非。**亦用規矩取法。今謹按《周官·考工記》等修立下條。**
諸取圜者以規，方者以矩，直者抨繩取則，立者垂繩取正，橫者定水取平。

梁注有三：（1）“猷：和一個主要面成傾斜角的次要面：英文，bevel。”⑥

（2）“羨：從原注理解，應該是橢圓之義。”⑦

（3）“陊：圓角或抹角的方形或長方形。”⑧

“方圜平直”一條，所涉内容廣泛。核心思想：古代房屋營造，無論規劃、設計、施工，還是物料、構件加工，離不開“方、圓、平、直”四個基本方面。取圓以規，取方以矩，取直以懸，取平以水。其中既有造型問題，亦有施工問題。

其文借引《周髀算經》指出：“數之法出於圜方。圜出於方，方出於矩，矩出於九九八十一。萬物周事而圜方用焉；大匠造制而規矩設焉。”從一個更深層面上詮釋中國建築與圓、方二者關係。

中國文化各個不同層面，幾乎都内蘊諸如“天圓地方、方圓相涵”等概念。如《周髀算經》：“環矩以爲圓，合

---

① 梁思成. 梁思成全集. 第七卷. 第9頁. 看詳. 方圓平直. 注4. 中國建築工業出版社. 2001年
② 梁思成. 梁思成全集. 第七卷. 第9頁. 看詳. 方圓平直. 注5. 中國建築工業出版社. 2001年
③ [宋]李誠，傅熹年彙校. 營造法式合校本. 第一册. 營造法式看詳. 方圓平直. 校注. 中華書局. 2018年
④ [宋]李誠，傅熹年彙校. 營造法式合校本. 第一册. 營造法式看詳. 方圓平直. 校注. 中華書局. 2018年
⑤ [宋]李誠，傅熹年校注. 合校本營造法式. 第47頁. 營造法式看詳. 方圓平直. 注4. 中國建築工業出版社. 2020年
⑥ 梁思成. 梁思成全集. 第七卷. 第9頁. 看詳. 方圓平直. 注6. 中國建築工業出版社. 2001年
⑦ 梁思成. 梁思成全集. 第七卷. 第9頁. 看詳. 方圓平直. 注7. 中國建築工業出版社. 2001年
⑧ 梁思成. 梁思成全集. 第七卷. 第9頁. 看詳. 方圓平直. 注8. 中國建築工業出版社. 2001年

矩以爲方 既以追尋情理，又可造製圓方。言矩之於物，無所不至。方屬地，圓屬天。天圓地方 物有圓方，數有奇耦。天動爲圓，其數奇；地靜爲方，其數耦。此配陰陽之義，非實天地之體也。天不可窮而見，地不可盡而觀，豈能定其圓方乎？”①

因天圓地方，進而演繹出“上圓下方、外圓内方”概念，如古人最高等級建築——明堂，被想象爲“上圓下方、外圓内方”格局，以象徵天地四方。《藝文類聚》，引《大戴禮》：“明堂者，凡九室，一室而有四戶八牖，以茅蓋屋，上圓下方。”② 又引《孝經援神契》：“明堂者，天子布政之宫，上圓下方，八窗四達，在國之陽。”③《續資治通鑑》，北宋崇寧元年（1102年）：“乃詔即京城南門外相地營建，外圓内方，爲屋千百七十二楹，是爲辟雍。”④ 這座“辟雍”，即爲李誡所提舉修置之“外學”。李誡應深諳這種“外圓内方”建築象徵性内涵。

筆者曾在現存唐宋建築實例數據中，注意到一些比例關係。如部分唐宋建築之橑檐方上皮標高與檐柱柱頭標高間，或中平槫上皮標高與殿身内柱柱頭標高間，存在$\sqrt{2}:1$比例。這一比例，當是古代中國建築内涵天圓地方、上圓下方、外圓内方諸象徵性造型與比例關係的實踐案例。這一條目中核心内容，涉及中國建築象徵性内涵與實踐性設計、施工等多個層面。

在實際設計與施工中，在物料與構件加工、剪裁中，經常遇到“方圜平直”問題，更是古代營造中無可回避的日常問題。如房屋定平、取正，或房屋建造過程中之整體或局部構件上下垂直、左右平正等，都可納入“方圜平直”概念。

本條最後所提的“八棱之類，及斡、斜、羨”，更多涉及建構房屋各個部位諸種名件外觀形式或斷面輪廓等細部做法，其意義如梁先生所注。

〔0.3.2〕
取徑圍

《九章算經》：李淳風注云，舊術求圓，皆以周三徑一爲率。若用之求圓周之數，則周少而徑多。徑一周三，理非精密。蓋術從簡要，略舉大綱而言之。今依密率，以七乘周二十二而一即徑；以二十二乘徑七而一即周。

看詳：今來諸工作已造之物及制度以周徑爲則者，如點量大小，須於周内求徑，或於徑内求周。若用舊例，以圍三徑一、方五斜七爲據，則疏略頗多。今謹按《九章算經》及約斜長等密率，修立下條。

諸徑、圍、斜長依下項：

圓徑七，其圍二十有二；

方一百，其斜一百四十有一；

① [清]臧琳. 經義雜記校補. 卷十三. 周髀算經. 第317頁. 中華書局. 2020年
② [唐]歐陽詢. 藝文類聚. 卷三十八. 禮部上. 禮. 明堂. 第688頁. 上海古籍出版社. 1982年
③ [唐]歐陽詢. 藝文類聚. 卷三十八. 禮部上. 禮. 明堂. 第688頁. 上海古籍出版社. 1982年
④ [清]畢沅. 續資治通鑑. 卷八十八. 宋紀八十八. 徽宗. 崇寧元年（遼乾統二年）. 第2243頁. 中華書局. 1957年

八棱徑六十，每面二十有五，其斜六十
　　有五；

六棱徑八十有七，每面五十，其斜
　　一百。

圜徑內取方，一百中得七十有一；

方內取圜，徑一得一。八棱、六棱取圜準此。

梁注有二：

（1）$\dfrac{7 \times 周}{22} = 徑$。[①]

（2）$\dfrac{22 \times 徑}{7} = 周$。$\dfrac{22}{7} = 3.14285^{+}$。[②]

　　"取徑圍"，從字面看，似乎僅僅是由圓之直徑推算圓之周長；或由圓之周長推算圓之直徑的具體算法。其實不然，其中顯然也包括古代建築中常常遇到的以方圓爲象徵的比例關係，如這裏特別提到的"方五斜七"等。

　　之前算法，即圍三徑一、方五斜七，顯然有些粗略，作者給出了更爲精密的計算方法：若其圓直徑爲7，圓之周長則爲22；其方邊長100，其方形對角綫長（或其外切圓直徑），則爲141。這兩種情況反映的既是幾何形式上的徑、圍、方、斜之關係，也是比例數據上的方圓關係。

　　至于八棱、六棱形，其棱徑與棱面推算，不僅與八棱、六棱構件有關，也與唐末至宋遼時期開始流行八邊形、六邊形塔幢、亭榭等的平面推算，有所

關聯。而其有關"圜徑內取方，一百中得七十有一；方內取圜，徑一得一"論述，仍既有構件截面或房屋平面計算功能，亦包含具象徵意義"方圓相涵"建築比例推算作用。

　　這些與方圓相關的相互比例推算中，出現頻次較高者，仍是1與$\sqrt{2}$之間的比例關係。

〔0.3.3〕
定功

《唐六典》：凡役有輕重，功有短長。注云：以四月、五月、六月、七月爲長功；以二月、三月、八月、九月爲中功；以十月、十一月、十二月、正月爲短功。

　　看詳：夏至日長，有至六十刻者。冬至日短，有止於四十刻者。若一等定功，則枉棄日刻甚多。今謹按《唐六典》修立下條。

諸稱"功"者謂中功，以十分爲率；長功加一分，短功減一分。

諸稱"長功"者謂四月、五月、六月、七月；"中功"謂二月、三月、八月、九月；"短功"謂十月、十一月、十二月、正月。

以上三項並入總例。

　　梁注："古代分一日爲一百刻；一刻合今14.4分鐘。"[③]

① 梁思成. 梁思成全集. 第七卷. 第10頁. 看詳. 取徑圍. 注1. 中國建築工業出版社. 2001年

② 梁思成. 梁思成全集. 第七卷. 第10頁. 看詳. 取徑圍. 注2. 中國建築工業出版社. 2001年

③ 梁思成. 梁思成全集. 第七卷. 第10頁. 看詳. 定功. 注1. 中國建築工業出版社. 2001年

并注："'以上'原文爲'右'，因由原竪排本改爲横排本，所以把'右'改爲'以上'；以下各段同此。"①

定功，與《法式》諸作功限部分諸卷内容關聯密切。這裏給出了確定諸作功限之長、中、短功分類的基本原則。

〔0.3.4〕
取正

《詩》：定之方中；又：揆之以日。注云：定，營室也；方中，昏正四方也。揆，度也，度日出日入，以知東西；南視定，北準極，以正南北。《周禮·天官》：唯王建國，辨方正位。

《考工記》：置槷以垂，視以景，爲規識日出之景與日入之景；夜考之極星，以正朝夕。鄭司農注云：自日出而畫其景端，以至日入既，則爲規。測景兩端之内規之，規之交，乃審也。度兩交之間，中屈之以指槷，則南北正。日中之景，最短者也。極星，謂北辰。

《管子》：夫繩，扶撥以爲正。

《字林》：揆時釗切，垂臬望也。

《匡謬正俗·音字》：今山東匠人猶言垂繩視正爲"揆"。

對于上面這段文字，梁注有六：

（1）"'定'是星宿之名，就是'營室'星。"②

（2）"'極'就是北極星，亦稱'北辰'或'辰'。"③

（3）"'槷'，一種標竿，亦稱'臬'，亦稱'表'。槷長八尺，垂直樹立。"④

（4）"'景'，就是'影'的古寫法。"⑤

（5）"'規，就是圓規。'"⑥

（6）"'識'，讀如'志'，就是'標志'的'志'。"⑦

傅書局合校本注"置槷以垂"："懸"。⑧并注："此段與十三經注疏本《考工記》文多不同，當出自古本。"⑨

上文《匡謬正俗》，陶本爲《刊謬證俗》。

傅建工合校本注："劉批陶本：《匡謬正俗》唐顏師古撰，見《四庫總目》。"⑩又注："朱批陶本：匡，宋人避廟諱改作'刊'。《刊謬證俗音字》本書中屢引，疑北宋時自有此一書。"⑪所謂"避廟諱"即指避宋太祖趙匡胤的名諱。

全書將《刊謬證俗》改爲《匡謬正俗》，下文不再重提。

① 梁思成. 梁思成全集. 第七卷. 第10頁. 看詳. 定功. 注2. 中國建築工業出版社. 2001年
② 梁思成. 梁思成全集. 第七卷. 第11頁. 看詳. 取正. 注1. 中國建築工業出版社. 2001年
③ 梁思成. 梁思成全集. 第七卷. 第11頁. 看詳. 取正. 注2. 中國建築工業出版社. 2001年
④ 梁思成. 梁思成全集. 第七卷. 第11頁. 看詳. 取正. 注3. 中國建築工業出版社. 2001年
⑤ 梁思成. 梁思成全集. 第七卷. 第11頁. 看詳. 取正. 注4. 中國建築工業出版社. 2001年
⑥ 梁思成. 梁思成全集. 第七卷. 第11頁. 看詳. 取正. 注5. 中國建築工業出版社. 2001年

⑦ 梁思成. 梁思成全集. 第七卷. 第11頁. 看詳. 取正. 注6. 中國建築工業出版社. 2001年
⑧ [宋]李誡, 傅熹年彙校. 營造法式合校本. 第一册. 營造法式看詳. 取正. 校注. 中華書局. 2018年
⑨ [宋]李誡, 傅熹年彙校. 營造法式合校本. 第一册. 營造法式看詳. 取正. 校注. 中華書局. 2018年
⑩ [宋]李誡, 傅熹年校注. 合校本營造法式. 第53頁. 營造法式看詳. 取正. 注4. 中國建築工業出版社. 2020年
⑪ [宋]李誡, 傅熹年校注. 合校本營造法式. 第53頁. 營造法式看詳. 取正. 注5. 中國建築工業出版社. 2020年

上文"《字林》：捵時釧切"及"《匡謬正俗·音字》：今山東匠人猶言垂繩視正爲'捵'"中的"捵"字爲"扌"旁，但在"總釋上·取正"中，其字則爲"木"旁，故對其字存疑。

看詳：今來凡有興造，既以水平定地平面，然後立表測景、望星，以正四方，正與經傳相合。今謹按《詩》及《周官·考工記》等修立下條。

取正之制：先於基址中央，日內置圓版，徑一尺三寸六分；當心立表，高四寸徑一分。畫表景之端，記日中最短之景。**次施望筒於其上，望日景以正四方。**望筒長一尺八寸，方三寸用版合造；**兩窠**頭開圓眼，徑五分。筒身當中兩壁用**軸，**安於兩立頰之內。其立頰自軸至地高三尺，廣三寸，厚二寸。畫望以筒指南，令日景透北，夜望以筒指北，於筒南望，令前後兩竅內正見北辰極星；然後各垂繩墜下，記望筒兩竅心於地以爲南，則四方正。

若地勢偏衺，既以景表、望筒取正四方，**或有可疑處，**則更以水池景表較之。其立表高八尺，廣八寸，厚四寸，上齊後斜向下三寸；安於池版之上。其池版長一丈三尺，中廣一尺，於一尺之內，隨表之廣，刻線兩道；一尺之外，開水道環四周，廣深各八分。用水定平，令日景兩邊不出刻線；以池版所指及立表

心爲南，則四方正。安置令立表在南，池版在北。其景夏至順線長三尺，冬至長一丈二尺，其立表內向池版處，用曲尺較，令方正。

梁注："'日內'：在太陽光下。"[1] 又注："'窠'：同'掩'。"[2] 并注："'衺'：音'斜'；與'邪'同，就是'不正'的意義。"[3]

上文結尾句，傅書局合校本注：改"二"爲"三"，即"冬至長一丈三尺。"[4]

"取正"條之"看詳"，與《法式》卷第三"壕寨制度"中的"取正"條，內容相同，可詳後。

〔0.3.5〕
定平

《周官·考工記》：匠人建國，水地以懸。

鄭司農注云：於四角立植而懸，以水望其高下；高下既定，乃爲位而平地。

《莊子》：水靜則平中準，大匠取法焉。

《管子》：夫準，壞險以爲平。

《尚書大傳》：非水無以準萬里之平。

《釋名》：水，準也；平，準物也。

何晏《景福殿賦》：唯工匠之多端，固萬變之不窮。讎天地以開基，並列宿而作制。制無細而不協於規景，作無微而不違於水臬。

"五臣"注云：水臬，水平也。

① 梁思成. 梁思成全集. 第七卷. 第11頁. 看詳. 取正. 注7. 中國建築工業出版社. 2001年
② 梁思成. 梁思成全集. 第七卷. 第11頁. 看詳. 取正. 注8. 中國建築工業出版社. 2001年
③ 梁思成. 梁思成全集. 第七卷. 第11頁. 看詳. 取正. 注9. 中國建築工業出版社. 2001年
④ [宋]李誡, 傅熹年彙校. 營造法式合校本. 第一冊. 營造法式看詳. 取正. 校注. 中華書局. 2018年

梁注：“‘五臣’：唐開元間，呂延濟等五人共注《文選》，後世叫它作‘五臣本《文選》’。”[1] 又注：“‘表’：就是我們所謂標竿。”[2]

傅書局合校本注：“‘水地以垂’，十三經注疏本作‘懸’。懸、玄同音，宋人避偏諱所改。”[3]

定平，就是在房屋建造之初，爲房屋確定水平標高的一個過程。

看詳：今來凡有興建，須先以水平望基四角所立之柱，定地平面，然後可以安置柱石，正與經傳相合。今謹按《周官·考工記》修立下條。

定平之制：既正四方，據其位置，於四角各立一表；當心安水平。其水平長二尺四寸，廣二寸五分，高二寸；下施立椿，長四尺安鑲在內，上面橫坐水平。兩頭各開池，方一寸七分，深一寸三分。或中心更開池者，方深同。身內開槽子，廣深各五分，令水通過。於兩頭池子內，各用水浮子一枚。用三池者，水浮子或亦用三枚。方一寸五分，高一寸二分；刻上頭令側薄，其厚一分；浮於池內。望兩頭水浮子之首，遙對立表處於表身內畫記，即知地之高下。若槽內如有不可用水處，即於椿子當心施墨線一道，上垂繩墜下，令繩對墨線心，則上槽自平，與用水同。其槽底與墨線兩邊，用曲尺較令方正。

凡定柱礎取平，須更用真尺較之。其真尺長一丈八尺，廣四寸，厚二寸五分；當心上立表，高四尺。廣厚同上。於立表當心，自上至下施墨線一道，垂繩墜下，令繩對墨線心，則其下地面自平。其真尺身上平處，與立表上墨線兩邊，亦用曲尺較令方正。

上文“須更用真尺較之”，傅建工合校本注：“劉校故宮本：丁本作‘貢尺’。據故宮本改作‘真尺’。熹年謹按：四庫本亦作‘真尺’。張本誤‘真’爲‘貢’，丁本乃沿張本之誤。”[4]

“定平”條之“看詳”，與《法式》卷第三“壕寨制度”中的“定平”條，內容相同，可詳後。

〔0.3.6〕
牆

《周官·考工記》：匠人爲溝洫，牆厚三尺，崇三之。鄭司農注云：高厚以是爲率，足以相勝。

《尚書》：既勤垣墉。

《詩》：崇墉圪圪。

《春秋左氏傳》：有牆以蔽惡。

《爾雅》：牆謂之墉。

《淮南子》：舜作室，築牆茨屋，令人皆知去

① 梁思成. 梁思成全集. 第七卷. 第12頁. 看詳. 定平. 注1. 中國建築工業出版社. 2001年
② 梁思成. 梁思成全集. 第七卷. 第12頁. 看詳. 定平. 注2. 中國建築工業出版社. 2001年
③ [宋]李誡, 傅熹年彙校. 營造法式合校本. 第一冊. 營造法式看詳. 定平. 校注. 中華書局. 2018年
④ [宋]李誡, 傅熹年校注. 合校本營造法式. 第56頁. 營造法式看詳. 定平. 注2. 中國建築工業出版社. 2020年

巖穴，各有室家，此其始也。

《説文》：堵，垣也。五版爲一堵。墉，周垣也。埒，卑垣也。壁，垣也。垣蔽曰牆。栽，築牆長版也。今謂之膊版。榦，築牆端木也。今謂之牆師。

《尚書大傳》：天子賁庸，諸侯疏杼。注云：賁，大也；言大牆正道直也。疏猶衰也；杼，亦牆也；言衰殺其上，不得正直。

《釋名》：牆，障也，所以自障蔽也。垣，援也，人所依止，以爲援衛也。墉，容也，所以隱蔽形容也。壁，辟也，辟禦風寒也。

《博雅》：撩力彫切、隊音篆、墉、院音垣、壁音壁，又即壁切。牆垣也。

《義訓》：厇音乇，樓牆也。穿垣謂之腔音空，爲垣謂之厽音累，周謂之撩音了，撩謂之寏音垣。

上文《博雅》："院音垣"，陶本："院音桓"。

傅建工合校本注："熹年謹按：《廣雅》魏張揖撰。隋代避煬帝楊廣諱，改爲《博雅》。後同。"[1]又注："熹年謹按：垣與北宋欽宗趙桓名同音，故注云'音犯淵聖御名'。但欽宗稱'淵聖'在南宋初，故此句應是南宋重刊《營造法式》時所改，北宋時初刻本不如此。四庫本即作'撩力彫切，隊音篆，墉、院也，壁音壁，又即壁切，牆垣也。'"[2]

傅書局合校本注："《廣雅》，魏

張揖撰。隋人避煬帝諱，改爲《博雅》。"[3]

看詳：今來築牆制度，皆以高九尺，厚三尺爲祖。雖城壁與屋牆、露牆，各有增損，其大概皆以厚三尺，崇三之爲法，正與經傳相合。今謹按《周官·考工記》等羣書修立下條。

築牆之制：每牆厚三尺，則高九尺，其上斜收比厚減半。若高增三尺，則厚加一尺，減亦如之。

凡露牆，每牆高一丈，則厚減高之半。其上收面之廣，比高五分之一。若高增一尺，其厚加三寸；減亦如之。其用葽橛，並準築城制度。

凡抽紝牆，高厚同上。其上收面之廣，比高四分之一。若高增一尺，其厚加二寸五分。如在屋下，祇加二寸。劃削並準築城制度。

以上三項並入"壕寨制度"。

"牆"條之"看詳"，與《法式》卷第三"壕寨制度"中的"牆"條，內容相同，可詳後。關于本條，梁先生未作注，其注在"壕寨制度"之"牆"條下。

〔0.3.7〕
舉折

《周官·考工記》：匠人爲溝洫，葺屋三分，

① [宋]李誡，傅熹年校注. 合校本營造法式. 第59頁. 營造法式看詳. 牆. 注1. 中國建築工業出版社. 2020年

② [宋]李誡，傅熹年校注. 合校本營造法式. 第59頁. 營造法式看詳. 牆. 注2. 中國建築工業出版社. 2020年

③ [宋]李誡，傅熹年彙校. 營造法式合校本. 第一册. 營造法式看詳. 牆. 校注. 中華書局. 2018年

瓦屋四分。鄭司農注云：各分其修，以其一
爲峻。

《通俗文》：屋上平日陠必孤切。

《匡謬正俗·音字》：陠，今猶言陠峻也。

皇朝景文公宋祁《筆錄》：今造屋有曲折
者，謂之庯峻；齊魏間以人有儀矩可喜者，
謂之庯峭。蓋庯峻也。今謂之舉折。

梁注："'修'：即長度或寬
度。"[1] 又注："'峻'：即高度。"[2] 并
注："'皇朝'：指宋朝。"[3]

看詳：今來舉屋制度，以前後橑檐方心
相去遠近，分爲四分；自橑檐方背上至
脊槫背上，四分中舉起一分。雖殿閣與
廳堂及廊屋之類，略有增加，大抵皆以
四分舉一爲祖，正與經傳相合。今謹按
《周官·考工記》修立下條。

舉折之制：先以尺爲丈，以寸爲尺，以分
爲寸，以厘爲分，以毫爲厘，側畫所
建之屋於平正壁上，定其舉之峻慢，
折之圜和，然後可見屋內梁柱之高
下，卯眼之遠近。今俗謂之"定側樣"，亦曰
"點草架"。

舉屋之法：如殿閣樓臺，先量前後
橑檐方心相去遠近，分爲三分，若
餘屋柱頭作或不出跳者，則用前後檐柱心，從橑
檐方背至脊槫背舉起一分。如屋深三
丈即舉起一丈之類。如甋瓦廳堂，即四
分中舉起一分，又通以四分所得丈

尺，每一尺加八分。若甋瓦廊屋
及瓪瓦廳堂，每一尺加五分；或
瓪瓦廊屋之類，每一尺加三分。

若兩椽屋，不加；其副階或纏腰，並二分中舉
一分。

折屋之法：以舉高尺丈，每尺折一
寸，每架自上遞減半爲法。如舉高二
丈，即先從脊槫背上取平，下至橑檐
方背，其上第一縫折二尺；又從上第
一縫槫背取平，下至橑檐方背，於
第二縫折一尺；若椽數多，即逐縫取
平，皆下至橑檐方背，每縫並減上縫
之半。如第一縫二尺，第二縫一尺，第三縫五寸，
第四縫二寸五分之類。如取平，皆從槫心抨
繩令緊爲則。如架道不勻，即約度遠
近，隨宜加減。以脊槫及橑檐方爲準。

若八角或四角鬥尖亭榭，自橑檐方
背舉至角梁底，五分中舉一分，至
上簇角梁，即二分中舉一分。若亭榭祇
用瓪瓦者，即十分中舉四分。

簇角梁之法：用三折，先從大角梁
背自橑檐方心，量向上至棖桿卯
心，取大角梁背一半，立上折簇
梁，斜向棖桿舉分盡處；其簇角梁上
下並出卯，中下折簇梁梁同。次從上折簇梁盡
處，量至橑檐方心，取大角梁背一
半，立中折簇梁，斜向上折簇梁當
心之下；又次從橑檐方心立下折簇
梁，斜向中折簇梁當心近下。令中折
簇角梁上一半與上折簇梁一半之長同。其折分並

① 梁思成. 梁思成全集. 第七卷. 第13頁. 看詳. 舉
折. 注1. 中國建築工業出版社. 2001年
② 梁思成. 梁思成全集. 第七卷. 第13頁. 看詳. 舉
折. 注2. 中國建築工業出版社. 2001年
③ 梁思成. 梁思成全集. 第七卷. 第13頁. 看詳. 舉
折. 注3. 中國建築工業出版社. 2001年

同折屋之制。唯量折以曲尺於絃上取方量之。

用甋瓦者同。

以上入"大木作制度"。

上文"橑檐方"之"橑"，傅建工合校本改爲"撩檐方"并注："熹年謹按：陶本作'橑'，據故宮本、四庫本改作'撩'。"[①]

傅書局合校本注："'撩'，據故宮本，下文亦多誤，各標出，不另注。"[②]

上文小字"若餘屋柱頭作或不出跳者"，陳先生改"頭"爲"梁"，并注："梁（見卷五舉折）"。[③]

上文"折屋之法"中，"即先從脊槫背上取平，下至橑檐方背"句，陶本："即先從脊槫背上取平，下屋橑檐方背"，陳明達注（下文簡稱"陳注"）："屋"應作"至"[④]，即"下至橑檐方背"。傅書局合校本注："'至'，諸本均誤作'屋'，依文義改。"[⑤]

上文"簇角梁之法"中，"先從大角梁背"，陶本："先從大角背"。傅建工合校本注："劉校故宮本：諸本均作'大角背'，依文義與建築結構，應爲'大角梁背'。"[⑥]

傅書局合校本注："'大角背'，依文義與建築結構，應爲大角梁背。"[⑦]

究爲"橑檐方"或"撩檐方"？似存疑。據《漢語大字典》，橑："《説文》：'橑，椽也。從木，尞聲。'"[⑧]其釋之一曰："屋椽。《説文·木部》：'橑，椽也。'《玉篇·木部》：'橑，榱也。'《廣韻·晧韻》：'橑，屋橑，簷前木。'"[⑨]其另有注，意分別爲"古代傘蓋的骨架""柴薪"，及"木名"，皆以名詞解。

又，撩："《説文》：撩，理也，從手，尞聲。"[⑩]其釋之一："料理：《説文·手部》：'撩，理也。'王念孫疏證：'撩與料聲近義同。'《玉篇·手部》：'撩，撩理也。'"[⑪]其另有注，意分別爲"紛亂""取""挑弄；撥弄""揣度"，另有"挖掘""撈取""揭起、掀起""扔；摞"等，多以動詞解。

以"撩檐方"解，雖有將檐口"撩起"之意，似乎多少也能解通。但真正"撩起"檐口的，是檐口處椽子之上的"飛子"。而其"方"之功能，僅起到承托檐椽作用，其意更接近："屋橑，簷前木。"兩相較之，儘管《法式》文本中出現過"橑檐方"與"撩檐方"，以"橑檐方"解，似更接近與檐口、椽子相關聯之意。

"舉折"條之"看詳"，與《法式》卷第五，"大木作制度二"中的"舉折"條，內容相同，可詳後。關于本條，梁先生作三注，其注詳見"大木作制度二"之"舉折"條下。

① [宋]李誡，傅熹年校注. 合校本營造法式. 第63頁. 營造法式看詳. 舉折. 注2. 中國建築工業出版社. 2020年
② [宋]李誡，傅熹年彙校. 營造法式合校本. 第一册. 營造法式看詳. 舉折. 校注. 中華書局. 2018年
③ [宋]李誡. 營造法式（陳明達點注本）. 第一册. 文前第34頁. 批注. 浙江攝影出版社. 2020年
④ [宋]李誡. 營造法式（陳明達點注本）. 第一册. 文前第35頁. 批注. 浙江攝影出版社. 2020年
⑤ [宋]李誡，傅熹年彙校. 營造法式合校本. 第一册. 營造法式看詳. 舉折. 校注. 中華書局. 2018年
⑥ [宋]李誡，傅熹年校注. 合校本營造法式. 第63頁.

營造法式看詳. 舉折. 注3. 中國建築工業出版社. 2020年
⑦ [宋]李誡，傅熹年彙校. 營造法式合校本. 第一册. 營造法式看詳. 舉折. 校注. 中華書局. 2018年
⑧ 漢語大字典. 第542頁. 木部. 橑. 四川辭書出版社-湖北辭書出版社. 1993年
⑨ 漢語大字典. 第542頁. 木部. 橑. 四川辭書出版社-湖北辭書出版社. 1993年
⑩ 漢語大字典. 第821頁. 手部. 撩. 四川辭書出版社-湖北辭書出版社. 1993年
⑪ 漢語大字典. 第821頁. 手部. 撩. 四川辭書出版社-湖北辭書出版社. 1993年

〔0.3.8〕

諸作異名

今按羣書修立"總釋"，已具《法式》淨條第一、第二卷內，凡四十九篇，總二百八十三條_{今更不重錄}。

> 看詳：屋室等名件，其數實繁。書傳所載，各有異同；或一物多名，或方俗語滯。其間亦有訛謬相傳，音同字近者，遂轉而不改，習以成俗。今謹按羣書及以其曹所語，參詳去取，修立"總釋"二卷。今於逐作制度篇目之下，以古今異名載於注內，修立下條。

上文"淨條"，傅建工合校本注："熹年謹按：此處之'淨條'即指《營造法式》正文三十四卷。其第一、第二卷總釋內之正文二百八十三條，是根據文獻及有關專業檔經過選擇（'去取'）而確定的。"①

上文"參詳"，傅書局合校本注："'參詳'，《吏學指南》卷二，'參詳'條云：'謂子細尋究也。'"②

本段文字，給出作者之所以要在"看詳"一節，特別修立"諸作異名"一條的原因。作者指出，房屋各部分及組成構件，數量繁多，歷來對房屋及其構件稱謂，多有不同。如一物多名，亦有方言俗語雜糅其中，更有音同字近，漸漸習以成俗，以訛傳訛。作者所立"看詳"之"諸作異名"條，祇是一個提要，此條內容中主要部分，可以見於作者單列之《法式》文本中兩卷"總釋"。同時，作者還在逐作制度篇目下，將古今異名載于其注之內。

〔0.3.8.1〕

壕寨制度

牆　其名有五：一曰牆，二曰墉，三曰垣，四曰墝，五曰壁。

以上入"壕寨制度"。

〔0.3.8.2〕

石作制度

柱礎　其名有六：一曰礎，二曰礩，三曰碣，四曰磌，五曰磩，六曰礅，今謂之石碇。

以上入"石作制度"。

〔0.3.8.3〕

大木作制度

材　其名有三：一曰章，二曰材，三曰方桁。

栱　其名有六：一曰開，二曰槉，三曰欂，四曰曲枅，五曰欒，六曰栱。

飛昂　其名有五：一曰櫼，二曰飛昂，三曰英昂，四曰斜角，五曰下昂。

爵頭　其名有四：一曰爵頭，二曰耍頭，三曰胡孫頭，四曰蜉蝣頭。

枓　其名有五：一曰㭼，二曰栭，三曰櫨，四曰楂，五曰枓。

① [宋]李誡，傅熹年校注. 合校本營造法式. 第68頁. 營造法式看詳. 諸作異名. 注3. 中國建築工業出版社. 2020年

② [宋]李誡，傅熹年彙校. 營造法式合校本. 第一册. 營造法式看詳. 諸作異名. 校注. 中華書局. 2018年

平坐　其名有五：一曰閣道，二曰墱道，三曰飛陛，四曰平坐，五曰鼓坐。

梁　其名有三：一曰梁，二曰栿廇，三曰橿。

柱　其名有二：一曰楹，二曰柱。

陽馬　其名有五：一曰觚棱，二曰陽馬，三曰闕角，四曰角梁，五曰梁抹。

侏儒柱　其名有六：一曰梲，二曰侏儒柱，三曰浮柱，四曰棳，五曰上楹，六曰蜀柱。

斜柱　其名有五：一曰斜柱，二曰梧，三曰迕，四曰枝摚，五曰叉手。

棟　其名有九：一曰棟，二曰桴，三曰檩，四曰棼，五曰甍，六曰極，七曰槫，八曰檂，九曰櫋。

搏風　其名有二：一曰榮，二曰搏風。

柎　其名有三：一曰柎，二曰複棟，三曰替木。

椽　其名有四：一曰桷，二曰椽，三曰榱，四曰橑。短椽，其名有二：一曰棟，二曰禁楄。

檐　其名有十四：一曰宇，二曰檐，三曰樀，四曰楣，五曰屋垂，六曰梠，七曰櫺，八曰聯櫋，九曰欂，十曰庌，十一曰廡，十二曰欞，十三曰檐櫬，十四曰庮。

舉折　其名有四：一曰陠，二曰峻，三曰陠峭，四曰舉折。

以上入"大木作制度"。

上文"斜柱"條小注"枝摚"，傅書局合校本注："'摚'或'撐'之誤。'撐'本俗字，疑爲唐宋人本作'摚'，'枝摚杈枒'，見卷一，頁十一，'斜柱總釋'。"①傅建工合校本改"枝摚"爲"枝橕"。②

又上文"椽"條小注"橑"，傅書局合校本注："撩，據故宮本。"③

關于"橑""撩"意義之別，參見上文"舉折"下的"看詳"條筆者補疏。

[0.3.8.4]

小木作制度

烏頭門　其名有三：一曰烏頭大門，二曰表楬，三曰閥閱；今呼爲櫺星門。

平棊　其名有三：一曰平機，二曰平橑，三曰平棊；俗謂之平起。其以方椽施素版者，謂之平闇。

鬭八藻井　其名有三：一曰藻井，二曰圜泉，三曰方井；今謂之鬭八藻井。

鉤闌　其名有八：一曰櫺檻，二曰軒檻，三曰櫳，四曰梐牢，五曰闌楯，六曰柃，七曰階檻，八曰鉤闌。

拒馬叉子　其名有四：一曰梐枑，二曰梐拒，三曰行馬，四曰拒馬叉子。

屏風　其名有四：一曰皇邸，二曰後版，三曰扆，四曰屏風。

露籬　其名有五：一曰欂，二曰栅，三曰據，四曰藩，五曰落；今謂之露籬。

以上入"小木作制度"。

上文"烏頭門"條小注"表楬"，傅書局合校本改"楬"爲"揭"。④

上文"露籬"條小注，陶本："三曰據"。傅建工合校本改"據"爲"㯩"。⑤

上文"露籬"條小注"落"，陳注："落，四庫本作'箈'。"⑥

① [宋]李誡，傅熹年彙校. 營造法式合校本. 第一册. 營造法式看詳. 諸作異名. 校注. 中華書局. 2018年
② [宋]李誡，傅熹年校注. 合校本營造法式. 第66頁. 營造法式看詳. 諸作異名. 中國建築工業出版社. 2020年
③ [宋]李誡，傅熹年彙校. 營造法式合校本. 第一册. 營造法式看詳. 諸作異名. 校注. 中華書局. 2018年
④ [宋]李誡，傅熹年彙校. 營造法式合校本. 第一册. 營造法式看詳. 諸作異名. 校注. 中華書局. 2018年
⑤ [宋]李誡，傅熹年校注. 合校本營造法式. 第67頁. 營造法式看詳. 諸作異名. 中國建築工業出版社. 2020年
⑥ [宋]李誡. 營造法式（陳明達點注本）. 第一册. 第40頁. 批注. 浙江攝影出版社. 2020年

泥作·塼作·窯作制度

塗　其名有四：一曰墐，二曰墐，三曰塗，四曰泥。
　　以上入“泥作制度”。

階　其名有四：一曰階，二曰陛，三曰陔，四曰墒。
　　以上入“塼作制度”。

瓦　其名有二：一曰瓦，二曰甓。

塼　其名有四：一曰甓，二曰瓴甋，三曰甈，四曰瓿甊。
　　以上入“窯作制度”。

“諸作異名”條内容，另見《法式》卷第一“總釋上”、卷第二“總釋下”，并見各作制度篇首之注。

〔0.3.9〕

總諸作看詳

看詳：先準朝旨，以《營造法式》舊文祇是一定之法。及有營造，位置盡皆不同，臨時不可考據，徒爲空文，難以行用，先次更不施行，委臣重別編修。今編修到海行《營造法式》“總釋”並“總例”共二卷，“制度”一十三卷，“功限”一十卷，“料例”並“工作等第”共三卷，“圖樣”六卷，“目録”一卷，總三十六卷；計三百五十七篇，共三千五百五十五條。內四十九篇、

二百八十三條，係於經史等羣書中檢尋考究。至或制度與經傳相合，或一物而數名各異，已於前項逐門看詳立文外，其三百八篇，三千二百七十二條，係自來工作相傳，並是經久可以行用之法，與諸作諳會經歷造作工匠詳悉講究規矩，比較諸作利害，隨物之大小，有增減之法，謂如版門制度，以高一尺爲法，積至二丈四尺；如枓栱等功限，以第六等材爲法，若材增減一等，其功限各有加減法之類；各於逐項“制度”“功限”“料例”內朔行修立，並不曾參用舊文，即別無開具看詳，因依其逐作造作名件內，或有須於畫圖可見規矩者，皆別立圖樣，以明制度。

梁注：“‘制度’原書爲‘十五卷’，實際應爲十三卷。卷數還要加上看詳纔是三十六卷。”[1] 又注：“目録列出共三百五十九篇。”[2]

傅建工合校本注：“熹年謹按：據《續談助》，本書崇寧初印本載卷三至十五爲制度，計一十三卷，此處原文爲‘制度一十五卷’，誤，故據《續談助》改爲一十三卷。”[3] 又注：“熹年謹按：據此‘總諸作看詳’所計，各部分累計，包括‘目録’一卷，實爲三十五卷。如計入此看詳，則爲三十六卷，始與所云‘總三十六卷’相合。”[4]

[1] 梁思成. 梁思成全集. 第七卷. 第15頁. 看詳. 總諸作看詳. 注1. 中國建築工業出版社. 2001年

[2] 梁思成. 梁思成全集. 第七卷. 第15頁. 看詳. 總諸作看詳. 注2. 中國建築工業出版社. 2001年

[3] [宋]李誡，傅熹年校注. 合校本營造法式. 第70頁. 營造法式看詳. 諸作異名. 注1. 中國建築工業出版社. 2020年

[4] [宋]李誡，傅熹年校注. 合校本營造法式. 第70頁. 營造法式看詳. 諸作異名. 注2. 中國建築工業出版社. 2020年

傅建工合校本注："此部分之'看詳'是李誡以文獻考證結合現實情況和官定制度所闡述的標準定義和基本概念，與'劄子'中之指由有關方面審定之'看詳'性質不同。宋代一些具有某些法規性的書和檔往往在正文外另附具有概括性總說性質的'看詳'。關于此種'看詳'的性質、作用，天津大學建築學院王其亨教授進行過廣泛深入的研究，廣引文獻，撰有《營造法式'看詳'的意義》的專文加以闡述，載于《建築師》二〇一二年第四期，可供參考。"①

陳注："下脫'看詳'一卷。"②

傅書局合校本注："晁載之《續談助》摘抄北宋本，即云'總三十四卷'。六爲四之誤。"③又注"造作"云："《吏學指南》卷二，'造作'條云：'謂督量工程，確其物料也。'"④并注"講究"："同書同卷，'講究'條云：'謂發明義理，探求始終也。'"⑤亦注"名件"："又同書，'名件'條云：'舉物之爲名，分事之爲件。'"⑥

傅建工合校本注："熹年謹按：（元）徐元瑞《吏學指南》卷二'名件'條云：'舉屋之爲名，分事之爲件'。"

從《法式》"目錄"看，各作制度起于卷第三"壕寨制度"，止于卷第十五"塼作制度"與"窯作制度"，確僅爲13卷，疑作者將各作制度之卷第十五，誤計爲共15卷。

其文所云"總釋""總例"2卷，實際上是"總釋"上、下兩卷；"總例"僅是附于"總釋下"一個條目。再加上"制度"13卷（而非其文所言之15卷），"功限"10卷（卷第十六至第二十五），"料例"3卷（卷第二十六至第二十八），其中卷第二十八結束部分有"諸作等第"，雖未成獨立一卷，却與其文"'料例'並'工作等第'共三卷"，意義相合。再加"圖樣"6卷（卷第二十九至第三十四），總數爲34卷，與其目錄所列34卷相合。若以"目錄"爲1卷，再加上正文前所附"看詳"1篇，合計確爲36卷。

然而作者是將"制度"計爲15卷，而得出合計"36卷"的結果。也就是說，從作者行文看，并未將全書前之"看詳"及"目錄"統計在內。由此仍可認爲，作者僅將正文34卷，看作是其所著全書內容。這段文字結束部分所統計之36卷，其實是作者計算之誤。這裏將"看詳"與"目錄"加在全書內容中，勉強可稱全書爲36卷。

從《法式》目錄看，全書所列子條篇目共359條（其中一條中包含多個相類

① [宋]李誡，傅熹年校注. 合校本營造法式. 第71頁. 營造法式看詳. 諸作異名. 注3. 中國建築工業出版社. 2020年
② [宋]李誡. 營造法式（陳明達點注本）. 第一冊. 第41頁. 批注. 浙江攝影出版社. 2020年
③ [宋]李誡，傅熹年彙校. 營造法式合校本. 第一冊. 營造法式看詳. 總諸作看詳. 校注. 中華書局. 2018年
④ [宋]李誡，傅熹年彙校. 營造法式合校本. 第一冊. 營造法式看詳. 總諸作看詳. 校注. 中華書局. 2018年
⑤ [宋]李誡，傅熹年彙校. 營造法式合校本. 第一冊. 營造法式看詳. 總諸作看詳. 校注. 中華書局. 2018年
⑥ [宋]李誡，傅熹年彙校. 營造法式合校本. 第一冊. 營造法式看詳. 總諸作看詳. 校注. 中華書局. 2018年

子條内容者，仍算一條）。此中并未將《法式》正文前"看詳"中的9條計入。這裏的359條，即爲梁先生統計目録所列359篇。而《法式》作者統計之357篇，疑爲統計數字上的誤差。

作者列出兩種不同條目，一種爲"内四十九篇、二百八十三條，係於經史等羣書中檢尋考究。"此似爲考據歷代經典所傳之論。另一種爲"其三百八篇，三千二百七十二條，係自來工作相傳，並是經久可以行用之法。"此爲來自工匠實踐及口傳之論。兩者總和仍爲357篇，即是作者在其書中所統計篇目總和。其中仍似有兩條，與實際篇目數有所差失，因無從知道作者劃分這些條目的具體方法，這裏不作深究。

第 1 章

《營造法式》卷第一

總釋上

營造法式卷第一

通直郎管修葢皇弟外第專一提舉修葢班直諸軍營房等臣李誡奉

聖旨編修

總釋上

宮　　闕

殿堂附　樓

亭　　臺榭

城　　牆

柱礎　　定平

取正　　材

栱　　飛昂

爵頭　　枓

鋪作　　平坐

梁　　柱

陽馬　　侏儒柱

斜柱

【1.0】
本章導言

延續數千年之久的中國古代建築，有一個重要特徵，就是自秦漢以來兩千年間，中國建築的基本結構與造型一以貫之，小有變化。然而，中國是一個文明古國，其悠久的歷史，無論對于建築本身，還是對與建築有關的名詞術語而言，存在無數的可能變數。歷史上，一些術語出現了，另外一些術語消亡了；一些術語在某一地區的某種表述方式，在另外一些地區卻用了截然不同的術語表達；一些術語曾經有着這樣的能指與所指，經過若干世代以後，其能指與所指，卻在不經意間悄悄地發生了變化。結果，人們面對一些古代建築術語的時候，往往變得茫然不知所措。加之古代漢語本身的多義性，使得許多一般性的古代建築術語也變得令人難解其意。

也許正是因爲這個原因，宋人李誡撰寫官頒《法式》的時候，專門用了兩卷篇幅，對一些當時一般讀者可能會混淆的建築術語加以解釋。這兩卷分別是：卷第一“總釋上”和卷第二“總釋下”。由此也可略窺建築名詞術語解釋與甄別在古代營造技術與藝術方面的重要性。

“總釋上”包括了四方面內容，其一，宮室建築名稱，屬于房屋類型範疇；其二，與宋代營造之壕寨制度有關的城、墙、定平、取正，及與石作制度有關的柱礎等名詞的釋義；其三，大木作制度之枓栱部分的部分名詞釋義；其四，大木作制度之梁架部分的部分名詞釋義。

梁注釋本及陳點注本對這兩個章節正文中的遺漏作了一些補正。傅書局合校本與傅建工合校本同時也對部分字詞作了一些注釋。前輩學者的文與注已經對這兩個章節表述得十分清楚，本書在實錄《法式》文本與前人注釋的基礎上，祗在稍需展開處略作一點補綴性疏陳。

【1.1】
房屋類型

〔1.1.1〕
宮

《易·繫辭》：**上古穴居而野處，後世聖人易之以宮室，上棟下宇，以待風雨。**
《詩》：**作於楚宮，揆之以日，作於楚室。**
《禮記》：**儒有一畝之宮，環堵之室。**
《爾雅》：**宮謂之室，室謂之宮。**皆所以通古今之異語，明同實而兩名。**室有東、西廂曰廟；**夾室前堂。**無東、西廂有室曰寢；**但有大室。**西南隅謂之奧，**室中隱奧處。**西北隅謂之屋漏，**《詩》曰：尚不愧於屋漏，其義未詳。**東北隅謂之宧，**宧見《禮》，亦未詳。**東南隅謂之窔**。《禮》曰：歸室聚窔。窔亦隱闇。

《墨子》：子墨子曰：古之民，未知爲宮室時，就陵阜而居，穴而處，下潤濕傷民，故聖王作爲宮室之法曰：宮高足以辟潤濕，旁足以圉風寒，上足以待霜雪雨露；宮牆之高，足以別男女之禮。

《白虎通義》：黃帝作宮。

《世本》：禹作宮。

《説文》：宅，所託也。

《釋名》：宮，穹也，屋見於垣上，穹崇然也。室，實也，言人物實滿其中也。寢，寢也，所寢息也。舍，於中舍息也。屋，奧也；其中溫奧也。宅，擇也，擇吉處而營之也。

《風俗通義》：自古宮、室一也。漢來尊者以爲號，下乃避之也。

《義訓》：小屋謂之廑音近，深屋謂之庝音同，偏舍謂之庌音竇，庌謂之庬音次，宮室相連謂之謻直移切，因巖成室謂之广音儼，壞室謂之庰音壓，夾室謂之廂，塔下室謂之龕，龕謂之椌音空，空室謂之㡆㝔上[左]音康，下[右]音郎，深謂之欨欨音欨，頹謂之嶅嶅上[左]音批，下[右]音甫，不平謂之庯庩上[左]音逋，下[右]音途。

上文"《禮記》：儒有一畝之宮，環堵之室。"陶本："禮，儒一畝之宮，環堵之室。"傅建工合校本注："劉批陶本：'禮儒'應作'禮記儒有'，見《禮記·儒行》第四十一。據改。"① 陳注："'禮記，儒有'，見《禮

記·儒行第四十一》。"② 傅書局合校本注："《禮記》儒有，見《禮記·儒行》第四十一。"③

上文引《墨子》，"古之民，未知爲宮室時"，陶本："古之名，未知爲宮室時。"陳注：改"名"爲"民"。④ 傅書局合校本注：改"名"爲"民"。⑤ 傅建工合校本改爲"古之民，未知爲宮室時。"⑥ 并注："熹年謹按：陶本、張本、丁本'民'誤'名'，據故宮本、文津本改正。"⑦

上文"故聖王作爲宮室之法曰"，陳注："'故聖王作爲宮室，爲宮室之法曰：（宮）高足以辟潤濕，邊足以圉風寒。'見《墨子·辭過第六》。"⑧ 傅書局合校本注："'故聖王作爲宮室，爲宮室之法曰：宮高足以辟潤濕，邊足以圉風寒。'見《墨子·辭過第六》。"⑨ 傅建工合校本改爲："故聖王作爲宮室，爲宮室之法曰：宮高足以辟潤濕，邊足以圉風寒。"⑩ 并注："劉批陶本：應增'爲宮室'三字，見《墨子·辭過第六》。"⑪ 又注："熹年謹按：文津四庫本、故宮本、張本、丁本、陶本脫'爲宮室'三字。'邊'誤'旁'，均據《墨子》本書改正。"⑫

上文"宮高足以辟潤濕，旁足以圉風寒"，傅書局合校本注："'宮'字宜衍，乃上文錯落所遺也，'旁'字

① [宋]李誡，傅熹年校注. 合校本營造法式. 第77頁.
　　總釋上. 注1. 中國建築工業出版社. 2020年
② [宋]李誡. 營造法式（陳明達點注本）. 第一册. 第
　　2頁. 總釋上. 宮. 批注. 浙江攝影出版社. 2020年
③ [宋]李誡，傅熹年彙校. 營造法式合校本. 第一册.
　　總釋上. 宮. 校注. 中華書局. 2018年
④ [宋]李誡. 營造法式（陳明達點注本）. 第一册. 第
　　3頁. 總釋上. 宮. 批注. 浙江攝影出版社. 2020年
⑤ [宋]李誡，傅熹年彙校. 營造法式合校本. 第一册.
　　總釋上. 宮. 校注. 中華書局. 2018年
⑥ [宋]李誡，傅熹年校注. 合校本營造法式. 第75頁.
　　總釋上. 正文. 中國建築工業出版社. 2020年

⑦ [宋]李誡，傅熹年校注. 合校本營造法式. 第77頁.
　　總釋上. 注2. 中國建築工業出版社. 2020年
⑧ [宋]李誡. 營造法式（陳明達點注本）. 第一册. 第
　　3頁. 總釋上. 宮. 批注. 浙江攝影出版社. 2020年
⑨ [宋]李誡，傅熹年彙校. 營造法式合校本. 第一册.
　　總釋上. 宮. 校注. 中華書局. 2018年
⑩ [宋]李誡，傅熹年校注. 合校本營造法式. 第75頁.
　　總釋上. 正文. 中國建築工業出版社. 2020年
⑪ [宋]李誡，傅熹年校注. 合校本營造法式. 第77頁.
　　總釋上. 注3. 中國建築工業出版社. 2020年
⑫ [宋]李誡，傅熹年校注. 合校本營造法式. 第77頁.
　　總釋上. 注4. 中國建築工業出版社. 2020年

較古，可不必改。"① 又注："諸本均脫'爲宮室'三字，據《墨子》本書補。"②

《尚書》："敢有恒舞於宮，酣歌於室，時謂巫風。"③ "宮"指一個建築群；"室"指其中的建築。《禮記》："君子將營宮室。宗廟爲先，廄庫爲次，居室爲後。"④ 將包括祭祀宗廟、後勤廄庫與起居屋室，納入"宮室"範疇之下。《爾雅》將"宮"與"室"等同："宮謂之室，室謂之宮。"⑤

先秦時"宮"可泛指居所。《禮記》："儒有一畝之宮，環堵之室。"⑥ 孟子："堯、舜既没，聖人之道衰，暴君代作。壞宮室以爲汙池，民無所安息；棄田以爲園囿，使民不得衣食。"⑦

《周禮》："以本俗六安萬民：一曰媺宮室，二曰族墳墓，三曰聯兄弟，四曰聯師儒，五曰聯朋友，六曰同衣服。"⑧ "媺"與"美"同義，媺宮室，即美宮室。這裏的"宮室"包括普通人的居所。

《禮記》："禮，始於謹夫婦，爲宮室，辨外内。男子居外，女子居内，深宮固門，閽寺守之，男不入，女不出。"⑨ 其"宮室"泛指包括平民居所在内的一般性居住建築。

"宮"還指一個較大的建築空間範圍，如《周禮》："室中度以幾，堂上度以筵，宮中度以尋，野度以步，塗度以軌。"⑩ 在"室""堂""宮""野"四個空間層次中，"宮"指可以與"野"區分的那個較大空間。宮内有堂與室。

這個較大空間，是一個有圍牆環繞、四周設有門房的建築群："諸侯覲於天子，爲宮方三百步，四門，……拜日於東門之外，……禮日於南門外，禮月與四瀆於北門外，禮山川丘陵於西門外。"⑪ 同時，宮也代表一個較小的空間單元，如《禮記》："由命士以上，父子皆異宮。"⑫

秦漢以後，"宮"一詞漸漸演變成統治者居處空間的專用術語。如秦咸陽宮、阿房宮，漢長安未央宮、長樂宮、建章宮等。且可泛指歷代皇宮與王宫，與普通百姓居所漸無聯繫。

"宮"也可用在與宗教信仰有關的建築，如山西芮城道觀永樂宮、北京佛寺雍和宮等。儒家建築，如與孔廟并立之學校，稱爲"學宮"；地方信仰中的梓潼宮、文昌宮、天妃宮、天后宮等，亦可歸在這類具有準宗教意味的建築範疇中。

〔1.1.2〕
闕

《周官》：太宰以正月示治法於象魏。
《春秋公羊傳》：天子諸侯臺門；天子外闕兩

① [宋]李誡，傅熹年彙校. 營造法式合校本. 第一册. 總釋上. 宮. 校注. 中華書局. 2018年
② [宋]李誡，傅熹年彙校. 營造法式合校本. 第一册. 總釋上. 宮. 校注. 中華書局. 2018年
③ [宋]張九成. 尚書詳説. 商書. 伊訓. 第369頁. 浙江古籍出版社. 2013年
④ [清]孫希旦. 禮記集解. 卷五. 曲禮下第二之一. 第115頁. 中華書局. 1989年
⑤ [清]阮元校刻. 十三經注疏. 爾雅注疏. 卷第五. 釋宮第五. 第5649頁. 中華書局. 2009年
⑥ [清]阮元校刻. 十三經注疏. 禮記正義. 卷第五十九. 儒行第四十一. 第3624頁. 中華書局. 2009年
⑦ [清]阮元校刻. 十三經注疏. 孟子注疏. 卷第六下. 滕文公章句下. 第5903頁. 中華書局. 2009年
⑧ [清]阮元校刻. 十三經注疏. 周禮注疏. 卷第十. 大司徒. 第1521-1522頁. 中華書局. 2009年
⑨ [清]阮元校刻. 十三經注疏. 禮記正義. 卷第二十八. 内則. 第3181頁. 中華書局. 2009年
⑩ [清]阮元校刻. 十三經注疏. 周禮注疏. 卷第四十一. 匠人. 第2007頁. 中華書局. 2009年
⑪ [清]阮元校刻. 十三經注疏. 周禮注疏. 卷第十八. 大宗伯. 第1639頁. 中華書局. 2009年
⑫ [清]阮元校刻. 十三經注疏. 禮記正義. 卷第一. 曲禮上第一. 第2669頁. 中華書局. 2009年

觀，諸侯內闕一觀。

《爾雅》：觀謂之闕。宮門雙闕也。

《白虎通義》：門必有闕者何？闕者，所以釋門，別尊卑也。

《風俗通義》：魯昭公設兩觀於門，是謂之闕。

《說文》：闕，門觀也。

《釋名》：闕，闕也，在門兩旁，中央闕然爲道也。觀，觀也，於上觀望也。

《博雅》：象魏，闕也。

崔豹《古今注》：闕，觀也。古者每門樹兩觀於前，所以標表宮門也。其上可居，登之可遠觀，人臣將朝，至此則思其所闕，故謂之闕。其上皆堊土，其下皆畫雲氣、仙靈、奇禽、怪獸，以示四方，蒼龍、白虎、元武、朱雀，並畫其形。

《義訓》：觀謂之闕，闕謂之皇。

上文“《春秋公羊傳》”，陶本：“《禮》”。傅建工合校本未作改動，并注：“劉批陶本：按所引爲《公羊·昭二十五年傳》何休解詁文。《禮記·禮器》僅有‘天子諸侯臺門’，無下二句。”①并注：“朱批陶本：明仲所引禮經多此二句，大可寶貴，應照前說，保留原文，以裨後學。”②

另傅書局合校本注：“公羊，據所引爲《公羊·昭二十五年傳》，何

休解詁文《禮器》僅有‘天子諸侯臺門’，無下二句。”③又“明仲所引禮經多此二句，大可寶貴，應照前說保留原文，以裨後學。”④

上文“《風俗通義》”，傅書局合校本注：“社有謂：‘義字宜衍’，不知何據？”⑤此處“社有”，疑爲“社友”，似指“社友合校本《營造法式》”？上文“崔豹《古今注》”條“其上皆堊土”，傅注：“丹壁之。”⑥并注“元武”：“宋人亦避‘玄’字。”⑦

上文“崔豹《古今注》”條：“其上皆堊土，其下皆畫雲氣、仙靈、奇禽、怪獸，以示四方，蒼龍、白虎、元武、朱雀，并畫其形”句，傅建工合校本改爲“其上皆丹堊，其下皆畫雲氣、僊靈、奇禽、怪獸，以示四方焉。”⑧并注：“熹年謹按：‘此條諸本均有奪誤，故改引用該書原文。’”⑨

據《春秋公羊傳注疏》：“子家駒曰：‘設兩觀，禮，天子諸侯臺門，天子外闕兩觀，諸侯內闕一觀。’”⑩其：“[疏]注‘禮天子’至‘一觀’。解云：在《禮器》文。云天子外闕兩觀，諸侯內闕一觀者，《禮說》文也。”⑪可知，唐人已對“天子諸侯臺門”之後兩句出處，有所疑惑。

闕與“缺”通，衍生出門闕之意。

① [宋]李誡，傅熹年校注. 合校本營造法式. 第79頁. 總釋上. 闕. 注1. 中國建築工業出版社. 2020年
② [宋]李誡，傅熹年校注. 合校本營造法式. 第79頁. 總釋上. 闕. 注2. 中國建築工業出版社. 2020年
③ [宋]李誡，傅熹年彙校. 營造法式合校本. 第一册. 總釋上. 闕. 校注. 中華書局. 2018年
④ [宋]李誡，傅熹年彙校. 營造法式合校本. 第一册. 總釋上. 闕. 校注. 中華書局. 2018年
⑤ [宋]李誡，傅熹年彙校. 營造法式合校本. 第一册. 總釋上. 闕. 校注. 中華書局. 2018年
⑥ [宋]李誡，傅熹年彙校. 營造法式合校本. 第一册. 總釋上. 闕. 校注. 中華書局. 2018年
⑦ [宋]李誡，傅熹年彙校. 營造法式合校本. 第一册. 總釋上. 闕. 校注. 中華書局. 2018年
⑧ [宋]李誡，傅熹年校注. 合校本營造法式. 第79頁. 正文. 中國建築工業出版社. 2020年
⑨ [宋]李誡，傅熹年校注. 合校本營造法式. 第79頁. 總釋上. 闕. 注3. 中國建築工業出版社. 2020年
⑩ [清]阮元校刻. 十三經注疏. 春秋公羊傳注疏. 昭公卷二十四. 昭公二十五年. 第5029頁. 中華書局. 2009年
⑪ [清]阮元校刻. 十三經注疏. 春秋公羊傳注疏. 昭公卷二十四. 昭公二十五年. 第5029頁. 中華書局. 2009年

門闕與通道相連，其功能是一個通過性空間。《爾雅》："閍謂之門，正門謂之應門，觀謂之闕，宮中之門謂之闈，其小者謂之閨，小閨謂之閤。衖門謂之閎，門側之堂謂之塾。"①這裏提到7種門，闕僅爲其中一種。

《爾雅注疏》："闕在門兩旁，中央闕然爲道也。"②又："然則其上縣法象、其狀魏魏然高大，謂之象魏；使人觀之，謂之觀也。是觀與象魏、闕，一物而三名也。以門之兩旁相對爲雙，故云雙闕。"③"縣"意爲"懸"；"魏"意爲"巍"，有高聳之意。統治者宮殿之門闕，上部懸有高大"法象"，人遠而視之，仰而觀之，故可稱爲"觀"，或"象魏"。

闕可能布置在帝王宮殿前，漢初："蕭丞相營作未央宮，立東闕、北闕、前殿、武庫、太倉。高祖還，見宮闕壯甚，怒……"④

至遲自隋代建造洛陽宮殿，已經將宮門前雙闕與宮廷正門結合在一起，形成一個五鳳樓建築樣式。如《隋書》中形容東都洛陽："浮橋跨洛，金門象闕，咸竦飛觀。"⑤

唐代出現"五鳳樓"稱謂。《新唐書》："玄宗在東都，酺五鳳樓下，命三百里縣令、刺史各以聲樂集。"⑥五代至北宋，沿用隋唐洛陽宮殿，宋代將洛陽稱爲西京，宮殿前有門闕，仍稱"五

鳳樓"。據《宋史》："西京，……宮城周回九里三百步。城南三門：中曰五鳳樓，東曰興教，西曰光政。"⑦

遼南京燕京城宮殿似也采用五鳳樓式樣門闕，據《遼史》："漢遣使來貢。庚午，御五鳳樓觀燈。"⑧元大都城大内宮殿前的門闕平面格局與建築造型，與唐宋宮殿前五鳳樓亦一脉相承。

明清北京紫禁城正門爲午門，其平面爲"凹"字形，亦稱"五鳳樓"。如《明史》中提到：崇禎"十六年正月丁酉，大風，五鳳樓前門閂風斷三截……"⑨清代乾隆帝有御製《北紅門外即景》詩："北紅門外曉回鑾，雨後春郊料峭寒。五鳳樓高直北望，居庸遙列玉爲巒。"⑩這裏的"五鳳樓"，指的正是紫禁城南之午門，其形制仍將古代雙闕與宮門合爲一體，祇是在造型上更爲建築化。

〔1.1.3〕

殿堂附

《蒼頡篇》：殿，大堂也。徐堅注云：商周以前其名不載，《秦本紀》始曰"作前殿"。

《周官·考工記》：夏后氏世室，堂脩二七，廣四脩一；殷人重屋，堂脩七尋，堂崇三尺；周人明堂，東西九筵，南北七筵，堂崇一筵。鄭司農注云：脩，南北之深也。夏度以"步"，今堂脩十四步，其廣益以四分脩之一，則堂廣十七步半。商度以"尋"，周度以"筵"，六尺曰步，八尺曰尋，九尺曰筵。

① [晉]郭璞注. 爾雅. 卷中. 釋宮第五. 第93頁. 中華書局. 2020年
② [清]阮元校刻. 十三經注疏. 爾雅注疏. 卷第五. 釋宮第五. 第5651頁. 中華書局. 2009年
③ [清]阮元校刻. 十三經注疏. 爾雅注疏. 卷第五. 釋宮第五. 第5651頁. 中華書局. 2009年
④ 二十五史. 史記. 卷八. 高祖本紀. 第43頁. 上海古籍出版社—上海書店. 1986年
⑤ [唐]魏徵等. 隋書. 卷二十四. 志第十九. 食貨志. 第672頁. 中華書局. 1973年
⑥ [宋]歐陽修，宋祁. 新唐書. 卷一百九十四. 列傳第一百一十九. 卓行傳. 第5564頁. 中華書局. 1975年
⑦ [元]脫脫等. 宋史. 卷八十五. 志第三十八. 地理一. 第2103頁. 中華書局. 1985年
⑧ [元]脫脫等. 遼史. 卷八. 本紀第八. 景宗上. 第93頁. 中華書局. 1974年
⑨ [清]張廷玉等. 明史. 卷三十. 志第六. 五行三. 第491頁. 中華書局. 1974年
⑩ [清]朱彝尊、于敏中. 日下舊聞考. 卷七十四. 國朝苑囿. 南苑一

《禮記》：天子之堂九尺，諸侯七尺，大夫五尺，士三尺。

《墨子》：堯、舜堂高三尺。

《説文》：堂，殿也。

《釋名》：堂，猶堂堂，高顯貌也；殿，殿鄂也。

《尚書大傳》：天子之堂高九雉，公侯七雉，子男五雉。_{雉長三尺。}

《博雅》：堂塗，殿也。

《義訓》：漢曰殿，周曰寢。

　　上文《周官·考工記》，"殷人重屋"，陶本："商人重屋"。傅書局合校本注："殷，宋人避太祖父弘殷諱，改殷爲商。"[1]

　　上文《尚書大傳》小注"雉長三尺"，陶本："雉長二尺"。傅注："《尚書大傳》正文作'雉長三丈'。下文'城'條引《考工記》亦云'雉長三丈'。因據改。"[2]

　　傅建工合校本注："熹年謹按：陶本、丁本、張本、故宫本均作'雉長三尺'，唯文津四庫本作'雉長三丈'。查《尚書大傳》卷三正文作：'天子堂九雉，諸侯七雉，伯子南五雉。雉長三丈，度高以高，度長以長'。周禮疏、詩疏。'鄭玄曰：雉長三丈，高一丈，則牆高一丈。儀禮疏'。下文'城'條引《考工記》亦云'雉長三丈，高一丈'，引據《尚書大傳》改。"[3]

　　《尚書大傳》："天子之堂，廣九雉三分，其廣以二爲内，五分内以一爲高，東房西房北堂各三雉。公侯七雉三分，其廣以二爲内，五分内以一爲高，東房西房北堂各二雉。伯子男五雉三分，其廣以二爲内，五分内以一爲高，東房西房北堂各一雉。士三雉，三分，其廣以二爲内，五分内以一爲高，有室無房堂。（注）廣，榮間相去也。雉長三丈。内，堂東西序之内也。高，穹高也。"[4]

　　上文所引"天子之堂高九雉"，當爲"廣九雉"之誤。以"雉長三丈"，若高九雉，則其高27丈，顯然過度。若以"廣"計，天子之堂"廣九雉"，其廣27丈；三分其廣，則其内（東西序之内）爲三分中之二分，即18丈；其高爲廣之五分之一，則高5丈4尺，顯然比較合理。公侯之堂廣七雉，21丈；伯子男之堂廣五雉，15丈。

　　古人將堂與殿經常連用爲"殿堂"，實際理解，又將"堂"與"殿"分別作解。漢代人史游撰《急就篇》，釋室、殿、堂："室，止謂一室耳；……殿，謂室之崇麗有殿鄂者也；凡正室之有基者，則謂之堂。"[5]

　　漢代人看來，一個獨立空間，稱爲"室"。殿，或堂，似可納入"室"之範疇。凡正室，且有臺階基座，可歸在"堂"之概念下；凡宏大崇麗且有"殿

① [宋]李誡. 傅熹年彙校. 營造法式合校本. 第一册. 總釋上. 殿（堂附）. 校注. 中華書局. 2018年

② [宋]李誡. 傅熹年彙校. 營造法式合校本. 第一册. 總釋上. 殿（堂附）. 校注. 中華書局. 2018年

③ [宋]李誡. 傅熹年校注. 合校本營造法式. 第79頁. 總釋上. 殿（堂附）. 注3. 中國建築工業出版社. 2020年

④ [清]皮錫瑞. 尚書大傳疏證. 卷六. 周傳. 多士. 第269頁. 中華書局. 2015年

⑤ 張傳官. 急就篇校理. 卷第三.十九. 第323-324頁. 中華書局. 2017年

鄂”之室，可稱“殿”。故在“室”這一基本空間概念下，可以找到堂與殿的聯繫與區別，并衍生出“殿”之意義。

上文《説文》曰：“堂，殿也。”《釋名》曰：“堂，猶堂堂，高顯貌也”。在唐人所編《藝文類聚》，或宋人所編《太平御覽》中，也持完全相同的解釋方法。

在古人那裏，“堂”有兩種解釋：其一，堂之古義，即“臺基”之意。如上文《墨子》：“堯、舜堂高三尺。”這樣的説法也見于《周官·考工記》：“夏后氏世室，堂脩二七，廣四脩一；殷人重屋，堂脩七尋，堂崇三尺；周人明堂，東西九筵，南北七筵，堂崇一筵。”及《禮記》：“天子之堂九尺，諸侯七尺，大夫五尺，士三尺。”在上古時人看來，一堂之高，不過三尺，或一筵，最高如天子之堂的高度，不過九尺而已。

堂的古義僅指建築物臺基。這種解釋在較晚時代仍有餘韻，但所用字已非“堂”，而是“隚”。如《法式》引：“《義訓》：殿基謂之隚_{音堂}。”“隚”與“堂”，古義相通。也就是説，堂（或隚），即古代重要建築物之臺基。

其二，漢代人史游《急就篇》云：“凡正室之有基者，則謂之堂。”[1]據此則“堂”有兩個要素：

（1）堂是位于一個建築群中軸綫正室位置上的建築；

（2）堂有高大臺基，且本身比較高顯，如上文《釋名》：“堂，猶堂堂，高顯貌也”。

簡言之，“堂”即沿建築群中軸綫正室位置上布置之有臺基的高大顯赫建築。這種解釋，與現代人理解之“堂”已十分接近。

從前文引“堂，殿也”之釋看，“堂”與“殿”有難解難分的概念糾葛。《法式》將“殿”的意義解釋得較易理解：“殿，大堂也。”殿，規模宏大之堂。

此外，在《法式》有關“殿”之解釋中，還有一個關鍵之處，即“殿，殿鄂也。”這一解釋與漢代人《急就篇》中：“殿，謂室之崇麗有殿鄂者也”是一個意思。但“殿鄂”究爲何意？這可能是區分“殿”與“堂”的關鍵因素之一。

一種觀點認爲“殿鄂”與《禮記正義》中之“沂鄂”意思接近。清代學者段玉裁《説文解字注》有關“堂”之解釋，談到：“堂，殿也。殿者，擊聲也。假借爲宮殿字者。《釋宮室》曰：殿，有殿鄂也。殿鄂，即《禮記》注之‘沂鄂’。《説文》作‘垠’，作‘圻’。《釋名·釋形體》亦曰：臀，殿也。高厚有殿鄂也。……堂之所以稱殿者，正謂前有陛，四緣皆高起，沂鄂顯然，故名之殿。許以殿釋堂者，以今釋古也。古曰堂，漢以後曰殿。古上下皆稱堂，漢上下皆稱殿。至唐以後，人臣無有稱殿者矣。初學記謂，殿之名，起於始皇紀，

① 張傳官. 急就篇校理. 卷第三. 十九. 第324頁. 中華書局. 2017年

曰前殿。"①

由此可知，在古人那裏，"堂"與"殿"有相同之意，"殿"最初之意是從擊打物體的聲音中加以聯想并引申而來。且在殿中有一種被稱之"殿鄂"的東西。殿鄂，又與古人有關《禮記注疏》中提到的"沂鄂"一詞有關。仔細翻閱古代典籍，"沂鄂"一詞，見於《禮記·郊特牲第十一》，其中談到"丹漆彫幾之美，素車之乘，尊其樸也"一段話時，有"幾，謂漆飾沂鄂也"②之句。

《漢語大字典》"沂"字條，有兩個解釋：一是説，"沂"與"垠"意思相通，有"界限、邊際"之意；另一説，"沂"字與"釿"字的意思相同，而"釿"之意是古代器物上花紋的凹下之處。顯然，"釿"或"沂"都與古代器物之裝飾紋樣有關。

《禮記正義》對《禮記》中這段話的解釋是："幾謂沂鄂也。謂不彫鏤使有沂鄂也。"③ 其意説，沂鄂是一種雕飾，但正確做法是不要對日常使用的器物（或建築物）加以雕鏤漆飾而又能使其有沂鄂凹凸的裝飾，纔是人君應該采取的節儉做法。由此衍生出來的意思是説，有雕鏤漆飾的建築物可以歸在"殿"這一概念之下。

由此或可知，所謂"殿鄂"即"沂鄂"之意，而"沂鄂"，則有"裝飾、

雕飾"之意。將這一解釋用到前面文字，如"殿，謂室之崇麗有殿鄂者也"一語中，可以理解爲：殿，乃位於正堂位置上，高大宏麗且有雕刻等裝飾的建築物。

簡言之，堂乃位於中央正室位置上之建築，而殿則爲規模宏大，且有雕鏤漆飾之堂。

這樣一種解釋，在宋人《太平御覽》中得以印證，且《太平御覽》還爲"殿"附加了另外一個特徵："殿"與"堂"的區別之一是，"殿"有可以登臨其臺基的"陛"，而"堂"雖然也有臺基，却没有特別隆重的"陛級"。"《説文》曰：殿，堂之高大者也。又《釋名》曰：殿，典也。摯虞《決疑要注》曰：凡太極殿，乃有陛；堂則有階無陛也。右碱左平，平者，以文塼相亞次；碱者，爲陛級也。九錫之禮，納陛以登，謂受此陛以上。"④

所謂"陛"，即踏階之意。階，則爲臺基。據《太平御覽》，堂，雖然有臺基，却没有登臨臺基之踏階或"陛級"。古人將聯繫地面與建築物臺座頂面通道分爲兩種：右碱（或作"墄"）左平。臺基有陛級者，爲"碱"；無陛級者，爲"平"。重要建築物既有"碱"，也有"平"，即右碱左平。等級稍低的建築，則祇有"平"而無"碱"，這種建築物可歸在"堂"之範疇下。所謂"平者，以

① 段玉裁注. 説文解字段注. 下册. 第725頁. 成都古籍書店. 1981年
② [清]阮元校刻. 十三經注疏. 禮記正義. 卷第二十六. 郊特牲. 第3151頁. 中華書局. 2009年
③ [清]阮元校刻. 十三經注疏. 禮記正義. 卷第五十. 哀公問第二十七. 第3496頁. 中華書局. 2009年
④ [宋]李昉等. 太平御覽. 卷一百七十五. 居處部三. 殿. 第853頁. 中華書局. 1960年

文塼相亞次。”也就是用磚砌築成爲疊澀狀的形態，以形成如搓衣板形狀，可以供車輛上下的坡道。建築上稱這種做法爲“礓礤”（現代人往往簡寫爲“礓磋”）。

或者還可以將《太平御覽》中的“陛”，與宮殿建築殿堂前後踏階中央的那塊充滿山海雲龍雕刻紋樣的“御路石”聯繫在一起。如此，則可將上面這段話理解爲：凡是坐落在包含有中央“御路石”式踏階的臺基上的正室，可以稱爲“殿”；反之，凡是坐落在沒有中央“御路石”，僅有踏階或礓磋的臺基上的正室，則謂之“堂”。

當然，在這一定義之下，還應該附加上前面所說：殿是高大且有雕鏤漆飾的宏大之堂。

〔1.1.4〕
樓

《爾雅》：狹而脩曲曰樓。

《淮南子》：延樓棧道，雞棲井幹。

《史記》：方士言於武帝曰：黄帝爲五城十二樓，以候神人。帝乃立神明臺井幹樓，高五十丈。

《説文》：樓，重屋也。

《釋名》：樓謂牖戶之間有射孔，慺慺然也。

上文《釋名》中“樓謂牖戶之間有射孔。”陶本：“樓謂之牖戶之間有射孔。”

傅書局合校本注：“社友合校本謂‘之’宜衍。”[1] 又注：“鄘意應作‘樓謂之廔’。”[2]

傅建工合校本注：“朱批陶本：丁本‘謂’下有‘之’字，社友合校本謂‘之’宜衍。鄘意應作‘樓謂之廔’。”[3] 其句改爲：“樓，謂牖戶之間有射孔，慺慺然也。”并注：“熹年謹按：據文津四庫本改。文津四庫本與《釋名》原文同。張本亦衍‘之’字。”[4]

《漢語大字典》：“《説文》：‘廔，屋麗廔也。從廣，婁聲。一曰穜也。’徐鍇《繫傳》：‘窗疏之屬，麗廔猶玲瓏也，漏明之象。’”[5] 又：“[麗廔]房屋窗牖通明貌。《説文·廣部》：‘廔，屋麗廔也。’……段玉裁注：‘謂在屋在牆囧牖穿通之皃。’宋李誠《法式·總釋下·窗》：‘綺窗謂之麗廔。’”[6]

《漢語大字典》釋“慺”：“恭謹貌。《玉篇·心部》：‘慺，謹敬也。’”[7]

《爾雅》：“陝而脩曲曰樓。”[8] 這裏的“陝”與“狹”相通。樓，初并無“高”，或“多層”之意。《爾雅注疏》：“凡臺上有屋，狹長而屈曲者，曰樓。”[9] 似在狹窄、修長、曲折之意上，又加了“臺上有屋”，已接近後世所説之“樓”。

《淮南子》將“延樓”與“棧道”[10] 列爲兩種相類的建築。孟子用“上宮”

① [宋]李誠，傅熹年彙校. 營造法式合校本. 第一册. 總釋上. 樓. 校注. 中華書局. 2018年
② [宋]李誠，傅熹年彙校. 營造法式合校本. 第一册. 總釋上. 樓. 校注. 中華書局. 2018年
③ [宋]李誠，傅熹年校注. 合校本營造法式. 第82頁. 總釋上. 樓. 注1. 中國建築工業出版社. 2020年
④ [宋]李誠，傅熹年校注. 合校本營造法式. 第82頁. 總釋上. 樓. 注2. 中國建築工業出版社. 2020年
⑤ 漢語大字典. 第378頁. 廣部. 廔. 四川辭書出版社-湖北辭書出版社. 1993年
⑥ 漢語大字典. 第378頁. 廣部. 廔. 四川辭書出版社-湖北辭書出版社. 1993年
⑦ 漢語大字典. 第981頁. 心部. 慺. 四川辭書出版社-湖北辭書出版社. 1993年
⑧ [清]郝懿行. 爾雅義疏. 中之一. 釋宮第五. 第3230頁. 齊魯書社. 2010年
⑨ [清]阮元校刻. 十三經注疏. 爾雅注疏. 卷第五. 釋宮第五. 第5652頁. 中華書局. 2009年
⑩ 參見[漢]劉安. 淮南子. 卷八. 本經訓：“大構駕，興宮室，延樓棧道，雞棲井幹，橚林欘櫨，以相支持。”自[唐]徐堅等. 初學記. 卷第二十四. 居處部. 樓第五. 第572頁. 中華書局. 2004年

指代建築物上層："孟子之滕，館於上宫。"其疏曰："館，舍也。上宫，樓也。孟子舍止賓客所館之樓上也。"[1] 孟子時代，衹將建築物上層，稱作"上宫"，到了漢代，這種多層房屋，已可稱作"樓"。

孟子又云："不揣其本而齊其末，方寸之木，可使高於岑樓。"[2] 後人釋其語曰："岑樓，山之鋭峰也。"其注云："岑樓，山之鋭嶺。"[3] 其中包含高峻、挺拔之意。《朱熹集注》中亦提到："岑樓，樓之高鋭似山者。"[4]

自戰國時，樓已有高而險峻、高而明敞之意。《禮記》："可以居高明，可以遠眺望。"其疏曰："順陽在上也。高明謂樓觀也。"[5]

因樓有"高明"之意，古人又有"仙人好樓居"之説，《三輔黄圖》："且仙人好樓居，不極高顯，神終不降也。於是上於長安作飛廉觀，高四十丈，於甘泉作益延壽觀，亦如之。"[6] 并引《關輔記》："建章宫北作涼風臺，積木爲樓。"[7] 從而將形勢高顯之觀與臺也都稱爲"樓"。

戰國時列子用了現代意義上的"高樓"一詞："虞氏者，梁之富人也，家充殷盛，錢帛無量，財貨無訾。登高樓，臨大路，設樂陳酒，擊博樓上。"[8] 荀子也提到："志愛公利，重樓疏堂。"[9] "高樓"言其高，"重樓"言其有數層

之多。

東漢王充有言："人坐樓臺之上，察地之螻蟻，尚不見其體，安能聞其聲。何則？螻蟻之體細，不若人形大，聲音孔氣不能達也。今天之崇高非直樓臺，人體比於天，非若螻蟻於人也。"[10] 可知，樓臺被視作高大建築物。

先秦城市，似已有可觀察四方通衢之市樓，初稱候館。《周禮·地官·遺人》："五十里有市，市有候館，候館和積。"鄭玄注："候館，樓可以觀望者也。"[11] 《周禮注疏》："上旌於思次以令市，市師涖焉，而聽大治大訟。疏曰：鄭司農云：'思，辭也。次，市中候樓也。立當爲涖，涖，視也。'"[12] 後世人，將這種"市中候樓"，簡稱"市樓"。

古人將"樓"與"閣"稱爲"樓閣"之時，樓的概念與今人對樓之理解十分接近。《孟子注疏》："簡子家在臨水界，冢上氣成樓閣。"[13] 其指似如海市蜃樓般的層叠屋宇。《爾雅注疏》引"《世本》曰：'禹作宫室，其臺榭樓閣之異，門塾行步之名，皆自於宫。'故以'釋宫'總之也。"[14] 在其看來，臺榭樓閣屬于比較接近的建築類型，本質上都源自"宫"，即居住類房屋。

由樓衍生而出的概念，有樓船、高樓等。《史記》言漢武帝："乃大脩昆明池，列觀環之。治樓船，高十餘丈，旗幟加其上，甚壯。"[15]

① [清]阮元校刻. 十三經注疏. 孟子注疏. 卷第十四下. 盡心章句下. 第6046頁. 中華書局. 2009年
② [清]阮元校刻. 十三經注疏. 孟子注疏. 卷第十二上. 告子章句下. 第5995頁. 中華書局. 2009年
③ [清]阮元校刻. 十三經注疏. 孟子注疏. 卷第十二上. 告子章句下. 第5995頁. 中華書局. 2009年
④ [宋]朱熹. 四書章句集注. 孟子集注. 卷十二. 告子章句下. 第338頁. 中華書局. 1983年
⑤ [清]阮元校刻. 十三經注疏. 禮記正義. 卷第十六. 月令第六. 第2967頁. 中華書局. 2009年
⑥ 何清谷校注. 三輔黄圖校注. 卷之五. 觀. 飛廉觀. 第385頁. 三秦出版社. 2006年
⑦ 何清谷校注. 三輔黄圖校注. 卷之五. 臺榭. 涼風臺. 第51頁. 三秦出版社. 2006年
⑧ 楊伯峻. 列子集釋. 卷第八. 説符第八. 第262頁. 中華書局. 1979年
⑨ [清]王先謙. 荀子集解. 卷第十八. 賦篇第二十六. 第481頁. 中華書局. 1988年
⑩ [漢]王充. 論衡校釋. 卷第四. 變虛篇. 第206頁. 中華書局. 1990年
⑪ [清]阮元校刻. 十三經注疏. 周禮注疏. 卷第十三. 第1568頁. 中華書局. 2009年
⑫ [清]阮元校刻. 十三經注疏. 周禮注疏. 卷第十四. 第1582頁. 中華書局. 2009年
⑬ [清]孫詒讓. 周禮正義. 卷二十七. 地官. 司市. 第1270頁. 中華書局. 2015年
⑭ [清]阮元校刻. 十三經注疏. 爾雅注疏. 卷第五. 釋宫第五. 第5649頁. 中華書局. 2009年
⑮ [漢]司馬遷. 史記. 卷三十. 平準書第八. 第1436頁. 中華書局. 1982年

後世衍生之意，諸如青樓、酒樓、茶樓之稱，其中“樓”的意義，與今人所言高而多層建築似已没有多少區別。

〔1.1.5〕
亭

《説文》：亭，民所安定也。亭有樓，從高省，從丁聲也。

《釋名》：亭，停也，人所停集也。

《風俗通義》：謹按：《春秋》《國語》有寓望，謂今亭也。漢家因秦，大率十里一亭。亭，留也；今語有“亭留”“亭待”，蓋行旅宿食之所館也。亭，亦平也；民有訟諍，吏留辦處，勿失其正也。

上文“人所停集也”，陶本：“人所亭集也”，傅書局合校本注：“就《風俗通義》按語，亭集、亭留，皆當從亭，不必拘俗改作‘停’也。”①

《説文解字》：“亭，民所安定也，亭有樓，從高省，丁聲，特丁切。”②

又據《風俗通》：“謹案《春秋》《國語》有寓望，謂金亭也，民所安定也。亭有樓，從高省，丁聲也。漢家因秦，大率十里一亭。亭，留也。今語有亭留、亭待，蓋行旅宿食之所館也。亭亦平也，民有訟諍，吏留辦處，勿失其正也。”③

亭，除了所處位置較高外，秦漢時還成爲一種地方行政性單位，如漢高祖劉邦曾作過“泗水亭”亭長。④亭，亦有停留、等待意義，并引申出“行旅宿食之所”意；還有官吏停留，以處理民事糾紛的辦公之所。

《國語》：“周制有之曰：‘列樹以表道，立鄙食以守路，國有郊牧，疆有寓望，藪有圃草，囿有林池，所以禦災也。’”⑤上古周代諸侯疆域之界，有被稱作“寓望”的建築物。《太平御覽》將周代“寓望”釋爲：可以安定百姓的“金亭”。《法式》引此説法：“《風俗通義》：謹按：《春秋》《國語》有寓望，謂今亭也。”可知，“亭”自古就是一種其上有屋頂，可供停留的建築空間（寓），其四面似無壁，可在其中遠眺（望）。與今日亭類建築，在造型與空間上已十分接近。

《釋名》曰：“亭，停也。人所停集也。”⑥説明亭是一個提供人在行走過程中作短暫停留的場所。古人也將“廳”釋爲停留：“故廳，停也，使停息其間。又廳，聽也，欲聽行其教。”⑦其意似也暗示，廳與亭一樣，都屬于一種可以通過并可在其中停留的空間。

宋《法式》將亭與榭聯繫在一起，稱爲“亭榭”，并將亭榭建築與小廳堂建築同屬于一個等級的建築類型：“第六等：廣六寸，厚四寸。以四分爲一分。右

① [宋]李誡，傅熹年彙校. 營造法式合校本. 第一册. 總釋上. 亭. 校注. 中華書局. 2018年
② [漢]許慎. 説文解字. 點校本. 卷第五下. 亭. 第168頁. 中華書局. 2020年
③ 李德輝編著. 唐宋館驛與文學資料彙編. 漢唐館驛. 亭. 第29頁. 鳳凰出版社. 2014年
④ 參見王叔岷. 史記斠證. 卷八. 高祖本紀第八“高祖……及壯，試爲吏，爲泗水亭長”. 第298頁. 中華書局. 2007年
⑤ 童書業. 春秋史料集. 國語. 周語中. 第146頁. 中華書局. 2008年
⑥ 李德輝編著. 唐宋館驛與文學資料彙編. 漢唐館驛. 亭. 第29頁. 鳳凰出版社. 2014年
⑦ [宋]張詠. 張乖崖集. 卷第八. 記. 麟州通判廳記. 第75頁. 中華書局. 2000年

亭榭或小廳堂皆用之。"也就是说，第六等材，對于亭榭與小廳堂都是適用的。再如："一曰瓴瓦：施之于殿閣廳堂亭榭等。"這裏將亭榭，與殿閣、廳堂等高等級建築并置在了一起，且皆爲可使用等級較高瓴瓦的建築類型。

《法式》還將殿與亭聯繫在一起："重臺鉤闌：共高八寸至一尺二寸。其鉤闌並準樓閣殿亭鉤闌制度，下同。"在古人看來，有時候，等級規格較高的亭子，也可以與樓閣、殿堂等高等級建築有相近的鉤闌做法。

《法式》中也有諸如：亭子、井亭子、亭臺等，説明在宋代時，亭子在功能與造型上有很多不同類型。如井亭子、小亭子等，建築等級較低。也有高等級亭類建築，如《法式》："五彩徧裝亭子、廊屋、散舍之類，五尺五寸。""五彩徧裝"是北宋時期最高等級的彩畫制度，若用于亭子之上，這座亭子的建築等級也應較高。

〔1.1.6〕

臺榭

《老子》：九層之臺，起於累土。

《禮記·月令》：五月可以居高明，可以處臺榭。

《爾雅》：無室曰榭。榭，即今堂埪。

又：觀四方而高曰臺，有木曰榭。積土四方者。

《漢書》：坐皇堂上。室而無四壁曰皇。

《釋名》：臺，持也。築土堅高，能自勝持也。

傅建工合校本注："熹年謹按：傳世宋刊本《爾雅》無'觀'字，而宋刊本《太平御覽》卷一七七'臺上'引文又有'觀'字。因知宋時此句即有歧異也，故不改。"[1]

臺，作爲一種建築類型，出現很早，是一種與周圍地面有明顯高度差，凸顯于其所處環境之中的建築物，故被歷代統治者青睞。商紂王："厚賦稅以實鹿臺之錢，而盈鉅橋之粟。益收狗馬奇物，充牣宮室。益廣沙丘苑臺，多取野獸蜚鳥置其中。"[2]《詩經》提到周文王建靈臺："經始靈臺，經之營之。庶民攻之，不日成之。經始勿亟，庶民子來。"[3]

春秋時期的諸侯，多有高臺營造，魯莊公："三十有一年春，築臺於郎。夏四月，薛伯卒。築臺於薛。六月，齊侯來獻戎捷。秋，築臺於秦。"[4]

戰國時楚有章華臺，燕有老姆臺，齊景公建路寢之臺。戰國晚期，強秦崛起，各國諸侯"皆欲割諸侯之地以予秦。秦成，高臺榭，美宮室，聽竽瑟之音，前有樓闕軒轅，後有長姣美人，國被秦患而不與其憂。"[5]

秦始皇一統天下，又建章臺、瑯琊

① [宋]李誠，傅熹年校註. 合校本營造法式. 第84頁. 總釋上. 臺榭. 注1. 中國建築工業出版社. 2020年
② [漢]司馬遷. 史記. 卷三. 殷本紀第三. 第105頁. 中華書局. 1982年
③ [清]方玉潤. 詩經原始. 卷之十三. 大雅一. 文王之什. 靈臺. 第495頁. 中華書局. 1986年
④ [清]洪亮吉. 春秋左傳詁. 卷一. 春秋經一. 莊公三十一年. 第41頁. 中華書局. 1987年
⑤ [漢]司馬遷. 史記. 卷六十九. 蘇秦列傳第九. 第2248頁. 中華書局. 1982年

臺。秦末戰亂，項羽曾建盱臺。漢初，未央宫建漸臺。武帝時建柏梁臺、通天臺。曹魏時建凌雲臺（又稱“陵雲臺”）。

《爾雅》釋臺：“闍，臺也。”[①] 并言：“闍謂之臺，有木者謂之榭。”[②] 可知，闍、臺、榭，是十分相近的建築類型。

闍，即城臺。《爾雅注疏》：“積土四方而高者名臺，即下云‘四方而高者’也，一名闍。李巡云：‘積土爲之，所以觀望。’《詩》云：‘出其闉闍。’彼以闍爲城臺，於此臺上有木起屋者名榭。”[③]

可知，“臺”是一個意義較爲寬泛的詞。四方而高，爲“臺”；與城墻相連屬之臺，爲“闍”；在臺上用木結構，建造遮風避雨之屋宇者，爲“榭”。

榭，上古時已成爲統治者專享的建築類型。《尚書》：“惟宫室、臺榭、陂池、侈服，以殘害於爾萬姓。”[④]《爾雅注疏》：“《世本》曰：‘禹作宫室，其臺榭樓閣之異，門墉行步之名，皆自於宫。’”[⑤] 將臺榭、樓閣、門墉，歸在“宫”的範疇之下。

《淮南子·精神訓》云：“人之所以樂爲人主者，以其窮耳目之欲，而適躬體之便也。今高臺層榭，人之所麗也。”[⑥]《禮記》描述，仲夏之月，天子：“可以居高明，可以遠眺望，可以升山陵，可以處臺榭。”[⑦] 可知“榭”是一種高大層叠，可供統治者窮耳目之欲，適躬體之便的游賞性建築。

周代成周宫殿中有“宣榭”。《春秋穀梁傳》中描述了宣榭的功能：“夏，成周宣榭災。周災不志也，其曰宣榭何也？以樂器之所藏目之也。”[⑧] 似乎暗示宣榭乃周代宫廷中藏樂器場所。

《爾雅注疏》中有注：“無室曰榭。榭即今堂堭。”[⑨] 其疏曰：“堂堭即今殿也。殿亦無室，故云即今堂堭。”[⑩]《儀禮注疏》中亦云：“‘凡屋無室曰榭，宜從榭’者，鄭廣解榭名。”[⑪]《禮記正義》中則又云：“無室曰榭。李巡云：‘但有大殿，無室名曰榭。’郭景純云：‘榭，今之堂堭。’”[⑫] 可知，榭是一種内無室内分隔的建築，其形式與大殿相類。故在上古時期，榭應是等級較高的建築類型。《梁書》載沈約撰《郊居賦》：“風臺累翼，月榭重栭。千櫨捷钉，百栱相持。”[⑬] 句，説明南北朝時，榭屬可使用枓栱、富于裝飾的高等級建築。

榭與臺結合，形成高大而隆聳的建築。《三國志》中有：“廣開宫館，高爲臺榭，以妨民務，此害農之甚者也。”[⑭]《晉書》引張載撰《榷論》：“爾乃嶢榭迎風，秀出中天。”[⑮]《梁書》：“華樓迴榭，頗有臨眺之美。”[⑯] 所言“榭”之高嶢峻奇，應該都屬位于高臺之上，可以

① [清]阮元校刻．十三經注疏．爾雅注疏．卷第三．釋言第二．第5620頁．中華書局．2009年

② [清]陳立．公羊義疏．四十九．宣十六年盡十八年．第1883頁．中華書局．2017年

③ [清]阮元校刻．十三經注疏．爾雅注疏．卷第五．釋宫第五．第5650頁．中華書局．2009年

④ [清]阮元校刻．十三經注疏．尚書正義．周書．泰誓上．第382頁．中華書局．2009年

⑤ [清]阮元校刻．十三經注疏．爾雅注疏．卷第五．釋宫第五．第5649頁．中華書局．2009年

⑥ [漢]劉安編．淮南子集釋．卷七．精神訓．第531頁．中華書局．1998年

⑦ [清]阮元校刻．十三經注疏．禮記正義．卷第十六．月令．第2967頁．中華書局．2009年

⑧ [清]阮元校刻．十三經注疏．春秋穀梁傳注疏．卷第十二．十有六年．第5243頁．中華書局．2009年

⑨ [清]阮元校刻．十三經注疏．爾雅注疏．卷第五．釋宫第五．第5652頁．中華書局．2009年

⑩ [清]阮元校刻．十三經注疏．爾雅注疏．卷第五．釋宫第五．第5652頁．中華書局．2009年

⑪ [清]阮元校刻．十三經注疏．儀禮注疏．卷第十二．第2159頁．中華書局．2009年

⑫ [清]阮元校刻．十三經注疏．禮記正義．卷第十六．月令．第2967頁．中華書局．2009年

⑬ [唐]姚思廉．梁書．卷十三．列傳第七．沈約傳．第240頁．中華書局．1973年

⑭ [晉]陳寿撰．[南朝宋]裴松之注．三國志．卷二十五．魏書二十五．辛毗楊阜高堂隆傳第二十五．第706頁．中華書局．1982年

⑮ [唐]房玄齡等．晋書．卷五十五．列傳第二十五．張載傳．第1520頁．中華書局．1974年

⑯ [唐]姚思廉．梁書．卷二十五．列傳第十九．徐勉傳．第384頁．中華書局．1973年

登臨遠眺之榭。

東漢元初二年（115年），馬融呈其撰《廣成頌》，諷喻漢安帝奢靡：“旋入禁圃。棲遲乎昭明之觀，休息乎高光之榭，以臨乎宏池。”[①] 將觀與榭，看作苑囿中的建築，榭較高敞，且臨水而建，是供皇帝游玩時的臨時休息之所。

《宋書》載謝靈運《山居賦》：“飛漸榭於中沚，取水月之歡娛。”[②] 也暗示榭為一種臨水而立的景觀建築。這時的榭，似已成為可供一般人建造使用的休憩類園林景觀建築。明清時期的皇家園林與私家園池，在山間水畔，會布置一些可以用來休憩與觀景的臺榭、山榭或水榭。

【1.2】
壕寨-石作

〔1.2.1〕
城

《周官·考工記》：匠人營國，方九里，旁三門。國中九經九緯，經涂九軌。王宮門阿之制五雉，宮隅之制七雉，城隅之制九雉。國中，城內也。經緯，涂也。經緯之涂，皆容方九軌。軌謂轍廣，凡八尺。九軌積七十二尺，雉長三丈，高一丈，度高以“高”，度廣以“廣”。

《春秋左氏傳》：計丈尺，揣高卑，度厚薄、仞溝洫，物土方，議遠邇，量事期，計徒庸，慮材用，書餱糧，以令役，此築城之義也。

《公羊傳》：城雉者何？五版而堵，五堵而雉，百雉而城。天子之城千雉，高七雉；公侯百雉，高五雉；子男五十雉，高三雉。

《禮記·月令》：每歲孟秋之月，補城郭；仲秋之月，築城郭。

《管子》：內之為城，外之為郭。

《吳越春秋》：鮌越築城以衛君，造郭以守民。

《說文》：城，以盛民也。墉，城垣也。堞，城上女垣也。

《五經異義》：天子之城高九仞，公侯七仞，伯五仞，子男三仞。

《釋名》：城，盛也，盛受國都也。郭，廓也，廓落在城外也。城上垣謂之睥睨，言於孔中睥睨非常也；亦曰陴，言陴助城之高也；亦曰女牆，言其卑小，比之於城，若女子之於丈夫也。

《博物志》：禹作城，彊者攻，弱者守，敵者戰。城郭自禹始也。

上文引《春秋左氏傳》，“書餱糧”，傅書局合校本注：“餱”為“糇”。[③]

傅建工合校本注：“劉校故宮本：丁本作‘餱’，故宮本作‘糇’，從故宮本。熹年謹按：文津閣四庫本亦作‘糇’。張本則誤作‘餱’。”[④]

傅注“言於孔中睥睨非常也”句：“熹年謹按：‘非’字故宮本、文津

① [南朝宋]范曄. 後漢書. 卷六十上. 馬融列傳第五十上. 第1964頁. 中華書局. 1965年

② [南朝梁]沈約. 宋書. 卷六十七. 列傳第二十七. 謝靈運傳. 第1760頁. 中華書局. 1974年

③ [宋]李誡, 傅熹年彙校. 營造法式合校本. 第一冊. 總釋上. 城. 校注. 中華書局. 2018年

④ [宋]李誡, 傅熹年校注. 合校本營造法式. 第86頁. 總釋上. 城. 注1. 中國建築工業出版社. 2020年

四庫本、丁本均误作'之'，此據《釋名》原文改。"①

上文"《禮記·月令》"，陶本："《禮·月令》"。傅書局合校本注："禮記"②。

《漢語大字典》釋"餱"："乾糧。《爾雅·釋言》：'餱，食也。'《廣韻·侯韻》：'餱，乾食。'"③另釋"糇"："同餱。《唐韻·侯韻》：'糇，糇糧。'《集韻·侯韻》：'餱，《說文》：乾食也，或從米。'……唐杜甫《彭衙行》：'野果充糇糧，卑枝成屋椽。'"④故"餱"與"糇"相通。

唐《初學記》引《管子》："內爲之城，外爲之郭。"并引《釋名》："城，盛也，盛受國都也；郭，廓也，廓落在城外也。"⑤對"城"與"郭"作了基本區分。《初學記》還引《吳越春秋》："鯀築城以衛君，造郭以守民，此城郭之始也。"⑥

據《尚書正義》，上古西周時，城郭選址，已需經過相地卜筮之術確定："其已得吉卜，則經營規度城郭郊廟朝市之位處。"⑦城郭營造，也需選擇適當時間，例如，仲秋之月："《月令》仲秋云'是月也，可以築城郭，建都邑者，秦法與周異。'"⑧《毛詩正義》云："都者，聚居之處，故知城郭之域也。"⑨

都邑是由城郭所圍繞與限定的區域，以爲人眾提供聚居之所。城郭乃環繞都邑而築造的墻垣及環繞墻垣而鑿挖的池隍。

周代先祖古公亶父時："於是古公乃貶戎狄之俗，而營築城郭室屋，而邑別居之。"⑩《管子》："是故聖王之處士必於閑燕，處農必就田野，處工必就官府，處商必就市井。"⑪這種分區方式，反映出隨城郭出現帶來的社會階層與分工變化。

城郭，有時又稱城池、城隍。《周易》："王公設險以守其國。"其注曰："國之爲衛，恃於險也。言自天地以下莫不須險也。"其疏亦云："言王公法象天地，固其城池；嚴其法令，以保其國也。"⑫城郭之要是設險以守，城垣與壕池相輔，形成環繞都邑，呈守險之勢的城池。當環城而鑿挖的池中無水時，稱爲"隍"。如《古今注》："城者，盛也，所以盛受人物也。隍者，城池之無水者也。"⑬

"城"與"郭"的區別，後世又體現爲"子城"與"羅城"之區別。如隋唐長安城，《太平御覽》載："是日，上與諸王后妃數百騎，自子城由含元殿出金光門幸山南，文武百寮并不之知，無從行者，京城晏然。"⑭亦有："宇文愷營建京城，以羅城東南地高不便，故缺此隅頭一坊，餘地穿入芙蓉池以虛之。"⑮子城者，帝王所居之皇城與宮城；羅城者，包含平民所居里坊、市肆之外城。

① [宋]李誡，傅熹年校注. 合校本營造法式. 第86頁. 總釋上. 城. 注2. 中國建築工業出版社. 2020年
② [宋]李誡，傅熹年彙校. 營造法式合校本. 第一冊. 總釋上. 城. 校注. 中華書局. 2018年
③ 漢語大字典. 第1856頁. 食部. 餱. 四川辭書出版社·湖北辭書出版社. 1993年
④ 漢語大字典. 第1314頁. 米部. 糇. 四川辭書出版社·湖北辭書出版社. 1993年
⑤ [唐]徐堅. 初學記. 卷第二十四. 居處部. 城郭第二. 第565頁. 中華書局. 2004年
⑥ [唐]徐堅. 初學記. 卷第二十四. 居處部. 城郭第二. 第565頁. 中華書局. 2004年
⑦ [漢]孔安國傳. [唐]孔穎達疏. 尚書正義. 卷十五. 召誥第十四
⑧ [清]阮元校刻. 十三經注疏. 毛詩正義. 卷第三. 三之一. 定之方中. 第666頁. 中華書局. 2009年
⑨ [清]阮元校刻. 十三經注疏. 毛詩正義. 卷第十五. 十五之二. 第1060頁. 中華書局. 2009年
⑩ [漢]司馬遷. 史記. 卷四. 周本紀第四. 第114頁. 中華書局. 1982年
⑪ [明]劉績補注. 管子補注. 小匡第二十. 內言三. 第400頁. 中華書局. 2004年
⑫ [清]阮元校刻. 十三經注疏. 周易正義. 卷第三. 坎. 第85頁. 中華書局. 2009年
⑬ [五代]馬縞. 中華古今注. 卷上. 城隍. 第74頁. 中華書局. 2012年
⑭ [宋]李昉等. 太平御覽. 卷一百一十六. 皇王部四十一. 唐僖宗恭定皇帝. 第562頁. 中華書局. 1960年
⑮ [宋]李昉等. 太平御覽. 卷一百九十七. 居處部二十五. 園圃. 第949-950頁. 中華書局. 1960年

《宋史》載："是歲，東封泰山，所過州府，上御子城門樓。"①可知，唐宋時各州府皆有統治者所居之子城及與子城相對應的羅城。如《舊唐書》提到的成都之羅城："創築羅城，大新錦里，其爲雄壯，實少比儔。"②

〔1.2.2〕

牆

《周官·考工記》：匠人爲溝洫，牆厚三尺，崇三之。高厚以是爲率，足以相勝。

《尚書》：既勤垣墉。

《詩》：崇墉屹屹。

《春秋左氏傳》：有牆以蔽惡。

《爾雅》：牆謂之墉。

《淮南子》：舜作室，築牆茨屋，令人皆知去巖穴。各有室家，此其始也。

《説文》：堵，垣也；五版爲一堵。壛，周垣也。㙩，卑垣也。壁，垣也。垣蔽曰牆。栽，築牆長版也，今謂之膊版。榦，築牆端木也。今謂之牆師。

《尚書大傳》：天子賁墉，諸侯疏杼。賁，大也，言大牆正道直也。疏，猶衰也。杼，亦牆也；言衰殺其上，不得正直。

《釋名》：牆，障也，所以自障蔽也。垣，援也，人所依止以爲援衛也。墉，容也，所以隱蔽形容也。壁，辟也，所以辟禦風寒也。

《博雅》：壛力彫切、隊音篆、墉、院音垣、壁音壁，又即壁反，牆垣也。

《義訓》：厃音毛，樓牆也。穿垣謂之腔音空，爲垣謂之厽音累，周謂之墧音了，墧謂之窫音垣。

陶本引《説文》："栽，築牆長版也"，梁注釋本、傅建工合校本均改爲"栽，築牆長版也。"

上文"《博雅》：壛力彫切、隊音篆、墉、院音垣、壁音壁，又即壁反，牆垣也。"傅建工合校本改爲："《博雅》：壛力雕切、隊音篆、墉、院音犯淵聖御名也、壁音壁，又即壁反，牆垣也。"③并注："熹年謹按：《博雅》原文作'壛、隊、墉、院，牆垣也。''垣'與'桓'音近，而'桓'爲宋欽宗名，故南宋翻刻《營造法式》時以'音犯淵聖御名'代替'垣'字。"④

古人對牆有多種稱謂，如《爾雅》："牆謂之墉。"⑤《釋名》："牆，障也，所以自障蔽也。垣，援也，人所依止以爲援衛也。墉，容也，所以隱蔽形容也。壁，辟也，所以辟禦風寒也。"

區隔兩個空間之牆高，基于男女之禮："室高足以辟潤濕，邊足以圉風寒，上足以待雪霜雨露，宮牆之高足以別男女之禮。謹此則止。"⑥《論語》亦有："子貢曰：'譬之宮牆，賜之牆也及肩，窺見室家之好。夫子之牆數仞，不得其門而入，不見宗廟之美，百官之

① [元]脱脱等. 宋史. 卷一百一十三. 志第六十六. 禮十六. 第2701頁. 中華書局. 1985年
② [晉]劉昫等. 舊唐書. 卷一百八十二. 列傳第一百三十二. 高駢傳. 第4707頁. 中華書局. 1975年
③ [宋]李誠, 傅熹年校注. 合校本營造法式. 第86頁. 總釋上. 牆. 正文. 中國建築工業出版社. 2020年

④ [宋]李誠, 傅熹年校注. 合校本營造法式. 第86頁. 總釋上. 牆. 注1. 中國建築工業出版社. 2020年
⑤ [清]阮元校刻. 十三經注疏. 爾雅注疏. 卷第五. 釋宮第五. 第5649頁. 中華書局. 2009年
⑥ [清]孫詒讓. 墨子閒詁. 卷一. 辭過第六. 第31頁. 中華書局. 2001年

富。得其門者或寡矣。夫子之云，不亦宜乎！'"① 主張牆應高大一些，免窺鄰居室家之好。

《周禮》："匠人爲溝洫，牆厚三尺，崇三之。"給出一般牆體高厚比。

《法式》沿用這一算法："築牆之制：每牆厚三尺，則高九尺；其上斜收，比厚減半。若高增三尺，則厚加一尺；減亦如之。"此外，《法式》還具體規定了露牆與抽紝牆兩種牆的高厚比例："凡露牆，每牆高一丈，則厚減高之半，其上收面之廣比高五分之一。若高增一尺，其厚加三寸。減亦如之。其用萋橛並準築城制度。凡抽紝牆，高厚同上，其上收面之廣比高四分之一。若高增一尺，其厚加二寸五分。如在屋下秖加二寸。劃削並準築城制度。"

夯土牆，高厚比較大，如露牆，高厚比約爲2：1；抽紝牆，高厚比亦在2：1左右，隨高度增加，其比值可略有調整。

《法式》提到壘砌之牆："壘牆之制：高廣隨間。每牆高四尺，則厚一尺。每高一尺，其上斜收六分。"其高厚比，已達4：1。

古代宮室之牆，有時會施以雕飾，這種做法，又成爲文人抨擊的目標。《尚書》："甘酒嗜音，峻宇彫牆。有一於此，未或不亡。"②《春秋左傳》："晉靈公不君：厚斂以彫牆；從臺上彈人，而觀其辟丸也。"③《周書》："高門峻宇，

甲第彫牆，寔繁有徒，同惡相濟。民不見德，唯利是視。"④《隋書》也用類似說法批評陳後主："叔寶峻宇彫牆，酖酒荒色。上下離心，人神同憤。"⑤

〔1.2.3〕
柱礎

《淮南子》：山雲蒸，柱礎潤。

《說文》：欇之日切，㭉也；㭉，闌足也。楮章移切，柱砥也。古用木，今以石。

《博雅》：礎、碣音昔、磌音真，又徒年切，碩也。鑱音讒，謂之鈹音披。鐫醉全切，又子兗切，謂之鏨慙敢切。

《義訓》：礎謂之礩仄六切，礩謂之磶，磶謂之碣，碣謂之磩音額，今謂之石碇，音頂。

柱礎其名有六：一曰礎，二曰磶，三曰碣，四曰磌，五曰礩，六曰磩，今謂之石碇。這六個術語，除柱礎本身外，還涉及與之相關的名件。柱礎爲房屋立柱之基礎，位于柱根之下，一般由石質材料雕鑿而成，起到支撐屋柱的作用。

柱礎形式，除圓、方之外，還有種種不同式樣。宋人編《類說》中提到春秋時吳王夫差宮殿柱礎："吳王射堂，柱礎皆如伏龜。袁宏《宮賦》云'海龜之礎'是也。"⑥

柱礎上所安"欇"或"㭉"，是一種置于柱根與柱礎間的墊托性構件。

① [清]阮元校刻. 十三經注疏. 論語注疏. 卷第十九. 子張第十九. 第5503頁. 中華書局. 2009年
② [宋]張九成. 尚書詳説. 卷六. 夏書. 五子之歌. 第347頁. 浙江古籍出版社. 2013年
③ [清]洪亮吉. 春秋左傳詁. 卷十. 傳. 宣公. 二年. 第397頁. 中華書局. 1987年
④ [唐]令狐德棻等. 周書. 卷十一. 列傳第三. 晉蕩公護. 第177頁. 中華書局. 1971年
⑤ [唐]魏徵. 隋書. 卷五十七. 列傳第二十二. 薛道衡. 第1407頁. 中華書局. 1973年
⑥ [宋]曾慥編. 類說. 卷八. 述異記. 射堂

《爾雅注疏》中提到："孫炎云：'斫木質也。'《詩·商頌》云：'方斫是虔。'是也。又名櫨。"① 方斫，意爲方形的木斫，即木質墊塊。其意與"櫨"接近。

《淮南子》："山雲蒸，柱礎潤。"② 沿着柱礎石頭紋隙滲露出的水分，可能會進入柱根，并沿着木質柱子的紋理，向上延伸。在柱礎與柱根間，施以櫨，在一定程度上阻斷或減緩了水分自柱礎向柱根的滲透。

礩，乃"櫨"之異體字。《農政全書》引："《爾雅》曰：'礩，謂之槉。'郭璞注曰：'礩，木礩也。'礩從'石'，槉從'木'，即木礩也。礩，截木爲碼，圓形豎理，切物乃不拒刃。"③ 這裏的礩、礩、槉意思相近，都是一種墊托性器物，即所謂"截木爲碼"。碼，同"砋"，其意爲墊托之物。

《法式》引"《説文》：櫨之日切，柎也；柎，闌足也。楮章移切，柱砥也。古用木，今以石。"櫨，又稱"柎"，或"楮"，分別釋爲"闌足"與"柱砥"。其意與"櫨"或"礩"相近，都是附加于闌或柱之底部的墊托性構件。

與柱礎相關之術語，如礉、碼、磌、礤中，"碼"與"柱礎"本義較近。張衡《西京賦》："彤楹玉碼，繡栭雲楣。"④ 礉，除含柱礎之意外，還有階級之意。《太平御覽》引《決疑要注》："右

礉左平，平者以文磚相亞次，礉者爲陛級也。"⑤ 磌與櫨，其意相近，《法式》引《博雅》："磌音真，又徒年切，礩也。"

礤，似乎包含更多一層意義。《法式》將"礤"釋爲"石碇"。"碇"似含"礤"之意，如柱碇，素覆盆：階基、望柱、門砧、流盃之類應素造者同。碇，還有錨固之意。《東坡志林》提到東坡曾在廣西合浦海邊乘舟，"是日六月晦，無月，碇宿大海中。天水相接，星河滿天。"⑥

較晚近術語中，"礤"又稱"礤墩"，指房屋柱礎下所砌墩臺，有固定、承托柱礎之作用。《揚州畫舫録》："牆脚根曰掐砌，攔上柱頂石下柱曰碼礤墩。……歇山、硬山、山牆、碼單礤墩、碼連二礤墩，以柱頂石定長見方。"⑦

元代建築礤墩，爲磚石堆築而成。明清高等級建築礤墩，以磚或石頭砌築。礤墩深埋于房屋臺基內，周圍爲夯土，頂部放置柱礎。礤墩可爲獨立方柱狀，也可呈"連二礤墩"形式，即將兩根柱子下的礤墩連爲一體。房屋基座中，還可以用"攔土"將柱礎下礤墩之間連接成牆基形式。

《法式》中未見"礤墩"這一術語，可知在柱礎下設置礤墩做法宋遼時期似尚未形成。

① [清]阮元校刻. 十三經注疏. 爾雅注疏. 卷第五. 釋宮第五. 第5649頁. 中華書局. 2009年
② [漢]劉安編. 淮南子集釋. 卷十七. 説林訓. 第1220頁. 中華書局. 1998年
③ [明]徐光啓. 農政全書. 卷之三十四. 蠶桑. 桑事圖譜. 桑礩. 第1212頁. 中華書局. 2020年
④ [唐]歐陽詢. 藝文類聚. 卷六十一. 居處部一. 總載居處. 賦. 第1099頁. 上海古籍出版社. 1982年
⑤ [宋]李昉等. 太平御覽. 卷一百七十五. 居處部三. 殿. 第853頁. 中華書局. 1960年
⑥ [宋]蘇軾. 東坡志林. 卷一. 記游. 記過合浦. 第1頁. 中華書局. 1981年
⑦ [清]李斗. 揚州畫舫録. 卷十七. 工段營造録. 第403頁. 中華書局. 1980年

〔1.2.4〕
定平

《周官·考工記》：匠人建國，水地以懸。於四角立植而垂，以水望其高下，高下既定，乃爲位而平地。

《莊子》：水靜則平中準，大匠取法焉。

《管子》：夫準，壞險以爲平。

　　建造房屋之初，需要對其所處位置地面加以分析，確定未來室外地面與室內（臺基）地面實際標高。定平，即通過某種技術手段，確定房屋室內外地面，及柱礎頂面等的水平標高。

　　《周髀算經》："周公曰：'大哉言數！請問用矩之道？'商高曰：'平矩以正繩，偃矩以望高，覆矩以測深，卧矩以知遠。'"[①]其中包含古人所用之"定平"法。

　　房屋建造過程中的"定平"，是古人通過當時的水平儀并借助垂繩等操作而實現。關于宋代水平儀及其使用方法，詳見"壕寨制度"之"定平"條。

〔1.2.5〕
取正

《詩》：定之方中，又：揆之以日。定，營室也；方中，昏正四方也；揆，度也。度日出日入以知東西；南視定，北準極，以正南北。

《周官·天官》：惟王建國，辨方正位。

《考工記》：置槷以懸，視以景，爲規識日出之景與日入之景；夜考之極星，以正朝夕。

自日出而畫其景端，以至日入既，則爲規。測景兩端之內規之，規之交，乃審也。度兩交之間，中屈之以指槷，則南北正。日中之景，最短者也。極星，謂北辰。

《管子》：夫繩，扶撥以爲正。

《字林》槷時釗切，垂枲望也。

《匡謬正俗·音字》：今山東匠人猶言垂繩視正爲"槷"也。

　　上文"《周官·天官》"，陶本："《周禮·天官》"。傅書局合校本改"禮"爲"官"。[②] 下文統改，不再重提。

　　上文《考工記》條："置槷以懸"，陶本："置槷以垂"。[③] 傅書局合校本注："懸，《考工記》原文。"[④] 傅建工合校本注："熹年謹按：諸本作'垂'，原文作'懸'，避宋帝偏諱'玄'字改。"[⑤]

　　上文"《字林》槷時釗切，"與"《匡謬正俗·音字》：今山東匠人猶言垂繩視正爲'槷'也。"中，"槷"字爲"木"字旁，而在《法式》看詳中的"取正"行文中，"槷"字則爲"扌"旁，對其字存疑。

　　"取正"，即解決房屋營造中的方位與朝向問題。一組建築群，其主體建築，需要通過"取正"，將房屋位置與坐向確定下來。

---

① [清]臧琳. 經義雜記校補. 卷十三. 周髀算經. 第317頁. 中華書局. 2020年

② [宋]李誡, 傅熹年彙校. 營造法式合校本. 第一册. 總釋上. 取正. 校注. 中華書局. 2018年

③ 梁思成. 梁思成全集. 第七卷. 第32頁. 總釋上. 取正. 中國建築工業出版社. 2001年

④ [宋]李誡, 傅熹年彙校. 營造法式合校本. 第一册. 總釋上. 取正. 校注. 中華書局. 2018年

⑤ [宋]李誡, 傅熹年校注. 合校本營造法式. 第91頁. 總釋上. 取正. 注1. 中國建築工業出版社. 2020年

中國人崇尚北面爲尊，較重要建築，多取坐北朝南方位。古人確定方位，主要依靠太陽與北極星。通過"日出之景與日入之景"，確定東西方位；通過日中之景，與夜之極星，確定南北方向。"景"，即"影"。如正午日中之影最短時，可以推知正南方向，輔之以夜晚對北極（或營室）星的觀測，得出正北方向，即可確定南北方位。

"槷"本爲一動詞，從《法式》引《考工記》上下文，這裏的"槷"似爲古人用于確定方位的某種器物。"臬"，則爲古人測日影時所用的標杆。

【1.3】
大木作（枓栱）

〔1.3.1〕
材

《周官》：**任工以飭材事。**

《吕氏春秋》：**夫大匠之爲宫室也，景小大而知材木矣。**

《史記》：**山居千章之楸。** 章，材也。

班固《漢書》：**將作大匠屬官有主章長丞。**

舊將作大匠主材吏名章曹掾。

又《西都賦》：**因壊材而究奇。**

弁蘭《許昌宫賦》：**材靡隱而不華。**

《説文》：**㮯，刻也。** 㮯音至。

《傅子》：**構大厦者，先擇匠而後簡材。** 今或謂之方桁，桁音衡；按：構屋之法，其規矩制度，皆以章㮯爲祖。今語，以人舉止失措者，謂之"失章失㮯"，蓋此也。

上文"《周官》"，陶本："《周禮》"。傅建工合校本未作修改，仍爲"《周禮》"。[1]傅書局合校本改"禮"爲"官"。[2]

上文《傅子》，傅書局合校本注："《傅子》，晉傅玄著。"[3]傅建工合校本在"構"字下注："熹年謹按：北宋晁載之《續談助》節抄崇寧本《營造法式》即爲'構'字，而故宫本、丁本均已小注'犯御名'代替'構'字，應是南宋紹興十五年翻刻《營造法式》時避高宗名諱所改。故從崇寧本。"[4]

傅玄（217—278年），著有《傅子》一書。《晉書》中有其傳。

上文所引《傅子》語之原文爲："構大厦者，先擇匠，然（《意林》作"而"）後簡材；治國家者，先擇佐，然（《意林》作"而"）後定民（《意林》引"構大厦者"以下至此）。大匠構屋，必大材爲棟梁，小材爲榱橑，苟有所中，尺寸之木無棄也。"[5]

《法式》卷第四，"大木作制度一"中，關于"材"這一術語的專篇中，有較爲詳細的討論，這裏不作重複性表述。以下與"大木作制度"相關的諸術語同。

① [宋]李誡，傅熹年校注. 合校本營造法式. 第92頁. 總釋上. 材. 正文. 中國建築工業出版社. 2020年
② [宋]李誡，傅熹年彙校. 營造法式合校本. 第一册. 總釋上. 材. 校注. 中華書局. 2018年
③ [宋]李誡，傅熹年彙校. 營造法式合校本. 第一册. 總釋上. 材. 校注. 中華書局. 2018年
④ [宋]李誡，傅熹年校注. 合校本營造法式. 第93頁. 總釋上. 材. 注1. 中國建築工業出版社. 2020年
⑤ [唐]馬總. 意林校釋. 卷五. 六一. 傅子一百二十卷. 第550頁. 中華書局. 2014年

〔1.3.2〕
栱

《爾雅》：閞謂之槉。柱上欂也，亦名枅，又曰楂。閞，音弁。槉，音疾。

《蒼頡篇》：枅，柱上方木。

《釋名》：欒，攣也；其體上曲，攣拳然也。

王延壽《魯靈光殿賦》：曲枅要紹而環句。曲枅，栱也。

《博雅》：欂謂之枅，曲枅謂之欒。枅，音古妍切，又音難。

薛綜《西京賦》注：欒，柱上曲木，兩頭受櫨者。

左思《吳都賦》：彫欒鏤楶。欒，栱也。

上文小注"曲枅，栱也"，傅建工合校本注："劉批丁本：'枃'應爲'栱'。熹年謹按：張本亦誤作'枃'，然四庫本即作'曲枅，栱也'。據改。"①

〔1.3.3〕
飛昂

《說文》：櫼，楔也。

何晏《景福殿賦》：飛昂鳥踴。

又：櫼櫨各落以相承。李善曰：飛昂之形，類鳥之飛。今人名屋四阿栱曰櫼昂，櫼即昂也。

劉梁《七舉》：雙覆井菱，荷垂英昂。

《義訓》：斜角謂之飛枊。今謂之下昂者，以昂尖下指故也。下昂尖，面顱下平。又有上昂，如昂桯挑斡者，施之於屋內或平坐之下。昂字又作枊，或作棍者，皆吾郎切。顱，於交切，俗作凹者，非是。

上文"櫼櫨各落以相承"，陶本："櫼櫨角落以相承"，傅書局合校本注："各，《文選》原文作'各'，以下同。"②傅建工合校本未作修改，并注："劉批陶本：'角'，《文選》原文作'各'。以下同。"③又注："熹年謹按：晁載之《續談助》節抄崇寧本《營造法式》即作'角'。晁氏抄于崇寧五年，當源出北宋崇寧二年初刊之小字本，因知其原文如此，故不改。"④

另上文"雙覆井菱，荷垂英昂"，傅書局合校本注："'雙轅覆井，茭荷垂英。'據《文選》原文改。"⑤傅建工合校本注："熹年謹按：此條諸本均作'雙覆井菱，荷垂英昂'。然何晏景福殿賦'飛枊鳥踴，雙轅是荷'句下李善注云：'劉梁七舉曰：雙轅覆井，茭荷垂英'。此條誤'轅'爲'覆'，誤'茭'爲'菱'，又誤以'昂'屬上讀，恐是傳抄致誤也，今據宋本《文選》改。"⑥

關于上文所引《義訓》條，傅書局合校本注："丁本不可從。注文甚明。昂字又作'枊'，或作'昂'。

① [宋]李誡，傅熹年校注. 合校本營造法式. 第94頁. 總釋上. 栱. 注1. 中國建築工業出版社. 2020年
② [宋]李誡，傅熹年彙校. 營造法式合校本. 第一册. 總釋上. 飛昂. 校注. 中華書局. 2018年
③ [宋]李誡，傅熹年校注. 合校本營造法式. 第96頁. 總釋上. 飛昂. 注1. 中國建築工業出版社. 2020年
④ [宋]李誡，傅熹年校注. 合校本營造法式. 第96頁. 總釋上. 飛昂. 注2. 中國建築工業出版社. 2020年
⑤ [宋]李誡，傅熹年彙校. 營造法式合校本. 第一册. 總釋上. 飛昂. 校注. 中華書局. 2018年
⑥ [宋]李誡，傅熹年校注. 合校本營造法式. 第96頁. 總釋上. 飛昂. 注3. 中國建築工業出版社. 2020年

原刊作'柳'亦誤。"①

上文所引："欂""飛棵""英昂""斜角""下昂"者，均爲"飛昂"之別稱。

《漢語大字典》："欂，'jian'。《説文》：'欂，楔也。從木，韱聲。'"②其義有二：其一，"木楔，木簽。"③其二："柳，即枓栱。《集韻·鹽韻》：'欂，抑也。'方成珪考證：'柳爲抑。'據《文選·何晏〈景福殿賦〉》注正。《文選·何晏〈景福殿賦〉》：'欂櫨各落以相承，欒栱夭蟜而交結。'李善注：'欂，即柳也。'又'飛柳鳥踊。'李善注：'飛柳之形，類鳥之飛……今人名屋四阿栱曰欂柳也。'"④

唐人李善注《文選》："飛柳鳥踊，雙轅是荷。（飛柳之形，類鳥之飛，又有雙轅。任承檐以荷眾材，今人名屋四阿栱曰欂柳也。劉梁《七舉》曰：雙轅覆井，芰荷垂英。）"⑤

〔1.3.4〕
爵頭

《釋名》上入曰爵頭，形似爵頭也。 今俗謂之耍頭，又謂之胡孫頭；朔方人謂之蜉蝣頭。蜉，音浮，蝣，音縱。

《通典》："爵弁服：纁裳，純衣，緇帶，韎韐。（此助君祭之服。爵弁，冕之次也，其色赤而微黑，如爵頭然。）"⑥

《文獻通考》："《通典》：有虞氏皇而祭，其制無文，蓋爵弁之類。夏后氏因之，曰收，純黑，前小後大。殷因之，曰冔，黑而微白，前大後小。周因制爵弁（爵弁，冕之次），赤而微黑，如爵頭然，前小後大。"⑦

爵頭之稱，或從古代冠冕而來。其前小後大形式，確與宋代建築鋪作中之耍頭相類。或以其形相近，故名之爲"爵頭"。宋時俗稱"耍頭"。

〔1.3.5〕
枓

《論語》：山節藻梲。 節，枓也。

《爾雅》：栭謂之楶。 即櫨也。

《説文》：櫨，柱上柎也。栭，枅上標也。

《釋名》：櫨在柱端。都盧，負屋之重也。枓在欒兩頭，如斗，負上穩也。

《博雅》：楶謂之櫨。 節、楶，古文通用。

《魯靈光殿賦》：層櫨磥佹以岌峩。 櫨，枓也。

《義訓》：柱斗謂之楂。 音沓。

上文"《論語》，山節藻梲。"陶本："語：山節藻梲。"傅書局合校本注，"論語"⑧。傅建工合校本此處未作修改，并注："劉批陶本：陶本同丁本，無'論'字。故宮本亦無'論'字。"⑨又注："熹年謹按：明姚咨傳抄宋本晁載之《續談助》中節抄北宋崇

① [宋]李誡，傅熹年彙校. 營造法式合校本. 第一册. 總釋上. 飛昂. 校注. 中華書局. 2018年
② 漢語大字典. 第555頁. 木部. 欂. 四川辭書出版社-湖北辭書出版社. 1993年
③ 漢語大字典. 第555頁. 木部. 欂. 四川辭書出版社-湖北辭書出版社. 1993年
④ 漢語大字典. 第555頁. 木部. 欂. 四川辭書出版社-湖北辭書出版社. 1993年
⑤ 龔克昌等. 全三國賦評注. 王粲. 七釋. 何晏. 景福殿賦. 第185頁. 齊魯書社. 2013年

⑥ [唐]杜佑. 通典. 卷第五十六. 禮十六. 沿革十六. 嘉禮一. 諸侯大夫士冠. 第1581頁. 中華書局. 1988年
⑦ [元]馬端臨. 文獻通考. 卷一百十一. 王禮考六. 君臣冠冕服章. 衣冠之制. 第3386頁. 中華書局. 2011年
⑧ [宋]李誡，傅熹年彙校. 營造法式合校本. 第一册. 總釋上. 斗. 校注. 中華書局. 2018年
⑨ [宋]李誡，傅熹年校注. 合校本營造法式. 第98頁. 總釋上. 枓. 注1. 中國建築工業出版社. 2020年

寧本《法式》亦無'論'字，故不改。"①

上文引《釋名》，"櫨在柱端。都盧，負屋之重也"，陶本："盧在柱端。都盧，負屋之重也。"傅注：改"盧在柱端"之"盧"爲"櫨"。②

又"枓在欒兩頭"，傅注：改"枓"爲"斗"。③

都盧，《禹貢錐指》稱其爲山名：都盧山。其位置似在隋代時的平涼郡百泉縣境內，其縣治在今寧夏固原市東南。

又都盧，爲古國名。據《西漢會要》："孝武之世，開玉門，通西域，設酒池肉林，以饗四夷之客，作巴俞都盧海中碭，徒浪反。極漫衍魚龍角抵之戲，以觀視之西域傳贊，晉灼曰，都盧，國名也，李奇曰，都盧輕體善緣者也，碭，極樂名也。"④

宋人撰《能改齋漫録》："《新唐書·元載傳》及李肇《國史補》載：'客有《賦都盧尋橦篇》諷其危，載泣下而不知悟。'夫都盧尋橦，緣竿之伎也，見《西京雜記》。……張衡《西京賦》：'都盧尋橦。'《唐書音訓》曰：'尋橦，盧會山名。其土人善緣橦竿。'然不著所出。予按，《漢書》曰：'自合浦南，有都盧國。'《太康地志》曰：'都盧國，其人善緣高。'"⑤

似可推測，古人想象位于柱端之大枓，如都盧國人，善于緣高而至橦竿之

頂，故稱"櫨枓"。故"櫨枓"之謂，或從"都盧"國人"善尋橦緣竿"而來？亦未可知。

〔1.3.6〕
鋪作

漢《柏梁詩》：大匠曰：柱枅欂櫨相支持。

《景福殿賦》：桁梧複疊，勢合形離。桁梧，枓栱也，皆重疊而施，其勢或合或離。

又：欂櫨各落以相承，欒栱夭蟜而交結。

徐陵《太極殿銘》：千櫨赫奕，萬栱崚層。

李白《明堂賦》：走栱蠡緣。

李華《含元殿賦》：雲薄萬栱。

又：懸櫨駢湊。今以枓栱層數相疊出跳多寡次序，謂之鋪作。

上文引漢《柏梁詩》，"柱枅欂櫨相支持"，陶本："柱榱欂櫨相支持。"陳注：改"榱"爲"枅"。⑥傅書局合校本改"榱"爲"枅"。⑦傅建工合校本未作修改，仍爲"榱"。⑧

又"欒栱夭蟜而交結"，陶本："欒栱夭矯而交結。"陳注：改"矯"爲"蟜"。⑨傅書局合校本改"矯"爲"蟜"⑩，又注："'蟜'字不必從"。⑪傅建工合校本注："熹年謹按：諸本均作'矯'，而宋本《文選》該賦作'蟜'，故從《文選》。"⑫

上文"懸櫨駢湊"，傅書局合校本改"懸"爲"千"，并注："依四庫

① [宋]李誡. 傅熹年校注. 合校本營造法式. 第98頁. 總釋上. 枓. 注2. 中國建築工業出版社. 2020年
② [宋]李誡. 傅熹年彙校. 營造法式合校本. 第一册. 總釋上. 斗. 校注. 中華書局. 2018年
③ [宋]李誡. 傅熹年彙校. 營造法式合校本. 第一册. 總釋上. 斗. 校注. 中華書局. 2018年
④ [宋]徐天麟. 西漢會要. 卷二十二. 樂（下）. 角抵. 第199頁. 中華書局. 1955年
⑤ [宋]吳曾. 能改齋漫録. 卷六. 事實. 都盧尋橦緣竿也. 第206-207頁. 大象出版社. 2019年
⑥ [宋]李誡. 營造法式（陳明達點注本）. 第一册. 第17頁. 總釋上. 鋪作. 批注. 浙江攝影出版社. 2020年

⑦ [宋]李誡. 傅熹年彙校. 營造法式合校本. 第一册. 總釋上. 鋪作. 校注. 中華書局. 2018年
⑧ [宋]李誡. 傅熹年校注. 合校本營造法式. 第99頁. 總釋上. 鋪作. 正文. 中國建築工業出版社. 2020年
⑨ [宋]李誡. 營造法式（陳明達點注本）. 第一册. 第18頁. 總釋上. 鋪作. 批注. 浙江攝影出版社. 2020年
⑩ [宋]李誡. 傅熹年彙校. 營造法式合校本. 第一册. 總釋上. 鋪作. 校注. 中華書局. 2018年
⑪ [宋]李誡. 傅熹年彙校. 營造法式合校本. 第一册. 總釋上. 鋪作. 校注. 中華書局. 2018年
⑫ [宋]李誡. 傅熹年校注. 合校本營造法式. 第99頁. 總釋上. 鋪作. 注1. 中國建築工業出版社. 2020年

本、故宮本、丁本。"① 即改爲"千
櫨駢湊"。

上文小注"今以枓栱層數相疊出跳多寡次序，謂之鋪作。"似對宋式建築"鋪作"之定義。見《法式》卷第四，"大木作制度一"，"總鋪作次序"節，前後對應，可知"枓栱層數相疊出跳多寡次序"，即爲鋪作。

【1.4】
大木作（梁架）

〔1.4.1〕
平坐

張衡《西京賦》：閣道穹隆。閣道，飛陞也。

又：隥道邐倚以正東。隥道，閣道也。

《魯靈光殿賦》：飛陞揭孽，緣雲上征；中坐垂景，俯視流星。

《義訓》：閣道謂之飛陞，飛陞謂之隥。今俗謂之平坐，亦曰鼓坐。

上文"《西京賦》"，陶本："《西都賦》"，傅書局合校本改"都"爲"京"，并注："京，據宋本《文選》"。② 全書統改，下文不再重提。

上文小注"隥道，閣道也。"傅建工合校本注："熹年謹按：《文選·西京

賦》原注作'隥，閣道也。'録以備考。"③

據《全後漢文》引《西京賦》："於是鉤陳之外，閣道穹隆，屬長樂與明光，徑北通乎桂宮。"④另《太平御覽》："張衡《西京賦》曰：'鉤陳之外，閣道穹隆，屬長樂與明光，徑北通乎桂宮。'"⑤

〔1.4.2〕
梁

《爾雅》：朵廇謂之梁。屋大梁也。朵，武方切。廇，力又切。

司馬相如《長門賦》：委參差以糠梁。糠，虛也。

《西都賦》：抗應龍之虹梁。梁曲如虹也。

《釋名》：梁，强梁也。

何晏《景福殿賦》：雙枚既修。兩重作梁也。

又：重桴乃飾。重桴，在外作兩重牽也。

《博雅》：曲梁謂之罛。音柳。

《義訓》：梁謂之欐。音禮。

上文"委參差以糠梁"，陶本："委參差之糠梁"。陳注：改"之"爲"以"。⑥

傅書局合校本改"之"爲"以"，并注："以，據宋本《文選》。"⑦傅建工合校本注："熹年謹按：諸本作'之'字，而《文選·長門賦》作'以'，據改。"⑧

上文"《景福殿賦》：雙枚既修。

① [宋]李誡，傅熹年彙校. 營造法式合校本. 第一册. 總釋上. 鋪作. 校注. 中華書局. 2018年
② [宋]李誡，傅熹年彙校. 營造法式合校本. 第一册. 總釋上. 平坐. 校注. 中華書局. 2018年
③ [宋]李誡，傅熹年校注. 合校本營造法式. 第100頁. 總釋上. 平坐. 注1. 中國建築工業出版社. 2020年
④ [清]嚴可均輯. 全上古三代秦漢三國六朝文. 卷五十二. 張衡. 西京賦. 第762a頁. 中華書局. 1958年
⑤ [宋]李昉等. 太平御覽. 卷一百八十四. 居處部十二. 閣. 第895頁. 中華書局. 1960年
⑥ [宋]李誡. 營造法式（陳明達點注本）. 第一册. 第19頁. 總釋上. 梁. 批注. 浙江攝影出版社. 2020年
⑦ [宋]李誡，傅熹年彙校. 營造法式合校本. 第一册. 總釋上. 梁. 校注. 中華書局. 2018年
⑧ [宋]李誡，傅熹年校注. 合校本營造法式. 第102頁. 總釋上. 梁. 注1. 中國建築工業出版社. 2020年

兩重作梁也"，傅建工合校本注："劉校故宮本：丁本脫此條，據故宮本補。熹年謹按：晁載之《續談助》本、四庫本、張本均不脫，附前條之下。"

《爾雅義疏》："㭥𣗳謂之梁。屋大梁也。其上楹謂之梲。侏儒柱也。閞謂之槉。柱上欂也。亦名枅，又曰楷。栭謂之楶。即櫨也。棟謂之桴。屋檼。桷謂之榱。屋椽。桷直而遂謂之閱。謂五架屋際椽正相當。直不受檐謂之交。謂五架屋際椽不直上檐，交於檼上。檐謂之楠。屋梠。"①

《爾雅注疏》這段釋文，幾乎涉及古代房屋上部結構各部分所用術語，包括大梁㭥𣗳、侏儒柱梲、栱槉、欂、枅、楷、枓栭、楶櫨、欂棟、桴、檼、屋椽榱、檐楠、梠等，及屋檐、屋頂的某些構造做法，如閱、交等。

梁是古代建築木構梁架的核心構件，除被稱爲"㭥𣗳"外，還被稱爲"梁""欐"等。唐人柳子厚《小石城山記》："其上爲睥睨梁欐之形。"②將梁與欐連用，其意仍爲"梁"。

〔1.4.3〕
柱

《詩》：有覺其楹。
《春秋·莊公》：丹桓宮楹。

又：禮：楹，天子丹，諸侯黝，大夫蒼，士黈。黈，黃色也。

又：三家視桓楹。柱曰植，曰桓。

《西都賦》：彤玉瑱以居楹。瑱，音鎮。

《説文》：楹，柱也。

《釋名》：柱，住也。楹，亭也；亭亭然孤立，旁無所依也。齊魯讀曰輕；輕，勝也。孤立獨處，能勝任上重也。

何晏《景福殿賦》：金楹齊列，玉舃承跋。

玉爲舃以承柱下；跋，柱根也。

上文"禮"條，梁注："《春秋穀梁傳》卷三，莊公二十三年：'秋，丹桓宮楹。禮，天子丹，諸侯黝，大夫蒼，士黈。丹桓宮楹，非禮也。'由這段文字看，《法式》原文'禮'前疑脫'又'字，今妄加之。"③

傅書局合校本注："《穀梁傳》原文爲：'秋，丹桓宮楹。禮，天子、諸侯黝堊，大夫蒼，士黈。丹楹，非禮也。'《法式》此處曲引經文以求符合宋制之天子丹楹也。"④

傅建工合校本注："熹年謹按：此條仍接上條，同出自《穀梁傳》卷三，莊公二十三年。北宋晁伯宇《續談助》節抄崇寧二年刊本《營造法式》中此條亦同，因知《營造法式》初刊原文即如此。然核之《穀梁傳》，據宋余氏萬卷堂刊本，其

① [清]郝懿行. 爾雅義疏. 中之一. 釋宮第五. 第3211頁. 齊魯書社. 2010年
② [唐]柳宗元. 柳宗元集. 卷二十九. 記. 小石城山記. 第772頁. 中華書局. 1979年
③ 梁思成. 梁思成全集. 第七卷. 第34頁. 總釋上. 柱. 注1. 中國建築工業出版社. 2001年
④ [宋]李誡. 傅熹年校. 營造法式合校本. 第一册. 總釋上. 柱. 校注. 中華書局. 2018年

原文爲‘秋，丹桓宮楹。禮，天子諸侯黝堊，大夫蒼，士黅。丹楹，非禮也。’明言丹楹非禮，與此條文義大異。但宋慶元五年城都路轉運司刊本《太平御覽》卷一八七亦引此條，作‘《穀梁傳》曰：丹桓宮楹。禮，天子丹，諸侯黝，大夫蒼，士黅。’與《營造法式》此條文字小異而意同。《太平御覽》成書于太平興國八年，因知在北宋初即有曲引經文以符當時宮室丹楹制度的情況。李誡此處舍《穀梁傳》原文而遠引類書《太平御覽》，恐是有意避開‘丹楹，非禮也’之經文，以求不違宋代宮殿丹楹之制也。”①

傅建工合校本注上文“丹桓宮楹”與“柱曰楹，曰桓”：“熹年謹按：此二條故宮本、丁本‘桓’字均作‘淵聖御名’，爲南宋重刊本避欽宗諱改，而《續談助》錄自崇寧原本，均作‘桓’，故據《續談助》改。四庫本亦均作‘桓’。”②

傅先生所引《穀梁傳》有關禮之柱楹色彩原文，是一重要史料發掘，對理解宋人“曲引經文”做法，及《法式》中這一經典的原義有了新的理解。

另據《春秋公羊傳》，莊公二十三年：“秋，丹桓宮楹。何以書？譏。何譏爾？丹桓宮楹，非禮也。”③

① [宋]李誡，傅熹年校注. 合校本營造法式. 第104頁. 總釋上. 柱. 注1. 中國建築工業出版社. 2020年
② [宋]李誡，傅熹年校注. 合校本營造法式. 第104頁. 總釋上. 柱. 注2. 中國建築工業出版社. 2020年
③ [清]阮元校刻. 十三經注疏. 春秋公羊傳注疏. 卷第八. 二十三年. 第4857頁. 中華書局. 1979年
④ [宋]李誡，傅熹年彙校. 營造法式合校本. 第一冊. 總釋上. 陽馬. 校注. 中華書局. 2018年

〔1.4.4〕
陽馬

《周官·考工記》：殷人四阿重屋。四阿，若今四注屋也。

《爾雅》：直不受檐謂之交。謂五架屋際，椽不直上檐，交於檩上。

《說文》：栭樗，殿堂上最高處也。

何晏《景福殿賦》：承以陽馬。陽馬，屋四角引出以承短椽者。

左思《魏都賦》：齊龍首而涌霤。屋上四角，雨水入龍口中，瀉之於地也。

張景陽《七命》：陰虹負檐，陽馬翼阿。

《義訓》：闕角謂之栭樗。今俗謂之角梁。又謂之梁抹者，蓋語訛也。

上文“殷人四阿重屋”，陶本：“商人四阿重屋”，傅書局合校本注：改“商”爲“殷”。④傅建工合校本未作修改，仍爲“商人四阿重屋”。⑤

上文小注“若今四注屋也”，陶本：“若今四注屋也”，傅建工合校本改“柱”爲“注”。

栭樗，意即“陽馬”或“角梁”。明人宋濂有：“陽馬四騫，栭樗高翔；金浮翠流，輝輝煌煌。”⑥其文中的陽馬與栭樗，是彼此相對應的，均指房屋室內四隅的角梁。清代朱彝尊《曝書亭集》有：“爲章倬雲漢，題扁照栭樗”⑦句，這裏的“扁”，意爲“匾額”，高懸于檐

⑤ [宋]李誡，傅熹年校注. 合校本營造法式. 第105頁. 總釋上. 陽馬. 正文. 中國建築工業出版社. 2020年
⑥ [明]宋濂. 潛溪前集. 卷之九. 官巖院碑. 第234頁. 浙江古籍出版社. 2014年
⑦ 徐世昌編. 晚晴簃詩匯. 卷四十四. 朱彝尊. 謁泰伯廟. 第1699頁. 中華書局. 2018年

下的匾額，與屋角檐下的柧棱（角梁）亦彼此呼應。

另"柧"，本義爲棱角，亦指有棱角之木。柧棱，似爲有棱有角之意，故有時被用來形容人物之性格，如《明史》中描述萬曆時某位文官："柧棱自持，不依麗人。"①

晉人張協《七命》中有："頹素煥爛，粉栱嵯峨；陰虹負檐，陽馬承阿。"②與《法式》所引之"陰虹負檐，陽馬翼阿"，有一字之差。負檐之"陰虹"，與承阿之"陽馬"，確有相類之處，似乎都是在喻指"角梁"？

〔1.4.5〕

侏儒柱

《論語》：山節藻梲。

《爾雅》：梁上楹謂之梲。侏儒柱也。

揚雄《甘泉賦》：抗浮柱之飛榱。浮柱即梁上柱也。

《釋名》：棳，棳儒也；梁上短柱也。棳儒猶侏儒，短，故因以名之也。

《魯靈光殿賦》：胡人遙集於上楹。今俗謂之蜀柱。

上文《論語》，傅建工合校本注："熹年謹按：諸本均無'論'字，明姚咨傳抄本晁載之《續談助》節抄北宋崇寧本《法式》亦無'論'字。"③

上文"梁上楹謂之梲"，陳注：改"梲"爲"棳"④，即"梁上楹謂之棳"。傅書局合校本改"梲"爲"棳"。⑤傅建工合校本未作修改，其文仍爲"梁上楹謂之梲"。⑥

另"《釋名》：棳，棳儒也；梁上短柱也。"傅注："（棳）重複，應刪去。"⑦并注："棳儒，儒也。不誤。以'棳'字起，棳儒。又以常語之'棳儒'，起名物之'棳儒'。"⑧傅建工合校本此處未作修改與注釋。

《漢語大字典》："《説文》：棳，木也。從木，叕聲。"⑨其有一意爲："梁上的短柱，即'梲'。《玉篇木部》：'棳，梁上楹也。'"⑩

《禮記正義》："藻梲，章悦反，依字當作棳，梁上侏儒柱。"⑪認爲"梲"爲"棳"之誤。近人章炳麟《國故論衡》提到："叕在泰部，而屈、鈯、拙諸字，與叕、窡、棳諸字，同有短義。"⑫章氏又從字之音聲對轉的角度進一步解釋説："問曰：凡陽聲之收半摩半那者，從陰聲而加之鼻音；侯幽之宵，寧不可加以半那？答曰：有焉！然其勢不能上遂，而復下墮，故陰聲有隔越相轉之條。……故侏儒爲棳儒，……。"⑬或可推知，棳儒，似爲"侏儒"二字的不同發音，其意似仍爲"侏儒"。由此，《法式》原文，似不宜刪去"棳"字。

① [清]張廷玉等．明史．卷二百七十四．列傳第一百六十二．高弘圖傳．第7027頁．中華書局．1974年
② [唐]房玄齡等．晉書．卷五十五．列傳第二十五．張載（弟協 協弟亢）傳．第1520頁．中華書局．1974年
③ [宋]李誡，傅熹年校注．合校本營造法式．第106頁．總釋上．侏儒柱．注1．中國建築工業出版社．2020年
④ [宋]李誡．營造法式（陳明達點注本）．第一册．第21頁．總釋上．侏儒柱．批注．浙江攝影出版社．2020年
⑤ [宋]李誡，傅熹年彙校．營造法式合校本．第一册．總釋上．侏儒柱．校注．中華書局．2018年
⑥ [宋]李誡，傅熹年校注．合校本營造法式．第106頁．總釋上．侏儒柱．正文．中國建築工業出版社．2020年
⑦ [宋]李誡，傅熹年彙校．營造法式合校本．第一册．總釋上．侏儒柱．校注．中華書局．2018年
⑧ [宋]李誡，傅熹年彙校．營造法式合校本．第一册．總釋上．侏儒柱．校注．中華書局．2018年
⑨ 漢語大字典．第522頁．木部．棳．四川辭書出版社-湖北辭書出版社．1993年
⑩ 漢語大字典．第522頁．木部．棳．四川辭書出版社-湖北辭書出版社．1993年
⑪ [清]阮元校刻．十三經注疏．禮記正義．卷第二十三．禮器第十．第3106頁．中華書局．2009年
⑫ 章太炎．國故論衡疏證．上之二．成均圖．第58頁．中華書局．2008年
⑬ 章太炎．國故論衡疏證．上之二．成均圖．第72頁．中華書局．2008年

"棁"爲多義字，與《法式》義最接近者是《爾雅》："柍廇謂之梁，其上楹謂之棁。"①《論語》："子曰：'臧文仲居蔡，山節藻棁，何如其知也。'"②《禮記》中亦引用了孔子的這句話。"棁"之意爲短柱，即侏儒柱（或蜀柱）。

《初學記》引張衡《西京賦》："神明崛其特起，井幹疊而百增；岪遊極於浮柱，結重欒以相承。"③《藝文類聚》引晉人陸機《七徵》："雲階飛陛，仰陟穹蒼，聳浮柱而虹立，施飛檐以龍翔。"④可知以"浮柱"指稱"短柱"，在漢晉時期較爲流行。

〔1.4.6〕

斜柱

《長門賦》：**離樓梧而相樘**。丑庚切。

《説文》：**樘，衺柱也**。

《釋名》：**梧，在梁上，兩頭相觸梧也**。

《魯靈光殿賦》：**枝樘杈枒而斜據**。枝樘，梁上交木也。杈枒相柱，而斜據其間也。

《義訓》：**斜柱謂之梧**。今俗謂之叉手。

上文"離樓梧而相樘"，傅書局合校本改"樘"爲"撐，據宋本《文選》。"⑤傅建工合校本注："熹年謹按：晁載之《續談助》本及諸本法式均作'樘'，惟丁本作'樘'。"⑥

另上文引《釋名》，"梧，在梁上，兩頭相觸梧也。"陶本："梧，在梁上，兩頭相觸梧也。"傅書局合校本注："《釋名》：二字皆作'梧'。"⑦陳注："《釋名》：二字皆作'梧'。丁本前字作'迕'，後字亦然。按'梧'不偽，惟'梧'當作'牾'，見《漢書·王莽傳》：'亡所牾意'。《後漢（書）·桓典傳》：'牾宦官。'"⑧傅建工合校本注："熹年謹按：此條'梧'字晁載之《續談助》本及故宮本、四庫本、張本作'迕'，因據改。"⑨其本此句改爲："《釋名》：迕，在梁上，兩頭相觸迕也。"⑩

"衺"與"斜"同音同義，則"樘"爲衺柱，即斜柱。梧，意爲"牴牾"。漢代人揚雄撰《方言》："適，牾也相觸迕也。"⑪其意相類。

唐人李貽孫撰《虁州都督府記》，載隋人所建越公堂："奇構隆敞，内無樘柱，复視中脊，邈不可度。"⑫這裏的"樘柱"，疑指斜柱。唐代僧人道世所撰《法苑珠林》中有："一枝動已，舉樹枝葉互相樘觸，而有聲出。"⑬樘觸，似有觸梧之意。

枝樘杈枒，如樹木枝杈般向不同方向斜向伸展，形成支撑之力。

另上文引"《義訓》：斜柱謂之梧。"

① [清]劉寶楠. 論語正義. 卷六. 公冶長第五. 十九章. 爾雅云. 第192頁. 中華書局. 1990年
② [清]阮元校刻. 十三經注疏. 論語注疏. 卷第五. 公冶長第五. 第5374頁. 中華書局. 2009年
③ [唐]徐堅. 初學記. 卷第二十四. 居處部. 樓第五. 第573頁. 中華書局. 2004年
④ [唐]歐陽詢. 藝文類聚. 卷五十七. 雜文部三. 七. 第1032頁. 上海古籍出版社. 1982年
⑤ [宋]李誡，傅熹年彙校. 營造法式合校本. 第一册. 總釋上. 斜柱. 校注. 中華書局. 2018年
⑥ [宋]李誡，傅熹年校注. 合校本營造法式. 第107頁. 總釋上. 斜柱. 注1. 中國建築工業出版社. 2020年
⑦ [宋]李誡，傅熹年彙校. 營造法式合校本. 第一册. 總釋上. 斜柱. 校注. 中華書局. 2018年
⑧ [宋]李誡. 營造法式（陳明達點注本）. 第一册. 第22頁. 總釋上. 斜柱. 批注. 浙江攝影出版社. 2020年
⑨ [宋]李誡，傅熹年校注. 合校本營造法式. 第107頁. 總釋上. 斜柱. 注2. 中國建築工業出版社. 2020年
⑩ [宋]李誡，傅熹年校注. 合校本營造法式. 第107頁. 總釋上. 斜柱. 正文. 中國建築工業出版社. 2020年
⑪ 吳祖謨校箋. 方言校箋. 第十三. 第86頁. 中華書局. 1993年
⑫ [清]董誥等編. 全唐文. 卷五百四十三. 李貽孫. 虁州都督府記. 第5515頁. 中華書局. 1983年
⑬ [唐]釋道世. 法苑珠林校注. 卷第三十一. 妖怪篇第二十四. 引證部第二. 第973頁. 中華書局. 2003年

《漢語大字典》釋"梧"："屋梁上兩頭起支架作用的斜柱。《釋名·釋宮室》：'梧在梁上，兩頭相觸牾也。'畢沅疏證：'梧下當有"牾也"二字。'……《文選·何晏〈景福殿賦〉》：'桁梧複疊，勢合形離。'李善注：'梧，柱也。'"[1]

迕，有"交錯；夾雜"之意。《漢語大字典》引《文選·宋玉〈風賦〉》：'耾耾雷聲，迴穴錯迕。'李善注：'錯迕，雜錯交迕也。'"[2] 其下另有注："斜柱名之一。宋李誡《營造法式·大木作制度一·斜柱》：斜柱，其名有五：一曰斜柱，二曰梧，三曰迕，四曰枝撐，五曰叉手。"[3] 但其言"大木作制度一·斜柱"，誤，實爲"大木作制度二·侏儒柱（斜柱附）"。

---

① 漢語大字典. 第509頁. 木部. 梧. 四川辭書出版社-湖北辭書出版社. 1993年

② 漢語大字典. 第1589頁. 辶部. 迕. 四川辭書出版社-湖北辭書出版社. 1993年

③ 漢語大字典. 第1589頁. 辶部. 迕. 四川辭書出版社-湖北辭書出版社. 1993年

第 2 章

《營造法式》卷第二

總釋下

營造法式卷第二

通直郎管修蓋專事第外第專一提舉修蓋班直諸軍營房等臣李誡奉

聖旨編修

總釋下

棟	兩際	
搏風	柎	
槫	檐	
舉折	門	
烏頭門	華表	
窗	平棊	
鬬八藻井	鉤闌	
拒馬叉子	屏風	
槏柱	露籬	
鴟尾	瓦	
塗	彩畫	
階	塼	
井		

總例

【2.0】
本章導言

本章内容，涉及房屋各部分構成名件，從構成房屋屋蓋之榑、椽，到形成房屋外觀造型之兩際、搏風；從屋頂起坡之舉折，到室内裝飾之平棊、鬪八藻井；亦有門、窗、鈎闌、屏風等房屋小木作裝修部分，及鴟尾、彩畫等房屋室内外裝飾做法和基本的建築材料，如磚、瓦等。其所釋名詞之各自屬性分類并不十分清晰，彼此間的邏輯聯繫也不十分密切，大約像古代中藥鋪内的藥材分類，似有歸類，却又彼此各不相屬。

由于本章中所釋之術語，多爲古代建築不同組成部分的名稱，在兹後諸章中，又多次述及，故筆者在這裏或僅將在歷史文獻中有較多不同詞義的術語擇出，加以詮釋，這些術語之間并無邏輯上的彼此關聯，也就顯得并不那麽十分令人詫異了。

【2.1】
大木作（屋蓋-舉折）

〔2.1.1〕
棟

《易》：**棟隆吉。**

《爾雅》：**棟謂之桴。** 屋檼也。

《儀禮》：**序則物當棟，堂則物當楣。** 是制五架之屋也。正中曰棟，次曰楣，前曰庪，九僞切，又九委切。

《西都賦》：**列棼橑以布翼，荷棟桴而高驤。** 棼、桴，皆棟也。

揚雄《方言》：**甍謂之霤。** 即屋檼也。

《說文》：**極，棟也。棟，屋極也。檼，棼也。甍，屋棟也。** 徐鍇曰：所以承瓦，故從瓦。

《釋名》：**檼，隱也；所以隱桷也。或謂之望，言高可望也。或謂之棟；棟，中也，居屋之中也。屋脊曰甍；甍，蒙也，在上蒙覆屋也。**

《博雅》：**檼，棟也。**

《義訓》：**屋棟謂之甍。** 今謂之榑，亦謂之檁，又謂之櫋。

上文引《儀禮》小注："前曰庪"，陳注：改"庪"爲"庪"。[1] 傅書局合校本注：改"庪"爲"庪"。[2]

上文引《釋名》："所以隱桷也"，陶本："所以隱桶也"，陳注："'桶'疑應作'桷'。"[3] 傅書局合校本注：改"桶"爲"桷"，并注："桷，據晁載之《續談助》摘抄北宋本《法式》改。"[4] 傅建工合校本注："熹年謹按：'桷'，陶本、張本、文津四庫本、故宫本均誤'桶'，據北宋晁載之《續談助》卷五録崇寧本《營造法式》改。"[5]

上文"屋脊曰甍"，陳注："甍，音'萌'。"[6]

① [宋]李誡. 營造法式（陳明達點注本）. 第一册. 第25頁. 總釋下. 棟. 批注. 浙江攝影出版社. 2020年
② [宋]李誡，傅熹年彙校. 營造法式合校本. 第一册. 總釋下. 棟. 校注. 中華書局. 2018年
③ [宋]李誡. 營造法式（陳明達點注本）. 第一册. 第25頁. 總釋下. 棟. 批注. 浙江攝影出版社. 2020年
④ [宋]李誡，傅熹年彙校. 營造法式合校本. 第一册. 總釋下. 棟. 校注. 中華書局. 2018年
⑤ [宋]李誡，傅熹年校注. 合校本營造法式. 第111頁. 總釋下. 棟. 注1. 中國建築工業出版社. 2020年
⑥ [宋]李誡. 營造法式（陳明達點注本）. 第一册. 第25頁. 總釋下. 棟. 批注. 浙江攝影出版社. 2020年

上文引《義訓》小注："又謂之榜"，陶本："又謂之榜"，陳注：改"榜"爲"樠"。[①] 傅書局合校本注：改"榜"爲"樠"，并注："樠，丁本作'樠'。'樠'字似太古，非宋人語。"[②]

與"棟"相關的名詞，有桴、檼、棼、甍、極、望等。"甍"，爲屋脊之棟，《法式》引《義訓》小注："今謂之槫，亦謂之檁，又謂之榜。"

"樠"（音mian），據《漢語大字典》："樠，屋檐板，即楣。《釋名·釋宮室》：'梠或謂之樠。樠，緜也，緜連榱頭使齊平也。'"[③] 樠之本義爲"屋檐板"，與"槫"與"檁"之意似不同。

"棟"，作爲槫、檁之意，出現得很早，如《周易》："《大過》：棟橈，利有攸往，亨。"[④]《爾雅》："棟謂之桴。"[⑤] 將桴與棟聯繫在了一起。但"桴"還有"浮筏"之意，如《論語》："子曰：'道不行，乘桴浮於海。'"[⑥] 説明古人的"桴"是個多義字。

《爾雅注疏》："門持樞者，或達北檼以爲固也。"[⑦] 其疏釋曰："其持樞之木或達北檼以爲牢固者，……檼即棟也。"[⑧] 亦將檼與棟聯繫在一起。

"棼"被用爲房屋構件，見于後漢班固《西都賦》：其描寫西都宮室時，有"因瓌材而究奇，抗應龍之虹梁，列棼橑以布翼，荷棟桴而高驤。"[⑨] 這裏的"棼橑"與"棟桴"相對應，都是指與房屋屋頂結構中槫或檁相關的構件。

"甍"，其意與"棟"最爲接近。《後漢書》中有班固撰文薦夷吾，言其："誠社稷之元龜，大漢之棟甍。"[⑩] 這裏以屋之棟甍，喻其人爲社稷棟梁，其甍與棟，皆爲屋之脊槫。故前文提到的"極""望"，都有極高、最高之意，在房屋結構上，惟屋脊之槫可當之。故稱"棟"爲"極"，或"望"，其意都是言其所處位置的高峻。

上文引《儀禮》小注："是制五架之屋也。正中曰棟，次曰楣，前曰庪。""棟"，爲屋脊正中之槫（檁），即脊槫（檁）；次之，稱"楣"，大約相當于上平槫，或上金檁；再次之，即前（或後），稱"庪"，以五架屋分析，這前、後之庪，當爲前後檐的橑風槫，或前後檐的挑檐檁。

據《漢語大字典》，"庪"，其意爲："庪，閣也。《字彙·廣部》：'庪，庪閣。板爲之，所以藏食物也。'"[⑪] 其有"擱置、收藏"之意。另"庋"，意爲："檐口檁條。《儀禮·士昏》：'當阿，東面致命。'漢鄭玄注：'阿，棟也。今文阿爲庋。'唐賈公彦疏：'凡士之廟，五架爲之棟。北一楣，下有室戶，中脊爲棟，棟南一架爲前楣。楣前接檐爲庋。'"[⑫] 故陳、傅先生改上文之"庪"爲"庋"是恰當的。

① [宋]李誡. 營造法式（陳明達點注本）. 第一册. 第25頁. 總釋下. 棟. 批注. 浙江攝影出版社. 2020年
② [宋]李誡, 傅熹年彙校. 營造法式合校本. 第一册. 總釋下. 棟. 校注. 中華書局. 2018年
③ 漢語大字典. 第552頁. 木部. 樠. 四川辭書出版社-湖北辭書出版社. 1993年
④ [清]阮元校刻. 十三經注疏. 周易正義. 卷第三. 大過. 第83頁. 中華書局. 2009年
⑤ [清]阮元校刻. 十三經注疏. 爾雅注疏. 卷第五. 釋宮第五. 第5650頁. 中華書局. 2009年
⑥ [清]阮元校刻. 十三經注疏. 論語注疏. 卷第五. 公冶長第五. 第5372頁. 中華書局. 2009年
⑦ [清]阮元校刻. 十三經注疏. 爾雅注疏. 卷第五. 釋宮第五. 第5649頁. 中華書局. 2009年
⑧ [清]阮元校刻. 十三經注疏. 爾雅注疏. 卷第五. 釋宮第五. 第5649頁. 中華書局. 2009年
⑨ [南朝宋]范曄. 後漢書. 卷四十上. 班彪列傳第三十上. 班固. 第1340頁. 中華書局. 1965年
⑩ [南朝宋]范曄. 後漢書. 卷八十二上. 方術列傳第七十二上. 謝夷吾. 第2714頁. 中華書局. 1965年
⑪ 漢語大字典. 第367頁. 廣部. 庪. 四川辭書出版社-湖北辭書出版社. 1993年
⑫ 漢語大字典. 第371頁. 廣部. 庋. 四川辭書出版社-湖北辭書出版社. 1993年

未知上文所言"五架之屋"與《法式》中的"四架椽屋"是否一回事？以明清時人的理解，用"五架梁"之屋，其頂有四椽步架。但若從宋人《法式》角度，似應將五架屋看作有五椽步架的房屋，需用"五椽栿"，如此，則屋頂呈不對稱形式，又何有"正中曰棟"之説？暫存疑。

〔2.1.2〕

兩際

《爾雅》：**桷直而遂謂之閱**。謂五架屋際椽正相當。

《甘泉賦》：**日月繾經於榱桭**。榱於兩切；桭，音真。

《義訓》：**屋端謂之榱桭**。今謂之廢。

上文引《爾雅》小注："正相當"，陶本："相正當。"但覺"正相當"雖通順，其語似顯現代，"相正當"，亦可解。

屋際，端際。兩際，兩坡屋頂左右山墻上的屋蓋端際，故亦稱"屋端"，古人又稱"榱桭"。西漢揚雄《甘泉賦》："列宿乃施於上榮兮，日月繾經於榱桭。"[1] 透過宮室之隙，仰見列宿於屋上，日（或月）悄移過屋頂兩端。《漢語大字典》釋"閱"之一義："長直達於檐的桷。《爾雅·釋宮》：'桷直而遂，謂之閱。'郝義行《義疏》：'椽之長而直達於檐者名閱。'"[2]

上文引《義訓》："屋端謂之榱桭。今謂之廢。"西漢揚雄《方言》中提到："凶、緣，廢也。"[3] 凶，有頂之意；緣，有邊際之意。故"廢"，當有屋頂邊際之意。

以"廢"言屋之兩端，或出于"廢"之如下兩意：

其一，"《説文·廣部》：'廢，屋頓也。'朱駿聲《通訓定聲》：'按，傾圮無用之意。'"[4]

其二，"停止，中止。《爾雅·釋詁下》：'廢，止也。'"[5]

屋之兩際，伸出兩山墻之外，極易遭風雨侵蝕，亦易傾圮；且屋兩際之端，乃屋頂延伸之截止處。或因此二原因，宋人稱兩際屋頂的兩山出際之端爲"廢"。

《法式》卷第十三："凡結瓦至出檐，仰瓦之下，小連檐之上，用鵞頷版，華廢之下用狼牙版。""華廢"，即指屋頂"兩際"處搏風版。故"廢"，亦有屋端、屋際之意。

〔2.1.3〕

搏風

《儀禮》：**直於東榮**。榮，屋翼也。

《甘泉賦》：**列宿乃施於上榮**。

《説文》：**屋梠之兩頭起者爲榮**。

《義訓》：**搏風謂之榮**。今謂之搏風版。

① [西漢]班固. 漢書. 卷八十七上. 揚雄傳第五十七上. 第3526頁. 中華書局. 1962年
② 漢語大字典. 第1789頁. 門部. 閱. 四川辭書出版社-湖北辭書出版社. 1993年
③ 參見華學誠匯證. 揚雄方言校釋匯證. 附錄七：歷代方言及郭注研究文選. 方言聲轉説. 第1349頁. 中華書局. 2006年
④ 漢語大字典. 第380頁. 廣部. 廢. 四川辭書出版社-湖北辭書出版社. 1993年
⑤ 漢語大字典. 第380頁. 廣部. 廢. 四川辭書出版社-湖北辭書出版社. 1993年

上文引《儀禮》，"直於東榮。"陶本："直干東榮。"傅書局合校本注：改"干"爲"於"。①

《儀禮》多次提到東、西榮，如"升自前東榮、中屋，北面招以衣。……復者降自後西榮。"②西漢揚雄《甘泉賦》："列宿乃施於上榮兮，日月纔經於欀桭。"③上榮，當即屋頂兩翼，與欀桭、兩際，有相通之意。

《漢語大字典》："一曰屋栭之兩頭起者爲榮。方濬益《綴遺齋彝器款識考釋》：'榮之古文……象木交柯之形，其端從炊，木之華也。……華之意爲榮。'"④并："飛檐，屋檐兩頭翹起的部分。《説文·木部》：'屋栭之兩頭起者爲榮。'段玉裁注：'齊謂之檐，楚謂之栭，檐之兩頭軒起爲榮。'"⑤

《爾雅注疏》："屋檐，一名楣，一名屋栭，又名宇，皆屋之四垂也。"⑥屋檐之兩頭起者，爲榮；"榮"，指兩坡屋頂之兩際屋檐；也包括九脊式屋頂之兩山垂直于地面的出際部分之屋檐。這兩處屋檐，以搏風版遮護出際屋樟與椽，則屋檐兩頭所起之"榮"，即搏風版。故《法式》引《義訓》，"搏風謂之榮。今謂之搏風版。"

栭

《説文》：棼，複屋棟也。
《魯靈光殿賦》：狡兔跧伏於栭側。栭，枓上橫木，刻兔形，致木於背也。
《義訓》：複棟謂之棼。今俗謂之替木。

《漢語大字典》，"栭"之一意爲："枓上橫木。《文選·王延壽〈魯靈光殿賦〉》：'狡兔跧伏於栭側，猨狖攀椽而相追。'李周翰注：'栭，枓上橫木。'"⑦又"棼"："棟，閣樓的棟。《説文·林部》：'棼，複屋棟也。'徐鍇《繫傳》：'複屋皆重梁也。'徐灝《注箋》：'施於屋梁之下而別以竹木排列承之，所謂棼也……棼之承筄，與棟之承屋相似，故又謂之複屋棟。今之軒版承塵，即其遺制。'"⑧

班固《西都賦》："列棼橑以布翼，荷棟桴而高驤。"⑨棼橑與棟桴，都似與房屋屋蓋中的榑（檩）有關。"棼，複屋棟也"裏的"複"，有重複、重叠之意；而"棼"，似爲一種與屋棟（榑或檩）相重叠的構件。

《法式》上文引《魯靈光殿賦》："狡兔跧伏於栭側。栭，枓上橫木，刻兔形，致木於背也。"這裏出現"栭"這個構件，其意爲"枓上橫木，刻兔形，致木於背也。"栭，是安于枓口之上的一塊橫木，可以雕斲

① [宋]李誡，傅熹年彙校. 營造法式合校本. 第一册. 總釋下. 搏風. 校注. 中華書局. 2018年
② [清]阮元校刻. 十三經注疏. 儀禮注疏. 卷第三十五. 士喪禮第十二. 第2444頁. 中華書局. 2009年
③ [西漢]班固. 漢書. 卷八十七上. 揚雄傳第五十七上. 第3526頁. 中華書局. 1962年
④ 漢語大字典. 第533頁. 木部. 榮. 四川辭書出版社-湖北辭書出版社. 1993年

⑤ 漢語大字典. 第533頁. 木部. 榮. 四川辭書出版社-湖北辭書出版社. 1993年
⑥ [清]阮元校刻. 十三經注疏. 爾雅注疏. 卷五. 釋宮第五. 第5650頁. 中華書局. 2009年
⑦ 漢語大字典. 第498頁. 木部. 栭. 四川辭書出版社-湖北辭書出版社. 1993年
⑧ 漢語大字典. 第515頁. 木部. 棼. 四川辭書出版社-湖北辭書出版社. 1993年
⑨ [南朝宋]范曄. 後漢書. 卷四十上. 班彪列傳第三十上. 班固. 第1340頁. 中華書局. 1965年

爲兔子的形象，以栵之背承其上之木。

《法式》引《義訓》："複棟謂之棼。今俗謂之替木。"將棼、複棟與替木三者聯繫在一起，疑宋時人對"棼""複棟"等的本義，似已有些混淆。

〔2.1.5〕
椽

《易》：鴻漸於木，或得其桷。

《春秋左氏傳》：桓公伐鄭，以大宮之椽爲盧門之椽。

《國語》：天子之室，斲其椽而礱之，加密石焉。諸侯礱之，大夫斲之，士首之。密，細密文理。石，謂砥也。先粗礱之，加以密砥。首之，斲其首也。

《爾雅》：桷謂之榱。屋椽也。

《甘泉賦》：琁題玉英。題，頭也。榱椽之頭，皆以玉飾。

《説文》：秦名爲屋椽，周謂之榱，齊魯謂之桷。

又：椽方曰桷，短椽謂之楝。恥緑切。

《釋名》：桷，確也；其形細而疏確也。或謂之椽；椽，傳也，傳次而布列之也。或謂之榱，在檼旁下列，衰衰然垂也。

《博雅》：榱、橑魯好切、桷、楝，椽也。

《景福殿賦》：爰有禁楄，勒分翼張。禁楄，短椽也。楄，蒲沔切。

陸德明《春秋左氏傳音義》：圜曰椽。

上文"桓公伐鄭"，傅建工合校本

注："熹年謹按：'桓'字故宮本、丁本均作注文'淵聖御名'，此據文津四庫本改。"[1] 本書下文涉及此字，不再重提。

《法式》"總釋下"文本中的"椽"，僅涉及"椽"這一構件本體，并未對與椽有關的房屋概念，如椽步架，以椽步架數確定的梁栿，以及房屋的進深等，作延伸性解釋。其文列舉了歷代文獻中，與"椽"字義相近者：桷、榱、橑、楝、禁楄。其中，楝與禁楄被明確地解釋爲"短椽"，而斷面爲方形的椽，被稱爲"桷"。則與"椽"最爲接近的術語，就是"榱"和"橑"。

《漢語大字典》：榱，"即椽，放在檁上支持屋面和瓦片的木條。《説文·木部》：'榱，秦名爲屋椽，周謂之榱，齊魯謂之桷。'"[2] 又橑："《説文》：'橑，椽也。從木，尞聲。'"[3] 其一意爲："屋椽。《説文·木部》：'橑，椽也。'《玉篇·木部》：'橑，榱也。'《廣韻·晧韻》：'橑，屋橑，簷前木。'"[4]

椽，是以有序布列的方式，覆蓋于屋頂梁栿之上，承托屋頂望板，以構成屋蓋結構的重要構件。其特徵之一：形細而疏確。確者，有規則也。椽是有規則疏布于屋蓋之上的細長木構件。其特徵之二：傳次而布列。傳次，似有從上而下傳遞的意思；布列，與疏確意思接近，有依序排

① [宋]李誡，傅熹年校注. 合校本營造法式. 第114頁. 總釋下. 椽. 注1. 中國建築工業出版社. 2020年
② 漢語大字典. 第533頁. 木部. 榱. 四川辭書出版社-湖北辭書出版社. 1993年
③ 漢語大字典. 第543頁. 木部. 橑. 四川辭書出版社-湖北辭書出版社. 1993年
④ 漢語大字典. 第543頁. 木部. 橑. 四川辭書出版社-湖北辭書出版社. 1993年

列之意。其特徵之三：在檼旁下列，衰衰然垂也。"檼"，即棟或榑（檁），其上承椽、桷。故椽、桷、榱，附檼（榑）而設，順屋頂之坡度而垂。

椽斷面爲圓形，表面需經密石斲礲，以保持細密紋理；盡端需整齊斲斷，形成平整的端頭。椽頭，可以用玉、金屬，或彩畫裝飾。椽的斷面亦可爲方形，方形斷面的椽稱爲"桷"。檐椽上所施飛子，采用了方形斷面。

棟與禁楄，即短椽，是唐以前在屋檐轉角處布列的一種椽。雖至翼角，其椽仍平行排列，則愈接近轉角，其椽愈短，故稱"短椽"。

《漢語大字典》：棟，"短椽。《説文·木部》：'棟，短椽也。'徐鍇《繫傳》：'今大屋重橑下四隅多爲短椽即此也。'"[1] 徐鍇（920—974年）爲五代及北宋初年人，可知這一時期的建築中仍施短椽。現存所知古建築中短椽做法，僅見于南北朝石刻建築形象中。日本古建築中尚可見短椽做法。

〔2.1.6〕

檐 余廉切。或作櫩。俗作簷者非是

《易·繫辭》：上棟下宇，以待風雨。
《詩》：如跂斯翼，如矢斯棘，如鳥斯革，如翬斯飛。疏云：言檐阿之勢，似鳥飛也。翼言其體，飛言其勢也。

《爾雅》：檐謂之樀。屋梠也。
《禮記·明堂位》：複廇重檐，天子之廟飾也。
《儀禮》：賓升，主人阼階上，當楣。楣，前梁也。
《淮南子》：橑檐榱題。檐，屋垂也。
《方言》：屋梠謂之欇。即屋檐也。
《説文》：秦謂屋聯櫋曰楣，齊謂之檐，楚謂之梠。檪徒含切，屋梠前也。庌音雅，廡也。宇，屋邊也。
《釋名》：楣，眉也，近前若面之有眉也。
又曰：梠，梠旅也，連旅旅也。或謂之櫋；櫋，綿也，綿連榱頭使齊平也。宇，羽也，如鳥羽自蔽覆者也。
《西京賦》：飛檐轍轍。
又：鏤檻文㮰。㮰，連檐也。
《景福殿賦》：㮰梠椽櫋。連檐木，以承瓦也。
《博雅》：楣，檐櫩梠也。
《義訓》：屋垂謂之宇，宇下謂之廡，步檐謂之廊，巖廊謂之巖，檐㮰謂之庮音由。

上文"《禮記·明堂位》：複廇重檐"，陶本："《禮》：複廇重檐"，陳注："《禮記·明堂位》"，并改"廇"爲"廟"。[2]

傅書局合校本注：改"《禮》"爲"《禮記·明堂位》"[3]，并改"廇"爲"廟"，其注曰："廟，政令本《禮記》作'廟'，似誤'廇'或是'霤'之別寫，古'廟'字作'庿'，與'廇'字形近，致誤。"[4]

① 漢語大字典. 第509頁. 木部. 棟. 四川辭書出版社·湖北辭書出版社. 1993年
② [宋]李誠. 營造法式（陳明達點注本）. 第一冊. 第28頁. 總釋下. 檐. 批注. 浙江攝影出版社. 2020年
③ [宋]李誠, 傅熹年彙校. 營造法式合校本. 第一冊. 總釋下. 檐. 校注. 中華書局. 2018年
④ [宋]李誠, 傅熹年彙校. 營造法式合校本. 第一冊. 總釋下. 檐. 校注. 中華書局. 2018年

傅建工合校本此處未作修改，仍爲《禮》：複廇重檐"①，并注："朱批陶本：今本禮記作'廟'，似誤。'廇'或是'霤'之別寫。古'廟'字作'庿'，與'廇'字形近故誤。"②

又上文引《義訓》："嵒廊謂之巖"，傅書局合校本改"巖"爲"嵓"，并注："嵓，據晁載之《續談助》摘抄北宋本法式改。"③傅建工合校本注："熹年謹按：故宮本、文津四庫本、張本作'巖'，《續談助》本作'嵓'，今從《續談助》本。"④

榴與檐，在字義上相通，見于唐以前的文獻中。如《史記》引司馬相如《子虛賦》："重坐曲閣，華榱璧璫，輦道纚屬，步櫚周流"⑤句中，其周流之"步櫚"，與《法式》引《義訓》中"步檐謂之廊"意思相通。步櫚，即步檐，指房屋四周的檐廊。

《淮南子》："猶巧工之製木也，大者以爲舟航柱梁，小者以爲楫楔，修者以爲櫚榱，短者以爲侏儒枅櫨。"⑥"榱"意爲"椽"，則櫚榱之意，當爲"檐椽"。"櫚"與"檐"在這裏是相通的。

與"檐"相關的字詞還有：楣、屋梠、檷、屋聯樽、楣、櫋等。其中，"檐"出自齊地；"梠"出自楚地；"楣"出自秦地。另，"楣"亦可釋作"前梁"，疑即唐宋建築前檐柱頭間的闌額。

"檐"之本義更接近《法式》所引前兩處典籍：

其一，《易·繫辭》：上棟下宇，以待風雨。"後文又引《説文》："宇，屋邊也。"及《義訓》："屋垂謂之宇。"下宇，即房屋四邊下垂之檐宇，其作用是遮蔽可能侵蝕屋身與臺基的風雨。

其二，《詩》：如跂斯翼，如矢斯棘，如鳥斯革，如翬斯飛。疏云：言檐阿之勢，似鳥飛也。翼言其體，飛象其勢，各取喻也。"⑦其疏所云，"如鳥斯革，如翬斯飛"，正是指的"檐阿之勢，似鳥飛也"。房屋四阿之檐，懸于半空，如翬鳥之躍躍騰飛之狀。這裏既描述了檐的形態，也形象地譬喻了中國建築屋頂之態勢形象。

進一步引述，如"《西京賦》：飛檐轍轍。"轍，有高揚之意。這裏的飛檐，并非唐宋以來的具有構造意義的翹角飛檐，似是作者從宮室飄忽半空之檐宇中，感受到的四檐高高飄動飛舞之態。

屋檐之下，再有檐者，稱爲"廡"，所謂"廊廡"是也。房屋之間相互聯繫的步檐，即廊子。"嵒"意爲"山"，則嵒廊當爲貼附山巖而建的檐廊，可稱爲"嵓"。庿，即屋檐，則"檐榱"亦意爲"屋檐"。

《太平御覽》："《釋名》曰：檐，桱也；桱屋前後也。梠，旅也；連旅之，或謂之櫋。櫋，綿也；連綿榱頭使平也。"⑧可知檐又可稱爲"桱"，桱有

① [宋]李誠，傅熹年校注. 合校本營造法式. 第115頁. 總釋下. 檐. 正文. 中國建築工業出版社. 2020年
② [宋]李誠，傅熹年校注. 合校本營造法式. 第116頁. 總釋下. 檐. 注1. 中國建築工業出版社. 2020年
③ [宋]李誠，傅熹年彙校. 營造法式合校本. 第一冊. 總釋下. 檐. 校注. 中華書局. 2018年
④ [宋]李誠，傅熹年校注. 合校本營造法式. 第116頁. 總釋下. 檐. 注2. 中國建築工業出版社. 2020年
⑤ [漢]司馬遷. 史記. 卷一百一十七. 司馬相如列傳. 第五十七. 第3026頁. 中華書局. 1982年
⑥ [漢]劉安編. 淮南子集釋. 卷九. 主術訓. 第653頁. 中華書局. 1998年
⑦ [清]阮元校刻. 十三經注疏. 毛詩正義. 卷第十一. 十一之二. 斯干. 第936頁. 中華書局. 2009年
⑧ [宋]李昉等. 太平御覽. 卷一百八十八. 居處部十六. 檐. 第911頁. 中華書局. 1960年

嫁接之意，則檐接房屋前後。而栻，以旅，或連旅釋之，則有連接意。又謂之"榱"。榱，連綿椽頭使平也，則榱，似爲宋式建築中的"連檐"，其中有檐椽之上的大連檐，亦有飛子之上的小連檐，是房屋檐口處的兩種重要的構件。此外，上文中類似的術語還有"楅，綿也，綿連椽頭使齊平也。"其意，仍然是連檐。換言之，栻、榱，或楅，都是指房屋檐口處的連檐。

〔2.1.7〕
舉折

《周官·考工記》：匠人爲溝洫，葺屋三分，瓦屋四分。各分其修，以其一爲峻。

《通俗文》：屋上平曰陠，必孤切。

《匡謬正俗·音字》：陠，今猶言陠峻也。

唐柳宗元《梓人傳》：畫宮於堵，盈尺而曲盡其制；計其毫厘而構大廈，無進退焉。

皇朝景文公宋祁《筆錄》：今造屋有曲折者，謂之庯峻。齊魏間，以人有儀矩可喜者，謂之庯峭，蓋庯峻也。今謂之舉折。

上文"齊魏間"，陶本："齊魏閒"[1]，傅書局合校本注：改"閒"爲"間"，并注："'間''閒'古書通用。"[2]

上文"計其毫厘而構大廈"，傅建工合校本注："熹年謹按：'構'字故

宮本、丁本、張本均作小注'犯御名'，此依文津四庫本改。"[3]

上文"皇朝景文公宋祁《筆錄》"，傅建工合校本注："熹年謹按：諸本此處'皇朝景文公'五字，《續談助》本無。"[4]

宋人撰《雞肋編》："舉折名三：陠峻、陠峭、舉折。"[5] 陠或庯，陠，意爲偏斜；庯，意爲不平，當指房屋屋頂之起坡。峻或峭，意爲"高聳""陡峭"。故"舉折"，或"陠峻""庯峭"，皆指房屋屋頂起坡。

上文引《周官·考工記》："匠人爲溝洫，葺屋三分，瓦屋四分。各分其修，以其一爲峻。"可知在《考工記》撰寫年代，工匠大體上規定了房屋屋頂起坡緩峻比例：如草葺屋頂，坡度陡峻一些，約爲房屋進深長度的三分之一；瓦葺屋頂，坡度則略緩一些，約爲房屋進深長度的四分之一。

每一單座房屋的屋頂舉折坡度，是由工匠在建造實踐中，通過作圖具體設計推算出來的，如《法式》上文所引唐柳宗元《梓人傳》："畫宮於堵，盈尺而曲盡其制；計其毫厘而構大廈，無進退焉。"

《法式》給出了宋式建築舉折推算方式，詳"大木作制度二·舉折"。

① 梁思成. 梁思成全集. 第七卷. 第37頁. 總釋下. 舉折. 正文. 中國建築工業出版社. 2001年
② [宋]李誡，傅熹年彙校. 營造法式合校本. 第一册. 總釋下. 舉折. 校注. 中華書局. 2018年
③ [宋]李誡，傅熹年校注. 合校本營造法式. 第117頁. 總釋下. 舉折. 注1. 中國建築工業出版社. 2020年

④ [宋]李誡，傅熹年校注. 合校本營造法式. 第117頁. 總釋下. 舉折. 注2. 中國建築工業出版社. 2020年
⑤ [宋]莊綽. 雞肋編. 卷下. 第132頁. 大象出版社. 2019年

【2.2】
小木作（門窗-華表）

〔2.2.1〕
門

《易》：重門擊柝，以待暴客。

《詩》：衡門之下，可以棲遲。

又：乃立皋門，皋門有閌；乃立應門，應門鏘鏘。

《詩義》：橫一木作門，而上無屋，謂之衡門。

《春秋左氏傳》：高其閈閎。

《公羊傳》：齒著於門闑。 何休云：闑，扇也。

《爾雅》：閍謂之門，正門謂之應門。枨謂之楔， 楔，門限也。疏云：俗謂之地枨，十結切。 根謂之楔， 門兩旁木。李巡曰：梱上兩旁木。 楣謂之梁， 門戶上橫木。 樞謂之椳。 門戶扉樞。 樞達北方，謂之落時， 門持樞者，或達北楔，以爲固也。 落時謂之戺。 道二名也。 橜謂之闑， 門橜，闑謂之扉。 所以止扉謂之閎。 門辟旁長橜也。長杙即門橜也。 植謂之傅；傅謂之突。 戶持鏁植也，見《埤蒼》。

《說文》：閤，門旁戶也。閨，特立之門，上圜下方，有似圭。

《風俗通義》：門戶鋪首。昔公輸班之水，見蠡曰，見汝形。蠡適出頭，般以足畫圖之，蠡引閉其戶，終不可得開，遂施之於門戶，云人閉藏如是，固周密矣。

《博雅》：閈謂之門。閌， 呼計切， 扇，扉也。限謂之丞，㮰 巨月切。 機，闑柣， 苦木切。 也。

《釋名》：門，捫也；在外爲人所捫摸也。戶，護也，所以謹護閉塞也。

《聲類》曰：廡，堂下周屋也。

《義訓》：門飾金謂之鋪，鋪謂之鏂， 音歐，今俗謂之浮漚釘也。 門持關謂之揵， 音連。 戶版謂之簫蔀， 上[左]音牽，下[右]音先。 門上木謂之枅。扅謂之戶；戶謂之閞。桌謂之枨。限謂之閫；閫謂之閾。閾謂之㦸㦸， 上[左]音琰，下[右]音移。 㦸㦸謂之閩， 音坦。廣韻曰：所以止扉。 門上梁謂之楣， 音帽， 楣謂之闔， 音沓。 鍵謂之庋， 音及。 開謂之闓， 音偉。 闔謂之閡， 音蛭。 外關謂之扃，外啓謂之閌， 音挺。 門次謂之閍。高門謂之閌， 音唐。 閌謂之閌。荆門謂之蓽。石門謂之庸， 音孚。

上文引《爾雅》："落時謂之戺"，傅建工合校本爲"落時謂之砨"①。"砨"音shì，是"戺"字的異體字，意爲門戶前臺階兩邊砌的斜石，可泛指臺階、門檻。

上文引《說文》："閨，特立之門"，陶本："閨，持立之門"，傅書局合校本注：改"持"爲"特"。②

上文引《釋名》："門，捫也；在外爲人所捫摸也。"陶本："門，捫也，爲捫幕障衛也。"陳注：改"爲捫幕障衛也"爲"在外爲人所捫摸也"③。傅書局合校本注：改"爲捫幕障衛也"爲"在外爲人所捫摸也"，并注："'捫幕'即'捫幕'傳寫，各本

① [宋]李誡，傅熹年校注．合校本營造法式．第118頁．總釋下．門．正文．中國建築工業出版社．2020年

② [宋]李誡，傅熹年彙校．營造法式合校本．第一冊．總釋下．門．校注．中華書局．2018年

③ [宋]李誡．營造法式（陳明達點注本）．第一冊．第32頁．總釋下．門．批注．浙江攝影出版社．2020年

誤'幕'，可改正。但'在外爲人所捫摸也'句法可疑。"① 傅建工合校本注："劉批陶本：陶本、丁本、文津四庫本、故宮本、張本此句均作'爲捫幕障衛也'，然《釋名》本文爲'在外爲人所捫摸也'，因據改。"②

門者，門户。房屋、庭院、宮苑、城池等的出入口。門由門扉、門樞、門限、門框、門楣、鋪首等諸多構件組成，以便于開啓或鎖閉。

重門，多重之門，如外門、二門、內門等。

衡門，類如宋代烏頭門；亦如明清時期的牌樓門。

臯門、應門，古代天子宮殿前的門。《禮記》："庫門，天子臯門；雉門，天子應門。"③《周禮注疏》："鄭司農云：'王有五門，外曰臯門，二曰雉門，三曰庫門，四曰應門，五曰路門。路門一曰畢門。'"④

閈、閭，門的不同稱謂。

户、閇、闔等，指門扇、門扉。秩、閾、閌、㸤㢈或闑等，用于止扉的門限。根、楣、樞、捷等，略近門框、門楣、門栓等與門相關的構件。

閤，門旁的小門。闈，特立的門，其形上圓下方，略近圭形。另有高門闖、荊門（蓽）、石門（庸）等不同形式與

意義的門。

門上裝飾以金屬配件，稱作"鋪"，或"鏂"。鋪之形式爲蠡，或爲後世之銜環獅首等形者，謂之"鋪首"。

此段文字中，特別提到"廡，堂下周屋也"，似與"門"之釋義無所關聯。其餘諸疑難字，爲古代典籍中出現與門，或與門之相關構件有所關聯的術語。其中部分詞語宋時已不解其意，其用字及釋義也多已在歷史中湮没消失，兹不深究。

〔2.2.2〕
烏頭門

《唐六典》：六品以上，仍通用烏頭大門。
唐上官儀《投壺經》：第一箭入謂之初箭，再入謂之烏頭，取門雙表之義。
《義訓》：表楬，閥閲也。 楬音竭，今呼爲櫺星門。

上文引《義訓》："表楬"，陶本："表揭"。

以烏頭，"取門雙表之義"，而其表爲"楬"。

《漢語大字典》：楬，初義爲"作標志用的小木椿。……《周禮·秋官·蠟氏》：'若有死於道路者，則令埋而置楬焉。'鄭玄注引鄭司農云：'楬，欲令其識取之，今時楬櫫是也。'……引申爲標

① [宋]李誡，傅熹年彙校. 營造法式合校本. 第一册. 總釋下. 門. 校注. 中華書局. 2018年
② [宋]李誡，傅熹年校注. 合校本營造法式. 第120頁. 總釋下. 門. 注1. 中國建築工業出版社. 2020年
③ [清]阮元校刻. 十三經注疏. 禮記正義. 卷第三十一. 明堂位第十四. 第3227頁. 中華書局. 2009年
④ [清]阮元校刻. 十三經注疏. 周禮注疏. 卷第七. 第1477頁. 中華書局. 2009年

志、揭示。"①

烏頭門之稱，唐時已有，《唐六典》卷二十三："五品已上得製烏頭門。"② 唐代烏頭門是五品以上官員住宅、府邸的某種標志。

烏頭門也具有某種旌表功能，如五代"先有鄧州義門王仲昭六代同居，其旌表有廳事步欄，前列屏樹烏頭。正門閥閱一丈二尺，二柱相去一丈，柱端安瓦桶墨染，號爲烏頭。築雙闕一丈，在烏頭之南三丈七尺。夾街十有五步，槐柳成列。"③ 其烏頭門，亦稱"閥閱"，位在"正門"。形式爲"二柱相去一丈，柱端安瓦桶墨染"，其柱端爲墨染，似與宋烏頭門形式與概念十分接近。

唐宋時的烏頭門，似亦可作爲城市入口前的標志，《太平廣記》："須臾，至大烏頭門。又行數里，見城堞甚嚴。"④

閥閱，本義或爲閱歷、資歷、經驗，甚至家庭背景。建築中所言"閥閱"，抑或含有身份之表達或標識之意。由此與烏頭門之標識性功能，具有了某種相近涵義。

〔2.2.3〕
華表

《説文》：桓，亭郵表也。

《前漢書·注》：舊亭傳於四角，面百步，築土四方；上有屋，屋上有柱，出高丈餘，有大版，貫柱四出，名曰桓表。縣所治，夾兩邊各一桓。陳宋之俗，言"桓"聲如"和"，今人猶謂之和表。顔師古云，即華表也。

崔豹《古今注》：程雅問曰：堯設誹謗之木，何也? 答曰：今之華表，以橫木交柱頭，狀如華，形似桔槔；大路交衢悉施焉。或謂之表木，以表王者納諫，亦以表識衢路。秦乃除之，漢始復焉。今西京謂之交午柱。

上文引《前漢書·注》："舊亭傳於四角"，陶本將"傳"誤爲"傅"，傅書局合校本注：改"傅"爲"傳"，并注："傳，故宮本。"⑤ 傅建工合校本注："熹年謹按：陶本誤作'傅'，據《續談助》本、故宮本、四庫本改'傳'。"⑥

又"陳宋之俗，言'桓'聲如'和'，今人猶謂之和表"，陶本："陳宋之俗，言'桓'聲如今人猶謂之和表。"傅書局合校本注：在"如"後加"和"，并注："言'桓'聲如'和'，今猶謂之和表。見《漢書》尹賞傳注。"⑦

《禹貢錐指》："《水經注》：桓水出蜀郡岷山西南，行羌中，入於南海。自桓水以南爲夷書所謂'和夷底績'也。如氏注《漢書》云：陳留之俗，言'桓'聲如'和'。鄭讀'和'爲'桓'，其説確矣。"⑧

① 漢語大字典. 木部. 第525頁. 楬. 四川辭書出版社-湖北辭書出版社. 1993年
② [唐]張九齡、李林甫等. 唐六典. 將作都水監. 卷二十三. 將作監. 左校署. 第596頁. 中華書局. 1992年
③ [宋]薛居正等. 舊五代史. 卷七十八. 晉書四. 高祖紀第四. 第1030頁. 中華書局. 1976年
④ 參見李劍國輯校. 唐五代傳奇集. 第三編. 卷十三. 張遵言. 第1438頁. 中華書局. 2015年
⑤ [宋]李誠, 傅熹年彙校. 營造法式合校本. 第一册. 總釋下. 華表. 校注. 中華書局. 2018年
⑥ [宋]李誠, 傅熹年校注. 合校本營造法式. 第122頁. 總釋下. 華表. 注2. 中國建築工業出版社. 2020年
⑦ [宋]李誠, 傅熹年彙校. 營造法式合校本. 第一册. 總釋下. 華表. 校注. 中華書局. 2018年
⑧ 參見中國科學院圖書館整理. 續修四庫全書總目提要. 禹貢圖説一卷章句四卷. 第282頁. 中華書局. 1993年

《通典》引《漢書》尹賞傳之注："舊亭傳於四角，面百步，築土四方；上有屋，屋上有柱，出高丈餘，有大板，貫柱四出，名曰桓表。縣所治，夾兩邊各一桓。陳、宋之俗言'桓'聲如'和'，今猶謂之和表。即華表。"①

"桓表""和表""華表"，其實爲一。近人章炳麟《國故論衡》亦提及："獻尊即犧尊，桓表即和表，是寒歌之轉也。"②

《禮記正義》："云'四植謂之桓'者，案《説文》：'桓，亭郵表也。'謂亭郵之所，而立表木，謂之桓，即今之橋旁表柱也。"③《大戴禮記》："於是有進善之旌，有誹謗之木，有敢諫之鼓。"④《白虎通義》引之："《禮·保傅》曰：'於是立進善之旌，懸誹謗之木，建招諫之鼓。'"⑤

《太平御覽》引崔豹《古今注》注"華表"："程雅問曰：'堯設誹謗之木何也？'答曰：'今之華木，以橫木交柱頭，狀如華，形似桔槔，大路交衢悉施焉。或謂之表木，以表王者納諫，亦以表識衢路。秦乃除之，漢始復焉。今西京謂之交午柱。'"⑥

華表者，初稱"誹謗木"，又稱"桓表""和表"，有標識、表識，以及君王納諫等意。古時施之于大路交衢，或于橋旁表柱。其形式似有一個變化過程：初爲"屋上有柱，出高丈餘，有大板，貫柱四出"形式；後演變爲"以橫木交柱頭，狀如華，形似桔槔"之形。清代北京紫禁城前華表，似更接近後一種形式，衹是所用材料已改爲石質。

另"桔槔"者，古代汲水之械，在一豎直之立杆上，設置一可旋動之橫杆，利用杠杆原理，起到汲水功能。如《莊子》曰："且子獨不見夫桔槔者乎？引之則俯，舍之則仰。"⑦

〔2.2.4〕
窗

《周官·考工記》：四旁兩夾窗。窗，助戶爲明；每室四戶八窗也。

《爾雅》：牖戶之間謂之扆。窗東戶西也。

《説文》：窗穿壁，以木爲交窗。向北出牖也。在牆曰牖，在屋曰窗。櫳，楯間子也；櫳，房室之處也。

《釋名》：窗，聰也，於内窺見外爲聰明也。

《博雅》：窗、牖、闥虛諒切也。

《義訓》：交窗謂之牖，櫺窗謂之疏，牖牘謂之篰音部。綺窗謂之麗音黎。廔音婁。房疏謂之櫳。

上文引《爾雅》小注："窗東戶西也。"陶本："窗東戶西者云。"傅書局合校本注：改"者云"爲"也"，并注："也，故宫本。"⑧陳注：改"者云"爲"也"。⑨

另引《博雅》，"窗、牖、闥虛諒切

① [唐]杜佑. 通典. 卷一百七十. 刑法八. 峻酷. 第4421頁. 中華書局. 1988年
② 章太炎. 國故論衡疏證. 上之二. 成均圖. 第68頁. 中華書局. 2008年
③ [清]阮元校刻. 十三經注疏. 禮記正義. 卷第十. 檀弓下. 禮記. 第2838頁. 中華書局. 2009年
④ 方向東. 大戴禮記彙校集解. 卷三. 保傅第四十八. 第328頁. 中華書局. 2008年
⑤ [漢]班固撰集. 白虎通疏證. 卷五. 諫諍. 論記過徹膳之義. 第237頁. 中華書局. 1994年
⑥ [宋]李昉等. 太平御覽. 卷一百九十七. 居處部二十五. 華表. 第951頁. 中華書局. 1960年
⑦ [清]郭慶藩. 莊子集釋. 卷五下. 天運第十四. 第514頁. 中華書局. 1961年
⑧ [宋]李誡, 傅熹年彙校. 營造法式合校本. 第一册. 總釋下. 窗. 校注. 中華書局. 2018年
⑨ [宋]李誡. 營造法式（陳明達點注本）. 第一册. 第34頁. 總釋下. 窗. 批注. 浙江攝影出版社. 2020年

也。"陶本："意窗、牖、闌虛諒切也。"
傅書局合校本注：刪除"意"字，并注：
"意，故宮本無'意'字。"①

窗、牖，其意相近，皆有"於内
窺見外"之意。所謂"在牆曰牖，在
屋曰窗"，所謂"交窗謂之牖，橢窗謂
之疏"，似是對不同形式的窗牖所作的
表述。
　　《太平御覽》："《説文》曰：窗，
穿壁以木爲交窗，所以見日也。……
又曰：牖，楯間子也。櫳，房室之疏
也。"②故《法式》上文所引《説文》：
"櫳，房室之處也。"似爲"櫳，房室之
疏也。"之誤。
　　古人文學詩歌中多有"簾櫳""房
櫳""珠櫳"之謂，如《藝文類聚》引
南朝宋謝惠連《七月七日夜詠牛女詩》
曰："落日隱櫚楹，升月照簾櫳。"③另
引宋謝惠連詩："房櫳引傾月，步檐結
春風。"④及南朝宋鮑照《玩月詩》："蛾
眉蔽珠櫳，玉鉤隔瑣窗。"⑤
　　《太平廣記》記唐咸通九年（868年）
同昌公主宅于廣化里，其"房櫳戶牖，
無不以眾寶飾之。"⑥這裏的"房櫳"，
當指屋室之窗；戶牖，指門戶，亦指
窗牖。

①　[宋]李誡，傅熹年彙校. 營造法式合校本. 第一册.
　　總釋下. 窗. 校注. 中華書局. 2018年
②　[宋]李昉等. 太平御覽. 卷一百八十八. 居處部十六.
　　窗. 第910頁. 中華書局. 1960年
③　[唐]歐陽詢. 藝文類聚. 卷四. 歲時中. 七月七日. 第
　　77頁. 上海古籍出版社. 1982年
④　[唐]歐陽詢. 藝文類聚. 卷二十六. 言志. 第467頁.
　　上海古籍出版社. 1982年

【2.3】
小木作（平棊-藻井）

〔2.3.1〕
平棊

《史記》：漢武帝建章後閣，平機中有騶牙出
焉。今本作平櫟者誤。
《山海經圖》：作平橑，云今之平棊也。古謂
之承塵。今宮殿中，其上悉用草架梁栿承屋蓋之重，如攀、額、
樘、柱、敦、栿、方、槫之類，及縱橫固濟之物，皆不施斤斧。
於明栿背上，架算程方，以方椽施版，謂之平闇；以平版貼華，
謂之平棊；俗亦呼爲平起者，語訛也。

　　上文引《史記》小注："今本作平櫟者
誤"，陶本將"櫟"字誤爲"樂"。傅書
局合校本注：改"樂"爲"櫟"，并注：
"櫟，故宮本。"⑦
　　上文引《山海經圖》小注"架算程
方"，陶本將"程"誤爲"桯"。
　　另小注中"樘"字與"槫"字，陶
本："榑"。傅書局合校本注：改"樘"
爲"撐"，改"榑"爲"槫"。⑧

　　南宋莊綽《雞肋編》："平棊名三平
機、平橑、平棊。俗謂之平起，以方椽施素版者謂之平
闇。"⑨其據來自《營造法式》。
　　平棊，殿閣廳堂内之天花。古稱
"承塵"。《後漢書》："義嘗濟人死罪，
罪者後以金二斤謝之，義不受。金主伺

⑤　[唐]歐陽詢. 藝文類聚. 卷一. 天部上. 月. 第8頁.
　　上海古籍出版社. 1982年
⑥　[宋]李昉等編. 太平廣記. 卷第二百三十七. 奢侈二.
　　同昌公主. 第1825頁. 中華書局. 1961年
⑦　[宋]李誡，傅熹年彙校. 營造法式合校本. 第一册.
　　總釋下. 平棊. 校注. 中華書局. 2018年
⑧　[宋]李誡，傅熹年彙校. 營造法式合校本. 第一册.
　　總釋下. 平棊. 校注. 中華書局. 2018年
⑨　[宋]莊綽. 雞肋編. 卷下

義不在，默投金於承塵上。後葺理屋宇，乃得之。金主已死，無所復還，義乃以付縣曹。"① 《新五代史》載時人張允："周太祖以兵入京師，允匿於佛殿承塵，墜而卒，年六十五。"②

稱平棊爲"平機"者，似爲漢時。稱"平橑"者，已是西晉時期，如《晉書》載："武帝咸寧中，司徒府有二大蛇，長十許丈，居聽事平橑上而人不知，但數年怪府中數失小兒及豬犬之屬。"③ 這裏的"聽事"，很可能是"廳事"之誤寫。平橑，即廳堂內的平棊天花。因是"俗呼"，史料中難見稱"平棊"爲"平起"者。

〔2.3.2〕
鬪八藻井

《西京賦》：蒂倒茄於藻井，披紅葩之狎獵。藻井當棟中，交木如井，畫以藻文，飾以蓮莖，綴其根於井中，其華下垂，故云倒也。

《魯靈光殿賦》：圓淵方井，反植荷蕖。爲方井，圓以圓淵及芙蓉，華葉向下，故云反植。

《風俗通義》：殿堂象東井形，刻作荷菱。菱，水物也，所以厭火。

沈約《宋書》：殿屋之爲圓泉、方井兼荷華者，以厭火祥。今以四方造者，謂之鬪四。

從《西京賦》可知，室內施藻井，至遲東漢時期已有。三國時人韋誕撰

《景福殿賦》中有："芙蓉側植，藻井懸川。"④ 何晏《景福殿賦》："繚以藻井，編以綷疏。"⑤ 三國時，殿堂建築內有藻井之設。

唐人李善注《文選》："蒂倒茄於藻井，披紅葩之狎獵。茄，藕莖也。以其莖倒殖於藻井，其華下向反披。狎獵，重接貌；藻井當棟中，交木方爲之，如井幹也。"⑥

《宋書》"今以四方造者，謂之鬪四"中的"鬪四"乃"鬪四藻井"之簡稱，即平面爲四邊形藻井。"鬪八藻井"，指平面爲八邊形（八方造者）藻井。

【2.4】
小木作（鉤闌-屏風-露籬）

〔2.4.1〕
鉤闌

《西都賦》：捨欄檻而却倚，若顛墜而復稽。

《魯靈光殿賦》：長塗升降，軒檻曼延。軒檻，鉤闌也。

《博雅》：闌、檻、櫳，杙也。

《景福殿賦》：欄檻邳張，鉤錯矩成；楯類騰蛇，榙以瓊英；如螭之蟠，如虬之停。欄檻，鉤闌也。言鉤闌中錯爲方斜之文。楯，鉤闌上橫木也。

《漢書》：朱雲忠諫攀檻，檻折。及治檻，上曰："勿易，因而輯之，以旌直臣。"今殿鉤闌，當中兩棋不施尋杖，謂之折檻，亦謂之龍池。

① [南朝宋]范曄. 後漢書. 卷八十一. 獨行列傳第七十一. 雷義. 第2687頁. 中華書局. 1965年
② [宋]歐陽修. 新五代史. 卷五十七. 雜傳第四十五. 張允. 第660頁. 中華書局. 1974年
③ [唐]房玄齡等. 晉書. 卷二十九. 志第十九. 五行下. 龍蛇之孽. 二十五史. 第1348頁. 上海古籍出版社·上海書店. 1986年
④ [清]嚴可均輯. 全上古三代秦漢三國六朝文. 全三國文. 卷三十二. 韋誕. 景福殿賦. 第1235b頁. 中華書局. 1958年
⑤ [清]嚴可均輯. 全上古三代秦漢三國六朝文. 全三國文. 卷三十九. 何晏. 景福殿賦. 第1272a-1272b頁. 中華書局. 1958年
⑥ 高步瀛. 文選李注義疏. 卷二. 賦甲. 京都上. 張平子. 西京賦一首. 第277頁. 中華書局. 1985年

《義訓》：闌楯謂之柃，階檻謂之闌。

上文"《景福殿賦》"條，"欄檻邵張"，陶本："欄檻披張"，陳注：改"披"爲"邵"。①

據《漢語大字典》：闌有兩解，其一："門前柵欄。《説文・門部》：'闌，門遮也。'段玉裁注：'謂門之遮蔽也，俗謂欄檻爲闌。'"② 其二："柵欄一類的遮攔物。《玉篇・門部》：'闌，牢也。'"③ 可知，鈎闌即今日俗稱的"欄杆"。

《法式》中有釋：欄檻，乃鈎闌；軒檻，亦意爲鈎闌；柃，爲闌楯；階檻，謂之闌；楯，鈎闌上橫木。

欄，"圍養禽獸的柵欄。《説文・木部》：'欄，檻也。從木，龍聲。'《玉篇・木部》：'欄，檻也，牢也。'《廣韻・東韻》：'欄，檻也。養獸所也。'"④

桯，"《説文》：'桯，桯柂也。從木，陛省聲。'"⑤ 又："牢籠，《廣韻・釋言》：'欄、檻、欄、桯，牢也。'"⑥

楯有多義，其中兩義似與鈎闌有關：一，"柃中栓。《集韻・帖韻》：'楯，柃中栓。'"⑦ 二，"檻下橫木。《集韻・帖韻》：'楯，檻下橫木。'"⑧

以上諸字似皆與鈎闌之意有所關聯。

〔2.4.2〕

拒馬叉子

《周官・天官》：掌舍設梐枑再重。故書枑爲拒。鄭司農云：梐，榱梐也；拒，受居溜水涑橐者也。行馬再重者，以周衛有內外列。杜子春讀爲梐枑，謂行馬者也。

《義訓》：梐枑，行馬也。今謂之拒馬叉子。

《漢語大字典》："梐枑，古代官署前阻擋行人的障礙物，用木條交叉做成，俗稱'行馬'，或稱'拒馬叉子'。《説文・木部》：'梐，梐枑也。'王筠句讀：'單言互，便是行馬，連言梐枑，仍是行馬。'"⑨

又"宋佚名《六州》：'帷宮宿設，梐枑相差。'元李術魯翀《真定路宣聖廟碑》：'自廟徂學，門垣梐枑，循序森立，瓦縵締築，堅麗於舊。'"⑩ 可知，自宋至元，拒馬叉子（梐枑）都是常見的城市管理設施。

〔2.4.3〕

屏風

《周官》：掌次設皇邸。邸，後版也。謂後版屏風與染羽，象鳳凰羽色以爲之。

《禮記》：天子當扆而立。又：天子負扆南鄉而立。扆，屏風也。斧扆爲斧文屏風於戶牖之間。

《爾雅》：牖戶之間謂之扆，其內謂之家。今人稱家，義出於此。

① [宋]李誡. 營造法式（陳明達點注本）. 第一册. 第36頁. 總釋下. 鈎闌. 批注. 浙江攝影出版社. 2020年
② 漢語大字典. 門部. 第1792頁. 闌. 四川辭書出版社-湖北辭書出版社. 1993年
③ 漢語大字典. 門部. 第1792頁. 闌. 四川辭書出版社-湖北辭書出版社. 1993年
④ 漢語大字典. 木部. 第554頁. 欄. 四川辭書出版社-湖北辭書出版社. 1993年
⑤ 漢語大字典. 木部. 第510頁. 梐. 四川辭書出版社-湖北辭書出版社. 1993年
⑥ 漢語大字典. 木部. 第510頁. 桯. 四川辭書出版社-湖北辭書出版社. 1993年
⑦ 漢語大字典. 木部. 第540頁. 楯. 四川辭書出版社-湖北辭書出版社. 1993年
⑧ 漢語大字典. 木部. 第540頁. 楯. 四川辭書出版社-湖北辭書出版社. 1993年
⑨ 漢語大字典. 木部. 第510頁. 梐. 四川辭書出版社-湖北辭書出版社. 1993年
⑩ 漢語大字典. 木部. 第510頁. 梐. 四川辭書出版社-湖北辭書出版社. 1993年

《釋名》：屏風，言可以屏障風也。扆，倚也，在後所依倚也。

上文引《釋名》："屏風，言可以屏障風也"，陶本："屏風可以障風也。"傅書局合校本注亦改："屏風，言可以屏障風也。"[1] 傅建工合校本注："劉批陶本：'屏風可以障風也'句，據《釋名》原書，應爲'屏風，言可以屏障風也。'"[2]

《周禮》："王大旅上帝，則張氈案，設皇邸。"[3] 其疏曰："云'王大旅上帝'者，謂冬至祭天於圓丘。'則張氈案'者，案謂床也。床上著氈即謂之氈案。'設皇邸'者，邸謂以版爲屏風，又以鳳皇羽飾之。此謂王坐所置也。"[4]

扆，"釋曰：牖者，戶西窗也。此牖東戶西爲牖戶之間，其處名扆。云'其內'者，其扆內也。自此扆內即謂之家。《說文》云：'家，居也。'"[5] 可知，"扆"之本義爲古代房屋室內之隔斷。扆之內爲居室空間；則扆之外，似爲日常禮儀接待空間。

又："案《覲禮》云：'天子設斧依於戶牖之間，左右几。'鄭注云：'依，如今綈素屏風也。有繡斧文，所以示威也。斧謂之黼。'是也。……覲禮天子設屏風之扆於牖戶之間，因名此屏風爲扆。是以其在扆處，即名之曰扆

也。"[6]

天子所設屏風之扆，似更具禮儀性功能。

〔2.4.4〕

棟柱

《義訓》：牖邊柱謂之棟。苦減切，今梁或額及榑之下，施柱以安門窗者，謂之邍柱，蓋語譌也。邍，俗音藟，字書不載。

上文引《義訓》小注："今梁或額及榑之下"，傅書局合校本注：改"額及榑"爲"榑及額"，即改爲"今梁或榑及額之下"。[7]

棟，據《漢語大字典》："《說文》：'棟，戶也。從木，兼聲。……窗戶兩邊的柱子。'《廣韻·嬛韻》：'棟，牖旁柱也。'"[8]

〔2.4.5〕

露籬

《釋名》：欐，離也，以柴竹作之。疏離離也。青徐曰裾。裾，居也，居其中也。柵，蹟也，以木作之，上平，蹟然也。又謂之撤；撤，緊也，誡誡然緊也。

《博雅》：據巨於切、栫在見切、藩、篳音必、欐、落音落、杝，籬也。柵謂之棚音朔。

① [宋]李誡，傅熹年彙校. 營造法式合校本. 第一冊.
總釋下. 屏風. 校注. 中華書局. 2018年
② [宋]李誡，傅熹年校注. 合校本營造法式. 第127
頁. 總釋下. 屏風. 注1. 中國建築工業出版社.
2020年
③ [清]阮元校刻. 十三經注疏. 周禮注疏. 卷第六.
掌次. 第1456頁. 中華書局. 2009年
④ [清]阮元校刻. 十三經注疏. 周禮注疏. 卷第六.
掌次. 第1456頁. 中華書局. 2009年
⑤ [清]阮元校刻. 十三經注疏. 爾雅注疏. 卷第五.
釋宮第五. 第5649頁. 中華書局. 2009年
⑥ [清]阮元校刻. 十三經注疏. 爾雅注疏. 卷第五.
釋宮第五. 第5649頁. 中華書局. 2009年
⑦ [宋]李誡，傅熹年彙校. 營造法式合校本. 第一冊.
總釋下. 棟柱. 校注. 中華書局. 2018年
⑧ 漢語大字典. 木部. 第532頁. 棟. 四川辭書出版
社-湖北辭書出版社. 1993年

《義訓》：**籬謂之藩。**今謂之露籬。

陶本："櫖"，梁注釋本改爲"據"，誤。櫖，即"椐"，《漢語大字典》："椐（音ju），《說文》：'椐，横也。從木，居聲。'……《釋名·釋宫室》：'籬，離也，以柴竹作之疏離。離也，青徐曰椐。椐，居也，居於中也。'"①

栫，見《春秋左傳》："邾子又無道，吴子使大宰子餘討之，囚諸樓臺，栫之以棘。"② 可知，"栫"（音jian），有藩籬之意。

篳，據《漢語大字典》："籬笆。《說文·竹部》：'篳，藩落也。'段玉裁注：'藩落，猶俗云籬落也。'王筠句讀：'屏蔽之以爲院落也。'《廣雅·釋宫》：'篳，杝也。'"③

欏與杝，據《漢語大字典》："籬笆。《廣雅·釋宫》：'欏，杝也。'王念孫疏證：'杝，今籬字也。'"④ 欏（音luo）；杝，爲多音字，表籬笆之意時，其音爲li。

棚，據《漢語大字典》："栅欄。《廣雅·釋宫》：'栅謂之棚。'"⑤

籬，據《漢語大字典》："籬笆。《釋名·釋宫室》：'籬，離也。以柴竹作之。'《玉篇·竹部》：'籬，藩籬。'"⑥

【2.5】
瓦作-泥作-塼作-彩畫

〔2.5.1〕
鴟尾

《漢紀》：**柏梁殿灾後，越巫言海中有魚虬，尾似鴟，激浪即降雨。遂作其象於屋，以厭火祥。時人或謂之鴟吻，非也。**
《譚賓録》：**東海有魚虬，尾似鴟，鼓浪即降雨，遂設象於屋脊。**

《唐會要》："東海有魚虬，尾似鴟，因以爲名，以噴浪則降雨。漢柏梁災，越巫上厭勝之法，乃大起建章宫，遂設鴟魚之象於屋脊，畫藻井之文於梁上，用厭火祥也。今呼爲鴟吻，豈不誤矣哉！"⑦

《詩經》中提到鴟，似爲一種猛禽："鴟鴞鴟鴞，既取我子，無毁我室。"⑧ 西漢揚雄《方言》中提到："朦忙紅反、厖，豐也。"⑨ 朦，模糊不清；厖（音忙），意爲豐厚、厚重，都與"鴟"本義似無關聯。但"厖"之附注，似將"鴟"釋爲"龍鳥"。

東晉時宫殿建築已設鴟尾，如《晉書》載義熙六年（410年）五月："丙寅，震太廟鴟尾。"⑩ 宋人《類説》引《蘇氏演義》持另一説："蚩尾：蚩，海獸也。漢武柏梁殿有蚩尾，水之精也，能却火

① 漢語大字典. 木部. 第520頁. 椐. 四川辭書出版社-湖北辭書出版社. 1993年
② [清]阮元校刻. 十三經注疏. 春秋左傳正義. 卷第五十八. 八年. 第4701頁. 中華書局. 2009年
③ 漢語大字典. 木部. 第1251頁. 篳. 四川辭書出版社-湖北辭書出版社. 1993年
④ 漢語大字典. 木部. 第556頁. 欏. 四川辭書出版社-湖北辭書出版社. 1993年
⑤ 漢語大字典. 木部. 第533頁. 棚. 四川辭書出版社-湖北辭書出版社. 1993年
⑥ 漢語大字典. 木部. 第1265頁. 籬. 四川辭書出版社-湖北辭書出版社. 1993年
⑦ [宋]王溥. 唐會要. 卷四十四. 雜災變. 第792頁. 中華書局. 1960年
⑧ [清]阮元校刻. 十三經注疏. 毛詩正義. 卷第八. 八之二. 二十七. 鴟鴞. 第842頁. 中華書局. 2009年
⑨ 參見華學誠匯證. 揚雄方言校釋匯證. 附録七：歷代方言及郭注研究文選. 方言聲轉説. 第1349頁. 中華書局. 2006年
⑩ [唐]房玄齡等. 晉書. 卷十. 帝紀第十. 安帝. 第262頁. 中華書局. 1974年

災，因置其象於上。謂之'鴟尾'，非也。"[1]

北齊人撰《顏氏家訓》中還提到當時的一則民間訛誤："或問曰：'《東宮舊事》何以呼鴟尾爲祠尾？'答曰：'張敞者，吳人，不甚稽古，隨宜記注，逐鄉俗訛謬，造作書字耳。吳人呼祠祀爲鴟祀，故以祠代鴟字。'"[2]

〔2.5.2〕

瓦

《詩》：乃生女子，載弄之瓦。

《説文》：瓦，土器已燒之總名也。㼷，周家搏埴之工也。㼷，分兩切。

《古史考》：昆吾氏作瓦。

《釋名》：瓦，踝也。踝，確堅貌也，亦言脿也，在外脿見之也。

《博物志》：桀作瓦。

《義訓》：瓦謂之㼷。音㲋。半瓦謂之㼑音浹。㼑謂之㼗音爽。牝瓦謂之瓹音版。瓹謂之㽯音還。牡瓦謂之瓵音皆，瓵謂之甋音雷。小瓦謂之瓹音橫。

上文《説文》小注"㼷"，傅書局合校本注：改"㼷"爲"瓬"，并注："瓬，故宮本，四庫本。"[3]

《漢語大字典》，瓬（音fang），"周代一種製瓦器的工匠。《周禮·考工記

序》：'搏埴之工，陶、瓬。'賈公彥疏：'搏埴之工二，陶人爲瓦器，甒瓺之屬；瓬人爲瓦籩。'"[4]

另"瓬"（音fang），《説文》：'瓬，周家搏埴之工也，從瓦，方聲。'……古代從事製作籩、豆之類瓦器的人，也作'瓬'。"[5]

瓦，作爲一種陶製建築材料，出現的時間似乎相當早，如《詩經》中已提到瓦："乃生女子，載寢之地。載衣之裼，載弄之瓦。"[6] 祇是這裏所言之"瓦"，未必指屋瓦，很可能是某種陶製容器。《法式》引《博物志》："桀作瓦。"可知將瓦作爲建築材料用于房屋屋頂，似始自商代末年。

《春秋左傳》載魯隱公八年（公元前715年）："秋七月庚午，宋公、齊侯、衛侯盟於瓦屋。"[7]春秋時期，瓦屋似尚罕見，以"瓦屋"爲地名（或重要建築物名？），諸侯會盟于此。

據《唐六典》卷二十三："甄官署：令一人，從八品下（《周禮》搏埴之工二，謂陶與瓬也。後漢將作大匠屬官有前、後、中甄官令、丞。晉少府領甄官署，掌搏瓦之任。宋、齊有東、西陶官瓦署督、令各一人。北齊太府寺統甄官署，甄官又別領石窟丞。後周有陶工中士一人，掌爲樽、彝、簠、簋等器。隋太府寺統甄官署令、丞二人，皇朝改屬將作）。"[8]

① 參見[清]舒其紳等修. 西安府志. 卷第七十九. 拾遺志. 古迹. 宮闕. 第1734頁. 三秦出版社. 2011年

② [北齊]顏之推. 顏氏家訓集解. 卷第六. 書證第十七. 第491頁. 中華書局. 1993年

③ [宋]李誡, 傅熹年彙校. 營造法式合校本. 第一冊. 總釋下. 瓦. 校注. 中華書局. 2018年

④ 漢語大字典. 第912頁. 方部. 瓬. 四川辭書出版社-湖北辭書出版社. 1993年

⑤ 漢語大字典. 第598頁. 瓦部. 瓬. 四川辭書出版社-湖北辭書出版社. 1993年

⑥ [清]阮元校刻. 十三經注疏. 毛詩正義. 卷第十一. 十一之二. 斯干. 第938頁. 中華書局. 2009年

⑦ [清]阮元校刻. 十三經注疏. 春秋左傳正義. 卷第四. 八年. 第3762頁. 中華書局. 2009年

⑧ [唐]張九齡, 李林甫等. 唐六典. 將作都水監卷第二十三. 將作監. 大匠少匠. 甄官署. 第597頁. 中華書局. 1992年

自後漢始，甄官署似已歸爲將作大匠屬官，晉時歸少府領轄，南朝設東、西陶官瓦署，北齊歸太府寺轄，唐代再次將之納入將作管理系統。

〔2.5.3〕
塗

《尚書·梓材篇》：若作室家，既勤垣墉，唯其塗塈茨。

《周官·守祧》：其祧，則守祧黝堊之。

《詩》：塞向墐戶。墐，塗也。

《論語》：糞土之牆，不可杇也。

《爾雅》：鏝謂之杇，地謂之黝，牆謂之堊。

泥鏝也，一名杇，塗工之作具也。以黑飾地謂之黝，以白飾牆謂之堊。

《説文》：垷胡典切、墐渠吝切，塗也。杇，所以塗也。秦謂之杇；關東謂之槾。

《釋名》：泥，邇近也，以水沃土，使相黏近也。塈猶煟；煟，細澤貌也。

《博雅》：黝、堊烏故切、垷垸又胡典切、墐、墀、塈、㙻奴回切、壾力奉切、槭古湛切、塓莫典切、培音裴、封，塗也。

《義訓》塗謂之塓音覓。塓謂之壾音壠。仰塗謂之塈音泊。

上文引《周官·守祧》："其祧，則守祧黝堊之"，陶本："職其祧，則守祧黝堊之"，傅書局合校本刪去"職"字，并注："職，衍文。據《周禮注疏》

刪。"[1]傅建工合校本注："熹年謹按：陶本衍'職'字，據《周禮注疏》改。"[2]

上文《博雅》中"㙻"字，陶本爲"㦬"字，陳注：改"㦬"爲"㙻"。[3]傅書局合校本注：改"㦬"爲"㙻"。[4]

上文"黝、堊烏故切"與"塓謂之"兩段後，傅建工合校本注："熹年謹按：二段後文字丁本均缺，陶本據四庫本補。故宮本、張本均不脱（丁本號稱出自張本，但此處張本不脱而丁本脱，表明丁本可能并非直接出自張本）。"[5]

塗者，塗，意爲道途，亦有塗抹之意，即抹泥、泥鏝；"杇"者，與"圬"通，意爲泥鏝，爲土功。上文所提諸字，如塗、墐、鏝、杇、垷、塈、塓、壾，大約都與"塗"或"杇"相類似，有泥鏝、抹泥、塗灰、土功之類意思，大多應屬于房屋建成後室內外表面裝飾工序。依《漢語大字典》簡單梳理如下：塗，"《説文新附》：'塗，泥也。從土，塗聲。'鄭珍《説文新附考》：'古塗、途字並止作涂。'"[6]其與房屋相關之意有二：一是"泥；泥巴。《廣雅·釋詁三》：'塗，泥也。'"[7]二是"粉刷物品。清鄭珍《説文新附考》：'凡以物敷物皆曰塗，俗以泥涂字加土作塗。'《尚書·梓材篇》：'若作家室，既勤垣墉，惟其塗塈茨。'"[8]

① [宋]李誠，傅熹年彙校. 營造法式合校本. 第一册. 總釋下. 塗. 校注. 中華書局. 2018年
② [宋]李誠，傅熹年校注. 合校本營造法式. 第132頁. 總釋下. 塗. 注1. 中國建築工業出版社. 2020年
③ [宋]李誠. 營造法式（陳明達點注本）. 第一册. 第41頁. 總釋下. 塗. 批注. 浙江攝影出版社. 2020年
④ [宋]李誠，傅熹年彙校. 營造法式合校本. 第一册. 總釋下. 塗. 校注. 中華書局. 2018年
⑤ [宋]李誠，傅熹年校注. 合校本營造法式. 第132頁. 總釋下. 塗. 注2. 中國建築工業出版社. 2020年
⑥ 漢語大字典. 土部. 第200頁. 塗. 四川辭書出版社-湖北辭書出版社. 1993年
⑦ 漢語大字典. 土部. 第200頁. 塗. 四川辭書出版社-湖北辭書出版社. 1993年
⑧ 漢語大字典. 土部. 第200頁. 塗. 四川辭書出版社-湖北辭書出版社. 1993年

墐（音 jin），"《説文》：'墐，塗也。從土，堇聲。'"[1] 其與房屋有關之意："用泥塗塞。《説文·土部》：'墐，塗也。'《詩·豳風·七月》：'穹室熏鼠，塞向墐戶。'《毛傳》：'墐，塗也。'唐劉禹錫《武陵觀火》：'山木行剪伐，江泥宜墐塗。'"[2]

鏝有兩意：其一，"泥工塗牆的工具。《爾雅·釋宮》：'鏝謂之杇。'陸德明《釋文》引李巡云：'泥鏝，一名杇，塗工之作具。'郝懿行義疏：'按：鏝古蓋用木，後世以鐵，今謂之泥匙。'唐韓愈《圬者王承福傳》：'故吾不敢一日捨鏝以嬉。'"[3] 其二，"塗抹。《直音篇·金部》：'鏝，塗也。'《論語·公冶長》：'糞土之牆不可杇也。'三國魏何晏集解引王肅曰：'杇，鏝也。'"[4]

杇（音 wu），"《説文》：'杇，所以塗也。秦謂之杇，關東謂之槾。從木，亏聲。'"[5] 杇亦有兩意：其一，"泥鏝，俗稱'瓦刀'，泥工塗牆壁的工具。後作'圬'或'鋘'。《爾雅·釋宮》：'鏝謂之杇。'郭璞注：'泥鏝。'郝懿行義疏：《釋文》引李巡云：'泥鏝一名杇，塗工之作具'是也。"[6] 其二，"塗飾；粉刷。《論語·公冶長》：'朽木不可彫也，糞土之牆不可杇也。'明劉侗、于奕正《帝京景物略·西城外·慈壽寺》：'寺坯杇丹漆，與梵色界諸天，與龍鬼

神諸部，爭幻麗，特許中外臣庶，畏愛仰瞻。'"[7]

垷（音 xian），"《説文》：'垷，塗也。從土，見聲。'"[8] 其與房屋相關之意："塗泥。《説文·土部》：'垷，塗也。'朱駿聲《通訓定聲》：'謂黝堊牆屋也。'《廣韻·銑韻》：'垷，塗泥。'"[9]

墍（音 ji），與房屋相關之意有二：其一，"塗抹屋頂。《説文·土部》：'墍，仰塗也。'清段玉裁注：'以草蓋屋曰茨，塗墍茨者，塗其茨之下也，故必印塗。'《尚書·梓材篇》：'若作室家，既勤垣墉，惟其塗墍茨。'"[10] 其二，"塗飾。《廣雅·釋宮》：'墍，塗也。'《後漢書·西域傳·大秦國》：'列置郵亭，皆堊墍之。'李賢注：'墍，飾也。'《新唐書·吐蕃傳上》：'其死，葬爲冢，墍塗之。'"[11]

塓（音 mi），"《説文新附》：'塓，塗也。從土，冥聲。'"[12] 其意爲："抹牆。《説文新附·土部》：'塓，塗也。'《左傳·襄公三十一年》：'圬人以時塓館宮室。'孔穎達疏：'塓亦泥也，使此泥屋之人，以時泥塗客館之宮室也。'"[13]

壟，亦爲"塗"（音 long），兩者意相同："同'塗'。宋李誡《營造法式·總釋·塗》引《博雅》：'壟，塗也'。按：《廣雅·釋宮》《説文·水部》均作'塗'。"[14]

① 漢語大字典. 土部. 第201頁. 墐. 四川辭書出版社-湖北辭書出版社. 1993年
② 漢語大字典. 土部. 第201頁. 墐. 四川辭書出版社-湖北辭書出版社. 1993年
③ 漢語大字典. 金部. 第1768頁. 鏝. 四川辭書出版社-湖北辭書出版社. 1993年
④ 漢語大字典. 金部. 第1768頁. 鏝. 四川辭書出版社-湖北辭書出版社. 1993年
⑤ 漢語大字典. 木部. 第486頁. 杇. 四川辭書出版社-湖北辭書出版社. 1993年
⑥ 漢語大字典. 木部. 第486頁. 杇. 四川辭書出版社-湖北辭書出版社. 1993年
⑦ 漢語大字典. 木部. 第486頁. 杇. 四川辭書出版社-湖北辭書出版社. 1993年
⑧ 漢語大字典. 土部. 第187頁. 垷. 四川辭書出版社-湖北辭書出版社. 1993年
⑨ 漢語大字典. 土部. 第187頁. 垷. 四川辭書出版社-湖北辭書出版社. 1993年
⑩ 漢語大字典. 土部. 第197頁. 墍. 四川辭書出版社-湖北辭書出版社. 1993年
⑪ 漢語大字典. 土部. 第197頁. 墍. 四川辭書出版社-湖北辭書出版社. 1993年
⑫ 漢語大字典. 土部. 第200頁. 塓. 四川辭書出版社-湖北辭書出版社. 1993年
⑬ 漢語大字典. 土部. 第200頁. 塓. 四川辭書出版社-湖北辭書出版社. 1993年
⑭ 漢語大字典. 土部. 第211頁. 壟. 四川辭書出版社-湖北辭書出版社. 1993年

〔2.5.4〕

彩畫

《周官》：**以猷鬼神祇。**猷，謂圖畫也。

《世本》：**史皇作圖。**宋衷曰：史皇，黃帝臣。圖，謂圖畫形象也。

《爾雅》：**猷，圖也，畫形也。**

《西京賦》：**繡栭雲楣，鏤檻文梲。**五臣曰：畫爲繡雲之飾。梲，連櫋也。皆飾爲文彩。**故其館室次舍，彩飾纖縟，裛以藻繡，文以朱綠。**館室之上，纏飾藻繡朱綠之文。

《吳都賦》：**青瑣丹楹，圖以雲氣，畫以仙靈。**青瑣，畫爲瑣文，染以青色，及畫雲氣神仙靈奇之物。

謝赫《畫品》：**夫圖者，畫之權輿；繢者，畫之末迹。總而名之爲畫。倉頡造文字，其體有六：一曰鳥書，書端象鳥頭，此即圖畫之類，尚標書稱，未受畫名。逮史皇作圖，猶略體物；有虞作繢，始備象形。今畫之法，蓋興於重華之世也。窮神測幽，於用甚博。**今以施之於縑素之類者謂之畫；布彩於梁棟枓栱或素象什物之類者，俗謂之裝鑾；以粉、朱、丹三色爲屋宇門窗之飾者，謂之刷染。

《爾雅注疏》："猷，圖也。《周官》曰：'以猷鬼神祇'，謂圖畫。"[1]

《呂氏春秋》："史皇作圖，巫彭作醫，巫咸作筮。"[2]《全梁文》收庾元威《論書》中有："《世本》云：史皇作圖，黃帝臣也。其唐虞之文章，夏后之鼎象，則圖畫之宗焉。"[3]

《法式》引謝赫《畫品》言，從倉頡造文字、史皇作圖，到畫之興起，不僅區分了"書"與"畫"，也區分了"圖""繢""畫"三種概念：圖者，畫之權輿；權輿者，萌芽、起始之意。圖爲畫之起始階段。史皇作圖，猶略體物。圖祇是大略狀摹事物。有虞作繢，始備象形；繢已具備初步象形圖像。然繢乃畫之末迹，即繢乃最爲初級之畫。畫興於帝舜時代（重華之世），畫可窮神測幽，於用甚博。

借謝赫《畫品》，《法式》進一步區分"畫""裝鑾""刷染"三種圖像或裝飾表達方法的不同：

（1）施之于縑素之類者謂之畫。畫，定義了繪畫藝術。

（2）布彩于梁棟枓栱或素象什物之類者，俗謂之"裝鑾"。裝鑾，定義了房屋的裝飾性、等級性彩畫。

（3）以粉、朱、丹三色爲屋宇門窗之飾者，謂之"刷染"。刷染，定義了房屋的裝飾性、保護性刷飾。

〔2.5.5〕

階

《説文》：**除，殿階也。階，陛也。阼，主階也。陛，升高階也。陔，階次也。**

《釋名》：**階，陛也。陛，卑也，有高卑也。天子殿謂之納陛，以納人之言也。階，梯**

---

① [清]阮元校刻. 十三經注疏. 爾雅注疏. 卷第三. 釋言第二. 第5617頁. 中華書局. 2009年

② [戰國]呂不韋. 元刊呂氏春秋校訂. 審分覽第五. 勿躬. 第260頁. 鳳凰出版社. 2016年

③ [清]嚴可均輯. 全上古三代秦漢三國六朝文. 全梁文卷六十七. 庾元威. 論書. 第3356a頁. 中華書局. 1958年

也，如梯有等差也。

《博雅》：阤仕已切、櫡力忍切，砌也。

《義訓》：殿基謂之陸音堂。殿階次序謂之陔。除謂之階；階謂之墒音的。階下齒謂之城七仄切。東階謂之阼。霤外砌謂之阤。

上文引《説文》："除，殿階也。"陶本："除，殿陛也。"

上文引《釋名》："階，陛也。"陶本："堦，陛也。"

據《漢語大字典》，堦（音jie），"同'階'。《玉篇·土部》：'堦，土堦。'《集韻·皆韻》：'階，或從土。'三國魏曹植《閨情二首》之一：'閑房何寂寞，緑草被堦庭。'"①

除，"《説文》：除，殿階也。"② 其有三意：一是"宮殿的臺階。……《玉篇·阜部》：'除，殿階也。'《史記·魏公子列傳》：'趙王掃除自迎，執主人之禮。'"二是"門屏之間的通道。《漢書·蘇建傳附蘇武》：'從至雍棫陽宮，扶輦下除，觸柱折轅。'顏師古注：'除謂門屏之間。'"三是"階梯。《廣雅·釋宮》：'除，道也。'王念孫疏證：'《九章算術·商功章》：負土往來七十步，其二十步上下棚除，棚除二當平道五。'（劉徽）注云：'棚，閣也；除，邪道也。'"③

階，與房屋宮室有關之意有三：

一，"臺階，《説文》：'階，陛也。'《玉篇·阜部》：'階，登堂道也。'《尚書·大禹謨》：'舞幹羽於兩階。'……又泛指階梯。《楚辭·九章·惜誦》：'欲釋階而登天兮，猶有曩之態也。'唐陳叔達《早春桂林殿應詔》：'水岸銜階轉，風條出柳斜。'"二，"梯子。《釋名·釋宮室》：'階，梯也。'《孟子·萬章上》：'父母使舜完廩，捐階，瞽瞍焚廩。'《禮記·喪大記》：'復有林麓，則虞人設階；無林麓，則狄人設階。'鄭玄注：'階，所乘以升屋者。……階，梯也。'"三，"途徑。《易·繫辭上》：'亂之所生也，則言語以爲階。'《左傳·襄公二十四年》：'貴而知懼，懼而知降，乃得其階。'杜預注：'階猶道也。'"④

阼，與房屋相關之意："古時稱大堂前東面主人迎接賓客的臺階。《説文·阜部》：'阼，主階也。'《集韻·鐸韻》：'阼，東階。'《儀禮·士冠禮》：'主人玄端爵韠，立於阼階下。'鄭玄注：'阼，猶酢也，東階所以答酢賓客也。'"⑤

陛，"《説文》：'陛，升高階也。'"⑥ 其有二意：一是"階梯。《説文》：'陛，升高階也。'段玉裁注：'自卑而可以登高者謂之陛。'……唐陸龜蒙《野廟碑》：'其居處則敞之於庭堂，峻之以陛級。'"二是"帝王宮殿的臺階。因以'陛下'爲對帝王的尊稱。《玉篇·阜部》：

① 漢語大字典. 土部. 第194頁. 堦. 四川辭書出版社–湖北辭書出版社. 1993年
② 漢語大字典. 阜部. 第1719頁. 除. 四川辭書出版社–湖北辭書出版社. 1993年
③ 漢語大字典. 阜部. 第1719頁. 除. 四川辭書出版社–湖北辭書出版社. 1993年
④ 漢語大字典. 阜部. 第1724頁. 階. 四川辭書出版社–湖北辭書出版社. 1993年
⑤ 漢語大字典. 阜部. 第1714頁. 阼. 四川辭書出版社–湖北辭書出版社. 1993年
⑥ 漢語大字典. 阜部. 第1718頁. 陛. 四川辭書出版社–湖北辭書出版社. 1993年

‘陛，天子階也。’……漢蔡邕《獨斷》卷上：‘陛，階也，所由升堂也。天子必有近臣持兵陳於陛側，以戒不虞。’”①

陔（音gai），“《説文》：‘陔，階次也。’”② 與房屋相關之意有三：一，“階次，殿階的石級次序。《説文》：‘陔，層次也。’《廣韻・哈韻》：‘陔，殿階次序。’”二，“層次、重次。《古今韻會舉要》：‘陔，重也。’《漢書・郊祀志上》：‘祠壇放亳忌泰一壇，三陔。’顏師古注：‘陔，重也。三陔，三重壇也。’”其三，“臺階。《玉篇・阜部》：‘陔，階也。’”③

隥（音tang），“同‘堂’。卷子本《玉篇・阜部》：‘隥，《字書》或堂。’宋李誡《營造法式・總釋下・階》：‘殿基謂之隥。’”④

墑（音di），與房屋相關之意：“臺階。《集韻・錫韻》：‘階謂之墑。’宋李誡《營造法式・總釋下・階》：‘除謂之階，階謂之墑。’”⑤

堿（音qi），“臺階，石級。《廣韻・德韻》：‘堿，階齒。’《集韻・德韻》：‘堿，階級也。’《文選・班固〈西都賦〉》：‘於是左堿右平，重軒三階。’李善注摯虞《決疑要注》：‘平者，以文塼相亞次也；堿者，爲陛級也，言階級勒堿然。’”⑥

橉（音lin），與房屋相關之意：“門檻。《廣雅・釋宮》：‘橉，砌也。’王念

孫疏證：‘砌，古通作切。’《漢書・外戚傳》：‘切皆銅沓黃金塗。’顏師古注云：‘切，門限也。’《玉篇・木部》：‘橉，楚人呼門限曰橉。’《淮南子・氾論》：‘枕戶橉而臥者，鬼神蹠其首。’”⑦

阰（音shi），意爲門軸、門檻；與階相關之意：“臺階旁所砌的斜石。《書・顧命》：‘四人綦弁，執戈上刃，夾兩階阰。’孔傳：‘堂廉曰阰，士所立處。’俞樾平議：‘凡側邊皆謂之廉。堂有堂之廉，階有階之廉。此云夾兩階，則阰者，階廉也，非堂廉也。’漢張衡《西京賦》：‘金阰玉階，彤庭輝輝。’《新唐書・李寶臣傳》：‘諸將已休，獨武俊佩刀立阰下。’”⑧

〔2.5.6〕
塼

《詩》：中唐有甓。

《爾雅》：瓴甋謂之甓。甋䂡也。今江東呼爲瓴甓。

《博雅》：瓬音潘、瓳音胡、瓨音亭、瓵、甄音真、瓍力佳切、甌夷耳切、瓴音零、甋音的、甓、甎、甓也。

《義訓》：井甓謂之甄音洞。塗甓謂之螜音哭。大塼謂之瓬瓳。

塼，或磚、甎，據《漢語大字典》，甎（音zhuan），“同‘磚’，《廣韻・仙韻》：‘甎，甎瓦。’《古史考》曰：‘烏

① 漢語大字典．阜部．第1718頁．陛．四川辭書出版社–湖北辭書出版社．1993年
② 漢語大字典．阜部．第1717頁．陔．四川辭書出版社–湖北辭書出版社．1993年
③ 漢語大字典．阜部．第1717頁．陔．四川辭書出版社–湖北辭書出版社．1993年
④ 漢語大字典．阜部．第1728頁．隥．四川辭書出版社–湖北辭書出版社．1993年
⑤ 漢語大字典．土部．第203頁．墑．四川辭書出版社–湖北辭書出版社．1993年
⑥ 漢語大字典．土部．第201頁．堿．四川辭書出版社–湖北辭書出版社．1993年
⑦ 漢語大字典．木部．第544–545頁．橉．四川辭書出版社–湖北辭書出版社．1993年
⑧ 漢語大字典．户部．第945頁．阰．四川辭書出版社–湖北辭書出版社．1993年

曹作甎。'《篇海類編·器用類·瓦部》：'甎，俗作磚。'唐韓愈《張中丞傳後敘》：'抽矢射佛寺浮圖，矢著其上甎半箭。'元秦簡夫《東堂老》第一折：'祇守著那奈風霜破頂的甎窰。'"①

氎（音pi），"磚，古代又稱'瓴甓'或'瓴甋'。《爾雅·釋宮》：'瓴甋謂之甓。'郭璞注：'甎甓也，今江東呼瓴甓。'郝懿行義疏：《詩·陳風·防有鵲巢》正義引李巡曰：'瓴甋一名甓。'墼與甓皆今之甎，但墼未燒爲異耳。"② 可知，"甓"爲已燒成之磚，而"墼"爲未燒之磚坯。

瓴（音ling），其與"磚"或"瓦"相近之意有二：一爲"'瓴甋'，長方磚。《爾雅·釋宮》：'瓴甋謂之甓。'郭璞注：'甎甓也，今江東呼瓴甓。'《廣雅·釋宮》：'瓴甋，甎甓也。'《詩·陳風·防有鵲巢》：'中唐有甓。'《毛傳》：'甓，瓴甋也。'……《廣雅》：'瓴甋，甓，甎甓也。'《通俗文》：'狹長者謂之甎甓。'按《吳語》韋昭注：'員曰困，方曰鹿'，則瓴甋蓋甎之長方者也。"③ 二爲"磚瓦砌的通水溝。《六書故·工事四》：'瓴，牝瓦仰蓋者，仰瓦受覆瓦之流，所謂瓦溝也。'"④

甋（音di），"'瓴甋'，磚。也稱'甋'。《廣雅·釋宮》：'瓴甋，甎也。'"⑤

甊（音lu），"磚。《廣雅·釋宮》：'甓，甎甓。'王念孫疏證：'《眾經音

義》卷十四引《通俗文》：'狹長者謂之甎甓。'《魏志·胡昭傳》注引《魏略》云：'（扈累）獨居道側，以甎甓爲障。施一廚床，食宿其中。'"⑥

甀（音pan），"'甀瓳'，大磚。《廣雅·釋宮》：'甀瓳，甎甓也。'王念孫疏證：《眾經音義》卷十三引《埤蒼》云：'甀瓳，大甎也。'卷四引《通俗文》云：'甎方大謂之甀瓳。'《明史·高名衡傳》：'開封，故宋汴都，金帝南遷所重築也。內堅致而疏外，賊用火藥放迸，火發即外擊，甀瓳飛鳴，賊騎皆糜亂。'"⑦ 亦如上文《法式》引《義訓》："大磚謂之甀瓳。"

瓳（音hu），"'甀瓳'，見甀。"⑧

瓬（音ting），"磚。《廣雅·釋宮》：'瓬，甎甓也。'"⑨

治甄，"甄"（音zhen），其本義爲製作陶器，與磚或瓦有關之意有三：一爲"瓦窰。《廣雅·釋宮》：'甄，窰也。'王念孫疏證：'《眾經音義》卷十四引《蒼頡篇》云：'窰，燒瓦竈也。'"二爲"土。《廣雅·釋地》：'甄，土也。'"三爲"磚。《廣雅·釋宮》：'甄，甎也。'"⑩治，有製造、建造之意："製造；建造。《史記·平準書》：'治樓船，高十餘丈，旗幟加其上，甚壯。'"⑪治甄，或有建造磚窰、製造陶器、製作磚瓦等意。

① 漢語大字典. 瓦部. 第602頁. 甎. 四川辭書出版社-湖北辭書出版社. 1993年
② 漢語大字典. 瓦部. 第602頁. 甓. 四川辭書出版社-湖北辭書出版社. 1993年
③ 漢語大字典. 瓦部. 第602頁. 瓴. 四川辭書出版社-湖北辭書出版社. 1993年
④ 漢語大字典. 瓦部. 第602頁. 瓴. 四川辭書出版社-湖北辭書出版社. 1993年
⑤ 漢語大字典. 瓦部. 第602頁. 甋. 四川辭書出版社-湖北辭書出版社. 1993年
⑥ 漢語大字典. 瓦部. 第602頁. 甊. 四川辭書出版社-湖北辭書出版社. 1993年
⑦ 漢語大字典. 瓦部. 第602頁. 甀. 四川辭書出版社-湖北辭書出版社. 1993年
⑧ 漢語大字典. 瓦部. 第598頁. 瓳. 四川辭書出版社-湖北辭書出版社. 1993年
⑨ 漢語大字典. 瓦部. 第598頁. 瓬. 四川辭書出版社-湖北辭書出版社. 1993年
⑩ 漢語大字典. 瓦部. 第600頁. 甄. 四川辭書出版社-湖北辭書出版社. 1993年
⑪ 漢語大字典. 水部. 第671-672頁. 治. 四川辭書出版社-湖北辭書出版社. 1993年

甊（音lei），"塼。《廣雅·釋宮》：'甊，甌甒也。'"①

甌（音yi），其與磚相關之意："塼。《廣雅·釋宮》：'甌，甒也。'"②

甋（音tong），"井壁。《廣雅·釋宮》：'甋，瓺也。'《廣韻·東韻》：'甋，井甓，一云瓺也。'""甋"另有一意："甕一類瓦器。《廣韻·用韻》：'甋，甕屬。'"③

毂（音ku），"未燒的塼，即塼坯。《玉篇·土部》：'毂。土墼也。'宋李誡《營造法式·總釋下·塼》：'塗墼謂之毂。'"④

〔2.5.7〕

井

《周書》：黃帝穿井。

《世本》：化益作井。宋衷曰：化益，伯益也，堯臣。

《易·傳》：井，通也，物所通用也。

《説文》：瓺，井壁也。

《釋名》：井，清也，泉之清潔者也。

《風俗通義》：井者，法也，節也；言法制居人，令節其飲食，無窮竭也。久不渫滌爲井泥。《易》云：井泥不食。渫，息列切。不停汙曰井渫，滌井曰浚。井水清曰冽。《易》曰：井渫不食。又曰：井冽寒泉。

渫（音xie），多義字，其一："淘井；淘去泥污。《説文·水部》：'渫，除去也。'《廣韻·薛韻》：'渫，治井。亦除去。'《易·井》：'井渫不食，爲我心惻。'孫星衍《集解》引向秀曰：'渫者，浚治去泥濁也。'《太平廣記》卷四百二十三引《劇談録》：'因井渫，得鯉魚一頭長五尺。'"⑤

滌（音di），意爲洗滌、清除、潔净等。渫滌，其意亦爲淘井、清除泥污等。

汙（音wu），字義有污濁、不清潔、污染等；亦有漫出、塗抹、洗去污垢、鑿地爲坑，以及誇大、衰微等。

浚（音jun），字義有挹取、疏浚、索取等。

冽（音lie），字義有寒冷、冰冷等。

井爲泉之清潔者。井需穿鑿、築作，并要甓砌井壁、渫滌井泥。上文引《風俗通義》之語，大意爲：有不停汙之井，則需淘治；渫滌其井，則爲疏浚。井浚則水清；水清則冷冽。冷冽之井，可稱"寒泉"。

① 漢語大字典. 瓦部. 第600頁. 甊. 四川辭書出版社-湖北辭書出版社. 1993年

② 漢語大字典. 瓦部. 第599頁. 甌. 四川辭書出版社-湖北辭書出版社. 1993年

③ 漢語大字典. 瓦部. 第602頁. 甋. 四川辭書出版社-湖北辭書出版社. 1993年

④ 漢語大字典. 殳部. 第905頁. 毂. 四川辭書出版社-湖北辭書出版社. 1993年

⑤ 漢語大字典. 水部. 第701頁. 渫. 四川辭書出版社-湖北辭書出版社. 1993年

【2.6】
總例

〔2.6.1〕
取圜方、取直、取正、取平

諸取圜者以規，方者以矩。直者抨繩取則，立者垂繩取正，橫者定水取平。

　　房屋營造施工，有取圜、取方、取直、取正、取平諸項。圜以規，方以矩，直以繩，立以垂，平以水，各用其器，各有其則，各依其規。

〔2.6.2〕
諸徑圍斜長

諸徑圍斜長依下項：

　　圜徑七，其圍二十有二。

　　方一百，其斜一百四十有一。

　　八棱徑六十，每面二十有五，其斜六十有五。

　　六棱徑八十有七，每面五十，其斜一百。

　　圜徑內取方，一百中得七十一。

　　方內取圜，徑一得一。 八棱、六棱取圜準此。

　　上文“圜徑七，其圍二十有二”，陶本：“圜徑七，其圍二十有一。”陳注：改“二十有一”爲“二十有二”。[1]

傅書局合校本注：改“二十有一”爲“二十有二”，并注：“二，據故宮本、四庫本改。”[2] 傅建工合校本注：“熹年謹按：陶本誤作‘二十有一’，據故宮本、四庫本、張本改。”[3]

　　取圜徑者：以徑求圜圍，或以圍求圜徑，則：“圜徑七，其圍二十有二。”其值爲π。

　　取正方形之對角綫（斜），或取正方形之外接圓直徑，基本規則：“方一百，其斜一百四十有一。”正方形邊長與其外接圓直徑（正方形對角綫）之比爲1:$\sqrt{2}$。

　　相與類者，見上文之：“圜徑內取方，一百中得七十一”，以圓取方，其圓直徑與其內接正方形邊長間比例，爲$\sqrt{2}$:1。

　　這一體現方圓關係之比例，廣泛出現在古代建築的平、立、剖面，乃至檐口與檐柱高度等比例關係中。中國人篤信的天圓地方、外圓內方、方圓相涵理念，應用于宇宙萬物之理解，施之于世間萬物之營造，乃古代建築文化要旨之所在。

　　八邊形爲古代建築常見形式，即如“鬭八”形式，或八角形佛塔、八角亭等。故八棱，其徑若爲60，其每面長25，其斜爲65。此當爲求取八邊形基本算法規則。

① [宋]李誡. 營造法式（陳明達點注本）. 第一冊. 第45頁. 總例. 批注. 浙江攝影出版社. 2020年

② [宋]李誡，傅熹年彙校. 營造法式合校本. 第一冊. 總釋下. 總例. 校注. 中華書局. 2018年

③ [宋]李誡，傅熹年校注. 合校本營造法式. 第139頁. 總例下. 總例. 注1. 中國建築工業出版社. 2020年

同理，六邊形出現于六角亭、六角塔等，則六棱，其徑若爲87，其每面長50，其斜爲100。此爲求取六邊形基本算法規則。

至于"方内取圓"者，如八棱、六棱取圓，皆爲徑一得一，即正方形、八角形、六角形之内切圓的直徑，亦即該正方、八棱、六棱形的直徑。

〔2.6.3〕
取料規則

諸稱廣厚者，謂熟材；稱長者，皆別計出卯。

《法式》中所言"廣"與"厚"者，皆爲經過加工後的實際構件尺寸，故稱"熟材"。另凡稱某構件之長爲多少，其爲構件本身之長，實際下料時，需在此長度之上，另加出卯長度。如計闌額下料之長，需加上闌額兩端入柱之卯的長度。以此類推。

〔2.6.4〕
功限規則

[2.6.4.1]
長功、中功、短功

諸稱長功者，謂四月、五月、六月、七月；中功謂二月、三月、八月、九月；短功謂十月、十一月、十二月、正月。

諸稱功者謂中功，以十分爲率。長功加一分，短功減一分。

《法式》將勞作功限，按夏、春秋、冬三種季節的不同晝長情況，分爲長功、中功、短功；若中功以10計，則長功爲11，短功爲9。這是十分科學的工匠或工役勞作計功方式。

[2.6.4.2]
諸式内功限

諸式内功限並以軍工計定，若和雇人造作者，即減軍工三分之一。謂如軍工應計三功即和雇人計二功之類。

諸式内功限究竟有哪些？未知其詳。此處僅給出兩種情況：一爲軍工造作；二爲雇人造作。

諸式内功限，均以軍工功限爲準推算。如雇人造作之功，同樣工作，需減軍工所定功限的三分之一。如軍工應計3功，雇人造作用功，則計爲2功。可知軍工乃北宋時期國家依靠的重要營造力量，其功計值，似較其他匠人或工役，如雇人造作，所作功之功限值爲高。

[2.6.4.3]
本功及其增減

諸稱本功者，以本等所得功十分爲率。

諸稱增高廣之類而加功者，減亦如之。

諸功稱尺者，皆以方計。若土功或材木，則厚亦如之。

上文"以本等所得功十分爲率"，陶本："以本等所得功十分爲準。"傅書局合校本注：改"準"爲"率"。[1] 傅建工合校本注："熹年謹按：'率'陶本、張本、丁本誤作'準'，據故宮本、四庫本改。"

上文"諸功稱尺者，皆以方計。"陳注："方：平方，立方。"[2]

所謂"本功"，指"本等所得功"，即完成某一道工序，或加工某一件規定尺寸的構件所用之功。

以柱子加工所用功爲例："柱：每一條長一丈五尺，徑一尺一寸，一功。穿鑿功在内。若角柱，每一功加一分功。如徑增一寸，加一分二厘功。……若長增一尺五寸，加本功一分功。……或用方柱，每一功減二分功。若壁内暗柱，圜者每一功減三分功，方者減一分功。"

其中，若柱子，長15尺，直徑1.1尺，其造作功爲1功（穿鑿功在内）；此即本功。以此本功爲10分推算，凡有增加或減少，可按比例增加或減少功限額度。如若是角柱，其尺寸及加工難度會有增加，故按本功的0.1增加其功。

此外，若柱徑增0.1尺，按本功的

0.12增加其功；若柱長增加1.5尺，亦按本功的0.1增加其功。同理，若用方柱，尺寸相同者，以本功的0.2減少其功的計算。若壁内暗柱、圓柱，按本功的0.3減少其功；方柱，按本功的0.1減少其功。

基于這一原則，凡所作功以高、廣而論者，其功之增或減，以其高、廣尺寸相對于本功所規定之高、廣尺寸的增加或減少而推算之。凡功以尺爲計量單位者，當以"平方尺"爲計量單位，如土功（取土、運土、夯土等）或材木（木材運輸與加工等），若以"尺"計者，當均以"平方尺"數爲作功的計量單位。如果加上厚度，則當以"立方尺"爲作功的計量單位，即所謂"厚亦如之"。

［2.6.4.4］
諸造作功

諸造作功，並以生材。即名件之類，或有收舊，及已造堪就用，而不須更改者，並計數；於元料帳内除豁。

諸造作並依功限。即長廣各有增減法者，各隨所用細計。如不載增減者，各以本等合得功限内計分數增減。

上文"各隨所用細計"，傅書局合校本注：改"細"爲"紐"，并注："紐，紐計似即合計，不必改。"[3]

① [宋]李誡，傅熹年彙校. 營造法式合校本. 第一册. 總釋下. 總例. 校注. 中華書局. 2018年
② [宋]李誡. 營造法式（陳明達點注本）. 第一册. 第46頁. 總例. 批注. 浙江攝影出版社. 2020年
③ [宋]李誡，傅熹年彙校. 營造法式合校本. 第一册. 總釋下. 總例. 校注. 中華書局. 2018年

上文“並計數；於元料帳内除豁”中疑“帳”爲“賬”字之誤，似應爲“並計數；於元料賬内除豁”。

“造作功”，即房屋構件之加工製作所用之功。與“造作功”相對應者，或還有“安勘、絞割、展拽功”。凡造作功，皆以生材計之。如果是用老舊構件，或已加工好，基本可用，不須更改者，要將其所計之功，從原初計劃之材料賬内減除。

諸造作功，各依其本功功限計算。如果其長、廣等尺寸，有所增減者，也須各隨其增減數量而仔細推算。如果其相關數據没有明確增減記錄者，即應在其本功（本等合得功限）數内，計其加工造作數量，推算合得分數，求得其增減之數。

〔2.6.5〕

營繕計料

諸營繕計料，並於式内指定一等，隨法算計。若非泛拋降，或制度有異，應與式不同，及該載不盡名色等第者，並比類增減。

其完葺增修之類準此。

《法式》内容，除各作制度與功限外，還有料例。料例乃房屋營造用料之計算，即所謂“營繕計料”。對于各作制度，需在其制度之式内確定一個標準，以其標準之增減而推算用料。

“拋降”，爲宋代習用語，大約爲政府（或官方）計劃支付之意。

例見宋人朱熹：“後其人知紹興府，太后山陵，被旨令應副錢數萬給塼爲牆。其大小厚薄，呼塼匠於後圃依樣造之。會其直，比拋降之數減數倍。遂申朝廷，乞紹興自認塼牆。……遂呼塼匠於圃後結牆一堵，驗之。先問其塼之大小厚薄，依樣燒塼而結之，費比朝廷所拋降之數減數倍云云。”[1]

“泛拋降”，似爲“標準計劃支付”之數。如果某一工序之工料，非標準計劃支付之數，或其做法（制度）與標準做法有所差别，即“與式不同”者，以及雖屬標準計劃範疇，但名色等第與標準規定不盡相同者，按照其差别大小增減其用料計算。若房屋竣工之時或有增加内容者，亦以此標準計劃之數爲基礎，增減其用料計算。

本卷卷尾頁陳明達先生有注：“《圖畫見聞志》，卷一，‘敘製作楷模’：……設或未識漢殿吴殿、梁柱枓栱、叉手替木、熟柱駝峯、方莖額道、抱間昂頭、羅花羅幔、暗製綽幕、猢孫頭、琥珀方、龜頭虎座、飛檐撲水、膊風化廢、垂魚惹草、當鉤曲脊之類，憑何以畫屋木也？畫者尚罕能精究。況觀者爾？”并注：“郭若虛，熙寧、元豐

① [宋]黎靖德編. 朱子語類. 卷一百三十二. 本朝六. 中興至今日人物下. 第3168頁. 中華書局. 1986年

間（1068—1085年）人。"①

又補注："宋，郭若虛，熙寧三年（1070年），官供備庫使，尚永安縣主。見王珪《華陽集》東安郡王墓志。"②

陳先生續注，引《圖畫見聞志》："……畫屋木者，折算無虧，筆畫勻壯，深遠透空，一去百斜。如隋唐五代以前，及國初郭忠恕、王士元

之流，畫樓閣多見四角，其枓栱逐鋪作爲之。向背分明，不失繩墨。今之畫者，多用直尺，一就界畫，分成枓栱，筆迹繁雜，無壯麗閒雅之意。……"③

陳先生此三注，與上段文字似并無直接聯繫，應是先生對《法式》"總釋下"全篇讀後隨筆或有感式闡發。

① [宋]李誡. 營造法式（陳明達點注本）. 第一册. 第48頁. 總釋下. 卷尾頁. 批注. 浙江攝影出版社. 2020年，按其文引自：[宋]郭若虛. 圖畫見聞志. 卷一. 敘製作楷模

② [宋]李誡. 營造法式（陳明達點注本）. 第一册. 第48頁. 卷第二. 總釋下. 卷尾頁. 批注. 浙江攝影出版社. 2020年

③ [宋]李誡. 營造法式（陳明達點注本）. 第一册. 第48頁. 總釋下. 卷尾頁. 批注. 浙江攝影出版社. 2020年，按其文引自：[宋]郭若虛. 圖畫見聞志. 卷一. 敘製作楷模

第 3 章

《营造法式》卷第三

壕寨及石作制度

營造法式卷第三

通直郎管修蓋皇弟外第專一提舉修蓋班直諸軍營等臣李誡奉
聖旨編修

【3.0】
本章導言

本章有兩部分内容，一是壕寨制度，另一是石作制度。

〔3.0.1〕
壕寨

古代建築營造，包括設計與施工兩個階段。其中，設計階段還包括房屋選址、方位確定、標高確定，以及建築組群布置與組合等内容。

建築方位與標高確定、房屋地基開挖與建造等問題，也關係到房屋施工。例如，在房屋建造場地上，要爲每一座房屋確定一個正確的坐向與朝向，這一過程屬于古代營造工程中的"取正"範疇。

確定了房屋建造位置，并爲主要與附屬建築確定了坐向與朝向，還要爲每一座房屋確定其四至，并開挖地基。而在此之前的一個環節是"定平"，即確定房屋所處場地是否平整，并確定房屋基礎四至的標高。依據這一標高，可以確定地基的開挖深度與房屋基座頂面標高。

宋以前的地基處理，多是在經過開挖的基坑之内，將土質材料及碎塼瓦、石札等材料分層回填夯築，以起到加固地基作用。在這一經過加固的地基上，通過分層夯築土、碎塼瓦與石札，并輔以四周包砌的磚石砌體，形成房屋基座。

房屋基座的長、寬、高尺寸確定，稱爲"立基之制"。具體實施這一過程，稱爲"築基"。特殊位置的房屋，如臨水房屋，其地基與基礎要經過特殊處理，則被納入"築臨水基"的範疇。

此外，房屋墻體，如隔墻、圍護墻、院墻，乃至城墻等，亦多用土質材料夯築。《法式》中除了將房屋取正、定平等選址、設計問題列爲"壕寨制度"外，也將地基、基座、屋墻、院墻、露墻、城墻等以土質材料夯築爲基本方式的施工方法與過程納入"壕寨制度"範圍。

〔3.0.2〕
石作

一座古代建築，除了地基處理及房屋基座内的土工夯築，與房屋墻體、圍垣、城墻及城壕等土工工程外，還有許多與磚石砌築有關的工程内容。

一是房屋基礎。中國建築是一種以梁柱爲特徵的木構架建築體系。整座屋頂重量，由規則分布的柱子支撐。爲確保柱子不會有任何沉降，每一根柱子下都有石頭雕鑿的柱礎。柱礎露出地面部分，除了其本身千姿百態的造型之外，還可能會有種種雕刻與紋樣。唐宋時期的一些殿堂建築，亦會采用石質柱子。石柱之上，也會作各種雕刻處理。

二是房屋基座。爲保證房屋堅固與穩定，殿堂等基座一般用石或磚砌築。基座各組成構件，包括基座表面、房屋地面，也會用石板或方磚鋪砌。換言之，房屋基座，是一個由磚石包砌內爲夯土與柱礎的臺座。此外，一些具有特殊功能的壇臺，如祭祀性壇臺的四周與表面，也多由經過雕琢的磚石材料砌築而成。

若房屋基座較高，還需設置欄杆，唐宋時人稱爲"鉤闌"。鉤闌，特別是房屋平座上的鉤闌，主要是用木質材料製作。但在很多情況下，房屋基座，亦用石製鉤闌。其中還會按照房屋重要程度，分爲單鉤闌與重臺鉤闌。

從一個較低的地面標高登上較高的房屋，如殿堂的臺基之上，需要設置踏階。組成踏階的踏道、階級，以及兩側副子、象眼等，也需用磚石砌造。房屋踏階也多屬于石作工程。

除了柱礎、臺基、踏階外，古代建築中還有一些特殊部位，需要通過石製構件解決其特殊功能問題。如一座門殿或門房需設置門砧限，以防止門的過度開啓造成對木質門的損害。宋代以前的城門洞內，是用梯形木構架支撐上部城臺。而支撐木構架的立柱，需落在城門洞內的石製地栿上。

在有水通過的城墙或圍墙處，要留出水口，水口之上要用磚石材料砌築成拱券形式，這一拱券式水口被稱爲"卷輂水窗"。

古代文人雅士在每年三月上巳，會有飲酒對詩類的雅聚。爲此，古人會在一些亭榭堂軒中，設置"曲水流觴"游戲場所——流盃渠。流盃渠的雕造與安裝，亦屬石作工程。

此外，古代建築中還有許多用到石頭的地方，如豎立旗杆的幡竿頰，飲馬的水槽子，水井井口石與井蓋，官員上、下馬的馬臺，墓前石製墓碑，陵寢前神道兩側的石人石獸等。甚至，古人野外露宿，需搭造簡單軟質棚子時，要在棚子四角設置山棚鋜脚石，以保證棚子的張拉與穩定。

除了如上構件，古人用磚石處，遠比《營造法式》中提及的要多，如石製橋梁、磚石佛塔及僧塔、石製照壁、牌樓、石製烏頭門、石頭雕鑿的門前石獅或墓前辟邪、石刻紀念柱、石刻華表等，都可納入石作工程範疇。

【3.1】
壕寨制度

"壕寨"一詞似始見于五代。史載五

代後梁壽州人劉康乂，追隨後梁太祖朱晃征戰："所向多捷，尤善於營壘，充諸軍壕寨使。"① 可知壕寨工程，最初指的是兩軍對陣時的營壘工事。這時已有專司此類工程的官員，稱"壕寨使"。

北宋蘇軾《奏論八丈溝不可開狀》："當初相度八丈溝時，只是經馬行過，不曾差壕寨用水平打量地面高下……元不知地面高下，未委如何見得利害可否，及如何計料得夫功錢糧數目，顯是全然疏謬。"② 這裏的"壕寨"，似指專司土地測量或水利工程的職官。

元代馬端臨《文獻通考》提到《法式》："前二卷爲《總釋》，其後曰《制度》、曰《功限》、曰《料例》、曰《圖樣》，而壕寨石作，大小木、彫、鏃、鋸作，泥瓦，彩畫刷飾，又各分類，匠事備矣。"③ 這裏是將壕寨、石作并列。

《法式》"看詳"將"牆"一節提到的"城壁""露牆""抽紙牆"等"右三項並入壕寨制度"。《法式》中專有"壕寨制度"一節，包括取正、定平、立基、築基、城、墙、築臨水基，共7項內容。

可知北宋時是將房屋建造工程的放綫定位、地基找平、房屋基礎夯築、城垣夯築、圍墙築造、房屋墙體（抽紙牆）砌築或夯築，及各種與水體有關的工程，如穿井、鑿挖溝壕、築臨水基等，納入"壕寨制度"範疇。

《法式》"壕寨功限"一節包括：總雜功、築基、築城、築墙、穿井、搬運功、供諸作功7項，可與"壕寨制度"中所提內容相互補充。

〔3.1.1〕
取正之制

《周禮注疏》引《周禮》："以廛里任國中之地，以場圃任園地。"漢鄭玄注："皆言任者，地之形實不方平如圖，受田邑者，遠近不得盡如制，其所生育賦貢，取正於是耳。"④ 其意是爲百姓頒授田畝，或在城內設置里廛，應通過"取正"做法，儘量做到"方平如圖"，以利于生民生產與生活。

明代丘濬《大學衍義補》將"取正"功能提升到關乎"蕃民之生"的地位："故民數者，庶事之所自出也莫不取正焉，以分田里、以合貢賦、以造器用、以製祿食、以起田役、以作軍旅。"⑤ 這裏的"取正"，非僅指建築物方位中正，亦包括田畝方均，貢賦合理，器用便利等。

取正，是通過諸多技術手段，確認城市與房屋的方位，如通過日出日入，確定東西與南北方向，因之確定城市與房屋的坐向方位。

① [宋]薛居正等. 舊五代史. 卷二十一. 梁書二十一. 列傳第十一. 劉康乂. 第289頁. 中華書局. 1976年
② [宋]蘇軾撰. [明]茅維編. 蘇軾文集. 卷三十三. 奏議十三首. 奏論八丈溝不可開狀. 第3168頁. 中華書局. 1986年
③ [元]馬端臨. 文獻通考. 卷二百二十九. 經籍考五十六. 子（雜藝術）. 第6282頁. 中華書局. 2011年

④ [清]阮元校刻. 十三經注疏. 周禮注疏. 卷十三. 充人. 第1561頁. 中華書局. 2009年
⑤ [明]丘濬. 大學衍義補. 治國平天下之要（上）. 固邦本. 蕃民之生. 第326頁. 上海書店出版社. 2012年

［3.1.1.1］
圜版景表版

取正之制：先於基址中央，日內置圜版，徑一尺三寸六分。當心立表，高四寸，徑一分。畫表景之端，記日中最短之景。次施望筒於其上，望日星以正四方。

梁注："取正、定平所用各種儀器，均參閱'壕寨制度圖樣一'①。"②

上文個別字義，梁注：

（1）"'景'：即'影'字，如'日景'即'日影'。"③

（2）"'施'：即'用'或'安'之義。這是《法式》中最常用的字之一。"④

上文所言"圜版"，梁先生在"壕寨制度圖樣一（宋代測量儀器圖）"中稱爲"景表版"，是古代施工中的一種工具。"景表"即"影表"，其利用日影確定建築方位。

景表版爲一圓形板，圜版直徑1.36尺。圜版中心立表，即豎立一根細小杆子（景表），杆高0.4尺，杆徑0.01尺。

房屋施工前，先用水平確定地面標高，再在用地範圍內中心點（基址中央）豎起一塊景表版，測量正午太陽影子。以當日最短日影（立表測景）確定

南北方位；結合望筒使用，正午望日、夜晚望北極，將望日與望星時望筒兩端竅孔，通過垂綫找到地面上兩個點，同樣也能確定南北方位。兩種方式相互結合驗證，可較準確判定建築物是否在正南正北方位；再通過與南北綫求正交方式，找出東西方位，確定建築物四個正方位（"以正四方"）。

［3.1.1.2］
望筒

望筒長一尺八寸，方三寸用版合造。**兩罨頭開圜眼，徑五分。筒身當中，兩壁用軸安於兩立頰之內。其立頰自軸至地高三尺，廣三寸，厚二寸。晝望以筒指南，令日景透北；夜望以筒指北，於筒南望，令前後兩竅內正見北辰極星。然後各垂繩墜下，記望筒兩竅心於地，以爲南，則四方正。**

上文"兩罨頭開圜眼"，梁注："'罨'：即'掩'字。"⑤

上文"以爲南"，傅書局合校本注："'以爲南北'，南下無北字，與上卷同。"⑥傅建工合校本注："劉批陶本：'以爲南'應爲'以爲南北'。朱批陶本：南下無'北'字，與上卷同。熹年謹按：故宮本、四庫本、張本均作'以爲南'，故未改，存劉批備考。"⑦

① 梁思成. 梁思成全集. 第七卷. 第369頁. 壕寨制度圖樣一. 宋代測量儀器圖. 中國建築工業出版社. 2001年

② 梁思成. 梁思成全集. 第七卷. 第46頁. 壕寨制度. 取正. 注1. 中國建築工業出版社. 2001年

③ 梁思成. 梁思成全集. 第七卷. 第46頁. 壕寨制度. 取正. 注2. 中國建築工業出版社. 2001年

④ 梁思成. 梁思成全集. 第七卷. 第46頁. 壕寨制度. 取正. 注3. 中國建築工業出版社. 2001年

⑤ 梁思成. 梁思成全集. 第七卷. 第46頁. 壕寨制度. 取正. 注4. 中國建築工業出版社. 2001年

⑥ [宋]李誡. 傅熹年彙校. 營造法式合校本. 第一冊. 壕寨制度. 取正. 校注. 中華書局. 3028年

⑦ [宋]李誡. 傅熹年校注. 合校本營造法式. 第144頁. 取正. 注1. 中國建築工業出版社. 2020年

望筒，用于取正的儀器，形如遠望之筒。其長1.8尺，方0.3尺（用版合造）。

據《漢語大字典》，"冐"字義爲"掩蓋；覆蓋"。[①]兩冐頭，當指望筒兩個端頭，在其處開圓眼，圓眼徑0.5寸。筒身當中，兩壁用軸安于兩側立頰內。其立頰自軸至地高3尺，寬0.3尺，厚0.2尺。

通過望筒，在白晝正午時分，向南望日，以標識出望筒北側的日影；在夜間透過望筒，直望位于北天空的北極星，在望筒兩側各懸垂繩于地，作出標識。再以此爲依據，確定東西方位，則城市與房屋的四個方位就確定下來了。

[3.1.1.3]
水池景表

若地勢偏衺，既以景表、望筒取正四方，或有可疑處，則更以水池景表較之。其立表高八尺，廣八寸，厚四寸，上齊後斜向下三寸**，安於池版之上。其池版長一丈三尺，中廣一尺。於一尺之內，隨表之廣，刻線兩道；一尺之外，開水道環四周，廣深各八分。用水定平，令日景兩邊不出刻線，以池版所指及立表心爲南，則四方正。**安置令立表在南，池版在北。其景夏至順線長三尺，冬至長一丈二尺。其立表內向池版處，用曲尺較令方正。

上文"若地勢偏衺"，梁注：

"'衺'：讀如'邪'，字義爲'不正'。"[②]

又上文"立表心爲南"，梁注："'心'：中心或中綫都叫作'心'。"[③]

水池景表，是一種輔助性取正儀器，"景"與"影"通，"景表"即"影表"，是用于在地勢偏斜，或方位存疑之處，僅當以景表板或望筒難以對房屋基礎與地面作出準確方位確定時，所采用的一種輔助性"取正"校正工具。

先有一個可以充水的水池池板，池板長13尺，其中心部位板寬1尺，在1尺之外四周，環鑿一個水道；水道寬與深均爲0.08尺。池板一端，垂直豎立一塊高8尺、寬0.8尺、厚0.4尺的方形木板，即爲"景表"。

景表上端齊平，板後頂部向下0.3尺，切削成斜抹狀，使景表上端尖銳如刀鋒。使用時，通過水平校訂，使池板位于水平位置，在正午日光下，轉動池板與景表方向，當景表之影恰好落在池板內，不出四周刻綫時，可證池板朝向正南方向，即以景表中心綫向下作出標志，確定南北正方位。并由之推出東西正方位。

使用水池景表，利用冬至日正午時日光處于正南最低處，或夏至日正午時日光處于正南最高處，通過經驗得出數據。冬至日正午時，景表影長12尺，

① 漢語大字典. 第1218頁. 網部. 冐. 四川辭書出版社-湖北辭書出版社. 1993年

② 梁思成. 梁思成全集. 第七卷. 第46頁. 壕寨制度. 取正. 注5. 中國建築工業出版社. 2001年

③ 梁思成. 梁思成全集. 第七卷. 第46頁. 壕寨制度. 取正. 注6. 中國建築工業出版社. 2001年

或夏至日正午時，景表影長3尺，其池板位于正南、正北方位。使用水池景表時，還可用古代木工匠師所用曲尺，對水池景表本身加以校正，以確保景表與池板處于相互垂直狀態。

〔3.1.2〕
定平之制

定平之制：既正四方，據其位置，於四角各立一表，當心安水平。

《周髀算經》提到“定平”：商高曰：“平矩以正繩以水繩之正，定平懸之體，將欲慎毫厘之差，防千里之失，偃矩以望高，覆矩以測深，臥矩以知遠言施用無方，曲從其事，術在《九章》。”[1] 以水繩之正，定平懸之體。水，用以定水平；繩，用以定垂直。

定平操作過程，視其地形地勢，在建造物基址四角各立一根立杆（各立一表），通過水平儀器，望向四角立杆，標出一個水平標志，從而確定建造物基址平整與否。

[3.1.2.1]
水平

其水平長二尺四寸，廣二寸五分，高二寸；下施立椿，長四尺，安鑲在内；上面橫坐水平，兩頭各開池，方一寸七分，深一寸三分。 或中心更開池者，方深同。**身内開槽子，廣深各**

五分，令水通過。

當心所安“水平”，即古代匠人所用水準儀。儀器設置在一個木椿之上，其上通過開鑿水槽，槽中注水，并通過水上之“水浮子”頂端望向四角立杆，通過在立杆上作出的與水浮子頂端相同高度的標記，以爲標準，反推出地面水平標高，從而確保房屋基礎本身平整。

宋式水平儀器規制：一根長2.4尺、寬0.25尺、厚0.2尺的木製水平尺杆。杆下有一長4尺木椿。水平杆與木椿呈垂直布置。水平尺杆上面開一水槽，槽寬與深各0.5寸，水槽兩端，各鑿一個1.7寸見方小池，池深1.3寸。或同時在水平尺杆中央鑿一小方池，池之大小、深淺，與兩端方池相同。再將水平尺杆與木椿用金屬物連接在一起。實測水平時，將水平尺杆上水槽與小方池中充滿水。

[3.1.2.2]
池子及水浮子

於兩頭池子内，各用水浮子一枚， 用三池者，水浮子或亦用三枚。**方一寸五分，高一寸二分，刻上頭令側薄，其厚一分，浮於池内。望兩頭水浮子之首，遙對立表處，於表身内畫記，即知地之高下。** 若槽内如有不可用水處，即於椿子當心施墨線一道，上垂繩墜下，令繩對墨線心，則上槽自平，與用水同。其槽底與墨線兩邊用曲尺較，令方正。

① [清]臧琳. 經義雜記校補. 卷十三. 周髀算經. 第316頁. 中華書局. 2020年

上文小注“上垂繩墜下”，陶本無“上”字，疑是衍字。

池子及水浮子，分別指古代房屋施工定平儀器“水平”中位于立樁頂部水平尺杆上部的水槽與木質水浮子。水槽寬度與深度各爲0.5寸，水槽兩端，各鑿有一個1.7寸見方、深1.3寸的小方池。或同時在尺杆中央開鑿一個同樣大小的小方池。在實測水平時，將水平尺上的水槽與小方池內充滿水。

水浮子是一個方1.5寸、高1.2寸，如後世槍械用于瞄準的準星一樣的木質標志體，其形式爲在一塊1.5寸見方的小方木上豎置一片頂端爲側薄的木片，厚僅0.1寸，形成略似準星的端頭，水浮子可以浮在水平兩端（或中央）的小水池中。

具體做法按照三點一綫原理，通過肉眼觀察水平兩頭兩個浮子的頂端，視綫延伸至房屋四角所立木杆上，在杆上與兩浮子相平的標高點位上作出標志，以此確定房屋四角的水平標高。

特殊情況下，如槽內無法用水時，確定房屋水平方法，需通過垂綫觀察，確保水平儀器的立樁與地面保持垂直，以保證立樁上水平杆處于與地面平行的水平狀態，或再通過橫杆上槽內兩端浮子尖端，望房屋四角立杆，以確定房屋四角基礎標高？

① 梁思成. 梁思成全集. 第七卷. 第46頁. 壕寨制度. 定平. 注7. 中國建築工業出版社. 2001年
② [宋]李誡，傅熹年彙校. 營造法式合校本. 第一册. 壕寨制度. 定平. 校注. 中華書局. 2018年

[3.1.2.3]
真尺

凡定柱礎取平，須更用真尺較之。其真尺長一丈八尺，廣四寸，厚二寸五分。當心上立表，高四尺，廣厚同上。**於立表當心，自上至下施墨線一道，垂繩墜下，令繩對墨線心，則其下地面自平。**其真尺身上平處，與立表上墨線兩邊，亦用曲尺較令方正。

關于真尺長度，梁注：“從這長度看來，‘柱礎取平’不是求得每塊柱礎本身的水平，而是取得這一柱礎與另一柱礎在同一水平高度，因爲一丈八尺可以適用于最大的間廣。”①

上文“其真尺長一丈八尺”，傅書局合校本注：“四庫本，真尺作直尺。”②

傅建工合校本注：“熹年謹按：據故宮本、張本作‘真尺’。文津四庫本作‘直尺’，録以備考。”③

古代木構建築基礎，是在臺基上施以石頭彫鑴的柱礎。利用“真尺”檢查柱礎表面水平標高做法，是一種校正性定平方法，即在已經基本平整的基座上，用“真尺”對每一柱礎是否平正再次加以校訂。在“真尺”中央設一根立表，中施墨綫，將“真尺”置于相鄰兩

③ [宋]李誡，傅熹年校注. 合校本營造法式. 第146頁. 定平. 注1. 中國建築工業出版社. 2020年

柱礎頂面，再在“真尺”立表上垂繩，
垂繩與墨綫重合，則可確知相鄰兩礎頂
面位于同一水平高度。

“真尺”是一根長18尺、寬0.4尺、
厚0.25尺的木杆。木杆中央，垂直豎立
一根高0.4尺的短木杆，其寬0.4尺、厚
0.25尺。爲使這一垂直短杆能够穩固安
置在水平長杆上，兩側可能還需斜置的
撑杆。

垂杆中心繪製了一條與橫置水平杆
垂直的墨綫。實際工程中，將長杆水平
放置在需校訂的結構面，如臺基頂面、
柱礎頂面之上，然後，在其中央垂杆頂
部，通過一個凸出的木榫，懸挂一根垂
繩，若所懸垂繩與垂直木杆上的墨綫完
全重合，可證這一結構頂面處于同一水
平標高上。

水平長杆與垂直短杆的結合體，構
成古代匠人施工時所用的“真尺”。“真
尺”何以有1丈8尺之長？説明在校正柱
礎水平時，“真尺”很可能是要搭在相鄰
兩個柱礎之上，以確定這兩個柱礎是否
在同一水平。這或也從一個側面反映了
宋代建築柱距，一般情況下，大約控制
在1丈8尺之内者爲多？這樣兩兩相校，
最終可以校定整座建築物各柱礎都處于
同一水平標高。

立基

立基之制：其高與材五倍。材分，在大木作制度
内。**如東西廣者，又加五分至十分。**
若殿堂中庭修廣者，量其位置，隨宜加高。
所加雖高，不過與材六倍。

梁注有二：

（1）“以下‘立基’和‘築基’
兩篇，所説還有許多不清楚的地
方。‘立基’是講‘基’（似是殿堂
階基）的設計；‘築基’是講‘基’
的施工。”[1]

（2）“‘與材五倍’即‘等于材的
五倍’。‘不過與材六倍’，即不超
過材的六倍。”[2]

上文“不過與材六倍”，傅書局合
校本注：“張蓉鏡本、丁本、瞿本作
五倍；故宮本、四庫本作六倍，應
從故宮本。”[3]

傅建工合校本注：“熹年謹按：
丁本、瞿本、張本作‘五倍’，故
宮本、文津四庫本作‘六倍’，此
據故宮本。”[4]

古代建築由基座（下分）、屋身（中
分）與屋頂（上分）三部分組成。立基，
就是房屋“下分”，即房屋基座部分的
設計與建造。

① 梁思成. 梁思成全集. 第七卷. 第46頁. 壕寨制度.
　 立基. 注8. 中國建築工業出版社. 2001年
② 梁思成. 梁思成全集. 第七卷. 第46頁. 壕寨制度.
　 立基. 注9. 中國建築工業出版社. 2001年
③ [宋]李誠，傅熹年彙校. 營造法式合校本. 第一册.
　 壕寨制度. 立基. 校注. 中華書局. 3028年
④ [宋]李誠，傅熹年注. 合校本營造法式. 第147頁.
　 立基. 注1. 中國建築工業出版社. 2020年

一座房屋基座高度，是這座房屋所用材的5倍。若房屋東西通面廣較長，在初步確定的基座高度上，再增加5分°至10分°，其高則爲：5材+5（至10）分°。例如，一座用一等材造的大殿，材高9寸，基座高以材高5倍計，即4.5尺。以1宋尺合今0.315米推算，基座高1.42米。若其殿東西面廣較長，可將臺座高度適度增加，如增高6分°，一等材分°值0.6寸，6分°爲3.6寸。則其基座高度爲：4.5尺+0.36尺=4.86尺，約合今1.53米。

若房屋所處庭院空間較寬廣，也需根據庭院尺度適度增加房屋基座高度。但無論怎樣增加，須有一個範圍。一般不超過這座房屋所用材分高度的6倍。仍以采用一等材（材廣9寸）的殿堂爲例，無論其庭院空間如何，其殿堂基座高度雖適當增加，其高不過所用材的6倍，即5.4尺，約合今1.7米。

〔3.1.4〕
築基

築基之制：**每方一尺，用土二擔；隔層用碎塼瓦及石札等，亦二擔。每次布土厚五寸，先打六杵**，二人相對，每窩子内各打三杵。**次打四杵**，二人相對，每窩子内各打二杵。**次打兩杵**，二人相對，每窩子内各打一杵。**以上並各打平土頭，然後碎用杵輾躡令平，再攢杵扇撲，重細輾躡。**

每布土厚五寸，築實厚三寸。每布碎塼瓦及石札等厚三寸，築實厚一寸五分。

凡開基址，須相視地脉虚實，其深不過一丈，淺止於五尺或四尺。並用碎塼瓦石札等，每土三分内添碎塼瓦等一分。

梁注有四：

（1）"'石札'即石碴或碎石。"[1]

（2）"'布土'就是今天我們所説'下土'。"[2]

（3）"'碎用杵輾躡令平，再攢杵扇撲，重細輾躡'：'碎用'就是不集中在一點上或一個窩子裏，而是普遍零碎地使用；'躡'就是踉踏；'攢'就是聚集；'扇撲'的準確含義不明。總之就是説：用杵在'窩子'裏夯打之後，'窩子'和'窩子'之間會出現尖出的'土頭'，要把它打平，再普遍地用杵把夯過的土層完全打得光滑平整。"[3]

（4）"'相視地脉虚實'就是檢驗土質的鬆緊虚實。"[4]

上文"用土二擔"，陳注："卷十六，諸土乾重，六十斤爲一擔。"[5]

宋代房屋基礎：以逐層夯土築造。夯土層間加入碎塼瓦與石碴層。土與碎塼瓦、石碴比例約爲1比1。

分層夯築：每層布土厚5寸，夯築爲

① 梁思成. 梁思成全集. 第七卷. 第47頁. 壕寨制度. 築基. 注10. 中國建築工業出版社. 2001年

② 梁思成. 梁思成全集. 第七卷. 第47頁. 壕寨制度. 築基. 注11. 中國建築工業出版社. 2001年

③ 梁思成. 梁思成全集. 第七卷. 第47頁. 壕寨制度. 築基. 注12. 中國建築工業出版社. 2001年

④ 梁思成. 梁思成全集. 第七卷. 第47頁. 壕寨制度. 築基. 注13. 中國建築工業出版社. 2001年

⑤ [宋]李誡. 營造法式（陳明達點注本）. 第一册. 第54頁. 壕寨制度. 築基. 批注. 浙江攝影出版社. 2020年

3寸厚，其上再布一層厚3寸的碎塼瓦與石碴，夯築成1.5寸厚。如此分別用土與碎塼瓦與石碴夯築，直至基礎頂部。夯築時要均勻夯打，使基礎強度與剛性整體上保持一致。基礎頂部還要經過細緻輾躏，使其平整。

"相視地脉虛實"：查驗承載房屋基礎之地基土質，特別是土層的鬆緊虛實情況。

地基開挖，一般不深過1丈，也不淺過0.4—0.5丈。爲保證地基承載力，在地基開挖後，對地基采取相應加固措施。如向基坑內添加碎塼瓦與石札。并在碎塼瓦與石札中摻入土。土、碎塼瓦及石札比例爲3比1。石札，指的是較小石塊組成的"石碴"。

北宋時期，至少在北方地区的房屋基址遺存中，即使在殿堂建築柱子之下，亦尚未發現特別設置的礓墩。房屋柱礎放置在一個強度較爲均勻的夯土基礎上。露出的地面部分，除了按照柱網設置的柱礎之外，還要在夯築基礎四周及頂部包砌或鋪設磚、石、地面磚、壓闌石，并設置鉤闌、丹陛、踏階等，以形成房屋基座外觀。

元代以來的重要建築，凡設柱子位置，會加築承托柱礎的礓墩。至明清時期，重要建築基座中的礓墩做法愈加嚴整與堅固。

〔3.1.5〕
城

〔3.1.5.1〕
築城之制

築城之制：每高四十尺，則厚加高二十尺；其上斜收減高之半。若高增一尺，則其下厚亦加一尺；其上斜收亦減高之半。或高減者亦如之。

上文"則厚加高二十尺"，陶本："則厚加高一十尺"，傅建工合校本注："陶本作'一'，據劉校及梁《營造法式注釋》（卷上）均改爲'二'。"[1]

梁注有二：

（1）"'斜收'是指城墙內外兩面向上斜收；'減高之半'指兩面斜收共爲高之半。斜收之後，墙頂的厚度＝（墙厚）減（墙高之半）。"[2]

（2）"'高減者'＝高度減低者。"[3]

上文"每高四十尺，則厚加高二十尺"，陳注："高增一尺，厚亦加一尺，則斷面之底亦隨之增加。斜度：25%。《武經總要》：城高五十（50）尺，底寬25尺，頂寬12.5尺。"[4]

"築城之制"，指的是城墙設計方法。作爲防衛之用的城墙築造，關鍵在于兩個基本量度：一是城墙厚度，二是

① [宋]李誡，傅熹年校注. 合校本營造法式. 第149頁. 卷第三. 城. 注1. 中國建築工業出版社. 2020年
② 梁思成. 梁思成全集. 第七卷. 第47頁. 壕寨制度. 城. 注14. 中國建築工業出版社. 2001年
③ 梁思成. 梁思成全集. 第七卷. 第47頁. 壕寨制度. 城. 注15. 中國建築工業出版社. 2001年
④ [宋]李誡. 營造法式（陳明達點注本）. 第一册. 第55頁. 壕寨制度. 城. 批注. 浙江攝影出版社. 2020年

城墙高度。

依《法式》規定，城墙高度與厚度彼此關聯。一般情況下，城墙高爲40尺，城墙墙基部位厚度，應在這一高度尺寸基礎上再加20尺。即若城墙高40尺，城墙基部厚度爲60尺。爲了使墙體穩固，城墙斷面一般爲斜收的梯形，城墙頂部厚度，一般控制在城墙基部厚度的一半。若城墙高40尺，其基部厚度爲60尺，其頂部厚度則爲30尺。這是宋代城墙的一個基本斷面尺寸。

在這一基礎上，若城墙高增加1尺，其基底厚度也相應增加1尺，其頂部厚度則應增加0.5尺。相應高度縮減情況也是一樣，在城墙高40尺基礎上，若降低1尺，其基底厚度也減少1尺，其頂部厚度同時減少0.5尺。以此類推。

[3.1.5.2]

城基

城基開地深五尺，其厚隨城之厚。每城身長七尺五寸，栽永定柱， 長視城高，徑一尺至一尺二寸。**夜叉木** 徑同上，其長比上減四尺。**各二條。每築高五尺，橫用紝木一條。** 長一丈至一丈二尺，徑五寸至七寸。護門甕城及馬面之類準此。**每膊椽長三尺，用草葽一條，** 長五尺，徑一寸，重四兩。**木橛子一枚。**

頭徑一寸，長一尺。

梁注有二：

（1）"永定柱和夜叉木各二條，在城身內七尺五寸的長度中如何安排待考。" [1]

（2）"紝木、膊椽、草葽和木橛子是什麼，怎樣使用，均待考。" [2]

城墙要落在堅實的墙基之上，據《法式》描述，築造城墙之前，要先開挖出一個深5尺的城墙基坑。基坑寬度，與城墙底部厚度一樣。然後，在基坑內向地基泥土中栽植永定柱。永定柱長度，與城墙高度相當，柱徑爲1—1.2尺。永定柱沿城墙走向長度分布，城墙每長7.5尺，須栽入2根永定柱。每2根永定柱之間，各斜插入2根夜叉木，夜叉木直徑亦爲1—1.2尺，長度則比永定柱高度減少4尺。

[3.1.5.3]

永定柱與夜叉木

永定柱，既能加固城墙墙體的主體部分，相當于在城墙內部增加了一個骨架，以防止墙內夯土向外滑動，又作爲墙中一部分，起到承托上部城墙荷載的作用，防止城墙發生任何內外傾斜。

夜叉木，相當于永定柱之間施加的木質斜撐，以確保永定柱與城墙的穩固。

① 梁思成. 梁思成全集. 第七卷. 第47頁. 壕寨制度. 城. 注16. 中國建築工業出版社. 2001年

② 梁思成. 梁思成全集. 第七卷. 第47頁. 壕寨制度. 城. 注17. 中國建築工業出版社. 2001年

紝木

夯築城墻，每高增5尺，須橫施一條紝木。紝木長10—12尺，直徑0.5—0.7尺。

紝木，疑爲橫向施于墻内的加固件。除城墻之外，城門處所設的甕城、向城墻外凸出的馬面，也需依同樣規則，施以紝木。

膊椽（膊版）

前文“城基”條“每膊椽長三尺，用草葽一條，長五尺，徑一寸，重四兩。”《法式》“看詳·牆”引《説文》：“栽，築牆長版也。今謂之膊版。”

《法式》“壕寨功限”：“諸自下就土供壇基牆等，用本功。如加膊版高一丈以上用者，以一百五十擔一功。”

兩段文字對照，或可説明，“膊椽”亦可稱作“膊版”，疑即墻體夯築時，于墻兩側設置的側向橫長模板。夯築城墻時，需以草葽固定膊椽（或膊版）。

草葽與橛子

草葽，即草繩。每隔3尺，用草葽捆綁膊椽，以固定之，便于墻内夯土的填築與夯打。草葽，長5尺，徑0.1尺，每根草葽重量需達4兩（按16兩計，爲1/4斤）。説明草葽是需要受力的一根草繩。

此外，在每段加設3尺長膊椽的同時，還需加一枚木橛子。這是一根頭細尾粗的木棍，長1尺，橛頭直徑0.1尺。木橛子用途有可能是用以繃緊草葽子，使其緊勒膊椽，以確保墻體夯築時，兩側擋土模板有足够的承受力。

牆 其名有五：一曰牆，二曰墉，三曰垣，四曰䠊，五曰壁

築牆之制：每牆厚三尺，則高九尺；其上斜收，比厚減半。若高增三尺，則厚加一尺；減亦如之。

凡露牆，每牆高一丈，則厚減高之半；其上收面之廣，比高五分之一。若高增一尺，其厚加三寸；減亦如之。 其用葽、橛，並準築城制度。

凡抽紝牆，高厚同上；其上收面之廣，比高四分之一。若高增一尺，其厚加二寸五分。

如在屋下，祇加二寸。劃削並準築城制度。

梁注有二：

（1）“牆、露牆、抽紝牆三者的具

110

體用途不詳。露牆用草葽、木橛子似屬圍牆之類；抽紕牆似屬屋牆之類。這裏所謂牆是指夯土牆。"①

（2）"'其上收面之廣，比高五分之一'。含義不太明確，可作二種解釋：（i）上收面之廣指兩面斜收之廣共爲高的五分之一。（ii）上收面指牆身'斜收'之後，牆頂所餘的净厚度；例如露牆'上收面之廣，比高五分之一'，即'上收面之廣'爲二尺。"②

上文"築牆之制"條："每牆厚三尺，則高九尺"，陳注："頂厚隨，若高一丈，高加厚，收面廣一尺二寸六分六厘……斜度：16.6%。"③

上文"凡露牆"條："其上收面之廣，比高五分之一"，陳注："頂厚三尺，五分之一，約二尺，固定不變。斜度：15%。"④

上文"凡抽紕牆"條："其上收面之廣，比高四分之一"，陳注："同上。四分之一，約二尺五寸，頂厚不變。斜度：12.5%。"⑤

（1）牆之功能

《法式》"看詳"，引歷代文獻以釋"牆"：

"《爾雅》：牆謂之墉。

《春秋左氏傳》：有牆以蔽惡。

《淮南子》：舜作室，築牆茨屋，令

人皆知去巖穴。各有室家，此其始也。

《釋名》：牆，障也，所以自障蔽也。垣，援也，人所依止以爲援衛也。墉，容也，所以隱蔽形容也。壁，辟也，所以辟禦風寒也。"

《法式》卷第一"總釋上"引《墨子》："故聖王作爲宮室之法曰：宮高足以辟潤濕，旁足以圉風寒，上足以待霜雪雨露，宮牆之高，足以別男女之禮。"

牆有防衛性、隱蔽性、禦寒性，及男女之防的禮儀性。牆所圍合之空間，構成人類生活的基本單元——室家。

（2）築牆工具

《法式》："栽，築牆長版也。今謂之膞版。榦，築牆端木也。今謂之牆師。"

宋以前的牆，主要是夯土版築形式，故在施工中有許多輔助性工具，如"栽"，就是築牆時兩側所用的模板；"榦"，與"幹"字相近，本義是支架、支柱，這裏指築牆施工時，在牆之端頭所立的支護板。

（3）牆之造型與比例

《法式》"看詳"引《尚書大傳》疏："杼，亦牆也。言衰殺其上，不得正直。"

牆要有收分，牆頂部厚度，要小于牆基處厚度。牆表面，不應是一直上直下的面。爲牆體結構穩固起見，牆之高度與厚度間應有一基本比例。

《法式》引《周官·考工記》："匠人爲溝洫，牆厚三尺，崇三之。鄭司農

① 梁思成. 梁思成全集. 第七卷. 第47頁. 壕寨制度. 牆. 注18. 中國建築工業出版社. 2001年

② 梁思成. 梁思成全集. 第七卷. 第47頁. 壕寨制度. 牆. 注19. 中國建築工業出版社. 2001年

③ [宋]李誡. 營造法式（陳明達點注本）. 第一册. 第56頁. 壕寨制度. 牆. 批注. 浙江攝影出版社. 2020年

④ [宋]李誡. 營造法式（陳明達點注本）. 第一册. 第56頁. 壕寨制度. 牆. 批注. 浙江攝影出版社. 2020年

⑤ [宋]李誡. 營造法式（陳明達點注本）. 第一册. 第56頁. 壕寨制度. 牆. 批注. 浙江攝影出版社. 2020年

注云：高厚以是爲率，足以相勝。"故："今來築牆制度，皆以高九尺厚三尺爲祖。雖城壁與屋牆露牆各有增損，其大概皆以厚三尺崇三之爲法，正與經傳相合。"由之，則："築牆之制：每牆厚三尺，則高九尺；其上斜收，比厚減半。若高增三尺，則厚加一尺；減亦如之。"

"築牆之制"是一個設計問題，是基于牆之設計高度的牆體厚度與高厚比的控制方式。

[3.1.6.1]

壘牆

參見《法式》卷第十三"泥作制度"：

"**壘牆之制：高廣隨間。每牆高四尺，則厚一尺。每高一尺，其上斜收六分。** 每面斜收向上各三分。 **每用坯墼三重，鋪襻竹一重。若高增一尺，則厚加二寸五分；減亦如之。**"

墙，每高4尺，墙基厚1尺，以此控制高厚比。墙每高1尺，上部兩側各向內斜收3分，以此控制墙體收分。墙高，每增1尺，墙基處厚度亦增0.25尺，收分方式依前例。

土坯砌築，每三層坯，鋪一層襻竹。"襻"，有扭住、扣住之意；"襻竹"，用竹子將土坯牆扣扭在一起，類如今日壘築墙體中加橫鋪鋼筋，增加墙體強度。

另參見《法式》卷第二十七"諸作料例二·壘坯牆"條：

"**用坯每一千口，徑一寸三分竹，三條。** 造泥籃在內。

闇柱每一條， 長一丈一尺，徑一尺二寸爲準，牆頭在外， **中箔，一領。**

石灰，每一十五斤，用麻擣一斤。 若用礦灰，加八兩；其和紅、黃、青灰，即以所用土朱之類斤數在石灰之內。

泥籃，每六椽屋一間，三枚。 以徑一寸三分竹一條織造。"

土坯牆砌築過程，墙內添加襻竹、闇柱、中箔等加固材料。砌墙所用石灰中摻加麻擣等筋料，及不同顏色的礦灰配比。"泥籃"，未知何物，疑爲施工時運送砌墙之泥的工具。其意似爲：一座六椽架房屋，一間房墙體砌築，需用灰泥3籃？或用3隻泥籃，運送灰泥？

參見《法式》卷第十六"壕寨功限·諸脫造壘牆條墼"：

"**諸脫造壘牆條墼：長一尺二寸，廣六寸，厚二寸，** 乾重十斤， **每二百口一功。** 和泥起墼在內。"

"墼"，未經燒製的土坯；則"條墼"者，條形土坯。一塊條形土坯，長1.2尺，寬0.6尺，厚0.2尺。製作這種土坯，每100塊，包括和泥、製作、去模

（起壓）等工作，計爲1功。由此可知土坯製作程序。

[3.1.6.2]
築牆

參見《法式》卷第十六"壕寨功限"：**"築牆：諸開掘牆基，每一百二十尺一功。若就土築牆，其功加倍。諸用蔂、橛就土築牆，每五十尺一功。** 就土抽紙築屋下牆同；露牆六十尺亦準此。**"**

築牆之始，需向下挖土，再用土填埋、夯築牆，每120尺長，計1功。若包括就地挖土、填埋與夯築，其功加倍，即每120尺長，計2功。若牆基內加草蔂、木橛等，再夯築，每50尺長，計1功。

就土築屋下抽紙牆，每50尺長，計1功；築露牆，每60尺長，計1功。由此可知不同築牆工序之繁簡。

[3.1.6.3]
露牆

"露牆"，即祖露、露天，不附着于房屋基礎之上，或不附屬于房屋梁柱之旁的牆。如院牆、圍牆等。露牆設計比例：牆高1丈，牆基厚0.5丈。收分至牆頂，厚約0.2丈。高每增1尺，厚亦增0.3尺；高減1尺，厚亦減0.3尺。若在露牆中，使用草蔂、木橛等，其功計法與夯築牆一樣。

[3.1.6.4]
抽紙牆

參見《法式》卷第三"壕寨制度·城"：**"每築高五尺，橫用紙木一條。** 長一丈至一丈二尺，徑五寸至七寸。護門甕城及馬面之類準此。**"**

參見《法式》卷第三"壕寨制度·牆"：**"凡抽紙牆，高厚同上，其上收面之廣，比高四分之一。若高增一尺，其厚加二寸五分。** 如在屋下，祇加二寸。劃削並準築城制度。**"**

"紙"者，用以編織的絲。"紙木"，在牆中加入的橫向木條，以增加牆體強度。

凡加紙木的牆，高厚比與露牆的比例一樣，每高1丈，基厚0.5丈。收分較緩，牆頂厚度，比同樣高度的露牆略厚，爲0.25丈。抽紙牆，每高增1尺，厚增0.25尺。房屋圍護牆，每高增1尺，厚增0.2尺。

無論露牆、抽紙牆，均可用土夯築而成。夯築完成，要對牆面進行劃削，使其平整。做法與城牆表面劃削方式同。

參見《法式》卷第十六"壕寨功限"：**"諸開掘牆基，每一百二十尺一功。若就土築牆，其功加倍。諸用蔂、橛就土築牆，每五十尺一功。** 就土抽紙築屋下牆同；露牆六十尺亦準此。**"**

就土夯築房屋下抽紙牆，其工作難度與工作量，約與在夯築牆基時摻加草葽、木橛做法一樣。每50尺長抽紙牆墻基，可計爲1功。

〔3.1.7〕

築臨水基

凡開臨流岸口脩築屋基之制：開深一丈八尺，廣隨屋間數之廣。其外分作兩擺手，斜隨馬頭，布柴梢，令厚一丈五尺。每岸長五尺，釘椿一條長一丈七尺，徑五寸至六寸皆可用。**梢上用膠土打築令實。**若造橋兩岸馬頭準此。

梁注："没有作圖，可參閱'石作制度圖樣五'，'卷輋水窗'圖。"[1]該圖參見《梁思成全集》第七卷第375頁。

梁并注：

（1）"'擺手'似爲由屋基斜至兩側岸邊的墙，清式稱'雁翅'。"[2]

（2）"'馬頭'即今碼頭。"[3]

（3）"按岸的長度，每五尺釘椿一條。開深一丈八尺，柴梢厚一丈五尺，而椿長一丈七尺，看來椿是從柴梢上釘下去，入土二尺。是否如此待考。"[4]

上文"用膠土打築令實"，陶本："用膠上打築令實。"陳注："'上'應作'土'。"[5]

臨水岸開挖房屋地基，一般根據房屋通面廣長度向下挖。開挖深度18尺，地基兩端要按照地基深度向外開挖兩道斜向岸邊的地基墻。這種斜向地基墻，宋稱"擺手"，清稱"雁翅"，相當于房屋兩端水岸加固性措施。兩擺手斜度要與水岸碼頭（馬頭）找齊，使房屋兩端地基加固部分與水岸護墙——碼頭，形成一個完整的基礎結構體。

在深度爲18尺的臨水基坑中，要填布木條（柴梢），木條叠壓累積厚度15尺。爲將填埋木條固定住，沿水岸每隔5尺，向泥土中植入一根直立木椿，以防止埋入基坑中的木條被水冲走。釘入的木椿，長約17尺，徑0.5—0.6尺。

地基中通過均匀分布的木椿加在木條（柴梢）上，并填入具有防水功能的膠黏土，使膠黏土滲入木條縫隙，經夯築使膠黏土與木條形成板結而堅實的整體，以達到承托上部房屋的强度。

在這一具有防水功能的地基上，依前文所述立基、築基方式，施設房屋基座并布置柱礎。

用木條（柴梢）填埋基坑，上用膠黏土夯築的水岸地基處理方式，也適用于橋之兩岸碼頭的地基做法。

① 梁思成. 梁思成全集. 第七卷. 第47頁. 壕寨制度. 築臨水基. 注20. 中國建築工業出版社. 2001年
② 梁思成. 梁思成全集. 第七卷. 第48頁. 壕寨制度. 築臨水基. 注21. 中國建築工業出版社. 2001年
③ 梁思成. 梁思成全集. 第七卷. 第48頁. 壕寨制度. 築臨水基. 注22. 中國建築工業出版社. 2001年
④ 梁思成. 梁思成全集. 第七卷. 第48頁. 壕寨制度. 築臨水基. 注23. 中國建築工業出版社. 2001年
⑤ [宋]李誡. 營造法式（陳明達點注本）. 第一册. 第56頁. 壕寨制度. 築臨水基. 批注. 浙江攝影出版社. 2020年

【3.2】
石作制度

《法式》將"石作制度"與"壕寨制度"歸在同一章。石作所涉主要是房屋臺基、柱礎、鉤闌、地栿等與房屋基礎、基座有關的石製構件造作與安卓。

通過對一塊毛石打剥、斫砟與雕琢，形成種種不同的表面形態。許多情況下，構件表面亦有雕刻。經過種種工序與雕琢，將一塊毛石最終製成一件可用于房屋中的構件。

〔3.2.1〕
造作次序

《法式》"石作制度·造作次序"分三個不同層次：一，造石作次序；二，彫鐫制度；三，造華文制度。則石作工程造作，包括三個層面與過程：一，由毛石到料石；二，石構件表面彫鐫；三，石構件表面彫鐫的題材與紋樣。

［3.2.1.1］
造石作次序

造石作次序之制有六：一曰打剥，用鑿揭剥高處；**二曰麤搏，**稀布鑿鑿，令深淺齊勻；**三曰細漉，**密布鑿鑿，漸令就平；**四曰褊棱，**用褊鑿鐫棱角，令四邊周正；**五曰斫砟，**用斧刃斫砟，令面平正；**六曰磨礲，**用沙石水磨去其斫文。

梁注：（1）"'造作次序'原文不分段，爲了清晰眉目，這裏分作三段。"[1]（2）"'麤'音粗，義同。"[2]（3）"'漉'音鹿。"[3]（4）"'斫'音琢，義同。'砟'音炸。"[4]

關于磨石，陳注："《世說新語·言語第二》，10條，劉孝標注引《文士傳》言，劉楨（曹魏時）：'配輸作部，使磨石。'"[5]

據《太平御覽》引《文士傳》：劉楨獲罪配"輸作部使磨石。武帝嘗輦至尚方，觀作者，見楨故環坐正色，磨石不仰，武帝問曰：'石何如？'楨因得喻己目理，跪對曰：'石出自荆山玄巖之下，外有五色之章，内含卞氏之珍，磨之不加瑩，雕之不增文，稟氣堅貞，受茲自然，顧理枉屈，紆繞獨不得申。'武帝顧左右，大笑，即日還宫，赦楨復署吏。"[6] 這裏的"武帝"當指未曾稱帝的曹操。可知後漢三國時，很可能已出現磨石工藝。

梁所說三段，分別是造石作次序之制、彫鐫制度、華文制度。

造石作次序：將一塊從山岩中采出的毛石，加工爲一塊可以用作建築構件的料石，需以下6道基本工序。

工序一，打剥："用鑿揭剥高處"。無論打剥，還是揭剥，都是削減、剥離的意

① 梁思成. 梁思成全集. 第七卷. 第48頁. 石作制度. 造作次序. 注1. 中國建築工業出版社. 2001年
② 梁思成. 梁思成全集. 第七卷. 第48頁. 石作制度. 造作次序. 注2. 中國建築工業出版社. 2001年
③ 梁思成. 梁思成全集. 第七卷. 第48頁. 石作制度. 造作次序. 注3. 中國建築工業出版社. 2001年
④ 梁思成. 梁思成全集. 第七卷. 第48頁. 石作制度. 造作次序. 注4. 中國建築工業出版社. 2001年
⑤ [宋]李誡. 營造法式（陳明達點注本）. 第一册. 第57頁. 石作制度. 造作次序. 批注. 浙江攝影出版社. 2020年
⑥ [宋]李昉等. 太平御覽. 卷四百六十四. 人事部一百五. 辯下. 第2134頁. 中華書局. 1960年

思。即用鐵質鏨子，將毛石表面隆起部分削剝找平，使石塊呈現出大致齊平的外觀。

工序二，麤搏："搏"有擊打意，"稀布鏨鑿，令深淺齊勻"。對經過打剝的石料表面，以鐵鏨雕鑿，使初顯齊平的表面各部分凹凸變得均勻整齊，以使石材初步成形，表面大體平整。

工序三，細漉："漉"者，"密布鏨鑿，漸令就平"，用鐵鏨進一步鏨鑿修斫，使石質材料表面漸趨平整。

工序四，褊棱："用褊鏨鐫棱角，令四邊周正"。褊，意為狹窄。褊鏨，以小而細緻的鐵鏨，將石件邊角部位加以細緻彫鐫、修整，使其外形"四邊周正"。

工序五，斫砟："用斧刃斫砟，令面平正"。斫砟，用斧刃對石材表面作細密的斫砟，使石質構件造型及表面呈現平正而精緻的外觀。

工序六，磨礲：磨，為打磨；礲，同"礱"，有磨礲之意。"用沙石水磨去其斫文"，以沙石與水對石質構件表面作細緻的打磨、礲礪。將石質構件表面因雕斫而成的細密紋路，儘可能消除，形成光潔、整齊、平滑的表面。

[3.2.1.2]

彫鐫制度

其彫鐫制度有四等：一曰剔地起突，二曰壓地隱起華，三曰減地平鈒，四曰素平。如素平及減地平鈒，並斫砟三遍，然後磨礲；壓地隱起兩遍，剔地起突一遍，並隨所用描華文。**如減地平鈒，磨礲畢，先用墨蠟，後描華文鈒造。若壓地隱起及剔地起突，造畢並用翎羽刷細砂刷之，令華文之內石色青潤。**

梁注："'剔地起突'即今所謂浮雕；'壓地隱起'也是浮雕，但浮雕題材不由石面突出，而在磨琢平整的石面上，將圖案的地鑿去，留出與石面平的部分，加工雕刻；'減地平鈒'（'鈒'音澀）是在石面上刻畫綫條圖案花紋，并將花紋以外的石面淺淺剷去一層；'素平'是在石面上不作任何雕飾的處理。"[1]

這裏提到的四等彫鐫制度，是對石質構件的四種表面雕飾處理模式。梁先生之注，詮釋了宋代石作工程中的這四種主要雕飾模式。

1. 剔地起突

其方式是在石面上，按既有設計直接雕琢，形成輪廓後再加打磨。故其表面，是一種較為凸顯的浮雕藝術品，略類現代高浮雕藝術。

2. 壓地隱起華

壓地隱起做法，也是一種浮雕模

① 梁思成. 梁思成全集. 第七卷. 第48頁. 石作制度. 造作次序. 注5. 中國建築工業出版社. 2001年

式，衹是其雕琢方式，與剔地起突不同。其做法是將石材表面圖案的“地”鑿去，或稱“壓”下，留出石面平整部分，再在這一平整的表面，作更爲細微精緻的鎸刻，略類現代淺浮雕藝術。

3．減地平鈒

將石刻藝術之圖、地關係分開，將其“地”鑿去，留出“圖”之輪廓。從而在平整的石面上，刻畫出細緻紋樣，但整體石構件表面，仍平整光滑。故減地平鈒，似乎與現代綫刻藝術更爲接近。

鈒，音sà。有以金銀等貴金屬在器物上嵌飾花紋之意。梁先生注其音“澀”，疑爲舊讀。

4．素平

石構件表面不作任何進一步藝術性雕琢與加工，以其赤裸的構件形式本身，嵌入建築物中。惟其石質表面仍需作平整光潔的處理。

[3.2.1.3]
石製名件表面處理

素平者，有三道基本工序：一是斫砟；二是磨礲；三是用細沙刷磨。以將石刻表面粗糙的加工痕迹，仔細打磨消除，使石刻構件外表面光滑平整。

減地平鈒，則在磨礲後，先在表面塗上墨蠟，然後在其上描以華文（花紋），再對這些經過仔細描繪的紋樣，加以精細雕琢，展現出一種平整石表面的綫條藝術美。或因綫條本身已細密精緻，這一做法中不再作用細沙刷磨之表面處理。

參見《法式》卷第十六“壕寨功限·石作功限”：“減地平鈒者，先布墨蠟而後彫鎸；其剔地起突及壓地隱起華者，並彫鎸畢方布蠟；或亦用墨”。

（1）對減地平鈒，作進一步描述。

（2）對剔地起突、壓地隱起華，加以細化：其彫鎸完成後，在表面塗蠟，同時亦可塗以墨，或有使石質表面，能夠呈現某種體現石材性質之黝黑光滑效果？亦未可知。

〔3.2.2〕
華文制度

其所造華文制度有十一品：一曰海石榴華；二曰寶相華；三曰牡丹華；四曰蕙草；五曰雲文；六曰水浪；七曰寶山；八曰寶階；以上並通用。**九曰鋪地蓮華；十曰仰覆蓮華；十一曰寶裝蓮華。**以上並施之於柱礎。**或於華文之內，間以龍鳳獅獸及化生之類者，隨其所宜，分布用之。**

梁注："華文制度中的'海石榴華''寶相華''牡丹華',在舊本圖樣中所見,區別都不明顯,但在實物中尚可分辨清楚(石作圖6、7、8、9、10)[①];'蕙草'大概就是卷草;'寶階'是什麼還不太清楚;裝飾圖案中的小兒稱'化生';'化生之類'指人物圖案(石作圖11、12、13、14、15、16、17、18、19、20、21、22、23、24、25、26)[②]。"[③]

宋代建築構件上的石刻藝術題材,主要有11種。其中,前8種題材,以自然花卉、山水爲主,可通用于各種不同建築構件之上。後3種題材,借喻釋迦牟尼佛誕生時步步生蓮,及佛坐于蓮華之上等佛教故事,聚焦于佛教建築常見的蓮華造型。

除11種基本紋樣題材外,《法式》還給出一種可以與其他紋樣結合的藝術題材——化生。即在既有華文內,穿插雕刻龍、鳳、獅及人物形象,以增加古代建築構件中石刻藝術品的生動與美感。

1. 通用華文

前8種石刻題材,包括海石榴華、寶相華、牡丹華、蕙草等花卉題材紋樣,及水浪、寶山、寶階等山水題材紋樣,屬可通用的題材,用于各種石質構件,

如石柱、門楣、佛座、石砌基座,及柱礎上。

2. 海石榴華

作爲一種裝飾紋樣,海石榴華既可用于石刻藝術,也可用于彩畫藝術。《法式》石作制度與彩畫作制度,分別提到海石榴華文。

海石榴華是一種植物花卉的名稱。唐宋時人對海石榴花究竟屬哪一類植物花卉,有些含混。一説,石榴樹所開之花;另一説,古人似指山茶花。

唐人段成式《酉陽雜俎》將之類比爲山茶花:"山茶,似海石榴。出桂州。蜀地亦有。"[④]《太平廣記》:"海石榴花,新羅多海紅並海石榴。唐贊皇李德裕言,花中帶海者,悉從海東來。"[⑤]似暗示這可能是一種生長于朝鮮半島海邊的植物。

宋人洪邁《夷堅志》引陳道光詩:"海石榴花映綺窗,碧芙蓉朵亞銀塘。青鸞不舞蒼虬臥,滿院春風白日長。"[⑥]可知宋時,這是一種可以生長在院落內的欣賞性花木。《本草綱目》將其歸在榴類木本植物花卉:"有火石榴赤色如火。海石榴高一二尺即結實。皆異種也。"[⑦]

據唐人段成式對此花的描述:"瘴川花,差類海石榴,五朵簇生。葉狹長重

① 梁思成. 梁思成全集. 第七卷. 第51、52、53頁. 插圖照片. 中國建築工業出版社. 2001年
② 梁思成. 梁思成全集. 第七卷. 第53、54、55、56、57頁. 插圖照片. 中國建築工業出版社. 2001年
③ 梁思成. 梁思成全集. 第七卷. 第48頁. 石作制度. 造作次序. 注6. 中國建築工業出版社. 2001年
④ [唐]段成式. 酉陽雜俎校箋. 續集卷九. 支植上. 第2074頁. 中華書局. 2015年

⑤ [宋]李昉等編. 太平廣記. 卷第四百九. 草木四. 木花. 海石榴花. 第3316頁. 中華書局. 1961年
⑥ [宋]洪邁. 夷堅志. 夷堅支甲卷第七. 蔡箏娘. 第763頁. 中華書局. 2006年
⑦ [明]李時珍. 果部第三十卷. 安石榴. 參見[唐]段成式. 酉陽雜俎校箋. 續集卷九. 支植上. 第2075頁. 中華書局. 2015年

脊，承於花底。"① 可知，這是一種十分華美繁麗的花卉品種，多被古人用作裝飾題材。

《法式》"小木作制度"中，有"海石榴頭"造型的橢子。《法式》"彩畫作制度"："華文有九品：一曰海石榴華……"清代人撰《陶説》，談器物上雕飾紋樣，也提到海石榴花："外雙雲龍、芙蓉花、喜相逢、貫套、海石榴、回回花，裏穿花翟雉、青鸂鶒、荷花、人物、獅子、故事、一秤金、金黃暗龍鍾。"②

唐以來石作、小木作、彩畫作及陶器、瓷器等裝飾中，海石榴華是較爲常見的花卉題材。在《法式》"華文制度"中，無論石作還是彩畫作，海石榴華都位列一品。

3. 寶相華

另一種可同時用于石作、彩畫作及陶瓷器物中的華文裝飾題材是寶相華。《法式》"彩畫作制度"之華文："二曰寶相華。牡丹華之類同。"《陶説》中提到："轉枝寶相花""青纏枝寶相花""鸞鳳穿寶相花"等不同裝飾紋樣。

《法式》將寶相華與牡丹華同列一品，都象徵富麗華貴。"寶相"本義是佛教徒對表現出端莊、神秘、嚴肅、聖潔的佛造像的某種尊稱，稱之爲"寶相如來"。在與佛教建築的雕塑有關的裝飾

中，將相應裝飾的花卉圖案，表現爲端莊、華美、富貴、神聖、肅穆效果，并冠以"寶相"之名，亦屬當然。

寶相華，未必指某一特殊花卉，而是將某種花卉加以形式化裝飾後的效果，如寶相蓮華、寶相牡丹等。一些自然花卉，若生長得端正、嚴謹、聖潔，亦可稱爲"寶相"。清人撰《花鏡》在"薔薇"條下有："若寶相亦有大紅、粉紅二色，其朵甚大，而千瓣塞心，可爲佳品。"③《花鏡》中提到"扦插"，還列出一種名爲"寶相"的花："寶相、月季、荼蘼、木槿以上宜中旬。"④惟不知這裏的"寶相"類屬何種植物。

4. 牡丹華

牡丹是一種木本植物，屬多年生落葉灌木，可歸在芍藥科之屬。李時珍《本草綱目》將牡丹、芍藥、菊花等相并列，如"凡物花皆有赤、白，如牡丹、芍藥、菊花之類是矣。"⑤又如"正如牡丹、芍藥、菊花之類，其色各異，皆是同屬也。"⑥

《法式》將牡丹華，列于石作與彫作華文制度中："彫插寫生華之制有五品：一曰牡丹華。二曰芍藥華。三曰黃葵華。四曰芙蓉華。五曰蓮荷華。以上並施之於栱眼壁之内。"

在"彩畫作制度"中，牡丹華與寶相華同屬一類："二曰寶相華。牡丹華

① [唐]段成式. 西陽雜俎校箋. 續集卷九. 支植上. 第2077頁. 中華書局. 2015年
② [清]朱琰. 陶説. 卷六. 説器下. 明器. 參見連冕等編著. 天水冰山録. 鈐山堂書畫記標校. 第909頁. 三秦出版社. 2017年
③ [清]陳淏撰. 花鏡. 卷四. 藤蔓類考. 薔薇. 第107頁. 中華書局. 1956年
④ [清]陳淏撰. 花鏡. 卷一. 花曆新裁. 正月事宜. 接換. 第3頁. 浙江人民美術出版社. 2019年
⑤ [明]李時珍. 草部第十五卷. 草之四（隰草類上五十三種）. 茺蔚（《本經》上品）
⑥ [明]李時珍. 草部第十七卷下. 草之六. 射干（《本經》下品）

之類同。""壕寨制度"石雕功限中，寶相華與牡丹華所計功限相同："造壓地隱起寶相華、牡丹華，每一段三功。"在木刻功限中，牡丹又與芍藥所計功限相同："牡丹：芍藥同。高一尺五寸，六功。"

可知，作爲裝飾花卉紋樣，牡丹華不僅用于石作、木作及彩畫作，其雕繪方式、製作難度、工作量等，與寶相華、芍藥華等也十分接近。

5. 蕙草

《本草綱目》釋蕙草："古者燒香草以降神，故曰薰，曰蕙。薰者熏也，蕙者和也。"[①] 又釋："張揖《廣雅》云：卤，薰也。其葉謂之蕙。而黄山谷言一干數花者爲蕙。蓋因不識蘭草、蕙草，强以蘭花爲分別也。鄭樵修本草，言蘭即蕙，蕙即零陵香，亦是臆見，殊欠分明。但蘭草、蕙草，乃一類二種耳。"[②] 另引："《別錄》曰：薰草，一名蕙草，生下濕地，三月采，陰乾，脱節者良。又曰：蕙實，生魯山平澤。"[③]

可知，蕙草與蘭花同屬一種類型，係多年生草本植物，葉呈叢生狀，葉形狹長，葉端呈尖狀，所開花會散發出淡淡香味。

唐宋人常將蕙草作爲一種裝飾題材，《法式》"石作制度"將蕙草列爲華文制度的一種，《法式》"彫作制度"將

"卷頭蕙草"作爲雕飾紋樣的一種。

在《法式》"彩畫作制度"中，蕙草被歸在"雲文"圖案造型中的一類："雲文有二品：一曰吴雲，二曰曹雲。蕙草雲、蠻雲之類同。"

6. 雲文

雲文，顧名思義，以空中雲朵形式爲裝飾紋樣。作爲一種古代裝飾，雲文不僅用于房屋營造，也用于其他器物的裝飾性彫鐫或描繪。《太平御覽》："陶弘景《刀劍録》曰：董卓少時，耕野得一刀，無文字，四面隱起作山雲文，斫玉如木。及貴，示五官郎蔡邕，邕曰：'此項羽刀也。'"[④] 可知，作爲裝飾紋樣的雲文在歷史上出現很早。

上文《法式》"石作制度·華文制度"：雲文位列第五品："五曰雲文"。

《法式》"彩畫作制度"："凡華文施之於梁、額、柱者，或間以行龍、飛禽、走獸之類於華内。……如方桁之類全用龍鳳走飛者，則徧地以雲文補空。"故雲文主要用作龍、鳳等祥瑞動物背景性裝飾題材。

石作彫鐫工藝亦同，如"角石兩側造剔地起突龍鳳間華或雲文，一十六功"及"方角柱：每長四尺，方一尺，造剔地起突龍鳳間華或雲文兩面，共六十功"這兩種做法，都屬間插于龍鳳題材中的花卉或雲文裝飾。

① [明]李時珍. 本草纲目. 草部. 第十四卷. 草之三. 薰草. 參見游國恩著. 離騷纂義. 第58頁. 中華書局. 2008年

② [明]李時珍. 本草纲目. 草部. 第十四卷. 草之三. 薰草. 參見游國恩著. 離騷纂義. 第58頁. 中華書局. 2008年

③ [明]李時珍. 本草纲目. 草部. 第十四卷. 草之三. 薰草. 參見游國恩著. 離騷纂義. 第57頁. 中華書局. 2008年

④ [宋]李昉等. 太平御覽. 卷三百四十六. 兵部七十七. 刀下. 第1591頁. 中華書局. 1960年

《法式》"彩畫作制度"："雲文有二品：一曰吴雲，二曰曹雲。蕙草雲、蠻雲之類同。"其雲文被分爲"吴雲"與"曹雲"兩種類型。

《法式》中的類似劃分，還見於五脊殿與九脊殿屋頂形式："俗謂之吴殿，亦曰五脊殿。""俗謂之曹殿，又曰漢殿，亦曰九脊殿。"五脊殿，類如明清廡殿式屋頂造型；九脊殿，類如明清歇山式屋頂造型。何以將兩者分爲吴、曹？又爲什麼會將雲文分爲吴雲與曹雲？兩種類似分類方式間有何關聯？未可知。

從上文"俗謂之曹殿，又曰漢殿，亦曰九脊殿"猜測，其"曹、吴"之分，或與歷史上三國時期的"曹魏"與"東吴"之分存有某種關聯？從而，所謂"曹"者，指北方中原地區的做法或特徵？所謂"吴"者，指江南吴地的做法或特徵？

若這一推測可能接近其原始意義，則"曹殿"，或九脊殿，應曾多見於漢末三國時期的北方地區？故稱"曹殿"，又稱"漢殿"。而"吴殿"，或五脊殿，亦曾多見于漢末三國時期的東南吴地？故而，東南吴人所流行之雲文形式，被稱爲"吴雲"，而北方地區所流行之雲文裝飾形式，被稱爲"曹雲"？

此説僅爲依文生義的推測，以求教于識者。

7. 水浪

水浪，作爲一種裝飾紋樣，表現流動之水及浪花。上文《法式》"石作制度"中，水浪紋樣，位列華文制度第六品："六曰水浪。"

或因水主要表現地面之河、海等題材，故宋代建築中的水浪紋樣，主要以石作形式，用于房屋的基座、柱礎、石柱等處。這些構件較常見的是山水類裝飾，故宜采用水浪紋樣。

《法式》木刻雕飾及彩畫作，未提到水浪裝飾。

8. 寶山

寶山，是以經過抽象與概括的起伏山體，作爲一種裝飾紋樣。上文《法式》"石作制度"中，寶山紋樣，位列華文制度第七品："七曰寶山。"

《法式》直接提到的寶山紋樣雕刻，出現在贔屭鼇坐碑之鼇坐上："土襯二段：各長六寸，廣三寸，厚一寸。心内刻出鼇坐版，長五尺，廣四尺。外周四側作起突寶山，面上作出没水地。"

木作雕刻中亦用寶山文。如《法式》"彫作制度"："八曰纏柱龍。盤龍、坐龍、牙魚之類同。施之於帳及經藏柱之上，或纏寶山。或盤於藻井之内。"

《法式》"諸作用釘料例"提到類似情況："帳上纏柱龍：纏寶山或牙魚，或間華；並扛坐神、力士、龍尾、嬪伽，同。"可知佛

121

道帳、經藏柱上，除用龍、魚，及扛坐神、力士、嬪伽等裝飾之外，也會用纏繞的寶山文。

《法式》"壕寨功限"柱礎彫鐫功："方三尺五寸，造剔地起突水地雲龍，或牙魚、飛魚，寶山，五十功。方四尺，加三十功；方五尺，加七十五功；方六尺，加一百功。"可知柱礎裝飾亦用寶山華文。

9. 寶階

階，登高之踏階。寶階，係佛經中常用術語，象徵人天交通："從閻浮提，至忉利天。以此寶階，諸天來下，悉爲禮敬無動如來，聽受經法。閻浮提人，亦登其階，上升忉利，見彼諸天。"[1]

《法式》行文中，寶階，僅出現于石作制度。寶階文，位列華文制度第八品："八曰寶階。"

《法式》木作彫鐫及彩畫作中，未見寶階文。其文主要用于佛教建築中，且僅用于基座、柱礎、石柱、佛座、經幢等，以象徵生活于閻浮提世界之人與佛教忉利天諸天間的交通往來。

〔3.2.3〕
柱礎上所用華文

三種以蓮華爲題材的紋樣：鋪地蓮華、仰覆蓮華、寶裝蓮華，位列華文制度第九至第十一品。因契合佛教主題，作爲一種專用象徵藝術題材，主要施之于佛教殿閣、廳堂之柱礎上。

佛經中有大量蓮華主題故事，除《妙法蓮華經》外，《佛説觀無量壽佛經》中亦有："見世尊釋迦牟尼佛，身紫金色，坐百寶蓮華。……復有國土，純是蓮華。"[2]

《法式》中除石作外，蓮華也出現于小木作、彩畫作、彫作、瓦作等中。如小木作胡梯上之："鉤闌望柱：每鉤闌高一尺，則長加四寸五分，卯在内。方一寸五分。破瓣、仰覆蓮華，單胡桃子造。"

彩畫作中，柱子底部柱櫍上可繪蓮華圖案："櫍作青瓣或紅瓣疊暈蓮華。"椽頭表面亦可繪蓮華："椽頭面子，隨徑之圜，作疊暈蓮華，青、紅相間用之。"

木刻雕飾中，在一些成形物上，雕出仰覆蓮式或覆蓮式蓮座："凡混作彫刻成形之物，令四周皆備。其人物及鳳皇之類，或立或坐，並於仰覆蓮華或覆瓣蓮華坐上用之。"

瓦作制度"壘射垛"提到："凡射垛五峯，每中峯高一尺……其峯上各安蓮華坐瓦火珠各一枚。當面以青石灰、白石灰，上以青灰爲緣泥飾之。"

1. 鋪地蓮華

《法式》"石作制度"中，鋪地蓮華位列華文第九品："九曰鋪地蓮華。"

① 石峻等編. 中國佛教思想資料選編. 漢譯經論卷. 維摩詰所説經. 卷下. 見阿閦佛品第十二. 第421頁. 中華書局. 2014年

② [清]楊文會. 楊仁山全集. 佛説觀無量壽佛經略論. 第160-161頁. 黄山書社. 2000年

其意爲覆蓋且匍匐于地面上的蓮華雕飾圖案，主要用于佛教建築柱礎。

《法式》"石作制度"提到："若造覆盆，鋪地蓮華同，每方一尺，覆盆高一寸；每覆盆高一寸，盆脣厚一分。"可知，鋪地蓮華柱礎與一般覆盆柱礎，造型比例相同。

2. 仰覆蓮華

《法式》"石作制度"中，仰覆蓮華位列華文第十品："十曰仰覆蓮華。"

其意爲將仰蓮造型與覆蓮造型疊加，形成既有仰蓮也有覆蓮的外觀形式。

《法式》中的仰覆蓮華，主要用于佛教殿閣柱礎。現存仰覆蓮華柱礎實例，亦多見于宋、遼、金佛教建築遺構。

因是兩種造型疊加，仰覆蓮華柱礎比一般覆盆，或鋪地蓮華柱礎，高度要多出一倍："如仰覆蓮華，其高加覆盆一倍。"

與鋪地蓮華柱礎相比較，其加工難度與工作量也要複雜一些，其製作功限亦會多一些，"石作制度"柱礎彫鎪功："方二尺五寸，造仰覆蓮華：一十六功。若造鋪地蓮華，減八功。方二尺，造鋪地蓮華：五功。若造仰覆蓮華，加八功。"與其高度尺寸差別相類，仰覆蓮華式柱礎彫鎪功，也是鋪地蓮華柱礎的兩倍。

3. 寶裝蓮華

《法式》"石作制度"中，寶裝蓮華位列華文第十一品："十一曰寶裝蓮華。"

其文將鋪地蓮華、仰覆蓮華與寶裝蓮華三種雕刻并列，強調"以上並施之於柱礎"。

寶裝做法，也用于其他雕飾性器物，如馬之"寶裝鞍轡"或"寶裝胡床"等。房屋上用寶裝做法，似亦受到佛經影響，《法苑珠林》："帝釋天宮住處有大飛閣，名常勝殿，種種寶裝，各八萬四千。"[①] "寶裝"，有以諸寶裝飾之意。

《法式》"石作制度"與柱礎相關的"寶裝蓮華"，并未暗示任何諸寶裝飾之意。其"寶裝"做法，約與華文制度中"寶相華"紋飾相類，是以某種手法表達端莊、嚴肅、聖潔的藝術氛圍，因而亦多用于佛教建築柱礎之上。

4. 華文中的化生題材

《法式》"石作制度"之華文，特別提到"化生"："或於華文之內，間以龍鳳師獸及化生之類者，隨其所宜，分布用之。"

所謂"化生"，指在不同華文圖案間穿插的龍、鳳、獅子、走獸，及人物（化生）形象之雕飾。

《法式》"彫作制度"提到的八種"彫混作之制"中，亦有"化生"："一曰神仙，真人、女真、金童、玉女之類同。二曰飛仙，

① [唐]釋道世. 法苑珠林. 卷三十七. 敬塔篇第三十五. 感福部第四. 上册，第577頁. 中國書店. 1991年

嬪伽、共命鳥之類同；三曰化生，以上並手執樂器或芝草、華果、缾盤、器物之屬。……"

這裏將化生與神仙、飛仙并列，其形式當采用人物造型，手中握有樂器、芝草、花果、缾盤等。由此推知，化生是穿插于華文間的非神、非仙人物造型。

現存宋代實例，采用化生雕刻題材柱礎中，多以孩童形象顯現，形式十分生動活潑。

〔3.2.4〕

柱礎 其名有六：一曰礎，二曰礩，三曰碣，四曰礩，五曰䃉，六曰磉，今謂之石碇

參見《法式》卷第一"總釋上·柱礎"引《淮南子》："山雲蒸，柱礎潤。"《周易注疏》："天欲雨而柱礎潤是也。"[1]《尚書講義》："雲蒸而礎潤。"[2]北魏人《廣雅·釋室》："楹，謂之柱礎。"[3]清代人《宮室考》："周而立者，謂之柱；柱最大者，謂之楹。……柱下石，謂之礎。"[4]礎之本義，即柱下之石，起支撐上部柱子作用。

正史最早提到"柱礎"見于《隋書》，其上記一塊刻有古經文的石碑，原立于京城國學："尋屬隋亂，事遂寝廢，營造之司，因用爲柱礎。"[5]

礩，《法式》"總釋上"："《説文》：櫍，之日切。柎也。柎，闌足也。楮，章

移切。柱砥也。古用木，今以石。""櫍"與"礩"相類。櫍，即柎，其意爲古代器物之足，這裏釋爲"闌足"。櫍，亦爲楮，意爲"支撐"，這裏釋爲"柱砥"，即柱下之支撐物。柱下之足，或砥，初時所用爲木質材料，至遲在漢代，改用石質材料。故"柱櫍"演變爲"柱礩"，大約就是後來的柱礎。但在宋代建築柱礎上，可能會用木質材料作爲石質柱礎與木質柱子間之過渡，這一部分仍稱爲"櫍"。

"碣"與"礩"，《法式》"總釋上"提到："礎、碣、音昔。礩，音真，徒年切。礩也。"從字面意思，"碣"和"礩"，與"礎"和"礩"意同，爲柱下石，或柱下之足，即"柱砥"。

"䃉"與"磉"，《法式》"總釋上·柱礎"引《義訓》："礎謂之䃉仄六切，䃉謂之礩，礩謂之碣，碣謂之磉音穎，今謂之石錠，音頂。""磉"與"䃉"同義，皆爲柱下石墩，字義與"礎"和"礩"相通。

《法式》"總釋上"釋"磉"：今謂之石錠，音頂。且《法式》"石作制度"言：柱礎之六種稱謂，"今謂之石碇。"疑"錠"與"碇"本應用同一字，以石質材料論，當爲"碇"，指岸邊繫船之石墩。宋時人將柱礎俗稱"石碇"，其原有栓繫、穩固船體之意，故與柱礎之固定、支撐房屋之意相通。

---

[1] [魏]王弼、[晉]韓康伯注. [唐]孔穎達疏. 宋本周易注疏. 卷第一. 第27頁. 中華書局. 2018年
[2] 欽定四庫全書. 經部. 書類. [宋]史浩. 尚書講義. 卷一十二
[3] 欽定四庫全書. 經部. 小學類. 訓詁之屬. [魏]張揖. 廣雅. 卷七. 釋室. 參見[清]馬驌. 繹史. 卷一百五十九. 外録第九. 名物訓詁. 下. 宮室. 第4151頁. 中華書局. 2002年
[4] 欽定四庫全書. 經部. 禮類. 儀禮之屬. [清]任啓運. 宮室考. 卷下
[5] [唐]魏徵等. 隋書. 卷三十二. 志第二十七. 經籍一. 第947頁. 中華書局. 1973年

[3.2.4.1]

造柱礎之制

造柱礎之制：其方倍柱之徑。謂柱徑二尺，即礎方四尺之類。**方一尺四寸以下者，每方一尺，厚八寸；方三尺以上者，厚減方之半。方四尺以上者，以厚三尺爲率。**

柱礎主體爲方形，大小尺寸由礎上所承柱子直徑決定。礎之邊長，爲柱子直徑的兩倍。若柱徑2尺，礎之邊長爲4尺。

柱礎厚度，視其方形邊長而定。礎方1.4尺以下，每方1尺，礎厚0.8尺。即若礎方1.4尺，其厚當爲1.12尺。若礎方之邊長大于3尺，則礎之厚度約爲其方的1/2。如其方3尺，其厚爲1.5尺。若礎方較大，如其方大于4尺，其厚仍采用其方的1/2爲率。即其方4尺，其厚2尺。以此類推。

[3.2.4.2]

造覆盆式柱礎

若造覆盆，鋪地蓮華同，**每方一尺，覆盆高一寸；每覆盆高一寸，盆脣厚一分。如仰覆蓮華，其高加覆盆一倍。如素平及覆盆用減地平鈒、壓地隱起華、剔地起突；亦有施減地平鈒及壓地隱起於蓮華瓣上者，謂之寶裝蓮華。**

關于"盆脣厚"，梁注："這'一分'是在'一寸'之內，抑或在'一寸'之外另加'一分'；不明確。"[1]關于本段行文，梁注："末一句很含糊，'剔地起突'之後，似有遺漏的字，語氣似未了。"[2]梁先生還提到相關實例："見宋、元柱礎實物舉例（石作圖27、28、29、30、31、32、33、34）[3]。"[4]

所謂覆盆，有時會雕爲鋪地蓮華、寶相蓮華形式，是在方形礎石上，再雕琢一個露出地面的圓形礎頂石。

覆盆式柱礎，平面爲圓形，四周輪廓略呈凸起混綫，類如翻轉并覆蓋于方形礎石上的圓形水盆，并與其下方形礎石結合爲一整體。覆盆表面，可以是素平，亦可雕成不同紋飾。在覆盆造型上，還會有一個薄如圓盤狀的石刻，稱爲"盆脣"。

依上文，礎之邊長方1尺，覆盆高爲0.1尺，盆脣厚爲0.01尺，各爲1/10比率。則若邊長爲3尺柱礎，其上覆盆高約0.3尺，盆脣厚約0.03尺。

覆盆式柱礎可雕爲不同造型，較常見者，如鋪地蓮華式，或仰覆蓮華式等。鋪地蓮華造型，或可稱作"覆蓮"造型，形式略近覆盆輪廓，祇是其凸起混綫是以覆蓋之蓮瓣形式表現。覆蓮高度與覆盆一樣，亦取柱礎方形邊長的

① 梁思成. 梁思成全集. 第七集. 第58頁. 石作制度. 柱礎. 注7. 中國建築工業出版社. 2001年

② 梁思成. 梁思成全集. 第七卷. 第58頁. 石作制度. 柱礎. 注8. 中國建築工業出版社. 2001年

③ 梁思成. 梁思成全集. 第七集. 第57-60頁. 插圖照片. 中國建築工業出版社. 2001年

④ 梁思成. 梁思成全集. 第七卷. 第58頁. 石作制度. 柱礎. 注9. 中國建築工業出版社. 2001年

1/10，盆脣厚度爲覆盆高的1/10。類似比例，亦可能用于寶裝覆蓮柱礎。

仰覆蓮式柱礎，是在覆蓮基礎上，加一組仰蓮雕飾。仰、覆蓮間有一束腰。仰蓮之上再刻出盆脣。如此，則其礎露出地面部分，相當于覆盆高度的兩倍，即其高約爲其下方礎邊長的1/5。如一塊方3尺柱礎，用仰覆蓮華，露出地面高度約爲0.6尺。其上盆脣并未相應增厚，仍應控制爲礎石邊長的1/100左右。即其礎方3尺，盆脣仍厚約0.03尺。

上文提到柱礎表面之“素平、減地平鈒、壓地隱起華、剔地起突”等做法，覆蓋了前文所述石質構件四種基本雕刻模式。

〔3.2.5〕
角石

造角石之制：方二尺。每方一尺，則厚四寸。角石之下，別用角柱。 廳堂之類或不用。

梁注：“‘角石’用在殿堂階基的四角上，與‘壓闌石’寬度同，但比壓闌石厚。從《法式》卷第二十九原角石附圖和宋、遼、金、元時代的實例中知道：角石除‘素平’處理外，尚有側邊彫鐫淺浮雕花紋的。有上邊雕刻半圓雕或高浮雕雲龍、盤鳳和獅

子的種種。例如，河北薊縣獨樂寺出土的遼代角石上刻着一對戲耍的獅子（石作圖35、36）[1]；山西應縣佛宮寺殘存的遼代角石上刻着一頭態勢生動的異獸；而北京護國寺留存的千佛殿月臺元代角石上則刻着三隻臥獅（石作圖37）[2]。”[3]

角石，施于殿階基矩形平面轉角部位頂面上的石構件。角石下，一般會有一塊直立石構件——角柱。若建築等級較低，可不再加設角柱。

角石基本尺寸：約爲2尺見方，每方1尺，厚爲0.4尺。則2尺見方，厚爲0.8尺。《法式》“壕寨功限”亦提到：“角石：安砌功，角石一段，方二尺，厚八寸一功。”

角石之上，會加以彫鐫：“彫鐫功：角石兩側造剔地起突龍鳳間華或雲文，一十六功。若面上鐫作師子，加六功；造壓地隱起華，減一十功；減地平鈒華，減一十二功。”角石兩側，指角石暴露于外的兩個側面，亦是殿階基轉角部位上沿，與殿階基上沿表面所鋪壓闌石外側面相接。

〔3.2.6〕
角柱

造角柱之制：其長視階高；每長一尺，則方四寸。柱雖加長，至方一尺六寸止。其柱首接角石處，合縫令與角石通平。若殿宇階基

[1] 梁思成. 梁思成全集. 第七卷. 第60頁. 插圖照片. 中國建築工業出版社. 2001年

[2] 梁思成. 梁思成全集. 第七卷. 第61頁. 插圖照片. 中國建築工業出版社. 2001年

[3] 梁思成. 梁思成全集. 第七卷. 第58頁. 石作制度. 角石. 注10. 中國建築工業出版社. 2001年

用塼作疊澀坐者，其角柱以長五尺爲率；每長一尺，則方三寸五分。其上下疊澀，並隨塼坐逐層出入制度造。内版柱上造剔地起突雲，皆隨兩面轉角。

梁注：（1）"'長視階高'，須減去角石之厚。角柱之方小于角石之方，壘砌時令向外的兩面與角石通平。"①

（2）"砌磚（石）時使逐層向外伸出或收入的做法叫作'疊澀'。"②

（3）"按文義理解，疊澀坐階基的角柱之長似包括各層疊澀及角石厚度在内。"③

角柱指殿階基轉角用以護持殿堂基座角部結構的石柱。角柱基本尺寸：其長，依殿階基高度定；斷面，依長度定。若角柱長1尺，斷面則爲0.4尺見方。較長角柱，斷面尺寸會增大，但最長角柱，斷面長寬亦不應超過1.6尺。

角柱之上，覆以角石（或角獸），角石要"合縫令與角石通平"。殿階基，亦可采用磚石混砌方式，除角石、角柱外，其餘疊澀或束腰部分，可代之以磚砌結構，即所謂"用塼作疊澀坐者"。

磚石混砌殿階基，角柱長以5尺爲率。每長1尺，斷面長寬0.35尺；若長5尺，斷面長寬約爲1.75尺。但按前文規

則，其斷面尺寸，應控制在1.6尺見方。

磚砌基座，依磚之厚度，逐層疊澀砌築。上下疊澀間，似仍有束腰，束腰中設隔間版柱（内版柱）。隔間版柱外表面，可雕以剔地起突式雲文圖案，并與轉角部位角柱石上圖案保持一致。

〔3.2.7〕
殿階基（造殿階基之制）

造殿階基之制：長隨間廣，其廣隨間深。階頭隨柱心外階之廣。以石段長三尺，廣二尺，厚六寸，四周並疊澀坐數，令高五尺；下施土襯石。其疊澀每層露棱五寸，束腰露身一尺，用隔身版柱；柱内平面作起突壺門造。

陶本："壺門"，梁注釋本改爲"壼門"，本書按此統改，不再重提。

梁注：（1）"'階頭'指階基的外緣綫；'柱心外階之廣'即柱中綫以外部分的階基的寬度。這樣的規定并不能解決我們今天如何去理解當時怎樣決定階基大小的問題。我們在大木作側樣中所畫的階基斷面綫是根據一些遼、宋、金實例的比例假設畫出來的，參閱大木作制度圖樣各圖。"④

（2）"疊澀各層伸出或退入而露出向上或向下的一面叫作'露棱'。"⑤

① 梁思成. 梁思成全集. 第七卷. 第59頁. 石作制度. 角柱. 注11. 中國建築工業出版社. 2001年
② 梁思成. 梁思成全集. 第七卷. 第59頁. 石作制度. 角柱. 注12. 中國建築工業出版社. 2001年
③ 梁思成. 梁思成全集. 第七卷. 第59頁. 石作制度. 角柱. 注13. 中國建築工業出版社. 2001年
④ 梁思成. 梁思成全集. 第七卷. 第59頁. 石作制度. 殿階基. 注14. 中國建築工業出版社. 2001年
⑤ 梁思成. 梁思成全集. 第七卷. 第59頁. 石作制度. 殿階基. 注15. 中國建築工業出版社. 2001年

（3）"'壺門'的'壺'字音捆（kun），注意不是茶壺的'壺'。參閱'石作制度圖樣二'疊澀坐殿階基圖。"①

陳注："長三尺，廣二尺，厚六寸，似爲定法。"②

"階"有兩層含義：一，殿堂之基座；二，登堂入殿之踏階。殿堂往往較高大，基座也較高顯，需設置踏階、鉤闌，既可以使人登臨，亦可凸顯殿堂之隆聳。"殿階基"，即大殿之臺基（基座）。

殿階基長，依其上房屋開間面廣長度確定；廣（寬），依其上房屋開間進深確定。此即房屋平面基本長寬尺寸，房屋外檐柱中心綫之外爲階頭，通過柱中心綫向外的階基寬度決定。

殿階基，即房屋基座。其長寬尺寸，由其上所承房屋通面廣與通進深，加上外檐柱中心綫至臺基邊緣距離，即階頭長度確定。

宋代殿階基，一般采用長3尺、寬2尺、厚0.6尺的條石砌築。殿基之下四周鋪設土襯石。殿基多用料石疊澀砌築，疊澀石，每層向外出露0.5尺邊棱，以形成層層外伸疊澀效果。

以每層疊澀厚度0.6尺計，將疊澀層總高度控制在5尺左右。則四周疊澀坐數約爲8層，高5尺。上下疊澀間爲束腰，束腰高1尺。如此，形成一個上有

高約2.5尺4層疊澀，下有高約2.5尺4層疊澀，中有高約1尺束腰，其整體造型如"須彌坐"般基座（殿階基）形式。如此，則殿階基總高，約爲6尺。

殿階基束腰部分，采用隔身版柱形式，分爲若干較小間隔。隔身版柱間外表面，以剔地起突雕刻做法，形成起突壺門造形式。

由《法式》"壕寨功限"，可進一步了解殿階基做法："殿階基一坐：彫鑴功：每一段，頭子上減地平鈒華，二功。束腰造剔地起突蓮華，二功。版柱子上減地平鈒華同。撻澀減地平鈒華，二功。安砌功：每一段，土襯石，一功。壓闌、地面石同。頭子石，二功。束腰石、隔身版柱子、撻澀同。"

頭子石，疑指殿階基上部向外凸出的石砌疊澀層。其表面雕刻華文，一般爲減地平鈒，每段計2功。其下部疊澀部分（撻澀？），表面雕刻亦爲減地平鈒，每段亦計2功。束腰部分雕刻，爲剔地起突做法，每段計2功。束腰隔間版柱表面，亦有減地平鈒雕刻，計2功。

殿階基安砌功中提到土襯石、壓闌石、地面石、頭子石、束腰石、隔身版柱子、撻澀等名稱，大體可看出殿階基基本構造。頭子石，似指束腰上部疊澀石；束腰下疊澀石稱"撻澀"，"撻澀"的本義即"疊澀"。

① 梁思成. 梁思成全集. 第七卷. 第59頁. 石作制度. 殿階基. 注16. 中國建築工業出版社. 2001年

② [宋]李誡. 營造法式（陳明達點注本）. 第一册. 第60頁. 石作制度. 殿階基. 批注. 浙江攝影出版社. 2020年

撻澀之下，有土襯石。殿階基上爲壓闌石。闌者，額也。壓闌石，壓住額頭，故文中"頭子"，疑指壓闌石下疊澀石。

自下而上，以土襯石、撻澀、束腰（包括隔身版柱）、頭子（疊澀）、壓闌石，層層叠壓，構成"須彌坐"式殿階基。

［3.2.7.1］

角獸石

《法式》文本中無此名，梁注釋本中提出"角獸石"一詞。《法式》"壕寨功限"中有關角石功限的描述中有："_{若面上鐫作獅子，加六功}"，指的就是這種表面鐫刻有獅子的"角獸石"。

前文所引梁注，提到河北薊縣獨樂寺、山西應縣佛宮寺遼代角石與北京護國寺千佛殿元代角石上所刻獅子，當屬這種具有半圓雕、高浮雕特色的角獸石，所雕物可能是獅子，亦可能是雲龍、盤鳳。

［3.2.7.2］

壓闌石_{地面石}

造壓闌石之制：長三尺，廣二尺，厚六寸。_{地面石同。}

梁注："'壓闌石'是階基四周外緣上的條石，即清式所謂'階條石'。'地面石'大概是指階基上面，在壓闌石周圈以內或殿堂內部或其他地方墁地的條石或石板。"①

壓闌石與地面石在形式與尺寸上很可能相同，其長3尺，寬2尺，厚0.6尺。

壓闌石施于殿階基頂面四周邊緣，外側面與角石外側面找齊。地面石，指殿階基頂面除角石、壓闌石、殿內鬭八之外的其他地面鋪裝石。

《法式》"石作功限"："地面石、壓闌石：安砌功：每一段，長三尺，廣二尺，厚六寸，一功。彫鐫功：壓闌石一段，階頭廣六寸，長三尺，造剔地起突龍鳳間華，二十功。_{若龍鳳間雲文，減二功；造壓地隱起華，減一十六功；造減地平鈒華，減一十八功。}"

兩種構件尺寸與計功方式完全相同。惟壓闌石外側表面，即殿階基"階頭"部位，會雕有剔地起突龍鳳，并間以華文（如雲文），或雕有壓地隱起、減地平鈒等華文。地面石無外露側表面，亦無需任何雕飾。

［3.2.7.3］

土襯石

《法式》"石作制度"中兩處提到土襯石：其一："造殿階基之制……以石段長三尺，廣二尺，厚六寸，四周並

① 梁思成. 梁思成全集. 第七卷. 第61頁. 石作制度. 壓闌石. 注17. 中國建築工業出版社. 2001年

疊澀坐數，令高五尺；下施土襯石。”
其二：“造踏道之制……至平地施土襯石，其廣同踏。兩頭安望柱石坐。”

土襯石，介乎殿階基與地面間石構件，鋪砌于殿階基底部四周（包括踏道底部）邊緣。踏道與地面接觸部位（至平地），砌以土襯石，長度與踏道面廣寬度相同。

土襯石伸出殿階基或踏道底邊外緣外，微露地面之上，既起到殿階基與踏道基礎作用，亦兼保護殿階基與踏道不受雨水浸蝕。

［3.2.7.4］
殿階螭首

造殿階螭首之制：施之於殿階，對柱；及四角，隨階斜出。其長七尺，每長一尺，則廣二寸六分，厚一寸七分。其長以十分爲率，頭長四分，身長六分。其螭首令舉向上二分。

梁注：“現在已知的實例還沒有見到一個‘施之於殿階’的螭首。明清故宮的螭首祇用于殿前石階或天壇圜丘之類的壇上（石作圖39、40）[1]。螭音吃，chi。宋代螭首的形象、風格，因無實物可證，尚待進一步研究。這裏僅就其他時代的實物，按年代排比于後，也許可以看出變化的趨向（石作圖41、42、43、44）[2]。”[3]

殿階，疑指殿階基之階頭；螭，古代神話中所謂龍生九子之一，據説形爲無角之龍，以其形式雕成之裝飾物稱“螭首”。螭首，或螭頭，多用于古代建築或器物裝飾，如帝王玉璽上所雕執紐，帝王出行步輦盤龍座四足等。殿閣臺基上部階頭外沿，按一定距離分布螭首，既起到裝飾作用，亦具排雨水功能，稱爲“殿階螭首”。

殿階螭首，施于與大殿外檐柱縫相對應處，及殿階基四個轉角部位，隨殿階基階頭，向外出挑。

螭首一般長7尺。每長1尺，寬0.26尺，厚0.17尺，則其寬1.82尺，厚1.19尺。螭首長度中的6/10，砌入殿階基內，餘4/10，伸出階頭之外，并雕成螭首造型。安裝過程，要將螭首頭部，按其長度的2/10，向上舉起，以造成螭首上昂效果。

從史料看，在唐代的宮廷建築殿階基上，已有殿階螭首做法。據《新唐書》，時宮內：“置起居舍人，分侍左右，秉筆隨宰相入殿；若仗在紫宸內閣，則夾香案分立殿下，直第二螭首，和墨濡筆，皆即坳處，時號螭頭。”[4]這裏的“殿下”，似指紫宸殿前階基上；直，即“值”。第二螭首，指從殿階基一端所數第二個螭首位置，其對應處似爲紫宸殿前檐第二根柱子前殿階下。當值起居舍人，位于這一螭首低坳處，和

① 梁思成. 梁思成全集. 第七卷. 第64頁. 插圖照片. 中國建築工業出版社. 2001年
② 梁思成. 梁思成全集. 第七卷. 第64頁. 插圖. 第65頁. 插圖照片. 中國建築工業出版社. 2001年

③ 梁思成. 梁思成全集. 第七卷. 第61頁. 石作制度. 殿階螭首. 注18. 中國建築工業出版社. 2001年
④ [宋]歐陽修、[宋]宋祁. 新唐書. 卷四十七. 志第三十七. 百官二. 門下省. 第1208頁. 中華書局. 1975年

墨濡筆，記録當日帝王起居。螭首，時稱"螭頭"。

宋代宮廷内，亦有類似規則："起居郎一人，掌記天子言動。御殿則侍立，行幸則從，大朝會則與起居舍人對立於殿下螭首之側。"[1]雖未給出螭首具體位置，基本規則與唐代似應相同。宋時，已稱"螭首"。

〔3.2.8〕

殿内鬭八

造殿堂内地面心石鬭八之制：方一丈二尺，勻分作二十九窠。當心施雲捲，捲内用單盤或雙盤龍鳳，或作水地飛魚、牙魚，或作蓮荷等華。諸窠内並以諸華間雜。其製作或用壓地隱起華，或剔地起突華。

梁注："殿堂内地面心石鬭八無實例可證。'窠'，音科。原圖分作三十七窠，文字分作二十九窠，有出入。具體怎樣勻分作二十九窠，以及它的做法究竟怎樣，都無法知道。"[2]

上文"當心施雲捲"，傅建工合校本注："朱批陶本：故宮本'捲'作'棬'，即屈杞柳爲盃棬之棬。屈木爲棬，甚合鬭八中圈形。熹年謹按：四庫本亦作棬，因據改。"[3]

殿内鬭八，爲地面石一種，施于殿堂室内之地面中心；其形呈鬭八式樣。據《法式》卷第二十九圖例，殿内鬭八，是在一塊方形石塊上彫鐫出一個八角形圖案，再在其中作進一步圖形分割。這一地面心石，爲12尺見方。在這一正方形中，通過八角形，及其内外進一步分割，可以分爲29個被稱爲"窠"的區塊。但究竟如何分成這29個區塊，似乎并不清楚。

中心爲一個圓形窠，内刻以雲文襯托單盤或雙盤龍鳳造型，亦可以刻飛魚、牙魚，或蓮花、荷花造型。這些窠内可用不同華文間雜其中。具體彫鐫方式，可以是壓地隱起華，或剔地起突華。總之，是將殿堂内地面心石，變成一個凸顯于地面中央的標志性地面石。其作用除了對地面加以裝飾外，亦透過殿内鬭八形式，反襯出位于殿堂中央之御座、佛座或神座的隆重與尊崇。

《法式》卷第十六"壕寨功限·石作功限"："殿内鬭八：殿階心内鬭八一段，共方一丈二尺。彫鐫功：鬭八心内造剔地起突盤龍一條，雲卷水地，四十功。鬭八心外諸窠格内，並造壓地隱起龍鳳、化生諸華，三百功。安砌功：每石二段，一功。"

殿堂内地面心石鬭八，方12尺；鬭八心内，雕以雲卷水文爲地剔地起突盤

① [元]脱脱等. 宋史. 卷一百六十一. 志第一百一十四. 職官一. 門下省. 第3776頁. 中華書局. 1985年
② 梁思成. 梁思成全集. 第七卷. 第61頁. 石作制度. 殿内鬭八. 注19. 中國建築工業出版社. 2001年
③ [宋]李誡，傅熹年校注. 合校本營造法式. 第157頁. 殿内鬭八. 注1. 中國建築工業出版社. 2020年

龍；鬭八心外諸窠內，雕以壓地隱起龍鳳，并雕有化生等華文。

"每石二段，一功"似乎暗示，一塊12尺見方的地面心石鬭八，似由兩塊石材拼合而成。每塊石材，長雖爲12尺，寬應僅爲6尺，厚與地面石同，爲0.6尺。這一長、寬、厚尺寸，利于石料開鑿、石材加工及地面鋪砌安裝。

梁注："殿堂內地面心石鬭八無實例可證。"①

《法式》卷第二十九的殿內鬭八圖例，疑是已知有關這種地面心石鬭八圖案形式的唯一例證。

〔3.2.9〕
踏道

造踏道之制：長隨間之廣。每階高一尺作二踏；每踏厚五寸，廣一尺。

梁注："原文祇説明了單個踏道的尺寸、做法，没有説明踏道的布局。這裏舉出兩個宋代的實例和一幅宋畫，也許可以幫助説明一些問題（石作圖45、46、47）②。"③

踏道有三個基本尺寸：

（1）踏道面寬"長隨間之廣"。其面寬與其所對應的殿堂外檐柱廊的開間面闊相同。

（2）每步踏階厚度，或每一階步高度差，0.5尺。

（3）每步踏階踏步深度，即階步之廣，爲1尺。

與踏道接近的另一詞爲"階級"。以"踏道"一詞取代"階級"指稱登臺之"墄"疑始自北宋。正史中最早提到"踏道"一語，見于《宋史》："朝堂引贊官引彈奏御史二員入殿門踏道，當下殿北向立。"④ 此處踏道，是否是可登臨之踏階？尚不清楚。

《宋史》亦提到："各祗候直身立，降踏道歸幕次。"⑤《金史》亦有："傘扇侍衛如常儀，由左翔龍門踏道升應天門，至御座東。"⑥ 兩段文字中之"踏道"有"降"有"升"，其意爲登高之"踏階"無疑。

〔3.2.9.1〕
階級

階級，登臨殿堂臺基的踏階，或踏道。《法式》中未用"階級"一詞，但北宋人營造術語中，確有"階級"一詞，如宋人沈括《夢溪筆談》"營舍之法"："階級有峻、平、慢三等，宮中則以御輦爲法：凡自下而登，前竿垂盡臂，後竿展盡臂，爲峻道；前竿平肘，後竿平肩，爲慢道；前竿垂手，後竿平肩，爲平道。"⑦

① 梁思成. 梁思成全集. 第七卷. 第61頁. 石作制度. 殿內鬭八. 注19. 中國建築工業出版社. 2001年
② 梁思成. 梁思成全集. 第七卷. 第65-67頁. 插圖與照片. 宋畫. 中國建築工業出版社. 2001年
③ 梁思成. 梁思成全集. 第七卷. 第62頁. 石作制度. 踏道. 注20. 中國建築工業出版社. 2001年
④ [元]脱脱等. 宋史. 卷一百一十七. 志第七十. 禮二十. 入閤儀. 第2768頁. 中華書局. 1985年
⑤ [元]脱脱等. 宋史. 卷一百二十一. 志第七十四. 禮二十四. 閤武. 第2835頁. 中華書局. 1985年
⑥ [元]脱脱等. 金史. 卷三十六. 志第十七. 禮九. 肆赦儀. 第844頁. 中華書局. 1975年
⑦ [宋]沈括. 夢溪筆談. 卷十八. 技藝. 第132頁. 大象出版社. 2019年

將踏階稱爲"階級"，自漢代已有。漢代人賈誼《新書》談及"階級"："陛九級者，堂高大幾六尺矣。若堂無陛級者，堂高殆不過尺矣。"[1] 階陛、陛級，意爲"階級"，指登高之踏道、踏階。

《藝文類聚·居處部》引東漢班固《西都賦》："左城倉勒反，階級也。右平，重軒三階。"[2] 將登殿之"左城右平"之城，釋爲"階級"。

《藝文類聚·居處部》："凡大殿乃有陛，堂則有階無陛也，左城右平者，以文塼相亞次，城者爲階級也，九錫之禮，納陛以登，謂受此陛以上。"[3] 直接稱"城者爲階級"，可知自漢至唐及宋，"階級"與登臨殿階基之城，或踏道、踏階，爲同義語。

[3.2.9.2]
副子

兩邊副子，各廣一尺八寸。厚與第一層象眼同。

梁注："'副子'是踏道兩側的斜坡條石，清式稱'垂帶'。"[4]

副子，是由相互垂直的殿階基與地面構成的直角三角形的斜邊。

副子寬1.8尺；其厚與第一層象眼厚相同；其長，依由殿階基高度推出的踏階步數與鋪展長度及所構成之直角三角

形斜邊推算出來。

[3.2.9.3]
象眼

兩頭象眼，如階高四尺五寸至五尺者，三層，第一層與副子平，厚五寸，第二層厚四寸半，第三層厚四寸。**高六尺至八尺者，五層，**第一層厚六寸，每層各遞減一寸。**或六層，**第一層，第二層厚同上，第三層以下，每一層各遞減半寸。**皆以外周爲第一層，其內深二寸又爲一層。**逐層準此。**至平地施土襯石，其廣同踏。**兩頭安望柱石坐。

梁注："踏道兩側副子之下的三角形部分，用層層疊套的池子做線腳謂之'象眼'。清式則指這整個三角形部分爲象眼。"[5]

"象眼"是一個與磚石砌築踏道有關的專用名詞，宋時指踏道兩側副子下用磚石疊澁層層退進的線腳；清時則指由疊澁磚石圍合而成的三角形孔穴。

上文的"兩頭"指踏道左右兩側，即副子下之外側。通過石塊向內層層疊澁，形成一個內收的三角形孔穴，即宋代踏道兩側的象眼。

若踏道總高4.5—5尺，其疊澁分三層。第一層，厚0.5尺，出挑深度與其上副子找齊；第二層，厚0.45尺；第三層，厚0.4尺。

若踏道總高6—8尺，疊澁分五層。

① [西漢]賈誼. [明]何孟春訂注. 賈誼集. 新書. 階級. 第25頁. 嶽麓書社. 2010年
② [唐]歐陽詢. 藝文類聚. 卷六十一. 居處部一. 總載居處. 第1097頁. 上海古籍出版社. 1982年
③ [唐]歐陽詢. 藝文類聚. 卷六十二. 居處部二. 殿. 第1122頁. 上海古籍出版社. 1982年
④ 梁思成. 梁思成全集. 第七卷. 第62頁. 石作制度. 踏道. 注21. 中國建築工業出版社. 2001年
⑤ 梁思成. 梁思成全集. 第七卷. 第62頁. 石作制度. 踏道. 注22. 中國建築工業出版社. 2001年

第一層，厚0.6尺，之後每層遞減0.1尺：第二層0.5尺，第三層0.4尺，第四層0.3尺，第五層0.2尺。踏道總高較高者，亦可分爲6層，第一層厚0.6尺，第二層厚0.5尺，第三層以下，各減0.05尺，則第三層厚0.45尺，第四層厚0.4尺，第五層厚0.35尺，第六層厚0.3尺。

每層内收遞進率爲0.2尺。第一層與副子平，第二層退進0.2尺，第三層再退進0.2尺，以此類推；至地面，則以與平地相接的土襯石爲結束。土襯石長、寬，與踏道同。踏道兩頭安裝望柱石座，其上以望柱等，構成踏道兩側鈎闌。

〔3.2.10〕
鈎闌

參見《法式》"看詳"："**鈎闌**其名有八：一曰櫺檻，二曰軒檻，三曰櫳，四曰梐牢，五曰闌楯，六曰柃，七曰階檻，八曰鈎闌。"

《法式》"總釋下"提到與"鈎闌"之意相近的詞：櫺檻、軒檻、闌楯等，并釋曰："《博雅》：闌、檻、櫳、梐，牢也。""《景福殿賦》：櫺檻，鈎闌也。言鈎闌中錯爲方斜之文。楯，鈎闌上橫木也。"以及"《義訓》：闌楯謂之柃，階檻謂之闌。"

梁注："'鈎闌'即欄杆。"[1]

"鈎闌"一詞，宋以後較多見，多指車具或殿閣高處起攔護作用的欄杆。

這裏所言"鈎闌"指的是一種以石質材料建造，主要用于殿階基上，或一般殿閣臺座上部四周的欄杆。石作鈎闌，分爲重臺鈎闌與單鈎闌。

［3.2.10.1］
鈎闌分類

（3.2.10.1.1）
重臺鈎闌

造鈎闌之制：重臺鈎闌每段高四尺，長七尺。尋杖下用雲栱瘦項，次用盆脣，中用束腰，下施地栿。其盆脣之下，束腰之上，内作剔地起突華版。束腰之下，地栿之上亦如之。

兩望柱間一段鈎闌中，從上至下，分別由尋杖、雲栱、瘦項、盆脣、蜀柱與大華版、束腰、地霞與小華版、地栿、螭子石等構件組合而成。其高4尺，長7尺。大、小華版上石刻華文，多以剔地起突華彫鐫。

盆脣與束腰間華版，由若干蜀柱分隔成一些不同板塊。蜀柱與盆脣上的雲栱瘦項，上下對應。地栿之下與蜀柱對應位置，會設置螭子石。

[1] 梁思成. 梁思成全集. 第七卷. 第62頁. 石作制度. 重臺鈎闌. 注23. 中國建築工業出版社. 2001年

相比于單鉤闌，宋代建築中的重臺鉤闌等級較高，造型較複雜，主要用于等級較高的大型殿階基上。

（3.2.10.1.2）
單鉤闌

單鉤闌每段高三尺五寸，長六尺。上用尋杖，中用盆脣，下用地栿。其盆脣、地栿之內作萬字， 或透空或不透空，**或作壓地隱起諸華。** 如尋杖遠，皆於每間當中施單托神，或相背雙托神。

梁注："'托神'在原文中無説明，推測可能是人形的雲栱瘦項。"[1]

上文"地栿之内作萬字"，傅書局合校本注："萬，萬字應作卍，有附圖可證。丁本、故宮本有作卍者，以下各卷屢見之。"[2]

傅建工合校本改"萬"爲"万"并注："劉校故宮本：'萬'應作'万'。"[3]又"熹年謹按：張本、丁本、陶本作'萬'，故宮本、文津四庫本、瞿本作'万'，其圖形亦近于'万'形，因從故宮本。"[4]

關于上文"單托神"和"雙托神"，參見《法式》"石作功限"："尋杖下若作單托神，一十五功。雙托神倍之。"

所謂"單托神"與"相背雙托神"，疑指介乎尋杖與盆脣間一種過渡性構件，功能與雲栱撮項相類。

單鉤闌尺寸略小。一段單鉤闌，長僅6尺，尋杖上皮距底高3.5尺。兩望柱間一段單鉤闌，分別由：尋杖、雲栱與撮項、盆脣、以蜀柱隔開的華版鉤片、石地栿、螭子石組成。常見的單鉤闌華版鉤片，爲華版萬字造（萬字版），可以鏤空，亦可不鏤空。也可用壓地隱起彫鐫華版。

單鉤闌，相較于重臺鉤闌，有兩個特點：一是不用較圓潤的瘦項，而用較瘦俏的撮項承托雲栱，造型顯得通靈、空透；二是盆脣與地栿間，僅用一層華版鉤片，不設束腰，適于等級稍低的房屋臺基使用。

（3.2.10.1.3）
慢道上的鉤闌

若施之於慢道，皆隨其拽腳，令斜高與正鉤闌身齊。其名件廣厚，皆以鉤闌每尺之高，積而爲法。

梁注：（1）"'慢道'就是坡度較緩的斜坡道。"[5]（2）"'拽腳'大概是斜綫的意思，也就是由踏道構成的正直角三角形的弦。"[6]

如在緩慢斜坡坡道，或踏道兩側斜坡狀副子上設置鉤闌，則鉤闌是隨這一斜坡表面，即"拽腳"坡度所確定。

慢道鉤闌做法：斜鉤闌之斜高與正

① 梁思成. 梁思成全集. 第七卷. 第62頁. 石作制度. 重臺鉤闌. 注24. 中國建築工業出版社. 2001年
② [宋]李誡，傅熹年彙校. 營造法式合校本. 第一册. 石作制度. 重臺鉤闌. 校注. 中華書局. 2018年
③ [宋]李誡，傅熹年校注. 合校本營造法式. 第161頁. 重臺鉤闌. 注1. 中國建築工業出版社. 2020年
④ [宋]李誡，傅熹年校注. 合校本營造法式. 第161頁. 重臺鉤闌. 注2. 中國建築工業出版社. 2020年
⑤ 梁思成. 梁思成全集. 第七卷. 第62頁. 石作制度. 重臺鉤闌. 注25. 中國建築工業出版社. 2001年
⑥ 梁思成. 梁思成全集. 第七卷. 第62頁. 石作制度. 重臺鉤闌. 注26. 中國建築工業出版社. 2001年

常鉤闌高度找齊。其他相應構件，如尋杖、盆脣、地栿，及雲栱、撮項（或單托神、雙托神等）、華版鉤片等，都需將其斜高與正常鉤闌相應位置之構件標高找齊。惟如此，纔能使慢道，或踏道副子上之鉤闌，與殿階基或堂閣臺基上鉤闌，組成一個完美的鉤闌整體。

［3.2.10.2］
鉤闌諸名件

（3.2.10.2.1）
望柱

望柱：長視高，每高一尺，則加三寸。 徑一尺，作八瓣。柱頭上師子高一尺五寸，柱下石坐作覆盆蓮華，其方倍柱之徑。

梁注："'望柱長視高'的'高'是鉤闌之高。"[1] 并注："'望柱'是八角柱。這裏所謂'徑'，是指兩個相對面而不是兩個相對角之間的長度，也就是指八角柱斷面的内切圓徑而不是外接圓徑。"[2]

"望柱"一詞出現于宋遼時期，主要指房屋石作、小木作鉤闌中的一種構件。石作望柱施于單鉤闌，或重臺鉤闌。通過兩根望柱間諸構件，確定了一段鉤闌基本造型與組合關係。

望柱高度依據鉤闌高度確定。如單鉤闌，高3.5尺；重臺鉤闌，高4尺，則重臺鉤闌望柱，比單鉤闌要高一些。

《法式》中給出了一些相對尺寸，鉤闌每高1尺，望柱高加0.3尺。若一段重臺鉤闌高4尺，其望柱高需增加4×0.3=1.2尺，即爲5.2尺。一段單鉤闌高度3.5尺，其望柱高需增加3.5×0.3=1.05尺，爲4.55尺。

鉤闌望柱采用八角形截面，望柱頭上可采用獅子造型。獅子高1.5尺，即在望柱高基礎上再加高1.5尺，即重臺鉤闌望柱總高6.7尺，單鉤闌望柱總高6.05尺。

鉤闌望柱下有石坐，約相當于房屋柱下之礎。望柱石坐彫鐫華文多爲一八角形覆蓮形式。覆蓮石坐直徑是其上所承八角形望柱直徑的兩倍。若一般望柱直徑爲1尺，則其下覆蓮石坐直徑爲2尺。

在宋代建築遺存中，直徑爲1尺的鉤闌望柱實例尚未發現，更未見直徑爲2尺的覆蓮式望柱石坐。這裏提到的尺寸僅是根據《法式》行文推算而出的。

（3.2.10.2.2）
蜀柱

蜀柱：長同上，廣二寸，厚一寸。其盆脣之上，方一寸六分，刻爲瘦項以承雲栱。 其項，下細比上減半，下留尖高十分之二；兩肩各留十分中四分。如單鉤闌，即撮項造。

① 梁思成. 梁思成全集. 第七卷. 第62頁. 石作制度. 重臺鉤闌. 注27. 中國建築工業出版社. 2001年

② 梁思成. 梁思成全集. 第七卷. 第62頁. 石作制度. 重臺鉤闌. 注28. 中國建築工業出版社. 2001年

梁先生有三注：

（1）"'長同上'的'上'，是指同樣的'長視高'。按這長度看來，蜀柱和瘦項是同一件石料的上下兩段，而雲栱則像是安上去的。下面'螭子石'條下又提到'蜀柱卯'，好像蜀柱在上端穿套雲栱、盆脣，下半還穿透束腰、地霞、地栿之後，下端更出卯。這完全是木作的做法。這樣的構造，在石作中是不合理的，從五代末宋初的南京棲霞寺舍利塔和南宋紹興八字橋的鉤闌看，整段的鉤闌是由一塊整石版雕成的。推想實際上也衹能這樣做，而不是像本條中所暗示的那樣做。"①

（2）"'尖'是瘦項的腳；'高十分之二'是指瘦項高的十分之二。"②

（3）"'十分中四分'原文作'十分中四厘'，'厘'顯然是'分'之誤。"③

上文小注"兩肩各留十分中四分"，陶本："分"作"厘"。陳注：疑"厘"爲"分?"④傅書局合校本注：改"厘"爲"分"。⑤傅建工合校本注："熹年謹按：梁思成先生《營造法式注釋》（卷上）序中，'文字方面的問題'部分認爲'兩肩各留十分中四厘'爲'兩肩各留十分中四分'之誤。據以改正。"⑥

梁先生認爲，以木構榫卯連接方式處理石造鉤闌的做法，在結構邏輯上不甚合理。如《法式》"石作制度"中提到尋杖時說："尋杖：長隨片廣，方八分。"這個"片"字似透露出，宋代鉤闌之欄版，亦可能是用整片石料彫鐫而成。

《法式》"石作功限"："單鉤闌，一段，高三尺五寸，長六尺。造作功：剜鑿尋杖至地栿等事件，內萬字不透。共八十功。……重臺鉤闌：如素造，比單鉤闌每一功加五分功。"

單鉤闌施造，是通過"剜鑿尋杖至地栿等"加工方式完成，似也暗示，這一造作方式，是通過對一塊整石料加工而成。重臺鉤闌，若僅爲"素造"，即不加彫鐫時，其造作功，比單鉤闌增加50%，這亦不像是將其拆分成若干構件所增加的作功功限量。

且此段有關單鉤闌、重臺鉤闌功限描述，未提到安砌功；而其他構件，如殿內鬪八，有安砌功；望柱有安卓功。安砌，或安卓，在單鉤闌或重臺鉤闌的造作過程中，未占任何比重，由此或可推測，宋代石作鉤闌可能是由整石彫鐫而成。各部分構件，衹是彫鐫過程中的造型與比例控制，似乎幷不具有先分別製作單一構件，然後"安卓"之意。

"蜀柱"一詞，常見于宋代營造制

① 梁思成. 梁思成全集. 第七卷. 第62頁. 石作制度. 重臺鉤闌. 注29. 中國建築工業出版社. 2001年

② 梁思成. 梁思成全集. 第七卷. 第63頁. 石作制度. 重臺鉤闌. 注30. 中國建築工業出版社. 2001年

③ 梁思成. 梁思成全集. 第七卷. 第63頁. 石作制度. 重臺鉤闌. 注31. 中國建築工業出版社. 2001年

④ [宋]李誡. 營造法式（陳明達點注本）. 第一册. 第63頁. 石作制度. 重臺鉤闌. 批注. 浙江攝影出版社. 2020年

⑤ [宋]李誡, 傅熹年彙校. 營造法式合校本. 第一册. 石作制度. 重臺鉤闌. 校注. 中華書局. 2018年

⑥ [宋]李誡, 傅熹年校注. 合校本營造法式. 第161頁. 重臺鉤闌. 注3. 中國建築工業出版社. 2020年

度。大木作中蜀柱又稱"侏儒柱"，即短柱之意。石作、小木作鉤闌中，蜀柱起承托鉤闌中盆脣作用。

（3.2.10.2.3）
瘦項

瘦項，瘦者，腫瘤；項者，脖頸。意爲以略如臃腫脖頸之造型，承托尋杖下雲栱。瘦項僅出現于重臺鉤闌中。

瘦項尺寸，方1.6寸，雕爲瘦項造型。上部粗細，爲下部粗細的1/2，下端所留之尖，爲瘦項總高2/10（即1/5）。上端所留兩肩"十分中四厘（分）"，以每側留出4厘之肩。這裏的"厘"，爲"分"之誤[①]，以其方16分（一寸六分），兩側留肩各4分，中間保留8分，應是一個較適當的比例。

（3.2.10.2.4）
撮項

撮項，出現于石作或小木作單鉤闌中。功能與重臺鉤闌中之瘦項相類，起承托尋杖下雲栱之作用。

除了使用位置上的差別，兩者造型上亦有區別。"瘦"意爲臃腫，"撮"意爲緊縮，若將兩者想象爲類如脖頸形式，則瘦項爲臃腫的粗脖頸，撮項爲瘦長的細脖頸。

（3.2.10.2.5）
雲栱

雲栱：長二寸七分，廣一寸三分五厘，厚八分。 單鉤闌，長三寸二分，廣一寸六分，厚一寸。

栱者，承托構件。雲栱，彫鐫成雲文形式的承托構件。在宋代石鉤闌、木鉤闌中都有雲栱設置。

參見《法式》"彫作制度"："若就地隨刃彫壓出華文者，謂之實彫，施之於雲栱、地霞、鵞項或叉子之首，及叉子錠腳版內，及牙子版、垂魚、惹草等皆用之。"可知，重臺鉤闌上諸名件，如雲栱、地霞等，多雕有華文。雲栱上所雕似應是雲文。

雲栱與瘦項組合，施于盆脣之上，承托鉤闌上的扶手——尋杖。

（3.2.10.2.6）
尋杖

尋杖：長隨片廣，方八分。 單鉤闌，方一寸。

"尋杖"一詞出現于北宋時期，指房屋鉤闌上部一根長杆形構件，類如現代欄杆之"扶手"。

所謂"長隨片廣"，"片"指位于兩望柱間一段鉤闌面廣長度。例如，一段重臺鉤闌一般長7尺，一段單鉤闌一般長6尺。與之相應，尋杖長度亦爲7尺或6尺。

---

① 梁思成所作注釋："'十分中四分'原文作'十分中四厘'，'厘'顯然是'分'之誤。"見梁思成. 梁思成全集. 第七卷. 第63頁. 石作制度. 重臺鉤闌. 注31. 中國建築工業出版社. 2001年

若是木質鉤闌，尋杖斷面可能爲圓形；石製鉤闌，因是以石材雕製而成，尋杖斷面爲方形，可能是方形圓棱抹角做法。

重臺鉤闌尋杖斷面"方八分"，單鉤闌尋杖斷面"方一寸"，這裏雖以古尺之分、寸計，其實是一種比例尺寸表述。據梁先生，"方八分"，是將一段重臺鉤闌高度分作100分，則尋杖斷面高爲其鉤闌高的8%。若以重臺鉤闌高4尺計，其尋杖斷面當爲4×8%=0.32尺，即3寸2分見方。

單鉤闌尋杖，"方一寸"，是將一段單鉤闌高度分作100分，則其尋杖斷面爲其鉤闌高的10%。以單鉤闌高3.5尺計，其尋杖斷面當爲3.5×10%=0.35尺，即3寸5分見方。

以單鉤闌僅有單層華版，其尋杖比有雙重華版的重臺鉤闌尋杖略粗一點，有利於加强其欄版整體强度。

（3.2.10.2.7）

盆脣

盆脣：長同上，廣一寸八分，厚六分。

單鉤闌廣二寸。

"長同上"，指前文"尋杖"條："尋杖：長隨片廣"；盆脣、尋杖，與一段鉤闌片長度相同。盆脣斷面爲矩形，寬1.8寸，厚0.6寸。重臺鉤闌盆脣厚，爲其寬的1/3；單鉤闌盆脣寬2寸，厚亦爲0.6寸。

這裏所記，仍爲比例尺寸。以每段鉤闌高爲100計：重臺鉤闌，高4尺；盆脣寬（廣），爲其高的18%，厚爲其高的6%，則寬7寸2分，厚2寸4分。單鉤闌，高3.5尺，盆脣寬（廣）爲其高的20%，厚爲其高的6%，則寬7寸，厚2寸1分。

盆脣，作爲宋代營造術語，在不同位置有不同含義。"石作制度"柱礎中亦有盆脣："若造覆盆，鋪地蓮華同。每方一尺，覆盆高一寸，每覆盆高一寸，盆脣厚一分。"此處之盆脣指覆盆式柱礎頂面，厚度約爲覆盆高度的1/10，如盆底般的平盤。

重臺鉤闌盆脣，上承瘦項、雲栱、尋杖，下覆華版、束腰，以接地栿。單鉤闌盆脣，上承撮項、雲栱、尋杖，下嵌華版鉤片，以接地栿。則鉤闌中的盆脣，是類如尋杖與地栿，且處兩者之間的一條與一段鉤闌長度相契合的構件。

（3.2.10.2.8）

束腰

束腰：長同上，廣一寸，厚九分。 及華盆、大小華版皆同。單鉤闌不用。

參見《法式》前文"重臺鉤闌"條："其盆脣之下，束腰之上，內作剔地起突華版。束腰之下，地栿之上亦如之。"

束腰，亦是宋代營造中常見術語，見于石築"殿階基"、磚築"須彌坐"、石作與小木作"重臺鉤闌"，及小木作"牙脚帳"中。

上文"束腰"，指石作重臺鉤闌之盆脣與地栿間一個橫長部分。束腰之上，以蜀柱與大華版，承托盆脣；束腰之下，地栿之上，用華盆地霞，嵌小華版，承托束腰。

上文"長同上"，亦指前文"尋杖"條："尋杖：長隨片廣"。即束腰長，與其上尋杖、盆脣一樣，相當于一段鉤闌版長度。

束腰寬（廣），爲1寸，厚0.9寸，此亦爲比例尺寸，即將鉤闌高度設爲100，其下各構件尺寸，以其百分比計之。則石作重臺鉤闌束腰，其寬爲鉤闌高之10%，厚爲9%。仍以一段重臺鉤闌高4尺計，其束腰寬4寸，厚3.6寸。其華盆、大小華版，亦按此比例推之。上文還提到，單鉤闌中無束腰做法。

梁思成先生敏銳地發現并解決了《法式》文本中隱含的這一比例問題，其注釋本行文中雖未詳細論及，但依梁先生研究繪製的宋代重臺鉤闌、單鉤闌之剖、立面圖，都是根據《法式》文本所給比例尺寸，以每段鉤闌高爲100，則1寸爲10%，1分爲1%的比例推算繪製成。梁注釋本所附"石作制度權衡尺寸表"[①]亦證明了這一點。

（3.2.10.2.9）
華盆地霞

華盆地霞：長六寸五分，廣一寸五分，厚三分。

在《法式》行文其他地方，亦分別提到了"華盆"和"地霞"。如"小木作制度"之叉子、馬銜木、重臺鉤闌，亦有"地霞"。"彫作制度"中，也提到了地霞："若就地隨刃彫壓出華文者，謂之實彫，施之於雲栱、地霞、鵞項或叉子之首。"《法式》"諸作用釘料例"："鵞項、矮柱、地霞、華盆之類同。"

"小木作制度·重臺鉤闌"："地霞：或用華盆亦同。長六寸五分，廣一寸五分，廳一分五厘，在束腰下，厚一寸三分。"其意與石作鉤闌相類。

華盆地霞，用于石作或小木作鉤闌，位于束腰之下、地栿之上。華盆，意類"花盆"，承小華版。地霞，似指華盆上所雕華文，形如自地平綫上噴射之霞光。

石作重臺鉤闌之華盆地霞尺寸："長六寸五分，廣一寸五分，厚三分"仍爲比例尺寸，即以鉤闌段高100，其長65%，廣15%，厚3%。仍以鉤闌高4尺計，其華盆地霞長2.6尺，廣6寸，厚1.2寸。

① 梁思成. 梁思成全集. 第七卷. 第503頁. 石作制度權衡尺寸表. 中國建築工業出版社. 2001年

（3.2.10.2.10）

大華版

大華版：長隨蜀柱內，其廣一寸九分，
厚同上。

石作華版，指雕有華文的石板。重臺鉤闌中的大華版，位于盆脣之下、束腰之上，鑲嵌于兩根蜀柱之間，故其"長隨蜀柱內"，相當于兩蜀柱間距離。

大華版廣1.9寸，"厚同上"，指其厚與上文"華盆地霞"同，亦"厚三分"。其文中之廣厚尺寸，仍爲比例尺寸。鉤闌高爲100，大華版廣爲其高的19%，厚爲其高的3%。以鉤闌高4尺計，大華版高7.6寸，厚1.2寸。

（3.2.10.2.11）

小華版

小華版：長隨華盆內，長一寸三分五
厘，廣一寸五分，厚同上。

小華版與大華版對應，施于重臺鉤闌束腰之下。小華版組合之構件是華盆。由小華版"長隨華盆內"，知小華版嵌于兩華盆之間。

小華版尺寸：其長1.35寸，廣1.5寸，厚與大華版、華盆地霞同，亦爲0.3寸。仍以鉤闌高爲100，其長13.5%，廣15%，厚3%。以鉤闌高4尺計，小華版

長5.4寸，廣6寸，厚1.2寸。

小華版僅出現于石作重臺鉤闌，單鉤闌中無小華版。

（3.2.10.2.12）

萬字版

萬字版：長隨蜀柱內，其廣三寸四分，
厚同上。 重臺鉤闌不用。

參見《法式》前文"單鉤闌"段："其盆脣、地栿之內作萬字。或透空或不透空。"

萬字版，或万字版、卍字版，功能與重臺鉤闌之大華版、小華版相類，起鉤闌欄版作用。萬字版彫鐫形式較爲簡單與程式化，即將欄版剜鑿成古代"萬"（卍）字紋圖案。

萬字版長，與單鉤闌盆脣與地栿間所設兩蜀柱間距離同。其廣3.4寸，仍乃比例尺寸，即爲鉤闌高的34%。以單鉤闌高3.5尺，其萬字版廣爲1.19尺。

石作單鉤闌之萬字版，有鏤空與不鏤空兩種做法。五代南京栖霞寺舍利塔鉤闌與北宋河南濟源濟瀆廟龍亭鉤闌的萬字版，都采用了鏤空形式。

萬字版僅用于單鉤闌中，重臺鉤闌不用。

（3.2.10.2.13）

地栿

地栿：長同尋杖，其廣一寸八分，厚一

141

寸六分。單鉤闌，厚一寸。

地栿，乃于石作、大木作、小木作中都可見到的術語，但各有不同所指。石作鉤闌中的地栿，指位於兩望柱間鉤闌段下部一根類如地梁的條形構件。

與之上情況同，其廣1.8寸，厚1.6寸（單鉤闌厚1寸），均爲比例尺寸，以鉤闌高爲100，其地栿廣18%，厚16%（單鉤闌厚10%）。以重臺鉤闌高4尺，其地栿廣7.2寸，厚6.4寸。單鉤闌高3.5尺，其地栿廣6.3寸，厚3.5寸。

（3.2.10.2.14）
石鉤闌相接

凡石鉤闌，每段兩邊雲栱、蜀柱，各作一半，令逐段相接。

梁注：“明清以後的欄杆都是一欄板（即一段鉤闌）一望柱相間，而不是這樣‘兩邊雲栱，蜀柱各作一半，令逐段相接’。”[1]

這裏仍有一存疑問題，如前文所議，宋代石鉤闌，究竟如木結構般，用單一構件通過榫卯拼合，还是按照一定比例，整體雕刻而成？由上文仍難以判斷，宋代石鉤闌是否由諸多單一構件組合？或可能是由兩片雕刻完成的鉤闌版相間一根望柱組合而成，衹是其鉤闌版

上與望柱相接的兩邊雲栱、蜀柱，各雕爲一半，然後“令逐段相接”？這一問題待相關實例驗證。

（3.2.10.2.15）
螭子石

造螭子石之制：施之於階棱鉤闌蜀柱卯之下，其長一尺，廣四寸，厚七寸。上開方口，其廣隨鉤闌卯。

梁注：“無實例可證。本條説明位置及尺寸，但具體構造不詳。螭子石上面是與壓闌石平，抑或在壓闌石之上，將地栿抬起離地面？待考。石作制度圖樣三是依照後者的理解繪製的。”[2]

上文“階棱鉤闌”，似指殿階基邊棱所施鉤闌，相當于大殿臺基四周護欄。螭子石位置，當與鉤闌片中盆脣下之蜀柱相對應。

螭子石，似爲施于鉤闌地栿下的石構件，其作用除承托并穩固鉤闌版片外，螭子石間之孔洞還可起排雨水作用。或因其功能與殿階基上緣處用于裝飾及排雨水的石製螭首相類，故宋人稱其爲“螭子石”？

螭子石，長1尺，寬（廣）0.4尺，厚0.7尺，這裏的尺寸應是實尺。螭子石上方鑿有方形卯口，卯口大小與其上

① 梁思成. 梁思成全集. 第七卷. 第63頁. 石作制度. 重臺鉤闌. 注32. 中國建築工業出版社. 2001年

② 梁思成. 梁思成全集. 第七卷. 第63頁. 石作制度. 螭子石. 注33. 中國建築工業出版社. 2001年

"鉤闌卯"尺寸同。可知，在整段鉤闌片下，在對應于蜀柱位置上，會鑿出幾個石榫，安裝時，將石榫插入與殿階基邊棱頂面相接之螭子石上部方形卯口內。

參見《法式》"石作功限"："安鉤闌螭子石一段：鑿剜眼、剜口子，共五分功。"此爲螭子石上部方形卯口加工過程及其所用功限。

〔3.2.11〕

其他宋代石作構件

除柱礎、殿階基、踏道、石鉤闌外，宋代營造還有其他一些石質構件，如大門、城門、卷輂水窗，祭祀用壇臺，飲馬水槽子，上下馬的馬臺，水井井口石，豎立幡竿的幡竿頰，石碑及碑坐等，都可能采用石料，并納入石作制度範疇。

［3.2.11.1］

與門有關的石構件

門，兼具連通與閉鎖的功能。城池、宮室、宅院、寺觀，都會設置門樓、門殿、門廳，或門塾、門房、門屋。在其門位置，會出現門砧、門限及止扉石、階斷砌等構件。城門處還會設城門心將軍石、城門石地栿等構件。

（3.2.11.1.1）

門砧限

造門砧之制：長三尺五寸；每長一尺，則廣四寸四分，厚三寸八分。

門限：長隨間廣，用三段相接。**其方二寸。**如砧長三尺五寸，即方七寸之類。

梁注："本條規定的是絕對尺寸。但卷第六'小木作制度·版門之制'則用比例尺寸，并有鐵桶子鵝臺石砧等。"又注：""門限'即門檻。"[1]

門砧，長3.5尺，以每長1尺，其廣0.44尺，厚0.38尺計，則此門砧寬（廣）1.54尺，厚1.33尺。

《太平御覽》引："《爾雅》曰：砧謂之櫎。郭璞曰：砧，木質也。櫎，音虔。"[2]砧，即櫎。據《農政全書》引："《爾雅》曰：'礩，謂之櫎。'郭璞注曰：'礩，木礩也。'礩從'石'，櫎從'木'，即木礩也。"[3]則這裏的"礩"爲"砧"之別寫，砧是一種礩，指位于柱基部位的石質或木質墊塊。

以《太平御覽》引"《廣雅》曰：枕、質，砧也。"[4]這裏的"質"，即"櫍"或"礩"；枕，意爲木枕。兩者都起墊托作用。又《爾雅》："截木爲碪，圓形豎理，切物乃不拒刃。"[5]是用于切割肉食的木質砧板，外形爲圓墩狀，與碪

① 梁思成．梁思成全集．第七卷．第63頁．石作制度．門砧限．注34和注35．中國建築工業出版社．2001年
② [宋]李昉等．太平御覽．卷七百六十二．器物部七．礩．第3384頁．中華書局．1960年
③ [明]徐光啓撰．石聲漢校注．石定扶訂補．農政全書校注．卷三十四．蠶桑．桑事多圖譜．桑礩．第1212頁．中華書局．2020年
④ [宋]李昉等．太平御覽．卷七百六十二．器物部七．礩．第3384頁．中華書局．1960年
⑤ [明]徐光啓撰．石聲漢校注．石定扶訂補．農政全書校注．卷三十四．蠶桑．桑事多圖譜．桑礩．第1212頁．中華書局．2020年

（即“砧”）相類。

砧有時還與杵相關聯，《太平御覽》引：“《東宮舊事》曰：太子納妃，有石砧一枚，又搗衣杵十枚。”[1] 用于搗衣的石砧，亦爲墩狀石塊，中央有凹形石窩或石眼，洗衣時，用杵在石窩内攪搗以去除衣上的污物。

門砧，則指墊于門框立頰下脚的石質墩墊，形爲在一長方形石塊上，鑿出安置門框立頰下脚的凹槽與圓形凹洞，洞内安置支承門扇轉軸的門樞，以保證門扇的穩固與轉動。清代建築中的門砧，稱爲“門枕石”。

門限，指位于門兩側門砧間的長方形構件，用以限制門扇轉動角度，可以是木製，亦可是石製。

門限長，隨門之兩屋柱間開間廣定，門限與兩側門砧，由三段石構件相接而成。門限高寬尺寸，由門砧長確定，以門砧每長1尺，門限爲0.2寸見方爲率。則若門砧長3.5尺，門限斷面尺寸爲0.7尺見方。

門砧限，指兩種石構件：一是門砧，另一是門限。

（3.2.11.1.2）

階斷砌卧栿、立栿、曲栿

若階斷砌，即卧栿長二尺，廣一尺，厚六寸。鑿卯口與立栿合角造。**其立栿長三尺，廣厚同上。**側面分心鑿金口一道，**如相連一段造者，謂之**

曲栿。

梁注：“這種做法多用在通行車馬或臨街的外門中。”[2]

上文“廣一尺，厚六寸”，陶本：“廣一尺，厚六分”，陳注：“‘分’應作‘寸’。”[3] 傅書局合校本注：改“分”爲“寸”。[4]

階斷砌，是一種活動的門限形式，需要時可將門限撤除，以露出門道出入口地面，便于車馬等通過。門限兩端各有一個“階斷砌”做法，外廓呈“┌”形，作用類于門砧。其上橫置部分爲卧栿，上開卯口；垂直地面部分稱“立栿”，其上開榫。兩者以卯接形式，形成“合角造”式連接。

若卧栿長2尺，立栿長3尺。兩者斷面寬，均爲1尺，厚0.6尺。立栿側面開鑿一道矩形凹槽，稱“金口”。用于安插活動門限。若將卧栿與立栿，以一塊整石合爲一體雕造而成的階斷砌，稱爲“曲栿”。

階斷砌，也稱“斷砌”，《法式》“小木作制度一·版門”：“如斷砌，即卧栿、立栿並用石造。”斷砌，即“階斷砌”。

（3.2.11.1.3）

城門心將軍石

城門心將軍石：方直混棱造，其長三尺，方

① [宋]李昉等. 太平御覽. 卷七百六十二. 器物部七. 碪. 第3384頁. 中華書局. 1960年
② 梁思成. 梁思成全集. 第七卷. 第63頁. 石作制度. 門砧限. 注36. 中國建築工業出版社. 2001年
③ [宋]李誡. 營造法式（陳明達點注本）. 第一册. 第65頁. 石作制度. 門砧限. 批注. 浙江攝影出版社. 2020年
④ [宋]李誡，傅熹年彙校. 營造法式合校本. 第一册. 石作制度. 門砧限. 校注. 中華書局. 2018年

一尺。_{上露一尺，下裁二尺入地。}

梁注："兩扇城門合縫處下端埋置的石椿稱'將軍石'，用以固定門扇的位置。^①'混棱'就是抹圓了的棱角。"^②

城門心將軍石是止扉石的一種，惟尺寸較大，施于城門中心位置，以防止城門門扇過度旋轉，可固定門扇位置，保證城門正常啓閉。

城門心將軍石長3尺，橫截面1尺見方，設于兩扇城門合縫處下端。埋入地面以下2尺，露出地面1尺。

（3.2.11.1.4）

止扉石

止扉石：其長二尺，方八寸。_{上露一尺，下裁一尺入地。}

梁注："'止扉石'條，許多版本都遺漏了，今按'故宮本'補闕。"^③

陶本缺，陳注："依故宮本，增下條：止扉石，其長二尺，方八寸。_{上露一尺，下裁一尺入地。}"^④

傅書局合校本注：補入"止扉石：其長二尺，方八寸。_{上露一尺，下裁一尺入地。}"^⑤

傅建工合校本注："熹年謹按：止扉石條張本、丁本佚，爲空格二

行。陶本亦佚。此據故宮本、文津四庫本補入。"^⑥并注："朱批陶本：止扉石一條惜陶蘭泉（湘）不及見之，不然必當劈版。"^⑦

止扉石，顧名思義，爲阻止門扇過度旋轉，固定門扇位置，保證門扇正常啓閉而設置的石椿式構件。其功能介于門限與階斷砌兩種形式之間，既能限定門扇轉動幅度，又能保證車馬通過。

止扉石橫斷面0.8尺見方，長2尺，位于兩扇門扉合縫處下端，埋入地下1尺，露出地面1尺。

［3.2.11.2］

地栿_{城門石地栿}

造城門石地栿之制：先於地面上安土襯石，_{以長三尺，廣二尺，厚六寸爲率，}**上面露棱廣五寸，下高四寸。其上施地栿，每段長五尺，廣一尺五寸，厚一尺一寸；上外棱混二寸；混内一寸鑿眼立排叉柱。**

梁注："'城門石地栿'是在城門洞内兩邊，沿着洞壁脚敷設的。宋代以前，城門不似明清城門用塼石券門洞，故施地栿，上立排叉柱以承上部梯形梁架（石作圖58、59）^⑧。"^⑨

造城門石地栿，先在地面安土襯石，石每長3尺，廣爲2尺，厚0.6尺。此

① 梁思成. 梁思成全集. 第七卷. 第71頁. 插圖. 中國建築工業出版社. 2001年
② 梁思成. 梁思成全集. 第七卷. 第63頁. 石作制度. 門砧限. 注37. 中國建築工業出版社. 2001年
③ 梁思成. 梁思成全集. 第七卷. 第63頁. 石作制度. 門砧限. 注38. 中國建築工業出版社. 2001年
④ [宋]李誡. 營造法式（陳明達點注本）. 第一册. 第65頁. 石作制度. 門砧限. 批注. 浙江攝影出版社. 2020年
⑤ [宋]李誡，傅熹年彙校. 營造法式合校本. 第一册. 石作制度. 門砧限. 校注. 中華書局. 2018年
⑥ [宋]李誡，傅熹年校注. 合校本營造法式. 第163頁. 門砧限. 注1. 中國建築工業出版社. 2020年
⑦ [宋]李誡，傅熹年校注. 合校本營造法式. 第163頁. 門砧限. 注2. 中國建築工業出版社. 2020年
⑧ 梁思成. 梁思成全集. 第七卷. 第71頁. 插圖與照片. 中國建築工業出版社. 2001年
⑨ 梁思成. 梁思成全集. 第七卷. 第63頁. 石作制度. 地栿. 注39. 中國建築工業出版社. 2001年

亦爲比例尺寸，土襯石之廣與厚，與其長成比例。土襯石露出地面部分，廣0.5尺，高0.4尺。

城門石地栿，置于土襯石之上。地栿，每段長5尺，廣1.5尺，厚1.1尺。緊貼城門洞內壁腳敷設，外側約2寸寬，鑿爲圓角混棱。混棱以裏約1寸處，鑿出洞眼，眼內插入排叉柱，上承城門洞內上部梯形梁架。

上文未給出排叉柱尺寸及排列密度。推測其柱斷面大小與柱子間隔距離，乃據城門洞大小及上部所承城門樓尺度確定。

[3.2.11.3]

流盃渠_{剗鑿流盃、壘造流盃}

造流盃石渠之制：方一丈五尺，用方三尺石二十五段造。**其石厚一尺二寸。剗鑿渠道廣一尺，深九寸。**其渠道盤屈，或作"風"字，或作"國"字。若用底版壘造，則心內施看盤一段，長四尺，廣三尺五寸；外盤渠道石並長三尺，廣二尺，厚一尺。底版長廣同上，厚六寸。餘並同剗鑿之制。**出入水項子石二段，各長三尺，廣二尺，厚一尺二寸。**剗鑿與身內同。若壘造，則厚一尺，其下又用底版石，厚六寸。**出入水斗子二枚，各方二尺五寸，厚一尺二寸；其內鑿池，方一尺八寸，深一尺。**壘造同。

梁注："宋代留存下來的實例到目前爲止知道的僅河南登封宋崇福宮泛觴亭的流盃渠一處（石作圖60）[1]。"[2]

流盃渠，源于先民三月上巳日傳統修禊儀式。經東晉穆帝永和九年（353年）三月上巳日浙江山陰（今紹興）蘭亭"蘭亭修禊"得以強化，東晉書法家王羲之《蘭亭序》記錄了這一歷史事件，自此"曲水流觴"成爲古代文人的一個傳統。爲舉行修禊或雅集時飲酒賦詩而造的石製流觴曲池，稱"流盃渠"。

造流盃渠：用25塊3尺見方石板，以"田"字形式拼合。拼合後尺寸爲15尺見方，厚1.2尺。流盃渠有兩種構造：一爲剗鑿式；一爲壘造式。

剗鑿式，是在15尺見方底板上，向下剗鑿渠道。渠寬1尺，深0.9尺。渠道蜿蜒曲圍，形如"風"或"國"字。渠道出入口處，各嵌一個石刻水斗子。其方2.5尺，厚1.2尺。其內鑿出一個方1.8尺、深1尺的小方池。

壘造式，仍用15尺見方底板，其厚0.6尺。底板頂面中心，壘叠一塊長4尺、寬3.5尺的心內看盤。看盤外，以各長3尺、寬2尺、厚1尺的渠道石壘叠成蜿蜒渠道式樣。渠道出入口，仍各用一石製水斗子。其尺寸與其內所鑿水池及剗鑿式流盃渠同。

四川宜賓有一處在天然山石地面上鑿刻的宋代流盃渠，做法與形式不同于《法式》。河南登封古崇福宮遺址，尚存一處宋代流盃渠石刻遺存。廣西桂林亦發現一組宋代流盃渠殘石。

[1] 梁思成. 梁思成全集. 第七卷. 第73頁. 插圖照片. 中國建築工業出版社. 2001年

[2] 梁思成. 梁思成全集. 第七卷. 第68頁. 石作制度. 流盃渠. 注40. 中國建築工業出版社. 2001年

壇

造壇之制：共三層，高廣以石段層數，自土襯上至平面爲高。每頭子各露明五寸，束腰露一尺。格身版柱造作，平面或起突作壺門造。 石段裏用塼填後，心內用土填築。

梁注"壇：大概是如明、清社稷壇一類的構築物。"[1] 關于行文中出現的"頭子"，又有注："'頭子'是疊澀各層挑出或收入的部分。"[2]

壇，古代中國人祭祀神靈的壇臺，其周圍多環以墻垣，故稱"壇壝"。

《法式》行文未給出壇之高度與長寬尺寸，僅指出壇之制度一般爲3層，由若干層石段壘砌而成。壇底部四周地面鋪土襯石。壇向內收或向外挑的疊澀，每層出頭長0.5尺。上下疊澀出頭間束腰，高1尺。束腰內爲格身版柱（亦稱"隔身版柱"）造，將束腰分爲若干方格，格內或素平，或鑿爲起突壺門造，類如高浮雕式形式。

壇臺以內，貼着外廓石段，用磚填砌，再向內則用夯土填築。這可能是適用于宋代一般壇臺築造的常用做法。

卷輂水窗

造卷輂水窗之制：用長三尺，廣二尺，厚六寸石造。隨渠河之廣。如單眼卷輂，自下兩壁開掘至硬地，各用地釘木橛也。**打築入地，**留出鑱卯。**上鋪襯石方三路，用碎塼瓦打築空處，令與襯石方平；方上並二橫砌石澀一重；澀上隨岸順砌並二廂壁版，鋪壘令與岸平。**如騎河者，每段用熟鐵鼓卯二枚，仍以錫灌。如並三以上廂壁版者，每二層鋪鐵葉一重。**於水窗當心，平鋪石地面一重；於上下出入水處，側砌線道三重，其前密釘擗石樁二路。於兩邊廂壁上相對卷輂，**隨渠河之廣，取半圜爲卷輂橈內圜勢。**用斧刃石鬬卷合；又於斧刃石上用繳背一重；其背上又平鋪石段二重；兩邊用石隨捲勢補填令平。**若雙卷眼造，則於渠河心依兩岸用地釘打築二渠之間，補填同上。**若當河道卷輂，其當心平鋪地面石一重，用連二厚六寸石。**其縫上用熟鐵鼓卯與廂壁同。**及於卷輂之外，上下水隨河岸斜分四擺手，亦砌地面令與廂壁平。**擺手內亦砌地面一重，亦用熟鐵鼓卯。**地面之外，側砌線道石三重，其前密釘擗石樁三路。**

梁注有七：

（1）"'輂'居玉切，jü。所謂'卷輂水窗'也就是通常所說的'水門'。"[3]

（2）"'單眼'即單孔。"[4]

（3）"'並二'即兩個并列。"[5]

（4）"'線道'即今所謂牙子。"[6]

① 梁思成. 梁思成全集. 第七卷. 第68頁. 石作制度. 壇. 注41. 中國建築工業出版社. 2001年
② 梁思成. 梁思成全集. 第七卷. 第68頁. 石作制度. 壇. 注42. 中國建築工業出版社. 2001年
③ 梁思成. 梁思成全集. 第七卷. 第72頁. 石作制度. 卷輂水窗. 注43. 中國建築工業出版社. 2001年

④ 梁思成. 梁思成全集. 第七卷. 第72頁. 石作制度. 卷輂水窗. 注44. 中國建築工業出版社. 2001年
⑤ 梁思成. 梁思成全集. 第七卷. 第72頁. 石作制度. 卷輂水窗. 注45. 中國建築工業出版社. 2001年
⑥ 梁思成. 梁思成全集. 第七卷. 第72頁. 石作制度. 卷輂水窗. 注46. 中國建築工業出版社. 2001年

（5）"'斧刃石'即發券用的楔形石塊vousoir。"[1]

（6）"'繳背'即清式所謂'伏'。"[2]

（7）"'連二'即兩個相連續。"[3]

上文"平鋪地面石"，陶本："平鋪石地面"，傅書局合校本注：改"石地面"爲"地面石"，并注："依下文改正。"[4]

另上文"隨捲勢補填令平"，陶本："隨楼勢補填令平。"傅書局合校本注：改"楼"爲"捲"。[5]對其前小注中的_{取半圓爲卷輂楼內圓勢}之"楼"，各位先生均未作出修改。或可理解爲，談及"楼內"時，其"楼"爲名詞，而談及"捲勢"時，其"捲"爲動詞，故應區別之？

梁注中的英文"vousoir"，意爲"拱石、楔形塊拱"。

卷輂水窗高廣尺寸隨河渠寬度確定，這裏僅給出具體壘築構造與做法：先在河床底面硬地（地基持力層）上打築木橛（地釘），其上鋪3路木製襯石方。襯石方間空隙處，用碎塼瓦打築，使與襯石方平。襯石方上，兩兩相并，橫砌向厢壁外伸出的石澁一重。石澁上隨河岸寬度砌築河岸兩厢側壁版，使與河岸寬度找齊。騎河位置，因水流湍急，在兩厢壁版每段料石間，鑿出卯眼，嵌入熟鐵鼓卯，用熔化錫水灌注，使之固結。若厢壁版并列超過三道，每兩道間，鋪薄鐵葉一層，以增加石板間拉結。水窗當心，平鋪地面石一重。河渠上下出入水處側砌線道石三重，線道石外密釘兩路擗石樁，以確保卷輂下河床底面穩固。

之後，在兩厢石壁上，相對發券卷輂，即砌築拱券。卷輂（拱券）依河渠寬度，采用半圓內環形式。用斧刃石，即發券用的楔形石塊（拱石，vousoir），彼此相契，砌築半環卷輂（拱券）。斧刃石（拱石）上鋪一層繳背石，即在拱石上增加一層加固層。繳背石上平鋪兩層石段。卷輂（拱券）兩側空隙處隨拱勢用石塊補填找平。

若雙卷眼（雙孔卷輂），則在河渠中心采用與兩岸厢壁相同做法，從地釘向上層層砌築，直至起券成兩個相并列的拱券，拱券上仍鋪繳背。兩券間空隙也與兩岸拱券旁一樣，以石塊補填。若是當河道卷輂（跨河道起拱券），則在河道當心地釘上，用兩兩相連、厚0.6尺石板，平鋪一重地面石，石板間仍用熟鐵鼓卯相接。

卷輂之外兩側河岸上，隨河岸走勢，用類如"八"字形斜分四擺手，使卷輂部分兩厢壁與河岸有平展過渡與銜接。斜擺手表面，亦鋪地面石，并用熟鐵鼓卯相接。地面石外再側砌線道石三重，線道石前密釘三路擗石樁，以固定線道石與地面石。

① 梁思成. 梁思成全集. 第七卷. 第72頁. 石作制度. 卷輂水窗. 注47. 中國建築工業出版社. 2001年

② 梁思成. 梁思成全集. 第七卷. 第72頁. 石作制度. 卷輂水窗. 注48. 中國建築工業出版社. 2001年

③ 梁思成. 梁思成全集. 第七卷. 第72頁. 石作制度. 卷輂水窗. 注49. 中國建築工業出版社. 2001年

④ [宋]李誡, 傅熹年彙校. 營造法式合校本. 第一冊. 石作制度. 卷輂水窗. 校注. 中華書局. 2018年

⑤ [宋]李誡, 傅熹年彙校. 營造法式合校本. 第一冊. 石作制度. 卷輂水窗. 校注. 中華書局. 2018年

〔3.2.12〕

實用性石構件

自"水槽子"以下諸條，非建築構件，是古人一些石造實用性器物或構件。

〔3.2.12.1〕

水槽子

造水槽子之制：長七尺，方二尺。每廣一尺，脣厚二寸；每高一尺，底厚二寸五分。脣內底上並爲槽內廣深。

梁注："供飲馬或存水等用。"①

傅建工合校本注："熹年謹按：水槽子條本文張本、丁本、瞿本均脫，題下直連馬臺本文。文津四庫本、故宮本不脫，陶本據四庫本補入。"②

石造水槽子。以長7尺、廣2尺的石料雕鑿凹槽而成。每寬1尺，槽脣（槽帮）厚2寸，則寬2尺水槽子，脣4寸；槽口寬度1.2尺，槽口長6.2尺。其石每高1尺，槽底厚2.5寸，槽脣內側高7.5寸。

從"脣內底上並爲槽內廣深"可知，其槽脣內壁爲直立狀，槽底與槽口長寬尺寸同。

〔3.2.12.2〕

馬臺

造馬臺之制：高二尺二寸，長三尺八寸，廣二尺二寸。其面方，外餘一尺八寸，下面分作兩踏。身內或通素，或疊澀造；隨宜彫鎪華文。

梁注："上馬時踏脚之用。清代北京一般稱'馬蹬石'（石作圖64）。③"④

傅建工合校本注："熹年謹按：馬臺條標題，張本、丁本、瞿本均脫，此據故宮本補入。陶本據四庫本補改。按：據此條及水槽子條，瞿本、張本誤處相同，可能源出一系。"⑤

馬臺用長3.8尺，高、廣各2.2尺石材雕造。其頂面鑿爲方形，以方外餘1.8尺計，其方約2尺。其下分作兩踏，每踏0.9尺。

除以整料雕鑿外，亦可壘砌而成。其表面可爲不加雕琢的"身內通素"做法，亦可隨宜彫鎪華文飾面。

〔3.2.12.3〕

井口石 井蓋子

造井口石之制：每方二尺五寸，則厚一尺。心內開鑿井口，徑一尺；或素平面，或作素覆盆，或作起突蓮華瓣造。蓋子徑一尺

① 梁思成. 梁思成全集. 第七卷. 第72頁. 石作制度. 水槽子. 注50. 中國建築工業出版社. 2001年
② [宋]李誠，傅熹年校注. 合校本營造法式. 第167頁. 水槽子. 注1. 中國建築工業出版社. 2020年
③ 梁思成. 梁思成全集. 第七卷. 第75頁. 插圖照片. 中國建築工業出版社. 2001年

④ 梁思成. 梁思成全集. 第七卷. 第72頁. 石作制度. 馬臺. 注51. 中國建築工業出版社. 2001年
⑤ [宋]李誠，傅熹年校注. 合校本營造法式. 第168頁. 馬臺. 注1. 中國建築工業出版社. 2020年

二寸，_{下作子口，徑同井口。}**上鑿二竅，每竅徑五分。**_{兩竅之間開渠子，深五分，安訛角鐵手把。}

梁注："無宋代實例可證，但本條所敘述的形制與清代民間井口石的做法十分類似（石作圖65）①。"②

上文小注"安訛角鐵手把。"陶本："安銳角鐵手把。"陳注"銳"："訛，故宮本。"③

傅書局合校本注：改"銳"爲"訛"，并注："訛角，故宮本。"④傅建工合校本注："熹年謹按：'訛'陶本誤'銳'，張本誤'説'，據故宮本、四庫本改。"⑤

井口石，置于水井頂用作井口的石構件，用2.5尺見方、厚1尺石雕製。中心鑿圓形井口，徑1尺。井口石表面素平，或雕成"起突蓮華瓣"形式。

井口石上覆以石製井蓋子，其徑1.2尺。蓋子下部雕出可以嵌入井口內的子口，徑與井口同。井蓋子上鑿兩個孔竅，每孔徑0.5寸。兩孔間開一條深0.5寸小溝，以安裝提拿井蓋子的鐵製把手。把手兩端轉角爲圓環狀。

[3.2.12.4]
山棚鋜脚石

造山棚鋜脚石之制：方二尺，厚七寸；中心鑿竅，方一尺二寸。

梁注："事實上是七寸厚的方形石框。推測其爲搭山棚時繫繩以穩定山棚之用的石構件。"⑥

山棚鋜脚石，外形方2尺，厚0.7尺，中心鑿方1.2尺孔洞。

[3.2.12.5]
幡竿頰

造幡竿頰之制：兩頰各長一丈五尺，廣二尺，厚一尺二寸_{筍在內}**；下埋四尺五寸。其石頰下出筍，以穿鋜脚。其鋜脚長四尺，廣二尺，厚六寸。**

梁注："夾住旗杆的兩片石，清式稱'夾杆石'（石作圖66、67）⑦。"⑧

上文"兩頰各長一丈五尺"，陳注"尺"："寸，竹本。"⑨其中"竹本"指日本學者竹島卓一所藏《營造法式》版本。傅書局合校本注：改"尺"爲"寸"，即"兩頰各長一丈五寸"，并注："寸，故宮本。"⑩

傅建工合校本注："熹年謹按：'寸'張本、陶本誤'尺'，據故宮本、四庫本改。"⑪

幡竿頰是在平置于兩頰底部的一塊鋜脚石上，豎立兩片用以夾住旗杆的石板。鋜脚長4尺，寬2尺，厚0.6尺，上鑿孔竅，用以插立石頰脚筍。兩頰各爲長

① 梁思成. 梁思成全集. 第七卷. 第75頁. 插圖照片. 中國建築工業出版社. 2001年
② 梁思成. 梁思成全集. 第七卷. 第72頁. 石作制度. 井口石（井蓋子）. 注52. 中國建築工業出版社. 2001年
③ [宋]李誡. 營造法式（陳明達點注本）. 第一册. 第69頁. 石作制度. 井口石（井蓋子）. 批注. 浙江攝影出版社. 2020年
④ [宋]李誡. 傅熹年彙校. 營造法式合校本. 第一册. 石作制度. 井口石（井蓋子）. 校注. 中華書局. 2018年
⑤ [宋]李誡. 傅熹年校注. 合校本營造法式. 第169頁. 井口石. 注1. 中國建築工業出版社. 2020年

⑥ 梁思成. 梁思成全集. 第七卷. 第72頁. 石作制度. 山棚鋜脚石. 注53. 中國建築工業出版社. 2001年
⑦ 梁思成. 梁思成全集. 第七卷. 第75頁. 插圖照片. 中國建築工業出版社. 2001年
⑧ 梁思成. 梁思成全集. 第七卷. 第72頁. 石作制度. 幡竿頰. 注54. 中國建築工業出版社. 2001年
⑨ [宋]李誡. 營造法式（陳明達點注本）. 第一册. 第69頁. 石作制度. 幡竿頰. 批注. 浙江攝影出版社. 2020年
⑩ [宋]李誡. 傅熹年彙校. 營造法式合校本. 第一册. 石作制度. 幡竿頰. 校注. 中華書局. 2018年
⑪ [宋]李誡. 傅熹年校注. 合校本營造法式. 第170頁. 幡竿頰. 注1. 中國建築工業出版社. 2020年

15尺（含筍長），寬2尺，厚1.2尺的石板。兩頰底部各鑿出一腳筍，插入底部錠腳孔洞中。

錠腳及兩頰根部，埋入地下深度4.5尺。外露部分，高約10.5尺，用以夾立旗杆。兩頰上鑿有用以將兩頰與旗杆鎖固的"開栓眼"，參見《梁思成全集》第七卷，第376頁"石作制度圖樣六"。

[3.2.12.6]

贔屓鼇坐碑

造贔屓鼇坐碑之制：其首爲贔屓盤龍，下施鼇坐。於土襯之外，自坐至首，共高一丈八尺。其名件廣厚，皆以碑身每尺之長，積而爲法。

碑身：每長一尺，則廣四寸，厚一寸五分。 上下有卯，隨身棱並破瓣。

鼇坐：長倍碑身之廣，其高四寸五分；駝峯廣三寸。餘作龜文造。

碑首：方四寸四分，厚一寸八分。下爲雲盤， 每碑廣一尺，則高一寸半，**上作盤龍六條相交；其心內刻出篆額天宮。** 其長廣計字數隨宜造。

土襯：二段，各長六寸，廣三寸，厚一寸；心內刻出鼇坐版， 長五尺，廣四尺，**外周四側作起突寶山，面上作出沒水地。**

梁注："'贔屓'音備邪。這類碑自唐以後歷代都有遺存，形象雖大體相像，但風格却迥然不同。其中

宋碑實例大都屬于比較清秀的一類（石作圖68、69）①。"②

東漢張衡《西京賦》提到的"贔屓"："左有崤函重險、桃林之塞，綴以二華，巨靈贔屓，高掌遠蹠，以流河曲，厥跡猶存。"③ 似爲一想象中的巨靈。

唐人將之釋爲河神："巨靈，河神也。巨，大也。古語云：此本一山，當河水過之而曲行，河之神以手擘開其上，足蹋離其下，中分爲二，以通河流。手足之跡，至今猶存。"④ 此外，唐人亦釋："贔屓，作力之貌也。"⑤

最早將贔屓與巨鼇聯繫在一起，疑是西晉人左思《吳都賦》："巨鼇贔屓，首冠靈山。"⑥ 唐人引《列仙傳》釋之："《列仙傳》曰：鼇負蓬萊山，而抃滄海之中。贔屓，用力壯貌。"⑦

贔屓，似有用力威猛之意。唐人盧藏用《吊紀信文》："何項王之贔屓，作驅除於雲雷？"⑧ 描述楚王項羽之勇猛。被貶于瓊崖儋耳的蘇東坡，無地可居，偃息于桄榔林，曾有"百柱贔屓，萬瓦披敷，上棟下宇，不煩斤鈇"句⑨，其中"贔屓"一詞，似與巨鼇并無直接關聯。

明代人談論贔屓，已多來自傳聞，明人焦竑："俗傳龍生九子不成龍，各有所好。……一曰贔屓，形似龜，好

① 梁思成. 梁思成全集. 第七卷. 第76頁. 插圖照片. 中國建築工業出版社. 2001年
② 梁思成. 梁思成全集. 第七卷. 第74頁. 贔屓鼇坐碑. 注55. 中國建築工業出版社. 2001年
③ [清]嚴可均輯. 全上古三代秦漢三國六朝文. 全後漢文. 卷五十二. 張衡. 西京賦. 第761b頁. 中華書局. 1958年
④ [清]胡紹煐. 文選箋證. 卷二. 西京賦. 第36頁. 黃山書社. 2007年
⑤ 高步瀛. 文選李注義疏. 卷二. 賦甲. 京都上. 張平子. 西京賦. 第253頁. 中華書局. 1985年
⑥ [清]嚴可均輯. 全上古三代秦漢三國六朝文. 全晉文. 卷七十四. 左思. 吳都賦. 第1884b頁. 中華書局. 1958年
⑦ 高步瀛. 文選李注義疏. 卷五. 賦丙. 京都下. 左太冲. 吳都賦. 第1070頁. 中華書局. 1985年
⑧ [清]董誥等編. 全唐文. 卷二百三十八. 盧藏用. 吊紀信文. 第2405頁. 中華書局. 1983年
⑨ [宋]王象之編著. 輿地紀勝. 卷第一百二十五. 廣南西路. 昌化軍. 景物下. 第2832頁. 浙江古籍出版社. 2013年

負重，今石碑下龜趺是也。"①其後依序有：螭吻、蒲牢、狴犴、饕餮諸物，合而爲九。清人阮葵生："龍生九子：一曰贔屓，形似龜，喜負重，今碑下龜趺是也。"②可知明以後，贔屓被傳爲龍生九子之第一子，專司負重之職。

贔屓龜坐碑，或可以理解爲：以龜趺或龜坐形式所駄之石碑；其龜或龜，十分用力于駄碑之責。

《法式》給出的是一種比例尺寸。以碑身之長爲100%，則碑身寬（碑廣）爲其長40%；厚爲其長15%；碑下龜坐長度，爲其長2倍；龜坐高度，爲其長45%。龜坐上駝峯寬，爲其長30%；碑首長寬尺寸，爲碑身長的44%；厚爲碑身長18%。

碑首下有雲盤，雲盤高由碑身寬推出，爲碑身寬的15%。

承托碑身之龜坐下四周，施土襯石。石分兩段，每段長爲碑身高60%，寬爲30%，厚爲10%。土襯石上刻龜坐板，其板長度似爲實尺：其長5尺，寬4尺。板外周四側，雕以起突寶山華文，面上刻水波紋樣，板上承以龜坐坐身。

[3.2.12.7]
笏頭碣

造笏頭碣之制：上爲笏首，下爲方坐，共高九尺六寸。碑身廣厚並準石碑制度笏首在內。

其坐，每碑身高一尺，則長五寸，高二寸。坐身之內，或作方直，或作疊澀，隨宜彫鐫華文。

梁注："没有贔屓盤龍碑首而僅有碑身的碑。"③

上文"或作疊澀"，陶本："或作壘澀"。傅書局合校本注：改"壘"爲"疊"，并注："疊，依本卷'角柱''殿階基'二條更正。"④傅建工合校本注："熹年謹按：'疊'故宮本、張本、陶本誤'壘'，據四庫本改。"⑤

笏頭碣，一種等級稍低的石碑。《初學記》："笏，手板也。《釋名》曰：笏，忽也，君有教命及所啓白，則書其上，備忽忘也。"⑥

笏，爲臣子上朝時手中所執手板，可用來記錄君主教訓之語。其後，漸成大臣覲見天子的禮儀性器物。形爲長方，笏頭處爲圓環狀。

碣，原爲豎立的柱狀石，後與碑合稱"碑碣"。南朝齊顏協："荆楚碑碣，皆協所書。"⑦唐代李邕："邕所撰碑碣之文，必請廷珪八分書之，甚爲時人所重。"⑧皆將碑碣合而稱之，故笏頭碣，是造型類如笏版，碑首有圓環訛角的石碑。

笏頭碣，爲以方坐承托碑身，上

① [明]焦竑. 玉堂叢語. 卷之一. 文學. 第25頁. 中華書局. 1981年
② [清]阮葵生. 茶餘客話. 卷二十. 龍生九子. 參見[明]焦竑. 玉堂叢語. 卷之一. 文學. 第25-26頁. 中華書局. 1981年
③ 梁思成. 梁思成全集. 第七卷. 第74頁. 笏頭碣. 注56. 中國建築工業出版社. 2001年
④ [宋]李誡, 傅熹年彙校. 營造法式合校本. 第一冊. 石作制度. 笏頭碣. 校注. 中華書局. 2018年
⑤ [宋]李誡, 傅熹年校注. 合校本營造法式. 第172頁. 笏頭碣. 注1. 中國建築工業出版社. 2020年
⑥ [唐]徐堅等. 初學記. 卷第二十六. 器物部. 笏第五. 第626頁. 中華書局. 2004年
⑦ [宋]李昉等. 太平御覽. 卷七百四十七. 工藝部四. 書上. 第3315頁. 中華書局. 1960年
⑧ [宋]李昉等. 太平御覽. 卷七百四十九. 工藝部六. 書下. 八分書. 第3322頁. 中華書局. 1960年

斫為笏首狀。碑身長、寬、厚度，可參照贔屭鼇坐碑比例控制。以碑身長度為則，碑身寬為其長的40%，厚為15%等。碑坐長為碑身長的50%，高為20%。例如，以碑長9.6尺計，就可推測出笏頭碣各部分尺寸（此處略）。

碑坐坐身可以是方直形式，也可呈壘砌疊澀的須彌坐形式，如梁思成所繪笏頭碣圖，碑坐表面或素平，或雕以華文。

第 4 章

《营造法式》卷第四

大木作制度一

營造法式卷第四

通直郎管修蓋皇弟外第專一提舉修蓋班直諸軍營房等臣李誡奉

聖旨編修

大木作制度一

材　　　栱

飛昂　　爵頭

枓　　　總鋪作次序

平坐

【4.0】
本章導言

《法式》卷第四"大木作制度一"，是有關宋式營造之材分制度與枓栱形制的科學論説；也是對唐、宋、遼、金、西夏，及元代木構建築枓栱體系認知的基礎文獻。

"材分制度"乃理解本卷内容的樞機，"材"所起到的中國木構建築之"模數"作用，不僅使中國建築彼此之間，特別是在一個較大的建築群中，在等級、規模與尺度上，有了某種内在協調與和洽；也反映出中國古代建築與歐洲古典建築之間，存在某種思維與創作邏輯上的彼此呼應。

梁先生定義："枓栱是中國系建築所特有的形制，是較大建築物的柱與屋頂間之過渡部分，其功用在承受上部支出的屋檐，將其重量或直接集中到柱上，或間接地先納至額枋上再轉到柱上。凡是重要或帶紀念性的建築物，大半部都有枓栱。"[1]

這一定義既明確了枓栱在較大建築中所承擔之結構作用的不可或缺性，也指出了附加于枓栱之上的建築等級識別的標志性作用。

【4.1】

材其名有三：一曰章，二曰材，三曰方桁

參見《法式》卷第一"總釋上"："《傅子》：構大厦者，先擇匠而後簡材。今或謂之方桁。桁音衡。按：構屋之法，其規矩制度，皆以章栔爲祖。今語，以人舉止失措者，謂之'失章失栔'，蓋此也。"

與"材"詞義相近者有兩個詞：一曰"章"；二曰"方桁"。

《史記》："山居千章之材。"[2]《農桑輯要》："山居千章之材服虔曰：章，方也。顔師古曰：大材曰章。"[3]，意爲大材。

方桁，宋時對"材"的一種稱謂，其意與"材、章"近。而"材"（章）、"栔"（音zhi）屬于與房屋營造制度關聯密切的概念。詳見"總釋上"注疏。

材分制度是宋代營造制度的靈魂，其作用很可能與西方古典建築中以柱式作爲建築物基本模數之思想間，存在某種契合。深諳西方古典建築傳統的梁思成先生，對宋代材分制度給予了很高評價。

〔4.1.1〕

構屋之制，以材爲祖

凡構屋之制，皆以材爲祖；材有八等，度屋之大小，因而用之。

---

[1] 梁思成. 清式營造則例. 第21頁. 中國建築工業出版社. 1981年

[2] [漢]司馬遷. 史記. 卷一百二十九. 貨殖列傳第六十九. 第3272頁. 中華書局. 2004年

[3] [元]司農司編. 農桑輯要校注. 卷一. 典訓. 經史法言. 第3頁. 中華書局. 2014年

梁注："'凡構屋之制，皆以材爲祖'，首先就指出材在宋代大木作之中的重要地位。其所以重要，是因爲大木結構的一切大小、比例，'皆以所用材之分。，以爲制度焉'。'所用材之分。'（參閲'大木作制度'注4）除了用'分。'爲衡量單位外，又常用'材'本身之廣（即高15分。）和栔廣（即高6分。）作爲衡量單位。'大木作制度'中，差不多一切構件的大小、比例都是用'×材×栔'或'××分。'來衡量的。例如足材栱廣21分。，但更多地被稱爲'一材一栔'。"①

又梁注："材是一座殿堂的科栱中用來做栱的標準斷面的木材，按建築物的大小和等第決定用材的等第。除做栱外，昂、枋、襻間等也用同樣的材。"②

梁先生强調説："由此可見，材，因此也可見，科栱，在中國古代建築中的重要地位。因此，在《營造法式》中，竟以卷第四整卷的篇幅來説明科栱的做法是有其原因和必要的。"③

上文"凡構屋之制"，傅建工合校本注："熹年謹按：'構'字故宫本、丁本均作'犯御名'，南宋刊本避宋高宗諱也，崇寧本當不如此。文津四庫本作'成'，今從陶本作'構'。"④

梁注釋本在材分之"分"字的右上角加圈點，作"分。"，以與尺寸長度之"分"字加以區別。傅建工合校本在材分之"分"字之側加點，并注："熹年謹按：材分之'分'于本字上加點，作'分·'，以別于尺寸長度之'分'。後同。"⑤ 兩種做法其義相同。本書所引傅注，爲方便讀者，皆寫爲"分。"。

可知，一座建築物所應用之基本模數——材，恰好是這座建築物所用科栱體系中的栱的斷面高度。

〔4.1.2〕

材有八等，度屋之大小，因而用之

第一等：廣九寸，厚六寸。以六分爲一分。

右（上）殿身九間至十一間則用之。若副階並殿挾屋，材分減殿身一等，廊屋減挾屋一等。餘準此。

第二等：廣八寸二分五厘，厚五寸五分。以五分五厘爲一分。

右（上）殿身五間至七間則用之。

第三等：廣七寸五分，厚五寸。以五分爲一分。

右（上）殿身三間至殿五間或堂七間則用之。

第四等：廣七寸二分，厚四寸八分。以四分八厘爲一分。

① 梁思成. 梁思成全集. 第七卷. 第79頁. 大木作制度一. 材. 注1. 中國建築工業出版社. 2001年
② 梁思成. 梁思成全集. 第七卷. 第79頁. 大木作制度一. 材. 注1. 中國建築工業出版社. 2001年
③ 梁思成. 梁思成全集. 第七卷. 第79頁. 大木作制度一. 材. 注1. 中國建築工業出版社. 2001年

① [宋]李誡，傅熹年校注. 合校本營造法式. 第176頁. 大木作制度一. 材. 注1. 中國建築工業出版社. 2020年
⑤ [宋]李誡，傅熹年校注. 合校本營造法式. 第176頁. 大木作制度一. 材. 注2. 中國建築工業出版社. 2020年

右（上）殿三間，廳堂五間則
用之。

第五等：廣六寸六分，厚四寸四分。以
四分四厘爲一分。。

右（上）殿小三間，廳堂大三間
則用之。

第六等：廣六寸，厚四寸。以四分爲一分。。

右（上）亭榭或小廳堂皆用之。

第七等：廣五寸二分五厘，厚三寸五
分。以三分五厘爲一分。。

右（上）小殿及亭榭等用之。

第八等：廣四寸五分，厚三寸。以三分爲
一分。。

右（上）殿內藻井或小亭榭施鋪
作多則用之。

梁注："'材有八等'，但其遞減
率不是逐等等量遞減或用相同的比例
遞減的。按材厚來看，第一等與第二
等，第二等與第三等之間，各等減五
分。但第三等與第四等之間，僅差二
分。第四等、第五等、第六等之間，
每等減四分。而第六等、第七等、第
八等之間，每等又回到各減五分。由
此可以看出，八等材明顯地分爲三
組：第一、第二、第三等爲一組；第
四、第五、第六三等爲一組；第七、
第八兩等爲一組。"①

由此，梁先生推論："我們可以大

致歸納爲：按建築的等級決定用哪
一組，然後按建築物的大小選擇用
哪等材。但現存實例數目不太多，
還不足以證明這一推論。"② 出于學
術上的嚴肅與嚴謹，梁先生在此存疑。

陳注："何以分八等？副階及殿
挾屋材減一等之意義？"③

〔4.1.3〕
材分等級與尺寸及其應用範圍

與材分制度關聯最密者，是對宋代
房屋等級的認知。透過這段文字，對使
用科栱的八種建築等級有一基本區分：

一等材，殿身九間至十一間殿閣用；
其副階與挾屋所用爲二等材；

二等材，殿身五間至七間殿閣用；
其副階與挾屋所用爲三等材；

三等材，殿身三間殿閣用，其副階
與挾屋所用爲四等材；并五間殿堂（疑
無副階或挾屋）或七間廳堂用；

四等材，三間殿閣（疑無副階或挾
屋），或五間廳堂用；

五等材，小三間殿閣（無副階或挾
屋），或大三間廳堂用；

六等材，亭榭或小廳堂用；

七等材，小殿及亭榭等用；

八等材，殿內藻井或施科栱多的小
亭榭用。

① 梁思成. 梁思成全集. 第七卷. 第79頁. 大木作制
度一. 材. 注1. 中國建築工業出版社. 2001年

② 梁思成. 梁思成全集. 第七卷. 第79頁. 大木作制
度一. 材. 注1. 中國建築工業出版社. 2001年

③ [宋]李誡. 營造法式（陳明達點注本）. 第一册. 第
74頁. 大木作制度一. 材. 批注. 浙江攝影出版社.
2020年

關于殿身、副階、挾屋，梁注：“殿身四周如有回廊，構成重檐，則下層檐稱‘副階’。”① 又注：“宋以前主要殿堂左右兩側，往往有與之并列的較小的殿堂，謂之‘挾屋’，略似清式的耳房。但清式耳房一般多用于住宅，大型殿堂不用；而宋式挾屋則相反，多用于殿堂，而住宅及小型建築不用。”②

挾屋，當指“殿挾屋”，主要用于宋式殿堂之兩側。但宋代住宅或小型建築，或亦可能有“挾屋”。《梁思成全集》第七卷第80頁所選宋畫《千里江山圖》中的“挾屋”，似可歸在住宅類型範疇。此書在這段注後特別加了：“所選圖皆爲住宅。”③

〔4.1.4〕
栔、足材、闇栔

栔：廣六分°，厚四分°。材上加栔者謂之足材。 施之棋眼内兩枓之間者，謂之闇栔。

梁注：“‘栔廣六分°’，這六分° 事實上是上下兩層栱或枋之間枓的平和欹（見下文‘造枓之制’）的高度。以材栔計算就是以每一層枓和栱的高度來衡量。雖然在《營

造法式》中我們第一次見到這樣的明確規定，但從更早的唐、宋初和遼的遺物中，已經可以清楚地看出‘皆以材爲祖’，‘以所用材之分°，以爲制度’的事實了。”④

關于“足材”，梁注：“足材，廣一材一栔，即廣21分° 之材。”⑤ 與之相對應者爲“單材”：“單材，即廣爲15分° 的材。”⑥

與“材”密切相關的是“栔”（音至），見《法式》“總釋上·材”。

〔4.1.5〕
材分制度之分°

各以其材之廣分爲十五分°，以十分° 爲其厚。凡屋宇之高深，名物之短長，曲直舉折之勢，規矩繩墨之宜，皆以所用材之分°，以爲制度焉。 凡分寸之分皆如字，材分之分音符問切。餘準此。

梁注：“‘材分之分音符問切’，因此應讀如‘份’。爲了避免混淆，本書中將材分之‘分’一律加符號寫成：‘分°’。”⑦

陳注：“何以用3:2比例？以材爲祖之意義？”⑧

① 梁思成. 梁思成全集. 第七卷. 第80頁. 大木作制度一. 材. 注2. 中國建築工業出版社. 2001年
② 梁思成. 梁思成全集. 第七卷. 第80頁. 大木作制度一. 材. 注3. 中國建築工業出版社. 2001年
③ 梁思成. 梁思成全集. 第七卷. 第80頁. 大木作制度一. 材. 注3. 中國建築工業出版社. 2001年
④ 梁思成. 梁思成全集. 第七卷. 第79頁. 大木作制度一. 材. 注1. 中國建築工業出版社. 2001年
⑤ 梁思成. 梁思成全集. 第七卷. 第82頁. 大木作制度一. 栱. 注10. 中國建築工業出版社. 2001年
⑥ 梁思成. 梁思成全集. 第七卷. 第82頁. 大木作制度一. 栱. 注12. 中國建築工業出版社. 2001年
⑦ 梁思成. 梁思成全集. 第七卷. 第80頁. 大木作制度一. 材. 注4. 中國建築工業出版社. 2001年
⑧ [宋]李誠. 營造法式（陳明達點注本）. 第一冊. 第75頁. 大木作制度一. 材. 批注. 浙江攝影出版社. 2020年

材等與分°值及其應用範圍見表4.1.1

材等與分°值及其應用範圍　　　　　　　　　　　　　　　　　　表4.1.1

材等	材廣（寸）	材厚（寸）	分°值（寸）	應用範圍
一等	9	6	0.6	殿身九間至十一間（副階、殿挾屋減殿身一等，廊屋減挾屋一等）
二等	8.25	5.5	0.55	殿身五間至七間
三等	7.5	5	0.5	殿身三間至殿五間或堂七間
四等	7.2	4.8	0.48	殿三間，廳堂五間
五等	6.6	4.4	0.44	殿小三間，廳堂大三間
六等	6	4	0.4	亭榭或小廳堂
七等	5.25	3.5	0.35	小殿及亭榭等
八等	4.5	3	0.3	殿內藻井或小亭榭施枓栱多者

【4.2】

栱 其名有六：一曰開，二曰槉，三曰欂，四曰曲枅，五曰欒，六曰栱

參見《法式》"總釋上"："《爾雅》：開謂之槉。柱上欂也，亦名枅，又曰楷。開，音弁，槉，音疾。《蒼頡篇》：枅，柱上方木。《釋名》：欒，攣也；其體上曲，攣拳然也。"

漢代"欂櫨"已指柱上之栱、枓，《淮南子》："大構駕，興宮室，延樓棧道，雞棲井幹，欘林欂櫨，以相支持，木巧之飾，盤紆刻儼……。"[1]

又《太平御覽》："《廣雅》曰：薄謂之枅。曲枅肩謂之欒。"[2]

開、槉、欂、枅意爲"柱上方木"，而曲枅、欒、栱更加上"其體上曲"

之意。

〔4.2.1〕

華栱

造栱之制有五：

一曰華栱，或謂之杪栱，又謂之卷頭，亦謂之跳頭，**足材栱也**。若補間鋪作，則用單材。**兩卷頭者，其長七十二分°**。若鋪作多者，裏跳減長二分°。七鋪作以上，即第二裏外跳各減四分°。六鋪作以下不減。若八鋪作下兩跳偷心，則減第三跳，令上下兩跳交互枓畔相對。若平坐出跳，杪栱並不減。其第一跳於櫨枓口外，添令與上跳相應。

上文小注"令上下兩跳交互枓畔相對"，陶本："令上下跳交互枓畔相對。"

① [漢]劉安編. 淮南子集釋. 卷八. 本經訓. 第589頁. 中華書局. 1998年

② [宋]李昉等. 太平御覽. 卷一百八十八. 居處部十六. 枅. 第911頁. 中華書局. 1960年

梁注："鋪作有兩個含義：（1）成組的枓栱稱爲'鋪作'，并按其位置之不同，在柱頭上者稱'柱頭鋪作'，在兩柱頭之間的闌額上者稱'補間鋪作'，在角柱上者稱'轉角鋪作'；（2）在一組枓栱之內，每一層或一跳的栱和昂和其上的枓稱'一鋪作'。"①

陳注："爲何要減跳及減跳的規律？"②

關于"杪栱"，徐伯安注（後文簡稱"徐注"）："許多版本把'杪栱'誤寫成'抄栱'是不對的。'杪'作末梢講，更符合華栱的性質和形態。經查，有的版本用'杪'，有的版本用'抄'，差不多各占一半，有的版本'杪'和'抄'并存。在手抄本時代，將'杪'字誤寫成'抄'字，可能性極大。這一研究成果是王璞子提供的。"③

基于這一見解，本書所引《法式》文本，凡涉及與華栱出跳，稱爲"杪"或"抄"之處，統一爲"杪"。本書行文凡涉及相同問題，亦用"杪"字，下文不再重提。

華栱，又稱"杪栱""卷頭""跳頭"。在柱頭之上的華栱，爲足材栱。上文述及華栱幾個異名，及華栱出跳長度。

若在補間鋪作上，華栱爲單材栱。若華栱裏外都呈卷頭狀，即兩卷頭者，

其栱長爲72分°。但若出跳鋪作較多，裏跳華栱的長度要減2分°。若鋪作出跳數達七鋪作以上（含七鋪作），華栱第二跳裏跳與外跳長需各減4分°。凡鋪作出跳數爲六鋪作以下（含六鋪作），裏外跳華栱長度不減。

若鋪作出跳達八鋪作，且其下兩跳華栱爲偷心造，則減鋪作第三跳出跳長。使上下兩跳跳頭上交互枓邊緣恰好相對，即下跳交互枓外沿與上跳交互枓內沿，上下對應于一條綫上。

若平坐枓栱出跳，其出跳華栱長均不減，且第一跳華栱，伸出櫨枓口外之長，要增至與其上一跳華栱相應長度。

[4.2.1.1]
華栱卷殺與出跳

每頭以四瓣卷殺，每瓣長四分°。 如裏跳減多，不及四瓣者，祇用三瓣，每瓣長四分°。**與泥道栱相交，安於櫨枓口內，若累鋪作數多，或內外俱勻，或裏跳減一鋪至兩鋪。其騎槽檐栱，皆隨所出之跳加之。每跳之長，心不過三十分°；傳跳雖多，不過一百五十分°。** 若造廳堂，裏跳承梁出檐頭者，長更加一跳。其檐頭或謂之壓跳。

梁注："從櫨枓出層層華栱或昂。向裏出的稱'裏跳'；向外出

① 梁思成. 梁思成全集. 第七卷. 第82頁. 大木作制度一. 栱. 注11. 中國建築工業出版社. 2001年
② [宋]李誡. 營造法式（陳明達點注本）. 第一冊. 第76頁. 大木作制度一. 栱. 批注. 浙江攝影出版社. 2020年
③ 梁思成. 梁思成全集. 第七卷. 第81頁. 大木作制度一. 栱. 腳注1. 中國建築工業出版社. 2001年

的稱‘外跳’。① 另有注："‘心’就是中綫或中心。"② 及"楂頭，方木出頭的一種形式。"③

陳注："何謂‘累鋪作數多’？"④

出跳華栱，稱"曲枅"或"欒"，其跳頭處呈彎曲狀，如"其體上曲，攀拳然也。"爲形成攀曲形式，要通過分瓣卷殺方式，使其略呈向上彎曲狀。華栱跳頭，按4瓣卷殺，每瓣長4分°。若裏跳出跳長度不够長，則以3瓣卷殺，每瓣長仍爲4分°。

華栱，與外檐柱縫呈正交，恰與沿外檐柱縫順身布置的泥道栱十字相交，兩栱相交處，安置于櫨枓口内。其上若累叠鋪作數多，内外出跳華栱數可均匀對應。亦可減裏跳華栱一或兩跳。

梁注："與枓栱出跳成正交的一列枓栱的縱中綫謂之‘槽’，華栱橫跨槽上，一半在槽外，一半在槽内，所以叫‘騎槽’。"⑤

所謂騎槽檐栱，指外檐鋪作中騎槽而設的華栱。每出一跳，華栱即隨出跳長度加長。每跳之長，從下一跳中心綫到上一跳中心綫距離不超過30分°。累計跳數雖多，但自柱心槽向外出跳的華栱總長不超過150分°。若廳堂建築，裏跳承梁處從華栱頭出楂頭者，其楂頭

長度，比最長的華栱更增加一跳長度。這一楂頭稱"壓跳"。

[4.2.1.2]
縫與角華栱

交角内外，皆隨鋪作之數，斜出跳一縫。 栱謂之角栱，昂謂之角昂。**其華栱則以斜長加之。** 假如跳頭長五寸，則加二寸五厘之類。後稱斜長者準此。

上文小注"則加二寸五厘之類"，陶本："則加二分五厘之類"。陳注：改"分"爲"寸"⑥，即"二寸五厘"。

梁先生發現上文一處訛誤："陶本原文作‘二分五厘’，顯然是‘二寸五厘’之誤。但五寸的斜長，較準確的應該是加二寸零七厘。"⑦

交角内外，指房屋轉角處内外檐枓栱，即轉角鋪作部分。轉角鋪作隨鋪作出跳，沿45°方向斜出一縫枓栱及昂，若栱，則稱"角（華）栱"；若昂，則稱"角昂"。

角華栱長，參照華栱標準出跳長度，按其斜長計算。則角華栱出跳長度，是同一層位柱頭華栱出跳長度的$\sqrt{2}$倍。假如標準華栱跳頭距離櫨枓心長5寸，角華栱則需在此基礎上增加2.07寸長度，其長約爲7.07寸。之後，凡稱"斜長"者，以此比率爲準。

① 梁思成. 梁思成全集. 第七卷. 第82頁. 大木作制度一. 栱. 注14. 中國建築工業出版社. 2001年
② 梁思成. 梁思成全集. 第七卷. 第82頁. 大木作制度一. 栱. 注20. 中國建築工業出版社. 2001年
③ 梁思成. 梁思成全集. 第七卷. 第82頁. 大木作制度一. 栱. 注21. 中國建築工業出版社. 2001年
④ [宋]李誠. 營造法式（陳明達點注本）. 第一册. 第76頁. 大木作制度一. 栱. 批注. 浙江攝影出版社. 2020年

⑤ 梁思成. 梁思成全集. 第七卷. 第82頁. 大木作制度一. 栱. 注19. 中國建築工業出版社. 2001年
⑥ [宋]李誠. 營造法式（陳明達點注本）. 第一册. 第77頁. 大木作制度一. 栱. 批注. 浙江攝影出版社. 2020年
⑦ 梁思成. 梁思成全集. 第七卷. 第82—90頁. 大木作制度一. 栱. 注24. 中國建築工業出版社. 2001年

［4.2.1.3］
丁頭栱與蝦鬚栱

若丁頭栱，其長三十三分°，出卯長五分°。 若祇裏跳轉角者，謂之蝦鬚栱，用股卯到心，以斜長加之。若入柱者，用雙卯，長六分°或七分°。

梁注："'縫'就是中綫。"[1]

又注："丁頭栱就是半截栱，祇有一卷頭。'出卯長五分°。'，亦即出卯到相交的栱的中綫——心。按此推算，則應長31分°，纔能與其他華栱取齊。但陶本原文作'三十三分°'，指出存疑。"[2]

陳注："丁頭栱、蝦鬚栱使用位置?"[3]

梁先生以出跳長26分°加出卯長5分°計算。但若將出卯長認定爲伸入柱子中丁頭栱入柱卯長，則若其長33分°，其栱出跳長則爲28分°。

若在柱身上出丁頭栱，依《法式》，其長33分°，出跳長28分°（較出跳30分°之櫨科口所出華栱少出2分°），其栱尾入柱卯長5分°。

若祇在轉角鋪作裏轉部分出現角華栱，稱"蝦鬚栱"。這裏的"股卯"疑即蝦鬚栱插入轉角櫨科心之卯。蝦鬚栱長也需按斜長加之。若蝦鬚栱采用伸入

柱身內丁頭栱形式，則其入柱部分股卯，則采用雙卯形式，卯長6—7分°。

〔4.2.2〕
泥道栱

二曰泥道栱，其長六十二分°。 若科口跳及鋪作全用單栱造者，祇用令栱。**每頭以四瓣卷殺，每瓣長三分°半。與華栱相交，安於櫨科口內。**

梁注：（1）"由櫨科口祇出華栱一跳，上施一科，直接承托橑檐方的做法謂之科口跳。"[4]

（2）"跳頭上祇用一層瓜子栱，其上再用一層慢栱，或槽上用泥道栱，其上再用慢栱者，謂之'重栱'。祇用一層令栱者謂之'單栱'。"[5]

其中涉及的概念，除了科口跳之外，還有單栱、重栱及後文要談到的瓜子栱、慢栱、令栱等。

泥道栱，是位于柱頭縫（槽）上的順身栱。泥道栱（泥道瓜子栱）長62分°，比華栱（長72分°）略短。泥道栱與華栱十字相交于櫨科口內。

若是科口跳，或逐跳出跳華栱之上所承均爲單栱造時，其泥道栱亦祇用單栱形式的泥道令栱（長與令栱同，爲72分°），其上不施泥道慢栱。泥道栱栱

① 梁思成. 梁思成全集. 第七卷. 第82頁. 大木作制度一. 栱. 注23. 中國建築工業出版社. 2001年
② 梁思成. 梁思成全集. 第七卷. 第90頁. 大木作制度一. 栱. 注25和注26. 中國建築工業出版社. 2001年
③ [宋]李誡. 營造法式（陳明達點注本）. 第一冊. 第77頁. 大木作制度一. 栱. 批注. 浙江攝影出版社. 2020年
④ 梁思成. 梁思成全集. 第七卷. 第90頁. 大木作制度一. 栱. 注27. 中國建築工業出版社. 2001年
⑤ 梁思成. 梁思成全集. 第七卷. 第90頁. 大木作制度一. 栱. 注28. 中國建築工業出版社. 2001年

頭亦爲4瓣卷殺，每瓣長度3.5分°。泥道栱栱頭卷殺每瓣長，比華栱栱頭卷殺每瓣長亦略小。

〔4.2.3〕
瓜子栱

三曰瓜子栱，施之於跳頭。若五鋪作以上重栱造，即於令栱内，泥道栱外用之，四鋪作以下不用。**其長六十二分°；每頭以四瓣卷殺，每瓣長四分°。**

重栱造，已見于上文梁先生有關重栱與單栱的注釋。五鋪作以上重栱造所用之處，如梁注："'令栱内，泥道栱外'，指令栱與泥道栱之間的各跳。"[1]

在令栱與泥道栱間各跳跳頭所施橫栱，在單栱造情況下，僅用瓜子栱；在重栱造情況下，瓜子栱上，需叠加一層慢栱。四鋪作枓栱，僅在華栱跳頭施令栱；枓口跳時，連令栱亦可省去。故四鋪作以下枓栱，不用瓜子栱。

瓜子栱長62分°，其栱頭以4瓣卷殺，每瓣長4分°。故其栱長與泥道栱同，每瓣卷殺長與華栱同。

〔4.2.4〕
令栱

四曰令栱，或謂之單栱，**施之於裏外跳頭之上，**外在橑檐方之下，内在算桯方之下，**與耍頭相交，**亦有不用耍頭者，**及屋内槫縫之下。其長七十二分°。每頭以五瓣卷殺，每瓣長四分°。若裏跳騎栱，則用足材。**

梁注："橫跨在梁上謂之騎栱。"[2]

令栱，亦稱"單栱"，施于鋪作内外跳頭上。若施于外檐鋪作，則在承托檐口之橑檐方下；若施于鋪作裏轉，則在承托平棊或平闇之算桯方下。外檐鋪作令栱可與耍頭相交，亦可不用耍頭；鋪作裏轉跳頭令栱，可直抵屋内槫（多至下平槫）縫，并起到承托平槫作用。

令栱長72分°，栱頭卷殺爲5瓣，每瓣長4分°。則令栱長與華栱同，因其栱頭卷殺之卷瓣稍多，故比華栱栱頭更爲圓潤。

若令栱騎栱，其栱底或與梁栿背相抵，使令栱承受反向力；甚或會斫削令栱部分底面，以使與栿背相契。故騎栿令栱，需用足材栱。

① 梁思成. 梁思成全集. 第七卷. 第90頁. 大木作制
度一. 栱. 注29. 中國建築工業出版社. 2001年

② 梁思成. 梁思成全集. 第七卷. 第90頁. 大木作制
度一. 栱. 注30. 中國建築工業出版社. 2001年

慢栱

五曰慢栱，或謂之腎栱，**施之於泥道、瓜子栱之上。其長九十二分°；每頭以四瓣卷殺，每瓣長三分°。騎栿及至角，則用足材。**

據梁先生在《營造法式注釋》序中所言："各本（包括'陶本'）在卷第四'大木作制度'中，'造栱之制有五'，但文中僅有其四，完全遺漏了'五曰慢栱'一條四十六個字。惟有'故宫本'，這一條却獨存。'陶本'和其他各本的一個最大的缺憾得以補償了。"[1]

陳明達點注本所用陶本中，缺漏此段文字，陳注補之。[2]

傅建工合校本注："劉校故宫本：丁本脱此條，據故宫本補入。"[3]又注："熹年謹按：張本、瞿本、陶本均脱'慢栱'條，然四庫本、故宫本此條均不脱。劉敦楨先生于故宫本發現'慢栱'條後，陶湘曾據故宫本補刻此條，惜流傳不廣。"[4]傅書局合校本注："本卷自此頁至卷末，爲陶湘重刊本，補入'慢栱'一條。"[5]

上文"慢栱"，傅建工合校本爲"幔栱"[6]，但未作釋。

慢栱，亦稱"腎栱"。施于泥道栱上，或施于内外跳頭上所承瓜子栱上。凡施慢栱者，爲重栱造做法。

慢栱長92分°。栱頭4瓣卷殺，每瓣長3分°。若裹跳慢栱騎于梁栿上，或轉角鋪作中所用慢栱，都需用足材栱。

栱之形制

凡栱之廣厚並如材。栱頭上留六分°，下殺九分°；其九分°匀分爲四大分；又從栱頭順身量爲四瓣。瓣又謂之胥，亦謂之枨，或謂之生。**各以逐分之首，**自下而至上，**與逐瓣之末，**自内而至外。**以真尺對斜畫定，然後斫造。**用五瓣及分數不同者，準此。**栱兩頭及中心，各留坐枓處，餘並爲栱眼，深三分°。如用足材栱，則更加一栔，隱出心枓及栱眼。**

梁注："隱出就是刻出，也就是浮雕。"[7]又注："栱中心上的枓，正名'齊心枓'，簡稱'心枓'。"[8]

上文"以真尺對斜畫定"，傅書局合校本注：改"真尺"爲"直尺"，并注："直，故宫本。"[9]

上文"如用足材栱"，陶本："如造足材栱"。

上文給出宋式栱一般做法。栱之斷面廣厚，與這座建築所用材之斷面廣厚

① 梁思成. 梁思成全集. 第七卷. 文前第9-10頁.《營造法式》注釋序. 中國建築工業出版社. 2001年
② [宋]李誡. 營造法式（陳明達點注本）. 第一册. 第78頁. 大木作制度一. 栱. 批注. 浙江攝影出版社. 2020年
③ [宋]李誡, 傅熹年校注. 合校本營造法式. 第181頁. 大木作制度一. 栱. 注1. 中國建築工業出版社. 2020年
④ [宋]李誡, 傅熹年校注. 合校本營造法式. 第181頁. 大木作制度一. 栱. 注2. 中國建築工業出版社. 2020年
⑤ [宋]李誡, 傅熹年彙校. 營造法式合校本. 第一册. 大木作制度一. 栱. 校注. 中華書局. 2018年
⑥ [宋]李誡, 傅熹年校注. 合校本營造法式. 第179頁. 大木作制度一. 栱. 正文. 中國建築工業出版社. 2020年
⑦ 梁思成. 梁思成全集. 第七卷. 第90頁. 大木作制度一. 栱. 注32. 中國建築工業出版社. 2001年
⑧ 梁思成. 梁思成全集. 第七卷. 第90頁. 大木作制度一. 栱. 注33. 中國建築工業出版社. 2001年
⑨ [宋]李誡, 傅熹年彙校. 營造法式合校本. 第一册. 大木作制度一. 栱. 校注. 中華書局. 2018年

相同。其栱頭卷殺一般做法：按栱頭高15分° 計，上部留出6分° ，其下9分° 作卷殺。再將這9分° 高，分爲4個大分，從栱頭向內順身量出4瓣（這裏的瓣，亦可稱"胥、棍、生"。三者均爲古義，這裏不作深究）；按照其文所定首尾，以尺斜畫，各定其瓣後，斫製而成。

栱之兩頭與中心，各留出坐科位置；所留坐科位置之外的栱身部分，是斫製栱眼處，栱眼深3分° 。若製作足材栱，則在栱身之上，再加一栔（6分° ）之高，并在栱身兩側，隱刻出齊心科及科間所留栱眼輪廓。

諸栱尺寸一覽見表4.2.1。

諸栱尺寸一覽 表4.2.1

栱名＼尺寸	栱長（分°）	用材（分°）	栱頭卷殺（瓣）	傳跳長度（分°）	裏跳減長（分°）	第二跳減長（分°）	備注
柱頭華栱	72	21	4	30（28—26）	2	裏外各減4	傳跳長150分°
補間華栱	72	15	4	30（28—26）	2	裏外各減4	傳跳長150分°
平坐華栱	72	21	4	30	不減	不減	足材
丁頭栱	33（31）	15	未詳	28（26）			入柱卯長5分°
泥道栱	62	15	4				單材
瓜子栱	62	15	4				單材
令栱	72	15	5				單材
騎栿令栱	72	21	5				足材
慢栱	92	15	4				單材

【4.3】
列栱之制

凡栱至角相交出跳，則謂之列栱。其過角栱或角昂處，栱眼外長內小，自心向外量出一材分，又栱頭量一科底。餘並爲小眼。

泥道栱與華栱出跳相列。

瓜子栱與小栱頭出跳相列。小栱頭從心出，其長二十三分° ；以三瓣卷殺，每瓣長三分° ；上施散科。若平坐鋪作，即不用小栱頭，却與華栱頭相列。其華栱之上，皆累跳至令栱，於每跳當心上施要頭。

慢栱與切几頭相列。切几頭微刻材下作兩卷瓣。如角內足材下昂造，即與華頭子出跳相列。華頭子承昂者，在昂制度內。

令栱與瓜子栱出跳相列。承替木頭或橑檐方頭。

梁注：（1）關于"列栱"："在轉角

167

鋪作上，正面出跳的栱，在側面就是橫栱。同樣在側面出跳的栱，正面就是橫栱，像這樣一頭是出跳，一頭是橫栱的構件叫作'列栱'。"[1]

（2）關于"散枓"："'施之於栱兩頭'的枓。見下文'造枓之制'。"[2]

（3）關于"切几頭"："短短的出頭，長度不足以承受一個枓，也不按栱頭形式卷殺，謂之'切几頭'。"[3]

（4）關于"兩卷瓣"："原本作'面卷瓣'，'面'字顯然是'兩'字之誤。"[4]

同是這一問題，陶本："微刻材下作面卷瓣"，陳注："'下''面'應爲'上''兩'。"[5] 依陳先生，其文應爲"微刻材上作兩卷瓣"。但從切几頭實際做法觀察，則梁先生所改："微刻材下作兩卷瓣"，其意無誤。

上文"承替木頭"，陶本："乘替木頭"。陳注"乘"："疑爲'承'"[6]；傅書局合校本注：改"乘"爲"承"，并注："'乘'疑爲'承'之誤，故宮本亦作'乘'。"[7] 傅建工合校本注："劉校故宮本：'承'字丁本、故宮本、文津四庫本均誤爲'乘'，應改正。"[8]又注："熹年謹按：張本亦誤'承'爲'乘'，應改正。"[9]

列栱，指轉角鋪作正側兩面出跳栱與橫栱同時出現之情況。即同是一個構件，在正面爲出跳栱，在側面則爲橫栱，兩者并存，稱爲"列栱"。

轉角鋪作之栱，在轉過角栱或角昂處時，其栱眼外長內短，呈不對稱狀。如瓜子栱，其栱眼按62分°栱長推算，而與之出跳相列之華栱，栱眼按72分°栱長推算。自角栱或角昂中心綫，向外量出一材（15分°）長，再在栱頭量出一個枓底寬，餘下部分，爲角栱或角昂外側栱眼長，稱爲"小眼"。

小栱頭從心出，長23分°，三瓣卷殺；切几頭刻作兩卷瓣。昂下華頭子做法，詳下昂制度。平坐枓栱，瓜子栱與華栱頭出跳相列；華栱之上，再施出跳華栱，直至令栱。所累與令栱相交處，其當心施耍頭。

轉角鋪作列栱關係一覽見表4.3.1。

轉角鋪作列栱關係一覽　　　　　　　　　　　　　　　　　　　表4.3.1

位置	正面用栱	側面相列栱	平坐枓栱相列	備注
正面柱頭縫	泥道栱	華栱	同檐下栱	若泥道慢栱，其相列同慢栱
正面第一跳頭	瓜子栱	小栱頭	華栱頭	平坐不用小栱頭
正面瓜子栱上	慢栱	切几頭	同檐下栱	若角內足材下昂造，用華頭子相列
正面橑檐方下	令栱	瓜子栱	同檐下栱	承替木頭或橑檐方頭

① 梁思成. 梁思成全集. 第七卷. 第90頁. 大木作制度一. 栱. 注34. 中國建築工業出版社. 2001年
② 梁思成. 梁思成全集. 第七卷. 第90頁. 大木作制度一. 栱. 注35. 中國建築工業出版社. 2001年
③ 梁思成. 梁思成全集. 第七卷. 第90頁. 大木作制度一. 栱. 注36. 中國建築工業出版社. 2001年
④ 梁思成. 梁思成全集. 第七卷. 第90頁. 大木作制度一. 栱. 注37. 中國建築工業出版社. 2001年
⑤ [宋]李誠. 營造法式（陳明達點注本）. 第一冊. 第79頁. 大木作制度一. 栱. 批注. 浙江攝影出版社. 2020年
⑥ [宋]李誠. 營造法式（陳明達點注本）. 第一冊. 第79頁. 大木作制度一. 栱. 批注. 浙江攝影出版社. 2020年
⑦ [宋]李誠, 傅熹年彙校. 營造法式合校本. 第一冊. 大木作制度一. 栱. 校注. 中華書局. 2018年
⑧ [宋]李誠, 傅熹年校注. 合校本營造法式. 第181頁. 大木作制度一. 栱. 注3. 中國建築工業出版社. 2020年
⑨ [宋]李誠, 傅熹年校注. 合校本營造法式. 第181頁. 大木作制度一. 栱. 注4. 中國建築工業出版社. 2020年

開栱口之法

凡開栱口之法：華栱於底面開口，深五分°，角華栱深十分°，**廣二十分°**。包櫨枓耳在内。**口上當心兩面，各開子廕通栱身，各廣十分°**，若角華栱連隱枓通開，**深一分°**。**餘栱**謂泥道栱、瓜子栱、令栱、慢栱也**上開口，深十分°，廣八分°**。其騎栿、絞昂栿者，各隨所用。**若角内足材列栱，則上下各開口。上開口深十分°**，連栔，**下開口深五分°**。

梁注"子廕"："是指在構件上鑿出以固定與另一構件的相互位置的淺而寬的凹槽，祇能防止偏側，但不能起卯的作用將榫固定'咬'住。"[1] 另注"絞昂栿"："與昂或與梁栿相交，但不'騎'在梁栿上，謂之'絞昂'或'絞栿'。"[2]

栱上開口做法：華栱，于栱底開口，口深5分°，長20分°；其開口長度可將櫨枓耳包括在内；華栱開口上部中心兩側，各鑿一寬10分°，深1分°的凹槽（子廕）。若華栱連隱出枓，同時開鑿凹槽。

其他者，如泥道栱、瓜子栱、令栱、慢栱，均在栱身上部開口。口深10分°，寬8分°。若其栱騎栿，或與昂及梁栿相交，其開口隨交接方式定。

若是轉角鋪作中所使用之足材列栱，則需在栱之上下同時開口。上部開口深10分°，以與栔相契合，下部開口深5分°。

鴛鴦交手栱

凡栱至角相連長兩跳者，則當心施枓，枓底兩面相交，隱出栱頭，如令栱祇用四瓣，**謂之鴛鴦交手栱。**裹跳上栱同。

鴛鴦交手栱也屬轉角鋪作列栱之制中的一種，其栱至角相連，長達兩跳時，在栱中心上施加一枓，枓底爲兩栱相交處，隱刻一對交叉之栱。若是令栱，其栱頭仍刻爲4瓣。這種相交隱刻之栱，稱"鴛鴦交手栱"。

裹跳轉角若有兩條長連栱，也可隱刻出兩栱相交狀，同樣稱"鴛鴦交手栱"。

其上《法式》文本中所言與栱及卷瓣相關之長度單位——"分"，皆爲其栱所用材之"分°"。

【4.4】

飛昂其名有五：一曰欂，二曰飛昂，三曰英昂，四曰斜角，五曰下昂

關于飛昂五種不同名稱的討論，可見本書第1章第1.3.3節，"飛昂"條。

① 梁思成. 梁思成全集. 第七卷. 第90頁. 大木作制度一. 栱. 注38. 中國建築工業出版社. 2001年

② 梁思成. 梁思成全集. 第七卷. 第90頁. 大木作制度一. 栱. 注39. 中國建築工業出版社. 2001年

〔4.4.1〕
下昂

造昂之制有二:

一曰下昂,自上一材,垂尖向下,從枓底心下取直,其長二十三分°。 其昂身上徹屋內。

梁注:"在一組枓栱中,外跳層層出跳的構件有兩種:一種是水平放置的華栱;一種是頭(前)低尾(後)高,斜置的下昂。出檐越遠,出跳就越多。有時需要比較深遠的出檐,如果全用華栱挑出,層數多了,檐口就可能太高。由於昂頭向下斜出,所以在取得出跳的長度的同時,卻將出跳的高度降低了少許。在需要較大的檐深但不願將檐抬得過高時,就可以用下昂來取得所需的效果。"①

梁先生接着說:"下昂是很長的構件。昂頭從跳頭起,還加上昂尖(清式稱'昂嘴'),斜垂向下;昂身後半向上斜伸,亦稱'挑幹',昂尖和挑幹,經過少許藝術加工,都具有高度裝飾效果。"②

進一步:"從一組枓栱受力的角度來分析,下昂成爲一條杠杆,巧妙地使挑檐的重量與屋面及槫、梁的重量相平衡。從構造上看,昂

還解決了裏跳華栱出跳與斜屋面的矛盾,減少了裏跳華栱出跳的層數。"③

梁先生在這裏通過解釋下昂相對于屋檐的關係,以説明下昂之作爲檐口懸挑構件的必要性。

下昂有兩個作用:一是通過杠杆原理,承托向外懸出的深遠屋檐;二是在保證檐口出挑深度前提下,不影響檐口下垂坡度,亦不會因華栱內外均衡,增加裏跳華栱出跳層數。

從上文可知,下昂挑出長度,以其所承枓之枓底心向外23分°爲則。這裏的23分°應是昂尖距枓底心垂綫的水平距離,而非昂頭長度。其昂身上徹屋內,與其他構件,如挑幹或梁栿,相互搭壓,以形成杠杆效應。

〔4.4.1.1〕
琴面昂、批竹昂

自枓外斜殺向下,留厚二分°,昂面中顫二分°,令顫勢圜和。 亦有於昂面上隨顫加一分°,訛殺至兩棱者,謂之琴面昂,亦有自枓外斜殺至尖者,其昂面平直,謂之批竹昂。

梁注:"顫:音坳,'au',頭凹也。即殺成凹入的曲綫或曲面。"④

又注:"訛殺:殺成凸出的曲綫或曲面。"⑤

① 梁思成. 梁思成全集. 第七卷. 第92-95頁. 大木作制度一. 飛昂. 注40. 中國建築工業出版社. 2001年
② 梁思成. 梁思成全集. 第七卷. 第92-95頁. 大木作制度一. 飛昂. 注40. 中國建築工業出版社. 2001年
③ 梁思成. 梁思成全集. 第七卷. 第92-95頁. 大木作制度一. 飛昂. 注40. 中國建築工業出版社. 2001年
④ 梁思成. 梁思成全集. 第七卷. 第95頁. 大木作制度一. 飛昂. 注41. 中國建築工業出版社. 2001年
⑤ 梁思成. 梁思成全集. 第七卷. 第95頁. 大木作制度一. 飛昂. 注42. 中國建築工業出版社. 2001年

關於通過"頓"與"訛殺"等加工手法而形成的琴面昂,梁先生進一步解釋説:"在宋代'中頓'而'訛殺至兩棱'的'琴面昂'顯然是最常用的樣式,而'斜殺至尖'且'昂面平直'的'批竹昂'是比較少用的。歷代實例所見,唐遼都用批竹昂,宋初也有用的,如山西榆次雨花宮;宋、金以後多用標準式的琴面昂,但與《法式》同時的山西太原晉祠聖母殿和殿前金代的獻殿則用一種面中不頓而訛殺至兩棱的昂。我們也許可以給它杜撰一個名字叫'琴面批竹昂'吧。"①

在這裏梁先生把琴面昂、批竹昂,以及比較少見的有向兩棱訛殺,却不中頓的"琴面批竹昂"作了解釋。其實,昂嘴形式,在宋代之前或還有其他形式,如五代末宋初(964年)所建的福州華林寺大殿下昂昂頭,既非琴面形式,也非批竹形式,而是一種優雅的混梟曲綫形式。相信這種昂,在五代或北宋初年的南方,特別是福建地區,不會是孤例。

[4.4.1.2]
昂之上下安枓

凡昂安枓處,高下及遠近皆準一跳。若從下第一昂,自上一材

下出,斜垂向下;枓口内以華頭子承之。華頭子自枓口外長九分°;將昂勢盡處匀分,刻作兩卷瓣,每瓣長四分°。如至第二昂以上,祇於枓口内出昂,其承昂枓口及昂身下,皆斜開鐙口,令上大下小,與昂身相衡。

凡昂上坐枓,四鋪作、五鋪作並歸平;六鋪作以上,自五鋪作外,昂上枓並再向下二分°至五分°。如逐跳計心造,即於昂身開方斜口,深二分°,兩面各開子廕,深一分°。

上文小注"華頭子自枓口外長九分°;將昂勢盡處匀分,刻作兩卷瓣,每瓣長四分°。",傅書局合校本注:"華頭子長九分°。句,分兩瓣,每瓣應長四分°半,疑分°下脱'半'字。故宫本、四庫本、張蓉鏡本均作'四分°。'。"②傅建工合校本注:"劉批陶本:華頭子長九分°。句,分兩瓣,每瓣應長四分°半,疑分°下脱'半'字。熹年謹按:故宫本、文津四庫本、張本均作'每瓣長四分°。',故不改,存劉批備考。"③陳注:"爲何要用'華頭子'?"④又注:"歸平與不歸平的理由?"⑤

若昂下安枓,即在昂下枓口内出華頭子(或切几頭),同時,在承昂枓口

① 梁思成. 梁思成全集. 第七卷. 第95頁. 大木作制度一. 飛昂. 注43和注44. 中國建築工業出版社. 2001年
② [宋]李誡,傅熹年彙校. 營造法式合校本. 第一册. 大木作制度一. 飛昂. 校注. 中華書局. 2018年
③ [宋]李誡,傅熹年校注. 合校本營造法式. 第185頁. 大木作制度一. 飛昂. 注1. 中國建築工業出版社. 2020年
④ [宋]李誡. 營造法式(陳明達點注本). 第一册. 第81頁. 大木作制度一. 飛昂. 批注. 浙江攝影出版社. 2020年
⑤ [宋]李誡. 營造法式(陳明達點注本). 第一册. 第81頁. 大木作制度一. 飛昂. 批注. 浙江攝影出版社. 2020年

與昂身下，要斜開上大下小的鐙口，以與昂身緊密相銜。則昂下之枓起到承托與鎖定昂身作用。

若昂上坐枓，爲確保昂與出挑屋檐在下垂坡度上的協調，出跳數較少的鋪作，如四鋪作、五鋪作枓栱，其昂上所坐枓之枓底，應與相同出跳之華栱跳頭上的枓底標高找平。若出跳數較多，如六鋪作以上，則自五鋪作之外，昂上所用枓之枓底標高，要比相同出跳華栱跳頭上所承之枓的枓底標高，向下降2—5分。

爲鎖定昂身，若逐跳計心造，還需通過在昂身上開深度爲2分的方斜口，并在昂身兩面開子廕方式，使昂身與跳頭上所施計心橫栱有更爲緊密與貼切的咬合。

[4.4.1.3]

角昂

若角昂，以斜長加之。角昂之上別施由昂。 長同角昂，廣或加一分至二分。所坐枓上安角神，若寶藏神，或寶瓶。

梁注："在下昂造的轉角鋪作中，角昂背上的耍頭作成昂的形式，稱爲'由昂'，有的由昂在構造作用上可以說是柱頭鋪作、補間鋪作中的耍頭的變體。也有的由昂上徹角梁底，與下昂的作用相同。"[1]

又注："由昂上安角神的枓，一般都是平盤枓。"[2]

《法式》術語中，凡在既有構件基礎上，又增加一個相類構件時，往往會稱之爲"由×"，如轉角鋪作，角昂之上，增加一昂，稱爲"由昂"；或闌額之下，增設一額，稱爲"由額"。如《法式》卷第五"大木作制度二"云："凡由額，施之於闌額之下。廣減闌額二分。至三分。。"

梁先生詳釋轉角鋪作角昂上之由昂的生成原因：一，將角昂背上的耍頭做成昂的形式；或直接將由昂變成一根與下昂相類的構件，即將由昂昂尾直接上徹角梁之底；這其實是在轉角部位角梁之下，增加一根昂。二，因爲房屋轉角起翹原因，其轉角鋪作上所承角梁梁底標高，會略高于檐口橑檐方底標高，故需增加一根由昂，以與之相協調。

由昂上亦施一枓，其作用是放置承托角梁底的雕飾構件——角神（或寶瓶）。由昂上所坐之枓，一般爲無枓耳之平盤枓形式。

[4.4.1.4]

插昂（挣昂、矮昂）

若昂身於屋內上出，皆至下平槫。若四鋪作用插昂，即其長斜隨跳頭。 插昂又謂之挣昂；亦謂之矮昂。

① 梁思成. 梁思成全集. 第七卷. 第95頁. 大木作制度一. 飛昂. 注45. 中國建築工業出版社. 2001年

② 梁思成. 梁思成全集. 第七卷. 第95頁. 大木作制度一. 飛昂. 注46. 中國建築工業出版社. 2001年

梁注，所謂插昂是："昂身不過柱心的一種短昂頭，多用在四鋪作上，亦有用在五鋪作上的或六鋪作上的。"①

上文小注"插昂又謂之挣昂"，傅書局合校本注：改"挣"爲"樘"。②

《漢語大字典》：樘（音cheng），意爲"木束。《玉篇·木部》：'樘，木束也。'"③宋人《雞肋編》："定州織'刻絲'，不用大機，以熟色絲經於木樘上，隨所欲作花草禽獸狀，以小梭織緯時，先留其處，方以雜色綫綴於經緯之上，合以成文，若不相連。"④樘，似爲古式織機上的一個部件。

《漢語大字典》：挣（音zheng），分別有"用力支撐""用力擺脫""用力獲取"等意。⑤另有"美好""修飾"，及"用同'撐'。1）充滿到容不下的程度。……2）撐開"⑥之意。挣，多用爲動詞。

實例中，元代甪直保聖寺天王殿四鋪作科栱中，使用了插昂。

《法式》文本似祇提到四鋪作中的插昂，如：

《法式》卷第十七"大木作功限一"："單材華栱：一隻。若四鋪作插昂不用。"及《法式》卷第十八"大木作功限二"："華栱列泥道栱：二隻。若四鋪作插昂不用。"

梁先生指出，事實上在五鋪作或六鋪作中，也有使用插昂的實例，如宋代登封少林寺初祖庵與金代大同善化寺山門五鋪作科栱，及大同善化寺三聖殿六鋪作科栱。

[4.4.1.5]
昂栓

凡昂栓，廣四分°至五分°，厚二分°。若四鋪作，即於第一跳上用之；五鋪作至八鋪作，並於第二跳上用之。並上徹昂背，自一昂至三昂，祇用一栓，徹上面昂之背。**下入栱身之半或三分之一。**

昂作爲一種上下傾斜的構件，在受力狀態下，有可能發生向下的滑動位移。昂栓，是上下貫穿于昂之橫斷面內，將昂固定于鋪作中，以防止其因受力而發生可能位移的一種構件。

四鋪作科栱中的昂，其栓僅在第一跳上使用；五鋪作至八鋪作，可能會出現在一跳或三跳下昂中，從第一昂起，使用昂栓，至第三昂昂背。昂栓下部，要插入其下栱身之半，或三分之一深度。

這裏透露了《法式》中關于下昂使用的一些信息，如五鋪作中，可出現單杪單下昂做法；六鋪作中，或可有雙杪單下昂，或單杪雙下昂做法；七鋪作

① 梁思成. 梁思成全集. 第七卷. 第95頁. 大木作制度一. 飛昂. 注47. 中國建築工業出版社. 2001年
② [宋]李誠. 傅熹年彙校. 營造法式合校本. 第一册. 大木作制度一. 飛昂. 校注. 中華書局. 2018年
③ 漢語大字典. 第519頁. 木部. 樘. 四川辭書出版社-湖北辭書出版社. 1993年
④ [宋]莊綽. 雞肋編. 卷上
⑤ 漢語大字典. 第787頁. 手部. 挣. 四川辭書出版社-湖北辭書出版社. 1993年
⑥ 漢語大字典. 第787頁. 手部. 挣. 四川辭書出版社-湖北辭書出版社. 1993年

中，一般爲雙杪雙下昂做法，但未知是否有單杪三下昂的做法？八鋪作中，至多出現雙杪三下昂做法，似無單杪四下昂做法。由其行文顯示，鋪作中用昂，最多祇能是"自一昂至三昂"。

從穩定性角度分析，無論七鋪作單杪三下昂，還是八鋪作單杪四下昂，都不太符合料栱穩定性受力規則。比較合乎受力規則，且與屋頂出檐坡度相適恰者，是七鋪作雙杪雙下昂，或八鋪作雙杪三下昂做法。

五鋪作與六鋪作，因其鋪作高度較低，穩定性較好，故其靈活性似要略多一些。如會出現五鋪作雙下昂，或六鋪作單杪雙下昂做法。

[4.4.1.6]

昂尾搭壓做法

若屋内徹上明造，即用挑斡，或祇挑一料，或挑一材兩栔。謂一栱上下皆有料也。若不出昂而用挑斡者，即騎束闌方下昂桯。**如用平棊，即自槫安蜀柱以叉昂尾；如當柱頭，即以草栿或丁栿壓之。**

梁注："屋内不用平棊（天花板），梁架料栱結構全部顯露可見者，謂之'徹上明造'。"[1] 并指出昂尾用挑斡的做法："實例中這種做法很多，可以説是宋、遼、金、元時

代的通用手法。"[2] 梁先生舉例，如河北正定隆興寺宋代轉輪藏殿室内昂尾，與河南登封少林寺初祖庵大殿室内昂尾，都使用了挑斡做法。

又注："'不出昂而用挑斡'的實例見大木作圖31、32；什麼是束闌方和它下面的昂桯，均待考。"[3]

大木作圖31、32（見《梁思成全集》第七卷第98頁圖）以江蘇蘇州虎丘雲巖寺宋代二山門之外檐料栱及其裏轉所用上昂的實例，説明《法式》中所提出之"不出昂而用挑斡"具體做法。

《法式》中，除了此處提到"束闌方"之外，再未見這一術語出現，故無法確定"束闌方"究爲何種構件。

同是這一上下文中出現的"昂桯"一詞，在《法式》卷第一"總釋上"引《義訓》中也有出現："又有上昂，如昂桯挑斡者，施之於屋内或平坐之下。"故"昂桯"，或可理解爲上昂昂身。即如前文所云："若不出昂而用挑斡者，即騎束闌方下昂桯。"此處的"昂桯"，是在不出（下）昂的前提下出現的，可以理解爲自房屋内檐而出，類似上昂的構件，其功能是起到出挑下昂之裏轉的挑斡作用。實例如江蘇蘇州虎丘雲巖寺二山門裏跳在兩跳華栱上所承（上）昂形成挑斡。

由此推測，所謂"騎束闌方下昂桯"，當指位于未出挑之裏轉挑斡所坐之料下

① 梁思成. 梁思成全集. 第七卷. 第95頁. 大木作制度一. 飛昂. 注48. 中國建築工業出版社. 2001年
② 梁思成. 梁思成全集. 第七卷. 第95頁. 大木作制度一. 飛昂. 注49. 中國建築工業出版社. 2001年
③ 梁思成. 梁思成全集. 第七卷. 第95頁. 大木作制度一. 飛昂. 注50. 中國建築工業出版社. 2001年

的木方（上昂），其枓騎（坐）于昂身（昂桯）尾部。以束闌方位于昂桯之下，而挑斡所承之枓，又騎于束闌方之上，似可推測，束闌方很可能是壓于鋪作裏轉上昂昂尾上的一根木方；其功能既要將昂桯尾部連在一起，又要起到壓住上昂尾部，上承平槫底之挑斡作用。束闌方上再騎以小枓，以承屋頂平槫。實例中尚未見到這種情況。故束闌方究爲何物，仍無以得知。

梁先生進一步釋曰："'如用平棊'或平闇，就不是'徹上明造'了。"[1] 從而區分了房屋室內爲徹上明造或爲用平棊、平闇等做法之間的區別。

《法式》前文所提"如用平棊，即自槫安蜀柱以叉昂尾。"梁注："如何叉法，這裏說得不够明確具體。實例中很少這種做法，僅浙江余姚保國寺大殿（宋）有類似做法，是十分罕貴的例證。"[2]

對《法式》前文"如當柱頭，即以草栿或丁栿壓之。"梁指出："實例中這種做法很多，是宋、遼、金、元時代的通用手法。"[3]

[4.4.2]

上昂

二曰上昂，頭向外留六分°。其昂頭外出，昂身斜收向裏，並通過柱心。

梁注："上昂的作用與下昂相反。在鋪作層數多而高，但挑出須儘量小的要求下，頭低尾高的上昂可以在較短的出跳距離內取得挑得更高的效果。上昂祇用于裏跳。實例極少，角直保聖寺大殿、蘇州玄妙觀三清殿都是罕貴的遺例。"[4]

梁先生給出有關上昂的幾個特徵：一是，其作用與下昂相反，主要起到在較短距離內，有較高的承挑高度；二是，上昂祇用于鋪作的裏轉部分。

據《法式》，上昂的（上端）昂頭向外伸出6分°，昂身向鋪作內斜收，甚至可能通過柱心。實例中，僅用一跳上昂者，不一定通過柱心。若施兩跳以上上昂者，第二跳之上的上昂昂身，可能通過柱心。

[4.4.2.1]

五鋪作單杪用上昂

如五鋪作單杪上用者，自櫨枓心出，第一跳華栱心長二十五

① 梁思成. 梁思成全集. 第七卷. 第95頁. 大木作制度
一. 飛昂. 注51. 中國建築工業出版社. 2001年
② 梁思成. 梁思成全集. 第七卷. 第95頁. 大木作制度
一. 飛昂. 注52. 中國建築工業出版社. 2001年
③ 梁思成. 梁思成全集. 第七卷. 第95頁. 大木作制度
一. 飛昂. 注53. 中國建築工業出版社. 2001年
④ 梁思成. 梁思成全集. 第七卷. 第100頁. 大木作制度一. 飛昂. 注54. 中國建築工業出版社. 2001年

分°；第二跳上昂心長二十二分°。其第一跳上，科口內用轉楔。**其平棊方至櫨科口內，共高五材四栔。**其第一跳重棋計心造。

五鋪作內外皆出兩跳，外跳可出兩杪，裏轉則出一杪一上昂。第一跳華栱，出挑25分°；第二跳上昂，出挑22分°。第一跳跳頭上科口內，用轉楔，使科口與上昂昂身間，有緊密咬合，且增加某種裝飾功能。

五鋪作單杪用上昂，從櫨科口到室內平棊方，鋪作高五材四栔。

梁注："平棊方是室內組成平棊骨架的方子。"①

平棊方僅出現于室內，在鋪作裏轉上昂之上，施令栱、耍頭，以承平棊方。與平棊方相一平者，爲襯方頭。祗是這裏的令栱與襯方頭標高，比外檐最外跳跳頭上的令栱與襯方頭，要高出一材。

[4.4.2.2]
六鋪作重杪用上昂

如六鋪作重杪上用者，自櫨科心出，第一跳華栱心長二十七分°。第二跳華栱心及上昂心共長二十八分°。華栱上用連珠科，其科口內用轉楔，

七鋪作、八鋪作同。**其平棊方至櫨科口內，共高六材五栔。於兩跳之內，當中施騎科棋。**

裏跳若用六鋪作，外跳仍可爲六鋪作施三杪。其裏跳可在雙杪之上，再施一上昂。值得注意的是，裏轉第一跳華栱，出挑27分°，比外檐第一跳華栱（出挑26分°）略長，從而使得第二跳華栱與第三跳上昂出跳距離之和，可以控制在28分°。上昂昂身中部，會采用騎科棋，以承其上方子。

因在較短距離內有較高承挑高度，需在第二跳華栱跳頭上用連珠科，且在科口內用轉楔，以確保上昂與整組科棋有緊密契合，并保證上昂昂頭承挑高度。這種使用連珠科與轉楔做法，同樣會出現于七或八鋪作采用上昂情況下。

六鋪作重杪用上昂，鋪作裏轉，自櫨科口至平棊方高六材五栔。

[4.4.2.3]
七鋪作重杪用上昂兩重

如七鋪作於重杪上用上昂兩重者，自櫨科心出，第一跳華栱心長二十三分°，第二跳華栱心長一十五分°；華栱上用連珠科；**第三跳上昂心**兩重上昂共此一跳，**長三十五分°。其平棊方至櫨科口內，共高七材六栔。**其騎科棋與六鋪作同。

① 梁思成. 梁思成全集. 第七卷. 第100頁. 大木作制度一. 飛昂. 注55. 中國建築工業出版社. 2001年

上文"其平棊方至櫨枓口内，共高七材六栔。"後陶本無小注。傅書局合校本注："加小注'其騎枓栱與六鋪作同。'"并注："據故宮本、四庫本補入注文九字。"[1]傅建工合校本注："熹年謹按：陶本脱注文九字，據故宮本、文津四庫本、張本補。"[2]

裏跳若爲七鋪作重杪上施上昂兩重者，則外跳因不出下昂，較大可能是外檐枓栱爲六鋪作出三杪，裏轉七鋪作，雙杪上再施上昂兩重。裏轉第一跳華栱挑出23分°，第二跳華栱，自第一跳華栱心，向内挑出15分°；則兩跳合計出跳距離，爲38分°。如此則與外檐第一跳華栱出挑30分°做法，形成一種大體上的均衡。

第二跳華栱跳頭上，用連珠枓與鞾楔，上承兩重上昂，昂上施騎枓栱，并在第二重昂頭上施令栱，以承平棊方。這裏的第二重昂頭枓心，即裏跳鋪作第三跳跳頭，與第二跳華栱心距離爲35分°。

七鋪作重杪上用上昂兩重做法，其鋪作裏轉，自櫨口枓至平棊方高七材六栔。

[4.4.2.4]

八鋪作三杪用上昂兩重

如八鋪作於三杪上用上昂兩重者，自櫨枓心出，第一跳華栱心長二十六分°；第二跳、第三跳華栱心各長一十六分°；於第三跳華栱上用連珠枓；**第四跳上昂心**兩重上昂共此一跳，**長二十六分°。其平棊方至櫨枓口内，共高八材七栔。**其騎枓栱與七鋪作同。

裏跳若爲八鋪作出三杪，其上施上昂兩重者，同樣會因外跳不出下昂，仍有較大可能是，外檐枓栱保持爲六鋪作出三杪做法，裏轉八鋪作，三跳偷心華栱上，施上昂兩重。第一跳華栱出挑26分°，第二跳與第三跳華栱，各出挑16分°；第四跳跳頭，爲第二重昂頭，其上所施枓之枓心，距離第三跳華栱心26分°。

鋪作裏轉四跳總出挑距離84分°，與外檐六鋪作出三杪（第一跳挑出30分°，第二跳與第三跳挑出各26分°）的總出挑距離82分°，基本均衡。第三跳華栱跳頭上，用連珠枓與鞾楔，上承兩重上昂，昂上施騎枓栱，并在第二重昂頭上施令栱，以承平棊方。

八鋪作于三杪上用上昂兩重做法，其鋪作裏轉部分，自櫨枓口至平棊方高度爲八材七栔。

① [宋]李誡，傅熹年彙校. 營造法式合校本. 第一册. 大木作制度一. 飛昂. 校注. 中華書局. 2018年

② [宋]李誡，傅熹年校注. 合校本營造法式. 第185頁. 大木作制度一. 飛昂. 注2. 中國建築工業出版社. 2020年

[4.4.2.5]
飛昂做法

凡昂之廣厚並如材。其下昂施之於外跳，或單栱或重栱，或偷心或計心造。上昂施之裏跳之上及平坐鋪作之內；昂背斜尖，皆至下枓底外；昂底於跳頭枓口內出，其枓口外用䫻楔。 刻作三卷瓣。

關于上文"凡昂之廣厚並如材"，陳注："角內用足材。前篇：'慢栱與切几頭相列'，'如角內足材下昂造……'"①

凡飛昂，無論下昂、上昂，斷面高厚尺寸均爲一材。下昂用于鋪作外跳部分，承昂華栱可以是偷心造，亦可以是計心造；跳頭所施橫栱，可以是單栱造，亦可以是重栱造。

與下昂相反，上昂用于鋪作裏轉，亦可用于平坐鋪作。上昂昂頭，即"昂背斜尖"，需伸出其所承小枓枓底之外；昂底于跳頭枓口內伸出，並通過在枓口處所施䫻楔，使枓口與昂身形成緊密契合。䫻楔形式，爲三卷瓣。

[4.4.2.6]
騎枓栱

凡騎枓栱，宜單用；其下跳並偷心造。 凡鋪作計心、偷心，並在總鋪作次序制度之內。

參見前文，如六鋪作重杪上用上昂者，"於兩跳之內，當中施騎枓栱。"

騎枓栱，鋪作裏轉用上昂時，位于內檐最外一跳上昂昂頭枓心與其內華栱跳頭之間的一組枓栱。枓栱約施于上昂昂背中點（當中）位置上。

其文："凡騎枓栱，宜單用。"其意不甚明確？據梁注："原圖所畫全是重栱。大木作制度圖樣九所畫騎枓栱，仍按原圖繪製。"②

梁先生所理解之："宜單用"，似意爲"單栱造"。另從文義推測，亦可理解爲，騎枓栱不必與鋪作中的出跳枓栱組合在一起使用，宜單獨施設？

此外，騎枓栱之下跳，均宜采用偷心造做法。這一說法亦可理解爲，凡鋪作裏跳用上昂者，其下所施枓栱，宜用偷心造？幾種理解，究爲何，未可知。

另上文小注"凡鋪作計心、偷心，並在總鋪作次序制度之內。"其意并非僅就騎枓栱而言，而指不論如何施設枓栱，包括計心造、偷心造，都須將各跳枓栱，計算在總鋪作次序制度之內。以此推知，無論是采用下昂，還是上昂做法，其枓、栱、昂出跳，均應計算在總鋪作次序制度內。

上文中所言與飛昂相關之長度單位——"分"，皆爲其昂所用材之"分°"。

① [宋]李誡. 營造法式（陳明達點注本）. 第一册. 第85頁. 大木作制度一. 飛昂. 批注. 浙江攝影出版社. 2020年

② 梁思成. 梁思成全集. 第七卷. 第100頁. 大木作制度一. 飛昂. 注56. 中國建築工業出版社. 2001年

【4.5】

爵頭_{其名有四：一曰爵頭，二曰耍頭，三曰胡孫頭，}
_{四曰蜉蝬頭}

上文"蜉蝬"，梁注："蜉蝬，讀
如浮冲。"①

蜉，爲昆蟲的一種，古人常提到
者，如蚍蜉、蜉蝣等。蜉蝬（音似爲
zong），疑指螞蚱。後人稱"耍頭"爲
"螞蚱頭"，當即其意所轉。

關于爵頭各種不同名稱的討論，可
見本書第1章第1.3.4節，"爵頭"條。

〔4.5.1〕
耍頭形制

**造耍頭之制：用足材自枓心出，長二十五
分°，自上棱斜殺向下六分°，自頭上量
五分°，斜殺向下二分°。**_{謂之鵲臺。}**兩面留
心，各斜抹五分°，下隨尖各斜殺向上二
分°，長五分°。下大棱上，兩面開龍牙
口，廣半分°，斜梢向尖。**_{又謂之錐眼。}**開口與
華栱同，與令栱相交，安於齊心枓下。**

上文"耍頭"，梁注："清式稱'螞
蚱頭'。"②

宋式耍頭一般做法：斷面爲足材，
長25分°；其外伸端頭，通過斜殺、斜

抹、開龍牙口等做法，留出"鵲臺""錐
眼"等細部，外輪廓與清式螞蚱頭接近。

耍頭與令栱相交，并安于齊心枓
下。耍頭與令栱之上，承撩檐方或平
棊方。

〔4.5.2〕
耍頭安卓_{或不出耍頭}

若累鋪作數多，皆隨所出之跳加長，_{若角內}
_{用，則以斜長加之。}**於裏外令栱兩出安之。如上下
有礙昂勢處，即隨昂勢斜殺，放過昂身。或
有不出耍頭者，皆於裏外令栱之內，安到心
股卯。**_{祇用單材。}

上文"兩出安之"，梁注："與令栱
相交出頭。"③恰與其後文"或有不出
耍頭者"相呼應。

上文"放過昂身"，梁注："因此，
前後兩耍頭各成一構件，且往往不
在同跳的高度上。"④外檐撩檐方下，
或裏跳平棊方下令栱，可能與耍頭相
交，但因鋪作中用昂，內外耍頭一般爲
兩根構件，且很可能不在同一跳標高上。

上文"到心股卯"，梁注："這
'心'是指跳心，即到令栱厚之
半。"⑤

上文"如上下有礙昂勢處，即隨昂
勢斜殺，放過昂身。"陶本："如上下
有礙昂勢處，即隨昂勢斜殺，於放過

① 梁思成. 梁思成全集. 第七卷. 第103頁. 大木作制
　度一. 爵頭. 注57. 中國建築工業出版社. 2001年
② 梁思成. 梁思成全集. 第七卷. 第103頁. 大木作制
　度一. 爵頭. 注58. 中國建築工業出版社. 2001年
③ 梁思成. 梁思成全集. 第七卷. 第103頁. 大木作制
　度一. 爵頭. 注59. 中國建築工業出版社. 2001年

④ 梁思成. 梁思成全集. 第七卷. 第103頁. 大木作制
　度一. 爵頭. 注60. 中國建築工業出版社. 2001年
⑤ 梁思成. 梁思成全集. 第七卷. 第103頁. 大木作制
　度一. 爵頭. 注61. 中國建築工業出版社. 2001年

昂身。"

傅建工合校本此處爲"如上下有
礙昂處",并注:"劉批陶本:丁本、
陶本昂下有'勢'字,但用筆點
去。故宮本、四庫本無,據以刪去
'勢'字。"[1]

對陶本中"勢"與"於"兩字,陳
注:"故宮本,無此二字。"[2] 傅書
局合校本注:"故宮本無'勢'字。
'於'字應刪。"[3] 又補注:"'於'字
宜衍。"[4]

上文"安到心股卯",傅書局合校
本注:"'股'當作'鼓'。"[5] 即改"股
卯"爲"鼓卯"。傅建工合校本注:"朱
批陶本:'股'當作'鼓'。熹年謹
按:諸本均作'股',故未改,存
朱批備考。"[6]

"鼓卯"概念,見于《法式》"石作
制度·卷輂水窗":"如騎河者,每段用熟鐵鼓卯
二枚,仍以錫灌。"

上文"要頭形制"條所言要頭長25
分°,祇是一個標準做法。若其下鋪作
數多,要頭長度需隨所出之跳加長。如
遇轉角鋪作斜角方向之要頭,更需以斜
長加之。

要頭應與鋪作內外跳頭上令栱相
交。但若鋪作中有下昂或上昂,則應
隨昂之斜勢,斜殺要頭尾部,使兩斜貼

切,并放過昂身。這時的科栱內外跳頭
上所施要頭,是兩根構件,且很可能不
在同一跳標高上。

若遇不出要頭做法,則要頭僅伸至
鋪作內外令栱之內,但需通過"到心股
卯",使要頭之卯深入令栱之心,使兩
相交接。這時的要頭所用之木方,斷面
僅用單材,無須用足材。

上文中所言與要頭相關之長度單
位——"分",皆爲其要頭所用材之"分°。

【4.6】

科_{其名有五:一曰棨,二曰枡。三曰櫨,四曰楷,五曰科}

上文"棨"與"枡",梁注:"棨,
音'節'。"[7] 又:"枡,音'而'。"[8]

"科",現代人已習用"斗"字,但
其字易與"鬥"或"鬪"之簡體字相混
淆,故需謹慎對待之。其5種名稱討論
見本書第1章第1.3.5節,"科"條。

科,乃古人的一種食器。宋人葉
夢得云:"科,食器,正今之杓也。"[9]
科,亦可用爲盛水器,《通典》:"浴水
用盆,沃水用科。"[10]

古人之"科",實爲古之衡器。《孔
子集語》引《韓詩外傳》:"升科之糧,
使兩國相親如弟兄。"[11] 西漢劉向:"順

① [宋]李誡,傅熹年校注.合校本營造法式.第186頁.
大木作制度一.爵頭.注1.中國建築工業出版社.
2020年
② [宋]李誡.營造法式(陳明達點注本).第一册.第86
頁.大木作制度一.爵頭.批注.浙江攝影出版社.
2020年
③ [宋]李誡,傅熹年彙校.營造法式合校本.第一册.
大木作制度一.爵頭.校注.中華書局.2018年
④ [宋]李誡,傅熹年彙校.營造法式合校本.第一册.
大木作制度一.爵頭.校注.中華書局.2018年
⑤ [宋]李誡,傅熹年彙校.營造法式合校本.第一册.
大木作制度一.爵頭.校注.中華書局.2018年
⑥ [宋]李誡,傅熹年校注.合校本營造法式.第186頁.

大木作制度一.爵頭.注2.中國建築工業出版社.
2020年
⑦ 梁思成.梁思成全集.第七卷.第103頁.大木作
制度一.科.注62.中國建築工業出版社.2001年
⑧ 梁思成.梁思成全集.第七卷.第103頁.大木作
制度一.科.注63.中國建築工業出版社.2001年
⑨ [宋]葉夢得.避署錄話.卷下.第82頁.大象出版
社.2019年
⑩ [唐]杜佑.通典.卷八十四.禮四十四.沿革
四十四.凶禮六.喪制之二.沐浴.第2267頁.中
華書局.1988年
⑪ 郭沂校注.孔子集語校注.卷九.論人八.韓詩外
傳九.第269頁.中華書局.2017年

針縷者成帷幕，合升枓者實倉廩。"①
升枓之"枓"，在形態外廓上，更接近
房屋所用枓栱之"枓"。換言之，枓之
形式或與古代升枓之"枓"十分相近？
故古代營造之"枓"，即與古人衡器之
"枓"通。

〔4.6.1〕
櫨枓

造枓之制有四：

一曰櫨枓。施之於柱頭，其長與廣，皆三十二分°。若施於角柱之上者，方三十六分°。 如造圜枓，則面徑三十六分°，底徑二十八分°。**高二十分°；上八分°爲耳；中四分°爲平；下八分°爲欹。** 今俗謂之"溪"者非。**開口廣十分°，深八分°。** 出跳則十字開口，四耳；如不出跳，則順身開口，兩耳。**底四面各殺四分°，欹顣一分°。** 如柱頭用圜枓，即補間鋪作用訛角枓。

造枓之制有四：櫨枓、交互枓、齊心枓、散枓。梁注："四種枓的使用位置和組合關係參閱大木作圖15。"② 參見《梁思成全集》第七卷，第89頁圖。

上文小注"補間鋪作用訛角枓"，梁注："訛角即圓角。"③ 陳注："卷第三十圖樣作'訛角箱枓'。"④ 傅書局合校本注：改"訛角枓"爲"訛角箱

枓"⑤，并注："卷第三十大木作圖樣，'絞割鋪作栱昂枓等所用卯口圖'內作'訛角箱枓'，較此多一'箱'字。"⑥

傅建工合校本注："劉校故宮本：卷第三十大木作圖樣絞割鋪作栱昂枓等所用卯口圖內作'訛角箱枓'，較此多一'箱'字。"⑦

柱頭鋪作櫨枓用"圜枓"，補間鋪作櫨枓用"訛角枓"。似圜枓與訛角枓爲兩種不同形式之枓。圜枓，平面形式爲圓環狀；訛角枓，似僅"訛"其"角"，即僅將方形枓之四角抹爲圓角？

"訛角箱枓"，未解其意。《法式》他處行文再未見"箱枓"一詞。未知此處所加"箱"字，是否仍爲史上傳抄之誤？

櫨枓，爲宋式枓栱中的大枓；位于鋪作底部，如清式之"坐枓"。所言"施之於柱頭"者，指柱頭與轉角鋪作所用櫨枓。補間鋪作亦用櫨枓，尺寸或與柱頭櫨枓同。上文"如柱頭用圜枓，即補間鋪作用訛角枓"主張補間鋪作與柱頭鋪作，使用不同形式的櫨枓。

柱頭（或補間）鋪作櫨枓：平面方形，長、廣皆32分°。轉角鋪作櫨枓：平面亦爲方形，長、廣皆36分°。若用圜枓，則面徑36分°，底徑28分°。

櫨枓高20分°，上8分°爲耳；中

① [西漢]劉向. 説苑校證. 卷七. 政理. 第145頁. 中華書局. 1987年
② 梁思成. 梁思成全集. 第七卷. 第103頁. 大木作制度一. 枓. 注64. 中國建築工業出版社. 2001年
③ 梁思成. 梁思成全集. 第七卷. 第103頁. 大木作制度一. 枓. 注65. 中國建築工業出版社. 2001年
④ [宋]李誠. 營造法式（陳明達點注本）. 第一冊. 第87頁. 大木作制度一. 枓. 批注. 浙江攝影出版社. 2020年
⑤ [宋]李誡，傅熹年彙校. 營造法式合校本. 第一冊. 大木作制度一. 枓. 校注. 中華書局. 2018年
⑥ [宋]李誡，傅熹年彙校. 營造法式合校本. 第一冊. 大木作制度一. 枓. 校注. 中華書局. 2018年
⑦ [宋]李誡，傅熹年校注. 合校本營造法式. 第189頁. 大木作制度一. 枓. 注1. 中國建築工業出版社. 2020年

4分°爲平；下8分°爲欹。櫨枓之上開口留耳，若有出跳華栱或昂者，開十字口，留四耳；若不出跳，如用"一枓三升"做法，開順身口，留兩耳。開口寬10分°，深8分°。

櫨枓底，四面各殺4分°，并將斜殺之直綫，斫成內有微凹（欹頔）之曲綫。欹頔深1分°。

〔4.6.2〕

交互枓（交栿枓）

二曰交互枓。亦謂之長開枓。**施之於華栱出跳之上。**十字開口，四耳；如施之於替木下者，順身開口，兩耳。**其長十八分°，廣十六分°。**若屋內梁栿下用者，其長二十四分°，廣十八分°，厚十二分°半，謂之交栿枓；於梁栿頭橫用之。如梁栿項歸一材之厚者，祇用交互枓。如柱大小不等，其枓量柱材隨宜加減。

上文小注"如柱大小不等，其枓量柱材隨宜加減"，梁思成、陳明達兩位先生都有質疑。梁注："按交互枓不與柱發生直接關係（祇有櫨枓與柱發生直接關係），因此這裏發生了爲何'其枓量柱材'的問題。'柱'是否'梁'或'栿'之誤？如果說：'如梁大小不等，其枓量梁材'，似較合理。假使說是由柱身出丁頭栱，栱頭上用交互枓承梁，似乎柱之大小也不

應該直接影響到枓之大小，謹此指出存疑。"[1]陳注："疑爲栿。"[2]似當改爲："如梁（栿）大小不等，其枓量梁（栿）材隨宜加減。"亦即與梁（栿）相交之交互枓尺寸，以其所承梁（栿）斷面大小確定。

陳又注"交互枓"："十八枓"[3]，疑注意到其枓長爲十八分°，用于屋內梁栿下時，其廣亦爲十八分°。十八枓乃清式枓栱中的名稱："在翹或昂之兩端，托着上一層栱與翹昂交點的叫十八枓。"[4]

交互枓，位于鋪作出跳華栱跳頭上之栱。其枓僅與上一跳華栱或昂相接。若爲計心造，跳頭用橫栱，枓口開十字口，留四耳。若出跳華栱偷心，跳頭所施枓，爲散枓。或將交互枓施于替木之下，亦開順身口，留兩耳。

交互枓長18分°，廣16分°。其長爲面，其廣爲深。據後文，交互枓高（厚）爲10分°，則高（厚）12.5分°的交栿枓則比交互枓高出2.5分°。

若鋪作裏轉跳頭有梁栿者，栿下之交互枓，面長24分°，其廣（深）18分°，高（厚）亦爲12.5分°。此種情況下之交互枓稱"交栿枓"，用于梁栿端頭。若將梁栿端頭，斫爲一材厚，則其枓仍用日常交互枓尺寸，仍可稱"交互枓"。

① 梁思成. 梁思成全集. 第七卷. 第103頁. 大木作制度一. 枓. 注66. 中國建築工業出版社. 2001年
② [宋]李誠. 營造法式（陳明達點注本）. 第一冊. 第87頁. 大木作制度一. 枓. 批注. 浙江攝影出版社. 2020年
③ [宋]李誠. 營造法式（陳明達點注本）. 第一冊. 第87頁. 大木作制度一. 枓. 批注. 浙江攝影出版社. 2020年
④ 梁思成. 清式營造則例. 第24頁. 中國建築工業出版社. 1981年

齊心枓（華心枓）

三曰齊心枓。亦謂之華心枓。**施之於栱心之上，**順身開口，兩耳；若施之於平坐出頭木之下，則十字開口，四耳。**其長與廣皆十六分°。**如施由昂及内外轉角出跳之上，則不用耳，謂之平盤枓；其高六分°。

上文小注"如施由昂"，陳注："施之於由（昂）"。[1] 傅書局合校本注：于"由昂"前補"之於"二字，其文改爲"如施之於由昂"，并注："'之於'二字，據故宫本補。"[2] 傅建工合校本注："劉校故宫本：諸本由昂前均脱'之於'二字，據故宫本補入。又，丁本、張本、故宫本、文津四庫本均作'田昂'，依文義應作'由昂'。"[3]

齊心，意爲"與中心齊"；華心，意爲"華（花）之心"，有"位在中心"意。《史記》："南至於心，言萬物始生，有華心也。"[4] 齊心枓，即施之于跳頭横栱，如令栱中心上之枓。

齊心枓一般爲順身開口，兩耳。若平坐枓栱令栱上有出頭木者，因出頭木自齊心枓出，其枓爲十字開口，四耳。齊心枓平面爲方形，長、廣皆16分°。

轉角鋪作，其角華栱或角昂最外一跳跳頭，如轉角由昂上所施齊心枓，上承角神或寶瓶；其枓爲平盤枓。則其枓不用耳；枓欹與枓平，共高6分°。

散枓

四曰散枓。亦謂之小枓，或謂之順桁枓，又謂之騎互枓。**施之於栱兩頭。**横開口，兩耳；以廣爲面。如鋪作偷心，則施之於華栱出跳之上。**其長十六分°，廣十四分°。**

除了櫨枓、交互枓、齊心枓之外，散施于横栱兩頭之枓，稱"散枓"；且其尺寸小于櫨枓、交互枓、齊心枓等，亦稱"小枓"。因横栱所承橑檐方、羅漢方等，皆與榑（桁）平行，其横栱上兩頭所施枓，爲"順桁"而設，故亦稱"順桁枓"。

房屋室内梁架，承托于諸榑替木，或襻間之下，所施承榑栱上之枓，亦爲順桁施設；故這些位置，亦當用散枓。

上文所稱"騎互枓"，究因何而名之？未可知。

散枓爲横開口，留兩耳。其廣爲面，廣14分°；其深爲長，長16分°。若鋪作爲偷心造，華栱跳頭上之枓，亦爲散枓。

① [宋]李誡. 營造法式（陳明達點注本）. 第一册. 第87頁. 大木作制度一. 枓. 批注. 浙江攝影出版社. 2020年

② [宋]李誡, 傅熹年彙校. 營造法式合校本. 第一册. 大木作制度一. 枓. 校注. 中華書局. 2018年

③ [宋]李誡, 傅熹年校注. 合校本營造法式. 第189頁. 大木作制度一. 枓. 注2. 中國建築工業出版社. 2020年

④ [漢]司馬遷. 史記. 卷二十五. 律書第三. 第1245頁. 中華書局. 1982年

〔4.6.5〕

諸科形制

凡交互枓、齊心枓、散枓，皆高十分°；上四分°爲耳，中二分°爲平，下四分°爲歃。開口皆廣十分°，深四分°，底四面各殺二分°，歃頗半分°。

凡四耳枓，於順跳口內前後裏壁，各留隔口包耳，高二分°，厚一分°半；櫨枓則倍之。角內櫨枓，於出角栱口內留隔口包耳。其高隨耳，抹角內廳入半分°。

上文所列諸枓，除櫨枓高20分°外，交互、齊心、散枓高均爲10分°。其中，上4分°爲耳；中2分°爲平；下

4分°爲歃。

諸枓上部，各開枓口，口廣10分°，深4分°。枓底四面各殺入2分°（留爲6分°見方），斜殺之下，再向內歃頗0.5分°。

爲防止枓上所承構件發生滑動，凡四耳枓，于順跳口內前後裏壁各留隔口包耳，其高2分°，厚1.5分°。若櫨枓內用隔口包耳，其高4分°，厚3分°。若轉角鋪作櫨枓，則于角栱口內留隔口包耳，高與枓耳同，但在抹角之內須廳入0.5分°，使其隔口包耳不顯于外。

諸枓尺寸一覽見表4.6.1。

諸枓尺寸一覽   表4.6.1

枓名 \ 尺寸	枓長（分°）	枓廣（分°）	枓高（分°）	耳高（分°）	平高（分°）	歃高（分°）	備注
櫨枓	32	32	20	8	4	8	
角櫨枓	36	36	20	8	4	8	隔口包耳
交互枓	18（面）	16（深）	10	4	2	4	隔口包耳
交栿枓	24（面）	18（深）	12.5	6.5	2	4	
齊心枓	16	16	10	4	2	4	
散枓	16（深）	14（面）	10	4	2	4	平坐用四耳散枓

【4.7】
總鋪作次序

總鋪作次序之制：凡鋪作自柱頭上櫨枓口內

出一栱或一昂，皆謂之一跳；傳至五跳止。

出一跳謂之四鋪作，或用華頭子，上出一昂；

出兩跳謂之五鋪作，下出一卷頭，上施一昂；

出三跳謂之六鋪作，下出一卷頭，上施兩昂；

出四跳謂之七鋪作，<small>下出兩卷頭，上施兩昂；</small>

出五跳謂之八鋪作，<small>下出兩卷頭，上施三昂。</small>

自四鋪作至八鋪作，皆於上跳之上，橫施令栱與耍頭相交，以承橑檐方；至角，各於角昂之上，別施一昂，謂之由昂，以坐角神。

上文"以承橑檐方"，傅書局合校本注："撩，故宮本。"①

梁注："'鋪作'這一名詞，在《營造法式》'大木作制度'中是一個用得最多而含義又是多方面的名詞。在'總釋上'中曾解釋爲'今以枓栱層數相叠，出跳多寡次序謂之鋪作'。在'制度'中提出每'出一栱或一昂，皆謂之一跳'。從四鋪作至八鋪作，每增一跳，就增一鋪作。如此推論，就應該是一跳等于一鋪作。但爲什麼又'出一跳謂之四鋪作'而不是'出一跳謂之一鋪作'呢？

我們將鋪作側樣用各種方法計數核算，祇找到一種能令出跳數和鋪作數都符合本條所舉數字的數法如下：

從櫨枓數起，至襯方頭止，櫨枓爲第一鋪作；耍頭及襯方頭爲最末兩鋪作；其間每一跳爲一鋪作。祇有這一數法，無論鋪作多寡，用下昂或用上昂，外跳或裏跳，都能使出跳數和鋪作數與本條中所舉數

字相符。例如大木作圖43②所示。

'出一跳謂之四鋪作'，在這組枓栱中，前後各出一跳；櫨枓（1）爲第一鋪作，華栱（2）爲第二鋪作，耍頭（3）爲第三鋪作，襯方頭（4）爲第四鋪作；剛好符合'出一跳謂之四鋪作'。

再舉'七鋪作，重栱，出雙杪雙下昂；裏跳六鋪作，重栱，出三杪'爲例（大木作圖44）③，在這組枓栱中，裏外跳數不同。外跳是'出四跳謂之七鋪作'；櫨枓（1）爲第一鋪作，雙杪（栱2及3）爲第二、第三鋪作，雙下昂（下昂4及5）爲第四、第五鋪作，耍頭（6）爲第六鋪作，襯方頭（7）爲第七鋪作；剛好符合'出四跳謂之七鋪作'。至于裏跳，同樣數上去；但因無襯方頭，所以用外跳第一昂（4）之尾代替襯方頭，作爲第六鋪作（6），也符合'出三跳謂之六鋪作'。

這種數法同樣適用于用上昂的枓栱。這裏以最複雜的'八鋪作，重栱，出上昂，偷心，跳內當中施騎枓栱'爲例（大木作圖45）④。外跳三杪六鋪作，無須贅述。單説用雙上昂的裏跳。櫨枓（1）及第一、第二跳華栱（2及3）爲第一、第二、第三鋪作；跳頭用連珠枓的

① [宋]李誡, 傅熹年彙校. 營造法式合校本. 第一冊. 大木作制度一. 總鋪作次序. 校注. 中華書局. 2018年

② 梁思成. 梁思成全集. 第七卷. 第105頁. 大木作制度一. 總鋪作次序. 大木作圖43a、b. 中國建築工業出版社. 2001年

③ 梁思成. 梁思成全集. 第七卷. 第106頁. 大木作制度一. 總鋪作次序. 大木作圖44. 中國建築工業出版社. 2001年

④ 原書這裏所用: 梁思成全集. 第七卷. 第106頁. 大木作制度一. 總鋪作次序. 大木作圖45. 與其行文不符, 該圖爲"外檐八鋪作雙杪三下昂, 裏轉六鋪作出三杪"做法; 而這裏文字所描述之枓栱, 應是"外檐六鋪作出三杪, 裏轉八鋪作, 三杪雙上昂"做法, 該圖實爲: 梁思成全集. 第七卷. 第386頁. 大木作制度圖樣九. "八鋪作重栱出上昂偷心跳內當中施騎枓栱"圖。

第三跳華栱（4）爲第四鋪作；兩層上昂（5及6）爲第五及第六鋪作，再上耍頭（7）和襯方頭（8）爲第七、第八鋪作；同樣符合于‘出五跳謂之八鋪作’。但須指出，這裏外跳和裏跳各有一道襯方頭，用在高低不同的位置上。”①

鋪作，是《法式》大木作料栱體系中的一個核心概念。梁先生這段分析，是《營造法式注釋》一書最具創見性的論述之一。宋人所稱“鋪作”一詞，無論在《法式》原文，還是在歷來與營造有關的各種文獻中，從未見任何相應解釋。這一詞與上文“出一跳謂之四鋪作”等之表述，成爲一個難解之謎。基于宋、遼建築實例分析與文本研究，梁先生與其科研團隊爲這一中國建築史上的疑難問題找到了合乎邏輯的科學解釋，可謂中國古代營造科技史研究的一項重大突破。

關于這段文字，梁先生所釋已很清晰。惟有一點或可補充：除上文提到的“出一跳謂之四鋪作”至“出五跳謂之八鋪作”諸出跳料栱外，宋式料栱出跳，還有最簡單的“料口跳”做法，甚或不出跳之“一料三升”做法，亦可略加討論。

《法式》文本中多次提到“料口跳”，玆不贅述。關于“一料三升”，《法式》行文并未提及，僅在前文“櫨料”條有：“如不出跳，則順身開口，兩耳。”用櫨料却不出跳者，較大可能，即有所謂“一料三升”或自櫨料口內直接承托柱頭方兩種做法。

問題是宋式料栱這兩種簡單做法，似難納入“總鋪作次序”中。況若據如上有關“鋪作”意義之釋，這兩種料栱形式是否還可稱“鋪作”？若稱“鋪作”，又如何推算其鋪作數，亦屬未解之題。

這段行文結尾部分，提到鋪作跳頭上所施令栱與橑檐方及轉角鋪作中所用由昂、角神等，之前討論中已述及，玆不重複。

〔4.7.1〕
補間鋪作

凡於闌額上坐櫨料安鋪作者，謂之補間鋪作今俗謂之步間者非。**當心間須用補間鋪作兩朵，次間及梢間各用一朵。其鋪作分布，令遠近皆勻。**若逐間皆用雙補間，則每間之廣，丈尺皆同。如祇心間用雙補間者，假如心間用一丈五尺，則次間用一丈之類。或間廣不勻，即每補間鋪作一朵，不得過一尺。

梁注：“‘每補間鋪作一朵，不得過一尺’，文義含糊。可能是説各朵與鄰朵的中綫至中綫的長度，相差不得超過一尺；或者説兩者之間

① 梁思成. 梁思成全集. 第七卷. 第104頁. 大木作制度一. 總鋪作次序. 注67. 中國建築工業出版社. 2001年

的净距離（即兩朵相對的慢栱栱頭之間的距離）不得超過一尺。謹指出存疑。關于建築物開間的比例、組合變化的規律，陶本原文沒有提及，爲了幫助讀者進一步探討，僅把歷代的主要建築實例按着年代順序排比如大木作圖46—51[1]供參考。"[2]

陳注："當心間兩朵，次、梢間一朵，是標準做法。"[3]又注："一丈五尺及一丈之材分。"[4]這兩個點注，似標示出陳先生對這段行文之理解與強調？

上文小注"次間用一丈之類"，陶本："則次間用一丈之類"。

又，"每補間鋪作一朵，不得過一尺。"傅書局合校本注："丈，依文義應作丈。"[5]并注："尺，故宮本亦作尺，疑爲文之誤。"[6]又注："《續談助》摘抄北宋本法式，亦作'尺'，故不改。"[7]

傅建工合校本注："劉校故宮本：故宮本亦作'尺'，依文義應作'丈'。熹年謹按：晁載之《續談助》卷三摘録北宋崇寧本《營造法式》録有此句，亦作'每補間鋪作一朵不得過一尺'。故從'尺'。存劉校備考。"[8]

宋代營造核心問題之一，如梁先生所釋，是"建築物開間的比例、組合變化的規律"。《法式》這段行文，多少透露了其中一點奧秘，如"若逐間皆用雙補間，則每間之廣，丈尺皆同。"宋式建築，可能采用將開間面廣作逐間均匀分布做法。又如"如祇心間用雙補間者，假如心間用一丈五尺，則次間用一丈之類。"宋式建築，亦可能采用當心間開間面廣稍大，自次間始，開間或有減少的做法。如其文所舉，當心間廣1.5丈，次間廣1丈之例。

這種情況仍有兩種可能：一是，諸次間、梢間開間相等，僅當心間稍大；二是，自次間至梢間、盡間，開間尺寸逐間减小。

《法式》行文對此未作進一步表述。由上文末句"或間廣不匀，……"似已道出，宋式建築開間比例，既可能間廣均匀分布，亦可能間廣不匀分布，兩種情況都有。

至于"每補間鋪作一朵，不得過一尺"的説法，據梁先生所釋，亦存兩種可能：或鋪作"中至中"距離，或鋪作"端至端"距離。對此未作定論。

從宋式枓栱尺寸較大且比較舒朗的特徵推測，以兩朵相鄰鋪作中縫至中縫的距離不超過1尺，似較難做到，較大可能是兩朵鋪作間淨距，即兩朵相鄰鋪作之慢栱栱頭間距離，不超過1尺。

① 梁思成. 梁思成全集. 第七卷. 第108—113頁. 大木作制度一. 總鋪作次序. 大木作圖46—51. 中國建築工業出版社. 2001年

② 梁思成. 梁思成全集. 第七卷. 第107頁. 大木作制度一. 總鋪作次序. 注68. 中國建築工業出版社. 2001年

③ [宋]李誡. 營造法式（陳明達點注本）. 第一册. 第89頁. 大木作制度一. 總鋪作次序. 批注. 浙江攝影出版社. 2020年

④ [宋]李誡. 營造法式（陳明達點注本）. 第一册. 第90頁. 大木作制度一. 總鋪作次序. 批注. 浙江攝影出版社. 2020年

⑤ [宋]李誡. 傅熹年彙校. 營造法式合校本. 第一册. 大木作制度一. 總鋪作次序. 校注. 中華書局. 2018年

⑥ [宋]李誡. 傅熹年彙校. 營造法式合校本. 第一册. 大木作制度一. 總鋪作次序. 校注. 中華書局. 2018年

⑦ [宋]李誡. 傅熹年彙校. 營造法式合校本. 第一册. 大木作制度一. 總鋪作次序. 校注. 中華書局. 2018年

⑧ [宋]李誡. 傅熹年校注. 合校本營造法式. 第193頁. 大木作制度一. 總鋪作次序. 注1. 中國建築工業出版社. 2020年

〔4.7.2〕

計心與偷心

凡鋪作逐跳上_{下昂之上亦同}**安栱，謂之計心；若逐跳上不安栱，而再出跳或出昂者，謂之偷心。** 凡出一跳，南中謂之出一枝；計心謂之轉葉，偷心謂之不轉葉，其實一也。

如其文言，出一跳華栱，"謂之出一枝"，跳頭施橫栱，"謂之計心"，而"計心謂之轉葉"；跳頭不施橫栱，接着出挑栱或昂，"謂之偷心"，而"偷心謂之不轉葉"。

古人似將枓栱，想象爲樹枝，向外出挑之華栱，爲"出一枝"，華栱跳頭上出橫栱，比作枝頭上的葉子。則施橫栱之計心枓栱，"謂之轉葉"；無橫栱之偷心枓栱，"謂之不轉葉"。此一説法，形象逼真。所謂"南中"，疑即"南方"。

此處再一次關涉徐伯安先生所提，出跳華栱，究應稱"杪"，或"抄"之問題？陶本中兩種情况都有。

由上文出一跳華栱，謂之"出一枝"者，寓意樹枝。樹枝，又稱"樹杪"，如唐人王維詩："山中一夜雨，樹杪百重泉。"[1] 兩相印證，較大可能是"杪"而非"抄"。"抄"疑爲"杪"之誤寫。

〔4.7.3〕

單栱與重栱

凡鋪作逐跳計心，每跳令栱上，祇用素方一重，謂之單栱； 素方在泥道栱上者，謂之柱頭方；在跳上者，謂之羅漢方；方上斜安遮椽版；**即每跳上安兩材一栔。** 令栱、素方爲兩材，令栱上枓爲一栔。

若每跳瓜子栱上至橑檐方下，用令栱**施慢栱，慢栱上用素方，謂之重栱；** 方上斜施遮椽版；**即每跳上安三材兩栔。** 瓜子栱、慢栱、素方爲三材；瓜子栱上枓、慢栱上枓爲兩栔。

上文小注"謂之羅漢方"之"漢"，傅書局合校本注："漫，故宮本作'漫'，陶本作'漢'，孰是待考？"[2] 又注："故宮本、四庫本、張蓉鏡本，均作'漫'，可不改。"[3] 傅建工合校本此處爲"羅漫方"[4]，并注："劉校故宮本：陶本作'羅漢方'。故宮本同丁本，'漢'作'漫'，'漢''漫'孰是？待考。"[5] 又注："熹年謹按：文津四庫本、張本、瞿本亦均作'羅漫方'，故不改，存劉批備考。"[6]

兩個與鋪作相關概念：一是，何爲單栱，何爲重栱？二是，何時用令栱，何時用瓜子栱？

凡鋪作計心，華栱跳頭施橫栱。若僅施一栱，所施橫栱上，再施素方，稱

① 張進等編. 王維資料彙編. 五. 明代. 屠隆. 第561頁. 中華書局. 2014年
② [宋]李誡，傅熹年彙校. 營造法式合校本. 第一册. 大木作制度一. 總鋪作次序. 校注. 中華書局. 2018年
③ [宋]李誡，傅熹年彙校. 營造法式合校本. 第一册. 大木作制度一. 總鋪作次序. 校注. 中華書局. 2018年
④ [宋]李誡，傅熹年校注. 合校本營造法式. 第191頁. 大木作制度一. 總鋪作次序. 正文小注. 中國建築工業出版社. 2020年

⑤ [宋]李誡，傅熹年校注. 合校本營造法式. 第193頁. 大木作制度一. 總鋪作次序. 注2. 中國建築工業出版社. 2020年
⑥ [宋]李誡，傅熹年校注. 合校本營造法式. 第193頁. 大木作制度一. 總鋪作次序. 注3. 中國建築工業出版社. 2020年

"單栱造"；因是單栱，其橫栱須用令栱。令栱之上施素方。柱頭縫之橫栱，爲泥道令栱，上承柱頭方；跳頭上橫栱，上承羅漢方。方上斜安遮椽版。單栱造，每跳跳頭之上，遮椽版之下，有兩材一栔的高度。

若華栱跳頭上施一橫栱，栱上再施橫栱，則兩栱相叠，稱"重栱造"。跳頭上第一重栱，爲瓜子栱；第二重栱，爲慢栱。若在柱頭縫，下爲泥道瓜子栱，上爲泥道慢栱；栱上素方爲柱頭方；若在跳頭上，下爲瓜子栱，上爲慢栱；栱上素方爲羅漢方。方上可斜安遮椽版。重栱造，每跳跳頭之上，遮椽版之下，有三材兩栔的高度。

惟鋪作外檐最外跳跳頭，即橑檐方下，僅施單栱，且僅用令栱。

究應爲"羅漢方"還是"羅漫方"，仍存疑。

〔4.7.4〕
連栱交隱

凡鋪作，並外跳出昂；裏跳及平坐，祇用卷頭。若鋪作數多，裏跳恐太遠，即裏跳減一鋪或兩鋪；或平棊低，即於平棊方下更加慢栱。
凡轉角鋪作，須與補間鋪作勿令相犯；或梢間近者，須連栱交隱；補間鋪作不可移遠，恐間內不勻。或於次角補間近角處，從上減一跳。

陳注："'裏跳太遠'之意義？何以平棊低？"①

宋式枓栱外跳，會用到下昂；如四鋪作單下昂；五鋪作單杪單下昂；六鋪作單杪雙下昂、六鋪作雙杪單下昂；七鋪作雙杪雙下昂；八鋪作雙杪三下昂。但鋪作裏跳及平坐枓栱，不用下昂，僅出華栱。偶然情況下，外跳鋪作也會出現五鋪作出雙杪，或六鋪作出三杪情況。

上文"平棊低，即於平棊方下更加慢栱"，梁注："即在跳頭原來施令栱處，改用瓜子栱及慢栱，這樣就可以把平棊方和平棊升高一材一栔。"②

鋪作裏、外跳出跳數，未必保持一致。"若鋪作數多，裏跳恐太遠，即裏跳減一鋪或兩鋪。"鋪作數多時，裏跳出跳數可比外跳少，以防止出跳過遠，不利于室內平棊設置。若因裏跳出跳層數少而引致平棊偏低，需在平棊方下施重栱，即在裏跳跳頭施瓜子栱與慢栱，承平棊方，以增加室內平棊高度。

關于"連栱交隱"，梁注："即鴛鴦交手栱（大木作圖52③）。"④

連栱，左右栱頭相連接；交隱，將

---

① [宋]李誡. 營造法式（陳明達點注本）. 第一册. 第91頁. 大木作制度一. 總鋪作次序. 批注. 浙江攝影出版社. 2020年
② 梁思成. 梁思成全集. 第七卷. 第107頁. 大木作制度一. 總鋪作次序. 注71. 中國建築工業出版社. 2001年
③ 梁思成. 梁思成全集. 第七卷. 第114頁. 大木作圖52a、b. 中國建築工業出版社. 2001年
④ 梁思成. 梁思成全集. 第七卷. 第107頁. 大木作制度一. 總鋪作次序. 注72. 中國建築工業出版社. 2001年

栱頭形式，隱刻于柱頭方或羅漢方上。這裏的連栱，并非兩栱相連，而是在一根方子上，隱刻出相連兩橫栱（兩令栱，或兩慢栱）之栱頭輪廓。這種做法稱"鴛鴦交手栱"。

產生"連栱交隱"原因，是梢間補間鋪作與轉角鋪作距離太近。解決這一問題，除連栱交隱做法外，也可將補間鋪作出跳數減少一跳；如此，則轉角鋪作最外跳與補間鋪作最外跳間不會彼此相礙。

〔4.7.5〕
影栱（扶壁栱）

凡鋪作當柱頭壁栱，謂之影栱。又謂之扶壁栱。**如鋪作重栱全計心造，則於泥道重栱上施素方。**方上斜安遮椽版。

梁注："即在闌額上的栱；清式稱'正心栱'。"[1]
陳注："'扶壁栱'之意義？"[2]

影栱，又稱"扶壁栱"。位于柱心槽闌額之上，柱頭方之下，可以是單栱（泥道令栱）。但若其出跳鋪作爲重栱計心造，則闌額上所施影栱，亦須用泥道重栱。

無論泥道令栱，還是泥道重栱，其上均施柱頭方（清之"正心枋"）。方上

斜安遮椽版。實例中往往會在泥道單栱上承以柱頭方，再在柱頭方表面隱刻泥道慢栱，以造成泥道重栱外觀形式。這時的泥道單栱，并非泥道令栱，而是泥道瓜子栱。

泥道栱、影栱、扶壁栱意義相近，均爲外檐柱心槽上所施橫栱。

〔4.7.6〕
單栱偷心造時的影栱做法

五鋪作一杪一昂，若下一杪偷心，則泥道重栱上施素方，方上又施令栱，栱上施承椽方。

單栱七鋪作兩杪兩昂及六鋪作一杪兩昂或兩杪一昂，若下一杪偷心，則於櫨科之上施兩令栱、兩素方。方上平鋪遮椽版。**或祇於泥道重栱上施素方。**

單栱八鋪作兩杪三昂，若下兩杪偷心，則泥道栱上施素方，方上又施重栱素方。方上平鋪遮椽版。

上文給出自五鋪作至八鋪作，不同科栱出跳，且外跳跳頭爲單栱造時，柱心槽之影栱（扶壁栱）做法。

（1）五鋪作一杪一昂，下一杪偷心；影栱爲泥道重栱，上施素方，方上施令栱；令栱上所施柱頭方，爲承椽方。

（2）單栱六鋪作一杪兩昂，或六鋪作兩杪一昂，若其下一杪偷心，影栱爲

① 梁思成. 梁思成全集. 第七卷. 第107頁. 大木作制度一. 總鋪作次序. 注73. 中國建築工業出版社. 2001年

② [宋]李誡. 營造法式（陳明達點注本）. 第一冊. 第91頁. 大木作制度一. 總鋪作次序. 批注. 浙江攝影出版社. 2020年

單栱素方；于櫨枓口上施令栱，以承素方；素方之上，再施令栱，令栱之上，承素方。方上平鋪遮椽版。鋪作第二跳跳頭，爲單栱造。

（3）同樣情況，亦可用于單栱七鋪作兩杪兩昂，若下一杪偷心，影栱亦可爲單栱素方；于櫨枓口上施令栱，以承素方；素方之上，再施令栱，令栱之上，承素方。方上平鋪遮椽版。鋪作第二跳跳頭，亦爲單栱造。

（4）上面三種情況，七鋪作兩杪兩昂、六鋪作一杪兩昂、六鋪作兩杪一昂，影栱均可采用在櫨枓口內施泥道重栱（泥道瓜子栱與泥道慢栱相叠），再在泥道重栱之上，施柱頭方形式。若六鋪作兩杪一昂，其柱心槽泥道重栱上所承素方，可能出現斜安遮椽版做法。

（5）單栱八鋪作兩杪三昂，若下兩杪偷心，其影栱爲，在櫨枓口內出泥道令栱，上承素方，方上再施泥道重栱，于泥道慢栱上，承柱頭方。方上亦可平鋪遮椽版。其鋪作第三跳跳頭，爲單栱造。

以如上所述方法推知，若單栱四鋪作出一杪，或出一昂，其跳頭爲單栱造，影栱亦可爲在櫨枓口內施泥道重栱，上承素方，方上平鋪遮椽版的做法。

此外，自五鋪作至八鋪作，若逐跳爲計心重栱造，則其影栱，亦應采用在櫨枓口內施泥道重栱，上承素方；素方之上，施以散枓，散枓之上再承素方形式。但《法式》行文，對于這種逐跳計心重栱造鋪作影栱做法，未作特別説明。

〔4.7.7〕
樓閣鋪作

凡樓閣上屋鋪作，或減下屋一鋪。其副階纏腰鋪作，不得過殿身，或減殿身一鋪。

梁注："上下兩層鋪作跳數可以相同，也可以上層比下層少一跳。"[1] 兩種情況都可能出現，故這裏用"或"字。

關于副階纏腰鋪作，"不得過殿身，或減殿身一鋪。"梁注："指副階纏腰鋪作成組枓栱的鋪作跳數不得多于殿身鋪作的鋪作跳數。"[2]

陳注："副階、纏腰之區別？"[3]

多層樓閣或重檐殿閣施用鋪作，約有如下四種情況：

（1）樓閣上層所用鋪作，與下層鋪作相同；

（2）樓閣上層所用鋪作，比下層鋪作減少一鋪；如上層爲七鋪作，下層爲六鋪作，如此等等；

（3）殿閣副階或纏腰所用鋪作，與上檐殿身鋪作相同；

① 梁思成. 梁思成全集. 第七卷. 第107頁. 大木作制度一. 總鋪作次序. 注74. 中國建築工業出版社. 2001年

② 梁思成. 梁思成全集. 第七卷. 第107頁. 大木作制度一. 總鋪作次序. 注75. 中國建築工業出版社. 2001年

③ [宋]李誡. 營造法式（陳明達點注本）. 第一册. 第92頁. 大木作制度一. 總鋪作次序. 批注. 浙江攝影出版社. 2020年

（4）殿閣副階或纏腰所用鋪作，比上檐殿身鋪作減少一鋪。

其中透露出一些有趣的信息：

若樓閣，則其上檐枓栱，有可能比下檐枓栱減一鋪；相反，若重檐殿閣，其下層副階或纏腰鋪作，則可能比上層殿身外檐枓栱減一鋪。

多層樓閣也可能會出現纏腰（而非下屋）做法，由上文分析，樓閣纏腰鋪作，似亦應比上檐鋪作減一鋪。

【4.8】

平坐其名有五：一曰閣道，二曰墱道，三曰飛陛，四曰平坐，五曰鼓坐

參見《法式》"總釋上"引："《義訓》：閣道謂之飛陛，飛陛謂之墱。今俗謂之平坐，亦曰鼓坐。"這幾乎覆蓋了有關平坐的各種稱謂：閣道、墱（道）、飛陛、平坐、鼓坐。平坐，當是宋時較爲流行的説法，故曰"今俗"。

〔4.8.1〕
造平坐之制

造平坐之制：其鋪作減上屋一跳或兩跳。其鋪作宜用重栱及逐跳計心造作。

梁注："宋代和以前的樓、閣、塔等多層建築都以梁、柱、枓、栱完整的構架層層相疊而成。除最下一層在階基上立柱外，以上各層都在下層梁（或枓栱）上先立較短的柱和梁、額、枓栱，作爲各層的基座，謂之平坐，以承托各層的屋身。平坐枓栱之上鋪設樓板，并置鉤闌，做成環繞一周的挑臺。河北薊縣獨樂寺觀音閣和山西應縣佛宮寺木塔，雖然在遼的地區，且年代略早于《營造法式》成書年代約百年，也可借以説明這種結構方法。平坐也可以直接'坐'在城墙之上，如《清明上河圖》所見；還可'坐'在平地上，如《水殿招涼圖》所見；還可作爲平臺，如《焚香祝聖圖》所見；還可立在水中作爲水上平臺和水上建築的基座，如《金明池圖》所見。"[1]

陳注："平坐做法。"[2]未解陳先生此注之意，或僅是強調性標示？

簡而言之，宋式建築中的平坐，是由枓栱與梁方承托的一個平臺。平臺之上或有上層屋身。

造平坐枓栱的一般規則：

其一，平坐枓栱，比其上所承屋身枓栱，減一鋪或兩鋪。如上屋爲七鋪作，平坐可爲六鋪作，或五鋪作。

其二，因平坐所特有之承載功能，

---

① 梁思成. 梁思成全集. 第七卷. 第116頁. 大木作制度一. 平坐. 注76. 中國建築工業出版社. 2001年

② [宋]李誡. 營造法式（陳明達點注本）. 第一冊. 第92頁. 大木作制度一. 平坐. 批注. 浙江攝影出版社. 2020年

192

其下枓栱結構須更爲堅實、穩固，故平坐枓栱宜用宋式枓栱中最爲完善細密的"逐跳計心重栱造"做法。

〔4.8.2〕
平坐鋪作

凡平坐鋪作，若叉柱造，即每角用櫨枓一枚，其柱根叉於櫨枓之上。若纏柱造，即每角於柱外普拍方上安櫨枓三枚。 每面互見兩枓，於附角枓上，各別加鋪作一縫。

梁注："用纏柱造，則上層檐柱不立在平坐柱及枓栱之上，而立在柱脚方上。按文義，柱脚方似與闌額相平，端部入柱的枋子。"[1]

陳注："此叉柱、纏柱造，指平坐上屋。"[2]

平坐鋪作有兩種基本做法：

（1）叉柱造，將上層柱根叉于平坐櫨枓上；上層柱所承荷載，大體上可直接傳遞于下層柱上。

（2）纏柱造，在平坐轉角普拍方上櫨枓兩側，各安一枚附角櫨枓，再在附角櫨枓內，施鋪作一縫，與轉角櫨枓上所出鋪作合爲一體。以三枚櫨枓所出鋪作，形成圍繞上層角柱根部的防護結構。上層柱所承荷載，通過下層柱頭上所施柱脚方，傳遞于下層柱上。

〔4.8.3〕
普拍方與柱脚方

凡平坐鋪作下用普拍方，厚隨材廣，或更加一栔；其廣盡所用方木。 若纏柱造，即於普拍方裏用柱脚方，廣三材，厚二材，上生柱脚卯。

上文"凡平坐鋪作下用普拍方"，傅建工合校本在"凡平坐"後注："劉校故宮本：故宮本此處有'先自'二字，爲衍文，已删去。熹年謹按：文津四庫本不誤，無'先自'二字。"[3]

梁注："普拍方，在《法式》'大木作制度'中，衹在這裏提到，但無具體尺寸規定，在實例中，在殿堂、佛塔等建築上却到處可以見到。普拍方一般用于闌額和柱頭之上，是一條平放着的板，與闌額形成'丁'字形的斷面，如太原晉祠聖母廟正殿（宋，與《法式》同時）和應縣佛宮寺木塔（遼），都用普拍方，但《法式》所附側樣圖均無普拍方。從元、明、清實例看，普拍方的使用已極普遍，而且它的寬度逐漸縮小，厚度逐漸加大。到了清工部《工程做法》中，寬度就比闌額小，與闌額構成的斷面已變成'凸'字形了。在清式建築中，它的名稱也改成了'平板枋'。"[4]

上文小注"若纏柱造，即於普拍方裏用柱脚

① 梁思成. 梁思成全集. 第七卷. 第116頁. 大木作制度一. 平坐. 注77. 中國建築工業出版社. 2001年
② [宋]李誠. 營造法式（陳明達點注本）. 第一册. 第92頁. 大木作制度一. 平坐. 批注. 浙江攝影出版社. 2020年
③ [宋]李誡，傅熹年校注. 合校本營造法式. 第195頁. 大木作制度一. 平坐. 注1. 中國建築工業出版社. 2020年
④ 梁思成. 梁思成全集. 第七卷. 第116頁. 大木作制度一. 平坐. 注78. 中國建築工業出版社. 2001年

方"，陶本在"纏柱"後有"邊"字。傅
書局合校本注："邊，故宮本無'邊'
字。"① 傅建工合校本注："劉校故宮
本：丁本'柱'字後有'邊'字，
故宮本、文津四庫本無。'邊'字衍
文，刪去。"②

普拍方，大量見諸于宋、遼、金、
元時期殿閣屋身的柱頭闌額上，或承托
平坐的柱頭闌額上。《法式》"大木作制
度"僅在"平坐"條中提到了普拍方，
在"大木作功限"與"小木作制度"中
亦提到了普拍方。但其所附大木作側樣
圖却未見繪有普拍方。

或可推測，宋遼時期，普拍方雖出
現，但因增加房屋所用木料，似仍未必
是木構建築不可或缺之構件。故《法
式》中未作充分强調。然普拍方確有强
化結構的作用，現存保存較爲完好的宋
遼金元木構建築遺存，或恰是因爲其結
構較爲强固，僥幸保存下來，其中普拍
方在加强其結構性能方面功不可沒。這
或許是現存宋遼遺構中，多有普拍方的
主要原因之一。

小木作中，若增加普拍方，對木料
使用增加量影響不甚，《法式》對"小木
作制度"中普拍方的使用表述稍多。

梁注："柱脚方與普拍方的構造
關係和它的準確位置不明確。'上

坐柱脚卯'，顯然是用以承托上一
層的柱脚的。"③

梁先生注釋中的"上坐柱脚卯"的
"坐"應爲"生"，參見上文小注"若纏柱
造，即於普拍方裏用柱脚方，廣三材，厚二材，上生柱
脚卯。"

普拍方施于檐柱柱頭縫上，若在普
拍方裏，應在柱頭縫以裏，且其三面被
轉角櫨枓及附角枓所圍繞，因此，較大
可能是，柱脚方相當于角柱上向內所出
的一根遞角額，其上皮標高應與檐柱闌
額相當。

因柱脚方有承托其上的屋身檐柱之
功能，其斷面尺寸較大。一般情況下闌
額斷面："造闌額之制：廣加材一倍，
厚減廣三分之一。"以材分計之，闌額廣
兩材，合30分°；厚減廣三分之一，合
20分°。柱脚方斷面則爲"廣三材，厚二材，上
生柱脚卯。"以材分計之，其廣三材，合45
分°；其厚二材，合30分°。其上再出
卯，則所需木料在高度上，亦須加出卯
之長，由此可知其用料之大。

〔4.8.4〕

永定柱與平坐

凡平坐先自地立柱，謂之永定柱；柱上安搭
頭木，木上安普拍方，方上坐枓栱。

① [宋]李誡，傅熹年彙校. 營造法式合校本. 第一册. 大
　木作制度一. 平坐. 校注. 中華書局. 2018年
② [宋]李誡，傅熹年注. 合校本營造法式. 第195頁.
　大木作制度一. 平坐. 注2. 中國建築工業出版社.
　2020年

③ 梁思成. 梁思成全集. 第七卷. 第116頁. 大木
　作制度一. 平坐. 注79. 中國建築工業出版社.
　2001年

梁注：“這裏文義也欠清晰，可能是‘如平坐先自地立柱’或者是‘凡平坐如先自地立柱’，或者是‘凡平坐先自地立柱者’的意思，如在《水殿招涼圖》中所見，或臨水樓閣亭榭的平臺的畫中所見。”[1]

關于柱上所安“搭頭木”，梁注：“相當于殿閣廳堂的闌額。”[2]

永定柱，乃自地所立直接承托平坐之柱。其柱頭之間施以搭頭木。其搭頭木，與殿堂或廳堂檐柱柱頭間闌額作用相類。柱頭及搭頭木上，再施普拍方。因平坐爲上層屋身基座，其結構無疑要比一般檐柱更爲堅實穩固，故永定柱頭及其搭頭木上普拍方似應不可或缺。

普拍方上所坐枓栱，爲平坐鋪作；上承平坐、上屋柱，及上層地面方、鋪版方、地面版等。

〔4.8.5〕
平坐四角生起

凡平坐四角生起，比角柱減半。生角柱法在柱制度內。

參見《法式》“大木作制度二”之“用柱之制”：“至角則隨間數生起角柱。若十三間殿堂，則角柱比平柱生高一尺二寸。平柱謂當心間兩柱也。自平柱疊進向角漸次生起，令

勢圜和；如逐間大小不同，即隨宜加減，他皆倣此；十一間生高一尺；九間生高八寸；七間生高六寸；五間生高四寸；三間生高二寸。”

平坐爲上屋基座，其生起幅度應明顯小于殿堂等屋身柱。以平坐四角生起，比角柱減半，則平坐生起，以三間生高一寸；五間生高二寸；七間生高三寸；九間生高四寸；十一間生高五寸；十三間生高六寸等；以此爲則。

〔4.8.6〕
鋪版方與鴈翅版

平坐之內，逐間下草栿，前後安地面方，以拘前後鋪作。鋪作之上安鋪版方，用一材。四周安鴈翅版，廣加材一倍，厚四分至五分。

梁注：“地面方怎樣‘拘前後鋪作’？它和鋪作的構造關係和它的準確位置都不明確。”[3]

平坐乃一獨立結構體，其內如殿屋廳堂之梁架結構；故平坐之內，需逐間下草栿。草栿施于前後平坐鋪作間，如房屋前後檐間所施梁栿。以上文所言“逐間下草栿，前後安地面方，以拘前後鋪作”，則地面方似應施于草栿前後兩端。

① 梁思成. 梁思成全集. 第七卷. 第116頁. 大木作制度一. 平坐. 注80. 中國建築工業出版社. 2001年
② 梁思成. 梁思成全集. 第七卷. 第116頁. 大木作制度一. 平坐. 注81. 中國建築工業出版社. 2001年
③ 梁思成. 梁思成全集. 第七卷. 第116頁. 大木作制度一. 平坐. 注82. 中國建築工業出版社. 2001年

是否可將地面方理解爲房屋檐柱縫最上一層柱頭方，即壓槽方？地面方則爲平坐枓栱柱頭縫上之方。前後鋪作間之草栿長度，當爲前後柱頭縫間的距離。地面方上安鋪版方，其上鋪地面版。鋪版方尺寸：其廣一材，即15分°；厚或爲10分°，未可知。

平坐四周安鴈翅版，高2材，合爲30分°；厚4分°至5分°。故鴈翅版功能，主要是對平坐起遮護作用，類如山面的搏風版，故其廣尺寸較大，其厚尺寸稍小。

第 5 章

《营造法式》卷第五

大木作制度二

通直郎管修蓋皇弟外第專一提舉修蓋班直諸軍營房等臣李誡奉

聖旨編修

本章導言

　　本卷内容是對宋式屋身（柱額）與屋頂（梁架）大木結構與構件制度與做法的文本表述，對理解宋代木構建築之核心——柱額與梁架至爲重要，也爲弄懂與宋時期接近的唐、遼、金、元木構建築，提供了一個基礎文獻。

　　透過本卷還可發現一些《法式》文本雖未明確言説，却十分重要的信息。如宋代木構建築之殿閣樓臺、副階纏腰、甋瓦廳堂、甋瓦廳堂、甋瓦亭榭、甋瓦亭榭、甋瓦廊屋、兩椽廊屋等不同建築的等級與類型差異，以及這些建築因所用材分大小差異所造成的構件尺寸差異，并可由此推算出不同等級及類型建築各部分構件的基本尺寸。

【5.1】

梁其名有三：一曰梁，二曰㮇𣙗，三曰欐

　　關于“梁”之三種不同名稱的討論，可見本書第1章第1.4.2節，“梁”條。

　　梁注：“㮇𣙗，音‘範溜’。欐，音‘麗’。”[1]

〔5.1.1〕
造梁之制

造梁之制有五：

　一曰檐栿。如四椽及五椽栿；若四鋪作以上至八鋪作，並廣兩材兩栔；草栿廣三材；如六椽至八椽以上栿，若四鋪作至八鋪作，廣四材；草栿同。

　二曰乳栿。若對大梁用者，與大梁廣同。三椽栿，若四鋪作、五鋪作，廣兩材一栔；草栿廣兩材。六鋪作以上，廣兩材兩栔；草栿同。

　三曰劄牽。若四鋪作至八鋪作出跳，廣兩材；如不出跳，並不過一材一栔。草牽梁準此。

　四曰平梁。若四鋪作、五鋪作，廣加材一倍；六鋪作以上，廣兩材一栔。

　五曰廳堂梁栿。五椽、四椽，廣不過兩材一栔；三椽廣兩材。餘屋量椽數，準此法加減。

　　梁注：“這裏説造梁之制‘有五’，也許説‘有四’更符合于下文内容。五種之中，前四種——檐栿，乳栿，劄牽，平梁——都是按梁在建築物中的不同位置，不同的功能和不同的形體而區别的，但第五種——廳堂梁栿——却以所用的房屋類型來標志。這種分類法，可以説在系統性方面有不一致的缺點。下文對廳堂梁栿未作任何解釋，而對前四種都作了詳盡的規定，可能是由于這原因。"①

上文"二曰乳栿"條小注"若對大梁用者"，陶本："若對大角梁者"。傅書局合校本注：加"用"，并注"角"字："用，據四庫本，改'用'字。"②傅建工合校本改爲"若對大梁用者"，并注："熹年謹按：此注文陶本誤作'若對大角梁者，與大梁廣同'，據故宮本、文津四庫本、張本改。"③

仍上文"二曰乳栿"條，陳注："（梁用）六鋪作以上，何以要加大？何以草栿小？"④

上文"三曰劄牽"條，陳注："何以出跳要加大？"⑤

上文"四曰平梁"條，陳注："與鋪作關係？"⑥

上文"五曰廳堂梁栿"條，陳注："廳堂梁栿標準？"⑦

上文對五種梁的分類，不甚明確。前四種似按梁之位置分，第五種卻按房屋類型分。但從其行文所給出梁的斷面高度看，在行文之始，作者就已將這五種梁納入不同房屋的類型分類中了。

（1）殿堂梁栿：上文提到的前四種梁。這四種梁是依等級較高的"殿閣"建築之不同位置所用梁栿爲則，加以敘

述的，其斷面高度較第五種梁的斷面高度要高一些。

其文本敘述内含三重意思：一是，不同位置的梁分爲四種；二是，不同的梁，長度不同，如四椽至五椽栿屬于較短的梁，六椽至八椽栿屬于較長的梁；三是，依梁爲明栿與草栿之形式差別，加以區分。其中雖也提到房屋所用鋪作數，但從行文觀察，鋪作數多少，對梁之斷面大小，似乎影響不大。

（2）廳堂梁栿：其梁之長短及斷面高度，是依等級稍低的"廳堂"建築所用梁栿爲則加以敘述的。

（3）餘屋梁栿：雖未給出具體描述，由其行文："餘屋量椽數，準此法加減。"可知餘屋之梁栿，其斷面高度也會因長短不同而變化。祇是其斷面高度如何加減，文中祇以椽數多寡爲參考，却未給出一個標準。

梁注："我國傳統以椽的架數來標志梁栿的長短大小。宋《法式》稱'×椽栿'；清工部《工程做法》稱'×架梁'或'×步梁'。清式以'架'稱者相當于宋式的椽栿；以'步'稱者如雙步梁，相當于宋式的乳栿，三步梁相當于三椽栿，單步梁相當于劄牽。"⑧

又注："草栿是在平棊之上、未

① 梁思成. 梁思成全集. 第七卷. 第121頁. 大木作制度二. 梁. 注2. 中國建築工業出版社. 2001年
② [宋]李誡, 傅熹年彙校. 營造法式合校本. 第一册. 大木作制度二. 梁. 校注. 中華書局. 2018年
③ [宋]李誡, 傅熹年校注. 合校本營造法式. 第201頁. 大木作制度二. 梁. 注1. 中國建築工業出版社. 2020年
④ [宋]李誡. 營造法式（陳明達點注本）. 第一册. 第96頁. 大木作制度二. 梁. 批注. 浙江攝影出版社. 2020年
⑤ [宋]李誡. 營造法式（陳明達點注本）. 第一册. 第96頁. 大木作制度二. 梁. 批注. 浙江攝影出版社. 2020年
⑥ [宋]李誡. 營造法式（陳明達點注本）. 第一册. 第96頁. 大木作制度二. 梁. 批注. 浙江攝影出版社. 2020年
⑦ [宋]李誡. 營造法式（陳明達點注本）. 第一册. 第97頁. 大木作制度二. 梁. 批注. 浙江攝影出版社. 2020年
⑧ 梁思成. 梁思成全集. 第七卷. 第121頁. 大木作制度二. 梁. 注3. 中國建築工業出版社. 2001年

經藝術加工的、實際負荷屋蓋重量的梁。下文所說的月梁，如在殿閣平棊之下，一般不負屋蓋之重，祇承平棊，主要起着聯繫前後柱上的鋪作和裝飾的作用。"[1]

關于乳栿，梁注："乳栿即兩椽栿，梁首放在鋪作上，梁尾一般插入內柱柱身，但也有兩頭都放在鋪作上的。"[2]

關于劄牽，梁注："劄牽的梁首放在乳栿上的一組枓栱上，梁尾也插入內柱柱身。劄牽長僅一椽，不負重，祇起到劄牽的作用。梁首的枓栱將它上面所承槫的荷載傳遞到乳栿上。相當于清式的單步梁。"[3]

關于平梁，梁注："平梁事實上是一道兩椽栿，是梁架最上一層的梁。清式稱'太平梁'。"[4]

這幾段注文不僅解釋了宋式建築與清式建築對不同長短梁的名稱差異，也對《法式》中提到的幾種梁，如乳栿、三椽栿、劄牽及明栿（月梁）、草栿等作了解釋。

依梁先生所釋，平棊以下的月梁，并未起到承載屋蓋重量作用，主要起聯繫前後柱上鋪作及裝飾室內空間功能。這一推斷，似僅適用于有平棊（平闇）的殿閣建築；若在不設平棊（平闇），用徹上露明造廳堂建築中，作爲構成梁架主要組成部分的月梁，仍對承載屋蓋荷載起着不可或缺的作用。

梁，作爲承重構件，除了其長短須與屋頂結構有相應匹配外，不同的梁，應以不同截面廣厚，與其所承擔的不同荷載相匹配。

《法式》的結論是：宋式大木結構主要構件斷面，根據其所用材分等級確定。如一座殿閣建築，主梁爲四椽或五椽栿，斷面高爲兩材兩栔，折合爲42分°。但這個42分°，可以從一等材（0.06尺爲1分°）到五等材（0.044寸爲1分°）不等。用一等材者，其梁斷面高2.52尺；用五等材者，其梁斷面高1.85尺。

依此類推，可以計算出不同等級建築、不同位置上所用梁栿，包括檐栿、乳栿、三椽栿、劄牽、平梁等斷面高度尺寸，見表5.1.1。

① 梁思成. 梁思成全集. 第七卷. 第121-124頁. 大木作制度二. 梁. 注4. 中國建築工業出版社. 2001年
② 梁思成. 梁思成全集. 第七卷. 第124頁. 大木作制度二. 梁. 注5. 中國建築工業出版社. 2001年
③ 梁思成. 梁思成全集. 第七卷. 第124頁. 大木作制度二. 梁. 注6. 中國建築工業出版社. 2001年
④ 梁思成. 梁思成全集. 第七卷. 第124頁. 大木作制度二. 梁. 注7. 中國建築工業出版社. 2001年

房屋類型	殿堂建築（四鋪作至八鋪作）				廳堂建築		餘屋建築	
梁	明栿		草栿		明栿		明栿	
梁長（椽數）	四椽栿五椽栿	六椽栿八椽栿以上	四椽栿五椽栿	六椽栿八椽栿以上	三椽栿	四椽栿五椽栿	未詳	未詳
梁廣（分°）	2材2栔（42）	4材（60）	3材（45）	4材（60）	2材（30）	2材1栔（36）	未詳	未詳
殿身9—11間（尺）	一等材2.52	一等材3.6	一等材2.7	一等材3.6	疑不用	疑不用		
殿身5—7間（尺）	二等材2.31	二等材3.3	二等材2.475	二等材3.3	疑不用	疑不用		
殿身3間殿5間堂7間（尺）	三等材2.1	三等材3	三等材2.25	三等材3	三等材2	三等材1.8		
殿3間廳堂5間（尺）	四等材2.016	四等材2.88	四等材2.16	四等材2.88	四等材1.44	四等材1.728		
殿小3間堂大3間（尺）	五等材1.848	疑不用	五等材1.98	疑不用	五等材1.32	五等材1.584		
乳栿（二椽）	（乳栿）對大梁用者，與大梁廣同		（草乳栿）對大梁用者，與大梁廣同		若用乳栿，且對大梁用者，當與大梁廣同		未詳	未詳
三椽栿	四鋪作五鋪作	六鋪作以上	四鋪作五鋪作	六鋪作以上	未詳	未詳	未詳	未詳
梁廣（分°）	2材1栔（36）	2材2栔（42）	2材（30）	2材2栔（42）				
若一等材（尺）	2.16	2.52	1.8	2.52				
劄牽（一椽）	四鋪作至八鋪作出跳	不出跳	草牽梁（一椽）		未詳	未詳	未詳	未詳
			鋪作出跳	不出跳				
梁廣（分°）	2材（30）	1材1栔（21）	2材（30）	1材1栔（21）				
若一等材（尺）	1.8	1.26	1.8	1.26				
平梁（二椽）	四鋪作五鋪作	六鋪作以上	未詳	未詳	廳堂梁栿，似應有乳栿、劄牽等，且主要梁栿，應爲明栿，其斷面高度規則未詳，可參照上文推算		餘屋梁栿應比較簡單，如用檐栿等，但未知是否有乳栿、劄牽	
梁廣（分°）	2材（30）	2材1栔（36）	未詳	未詳				
若一等材（尺）	1.8	2.16						
備注	其廣爲梁栿斷面高度，分爲材分制度之"分°"。大梁給出了實際斷面高度，三椽乳栿、劄牽、平梁僅給出了其使用一等材情況下的實際斷面							

202

〔5.1.2〕
梁斷面比例及繳貼方式

凡梁之大小，各隨其廣分爲三分，以二分爲厚。 凡方木小，須繳貼令大。如方木大，不得裁減，即於廣厚加之。如礙槫及替木，即於梁上角開抱槫口。若直梁狹，即兩面安槫栿版。如月梁狹，即上加繳背，下貼兩頰；不得刻剜梁面。

上文提到一個原則，對此梁注："總的意思大概是即使方木大于規定尺寸，也不允許裁減。按照來料尺寸用上去。并按構件規定尺寸把所缺部分補足。"[1]

若是直梁，其厚度不够，需在梁之兩側安"槫栿版"，如梁注："在梁栿兩側加貼木板，并開出抱槫口以承槫或替木。"[2]若是月梁，且厚度不够，除在梁兩側加貼木板外，須在梁背加貼繳背。

陳注："直梁、月梁。"[3]

宋式建築梁栿斷面高厚比爲3∶2。上文"繳背"雖與清式建築中施于月梁上，起承托瓜柱的"角背"似有某種術語上的關聯。但清式角背，與宋式建築"駝峯"相類；宋式"繳背"，從其文"凡方木小，須繳貼令大"之意，更像是在月梁背上加貼木板，以起到增加梁的斷面高度與結構強度之作用。

〔5.1.3〕
造月梁之制

造月梁之制：明栿，其廣四十二分°。 如徹上明造，其乳栿、三椽栿各廣四十二分°；四椽栿廣五十分°；五椽栿廣五十五分°；六椽栿以上，其廣並至六十分° 止。**梁首謂出跳者。不以大小，從下高二十一分°。其上餘材，自枓裏平之上，隨其高勻分作六分°；其上以六瓣卷殺，每瓣長十分°。其梁下當中顱六分°。自枓心下量三十八分°爲斜項。** 如下兩跳者長六十八分°。**斜項外，其下起顱，以六瓣卷殺，每瓣長十分°；第六瓣盡處下顱五分°。** 去三分°，留二分° 作琴面。自第六瓣盡處漸起至心，又加高一分°，令顱勢圜和。**梁尾謂入柱者。上背下顱，皆以五瓣卷殺。餘並同梁首之制。梁底面厚二十五分°。其項** 入枓口處。**厚十分°。枓口外兩肩各以四瓣卷殺，每瓣長十分°。**

月梁與明栿是兩個概念。如梁注："月梁是經過藝術加工的梁。凡有平棊的殿堂，月梁都露明用在平棊之下，除負荷平棊的荷載外，別無負荷。平棊以上，另施草栿負荷屋蓋的重量。如徹上明造，則月梁亦負屋蓋之重。"[4]

又注："明栿是露在外面，由下面可以看見的梁栿；是與草栿（隱藏在平闇、平棊之上未經細加工的梁栿）相對的名稱。"[5]

① 梁思成. 梁思成全集. 第七卷. 第124頁. 大木作制度二. 梁. 注8. 中國建築工業出版社. 2001年
② 梁思成. 梁思成全集. 第七卷. 第124頁. 大木作制度二. 梁. 注9. 中國建築工業出版社. 2001年
③ [宋]李誡. 營造法式（陳明達點注本）. 第一册. 第97頁. 大木作制度二. 梁. 批注. 浙江攝影出版社. 2020年
④ 梁思成. 梁思成全集. 第七卷. 第126頁. 大木作制度二. 梁. 注10. 中國建築工業出版社. 2001年
⑤ 梁思成. 梁思成全集. 第七卷. 第126頁. 大木作制度二. 梁. 注11. 中國建築工業出版社. 2001年

陳注："月梁加大之比例。"①

月梁以長短及位置，分爲乳栿、三椽栿、四椽栿、五椽栿、六椽栿，及六椽栿以上長度的梁。其斷面高度依長度分別爲42分°、50分°、55分°、60分°不等。具體長度又依所用材分等級定。

月梁，又分爲梁首、斜項、梁身及梁尾。梁首，爲與出跳科栱相結合部分。不論梁之大小，其梁首嵌入鋪作部分，自底向上高度，均爲21分°，相當于一個足材；高出部分，自承托梁首之科的裏平之上，隨其高勻分爲6分°；其上亦6瓣卷殺，每瓣長10分°。距承梁首之科心下量38分°，爲斜項。斜項外之梁底起頔，亦以6瓣卷殺，每瓣長10分°；第六瓣結束處，梁底下頔5分°，且斫成圓和頔勢。梁尾，爲插入屋内柱中部分，其上背亦有卷殺，下梁底起頔，背與頔，均以5瓣卷殺。以上下文推測，梁尾上下卷殺，每瓣長度亦爲10分°。

關于"斜項"，梁注："斜項的長度，若'自科心下量三十八分°'，則斜項與梁身相交的斜綫會和鋪作承梁的交栿科的上角相犯。實例所見，交栿科大都躲過這條綫。個別的也有相犯的，如山西五臺山佛光寺大殿（唐）的月梁頭；也有相犯而另作處理的，如山西大同善化寺

山門（金）月梁頭下的交栿科做成平盤科；也有不作出明顯的斜項，也就無所謂相犯不相犯了，如福建福州華林寺大殿（五代）、江蘇蘇州角直保聖寺大殿（宋）、浙江武義延福寺大殿（元）的月梁頭。"②

月梁底面厚25分°，其嵌入科口内梁首，厚恰爲一材之厚，即10分°。科口外梁之兩肩，各以4瓣卷殺，每瓣長10分°。梁注："這裏衹規定了梁底面厚，至于梁背厚多少，'造梁之制'沒有提到。"③

從實例看，月梁斷面非一方正矩形，更像一個其背略顯寬厚圓和，兩頰微凸向外，梁底漸向内收的圓潤輪廓。特殊實例，如五代福州華林寺大殿月梁，幾乎保持原木飽滿的圓潤形態，衹在梁首、梁尾入科栱、入柱，及梁背凸起與梁底頔入等方面作了一些處理。這種梁似是爲最大限度利用原木本身材料性能而不作削斫，以增加其受力效果。

依《法式》規則，一根月梁，尤其房屋主梁或平梁，因其兩端呈對稱處理，故梁在縱長方向，以隆起梁背與凹入底頔，結合兩端斜項與插入兩側結構的梁首與梁尾，多少有一點微微起拱效果。這種起拱做法，不僅使厚重的大梁，似顯輕盈飄浮，一定程度上，也有

① [宋]李誡. 營造法式（陳明達點注本）. 第一册. 第97頁. 大木作制度二. 梁. 批注. 浙江攝影出版社. 2020年

② 梁思成. 梁思成全集. 第七卷. 第126頁. 大木作制度二. 梁. 注12. 中國建築工業出版社. 2001年

③ 梁思成. 梁思成全集. 第七卷. 第126頁. 大木作制度二. 梁. 注13. 中國建築工業出版社. 2001年

利于梁之受力傳遞。

梁首與梁尾之分，以入枓栱與入柱相區別，上文所述細節，似更適合乳栿或三椽栿。作爲主梁的四椽栿以上梁栿或平梁，其兩端處理，若皆入柱，則應皆以梁尾做法處理；若皆入前後檐鋪作，似應皆以梁首做法處理。

《法式》文本所描述之月梁，應是北宋晚期一種較爲標準的做法。由唐五臺山佛光寺大殿、五代福州華林寺大殿、宋蘇州甪直保聖寺大殿，其月梁做法上的明顯差異，可以推測，自晚唐至北宋初，大木作月梁做法尚處探索過程中。

不同月梁斷面高度（廣）見表5.1.2。

不同月梁斷面高度（廣）　　　　　　　　　　　　　　　　　　表5.1.2

月梁形式	乳栿	三椽栿	四椽栿	五椽栿	六椽栿	六椽栿以上	分°值折合尺
斷面高度（分°）	42	42	50	55	60	60	
用一等材（尺）	2.52	2.52	3	3.3	3.6	3.6	0.06
用二等材（尺）	2.31	2.31	2.75	3.025	3.3	3.3	0.055
用三等材（尺）	2.1	2.1	2.5	2.75	3	3	0.05
用四等材（尺）	2.016	2.016	2.4	2.64	2.88	2.88	0.048
用五等材（尺）	1.848	1.848	2.2	2.42	2.64	2.64	0.044
用六等材（尺）	1.68	1.68	2	2.2	2.4	2.4	0.04
用七等材（尺）	1.47	1.47	1.75	1.925	2.1	2.1	0.035
備注	六等材用于亭榭或小廳堂，七等材用于小殿及亭榭，似皆應有月梁，故列入；八等材用于殿內藻井或小亭榭等爲小木作，故不列。表中月梁斷面高度，均折算爲宋營造尺						

〔5.1.4〕

平梁

若平梁，四椽六椽上用者，其廣三十五分°；如八椽至十椽上用者，其廣四十二分°。不以大小，從下高二十五分°，背上、下顄皆以四瓣卷殺，兩頭並同，**其下第四瓣盡處顄四分°。**去二分°，留一分°作琴面。自第四瓣盡處漸起至心，又加高一分°。**餘並同月梁之制。**

梁注："這裏規定的大小與前面'四曰平梁'一條中的規定有出入。因爲這裏講的是月梁型的平梁。"①

上文"不以大小，從下高二十五分°，背上、下顄皆以四瓣卷殺"，陳注：改"二"爲"一"，并注："一，故宫本。"②又注："上背，前條。"③傅書局合校本注：改"二十五分°"爲"一十五分°"，并注："一，故宫本作'一十五分°'，依圖亦應作'一'。"

① 梁思成. 梁思成全集. 第七卷. 第126頁. 大木作制度二. 梁. 注14. 中國建築工業出版社. 2001年
② [宋]李誡. 营造法式（陳明達點注本）. 第一册. 第98頁. 大木作制度二. 梁. 批注. 浙江攝影出版社. 2020年
③ [宋]李誡. 营造法式（陳明達點注本）. 第一册. 第98頁. 大木作制度二. 梁. 批注. 浙江攝影出版社. 2020年

又注：改"背上"爲"上背"，并注："上背，依上條改正。"① 上文小注"去二分。留一分。作琴面"之"一分。"，陳注："二（分）?"② 傅建工合校本注："劉校故宫本：諸本作'二十五'，依製圖應作'一十五'。"③

依第5.1.1節《法式》："四曰平梁。若四鋪作、五鋪作，廣加材一倍；六鋪作以上，廣兩材一栔。"在用四或五鋪作時，其平梁廣2材（30分°）；用六鋪作及以上時，其平梁廣2材1栔（36分°），已如表5.1.3中所列。按照這裏的規定，若以月梁形式的平梁，用于四椽栿或六椽栿之上時（即房屋進深較小時），其廣35分°（2材加5分°）；用于八椽栿至十椽栿上時（即房屋進深較大時），其廣42分°（2材2栔）。可知，采用月梁形式時，梁栿斷面高度要略高一些。

前文中不同大小的平梁，按照所用鋪作數多寡區分；這裏的平梁，其大小，按照其下所用主梁長短區分。兩種區分方式究有何種區別，未可知。

對前文"餘并同月梁之制"，梁注："按文義無論有無平棊，是否露明，平梁一律做成月梁形式。"④ 梁先生還特別將其所繪"大木作制度圖樣

三十八、四十一兩圖因原圖的平梁不是月梁形式，而是直梁形式，所以兩圖的平梁仍按原圖繪製，與文字有出入"⑤ 作了説明。

從《法式》"四曰平梁"條中規定的尺寸較小的平梁，與本條"若平梁"中規定的尺寸較大的平梁，梁先生已推測出，《法式》規定中提到的兩個文本描述，反映了平梁采用月梁形式（尺寸較大）與不采用月梁形式（尺寸較小）兩種情況的尺寸規則。

大木作制度平梁，無論是否采用平棊或平闇，都可能采用月梁形式，但亦有不用月梁形式做法。若不用月梁形式，其平梁斷面會略小。

一個疑問：從《法式》文本可知，大木作梁栿，若采用草栿形式，其斷面尺寸似應大于相同長度的明栿。若爲不采用月梁形式的平梁，當是隱于平棊（平闇）之上的平梁，可以按草栿形式處理，其尺寸應大于徹上明造中露明的月梁式平梁。但這裏規定的月梁式平梁，斷面尺寸似明顯大于非月梁式平梁，令人不解。

不同形式與位置之平梁斷面高度（廣）見表5.1.3。

① [宋]李誡，傅熹年彙校. 營造法式合校本. 第一册. 大木作制度二. 梁. 校注. 中華書局. 2018年
② [宋]李誡. 营造法式（陳明達點注本）. 第一册. 第98頁. 大木作制度二. 梁. 批注. 浙江攝影出版社. 2020年
③ [宋]李誡，傅熹年校注. 合校本營造法式. 第201頁. 大木作制度二. 梁. 注2. 中國建築工業出版社. 2020年
④ 梁思成. 梁思成全集. 第七卷. 第126頁. 大木作制度二. 梁. 注15. 中國建築工業出版社. 2001年
⑤ 梁思成. 梁思成全集. 第七卷. 第126頁. 大木作制度二. 梁. 注15. 中國建築工業出版社. 2001年

平梁形式	非月梁式平梁		月梁式平梁		分°值 折合尺
平梁位置	四、五鋪作	六鋪作以上	四椽六椽上用	八椽至十椽上用	
斷面高度（分°）	30	36	35	42	
用一等材（尺）	1.8	2.16	2.1	2.52	0.06
用二等材（尺）	1.65	1.98	1.925	2.31	0.055
用三等材（尺）	1.5	1.8	1.75	2.1	0.05
用四等材（尺）	1.44	1.728	1.68	2.016	0.048
用五等材（尺）	1.32	1.584	1.54	1.848	0.044
用六等材（尺）	1.2	1.44	1.4	1.68	0.04
用七等材（尺）	1.05	1.26	1.225	1.47	0.035
備注	六等材用于亭榭或小廳堂，七等材用于小殿及亭榭，似皆應有平梁，故列入；八等材疑用于殿內藻井或小亭榭等爲小木作，故不列。表中平梁斷面高度，均折算爲宋營造尺。凡月梁式平梁，不以大小，從下高25分°。如一等材，下高1.5尺，餘類推				

〔5.1.5〕

劄牽

若劄牽，其廣三十五分°。不以大小，從下高一十五分°， 上至枓底。**牽首上以六瓣卷殺，每瓣長八分°；** 下同。**牽尾上以五瓣。其下顋，前後各以三瓣。** 斜項同月梁法。顋內去留同平梁法。

梁注："劄牽一般用于乳栿之上，長僅一架，不承重，僅起固定槫之位置的作用。牽首（梁首）與乳栿上駝峯上的枓栱相交，牽尾出榫入柱，并用丁頭栱承托。但元代實例中有首尾都不入柱且高度不同的劄牽，如浙江武義延福寺大殿。"[1]關于劄牽之廣，梁注："這裏的

'三十五分°'與前面'三曰劄牽'條下的'廣兩材'（三十分°）有出入。因爲這裏講的是月梁形式的劄牽。"[2]

劄，同紮，有捆紮、纏束、鑽刺之意；牽，有連接、扯動之意。從字義上講，劄牽是一個連接性構件，起到承槫枓栱與柱子間連接作用。其本身并不承重。且因其多位于前後檐內，視覺上較易引起注意，故多用月梁形式。

與前文平梁所面臨問題相類：若月梁形式的劄牽，斷面尺寸比非月梁形式劄牽大，那麼，與梁栿尺寸規則中，草栿尺寸應比相同長短明栿尺寸大，兩條規則間，究應如何取捨？

劄牽不受力，尺寸大小并無關鍵影

① 梁思成. 梁思成全集. 第七卷. 第126頁. 大木作
制度二. 梁. 注16. 中國建築工業出版社. 2001年

② 梁思成. 梁思成全集. 第七卷. 第126頁. 大木作
制度二. 梁. 注17. 中國建築工業出版社. 2001年

響。若露明劄牽，其形式應飽滿，粗壯、圓潤，故尺寸亦應略大。若草栿劄牽，因僅起連接作用，斷面尺寸小一些，也合乎材料使用基本原則。這抑或是非月梁式劄牽，斷面尺寸略小于月梁式劄牽的原因之一？

使用不同材等房屋，所用劄牽斷面高度，均爲35分°，故可參考表5.1.3中四椽六椽上所用月梁式平梁的斷面尺寸。此外，不以大小，從下高15分°，如用一等材時，其劄牽之下高爲0.6尺。餘類推。

〔5.1.6〕

屋内徹上明造

凡屋内徹上明造者，梁頭相疊處須隨舉勢高下用駝峯。其駝峯長加高一倍，厚一材，枓下兩肩或作入瓣，或作出瓣，或圜訛兩肩，兩頭卷尖。梁頭安替木處並作隱枓；兩頭造耍頭或切几頭，切几頭刻梁上角作一入瓣。**與令栱或襻間相交。**

梁注："室内不用平棊，由下面可以仰見梁栿、槫、椽的做法，謂之'徹上明造'，亦稱'露明造'。"[1]

又注："駝峯放在下一層梁背之上，上一層梁頭之下。清式稱'柁墩'，因往往飾作荷葉形，故亦稱'荷葉墩'。至于駝峯的形制，《法式》卷第三十原圖簡略，而且圖中所畫的輔助綫又不够明確，因此列舉一些實例作爲參考（大木作圖77、78、79、80、81）[2]。"[3]

宋式建築中的駝峯，與清式建築中的"角背"似有相類；其功能却與清式建築中的"柁墩"更爲接近。

《則例》："角背：瓜柱脚下之支撑木。"又"凡是瓜柱都有角背支撑，以免傾斜。"[4]角背的功能是撑扶承托房屋桁檁的瓜柱。

柁墩："在梁或順梁上，將上一層梁墊起，使達到需要高度的木塊，其本身之高小於本身之長寬者爲柁墩，大於本身長寬者爲瓜柱。"[5]宋式建築用來承托其上梁頭的駝峯，作用與清式柁墩更爲接近，但其形式却與清式角背相類。

駝峯，其厚1材（15分°），其高由上下層梁間高差定，其長則由駝峯高定，即取其高2倍爲長。駝峯外廓，作入瓣、出瓣、圜訛兩肩、兩頭卷尖等曲綫式處理，以形成裝飾效果。駝峯上施枓，枓或于枓口内施替木以承梁頭，或承與襻間相交的令栱，襻間上承平槫。

〔5.1.7〕

屋内施平棊

凡屋内若施平棊，平闇亦同，**在大梁之上。平**

① 梁思成. 梁思成全集. 第七卷. 第126頁. 大木作制度二. 梁. 注18. 中國建築工業出版社. 2001年
② 梁思成. 梁思成全集. 第七卷. 第131-132頁, 大木作圖77—81. 中國建築工業出版社. 2001年
③ 梁思成. 梁思成全集. 第七卷. 第126頁. 大木作制度二. 梁. 注19. 中國建築工業出版社. 2001年
④ 梁思成. 清式營造則例. 第28頁. 中國建築工業出版社. 1981年
⑤ 梁思成. 清式營造則例. 第81頁. 中國建築工業出版社. 1981年

棊之上，又施草栿；乳栿之上亦施草栿，並在壓槽方之上。^{壓槽方在柱頭方之上。}其草栿長同下梁，直至橑檐方止。若在兩面，則安丁栿。丁栿之上，別安抹角栿，與草栿相交。

梁注："平棊，後世一般稱'天花'。按《法式》卷第八'小木作制度三'，'造殿內平棊之制'和宋、遼、金實例所見，平棊分格不一定全是正方形，也有長方格的。'其以方椽施素版者，謂之平闇。'平闇都用很小的方格。"①

上文除了平棊、平闇、草栿外，還提到壓槽方、柱頭方、橑檐方、丁栿、抹角栿等大木構件。平棊是用較大方格構成的類如棋盤的天花板，平闇是用密集小方格構成的天花板。方格由縱橫交叉如矩形或正方形網格狀"方椽"組成，方椽之上施素版。

梁注："壓槽方僅用于大型殿堂鋪作之上以承草栿。"②

陳注："壓槽方截面？"③

《法式》"大木作制度一"："^{素方在泥道栱上者，謂之柱頭方；在跳上者，謂之羅漢方。}"未提及壓槽方。上文補之曰："^{壓槽方在柱頭方之上}"，壓槽方上承草栿。草栿僅出現于

有平棊（平闇）的大型殿堂，故壓槽方亦可能僅用于大型殿堂鋪作之上以承草栿。以壓槽方承草栿，其截面比一般柱頭方大，且位于鋪作柱頭縫上部。因實例中難見宋代大型殿堂遺構，尚未發現壓槽方例證。

梁注："丁栿梁首由外檐鋪作承托，梁尾搭在檐栿上，與檐栿（在平面上）構成'丁'字形。"④

檐栿爲橫跨房屋前後檐大梁，丁栿是與檐栿垂直相交之梁，其梁首應在房屋山面外檐鋪作上，梁尾在房屋兩側梢間（或次間）檐栿上。上文"若在兩面，則安丁栿。"兩面，指房屋兩側山面。特殊情況下，如房屋平面柱網出現減柱或移柱時，前、後檐亦可能出現使用丁栿情況。其丁栿梁首，位于前（或後）檐鋪作上，梁尾伸于內柱柱額上。

兩山若施丁栿，其上或安抹角栿。抹角栿與房屋轉角結合，在平面上爲一直角三角形的斜邊，栿兩端分別與前後檐鋪作上的草栿及兩山鋪作上的丁栿相交。

〔5.1.8〕

隱襯角栿

凡角梁之下，又施隱襯角栿，在明梁之上，

① 梁思成. 梁思成全集. 第七卷. 第132頁. 大木作制度二. 梁. 注20. 中國建築工業出版社. 2001年
② 梁思成. 梁思成全集. 第七卷. 第132頁. 大木作制度二. 梁. 注21. 中國建築工業出版社. 2001年
③ [宋]李誡. 營造法式（陳明達點注本）. 第一冊. 第99頁. 大木作制度二. 梁. 批注. 浙江攝影出版社. 2020年
④ 梁思成. 梁思成全集. 第七卷. 第132頁. 大木作制度二. 梁. 注22. 中國建築工業出版社. 2001年

外至橑檐方，内至角後栿項；長以兩椽材斜長加之。

上文"凡角梁之下，又施隱襯角栿"，陶本："凡角梁下，又施檼襯角栿"。

上文"長以兩椽材斜長加之"，傅書局合校本注："故宮本無'材'字。'材'字不可去。"① 傅建工合校本注："劉校故宮本：丁本、陶本均作'兩椽材'，故宮本、文津四庫本作'兩椽'，應從故宮本，删'材'字。熹年謹按：張本誤作'兩椽科'。"②

上文"檼"字，陳注："《康熙字典》：橎，音痕，平量木也。"③猜測陳先生疑"檼"似爲"橎"字之誤寫。又注："故宮本無此字。"④

梁注："隱襯角栿實際上就是一道'草角栿'。"⑤

又注："'内至角後栿項'這幾個字含義極不明確。疑有誤或脱簡。"⑥

隱襯角栿，附屬于房屋角梁下一根加强性構件。釋爲"草角栿"，是因其貼加、補襯于角梁之下，隱于房屋轉角角梁結構内，外觀看不到，無須作藝術加工。

依《法式》，隱襯角栿位于"明梁之上"，外端伸至橑檐方，裏端伸至"角後栿項"。明梁，似指露明之乳栿（或檐栿）。問題是，何爲"角後栿"？

從字面推測，角後栿，并非某一構件名稱，似指構件所處位置。其意似指轉角鋪作上所承角梁之後的梁栿？若此推測成立，"角後栿"當指房屋梢間柱頭縫上所承檐栿。

以上文所言隱襯角栿"長以兩椽材斜長加之"，可知，其栿之尾當在一個進深兩椽架（一根乳栿）之前檐廊（或後檐廊）屋内柱柱頭上。這根柱頭上的科栱，當有一根檐栿大梁梁首（或梁尾）。隱襯角栿伸至此梁梁首（或梁尾）端頭（角後栿項），既起到將外檐轉角結構與屋内梢間柱及上檐栿拉結在一起的作用，也起到負擔其上角梁荷載，承托房屋翼角作用。從長度看，這根隱襯角栿，位于外檐角柱與内檐梢間屋内柱間之斜綫上，其投影位置，約與轉角結構中常見的遞角梁相重疊。

現存遺構中，尚未發現"隱襯角栿"實例。

〔5.1.9〕
襯方頭

凡襯方頭，施之於梁背耍頭之上，其廣厚同材。前至橑檐方，後至昂背或平棊方。如無鋪作，即至托脚木止。**若騎槽，即前後各隨跳，與方、栱相交，開子廕以壓科上。**

① [宋]李誡，傅熹年彙校. 營造法式合校本. 第一册. 大木作制度二. 梁. 校注. 中華書局. 2018年
② [宋]李誡，傅熹年校注. 合校本營造法式. 第201頁. 大木作制度二. 梁. 注3. 中國建築工業出版社. 2020年
③ [宋]李誡. 營造法式（陳明達點注本）. 第一册. 第99頁. 大木作制度二. 梁. 批注. 浙江攝影出版社. 2020年
④ [宋]李誡. 營造法式（陳明達點注本）. 第一册. 第99頁. 大木作制度二. 梁. 批注. 浙江攝影出版社. 2020年
⑤ 梁思成. 梁思成全集. 第七卷. 第132頁. 大木作制度二. 梁. 注23. 中國建築工業出版社. 2001年
⑥ 梁思成. 梁思成全集. 第七卷. 第132頁. 大木作制度二. 梁. 注24. 中國建築工業出版社. 2001年

襯方頭，外檐鋪作上的一種構件，但《法式》"大木作制度一"未提及。

《法式》行文除此處外，僅卷第十七"大木作功限一"提到"襯方頭"。

襯方頭，施于與鋪作相交之梁背要頭之上，亦即外檐鋪作最上一層位置上。襯方頭斷面高一材，其前端伸至橑檐方，後端與昂背相切，或伸至内檐平棊方。若無鋪作，則將襯方頭伸至檐栿梁背上，承房屋下平榑（或牛脊榑）托腳木。

〔5.1.10〕
襯方頭與隱襯角栿之關聯

《法式》文本敘述在這裏出現兩個問題：

其一，襯方頭雖是鋪作中不可或缺的構件，但在外檐不施鋪作時，似乎仍需有襯方頭？這一點從其文"如無鋪作，即至托腳木止"，似可看清。這或是《法式》行文在有關科栱之"大木作制度一"中，未特別提到"襯方頭"的原因之一？

其二，襯方頭與隱襯角栿間存在某種關聯？兩者似有共同點。隱襯角梁，位于明梁之上，外至橑檐方，内至角後栿項；襯方頭，位于梁背要頭之上（亦在明梁之上），前至橑檐方，後至昂背或平棊方，抑或後至梁背上的托腳木

止。而托腳木，一般在上層梁之梁首處。這與隱襯角栿内至角後栿項，在位置上也十分接近。

推測：隱襯角栿，相當于轉角鋪作最上端之斜向的"襯方頭"。若這一推測成立，則隱襯角栿斷面之高，應爲一材。

襯方頭若施于騎槽科栱上，其前後應隨跳，并與鋪作中的方、栱相交。與方、栱相交之處，承以散科，則襯方頭上亦開子廕。

子廕者，如梁注："是指在構件上鑿出以固定與另一構件的相互位置的淺而寬的凹槽，祇能防止偏側，但不能起卯的作用將榫固定'咬'住。"[1]

〔5.1.11〕
平棊之上

凡平棊之上，須隨榑栿用方木及矮柱敦桥，隨宜枝樘固濟，並在草栿之上。 凡明梁祇閣平棊，草栿在上承屋蓋之重。

梁注："桥，此字不見于字典。"[2]可知，當時中國字典編纂出版還較滯後。

上文"枝樘固濟"，陶本："枝撐固濟"，梁注："樘，音撐，丑庚切（cheng），也寫作撐，含義與撐

① 梁思成. 梁思成全集. 第七卷. 第90頁. 大木作制度一. 栱. 注38. 中國建築工業出版社. 2001年

② 梁思成. 梁思成全集. 第七卷. 第132頁. 大木作制度二. 梁. 注26. 中國建築工業出版社. 2001年

同。"①又注:"這些方木短柱都是用在草栿之間的,用來支撑并且固定這些草栿的。"②

傅建工合校本注:"劉校故宮本:'丁本作'柱撐固濟',故宮本、文津四庫本均作'拄撐固濟'。應作'枝撐固濟'。"③

"矮柱敦桥"亦見于《法式》"大木作制度二",其文"棟"條,談及牛脊槫,"安於草栿之上,至角即抱角梁;下用矮柱敦桥。"

《漢語大字典》:"桥,tian,《廣韻》他念切,去桥透。"其注有二:"1)同'栝',撥火棍;木棍。《玉篇·木部》:'桥,木杖也。'《廣韻·桥韻》:'桥,火杖。'《集韻·栝韻》:'栝,《說文》:炊竈木。或從忝。'宋趙叔向《肯綮錄·俚俗字義》:'挑燈杖曰桥。'"④又:"2)古式板門上的柱形構件,有立桥、撥桥。"⑤

"敦",字義有"多""大"及"豎"等:"豎,《莊子·列御寇》:'敦杖�之乎頤。'陸德明釋文:'敦,音頓。司馬云:豎也。'宋李誡《營造法式·大木作制度二·梁》:'凡平棊之上,須隨槫栿用方木及矮柱敦桥,隨宜枝樘固濟,並在草栿之上。'"⑥《漢語大字典》編纂者認爲,這裏"敦"字義取"豎"。"敦桥"爲"豎立之杖。"

梁先生的分析是正確的:平棊之上隨宜施設之方木、矮柱、敦桥等,主要用來支撐并固定承托屋蓋重量的草栿。明梁作用,祇是用來承托平棊,并不承擔屋蓋荷載。

〔5.1.12〕
平棊方

凡平棊方在梁背上,其廣厚並如材,長隨間廣。每架下平棊方一道。平闇同。又隨架安椽,以遮版縫。其椽,若殿宇,廣二寸五分,厚一寸五分;餘屋,廣二寸二分,厚一寸二分。如材小,即隨宜加減。**絞井口並隨補間。**令縱橫分布方正。若用峻脚,即於四闌內安版貼華。如平闇,即安峻脚椽,廣厚並與平闇椽同。

梁注:"平棊方一般與槫平行,與梁成正角,安在梁背之上,以承平棊。"⑦平棊方斷面廣厚爲1材。其長與房屋開間間廣一致,即每一楅梁架下,都有一道平棊方。同樣做法,也適用于室內使用平闇情況。

關于"隨架安椽",梁先生未作進一步討論,僅指出:"平闇和平棊都屬于小木作範疇,詳小木作制度及圖樣。"⑧

陳注:"平棊方、峻脚椽。"⑨此似爲標示語。

傅建工合校本注:"劉校故宮本:'凡平棊方在梁背上'一段,丁本在'凡襯方頭'段之前,故宮本在後,

① 梁思成. 梁思成全集. 第七卷. 第132頁. 大木作制度二. 梁. 注27. 中國建築工業出版社. 2001年
② 梁思成. 梁思成全集. 第七卷. 第132頁. 大木作制度二. 梁. 注28. 中國建築工業出版社. 2001年
③ [宋]李誡,傅熹年校注. 合校本營造法式. 第201頁. 大木作制度二. 梁. 注4. 中國建築工業出版社. 2020年
④ 漢語大字典. 第514頁. 桥. 四川辭書出版社-湖北辭書出版社. 1993年
⑤ 漢語大字典. 第514頁. 桥. 四川辭書出版社-湖北辭書出版社. 1993年

⑥ 漢語大字典. 第617頁. 敦. 四川辭書出版社-湖北辭書出版社. 1993年
⑦ 梁思成. 梁思成全集. 第七卷. 第133頁. 大木作制度二. 梁. 注29. 中國建築工業出版社. 2001年
⑧ 梁思成. 梁思成全集. 第七卷. 第133頁. 大木作制度二. 梁. 注30. 中國建築工業出版社. 2001年
⑨ [宋]李誡. 營造法式(陳明達點注本). 第一册. 第100頁. 大木作制度二. 梁. 批注. 浙江攝影出版社. 2020年

據故宮本改。"①又注："熹年謹按：文津四庫本同故宮本，亦在後。張本則在'凡襯方頭'段之前。"②梁注釋本與故宮本、文津四庫本同。

上文之"椽"指安于平棊方上，承托平棊版（或平闇版）之"椽"，而非房屋屋蓋之椽。此處之"椽"乃斷面爲矩形方椽。若殿宇中用平棊，其椽斷面，廣2.5寸；厚1.5寸。若餘屋中用平棊，其椽斷面，廣2.2寸；厚1.2寸。若房屋用材小，其斷面"隨宜加減。"

梁注："'井口'是用桯與平棊方構成的方格；'絞'是動詞，即將桯與平棊方相交之義。"③

梁先生這裏所説之"桯"，可理解爲《法式》上文所説之"椽"，其斷面高2.5寸（或2.2寸），厚1.5寸（或1.2寸），彼此縱橫交錯，相互咬合（絞）爲"井口"。其椽（或桯）又被明梁梁背上斷面更大的平棊方所承托。其絞井口，與補間鋪作保持某種一致，以體現室内天花與開間之間的平衡與協調。

由平棊方所承之"椽"（或桯）構成的絞井口，須縱橫分布方正。若是平棊，則在室内四緣安峻脚椽，并在峻脚椽四闌（斜置的井口）内斜安平棊版，并貼華飾；若是平闇，則祇安峻脚椽，其椽斷面與"平闇椽"相同。

平棊方椽斷面尺寸一覽見表5.1.4。

平棊方椽斷面尺寸一覽 表5.1.4

平棊類型	殿宇内平棊（殿堂）		餘屋内平棊（廳堂及餘屋）		未知房屋用材大小
平棊方椽斷面	椽廣（高）	椽厚	椽廣（高）	椽厚	
椽斷面尺寸（尺）	0.25	0.15	0.22	0.12	假設三等以上
備注	其椽，若殿宇，廣二寸五分，厚一寸五分；餘屋，廣二寸二分，厚一寸二分。如材小，即隨宜加減（所謂材小，似可理解爲四等、五等、六等及以下用材？）				

【5.2】
額與地栿

額，本義爲人之面部上端，古人用以喻指房屋或門窗上的構件，如檐額、闌額、門額、窗額等。門額、窗額，屬小木作範疇，這裏不加討論；檐額與闌額，及屋内額等，屬于房屋屋身構件，主要用于房屋檐柱或屋内柱柱頭間連接作用。仍可歸在宋式大木作制度範疇内。

大木作制度中與額相類之構件，是

① [宋]李誡，傅熹年校注. 合校本營造法式. 第201頁. 大木作制度二. 梁. 注5. 中國建築工業出版社. 2020年

② [宋]李誡，傅熹年校注. 合校本營造法式. 第201頁. 大木作制度二. 梁. 注5. 中國建築工業出版社. 2020年

③ 梁思成. 梁思成全集. 第七卷. 第133頁. 大木作制度二. 梁. 注31. 中國建築工業出版社. 2001年

地栿。如果説額主要起到柱頭間的連接作用，地栿則主要起柱根間連接作用。與之功能相近的構件，還有施于兩柱之間的腰串。三者都起到加强屋柱之間的聯繫，以形成較爲穩固房屋屋身結構之作用。

〔5.2.1〕
闌額

造闌額之制：廣加材一倍，厚減廣三分之一，長隨間廣，兩頭至柱心。入柱卯減厚之半，兩肩各以四瓣卷殺，每瓣長八分°。如不用補間鋪作，即厚取廣之半。

梁注："闌額是檐柱與檐柱之間左右相聯的構件，兩頭出榫入柱，額背與柱頭平。清式稱'額枋'。"[1]闌額出榫長度，"兩頭至柱心"："指兩頭出榫到柱的中心綫。"[2]

梁注："闌額背是平的。它的兩'肩'在闌額的兩側，用四瓣卷殺過渡到'入柱卯'的厚度。"[3]兩肩指闌額入柱前之兩端的裏側與外側。其入柱兩端之兩側，各從額之厚度向卯之厚度分4瓣卷殺，每瓣長8分°。

梁注："補間鋪作一般都放在闌額上。'如不用補間鋪作'，減輕了荷載，闌額祇起着聯繫左右兩柱頭

的作用，就可以'厚取廣之半'，而毋需'厚減廣三分之一。'"[4]

宋人朱熹《論語集注》："子夏曰：'大德不逾閑，小德出入可也。'大德、小德，猶言大節、小節。閑，闌也，所以止物之出入。"[5]闌有"止物之出入"義，其意近"攔"或"欄"。闌額者，橫攔于兩根檐柱柱頭間之方木。

闌額斷面尺寸，廣（高度）2材（30分°），厚20分°，則闌額斷面高厚比爲3：2。闌額長與房屋開間間廣同。闌額兩頭出榫入柱，榫高與闌額同，榫厚爲闌額厚度之半，其厚10分°。

若房屋不施補間鋪作，其闌額厚度爲其廣之半，即厚15分°。這時闌額高厚比爲2：1。但此時入柱之榫卯厚度不詳，似不宜按"入柱卯減厚之半"做法處理，疑仍應按卯厚10分°纔較合理。此推測尚需實例驗證。

不同用材房屋闌額斷面尺寸見表5.2.1。

〔5.2.2〕
檐額

凡檐額，兩頭並出柱口；其廣兩材一栔至三材；如殿閣即廣三材一栔或加至三材三栔。檐額下綽幕方，廣減檐額三分之一；出柱長至補間；相對作楂頭或三瓣頭如角梁。

---

① 梁思成. 梁思成全集. 第七卷. 第135頁. 大木作制度二. 闌額. 注32. 中國建築工業出版社. 2001年
② 梁思成. 梁思成全集. 第七卷. 第135頁. 大木作制度二. 闌額. 注33. 中國建築工業出版社. 2001年
③ 梁思成. 梁思成全集. 第七卷. 第135頁. 大木作制度二. 闌額. 注34. 中國建築工業出版社. 2001年
④ 梁思成. 梁思成全集. 第七卷. 第135頁. 大木作制度二. 闌額. 注35. 中國建築工業出版社. 2001年
⑤ [宋]朱熹. 四書章句集注. 論語集注. 卷10. 子張第十九

闌額所用位置	用補間鋪作		不用補間鋪作		分°值
闌額斷面	廣	厚	廣	厚	折合尺
斷面尺寸（分°）	30	20	30	15	
用一等材（尺）	1.8	1.2	1.8	0.9	0.06
用二等材（尺）	1.65	1.1	1.65	0.825	0.055
用三等材（尺）	1.5	1	1.5	0.75	0.05
用四等材（尺）	1.44	0.96	1.44	0.72	0.048
用五等材（尺）	1.32	0.88	1.32	0.66	0.044
用六等材（尺）	1.2	0.8	1.2	0.6	0.04
用七等材（尺）	1.05	0.7	1.05	0.525	0.035
備注	闌額之長隨間廣，兩頭至柱心。入柱卯減厚之半，兩肩各以四瓣卷殺，每瓣長八分				

梁注："檐額和闌額在功能上有何區別，'制度'中未指出，祇能看出檐額的長度沒有像闌額那樣規定'長隨間廣'，而且'兩頭並出柱口'；檐額下還有綽幕方，那是闌額之下所沒有的。在河南省濟源縣濟瀆廟的一座宋建的臨水亭上，所用的是一道特大的'闌額'，長貫三間，'兩頭並出柱口'，下面也有'廣減檐額三分之一，出柱長至補間，相對作楂頭'的綽幕方。因此推測，臨水亭所見，大概就是檐額。"[①]

又注："綽幕方，就其位置和相對大小說，略似清式中的小額枋。'出柱'做成'相對'的'楂頭'，可能就是清式'雀替'的先型。"[②]

陳注："闌額、檐額之區別？"[③]其實梁先生已經嘗試着回答了這一問題。

依梁先生推測，檐額是通貫房屋某立面上諸檐柱柱頭上的闌額。斷面高2材1栔（36分°）至3材（45分°）。若在殿閣中用檐額，斷面高可達3材1栔（51分°）至3材3栔（63分°）。如殿閣用一等材，其分°值爲0.06尺，則其檐額斷面高可達3.06—3.78尺。需要説明的一點是，斷面尺寸如此之大的檐額，祇是從《法式》行文中推測而來，至今尚未發現相應的實例印證。

以檐額需用整料，故一般用在開間數較少的房屋上，材分或也可用二等，或三等材。如用二等材，且爲廳堂時，其分°值爲0.055尺，檐額斷面高取2材

① 梁思成. 梁思成全集. 第七卷. 第135頁. 大木作制度二. 闌額. 注36. 中國建築工業出版社. 2001年

② 梁思成. 梁思成全集. 第七卷. 第135頁. 大木作制度二. 闌額. 注37. 中國建築工業出版社. 2001年

③ [宋]李誡. 營造法式（陳明達點注本）. 第一册. 第101頁. 大木作制度二. 梁. 批注. 浙江攝影出版社. 2020年

1栔或3材，則其檐額斷面高約1.98—2.475尺。

《法式》未給出檐額厚度與高度比例，或仍按其厚減其廣三分之一推算？未可知。

綽幕方斷面高，爲檐額斷面高的2/3。則一般情況下，其廣24分°或30分°，若殿閣上用，其廣34分°或42分°。這裏依然未給出綽幕方廣厚比。未知是

否仍可按厚爲廣之2/3推算？

將綽幕方推測爲清式建築之雀替的先型，確有見地，但二者間亦有區別。雀替雖以榫卯入柱，但難以起到縮短額枋跨距之結構作用，更多乃視覺上裝飾作用。而綽幕方，却能起到承托其上之檐額及檐額上所承荷載的結構作用。

不同用材房屋檐額及綽幕方斷面高度尺寸見表5.2.2。

不同用材房屋檐額及綽幕方斷面高度尺寸　　表5.2.2

檐額所用位置	殿閣建築用檐額				一般建築用檐額				分°值折合尺
	廣3材1栔		廣3材3栔		廣2材1栔		廣3材		
檐額斷面	檐額	綽幕方	檐額	綽幕方	檐額	綽幕方	檐額	綽幕方	
斷面尺寸（分°）	51	34	63	42	36	24	45	30	
用一等材（尺）	3.06	2.04	3.78	2.52	2.16	1.44	2.7	1.8	0.06
用二等材（尺）	2.805	1.87	3.465	2.31	1.98	1.32	2.475	1.65	0.055
用三等材（尺）	2.55	1.7	3.15	2.1	1.8	2.25	2.25	1.5	0.05
用四等材（尺）	2.448	1.632	3.024	2.016	1.728	1.152	2.16	1.44	0.048
用五等材（尺）	2.244	1.496	2.772	1.848	1.584	1.056	1.98	1.32	0.044
用六等材（尺）	2.04	1.36	2.52	1.68	1.44	0.96	1.8	1.2	0.04
用七等材（尺）	1.785	1.19	2.205	1.47	1.26	0.84	1.575	1.05	0.035
備注	檐額下綽幕方，廣減檐額三分之一。 其文未給出檐額及綽幕方厚度，此處亦未列。疑仍可以其廣三分之二控制								

〔5.2.3〕

由額

凡由額，施之於闌額之下。廣減闌額二分°至三分°。出卯、卷殺，並同闌額法。如有副階，即於峻脚椽下安之。如無副階，即隨宜加減，令高下得中。若副階額下，即不須用。

梁先生對由額未作具體注釋，但標出了與由額有關的幾幅圖："由額（大木作制度圖樣三十二、三十五、三十八）。"[1]

《法式》中，在既有構件上增加一個相類構件，會稱其爲"由×"。如轉

① 梁思成. 梁思成全集. 第七卷. 第135頁. 大木作制度二. 闌額. 注38. 中國建築工業出版社. 2001年

角鋪作角昂上增一昂，稱“由昂”。闌額下增一額，稱“由額”。故由額當施于闌額之下。斷面高（廣）減闌額2—3分°。以闌額高爲2材（30分°），則由額高爲27—28分°。

其厚度未詳，這裏參照闌額做法，仍減其廣三分之一爲其厚。其厚度約爲18分°。與闌額一樣，由額兩端出卯入柱，入柱卯減厚之半，卯厚約爲9分°；入柱前之由額裏外兩側（兩肩），各以四瓣卷殺，每瓣長8分°。其斷面廣厚，及卷殺之“分”，皆爲《法式》材分制度之“分°”。

若爲有副階之殿堂建築，其由額安于殿身柱平棊（或平闇）之峻脚椽下。若爲無副階殿堂或廳堂建築，其由額可隨宜施設，以高下得中爲宜。但是，副階檐柱之闌額下，却不需施用由額。

換言之，在無副階之單檐殿堂（或廳堂）檐柱的闌額之下，還是有可能施加由額的。

不同用材房屋闌額與由額尺寸見表5.2.3。

不同用材房屋闌額與由額尺寸   表5.2.3

用一至三等材房屋闌額、由額廣			分°值折合尺	用四至六等材房屋闌額、由額廣			分°值折合尺
闌額-由額	闌額廣	由額廣		闌額-由額	闌額廣	由額廣	
斷面尺寸（分°）	30	28		斷面尺寸（分°）	30	27	
用一等材（尺）	1.8	1.68	0.06	用四等材（尺）	1.44	1.296	0.048
用二等材（尺）	1.65	1.54	0.055	用五等材（尺）	1.32	1.188	0.044
用三等材（尺）	1.5	1.4	0.05	用六等材（尺）	1.2	1.08	0.04
備注	凡由額，施之于闌額之下。廣減闌額二分°至三分°。本表推測數據，以用一至三等材者，減二分°；用四至六等材者，減三分°計						

〔5.2.4〕

屋內額

凡屋內額，廣一材三分°至一材一栔；厚取廣三分之一；長隨間廣，兩頭至柱心或駝峯心。

梁注：“從材、分°大小看，顯然

不承重，祇作柱頭間或駝峯間相互聯繫之用。”[1]

屋內額，施于屋內柱上，廣1材3分°（18分°）至1材1栔（21分°）；厚取廣1/3，則厚6分°至7分°。其斷面尺寸較單薄。

屋內額長，隨其所施兩屋內柱間之廣。在兩駝峯間施屋內額做法，未見

① 梁思成. 梁思成全集. 第七卷. 第135頁. 大木作制度二. 闌額. 注39. 中國建築工業出版社. 2001年

用一至三等材房屋屋内額廣厚			分°值 折合尺	用四至六等材房屋屋内額廣厚			分°值 折合尺
屋内額	額廣	額厚		屋内額	額廣	額厚	
斷面尺寸（分°）	21	7		斷面尺寸（分°）	18	6	
用一等材（尺）	1.26	0.42	0.06	用四等材（尺）	0.864	0.288	0.048
用二等材（尺）	1.155	0.385	0.055	用五等材（尺）	0.792	0.264	0.044
用三等材（尺）	1.05	0.35	0.05	用六等材（尺）	0.72	0.24	0.04
備注	本表推測數據，以用一至三等材者，屋内額廣一材一栔；用四至六等材者，額廣一材三分°計；厚皆取其廣三分之一計						

實例。

不同用材房屋屋内額斷面尺寸見表5.2.4。

〔5.2.5〕

地栿

凡地栿，廣加材二分°至三分°；厚取廣三分之二；至角出柱一材。 上角或卷殺作梁切几頭。

梁注："地栿的作用與闌額、屋内額相似，是柱脚間相互聯繫的構件。宋實例極少。現在南方建築還普遍使用。陶本原文作'廣如材二分°至三分°'。'如'字顯然是'加'字之誤，所以這裏改作'加'。"[1]

上文"凡地栿，廣加材二分°至三分°"，陶本："凡地栿，廣如材二分°至三分°"，陳注："'如'疑爲'加'，故宮本作'加'。"[2]傅書局合校本注：改"如"爲"加"。[3]傅建工合校本注："劉校故宮本：陶本、丁本作'如'，故宮本、文津四庫本作'加'，當從故宮本。"[4]

依梁注，地栿斷面高1材2分°（17分°）至1材3分°（18分°）。其厚取高（廣）2/3，約爲12分°。

地栿至角要出柱1材（15分°）。地栿出頭部分之上角，可卷殺，呈切几頭形式，或斫成抹角。

如梁先生言，北方遼、宋、金遺構中，難見地栿實例。南方晚近建築，仍有用地栿做法。或因北方建築北側及兩山，多爲厚重磚（或土坯）墻，屋身結構足夠穩定強固，無增設地栿的特別需求。南方建築之圍合，或用版壁、竹笆，或四面透空，結構本身較柔弱，故設地栿，可增加屋身結構強度。

不同用材房屋地栿斷面尺寸見表5.2.5。

① 梁思成. 梁思成全集. 第七卷. 第135頁. 大木作制度二. 闌額. 注40. 中國建築工業出版社. 2001年
② [宋]李誡. 營造法式（陳明達點注本）. 第一册. 第101頁. 大木作制度二. 闌額. 批注. 浙江攝影出版社. 2020年
③ [宋]李誡, 傅熹年彙校. 營造法式合校本. 第一册. 大木作制度二. 闌額. 校注. 中華書局. 2018年
④ [宋]李誡, 傅熹年校注. 合校本營造法式. 第203頁. 大木作制度二. 闌額. 注1. 中國建築工業出版社. 2020年

用一至三等材房屋地栿廣厚			分°值折合尺	用四至六等材房屋地栿廣厚			分°值折合尺
地栿	栿廣	栿厚		地栿	栿廣	栿厚	
斷面尺寸（分°）	18	12		斷面尺寸（分°）	17	11.3	
用一等材（尺）	1.08	0.72	0.06	用四等材（尺）	0.816	0.542	0.048
用二等材（尺）	0.99	0.66	0.055	用五等材（尺）	0.748	0.497	0.044
用三等材（尺）	0.9	0.6	0.05	用六等材（尺）	0.68	0.452	0.04
備注	本表推測數據，以用一至三等材者，地栿廣加材三分°；用四至六等材者，地栿廣加材二分°計；厚皆取其廣三分之二計						

【5.3】

柱 其名有二：一曰楹，二曰柱

"柱"之討論，見本書第1章第1.4.3節，"柱"條。

柱，最早見于《尚書》之"底柱"[①]；《史記》引其文，但用爲"砥柱"。兩處所指均似爲地名。《爾雅》："楹，柱也。"[②]楹即柱底，或柱下之礎。柱，恐由最初"柱底"漸次引申爲房屋之柱楹。

楹，最早見于《詩經·斯干》："殖殖其庭，有覺其楹。"[③]其詩主題是"築室百堵"，故這裏的"楹"，當指房屋之柱楹。

〔5.3.1〕
用柱之制

凡用柱之制：若殿閣，即徑兩材兩栔至三材；若廳堂柱即徑兩材一栔，餘屋即徑一材一栔至兩材。若廳堂等屋內柱，皆隨舉勢定其短長，以下檐柱爲則。 若副階廊舍，下檐柱雖長不越間之廣。

上文"凡用柱之制：若殿閣，即徑兩材兩栔至三材"，陶本："凡用柱之制：若殿間，即徑兩材兩栔至三材。"陳注："閣，故宮本。"[④]傅書局合校本注：改"間"爲"閣"。[⑤]傅建工合校本注："熹年謹按：陶本誤作'殿間'，據故宮本、文津四庫本、張本改。"[⑥]

又梁注："'用柱之制'中祇規定各種不同的殿閣廳堂所用柱徑，而未規定柱高。祇有小注中' 若副階廊舍，下檐柱雖長不越間之廣 '一句，也難從中確定柱高。"[⑦]

陳注："柱高及升起。樓閣升起？"[⑧]陳先生這裏所言"升起"，疑爲"生起"之誤。

這裏給出殿閣、廳堂、餘屋所用柱子直徑。

① [清]阮元校刻. 十三經注疏. 尚書正義. 卷第六. 校勘記. 禹貢. 第326頁. 中華書局. 2009年

② [清]阮元校刻. 十三經注疏. 爾雅注疏. 卷第三. 釋言第二. 第5621頁. 中華書局. 2009年

③ [清]阮元校刻. 十三經注疏. 毛詩正義. 卷第十一. 十一之二. 斯干. 第936頁. 中華書局. 2009年

④ [宋]李誡. 營造法式（陳明達點注本）. 第一冊. 第102頁. 大木作制度二. 闌額. 批注. 浙江攝影出版社. 2020年

⑤ [宋]李誡, 傅熹年彙校. 營造法式合校本. 第一冊. 大木作制度二. 柱. 校注. 中華書局. 2018年

⑥ [宋]李誡, 傅熹年校注. 合校本營造法式. 第205頁. 大木作制度二. 柱. 注1. 中國建築工業出版社. 2020年

⑦ 梁思成. 梁思成全集. 第七卷. 第137頁. 大木作制度二. 柱. 注41. 中國建築工業出版社. 2001年

⑧ [宋]李誡. 營造法式（陳明達點注本）. 第一冊. 第102頁. 大木作制度二. 闌額. 批注. 浙江攝影出版社. 2020年

（1）殿閣，柱徑2材2栔（42分°）至3材（45分°）；

（2）廳堂，柱徑2材1栔（36分°）；

（3）餘屋，柱徑1材1栔（21分°）至2材（30分°）。

殿閣用一等材，分°值爲0.06尺；柱徑爲2.52—2.7尺；廳堂用二等材，分°值爲0.055尺，柱徑約爲1.98尺；餘屋用四等材，分°值爲0.048尺，柱徑爲1.008—1.44尺。每座房屋所用柱之徑，按其所用材等不同而變化。

梁注："'舉勢'是指由于屋蓋'舉折'所決定的不同高低。關于'舉折'，見下文'舉折之制'及大木作圖樣二十六。①"②

上文未給出柱高尺寸，亦未給出柱高推定方式，但給出了三個原則：

（1）廳堂等屋內柱，依屋頂舉折之勢，由屋頂坡度而限定之相應位置的屋榑標高，確定其柱長短；

（2）屋內柱長短尺寸，以房屋下檐檐柱之長短尺寸爲基礎而定；

（3）若殿閣之副階，或廊舍，其下檐檐柱尺寸，不論多長，亦不應超過其（當心間？）開間間廣之長。

上文小注"下檐柱雖長不越間之廣"，具有重要的立面比例控制意義。按照這一原則，宋式建築，比較接近人之視綫的房

屋副階檐柱，其柱子高度，原則上應小于或等于其（當心間？）開間間廣。

這一原則或也適用于單檐殿閣或廳堂之外檐檐柱柱高。如現存遼代遺構——遼寧義縣奉國寺大殿，是一座單檐九開間大殿。其當心間間廣，恰與其前檐檐柱之平柱柱高尺寸相當。

同樣情況也發生在唐五臺山佛光寺大殿。這是一座單檐七開間大殿，其當心間間廣尺寸，與其檐柱平柱柱高尺寸亦相當。而開間較少的單檐殿堂，如山西五臺南禪寺大殿，或河北薊縣獨樂寺山門，檐下平柱高，明顯小于當心間間廣。

這些案例大體上遵循了"下檐柱雖長不越間之廣"的基本比例原則。這裏所說"間之廣"，主要指當心間間廣。事實上，次間、梢間，或盡間間廣尺寸，往往有可能小于檐柱柱高尺寸。

不同用材殿閣、廳堂、亭榭（餘屋）柱子直徑見表5.3.1。

〔5.3.2〕

至角隨間數生起角柱

至角則隨間數生起角柱。若十三間殿堂，則角柱比平柱生高一尺二寸。平柱謂當心間兩柱也。自平柱疊進向角漸次生起，令勢圜和；如逐間大小不同，即隨宜加減，他皆倣此；**十一間生高一尺；九間生高八寸；七間生高六寸；五間生高四寸；三間生高二寸。**

① 梁思成. 梁思成全集. 第七卷. 第403頁. 大木作圖樣二十六. 中國建築工業出版社. 2001年

② 梁思成. 梁思成全集. 第七卷. 第137頁. 大木作制度二. 柱. 注42. 中國建築工業出版社. 2001年

	殿閣（殿堂）式		廳堂式		餘屋式	
柱徑（材）	兩材兩栔至三材		兩材一栔		一材一栔至兩材	
柱徑（分°）	42—45		36		21—30	
一等材 （0.06尺）	殿身9—11間 （取三材）	2.7尺				
二等材 （0.055尺）	殿身5—7間	2.475尺				
	殿身9—11間副階	2.475尺				
三等材 （0.05尺） （2材2栔）	殿身3間 殿5間	2.1尺	堂7間 （2材1栔）	1.8尺		
	殿身5—7間副階	2.1尺				
	殿身9—11間廊屋	2.1尺				
四等材 （0.048尺） （2材2栔）	殿3間	2.016尺	廳堂5間 （2材1栔）	1.728尺		
	殿身3間副階	2.016尺				
	殿身5—7間廊屋	2.016尺				
五等材 （0.044尺）	殿小三間	1.848尺	廳堂大三間 （2材1栔）	1.584尺		
六等材 （0.04尺）					亭榭	1.2尺
					小廳堂	1.2尺
七等材 （0.035尺）			小殿 （按廳堂計）	1.26尺	亭榭	0.735尺
八等材 （0.03尺）					小亭榭	0.63尺
備注	殿身5間以上殿閣及副階柱徑以3材推算；殿身3間、殿5間及以下殿閣柱徑，以2材2栔推算；廳堂柱徑，均以2材1栔推算；用六等材的亭榭、小廳堂柱徑，以2材推算；用七、八等材的亭榭，柱徑以1材1栔推算。所推算出的柱徑單位均爲尺					

梁注：“唐宋實例角柱都生起，明代官式建築中就不用了。”①

這裏給出兩個概念：平柱與角柱。

平柱，當心間兩柱。角柱，轉角之柱。所謂生起，是“自平柱疊進向角漸次生起”，即以當心間平柱爲則，向兩側漸次加長柱子高度，至角時柱高尺寸達到最長。

① 梁思成. 梁思成全集. 第七卷. 第137頁. 大木作
制度二. 柱. 注43. 中國建築工業出版社. 2001年

這一生起做法，是漸次遞進的。具體尺寸爲：十一間生高1尺；九間生高8寸；七間生高6寸；五間生高4寸；三間生高2寸。則基本規則，每向角遞進一間，柱高尺寸增長2寸。

另有兩個原則：（1）升高趨勢要"令勢圜和"；（2）逐間大小不同，需隨宜加減。若開間間廣明顯減小，生起高度亦應有所減。

〔5.3.3〕
殺梭柱之法

凡殺梭柱之法：隨柱之長，分爲三分，上一分又分爲三分，如栱卷殺，漸收至上徑比櫨枓底四周各出四分；又量柱頭四分，緊殺如覆盆樣，令柱頭與櫨枓底相副。其柱身下一分，殺令徑圜與中一分同。

梁注："將柱兩頭卷殺，使柱兩頭較細，中段略粗，略似梭形。明清官式一律不用梭柱，但南方民間建築中一直沿用，實例很多。"①

上文"令柱頭與櫨枓底相副"，陶本："令柱項與櫨枓底相副"，陳注：改"項"爲"頭"。②

關于卷殺，梁注："這裏存在一個問題。所謂'與中一分同'的'中一分'，可釋爲'隨柱之長分爲三分'中的'中一分'，這樣事實上'下一

分'便與'中一分'徑圜相同，成了'下兩分'徑圜完全一樣粗細，祇是將'上一分'卷殺，不成其爲'梭柱'。我們認爲也可釋爲全柱長之'上一分'中的'中一分'，這樣就較近梭形。《法式》原圖上是後一種，但如何殺法未説清楚。"③

將柱之上下兩部分做卷殺，使柱上下較細，中段較粗，略似梭形做法，可見于日本飛鳥、奈良時期遺構。中國南北朝建築，亦曾采用這種梭柱做法。現存河北定興縣北齊所建義慈惠石柱上的小型石殿中的仿木石柱，似保存了這一做法。南方木構遺存中，仍可見到這種早期做法傳承。

梁先生給出對宋式"殺梭柱之法"兩種理解：

其一，將柱子整體在高度上分爲三分；上一分再分三分；然後，將柱身上段三分之一，依其三個小分，按栱之卷殺方式，漸漸收至上徑比櫨枓底四周各出4分°的徑圜程度；其下段與中段，即柱身中下兩段三分之二部分，保持了相同徑圜。

其二，將柱子整體在高度上分爲三分；上一分再分三分；將柱身上段三分之一，依其三個小分，按栱之卷殺方式，漸漸收至上徑比櫨枓底四周各出4分°徑圜程度；再按照上段所分三分之一

① 梁思成. 梁思成全集. 第七卷. 第137頁. 大木作制度二. 柱. 注44. 中國建築工業出版社. 2001年
② [宋]李誡. 營造法式（陳明達點注本）. 第一冊. 第103頁. 大木作制度二. 柱. 批注. 浙江攝影出版社. 2020年
③ 梁思成. 梁思成全集. 第七卷. 第137頁. 大木作制度二. 柱. 注45. 中國建築工業出版社. 2001年

之中段卷殺後的徑圍粗細，對柱身下段三分之一部分進行卷殺，使柱身下段徑圍與上段中一分的徑圍保持一致。

如此，則柱之全體形成了上三分之一漸趨變細；下三分之一微微趨細；而中三分之一，保持柱之原有徑圍，從而造成上下三分之一稍顯趨細，中間三分之一略顯較粗的“梭柱”形象。

〔5.3.4〕
造柱下櫍

凡造柱下櫍，徑周各出柱三分°；厚十分°，下三分°爲平，其上並爲欹；上徑四周各殺三分°，令與柱身通上匀平。

梁注：“櫍是一塊圓木板，墊在柱脚之下，柱礎之上。櫍的木紋一般與柱身的木紋方向成正角，有利于防阻水分上升。當櫍開始腐朽時，可以抽換，可使柱身不受影響，不致‘感染’而腐朽。現在南方建築中還有這種做法。”[1]

櫍，施于柱底與柱礎頂面間的墊托性構件，以阻止地基水分沿柱身紋理向上滲透造成侵蝕。櫍的出現很早，《爾雅》：“柣木櫍也。”其疏：“《詩·商頌》云：‘方柣是虔。’是也。又名櫍。”[2]

櫍，亦作“礩”，即以石爲礩。《太平御覽》引：“《説文》曰：礩，柱下石也。古以木，今以石。”[3]又引《戰國策》：“孟談曰：‘臣聞董安于之治晉陽，公之堂皆以黄銅爲柱礩。請發而用之，則有餘銅矣。’”[4]可知戰國時，曾以石或銅爲礩。

櫍的直徑，比柱子底徑大出3分°；厚爲10分°；其中，下3分°爲平，上7分°爲欹。櫍之上徑四周，各向内圍訛，入殺3分°，使櫍之上口與柱身通上匀平相接。

〔5.3.5〕
側脚

凡立柱，並令柱首微收向内，柱脚微出向外，謂之側脚。每屋正面，謂柱首東西相向者，隨柱之長，每一尺即側脚一分；若側面，謂柱首南北相向者，每長一尺即側脚八厘。至角柱，其柱首相向各依本法。如長短不定，隨此加減。
凡下側脚墨，於柱十字墨心裏再下直墨，然後截柱脚柱首，各令平正。
若樓閣柱側脚，祇以柱以上爲則，側脚上更加側脚，逐層倣此。塔同。

梁注：“‘側脚’就是以柱首中心定開間進深，將柱脚向外‘踢’出去，使‘微出向外’。但原文作‘令柱首微收向内，柱脚微出向外’，似乎是柱首也向内偏，柱首的中心

① 梁思成. 梁思成全集. 第七卷. 第137頁. 大木作制度二. 柱. 注46. 中國建築工業出版社. 2001年
② [清]阮元校刻. 十三經注疏. 爾雅注疏. 卷第五. 校勘記. 釋宮第五. 第5649頁. 中華書局. 2009年
③ [宋]李誡等. 太平御覽. 卷一百八十八. 居處部十六. 質礎. 第912頁. 中華書局. 1960年
④ [宋]李誡等. 太平御覽. 卷一百八十八. 居處部十六. 質礎. 第912頁. 中華書局. 1960年

不在建築物縱、橫柱網的交點上，這樣必將會給施工帶來麻煩。這種理解是不合理的。"①

梁注："由于側脚，柱首的上面和柱脚的下面（若與柱中心綫垂直）將與地面的水平面成1/100或8/1000的斜角，站立不穩，因此須下'直墨'，'截柱脚柱首，各令平正'，與水平的柱礎取得完全平正的接觸面。"②

關于樓閣柱側脚，梁注："這句話的含義不太明確。如按注47③的理解，'柱以上'應改爲'柱上'，是指以逐層的柱首爲準來確定梁架等構件尺寸。"④

上文"祇以柱以上爲則"，陳注："柱以上"之"以"："故宮本無此字。"⑤傅書局合校本注："柱以上"之"以，衍文。"⑥傅建工合校本注："劉校故宮本：'柱'字下諸本均有'以'字，爲衍文，據故宮本删。熹年謹按：文津四庫本同故宮本，無'以'字。張本、瞿本有'以'字，但瞿本用墨筆點去。"⑦

梁先生將柱首中心點，作爲房屋平面柱網交匯標準點推算。這一理解在實際操作中，或會對房屋在平面施工時的柱網放綫與柱礎定位造成某種麻煩。

實際施工中，側脚推算，究以柱脚中心爲標準，將柱首向內；還是以柱首中心爲標準，將柱脚向外，疑由工匠現場定。或如《法式》言，既將柱首微向內，也將柱脚微向外，以儘可能減少柱礎平面與柱頭平面在計算上的尺寸偏差。

每一柱在正面（東西相向），各向內作1%傾斜（如柱高1.5丈，其斜1.5寸）；側面（南北相向），各作0.8%傾斜（如柱高1.5丈，其斜1.2寸），以形成向室內中心點的空間傾側，從而增加房屋整體穩定。這一做法似爲宋式營造中一個不可或缺的環節。

側脚具體實施，需通過下側脚墨操作。

通過下直角墨，使其柱脚、柱首，與柱中垂綫各有東西向1%、南北向0.8%的傾斜面。其柱脚與柱首本身，與柱礎頂面完全平行。

這裏給出了一個規則：若是多層樓閣，或塔，每層柱子，各有其側脚。據梁先生之釋，每層柱子側脚，以該層柱脚下之柱首（下層柱的"柱上"）爲基準，向內傾側。如此則從整體上，保證各層結構向中心傾斜，以增強這一多層結構的整體強度與穩定性。

以這一規則反推，是否也可將前文所述單層房屋側脚做法，理解爲以其柱脚之下的柱礎爲基準，向內傾斜。這

① 梁思成. 梁思成全集. 第七卷. 第137頁. 大木作制度二. 柱. 注47. 中國建築工業出版社. 2001年
② 梁思成. 梁思成全集. 第七卷. 第137頁. 大木作制度二. 柱. 注48. 中國建築工業出版社. 2001年
③ 梁思成. 梁思成全集. 第七卷. 第137頁. 大木作制度二. 柱. 注47. 即本節所引梁思成先生的第一個注. 中國建築工業出版社. 2001年
④ 梁思成. 梁思成全集. 第七卷. 第137頁. 大木作制度二. 柱. 注49. 中國建築工業出版社. 2001年
⑤ [宋]李誡. 營造法式（陳明達點注本）. 第一册. 第103頁. 大木作制度二. 柱. 批注. 浙江攝影出版社. 2020年
⑥ [宋]李誡, 傅熹年彙校. 營造法式合校本. 第一册. 大木作制度二. 柱. 校注. 中華書局. 2018年
⑦ [宋]李誡, 傅熹年校注. 合校本營造法式. 第205頁. 大木作制度二. 柱. 注2. 中國建築工業出版社. 2020年

樣，其柱礎在平面柱網中各自的準確定位，就比較容易把控。

【5.4】

陽馬_{其名有五：一曰觚棱，二曰陽馬，三曰闕角，四曰角梁，五曰梁抹}

"陽馬" 5種不同名稱的討論，見本書第1章第1.4.4節，"陽馬" 條。

陽馬，即角梁。據梁先生："角梁是向下傾斜，而在平面投影上也是斜角放置的木梁，與建築物正側面的檐桁各成45°角的。角梁共有兩層，上層稱爲仔角梁，伏在下層老角梁上面，其關係正同飛椽之伏在檐椽上面一樣。"①

宋式營造中的角梁，亦有兩層，上層稱 "子角梁"，下層稱 "大角梁"。據《法式》，子角梁之後，還有一層隱角梁。隱角梁在清式建築中未見使用。

〔5.4.1〕

造角梁之制

《法式》"造角梁之制" 包括大角梁、子角梁、隱角梁，及角梁長等內容。

梁注："在‘大木作制度’中造角梁之制說得最不清楚，爲製圖帶來許多困難，我們祇好按照我們的理解能力所及，作了一些解釋，并依據這些解釋來畫圖和提出一些問題。爲了彌補這樣做法的不足，我們列舉了若干唐、宋時期的實例作爲佐證和補充（大木作圖95、96、97、98、99、100）②。"③

結合梁先生所舉實例及按照實例所繪圖例與《法式》文本相印證，對于理解宋式大木作制度造角梁之制，可有一較明晰理解。

[5.4.1.1]

大角梁

造角梁之制：大角梁，其廣二十八分°至加材一倍；厚十八分°至二十分°。頭下斜殺長三分之二。_{或於斜面上留二分°，外餘直，卷爲三瓣。}

梁注："‘斜殺長三分之二’很含糊。是否按角梁全長，其中三分之二的長度是斜殺的？還是從頭下斜殺的？都未明確規定。"④

大角梁是角梁中的主梁，其斷面高（廣）28分°至2材（30分°）；斷面厚18分°至20分°。若用一等材之殿堂，分值0.06尺，大角梁斷面高爲1.68—1.8尺，

① 梁思成. 清式營造則例. 第29頁. 中國建築工業出版社. 1981年
② 梁思成. 梁思成全集. 第七卷. 第144—147頁（大木作圖95—100）. 中國建築工業出版社. 2001年
③ 梁思成. 梁思成全集. 第七卷. 第139頁. 大木作制度二. 陽馬. 注50. 中國建築工業出版社. 2001年
④ 梁思成. 梁思成全集. 第七卷. 第139頁. 大木作制度二. 陽馬. 注51. 中國建築工業出版社. 2001年

斷面厚1.06—1.2尺；若用三等材之廳堂，分°值0.05尺，大角梁斷面高1.4—1.5尺，斷面厚0.9—1尺。如此類推。

"斜殺"，詞義不明，如梁先生所疑。字面上講，"頭下斜殺"，似指將角梁頭之底，斫成斜長面，斜殺長爲角梁長2/3？但這樣會影響角梁出挑部分斷面尺寸，似不甚合理。抑或將角梁端頭垂直面上的下部，即角梁頭下2/3，斫爲斜面？

以其小注"或於斜面上留二分°，外餘直，卷爲三瓣。"其中的"或"字，似有在上文所斫角梁頭斜面上留出2分°，其外所餘直的部分，按三瓣卷殺？但如何留斜面，所餘何處爲直？又如何將所餘直處"卷爲三瓣"？亦未可知。

[5.4.1.2]

子角梁

子角梁，廣十八分°至二十分°，厚減大角梁三分°，頭殺四分°，上折深七分°。

上文表述亦十分模糊，令人費解。

子角梁伏于大角梁上。其斷面高18分°至20分°；其斷面厚比大角梁厚減3分°，則應爲15分°至17分°。

從其文看，子角梁頭，似爲折綫，如檐口處之飛子，向上折翹？其翹折高度（深）爲7分°？子角梁頭，所殺4分°，似是爲安裝套獸？

各種大角梁、子角梁斷面尺寸見表5.4.1和表5.4.2。

不同用材房屋（含小殿、亭榭、小亭榭等）大角梁斷面尺寸　　　　　　　　　　表5.4.1

用一至四等材房屋大角梁廣厚			分°值折合尺	用五至八等材房屋亭榭大角梁廣厚			分°值折合尺
大角梁	梁廣	梁厚		大角梁	梁廣	梁厚	
斷面尺寸（分°）	30	20		斷面尺寸（分°）	28	18	
用一等材（尺）	1.8	1.2	0.06	用五等材（尺）	1.232	0.792	0.044
用二等材（尺）	1.65	1.1	0.055	用六等材（尺）	1.12	0.72	0.04
用三等材（尺）	1.5	1	0.05	用七等材（尺）	0.98	0.63	0.035
用四等材（尺）	1.44	0.96	0.048	用八等材（尺）	0.84	0.54	0.03
備注	本表推測數據，以用一至四等材者，大角梁廣加材一倍，厚二十分°；用五至八等材者，大角梁以廣二十八分°，厚十八分°計。頭下斜殺長度，因其義不清晰，這裏未推算						

用一至四等材房屋大角梁廣厚			分°值折合尺	用五至八等材房屋亭榭大角梁廣厚			分°值折合尺
大角梁	梁廣	梁厚		大角梁	梁廣	梁厚	
斷面尺寸（分°）	20	17		斷面尺寸（分°）	18	15	
用一等材（尺）	1.2	1.02	0.06	用五等材（尺）	0.792	0.66	0.044
用二等材（尺）	1.1	0.935	0.055	用六等材（尺）	0.72	0.6	0.04
用三等材（尺）	1	0.85	0.05	用七等材（尺）	0.634	0.525	0.035
用四等材（尺）	0.96	0.816	0.048	用八等材（尺）	0.54	0.45	0.03
備注	本表推測數據，用一至四等材者，子角梁廣二十分°，厚減三分°爲十七分°；用五至八等材者，子角梁廣十八分°計，厚減三分°爲十五分°。頭殺上折尺寸，本表不列入						

[5.4.1.3]

隱角梁

隱角梁，上下廣十四分°至十六分°，厚同大角梁，或減二分°。上兩面隱廣各三分°，深各一椽分。 餘隨逐架接續，隱法皆倣此。

梁注：“隱角梁相當于清式小角梁的後半段。在宋《法式》中，由于子角梁的長度祇到角柱中心，因此隱角梁從這位置上就開始，而且再上去就叫作‘續角梁’。這和清式做法有不少區別。清式小角梁（子角梁）梁尾和老角梁（大角梁）梁尾同樣長，它已經包括了隱角梁在內。《法式》説‘餘隨逐架接續’，亦稱‘續角梁’的，在清式中稱‘由戧’（大木作圖99、100）[1]。”[2]

又注：“鑿去隱角梁兩側上部，使其斷面成‘凸’字形，以承椽。”[3]

陳注：“隱角梁截面是扁的？”[4]陳先生之注，似有推測意。

隱角梁，如梁先生注，相當于清式小角梁後半段，隱角梁亦伏于大角梁上，自子角梁尾，即角柱中心，向後延伸。至下平榑後，若再有接續者，即所謂“餘隨逐架接續”者，即爲“續角梁”。

隱角梁斷面高（上下廣）14分°至16分°；厚與大角梁同，即厚18分°至20分°。也可比大角梁略減薄2分°，厚16分°至18分°。

隱角梁兩側所鑿“凸”字形，高爲3分°，鑿深各一椽分。所謂“一椽分”，未知是否是將一椽的直徑分爲10分，其寬爲1分？即搭接寬度約爲椽徑的1/10？

各種隱角梁斷面尺寸見表5.4.3。

① 梁思成. 梁思成全集. 第七卷. 第146頁. 大木作圖 99, 第147頁. 大木作圖 100. 中國建築工業出版社. 2001年

② 梁思成. 梁思成全集. 第七卷. 第139頁. 大木作制度二. 陽馬. 注52. 中國建築工業出版社. 2001年

③ 梁思成. 梁思成全集. 第七卷. 第139頁. 大木作制度二. 陽馬. 注53. 中國建築工業出版社. 2001年

④ [宋]李誡. 營造法式（陳明達點注本）. 第一册. 第104頁. 大木作制度二. 陽馬. 批注. 浙江攝影出版社. 2020年

不同用材房屋（含小殿、亭榭、小亭榭等）隱角梁斷面尺寸　　　　表5.4.3

用一至四等材房屋隱角梁廣厚			分°值折合尺	用五至八等材房屋亭榭隱角梁廣厚			分°值折合尺
隱角梁	梁上下廣	梁厚		隱角梁	梁上下廣	梁厚	
斷面尺寸（分°）	16	20		斷面尺寸（分°）	14	16	
用一等材（尺）	0.96	1.2	0.06	用五等材（尺）	0.616	0.704	0.044
用二等材（尺）	0.88	1.1	0.055	用六等材（尺）	0.56	0.64	0.04
隱角梁（分°）	16	18		隱角梁（分°）	14	16	
用三等材（尺）	0.8	0.9	0.05	用七等材（尺）	0.49	0.56	0.035
用四等材（尺）	0.768	864	0.048	用八等材（尺）	0.42	0.48	0.03
備注	本表推測數據，用一至二等材者，隱角梁廣十六分°，厚同大角梁；用三至四等材者，隱角梁廣十六分°，厚減大角梁二分°；用五至八等材者，隱角梁廣十四分°，厚減大角梁二分°						

[5.4.1.4]

角梁之長

凡角梁之長，大角梁自下平槫至下架檐頭；子角梁隨飛檐頭外至小連檐下，斜至柱心。_{安於大角梁內。}**隱角梁隨架之廣，自下平槫至子角梁尾，**_{安於大角梁中，}**皆以斜長加之。**

梁注："角梁之長，除這裏所規定外，還要參照'造檐之制'所規定的'生出向外'的制度來定。"[1]梁先生所指，即《法式》卷第五"大木作制度二·造檐之制"："其檐自次角柱補間鋪作心，椽頭皆生出向外，漸至角梁。"故上文所言"下架檐頭"，當指其檐至角生出向外之檐頭。

梁注："這'柱心'是指角柱的中心。"[2]同時，梁先生也提到："按構造說，子角梁祗能安于大角梁之上。這裏說'安於大角梁內'。這'內'字難解。"[3]

自角柱柱心，接續有隱角梁。梁先生疑隱角梁，"'安於大角梁中'的'中'字也同樣難解。"[4]

大角梁長，從其下架檐頭向後延伸至下平槫交角處，以平面45°斜長，輔以由橑檐方至下平槫標高差造成的高度方向斜長推算而出。

子角梁頭隨飛子頭向外，伸至小連檐下；梁尾向內，斜至柱心。

子角梁伏于大角梁梁背之上，其長明顯小于大角梁。

隱角梁之長，隨架之廣，由子角梁尾，向後延伸至下平槫。換言之，隱角梁與子角梁，前後相續，貼伏于大角梁梁背之上。且續角梁之尾，并未超出大角梁梁尾的長度。其長皆以平面與高度

① 梁思成. 梁思成全集. 第七卷. 第139頁. 大木作制度二. 陽馬. 注54. 中國建築工業出版社. 2001年
② 梁思成. 梁思成全集. 第七卷. 第139頁. 大木作制度二. 陽馬. 注55. 中國建築工業出版社. 2001年
③ 梁思成. 梁思成全集. 第七卷. 第139頁. 大木作制度二. 陽馬. 注56. 中國建築工業出版社. 2001年
④ 梁思成. 梁思成全集. 第七卷. 第139頁. 大木作制度二. 陽馬. 注57. 中國建築工業出版社. 2001年

方向的斜長加之。

或因子角梁僅爲大角梁之中段，而隱角梁亦未超出大角梁之尾端，故《法式》行文，用了"大角梁之内"及"大角梁之中"等描述，以强調子角梁與隱角梁，均僅起到大角梁的附屬作用？

〔5.4.2〕

四阿殿閣角梁

凡造四阿殿閣，若四椽、六椽五間及八椽七間，或十椽九間以上，其角梁相續，直至脊榑，各以逐架斜長加之。如八椽五間至十椽七間，並兩頭增出脊榑各三尺。隨所加脊榑盡處，別施角梁一重。俗謂之吳殿，亦曰五脊殿。

梁注："四阿殿即清式所稱'廡殿'，'廡殿'的'廡'字大概是本條小注中'吳殿'的同音別寫。"[1]

陳注："脊榑增長。"[2]其意疑指四阿殿之脊榑會因推山做法而有所增長？

四阿頂建築是一種高等級建築，一般布置在一重要建築群中軸綫上。四阿式建築，原則上可歸在"殿閣式"建築範疇，故這裏稱"四阿殿閣"。

上文給出了四阿殿閣之進深與開間的大致關係。進深4椽、5椽者，一般爲五開間；進深8椽者，可爲七開間；進深10椽者，可爲九開間。特殊情況下，似

亦有進深8椽，僅爲五開間；或進深10椽，僅爲七開間者。當然，這裏僅給出一個大致範圍。其進深尺寸與開間間數間，可能存在某種關聯，由此似可略窺一斑。

四阿殿閣之特點，是"其角梁相續，直至脊榑，各以逐架斜長加之。"這裏其實引申出了"續角梁"概念。

上文所提"八椽五間至十椽七間"，所用"並兩頭增出脊榑各三尺"的做法，如梁注："這與清式'推山'的做法相類似。"[3]

關于"推山"，梁先生曾提到："假使兩山的坡度與前後的坡度完全相同，則垂脊的平面投影及45°角綫上之立面投影都是直綫。爲求免去這種機械性的呆板，所以將正脊兩端加長，使兩山的坡度，較峻于前後坡度，于是無論由任何方面看去，垂脊都是曲綫了。"[4]

從上文看，宋式四阿殿閣推山，主要發生在進深較深，面廣間數不够多的情況下，如"八椽五間至十椽七間"兩種情況，"並兩頭增出脊榑各三尺"。

因爲有了脊榑向外增出情況，其最後一架續角梁，并非沿之前續角梁45°直綫延伸，而是略呈斜向向外，伸至兩山山尖增出的脊榑頭部。此即《法式》所

① 梁思成. 梁思成全集. 第七卷. 第139頁. 大木作制度二. 陽馬. 注58. 中國建築工業出版社. 2001年
② [宋]李誡. 營造法式（陳明達點注本）. 第一册. 第105頁. 大木作制度二. 陽馬. 批注. 浙江攝影出版社. 2020年
③ 梁思成. 梁思成全集. 第七卷. 第139頁. 大木作制度二. 陽馬. 注59. 中國建築工業出版社. 2001年
④ 梁思成. 清式營造則例. 第30-31頁. 中國建築工業出版社. 1981年

稱"隨所加脊槫盡處，別施角梁一重"。

開間與進深關係正常者，如進深四椽、六椽，開間五間；進深八椽，開間七間；或進深十椽，開間九間者，似并無須在兩山山尖增出脊槫之"推山"做法。

〔5.4.3〕
厦兩頭造（九脊殿）角梁

凡堂廳並厦兩頭造，則兩梢間用角梁轉過兩椽。亭榭之類轉一椽。今亦用此制爲殿閣者，俗謂之曹殿，又曰漢殿，亦曰九脊殿。按《唐六典》及《營繕令》云：王公以下居第並廳厦兩頭者，此制也。

上文"凡堂廳並厦兩頭造"。陳注：改"堂廳"爲"廳堂"。[①]并標注："轉過兩椽。"[②]傅建工合校本注："劉校故宮本：故宮本亦作'堂廳'，疑爲廳堂之誤。熹年謹按：文津四庫本、瞿本、張本亦作'堂廳'，故不改，存劉批備考。"[③]

傅書局合校本注：改"並"爲"若"。并注："若，故宮本'並'作'若'。四庫本、張蓉鏡本亦均作若。"[④]傅建工合校本注："劉校故宮本：丁本作'共'，陶本作'並'，故宮本、文津四庫本均作'若'，今從故宮本、文津四庫本作'若'。熹年謹按：張本亦作'若'。"[⑤]

另上文小注"王公以下居第並廳厦兩頭者"，傅注：改"廳"爲"聽"，即"王公以下居第並聽厦兩頭者"。其注爲"聽，據故宮本、四庫本改。"[⑥]傅建工合校本注："劉校故宮本：丁本'聽'誤'廳'，據故宮本改。文津四庫本不誤。熹年謹按：張本亦誤作'廳'。"[⑦]

關于"九脊殿"，梁注："相當于清式的'歇山頂'。"[⑧]關于歇山屋頂，梁先生有過更爲形象的表述："由結構上看來，歇山可以說是廡殿和懸山聯合而成的。假使把一個懸山頂，套在廡殿頂之上，懸山的三角形垂直的山，與廡殿山坡的下半相交，即成爲歇山。"[⑨]

堂廳，即廳堂式建築，其爲厦兩頭造時，則將兩側梢間，以角梁處轉過兩椽（若是亭榭，則僅轉過一椽）。即廳堂最下兩椽架爲四坡屋頂，自兩椽以上，爲兩坡屋頂。若殿閣，亦采用如此屋頂，則可稱"曹殿"，或稱"漢殿"，亦可稱"九脊殿"。

所謂"九脊"者，以屋頂正脊與兩坡部分的四垂脊，爲五脊；再加上最下兩椽架所構成之四坡屋頂的四戧脊，合爲九脊。據《唐六典》和《營繕令》，唐時王公以下官宦之家住宅正房及廳堂，一般采用厦兩頭造（九脊式屋頂）做法。

① [宋]李誡. 營造法式（陳明達點注本）. 第一冊. 第105頁. 大木作制度二. 陽馬. 批注. 浙江攝影出版社. 2020年

② [宋]李誡. 營造法式（陳明達點注本）. 第一冊. 第105頁. 大木作制度二. 陽馬. 批注. 浙江攝影出版社. 2020年

③ [宋]李誡，傅熹年校注. 合校本營造法式. 第207頁. 大木作制度二. 陽馬. 注1. 中國建築工業出版社. 2020年

④ [宋]李誡，傅熹年彙校. 營造法式合校本. 第一冊. 大木作制度二. 陽馬. 校注. 中華書局. 2018年

⑤ [宋]李誡，傅熹年校注. 合校本營造法式. 第207頁. 大木作制度二. 陽馬. 注2. 中國建築工業出版社. 2020年

⑥ [宋]李誡，傅熹年彙校. 營造法式合校本. 第一冊. 大木作制度二. 陽馬. 校注. 中華書局. 2018年

⑦ [宋]李誡，傅熹年校注. 合校本營造法式. 第205頁. 大木作制度二. 陽馬. 注3. 中國建築工業出版社. 2020年

⑧ 梁思成. 梁思成全集. 第七卷. 第139頁. 大木作制度二. 陽馬. 注60. 中國建築工業出版社. 2001年

⑨ 梁思成. 清式營造則例. 第31頁. 中國建築工業出版社. 1981年

上文還透露出一個信息：與清式歇山頂相類似的厦兩頭造做法，多用于宋式廳堂中；若將這種形式用于宋式殿閣（殿堂），則可稱爲"曹殿"，或"漢殿"，亦稱"九脊殿"。換言之，稱"九脊殿"者爲殿閣式建築，稱"厦兩頭造"者爲廳堂式建築。

【5.5】

侏儒柱_{其名有六：一曰梲，二曰侏儒柱，三曰浮柱，四曰棳，五曰上楹，六曰蜀柱。斜柱附其名有五：一曰斜柱，二曰梧，三曰迕；四曰枝樘，五曰叉手}

本條中幾個疑難字，梁先生分別有注：（1）"梲，音'拙'。"[1]（2）"棳，音'梲'。"[2]（3）"迕，音'午'。"[3]

關于"侏儒柱"與"斜柱"，見本書第1章第1.4.5節和第1.4.6節，"侏儒柱"與"斜柱"條。侏儒柱者，《法式》中亦稱"蜀柱"；斜柱者，《法式》中亦稱"叉手"。後文提到的"托脚"與"叉手"間，似存某種相似，也可歸在斜柱範疇内。

〔5.5.1〕

造蜀柱之制

造蜀柱之制：於平梁上，長隨舉勢高下。殿

閣徑一材半，餘屋量梲厚加減。兩面各順平栿，隨舉勢斜安叉手。

梁注："蜀柱是所有矮柱的通稱。例如鉤闌也有支承尋杖的蜀柱。在這裏則專指平梁之上承托脊槫的矮柱。清式稱'脊瓜柱'。"[4]

關于平栿，梁注："平栿即平梁。"[5] 則叉手安于平梁之上，脊槫之下。

蜀柱施于脊槫之下，平梁之上；蜀柱長隨房屋舉勢高下而定。殿閣（殿堂）中承脊槫的蜀柱，直徑爲1.5材（22.5分°）。以其殿用一等材（分°值0.06尺）推算，所用蜀柱徑爲1.35尺。若其殿用二等材（分°值0.055尺），所用蜀柱徑爲1.24尺。

這裏所説的"餘屋"，似指除了殿閣之外的其他建築，包括廳堂、餘屋等。脊槫下所用蜀柱，其徑視其所用梁栿粗細，隨宜加減。構架較大者，蜀柱亦較粗拙；構架較小者，蜀柱亦較纖細。

蜀柱兩側各順平栿方向，隨屋頂坡度（舉勢），斜安叉手。

五臺山佛光寺大殿脊槫下，在平梁之上僅施叉手，并無蜀柱之設，叉手直接起到承托脊槫作用。宋式建築叉手，安于蜀柱兩側，起輔助蜀柱承托脊槫作用。

① 梁思成. 梁思成全集. 第七卷. 第148頁. 大木作制度二. 侏儒柱. 注61. 中國建築工業出版社. 2001年
② 梁思成. 梁思成全集. 第七卷. 第148頁. 大木作制度二. 侏儒柱. 注62. 中國建築工業出版社. 2001年
③ 梁思成. 梁思成全集. 第七卷. 第148頁. 大木作制度二. 侏儒柱. 注63. 中國建築工業出版社. 2001年
④ 梁思成. 梁思成全集. 第七卷. 第148頁. 大木作制度二. 侏儒柱. 注64. 中國建築工業出版社. 2001年
⑤ 梁思成. 梁思成全集. 第七卷. 第148頁. 大木作制度二. 侏儒柱. 注65. 中國建築工業出版社. 2001年

〔5.5.2〕

造叉手之制

造叉手之制：若殿閣，廣一材一栔；餘屋，廣隨材或加二分°至三分°；厚取廣三分之一。蜀柱下安合楷者，長不過梁之半。

梁注："叉手在平梁上，順着梁身的方向斜置的兩條方木。從南北朝到唐宋的繪畫、雕刻和實物中可以看到曾普遍使用過。"[1]

陳注："叉手截面3：1，托脚同。"[2]

叉手斷面尺寸，比其所撑扶之蜀柱直徑，未小多少。與蜀柱情況一樣，叉手尺寸，亦取決于其是施之于殿閣，還是施之于除殿閣以外的餘屋兩種情況。

在殿閣中，蜀柱斷面直徑1.5材（22.5分°），兩側叉手斷面高（廣）1材1栔（21分°）。其蜀柱采用圓柱形式，叉手采用矩形斷面木方形式。叉手斷面厚，取其廣1/3，在殿閣中，叉手斷面厚度則爲1/3足材，即7分°。仍以其殿用一等材計，分°值0.06尺，蜀柱徑（22.5分°）1.35尺，兩側叉手斷面廣（21分°）1.26尺，厚（7分°）0.42尺。用二等材，分°值0.055尺，蜀柱徑1.24尺，兩側叉手斷面廣1.16尺，厚0.39尺。

若廳堂以下之餘屋，其槫下蜀柱，量栿厚加減，叉手斷面高（廣）1材+2（或3）分°，17—18分°，厚取其廣1/3，約6分°。如一用四等材屋舍，分°值0.048尺，蜀柱徑1.3材（19.5分°），合0.94尺，蜀柱兩側叉手廣1材2分°或3分°（17—18分°），以18分°計，合0.86尺，叉手厚6分°，合0.29尺。以此類推。

蜀柱之下，平梁之上，或安合楷。合楷作用類如清式建築之角背，起增加平梁梁背標高，墊托于蜀柱之底，以承脊槫。這裏未給出合楷厚度，或可隨宜而定。合楷之長，不宜超過其下平梁長度一半。

各種叉手斷面尺寸見表5.5.1。

不同用材房屋（含小殿、亭榭、小亭榭等）叉手斷面尺寸　　　　　　表5.5.1

用一至二等材殿閣叉手廣厚			分°值折合尺	用三至四等材殿閣叉手廣厚			分°值折合尺
叉手	廣1材1栔	厚1/3廣		叉手	廣加材3分	厚1/3廣	
斷面尺寸（分°）	21	7		斷面尺寸（分°）	18	6	
用一等材（尺）	1.26	0.42	0.06	用三等材（尺）	0.9	0.3	0.05
用二等材（尺）	1.155	0.385	0.055	用四等材（尺）	0.864	0.288	0.048

[1] 梁思成. 梁思成全集. 第七卷. 第148頁. 大木作制度二. 侏儒柱. 注66. 中國建築工業出版社. 2001年

[2] [宋]李誡. 營造法式（陳明達點注本）. 第一册. 第106頁. 大木作制度二. 侏儒柱. 批注. 浙江攝影出版社. 2020年

用五至六等材廳堂等叉手廣厚			分°值折合尺	用七至八等材小亭榭等叉手廣厚			分°值折合尺
叉手	廣加材2分	厚1/3廣		叉手	廣隨材	厚1/3廣	
斷面尺寸（分°）	17	5.67		斷面尺寸（分°）	15	5	
用五等材（尺）	0.748	0.249	0.044	用七等材（尺）	0.525	0.175	0.035
用六等材（尺）	0.68	0.227	0.04	用八等材（尺）	0.45	0.15	0.03
備注	本表推測數據，用一至二等材，叉手廣一材一栔；用三至四等材，叉手廣加材三分°；用五至六等材，叉手廣加材二分°；用七至八等材，廣隨材。叉手厚均爲其廣三分之一						

〔5.5.3〕

托脚

凡中、下平槫縫，並於梁首向裏斜安托脚，其廣隨材，厚三分之一，從上梁角過抱槫，出卯以托向上槫縫。

與脊槫下用蜀柱及叉手相對應，宋式建築中平槫與下平槫縫，各施斜柱，稱"托脚"。其方式：自下一層梁首，向裏斜安至上一層梁首，轉過上層梁角，出卯直接抱托上層梁所承之槫。中、下平槫縫上所施托脚斷面廣1材（15分°），厚爲其廣1/3（5分°）。若殿閣用一等材，分°值0.06尺，其中、下平槫縫上所施托脚，斷面廣0.9尺，斷面厚0.3尺。

《法式》所言"出卯"，疑似在其托脚上端鑿出插入所承槫中之榫卯，以起支撐屋槫，保證托脚與所承屋槫間，不發生位移或錯動作用。

各種托脚斷面尺寸見表5.5.2。

不同用材房屋（含小殿、亭榭、小亭榭等）托脚斷面尺寸 　　　　　　　　　　　　　　表5.5.2

用一至四等材房屋托脚廣厚			分°值折合尺	用五至八等材房屋、小亭榭叉手廣厚			分°值折合尺
托脚	廣隨材	厚1/3廣		叉手	廣隨材	厚1/3廣	
斷面尺寸（分°）	15	5		斷面尺寸（分°）	15	5	
用一等材（尺）	0.9	0.3	0.06	用五等材（尺）	0.66	0.22	0.044
用二等材（尺）	0.825	0.275	0.055	用六等材（尺）	0.6	0.2	0.04
用三等材（尺）	0.75	0.25	0.05	用七等材（尺）	0.525	0.175	0.035
用四等材（尺）	0.72	0.24	0.048	用八等材（尺）	0.45	0.15	0.03
備注	本表推測數據，不論所用材等及房屋類型，其托脚均以廣隨材，厚爲其廣三分之一計						

〔5.5.4〕

徹上明造與襻間

凡屋如徹上明造，即於蜀柱之上安枓。若又手上角内安枓，兩面出耍頭者，謂之丁華抹頦栱。**枓上安隨間襻間，或一材，或兩材；襻間廣厚並如材，長隨間廣，出半栱在外，半栱連身對隱。若兩材造，即每間各用一材，隔間上下相閃，令慢栱在上，瓜子栱在下。若一材造，祇用令栱，隔間一材。如屋内遍用襻間，一材或兩材，並與梁頭相交。**或於兩際隨槫作楷頭以乘替木。**凡襻間，如在平棊上者，謂之草襻間，並用全條方。**

　　上文小注"謂之丁華抹頦栱"，陳注
"頦"："額？"。[1]傅書局合校本注：
"頦，應作'額'。故宫本、四庫
本、張蓉鏡本均作頦，故未改。"[2]
傅建工合校本注："劉批陶本：'頦'
應作'額'。熹年謹按：張本、丁
本、故宫本、文津四庫本、陶本均
作'頦'，故不改，存劉批備考。"[3]
　　梁注："襻間是與各架槫平行，
以聯繫各縫梁架的長木枋。"[4]
　　上文"如屋内遍用襻間"，傅書局
合校本注：似改"襻"爲"欙"。[5]未
知何以同時出現的幾個"襻間"，僅注
出一處似擬要修改之處？陳注："襻
間"[6]，但未作解。上文小注"隨槫作楷頭
以乘替木"，陳注"乘"："承？"[7]傅書局

合校本注："乘，疑作'承'。"[8]
　　梁注："全條方的定義不明，可
能是未經細加工的粗糙的襻間。"[9]

　　上文提到"徹上明造、丁華抹頦
栱、襻間、連身對隱、全條方"5個概
念。徹上明造，本章第5.1.6節"屋内徹
上明造"條已論及，兹不贅述。

　　《漢語大字典》，襻，本義爲繫衣裙
的帶子，如"《類篇·衣部》：'衣繫曰
襻'。"[10]其一意爲："結繫；聯綴。如用
繩子襻上；襻上幾針。"[11]以此意推之，
則"襻間"二字似無不妥。

　　凡屋内徹上明造者，其脊槫下蜀柱
上施枓，枓内安隨間襻間。襻間廣厚，
爲一材；襻間長隨間之廣。屋内襻間，
可施一材，亦可施兩材。

　　若襻間爲兩材造，則每間各施一
材，隔間上下相閃。襻間下用重栱做
法，慢栱在上，瓜子栱在下。慢栱與瓜
子栱分別與上下層襻間結合，令半栱在
外，半栱連身對隱。其意爲將上層襻間
出枓口外部分，刻爲半隻慢栱；枓口以
裏部分，亦將襻間木枋表面，隱刻爲慢
栱形式。這種做法，稱爲"連身對隱"。
同樣，將下層襻間出枓口外部分，刻爲
半隻瓜子栱；枓口以裏部分，亦以連身
對隱做法，隱刻爲瓜子栱形式。

　　若襻間爲一材造，則隔間施一材襻
間，其枓口内外，僅以令栱做法，形成

① [宋]李誡. 營造法式（陳明達點注本）. 第一册. 第
　106頁. 大木作制度二. 侏儒柱. 批注. 浙江攝影
　出版社. 2020年
② [宋]李誡, 傅熹年彙校. 營造法式合校本. 第一册.
　大木作制度二. 侏儒柱. 校注. 中華書局. 2018年
③ [宋]李誡, 傅熹年校注. 合校本營造法式. 第209頁.
　大木作制度二. 侏儒柱. 注1. 中國建築工業出版社.
　2020年
④ 梁思成. 梁思成全集. 第七卷. 第148頁. 大木作
　制度二. 侏儒柱. 注67. 中國建築工業出版社.
　2001年
⑤ [宋]李誡, 傅熹年彙校. 營造法式合校本. 第一册.
　大木作制度二. 侏儒柱. 校注. 中華書局. 2018年
⑥ [宋]李誡. 營造法式（陳明達點注本）. 第一册. 第

⑦ [宋]李誡. 營造法式（陳明達點注本）. 第一册. 第
　106頁. 大木作制度二. 侏儒柱. 批注. 浙江攝影
　出版社. 2020年
⑧ [宋]李誡, 傅熹年彙校. 營造法式合校本. 第一册.
　大木作制度二. 侏儒柱. 校注. 中華書局. 2018年
⑨ 梁思成. 梁思成全集. 第七卷. 第148頁. 大木作
　制度二. 侏儒柱. 注68. 中國建築工業出版社.
　2001年
⑩ 漢語大字典. 第1301頁. 衣部. 襻. 四川辭書出版
　社·湖北辭書出版社. 1993年
⑪ 漢語大字典. 第1301頁. 衣部. 襻. 四川辭書出版
　社·湖北辭書出版社. 1993年

連栱對隱形式。

其蜀柱兩側若斜安叉手，在叉手上角之枓口内，出丁華抹頦栱，其栱兩側出頭，刻爲耍頭狀，并與承托襻間之令栱相交。

如徹上明造之屋内各槫下，均施襻間，亦各用一材或兩材，并與承托屋槫的各層梁頭相交。若至兩山出際處，其襻間出枓口外部分，可刻爲楷頭形式，以承替木。

若屋内施平棊（或平闇），則其屋槫下所施襻間，稱"草襻間"。若爲草襻間，需用全條方。從上下文分析，若其襻間所用木枋，不采用與令栱等做連栱對隱做法之草襻間形式時，其所用材，或可稱"全條方"？

〔5.5.5〕

順脊串

凡蜀柱量所用長短，於中心安順脊串；廣厚如材，或加三分°至四分°；長隨間，隔間用之。 若梁上用矮柱者，徑隨相對之柱；其長隨舉勢高下。

梁注："順脊串和襻間相似，是固定左右兩縫蜀柱的相互聯繫構件。"[1]

陳注："順脊串與順栿串。"[2]意爲將順脊串與順栿串加以類比？

襻間與順脊串兩者間不同：襻間安于蜀柱柱首的枓之上；順脊串需量所用蜀柱長短，于其中心安之。順脊串斷面廣厚爲1材，即廣15分°，厚10分°。或再加3—4分°。則其廣可達18—19分°，其厚亦可達12—13分°？順脊串之長，隨間之廣，且隔間用之。

上文提到梁上所施"矮柱"，即在梁之上，立一根較短之柱。矮柱柱徑與其下同其相對且承屋梁的立柱之徑同。矮柱長短，隨屋頂舉勢高下確定。這裏的"矮柱"，似非前文所提用以承托脊槫的蜀柱。

從文義理解，宋式大木作中的"矮柱"，與清式建築中的"童柱"十分類似。

據梁先生："放在橫梁上，下端不着地，而上端的功用和位置與檐柱金柱相同的是童柱。"[3]又"童柱：立于梁或枋上之柱。"[4]這兩個定義，與《法式》在這裏所説"若梁上用矮柱者，徑隨相對之柱"，在概念上十分接近。

唯一令人不解的是，《法式》爲何在這裏突然提到梁上所用"矮柱"。是否在相鄰兩根梁上所施矮柱間，也會出現類似"順脊串"之類構件？尚需實例印證。

各種順脊串斷面尺寸見表5.5.3。

① 梁思成. 梁思成全集. 第七卷. 第148頁. 大木作制度二. 侏儒柱. 注69. 中國建築工業出版社. 2001年

② [宋]李誠. 營造法式（陳明達點注本）. 第一册. 第107頁. 大木作制度二. 侏儒柱. 批注. 浙江攝影出版社. 2020年

③ 梁思成. 清式營造則例. 第26頁. 中國建築工業出版社. 1981年

④ 梁思成. 清式營造則例. 第84頁. 中國建築工業出版社. 1981年

用一至二等材殿閣順脊串廣厚			分°值折合尺	用五至六等材廳堂等順脊串廣厚			分°值折合尺
順脊串	廣加材4分°	厚加材4分°		順脊串	廣如材	厚如材	
斷面尺寸（分°）	19	14		斷面尺寸（分°）	15	10	
用一等材（尺）	1.14	0.84	0.06	用五等材（尺）	0.66	0.44	0.044
用二等材（尺）	1.045	0.77	0.055	用六等材（尺）	0.6	0.4	0.04
用三至四等材殿閣順脊串廣厚			分°值折合尺	用七至八等材小亭榭等順脊串廣厚			分°值折合尺
順脊串	廣加材3分°	厚加材3分°		順脊串	廣如材	厚如材	
斷面尺寸（分°）	18	13		斷面尺寸（分°）	15	10	
用三等材（尺）	0.9	0.65	0.05	用七等材（尺）	0.525	0.35	0.035
用四等材（尺）	0.864	0.624	0.048	用八等材（尺）	0.45	0.3	0.03
備注	本表推測數據，用一至二等材，順脊串廣厚加材四分°；用三至四等材，順脊串廣厚加材三分°；用五至八等材，順脊串廣厚如材。順脊串長隨間，隔間用之						

〔5.5.6〕

順栿串

凡順栿串，並出柱作丁頭栱，其廣一足材，或不及，即作楷頭；厚如材。在牽梁或乳栿下。

上文"凡順栿串"，陶本："凡順脊串"。陳注：改"脊"爲"栿"。[1]傅書局合校本注：改"脊"爲"栿"，并注："栿，順栿串。丁本作順壓串，陶本作順脊串，皆誤。故宮本、四庫本均爲順栿串。"[2]傅建工合校本注："劉校故宮本：丁本作順壓串，陶本作順脊串，皆誤。今從故宮本、文津四庫本，作'順栿串'。熹年謹按：張本不誤，亦作'順栿串'。"[3]

順栿串與順脊串不同在于，順脊串與屋頂正脊脊榑平行設置，順栿串與房屋梁栿平行設置。

宋式大木作中的順栿串，似與清式建築中的隨梁枋相類，據梁先生："隨梁枋：緊貼大梁之下，與之平行之輔材。"[4]然順栿串或祇與大梁平行設置，未必如隨梁枋那樣，緊貼大梁之下。

順栿串斷面廣1足材（21分°），厚1材（10分°）。兩端出柱，作成丁頭栱形式以承梁。但若其斷面不够1足材高，其兩端出柱部分，則刻爲楷頭形式。上文所言"在牽梁或乳栿下"，當指順栿串兩端出柱部分，即丁頭栱，或楷頭，位于劄牽（牽梁）或乳栿之下，起承托牽梁或乳栿作用。

① [宋]李誡. 營造法式（陳明達點注本）. 第一册. 第107頁. 大木作制度二. 侏儒柱. 批注. 浙江攝影出版社. 2020年

② [宋]李誡，傅熹年彙校. 營造法式合校本. 第一册. 大木作制度二. 侏儒柱. 校注. 中華書局. 2018年

③ [宋]李誡，傅熹年校注. 合校本營造法式. 第209頁. 大木作制度二. 侏儒柱. 注2. 中國建築工業出版社. 2020年

④ 梁思成. 清式營造則例. 第83頁. 中國建築工業出版社. 1981年

用一至四等材房屋順栿串廣厚			分°值 折合尺	用五至八等材房屋亭榭等順栿串廣厚			分°值 折合尺
順栿串	廣1足材	厚如材		順栿串	廣1足材	厚如材	
斷面尺寸（分°）	21	10		斷面尺寸（分°）	21	10	
用一等材（尺）	1.26	0.6	0.06	用五等材（尺）	0.924	0.44	0.044
用二等材（尺）	1.155	0.55	0.055	用六等材（尺）	0.84	0.4	0.04
用三等材（尺）	1.05	0.5	0.05	用七等材（尺）	0.735	0.35	0.035
用四等材（尺）	1.008	0.48	0.048	用八等材（尺）	0.63	0.3	0.03
備注	本表推測數據，不論所用材等及房屋類型，其順栿串均以廣一足材，厚如材計。其廣不及一足材者，因無量化數據，未加以推算						

各種順栿串斷面尺寸見表5.5.4。

【5.6】

棟 其名有九：一曰棟，二曰桴，三曰檼，四曰芟，五曰甍，六曰極，七曰槫，八曰檩，九曰榜。兩際附

關于"棟"之討論，見本書第2章第2.1.1節，"棟"條。

本條多個疑難字。梁先生分別作注：（1）"桴：音浮。"[1]（2）"檼：音印。"[2]（3）"甍：音萌。"[3]（4）"槫：音團。清式稱'檩'，亦稱'桁'。"[4]（5）"榜：音眠。"[5]

與"棟"相類之術語，宋式大木作中最常用者，爲"槫"。清式建築中較常見之"檩"字，宋時亦已出現。

〔5.6.1〕

用槫之制

用槫之制：若殿閣，槫徑一材一栔或加材一倍；廳堂，槫徑加材三分°至一栔；餘屋，槫徑加材一分°至二分°。長隨間廣。

凡正屋用槫，若心間及西間者，皆頭東而尾西；如東間者，頭西而尾東。其廊屋面東西者，皆頭南而尾北。

槫，清式建築中稱"檩"或"桁"，并細分出脊桁（檩）、上金桁、中金桁、下金桁、挑檐桁等。宋式建築中，則分爲脊槫、上平槫、中平槫、下平槫，此外還可能會有牛脊槫、橑風槫，或橑檐方。

宋式建築用槫尺寸，依其建築不同類型區分。等級較高的殿閣，槫徑1材1栔（21分°）或2材（30分°）；等級適中的廳堂，槫徑1材3分°（18分°）或1材1

---

① 梁思成. 梁思成全集. 第七卷. 第153頁. 大木作制度二. 棟. 注71. 中國建築工業出版社. 2001年

② 梁思成. 梁思成全集. 第七卷. 第153頁. 大木作制度二. 棟. 注72. 中國建築工業出版社. 2001年

③ 梁思成. 梁思成全集. 第七卷. 第153頁. 大木作制度二. 棟. 注73. 中國建築工業出版社. 2001年

④ 梁思成. 梁思成全集. 第七卷. 第153頁. 大木作制度二. 棟. 注74. 中國建築工業出版社. 2001年

⑤ 梁思成. 梁思成全集. 第七卷. 第153頁. 大木作制度二. 棟. 注75. 中國建築工業出版社. 2001年

契（21分°）；等級較低的餘屋，槫徑1材1分°（16分°）或1材2分°（17分°）。

例如，用一等材殿閣，分°值0.06尺，槫徑1.26—1.8尺；用二等材廳堂，分°值0.055尺，槫徑0.99—1.16尺；用四等材餘屋，分°值0.048尺，槫徑0.77—0.82尺。則槫徑隨建築類屬與所用材等不同，有較爲明顯的差異。

槫之長度，與房屋開間之廣對應。因槫所用圓木，多有頭尾粗細不同者，上文給出了一個基本規則：凡面南之房，當心間與西間之槫，皆以頭東尾西布置；東間之槫，以頭西尾東布置。這樣就將槫之較粗一端，恒置于偏向房屋中心的方向。若兩厢之房或廊屋，其屋面東西方，或面西向東，則其槫皆頭南尾北，呈一順布置。

較高等級建築，如宮殿，或佛寺、道觀等的東西配殿，其槫究應采取與南北向之正房相同做法，還是采用與東西厢房或廊屋相同做法？未可知。

各種屋槫直徑見表5.6.1。

不同用材殿閣、廳堂、亭榭（餘屋）屋槫直徑 表5.6.1

	殿閣（殿堂）式		廳堂式		餘屋式	
槫徑（材）	加材一倍（2材）		加材一栔（1材1栔）			
槫徑（分°）	30		21			
一等材（0.06尺）	殿身9—11間	1.8尺				
二等材（0.055尺）	殿身5—7間	1.65尺				
	殿身9—11間副階	1.65尺				
三等材（0.05尺）	殿身3間殿5間	1.5尺	堂7間	1.05尺		
	殿身5—7間副階	1.5尺				
	殿身9—11間廊屋	1.5尺				
槫徑（材）	加材一栔（1材1栔）		加材三分°（1材3分°）		加材二分°（1材2分°）	
槫徑（分°）	21		18		17	
四等材（0.048尺）	殿3間	1.008尺	廳堂5間	0.864尺		
	殿身3間副階	1.008尺				
	殿身5—7間廊屋	1.008尺				
五等材（0.044尺）	殿小三間	0.924尺	廳堂大三間	0.792尺		

	殿閣（殿堂）式		廳堂式		餘屋式	
六等材 （0.04尺）					亭榭	0.68尺
					小廳堂	0.68尺
槫徑（材）					加材一分°（1材1分°）	
槫徑（分°）					16分°	
七等材 （0.035尺）			小殿 （廳堂）	0.63尺	亭榭	0.56尺
八等材 （0.03尺）					小亭榭	0.48尺
備注	殿身3間以上殿閣及副階槫徑以2材推算；殿3間以下殿閣柱徑，以1材1栔推算；廳堂7間槫徑，以1材1栔推算；廳堂3—5間及小殿槫徑，以加材3分°計；用六等材亭榭、小廳堂槫徑以1材2分°計；用七、八等材亭榭槫徑以1材1分°計					

〔5.6.2〕

出際之制

凡出際之制：槫至兩梢間，兩際各出柱頭。又謂之屋廢。**如兩椽屋，出二尺至二尺五寸；四椽屋，出三尺至三尺五寸；六椽屋，出三尺五寸至四尺；八椽至十椽屋，出四尺五寸至五尺。**

梁注："出際即清式'懸山'兩頭的'挑山'。"[1]又注："兩際，清式所謂'兩山'。即廳堂廊舍的側面，上面尖起如山。"[2]

陳注："出際之制。"[3]似爲標示？

屋槫至兩梢間，兩際要挑出柱頭以外，這樣做法，又稱"屋廢"。則"屋廢"指屋之兩端，詞義與"兩際"同。

《法式》卷第二，"總釋下·兩際"："《義訓》：屋端謂之柍桭。今謂之廢。"

《法式》卷第十三，"瓦作制度·結瓷"："凡結瓷至出檐，仰瓦之下，小連檐之上，用鸎頷版，華廢之下用狼牙版。"

華廢者，經過裝飾之屋廢，如清式建築兩山垂脊外"排山勾滴"做法。

出際長短，依房屋進深定。兩椽進深者，兩際各出柱頭長2—2.5尺；四椽進深者，出3—3.5尺；六椽進深者，出3.5—4尺；八椽至十椽進深者，出4.5—5尺。

殿閣轉角造

若殿閣轉角造，即出際長隨架。於丁栿上隨架立夾際柱子，以柱槫梢；或更於丁栿背上，添閞頭栿。

---

① 梁思成. 梁思成全集. 第七卷. 第153頁. 大木作制度二. 棟. 注76. 中國建築工業出版社. 2001年

② 梁思成. 梁思成全集. 第七卷. 第153頁. 大木作制度二. 棟. 注77. 中國建築工業出版社. 2001年

③ [宋]李誡. 營造法式（陳明達點注本）. 第一册. 第107頁. 大木作制度二. 棟. 批注. 浙江攝影出版社. 2020年

梁注："'轉角造'是指前後兩坡最下兩架（或一架）椽所構成的屋蓋和檐，轉過90°角，繞過出際部分，延至出際之下，構成'九脊殿'（即清式所謂'歇山頂'）的形式。"①

上文小注"於丁栿背上，添闌頭栿"，梁注："陶本原文作'方'字，是'上'字之誤。"②又注："闌頭栿，相當于清式的'採步金梁'。'闌'音契。"③陳注：改"方"爲"上"。④又注："闌，《字彙補》丘帝切，音'稧'。"⑤傅書局合校本注："闌，疑有闕字。諸本均作'闌'。"⑥

"闌"字見《漢語大字典》門部，"闌，門也。"

殿閣轉角造（九脊殿），屋頂兩山上部如懸山頂，有出際。依《法式》規定，宋式九脊殿兩際屋槫各出柱頭，其長隨架。具體做法：在兩側梢間屋架所用丁栿上，隨架立夾際柱子，以承槫梢。

所謂"夾際柱子"，指在梢間柱縫與山面檐柱柱縫間，增加一縫柱子，承托伸出梢間柱縫之外的槫梢（頭）。或在丁栿背上，添加闌頭栿。如此則由闌頭栿與夾際柱子，形成一組支撐出際屋槫的附屬性梁架，或可稱爲"出際梁架"。

如此，則上文所云："出際長隨架。

於丁栿上隨架立夾際柱子，以柱槫梢"就較易理解了。這裏的"架"，指由闌頭栿與夾際柱子構成的出際梁架。

上文并未給出殿閣轉角造兩山出際梁架縫與其殿兩側梢間梁架（梢間柱頭縫）間的距離。如此，則爲宋式九脊殿屋頂造型，留出某種變通可能。

〔5.6.3〕
橑檐方（橑風槫）

凡橑檐方，更不用橑風槫及替木，**當心間之廣加材一倍，厚十分°，至角隨宜取圜，貼生頭木，令裏外齊平。**

梁注："橑檐方是方木；橑風槫是圓木，清式稱'挑檐桁'。《法式》制度中似以橑檐方的做法爲主要做法，而將'用橑風槫及替木'的做法僅在小注中附帶說一句。但從宋、遼、金實例看，絕大多數都'用橑風槫及替木'，用橑檐方的僅河南登封少林寺初祖庵大殿（宋）等少數幾處（大木作圖12、107、108）。"⑦

上文"橑檐方"，傅建工合校本全本改爲"撩檐方"，見前文所注。

《漢語大字典》：橑，"《說文》：'橑，椽也。從木，寮聲。'"⑧

① 梁思成. 梁思成全集. 第七卷. 第153頁. 大木作制度二. 棟. 注78. 中國建築工業出版社. 2001年
② 梁思成. 梁思成全集. 第七卷. 第153頁. 大木作制度二. 棟. 注79. 中國建築工業出版社. 2001年
③ 梁思成. 梁思成全集. 第七卷. 第153頁. 大木作制度二. 棟. 注80. 中國建築工業出版社. 2001年
④ [宋]李誡. 營造法式（陳明達點注本）. 第一册. 第108頁. 大木作制度二. 棟. 批注. 浙江攝影出版社. 2020年
⑤ [宋]李誡. 營造法式（陳明達點注本）. 第一册. 第108頁. 大木作制度二. 棟. 批注. 浙江攝影出版社. 2020年
⑥ [宋]李誡, 傅熹年彙校. 營造法式合校本. 第一册. 大木作制度二. 棟. 校注. 中華書局. 2018年
⑦ 梁思成. 梁思成全集. 第七卷. 第153頁. 大木作制度二. 棟. 注81. 中國建築工業出版社. 2001年
⑧ 漢語大字典. 第542頁. 木部. 橑. 四川辭書出版社-湖北辭書出版社. 1993年

其義之一："屋橡，《説文·木部》：'橑，椽也。'《玉篇·木部》：'橑，椽也。'《廣韻·晧韻》：'橑，屋橑，簷前木。'……《淮南子·本經》：'橑檐榱題，雕琢刻鏤。'高誘注：'橑，椽橑也。'"[1]

橑檐方斷面尺寸，以上文："當心間之廣加材一倍，厚十分°。"似有"因當心間間廣較大，故加材一倍"之意。未知次、梢間所用橑檐方，斷面高度是否有所減小？

僅從上文字面意思可知，橑檐方斷面，廣2材（30分°），厚10分°。或因方

下以令栱上之散枓承之，散枓枓口恰爲10分°。

以用一等材殿堂推之，其分°值0.06尺，其橑檐方，高1.8尺，厚0.6尺。若用三等材，其分°值0.05尺，其橑檐方，高1.5尺，厚0.5尺。以此類推。

橑檐方至角，需隨角柱生起而略呈斜置狀，橑檐方背上亦需貼至角生頭木，故須："隨宜取圜，貼生頭木，令裹外齊平。"在立面外觀上，橑檐方需隨柱頭及檐口至角生起做法，顯示爲裹外齊平、圜和協調的微微圜曲效果。

各種橑檐方斷面尺寸見表5.6.2。

不同用材房屋橑檐方斷面尺寸　　　　　　　　　　　　　　　　　表5.6.2

橑檐方廣加材一倍，厚十分			分°值折合尺	橑檐方廣加材一倍，厚十分			分°值折合尺
斷面尺寸（分°）	30	10		斷面尺寸（分°）	30	10	
用一等材（尺）	1.8	0.6	0.06	用五等材（尺）	1.32	0.44	0.044
用二等材（尺）	1.65	0.55	0.055	用六等材（尺）	1.2	0.4	0.04
用三等材（尺）	1.5	0.5	0.05	用七等材（尺）	1.05	0.35	0.035
用四等材（尺）	1.44	0.48	0.048	用八等材（尺）	0.9	0.3	0.03
備注	雖然文本提到當心間之闌額需加材一倍，但無進一步數據，故本表推測數據，仍以橑檐方廣加材一倍（2材，即30分°），其厚10分°計						

〔5.6.4〕

榑背上安生頭木

凡兩頭梢間，榑背上並安生頭木，廣厚並如材，長隨梢間。斜殺向裹，令生勢圜和，與前後橑檐方相應。其轉角者，高與角梁背平，或隨宜加高，令椽頭背低角梁頭背一椽分。

梁注："梢間榑背上安生頭木，使屋脊和屋蓋兩頭微微翹起，賦予宋代建築以明清建築所沒有的柔和

① 漢語大字典. 第542頁. 木部. 橑. 四川辭書出版
社－湖北辭書出版社. 1993年

的風格。這做法再加以角柱生起，使屋面的曲綫、曲面更加顯著。這種特徵和風格，在山西太原晉祠聖母廟大殿上特别明顯。"①

這裏給出了房屋兩頭梢間槫背上所安生頭木斷面尺寸，其斷面廣1材（15分°），厚亦同材厚（10分°）。其長依梢間間廣定。但依上文，生頭木需"斜殺向裏，令生勢圜和，與前後橑檐方相應"，則生頭木斷面高，當是其最靠屋槫盡端部分的高度。槫背上生頭木，亦需有一個漸漸生起"斜殺向裏"的微微曲綫，其曲勢需與前後橑檐方上所加生頭木相一致。

上文所言"其轉角者"，當指在殿閣轉角造（九脊殿）情況下，其梢間最下兩椽（或一椽）爲轉角屋檐做法，這裏除了橑檐方（橑風槫）之外，還可能有牛脊槫，或下平槫。槫背上亦須加生頭木。這時的生頭木高度，需與角梁背找平。或將其生頭木隨宜加高，衹要控制在其上所承椽頭背，比角梁背略低一椽分即可。

前文提到，所謂"一椽分"，未知是否是將一椽直徑分爲10分，"一椽分"爲其1分？若果如此，則轉角生頭木背需控制在比角梁背低1/10椽徑高度？這一高度差或是爲椽上所鋪望板留出的厚度？

① 梁思成. 梁思成全集. 第七卷. 第153頁. 大木作制度二. 棟. 注82. 中國建築工業出版社. 2001年
② 梁思成. 梁思成全集. 第七卷. 第153頁. 大木作制度二. 棟. 注83. 中國建築工業出版社. 2001年

〔5.6.5〕
牛脊槫

凡下昂作，第一跳心之上用槫承椽，以代承椽方，**謂之牛脊槫；安於草栿之上，至角即抱角梁；下用矮柱敦桥。如七鋪作以上，其牛脊槫於前跳内更加一縫。**

梁注："《法式》卷第三十一'殿堂草架側樣'各圖都將牛脊槫畫在柱頭方心之上，而不在'第一跳心之上'，與文字有矛盾。"②
陳注："牛脊槫之制。"③

牛脊槫位置可能存在兩種情況：
（1）依《法式》，牛脊槫位于有下昂作的外檐科栱第一跳跳心縫上，用以代替承椽方；若科栱鋪作數超過七鋪作，牛脊槫或可安于外檐科栱第二跳跳心縫上。
（2）依《法式》卷第三十一"殿堂草架側樣"，牛脊槫可能位于柱頭方心之上。

無論怎樣，牛脊槫都是位于房屋内檐下平槫縫與外檐橑檐方（橑風槫）縫之間的一縫屋槫。若科栱出跳數較少，牛脊槫可能施于柱頭縫，或外檐科栱第一跳縫上；若科栱出跳數多于七鋪作，其位置亦可能在外檐科栱第二跳縫上。

③ [宋]李誡. 營造法式〔陳明達點注本〕. 第一册. 第108頁. 大木作制度二. 棟. 批注. 浙江攝影出版社. 2020年

牛脊榑安于殿閣建築草栿之上。若至房屋轉角，牛脊榑則抱角梁而設。如草栿背高度不够，或在牛脊榑下用矮柱敦桥，以支撑牛脊榑。

【5.7】

搏風版 其名有二：一曰榮，二曰搏風

關于"搏風版"之討論，可見本書第2章第2.1.3節，"搏風"條。

傅建工合校本注："朱批陶本：'搏'應作'博'。初校此籍，曾與陶蘭泉爭之，惜不能改也。熹年謹按：故宮本、文津四庫本、張本均作'搏'，故不改，存朱批備考。"[1]

造搏風版之制

造搏風版之制：於屋兩際出榑頭之外安搏風版，廣兩材至三材；厚三分°至四分°；長隨架道。中、上架兩面各斜出搭掌，長二尺五寸至三尺。下架隨椽與瓦頭齊。 轉角者至曲脊内。

梁注："'轉角'此處是指九脊殿的角脊，'曲脊'見大木作圖110。[2]"[3]

上文："曲脊"，陳注："卷八，'井亭子'，作'曲闌搏脊。'"[4] 經核對，《法式》卷第八"井亭子"，陶本："曲闌搏脊"，陳注改爲"曲闌搏脊。"[5]

搏風版施于兩際式（清之"懸山式"）或廈兩頭造式（清之"歇山式"）房屋兩際所出榑頭之外。搏風版爲一長條形薄木板，其廣2材（30分°）至3材（45分°）；厚3分°至4分°。若九脊殿用一等材，分°值0.06尺，搏風版廣1.8—2.7尺；若兩際式屋舍，用四等材，分°值0.048尺，搏風版廣1.44—2.16尺。餘可推之。

搏風版長，隨架道之長。架道長指的是榑架間的斜長，而非其投影長度。所謂"搭掌"應是兩塊板相接部分，各自長出的一段僅爲搏風版厚度一半的薄板，以與相對之板相粘接（或釘合）。搏風版中架版與上架版兩端，都需有所搭接，故中、上架版彼此相接處各出搭掌。搭掌爲斜出，長2.5—3尺。

下架上端與中架相搭，下端隨椽與瓦頭找齊。若是九脊殿，其搏風版至角脊處，插入曲脊之内。

各種搏風版廣厚見表5.7.1。

① [宋]李誡，傅熹年校注. 合校本營造法式. 第212頁. 大木作制度二. 搏風版. 注2. 中國建築工業出版社. 2020年

② 梁思成. 梁思成全集. 第七卷. 第156頁. 大木作圖110. 中國建築工業出版社. 2001年

③ 梁思成. 梁思成全集. 第七卷. 第153頁. 大木作制度二. 搏風版. 注84. 中國建築工業出版社. 2001年

④ [宋]李誡. 營造法式（陳明達點注本）. 第一冊. 第109頁. 大木作制度二. 搏風版. 批注. 浙江攝影出版社. 2020年

⑤ [宋]李誡. 營造法式（陳明達點注本）. 第一冊. 第183頁. 小木作制度三. 井亭子. 批注. 浙江攝影出版社. 2020年

	殿閣（殿堂）式		廳堂式		餘屋式	
搏風版廣厚	廣3材（45分°）厚4分°					
一等材（0.06尺）	殿身9—11間	廣2.7尺 厚0.24尺				
二等材（0.055尺）	殿身5—7間	廣2.475尺 厚0.22尺				
	殿身9—11間副階					
搏風版廣厚	2材2栔（42分°），厚3.5分°		2材2栔（42分°），厚3.5分°			
三等材（0.05尺）	殿身3間 殿5間	廣2.1尺 厚0.175尺	堂7間	廣2.1尺 厚0.175尺		
	殿身5—7間副階 殿身9—11間廊屋	廣2.1尺 厚0.175尺				
搏風版廣厚	2材1栔（36分°），厚3.5分		2材1栔（36分°），厚3.5分°			
四等材（0.048尺）	殿3間 殿身3間副階 殿身5—7間廊屋	廣1.728尺 厚0.168尺	廳堂5間	廣1.728尺 厚0.168尺		
搏風版廣厚	廣2材（30分°），厚3分°		廣2材（30分°），厚3分°			
五等材（0.044尺）	殿小三間	廣1.32尺 厚0.132尺	廳堂大三間	廣1.32尺 厚0.132尺		
六等材（0.04尺）					亭榭	廣1.2尺 厚0.12尺
七等材（0.035尺）			小殿	廣1.05尺 厚0.105尺	亭榭 小廳堂	廣1.05尺 厚0.105尺
八等材（0.03尺）					小亭榭	廣0.9尺 厚0.09尺
備注	以殿身5間以上殿閣搏風版廣3材，厚4分°；殿身3間殿閣、7間廳堂搏風版廣2材2栔，厚3.5分°；殿3間、廳堂5間搏風版廣2材1栔，厚3.5分°；廳堂大三間及殿小三間及以下，搏風版廣2材，厚3分°計					

【5.8】　　　　　　　　　　　造替木之制

栿其名有三：一曰栿，二曰複棟，三曰替木

關于"栿"之討論，見本書第2章第2.1.4節，"栿"條。

造替木之制：其厚十分°，高一十二分°。

單枓上用者，其長九十六分°；

令栱上用者，其長一百四分°；

重栱上用者，其長一百二十六分°。

凡替木兩頭，各下殺四分°，上留八分°，以三瓣卷殺，每瓣長四分°。若至出際，長與榑齊。隨榑齊處更不卷殺。其栱上替木，如補間鋪作相近者，即相連用之。

梁注："替木用于外檐鋪作最外一跳之上，橑風榑之下，以加强各間橑風榑相銜接處。"[1]

陳注："替木，10∶12。"[2]即替木厚高比。

替木斷面，高12分°，厚10分°。其長隨所用位置有所不同。單枓上用者，長96分°；令栱上用者，長104分°；重栱上用者，長126分°。

以殿閣或廳堂建築用二等材推之，分°值0.055尺，其榑下所用替木，斷面高0.66尺，厚0.55尺。用于單栱、令栱、重栱上的長度，分別爲5.28尺、5.72尺、6.93尺。以此類推。替木若在出際榑下，其長與出際榑頭長相同，且隨榑齊出不做卷殺。

栱上所用替木，如與補間鋪作近，可將鄰近兩栱上替木相連爲一而用。

替木兩頭做卷殺，卷殺形式，略近栱頭。以其高12分°，上留8分°，下殺4分°。下之4分°以3瓣卷殺，每瓣長4分°。

不同用材房屋替木尺寸一覽見表5.8.1。

不同用材房屋替木尺寸一覽　　　　　　　　　　　　　　　　　　　　　　　　　　　表5.8.1

替木位置	替木斷面		單枓上用	令栱上用	重栱上用	分°值折合尺
替木尺寸（分°）	替木厚	替木高	替木長	替木長	替木長	
	10	12	96	104	126	
用一等材（尺）	0.6	0.72	5.76	6.24	7.56	0.06
用二等材（尺）	0.55	0.66	5.28	5.72	6.93	0.055
用三等材（尺）	0.5	0.6	4.8	5.2	6.3	0.05
用四等材（尺）	0.48	0.576	4.608	4.992	6.048	0.048
用五等材（尺）	0.44	0.528	4.224	4.576	5.544	0.044
用六等材（尺）	0.4	0.48	3.84	4.16	5.04	0.04
用七等材（尺）	0.35	0.42	3.36	3.64	4.41	0.035
用八等材（尺）	0.3	0.36	2.88	3.12	3.78	0.03
備注	凡替木兩頭，各下殺四分°，上留八分°，以三瓣卷殺，每瓣長四分°					

① 梁思成. 梁思成全集. 第七卷. 第155頁. 大木作制度二. 榁. 注85. 中國建築工業出版社. 2001年

② [宋]李誡. 營造法式（陳明達點注本）. 第一册. 第109頁. 大木作制度二. 棟. 批注. 浙江攝影出版社. 2020年

【5.9】

椽_{其名有四：一曰桷，二曰椽，三曰榱，四曰橑。短椽}

_{其名有二：一曰楝，二曰禁楄}

關于"椽"之討論，見本書第2章第2.1.5節，"椽"條。

梁注："榱，音衰。"①

關于"短椽"，梁先生有三注：

（1）"短椽見大木作圖115。②"③其圖爲福建福州湧泉寺宋代陶塔之檐下，其檐翼角處用了短椽。

（2）"楝，音'觸'，又音'速'。"④

（3）"楄，音'邊'。"⑤

陳注："'總釋上・陽馬'，《景福殿賦》注：屋四角引出以承短椽者。"⑥

《漢語大字典》："榱，'《説文》：榱，秦名爲屋椽，周謂之榱，齊魯謂之桷。從木，衰聲。'"⑦又"cui，《廣韻》所追切，平脂生。又《集韻》初微切。微部。即椽，放在檁上支持屋面和瓦片的木條。《説文・木部》：'榱，秦名爲屋椽，周謂之榱，齊魯謂之桷。'宋李誡《營造法式・大木作制度二・椽》：'椽_{其名有四：……三曰榱。}'《左傳・襄公三十一年》：'楝折榱崩，僑將厭焉。'《史記・司馬相如列傳》：'重坐曲閣，華榱璧璫。'《聊齋志異・續黃粱》：'入家，則非舊所居第，繪楝雕榱，窮極壯

麗。'"⑧

《漢語大字典》："《説文》：'楝，短椽也。從木，束聲。'"⑨又："su，《廣韻》桑谷切，入屋心。……屋部。短椽。《説文・木部》：徒沾切，上忝定，'楝，短椽也。'徐鍇《繫傳》：'今大屋重橑下四隅多爲短椽即此也。'"⑩

《漢語大字典》："楄，楄部，方木也。從木，扁聲。《春秋傳》曰：'楄部薦幹'，段玉裁注：'方木泛言，非專謂棺中笭床。'"⑪可知"楄"，本義爲方木；上文"禁楄"，意爲"短椽"。"楄"爲多音字，可讀bian（邊）音；亦可讀pian（偏）音。

〔5.9.1〕

用椽之制

用椽之制：椽每架平不過六尺。若殿閣，或加五寸至一尺五寸，徑九分°至十分°；若廳堂，椽徑七分°至八分°；餘屋，徑六分°至七分°。長隨架斜；至下架，即加長出檐。每槫上爲縫，斜批相搭釘之。_{凡用椽，皆令椽頭向下而尾在上。}

梁注："在宋《法式》中，椽的長度對于梁栿長度和房屋進深起着重要作用。不論房屋大小，每架椽的水平長度都在這規定尺寸之中。梁栿長度則以椽的架數定，所以主要

① 梁思成. 梁思成全集. 第七卷. 第155頁. 大木作制度二. 椽. 注86. 中國建築工業出版社. 2001年
② 梁思成. 梁思成全集. 第七卷. 第157頁. 大木作圖115. 中國建築工業出版社. 2001年
③ 梁思成. 梁思成全集. 第七卷. 第155頁. 大木作制度二. 椽. 注87. 中國建築工業出版社. 2001年
④ 梁思成. 梁思成全集. 第七卷. 第155頁. 大木作制度二. 椽. 注88. 中國建築工業出版社. 2001年
⑤ 梁思成. 梁思成全集. 第七卷. 第155頁. 大木作制度二. 椽. 注89. 中國建築工業出版社. 2001年
⑥ [宋]李誡. 營造法式（陳明達點注本）. 第一冊. 第

110頁. 大木作制度二. 椽. 批注. 浙江攝影出版社. 2020年
⑦ 漢語大字典. 木部. 第533頁. 榱. 四川辭書出版社-湖北辭書出版社. 1993年
⑧ 漢語大字典. 木部. 第533頁. 榱. 四川辭書出版社-湖北辭書出版社. 1993年
⑨ 漢語大字典. 木部. 第509頁. 楝. 四川辭書出版社-湖北辭書出版社. 1993年
⑩ 漢語大字典. 木部. 第509頁. 楝. 四川辭書出版社-湖北辭書出版社. 1993年
⑪ 漢語大字典. 木部. 第509頁. 楄. 四川辭書出版社-湖北辭書出版社. 1993年

的承重梁栿亦稱'橡栿'。至于橡徑則以材分°定。匠師設計時必須考慮橡長以定進深，因此它也間接地影響到正面間廣和鋪作疏密的安排。"[1]

橡每架水平投影距離，不應超過6尺。這是宋式建築橡架水平距離的一個基本控制長度。若是殿閣建築，其橡架水平距離可達6.5—7.5尺。當然，其實際長度，隨屋頂由舉折所確定的兩個橡架間斜向長度定的，即所謂"長隨架斜"。最下一架橡長，即檐橡橡長，要加上出檐長度。

橡子直徑，根據房屋等級及其規模大小確定。殿閣建築，橡徑9—10分°；廳堂建築，橡徑7—8分°；餘屋建築，橡徑6—7分°。

用一等材殿閣，分°值0.06尺，橡徑0.54—0.6尺；用三等材廳堂，分°值0.05尺，橡徑0.35—0.4尺；用五等材餘屋，分°值0.044尺，橡徑0.26—0.31尺。以此類推。

房屋諸槫之縫，即上下架橡相交之縫。上下架橡之間，應斜批相搭釘之。從下面看，其橡是一根連續長橡，在槫縫處，上下架橡，斜批搭接。這種斜批相搭做法，是主要用于屋內徹上明造時的屋橡間銜接方式。

橡子排布規則，將圓木之橡，頭在下架縫，尾在上架縫。原因也很簡單：房屋荷載是向下傳遞的。下架所承荷載，要比上架所承荷載多一些。

不同類型房屋橡子直徑見表5.9.1。

不同類型房屋橡子直徑　　　　　　　　　　　　　　　　　　　　　　　　　表5.9.1

房屋類型	殿閣		廳堂		餘屋		分°值折合尺
橡徑（分°）	10	9	8	7	7	6	
用一等材（尺）	0.6	0.54	0.48	0.42	0.42	0.36	0.06
用二等材（尺）	0.55	0.495	0.44	0.385	0.385	0.33	0.055
用三等材（尺）	0.5	0.45	0.4	0.35	0.35	0.3	0.05
用四等材（尺）	0.48	0.432	0.384	0.336	0.336	0.288	0.048
用五等材（尺）	0.44	0.396	0.352	0.308	0.308	0.264	0.044
用六等材（尺）	0.4	0.36	0.32	0.28	0.28	0.24	0.04
用七等材（尺）	0.35	0.315	0.28	0.245	0.245	0.21	0.035
用八等材（尺）	0.3	0.27	0.24	0.21	0.21	0.18	0.03
備註	橡每架平不過6尺，若殿閣，加0.5—1.5尺，即其橡架平可達6.5—7.5尺。其間應有細緻區分，茲不贅述						

① 梁思成. 梁思成全集. 第七卷. 第155頁. 大木作制度二. 橡. 注90. 中國建築工業出版社. 2001年

〔5.9.2〕

布椽

凡布椽，令一間當間心；若有補間鋪作者，令一間當要頭心。若四裴回轉角者，並隨角梁分布，令椽頭疏密得所，過角歸間，_{至次}角補間鋪作心，並隨上、中架取直。其稀密以兩椽心相去之廣爲法：殿閣，廣九寸五分至九寸；副階，廣九寸至八寸五分；廳堂，廣八寸五分至八寸；廊庫屋，廣八寸至七寸五分。

若屋內有平棊者，即隨椽長短，令一頭取齊，一頭放過上架，當槫釘之，不用裁截。謂之鴈腳釘。

關于"一間當間心"，梁注："就是讓左右兩椽間空檔的中綫對正每間的中綫，不使一根椽落在間的中綫上。"① 如此，則在有補間鋪作時，"令一間當要頭心"，也是將兩椽空檔中綫正對每間所用補間鋪作所施要頭心上，勿將一根椽落在要頭心之上。

又注："'四裴回轉角'，'裴回'是'徘徊'的另一寫法，指圍廊。四裴回轉角即四面都出檐的周圍廊的轉角。"②

上文小注"至次角補間鋪作心"，陳注："次角柱，見下條。"③ 傅書局合校本注：增"柱"字，即"至次角柱補間鋪作心"，并注："次角柱，脱'柱'字，依下條增入。"④

上文"其稀密以兩椽心相去之廣爲法：殿閣，廣九寸五分至九寸；副階，廣九寸至八寸五分；廳堂，廣八寸五分至八寸；廊庫屋，廣八寸至七寸五分。"陳注："椽間距材分？三等材。"⑤

至四面出檐之周圍廊轉角處，其椽則隨角梁分布，令椽頭疏密適度，過了轉角部分後，即從轉角處補間鋪作心始，隨普通開間椽子分布方式排布。其檐椽需隨上、中椽架所布之椽取直。

椽子分布（即"椽間距"）稀密，以相鄰兩椽椽心距離（兩椽心相去之廣）爲則。其距離又隨房屋等級、規模而定。殿閣建築，相鄰兩椽心距離，爲9.5寸至9寸；殿閣之副階，相鄰兩椽心距離，爲9寸至8.5寸；廳堂建築，相鄰兩椽心距離，爲8.5寸至8寸；餘屋建築，如廊、庫、屋等，相鄰兩椽心距離，爲8寸至7.5寸。《法式》在這裏給出的是絕對尺寸。

與上文"用椽之制"條提到屋內徹上明造，其"每槫上爲縫，斜批相搭釘之"做法不同，若屋內有平棊（或平闇）者，其椽不論長短，僅在一頭（下架縫）取齊，另外一頭放過上架，當槫釘之，不用裁截。這種釘椽之法，稱爲"鴈腳釘"。

不同類型房屋椽距尺寸見表5.9.2。

① 梁思成. 梁思成全集. 第七卷. 第155頁. 大木作制度二. 椽. 注91. 中國建築工業出版社. 2001年

② 梁思成. 梁思成全集. 第七卷. 第155頁. 大木作制度二. 椽. 注92. 中國建築工業出版社. 2001年

③ [宋]李誡. 營造法式（陳明達點注本）. 第一冊. 第110頁. 大木作制度二. 椽. 批注. 浙江攝影出版社. 2020年

④ [宋]李誡，傅熹年彙校. 營造法式合校本. 第一冊. 大木作制度二. 椽. 校注. 中華書局. 2018年

⑤ [宋]李誡. 營造法式（陳明達點注本）. 第一冊. 第110頁. 大木作制度二. 椽. 批注. 浙江攝影出版社. 2020年

房屋類型	殿閣		副階		廳堂		廊庫屋	
屋椽間距（寸）	9.5	9	9	8.5	8.5	8	8	7.5
備注	這裏未給出不同材等與不同開間之殿閣、副階、廳堂等房屋在屋椽分布上的椽距差別							

【5.10】

檐其名有十四：一曰宇，二曰檐，三曰楣，四曰梠，五曰屋垂，六曰梠，七曰櫺，八曰聯櫋，九曰檐，十曰㢴，十一曰庪，十二曰槾，十三曰槐，十四曰庮

關于“檐”之討論，見本書第2章第2.1.6節，“檐”條。

梁先生有六注：（1）“楣，音的。”①（2）“檐，音潭。”②（3）“㢴，音雅。”③（4）“槾，音慢。”④（5）“槐，音琵。”⑤（6）“庮，音酉。”⑥

陳注“櫋”字：“槐，故宮本。”⑦即故宮本在這裏爲：“聯槐”。傅建工合校本注：“劉校故宮本：諸本均作‘槐’，按，《康熙字典》無此字，仍以‘櫋’爲是。”⑧

梠、櫋，也屬疑難字。梠，音lü（旅）；櫋，音mian（免）。與檐相關的這些疑難字，意義與檐密不可分。

楣，“《説文》：‘楣，戶楣也，從木，眉聲。’《爾雅》曰：‘檐謂之楣。’讀若‘滴’。”⑨可知，“楣”有兩個發音，字義爲“屋檐”時，音“滴”。

梠，“屋檐，《説文·木部》：‘梠，楣也。’《方言》卷十三：‘屋梠謂之欞。’郭璞注：‘雀梠，即屋檐也。’”⑩《通典》，“大梠兩重，重別三十六條，總七十二。”⑪此處的“梠”，似可理解爲房屋檐口處大、小連檐。

檐，字義爲“檐”時，音“dian，《廣韻》：徒沾切，上忝定。又徒含切。侵部。”⑫讀此音時，字義有二：一爲屋檐，二爲門閂：“屋檐，《説文·木部》：‘檐，屋梠前也。’段玉裁注：‘梠與霤之間曰檐。’《廣韻·忝韻》：‘檐，屋梠名。’”⑬其第二義這裏不作討論。

櫋，“mian，《廣韻》：名延切，平仙明。元部。屋檐板，即楣。《釋名·釋宮室》：‘梠或謂之櫋。櫋，緜也，緜連榱頭使齊平也。’”⑭聯櫋，有連綿之意，疑仍可能是指大、小連檐。

㢴，多義字。字義爲“屋檐”，似僅見于《法式》“大木作制度二”。⑮

① 梁思成．梁思成全集．第七卷．第157頁．大木作制度二．檐．注93．中國建築工業出版社．2001年

② 梁思成．梁思成全集．第七卷．第157頁．大木作制度二．檐．注94．中國建築工業出版社．2001年

③ 梁思成．梁思成全集．第七卷．第157頁．大木作制度二．檐．注95．中國建築工業出版社．2001年

④ 梁思成．梁思成全集．第七卷．第157頁．大木作制度二．檐．注96．中國建築工業出版社．2001年

⑤ 梁思成．梁思成全集．第七卷．第157頁．大木作制度二．檐．注97．中國建築工業出版社．2001年

⑥ 梁思成．梁思成全集．第七卷．第157頁．大木作制度二．檐．注98．中國建築工業出版社．2001年

⑦ [宋]李誡．營造法式（陳明達點注本）．第一册．第111頁．大木作制度二．檐．批注．浙江攝影出版社．2020年

⑧ [宋]李誡，傅熹年校注．合校本營造法式．第216頁．大木作制度二．檐．注1．中國建築工業出版社．2020年

⑨ 漢語大字典．木部．第540頁．楣．四川辭書出版社-湖北辭書出版社．1993年

⑩ 漢語大字典．木部．第504頁．梠．四川辭書出版社-湖北辭書出版社．1993年

⑪ [唐]杜佑．通典．卷四十四．禮四．沿革四．吉禮三．大享明堂．第1225頁．中華書局．1988年

⑫ 漢語大字典．木部．第542頁．檐．四川辭書出版社-湖北辭書出版社．1993年

⑬ 漢語大字典．木部．第542頁．檐．四川辭書出版社-湖北辭書出版社．1993年

⑭ 漢語大字典．木部．第552頁．櫋．四川辭書出版社-湖北辭書出版社．1993年

⑮ 參見漢語大字典．廣部．第367頁．㢴．四川辭書出版社-湖北辭書出版社．1993年

廇，字義爲"屋檐"。"屋檐。唐王勃《益州綿竹縣武都山淨惠寺碑》：'桂廇松楹。'"①

槾，字義泛指與屋檐相關者："《集韻》：莫半切，去換明。……屋檐。《釋名·釋宫室》：'梠，或謂之槾。槾，縣也'，縣連椽頭使齊平也。"②

梐，"《説文》：'梐，梠也。從木，毘聲，讀若枇杷之枇。'……屋檐前板。《説文·木部》：'梐，梠也。'徐鍇《繫傳》：'梐，即連檐木也。'"③

庮，本義爲朽木。"《説文》：'庮，久屋朽木。從廣，酉聲。'"④其第二意："屋檐。《集韻·尤韻》：'庮，檐梐謂之庮。'"⑤并參見《法式》"總釋下·檐"所引《義訓》："步檐謂之廊，隩廊謂之巖，檐梐謂之庮。"

〔5.10.1〕
造檐之制

造檐之制：皆從橑檐方心出，如椽徑三寸，即檐出三尺五寸；椽徑五寸，即檐出四尺至四尺五寸。檐外別加飛檐。每檐一尺，出飛子六寸。其檐自次角柱補間鋪作心，椽頭皆生出向外，漸至角梁。若一間生四寸；三間生五寸；五間生七寸。 五間以上，約度隨宜加減。**其角柱之内，檐身亦令微殺向裏。** 不爾恐檐圉而不直。

梁注："'大木作制度'中，造檐之制，檐出深度取決于所用椽之徑；而椽徑又取決于所用材分。這裏面有極大的靈活性，但也使我們難于掌握。"⑥

上文"皆從橑檐方心出"，梁注："意思就是：出檐的寬度，一律從橑檐方的中線量出來。"⑦則"檐出"，指檐椽頭與橑檐方心間距離。

上文"其角柱之内，檐身亦令微殺向裏"，梁注："這種微妙的手法，因現存實例多經後世重修，已難察覺出來。"⑧

上文"橑檐方"，傅書局合校本注："撩"⑨，似擬改"橑檐方"爲"撩檐方"，未詳其義。

陳注："檐尺寸？材分？生出之材分。"⑩

依"造檐之制"，若椽徑5寸，檐出4—4.5尺。殿閣建築，椽徑9—10分°；用一等材計，分°值0.06尺，徑0.54尺（5.4寸）至0.6尺（6寸）。因其椽徑略粗于5寸，其檐出似可略超4.5尺？例如，最大檐出爲4.8尺（或5尺）？由此推測，宋式殿閣，最大檐出，應不會超過4.8尺（或5尺？）。

依"造檐之制"，若椽徑3寸，檐出3.5尺。用五等材餘屋，分°值0.044尺，

① 漢語大字典. 廣部. 第379頁. 廇. 四川辭書出版社-湖北辭書出版社. 1993年
② 漢語大字典. 木部. 第538頁. 槾. 四川辭書出版社-湖北辭書出版社. 1993年
③ 漢語大字典. 木部. 第532頁. 梐. 四川辭書出版社-湖北辭書出版社. 1993年
④ 漢語大字典. 廣部. 第372頁. 庮. 四川辭書出版社-湖北辭書出版社. 1993年
⑤ 漢語大字典. 廣部. 第372頁. 庮. 四川辭書出版社-湖北辭書出版社. 1993年
⑥ 梁思成. 梁思成全集. 第七卷. 第157頁. 大木作制度二. 檐. 注99. 中國建築工業出版社. 2001年
⑦ 梁思成. 梁思成全集. 第七卷. 第157頁. 大木作制度二. 檐. 注100. 中國建築工業出版社. 2001年
⑧ 梁思成. 梁思成全集. 第七卷. 第157頁. 大木作制度二. 檐. 注101. 中國建築工業出版社. 2001年
⑨ [宋]李誡, 傅熹年彙校. 營造法式合校本. 第一册. 大木作制度二. 檐. 校注. 中華書局. 2018年
⑩ [宋]李誡. 營造法式（陳明達點注本）. 第一册. 第111頁. 大木作制度二. 椽. 批注. 浙江攝影出版社. 2020年

椽徑0.26—0.31尺，即2.6—3.1寸，與檐出3.5尺之規則相合。用五等材之餘屋，已是用材較小的實用性房屋，其檐出3.5尺，也可歸在宋式建築檐椽出跳最小範圍內。

換言之，宋式建築之檐椽自橑檐方心向外伸出長度，據建築物不同等級與規模，爲3.5—4.8尺（或5尺？）。

〔5.10.2〕

飛子

凡飛子，如椽徑十分，則廣八分，厚七分。大小不同，約此法量宜加減。**各以其廣厚分爲五分，兩邊各斜殺一分，底面上留三分，下殺二分；皆以三瓣卷殺，上一瓣長五分，次二瓣各長四分。**此瓣分謂廣厚所得之分。**尾長斜隨檐。**凡飛子須兩條通造；先除出兩頭於飛魁內出者，後量身內，令隨檐長，結角解開。若近角飛子，隨勢上曲，令背與小連檐平。

上文小注"約此法量宜加減"，陶本："納此法量宜加減"。傅書局合校本注："約，據上條校正。故宮本亦作'約'。"[1]并注："晁載之《續談助》本、四庫本亦作'約'，當從'約'。"[2]傅建工合校本注："熹年謹按：張本、丁本、陶本作'納'，故宮本、文津四庫本作'約'，當從'約'，《續談助》摘抄崇寧本亦作'約'，當從'約'。"[3]

上文"上一瓣長五分"，陳注"五"："一，丁本。"[4]傅建工合校本注："劉校故宮本：'五'字丁本作'一'，實際作圖亦以五分爲是。熹年謹按：張本、文津四庫本、晁載之《續談助》摘抄崇寧本均作'五'，當從'五'。"[5]

飛子，清式稱"飛椽"，如梁先生言："檐椽的外端上，除非是極小的建築物，多半加一排飛椽。"[6]

宋式建築所用飛子，與其屋所用椽子關聯較切：如椽徑10分，飛子斷面高（廣）8分，厚7分。隨椽徑大小不同，飛子斷面大小，亦隨之變化。這裏的"分"是將椽徑分爲10等分所得的1/10"椽徑分"。

如前文"隱角梁"條提到之"上兩面隱廣各三分。深各一椽分"中的"一椽分"，很可能是在房屋屋頂造檐做法及角梁、隱角梁等構件處理中，常會用到的計量單位：將椽徑等分爲10份，以其徑的1/10爲"一椽分"，即本條所云飛子廣厚之"分"。

如前文，椽徑3寸時，一椽分爲0.3寸，其上所用飛子斷面高（8分），則爲2.4寸，厚（7分），則爲2.1寸。椽徑5寸時，一椽分爲0.5寸，其上所用飛子斷面高（8分），爲4寸，厚（7分），爲3.5寸。以此類推。

① [宋]李誡，傅熹年彙校. 營造法式合校本. 第一册. 大木作制度二. 檐. 校注. 中華書局. 2018年

② [宋]李誡，傅熹年彙校. 營造法式合校本. 第一册. 大木作制度二. 檐. 校注. 中華書局. 2018年

③ [宋]李誡，傅熹年校注. 合校本營造法式. 第216頁. 大木作制度二. 檐. 注2. 中國建築工業出版社. 2020年

④ [宋]李誡. 營造法式（陳明達點注本）. 第一册. 第112頁. 大木作制度二. 檐. 批注. 浙江攝影出版社. 2020年

⑤ [宋]李誡，傅熹年校注. 合校本營造法式. 第216頁. 大木作制度二. 檐. 注3. 中國建築工業出版社. 2020年

⑥ 梁思成. 清式營造則例. 第29頁. 中國建築工業出版社. 1981年

飛子斜殺、卷瓣所用分，與"一椽分"之分又有不同。當如上文所云："各以其廣厚分爲五分，……此瓣分謂廣厚所得之分。"即將飛子之廣（斷面高）厚（斷面厚）分爲5份，其所殺、所留，及所刻卷瓣，均以其廣與其厚尺寸的1/5爲"1分"推算而來。

飛子尾部長，是通過"結角解開"做法得出的飛子尾部斜面長度。這一斜長隨檐椽挑出橑檐方之長而定。接近屋檐翹角處的飛子，需隨勢上曲，即隨着翼角的起翹，略向上彎曲，使飛子上皮（背）與小連檐找平。

關于飛子加工方法，即"結角解開"之法，見下文。

〔5.10.3〕
飛魁、小連檐

凡飛魁，又謂之大連檐，**廣厚並不越材。小連檐廣加栔二分°至三分°，厚不得越栔之厚。**並交斜解造。

陳注："飛魁，又名'大連檐'。當清式：裹口木、小連檐及閘擋板。"[1]陳先生此注似令人有一點模糊。清式做法，據梁先生："在檐椽上的稱'小連檐'，在飛檐椽上的叫'大連檐'。在每兩根飛椽之間，正在小連檐的上邊，則用一塊小板把椽

間空檔封住，叫作裹口木或閘擋板。"[2]

飛魁，又稱"大連檐"，是檐口處位于檐椽端頭上的三角形木條，將出挑檐椽連爲一個整體，并將檐椽上的飛子加以固定。同樣，飛子端頭上，亦有一根三角形木條，稱"小連檐"，以將飛子連爲一個整體。

飛魁（大連檐）斷面廣（高）厚不超過1材，則其廣不超過15分°，厚不超過10分°。小連檐廣（高）爲1栔加2—3分°，爲8—9分°；小連檐厚，不超過1栔，即不超過6分°。

如殿閣用一等材，分°值0.06尺，其大連檐斷面高約9寸，厚約6寸；其小連檐斷面高4.8—5.4寸，厚約3.6寸。廳堂用四等材，分°值0.048尺，其大連檐斷面高約7.2寸，厚約4.8寸；小連檐斷面高3.84—4.32寸，厚約2.88寸。以此類推。

大連檐與小連檐加工方法，即"交斜解造"之法，見下文。

〔5.10.4〕
結角解開與交斜解造

前文"飛子"條小注"凡飛子須兩條通造；先除出兩頭於飛魁內出者，後量身內，令隨檐長，結角解開。"又上節"凡飛魁……並交斜解造。"梁

① [宋]李誡. 營造法式（陳明達點注本）. 第一册. 第112頁. 大木作制度二. 檐. 批注. 浙江攝影出版社. 2020年

② 梁思成. 清式營造則例. 第29頁. 中國建築工業出版社. 1981年

注：“‘結角解開’和‘交斜解造’都是節約工料的措施。將長條方木縱向劈開成兩條完全相同的、斷面作三角形或不等邊四角形的長條謂之‘交斜解造’。將長條方木，橫向斜劈成兩段完全相同的、一頭方整、一頭斜殺的木條，謂之‘結角解開。’”①

交斜解造，用于飛魁（大連檐）與小連檐加工製作；結角解開，用于飛子加工製作。具體方法如梁先生注，并參見《梁思成全集》第七卷的大木作圖116。②

【5.11】

舉折 其名有四：一曰陠，二曰峻，三曰陠峭，四曰舉折

關于“舉折”討論，參見本書第2章第2.1.7節，“舉折”條。

上文“陠峭”，梁注：“陠，音‘鋪’。”③

〔5.11.1〕

舉折之制

舉折之制：先以尺爲丈，以寸爲尺，以分爲寸，以厘爲分，以毫爲厘，側畫所建之屋於平正壁上，定其舉之峻慢，折之圜和，然後可見屋內梁柱之高下，卯眼之遠近。今俗謂之

定側樣，亦曰點草架。

梁注：“舉折是取得屋蓋斜坡曲綫的方法，宋稱‘舉折’，清稱‘舉架’。這兩種方法雖然都使屋蓋成爲曲面，但‘舉折’和‘舉架’的出發點和步驟却完全不同。宋人的‘舉折’先按房屋進深，定屋面坡度，將脊槫先‘舉’到預定的高度，然後從上而下，逐架‘折’下來，求得各架槫的高度，形成曲綫和曲面（見大木作制度圖樣二十六）④。

清人的‘舉架’却從最下一架起，先用比較緩和的坡度，向上逐架增加斜坡的陡峻度——例如‘檐步’即最下的一架用‘五舉’（5：10的角度），次上一架用‘六舉’，而‘六五舉’‘七舉’……乃至‘九舉’。因此，最後‘舉’到多高，仿佛是‘偶然’的結果（實際上當然不是）。這兩種不同的方法得出不同的曲綫，形成不同的藝術效果和風格（大木作圖118、119）⑤。

從宋《法式》舉折制度的規定中可以看出：建築物愈大，正脊舉起愈高；也就是說在一組建築群中，主要建築物的屋頂坡度大，而次要的建築物屋頂坡度小，至于廊屋的坡度就更小，保證了主要建

① 梁思成. 梁思成全集. 第七卷. 第157頁. 大木作制度二. 檐. 注102. 中國建築工業出版社. 2001年
② 梁思成. 梁思成全集. 第七卷. 第159頁. 大木作圖116. 中國建築工業出版社. 2001年
③ 梁思成. 梁思成全集. 第七卷. 第158頁. 大木作制度二. 舉折. 注103. 中國建築工業出版社. 2001年
④ 梁思成. 梁思成全集. 第七卷. 第403頁. 大木作制度圖樣二十六. 中國建築工業出版社. 2001年
⑤ 梁思成. 梁思成全集. 第七卷. 第160頁. 大木作圖118、119. 中國建築工業出版社. 2001年

築物的突出地位（大木作圖117、118）①。

從現存的建築實例中，可以看出宋、遼、金建築物的屋頂坡度基本上接近《法式》的規定，特別是比《法式》刊行晚25年創建的河南登封少林寺初祖庵大殿（公元1125年）可以説完全一樣（大木作圖120）②。"③

傅書局合校本注"橑檐方"之"橑"，其注："撩，故宮本下文用此。"④

舉折推算過程，是一個設計與繪圖過程，即"側畫所建之屋於平正壁上"。所繪房屋側樣圖，取1∶10比例。目的是確定房屋起舉高度（定其舉之峻慢），并確定每一步架槫縫空間位置與標高（折之圓和），從而確定房屋大木結構側樣圖，即"屋内梁柱之高下，卯眼之遠近"。

《法式》關于"舉折"的闡述，印證了唐人柳宗元《梓人傳》中所述唐代工匠："畫宮於堵，盈尺而曲盡其制，計其毫厘而構大厦，無進退焉。"⑤的房屋設計與建造方法。

宋人將推算房屋舉折，繪製房屋側樣設計過程，稱爲"定側樣"，或"點草架"。

〔5.11.2〕
舉屋之法

舉屋之法：如殿閣樓臺，先量前後橑檐方心相去遠近，分爲三分，若餘屋柱梁作，或不出跳者，則用前後檐柱心。**從橑檐方背至脊槫背，舉起一分**，如屋深三丈，即舉起一丈之類；**如甋瓦廳堂，即四分中舉起一分。又通以四分所得丈尺，每一尺加八分；若甋瓦廊屋及甀瓦廳堂，每一尺加五分；或甀瓦廊屋之類，每一尺加三分**。若兩椽屋不加。其副階或纏腰，並二分中舉一分。

梁注："等腰三角形，底邊長3，高1，每面弦的角度爲1∶1.5。"⑥又注："這裏所謂'四分所得丈尺'即前後橑檐方間距離的1/4。"⑦陳注："每一尺加八分，即舉高27%；加五分，即26.25%；加三分，即25.75%。"⑧

舉屋之法，是確定房屋屋頂起舉高度的基本規則。宋式屋頂起舉高度，基于兩點：一是房屋等級，二是房屋進深。

其中房屋進深確定，也有兩種基礎算法：（1）有枓栱者，以前後橑檐方心距離爲房屋進深計算基礎；（2）若不設枓栱的柱梁作，或雖有枓栱但不出跳者，以前後檐柱心爲房屋進深計算基礎。

關于房屋等級，僅就屋頂起舉高

① 梁思成. 梁思成全集. 第七卷. 第159頁. 大木作圖117；第160頁. 大木作圖118. 中國建築工業出版社. 2001年

② 梁思成. 梁思成全集. 第七卷. 第160頁. 大木作圖120. 中國建築工業出版社. 2001年

③ 梁思成. 梁思成全集. 第七卷. 第158頁. 大木作制度二. 舉折. 注104. 中國建築工業出版社. 2001年

④ [宋]李誡，傅熹年彙校. 營造法式合校本. 第一册. 大木作制度二. 舉折. 校注. 中華書局. 2018年

⑤ [唐]柳宗元. 柳宗元集. 卷十七. 傳. 梓人傳. 第478頁. 中華書局. 1979年

⑥ 梁思成. 梁思成全集. 第七卷. 第158頁. 大木作制度二. 舉折. 注105. 中國建築工業出版社. 2001年

⑦ 梁思成. 梁思成全集. 第七卷. 第158頁. 大木作制度二. 舉折. 注106. 中國建築工業出版社. 2001年

⑧ [宋]李誡. 營造法式（陳明達點注本）. 第一册. 第113頁. 大木作制度二. 舉折. 批注. 浙江攝影出版社. 2020年

度，《法式》給出了多個不同等級，并給出與各個等級相應之房屋起舉高度的比例：（1）殿閣（殿閣樓臺）；（2）廳堂；（3）餘屋。

進一步分類方式，還有：（1）殿閣（殿閣樓臺）；（2）殿閣之副階或纏腰；（3）瓪瓦廳堂（廳堂）；（4）瓯瓦廳堂（廳堂或餘屋？）；（5）瓪瓦廊屋（餘屋）；（6）瓯瓦廊屋（餘屋）；（7）兩椽廊屋（餘屋）。

不同等級與類型房屋起舉高度的比例見表5.11.1。

不同等級與類型房屋起舉高度比例　　　　　　　　　　　　　　　　　　　　　　表5.11.1

房屋等級	房屋類型	房屋進深確定	房屋起舉比例 （進深與舉高比例）	備注
1	殿閣樓臺	前後橑檐方心距離	三分之一	殿堂
2	副階或纏腰	橑檐方心至殿身檐柱心距	二分之一	副階
3	瓪瓦廳堂	前後橑檐方心距離	四分之一，以每舉高1尺再加8分	廳堂
4	瓪瓦廊屋	前後橑檐方心距離	四分之一，以每舉高1尺再加5分	餘屋
5	瓯瓦廳堂	若柱梁作，前後檐柱心距		廳堂
6	瓯瓦廊屋	若柱梁作，前後檐柱心距	四分之一，以每舉高1尺再加3分	餘屋
7	兩椽廊屋	若柱梁作，前後檐柱心距	四分之一	餘屋

〔5.11.3〕
折屋之法

折屋之法：以舉高尺丈，每尺折一寸，每架自上遞減半爲法。如舉高二丈，即先從脊槫背上取平，下至橑檐方背，其上第一縫折二尺；又從上第一縫槫背取平，下至橑檐方背，於第二縫折一尺。若椽數多，即逐縫取平，皆下至橑檐方背，每縫並減上縫之半。 如第一縫二尺，第二縫一尺，第三縫五寸，第四縫二寸五分之類。**如取平，皆從槫心抨繩令緊爲則。如架道不匀，即約度遠近，隨宜加減。** 以脊槫及橑檐方爲準。

梁注："'取平'就是拉成一條直綫。"[1]

"舉屋之法"是確定房屋屋頂脊槫上皮標高，"折屋之法"，是以脊槫上皮與橑檐方上皮標高間高度差爲基礎，逐一推算出每一縫屋槫，包括上平槫、中平槫、下平槫及牛脊槫等的上皮標高，從而確定房屋屋頂舉折曲綫。這既是一個設計過程，也是一個施工過程。

折屋之法基本規則：第一折，上平槫標高，以舉高尺丈，每尺折一寸，下折總舉高尺丈的1/10；第二折始，如從中平槫始，自上一折尺寸遞減半。故第二

① 梁思成. 梁思成全集. 第七卷. 第158頁. 大木作制度二. 舉折. 注107. 中國建築工業出版社. 2001年

折，中平槫標高，自上一縫槫（上平槫）背取平，下至橑檐方背，下折上平槫與橑檐上皮標高差的1/20。第三折，自中平槫背取平，下至橑檐方背，下折中平槫與橑檐方上皮高差的1/40。以此類推。

每一槫縫所折尺寸，各減其上一縫所折尺寸之半，如上文小注"<small>如第一縫二尺，第二縫一尺，第三縫五寸，第四縫二寸五分之類。</small>"

"取平"，指的是兩個不同標高點，如脊槫背與橑檐方背，上平槫背與橑檐方背，中平槫背與橑檐方背等之間的連綫。實際操作中，用繩拉綫，故需"從槫心抨繩令緊爲則"。

上文提到，若架道不勻，約度遠近，隨宜加減，指在每一槫縫所折尺寸，在各減其上一縫所折尺寸之半這一基礎上，對槫縫架道距離不勻情況的某種隨宜處理。若架道過遠，可略增應折減尺寸；反之，若架道稍近，亦可略減應折減尺寸。如此類推。

折屋之法：以脊槫上皮標高與橑檐方上皮標高間高度差爲基礎，將各縫槫架上皮標高，逐一推算而出之法。

〔5.11.4〕

八角或四角鬬尖亭榭

若八角或四角鬬尖亭榭，自橑檐方背舉至角梁底，五分中舉一分；至上簇角梁，即兩分中舉一分。<small>若亭榭祇用甋瓦者，即十分中舉四分。</small>

上文"四角鬭尖亭榭"，陶本："四角鬬尖亭榭"。

陳注：改"鬭"爲"鬬"。[1]傅書局合校本注：改"鬭"爲"鬬"。[2]另"橑檐方"之"橑"，傅書局合校本注："撩，下文同此。"[3]

八角或四角鬬尖亭榭起舉，陳注："25%"[4]；亭榭祇用甋瓦者起舉，陳注："20%"[5]。

鬬尖，清代稱"攢尖"。八角或四角鬬尖，是以八面坡或四面坡，簇向中央尖頂的建築形式。鬬尖亭榭起舉方式，不同于四坡或兩坡有正脊房屋的起舉方式。

鬬尖亭榭起舉，不像兩坡或四坡頂，以確定脊槫與上、中、下平槫標高爲主旨，而是以確定四角或八角角梁起舉斜度爲主旨。故鬬尖亭榭起舉分兩步：

首先，先量橑檐方心至角梁尾（中心桱桿心）長，取其長度1/5爲角梁尾端底部標高與橑檐方背標高間的高度差；

其次，用簇角梁方式，在各角梁背上，施折簇梁，四根或八根折簇梁匯于中心桱桿上，其起舉高度，則取橑檐方心至中心桱桿卯心距離的1/2。

若等級較低的亭榭，即祇用甋瓦亭榭，其簇角梁起舉高度，取橑檐方心之中心桱桿卯心距離的4/10。

① [宋]李誠. 營造法式（陳明達點注本）. 第一册. 第114頁. 大木作制度二. 舉折. 批注. 浙江攝影出版社. 2020年
② [宋]李誠, 傅熹年彙校. 營造法式合校本. 第一册. 大木作制度二. 舉折. 校注. 中華書局. 2018年
③ [宋]李誠, 傅熹年彙校. 營造法式合校本. 第一册. 大木作制度二. 舉折. 校注. 中華書局. 2018年
④ [宋]李誠. 營造法式（陳明達點注本）. 第一册. 第114頁. 大木作制度二. 舉折. 批注. 浙江攝影出版社. 2020年
⑤ [宋]李誠. 營造法式（陳明達點注本）. 第一册. 第114頁. 大木作制度二. 舉折. 批注. 浙江攝影出版社. 2020年

〔5.11.5〕
簇角梁之法

簇角梁之法：用三折。先從大角梁背，自橑檐方心量，向上至榛桿卯心，取大角梁背一半，立上折簇梁，斜向榛桿舉分盡處。 <small>其簇角梁上下並出卯。中、下折簇梁同。</small> **次從上折簇梁盡處量至橑檐方心，取大角梁背一半立中折簇梁，斜向上折簇梁當心之下。又次從橑檐方心立下折簇梁，斜向中折簇梁當心近下。** <small>令中折簇角梁上一半與上折簇梁一半之長同。</small> **其折分並同折屋之制。** <small>唯量折以曲尺於絃上取方量之。用瓯瓦者同。</small>

梁注：簇角梁之法"用于平面是等邊多角形的亭子上。宋代木構實例已没有存在的。"[1]

上文"先從大角梁背"，陶本："先從大角背"。傅書局合校本注：在"大角"處加"梁"字，并注："梁，脱落。"[2]傅建工合校本注："劉校故宮本：故宮本、丁本、瞿本、文津四庫本均脱'梁'字，據下文補。熹年謹按：張本亦脱'梁'字。"[3]

從其折分并同折屋之制知，"簇角梁之法"相當于四角或八角闘尖亭榭的"折屋之法"。

以前文所述兩個步驟，已確定闘尖亭榭之舉高，即完成屋頂"舉屋之法"環節；簇角梁，是將這一舉高，通過類似"折屋之法"處理，找出闘尖亭榭屋頂反宇曲綫。

具體方法：將橑檐方心至大角梁尾端1/2處，作爲上折簇梁下限，其上限爲"榛桿舉分盡處"，即中心榛桿上所定屋頂舉高之點；在上折簇梁兩端出卯，使上折簇梁斜安于角梁背中點與榛桿舉分盡處之榛桿卯心上。

再取橑檐方心至上折簇梁盡處（大角梁背一半處）長度的1/2處，作爲中折簇梁下限，其上限爲上折簇梁當心之下，即上折簇梁背中點，并在中折簇梁兩端出卯，使中折簇梁斜安于橑檐方心至上折簇梁盡處之角梁背長度中點與上折簇梁背中點上。其中一個控制性要素是，要使中折簇梁的上一半與上折簇梁的一半，長度相同。

同樣做法，下折簇梁下限，是橑檐方心，其上限在中折簇梁背中點，故需將下折簇梁，斜安于橑檐方心至中折簇梁中點上。

四角或八角闘尖亭榭屋頂的如此做法，與兩坡或四坡屋頂中所采用的"折屋之法"所形成的屋頂反宇曲綫大體相當。具體實施，是"<small>以曲尺於絃上取方量之</small>"。

使用瓯瓦的闘尖亭榭，亦用簇角梁法確定屋頂曲綫。瓪瓦闘尖亭榭與瓯瓦闘尖亭榭差别，主要在榛桿心上所定舉高點不同。

① 梁思成. 梁思成全集. 第七卷. 第158頁. 大木作制度二. 舉折. 注108. 中國建築工業出版社. 2001年

② [宋]李誡, 傅熹年彙校. 營造法式合校本. 第一册. 大木作制度二. 舉折. 校注. 中華書局. 2018年

③ [宋]李誡, 傅熹年校注. 合校本營造法式. 第219頁. 大木作制度二. 舉折. 注1. 中國建築工業出版社. 2020年

第6章

《营造法式》卷第六

小木作制度一

通直郎管修蓋皇弟外第專一提舉修蓋班直諸軍營房等臣李誡奉

聖旨編修

小木作制度一

版門 雙扇版門
　　　獨扇版門

烏頭門

軟門 牙頭護縫軟門
　　　合版軟門

破子櫺窗

睒電窗

版櫺窗

截間版帳

照壁屏風骨 截間屏風骨
　　　　　　四扇屏風骨

隔截橫鈐立旌

露籬

版引簷

水槽

井屋子

地棚

【6.0】
本章導言

宋式小木作制度屬于房屋裝飾裝修部分，所涉内容複雜煩瑣，既有房屋室内外門窗體系及室内隔墙板、吊頂、梯道等具空間隔離與連接性質的部件，也有諸如井亭、露籬、照壁等室外小品，還有佛道帳、轉輪經藏等具宗教性質的木裝修。

正因宋式小木作内容過于駁雜，《法式》在小木作制度分類上，顯得有些模糊。小木作制度被分爲6個部分，儘管各部分内容有一定關聯，但又很難給出一個邏輯性分類。

《法式》"小木作制度一"，包括房屋室内外門窗、室内隔斷、照壁、版引檐，及井屋、露籬、水槽、地棚等木製房屋配件與設施。

【6.1】
版門 雙扇版門、獨扇版門

〔6.1.1〕
造版門之制

造版門之制：高七尺至二丈四尺，廣與高方。 謂門高一丈，則每扇之廣不得過五尺之類。**如減廣者，不得過五分之一。** 謂門扇合廣五尺，如減不得過四尺之類。**其名件廣厚，皆取門每尺之高，積而爲法。** 獨扇用者，高不過七尺，餘準此法。

梁注："版門是用若干塊板拼成一大塊板的門，多少有些'防禦'的性質，一般用于外層院墙的大門以及城門上，但也有用作殿堂門的。"[1]

又注："'廣與高方'的'廣'是指兩扇合計之'廣'，一扇就成'高二廣一'的比例。這兩個'不得過'，前一個是'不得超過'或'不得多過'，後一個是'不得少于'或'不得少過'。"[2] 關于"門扇合廣五尺"，梁先生釋爲："'合'作'應該是'講。"[3]

關于版門比例，梁注："'取門每尺之高，積而爲法'就是以門的高度爲一百，用這個百分比來定各部分的比例尺寸。"[4]

版門高7—24尺不等；寬與高相當。即兩扇門總寬，相當于門高，每扇門寬，是門高的1/2。若門高10尺，每扇門寬不超過5尺。若門寬減小，不得小過其應有寬度的1/5。如應寬5尺之門，減少後的寬度，不應低于4尺。

構成版門及門扇各部件尺寸，以門每尺之高，積而爲法，按比例推算。即以門高爲100，凡《法式》文本中計爲"寸"

① 梁思成. 梁思成全集. 第七卷. 第167頁. 小木作制度一. 版門. 注1. 中國建築工業出版社. 2001年
② 梁思成. 梁思成全集. 第七卷. 第167頁. 小木作制度一. 版門. 注2. 中國建築工業出版社. 2001年
③ 梁思成. 梁思成全集. 第七卷. 第167頁. 小木作制度一. 版門. 注3. 中國建築工業出版社. 2001年
④ 梁思成. 梁思成全集. 第七卷. 第167頁. 小木作制度一. 版門. 注4. 中國建築工業出版社. 2001年

者，爲門高的10%；計爲"分"者，爲門高的1%；計爲"厘"者，爲門高的0.1%。其他相關之類似表述者，亦以此爲則。

版門，分爲雙扇版門與獨扇版門。若爲獨扇版門，其門高不超過7尺。

〔6.1.2〕
門版

版門主要由兩部分組成：一爲門版，二爲門框。門版包括肘版、副肘版、身口版，及用以固定肘版、副肘版和身口版的楅。

［6.1.2.1］
肘版

肘版：長視門高。別留出上下兩鑕；如用鐵桶子或鞾臼，即下不用鑕。**每門高一尺，則廣一寸，厚三分**。謂門高一丈，則肘版廣一尺，厚三寸。丈尺不等，依此加減。下同。

梁注："肘版是構成版門的最靠門邊的一塊板，整扇門的重量都懸在肘版上，所以特別厚。清代稱'大邊'。"①

關于"長視門高"，梁注："'視'作'按照'或'根據'講。"②

又注疑難字，（1）"'鑕'是指肘版上下兩頭延伸出去的轉軸。清代就稱'轉軸'。"③（2）指出"鞾臼"

即爲"門砧上容納並承托鑕的碗形凹坑。"④

上文小注"則肘版廣一尺，厚三寸"，傅建工合校本注："劉校故宮本：故宮本與諸本同，亦作'丈'，依文義應作'寸'。"⑤

據《漢語大字典》："鑕，zuan，《字彙補·金部》：'鑕，音纂。見《篇韻》'……明茅元儀《武備志·陣練制·教藝七》：'桿後不宜安鑕，恐自擊腹脇。'"⑥推測，"鑕"指安于桿狀物端頭的鐵製品，如梁先生釋，指包裹（或安裝）在木製肘版上下兩頭延伸部分上的鐵製附件，起到版門轉軸作用。

肘版之長與門高同。在此長度之外，再留出上下兩鑕之長。但若肘版下部用了鐵桶子或鞾臼，其下端部分可不用鑕。

肘版尺寸仍按比例推算，若門高10尺，肘版長10尺，以其廣（寬）1寸，得出10×0.1=1尺；以其厚0.3寸，得出10×0.3=3寸。以此類推。

［6.1.2.2］
副肘版

副肘版：長廣同上，厚二分五厘。高一丈二尺以上用，其肘版與副肘版皆加至一尺五寸止。

梁注："副肘版是門扇最靠外，

① 梁思成. 梁思成全集. 第七卷. 第167頁. 小木作制度一. 版門. 注5. 中國建築工業出版社. 2001年
② 梁思成. 梁思成全集. 第七卷. 第167頁. 小木作制度一. 版門. 注6. 中國建築工業出版社. 2001年
③ 梁思成. 梁思成全集. 第七卷. 第167頁. 小木作制度一. 版門. 注7. 中國建築工業出版社. 2001年
④ 梁思成. 梁思成全集. 第七卷. 第167頁. 小木作制度一. 版門. 注8. 中國建築工業出版社. 2001年
⑤ [宋]李誡，傅熹年校注. 合校本營造法式. 第225頁. 小木作制度一. 版門. 注1. 中國建築工業出版社. 2020年
⑥ 漢語大字典. 第1780頁. 金部. 鑕. 四川辭書出版社-湖北辭書出版社. 1993年

亦即離肘版最遠的一塊板。"①

關于肘版與副肘版"皆加至一尺五寸止"，梁注："這是肘版和副肘版廣（寬度）的最大絶對尺寸，不是'積而爲法'的比例尺寸。"②

副肘版是版門門扇外側邊板，其長寬尺寸，與肘版長寬尺寸同；其厚略薄于肘版。如門高10尺，副肘版長10尺，以其廣1寸，則10×0.1=1尺；以其厚0.25寸，則10×0.25=2.5寸。

肘版、副肘版之寬有一個限度，若門高超過12尺，肘版與副肘版長雖仍須與門高相當，其寬最多不超過1.5尺。

上文未提及肘版、副肘版厚度上限。其厚或可隨長度增加按比例增厚？未可知。

[6.1.2.3]

身口版

身口版：長同上，廣隨材。通肘版與副肘版合縫計數，令足一扇之廣。如牙縫造者，每一版廣加五分爲定法。**厚二分。**

梁注："身口版是肘版和副肘版之間的板，清代稱'門心版'。"③

關于"廣隨材"，梁注："這個'材'不是'大木作制度'中'材分'之'材'，指的祇是木料或木材。"④關于

"通"，梁注："'通'就是'連同'。"⑤

關于"牙縫"，梁注："'牙縫'就是我們所謂的'企口'或壓縫。"⑥

身口版長，與同一版門高度下之肘版、副肘版長相同。其寬，可隨所用木料本身既有寬度定。基本原則：肘版、副肘版，與身口版寬度之和，恰好滿足一扇門寬。

如爲牙縫造，每一條身口版寬，應在原來基礎上再加出5分，以形成兩板之間的企口或壓縫。這裏的"5分"應是一絶對尺寸，即身口版間牙縫（壓縫或企口）寬0.05尺。這一寬度不因身口版長度差異而變。

身口版厚，較肘版、副肘版的要薄一點。若門高10尺，以身口版厚0.2寸，則10×0.2=2寸。

[6.1.2.4]

楅

楅：每門廣一尺，則長九寸二分，廣八分，厚五分。襯關楅同。用楅之數：若門高七尺以下，用五楅；高八尺至一丈三尺，用七楅；高一丈四尺至一丈九尺，用九楅；高二丈至二丈二尺，用十一楅；高二丈三尺至二丈四尺，用十三楅。

梁注："楅是釘在門板背面使肘版、身口版和副肘版連成一個整體的橫木。"⑦又注："'每門廣一尺，

① 梁思成. 梁思成全集. 第七卷. 第167頁. 小木作制度一. 版門. 注9. 中國建築工業出版社. 2001年
② 梁思成. 梁思成全集. 第七卷. 第167頁. 小木作制度一. 版門. 注10. 中國建築工業出版社. 2001年
③ 梁思成. 梁思成全集. 第七卷. 第167頁. 小木作制度一. 版門. 注11. 中國建築工業出版社. 2001年
④ 梁思成. 梁思成全集. 第七卷. 第167頁. 小木作制度一. 版門. 注12. 中國建築工業出版社. 2001年
⑤ 梁思成. 梁思成全集. 第七卷. 第167頁. 小木作制度一. 版門. 注13. 中國建築工業出版社. 2001年
⑥ 梁思成. 梁思成全集. 第七卷. 第167頁. 小木作制度一. 版門. 注14. 中國建築工業出版社. 2001年
⑦ 梁思成. 梁思成全集. 第七卷. 第167頁. 小木作制度一. 版門. 注15. 中國建築工業出版社. 2001年

則長九寸二分'十一個字,《營造法
式》各版本都印作小注,按文義及
其他各條體制,改爲正文。但下面
的'廣八分,厚五分'則仍是按'門
每尺之高'計算。"①

傅建工合校本提到梁先生此處注文:
"據梁思成先生《營造法式注釋》卷
第六,版門條注(16):'每門廣一
尺,則長九寸二分'十一個字,《營
造法式》各版本都印作小注,按文
義及其他各條體制,改爲正文。"②

另梁先生原擬對"襯關楅"作注,
但其稿本中缺失此注。校審者對原注17
加一腳注:"此注原缺。"③

楅是襯貼于版門背面,起加強版門
結構性能的條形構件,其長、廣、厚隨
版門廣(寬)定。如門寬5尺,楅長4.6
尺,以其廣(寬)0.8寸,則5×0.8=4寸;
以其厚0.5寸,則5×0.5=2.5寸。

襯關楅,當是其中一根楅,未知其
準確位置。襯關楅長、廣、厚尺寸,與
其他楅相同。

每門用楅數量,據門高確定。門高
7尺以下,用楅5條;高8—13尺,用楅
7條;高14—19尺,用楅9條;高20—22
尺,用楅11條;高23—24尺,用楅13
條。如此則使門背版上所施楅之間,中
至中距離不小于1尺,亦不大于2尺。

〔6.1.3〕

門檻與門框

版門門檻與門框,包括門額、雞栖
木、門簪、立頰、地栿等。

[6.1.3.1]

額

額:長隨間之廣,其廣八分,厚三分。

雙卯入柱。

梁注:"額就是門上的橫額,清
代稱'上檻'。"④

版門上額,長隨開間之廣,額
廣(寬)0.8寸,厚爲0.3寸。以門之間
廣與其高同,若門高15尺,則額長15
尺,額廣(寬)15×0.08=1.2尺,額厚
15×0.3=4.5寸。以此類推。額兩端出
卯,插入門兩側立柱。

[6.1.3.2]

雞栖木

雞栖木:長厚同額,廣六分。

梁注:"雞栖木是安在額的背
面,兩端各鑿出一個圓孔,以接納
肘版的上鑽。清代稱'連楹'。雞
栖木是用門簪'簪'在額上的。"⑤

① 梁思成. 梁思成全集. 第七卷. 第167頁. 小木
作制度一. 版門. 注16. 中國建築工業出版社.
2001年
② [宋]李誡,傅熹年校注. 合校本營造法式. 第225頁.
小木作制度一. 版門. 注2. 中國建築工業出版社.
2020年

③ 梁思成. 梁思成全集. 第七卷. 第167頁. 小木作制
度一. 版門. 腳注1. 中國建築工業出版社. 2001年
④ 梁思成. 梁思成全集. 第七卷. 第167頁. 小木作制
度一. 版門. 注18. 中國建築工業出版社. 2001年
⑤ 梁思成. 梁思成全集. 第七卷. 第167頁. 小木作制
度一. 版門. 注19. 中國建築工業出版社. 2001年

雞栖木長與厚，和與之相配之額同，其廣（寬）0.6寸，當爲比例寬度，即以"尺"之單位爲1計，則"寸"之單位爲0.1，"分"之單位爲0.01，即其廣（寬）爲以"尺"所計門之高度的0.06。仍以前例，若其門高15尺，其雞栖木長、厚與額同，長15尺，厚0.45尺，廣（寬）爲15×0.06=0.9尺。

[6.1.3.3]
門簪

門簪：長一寸八分，方四分，頭長四分半。 餘分爲三分，上下各去一分，留中心爲卯。**頰内額上，兩壁各留半分，外匀作三分，安簪四枚。**

梁注："門簪是把雞栖木繫在額上的構件，清代也稱門'簪'。"[1]

關于"卯"，梁注："'餘分爲三分，上下各去一分，留中心爲卯'，是將'長一寸八分'中，除去'頭長四分半'所餘下的一寸三分五厘的一段，將'方四分'的'斷面'，匀分作三等分，每分爲一分三厘三毫，將兩側的各一分去掉，留下中間一片長一寸三分五厘，寬四分，厚一分三厘三毫的板狀部分就是門簪的卯。"[2]

又注："這裏所説，是將兩頰間額的長度，匀分作四分，兩端各留半分，中間匀分作三分，以定安門簪的位置。各版本'外匀作三分'都是'外均作三分'，按文義將'均'字改作'匀'字。"[3]

上文門簪，爲比例尺寸，以門高10尺計，以門簪長1.8寸，則其長10×0.18=1.8尺；以其方0.4寸，則其方爲0.4×10=4寸；以頭長0.45寸，則其頭長0.45×10=4.5寸；以卯長1.35寸，則其長0.135×10=1.35尺；以卯廣（寬）0.4寸，則其廣0.4×10=4寸；以卯厚0.133寸，則其厚0.133×10=1.33寸。

這一乘式計算順序，是爲方便讀者初讀時容易理解，下文類似計算，抑或會將"積而爲法"之標準尺寸數（如"10"），作爲被乘數放在前面，以方便行文，謹此説明。

依上文，將其額居中之3/4長，再匀分爲3段，恰有4個分界點，可安4枚門簪。諸門簪間距離，爲額長的1/4；兩端門簪與兩頰距離，爲額長的1/8。

[6.1.3.4]
立頰

立頰：長同肘版，廣七分，厚同額。 三分中取一分爲心卯，下同。如頰外有餘空，即裏外用難子安泥道版。

① 梁思成. 梁思成全集. 第七卷. 第167頁. 小木作制度一. 版門. 注20. 中國建築工業出版社. 2001年
② 梁思成. 梁思成全集. 第七卷. 第167頁. 小木作制度一. 版門. 注21. 中國建築工業出版社. 2001年
③ 梁思成. 梁思成全集. 第七卷. 第168頁. 小木作制度一. 版門. 注22. 中國建築工業出版社. 2001年

梁注：“立頰是立在門兩邊的構材，清代稱‘抱框’或‘門框’。”①

徐伯安先生持不同意見，其注：“立頰并非清代‘抱框’，祇是門扇的門框。《營造法式》中相當‘抱框’的似乎應是‘槫柱’。”②

梁先生另有注：

（1）關於“卯”：“按立頰的厚度匀分作三分，留中心一分爲卯。”③（2）“‘頰外有餘空’是指門和立頰加在一起的寬度（廣）小于間廣兩柱間的净距離，頰與柱之間有‘餘空’。”④（3）關於“裏外用難子”，梁注：“這個‘外’是指門裏門外的‘外’，不是‘頰外有餘空’的‘外’。”⑤又：“難子是在一個框子裏鑲裝木板時，用來遮蓋框和板之間的接縫的細木條。清代稱‘仔邊’。現在我們叫它‘壓縫條’。”⑥

又注：“泥道版清代稱‘餘塞板’。按‘大木作制度’，鋪作中安在柱和闌額中綫上的最下一層栱稱‘泥道栱’，因此‘泥道’一詞可能是指在這一中綫位置而言。”⑦

關於“槫柱”，參見《法式》“小木作制度一·截間版帳”節。

立頰長，與肘版長（即門高）同；厚，同額，即厚3分，廣（寬）7分。則其厚爲立頰長之3%；廣爲立頰長之7%。

① 梁思成. 梁思成全集. 第七卷. 第168頁. 小木作制度一. 版門. 注23. 中國建築工業出版社. 2001年
② 梁思成. 梁思成全集. 第七卷. 第168頁. 小木作制度一. 版門. 脚注1. 中國建築工業出版社. 2001年
③ 梁思成. 梁思成全集. 第七卷. 第168頁. 小木作制度一. 版門. 注24. 中國建築工業出版社. 2001年
④ 梁思成. 梁思成全集. 第七卷. 第168頁. 小木作制度一. 版門. 注25. 中國建築工業出版社. 2001年
⑤ 梁思成. 梁思成全集. 第七卷. 第168頁. 小木作制度一. 版門. 注26. 中國建築工業出版社. 2001年

以門高10尺計，肘版長10尺；立頰長10尺，厚10×0.03=0.3尺，廣（寬）10×0.07=0.7尺。

［6.1.3.5］
地栿

地栿：長厚同額，廣同頰。若斷砌門，則不用地栿，於兩頰下安臥柣、立柣。

梁注：“地栿清代稱‘門檻’或‘下檻’。”⑧又注：“斷砌門就是將階基切斷，可通車馬的做法，見‘石作制度’及圖樣。”⑨

上文“斷砌門”“臥柣”“立柣”，亦見前文“石作制度·門砧限”。斷砌門，即石作之“階斷砌”，用于通行車馬及臨街之外門。門兩側施立柣與臥柣。

以前文“額”條“額：長隨間之廣，……厚三分”，立頰“廣七分”，地栿亦“長隨間廣，其廣七分”。則以門高10尺，間廣12尺計，地栿長12尺，以其厚3分，則10×0.3=3寸，與額同；以其廣（寬）7分，則10×0.7=7寸，與立頰同。地栿亦應“雙卯入柱”。

〔6.1.4〕
門扇啟閉名件

門扇啟閉構件，包括了門砧、門

⑥ 梁思成. 梁思成全集. 第七卷. 第168頁. 小木作制度一. 版門. 注27. 中國建築工業出版社. 2001年
⑦ 梁思成. 梁思成全集. 第七卷. 第168頁. 小木作制度一. 版門. 注28. 中國建築工業出版社. 2001年
⑧ 梁思成. 梁思成全集. 第七卷. 第168頁. 小木作制度一. 版門. 注29. 中國建築工業出版社. 2001年
⑨ 梁思成. 梁思成全集. 第七卷. 第168頁. 小木作制度一. 版門. 注30. 中國建築工業出版社. 2001年

關、搹鑌柱、透栓、劄、鐵鷰臺等具有開啓或閉鎖門扇功能的部件。

［6.1.4.1］
門砧

門砧：長二寸一分，廣九分，厚六分。

地栿內外各留二分，餘並挑肩破瓣。

梁注"門砧是承托門下鑲的構件，一般多用石造。清代稱'門枕'。見'石作制度'及圖樣。"[1]

《法式》"石作制度·門砧限"節有"造門砧之制"："長三尺五寸；每長一尺，則廣四寸四分，厚三寸八分。"

"小木作制度"門砧長、廣、厚比爲：1：0.43：0.286；而"石作制度"中門砧長、廣、厚比爲1：0.44：0.38。兩套尺寸，長、廣比似較接近，厚度上差別稍大。可知，上文所説門砧，爲木質，其厚度，應比石質門砧略薄一點。

以門高10尺計，以門砧長2.1寸，則其長10×0.21＝2.1尺；廣0.9寸，則其廣（寬）10×0.9＝9寸；厚0.6寸，則其厚10×0.6＝6寸。地栿內外各留2分，當指將門砧長度分爲10分（即分爲10等份），其內外各留2分，所餘爲6分。以其門高10尺計，門砧長爲2.1尺，分爲10分，每分爲0.21尺，則門之內外各留2×0.21＝0.42尺；所餘部分長爲

6×0.21＝1.26尺，則挑肩破瓣以與地栿、立頰相銜接。

［6.1.4.2］
門關與透栓

凡版門如高一丈，所用門關徑四寸。關上用柱門栿，**搹鑌柱長五尺，廣六寸四分，厚二寸六分。**如高一丈以下者，祇用伏兎、手栓。伏兎廣厚同榥，長令上下至榥。手栓長二尺至一尺五寸，廣二寸五分至二寸，厚二寸至一寸五分。**縫內透栓及劄，並間榥用。透栓廣二寸，厚七分。每門增高一尺，則關徑加一分五厘，搹鑌柱長加一寸，廣加四分，厚加一分；透栓廣加一分，厚加三厘。**透栓若減，亦同加法。一丈以上用四栓，一丈以下用二栓。其劄，若門高二丈以上，長四寸，廣三寸二分，厚九分；一丈五尺以上，長同上，廣二寸七分，厚八分；一丈以上，長三尺五寸，廣二寸二分，厚七分；高七尺以上，長三寸，廣一寸八分，厚六分。**若門高七尺以上，則上用雞栖木，下用門砧。**若七尺以下，則上下並用伏兎。**高一丈二尺以上者，或用鐵桶子鷰臺石砧。高二丈以上者，門上鑲安鐵鋼，雞栖木安鐵釦，下鑲安鐵鞾臼，用石地栿、門砧及鐵鷰臺。**如斷砌，即卧栿、立栿並用石造。**地栿版長隨立栿間之廣，其廣同階之高，厚量長廣取宜；每長一尺五寸用榥一枚。**

梁注："門關是大門背後，在距地面約五尺的高度，兩頭插在搹鑌柱內，用來擋住門扇使不能開的木槓。"[2]

---

① 梁思成. 梁思成全集. 第七卷. 第168頁. 小木作制度一. 版門. 注31. 中國建築工業出版社. 2001年

② 梁思成. 梁思成全集. 第七卷. 第168頁. 小木作制度一. 版門. 注32. 中國建築工業出版社. 2001年

上文諸多術語，梁注：（1）"柱門栻是一塊楔形長條木塊，塞在門關和門扇之間的空檔裏，使門緊閉不動。栻是'拐'字的異體寫法。"①（2）"搕𨱏柱是安在門內兩邊的立頰上，鑿留圓孔以承納門關的構件。後世所見，有許多不用搕𨱏柱而代以活動半圓形鐵環的做法。搕音'合'，𨱏是'鎖'的異體字，讀如'合鎖柱'。"②（3）"伏兔是小型的搕𨱏柱，安在版門背面門板上。手栓是安在伏兔內可以橫向左右移動，但不能取下來的門栓；清代稱'插關'。"③

上文小注"其剳，若門高二丈以上，長四寸，廣三寸二分，厚九分。"陶本誤爲"長四尺"。陳注：改"長四尺"爲"長四寸"，并注："寸，竹本。"④

梁注："透栓是在門板之內，橫向穿通全部肘版、身口版和副肘版以固定各條板材之間的連接的木條。"⑤

又注：（1）"剳是僅僅安在兩塊板縫之間，但不像透栓那樣全部穿通，使板縫不致凸凹不平的連繫構件。"⑥（2）"關，指門關。"⑦（3）"鐧，音'諫'，jian，原義是'車軸鐵'，是緊箍在上鑲上的

鐵箍。"⑧（4）"釧，音'串'，原義是'臂環''手鐲'，是安在雞栖木圓孔內，以利上鑲轉動的鐵環。"⑨（5）"鐵鞾臼是安在下鑲下端的'鐵鞋'。鞾是'靴'的異體字，音'華'；鞾臼讀如'華舊'。"⑩（6）"鐵鵝臺是安在石門砧上，上面有碗形圓凹坑以承受下鑲鐵鞾臼的鐵塊。"⑪

關于"版門"段中行文，傅建工合校本注："熹年謹按：自身口版條'令足一扇之廣'句起，至'或用鐵桶子'句止，故宮本脫一頁，計二十二行。張本、丁本亦脫二十二行，恰爲宋本第二頁全頁，可證張本、丁本雖改爲每頁二十行，而其源仍出自每頁二十二行之宋刊本。源于明天一閣本之四庫本不脫，陶本據以補入。瞿本此頁後補，分行分頁與陶本全同，疑自陶本出。"⑫

上文"地栿版長隨立桄間之廣"，陶本："地栿版長隨立桄之廣"。傅建工合校本改爲"地栿版長隨立桄間之廣"，并注："熹年謹按：'桄'字陶本誤作'栿'，據文津四庫本、張本、丁本、劉校故宮本改。"⑬傅書局合校本注：改"栿"爲"桄"，其注："桄，

① 梁思成. 梁思成全集. 第七卷. 第168頁. 小木作制度一. 版門. 注33. 中國建築工業出版社. 2001年
② 梁思成. 梁思成全集. 第七卷. 第168頁. 小木作制度一. 版門. 注34. 中國建築工業出版社. 2001年
③ 梁思成. 梁思成全集. 第七卷. 第168頁. 小木作制度一. 版門. 注35. 中國建築工業出版社. 2001年
④ [宋]李誠. 營造法式（陳明達點注本）. 第一冊. 第120頁. 小木作制度一. 版門. 批注. 浙江攝影出版社. 2020年
⑤ 梁思成. 梁思成全集. 第七卷. 第168頁. 小木作制度一. 版門. 注36. 中國建築工業出版社. 2001年
⑥ 梁思成. 梁思成全集. 第七卷. 第168頁. 小木作制度一. 版門. 注37. 中國建築工業出版社. 2001年
⑦ 梁思成. 梁思成全集. 第七卷. 第168頁. 小木作制度一. 版門. 注38. 中國建築工業出版社. 2001年
⑧ 梁思成. 梁思成全集. 第七卷. 第168頁. 小木作制度一. 版門. 注39. 中國建築工業出版社. 2001年
⑨ 梁思成. 梁思成全集. 第七卷. 第168頁. 小木作制度一. 版門. 注40. 中國建築工業出版社. 2001年
⑩ 梁思成. 梁思成全集. 第七卷. 第168頁. 小木作制度一. 版門. 注41. 中國建築工業出版社. 2001年
⑪ 梁思成. 梁思成全集. 第七卷. 第168頁. 小木作制度一. 版門. 注42. 中國建築工業出版社. 2001年
⑫ [宋]李誠，傅熹年校注. 合校本營造法式. 第225頁. 小木作制度一. 版門. 注3. 中國建築工業出版社. 2020年
⑬ [宋]李誠，傅熹年校注. 合校本營造法式. 第225頁. 小木作制度一. 版門. 注4. 中國建築工業出版社. 2020年

據四庫本改。"①依此，上文"地栿版"當稱爲"地栿版"。梁注釋本未改"栿"字，但因其按文義增加了一個"間"字，并對其版作注："地栿版就是可以隨時安上或者取掉的活動門檻，安在立栿的槽内。"②

據《漢語大字典》，"搕"有兩音，一音"ke，《集韻》克盍切，入盍溪。"③字義一是"敲擊，如：搕煙袋。《玉篇·手部》：'搕，打也。'《字彙·手部》：'搕，擊也'"④；二是"取。《集韻·盍韻》：'搕，取也'"⑤。二是"e，《廣韻》烏合切，入合影。"⑥字義："以手覆蓋。《廣韻·合韻》：'搕，以手盍也。'《集韻·盍韻》：'搕，以手覆也。'"⑦

從字義理解，上文之"搕"似應讀爲"e"（音扼），其義有如"以手覆"或"以手盍"。不讀"合"，也不表爲結合之"合"，更像一個手之動作的"搕"，宜讀如"扼鏁柱"。

關于門關、柱門枴、搕鏁柱、伏兎、手栓，梁先生所釋十分清晰。

據上文，若版門高10尺或以上時，用門關、柱門枴、搕鏁柱；若版門高低于10尺，祇用伏兎、手栓。

門關尺寸，依門之高按比例推算，門關徑爲門高4%；伏兎廣厚，與門上所用栿尺寸相同。搕鏁柱、手栓則給出具體尺寸。搕鏁柱長5尺，廣（寬）0.64

尺，厚0.26尺；手栓，長2—1.5尺，廣（寬）0.25—0.2尺，厚0.2—0.15尺。

鞾，梁先生讀爲"華"，今人多讀爲"靴"。《漢語大字典》："《説文新附·革部》：'鞾，鞮屬。從革，華聲。'《玉篇·革部》：'鞾，同靴。'"⑧其音爲"華"，字義爲"靴"，今人附其義而改其音。

與門扇啓閉有關的構件，隨門高不同而不同。透栓，門高10尺以上，用四栓；不足10尺，用二栓。不同門高，透栓及劄尺寸，隨門高尺寸，有所增減。

上文給出了從7尺以下至20尺以上不同門高及相應啓閉構件的變化。門高7尺以下，門上下均用伏兎；門高7尺以上，門上下用雞栖木與門砧；門高12尺以上，門砧改用鐵桶子鵝臺石砧；門高20尺以上，門之上樞安鐵鐧，其上雞栖木安鐵釧；門之下樞安鐵鞾臼，用石質地栿、門砧與鐵鵝臺。

鐵桶子鵝臺石砧，是在門樞底部用圓形鐵包裹，形成的鐵製門軸（鐵桶子）。門樞端頭由半圓形鐵碗，即"鵝臺"支承，以減少門軸轉動時與石質門砧產生的摩擦。這種鐵桶子鵝臺石砧，似亦稱"鐵鵝臺"。

栿，音zhì。《漢語大字典》釋"栿"："門檻。《爾雅·釋宮》：'栿謂之閾。'郭璞注：'閾，門限。'"⑨《法式》中所言"臥栿"一詞，未知與"地栿版"是否爲同一名件。

① [宋]李誠，傅熹年彙校．營造法式合校本．第二册．小木作制度一．版門．校注．中華書局．2018年
② 梁思成．梁思成全集．第七卷．第168頁．小木作制度一．版門．注43．中國建築工業出版社．2001年
③ 漢語大字典．第810頁．搕．四川辭書出版社－湖北辭書出版社．1993年
④ 漢語大字典．第810頁．搕．四川辭書出版社－湖北辭書出版社．1993年
⑤ 漢語大字典．第810頁．搕．四川辭書出版社－湖北辭書出版社．1993年
⑥ 漢語大字典．第810頁．搕．四川辭書出版社－湖北辭書出版社．1993年
⑦ 漢語大字典．第810頁．搕．四川辭書出版社－湖北辭書出版社．1993年
⑧ 漢語大字典．第1806頁．鞾．四川辭書出版社－湖北辭書出版社．1993年
⑨ 漢語大字典．第498頁．栿．四川辭書出版社－湖北辭書出版社．1993年

【6.2】

烏頭門其名有三：一曰烏頭大門，二曰表楬，三曰閥
閱，今呼爲櫺星門

　　梁注："烏頭門是一種略似牌樓
樣式的門。牌樓上有檐瓦，下無門
扇，烏頭門恰好相反，上無檐瓦而
下有門扇。烏頭門是這種門在宋代
的‘官名’；‘俗謂之櫺星門’。到
清代，它就祇有‘櫺星門’這一名
稱；‘烏頭門’已經被遺忘了，北京
天壇圜丘和社稷壇四周矮墻每面都
設櫺星門，但都是石造的。"①

　　又注："楬，音‘竭’，是表識
（標志）的意思。"②

　　以其"表楬""閥閱"等別稱，可推
知，這是一種能够標識其内房屋所有者
高貴身份之門。

〔6.2.1〕

造烏頭門之制

造烏頭門之制：俗謂之櫺星門。**高八尺至二丈二
尺，廣與高方。若高一丈五尺以上，如減廣
不過五分之一。用雙腰串。**七尺以下或用單腰串；
如高一丈五尺以上，用夾腰華版，版心内用椿子；**每扇各隨
其長，於上腰中心分作兩分，腰上安子桯、
櫺子。**櫺子之數須雙用。**腰華以下，並安障水
版。或下安鋜脚，則於下桯上施串一條。其**

版内外並施牙頭護縫，下牙頭或用如意頭造。**門後
用羅文楅。**左右結角斜安，當心絞口。**其名件廣厚，
皆取門每尺之高，積而爲法。**

　　上文"如減廣不過五分之一"，傅書
局合校本注：在"廣"後加"者"③，其
文爲："如減廣者不過五分之一。"傅
建工合校本注："劉校故宮本：陶本
脱‘者’字，據故宮本補。"④

　　上文"於上腰中心分作兩分"，陳
注：加一"串"字爲"腰串"。⑤傅書
局合校本注：在"腰"後加"串"⑥，
其文爲"於上腰串中心分作兩分"。

　　上文小注"櫺子之數須雙用"，傅書局
合校本注：改"雙"爲"隻"，并注：
"隻，據故宮本、四庫本、張蓉鏡本
改。"⑦傅建工合校本注："劉校故宮
本：故宮本作‘隻’，疑‘雙’誤。
熹年謹按：文津四庫本、張本、丁
本亦均作‘隻’，故未改，録劉校
備考。"⑧

　　梁注："‘造烏頭門之制’這一
段説得不太清楚，有必要先説明它
的全貌。烏頭門有兩個主要部分：
（1）門扇；（2）安裝門扇的框架。
門扇本身是先做成一個類似‘目’
字形的框子：左右垂直的是肘（相
當于版門的肘版）和桯（相當于副
肘版，肘和桯清代都稱‘邊挺’）；
上下兩頭横的也叫桯，上頭的是上

① 梁思成. 梁思成全集. 第七卷. 第169頁. 小木作
　制度一. 烏頭門. 注45. 中國建築工業出版社.
　2001年
② 梁思成. 梁思成全集. 第七卷. 第169頁. 小木作
　制度一. 烏頭門. 注46. 中國建築工業出版社.
　2001年
③ [宋]李誡, 傅熹年彙校. 營造法式合校本. 第二册.
　小木作制度一. 烏頭門. 校注. 中華書局. 2018年
④ [宋]李誡, 傅熹年校注. 合校本營造法式. 第228頁.
　小木作制度一. 烏頭門. 注1. 中國建築工業出版社.
　2020年
⑤ [宋]李誡. 營造法式（陳明達點注本）. 第一册. 第
　121頁. 小木作制度一. 烏頭門. 批注. 浙江攝影出
　版社. 2020年
⑥ [宋]李誡, 傅熹年彙校. 營造法式合校本. 第二册.
　小木作制度一. 烏頭門. 校注. 中華書局. 2018年
⑦ [宋]李誡, 傅熹年彙校. 營造法式合校本. 第二册.
　小木作制度一. 烏頭門. 校注. 中華書局. 2018年
⑧ [宋]李誡, 傅熹年校注. 合校本營造法式. 第228頁.
　小木作制度一. 烏頭門. 注2. 中國建築工業出版
　社. 2020年

程，下頭的是下程，中間兩道橫的是串，因在半中腰，所以叫‘腰串’；因用兩道，上下相去較近，所以叫‘雙腰串’（上程、下程、腰串清代都稱‘抹頭’）。腰串以上安垂直的木條，叫作‘櫺子’；通過櫺子之間的空檔，內外可以看通。雙腰串之間和腰串以下鑲木版；兩道腰串之間的叫‘腰華版’（清代稱‘絛環版’）；腰串和下程之間的叫‘障水版’（清代稱‘裙板’）。如果門很高，就在下程之上，障水版之下，再加一串，這道串和下程之間也有一定距離（略似雙腰串間的距離），也安一塊板，叫作‘鋜腳版’。以上是門扇的構造情況。

安門的‘框架’部分，以兩根挾門柱和上邊的一道額組成。額和柱相交處，在額上安日月版。柱頭上用烏頭扣在上面，以防雨水滲入腐蝕柱身。烏頭一般是琉璃陶製，清代叫‘雲罐’。爲了防止挾門柱傾斜，前後各用搶柱支撐。搶柱在清代叫作‘戧柱’。”[1]

上注對烏頭門作了一個總體描述。一些疑難術語，梁先生亦分別作釋：

（1）夾腰華版、腰華版、椿子：“夾腰華版和腰華版有什麽區別還不清楚，也不明瞭椿子是什麽，怎樣用法。”[2]

（2）子程：“子程是安在腰串的上面和上程的下面，以安裝櫺子的橫木條。”[3]

（3）護縫：“護縫是掩蓋板縫的木條。有時這種木條的上部做成‘☁’形的牙頭，下部做成如意頭。”[4]

（4）羅文榥：“羅文榥是門扇障水版背面的斜撐，可以防止門扇下垂變形，也可以加固障水版，是斜角十字交叉安裝的。”[5]

結合《法式》文本與梁注，可知：宋代烏頭門大致形象，是將兩根挾門柱，伸出門額之上，形成兩根冲天柱，柱頂上安烏頭。柱、額之間，設門扇。門之前後，斜撐以搶柱。

烏頭門高，在8—22尺間；門廣（寬）與高同；則門之高廣，是一個正方形。也可以有其他比例，如門之寬略小于門高，但須有一定比例控制：如門高15尺以上時，其廣在尺寸上的縮減，不能超過高度的1/5。例如，門高15尺，廣不能少於12尺，以此類推。組成烏頭門各部件尺寸，亦以門高尺寸，按比例推算出。

〔6.2.2〕

門扇

肘：長視高。每門高一尺，廣五分，厚三分三厘。

程：長同上，方三分三厘。

---

① 梁思成. 梁思成全集. 第七卷. 第169—171頁. 小木作制度一. 烏頭門. 注47. 中國建築工業出版社. 2001年
② 梁思成. 梁思成全集. 第七卷. 第171頁. 小木作制度一. 烏頭門. 注48. 中國建築工業出版社. 2001年
③ 梁思成. 梁思成全集. 第七卷. 第171頁. 小木作制度一. 烏頭門. 注49. 中國建築工業出版社. 2001年
④ 梁思成. 梁思成全集. 第七卷. 第171頁. 小木作制度一. 烏頭門. 注50. 中國建築工業出版社. 2001年
⑤ 梁思成. 梁思成全集. 第七卷. 第171頁. 小木作制度一. 烏頭門. 注51. 中國建築工業出版社. 2001年

腰串：長隨扇之廣。其廣四分，厚同肘。

腰華版：長隨兩桯之內，廣六分，厚六厘。

鋜脚版：長厚同上。其廣四分。

子桯：廣二分二厘，厚三分。

承櫺串：穿櫺當中，廣厚同子桯。於子桯之內橫用一條或二條。

櫺子：厚一分。長入子桯之內三分之一。若門高一丈，則廣一寸八分。如高增一尺，則加一分，減亦如之。

障水版：廣隨兩桯之內，厚七厘。

障水版及鋜脚、腰華內難子：長隨桯內四周，方七厘。

牙頭版：長同腰華版，廣六分，厚同障水版。

腰華版及鋜脚內牙頭版：長視廣。其廣亦如之，厚同上。

護縫：厚同上。廣同櫺子。

羅文楅：長對角，廣二分五厘，厚二分。

上文"腰串"條，"其廣四分，厚同肘。"傅書局合校本注："肘下疑脫'版'字。"[1]又注："肘下不應增'版'字。"[2]或由此可知斟酌之難。

上文幾處術語，梁注：

（1）承櫺串："因爲櫺子細而長，容易折斷或變形，用一道或兩道較細的串來固定并加固櫺子，叫作'承櫺串'。"[3]

（2）腰華版及鋜脚內牙頭版："這個'長視廣'的'廣'，是指門扇的肘和桯之間的廣，'其廣亦如之'的'之'，是說也像那樣'視'兩道腰串之間的廣或障水版下面所加的那道串和下桯之間的空檔的距離。"[4]

（3）羅文楅之長對角："這是指障水版的斜對角。"[5]

作爲烏頭門門扇的主要配件，腰華版、鋜脚內牙頭版長寬尺寸，按門扇肘與桯間寬度，或兩腰串之間，或障水版下串與下桯之間空檔距離等，推算而出。

烏頭門之肘、桯、腰串等名件，長隨其門高，如門高10尺，肘亦長10尺；桯與門高尺寸同，橫桯依門寬推算，腰串亦如之。其廣厚尺寸，按比例推算：若肘長10尺，以其廣0.5寸，則廣10×0.5=5寸；以其厚0.33寸，則厚10×0.33=3.3寸；桯亦長10尺，以其方0.33寸，則方10×0.33=3.3寸；腰串長隨門扇廣，以門扇廣5尺計，以其腰串廣（寬）0.4寸，則其串廣10×0.4=4寸；其厚同肘，以其厚0.33寸，則厚10×0.33=3.3寸。

腰華版、鋜脚版、子桯等構件，《法式》所列斷面尺寸是以門高尺寸爲1尺時

① [宋]李誡，傅熹年彙校. 營造法式合校本. 第二冊. 小木作制度一. 烏頭門. 校注. 中華書局. 2018年
② [宋]李誡，傅熹年彙校. 營造法式合校本. 第二冊. 小木作制度一. 烏頭門. 校注. 中華書局. 2018年
③ 梁思成. 梁思成全集. 第七卷. 第171頁. 小木作制度一. 烏頭門. 注52. 中國建築工業出版社. 2001年
④ 梁思成. 梁思成全集. 第七卷. 第171頁. 小木作制度一. 烏頭門. 注53. 中國建築工業出版社. 2001年
⑤ 梁思成. 梁思成全集. 第七卷. 第171頁. 小木作制度一. 烏頭門. 注54. 中國建築工業出版社. 2001年

的相應比例推算。

門框與門柱

額：廣八分，厚三分。其長每門高一尺，則加
六寸。

立頰：長視門高，上下各別出卯。廣七分，
厚同額。頰下安臥株、立株。

挾門柱：方八分。其長每門高一尺，則加八寸。柱
下栽入地內，上施烏頭。

日月版：長四寸，廣一寸二分，厚一分
五厘。

搶柱：方四分。其長每門高一尺，則加二寸。

上文"挾門柱：方八分。"傅書局合
校本注："'八分'指每門高一尺而
言。"①

關于門框、門柱部分，梁先生有
四注：

（1）"烏頭門下一般都要讓車馬
通行，所以要用臥株、立株，安地
㭔版（活門檻）。"②

（2）"栽入的深度無規定，因為
挾門柱上端伸出額以上的長度無規
定。"③這其實給烏頭門的外形比例設
計，提供了一定的靈活性。

（3）"日月版的長度四寸，是指
日版、月版再加上挾門柱的寬度而
言。"④

（4）"搶柱的長度并不很長，
用什麼角度撐在挾門柱的什麼高
度，以及搶柱下端如何交代都不清
楚。"⑤

上文"搶柱"條小注"其長每門高一尺，
則加二寸"，傅建工合校本注："熹年謹
按：文津四庫本作'二分'，故宮
本、張本作'二寸'，從故宮本。
陶本不誤。"⑥

諸尺寸以"每門高一尺"推之。
如門高10尺，以其額廣（寬）0.8寸，
則廣10×0.8=8寸；以其額厚0.3寸，則
厚10×0.3=3寸；其立頰亦高10尺，以
立頰廣0.7寸，則其（寬）10×0.7=7
寸；立頰厚同額，亦以厚0.3寸計，則厚
10×0.3=3寸；挾門柱，以其方0.8寸，
則方10×0.8=8寸；另按10尺門高，其柱
加長8尺，埋入地下。可知，宋代烏頭
門挾門柱埋入地下長度，是其露出地面
長度的4/5。

同樣，若門高10尺，以日月版（日
版、月版及挾門柱寬）長4寸，則其長
10×0.4=4尺；以其廣1.2寸，則其廣
（寬）10×0.12=1.2尺；以其厚0.15寸，
則其厚10×0.15=1.5寸；以搶柱方0.4
寸，則其方10×0.4=4寸。另按10尺門
高，每門高1尺，搶柱須加長2寸，則須
加長10×0.2=2尺，埋入地下。

① [宋]李誡，傅熹年彙校. 營造法式合校本. 第二册.
小木作制度一. 烏頭門. 校注. 中華書局. 2018年
② 梁思成. 梁思成全集. 第七卷. 第171頁. 小木作制度
一. 烏頭門. 注55. 中國建築工業出版社. 2001年
③ 梁思成. 梁思成全集. 第七卷. 第171頁. 小木作
制度一. 烏頭門. 注56. 中國建築工業出版社.
2001年
④ 梁思成. 梁思成全集. 第七卷. 第171頁. 小木作制
度一. 烏頭門. 注57. 中國建築工業出版社. 2001年
⑤ 梁思成. 梁思成全集. 第七卷. 第171頁. 小木作制
度一. 烏頭門. 注58. 中國建築工業出版社. 2001年
⑥ [宋]李誡，傅熹年校注. 合校本營造法式. 第228頁.
小木作制度一. 烏頭門. 注3. 中國建築工業出版
社. 2020年

〔6.2.4〕

門之啓閉名件

凡烏頭門所用雞栖木、門簪、門砧、門關、搕鏁柱、石砧、鐵桿臼、鵝臺之類，並準版門之制。

宋代烏頭門之安裝、啓閉、關鎖等所需相應構件，與版門中相應部件，大體一致。

【6.3】

軟門 <small>牙頭護縫軟門、合版軟門</small>

梁注："'軟門'是在構造上和用材上都比較輕巧的門。"[1]

〔6.3.1〕

造軟門之制

造軟門之制：廣與高方；若高一丈五尺以上，如減廣者，不過五分之一。用雙腰串造。<small>或用單腰串。</small>**每扇各隨其長，除桯及腰串外，分作三分，腰上留二分，腰下留一分，上下並安版，內外皆施牙頭護縫。**<small>其身內版及牙頭護縫所用版，如門高七尺至一丈二尺，並厚六分；高一丈三尺至一丈六尺，並厚八分；高七尺以下，並厚五分，皆爲定法。腰華版厚同。下牙頭或用如意頭。</small>**其名件廣厚，皆取門每尺之高，積而爲法。**

關于"若高一丈五尺以上，如減廣者，不過五分之一。"梁先生指出："'造軟門之制'這一段中，祇有這一句適用于兩種軟門。從'用雙腰串'這句起，到小注'<small>下牙頭或用如意頭</small>'止，說的祇是牙頭護縫軟門。"[2]

梁注"桯"："這個'桯'是指橫在門扇頭上的上桯和腳下的下桯。"[3]梁先生另有注："這段小注內的'六分''八分''五分'都是門版厚度的絕對尺寸，而不是'積而爲法'的比例尺寸。"[4]

上文標題小注"<small>合版軟門</small>"，陶本："<small>合扇軟門</small>"，陳注：改"扇"爲"版"，并注："合版用楅軟門，見《法式》目（錄），'版'。"[5]

軟門高與廣（寬），一般爲方形。亦有其廣略小于高之長方造型的，原則上門高15尺以上者，其廣（寬）不宜小于門高4/5。

若牙頭護縫軟門，則用雙腰串，亦可用單腰串。腰串施于門扇三分之一高處，腰上留二分，下留一分。腰之上下安身內版，扇之內外皆施牙頭護縫。身內版與牙頭護縫版，隨門高變化。文中所給厚度尺寸，爲實尺，即所謂"皆爲定法"。如門高7—12尺時，其厚0.06尺；門高13—16尺時，其厚0.08尺；門高小于7尺時，其厚0.05尺。腰華版厚取值，

① 梁思成. 梁思成全集. 第七卷. 第174頁. 小木作制度一. 軟門. 注59. 中國建築工業出版社. 2001年
② 梁思成. 梁思成全集. 第七卷. 第174頁. 小木作制度一. 軟門. 注60. 中國建築工業出版社. 2001年
③ 梁思成. 梁思成全集. 第七卷. 第174頁. 小木作制度一. 軟門. 注61. 中國建築工業出版社. 2001年

④ 梁思成. 梁思成全集. 第七卷. 第174頁. 小木作制度一. 軟門. 注62. 中國建築工業出版社. 2001年
⑤ [宋]李誡. 營造法式（陳明達點注本）. 第一冊. 第124頁. 小木作制度一. 軟門. 批注. 浙江攝影出版社. 2020年

與身内版、牙頭護縫版同。

門扇

攏桯内外用牙頭護縫軟門：高六尺至一丈六尺。 額、栿内上下施伏兔，用立柗。

肘：長視門高。每門高一尺，則廣五分，厚二分八厘。

桯：長同上，上下各出二分，**方二分八厘。**

腰串：長隨每扇之廣，其廣四分，厚二分八厘。 隨其厚三分，以厚一分爲卯。

腰華版：長同上，廣五分。

上文“腰串”條小注“隨其厚三分”，陶本：“隨其後三分”。陳注：改“後”爲“厚”。[1]傅書局合校本注：改“後”爲“厚”，并注：“厚，據故宮本、四庫本改。”[2]傅建工合校本注：“劉校故宮本：陶本誤作‘後’，故宮本、文津四庫本作‘厚’，因據改。”[3]

梁注：“牙頭護縫軟門在構造上與烏頭門的門扇類似——用桯和串先做成框子，再鑲上木板。”[4]

梁先生又對與“牙頭護縫軟門”相關的幾個術語作注：

攏桯：“‘攏桯’大概是‘四面用桯攏或框框’的意思。這種門就是‘用桯和串攏成框架、身内版的内外兩面都用牙頭護縫的軟門。’”[5]

栿：“這個‘栿’就是地栿或門檻。”[6]

伏兔：“這個伏兔安在額和地栿的裏面，正在兩扇門對縫處。”[7]

立柗：“立柗是一根垂直的門關，安在上述上下兩伏兔之間，從裏面將門攔閉。‘柗’字不見于字典，讀音不詳，姑且讀如‘添’。”[8]

那一時代，漢語字典尚未完善，今以《漢語大字典》補之：“柗，tian，《廣韻》：他念切，去柗透。”[9]字義有二：

（1）“同‘栝’，撥火棍；木棍。《玉篇·木部》：‘柗，木杖也。’《廣韻·柗韻》：‘柗，火杖。’”[10]

（2）“古式板門上的柱形部件，有立柗、撥柗。宋李誡《營造法式·小木作功限·版門》：‘立柗，一條，長一丈五尺，廣二寸，厚一寸五分，二分功。’”[11]

牙頭護縫軟門尺寸：

其肘長，與門高同；若門高10尺，則以其肘廣0.5寸，即廣（寬）10×0.5=5寸；以其肘厚0.28寸，則其厚10×0.28=2.8寸。其桯長同肘，仍以10尺計，以其桯方0.28寸，則其方10×0.28=2.8寸。桯上下各出0.2寸，即10×0.2=2寸，爲其桯出卯尺寸。

腰串長隨門扇廣，若其扇廣5尺，腰串亦長5尺；以腰串廣0.4寸，則其廣（寬）10×0.4=4寸；以腰串厚0.28寸，則其厚10×0.28=2.8寸。以腰串厚度的1/3，爲其兩端卯厚。

① [宋]李誡. 營造法式（陳明達點注本）. 第一册. 第125頁. 小木作制度一. 軟門. 批注. 浙江攝影出版社. 2020年

② [宋]李誡，傅熹年彙校. 營造法式合校本. 第二册. 小木作制度一. 軟門. 校注. 中華書局. 2018年

③ [宋]李誡，傅熹年校注. 合校本營造法式. 第230頁. 小木作制度一. 軟門. 注1. 中國建築工業出版社. 2020年

④ 梁思成. 梁思成全集. 第七卷. 第174頁. 小木作制度一. 軟門. 注59. 中國建築工業出版社. 2001年

⑤ 梁思成. 梁思成全集. 第七卷. 第174頁. 小木作制度一. 軟門. 注63. 中國建築工業出版社. 2001年

⑥ 梁思成. 梁思成全集. 第七卷. 第174頁. 小木作制度一. 軟門. 注64. 中國建築工業出版社. 2001年

⑦ 梁思成. 梁思成全集. 第七卷. 第174頁. 小木作制度一. 軟門. 注65. 中國建築工業出版社. 2001年

⑧ 梁思成. 梁思成全集. 第七卷. 第174頁. 小木作制度一. 軟門. 注66. 中國建築工業出版社. 2001年

⑨ 漢語大字典. 第514頁. 木部. 柗. 四川辭書出版社-湖北辭書出版社. 1993年

⑩ 漢語大字典. 第514頁. 木部. 柗. 四川辭書出版社-湖北辭書出版社. 1993年

⑪ 漢語大字典. 第514頁. 木部. 柗. 四川辭書出版社-湖北辭書出版社. 1993年

腰華版，長亦隨門扇之廣，若門扇廣5尺，以腰華版廣0.5寸，則其廣（寬）10×0.5=5寸；厚同身內版、牙頭護縫版，如門高10尺，則其厚0.6寸。

〔6.3.2〕
合版軟門

合版軟門：高八尺至一丈三尺，並用七楅；八尺以下用五楅。上下牙頭，通身護縫，皆厚六分。如門高一丈，即牙頭廣五寸，護縫廣二寸；每增高一尺，則牙頭加五分，護縫加一分。減亦如之。

關于"版門"，梁注："合版軟門在構造上與版門相同，祇是板較薄，外面加牙頭護縫。"[1]另注："合版軟門在構造上與版門類似，祇是門板較薄，祇用楅而不用透栓和𨫼。外面則用牙頭護縫。"[2]兩注文義相同。

對上文小注，梁注："這個小注中的尺寸都是絕對尺寸。"[3]

合版軟門用楅，隨門高而變：門高不足8尺者，用5楅；門高8—13尺，用7楅。門上下出牙頭，通身護縫，牙頭護縫厚0.6寸。門高10尺時，其牙頭廣（寬）5寸，護縫廣（寬）2寸。以此爲則，門每高增1尺，牙頭廣增0.5寸，護縫廣增

0.1寸。同理，門每高減1尺，牙頭廣減0.5寸，護縫廣減0.1寸。

門扇

肘版：長視高，廣一寸，厚二分五厘。
身口版：長同上，廣隨材，通肘版合縫計數，令足一扇之廣。**厚一分五厘。**
楅：每門廣一尺，則長九寸二分，**廣七分，厚四分。**

此爲合版軟門肘版，其長隨門高，廣（寬）爲門高10%，厚爲門高2.5%。若門高8尺，以肘版廣1寸，則其廣（寬）8×0.1=0.8尺；以肘版厚0.25寸，則其厚8×0.25=2寸。

身口版，長同肘版，廣（寬）隨材，身口版與肘版寬度總和，須與一扇門扇寬度相當。以其厚0.15寸，則身口版厚8×0.15=1.2寸。

楅，以門扇廣0.92計。以門高8尺，扇廣4尺計，其楅長4×0.92=3.68尺。以其廣0.7寸，則楅廣（寬）8×0.7=5.6寸；以其厚0.4寸，則楅厚8×0.4=3.2寸。

〔6.3.3〕
門之啓閉名件

凡軟門內或用手栓、伏兔，或用承拐楅，其額、立頰、地栿、雞栖木、門簪、門砧、石

① 梁思成. 梁思成全集. 第七卷. 第174頁. 小木作制度一. 軟門. 注59. 中國建築工業出版社. 2001年
② 梁思成. 梁思成全集. 第七卷. 第174頁. 小木作制度一. 軟門. 注67. 中國建築工業出版社. 2001年
③ 梁思成. 梁思成全集. 第七卷. 第174頁. 小木作制度一. 軟門. 注68. 中國建築工業出版社. 2001年

砧、鐵桶子、鵞臺之類並準版門之制。

手栓、伏兔，如前文述。承枴楅，疑是承托柱門枴的橫木條（楅）。其餘構件與版門、烏頭門相類。概而言之，軟門之安裝、啓閉、關鎖等所需構件，與版門中的相應部件，大體一致。

【6.4】
破子櫺窗

〔6.4.1〕
造破子櫺窗之制

造破子櫺窗之制：高四尺至八尺。如間廣一丈，用一十七櫺。若廣增一尺，即更加二櫺。相去空一寸。不以櫺之廣狹，祇以空一寸爲定法。**其名件廣、厚皆以窗每尺之高，積而爲法。**

上文"造破子櫺窗之制"，陶本："造破子窗之制"。

傅書局合校本注：在"破子窗"處加"櫺"，并注："諸本均無'櫺'字。'櫺'，依本節前後文及小木作功限改。"[1]又注："晁載之《續談助》摘抄北宋本《法式》有'櫺'字，故應增。"[2]傅建工合校本此處所用爲"櫺"字。傅注："劉批故宮本：諸本均無'櫺'字。"[3]并注："熹年謹按：

文津四庫本、張本亦無'櫺'字，然晁載之《續談助》摘抄北宋崇寧本《營造法式》有'櫺'字，故不改。後文同。"[4]又注："朱批陶本：'櫺'字依本節前後文及小木作功限改。"[5]

梁注："破子櫺窗以及下文的睒電窗、版櫺窗，其實都是櫺窗。它們都是在由額、腰串和立頰所構成的窗框內安上下方向的木條（櫺子）做成的。所不同者，破子櫺窗的櫺子是將斷面正方形的木條，斜角破開成兩根斷面作等腰三角形的櫺子，所以叫'破子櫺窗'；睒電窗的櫺子是彎來彎去，或作成'水波紋'的形式，版櫺窗的櫺子就是簡單的'廣二寸、厚七分'的板條。"[6]

梁注十分清晰。三種窗都是在窗框之內安以窗櫺，以窗櫺分隔內外空間；亦以櫺間空隙，采光通風。惟櫺子形式不同。

破子櫺窗，高4—8尺。這裏未言窗之廣，祇言"間廣"，似暗示其窗之廣隨間之廣。間廣10尺，用17櫺。廣增1尺，增加2櫺。櫺與櫺間空檔1寸。

破子櫺窗各部分構件廣、厚尺寸，依窗高按比例推算。

① [宋]李誡，傅熹年彙校. 營造法式合校本. 第二册. 小木作制度一. 破子櫺窗. 校注. 中華書局. 2018年
② [宋]李誡，傅熹年彙校. 營造法式合校本. 第二册. 小木作制度一. 破子櫺窗. 校注. 中華書局. 2018年
③ [宋]李誡，傅熹年校注. 合校本營造法式. 第232頁. 小木作制度一. 破子櫺窗. 注1. 中國建築工業出版社. 2020年

④ [宋]李誡，傅熹年校注. 合校本營造法式. 第232頁. 小木作制度一. 破子櫺窗. 注2. 中國建築工業出版社. 2020年
⑤ [宋]李誡，傅熹年校注. 合校本營造法式. 第232頁. 小木作制度一. 破子櫺窗. 注3. 中國建築工業出版社. 2020年
⑥ 梁思成. 梁思成全集. 第七卷. 第174頁. 小木作制度一. 破子櫺窗. 注69. 中國建築工業出版社. 2001年

〔6.4.2〕

窗扇與窗框

破子櫺：每窗高一尺，則長九寸八分。 令上下入子桯内，深三分之二。**廣五分六厘，厚二分八厘。** 每用一條，方四分，結角解作兩條，則自得上項廣厚也。**每間以五櫺出卯透子桯。**

子桯：長隨櫺空。上下並合角斜叉立頰。廣五分，厚四分。

額及腰串：長隨間廣，廣一寸二分，厚隨子桯之廣。

立頰：長隨窗之高，廣厚同額。 兩壁内隱出子桯。

地栿：長厚同額，廣一寸。

梁注：

（1）"'結角'就是'對角'。"① 即將方木條對角解成兩條。

（2）"'長隨櫺空'可理解爲'長廣按全部櫺子和它們之間的空檔的尺寸總和而定'。"②

（3）"'合角斜叉立頰'就是水平的子桯和垂直的子桯轉角相交處，表面做成45°角，見'小木作圖樣'。"③

（4）"地栿的廣厚，大木作也有規定，如兩種規定不一致時，似應以大木作爲準。"④

破子櫺窗，由破子櫺、上下子桯、額、腰串、立頰、地栿等組成。破子櫺長爲窗高的0.98。櫺之上下伸入上下桯中2/3深。每間要有5根櫺子的卯穿透上下子桯。

破子櫺爲一方木，結角破開。以窗高5尺，以方木斷面方0.4寸，則其方5×0.4=2寸。結角解開，其斜面廣（寬）0.56寸，則廣5×0.56=2.8寸；以側面厚0.28寸，則厚5×0.28=1.4寸。

子桯長，爲窗櫺與空檔距離總和。橫桯與立桯圍合成一方形，在轉角處呈斜叉合角榫接。若窗高5尺，以其廣0.5寸，則子桯廣（寬）5×0.5=2.5寸；以其厚0.4寸，則子桯厚5×0.4=2寸。

窗之外框，上爲額，下爲腰串。額與腰串長隨間廣。若窗高5尺，其廣1.2寸，則實廣（寬）5×1.2=6寸；其厚與子桯廣（寬）同，厚2.5寸。

立頰，長隨窗之高，若窗高5尺，立頰長亦5尺。廣厚同額，以其廣1.2寸，則廣（寬）5×1.2=6寸；以其厚0.5寸，則厚5×0.5=2.5寸。兩側立頰之内，隱出子桯。

窗下地栿，長厚同額。其長隨間廣，以其厚0.5寸，則厚5×0.5=2.5寸；以其廣1寸，則其廣（寬）5×1=5寸。若其尺寸與大木作中地栿所規定之尺寸有衝突，以大木作中所定尺寸爲準。

① 梁思成. 梁思成全集. 第七卷. 第176頁. 小木作制度一. 破子櫺窗. 注70. 中國建築工業出版社. 2001年

② 梁思成. 梁思成全集. 第七卷. 第176頁. 小木作制度一. 破子櫺窗. 注71. 中國建築工業出版社. 2001年

③ 梁思成. 梁思成全集. 第七卷. 第176頁. 小木作制度一. 破子櫺窗. 注72. 中國建築工業出版社. 2001年

④ 梁思成. 梁思成全集. 第七卷. 第176頁. 小木作制度一. 破子櫺窗. 注73. 中國建築工業出版社. 2001年

破子櫺窗一般

凡破子窗，於腰串下，地栿上，安心柱、槫頰。柱內或用障水版、牙腳牙頭填心難子造，或用心柱編竹造；或於腰串下用隔減窗坐造。凡安窗，於腰串下高四尺至三尺。仍令窗額與門額齊平。

梁注："在本文中，'破子櫺窗'都寫成'破子窗'，可能當時匠人口語中已將'櫺'字省掉了。"[1]

與破子櫺窗有關的術語，梁注：

（1）"槫頰是靠在大木作的柱身上的短立頰。"[2]

（2）"'牙腳'就是'造烏頭門之制'裏所提到的'下牙頭'。"[3]

（3）"'編竹造'可能還要內外抹灰。"[4]

（4）"'隔減'可能是腰串（窗檻）以下砌磚牆，清代稱'檻牆'。從文義推測，'隔減'的'減'字可能是'墄'字之訛。"[5]

關于"安窗"，梁注："這是說：腰串（窗檻）的高度在地面上四尺至三尺；但須注意，'窗額與門額齊平'。所以，首先是門的高度決定門額和窗額的高度，然後由窗額向下量出窗本身的高度，纔決定腰串的位置。"[6]

心柱，是位于開間當心，施于腰串

① 梁思成. 梁思成全集. 第七卷. 第176頁. 小木作制度一. 破子櫺窗. 注69. 中國建築工業出版社. 2001年
② 梁思成. 梁思成全集. 第七卷. 第176頁. 小木作制度一. 破子櫺窗. 注74. 中國建築工業出版社. 2001年
③ 梁思成. 梁思成全集. 第七卷. 第176頁. 小木作制度一. 破子櫺窗. 注75. 中國建築工業出版社. 2001年
④ 梁思成. 梁思成全集. 第七卷. 第176頁. 小木作制度一. 破子櫺窗. 注76. 中國建築工業出版社. 2001年

與地栿間的短立柱。長3—4尺。上文小注"安窗"與梁先生相關注釋，明確了宋代房屋門窗的設計要點。

【6.5】
睒電窗

造睒電窗之制

造睒電窗之制：高二尺至三尺。每間廣一丈，用二十一櫺。若廣增一尺，則更加二櫺，相去空一寸。其櫺實廣二寸，曲廣二寸七分，厚七分。謂以廣二寸七分直櫺，左右剜刻取曲勢，造成實廣二寸也。其廣厚皆爲定法。其名件廣厚，皆取窗每尺之高，積而爲法。

梁注："'睒'讀如'閃'。'睒電窗'，就是'閃電窗'，是開在後牆或山牆高處的窗。"又注："櫺子廣厚是絕對尺寸。"[7]

睒電窗高2—3尺。每間廣1丈，用櫺21根。間廣每增1尺，櫺增2根。櫺與櫺之間間距1寸。其櫺爲曲波狀，曲廣（寬）2.7寸；櫺之實際廣（寬）2寸；厚0.7寸。這種曲波形式，是將寬2.7寸的木板條，左右剜取曲勢，製成實寬2寸的曲波形板。這裏給出的櫺子廣厚尺寸，爲實尺。

⑤ 梁思成. 梁思成全集. 第七卷. 第176頁. 小木作制度一. 破子櫺窗. 注77. 中國建築工業出版社. 2001年
⑥ 梁思成. 梁思成全集. 第七卷. 第176頁. 小木作制度一. 破子櫺窗. 注78. 中國建築工業出版社. 2001年
⑦ 梁思成. 梁思成全集. 第七卷. 第176頁. 小木作制度一. 睒電窗. 注79和注80. 中國建築工業出版社. 2001年

其主要構件，如櫺子長，或上下串、立頰廣厚，則按窗高尺寸，推算而出。

窗扇與窗框

櫺子：每窗高一尺，則長八寸七分。廣厚
已見上項。

上下串：長隨間廣，其廣一寸。如窗高二尺，
厚一寸七分；每增高一尺，加一分五厘；減亦如之。

兩立頰：長視高，其廣厚同串。

睒電窗的構成，包括櫺子、上下串、左右立頰。櫺子長，以窗每高1尺，其長0.87尺推算。櫺子廣厚，已如前述。

上下串，接近破子櫺窗上下桯，祇是尺寸小一些。若窗高2尺，其串長隨間廣爲2×0.87=1.74尺；以窗每高1尺，串廣1寸，則其串廣（寬）2×1=2寸。窗高2尺，其串厚0.17尺。窗高每增1尺，串厚增0.15寸。窗高若減，串厚也依此相應減薄。

兩立頰長，隨窗高。廣厚隨上下串之廣厚。

〔6.5.3〕
睒電窗一般

凡睒電窗，刻作四曲或三曲；若水波文造，亦如之。施之於殿堂後壁之上，或山壁高處。如作看窗，則下用橫鈐、立旌，其廣厚

並準版櫺窗所用制度。

梁注："'看窗'大概是開在較低處，可以往外看的窗。"又注："橫鈐是一種由柱到柱的大型'串'，立旌是較大的'心柱'。參閱下文'隔截橫鈐立旌'篇。"[1]

由上文還可得到如下信息：
（1）睒電窗一般刻作三或四曲；這大致規定了其櫺形式；
（2）曲綫亦可采用水波紋形；
（3）睒電窗一般用于殿堂後壁，或房屋山墻高處，亦可用于房屋較低位置，以作普通看窗。若用作看窗，窗下需用橫鈐、立旌。橫鈐、立旌廣厚，與下文版櫺窗橫鈐、立旌廣厚一致。

【6.6】
版櫺窗

〔6.6.1〕
造版櫺窗之制

造版櫺窗之制：高二尺至六尺。如間廣一丈，用二十一櫺。若廣增一尺，即更加二櫺。其櫺相去空一寸，廣二寸，厚七分。
並爲定法。**其餘名件長及廣厚，皆以窗每尺之高，積而爲法。**

① 梁思成. 梁思成全集. 第七卷. 第176頁. 小木作
制度一. 睒電窗. 注81和注82. 中國建築工業出版
社. 2001年

破子櫺窗是尺度較大之窗，窗高4—8尺，爲較大殿閣、廳堂之外窗。睒電窗尺寸最小，高2—3尺之間，可作殿閣、廳堂後墙或山墙上之高窗。

版櫺窗，尺寸較適中，高2—6尺。其窗用途應較廣，可用于較大房屋外窗，亦可用于較小房舍之看窗。

若間廣10尺，版櫺窗用21櫺；窗廣每增1尺，增加2櫺。櫺與櫺間空檔1寸；櫺廣（寬）2寸，厚0.7寸。櫺之廣厚尺寸爲實尺。餘與窗有關構件，依窗高尺寸推算而出。

〔6.6.2〕

窗扇與窗框

版櫺：每窗高一尺，則長八寸七分。

上下串：長隨間廣，其廣一寸。 如窗高五尺，則厚二寸；若增高一尺，加一分五厘；減亦如之。

立頰：長視窗之高，廣同串。 厚亦如之。

地栿：長同串。 每間廣一尺，則廣四分五厘；厚二分。

立旌：長視高。 每間廣一尺，則廣三分五厘，厚同上。

橫鈐：長隨立旌內。 廣厚同上。

版櫺長爲窗高0.87。上下串長，依房屋開間間廣定。以窗高5尺計，以其串廣1寸，則廣（寬）5×0.1=0.5尺。串之厚亦依窗高，如窗高5尺，串厚2寸；窗每增高1尺，厚增0.15寸；窗高每減1尺，厚亦減0.15寸。

兩側立頰長與窗高同，若窗高5尺，其長亦5尺；以其廣1寸，則立頰廣（寬）5×0.1=0.5尺；厚與上下串同，以窗高5尺，其厚2寸爲基數，每高增1尺，其厚則增0.15寸；若高減1尺，其厚亦減0.15寸。

窗下地栿長，與窗之上下串同，其廣（寬）與房屋間廣有關，每間廣1尺，地栿廣0.45寸，厚0.2寸；若開間爲10尺，其廣（寬）4.5寸，厚2寸。若地栿尺寸，與大木作制度地栿尺寸有衝突，仍以大木作地栿尺寸爲準。

立旌，其長依其窗上下串之間的高度差而定。其廣（寬）仍依房屋間廣，間廣1尺，立旌廣（寬）0.35寸，厚同地栿，爲0.2寸；若開間爲10尺，其立旌廣（寬）3.5寸，厚2寸。

橫鈐，長度依兩側立旌之內長度定；廣厚亦與立旌同。

〔6.6.3〕

版櫺窗一般

凡版櫺窗，於串下地栿上安心柱編竹造，或用隔減窗坐造。若高三尺以下，祇安於墙上。 令上串與門額齊平。

梁注："'祇安於墙上'如何理

281

解，不很清楚。"①

上文大意是，版櫺窗下串之下部分，可以是編竹造檻墙，墙内立心柱或立旌；亦可爲用磚砌築的隔減窗坐墙，即磚砌下檻墙。從上下文看，若版櫺窗高不足3尺，可直接安于窗下檻墙之上，其窗的下串之下無須施心柱與地栿。

另無論其版棂窗高度如何，其上串所處的高度，應與其屋所施門的門額高度處在一個水平位置上。

【6.7】
截間版帳

〔6.7.1〕
造截間版帳之制

造截間版帳之制：高六尺至一丈，廣隨間之廣。内外並施牙頭護縫。如高七尺以上者，用額、栿、槫柱，當中用腰串造。若間遠則立槏柱。其名件廣厚，皆取版帳每尺之廣，積而爲法。

梁注："'截間版帳'，用今天通用的語言來説，就是'木板隔斷墙'，一般祇用于室内，而且多安在柱與柱之間。"②

又注"間遠"與"槏柱"："'間遠'是説'兩柱間的距離大。'"③"槏柱也可以説是一種較長的心柱。"④徐伯安對"槏柱"進一步作注："清式或稱'間柱'。"⑤

截間版帳，高6—10尺；長隨房屋開間之廣。帳内外施牙頭護縫。

若版帳高度超過7尺，需在帳上設額，下設地栿，兩側設槫柱，當中施腰串。若開間尺寸較大，即兩柱間距較遠，還需于兩柱間加施槏柱。

〔6.7.2〕
截間版帳諸名件

槏柱：長視高；每間廣一尺，則方四分。

額：長隨間廣；其廣五分，厚二分五厘。

腰串、地栿：長及廣厚皆同額。

槫柱：長視額、栿内廣，其廣厚同額。

版：長同槫柱，其廣量宜分布。版及牙頭、護縫、難子，皆以厚六分爲定法。

牙頭：長隨槫柱内廣；其廣五分。

護縫：長視牙頭内高；其廣二分。

難子：長隨四周之廣；其廣一分。

槏柱長，依截間版帳額高確定；槏柱截面爲方形，以房屋開間間廣確定，每間廣1尺，其方0.4寸；若間廣10尺，槏柱方4寸。

① 梁思成. 梁思成全集. 第七卷. 第179頁. 小木作制度一. 版櫺窗. 注83. 中國建築工業出版社. 2001年

② 梁思成. 梁思成全集. 第七卷. 第179頁. 小木作制度一. 截間版帳. 注84. 中國建築工業出版社. 2001年

③ 梁思成. 梁思成全集. 第七卷. 第179頁. 小木作制度一. 截間版帳. 注85. 中國建築工業出版社. 2001年

④ 梁思成. 梁思成全集. 第七卷. 第179頁. 小木作制度一. 截間版帳. 注86. 中國建築工業出版社. 2001年

⑤ 梁思成. 梁思成全集. 第七卷. 第179頁. 小木作制度一. 截間版帳. 脚注1. 中國建築工業出版社. 2001年

版帳上額，長隨開間之廣；若間廣10尺，則額長10尺，以其廣0.5寸，則額廣（寬）10×0.5=5寸；以其厚0.25寸，則額厚10×0.25=2.5寸。

版帳之腰串、地栿，長同額，廣（寬）與厚，與額同。

版帳兩側槫柱，其長以上額與下栿間高度差定，柱截面爲矩形，其廣（寬）與厚，與額之廣厚同。

版，施于版帳之內，長同槫柱，寬隨版帳之內寬，量宜分布。版，與牙頭、護縫、難子厚皆爲實尺，即0.6寸。

仍以間廣10尺計，施于版之內外牙頭，長隨槫柱長，以其廣0.5寸，則其廣（寬）10×0.5=5寸。

護縫施于牙頭之間，長以牙頭內高度爲準，若間廣10尺，以其廣（寬）0.2寸，則護縫寬10×0.2=2尺。

難子施于截間版帳四周邊緣；長隨版帳四周周長；若間廣10尺，以其廣（寬）0.1寸，則難子寬10×0.1=1寸。

〔6.7.3〕

特殊位置的截間版帳

凡截間版帳，如安於梁外乳栿、劄牽之下，與全間相對者，其名件廣厚，亦用全間之法。

梁注："乳栿和劄牽一般用在檐柱和內柱（清代稱'金柱'）之間。

這兩列柱之間的距離（進深）比室內柱（例如前後兩金柱）之間的距離要小，有時要小得多。所謂'全間'就是指室內柱之間的'間'。檐柱和內柱之間是不足'全間'的大小的。"[1]

即使是安于梁外乳栿、劄牽下的截間版帳，若其相對之室內兩柱間亦施截間版帳，則其檐柱與內柱間所施截間版帳，與室內兩柱間所施截間版帳諸名件廣厚尺寸需保持一致。

【6.8】

照壁屏風骨 截間屏風骨、四扇屏風骨。其名有四：

一曰皇邸，二曰後版，三曰扆，四曰屏風

梁注："'照壁屏風骨'指的是構成照壁屏風的'骨架子'。'其名有四'是說照壁屏風之名有四，而不是說'骨'的名有四。從'二曰後版'和下文'額，長隨間廣，……'的文義可以看出，照壁屏風是裝在室內靠後的兩縫內柱（相當清代之'金柱'）之間的隔斷'牆'。照壁屏風是它的總名稱；下文解說的有兩種：固定的截間屏風和可以開閉的四扇屏風。後者類似後世常見的屏門。從'骨'字可以看出，這種

① 梁思成. 梁思成全集. 第七卷. 第179頁. 小木作制度一. 截間版帳. 注87. 中國建築工業出版社. 2001年

屏風不是用木板做的，而是先用條
桯做成大方格眼的‘骨’，顯然是
準備在上面裱糊紙或者絹、綢之類
的紡織品的。本篇祗講解了這‘骨’
的做法。由于後世很少（或者沒有）
這種做法，更沒有宋代原物留存下
來，所以做了上面的推測性的注
釋。"①

在"照壁屏風骨"諸異名中，後版、
扆或屏風，顯然指位于室内空間後部的
一種空間隔板。

"皇邸"一詞出于《周禮》，西漢鄭
玄注之："王大旅上帝，則張氈案，設皇
邸。（大旅上帝，祭天於圜丘。國有故而
祭亦曰旅。此以旅見祀也。張氈案，以
氈爲床於幄中。鄭司農云：‘皇，羽覆
上。邸，後版也。’玄謂後版，屏風與?
染羽象鳳皇羽色以爲之。）"②則皇邸，是
一種以羽毛覆蓋的後版，置于天子祭天
時所處帷幄之中。

〔6.8.1〕
造照壁屏風骨之制

**造照壁屏風骨之制：用四直大方格眼。若每
間分作四扇者，高七尺至一丈二尺。如祗作
一段截間造者，高八尺至一丈二尺。其名件
廣厚，皆取屏風每尺之高，積而爲法。**

梁注："大方格眼的大小尺寸，
下文制度中未説明。"③

照壁屏風骨，是先用條桯做成大方
格眼的‘骨’架，一間照壁屏風可分爲
四扇，有可能是爲方便移動或開閉。其
高7—12尺不等。若是固定屏風，即所
謂"截間造者"，高在8—12尺。照壁屏
風骨各部分名件廣厚，依據屏風高度按
比例推算而出。

〔6.8.2〕
截間屏風骨

截間屏風骨：
　　桯：長視高，其廣四分，厚一分六厘。
　　條桯：長隨桯内四周之廣，方一分六厘。
　　**額：長隨間廣，其廣一寸，厚三分
　　　　五厘。**
　　槫柱：長同桯，其廣六分，厚同額。
　　地栿：長厚同額，其廣八分。
　　難子：廣一分二厘，厚八厘。

梁注："從這裏列舉的其他構
件——桯、額、槫柱、地栿、難子，
以及各構件的尺寸看來，條桯應該是
構成方格眼的木條，那麼它的長度就
不應該是‘隨桯内四周之廣’，而應
有兩種：豎的應該是‘長同桯’，而
橫的應該是‘隨桯内之廣’。"④

① 梁思成. 梁思成全集. 第七卷. 第182頁. 小木作制
　　度一. 照壁屏風骨. 注88. 中國建築工業出版社.
　　2001年
② [清]阮元校刻. 十三經注疏. 周禮注疏. 卷第六.
　　掌次. 第1456頁. 中華書局. 2009年
③ 梁思成. 梁思成全集. 第七卷. 第182頁. 小木作制
　　度一. 照壁屏風骨. 注90. 中國建築工業出版社.
　　2001年
④ 梁思成. 梁思成全集. 第七卷. 第182頁. 小木作
　　制度一. 照壁屏風骨. 注91. 中國建築工業出版社.
　　2001年

又注:"難子在門窗上是桯和版相接處的壓縫條;但在屏風骨上,不知應該用在什麽位置上。"[1]

截間屏風骨與截間版帳類似,由上額、立桯、左右槫柱、地栿構成一個框架,再以條桱在桯内構成的四直方格屏風骨。桯長隨屏風之高,槫柱與桯同長;額與地栿長度,隨開間之廣。

條桱的描述,似存疑。如梁先生所析,若豎條桱"長同桯",橫條桱"隨桯内之廣",纔合乎四直方格眼做法。

諸名件截面尺寸,依屏風之高定。若屏風高10尺,其桯廣(寬)0.4寸(10×0.4=4寸),厚0.16寸(10×0.16=1.6寸);額廣(寬)1寸(10×0.1=1尺),厚0.35寸(10×0.35=3.5寸);地栿廣(寬)0.8寸(10×0.8=8寸),厚同額;槫柱廣(寬)0.6寸(10×0.6=6寸),厚同額;條桱爲方0.16寸(10×0.16=1.6寸)木條。照壁屏風骨上難子所施位置,梁先生提出存疑;從文字描述看,其尺寸較小,僅廣(寬)0.12寸(10×0.12=1.2寸),厚0.08寸(10×0.08=0.8寸)。

〔6.8.3〕

四扇屏風骨

四扇屏風骨:

桯:長視高,其廣二分五厘,厚一分

二厘。

條桱:長同上法,方一分二厘。

額:長隨間之廣,其廣七分,厚二分五厘。

槫柱:長同桯,其廣五分,厚同額。

地栿:長厚同額,其廣六分。

難子:廣一分,厚八厘。

其桯長依屏風高而定;額、地栿長隨開間廣;槫柱與桯同長。其餘尺寸仍依屏風高。以屏風高10尺計,桯廣(寬)0.25寸(10×0.25=2.5寸),厚0.12寸(10×0.12=1.2寸);額廣(寬)0.7寸(10×0.7=7寸),厚0.25寸(10×0.25=2.5寸);地栿廣(寬)0.6寸(10×0.6=6寸),厚同額;槫柱廣(寬)0.5寸(10×0.5=5寸),厚同額;條桱爲方0.12寸(10×0.12=1.2寸)木條。所謂難子,當指屏風之額與桯的内側所纏施的壓條。其尺寸爲,廣(寬)0.1寸(10×0.1=1寸),厚0.08寸(10×0.08=0.8寸)。

四扇屏風骨諸名件,比截間屏風骨尺寸略小,似有方便移動之可能。

〔6.8.4〕

照壁屏風骨一般

凡照壁屏風骨,如作四扇開閉者,其所用立榑、搏肘,若屏風高一丈,則搏肘方一寸四分;立榑廣二寸,厚一寸六分;如高增一

① 梁思成. 梁思成全集. 第七卷. 第182頁. 小木作制度一. 照壁屏風骨. 注92. 中國建築工業出版社. 2001年

尺，即方及廣厚各加一分；減亦如之。

上文"其所用立榺、搏肘"，陶本："榑肘"。

梁注："搏肘是安在屏風扇背面的轉軸。下面卷第七的格子門也用搏肘，相當于版門的肘版的上下鑲。其所以不把桯加長爲鑲，是因爲版門關閉時，門是貼在額、地栿和立頰的裏面的，而承托兩鑲的雞栖木和石砧鵝臺也是在額和地栿的裏面，位置相適應，而屏風扇（以及格子門）則裝在額、地栿和榑柱（或立頰）構成的框框之中，所以有必要在背面另加搏肘。"①

陳注：改"榑肘"爲"搏肘"。②

前文有梁先生釋"立榺"："立榺是一根垂直的門閂，安在上述上下兩伏兔之間，從裏面將門攔閉。"③

《法式》在這裏給出了與四扇屏風骨開閉相關的名件，若爲四扇開閉者，需加立榺、搏肘。以分成尺寸更小之"扇"。若屏風高10尺，其搏肘截面爲1.4寸見方；立榺廣（寬）2寸，厚1.6寸；屏風每高增1尺，搏肘與立榺方及廣厚尺寸，需加0.1寸；屏風每高減1尺，方及廣厚尺寸，相應減少0.1寸。

【6.9】
隔截橫鈐立旌

〔6.9.1〕
造隔截橫鈐立旌之制

造隔截橫鈐立旌之制：高四尺至八尺，廣一丈至一丈二尺。每間隨其廣，分作三小間，用立旌，上下視其高，量所宜分布，施橫鈐。其名件廣厚，皆取每間一尺之廣，積而爲法。

梁注："這應譯作'造隔截所用的橫鈐和立旌'。主題是橫鈐和立旌，而不是隔截。隔截就是今天我們所稱隔斷或隔斷墻。本篇祇說明用額、地栿、榑柱、橫鈐、立旌所構成的隔截的框架的做法，而没有說明框架中怎樣填塞的做法。關于這一點，'破子櫺窗'一篇末段'於腰串下，地栿上，安心柱、榑頰。柱內或用障水版、牙脚牙頭填心難子造，或用心柱編竹造。'可供參考。腰串相當于橫鈐，心柱相當于立旌；榑頰相當于榑柱。編竹造兩面顯然還要抹灰泥。鈐，音鉗（qian）。"④

鈐，古爲印章，亦爲鎖，有管束之意。《爾雅注疏》引"《説文》：'鈐，鎖也。'"依《法式》文義，視隔截上下之

① 梁思成. 梁思成全集. 第七卷. 第182頁. 小木作制度一. 照壁屏風骨. 注93. 中國建築工業出版社. 2001年
② [宋]李誡. 營造法式（陳明達點注本）. 第一册. 第132頁. 小木作制度一. 照壁屏風骨. 批注. 浙江攝影出版社. 2020年
③ 梁思成. 梁思成全集. 第七卷. 第174頁. 小木作制度一. 軟門. 注66. 中國建築工業出版社. 2001年
④ 梁思成. 梁思成全集. 第七卷. 第182—184頁. 小木作制度一. 隔截橫鈐立旌. 注94. 中國建築工業出版社. 2001年

高度，量所宜分布，施横鈐。則横鈐，作用有如“腰串”，可能是横置于隔截之上下適中位置上的横木，可將幾扇隔截連鎖在一起。

隔截，高4—8尺，廣（寬）10—12尺。每間隨其廣，分爲3小間，用立桯。立桯之間，依立桯之高，均勻分布横鈐。立桯、横鈐廣厚，皆以隔截開間之廣推算而出。

〔6.9.2〕

隔截横鈐立桯諸名件

額及地栿：長隨間廣，其廣五分，厚三分。

槫柱及立桯：長視高，其廣三分五厘，厚二分五厘。

横鈐：長同額，廣厚並同立桯。

隔截之上額與地栿，長隨所隔房間開間之廣；槫柱與立桯之長，隨隔截高度而定；横鈐之長，亦與額及地栿同。

諸名件尺寸，依其開間每尺之廣，以間廣10尺計，額與地栿，廣（寬）0.5寸（$10 \times 0.5 = 5$寸），厚0.3分（$10 \times 0.3 = 3$寸）；槫柱、立桯及横鈐，三者斷面尺寸同，廣（寬）0.35寸（$10 \times 0.35 = 3.5$寸），厚0.25寸（$10 \times 0.25 = 2.5$寸）。

〔6.9.3〕

隔截横鈐立桯一般

凡隔截所用横鈐、立桯，施之於照壁、門窗或墙之上；及中縫截間者亦用之，或不用額、栿、槫柱。

梁注：“‘中縫截間’的含義不明。”[1]

凡隔截所用横鈐、立桯，可施于照壁、門窗或墙之上。說明“隔截”是一個廣義概念，在照壁、門窗及墙上，都可用“隔截”做法，亦會施横鈐、立桯等。惟墙上如何用“隔截”，尚不解。

“中縫截間”似爲用于較重要位置，起空間隔阻作用之“隔截”。這裏的“中縫”，疑指房屋室內兩柱之間的中縫；而“截間”，恰與“隔截”或現代意義上的“室內隔斷”意義相近。

【6.10】

露籬其名有五：一曰櫳，二曰栅，三曰櫋，四曰藩，五曰落。今謂之露籬

參見《法式》“總釋下”：“《義訓》：籬謂之藩。今謂之露籬。”

梁注：“露籬是木構的户外隔墙。”[2]

上文小注“落”，陶本：“落”。傅建工合校本：“落”。[3]

① 梁思成. 梁思成全集. 第七卷. 第184頁. 小木作制度一. 隔截横鈐立桯. 注95. 中國建築工業出版社. 2001年

② 梁思成. 梁思成全集. 第七卷. 第184頁. 小木作制度一. 露籬. 注96. 中國建築工業出版社. 2001年

③ [宋]李誡，傅熹年校注. 合校本營造法式. 第240頁. 小木作制度一，露籬. 校注. 中國建築工業出版社. 2020年

〔6.10.1〕
造露籬之制

造露籬之制：高六尺至一丈，廣八尺至一丈二尺。下用地栿、横鈐、立旌；上用榻頭木施版屋造。每一間分作三小間。立旌長視高，栽入地；每高一尺，則廣四分，厚二分五厘。曲根長一寸五分，曲廣三分，厚一分。其餘名件廣厚，皆取每間一尺之廣，積而爲法。

梁注："這個'廣'是指一間之廣，而不是指整道露籬的總長度。但是露籬的一間不同于房屋的一間。房屋兩柱之間稱一間。從本篇的制度看來，露籬不用柱而用立旌，四根立旌構成的'三小間'上用一根整的榻頭木（類似大木作中的闌額）所構成的一段叫作'一間'。這一間之廣爲八尺至一丈二尺。超過這長度就如下文所説'相連造'。因此，與其説'榻頭木長隨間廣'，不如説間廣在很大程度上取决于榻頭木的長度。"①

又注："曲根的具體形狀、位置和用法都不明確。"②

露籬高6—10尺，每間之廣8—12尺。每一間分作三小間，每一小間，各有地栿、横鈐、立旌，上以榻頭木相連。

立旌、横鈐、地栿、榻頭木均是構成宋式露籬的主要構件。立旌，相當于露籬的立柱。立旌長依露籬高而定。立旌插入地下，用地栿連接立旌間根部；用榻頭木連接立旌間上部，中間施横鈐；横鈐内外，可能覆以竹編等，形成籬笆牆體；露籬頂上再覆以版屋造式露籬頂。

立旌廣（寬）厚依其高而定，若其高10尺，廣0.4寸（10×0.4=4寸），厚0.25寸（10×0.25=2.5寸）。曲根，按梁先生書中所繪"露籬"圖，似爲撑托露籬上之版屋造曲形撑杆；其尺寸似仍依立旌高，若立旌高10尺，則曲根長1.5寸（10×0.15=1.5尺），曲廣（寬）0.3寸（10×0.3=3寸），厚0.1寸（10×0.1=1寸）。

露籬上所施其餘名件廣厚，依露籬每間開間尺寸，推算而出。

〔6.10.2〕
露籬諸名件

地栿、横鈐：每間廣一尺，則長二寸八分，其廣厚並同立旌。

榻頭木：長隨間廣，其廣五分，厚三分。

山子版：長一寸六分，厚二分。

屋子版：長同榻頭木，廣一寸二分，厚一分。

瀝水版：長同上，廣二分五厘，厚六厘。

① 梁思成. 梁思成全集. 第七卷. 第184頁. 小木作制度一. 露籬. 注99. 中國建築工業出版社. 2001年

② 梁思成. 梁思成全集. 第七卷. 第184頁. 小木作制度一. 露籬. 注100. 中國建築工業出版社. 2001年

壓脊、垂脊木：長廣同上，厚二分。

上文"榻頭木"，傅書局合校本注："榻，他卷或作楷頭，今人'榻'爲床榻之通稱，從'楷'較善。"[1]又注："故宮本、四庫本、張本均作'榻'。"[2]

傅建工合校本注："朱批陶本：'榻'，他卷或作'楷'，今人榻爲床榻之通稱，以從'楷'較善。熹年謹按：故宮本、文津四庫本，張本均作'榻頭木'，故未改。存朱批備考。"[3]

梁注："這'二寸八分'是兩根立旌之間（即'小間'）的净空的長度，是按立旌高一丈，間廣一丈的假設求得的。'間廣'的定義，一般都指柱中至柱中，但這'二寸八分'，顯然是由一尺減去四根立旌之廣一寸六分所餘的八寸四分，再用三除而求得的。若按立旌中至中計算，則應長二寸九分三厘，但若因籬高有所增減，立旌之廣厚隨之增減，這'二寸八分'或'二寸九分三厘'就又不對了。若改爲'長隨立旌間之廣'，就比較恰當。"[4]

梁先生這一分析，已很清晰。地栿、橫鈐廣，惟在立旌高10尺，間廣亦爲10尺時所得之數。地栿、橫鈐廣（寬）

與厚，與立旌同，即立旌高10尺，其廣4寸，厚2.5寸。

榻頭木長，隨間之廣。這裏的"間"，爲連三小間而成之大間。以間廣10尺計，榻頭木廣（寬）0.5寸（10×0.5=5寸），厚0.3寸（10×0.3=3寸）。

山子版，疑爲屋子版之收頭，仍以間廣10尺計，則山子版長1.6寸（10×0.16=1.6尺），厚0.2寸（10×0.2=2寸）。屋子版，長與榻頭木同，廣（寬）1.2寸（10×0.12=1.2尺），厚0.1寸（10×0.1=1寸）。

瀝水版作用類如檐口滴水，疑是沿屋子版外緣之下沿而設，長同屋子版，廣（寬）0.25寸（10×0.25=2.5寸），厚0.06寸（10×0.06=0.6寸）。

壓脊，類如房屋正脊；垂脊木，類如房屋垂脊。其長、廣隨屋子版之長與廣，厚依開間每尺之廣，其厚0.2寸（10×0.2=2寸）。

〔6.10.3〕

露籬一般

凡露籬若相連造，則每間減立旌一條。 謂如五間祇用立旌十六條之類。**其橫鈐、地栿之長，各減一分三厘。版屋兩頭施搏風版及垂魚、惹草，並量宜造。**

梁注："若祇做一間則用立旌四條；若相連造，則祇須另加三條，

① [宋]李誠，傅熹年彙校. 營造法式合校本. 第二册. 小木作制度一. 露籬. 校注. 中華書局. 2018年
② [宋]李誠，傅熹年彙校. 營造法式合校本. 第二册. 小木作制度一. 露籬. 校注. 中華書局. 2018年
③ [宋]李誠，傅熹年校注. 合校本營造法式. 第241頁. 小木作制度一. 露籬. 注1. 中國建築工業出版社. 2020年
④ 梁思成. 梁思成全集. 第七卷. 第184頁. 小木作制度一. 露籬. 注101. 中國建築工業出版社. 2001年

所以説‘每間減立旌一條。’”①

上文小注“謂如五間”，陶本：“謂加五間”。傅書局合校本注：改“加”爲“如”，并注：“如，故宫本、四庫本均作‘如’。”②傅建工合校本注：“劉校故宫本：陶本作‘加’，故宫本作‘如’，應從故宫本。熹年謹按：文津四庫本同故宫本，亦作‘如’。張本則誤作‘加’。”③

陳注：“加五間，爲‘加至五間’之意。”④

梁注：“爲什麽要‘各減一分三厘’，還無法理解。”⑤從字義上理解，這減除的“一分三厘”，似是在立旌高10尺時，其每間間廣10尺時，施4根立旌，其立旌中之中距離“二寸九分三厘”與立旌之間的空檔距離“二寸八分”之間的長度差。但何以要減去這“一分三厘”，令人不解。

陳注：改“減”爲“加”，并注：“加，竹本。”⑥依陳先生，其文爲“其横鈐、地栿之長，各加一分三厘。”如此，其意似能够解釋通。

關于“垂魚、惹草”，梁先生注：“垂魚、惹草見卷第七‘小木作制度二’及‘大木作制度圖樣’。”⑦

露籬相連造時，因其整體結構起到穩定與加固作用，故比一間造露籬，可適當減少立旌。露籬頂部所覆蓋之版屋造，需類比兩際式房屋做法，施以小尺度搏風版、垂魚、惹草，起到保護露籬作用，使露籬在形式上顯得美觀。

【6.11】
版引檐

〔6.11.1〕
造屋垂前版引檐之制

造屋垂前版引檐之制：廣一丈至一丈四尺，_{如間太廣者，每間作兩段。}**長三尺至五尺。内外並施護縫。垂前用瀝水版。其名件廣厚，皆以每尺之廣，積而爲法。**

梁注：“版引檐是在屋檐（屋垂）之外另加的木板檐。”⑧

陳注：“屋垂”⑨，當爲標示或强調？

版引檐廣，指版引檐檐口長，即房屋間廣。其長10—14尺。亦可能是房屋一間之廣，若房屋間廣太大，可將每間分作兩段。

版引檐長，似爲版引檐向房屋檐口外伸出之長，一般外伸3—5尺，并在版引檐内外，施護縫。其外緣下沿，即“前垂”施瀝水版，以利于雨水排放。

版引檐諸名件廣厚，依其開間之廣，推算而出。

① 梁思成. 梁思成全集. 第七卷. 第184頁. 小木作制度一. 露籬. 注102. 中國建築工業出版社. 2001年
② [宋]李誡, 傅熹年彙校. 營造法式合校本. 第二册. 小木作制度一. 露籬. 校注. 中華書局. 2018年
③ [宋]李誡, 傅熹年校注. 合校本營造法式. 第241頁. 小木作制度一. 露籬. 注2. 中國建築工業出版社. 2020年
④ [宋]李誡. 營造法式（陳明達點注本）. 第一册. 第135頁. 小木作制度一. 露籬. 批注. 浙江攝影出版社. 2020年
⑤ 梁思成. 梁思成全集. 第七卷. 第184頁. 小木作制度一. 露籬. 注103. 中國建築工業出版社. 第135頁. 2001年
⑥ [宋]李誡. 營造法式（陳明達點注本）. 第一册. 第135頁. 小木作制度一. 露籬. 批注. 浙江攝影出版社. 2020年
⑦ 梁思成. 梁思成全集. 第七卷. 第184頁. 小木作制度一. 露籬. 注104. 中國建築工業出版社. 2001年
⑧ 梁思成. 梁思成全集. 第七卷. 第185頁. 小木作制度一. 版引檐. 注105. 中國建築工業出版社. 2001年
⑨ [宋]李誡. 營造法式（陳明達點注本）. 第一册. 第135頁. 小木作制度一. 版引檐. 批注. 浙江攝影出版社. 2020年

〔6.11.2〕

版引檐諸名件

桯： 長隨間廣，每間廣一尺，則廣三
分，厚二分。

檐版： 長隨引檐之長，其廣量宜分擘。
以厚六分爲定法。

護縫： 長同上，其廣二分。厚同上定法。

瀝水版： 長廣隨桯。厚同上定法。

跳椽： 廣厚隨桯，其長量宜用之。

凡版引檐施之於屋垂之外。跳椽上安闌頭
木、挑斡，引檐與小連檐相續。

梁注："引檐本身的做法雖然比
較清楚，但是跳椽、闌頭木和挑斡
的做法以及引檐怎樣'與小連檐相
續'都不清楚。"[1]

桯長隨房屋開間之廣，若間廣10尺，
桯長10尺。其桯廣（寬）0.3寸（10×0.3=3
寸），厚0.2寸（10×0.2=2寸）。檐版長隨
引檐伸出之長，版寬依實際情況，隨宜
分割。版厚爲實尺，且爲版引檐諸名件
厚度之定法；其厚0.6寸。

護縫長，與檐版長同。間廣10尺，
護縫廣（寬）0.2寸（10×0.2=2寸），厚
爲實尺，其厚0.6寸。

瀝水版長，與桯長同；廣（寬）與
桯同，以其廣（寬）0.3寸，間廣10尺，
則瀝水版寬10×0.3=3寸。版厚0.6寸，

爲實尺。

版引檐中所用跳椽、闌頭木、挑斡
等名件，及引檐與小連檐相續做法，因
無實例，尚難厘清。

【6.12】
水槽

〔6.12.1〕

造水槽之制

造水槽之制： 直高一尺，口廣一尺四寸。其
名件廣厚，皆以每尺之高，積而爲法。

石作"水槽子"，是一種生活或生
產用具，小木作"水槽"，屬房屋附屬
構件。類于今日房屋前後檐安裝的排雨
水天溝。

水槽直高1.0尺，槽口廣（寬）1.4尺。
其名件廣厚，以水槽高度尺寸推算而出。

〔6.12.2〕

水槽諸名件

廂壁版： 長隨間廣，其廣視高，每一尺
加六分，厚一寸二分。

底版： 長厚同上。每口廣一尺，則廣六寸。

罨頭版： 長隨廂壁版內，厚同上。

口襻： 長隨口廣，其方一寸五分。

① 梁思成. 梁思成全集. 第七卷. 第185頁. 小木作
制度一. 版引檐. 注105. 中國建築工業出版社.
2001年

跳椽：長隨所用，廣二寸，厚一寸八分。

水槽由廂壁版、底版、罨頭版、口襻、跳椽等名件構成。

廂壁版，槽之側壁，長隨間廣，廣（寬）依其高定，這裏"每一尺加六分"其意不詳。若水槽直高1尺，其版厚1.2寸。

底版，長隨間廣，厚1.2寸。廣（寬）以槽口寬爲據，口每廣（寬）1尺，底版廣（寬）6寸。

罨頭版，當爲水槽端頭堵版，長隨廂壁版內廓，厚1.2寸。

口襻，似爲施之于槽口，起到將槽兩側廂壁版拉結在一起的作用。長隨槽口廣，斷面方1.5寸。

跳椽，疑將水槽與房屋檐口拉拽在一起的構件。長隨所用，若水槽高1尺，其廣（寬）2寸，厚1.8寸。

〔6.12.3〕
水槽一般

凡水槽施之於屋檐之下，以跳椽襻拽。若廳堂前後檐用者，每間相接；令中間者最高，兩次間以外，逐間各低一版，兩頭出水。如廊屋或挾屋偏用者，並一頭安罨頭版。其槽縫並包底廲牙縫造。

梁注："水槽的用途、位置和做法，除怎樣'以跳椽襻拽'，來'施之於屋檐之下'一項不太清楚外，其餘都解說得很清楚，無須贅加注釋。"[1]

陳注："屋檐"[2]，似是與前文之"屋垂"的對比性標示。

【6.13】
井屋子

〔6.13.1〕
造井屋子之制

造井屋子之制：自地至脊共高八尺。四柱，其柱外方五尺。垂檐及兩際皆在外。**柱頭高五尺八寸。下施井匱，高一尺二寸。上用厦瓦版，內外護縫；上安壓脊、垂脊；兩際施垂魚、惹草。其名件廣厚，皆以每尺之高，積而爲法。**

梁注："明清以後叫作'井亭'，在井口上建亭以保護井水清潔已有悠久的歷史。漢墓出土的明器中就已有井屋子。"[3]

關于"井屋子高"，梁注："這'地'是指井口上石板，即本篇末所稱'井階'的上面。但井階的高度未有規定。"[4]

[1] 梁思成. 梁思成全集. 第七卷. 第187頁. 小木作制度一. 水槽. 注106. 中國建築工業出版社. 2001年

[2] [宋]李誡. 營造法式（陳明達點注本）. 第一册. 第137頁. 小木作制度一. 水槽. 批注. 浙江攝影出版社. 2020年

[3] 梁思成. 梁思成全集. 第七卷. 第187頁. 小木作制度一. 井屋子. 注107. 中國建築工業出版社. 2001年

[4] 梁思成. 梁思成全集. 第七卷. 第187頁. 小木作制度一. 井屋子. 注108. 中國建築工業出版社. 2001年

關于"井屋子平面",又注:"'外方五尺'不是指柱本身之方,而是指四根柱子所構成的正方形平面的外面長度。"①并注"井匱":"'井匱'是井的欄杆或欄板。"②

井屋子自井階上皮至屋脊,高8尺;平面爲4柱,柱外皮至外皮5尺見方;柱頭高5.8尺。井屋子四周施井匱,高1.2尺。屋頂類如兩際形式,用厦瓦版,内外用護縫,上壓屋脊與垂脊,兩際施垂魚、惹草。

井屋子諸名件廣厚,依井屋子高推算而出。

〔6.13.2〕

井屋子諸名件

柱:**每高一尺則長七寸五分**,鑽、耳在内。**方五分。**

額:**長隨柱内,其廣五分,厚二分五厘。**

栿:**長隨方。**每壁每長一尺加二寸,跳頭在内,**其廣五分,厚四分。**

蜀柱:**長一寸三分,廣厚同上。**

叉手:**長三寸,廣四分,厚二分。**

槫:**長隨方,**每壁每長一尺加四寸,出際在内。**廣厚同蜀柱。**

串:**長同上,**加亦同上,出頭在内。**廣三分,厚二分。**

厦瓦版:長隨方,每方一尺,則長八寸,斜長、垂檐在

内。其廣隨材合縫,以厚六分爲定法。

上下護縫:**長厚同上,廣二分五厘。**

壓脊:**長及廣厚並同槫。**其廣取槽在内。

垂脊:**長三寸八分,廣四分,厚三分。**

搏風版:**長五寸五分,廣五分。**厚同厦瓦版。

瀝水牙子:**長同槫,廣四分。**厚同上。

垂魚:**長二寸,廣一寸二分。**厚同上。

惹草:**長一寸五分,廣一寸。**厚同上。

井口木:**長同額,廣五分,厚三分。**

地栿:**長隨柱外,廣厚同上。**

井匱版:**長同井口木,其廣九分,厚一分二厘。**

井匱内外難子:**長同上。**以方七分爲定法。

梁注:"這個'每高一尺'是指井屋子之高的'每高一尺',而不是指每柱高一尺。因此,按這規定,井屋子高八尺,則柱高(包括脚下的鑽和頭上的耳在内)六尺。上文說'柱頭高五尺八寸'沒有包括鑽和耳。"③又注:"鑽和耳在文中沒有說明,但按後世無數實例所見,柱脚下出一榫(鑽)。放在柱礎上鑿出的凹池内,以固定柱脚不移動。耳則如大木作中的斗耳,以夾住上面的栿。"④

梁注"每壁":"井屋子的平面是方形,'每壁'就是每面。"⑤并注"槫":"井屋子的槫的斷面不是

① 梁思成. 梁思成全集. 第七卷. 第187頁. 小木作制度一. 井屋子. 注109. 中國建築工業出版社. 2001年
② 梁思成. 梁思成全集. 第七卷. 第187頁. 小木作制度一. 井屋子. 注110. 中國建築工業出版社. 2001年
③ 梁思成. 梁思成全集. 第七卷. 第187—188頁. 小木作制度一. 井屋子. 注111. 中國建築工業出版社. 2001年
④ 梁思成. 梁思成全集. 第七卷. 第188頁. 小木作制度一. 井屋子. 注112. 中國建築工業出版社. 2001年
⑤ 梁思成. 梁思成全集. 第七卷. 第188頁. 小木作制度一. 井屋子. 注113. 中國建築工業出版社. 2001年

圓的，而是長方形的。"①注"厦瓦版"之長："井屋子是兩坡頂（懸山）；這'長'是指一面的屋面由脊到檐口的長度。"②再注"壓脊"："壓脊就是正脊，壓在前後厦瓦版在脊上相接的縫上，作成'⊓'字形，所以下面兩側有槽。這槽是從'廣厚並同槫'的壓脊下開出來的。"③

上文"叉手"條，"廣四分"，陳注：改"廣四分"爲"廣四寸四分"，并注："四寸四分，故宮本。"。④傅書局合校本注：在"四分"前加"四寸"，并注："故宮本作'廣四寸四分'。"⑤又注："尺寸應從實樣參定。"⑥傅建工合校本注："丁本、瞿本、張本作廣四寸分，故宮本、四庫本作廣四分，從四庫本。"⑦此處前後所注似有存疑。

關于叉手尺寸，從尺寸關係上看，若其長爲3.0寸，其廣何以能够達到4.4寸？故仍應從故宮本、四庫本尺寸，以其廣"0.4"寸爲確。以其井屋子高1尺，其栿上所施叉手長3寸，截面寬0.4寸，厚0.2寸；若其井屋子高8尺，則其叉手長2.4尺，截面寬3.2寸，厚1.6寸。這顯然是一個合理尺寸。

井屋子類如一房屋模型，尺寸不大，但名件繁細。若井屋子高8尺，其柱長8×0.75=6尺；以其柱截面方0.5

寸，則柱方8×0.5=4寸。其額隨柱內，其廣0.5寸，則額廣8×0.5=4寸，其厚0.25寸，則額厚8×0.25=2寸。其栿長隨井屋子方，以井屋子方5尺，其栿長則5尺。栿廣0.5寸（8×0.5=4寸），栿厚0.4寸（8×0.4=3.2寸）。

井屋子內用蜀柱，長1.3寸（8×0.13=1.04尺），其廣厚同栿。井屋子叉手長3寸（8×0.3=2.4尺），廣0.4寸（8×0.4=3.2寸），厚0.2寸（8×0.2=1.6寸）。

其槫長隨方，每壁每長1尺加4寸，則以井屋子方5尺，其槫長7尺，含出際長。槫之廣厚同蜀柱，即亦同栿，則其廣4寸，厚3.2寸。

井屋子之頂，所用厦瓦版、內外護縫、壓脊、垂脊及兩際所施垂魚、惹草，與一般兩際式房屋做法相類，衹是尺寸較小。各部分名件之長，依井屋子高而定；部分名件之廣厚尺寸，爲文中所記之實尺，不詳列。

〔6.13.3〕

井屋子一般

凡井屋子，其井匱與柱下齊，安於井階之上。其舉分準大木作之制。

梁注："'舉分'是指屋脊舉高的比例。"⑧

① 梁思成. 梁思成全集. 第七卷. 第188頁. 小木作制度一. 井屋子. 注114. 中國建築工業出版社. 2001年

② 梁思成. 梁思成全集. 第七卷. 第188頁. 小木作制度一. 井屋子. 注115. 中國建築工業出版社. 2001年

③ 梁思成. 梁思成全集. 第七卷. 第188頁. 小木作制度一. 井屋子. 注116. 中國建築工業出版社. 2001年

④ [宋]李誡. 營造法式（陳明達點注本）. 第一冊. 第138頁. 小木作制度一. 井屋子. 批注. 浙江攝影出版社. 2020年

⑤ [宋]李誡，傅熹年彙校. 營造法式合校本. 第二冊. 小木作制度一. 井屋子. 校注. 中華書局. 2018年

⑥ [宋]李誡，傅熹年彙校. 營造法式合校本. 第二冊. 小木作制度一. 井屋子. 校注. 中華書局. 2018年

⑦ [宋]李誡，傅熹年校注. 合校本營造法式. 第241頁. 小木作制度一. 露籬. 注2. 中國建築工業出版社. 2020年

⑧ 梁思成. 梁思成全集. 第七卷. 第188頁. 小木作制度一. 井屋子. 注117. 中國建築工業出版社. 2001年

井匱施于柱之下端，并與柱下齊；以井口木、地栿、井匱版、難子組合而成，安于井階上。井屋廈瓦版，參照大木作制度，有"舉分"，但這裏未提及"折"，似爲兩面坡式直坡屋蓋。

【6.14】
地棚

〔6.14.1〕
造地棚之制

造地棚之制：長隨間之廣，其廣隨間之深。高一尺二寸至一尺五寸。下安敦桥，中施方子，上鋪地面版，其名件廣厚，皆以每尺之高，積而爲法。

梁注："地棚是倉庫内架起的，下面不直接接觸土地的木地板。它和倉庫房屋的構造關係待考。"[1]

又注"地棚之高"："這個'高'是地棚的地面版離地的高度。"[2]

地棚係施于古代倉廒内部的一種附屬性設施。長廣隨倉廒相應間廣尺寸而定，高1.2—1.5尺，下有矮柱（敦桥）支撐，中施縱橫方子拉結爲整體結構，上鋪地面版。其敦桥、木方、地面版等尺寸，依地棚高推算而出。

〔6.14.2〕
地棚諸名件

敦桥：每高一尺，長加三寸。**廣八寸，厚四寸七分。**每方子長五尺用一枚。

方子：長隨間深，接搭用。**廣四寸，厚三寸四分。**每間用三路。

地面版：長隨間廣，其廣隨材，合貼用。**厚一寸三分。**

遮羞版：長隨門道間廣。其廣五寸三分，厚一寸。

上文"方子"條小注"每間用三路"，陶本："每間有三路"。陳注：改"有"爲"用"。[3]傅書局合校本注：改"有"爲"用"，并注："用，故宫本、四庫本、張蓉鏡本均作'用'。"[4]

關于"敦桥尺寸"，梁注："這裏可能有脱簡，没有説明長多少，而突然説'每高一尺，長加三寸。'這三寸在什麽長度的基礎上加出來的？至于敦桥是直接放在土地上，抑或下面還有磚石基礎？也未説明，均待考。"[5]

關于"方子"，又注："'接搭用'就是説不一定要用長貫整個間深的整條方子；如用較短的，可以在敦桥上接搭。"[6]

敦桥、方子、地面版皆爲構成地棚基本名件，其尺寸自有規則。

① 梁思成. 梁思成全集. 第七卷. 第189頁. 小木作制度一. 地棚. 注118. 中國建築工業出版社. 2001年
② 梁思成. 梁思成全集. 第七卷. 第189頁. 小木作制度一. 地棚. 注119. 中國建築工業出版社. 2001年
③ [宋]李誡. 營造法式（陳明達點注本）. 第一册. 第140頁. 小木作制度一. 地棚. 批注. 浙江攝影出版社. 2020年
④ [宋]李誡，傅熹年彙校. 營造法式合校本. 第二册. 小木作制度一. 地棚. 校注. 中華書局. 2018年
⑤ 梁思成. 梁思成全集. 第七卷. 第189頁. 小木作制度一. 地棚. 注120. 中國建築工業出版社. 2001年
⑥ 梁思成. 梁思成全集. 第七卷. 第189頁. 小木作制度一. 地棚. 注121. 中國建築工業出版社. 2001年

〔6.14.3〕

地棚一般

凡地棚施之於倉庫屋内，其遮羞版安於門道之外，或露地棚處皆用之。

　　遮羞版安于門道之外，或露地棚處用之，廣5.3寸，厚1寸。若地棚高1.5尺，其版廣1.5×5.3=7.95寸，版厚1.5×1=1.5寸。其厚比地面版薄，其寬尺寸較規則。作用或是爲遮蔽地棚，使倉庫房屋外觀較爲整齊美觀?

第7章

《营造法式》卷第七

小木作制度二

營造法式卷第七

通直郎管修蓋皇弟外第專一提舉修蓋班直諸軍營房等臣李誠奉

聖旨編修

小木作制度二

【7.0】
本章導言

《法式》"小木作制度二"，包括具有裝飾性意味的房屋門窗，如各式格子門、闌檻鉤窗，及室內隔斷，如版壁、殿閣照壁、廊屋照壁、障日版，也包括胡梯、垂魚、惹草、栱眼壁版、裹栿版、擗簾竿、護殿閣檐竹網木貼等木製房屋配件與設施。

【7.1】
格子門 四斜毬文格子、四斜毬文上出條桱重格眼、四直方格眼、版壁、兩明格子

梁注："格子門在清代裝修中稱'格扇'。它的主要特徵就在門的上半部（即烏頭門安裝直欞的部分）用條桱（清代稱'欞子'）做成格子或格眼以糊紙。這格子部分清代稱'欞心'或'花心'；格眼稱'菱花'。"[1]

關于"造格子門之制"前兩條文字之辨異

造格子門之制：有六等：一曰四混，中心出雙線，入混內出單線；或混內不出線；二曰破瓣雙混平地出雙線，或單混出單線；三曰通混出雙線，或單線；四曰通混壓邊線；五曰素通混；以上並擪尖入卯；六曰方直破瓣，或擪尖或叉瓣造，高六尺至一丈二尺，每間分作四扇。如梢間狹促者，祇分作二扇。如檐額及梁栿下用者，或分作六扇造，用雙腰串或單腰串造。每扇各隨其長，除桱及腰串外，分作三分；腰上留二分安格眼，或用四斜毬文格眼，或用四直方格眼，如就毬文者，長短隨宜加減，腰下留一分安障水版。腰華版及障水版皆厚六分；桱四角外，上下各出卯，長一寸五分，並爲定法。其名件廣厚，皆取門桱每尺之高，積而爲法。

四斜毬文格眼：其條桱厚一分二厘。毬文徑三寸至六寸，每毬文圜徑一寸，則每瓣長七分，廣三分，絞口廣一分；四周壓邊線。其條桱瓣數須雙用，四角各令一瓣入角。

上面兩條文字不僅閱讀起來十分拗口，而且其行文模式與"小木作制度"中其他條目的文字差別很大。建築史學者鍾曉青研究員發現了這一問題，認爲這很可能是在歷代傳抄過程中出現了倒錯現象，即將本應在後面出現的文字放在了前面，而將本應在前面的文字抄在了後面。根據"小木作制度"中其他條目的行文模式，鍾曉青研究員將這兩條文字重新作了調整[2]，不僅使其行文順序與其他條目達成一致，也使得其表述的內容較爲清晰明白。

現按修改過的行文方式注疏如下。

---

① 梁思成. 梁思成全集. 第七卷. 第195頁. 小木作制度二. 格子門. 注1. 中國建築工業出版社. 2001年

② 與這一研究有關的論文，鍾曉青以《〈營造法式〉研讀兩則》的標題，已提交《建築史學刊》，發表于該學刊2022年第三卷第三期。獲鍾研究員同意，本書在這裏采用了修改後的行文段落，謹特別加以説明。

造格子門之制

造格子門之制：高六尺至一丈二尺，每間分作四扇。 _{如梢間狹促者，祇分作兩扇。}**如檐額及梁栿下用者，或分作六扇造，用雙腰串**_{或單腰串造。}**每扇各隨其長，除桯及腰串外，分作三分；腰上留二分安格眼，**_{或用四斜毬文格眼，或用四直方格眼，如就毬文者，長短隨宜加減，}**腰下留一分安障水版。**_{腰華版及障水版皆厚六分；桯四角外，上下各出卯，長一寸五分，並爲定法。}**其名件廣厚，皆取門桯每尺之高，積而爲法。**

梁注："本篇在'格子門'的題目下，又分作五個小題目，其中主要祇講了三種格子的做法。"[1]除了格子門，這條注釋也提到了"版壁"和"兩明格子"。相關注釋，亦納入與"版壁"和"兩明格子"相對應的條目中敍述。

梁注："從本篇制度看來，格眼基本上祇有毬文和方直兩種，都用正角相交的條桱組成。方直格眼比較簡單，是用簡單方直的條桱，以水平方向和垂直方向相交組成的，毬文的條桱則以與水平方向兩個相反的45°方向相交組成，而且條桱兩側，各鼓出一個90°的弧綫，成爲一個'⬡'形；正角相交，四個弧綫就組成一個'毬文'（清式稱'古錢'）。由于這樣組成的毬文

是以45°角的斜向排列的，所以稱'四斜毬文'。清代裝修中所常見的六角形菱紋，在本篇中根本沒有提到。"[2]

本段主要提到兩種格子門：四斜毬文格眼（下文"四斜毬文上出條桱重格眼格子門"疑屬于這類格子門中的一種）、四直方格眼格子門。門高6—12尺。每間分4扇。若梢間，或較狹窄之間，可分爲2扇；檐額及梁栿之下用，因柱間距較大，可分爲6扇。

門扇按比例分割：除桯及腰串外，分3分；腰以上2分，用來安格眼；腰以下留1分，安障水版。其格子門之格眼分三種類型，已如上述。

腰華版、障水版，厚0.6寸；桯四角外，上下出卯，長1.5寸。這些都是實尺。格子門諸名件廣厚，隨門高尺寸推算而出。

〔7.1.2〕

四斜毬文格眼

四斜毬文格眼：[其制度[3]]有六等；一曰四混，中心出雙線，入混內出單線；_{或混內不出線；}**二曰破瓣雙混平地出雙線，**_{或單混出單線；}**三曰通混出雙線，**_{或單線；}**四曰通混壓邊線；五曰素通混；**_{以上並攛尖入卯；}**六曰方直破瓣，**_{或攛尖或叉瓣造。}**其條桱厚一分二厘。**_{毬文徑三寸至六}

---

① 梁思成. 梁思成全集. 第七卷. 第195頁. 小木作制度二. 格子門. 注1. 中國建築工業出版社. 2001年

② 梁思成. 梁思成全集. 第七卷. 第197頁. 小木作制度二. 格子門. 注12. 中國建築工業出版社. 2001年

③ 這段調整過的文字中"其制度"三字，係鍾曉青研究員參照"小木作制度"其他條目行文方式所加。

寸，每毬文圜徑一寸，則每瓣長七分，廣三分，絞口廣一分；四周壓邊線。其條桱瓣數須雙用，四角各令一瓣入角。

此外，梁先生對這段文字還有多條具體注釋：

（1）"這'六等'祇是指桯、串起線的簡繁等第有六等，越繁則等第越高。"①

（2）"在構件邊，角的處理上，凡斷面做成比較寬而扁，近似半個橢圓形的，或角上做成半徑比較大的90°弧的，都叫作'混''～～'。"②

（3）"在構件表面鼓出的比例細的'～～～'，叫作'綫'或'出綫'。"③

（4）"邊或角上向裏刻入作'L'形正角凹槽的'～'叫作'破瓣'。"④

（5）"整個斷面成一個混的叫作'通混'。"⑤

（6）"兩側在混或綫之外留下一道細窄平面的綫，比混或綫的表面'壓'低一些。'～'叫作'壓邊綫'。"⑥

（7）"橫直構件相交處，以斜角相交的'～'叫作'撺尖'，以正角相交的'～'叫作'叉瓣'。"⑦

（8）"斷面不起混或綫，祇在邊角破瓣的'～'叫作'方直破瓣'。"⑧

（9）"格眼必須凑成整數，這就不一定剛好與'腰上留二分'的尺寸相符，因此要'隨宜加減'。"⑨

（10）"這個'一寸二分''三寸''六寸'都是'並為定法'的絕對尺寸。"⑩

（11）關于"條桱瓣數"，"'須雙用'就是必須是'雙數'。"⑪

（12）又注"'令一瓣入角'就是說必須使一瓣正正地對着角綫。"⑫

關于四斜毬文格眼格子門之六個等第的區分，主要在門框、門桯、腰串等名件表面所施或凸曲，或平直線腳上。線腳愈繁多曲細，等級似愈高。第一等，四混；第二等，破瓣雙混；第三等，通混出雙線；第四等，通混壓邊線；第五等，素通混；第六等，方直破瓣。"混"，截面為凸曲綫線腳；"破瓣"，切角方直壓邊棱形線腳；"多混"，密集排列多條的凸曲線腳；"通混"，單一凸曲線腳。名件表面所刻之線腳截面曲直、多寡，決定了格子門等級。

以門高10尺計，四斜毬文格眼條桱，以厚0.12寸推及，則條桱厚為10×0.12=1.2寸。由條桱組成的毬文圜徑為3—6寸不等。但每圜徑1寸，則每

① 梁思成. 梁思成全集. 第七卷. 第195頁. 小木作制度二. 格子門. 注2. 中國建築工業出版社. 2001年
② 梁思成. 梁思成全集. 第七卷. 第195頁. 小木作制度二. 格子門. 注3. 中國建築工業出版社. 2001年
③ 梁思成. 梁思成全集. 第七卷. 第195頁. 小木作制度二. 格子門. 注4. 中國建築工業出版社. 2001年
④ 梁思成. 梁思成全集. 第七卷. 第195頁. 小木作制度二. 格子門. 注5. 中國建築工業出版社. 2001年
⑤ 梁思成. 梁思成全集. 第七卷. 第195頁. 小木作制度二. 格子門. 注6. 中國建築工業出版社. 2001年
⑥ 梁思成. 梁思成全集. 第七卷. 第195頁. 小木作制度二. 格子門. 注7. 中國建築工業出版社. 2001年
⑦ 梁思成. 梁思成全集. 第七卷. 第195頁. 小木作制度二. 格子門. 注8. 中國建築工業出版社. 2001年
⑧ 梁思成. 梁思成全集. 第七卷. 第195頁. 小木作制度二. 格子門. 注9. 中國建築工業出版社. 2001年
⑨ 梁思成. 梁思成全集. 第七卷. 第195頁. 小木作制度二. 格子門. 注10. 中國建築工業出版社. 2001年
⑩ 梁思成. 梁思成全集. 第七卷. 第195—197頁. 小木作制度二. 格子門. 注11. 中國建築工業出版社. 2001年
⑪ 梁思成. 梁思成全集. 第七卷. 第197頁. 小木作制度二. 格子門. 注13. 中國建築工業出版社. 2001年
⑫ 梁思成. 梁思成全集. 第七卷. 第197頁. 小木作制度二. 格子門. 注14. 中國建築工業出版社. 2001年

瓣長0.7寸，寬0.3寸，絞口寬0.1寸。如此，毬文圜徑爲5寸時，瓣長3.5寸，瓣寬1.5寸，絞口寬0.5寸。以此類推。

四斜毬文條桱格眼四周壓以邊綫。其條桱瓣數爲成對出現，至格扇框内四角，各將一瓣與角相接。

〔7.1.3〕
四斜毬文格眼名件

桱：長視高，廣三分五厘，厚二分七厘，腰串廣厚同桱，橫卯隨桱，三分中存向裏二分爲廣；腰串卯隨其廣。如門高一丈，桱卯及腰串卯皆厚六分；每高增一尺，即加二厘；減亦如之。後同。

子桱：廣一分五厘，厚一分四厘。斜合四角，破瓣單混造。後同。

腰華版：長隨扇内之廣，厚四分。施之於雙腰串之内；版外别安彫華。

障水版：長廣各隨桱。令四面各入池槽。

額：長隨間之廣，廣八分，厚三分。用雙卯。

榑柱、頰：長同桱，廣五分，量攤擘扇數，隨宜加減。厚同額，二分中取一分爲心卯。

地栿：長厚同額，廣七分。

上文"腰華版"條中"厚四分"，陳注：改"厚"爲"廣"①，初改"分"爲"厘"，後又删除，即改爲"廣四分"。反映陳先生反復斟酌的過程。

傅書局合校本注：改"厚四分"爲"廣四分"②，又改"分"爲"厘"。并注："陶本'廣'作'厚'不誤，唯四分應作四厘，姑與桱厚相當。"③

傅建工合校本注："劉校故宫本：故宫本、丁本誤爲'廣四分'，陶本作'厚四分'，'廣'作'厚'不誤。熹年謹按：文津四庫本亦作'廣四分'。張本作'厚廣四分'。"④

上文"榑柱"條小注："隨宜加減"，陶本："宜隨宜加減"。傅書局合校本注："宜，據四庫本，删'宜'字。"⑤

關于"版外别安彫華"，梁注："障水版的裝飾花紋是另安上去的，而不是由版上雕出來的。"⑥

梁注"四面各入池槽"："即要'入池槽'，則障水版的'毛尺寸'還須比桱、串之間的尺寸大些。"⑦

上文梁注"障水版的裝飾花紋是另安上去的"中的"障水版"疑爲"腰華版"。

桱、子桱、榑柱與立頰長，隨格子門高定；腰串隨格子門廣定；額與地栿長，隨開間廣定；腰華版長，障水版之長廣（寬），依格子門桱内或扇内高廣尺寸定。桱卯及腰串卯，因門高變化而變化。如門高10尺，桱與腰串卯厚0.6寸；門高增1尺，卯厚加0.02寸。

仍以門高10尺計，其桱、腰串，

① [宋]李誡. 營造法式（陳明達點注本）. 第一册. 第143頁. 小木作制度二. 格子門. 批注. 浙江攝影出版社. 2020年
② [宋]李誡，傅熹年彙校. 營造法式全校本. 第二册. 小木作制度二. 格子門. 校注. 中華書局. 2018年
③ [宋]李誡，傅熹年彙校. 營造法式全校本. 第二册. 小木作制度二. 格子門. 校注. 中華書局. 2018年
④ [宋]李誡，傅熹年校注. 合校本營造法式. 第254頁. 小木作制度二. 格子門. 注1. 中國建築工業出版社. 2020年

⑤ [宋]李誡，傅熹年彙校. 營造法式全校本. 第二册. 小木作制度二. 格子門. 校注. 中華書局. 2018年
⑥ 梁思成. 梁思成全集. 第七卷. 第197頁. 小木作制度二. 格子門. 注15. 中國建築工業出版社. 2001年
⑦ 梁思成. 梁思成全集. 第七卷. 第197—198頁. 小木作制度二. 格子門. 注16. 中國建築工業出版社. 2001年

廣（寬）0.35寸（10×0.35=3.5寸），厚0.27寸（10×0.27=2.7寸）；子桯，廣（寬）0.15寸（10×0.15=1.5寸），厚0.14寸（10×0.14=1.4寸）；腰華版，厚0.4寸（10×0.4=4寸）；額廣0.8寸（10×0.8=8寸），厚0.3寸（10×0.4=4寸）；槫柱與頰，廣0.5寸（10×0.5=5寸），厚0.3寸（10×0.3=3寸）；地栿，廣0.7寸（10×0.7=7寸）等；槫柱與頰，取厚1/2，即0.15寸（10×0.15=1.5寸），爲其心卯之厚。這些小尺寸，皆以門高爲100，其文所給尺寸爲10%，推算而出。

腰串廣厚與桯同；其橫卯與桯同。文中所謂"三分中存向裏二分爲廣"其意不詳。結合下文槫柱與頰"二分中取一分爲心卯"，這句話不知是否爲"三分中取二分爲廣"之誤？若確如此，其意似爲：取腰串廣（寬）0.35寸的2/3，即0.22寸，爲腰串橫卯之廣（寬）；腰串卯厚0.6寸，已如前述。

上文中"腰串卯隨其廣"之"腰串卯"與前文"橫卯"未知是何關係？亦未知隨何之廣？

〔7.1.4〕
四斜毬文上出條桱重格眼

四斜毬文上出條桱重格眼：其條桱之厚，每毬文圓徑二寸，則加毬文格眼之厚二分。每毬文圓徑加一寸，則厚又加一分；桯及子桯亦如之。其毬文上採

出條桱，四攛尖，四混出雙線或單線造。如毬文圓徑二寸，則採出條桱方三分，若毬文圓徑加一寸，則條桱方又加一分。其對格眼子桯，則安攛尖，其尖外入子桯，內對格眼，合尖令線混轉過。其對毬文子桯，每毬文圓徑一寸，則子桯之廣五厘；若毬文圓徑加一寸，則子桯之廣又加五厘。或以毬文隨四直格眼者，則子桯之下採出毬文，其廣與身內毬文相應。

梁注："這是本篇制度中等第最高的一種格眼——在毬文原有的條桱上，又'採出'條桱，既是毬文格眼，上面又加一層相交的條桱方格眼，所以叫作'重格眼'——雙重的格眼。"[1]又注："'採'字含義不詳——可能是'隱出'（刻出），也可能是另外加上去的。"[2]

毬文格眼條桱之厚，與毬文圓徑大小有關。每毬文圓徑2寸，其毬文格眼條桱加厚0.2寸。在每毬文圓徑加1寸，毬文格眼條桱厚再加0.1寸。桯與子桯之厚，亦與毬文圓徑大小有關。

毬文上再採（隱刻或貼加）出條桱、攛尖、四混線脚，以增加其格眼門綫條之細密。毬文圓徑2寸，其加採條桱0.3寸見方；若毬文圓徑加1寸，其條桱方再加0.1寸。

其對格眼子桯，安攛尖；尖外入子桯，內對格眼；其對毬文子桯，每毬文

① 梁思成. 梁思成全集. 第七卷. 第198頁. 小木作制度二. 格子門. 注17. 中國建築工業出版社. 2001年

② 梁思成. 梁思成全集. 第七卷. 第198頁. 小木作制度二. 格子門. 注18. 中國建築工業出版社. 2001年

圓徑1寸，子桯廣0.05寸；毬文圓徑加1寸，子桯廣又加0.05寸。

或可以毬文隨四直格眼，即在子桯之下，採（隱刻或貼加）出毬文。所採出之毬文，與格子門身內格眼毬文尺寸相同。

〔7.1.5〕
四直方格眼

四直方格眼：其制度有七等：一曰四混絞雙線或單線**；二曰通混壓邊線，心內絞雙線**或單線**；三曰麗口絞瓣雙混**或單混出線**；四曰麗口素絞瓣；五曰一混四攧尖；六曰平出線；七曰方絞眼。其條桱皆廣一分，厚八厘，**眼內方三寸至二寸。

上文梁先生有五注：

（1）"四直方格眼的等第，也像桯、串的等第那樣，以起綫簡繁而定。"[1]

（2）"'絞雙線'的'絞'是怎樣絞法，待考。下面的'絞瓣'一詞中也有同樣的問題。"[2]

（3）"什麼是'麗口'也不清楚。"[3]

（4）"'平出線'可能是這樣的斷面'⌐⌐'。"[4]

（5）"'方絞眼'可能就是没有任何混、線的條桱相交組成的最簡單的方直格眼。"[5]

除了在方格條桱上施以7種形式各異的線脚之外，四直方格眼的基本特徵應是"四直方格"。以其門高10尺計，其條桱廣（寬）0.1寸（10×0.1=1寸），厚0.08寸（10×0.08=0.8寸）；方格眼之內，方3寸至2寸。

〔7.1.6〕
四直方格眼格子門諸名件

桯：長視高，廣三分，厚二分五厘。腰串同。

子桯：廣一分二厘，厚一分。

腰華版及障水版：並準四斜毬文法。

額：長隨間之廣，廣七分，厚二分八厘。

樑柱、頰：長隨門高，廣四分。量摊擘扇數，隨宜加減。**厚同額。**

地栿：長厚同額，廣六分。

四直方格眼格子門之桯、樑柱、頰之長，均與門高同。其額、地栿隨開間之廣。但各名件廣厚等小尺寸似比四斜毬文格眼格子門相應名件之廣厚略小。仍以其門高10尺計，則其桯廣（寬）0.3寸（10×0.3=3寸），厚0.25寸（10×0.25=2.5寸）；子桯廣（寬）0.12寸（10×0.12=1.2寸），厚0.10寸（10×0.10=1寸）；額廣（寬）0.7寸（10×0.7=7寸），厚0.28寸（10×0.28=2.8寸）；地栿廣（寬）0.6寸（10×0.6=6寸），厚0.28寸（10×0.28=2.8寸）。樑柱與頰，均廣（寬）0.4寸（10×0.4=4寸）；其數量隨

① 梁思成. 梁思成全集. 第七卷. 第198頁. 小木作制度二. 格子門. 注19. 中國建築工業出版社. 2001年

② 梁思成. 梁思成全集. 第七卷. 第198頁. 小木作制度二. 格子門. 注20. 中國建築工業出版社. 2001年

③ 梁思成. 梁思成全集. 第七卷. 第198頁. 小木作制度二. 格子門. 注21. 中國建築工業出版社. 2001年

④ 梁思成. 梁思成全集. 第七卷. 第198頁. 小木作制度二. 格子門. 注22. 中國建築工業出版社. 2001年

⑤ 梁思成. 梁思成全集. 第七卷. 第198頁. 小木作制度二. 格子門. 注23. 中國建築工業出版社. 2001年

門扇數量，隨宜加減。

腰華版及障水版，與四斜毬文格眼格子門同。

〔7.1.7〕

版壁

版壁：上二分不安格眼，亦用障水版者：**名件並準前法，唯桯厚減一分。**

梁注：" '版壁' 在安格子的位置用版，所以不是格子門。"[1]

不同于格子門，"版壁" 是將格子門之上二分原需安格眼處，改爲安裝障水版。如此，其槫柱、頰、額、地栿、腰串，及腰華版、障水版等名件尺寸，與四直方格眼格子門皆相同，惟其桯厚減1分。

這裏的 "減一分"，當仍爲比例尺寸。仍以門高10尺計，其四直方格眼之桯，厚0.25寸（10×0.25=2.5寸），若版壁厚減0.1寸，則其厚似應以0.15寸計，即10×0.15=1.5寸，則其壁厚1.5寸。

〔7.1.8〕

兩明格子門

兩明格子門：其腰華、障水版、格眼皆用兩重。**桯厚更加二分一厘。子桯及條桱之厚各減二**

厘。**額、頰、地栿之厚，各加二分四厘。**其格眼兩重，外面者安定；其內者，上開池槽深五分，下深二分。

梁注：" '兩明格子' 是前三種的講究一些的做法。一般的格子祇在向外的一面起綫，向裏的一面是平的，以便糊紙，兩明格子是另外再做一層格子，使起綫的一面向裏是活動的，可以卸下；在外面一層格子背面糊好紙之後，再裝上去。這樣，格子裏外兩面都起綫，比較美觀。"[2]又注："池槽上面的深，下面的淺，裝卸時可能格眼往上一抬就可裝可卸。"[3]

兩明格子門，其門框爲一整體，祇是門框之主要名件，如桯、額、頰、地栿等，較其他格子門要厚一些。其桯，加厚0.21寸；其額、頰、地栿各加厚0.24寸，如額、頰、地栿（這裏未提及立頰兩側所施槫柱，但若立頰厚度增加，與立頰厚度相同的槫柱，其厚度亦應有相應增加）。但因門扇分爲兩重，則子桯與條桱都相應減薄0.02寸，則從四直方格眼格子門之子桯厚0.12寸，減爲0.1寸，如門高10尺，其子桯，則僅厚0.1寸（10×0.1=1寸），條桱亦同。

兩明格子門外側門扇，爲固定扇，故曰："外面者安定"；內側門扇，爲活動

① 梁思成. 梁思成全集. 第七卷. 第195頁. 小木作制度二. 格子門. 注1. 中國建築工業出版社. 2001年

② 梁思成. 梁思成全集. 第七卷. 第195頁. 小木作制度二. 格子門. 注1. 中國建築工業出版社. 2001年

③ 梁思成. 梁思成全集. 第七卷. 第198頁. 小木作制度二. 格子門. 注24. 中國建築工業出版社. 2001年

扇，故"上開池槽深五分，下深二分。"以便安裝拆卸。疑這裏所給出的池槽深度尺寸，爲絕對尺寸。

〔7.1.9〕
格子門一般

凡格子門所用搏肘、立桥，如門高一丈，即搏肘方一寸四分，立桥廣二寸，厚一寸六分；如高增一尺，即方及廣厚各加一分；減亦如之。

梁注："搏肘是安在屏風扇背面的轉軸。"[①]

前文另有梁注"立桥"："立桥是一根垂直的門關，安在上述上下兩伏兔之間，從裏面將門攔閉。"[②]

若格子門高10尺，搏肘方1.4寸；立桥廣（寬）2寸，厚1.6寸；門每增高1尺，搏肘與立桥方及廣厚，需加0.1寸，屏風每減低1尺，其方及廣厚，相應減少0.1寸。

【7.2】
闌檻鉤窗

傅書局合校本注：改"鉤"爲"釣"，即"闌檻釣窗"；并注："釣，故宮本、四庫本、張本均作'釣'。"[③]

傅建工合校本注："朱批陶本：陶本作'鉤窗'。應作'釣窗'。江南人臨水樓房均有釣窗。與陶蘭泉初校時頗有爭論。"[④]并注："熹年謹按：'釣窗'，張本、丁本、故宮本、文津四庫本、瞿本均作'釣窗'。按《東京夢華錄》卷二'飲食果子'條云：'諸酒店必有廳院，廊廡掩映，排列小閣子，吊窗花竹，各垂簾幙。''吊窗''釣窗'同音，可證以'釣窗'爲是。"[⑤]

〔7.2.1〕
造闌檻鉤窗之制

造闌檻鉤窗之制：其高七尺至一丈。每間分作三扇，用四直方格眼。檻面外施雲栱鵝項鉤闌，內用托柱，各四枚。**其名件廣厚，各取窗、檻每尺之高，積而爲法。** 其格眼出線，並準格子門四直方格眼制度。

梁注："闌檻鉤窗多用于亭榭，是一種開窗就可以坐下憑欄眺望的特殊裝修。現在江南民居中，還有一些樓上窗外設置類似這樣的闌檻鉤窗的；在園林中一些亭榭、遊廊上，也可以看到類似檻面板和鵝項鉤闌（但沒有鉤窗）做成的，可供小坐憑欄眺望的矮檻牆或欄杆。"[⑥]

梁注"各四枚"："即：外施雲栱鵝

① 梁思成. 梁思成全集. 第七卷. 第182頁. 小木作制度一. 照壁屏風骨. 注93. 中國建築工業出版社. 2001年
② 梁思成. 梁思成全集. 第七卷. 第174頁. 小木作制度一. 軟門. 注66. 中國建築工業出版社. 2001年
③ [宋]李誡, 傅熹年彙校. 營造法式全校本. 第二冊. 小木作制度二. 闌檻鉤窗. 校注. 中華書局. 2018年
④ [宋]李誡, 傅熹年校注. 合校本營造法式. 第257頁. 小木作制度二. 闌檻鉤窗. 注1. 中國建築工業出版社. 2020年
⑤ [宋]李誡, 傅熹年校注. 合校本營造法式. 第257頁. 小木作制度二. 闌檻鉤窗. 注2. 中國建築工業出版社. 2020年
⑥ 梁思成. 梁思成全集. 第七卷. 第198頁. 小木作制度二. 闌檻鉤窗. 注25. 中國建築工業出版社. 2001年

項鈎闌四枚，内用托柱四枚。"①

梁先生又注窗、檻尺寸推算："即：窗的名件廣厚視窗之高，檻的名件廣厚視檻（檻面版至地）之高積而爲法。"②

闌檻鈎窗高7—10尺，每間分作3扇，均用四直方格眼。檻内用托柱，外用雲栱鵞項鈎闌，各4枚，對應窗之3扇4槫柱（及頰）。闌檻鈎窗諸名件廣厚，依窗高尺寸推算而出。格眼上所出線脚，參照格子門四直方格眼制度。

《漢語大字典》："《説文》：'鈎，曲也。'……段玉裁依《韻會》在'曲'下補'鈎'字，注：'鈎鑲、吳鈎、釣鈎，皆金爲之，故從金。'"③其注："形狀彎曲，用於采取、連接、懸掛器物的用具。"④并《漢語大字典》："《説文》：'釣，鈎魚也。從金，勺聲。'"⑤其注："釣鈎。《廣韻·釋器》：'釣，鈎也'。"⑥釣與鈎，其意接近。"釣"爲動詞，"鈎"多用爲名詞。

清人《揚州畫舫録》："一窗兩截，上繫梁棟間爲馬釣窗，疏櫺爲太師窗。"⑦又宋人《程氏外書》引《范太史日記》元祐二年四月十五日："邇英新修展，御坐比舊近後數尺，門南北皆朱漆，釣窗前簾設青幕障日，殊寬涼矣。"⑧

依上所引，似應從傅先生注。爲敘述方便，下文仍沿用梁注釋本。

〔7.2.2〕
鈎窗諸名件

鈎窗：高五尺至八尺。

子桯：長視窗高，廣隨逐扇之廣，每窗高一尺，則廣三分，厚一分四厘。

條桱：廣一分四厘，厚一分二厘。

心柱、槫柱：長視子桯，廣四分五厘，厚三分。

額：長隨間廣，其廣一寸一分，厚三分五厘。

檻面：高一尺八寸至二尺。每檻面高一尺，鵞項至尋杖共加九寸。

檻面版：長隨間心。每檻面高一尺，則廣七寸，厚一寸五分。如柱徑或有大小，則量宜加減。

鵞項：長視高，其廣四寸二分，厚一寸五分。或加減同上。

雲栱：長六寸，廣三寸，厚一寸七分。

尋杖：長隨檻面，其方一寸七分。

心柱及槫柱：長自檻面版下至栿上，其廣二寸，厚一寸三分。

托柱：長自檻面下至地，其廣五寸，厚一寸五分。

地栿：長同窗額，廣二寸五分，厚一寸三分。

障水版：廣六寸。以厚六分爲定法。

上文"檻面版"條小注"如柱徑或有大小"，陶本："如柱桱或有大小"。傅書局合校

① 梁思成. 梁思成全集. 第七卷. 第198頁. 小木作制度二. 闌檻鈎窗. 注26. 中國建築工業出版社. 2001年
② 梁思成. 梁思成全集. 第七卷. 第198頁. 小木作制度二. 闌檻鈎窗. 注27. 中國建築工業出版社. 2001年
③ 漢語大字典. 金部. 第1742頁. 鈎. 四川辭書出版社-湖北辭書出版社. 1993年
④ 漢語大字典. 金部. 第1742頁. 鈎. 四川辭書出版社-湖北辭書出版社. 1993年
⑤ 漢語大字典. 金部. 第1736頁. 釣. 四川辭書出版社-湖北辭書出版社. 1993年
⑥ 漢語大字典. 金部. 第1736頁. 釣. 四川辭書出版社-湖北辭書出版社. 1993年
⑦ [清]李斗. 揚州畫舫録. 卷十七. 工段營造録. 第410頁. 中華書局. 1989年
⑧ [宋]程顥、程頤. 二程集. 外書卷第十二. 傳聞雜記. 范公日記. 第421—422頁. 中華書局. 2004年

本注：改“桱”爲“徑”。①

　　梁注：“鶯項是彎的，所以這‘廣’可能是‘曲廣’。”②

　　此處所列諸名件，將闌檻與鉤窗看作一個整體。鉤窗高5—8尺，若其下闌檻高2尺，則闌檻鉤窗通高7—10尺。

　　與窗相關名件，如子桯、條桱、心柱、槫柱，皆隨窗之高廣定。子桯長與窗高同，廣隨逐扇窗廣，窗每高1尺，子桯廣（寬）0.3寸，厚0.14寸；以窗高5尺計，其桯廣（寬）1.5寸，厚0.7寸。

　　心柱、槫柱長，與子桯長同。額長，隨間廣。心柱、槫柱、額及條桱廣厚尺寸，亦隨窗高而變。如窗高5尺，其心柱、槫柱，廣（寬）0.45寸（5×0.45=2.25寸），厚0.3寸（5×0.3=1.5寸）；額，廣（寬）1.1寸（5×1.1=5.5寸），厚0.35寸（5×0.35=1.75寸）；條桱，廣（寬）0.14寸（5×0.14=0.7寸），厚0.12寸（5×0.12=0.6寸）。

　　檻面高1.8—2尺；檻外鶯項至尋杖，依每檻面高1尺，另加9寸計，則檻面高2尺，鶯項至尋杖加高1.8尺。檻面版長隨兩柱間空檔距離（間心）。檻面每高1尺，其廣7寸，厚1.5寸。以檻面高2尺計，其面廣1.4尺，厚3寸。若柱徑粗細不同，其相毗鄰檻面，廣厚或需量宜加減。

　　鶯項、雲栱、尋杖及與闌檻相關之心柱、槫柱、托柱長，均依檻面之長；地栿長，隨窗額之長。諸名件廣厚，仍爲比例尺寸，即以闌檻每尺之高，積而爲法。若以其檻高2尺計，則：

　　鶯項，長視高，即長2尺，廣（寬）4.2寸（2×4.2=8.4寸），厚1.5寸（2×1.5=3寸）。

　　雲栱，長6寸（2×0.6=1.2尺），廣3寸（2×3=6寸），厚1.7寸（2×1.7=3.4寸）。

　　尋杖，方1.7寸，則其方2×1.7=3.4寸。

　　心柱及槫柱，廣2寸（2×2=4寸），厚1.3寸（2×1.2=2.6寸）。

　　托柱，廣5寸（2×0.5=1尺），厚1.5寸（2×1.5=3寸）。

　　地栿，廣2.5寸（2×2.5=5寸），厚1.3寸（2×1.3=2.6寸）。

　　障水版，廣6寸（2×0.6=1.2尺），其版厚0.6寸，茲爲實尺。

〔7.2.3〕

鉤窗一般

凡鉤窗所用搏肘，如高五尺，則方一寸；臥關如長一丈，即廣二寸，厚一寸六分。每高與長增一尺，則各加一分。減亦如之。

　　鉤窗開閉，需用搏肘，窗高5尺，搏肘方1寸；窗高增1尺，搏肘廣厚各加0.1寸。臥關，類如門關，是用來關閉鉤窗的一根橫長構件，若臥關長10尺，其廣

① [宋]李誡, 傅熹年彙校. 營造法式全校本. 第二册. 小木作制度二. 闌檻鉤窗. 校注. 中華書局. 2018年

② 梁思成. 梁思成全集. 第七卷. 第198頁. 小木作制度二. 闌檻鉤窗. 注28. 中國建築工業出版社. 2001年

（寬）2寸，厚1.6寸；臥關長增1尺，廣厚亦各增0.1寸，若長減1尺，廣厚亦減0.1寸。

【7.3】
殿內截間格子

〔7.3.1〕
造殿內截間格子之制

造殿內截間格子之制：高一丈四尺至一丈七尺。用單腰串。每間各視其長，除桯及腰串外，分作三分。腰上二分安格眼；用心柱、樽柱分作二間。腰下一分爲障水版。其版亦用心柱、樽柱分作三間。內一間或作開閉門子。用牙脚、牙頭填心，內或合版攏桯。上下四周並纏難子。其名件廣厚，皆取格子上下每尺之通高，積而爲法。

梁注"殿內截間格子"："就是分隔殿堂內部的隔扇。"[1]

截間格子高14—17尺，用單腰串；每間按其長度，除桯及腰串外，分爲3分，腰串上部2分，爲格眼。這部分再用心柱和樽柱，分爲2間。腰串下部1分，爲障水版，其版亦用心柱與樽柱，分作3間，其中一間做成可以開閉的門子。障水版內用牙脚、牙頭填心，也可用合版攏桯。障水版上下四周，以難子纏貼。

截間格子諸名件廣厚尺寸，以格子上下之高，推算而出。

〔7.3.2〕
殿內截間格子諸名件

上下桯：長視格眼之高，廣三分五厘，厚一分六厘。

條桱：廣厚並準格子門法。

障水子桯：長隨心柱，樽柱內，其廣一分八厘，厚二分。

上下難子：長隨子桯。其廣一分二厘，厚一分。

搏肘：長視子桯及障水版，方八厘。出鑲在外。

額及腰串：長隨間廣，其廣九分，厚三分二厘。

地栿：長厚同額，其廣七分。

上樽柱及心柱：長視搏肘，廣六分，厚同額。

下樽柱及心柱：長視障水版，其廣五分，厚同上。

造殿內截間格子，除額、腰串、地栿、上下樽柱、上下心柱、搏肘等外，還需有上下桯、條桱、障水子桯、上下左右難子；各部分構件尺寸，以其格子高，推算而出。

① 梁思成. 梁思成全集. 第七卷. 第200頁. 小木作制度二. 殿內截間格子. 注29. 中國建築工業出版社. 2001年

以截間格子高15尺計，以其高爲3分，腰串之上格眼部分高2分，則爲10尺；腰串下障水版高1分，爲5尺。

上下桯，長視格眼之高，廣0.35寸（10×0.35=3.5寸），厚0.16寸（10×0.16=1.6寸）。

條桱，廣厚并準格子門法。以四斜毬文格眼格子門，條桱厚0.12寸，以其截間格子上段高10尺計，其條桱厚10×0.12=1.2寸。

障水子桯，長隨心柱與樟柱之內，以格子下段高5尺，其廣（寬）0.18寸（5×0.18=0.9寸），厚0.2寸（5×0.2=1寸）。

上段難子，長隨子桯，其廣0.12寸（10×0.12=1.2寸），厚0.1寸（10×0.1=1寸）。下段難子，長隨子桯，廣0.12寸（5×0.12=0.6寸），厚0.1寸（5×0.1=0.5寸）。

上搏肘，以上子桯長10尺，其方0.08寸（10×0.08=0.8寸），下搏肘長視障水版，以障水版高5尺計，其方0.08寸（5×0.08=0.4寸）。搏肘上下出鑲。

額及腰串，長隨間廣，以其上下通高15尺計，其廣0.9寸（15×0.9=1.35尺），厚0.032寸（15×0.032=0.48寸）。

地栿，長厚同額，則長隨間廣，其厚0.48寸，廣0.7寸（15×0.07=1.05尺）。

上樟柱及心柱，長視搏肘，上樟柱及心柱，長視上搏肘，其廣0.6寸（10×0.6=6寸）。

下樟柱及心柱，長視障水版，其廣0.5寸（5×0.5=2.5寸），其厚同額，亦厚0.48寸。

〔7.3.3〕
截間格子一般

凡截間格子，上二分子桯內所用四斜毬文格眼，圜徑七寸至九寸。其廣厚皆準格子門之制。

截間格子腰串上二分安格眼，桯內若用四斜毬文格眼，圜徑7—9寸。其桯、子桯、條桱等名件廣厚，與格子門制度同。

【7.4】
堂閣內截間格子

〔7.4.1〕
造堂閣內截間格子之制

造堂閣內截間格子之制：皆高一丈，廣一丈一尺。其桯制度有三等：一曰面上出心線，兩邊壓線；二曰瓣內雙混，或單混；三曰方直破瓣攛尖。其名件廣厚，皆取每尺之高，積而爲法。

梁注："本篇內所說的截間格子分作兩種：'截間格子'和'截間

310

開門格子'。文中雖未説明兩者的使用條件和兩者間的關係，但從功能要求上可以想到，兩者很可能是配合使用的，'截間格子'是固定的。如兩間之間需要互通時，就安上'開門格子'。從清代的隔扇看，'開門格子'一般都用雙扇。"①

又注："'皆高'説明無論房屋大小，截間格子一律都用同一尺寸。如房屋大或小于這尺寸，如何處理，没有説明。"②

堂閣内截間格子，高10尺，廣11尺。此似爲通制？其桯所分三等制度，仍按桯上所出線脚繁簡而定。其名件廣厚尺寸，依格子高，推算而出。

〔7.4.2〕
截間格子

截間格子：當心及四周皆用桯。其外上用額，下用地栿，兩邊安樸柱，格眼毬文徑五寸。**雙腰串造。**

截間格子，由當心及周之桯、雙腰串與格子外的上部之額，下部地栿，及兩邊樸柱等名件組合而成。若用毬文格眼，格眼毬文徑5寸。既有雙腰串，亦應有腰華版、障水版、難子等。

〔7.4.3〕
截間格子諸名件

桯：長視高，卯在内。**廣五分，厚三分七厘。**上下者，每間廣一尺，即長九寸二分。

腰串：每間廣一尺，即長四寸六分。**廣三分五厘，厚同上。**

腰華版：長隨兩桯内，廣同上。以厚六分爲定法。

障水版：長視腰串及下桯，廣隨腰華版之長。厚同腰華版。

子桯：長隨格眼四周之廣。其廣一分六厘，厚一分四厘。

額：長隨間廣。其廣八分，厚三分五厘。

地栿：長厚同額。其廣七分。

樸柱：長同桯。其廣五分，厚同地栿。

難子：長隨桯四周。其廣一分，厚七厘。

上文"桯"條中"厚三分七厘"，傅書局合校本注：改"三"爲"二"，并注："二，據故宮本、張本，作'二'。"③傅建工合校本改爲"二"，并注："熹年謹按：'二'字陶本、文津四庫本作'三'，此據故宮本改，張本同故宮本。"④

上文"桯"條小注"上下者，每間廣一尺，即長九寸二分。"傅建工合校本注："劉校故宮本：此注文十四字丁本無，

① 梁思成. 梁思成全集. 第七卷. 第203頁. 小木作制度二. 堂閣内截間格子. 注30. 中國建築工業出版社. 2001年
② 梁思成. 梁思成全集. 第七卷. 第203頁. 小木作制度二. 堂閣内截間格子. 注31. 中國建築工業出版社. 2001年
③ [宋]李誠，傅熹年彙校. 營造法式全校本. 第二册. 小木作制度二. 堂閣内截間格子. 校注. 中華書局. 2018年
④ [宋]李誠，傅熹年校注. 合校本營造法式. 第263頁. 小木作制度二. 堂閣内截間格子. 注1. 中國建築工業出版社. 2020年

桯之長同截間格子高（卯亦在內），以截間格子高10尺計，其桯之廣（寬）0.5寸（10×0.5=5寸）；桯之厚，《法式》一些版本記爲"厚三分七厘"，此處據傅先生合校本改，"厚二分七厘"，爲0.27寸，則其厚爲10×0.27=2.7寸。其上下桯長隨間廣，每間廣1尺，上下桯長0.92尺，若間廣10尺，桯長9.2尺。

其額，長隨間廣，額之廣（寬）0.8寸（10×0.8=8寸），厚0.35寸（10×0.35=3.5寸）；地栿長及厚與額同，廣（寬）0.7寸（10×0.7=7寸）。槫柱長與桯同，廣0.5寸（10×0.5=5寸），厚同地栿，亦爲0.35寸（10×0.35=3.5寸）。

腰串長隨間廣，每間廣1尺，長0.46尺；若間廣10尺，腰串長4.6尺。位處上下桯之1/2，即其間有兩扇截間格子，此長度爲一扇腰串之長。腰串廣（寬）0.35寸（10×0.35=3.5寸），厚同桯，則厚0.27寸（10×0.27=2.7寸）。

腰華版，長爲梁桯内距離，廣（寬）同腰串，爲0.35寸（10×0.35=3.5寸），厚0.6寸（10×0.6=6寸）。障水版，長爲腰串與下桯間距離，廣（寬）與腰華版

長相當，厚0.6寸（10×0.6=6寸）。

橫豎子桯，環格眼四周，長亦隨格眼四周之長；子桯廣（寬）0.16寸（10×0.16=1.6寸），厚0.14寸（10×0.14=1.4寸）。難子隨桯四周，廣（寬）0.1寸（10×0.1=1寸），厚0.07寸（10×0.07=0.7寸）。

〔7.4.4〕
截間開門格子

截間開門格子：四周用額、栿、槫柱。其內四周用桯，桯內上用門額；額上作兩間，施毬文，其子桯高一尺六寸；**兩邊留泥道施立頰；**泥道施毬文，其子桯長一尺二寸；**中安毬文格子門兩扇，**格眼毬文徑四寸，**單腰串造。**

關于上文小注中的"子桯長"，梁注："各版原文都作'子桯廣一尺二寸'，'廣'字顯然是'長'字之誤。"②傅建工合校本改"廣"爲"長"，并注："據梁思成先生《營造法式注釋》（卷上）卷第七'截間開門格子'注云：各版原文都作'子桯廣一尺二寸'，'廣'字顯然是'長'字之誤。據改。"③

截間開門格子應爲截間格子一種，其門扇可啓閉。格子門四周用額、地栿、槫柱。額、栿及槫柱內四周用桯。桯內上用門額，兩邊留出泥道，并施立頰。額上作兩間，施毬文格子，子桯高1.6尺。兩

① [宋]李誠,傅熹年校注. 合校本營造法式. 第263頁. 小木作制度二. 堂閣内截間格子. 注2. 中國建築工業出版社. 2020年
② 梁思成. 梁思成全集. 第七卷. 第203頁. 小木作制度二. 堂閣内截間格子. 注32. 中國建築工業出版社. 2001年
③ [宋]李誠,傅熹年校注. 合校本營造法式. 第263頁. 小木作制度二. 堂閣内截間格子. 注3. 中國建築工業出版社. 2020年

邊泥道内子桯長1.2尺，泥道亦施毬文格子。兩立頰内安毬文格子門兩扇。毬文格眼徑4寸。門爲單腰串造。

〔7.4.5〕
截間開門格子諸名件

桯：長及廣厚同前法。上下桯廣同。

門額：長隨桯内，其廣四分，厚二分七厘。

立頰：長視門額下桯内，廣厚同上。

門額上心柱：長一寸六分，廣厚同上。

泥道内腰串：長隨榑柱、立頰内，廣厚同上。

障水版：同前法。

門額上子桯：長隨額内四周之廣。其廣二分，厚一分二厘。泥道内所用廣厚同。

門肘：長視扇高，鑲在外。方二分五厘。

門桯：長同上，出頭在外，廣二分，厚二分五厘。上下桯亦同。

門障水版：長視腰串及下桯内，其廣隨扇之廣。以廣六分爲定法。

門桯内子桯：長隨四周之廣，其廣厚同額上子桯。

小難子：長隨子桯及障水版四周之廣。以方五分爲定法。

額：長隨間廣，其廣八分，厚三分五厘。

地栿：長厚同上，其廣七分。

榑柱：長視高，其廣四分五厘，厚同上。

大難子：長隨桯四周，其廣一分，厚七厘。

上下伏兔：長一寸，廣四分，厚二分。

手栓伏兔：長同上，廣三分五厘，厚一分五厘。

手栓：長一寸五分，廣一分五厘，厚一分二厘。

關于上文"門額"與"泥道内腰串"兩條的先後順序，傅建工合校本注："劉校故宮本：丁本'泥道内腰串'條在前，故宮本'門額'條在前，據故宮本改。熹年謹按：張本'泥道内腰串'條在前，文津四庫本同故宮本，該條在後。"[1]

上文"門障水版"條小注"以廣六分爲定法"之"廣"字，徐注："'陶本'爲'厚'字誤。"[2]傅書局合校本，仍保留爲"厚"字，即"以厚六分爲定法"。因其上文有"其廣隨扇之廣"，則其句後之注"以厚六分爲定法"應無誤，故應從傅先生，仍保留爲"厚"字。

截間開門格子，其桯長同格子高（卯在内）。仍以格子高10尺計，其桯廣（寬）0.5寸（10×0.5=5寸），其厚0.27寸（10×0.27=2.7寸），并與截間格子同；上下桯亦以"每間廣一尺，長九寸二分"計，則間廣10尺，桯長9.2尺。

① [宋]李誡，傅熹年校注. 合校本營造法式. 第263頁. 小木作制度二. 堂閣内截間格子. 注4. 中國建築工業出版社. 2020年

② 梁思成. 梁思成全集. 第七卷. 第203頁. 小木作制度. 堂閣内截間格子. 脚注1. 中國建築工業出版社. 2001年

其額、地栿長、廣、厚，與截間格子之額、地栿長、廣、厚同。槫柱長同格子高，亦同桯長。

門額長隨桯內高，立頰長隨門額下桯內；門額與立頰，廣（寬）厚相同，其廣0.4寸（10×0.4=4寸），厚0.27寸（10×0.27=2.7寸）。

門額上心柱，廣厚同門額與立頰，廣0.4寸（10×0.4=4寸），厚0.27寸（10×0.27=2.7寸）；其長依上文"長一寸六分"，仍應以格子之高，積而爲法推定，則爲10×0.16=1.6尺，即門額上心柱長1.6尺。

此外，截間開門格子之腰串、障水版、門肘、門桯、門障水版、難子、上下伏兔、手栓伏兔、手栓等，與格子門諸名件相類，主要尺寸隨格子門高推定，即格子門高爲100，文中尺寸爲"寸"者，爲其實際尺寸的10%，文中尺寸爲"分"者，爲其實際尺寸的1%，推而計之，可得其廣厚諸尺寸。惟門障水版之厚6分，小難子之方5分，爲實尺，依《法式》文本。

〔7.4.6〕
堂閣內截間格子一般

凡堂閣內截間格子所用四斜毬文格眼及障水版等分數，其長徑並準格子門之制。

堂閣內截間格子用四斜毬文格眼及障水版，上部格眼與下部障水版等尺寸分法，及其諸名件長、廣、厚尺寸，與格子門之制中四斜毬文格眼等格子門尺寸分法及名件制度同。

【7.5】
殿閣照壁版

〔7.5.1〕
造殿閣照壁版之制

造殿閣照壁版之制：廣一丈至一丈四尺，高五尺至一丈一尺，外面纏貼，內外皆施難子，合版造。其名件廣厚，皆取每尺之高，積而爲法。

梁注："照壁版和截間格子不同之處，在于截間格子一般用于同一縫的前後兩柱之間，上部用毬文格眼；照壁版則用于左右兩縫并列的柱之間，不用格眼而用木板填心。"[1]

截間格子，起隔離室內左右兩側空間之作用，大約類于"間"之分隔，故稱"截間"；上部用毬文格眼，以保持左右間之聯繫；照壁版，起隔離室內前後空間作用，似更類如"屏戾"功能。上部不用格眼，用木板填心。

殿閣照壁版，廣10—14尺，約爲一個開間距離；高5—11尺。若高11尺，

① 梁思成. 梁思成全集. 第七卷. 第203—205頁. 小木作制度二. 殿閣照壁版. 注33. 中國建築工業出版社. 2001年

約相當于房屋額下高度；高5尺，疑爲與門窗結合而用，施于門窗之上。其外版四周纏以貼，内外皆施難子，用合版造。殿閣照壁版諸名件尺寸，依照壁版高推算而出。

〔7.5.2〕

殿閣照壁版諸名件

額：長隨間廣，每高一尺，則廣七分，厚四分。

槫柱：長視高，廣五分，厚同額。

版：長同槫柱，其廣隨槫柱之内，厚二分。

貼：長隨桯内四周之廣，其廣三分，厚一分。

難子：長厚同貼。其廣二分。

梁注："本篇（以及下面'障日版''廊屋照壁版'兩篇）中，名件中并没有'桯'。這裏突然説'貼，長隨桯内四周之廣'，是否可以推論額和槫柱之内還應有桯？"[①]

額長隨間廣，照壁版每高1尺，額廣（寬）0.7寸，厚0.4寸；若高5尺，其額廣3.5寸，厚2寸。

槫柱長同照壁版高，廣（寬）若仍以每高1尺，廣5分計，則若高5尺，其

廣（寬）2.5寸，厚2寸。額之下，槫柱内或有桯，尺寸未詳。

版長，同槫柱長，其廣（寬）隨槫柱内净寬；以照壁版高5尺計，其厚0.2寸（5×0.2=1.0寸）。

版外所纏貼，長隨桯内四周廣，約與額之下，槫柱之内所安版之四周尺寸相當。貼廣（寬）0.3寸（5×0.3=1.5寸），厚0.1寸（5×0.1=0.5寸）。

難子，長厚與貼同，廣（寬）0.2寸（5×0.2=1寸）。

版長同槫柱，廣隨槫柱之内，其厚0.2寸（5×0.2=1寸）。

貼長隨桯内四周之廣，其廣0.3寸（5×0.3=1.5寸），厚0.1寸（5×0.1=0.5寸）。

難子，長厚同貼。其廣0.2寸（5×0.2=1寸）。

〔7.5.3〕

殿閣照壁版一般

凡殿閣照壁版，施之於殿閣槽内，及照壁門窗之上者皆用之。

殿閣照壁版，一般施之于殿閣内左右兩柱柱心槽上，以起到室内分隔前後空間的屏扆之作用。若用于外墙柱縫，如前檐或前廊柱縫，仍可用于施有照壁的門窗上。

① 梁思成. 梁思成全集. 第七卷. 第205頁. 小木作制度二. 殿閣照壁版. 注34. 中國建築工業出版社. 2001年

【7.6】
障日版

障日版，約類如現代之遮陽板。建築物上設障日版做法出現很早，唐人撰《酉陽雜俎》載："平康坊菩提寺：佛殿東西障日及諸柱上圖畫，是東廊舊跡，鄭法士畫。"[①]這裏的"佛殿東西障日"，疑即指障日版。

〔7.6.1〕
造障日版之制

造障日版之制：廣一丈一尺，高三尺至五尺。用心柱、槫柱，內外皆施難子，合版或用牙頭護縫造。其名件廣厚，皆以每尺之廣，積而爲法。

障日版廣11尺，約與房屋開間間廣同；高3—5尺。障日版以額、左右槫柱、心柱爲框架。版內外施難子，用合版造，或用牙頭護縫造，四周纏難子。名件廣厚，依障日版長推定。

〔7.6.2〕
障日版諸名件

額：長隨間之廣，其廣六分，厚三分。

心柱、槫柱：長視高，其廣四分，厚同額。

版：長視高，其廣隨心柱、槫柱之內。

版及牙頭、護縫，皆以厚六分爲定法。

牙頭版：長隨廣，其廣五分。

護縫：長視牙頭之內，其廣二分。

難子：長隨梃內四周之廣，其廣一分，厚八厘。

障日版額，長隨房屋開間之廣；以額每尺之長，其額廣0.6寸，厚0.3寸計，障日版長（廣）11尺，額廣（寬）6.6寸，厚3.3寸。

心柱、槫柱，其長同障日版高；其廣依每長1尺，廣0.4寸計，則障日版長11尺，心柱、槫柱，均廣（寬）4.4寸；其厚同額，爲3.3寸。

其版長同障日版高，廣爲心柱、槫柱內淨距。版與牙頭、護縫之厚，爲實尺，均厚0.6寸。

"牙頭版：長隨廣"，其義不明。牙頭版之廣，隨障日版長，積而爲法，以版長1尺，其廣0.5寸；則長11尺時，牙頭版廣（寬）5.5寸；其厚0.6寸。若這裏的"長"指牙頭版自身之長，從邏輯上講，其長當隨障日版之高。

護縫，長爲牙頭之內，以版長1尺，其廣0.2寸；則版長11尺，護縫廣（寬）2.2寸；厚亦0.6寸。

難子長隨梃內四周之廣，其廣厚亦似依版之長，積而爲法；仍以版長11尺計，其廣（寬）1.1寸，厚0.88寸。

其梃之長，與難子同；梃廣厚尺寸不詳。

① [唐]段成式. 酉陽雜俎校箋. 續集卷五. 寺塔記上. 第1840頁. 中華書局. 2015年

〔7.6.3〕
障日版一般

凡障日版，施之於格子門及門、窗之上，其上或更不用額。

障日版長，約近宋式建築一個開間距離，可施于屋檐之下，兩柱之間，或施于格子門及門、窗之上，以起到遮蔽強烈陽光的作用。其版之上，可能不用額。

【7.7】
廊屋照壁版

梁注："從本篇的制度看來，廊屋照壁版大概相當于清代的由額墊板，安在闌額與由額之間，但在清代，由額墊版是做法中必須有的東西，而宋代的這種照壁版則似乎可有可無，要看需要而定。"[1]

梁先生注，暗示了房屋外檐柱頭位置，自宋至清，從單一闌額做法向大、小額方及由額墊板等組合做法變遷之過程。

〔7.7.1〕
造廊屋照壁版之制

造廊屋照壁版之制：廣一丈至一丈一尺，高一尺五寸至二尺五寸。每間分作三段，於心柱、槫柱之內，內外皆施難子，合版造。其名件廣厚，皆以每尺之廣，積而爲法。

廊屋照壁版，長10—11尺，高1.5—2.5尺。其廣當與房屋開間間廣同，可能施之于廊屋兩柱間上端。版可分3段，以心柱、槫柱等形成框架，內嵌合版，版四周內外施難子。大略接近檐下兩柱間組合式雙層闌額，其心柱、槫柱類如雙層闌額間立旌。祇是在立旌之間嵌以版，版四周施難子。

其主要名件尺寸，依照壁版之廣，推算而出。

〔7.7.2〕
廊屋照壁版諸名件

心柱、槫柱：長視高，其廣四分，厚三分。
版：長隨心柱、槫柱內之廣，其廣視高，厚一分。
難子：長隨桯內四周之廣，方一分。

心柱、槫柱之長，同廊屋照壁版之高；廣厚以照壁版每尺之廣，積而爲法。若照壁版廣11尺，則以心柱、槫柱，廣（寬）爲0.4寸（11×0.4=4.4寸），厚爲0.3寸（11×0.3=3.3寸）推之。

版長，隨心柱、槫柱之內净距；

① 梁思成. 梁思成全集. 第七卷. 第206頁. 小木作制度二. 廊屋照壁版. 注35. 中國建築工業出版社. 2001年

版廣，同心柱、槫柱高；版厚0.1寸
（11×0.1=1.1寸）。

　　難子長，隨桯內四周之廣，方0.1寸
（11×0.1=1.1寸）。

　　桯之長，似與難子同；廣厚尺寸不詳。

〔7.7.3〕
廊屋照壁版一般

凡廊屋照壁版，施之於殿廊由額之內。如安於半間之內與全間相對者，其名件廣厚亦用全間之法。

　　廊屋照壁版，安于殿廊外檐闌額之下，由額之上。如上所列尺寸，爲安于完整一間之數；若僅安于半間之內，且與全間相對者，其心柱、槫柱及版等廣厚尺寸，亦與全間之法同。

【7.8】
胡梯

　　梁注："胡梯應該就是'扶梯'。很可能是宋代中原地區將'F'讀作'H'，致使'胡''扶'同音。至今有些方言仍如此，如福州話就將所有'F'讀成'H'；反之，有些方言都將'湖南'讀作'扶南'，甚至有'N''L'不分，讀成'扶蘭'的。"[1]

　　梁先生之釋，雖有一定推測性，卻在一定程度上，多少釐清了讀者可能產生的疑惑。因爲，人們往往會將胡梯與歷史上出現的胡床、胡凳相聯繫，以爲胡梯亦是從西域漸漸影響到中原地區的一種小木作做法。這一理解，會使人誤以爲南北朝之前中原地區房屋室內，不曾使用梯子。如此，則很難解釋漢代明器、畫像石等出現大量樓閣及其樓梯。將"胡梯"與"扶梯"相聯繫，似爲一種合乎邏輯的解釋。

〔7.8.1〕
造胡梯之制

造胡梯之制：高一丈，拽腳長隨高，廣三尺；分作十二級；攏頰栿施促、踏版，側立者謂之促版，平者謂之踏版。**上下並安望柱。兩頰隨身各用鈎闌，斜高三尺五寸，分作四間。**每間內安臥櫺三條。**其名件廣厚，皆以每尺之高，積而爲法。**鈎闌名件廣厚，皆以鈎闌每尺之高，積而爲法。

　　梁注："'攏頰栿'三字放在一起，在當時可能是一句常用的術語，但今天讀來都難懂。用今天的話解釋，應該說成'用栿把兩頰攏住'。"[2]

　　上文小注"每間內安臥櫺三條"，傅書局合校本注：在"三條"後添加"爲度"二字，即"每間內安臥櫺三條爲度"。并注："據晁載之《續談助》摘抄北宋本

①　梁思成. 梁思成全集. 第七卷. 第207頁. 小木
　　作制度二. 胡梯. 注36. 中國建築工業出版社.
　　2001年

②　梁思成. 梁思成全集. 第七卷. 第207頁. 小木
　　作制度二. 胡梯. 注37. 中國建築工業出版社.
　　2001年

《法式》補‘爲度’二字。"[1]傅建工合校本注："熹年謹按：‘爲度’二字諸本均無，據晁載之《續談助》摘抄北宋崇寧本補。"[2]

陳注"梐，首見于此。"[3]

胡梯爲古代建築內一種斜置的步梯，梯高10尺時，拽脚長隨高，亦爲10尺，梯斜率爲45°；拽脚廣（寬）3尺，此亦爲兩頰外皮距離；將10尺高度差，分爲12個步階，每步高差約0.83寸。兩側用長條狀側板形成兩頰，兩頰之間用梐連接，用側立的促版與平置的踏版，形成踏步。兩頰之上再以鉤闌望柱，形成兩側扶手。鉤闌斜高3.5尺，并施尋杖、盆脣。在10尺高差範圍內，以蜀柱分爲4間（5根蜀柱），兩蜀柱間，用卧櫺3條。其兩頰、梐、促版、踏版尺寸，以胡梯高推算而定；鉤闌上各名件尺寸，以鉤闌高推定。

〔7.8.2〕

胡梯諸名件

兩頰：長視梯，每高一尺，則長加六寸。拽脚蹬口在內。**廣一寸二分，厚二分一厘。**

梐：長視兩頰內，卯透外，用抱寨，**其方三分。**每頰長五尺用梐一條。

促、踏版：長同上，廣七分四厘，厚一分。

鉤闌望柱：每鉤闌高一尺，則長加四寸五分，卯在內。**方一寸五分。**破瓣、仰覆蓮華，單胡桃子造。

蜀柱：長隨鉤闌之高，卯在內，**廣一寸二分，厚六分。**

尋杖：長隨上下望柱內，徑七分。

盆脣：長同上，廣一寸五分，厚五分。

卧櫺：長隨兩蜀柱內。其方三分。

梁注：（1）"蹬口是梯脚第一步之前，兩頰和地面接觸處，兩頰形成三角形的部分。"[4]（2）"抱寨就是一種楔形的木栓。"[5]

上文"兩頰"條，"長視梯"，傅書局合校本注：在"長視梯"後加"高"字，即"兩頰，長視梯高"，并注："高，四庫本同。"[6]傅建工合校本注："熹年謹按：故宮本、張本、陶本均脫‘高’字，唯文津四庫本不脫，據以補入。"[7]

另，上文"梐：長視兩頰內"，在"視"字後徐伯安注："‘陶本’爲‘隨’字。"[8]

兩頰長，依傅先生注，以胡梯高推定，每高1尺，長加0.6尺，即長1.6尺；則梯高10尺，兩頰長16尺。頰之廣厚亦隨梯高，每高1尺，廣1.2寸，厚0.21寸，梯高10尺，頰廣（寬）1.2尺，厚2.1寸。

① [宋]李誡，傅熹年彙校. 營造法式合校本. 第二冊. 胡梯. 校注. 中華書局. 2018年
② [宋]李誡，傅熹年校注. 合校本營造法式. 第268頁. 小木作制度二. 胡梯. 注1. 中國建築工業出版社. 2020年
③ [宋]李誡. 營造法式（陳明達點注本）. 第一冊. 第157頁. 小木作制度二. 胡梯. 批注. 浙江攝影出版社. 2020年
④ 梁思成. 梁思成全集. 第七卷. 第207頁. 小木作制度二. 胡梯. 注38. 中國建築工業出版社. 2001年
⑤ 梁思成. 梁思成全集. 第七卷. 第207頁. 小木作制度二. 胡梯. 注39. 中國建築工業出版社. 2001年
⑥ [宋]李誡，傅熹年校. 營造法式合校本. 第二冊. 胡梯. 校注. 中華書局. 2018年
⑦ [宋]李誡，傅熹年校注. 合校本營造法式. 第268頁. 小木作制度二. 胡梯. 注2. 中國建築工業出版社. 2020年
⑧ 梁思成. 梁思成全集. 第七卷. 第207頁. 小木作制度二. 胡梯. 脚注1. 中國建築工業出版社. 2001年

攏頰楅長爲兩頰內净距，其卯透外，卯以"抱寨"形式將楅鎖定。楅之尺寸亦隨梯高，每高1尺，其方0.3寸；梯高10尺，其方3寸；每頰長5尺，用楅1根。

攏頰楅上所施促、踏版，長與楅同，廣厚隨梯高，每高1尺，其廣0.74寸，厚0.1寸；則梯高10尺，促、踏版廣7.4寸，厚1.0寸。

鉤闌每高1尺，望柱長加0.45尺；鉤闌斜高3.5尺，望柱長5.075尺（卯在內）；望柱之方，則隨鉤闌之高，每高1尺，其方1.5寸；鉤闌斜高3.5尺，柱方5.25寸。望柱頭上雕破瓣、仰覆蓮華或單胡桃子。

蜀柱隨鉤闌之高（卯在內），每鉤闌高1尺，其廣1.2寸，厚0.6寸；鉤闌斜高3.5尺，蜀柱廣（寬）4.2寸，厚2.1寸。

尋杖，長隨上下望柱內至斜長，徑隨鉤闌高，每高1尺，其徑0.7寸；鉤闌斜高3.5尺，徑7寸。盆脣長同尋杖，廣厚隨鉤闌高，每鉤闌高1尺，其廣1.5寸，厚0.5寸；鉤闌斜高3.5尺，盆脣廣（寬）5.25尺，厚1.75寸。盆脣之廣與望柱之方尺寸同。

臥櫺，長隨兩蜀柱內斜長，方隨鉤闌高，每鉤闌高1尺，方0.3寸；則鉤闌斜高3.5尺，其方1.05寸。

〔7.8.3〕
胡梯一般

凡胡梯，施之於樓閣上下道內，其鉤闌安於兩頰之上，更不用地栿。**如樓閣高遠者，作兩盤至三盤造。**

梁注："兩盤相接處應有'憩脚臺'（landing），本篇未提到。"[1]

胡梯施于樓閣之內，以解決豎向交通。鉤闌安于兩頰之上，起到上下梯扶手作用；胡梯下不用地栿。如樓閣空間高差較大，可采用兩盤或三盤造，略似現代之兩跑、三跑樓梯做法。兩盤相接處設"憩脚臺"。

【7.9】
垂魚、惹草

垂魚、惹草是宋式建築厦兩頭造與兩際式屋頂之兩側屋山搏風版上重要的構件，垂魚施于搏風版合尖下，惹草施于搏風版下，連接兩搏風版，并將搏風版固定在兩山出際槫頭上，也對兩際屋山有裝飾作用。

① 梁思成. 梁思成全集. 第七卷. 第207頁. 小木作制度二. 胡梯. 注40. 中國建築工業出版社. 2001年

〔7.9.1〕
造垂魚、惹草之制

造垂魚、惹草之制：或用華瓣，或用雲頭造，垂魚長三尺至一丈；惹草長三尺至七尺，其廣厚皆取每尺之長，積而爲法。

垂魚、惹草，可雕爲華瓣、雲頭等紋樣或輪廓。垂魚與惹草長度，隨房屋大小變化。垂魚長3—10尺，惹草長3—7尺。垂魚與惹草廣厚尺寸，則隨其長推算而出。

〔7.9.2〕
垂魚、惹草名件

垂魚版：每長一尺，則廣六寸，厚二分五厘。
惹草版：每長一尺，則廣七寸，厚同垂魚。

垂魚、惹草之廣厚隨其長。以較小與較大尺寸爲例：若垂魚長3尺，其廣（寬）1.8尺，厚7.5寸；惹草長3尺，廣（寬）2.1尺，厚7.5寸；若垂魚長10尺，其廣（寬）6尺，厚2.5寸；惹草長7尺，其廣（寬）4.9尺，厚同垂魚，亦爲2.5寸。

〔7.9.3〕
垂魚、惹草一般

凡垂魚施之於屋山搏風版合尖之下。惹草施之於搏風版之下、搏水之外。每長二尺，則於後面施楅一枚。

梁注："搏水是什麼，還不清楚。"[1]

傅改并注："榑，據四庫本改'搏水'爲'榑'，去'水'字。"[2]

傅建工合校本改"搏水"爲"榑"，并注："熹年謹按：故宮本、張本、陶本作'搏水'，文津四庫本作'榑'，無'水'字，應從文津四庫本。"[3]

若此處改"搏水"爲"榑"，較易理解，其意是將惹草施于搏風版之下，房屋榑頭之外。即惹草位置，當與出際榑頭相對應，遮蔽并保護榑頭。

垂魚與惹草，施于房屋兩際搏風版下，較易受到風雨衝擊，故其每長2尺，垂魚、惹草後，各施楅一枚，以增强其强度，并加强與搏風版間的聯繫。

【7.10】
栱眼壁版

栱眼壁版是房屋外檐泥道縫的闌額之上、柱頭方之下，兩鋪作間之嵌版。于闌額上，第一層柱頭方下及相對兩泥道栱下皮，鑿以池槽，嵌安栱眼壁版。栱眼壁版，分單栱眼壁版與重栱眼壁版。

---

① 梁思成. 梁思成全集. 第七卷. 第207頁. 小木作制度二. 垂魚、惹草. 注41. 中國建築工業出版社. 2001年

② [宋]李誡，傅熹年彙校. 營造法式合校本. 第二册. 垂魚惹草. 校注. 中華書局. 2018年

③ [宋]李誡，傅熹年校注. 合校本營造法式. 第269頁. 小木作制度二. 垂魚惹草. 注1. 中國建築工業出版社. 2020年

造栱眼壁版之制

造栱眼壁版之制：於材下額上兩栱頭相對處鑿池槽，隨其曲直，安版於池槽之内。其長廣皆以枓栱材分爲法。 枓栱材分，在大木作制度内。

"栱眼壁"一詞，出現于小木作、雕作、彩畫作中。其位置在闌額之上泥道縫内柱頭方下兩鋪作之櫨枓與栱頭間。此部分稱"栱眼壁"，其間若開槽安版，稱"栱眼壁版"。

栱眼壁版長廣尺寸，以大木作枓栱材分制度爲準。

〔7.10.2〕

栱眼壁版名件

重栱眼壁版：長隨補間鋪作，其廣五寸四分，厚一寸二分。

單栱眼壁版：長同上。其廣三寸四分，厚同上。

上文"厚一寸二分"與"厚同上"在陶本中均爲小注。

梁注："這幾個尺寸——'五寸四分''一寸二分''三寸四分'都成問題。既然'皆以枓、栱材分爲法'，那麽就不應該用'×寸×分'，而應該寫作'××分。'。假使以寸代'十'，亦即將'五寸四分'作爲'五十四分。'，那就正好是兩材兩㮮（一材爲十五分。，一㮮爲六分。）加上櫨枓的平和欹的高度（十二分。）。但是，單栱眼壁版之廣'三寸四分'（三十四分。）就不對頭了。它應該是一材一㮮（二十一分。），如櫨枓平和欹的高度（十二分。）——'三寸三分'或三十三分。，至于厚一寸二分更成問題。如果作爲一十二分。，那麽它就比栱本身的厚度（十分。）還厚，根本不可能'鑿池槽'。因此（按《法式》其他各篇的提法），這個'厚一寸二分'也許應該寫作'皆以厚一寸二分爲定法'繞對。但是這個絶對厚度，如用于一等材（版廣三尺二寸四分），已嫌太厚，如用于八、九等材，就厚得不合理了。這些都是本篇存在的問題。"[1]

梁注中所提"如用于八、九等材"，疑是"如用于七、八等材"之誤。其意是説，如用于材分較小房屋之栱眼壁中。

上文"廣五寸四分"，陳注："'寸'應作'十'"[2]，即應爲"廣五十四分。"。又上文"其廣三寸四分"，陳注："'寸四'應作'十三'"[3]，即改爲"其廣三十三分。"。

① 梁思成. 梁思成全集. 第七卷. 第209頁. 小木作制度二. 栱眼壁版. 注42. 中國建築工業出版社. 2001年

② [宋]李誠. 營造法式（陳明達點注本）. 第一册. 第159頁. 小木作制度二. 栱眼壁版. 批注. 浙江攝影出版社. 2020年

③ [宋]李誠. 營造法式（陳明達點注本）. 第一册. 第160頁. 小木作制度二. 栱眼壁版. 批注. 浙江攝影出版社. 2020年

上文之"寸"，傅書局合校本注："十，兩處誤十爲寸，據故宮本、四庫本、張本改。"[1]傅先生所指"兩處"即"五寸四分"與"三寸四分"。另傅先生改"三寸四分"，并注："三十三分。，據故宮本。"[2]

傅建工合校本改"五寸四分"爲"五十四分。"，并注："熹年謹按：陶本兩處誤'十'爲'寸'，據故宮本、張本、丁本改正。梁思成先生《營造法式注釋》卷第七此條後所附注（42）亦提出'寸'爲'十'之誤。"[3]

據陳先生與傅先生所改，上文有關栱眼壁版寬度的兩個數字分別應是："五十四分。"和"三十三分。"，前者爲重栱眼壁版，54分。相當于"兩材兩栔"（42分。）再加上櫨科之平、敧（12分。）的高度；後者爲單栱眼壁版，33分。，相當于"一材一栔"再加12分。，即在一材一栔（21分。）的基礎上，增加了櫨科之平、敧（12分。）的高度。

惟"厚一寸二分"難以匹配，依梁先生思路，結合《法式》，推測《法式》原文可能是："每廣一尺，則厚一分二厘。"若用一等材，分。值0.06寸，重栱眼壁廣3.24尺，版厚0.39寸；單栱眼壁廣1.98尺，版厚0.24寸。若用八等材，分。值0.03寸，重栱眼壁廣1.62尺，版厚

0.194寸；單栱眼壁廣0.99尺，版厚0.12寸。這樣一種尺寸關係，似可與不同等級房屋栱眼壁版尺寸相合？

據梁、傅兩位先生所改及注，結合上文推測，《法式》本段文字之原初文本可能應是："重栱眼壁版：長隨補間鋪作，其廣五十四分。；每廣一尺，則厚一分二厘。單栱眼壁版：長同上。其廣三十三分。，厚同上。"

〔7.10.3〕
栱眼壁版一般

凡栱眼壁版，施之於鋪作檐頭之上。其版如隨材合縫，則縫內用劄造。

"鋪作檐頭"當指鋪作之間，闌額之上的意思。隨材合縫，大意是將栱眼內空隙加以嚴絲合縫地封閉。而所謂"縫內用劄造"的"劄"，其意類"紮"，似有紮嵌入池槽之內的意思。

【7.11】
裹栿版

裹栿版，是將經過雕琢有紋飾的木板，包裹在梁栿兩側與底面，以造成梁栿的雕琢裝飾效果。

① [宋]李誡，傅熹年彙校．營造法式合校本．第二册．栱眼壁版．校注．中華書局．2018年
② [宋]李誡，傅熹年彙校．營造法式合校本．第二册．栱眼壁版．校注．中華書局．2018年
③ [宋]李誡，傅熹年校注．合校本營造法式．第270頁．小木作制度二．栱眼壁版．注1．中國建築工業出版社．2020年

〔7.11.1〕

造襯栿版之制

造襯栿版之制：於栿兩側各用廂壁版，栿下安底版，其廣厚皆以梁栿每尺之廣，積而爲法。

梁注："從本篇制度看來，襯栿版僅僅是梁栿外表上贅加的一層雕花的純裝飾性的木板。所謂雕梁畫棟的雕梁，就是雕在這樣的板上'襯'上去的。"[1]

襯栿版廣厚尺寸，依梁栿長度，推算而出。

〔7.11.2〕

襯栿版名件

兩側廂壁版：長廣皆隨梁栿，每長一尺，則厚二分五厘。

底版：長厚同上。其廣隨梁栿之厚，每厚一尺，則廣加三寸。

兩側廂壁版長廣隨梁栿，厚以梁栿之長積而爲法。以一椽架平距爲5—6尺計，若爲長爲30尺之六椽栿，其厚7.5寸；長爲12尺之平梁，其厚3寸。這裏所言之厚，爲兩側廂壁版總厚。梁長30尺，每側所加襯栿版壁版厚3.75寸；梁

長12尺，每側所加壁版厚1.5寸。

底版長厚與廂版同，廣隨梁栿厚，梁每厚1尺，廣加3寸。若平梁厚1尺，底版廣（寬）1.3尺，其每側增廣1.5寸。若六椽栿厚2.5尺，底版寬2.75尺，每側增廣3.75寸。

〔7.11.3〕

襯栿版一般

凡襯栿版，施之於殿槽內梁栿；其下底版合縫，令承兩廂壁版，其兩廂壁版及底版皆彫華造。 彫華等次序在彫作制度內。

陶本在"底版"後有一"者"字，其文爲"其兩廂壁版及底版者皆彫華造。"陳注"者"："衍文，可删。"[2]傅書局合校本注："者，衍文可删。"[3]又補注："者字應删。"[4]傅建工合校本删去"者"字，并注："劉批陶本：陶本'底版'後有'者'字，爲衍文，可删。熹年謹按：故宮本、文津四庫本均無'者'字，今從劉批删去。"[5]

襯栿版，施于等級較高的殿堂內槽梁栿，其下底版與兩廂壁版應合縫，即底版所加之廣，與兩廂壁版所加之厚尺寸相當。兩廂壁版與底版上，皆雕以華文。其彫華做法，見《法式》"彫作制度"。

① 梁思成. 梁思成全集. 第七卷. 第209頁. 小木作制度二. 襯栿版. 注43. 中國建築工業出版社. 2001年
② [宋]李誡. 營造法式（陳明達點注本）. 第一册. 第161頁. 小木作制度二. 襯栿版. 批注. 浙江攝影出版社. 2020年
③ [宋]李誡, 傅熹年彙校. 營造法式合校本. 第二册. 襯栿版. 注. 中華書局. 2018年
④ [宋]李誡, 傅熹年彙校. 營造法式合校本. 第二册. 襯栿版. 注. 中華書局. 2018年
⑤ [宋]李誡, 傅熹年校注. 合校本營造法式. 第271頁. 小木作制度二. 襯栿版. 注1. 中國建築工業出版社. 2020年

【7.12】
擗簾竿

梁注："這是一種專供掛竹簾用的特殊裝修，事實是在檐柱之外另加一根小柱，腰串是兩竿間的聯繫構件，并作懸挂簾子之用。腰串安在什麼高度，未作具體規定。"[①]

〔7.12.1〕
造擗簾竿之制

造擗簾竿之制：有三等，一曰八混，二曰破瓣，三曰方直，長一丈至一丈五尺。其廣厚皆以每尺之高，積而爲法。

三等擗簾竿，按其截面形式之繁簡程度區分。八混，似爲八棱形截面，其棱抹爲訛角棱；破瓣，似爲四方截面，四角各斫"L"形線脚，即爲破瓣；方直，應即四方直棱截面。

竿長10—15尺，廣厚尺寸，以其長推而算之。

〔7.12.2〕
擗簾竿名件

擗簾竿：長視高，每高一尺，則方三分。
腰串：長隨間廣，其廣三分，厚二分。

衹方直造。

擗簾竿由左右兩竿與腰串組合而成。擗簾竿可有八混、破瓣、方直三種截面，腰串僅有方直一種截面。

擗簾竿長，視挂簾之屋檐高，斷面尺寸，依每高1尺，方0.3寸計，若其高15尺，其竿方徑4.5寸。

兩立竿間有腰串，可用來懸挂竹簾。其腰串長，隨房屋開間之廣。腰串廣厚，依其長而定。若其長15尺，腰串廣（寬）4.5寸，厚3寸。

〔7.12.3〕
擗簾竿一般

凡擗簾竿，施之於殿堂等出跳栱之下；如無出跳者，則於椽頭下安之。

擗簾竿施于殿堂等外檐出跳栱下，若無出跳栱，即安于外檐椽頭下。以竿長10—15尺，需與房屋外檐鋪作出跳華栱下皮（如無出跳枓栱，則與檐口椽頭下皮）高度相當。

【7.13】
護殿閣檐竹網木貼

梁注："爲了防止鳥雀在檐下枓栱間搭巢，所以用竹篾編成格網把枓栱防護起來。這種竹網需要用木條——貼——釘牢。"[②]

① 梁思成. 梁思成全集. 第七卷. 第209—210頁. 小木作制度二. 擗簾竿. 注44. 中國建築工業出版社. 2001年

② 梁思成. 梁思成全集. 第七卷. 第210頁. 小木作制度二. 護殿閣檐竹網木貼. 注45. 中國建築工業出版社. 2001年

造安護殿閣檐枓栱竹雀眼網上下木貼之制

造安護殿閣檐枓栱竹雀眼網上下木貼之制：長隨所用逐間之廣，其廣二寸，厚六分，_{爲定法，}**皆方直造，**_{地衣簟貼同。}**上於椽頭，下於檐額之上，壓雀眼網安釘。**_{地衣簟貼，若望柱或碇之類，並隨四周，或圜或曲，壓簟安釘。}

上文"皆方直造"，陶本："皆直方造"。傅書局合校本注：改"直方"爲"方直"，并注："方直，據故宮本、四庫本改。"[①]傅建工合校本改爲"皆方直造"，并注："熹年謹按：陶本誤作'直方造'據故宮本、四庫本、張本改。"[②]

梁注："本篇制度就是規定這種木條的尺寸，一律爲0.2×0.06尺。

晚清末年，故宮殿堂檐已一律改用鐵絲網。"[③]

又注："地衣簟就是鋪地的竹席。"[④]并注："碇，音定，原義是船舶墜在水底以定泊的石頭，用途和後世錨一樣，這裏指的是什麼，不清楚。"[⑤]

這裏其實衹給出了壓竹網木貼，即"木貼"的尺寸。貼爲斷面廣（寬）0.2尺，厚0.06尺木條。這裏所給尺寸爲實尺。網之上部，釘于屋檐椽頭處；網之下部，釘于柱頭檐額或闌額上。

同樣需要壓以木貼的，還有地衣簟，即鋪地竹席，其四周邊角處亦應以木貼加以固定。所鋪地衣簟，遇到平坐鉤闌望柱柱腳，或其他什麼貼地而設之構件（碇？）時，需隨其根部四周，或圓或曲，施以木貼，并安釘壓簟。

① [宋]李誡，傅熹年彙校. 營造法式合校本. 第二册. 小木作制度二. 護殿閣檐竹網木貼. 校注. 中華書局. 2018年
② [宋]李誡，傅熹年校注. 合校本營造法式. 第273頁. 小木作制度二. 護殿閣檐竹網木貼. 注1. 中國建築工業出版社. 2020年
③ 梁思成. 梁思成全集. 第七卷. 第210頁. 小木作制度二. 護殿閣檐竹網木貼. 注45. 中國建築工業出版社. 2001年
④ 梁思成. 梁思成全集. 第七卷. 第210頁. 小木作制度二. 護殿閣檐竹網木貼. 注46. 中國建築工業出版社. 2001年
⑤ 梁思成. 梁思成全集. 第七卷. 第210頁. 小木作制度二. 護殿閣檐竹網木貼. 注47. 中國建築工業出版社. 2001年

第 8 章

《營造法式》卷第八

小木作制度三

營造法式卷第八

通直郎管修蓋皇弟外第專提舉修蓋班直諸軍營房等臣李誡奉

聖旨編修

小木作制度三

平棊

小鬪八藻井　　鬪八藻井

义子　　拒馬义子

鈎闌　重臺鈎闌
　　　單鈎闌

棵籠子　　井亭子

牌

【8.0】
本章導言

　　《法式》"小木作制度三"包括了房屋室內吊頂部分的一些做法，如殿閣內的平棊、平闇及鬭八藻井；小型殿堂室內的小鬭八藻井；室外道路路口設置的拒馬叉子、叉子；房屋臺基與平坐上所施重臺鉤闌、單鉤闌等，以及棵籠子、井亭子、牌等木製房屋配件或室外設施。

【8.1】

平棊^{其名有三：一曰平機；二曰平橑；三曰平棊；俗謂之平起。其以方椽施素版者，謂之平闇}

　　梁注："平棊就是我們所稱'天花板'。宋代的天花板有兩種格式。長方形的叫'平棊'，這是比較講究的一種，板上用'貼絡華文'裝飾。山西大同華嚴寺薄伽教藏殿（遼，1038年）的平棊就屬于這一類。用木條做成小方格子，上面鋪板，沒有什麼裝飾花紋，亦即'^{以方椽施素版者}'，叫作'平闇'。山西五臺山佛光寺正殿（唐，857年）和河北薊縣獨樂寺觀音閣（遼，984年）的平闇就屬于這一類。明清以後常用的方格比較大，支條（程）和背上

都加彩畫裝飾的天花板，可能是平棊和平闇的結合和發展。"[1]

　　梁先生將平棊與平闇的各自特點與差別，作了明確描述，還舉出了相應實例。

〔8.1.1〕
造殿內平棊之制

造殿內平棊之制：於背版之上，四邊用程；程內用貼，貼內留轉道，纏難子。分布隔截，或長或方。其中貼絡華文有十三品：一曰盤毬；二曰鬭八；三曰疊勝；四曰瑣子；五曰簇六毬文；六曰羅文；七曰柿蔕；八曰龜背；九曰鬭二十四；十曰簇三簇四毬文；十一曰六入圜華；十二曰簇六雪華；十三曰車釧毬文。其華文皆間雜互用。^{華品或更隨宜用之。}**或於雲盤華盤內施明鏡，或施隱起龍鳳及彫華。每段以長一丈四尺，廣五尺五寸爲率。其名件廣厚，若間架雖長廣，更不加減。唯盝頂欹斜處，其程量所宜減之。**

　　梁注："這裏所謂'貼絡'和'華子'，具體是什麼，怎樣'貼'，怎樣做，都不清楚。從明清的做法，所謂'貼絡'，可能就是'瀝粉'，至于'彫華'和'華子'，明清的天花上有些也有將雕刻的花飾附貼上去的。"[2]其注中"華子"見于《法式》

① 梁思成. 梁思成全集. 第七卷. 第211頁. 小木作制度三. 平棊. 注1. 中國建築工業出版社. 2001年

② 梁思成. 梁思成全集. 第七卷. 第211—213頁. 小木作制度三. 平棊. 注2. 中國建築工業出版社. 2001年

下文中“每方一尺用華子十六枚。”

關于上文中所言：“其名件廣厚，若間架雖長廣，更不加減”，梁注：“下文所規定的斷面尺寸（廣厚）是絕對尺寸，無論平棊大小，一律用同一斷面的桯、貼和難子，背版的‘厚六分’也是絕對尺寸。”①

梁注“盝頂”：“覆斗形‘⎺⎺⎺⎺⎺⎺⎺’的屋頂，無論是外面的屋面或者內部的天花，都叫作‘盝頂’。盝，音鹿。”②

平棊是以四邊用桯，桯內用貼，貼內再纏難子的方式，將平棊版隔截成長方形或方形的格網。版內貼絡華文。關于貼絡，這裏給出的13種華文形式，與《法式》卷第十四“彩畫作制度”中諸華文有所關聯。

下文給出的平棊諸名件之斷面尺寸是絕對尺寸，即實尺，無論平棊大小，一律用同一斷面的桯、貼和難子；背版厚度，即“厚六分”，也是實尺。

至于在盝頂欹斜處，因其桯呈斜立狀，則可比平置的桯承受更大的壓彎荷載，故需要適當減少用桯數量，以適度減少材料消耗。

〔8.1.2〕

平棊諸名件

背版：長隨間廣，其廣隨材合縫計數，

令足一架之廣，厚六分。

桯： 長隨背版四周之廣，其廣四寸，厚二寸。

貼： 長隨桯四周之內，其廣二寸，厚同背版。

難子並貼華： 厚同貼。每方一尺用華子十六枚。 華子先用膠貼，候乾，劉削令平，乃用釘。

關于“一架之廣”，梁注：“這‘架’就是大木作由槫到槫的距離。”③

上文“桯”條，“長隨背版四周之廣”，陶本：“隨背版四周之廣”。陳注：“‘桯’下脫‘長’字？”④傅建工合校本注：“劉批陶本：疑奪‘長’字，據文義補。”⑤其版此處行文中加“長”字，并注：“熹年謹按：故宮本、文津四庫本、張本、瞿本均佚‘長’字。據劉批增。”⑥

徐注：“‘陶本’無‘長’字。”⑦

背版之長，隨房屋開間之廣；背版之廣，依材料尺寸并與間架縫相合而計，使其恰好爲房屋一個步架（槫–槫）的距離。版厚0.6寸。

依前文“其名件廣厚，若間架雖長廣，更不加減”之說，其文中所記名件尺寸，當爲實尺。則桯之長，隨背版四周之周長；桯廣（寬）4寸，厚2寸。貼之長，隨桯四周之內；貼廣（寬）2寸，

① 梁思成. 梁思成全集. 第七卷. 第213頁. 小木作制度三. 平棊. 注3. 中國建築工業出版社. 2001年
② 梁思成. 梁思成全集. 第七卷. 第213頁. 小木作制度三. 平棊. 注4. 中國建築工業出版社. 2001年
③ 梁思成. 梁思成全集. 第七卷. 第213頁. 小木作制度三. 平棊. 注5. 中國建築工業出版社. 2001年
④ [宋]李誡. 營造法式（陳明達點注本）. 第一冊. 第164頁. 小木作制度三. 平棊. 批注. 浙江攝影出版社. 2020年

⑤ [宋]李誡，傅熹年校注. 合校本營造法式. 第276頁. 小木作制度三. 平棊. 注1. 中國建築工業出版社. 2020年
⑥ [宋]李誡，傅熹年校注. 合校本營造法式. 第276頁. 小木作制度三. 平棊. 注2. 中國建築工業出版社. 2020年
⑦ 梁思成. 梁思成全集. 第七卷. 第211頁. 小木作制度三. 平棊. 腳注1. 中國建築工業出版社. 2001年

厚2寸。

纏于四周之難子及所貼華子，其厚仍爲2寸；每版1平方尺，施華子16枚。但華子爲何式樣？未可知。粘貼方式，是"先用膠貼，候乾，劃削令平"，既用膠粘，爲何還需用釘？未可知。

〔8.1.3〕

平棊一般

凡平棊，施之於殿內鋪作算桯方之上。其背版後皆施護縫及楅。護縫廣二寸，厚六分。楅廣三寸五分，厚二寸五分；長皆隨其所用。

平棊，由殿內四周鋪作最後一跳令栱上所施算桯方承托；背版後要用護縫與楅，以加強平棊版之結構性能。版後所施護縫，廣（寬）2寸，厚0.6寸；楅廣（寬）3.5寸，厚2.5寸。其護縫與楅之長，皆隨其位置所需之長短而定。

【8.2】

鬭八藻井 其名有三：一曰藻井；二曰圜泉；三曰方井，今謂之鬭八藻井

梁注："藻井是在平棊的主要位置上，將平棊的一部分特別提高，

造成更高的空間感以強調其重要性。這種天花上開出來的'井'，一般都采取八角形，上部形狀略似扣上一頂八角形的'帽子'。這種八角形'帽子'是用八根同中心輻射排列的拱起的陽馬（角梁）'鬭'成的，謂之'鬭八'。"[①]

〔8.2.1〕

造鬭八藻井之制

造鬭八藻井之制：共高五尺三寸；其下曰方井，方八尺，高一尺六寸；其中曰八角井，徑六尺四寸，高二尺二寸；其上曰鬭八，徑四尺二寸，高一尺五寸，於頂心之下施垂蓮或彫華雲卷，背內安明鏡。其名件廣厚，皆以每尺之徑，積而爲法。

上文"施垂蓮或彫華雲卷"，陶本："施垂蓮或彫華雲捲"，傅書局合校本注：改"捲"爲"棬"。[②]

上文"背內安明鏡"，陶本："皆內安明鏡"，陳注：改"皆"爲"背"。[③]

梁注："這裏說的是，鬭八的頂心可以有兩種做法：一種是根桿（見大木作'簇角梁'制度）的下端做成垂蓮柱；另一種是在根柱之下（或八根陽馬相交點之下）安明鏡（明鏡是不是銅鏡？待考），周圍飾以彫華雲卷。"[④]

① 梁思成. 梁思成全集. 第七卷. 第213頁. 小木作制度三. 鬭八藻井. 注6. 中國建築工業出版社. 2001年
② [宋]李誡, 傅熹年彙校. 營造法式合校本. 第二册. 小木作制度三. 鬭八藻井. 校注. 中華書局. 2018年
③ [宋]李誡. 營造法式（陳明達點注本）. 第一册. 第165頁. 小木作制度三. 鬭八藻井. 批注. 浙江攝影出版社. 2020年
④ 梁思成. 梁思成全集. 第七卷. 第213頁. 小木作制度三. 鬭八藻井. 注7. 中國建築工業出版社. 2001年

棬，音quan，據《漢語大字典》，字義之一爲"圓圈形。宋王明清《揮塵後録》卷四引王安中《睿謨殿元宵曲宴》詩：'戶箔明珠串，欄釭水碧棬。'"①另，棬亦音juan，字義爲栓牛鼻子的小鐵環或小木棍。

捲，音juan，字義之一爲"裹成圓筒狀的東西。《老殘遊記》第十七回：'隨即黃升帶著翠環家夥計，把翠環的鋪蓋捲也搬走了。'"②另，捲亦音quan，字義爲氣勢、氣力、治、拳等。

鬭八藻井在構造上分爲三層：下爲方井，其方8尺，高1尺；中爲八角井，落在方井之上，其徑6.4尺，其高2.2尺；上爲鬭八，鬭八之徑4.2尺，高1.5尺。藻井底方8尺，八角頂徑4.2尺，總高4.7尺。

鬭八是在第二層八角井之上，以八根根桿，以類似簇角梁的方式，"鬭"成一個八角形的結構蓋；結構蓋的中心，可以施一中心根桿，但更常見的則是安一八角形或圓形的明鏡，以使八角根桿在受力上達到均衡。

〔8.2.2〕
方井

方井：於算桯方之上施六鋪作下昂重栱，材廣一寸八分，厚一寸二分。其枓栱等分數制度並準大木作法。**四入角。每面用補間鋪**作五朵。凡所用枓栱並立旌，枓槽版隨瓣方枓栱之上，用壓厦版。八角井同此。

梁先生注一，關于"入角"："'入角'就是内角或陰角，這裏特畫'四入角'和'八入角'是要説明在這些角上的枓栱的'後尾'或'裏跳'。"③注二，關于"枓槽版、立旌"："這些枓栱是純裝飾性的，祇做露明的一面，裝在枓槽版上。枓槽版是立放在槽綫上的木板，所以需要立旌支撐。"④

上文小注"枓槽版隨瓣方枓栱之上，用壓厦版。"梁注："這個隨瓣方是八角井下邊承托枓槽版的隨瓣方。"⑤徐注："'陶本'無此'隨瓣方'三字。"⑥傅熹年《營造法式合校本》、陳明達《營造法式（陳明達點注本）》中，這段文字中亦無"隨瓣方"三字。這三字係梁先生結合下文名件之"隨瓣方""枓槽版"關係，從上下文義理解角度所補。

關于上文小注"材廣一寸八分"，陳注："材，一寸八分。"⑦仍似對《法式》行文内容的標示。

算桯方下所用六鋪作下昂重栱，材廣1.8寸，厚1.2寸。其所用材，顯然不在大木作材分制度之"八等材"中。惟其材之分°值推算，比例控制，似仍應依據大木作材分制度。

方井，除轉角鋪作之外，其每面施

① 漢語大字典. 第520頁. 木部. 棬. 四川辭書出版社-湖北辭書出版社. 1993年
② 漢語大字典. 第800頁. 手部. 捲. 四川辭書出版社-湖北辭書出版社. 1993年
③ 梁思成. 梁思成全集. 第七卷. 第215頁. 小木作制度三. 鬭八藻井. 注8. 中國建築工業出版社. 2001年
④ 梁思成. 梁思成全集. 第七卷. 第215頁. 小木作制度三. 鬭八藻井. 注9. 中國建築工業出版社. 2001年
⑤ 梁思成. 梁思成全集. 第七卷. 第215頁. 小木作制度三. 鬭八藻井. 注12. 中國建築工業出版社. 2001年
⑥ 梁思成. 梁思成全集. 第七卷. 第213頁. 小木作制度三. 鬭八藻井. 腳注1. 中國建築工業出版社. 2001年
⑦ [宋]李誡. 營造法式（陳明達點注本）. 第一册. 第166頁. 小木作制度三. 鬭八藻井. 批注. 浙江攝影出版社. 2020年

補間鋪作5朵。鋪作枓栱上用立旌承托隨瓣方與枓槽版，上施枓栱，枓栱之上用壓廈版。八角井亦如之。

〔8.2.3〕
方井之名件

枓槽版：長隨方面之廣，每面廣一尺，則廣一寸七分，厚二分五厘。壓廈版長厚同上，其廣一寸五分。

方井之枓槽版，長隨方井平面邊長，每面廣1尺，其版廣（寬）1.7寸，厚0.25寸。以其井方8尺計，枓槽版長8尺，廣（寬）1.36尺，厚2寸。

其上壓廈版，仍以方8尺方井計，其長隨方井之面，長8尺；厚同枓槽版，厚2寸；以其廣（寬）0.15尺計，則廣爲8×0.15=1.2尺。

〔8.2.4〕
八角井

八角井：於方井鋪作之上施隨瓣方，抹角勒作八角。 八角之外，四角謂之角蟬。**於隨瓣方之上施七鋪作上昂重栱，** 材分等並同方井法，**八入角，每瓣用補間鋪作一朵。**

梁注："在正方形內抹去四角，做成等邊八角形；抹去的四個等腰三角形''就叫作'角蟬'。"[1]

關于此注，徐注："原注油印稿恐漏刻'三角形'三字，今補。"[2]

梁先生又注"瓣"："八角形或等邊多角形的一面謂之'瓣'。"[3]

八角井隨瓣方上施七鋪作上昂重栱，所用材分與方井同，應仍爲：材廣1.8寸，厚1.2寸。八角形每面施補間鋪作1朵。

〔8.2.5〕
鬬八藻井諸名件

隨瓣方：每直徑一尺，則長四寸，廣四分，厚三分。

枓槽版：長隨瓣，廣二寸，厚二分五厘。

壓廈版：長隨瓣，斜廣二寸五分，厚二分七厘。

鬬八：於八角井鋪作之上，用隨瓣方；方上施鬬八陽馬， 陽馬今俗謂之梁抹；**陽馬之內施背版，貼絡華文。**

陽馬：每鬬八徑一尺，則長七寸，曲廣一寸五分，厚五分。

隨瓣方：長隨每瓣之廣。其廣五分，厚二分五厘。

背版：長視瓣高，廣隨陽馬之內。其用貼並難子，並準平棊之法。 華子每方一尺用十六枚或二十五枚。

① 梁思成. 梁思成全集. 第七卷. 第215頁. 小木作制度三. 鬬八藻井. 注10. 中國建築工業出版社. 2001年
② 梁思成. 梁思成全集. 第七卷. 第215頁. 小木作制度三. 鬬八藻井. 脚注1. 中國建築工業出版社. 2001年
③ 梁思成. 梁思成全集. 第七卷. 第215頁. 小木作制度三. 鬬八藻井. 注11. 中國建築工業出版社. 2001年

這段文字兩次出現"隨瓣方"，第一次出現時陶本誤爲"隨辦方"。陳注：改"辦"爲"瓣"。[1]梁先生之前一注已如前引："這個隨瓣方是八角井下邊承托枓槽版的隨瓣方。"[2]後一注："這個隨瓣方是鬥八藻井頂部陽馬脚下的隨瓣方。"[3]

又注"枓槽版"："這個枓槽版是八角形的枓槽版。"[4]并注："陽馬就是角梁的别名。"[5]

以其徑6.4尺計，其隨瓣方長2.56尺，廣（寬）2.56寸，厚1.92寸。

枓槽版，其長隨瓣，即長2.56尺，其廣（寬）2寸，厚0.25寸。

壓廈版，其長隨瓣，即2.56尺，其斜廣2.5寸，其厚0.27寸。

陽馬，以每鬥八徑1尺，其長7寸，曲廣1.5寸，厚0.5寸；以其徑4.2尺計，其陽馬長2.94尺，曲廣（寬）6.3寸，厚2.1寸。

陽馬下隨瓣方，其長隨瓣，即長2.56尺，其廣（寬）0.5寸，其厚0.25寸。

背版，其長視瓣高而定，其廣隨陽馬之内。背版似爲一弧形曲面版，依八角形半圓弧，依陽馬按八瓣分割。故其長與陽馬之長相類，約長2.94尺。其廣爲兩根陽馬間之净距，呈三角弧狀。但這裏未給出背版厚度尺寸，推測其版厚或與平棊背版同，厚0.6寸。

背版下施貼及難子，做法與平棊背版同。其貼及難子，厚爲2寸；每版一平方尺，内施華子16枚或25枚。但華子形式如何？怎樣排布？未可知。

〔8.2.6〕
鬥八藻井一般

凡藻井，施之於殿内照壁屏風之前，或殿身内前門之前，平棊之内。

作爲强調空間重要性的藻井，在殿閣之内的位置有一定講究。可施于殿内照壁屏風之前，如佛殿内佛像背光之前的佛造像之上。亦可施于殿身内前門之前。既是殿身之内，其藻井須與殿内平棊結合設置，將其嵌于平棊之内。這一位置大約相當于殿身前廊空間。如寧波保國寺宋代大殿前廊藻井，就是一例。

【8.3】
小鬥八藻井

〔8.3.1〕
造小鬥八藻井之制

造小藻井之制：共高二尺二寸。其下曰八角井，徑四尺八寸；其上曰鬥八，高八寸，於

① [宋]李誡. 營造法式（陳明達點注本）. 第一册. 第167頁. 小木作制度三. 鬥八藻井. 批注. 浙江攝影出版社. 2020年

② 梁思成. 梁思成全集. 第七卷. 第215頁. 小木作制度三. 鬥八藻井. 注12. 中國建築工業出版社. 2001年

③ 梁思成. 梁思成全集. 第七卷. 第215頁. 小木作制度三. 鬥八藻井. 注15. 中國建築工業出版社. 2001年

④ 梁思成. 梁思成全集. 第七卷. 第215頁. 小木作制度三. 鬥八藻井. 注13. 中國建築工業出版社. 2001年

⑤ 梁思成. 梁思成全集. 第七卷. 第215頁. 小木作制度三. 鬥八藻井. 注14. 中國建築工業出版社. 2001年

頂心之下施垂蓮，或彫華雲卷；背內安明鏡。其名件廣厚，各以每尺之徑及高，積而爲法。

小鬭八藻井不僅尺度較小，也比鬭八藻井在構造上少了一層。小鬭八藻井不施方井，其第一層爲八角井，第二層爲鬭八，兩層總高2.2尺。八角井，徑4.8尺；鬭八，高0.8尺；八角井高1.4尺。

鬭八頂心之下施垂蓮或彫華雲卷，內安明鏡。其名件廣厚尺寸，由鬭八之徑及藻井之高推算而出。

〔8.3.2〕

八角井

八角井：抹角勒算桯方作八瓣。於算桯方之上用普拍方；方上施五鋪作卷頭重栱。材廣六分，厚四分；其科栱等分數制度，皆準大木作法。**科栱之內用枓槽版，上用壓廈版，上施版壁貼絡門窗，鉤闌，其上又用普拍方。方上施五鋪作一杪一昂重栱，上下並八入角，每瓣用補間鋪作兩朵。**

上文"八角井"，陶本："八角并"。傅建工合校本注："熹年謹按：文津四庫本、陶本誤作'八角并'，據故宮本、張本、丁本改。"①

陳注："'并'應作'井'"。②徐注："'陶本'作'八角并'。"③

傅書局合校本注："井，'井'誤'并'，據故宮本、張本改。"④

"科栱之內"句，梁注："這句需要注釋明確一下。'科栱之內'的'內'字應理解爲'背面'，即科栱的背面用'枓槽版'；'上用壓廈版'是科栱之上用壓廈版；'上施版壁貼絡門窗、鉤闌'是在這塊壓廈版之上，安一塊板子貼絡門窗，在壓廈版邊緣上安鉤闌；'其上又安普拍方'是在貼絡門窗之上安普拍方。"⑤

陳注："材，六分。"⑥標示出小鬭八藻井之科栱用材。

將殿堂科栱所承算桯方設爲八角形平面，方上用普拍方，再施五鋪作雙卷頭重栱造科栱。其科栱用材廣0.6寸，厚0.4寸。其餘材栔做法，均依大木作科栱制度。科栱的背面，用枓槽版，科栱之上施壓廈版。再在壓廈版上施版，貼絡門窗，并在壓廈版邊緣施安鉤闌。

版上再施普拍方，方上施五鋪作一杪一昂重栱造；上下皆爲八角平面，且每瓣并用補間鋪作兩朵。

〔8.3.3〕

小鬭八藻井諸名件

枓槽版：每徑一尺，則長九寸；高一

① [宋]李誡，傅熹年校注．合校本營造法式．第280頁．小木作制度三．小鬭八藻井．注1．中國建築工業出版社．2020年
② [宋]李誡．營造法式（陳明達點注本）．第一册．第168頁．小木作制度三．小鬭八藻井．批注．浙江攝影出版社．2020年
③ 梁思成．梁思成全集．第七卷．第215頁．小木作制度三．小鬭八藻井．脚注2．中國建築工業出版社．2001年
④ [宋]李誡，傅熹年彙校．營造法式全校本．第二册．小木作制度三．小鬭八藻井．校注．中華書局．2018年
⑤ 梁思成．梁思成全集．第七卷．第215頁．小木作制度三．小鬭八藻井．注16．中國建築工業出版社．2001年
⑥ [宋]李誡．營造法式（陳明達點注本）．第一册．第168頁．小木作制度三．小鬭八藻井．批注．浙江攝影出版社．2020年

尺，則廣六寸。以厚八分爲定法。

普拍方：長同上，每高一尺，則方
　　　三分。

隨瓣方：每徑一尺，則長四寸五分；每
　　　高一尺，則廣八分，厚五分。

陽馬：每徑一尺，則長五寸；每高一
　　　尺，則曲廣一寸五分，厚七分。

背版：長視瓣高，廣隨陽馬之內。以厚五
　　分爲定法。其用貼並難子，並準殿內鬭
　　八藻井之法。貼絡華數亦如之。

上文"枓槽版"條，"高一尺，則廣
六寸"，陳注："每高"①，即當爲"每
高一尺，則廣六寸。"

八角井枓栱背面所施枓槽版，依井
徑1尺，其長9寸；井高1尺，其廣6寸。
則井徑4.8尺，版長4.32尺；井高1.4尺，
版寬8.4寸。版厚0.8寸，爲實尺。

八角井上之普拍方，其長同枓槽
版，爲4.32尺；其高隨井高，以井高1.4
尺，普拍方高0.42寸。

隨瓣方，井徑1尺，其長4.5寸，則
井徑推之，其長2.16尺；井高1尺，其廣
0.8寸，厚0.5寸，依井高1.4尺計，隨瓣
方廣（寬）1.12寸，厚0.7寸。

陽馬，井徑1尺，其長5寸，依井徑
推之，其長2.4尺；井高1尺，其曲廣1.5
寸，厚0.7寸，依井高推之，其曲廣（寬）
2.1寸，其厚0.98寸。

背版，長視瓣高，廣隨陽馬之內。
背版之長爲弧形曲面版，依八角形半圓
弧，依陽馬按八瓣分割，版長與陽馬之
長相類，近2.4尺。其廣爲兩根陽馬間净
距，呈三角弧狀。版厚0.5寸，爲實尺。
版內用貼與難子，及貼絡華子之數，并
同鬭八藻井。

〔8.3.4〕
小鬭八藻井一般

**凡小藻井，施之於殿宇副階之內。其腰內所
用貼絡門窗，鈎闌，**鈎闌下施鴈翅版。**其大小廣
厚，並隨高下量宜用之。**

上文"施之於殿宇副階之內"，梁
注："這就是重檐殿宇的廊内。"②
另注"鈎闌下"："原文作'鈎闌上施鴈
翅版'，而實際是在鈎闌腳下施鴈翅
版，所以'上'字改爲'下'字。"③

傅建工合校本注："梁思成先生
《營造法式注釋》卷第八此條後注
（18）云：原文作'鈎闌上施鴈翅版'而
實際是在鈎闌腳下施鴈翅版，所以
'上'字改爲'下'字。"④

小鬭八藻井在殿閣内的位置，較之
鬭八藻井似乎要稍顯次要一點。一般將
小鬭八藻井，施于重檐殿宇的副階，即
前廊，甚或周圍廊内。

① [宋]李誡. 營造法式（陳明達點注本）. 第一册. 第
　168頁. 小木作制度三. 小鬭八藻井. 批注. 浙江
　攝影出版社. 2020年
② 梁思成. 梁思成全集. 第七卷. 第215頁. 小木作
　制度三. 小鬭八藻井. 注17. 中國建築工業出版社.
　2001年
③ 梁思成. 梁思成全集. 第七卷. 第215頁. 小木作
　制度三. 小鬭八藻井. 注18. 中國建築工業出版社.
　2001年
④ [宋]李誡，傅熹年校注. 合校本營造法式. 第280頁.
　小木作制度三. 小鬭八藻井. 注2. 中國建築工業
　出版社. 2020年

小鬭八藻井之腰部，即八角井枓栱之上，腰用貼絡門窗及鉤闌；鉤闌之下施鴈翅版，以形成藻井內至重層樓閣形式。其所貼絡門窗、鉤闌及鴈翅版大小廣厚，均依小鬭八藻井之高低尺寸，量宜爲之。

【8.4】

拒馬叉子 其名有四：一曰梐枑；二曰梐拒；三曰行馬；四曰拒馬叉子

梁注："拒馬叉子是衙署府第大門外使用的活動路障。"[1] 又注："梐，音陛（bi）；枑，音戶。"[2]

〔8.4.1〕
造拒馬叉子之制

造拒馬叉子之制：**高四尺至六尺。如間廣一丈者，用二十一榥；每廣增一尺，則加二榥，減亦如之。兩邊用馬銜木，上用穿心串，下用攏程連梯，廣三尺五寸，其卯廣減程之半，厚三分，中留一分，其名件廣厚，皆以高五尺爲祖，隨其大小而加減之。**

上文"攏程連梯"，陶本："欐程連梯"。陳注：改"欐"爲"攏"。[3]

拒馬叉子高4—6尺，依房屋開間間廣設置叉子榥，間廣10尺，用21榥；間

廣每增或減1尺，則增加或減少2榥。兩端立木爲架，稱"馬銜木"。馬銜木上部以穿心串相連，下用攏程連梯，即以攏程連如梯狀，攏程長3.5尺。攏程卯之廣（寬），減程寬之半，以程之厚爲3分，中留1分爲卯。櫺爲施之于穿心串與連梯之間斜置細長木方，櫺之上部出頭，加以裝飾性雕刻。

拒馬叉子諸構件斷面尺寸，以其叉子高5尺爲基礎推算。

〔8.4.2〕
拒馬叉子諸名件

櫺子：其首制度有二：一曰五瓣雲頭挑瓣；二曰素訛角。叉子首於上串上出者，每高一尺，出二寸四分；挑瓣處下留三分。**斜長五尺五寸，廣二寸，厚一寸二分；每高增一尺，則長加一尺一寸，廣加二分，厚加一分。**

馬銜木：其首破瓣同櫺，減四分。長視高。**每叉子高五尺，則廣四寸半，厚二寸半。每高增一尺，則廣加四分，厚加二分；減亦如之。**

上串：長隨間廣。**其廣五寸五分，厚四寸。每高增一尺，則廣加三分，厚加二分。**

連梯：長同上串，廣五寸，厚二寸五分。每高增一尺，則廣加一寸。厚加五分。兩頭者廣厚同，長隨下廣。

① 梁思成. 梁思成全集. 第七卷. 第217頁. 小木作制度三. 拒馬叉子. 注19. 中國建築工業出版社. 2001年
② 梁思成. 梁思成全集. 第七卷. 第217頁. 小木作制度三. 拒馬叉子. 注20. 中國建築工業出版社. 2001年
③ [宋]李誡. 營造法式（陳明達點注本）. 第一冊. 第170頁. 小木作制度三. 拒馬叉子. 批注. 浙江攝影出版社. 2020年

拒馬叉子諸名件，包括兩端馬銜木；聯繫馬銜木上部之上串；聯繫馬銜木下端之連梯，及施于連梯與上串上的欂子。

欂首造型有兩種：一是五瓣雲頭挑瓣；二是素訛角。其伸出叉子上串長度，爲每高1尺，出首2.4寸。以叉子高5尺，其欂首高1.2尺。若欂首挑瓣，其挑瓣處下留0.3寸。

欂子爲斜置。其欂斜長5.5尺，廣（寬）2寸，厚1.2寸；叉子每高增1尺，欂斜長增1.1尺，廣（寬）增0.2寸，厚增0.1寸。

馬銜木，其首破瓣做法與欂子同，但其出首高度減0.4寸。叉子高5尺，其木廣（寬）4.5寸，厚2.5寸。叉子每高增1尺，其廣（寬）加0.4寸，厚加0.2寸。叉子高度若減低，其廣厚尺寸亦如此數減之。

上串，長隨叉子間之廣。串廣（寬）5.5寸，厚4寸；叉子每高增1尺，串之廣（寬）增0.3寸，厚增0.2寸。

連梯，其意不詳。聯繫後文地栿上出"連梯混"，則連梯似爲木方的一種邊棱形式。這裏的"連梯"應爲一條可以固定欂子根部的矩形木條。其長與上串同，亦隨叉子開間之廣。其廣（寬）1寸，厚2.5寸；叉子每高增1尺，其廣加1寸，厚加0.5寸。

又所謂"兩頭者廣厚同，長隨下廣"，則如《法式》上文，其連梯爲攏桿連梯。則"兩

頭"者，爲叉子之兩側叉脚；"下廣"者，即攏桿連梯之廣，爲3.5尺。

令人疑惑的是，陶本原文似未提及構成拒馬叉子下脚之"攏桿"的長短廣厚尺寸。上文所言"連梯"，似指櫳桿，其邊棱形式即爲"連梯"？

〔8.4.3〕
拒馬叉子一般

凡拒馬叉子，其欂子自連梯上，皆左右隔間分布於上串內，出首交斜相向。

拒馬叉子爲叉形，其欂之下端左右相間，自連梯兩側出；上端伸出上串之上，形成欂首；其欂相對斜向交叉布置，呈叉子狀。

【8.5】
叉子

梁注："叉子是用垂直的欂子排列組成的柵欄，欂子的上端伸出上串之上，可以防止從上面爬過。"[1]

叉子可依附于屋柱設置，在較長叉子的連接或轉角處，需以望柱爲立框；屋柱或望柱間，輔以馬銜木，上下用串；底部用地栿、地霞造，即在地栿之

① 梁思成. 梁思成全集. 第七卷. 第217—220頁. 小木作制度三. 叉子. 注21. 中國建築工業出版社. 2001年

下，施以經過雕飾的地霞；地栿以上用直立的櫺，穿出上下串，形成伸出上串的櫺頭。

〔8.5.1〕
造叉子之制

造叉子之制：高二尺至七尺，如廣一丈，用二十七櫺；若廣增一尺，即更加二櫺；減亦如之。兩壁用馬銜木；上下用串；或於下串之下用地栿、地霞造。其名件廣厚，皆以高五尺爲祖，隨其大小而加減之。

上文"二十七櫺"，陳注："一?"[①]陳先生疑此處當爲"一十七櫺"。

傅書局合校本注：改"二十七"爲"一十七"，并注："二十七疑爲一十七之誤。《法式》卷第六各種按窗櫺數，祗有'一十七''二十七'兩種。拒馬叉子用二十七櫺交斜出首，疑較疏遠，故疑爲'一十七'，否則爲'二十一'。"[②]又補注："晁載之《續談助》摘抄北宋本《法式》即作二十七櫺，故不改。"[③]

傅建工合校本注："劉批陶本：《法式》卷第六各種按窗櫺數祗有'一十七'與'二十一'兩數。'二十七'疑爲'一十七'之誤，否則亦爲'二十一'。"[④]其本此處行文未作修改，并注："熹年謹按：晁載

之《續談助》摘抄北宋崇寧本、故宮本、文津四庫本、張本、瞿本均作'二十七櫺'，故不改。存劉批備考。"[⑤]

叉子高2—7尺，如叉子間廣爲10尺，用櫺子27根；其廣增1尺或減1尺，則增或減櫺子2根。

叉子開間兩端，用馬銜木；馬銜木上下用串；下串之下或用地栿地霞造。構成叉子諸名件廣厚尺寸，皆以叉子高爲5尺推算，并隨其高度變化或增或減。

〔8.5.2〕
叉子諸名件

望柱：如叉子高五尺，即長五尺六寸，方四寸。每高增一尺，則加一尺一寸，方加四分，減亦如之。

櫺子：其首制度有三：一曰海石榴頭；二曰挑瓣雲頭；三曰方直笏頭。叉子首於上串上出者，每高一尺，出一寸五分；內挑瓣處下留三分。**其身制度有四：一曰一混、心出單線、壓邊線；二曰瓣內單混、面上出心線；三曰方直、出線、壓邊線或壓白；四曰方直不出線，**其長四尺四寸，透下串者長四尺五寸，每間三條，**廣二寸，厚一寸二分。每高增一尺，則長加九寸，廣加二**

① [宋]李誡. 營造法式（陳明達點注本）. 第一册. 第171頁. 小木作制度三. 叉子. 批注. 浙江攝影出版社. 2020年

② [宋]李誡，傅熹年彙校. 營造法式合校本. 第二册. 小木子制度三. 叉子. 校注. 中華書局. 2018年

③ [宋]李誡，傅熹年彙校. 營造法式合校本. 第二册. 小木子制度三. 叉子. 校注. 中華書局. 2018年

④ [宋]李誡，傅熹年校注. 合校本營造法式. 第285頁. 小木作制度三. 叉子. 注1. 中國建築工業出版社. 2020年

⑤ [宋]李誡，傅熹年校注. 合校本營造法式. 第285頁. 小木作制度三. 叉子. 注2. 中國建築工業出版社. 2020年

分，厚加一分；減亦如之。

上下串：**其制度有三：一曰側面上出心線、壓邊線或壓白；二曰瓣內單混出線；三曰破瓣不出線；長隨間廣，其廣三寸，厚二寸。如高增一尺，則廣加三分，厚加二分；減亦如之。**

馬銜木：_{破瓣同櫺。}**長隨高，**_{上隨櫺齊，下至地栿上。}**制度隨櫺。其廣三寸五分，厚二寸。每高增一尺，則廣加四分，厚加二分；減亦如之。**

地霞：**長一尺五寸，廣五寸，厚一寸二分。每高增一尺，則長加三寸，廣加一寸，厚加二分；減亦如之。**

地栿：**皆連梯混，或側面出線。**_{或不出線。}**長隨間廣，**_{或出絞頭在外，}**其廣六寸，厚四寸五分。每高增一尺，則廣加六分，厚加五分；減亦如之。**

陳注："絞頭"[①]，似為標示出此一術語。

若叉子高5尺，望柱長為5.6尺，望柱截面方4寸；叉子每高增1尺，望柱長增1.1尺，截面方加0.4寸；叉子減低，望柱尺寸減小之數亦如之。

櫺首有3種繁簡不同的造型：（1）海石榴頭；（2）挑瓣雲頭；（3）方直笏頭。櫺首伸出上串長度，隨叉子高而變；叉子每高1尺，櫺首出頭1.5寸，則5尺高叉子，櫺首出頭長7.5寸。櫺首內挑瓣處，下留0.3寸。

櫺身斷面出線腳有4種形式：（1）一混線腳，其中心出單線，四棱壓邊線；（2）斷面分瓣之瓣內用單混線，面上出心線；（3）斷面雖方直，但出線腳，邊棱壓線（這裏的"壓白"未解其意，或是用白色綫描壓之？未可知）；（4）斷面方直，不出線腳。

櫺子長4.4尺，若透出下串，其長4.5尺。每間用櫺3條。櫺廣（寬）2寸，厚1.2寸。叉子每高增1尺，其櫺長加9寸，廣（寬）加0.2寸，厚加0.1寸，叉子減低，其櫺尺寸減少之數亦如之。

上、下串線腳亦有三種形式：一是側面上出心線、壓邊線（或壓白？）；二是斷面分瓣，瓣內用單混，混上亦出線；三是其斷面為破瓣，即四棱破角，但因破瓣已有線腳，未知如何纔不出線？其串長隨叉子之間廣，串之廣（寬）3寸，厚2寸；如叉子高增1尺，其廣（寬）加0.3寸，厚加0.2分；若其高減1尺，所減廣厚尺寸之數亦如之。

叉子每間兩端馬銜木，四棱破瓣與櫺子同；馬銜木長隨叉子高，其上與櫺齊，下至地栿。其面上出線腳諸制度亦與櫺子同。馬銜木廣（寬）3.5寸，厚2寸。若叉子高增1尺，廣（寬）增0.4寸，厚增0.2寸；若叉子高減1尺，廣厚尺寸所減之數亦然。

① [宋]李誡. 營造法式（陳明達點注本）. 第一册. 第173頁. 小木作制度三. 叉子. 批注. 浙江攝影出版社. 2020年

地霞，或施于地栿之上，下串之下？其長1.5尺，廣（寬）5寸，厚1.2寸。若叉子每高增1尺，地霞長增3寸，廣（寬）增1寸，厚增0.2寸；若叉子高減1尺，其地霞諸尺寸所減之數亦然。

地栿，位于兩柱之間。地栿之上，可立望柱，并施地霞。

地栿形式爲連梯混，但這裏的"連梯混"與前文所言"連梯"有什麼關係？其形式如何？待考。其地栿側面出線脚或不出線脚，但所出線脚與"連梯混"有怎樣的關係，亦難厘清。

地栿，長隨房屋（或叉子）間廣，若非房屋之開間，則可在叉子開間之外出絞頭。所謂絞頭，未知與後文鈎闌尋杖之絞角有何相似之處？地栿廣（寬）6寸，厚4.5寸。叉子每高增1尺，其廣（寬）增0.6寸，厚增0.5寸；叉子高每減1尺，其廣厚所減之數亦然。

〔8.5.3〕

叉子一般

凡叉子若相連或轉角，皆施望柱，或栽入地，或安於地栿上，或下用袞砧托柱。如施於屋柱間之內及壁帳之間者，皆不用望柱。

梁注："袞砧是石製的，大體上是方形的，浮放在地面上（可以移動）的'柱礎'。"[1]

叉子，可以是相連呈一直綫，亦可呈轉角形式，兩種情況都需施望柱。望柱或栽于地面下，或安于地栿上。亦可在望柱之下以石製袞砧爲墊托。

叉子若施于屋柱之內或壁帳之間，則不用望柱。

【8.6】

鈎闌重臺鈎闌、單鈎闌。其名有八：一曰櫺檻；二曰軒檻；三曰攏；四曰梐牢；五曰闌楯；六曰柃；七曰階檻；八曰鈎闌

梁注："以小木作鈎闌與石作鈎闌相對照，可以看出它們的比例、尺寸，乃至一些構造的做法（如蜀柱下卯穿地栿）基本上是一樣的。由于木石材料性能之不同，無論在構造方法上或比例、尺寸上，木石兩種鈎闌本應有顯著的差別。在《營造法式》中，顯然故意强求一致，因此石作鈎闌的名件就過于纖巧單薄，脆弱易破，而小木作鈎闌就嫌沉重笨拙了。"[2]

基于有機功能主義建築理論，梁先生對中國建築木、石材料在材性理解與建築表達上的誤區，持批判態度。

前文《法式》"石作制度"討論，已對石作單鈎闌與重臺鈎闌作了分析。這

---

① 梁思成. 梁思成全集. 第七卷. 第220頁. 小木作制度三. 叉子. 注22. 中國建築工業出版社. 2001年

② 梁思成. 梁思成全集. 第七卷. 第222頁. 小木作制度三. 鈎闌. 注23. 中國建築工業出版社. 2001年

裏所討論的是“小木作制度”中的鉤闌。

造樓閣殿亭鉤闌之制

造樓閣殿亭鉤闌之制有二：一曰重臺鉤闌，高四尺至四尺五寸；二曰單鉤闌，高三尺至三尺六寸。若轉角則用望柱。或不用望柱，即以尋杖絞角。如單鉤闌枓子蜀柱者，尋杖或合角。其望柱頭破瓣仰覆蓮。當中用單胡桃子，或作海石榴頭。如有慢道，即計階之高下，隨其峻勢，令斜高與鉤闌身齊。不得令高，其地栿之類，廣厚準此。其名件廣厚，皆取鉤闌每尺之高，謂自尋杖上至地栿下，積而為法。

關于“絞角”，梁注：“這種尋杖絞角的做法，在唐、宋繪畫中是常見的，在日本也有實例。”[1]又注“合角”：“這種枓子蜀柱上尋杖合角的做法，無論在繪畫或實物中都沒有看到過。”[2]

重臺鉤闌，高4—4.5尺；單鉤闌，高3—3.6尺。

若轉角處不用望柱，則重臺鉤闌需用尋杖絞角；單鉤闌，用枓子蜀柱者，則用尋杖或合角。所謂絞角，似指重臺鉤闌兩個方向尋杖，在轉角處各自外伸，并相互搭接咬合。所謂合角，似指單鉤闌兩個方向尋杖，在轉角處枓子蜀柱上，以榫卯相互結合，呈一轉角却并不出頭之做法。

望柱頭為破瓣仰覆蓮形式，仰覆蓮心托單胡桃子，或刻為海石榴。望柱如遇慢道，則隨慢道坡度，將慢道上望柱斜高與正常鉤闌高度取平。勿使慢道上的鉤闌高過正常鉤闌之高。慢道上鉤闌之地栿等名件的廣厚尺寸，亦應與正常鉤闌諸名件廣厚尺寸同。

鉤闌諸名件廣厚，以鉤闌高，即自地栿下皮至尋杖上皮高度差推算而出。

重臺鉤闌諸名件

重臺鉤闌：

望柱： 長視高，每高一尺，則加二寸，方一寸八分。

蜀柱： 長同上，上下出卯在內，廣二寸，厚一寸，其上方一寸六分，刻為瘦項。其項下細處比上減半，其下挑心尖，留十分之二；兩肩各留十分中四分；其上出卯以穿雲栱、尋杖；其下卯穿地栿。

雲栱： 長二寸七分，廣減長之半，穇一分二厘，在尋杖下，厚八分。

地霞： 或用華盆亦同。長六寸五分，廣一寸五分，穇一分五厘，在束腰下，厚一寸三分。

尋杖： 長隨間，方八分。或圓混，或四混、六混、八混造；下同。

---

① 梁思成. 梁思成全集. 第七卷. 第222頁. 小木作制度三. 鉤闌. 注24. 中國建築工業出版社. 2001年

② 梁思成. 梁思成全集. 第七卷. 第222頁. 小木作制度三. 鉤闌. 注25. 中國建築工業出版社. 2001年

盆脣木：長同上，廣一寸八分，厚
　　　　六分。

束腰：長同上，方一寸。

上華版：長隨蜀柱內，其廣一寸九分，
　　　　厚三分。四面各別出卯入池槽，各一寸；下同。

下華版：長厚同上，卯入至蜀柱卯，廣一寸
　　　　三分五厘。

地栿：長同尋杖，廣一寸八分，厚一寸
　　　　六分。

　　上文"蜀柱"條小注"兩肩各留十分中
四分"，陶本："兩肩各留十分中四厘"。陳注
"厘"：疑爲"分？"[1]徐注："'陶本'
作'厘'，誤。"[2]傅書局合校本注：
"分。疑'分'誤作'厘'。"[3]

　　望柱長，視鉤闌之高。鉤闌每高1
尺，望柱高加2寸，方1.8寸。以鉤闌高
4.5尺計，望柱高5.4尺，方8.1寸。

　　從上下文看，蜀柱長，包括了從尋
杖上皮至地栿下皮之鉤闌通高。其長度
尺寸既包括蜀柱上入尋杖、下入地栿之
卯，亦包括雲栱、瘦項之高及穿透盆
脣、束腰、地霞之厚等尺寸。若鉤闌高
4.5尺，蜀柱（包括上下出卯）長亦爲
4.5尺。

　　上文鉤闌諸名件尺寸爲比例尺寸，
以鉤闌每尺之高，積而爲法，即以鉤闌
高爲100，名件尺寸計爲"寸"者，爲鉤
闌高的10%；計爲"分"者，爲鉤闌高

的1%。

　　以重臺鉤闌高4.5尺計，則蜀柱廣
（寬）2寸（4.5×2=9寸），厚1寸（4.5×1=
4.5寸）。盆脣上之蜀柱，刻爲瘦項，斷面
方1.6寸（4.5×1.6=7.2寸）。瘦項下部斷
面0.8寸（4.5×0.8=3.6寸）；項底之桃心
尖，寬0.32寸（4.5×0.32=1.44寸）；項之
兩肩寬各0.64寸（4.5×0.64=2.88寸）。

　　雲栱，施于尋杖之下、瘦項之上，
并將與蜀柱合爲一體的瘦項之卯包裹
其中。雲栱長2.7寸（4.5×0.27=1.215
尺），廣（寬）1.35寸（4.5×1.35=6.075
寸）。"廫"者，有庇護、遮蓋之意。則
雲栱遮蔽蜀柱的寬度，爲0.12寸（4.5×
0.12=0.54寸）；雲栱厚與尋杖同，爲0.8寸
（4.5×0.8 =3.6寸）。

　　地霞（或華盆），施于束腰下，長6.5
寸（4.5×0.65=2.925尺），廣（寬）1.5寸
（4.5×1.5=6.75寸），厚1.3寸（4.5×1.3 =
5.85寸）；地霞遮蔽蜀柱的寬度爲0.15寸
（4.5×0.15=0.675寸）。

　　尋杖，長隨間廣，即兩望柱間之
廣。斷面方0.8寸（4.5×0.8=3.6寸）。尋
杖外形，或爲圜混如圓木狀，或爲四
混、六混、八混之多圓棱狀。盆脣、束
腰、地栿，或也可以刻如尋杖之圜混，
或多混形式。

　　盆脣木，長與尋杖同，廣（寬）1.8寸
（4.5×1.8=8.1寸），厚0.6寸（4.5×0.6 =
2.7寸）。

① [宋]李誡. 營造法式（陳明達點注本）. 第一冊. 第
　175頁. 小木作制度三. 鉤闌. 批注. 浙江攝影出版
　社. 2020年
② 梁思成. 梁思成全集. 第七卷. 第220頁. 小木
　作制度三. 鉤闌. 脚注1. 中國建築工業出版社.
　2001年
③ [宋]李誡, 傅熹年彙校. 營造法式合校本. 第二冊.
　小木作制度三. 鉤闌. 校注. 中華書局. 2018年

束腰，長與尋杖同，斷面方形，其方1寸（4.5×1=4.5寸）。

上華版，長爲兩蜀柱間净距，廣（寬）1.9寸（4.5×1.9=8.55寸），厚0.3寸（4.5×0.3=1.35寸）。上華版四邊各出卯，插入盆脣、束腰，即左右蜀柱之池槽内。

下華版，長爲兩蜀柱間净距，廣（寬）1.35寸（4.5×1.35=6.075寸），厚0.3寸（4.5×0.3=1.35寸）；其卯入蜀柱卯。

地栿，長與尋杖同，廣（寬）1.8寸（4.5×1.8=8.1寸），厚1.6寸（4.5×1.6=7.2寸）。

若鉤闌高度不同，諸名件相應尺寸亦隨其比例相應變化。

〔8.6.3〕
單鉤闌諸名件

單鉤闌：

望柱：方二寸。<small>長及加同上法。</small>

蜀柱：制度同重臺鉤闌蜀柱法，自盆脣木之上，雲栱之下，或造胡桃子撮項，或作青蜓頭，或用枓子蜀柱。

雲栱：長三寸二分，廣一寸六分，厚一寸。

尋杖：長隨間之廣，其方一寸。

盆脣木：長同上，廣二寸，厚六分。

華版：長隨蜀柱内，其廣三寸四分，厚三分。<small>若萬字或鉤片造者，每華版廣一尺，萬字條桱廣一寸五分，厚一寸；子桱廣一寸二分五厘；鉤</small>

<small>片條桱廣二寸，厚一寸一分；子桱廣一寸五分；其間空相去，皆比條桱减半；子桱之厚同條桱。</small>

地栿：長同尋杖，其廣一寸七分，厚一寸。

華托柱：長隨盆脣木下至地栿上，其廣一寸四分，厚七分。

梁注：（1）"青蜓頭的樣式待考。可能是頂端做成兩個圓形的樣子。"[1]（2）"從南北朝到唐末宋初，鉤片都很普遍使用。雲岡石刻和敦煌壁畫中所見很多。南京栖霞寺五代末年的舍利塔月臺的鉤片鉤闌是按出土欄板複製的。"[2]（3）"華托柱以及本篇末段所説'殿前中心作折檻'等等的做法待考。"[3]

上文"華版"條小注<small>"若萬字或鉤片造者"</small>，傅建工合校本改"萬"爲"万"，并注："熹年謹按：張本、陶本作'萬'字，劉校故宮本、文津四庫本、瞿本均作簡體字'万'，當從'万'，實即像鉤片之圖形也。"[4]

單鉤闌望柱，長亦視鉤闌之高。鉤闌每高1尺，望柱加高2寸，方2寸。以鉤闌高3.6尺計，其望柱高4.32尺，望柱斷面方7.2寸。

蜀柱，雖云其制度同重臺鉤闌蜀柱，但未詳之。推測其長仍與鉤闌高同，則若鉤闌高3.6尺，蜀柱長亦3.6尺。

① 梁思成. 梁思成全集. 第七卷. 第222頁. 小木作制度三. 鉤闌. 注26. 中國建築工業出版社. 2001年
② 梁思成. 梁思成全集. 第七卷. 第222頁. 小木作制度三. 鉤闌. 注27. 中國建築工業出版社. 2001年
③ 梁思成. 梁思成全集. 第七卷. 第222頁. 小木作制度三. 鉤闌. 注28. 中國建築工業出版社. 2001年
④ [宋]李誡. 傅熹年校注. 合校本營造法式. 第289頁. 小木作制度三. 鉤闌. 注2. 中國建築工業出版社. 2020年

蜀柱與盆唇木上撮項（或青蜓頭、枓子蜀柱）在構造上應合爲一體，其上下出卯，伸入尋杖與地栿中。

其盆唇木之上、雲栱之下，有三種做法：一是胡桃子撮項；二是青蜓頭，其外觀或如梁先生推測之雙圓形式樣；三是枓子蜀柱。

蜀柱尋杖之下、撮項之上，可施雲栱。其長3.2寸（3.6×0.32=1.152尺），廣（寬）1.6寸（3.6×1.6=5.76寸），厚1寸（3.6×1=3.6寸）。若用青蜓頭、枓子蜀柱做法，似無雲栱。

尋杖，長隨開間之廣，尋杖斷面爲1寸（3.6×1=3.6寸）見方。

盆唇木，長與尋杖同，亦隨開間之廣，廣（寬）2寸（3.6×2=7.2寸），厚0.6寸（3.6×0.6=2.16寸）。

華版，長隨兩蜀柱間淨距，廣（寬）3.4寸（3.6×0.34=1.224尺），厚3寸（3.6×0.3=1.08尺）。若爲萬字或鉤片造，其條桱尺寸與華版寬度（廣）有關。華版廣（寬）1尺，萬字條桱廣（寬）1.5寸，厚1寸，以華版廣1.22尺，其條桱廣1.22×1.5=1.83寸，厚1.22×1=1.22寸。

子桯、鉤片之廣亦類之。以華版廣（寬）1.22尺計，萬字條桱寬1.22×1.5=1.83寸，厚1.22×1=1.22寸；子桯廣（寬）1.22×1.25=1.525寸，鉤片條桱廣（寬）1.22×2=2.44寸，厚1.22×1.1=1.342寸；另有子桯，其廣（寬）1.22×1.5=1.83寸；

兩種子桯之厚，均與條桱厚同，爲1.34寸。鉤片條桱彼此之間空，比條桱廣（寬）減半，則爲1.22寸。

地栿，長同尋杖，仍隨開間之廣，廣（寬）1.7寸（1.22×1.7=2.074寸），厚1寸（1.22×1=1.22寸）。

華托柱，其形式不詳。以之前之斷句，"長隨盆唇木，下至地栿上"，從文義上似不通，或可將其句斷爲"長隨盆唇木下，至地栿上"，則華托柱似爲盆唇木與地栿之間的短柱。

結合下文有關"折檻"之敘述，則華托柱，疑爲僅施于殿前折檻之盆唇下的短柱。其柱廣（寬）1.4寸（1.22×1.4=1.708寸），厚0.7寸（1.22×0.7=0.854寸）。因稱"華托柱"，推測其短柱表面，似應飾有華文。

〔8.6.4〕

鉤闌一般

凡鉤闌分間布柱，令與補間鋪作相應。角柱外一間與階齊，其鉤闌之外，階頭隨屋大小留三寸至五寸爲法。**如補間鋪作太密，或無補間者，量其遠近，隨宜加減。如殿前中心作折檻者，**今俗謂之龍池，**每鉤闌高一尺，於盆唇內廣別加一寸。其蜀柱更不出項，內加華托柱。**

無論重臺鉤闌，還是單鉤闌，其分設開間布置望柱，都應與房屋枓栱之補間鋪作縫對應。房屋轉角之外，則與房屋階基齊，但在鉤闌之外，與階之邊緣要留出3—5寸的距離，稱爲"階頭"。

如果補間鋪作太密，或無補間鋪作的房屋，其鉤闌分間布柱，則需按距離遠近，隨宜加減。

關于"折檻"，見于漢代的一個傳説："朱雲見漢成帝，請斬馬劍斷張禹首。上大怒曰：'罪死不赦。'御史將雲下，雲攀殿檻，檻折，御史遂將雲去。辛慶忌叩頭以死争，上意解，然後得已。及後當治檻，上曰：'勿易。因而輯之，以旌直臣。'……至今宫殿正中一間横檻，獨不施欄楯，謂之折檻，蓋自漢以來相傳如此矣。"①宋代宫殿之殿堂前，確有"折檻"。如《宋史》載："如傳旨謝恩，知閤門官承旨訖，於折檻東面西立，傳與舍人承旨訖，再揖。"②

可知，自漢晉以來，在帝王殿堂之前中心位置，往往施以折檻，即將殿前鉤闌上尋杖，留出一個開口，俗稱"龍池"。折檻處盆脣，要適當加寬，每鉤闌高1尺，其盆脣内之寬，另加1寸。以鉤闌高3.6尺，盆脣原廣7.2寸，其盆脣内之寬，亦加3.6寸，則折檻處盆脣寬1.08尺。

在折檻處，其蜀柱不會伸入盆脣之上，以形成撮項（不出項），故其盆脣之下、地栿之上，施以華托柱。

【8.7】
棵籠子

梁注："棵籠子是保護樹的周圈欄杆。"③

〔8.7.1〕
造棵籠子之制

造棵籠子之制：高五尺，上廣二尺，下廣三尺；或用四柱，或用六柱，或用八柱。柱子上下，各用榥子、脚串、版櫺。下用牙子，或不用牙子。**或雙腰串，或下用雙榥子鋜脚版造。柱子每高一尺，即首長一寸，垂脚空五分。柱身四瓣方直。或安子桯，或採子桯，或破瓣造；柱首或作仰覆蓮，或單胡桃子，或科柱挑瓣方直，或刻作海石榴。其名件廣厚，皆以每尺之高，積而爲法。**

梁注："垂脚就是下榥離地面的空檔的距離。"④

對兩處難解的術語，梁先生注："'安子桯'和'採子桯'有何區別待考，而且也不知子桯用在什麽位置上。"⑤又注："'科柱挑瓣方直'的樣式待考。"⑥

棵籠子高5尺，上廣（寬）2尺，下廣（寬）3尺，外觀呈梯形。可用4柱、6柱，或8柱。柱子上下用榥子、脚串、

① [宋]洪邁. 容齋續筆. 卷三. 朱雲、陳元達. 第257頁. 大象出版社. 2019年
② [元]脱脱等. 宋史. 卷一百一十四. 志第六十七. 禮十七. 進書儀. 第2717—2718頁. 中華書局. 1985年
③ 梁思成. 梁思成全集. 第七卷. 第222頁. 小木作制度三. 棵籠子. 注29. 中國建築工業出版社. 2001年
④ 梁思成. 梁思成全集. 第七卷. 第222頁. 小木作制度三. 棵籠子. 注30. 中國建築工業出版社. 2001年
⑤ 梁思成. 梁思成全集. 第七卷. 第222頁. 小木作制度三. 棵籠子. 注31. 中國建築工業出版社. 2001年
⑥ 梁思成. 梁思成全集. 第七卷. 第222頁. 小木作制度三. 棵籠子. 注32. 中國建築工業出版社. 2001年

版櫺形成一種圍籠的形式。這裏的"榥子"似爲卧榥。上設榥子，下設脚串，上下連以版櫺。版櫺下用牙子，或不用牙子。

柱首長依柱高推之；柱高1尺，柱首長1寸，垂脚空0.5寸。以柱高5尺計，其首長5寸，其下垂脚空2.5寸。柱身一般爲四棱方直斷面，柱頂部分，則可以斫作仰覆蓮狀、單胡桃狀，或海石榴花式樣，及"科柱挑瓣方直"做法。

若棵籠子之立面較爲寬闊，似可在柱間安子桯，子桯可采用破瓣造形式。其文中的"採子桯"，其意不詳。

棵籠子諸名件廣厚，以棵籠子高度尺寸推算而出。

柱子長，與棵籠子高同。柱高5尺，其斷面爲2.2寸見方；如棵籠子平面爲六邊形（六瓣）或八邊形（八瓣），則其柱子之廣爲3.5寸，其厚爲2.5寸。

上下榥及腰串，尺寸似相同；其長隨兩柱距離；其廣厚尺寸，似仍應與棵籠子高有關，以棵籠子高5尺計，其廣2寸，厚1.5寸。

錠脚版，長同榥及腰串，下隨榥子之長；其廣依棵籠子高5尺計，爲2.5寸，其厚0.6寸爲定法。

櫺子，仍以棵籠子高5尺計，其長5×0.66=3.3尺（卯在內），廣（寬）5×0.24=1.2寸；厚爲實尺，即0.6寸。

牙子，長同錠脚版，分作2條；廣（寬）5×0.4=2寸，厚仍爲0.6寸。

〔8.7.2〕
棵籠子諸名件

柱子：長視高。 每高一尺，則方四分四厘；如六瓣或八瓣，即廣七分，厚五分。

上下榥並腰串：長隨兩柱內，其廣四分，厚三分。

錠脚版：長同上， 下隨榥子之長，**其廣五分。** 以厚六分爲定法。

櫺子：長六寸六分， 卯在內，**廣二分四厘。** 厚同上。

牙子：長同錠脚版， 分作二條，**廣四分。** 厚同上。

〔8.7.3〕
棵籠子一般

凡棵籠子，其櫺子之首在上榥子內。其櫺相去準叉子制度。

櫺子，施于棵籠子上、下榥及腰串之間，故不出頭，櫺子之首在上榥子內。櫺子的相互距離，與叉子中的櫺距相同，即若廣10尺，用27櫺，每增、減1尺，各增、減2櫺的做法。大約可以每1尺寬安2根櫺之密度爲參考。

【8.8】
井亭子

梁注：“《法式》卷第六‘小木作制度一’裏已有‘井屋子’一篇。這裏又有‘井亭子’。兩者實際上是同樣的東西，祇有大小簡繁之別。井屋子比較小，前後兩坡頂，不用枓栱，不用椽，厦瓦版上釘護縫。井亭子較大，九脊結瓷式頂，用一杪一昂枓栱，用椽，厦瓦版上釘瓦隴條，做成瓦隴形式，脊上用鴟尾，亭內上部還做平棊。”①

井亭子似爲等級較高之井口建築，屋頂爲九脊結瓷；井屋子等級稍低，僅用兩際式屋頂。

〔8.8.1〕
造井亭子之制

造井亭子之制：自下鋜脚至脊，共高一丈一尺，鴟尾在外**，方七尺。四柱，四椽，五鋪作一杪一昂。材廣一寸二分，厚八分，重栱造。上用壓厦版，出飛檐，作九脊結瓷。其名件廣厚，皆取每尺之高，積而爲法。**

梁注：“本篇中的制度儘管例舉了各名件的比例、尺寸，占去很大篇幅，但是，由于一些關鍵性的問題没有交代清楚，或者根本没有交代（這在當時可能是没有必要的，但對我們來説都是絶不可少的），所以，儘管我們盡了極大的努力，都還是畫不出一張勉强表達出這井亭子的形制的圖來。其中最主要的一個環節，就是枨的位置。由于這一點不明確，就使我們無法推算榑的長短，兩山的位置，角梁尾的位置和交代的構造。總而言之，我們就怎樣也無法把這些名件拼凑成一個大致‘過得了關’的‘九脊結瓷頂’。”②

陶本凡用“結瓦”處，梁注釋本統一改爲“結瓷”；陳注與傅書局合校本則改爲“結厎”，後文不再重提。

上文小注“鴟尾在外”，陶本：“鶄尾在外”。

陳注：改“鶄”爲“鴟”。③傅書局合校本，亦改“鶄”爲“鴟”。④

陳注：“材，一寸二分。”⑤僅爲標示。

井亭子，自下鋜脚至脊（不含鴟尾）高11尺，平面爲方形，邊長7尺。

井亭子爲4柱方形屋，前後坡及兩山各1椽架，合爲“四椽”。

外檐用五鋪作一杪一昂重栱造枓栱，其材廣1.2寸，厚0.8寸。

---

① 梁思成. 梁思成全集. 第七卷. 第224頁. 小木作制度三. 井亭子. 注33. 中國建築工業出版社. 2001年

② 梁思成. 梁思成全集. 第七卷. 第224頁. 小木作制度三. 井亭子. 注33. 中國建築工業出版社. 2001年

③ [宋]李誡. 營造法式（陳明達點注本）. 第一册. 第179頁. 小木作制度三. 井亭子. 批注. 浙江攝影出版社. 2020年

④ [宋]李誡，傅熹年彙校. 營造法式合校本. 第二册. 小木作制度三. 井亭子. 校注. 中華書局. 2018年

⑤ [宋]李誡. 營造法式（陳明達點注本）. 第一册. 第179頁. 小木作制度三. 井亭子. 批注. 浙江攝影出版社. 2020年

屋頂用壓厦版，四面出飛子，以九脊結窊。

井亭子諸名件廣厚，皆以井亭子之高度尺寸推算而出。但究竟如何依據文中給出的名件及尺寸，造成九脊屋頂形式，仍是一個未解難題。

〔8.8.2〕
井亭子諸名件

梁注：“除此之外，制度中的尺寸，還有許多嚴重的錯誤。例如平屋榑蜀柱，‘長八寸五分’，實際上應是‘八分五厘’。又如上架椽‘曲廣一寸六分’，下架椽‘曲廣一寸七分’，各是‘一分六厘’和‘一分七厘’之誤。又如叉手‘廣四分，厚二分’，比栿的‘廣三分五厘’還粗壯，這顯然本末倒置很不合理的。這些都是我們在我們的不成功的製圖過程中發現的錯誤。此外，很可能還有些具體數字上的錯誤，我們一時就不易核對出來了。”[1]

〔8.8.3〕
井亭子屋身與平棊諸名件

柱：長視高，每高一尺，則方四分。

鋜腳：長隨深廣。其廣七分，厚四分。

絞頭在外。

額：長隨柱內，其廣四分五厘，厚二分。

串：長與廣厚並同上。

普拍方：長廣同上，厚一分五厘。

枓槽版：長同上，減二寸，廣六分六厘，厚一分四厘。

平棊版：長隨枓槽版內，其廣合版令足。以厚六分爲定法。

平棊貼：長隨四周之廣，其廣二分。厚同上。

福：長隨版之廣，其廣同上，厚同普拍方。

平棊下難子：長同平棊版，方一分。

壓厦版：長同鋜腳，每壁加八寸五分。廣六分二厘，厚四厘。

梁注“枓槽版”：“井亭子的枓栱是純裝飾性的，安在枓槽版上。”[2]

又注枓槽版條小注“減二寸”：“這類小注中的尺寸，大多不是‘以每尺之高積而爲法’的比例尺寸，而是絕對尺寸，或者是用其他方法（例如‘每深×尺’或‘每廣×尺’，‘則長×寸×分’之類）計算的比例尺寸。但須注意，下文接着又用大字的本文，如這裏的‘廣六分六厘，厚一分四厘’，又立即回到按指定的依據‘積而爲法’的比例上去了。本篇（以及其他各卷、各篇）中類似這樣的小注很多，請讀者特加注意。”[3]

① 梁思成. 梁思成全集. 第七卷. 第224頁. 小木作制度三. 井亭子. 注33. 中國建築工業出版社. 2001年
② 梁思成. 梁思成全集. 第七卷. 第224頁. 小木作制度三. 井亭子. 注34. 中國建築工業出版社. 2001年
③ 梁思成. 梁思成全集. 第七卷. 第224頁. 小木作制度三. 井亭子. 注35. 中國建築工業出版社. 2001年

上文"錠脚"條，陳注："絞頭"①，仍爲標示。

柱子之長，依井亭子之高；柱截面，以柱高1尺，柱方0.4寸計。井亭子高11尺，但未知柱高，祇知其四柱平面爲7尺見方。這裏假設其柱高與開間比爲1：1，或可推測其柱高7尺。如此，其柱斷面爲2.8寸見方。

錠脚，長隨井亭平面深廣，其亭深廣7尺，錠脚長約6.44尺。仍以柱高7尺計，以每尺之高，其廣（寬）0.7寸，厚0.4寸計，則錠脚廣（寬）4.9寸，厚2.8寸。

額，長隨兩柱間净距。以柱方2.8寸，兩柱合計5.6寸，則其額長爲6.44尺。以柱高7尺計，其廣7×0.45=3.15寸，厚7×0.2=1.4寸。

串，長與廣厚，并同額，即廣（寬）3.15寸，厚1.4寸。

普拍方，長同額，其廣亦爲3.15寸，厚爲7×0.15=1.05寸。

料槽版，長較額之長，減2寸；以柱高7尺計，其廣7×0.66=4.62寸，厚7×0.14=0.98寸。疑料槽版外會貼飾外檐料栱，其材廣1.2寸，厚0.8寸。以五鋪作高4材3栔（78分°），及櫨料平、欹高12分°，合計高90分°。以其分值爲0.08寸計，料栱總高7.2寸。但料栱高與料槽版廣（寬）之尺寸不匹配。

平棊版，長隨料槽版内，其廣（寬）需以合版形式鋪滿平棊，其厚0.6寸。

平棊四周施貼，長隨平棊四周之廣，以每高1尺，其廣0.2寸計，其廣（寬）1.4寸，其厚0.6寸。

平棊上施楅，長隨平棊版之長；其寬同貼，亦爲1.4寸，其厚同普拍方，爲1.05寸。

平棊之下四周亦施難子，長仍應隨平棊四周之廣；以每高1尺，方0.1寸計，則難子斷面方爲0.7寸。

壓厦版，似施于料槽版與料栱之上。其長同錠脚，每一側壁并加8.5寸。以錠脚長6.44尺，壓厦版長7.29尺，每側伸出柱頭外1.45寸。以每高1尺，其廣0.62寸，厚0.4寸計，壓厦版廣（寬）4.34寸，厚2.8寸。

〔8.8.4〕
井亭子屋頂諸名件

枓：長隨深，加五寸，廣三分五厘，厚二分五厘。

大角梁：長二寸四分，廣二分四厘，厚一分六厘。

子角梁：長九分，曲廣三分五厘，厚同楅。

貼生：長同壓厦版，加六寸，廣同大角梁，厚同料槽版。

脊槫蜀柱：長二寸二分，卯在内，廣三分

① [宋]李誡. 營造法式（陳明達點注本）. 第一册. 第180頁. 小木作制度三. 井亭子. 批注. 浙江攝影出版社. 2020年

六厘，厚同栿。

平屋榑蜀柱： 長八分五厘，廣厚同上。

脊榑及平屋榑： 長隨廣，其廣三分，厚二分二厘。

脊串： 長隨榑，其廣二分五厘，厚一分六厘。

叉手： 長一寸六分，廣四分，厚二分。

山版： 每深一尺，即長八寸，廣一寸五分，以厚六分爲定法。

上架椽： 每深一尺，即長三寸七分；曲廣一分六厘，厚九厘。

下架椽： 每深一尺，即長四寸五分；曲廣一分七厘，厚同上。

廈頭下架椽： 每廣一尺，即長三寸；曲廣一分二厘，厚同上。

從角椽： 長取宜，勻攤使用。

梁注"貼生"："貼生的這個'生'字，可能有'生起'（如角柱生起）的含義，也就是大木作橑檐方或榑背上的生頭木。它是貼在枓槽版上的，所以厚同枓槽版。因爲它是由枓槽版'生起'到角梁背的高度的，所以'廣同大角梁'。因此，它也應該像生頭木那樣，'斜殺向裏，令生勢圜和'。"[1]

又注榑上"蜀柱"："脊榑蜀柱和平屋榑蜀柱都是直接立在栿上的蜀柱。"[2]

并注蜀柱之長的"八分五厘"："這

個尺寸，各本原來都作'長八寸五分'。按大木作舉折之制繪圖證明，應作'長八分五厘'。"[3]

傅書局合校本注："疑爲八分五厘之誤。按八分五厘製圖，其高度適合舉折之制。"[4]又補注："故宮本、四庫本、張本均作八寸五分。"[5]

傅建工合校本注："劉批陶本：'八寸五分'疑爲'八分五厘'之誤。按八分五厘製圖，其高度適合舉折之制。梁思成先生《營造法式注釋》（卷上）卷第八此條後注（38）云：這個尺寸，各本原來都作'長八寸五分'。按大木作舉折之制繪圖證明，應作'長八分五厘'。"[6]其本將此處改爲"八分五厘"，并注："熹年謹按：故宮本、張本、丁本、四庫本、瞿本均作'八寸五分'，此處據劉、梁二公批注改爲'八分五厘'。"[7]

梁先生質疑"叉手"尺寸："叉手'廣四分，厚二分'，比栿'廣三分五厘'還大，很不合理。'長一寸六分'，祇適用于平屋榑下。"[8]

并注"山版"："山版是什麽？不太清楚。可能相當于清代的歇山頂的山花板，但從這裏規定的比例尺寸8：1.5看，又很不像。"[9]

關于上下架椽之"曲廣"尺寸，梁先生注："這裏'曲廣一分六厘'和

① 梁思成. 梁思成全集. 第七卷. 第224頁. 小木作制度三. 井亭子. 注36. 中國建築工業出版社. 2001年

② 梁思成. 梁思成全集. 第七卷. 第224頁. 小木作制度三. 井亭子. 注37. 中國建築工業出版社. 2001年

③ 梁思成. 梁思成全集. 第七卷. 第224頁. 小木作制度三. 井亭子. 注38. 中國建築工業出版社. 2001年

④ [宋]李誡，傅熹年彙校. 營造法式合校本. 第二冊. 小木作制度三. 井亭子. 校注. 中華書局. 2018年

⑤ [宋]李誡，傅熹年彙校. 營造法式合校本. 第二冊. 小木作制度三. 井亭子. 校注. 中華書局. 2018年

⑥ [宋]李誡，傅熹年校注. 合校本營造法式. 第295頁. 小木作制度三. 井亭子. 注1. 中國建築工業出版社. 2020年

⑦ [宋]李誡，傅熹年校注. 合校本營造法式. 第295頁. 小木作制度三. 井亭子. 注1. 中國建築工業出版社. 2020年

⑧ 梁思成. 梁思成全集. 第七卷. 第224頁. 小木作制度三. 井亭子. 注39. 中國建築工業出版社. 2001年

⑨ 梁思成. 梁思成全集. 第七卷. 第224頁. 小木作制度三. 井亭子. 注40. 中國建築工業出版社. 2001年

下面'曲廣一分七厘'的尺寸，各本原來都作'曲廣一寸六分'和'曲廣一寸七分。'經製圖核對，證明是'一分六厘'和'一分七厘'之誤。"①

陳注：改"一寸六分"爲"一分六厘"②；改"一寸七分"爲"一分七厘"③。

關于此條，傅先生亦有校注："疑'一分六厘、一分七厘'之誤。製圖亦以改正者爲是。然故宫本、四庫本均作'一寸六分、一寸七分'。"④

傅建工合校本亦作修改，并注："劉批陶本：'一寸六分''一寸七分'，疑爲'一分六厘''一分七厘'之誤。製圖亦以改正者爲是。梁思成先生《營造法式注釋》卷第八此條後注（41）所云與劉批同。熹年謹按：故宫本、張本、丁本、四庫本、瞿本均作'一寸六分''一寸七分'，此據劉、梁二公所批改。"⑤

枕之長，隨井亭進深（及面廣），再加5寸，則其長7.5尺。以每尺之高，其廣0.35寸，厚0.25寸計，仍以其柱高7尺計，則其枕高（廣）2.45寸，厚1.75寸。

大角梁，以每尺之高推之，其長1.68尺，廣（寬）1.68寸，厚1.12寸。

子角梁，以每尺之高推之，其長6.3寸，曲廣（寬）2.45寸，其厚與福同，爲1.05寸。

貼生，或與屋檐及翼角之生起有關，或施于壓厦版上；其長同壓厦版，再加6寸，如前文壓厦版長7.29尺，則貼生長7.89尺。貼生每側伸出井亭子諸角柱之外4.45寸。貼生廣（寬）同大角梁，爲1.68寸；厚同枓槽版，爲0.98寸。

脊槫蜀柱，以每尺之高推之，長1.54尺，廣（寬）2.52寸，厚與枕同，爲1.75寸。

平屋槫蜀柱，以每尺之高推之，其長5.95寸，斷面尺寸與脊槫蜀柱同，則其廣（寬）2.52寸，厚1.75寸。

脊槫及平屋槫（平屋槫，房屋之平槫），其長隨屋之廣，即長7尺；廣厚以每尺之高計，其斷面爲矩形，槫高（廣）2.1寸，厚1.54寸。

脊串，相當于房屋之順脊串，其長隨槫，亦爲7尺；其廣厚以每尺之高計，串之廣（寬）爲1.75寸，厚爲1.12寸。

叉手，以每尺之高推之，其長1.12尺，廣（寬）2.8寸，厚1.4寸。

山版，以井亭進深推。其深以兩柱净距，或鋜脚版長計，爲6.44尺，則山版長5.152尺，寬9.66寸，其厚0.6寸。

上架椽，亦以井亭進深推，其深6.44尺，則椽長2.38尺，椽曲廣（寬）1.03寸，厚0.58寸。

下架椽，算法同上，椽長2.9尺，椽

① 梁思成. 梁思成全集. 第七卷. 第224頁. 小木作制度三. 井亭子. 注41. 中國建築工業出版社. 2001年

② [宋]李誡. 營造法式（陳明達點注本）. 第一冊. 第182頁. 小木作制度三. 井亭子. 批注. 浙江攝影出版社. 2020年

③ [宋]李誡. 營造法式（陳明達點注本）. 第一冊. 第182頁. 小木作制度三. 井亭子. 批注. 浙江攝影出版社. 2020年

④ [宋]李誡，傅熹年彙校. 營造法式合校本. 第二冊. 小木作制度三. 井亭子. 校注. 中華書局. 2018年

⑤ [宋]李誡，傅熹年校注. 合校本營造法式. 第295頁. 小木作制度三. 井亭子. 注2. 中國建築工業出版社. 2020年

曲廣（寬）1.09寸，厚0.58寸。

厦頭下架椽，以井亭廣計，仍以其廣7尺計，則椽長2.1尺，曲廣（寬）0.84寸，厚0.58寸。

從角椽，類如房屋翼角椽，其長取宜，且需排布均勻。

〔8.8.5〕
井亭子檐口、屋蓋、厦兩頭諸名件

大連檐： 長同壓厦版，每面加二尺四寸，廣二分，厚一分。

前後厦瓦版： 長隨槫，其廣自脊至大連檐，合貼令數足，以厚五分爲定法，每至角，長加一尺五寸。

兩頭厦瓦版： 其長自山版至大連檐，合版令數足，厚同上。至角加一尺一寸五分。

飛子： 長九分，尾在内，廣八厘，厚六厘。其飛子至角令隨勢上曲。

白版： 長同大連檐，每壁長加三尺，廣一寸，以厚五分爲定法。

壓脊： 長隨槫，廣四分六厘，厚三分。

垂脊： 長自脊至壓厦外，曲廣五分，厚二分五厘。

角脊： 長二寸，曲廣四分，厚二分五厘。

曲闌槫脊： 每面長六尺四寸，廣四分，厚二分。

前後瓦隴條： 每深一尺，即長八寸五分；方九厘。相去空九厘。

厦頭瓦隴條： 每廣一尺，即長三寸三分；方同上。

搏風版： 每深一尺，即長四寸三分。以厚七分爲定法。

瓦口子： 長隨子角梁内，曲廣四分，厚亦如之。

垂魚： 長一尺三寸；每長一尺，即廣六寸；厚同搏風版。

惹草： 長一尺；每長一尺，即廣七寸；厚同上。

鴟尾： 長一寸一分，身廣四分，厚同壓脊。

梁注：“白版可能是用在檐口上的板條，其準確位置和做法待考。”[1]并注：“瓦口子可能是檐口上按瓦隴條的間距做成的瓦當和滴水瓦形狀的木條。是否尚待考。”[2]

上文“厦瓦版”，傅書局合校本改“瓦”爲“瓬”，并注：“瓬，宋本卷十一壁藏條作瓬。”[3]

傅建工合校本注：“熹年謹按：陶本作‘厦瓦版’，張本、丁本‘瓦’作‘瓬’，宋本卷十一壁藏瓬作‘瓬’，故從宋本。”[4]

上文“前後厦瓦版”條小注“合貼令數足”，傅書局合校本注：改“合貼”爲“合版”，并注：“版，諸本均誤作‘貼’，據下條‘兩頭厦瓬版’改。”[5]傅建工合校本注：“熹年謹按：故宮本、文津四庫本、張本、丁本、陶本均誤作‘貼’，據下條‘兩頭厦瓬版’改‘版’。”[6]

上文“曲闌槫脊”，陳注：改“槫”爲“搏”，并注：“搏，曲闌搏脊。”[7]

① 梁思成. 梁思成全集. 第七卷. 第225頁. 小木作制度三. 井亭子. 注42. 中國建築工業出版社. 2001年
② 梁思成. 梁思成全集. 第七卷. 第225頁. 小木作制度三. 井亭子. 注43. 中國建築工業出版社. 2001年
③ [宋]李誠，傅熹年彙校. 營造法式合校本. 第二册. 小木作制度三. 井亭子. 校注. 中華書局. 2018年
④ [宋]李誠，傅熹年校注. 合校本營造法式. 第296頁. 小木作制度三. 井亭子. 注3. 中國建築工業出版社. 2020年
⑤ [宋]李誠，傅熹年彙校. 營造法式合校本. 第二册. 小木作制度三. 井亭子. 校注. 中華書局. 2018年
⑥ [宋]李誠，傅熹年校注. 合校本營造法式. 第296頁. 小木作制度三. 井亭子. 注4. 中國建築工業出版社. 2020年
⑦ [宋]李誠. 營造法式（陳明達點注本）. 第一册. 第183頁. 小木作制度三. 井亭子. 批注. 浙江攝影出版社. 2020年

傅書局合校本注：改"槫"爲"槫"，并注："槫，據四庫本改。"[1]傅建工合校本注："熹年謹按：'搏脊'張本、陶本誤作'槫脊'，據故宮本、文津四庫本改。後文同誤者逕改。"[2]

"槫"，一音"傅"，一音"博"。音"博"者，據《漢語大字典》："[槫櫨]也作'槫櫨'，即枓栱。《篇海類編·花木類·木部》：'槫，槫櫨，枅也。'"[3]又"槫"："同'椽'，椽。《集韻·鐸韻》：'椽，椽也。或省。'"[4]

"曲闌槫脊"究爲何物，仍不詳。若依"四庫本"改爲"曲闌槫脊"，似與清代建築中的"博脊"有所關聯。但究爲"槫脊""槫脊"，還是"搏脊"？仍難以有一個定論。

仍以柱高7尺，推計井亭子諸名件廣厚尺寸。大連檐，長與壓厦版同，且每面加2.4尺。以壓厦版長7.29尺計，則大連檐通長12.09尺，其廣（寬）1.4寸，其厚0.7寸。

前後厦瓦版，約類如房屋屋蓋之望板。其長隨槫，則長7尺；廣自井亭脊至大連檐。厦瓦版須密排合接以充滿屋蓋，版厚0.5寸。每至角，其版長須加長1.5尺。兩端總加長3.0尺，則與角相接之厦瓦版，其長10尺。

兩頭厦瓦版，疑爲屋蓋兩山出際縫外之望板，其長自山版至大連檐。版須密排合接以充滿兩山出檐，其版厚0.5寸，至角其版長須增長1.15尺。

飛子，以每尺之高計，其長6.3寸（包括飛子尾長），其廣（寬）0.56寸，厚0.42寸。飛子至角須隨翼角起勢圜曲向上。

白版，疑爲檐口上的板條。其長同大連檐，則長12.09尺，每側另加長3尺，則總長15.09尺。此長度疑即井亭子之檐口長度。其寬以每尺之高計，則爲7寸；版厚0.5寸。

壓脊，即井亭子之正脊。其長隨槫，即長7尺；廣厚以每尺之高計，則壓脊高（廣）3.22寸，脊厚2.1寸。

垂脊，其長自脊至壓厦版外，其廣厚以每尺之高計，則垂脊曲高（廣）3.5寸，厚1.75寸。

角脊，類如清式建築之戧脊。仍以每尺之高計，其長1.4尺，曲高（廣）2.8寸，厚1.75寸。

曲闌槫脊，疑即厦兩頭造房屋之兩際搏風下曲脊，亦與清式歇山屋頂兩山槫脊相類。每一山面之曲闌槫脊長6.4尺（與進深6.44尺合）；其廣厚以每尺之高計，則其脊高（廣）2.8寸，厚1.4寸。

前後瓦隴條，以每深1尺計，其深6.44尺，條長5.47尺，條之斷面爲0.58寸見方；條與條之空檔距離0.58寸。

厦頭瓦隴條，以每面廣1尺計，井亭面廣7尺，則其長2.31尺；其方亦爲0.58寸。

搏風版，以每深1尺計，其深6.44尺，則其長2.77尺；其厚0.7寸。

① [宋]李誡，傅熹年彙校. 營造法式合校本. 第二册. 小木作制度三. 井亭子. 校注. 中華書局. 2018年
② [宋]李誡，傅熹年校注. 合校本營造法式. 第296頁. 小木作制度三. 井亭子. 注5. 中國建築工業出版社. 2020年
③ 漢語大字典. 第531頁. 槫. 四川辭書出版社-湖北辭書出版社. 1993年
④ 漢語大字典. 第531頁. 槫. 四川辭書出版社-湖北辭書出版社. 1993年

瓦口子，長隨子角梁內，以子角梁長6.3寸，瓦口子長亦不超過6.3寸；其廣厚亦每尺之高計，則其曲廣（寬）2.8寸，其厚亦爲2.8寸。

垂魚，長1.3尺，以長1尺，廣6寸計，則其廣（寬）7.8寸；厚同搏風版，爲0.7寸。

惹草，長1尺，以長1尺，廣7寸計，則其廣（寬）7寸，厚亦爲0.7寸。

鴟尾，尺寸以每尺之高計，其長7.7寸，廣（寬）2.8寸；厚2.1寸。

〔8.8.6〕
井亭子一般

凡井亭子，鋜腳下齊，坐於井階之上。其枓栱分數及舉折等，並準大木作之制。

井亭子，其鋜腳與柱根齊，坐于井階之上。其枓栱材分之數與屋頂舉折做法，以大木作制度爲準。

概而言之，井亭子坐于井階之上，平面7尺見方，以4根柱子搭構；四柱之間在根部，橫施類如地栿的鋜腳，其兩端各出柱身之外。柱頭上用五鋪作一杪一昂重栱造枓栱，栱上施栿及槫、椽等構件。

脊槫上皮距柱根高度差11尺。厦兩頭造屋頂；枓栱用材，廣1.2寸，厚0.8寸；較宋式建築最低等級的八等材（材廣4.5寸，厚3寸）小很多。疑其枓栱，僅是一種裝飾。

【8.9】
牌

徐注："'牌'即'牌匾'或'匾額'。"[1]

牌，或牌匾（匾額）是中國古代建築中常見的附屬性構件，其主要功能是標志出殿堂、樓閣、亭榭之名稱，從而賦予該建築以意義。

〔8.9.1〕
造殿堂、樓閣、門亭等牌之制

造殿堂樓閣門亭等牌之制：長二尺至八尺。其牌首、牌上橫出者、**牌帶、**牌兩旁下垂者、**牌舌、**牌面下兩帶之內橫施者，**每廣一尺，即上邊綽四寸向外。牌面每長一尺，則首、帶隨其長，外各加長四寸二分，舌加長四分。**謂牌長五尺，即首長六尺一寸，帶長七尺一寸，舌長四尺二寸之類，尺寸不等；依此加減；下同。**其廣厚皆取牌每尺之長，積而爲法。**

殿堂、樓閣、門亭上所施牌匾，其長2—8尺。牌上橫出之牌首，牌兩旁下垂之牌帶，及牌面下兩帶內橫施之牌舌，皆以牌每廣1尺，牌之邊向外綽4寸計。如牌廣5尺，外綽2尺，則牌之四側各外綽1尺。

牌面每長1尺，其首、帶隨其長，外

① 梁思成. 梁思成全集. 第七卷. 第225頁. 小木作制度三. 牌. 腳注1. 中國建築工業出版社. 2001年

各加長4.2寸，舌加長0.4寸。以牌面長5尺計，其首、帶外加長2.1尺，舌外加長2尺（即所謂牌長5尺，其首長6.1尺，帶長7.1尺，舌長4.2尺之類。若尺寸不等，按此加減）。牌之廣厚則取牌每尺之長，推算而出。

本篇文字僅給出牌長，未談及牌廣。以上文"牌長五尺，即首長六尺一寸，帶長七尺一寸，舌長四尺二寸"，可知若牌長5尺，則牌廣（寬）4尺。即牌之長廣（寬）比爲5：4。若牌長8尺，其寬6.4尺，以此類推。

〔8.9.2〕

牌諸名件

牌面：每長一尺，則廣八寸，其下又加一分令牌面下廣，謂牌長五尺，即上廣四尺，下廣四尺五分之類，尺寸不等，依此加減；下同。

　　首：廣三寸，厚四分。

　　帶：廣二寸八分，厚同上。

　　舌：廣二寸，厚同上。

上文"牌面"條小注"謂牌長五尺"之"謂"，傅建工合校本注："熹年謹按：故宮本、張本、丁本作'與'，晁載之《續談助》摘抄北宋崇寧本、文津四庫本作'謂'，今從《續談助》、文津四庫本。"[1]

牌面，每長1尺，其廣8寸，其比例與上文推測合。其下又加1分，即牌面下廣（寬）加1分，則牌長5尺，其上廣（寬）4尺，下廣（寬）4.05尺，以此類推。

牌首，以牌每尺之長，積而爲法。若牌長5尺，其廣（寬）1.5尺，其厚2寸。

　　帶，廣（寬）1.4尺，厚2寸。

　　舌，廣（寬）1尺，厚2寸。

〔8.9.3〕

牌一般

凡牌面之後，四周皆用楅，其身內七尺以上者用三楅，四尺以上者用二楅，三尺以上者用一楅。其楅之廣厚，皆量其所宜而爲之。

牌面之後，以牌身之長短施楅。長7尺及以上，用楅3根；長4—7尺，用楅2根；長3—4尺，用楅1根。楅之斷面廣厚，以牌之具體大小，量宜而定。

① [宋]李誡，傅熹年校注. 合校本營造法式. 第298頁. 小木作制度三. 牌. 注1. 中國建築工業出版社. 2020年

第 9 章

《營造法式》卷第九

小木作制度四

營造法式卷第九

通直郎管修蓋皇弟外第專一提舉修蓋班直諸軍營房等臣李誡奉

聖旨編修

小木作制度四

佛道帳

【9.0】
本章導言

本章衹有一個主題：佛道帳。顧名思義，這是一種應用于佛寺或道觀殿閣樓堂内，用以供奉佛道造像的小木作裝置，其目的是通過精美細密的裝飾與裝修，爲佛或神的偶像，營造一個莊嚴隆重、受人禮拜的空間。其形式大約類似一座由多個開間組成的放大了的佛龕或神龕。

【9.1】
佛道帳

〔9.1.1〕
造佛道帳之制

造佛道帳之制：自坐下龜脚至鴟尾，共高二丈九尺；内外攏深一丈二尺五寸。上層施天宮樓閣；次平坐；次腰檐。帳身下安芙蓉瓣、疊澀、門窗、龜脚坐。兩面與兩側制度並同。作五間造。其名件廣厚，皆取逐層每尺之高，積而爲法。後鉤闌兩等，皆以每寸之高，積而爲法。

上文"内外攏深一丈二尺五寸"，陳注："五"爲"三，竹本。"[①]即竹本《法式》爲"内外攏深一丈二尺三寸。"

關于平坐、腰檐諸做法，陳注："用于一至三等材有副階、殿身之内。"[②]

佛道帳高29尺，内外攏深（進深）12.5尺。其在高度方向分爲五個層次：

（1）底爲龜脚坐；

（2）坐上爲帳身，帳身之下有芙蓉瓣、疊澀與門窗；

（3）帳身之上爲腰檐；

（4）腰檐之上用平坐；

（5）平坐之上施天宮樓閣。天宮樓閣爲造型精美之小木作殿堂。

佛道帳前後兩面及左右兩側做法與制度相同。其外觀爲5開間。主要名件廣厚，以逐層每尺之高，積而爲法；鉤闌與踏道圈橋子，則以每寸之高，積而爲法。

［9.1.1.1］
帳坐

帳坐：高四尺五寸，長隨殿身之廣，其廣隨殿身之深。下用龜脚，脚上施車槽，槽之上下各用澀一重，於上澀之上，又疊子澀三重。於上一重之下施坐腰。上澀之上，用坐面澀，面上安重臺鉤闌，高一尺。闌内徧用明金版。**鉤闌之内施寶柱兩重，**留外一重爲轉道。**内壁貼絡門窗。其上設五鋪作卷頭平坐。**材廣一寸八分，腰檐平坐

① [宋]李誡. 營造法式（陳明達點注本）. 第一册. 第187頁. 小木作制度四. 佛道帳. 批注. 浙江攝影出版社. 2020年

② [宋]李誡. 營造法式（陳明達點注本）. 第一册. 第187頁. 小木作制度四. 佛道帳. 批注. 浙江攝影出版社. 2020年

準此。**平坐上又安重臺鉤闌**。並瘦項雲

栱坐。**自龜脚上，每澁至上鉤闌，逐**

層並作芙蓉瓣造。

上文"下用龜脚，脚上施車槽"，

陶本："下用龜脚，脚下施車槽"，陳改

"脚下"爲"脚上"，并注："上，丁

本。"[1]陳注平坐科栱："五鋪作卷頭，

材一寸八分。"[2]

上文小注"並瘦項雲栱坐"，陳改"坐"

爲"造"，并注："造，竹本。"[3]即竹

本《法式》爲："並瘦項雲栱造。"

佛道帳帳坐，高4.5尺，帳坐面長隨

帳之殿身通面廣，進深（廣）隨殿身進

深。帳坐下用龜脚。龜脚之上施車槽，

槽之上下各用疊澁線脚一重，再在上

澁之上叠壓子澁三重。于上一重疊澁之

下，施坐腰，即帳坐之束腰。

上澁之上，再出帳坐坐面（類如殿

之階基面）澁，坐面之上安重臺鉤闌；

其高1尺，鉤闌内華版皆用明金版。明

金版爲何樣式，尚不詳。

鉤闌之内施寶柱兩重。留外一重爲

轉道，似即兩重寶柱間之通道？内一重

柱間壁上貼絡門窗。柱上施五鋪作科栱

出兩卷頭，上承平坐。鋪作材廣1.8寸

（腰檐鋪作材分與之同）。平坐之上，

再安重臺鉤闌，其尋杖之下爲瘦項雲栱

形式。

帳坐自龜脚上至平坐鉤闌，逐層都
采用芙蓉瓣造構造形式。

［9.1.1.2］

帳坐諸名件

龜脚：每坐高一尺，則長二寸，廣七

分，厚五分。

車槽上下澁：長隨坐長及深，_{外每面加二}

_{寸，}**廣二寸，厚六分五厘。**

車槽：長同上，_{每面減三寸，安華版在外。}**廣一**

寸，厚八分。

上子澁：兩重，_{在坐腰上下者，}**各長同上，**

_{減二寸，}**廣一寸六分，厚二分五厘。**

下子澁：長同坐，廣厚並同上。

坐腰：長同上，_{每面減八寸，}**方一寸。**_{安華版}

_{在外。}

坐面澁：長同上，廣二寸，厚六分

五厘。

猴面版：長同上，廣四寸，厚六分

七厘。

明金版：長同上，_{每面減八寸，}**廣二寸五**

分，厚一分二厘。

科槽版：長同上，_{每面減三尺，}**廣二寸五**

分，厚二分二厘。

壓厦版：長同上，_{每面減一尺，}**廣二寸四**

分，厚二分二厘。

門窗背版：長隨科槽版，_{減長三寸，}**廣自普**

拍方下至明金版上。_{以厚六分爲定法。}

車槽華版：長隨車槽，廣八分，厚三分。

① [宋]李誡. 營造法式（陳明達點注本）. 第一册. 第
　188頁. 小木作制度四. 佛道帳. 批注. 浙江攝影
　出版社. 2020年
② [宋]李誡. 營造法式（陳明達點注本）. 第一册. 第
　188頁. 小木作制度四. 佛道帳. 批注. 浙江攝影
　出版社. 2020年
③ [宋]李誡. 營造法式（陳明達點注本）. 第一册. 第
　188頁. 小木作制度四. 佛道帳. 批注. 浙江攝影
　出版社. 2020年

坐腰華版：長隨坐腰，廣一寸，厚同上。

坐面版：長廣並隨猴面版內，其厚二分六厘。

猴面栿：每坐深一尺，則長九寸，方八分。每一瓣用一條。

猴面馬頭栿：每坐深一尺，則長一寸四分，方同上。每一瓣用一條。

連梯臥栿：每坐深一尺，則長九寸五分，方同上。每一瓣用一條。

連梯馬頭栿：每坐深一尺，則長一寸，方同上。

長短柱腳方：長同車槽澀，每一面減三尺二寸，方一寸。

長短榰頭木：長隨柱腳方內，方八分。

長立栿：長九寸二分，方同上。隨柱腳方、榰頭木逐瓣用之。

短立栿：長四寸，方六分。

拽後栿：長五寸，方同上。

穿串透栓：長隨榰頭木，廣五分，厚二分。

羅文栿：每坐高一尺，則加長四寸，方八分。

上文"車槽"條，傅建工合校本注："熹年謹按：'廣一寸，厚八分'丁本脫，故宮本、文津四庫本、張本、陶本不脫。"[1]

上文"上子澀"條，傅建工合校本注："'減二寸，廣一寸六分，厚'句丁本脫，故宮本、文津四庫本、張本、陶本不脫。據故宮本補。"[2]

上文"科槽版"條小注"每面減三尺"，陳注："每面減三尺，即平坐柱退入三尺？"[3]上文"門窗背版"條與"車槽華版"條之間，陳先生插入了"普拍方？"[4]，未解其注之義？疑似應增加"普拍方"一條。

帳坐層諸名件廣厚尺寸，以帳坐每尺之高，積而爲法。其高4.5尺，則：

龜腳以帳坐之高推之，其長（高）$4.5 \times 2 = 9$寸，廣（寬）$4.5 \times 0.7 = 3.15$寸，厚$4.5 \times 0.5 = 2.25$寸。以下龜腳諸名件廣厚尺寸，皆以此法推出。

帳坐中一些術語，因無實例，很難厘清。如龜腳上所施上下澀之間的車槽，大約是在帳坐坐身側面，龜腳之上，通過上下所出疊澀在帳坐上形成的一道凹槽。

車槽之上下澀，長隨帳坐之廣，深隨帳坐之深。其文中僅給出，佛道帳爲五間造，未知面廣尺寸。但其內外攏深12.5尺，大約相當于其進深，則帳坐之進深亦然，上下澀之深也應爲12.5尺，每面再外加2寸。澀之廣厚，以帳坐之高推之，其廣（寬）9寸，厚2.9寸。

車槽，長同帳坐（未知），但每面所減3寸，似爲凹入的尺寸，槽之外緣安華版。槽之廣厚，以帳坐之高推之，其廣（寬）4.5寸，厚3.6寸。

上子澀，施于坐腰之上，其言"在

① [宋]李誡，傅熹年校注. 合校本營造法式. 第315頁. 小木作制度四. 佛道帳. 注1. 中國建築工業出版社. 2020年
② [宋]李誡，傅熹年校注. 合校本營造法式. 第315頁. 小木作制度四. 佛道帳. 注2. 中國建築工業出版社. 2020年
③ [宋]李誡. 營造法式（陳明達點注本）. 第一冊. 第189頁. 小木作制度四. 佛道帳. 批注. 浙江攝影出版社. 2020年
④ [宋]李誡. 營造法式（陳明達點注本）. 第一冊. 第190頁. 小木作制度四. 佛道帳. 批注. 浙江攝影出版社. 2020年

坐腰上下者”之兩重，似指上子澁與下子澁，施于坐腰之上下。故上、下子澁，實各位一重。上子澁長同車槽上下澁，祇是每面長減2寸。澁之廣厚，以帳坐之高推之，其廣（寬）7.2寸，厚1.13寸。

下子澁，長及廣厚，與上子澁同。

坐腰，位于上、下子澁之間，似與“石作制度·殿階基”中束腰類似。其長同上、下子澁，每面減8寸，即爲凹入之深。其方尺寸，仍依帳坐之高推之，則方4.5寸，當爲坐腰之廣（高）。以方4.5寸之立木，外施華版，形成坐腰之側立面。

以下諸項，當爲車槽與坐腰上所施坐面版間，帳坐外觀所施諸名件，其廣厚尺寸皆以帳坐之高而推之。

以帳坐高4.5尺計，則：

坐面澁：長同坐腰上下澁，廣（寬）4.5×2=9寸，厚4.5×0.65=2.93寸。以下帳坐諸名件廣厚尺寸，皆以此法推出。

猴面版：未知猴面版爲何物？從下文推測，似爲施于坐面版兩端之版；其長同坐面澁，廣（寬）1.8尺，厚3寸。

明金版：長同坐面澁，但每面減長0.8尺，其廣（寬）1.13尺，厚0.54寸。

枓槽版：長同坐面澁，但每面減長3尺，其廣（寬）1.13尺，厚0.99寸。

壓厦版：長同坐面澁，但每面減長1尺，其廣（寬）1.08尺，厚0.99寸。

門窗背版：長隨枓槽版，亦同坐面澁，但減長3寸，廣自普拍方下至明金版上。其厚爲絕對尺寸，即0.6寸。

車槽華版：安于車槽内之華版，其長隨車槽，其廣（寬）3.6寸，厚1.35寸。

坐腰華版：安于坐腰内之華版，其長隨坐腰，其廣（寬）4.5寸，厚1.35寸。

坐面版：坐腰頂面所施之版；其長、廣并隨猴面版内，則長同帳坐，廣（寬）爲1.8尺，厚1.17寸。

以下諸項，似爲帳坐之結構名件，其長度尺寸，或以帳坐之内外攏深推算而出；其廣厚尺寸，則以帳坐之高，積而爲法。

仍以帳坐高4.5尺推之，則：

猴面榥：或爲施于猴面版後之榥？以佛道帳之内外攏深12.5尺即設定爲帳坐深，則猴面榥長11.25尺，榥之截面方4.5×0.8=3.6寸。每一瓣用榥一條。

猴面馬頭榥：以帳坐之深推之，其長1.75尺，截面亦方3.6寸。每一瓣用榥一條。

連梯卧榥：以帳坐之深推之，其長11.88尺，截面方3.6寸。每一瓣用卧榥一條。

連梯馬頭榥：以帳坐之深推之，其長1.25尺，截面方3.6寸。

長短柱腳方：長同車槽之上下澁，每面減3.2尺，截面方4.5×1=4.5寸。

長短榻頭木：長隨柱腳方内，其截

面方4.5×0.8=3.6寸。

長立栿：長4.5×9.2=4.14尺，截面方3.6寸（隨柱腳方、榻頭木逐瓣用之）。

短立栿：長4.5×4=1.8尺，截面方4.5×0.6=2.7寸。

拽後栿：長4.5×5=2.25尺，截面方4.5×0.6=2.7寸。

穿串透栓：長隨榻頭木，廣4.5×0.5=2.25寸，厚4.5×0.2=0.9寸。

羅文栿：以帳坐每高1尺，加長4寸，則栿長6.3尺，截面方4.5×0.8=3.6寸。

〔9.1.2〕

帳身

帳身：高一丈二尺五寸，長與廣皆隨帳坐，量瓣數隨宜取間。其內外皆攏帳柱。柱下用鋜腳隔科，柱上用內外側當隔科。四面外柱並安歡門、帳帶。_{前一面裏槽柱內亦用。}**每間用算桯方施平棊、鬭八藻井。前一面每間兩頰各用毬文格子門。**_{格子桯四混出雙線，用雙腰串、腰華版造。}**門之制度，並準本法。兩側及後壁，並用難子安版。**

上文"柱下用鋜腳隔科"，傅書局合校本改并注："科，枓字不可從。隔科，宋本卷十'九脊小帳、壁帳'，卷十一'轉輪經藏'，均作隔

科。"[1]其改後頁"內外槽上隔科版"之"科"并注："科，後同。"[2]傅建工合校本注："劉校故宮本：丁本作'隔科'，故宮本、瞿本作'隔科'，當從故宮本。熹年謹按：張本亦誤作'隔科'，文津四庫本不誤。然宋刊本卷十九脊小帳、壁帳，卷十一轉輪經藏均作'隔科'，故當以'隔科'爲是，他書亦有作'隔窠'者，窠、科同音，可爲佐證。"[3]傅注"隔科"統一改爲"隔科"，下文不再重提。

帳身高12.5尺，與前文所言"內外攏深"尺寸同。若將"內外攏深"理解爲帳身平面進深，則帳身高度與進深相同。帳身面廣與進深，則由帳坐尺寸所確定。所謂"量瓣數隨宜取間"，似可理解爲，佛道帳之帳身開間數，并非一個確定的數，或可爲三間、五間、七間、九間不等，可"量瓣數隨宜取間"。前文所言"五間造"，當爲舉其一例。

帳身內外用帳柱。柱上、柱下均用隔科。四面外柱及正面裏槽柱，皆安歡門、帳帶，以作裝飾。前外柱與裏槽柱之間，類如房屋前廊，每間安平棊或鬭八藻井。正前面（裏槽柱）每間施毬文格子門。帳身兩側及後壁，則安版、施難子。

① [宋]李誡，傅熹年彙校. 營造法式合校本. 第二册. 小木作制度四. 佛道帳. 校注. 中華書局. 2018年

② [宋]李誡，傅熹年彙校. 營造法式合校本. 第二册. 小木作制度四. 佛道帳. 校注. 中華書局. 2018年

③ [宋]李誡，傅熹年校注. 合校本營造法式. 第315頁. 小木作制度四. 佛道帳. 注3. 中國建築工業出版社. 2020年

帳身諸名件

帳內外槽柱：長視帳身之高。每高一尺，
　　則方四分。

虛柱：長三寸二分，方三分四厘。

內外槽上隔枓版：長隨間架，廣一寸二
　　分，厚一分二厘。

上隔枓仰托楅：長同上，廣二分八厘，
　　厚二分。

上隔枓內外上下貼：長同鋜腳貼，廣二
　　分，厚八厘。

隔枓內外上柱子：長四分四厘；下柱子：
　　長三分六厘。其廣厚並同上。

裏槽下鋜腳版：長隨每間之深廣，其廣
　　五分二厘，厚一分二厘。

鋜腳仰托楅：長同上，廣二分八厘，厚
　　二分。

鋜腳內外貼：長同上，其廣二分，厚
　　八厘。

鋜腳內外柱子：長三分二厘，廣厚同上。

內外歡門：長隨帳柱之內，其廣一寸二
　　分，厚一分二厘。

內外帳帶：長二寸八分，廣二分六厘，
　　厚亦如之。

兩側及後壁版：長視上下仰托楅內，廣
　　隨帳柱、心柱內。其厚八厘。

心柱：長同上，其廣三分二厘，厚二分
　　八厘。

頰子：長同上，廣三分，厚二分八厘。

腰串：長隨帳柱內，廣厚同上。

難子：長同後壁版，方八厘。

隨間栿：長隨帳身之深，其方三分
　　六厘。

算桯方：長隨間之廣，其廣三分二厘，
　　厚二分四厘。

四面搏難子：長隨間架，方一分二厘。

平棊：華文制度並準殿內平棊。

　背版：長隨方子心內，廣隨栿心。以
　　厚五分爲定法。

　桯：長隨方子四周之內，其廣二分，
　　厚一分六厘。

　貼：長隨桯四周之內，其廣一分二
　　厘。厚同背版。

　難子並貼華：厚同貼。每方一尺，用貼
　　華二十五枚或十六枚。

鬥八藻井：徑三尺二寸，共高一尺五
　　寸，五鋪作重栱卷頭造，材廣六
　　分。其名件並準本法，量宜減之。

上文"鋜腳仰托楅"，陶本："鋜腳
仰托幌"。

在"帳內外槽柱"處，陳注："內
外槽"[1]；在"鋜腳仰托楅"處，注：
"幌"改"楅"[2]；在"隨間栿"處，注：
"隨間栿"[3]，在"鬥八藻井"處，注：
"五鋪作重栱卷頭，材六分"。[4]均似
爲標示。

此段文字，徐伯安有兩注。其一，
關于"背版：長隨方子心內"，徐注：

① [宋]李誡. 營造法式（陳明達點注本）. 第一册. 第
192頁. 小木作制度四. 佛道帳. 批注. 浙江攝影
出版社. 2020年

② [宋]李誡. 營造法式（陳明達點注本）. 第一册. 第
193頁. 小木作制度四. 佛道帳. 批注. 浙江攝影
出版社. 2020年

③ [宋]李誡. 營造法式（陳明達點注本）. 第一册. 第
194頁. 小木作制度四. 佛道帳. 批注. 浙江攝影
出版社. 2020年

① [宋]李誡. 營造法式（陳明達點注本）. 第一册. 第
194頁. 小木作制度四. 佛道帳. 批注. 浙江攝影
出版社. 2020年

"'陶本'無'心'字。"①其二，關于"貼"後所附小字，徐注："原'油印本'漏刻'厚同背版'四字，今補上。原'油印本'係指根據梁先生生前手稿刻印的本子，下同。"②

上文"四面搏難子"，傅建工合校本注："朱批陶本：'搏'應作'纏'，見本卷頁九'圜橋子'條。"③傅書局合校本注：改"四面搏難子"，并注："纏，見本卷頁九'踏道圜橋子'條。"④

帳身分内外槽，其柱之長，視帳身之高。以帳身高12.5尺計，其内外槽柱亦高12.5尺。其柱截面，以每高1尺計之，其方5寸。其下諸尺寸，除特別標明之外，皆以帳身每尺之高，積而推之。

虛柱：當爲柱根不落地的垂柱，類似清式建築中的垂蓮柱。其長12.5×0.32=4尺，截面12.5×0.34=4.25寸見方。以下帳身諸名件廣厚尺寸，皆以此法推出。

内外槽上隔科版：疑即柱頭上所施之立隔版，或有與闘八藻井相隔之意。隔科版長隨帳身開間間架，版廣（寬）1.5尺，厚1.5寸。

上隔科仰托棍：疑隔科版上所施木條，長同隔科版，其廣（寬）3.5寸，厚2.5寸。

上隔科内外上下貼：隔科版内外之上下施貼，其長與鋌脚内外貼同，貼廣（寬）2.5寸，厚1寸。

隔科内外上柱子：隔科内外之上下皆施柱；上柱子，長5.5寸；下柱子，長4.5寸。廣厚并同上，即柱之截面廣（寬）2.5寸，厚1寸。

裏槽下鋌脚版：裏槽柱根處所施縱橫鋌脚版，長隨每間之進深與間廣，鋌脚版廣（寬）6.5寸，厚1.5寸。

鋌脚仰托棍：鋌脚上所施木條，長與鋌脚版同，廣（寬）3.5寸，厚2.5寸。

鋌脚内外貼：鋌脚内外施貼，其長同鋌脚版，貼廣（寬）2.5寸，厚1寸。

鋌脚内外柱子：鋌脚内外施短柱，長4寸，廣（寬）2.5寸，厚1寸。

内外歡門：帳身柱間内外施歡門，其長隨梁帳柱之内净距，其廣（寬）1.5尺，厚1.5寸。

内外帳帶：帳身内外施帶，疑用來懸挂歡門，帶長3.5尺，帶廣（寬）3.25寸，其厚亦3.25寸。

兩側及後壁版：帳身兩側及後壁所施版，其長視上下仰托棍内高差，廣（寬）隨帳柱與心柱之間净距。版厚1寸。

心柱：柱長亦視上下仰托棍内高差，柱廣（寬）4寸，厚3.5寸。

頰子：似貼心柱與帳柱而施之立頰，頰長同心柱長，頰廣（寬）3.75寸，厚3.5寸。

腰串：施于兩柱之間，長隨兩柱間

① 梁思成. 梁思成全集. 第七卷. 第229頁. 小木作制度四. 佛道帳. 脚注1. 中國建築工業出版社. 2001年
② 梁思成. 梁思成全集. 第七卷. 第229頁. 小木作制度四. 佛道帳. 脚注2. 中國建築工業出版社. 2001年
③ [宋]李誡. 傅熹年校注. 合校本營造法式. 第316頁. 小木作制度四. 佛道帳. 注4. 中國建築工業出版社. 2020年
④ [宋]李誡. 傅熹年彙校. 營造法式合校本. 第二册. 小木作制度四. 佛道帳. 校注. 中華書局. 2018年

净距，廣厚同頬子，即廣（寬）3.75寸，厚3.5寸。

難子：後壁版四周施之，其長同後壁版，難子斷面方1寸。

隨間栿：施于每間柱頭縫上之主梁，長隨帳身進深，斷面方4.5寸。

算桯方：承平棊與鬭八藻井之方，其長隨帳身開間之廣，其廣（高）4寸，厚3寸。

四面搏難子：纏貼于算桯方邊縫，長隨帳身間架内之四周，截面方1.5寸。

平棊：平棊上所施華文制度，與殿閣内之平棊所施諸華文制度相同。

背版：平棊背版，其長隨平棊方子之空檔内，其廣（寬）亦與隨間栿間之空檔間距同。背版厚0.5寸，爲實尺。

桯：其長隨平棊方子四周之内，廣（寬）2.5寸，厚2寸。

貼：長隨桯四周之内，其廣（寬）1.5寸。厚同背版，其厚0.5寸，爲實尺。

難子并貼華：其厚與貼同，即厚0.5寸。以平棊每方1尺，内用貼華25枚或16枚，類如殿閣平棊内貼華。

鬭八藻井：帳身内施鬭八藻井，其徑3.2尺，共高1.5尺，施五鋪作重栱卷頭造，材之廣0.6寸，則材厚0.4寸。帳身内鬭八藻井諸名件，并依"小木作制度"之"鬭八藻井"做法，量宜減之。

〔9.1.3〕
腰檐

腰檐：自櫨枓至脊，共高三尺。六鋪作一杪兩昂，重栱造。柱上施枓槽版與山版。版内又施夾槽版，逐縫夾安鑰匙頭版，其上順槽安鑰匙頭栿；又施鑰匙頭版上通用臥栿，栿上栽柱子；柱上又施臥栿，栿上安上層平坐。**鋪作之上，平鋪壓厦版，四角用角梁、子角梁，鋪椽安飛子。依副階舉分結瓾。**

上文小注"又施鑰匙頭版上通用臥栿"，陶本："及於鑰匙頭版上通用臥栿"。傅建工合校本未作修改，仍爲"及於"。從上下文看，應從陶本。

陳注："六鋪作一杪兩昂，材一寸八分。"[①]其材"一寸八分"，似從上文"帳坐"之平坐枓栱所用材廣推測而來。

腰檐構成分内外兩重。其外爲枓栱、壓厦版、檐口、翼角；其内是一個結構框架，先在柱縫之上施枓槽版，在兩側柱縫上施山版；版内施夾槽版，再在前後柱縫上，逐縫夾安鑰匙頭版，版上順槽（縫）安鑰匙頭栿（橫木條），再順身在鑰匙頭版上通施臥栿，形成由版與栿組成的矩形框架。

在臥栿上栽柱子，柱頭之上施臥栿，臥栿之上，可安上層平坐。則此層

① [宋]李誡. 營造法式（陳明達點注本）. 第一册. 第195頁. 小木作制度四. 佛道帳. 批注. 浙江攝影出版社. 2020年

柱子，大約與殿堂之平坐柱相類似。

外檐，在帳身柱頭之上，施櫨枓，自櫨枓至腰檐脊，總高3尺。櫨枓口內出六鋪作單杪雙昂重栱造枓栱。《法式》文本中給出的腰檐枓栱用材之廣爲1.8寸，并給出櫨枓至脊的高度爲3尺。

腰檐平坐之上，平鋪壓厦版，四角用角梁、子角梁，鋪椽安飛子，一如房屋檐口、翼角做法。其腰檐椽起舉，依照大木作制度副階起舉制度，"看詳·舉折"中 "其副階或纏腰，並二分中舉一分。" 腰檐上瓾瓦。

腰檐諸名件

普拍方：長隨四周之廣，其廣一寸八分，厚六分。 絞頭在外。

角梁：每高一尺，加長四寸，廣一寸四分，厚八分。

子角梁：長五寸，其曲廣二寸，厚七分。

抹角栿：長七寸，方一寸四分。

槫：長隨間廣，其廣一寸四分，厚一寸。

曲椽：長七寸六分，其曲廣一寸，厚四分。 每補間鋪作一朵用四條。

飛子：長四寸，尾在內。方三分。 角內隨宜刻曲。

大連檐：長同槫，梢間長至角梁，每壁加三尺六寸，廣五分，厚三分。

白版：長隨間之廣，每梢間加出角一尺五寸，其廣三寸五分。 以厚五分爲定法。

夾枓槽版：長隨間之深廣，其廣四寸四分，厚七分。

山版：長同枓槽版，廣四寸二分，厚七分。

枓槽鑰匙頭版：每深一尺，則長四寸。廣厚同枓槽版，逐間段數亦同枓槽版。

枓槽壓厦版：長同枓槽，每梢間長加一尺，其廣四寸，厚七分。

貼生：長隨間之深廣，其方七分。

枓槽臥棍：每深一尺，則長九寸六分五厘。方一寸。 每鋪作一朵用二條。

絞鑰匙頭上下順身棍：長隨間之廣，方一寸。

立棍：長七寸，方一寸。 每鋪作一朵用二條。

厦瓦版：長隨間之廣深，每梢間加出角一尺二寸五分，其廣九寸。 以厚五分爲定法。

槫脊：長同上，廣一寸五分，厚七分。

角脊：長六寸。其曲廣一寸五分，厚七分。

瓦隴條：長九寸，瓦頭在內。方三分五厘。

瓦口子：長隨間廣，每梢間加出角二尺五寸，其廣三分。 以厚五分爲定法。

上文"厦瓦版"，傅書局合校本注：改"瓦"爲"瓬"，并注："瓬，故宫本。"[1] 另上文"槫脊"，傅先生改"槫"爲"槫"。[2]

上文"抹角栿"，陳注："抹角

① [宋]李誡，傅熹年彙校. 營造法式合校本. 第二册. 小木作制度四. 佛道帳. 校注. 中華書局. 2018年

② [宋]李誡，傅熹年彙校. 營造法式合校本. 第二册. 小木作制度四. 佛道帳. 校注. 中華書局. 2018年

栿，卷十一，二十四頁，又有'抹角方'。"①其所指陶本卷第十一："抹角方，長七寸，廣一寸五分，厚同角梁。"

上文"大連檐"條小注"每壁加三尺六寸"之"六"，陳注："八，竹本。"②即按竹本，其文爲"每壁加三尺八寸。"

上文"枓槽壓厦版"條中"長同枓槽"，陳注："槽版"③，即"長同枓槽版"。

上文"槫脊"，陳注：改"槫"爲"搏"。④

腰檐層諸名件廣厚，仍以其層每尺之高，積而爲法。其高3尺，則：

普拍方：帳身柱頭上施之，其長隨帳身四周之廣，其廣1.8寸（3×1.8=5.4寸），厚0.6寸（3×0.6=1.8寸）。普拍方出柱頭之外，用絞頭。

角梁：此處之高，當指腰檐，其高3尺，角梁需加長1.2尺；則角梁長疑爲4.2尺，其廣（高）1.4寸（3×1.4=4.2寸），厚0.8寸（3×0.8=2.4寸）。

子角梁：其長5寸（3×0.5=1.5尺），其曲廣（寬）2寸（3×2=6寸），厚0.7寸（3×0.7=2.1寸）。

抹角栿：其長7寸（3×0.7=2.1尺），斷面爲1.4寸（3×1.4=4.2寸）見方。

槫：此即腰檐脊槫，斷面矩形，長隨帳身開間之廣，寬1.4寸（3×1.4=4.2

寸），厚1寸（3×1=3寸）。

曲椽：長7.6寸（3×0.76=2.28尺）。曲寬1寸（3×1=3寸），厚0.4寸（3×0.4=1.2寸）。每補間鋪作一朵，施曲椽四條。

飛子：長4寸（3×0.4=1.2尺），包括飛子尾長。斷面方0.3寸（3×0.3=0.9寸）。轉角處飛子隨宜刻曲。

大連檐：其長與槫同，梢間延伸至角梁，因出檐，帳身各出檐方向，大連檐長度加3.6尺，連檐廣（寬）0.5寸（3×0.5=1.5寸），厚0.3寸（3×0.3=0.9寸）。

白版：仍未詳白版爲何種功能之構件，其長隨帳身開間之廣，每至梢間，需加出角長度1.5尺，白版廣（寬）3.5寸（3×0.35=1.05尺），其厚0.5寸，爲實尺。

夾枓槽版：未知是否爲環繞鬭八藻井之柱頭槽上所施之版？長隨帳身間架之進深與面廣，其廣（高）4.4寸（3×0.44=1.32尺），厚0.7寸（3×0.7=2.1寸）。

山版：似爲帳身兩山所施之版，其長同枓槽版，廣（寬）4.2寸（3×0.42=1.26尺），厚0.7寸（3×0.7=2.1寸）。

枓槽鑰匙頭版：似爲腰檐進深方向所施版，其兩頭榫卯或類古人所用之鑰匙。以帳身進深之長推算，其深12.5尺，每深1尺，枓槽鑰匙頭版長5尺。其廣厚同枓槽版，則廣（寬）4.4寸（3×0.44=1.32尺），厚0.7寸（3×0.7=2.1寸）。逐間所施段數亦與枓槽版同。

枓槽壓厦版：施于腰檐鋪作之上，

① [宋]李誡. 營造法式（陳明達點注本）. 第一册. 第196頁. 小木作制度四. 佛道帳. 批注. 浙江攝影出版社. 2020年

② [宋]李誡. 營造法式（陳明達點注本）. 第一册. 第196頁. 小木作制度四. 佛道帳. 批注. 浙江攝影出版社. 2020年

③ [宋]李誡. 營造法式（陳明達點注本）. 第一册. 第197頁. 小木作制度四. 佛道帳. 批注. 浙江攝影出版社. 2020年

④ [宋]李誡. 營造法式（陳明達點注本）. 第一册. 第197頁. 小木作制度四. 佛道帳. 批注. 浙江攝影出版社. 2020年

其長與枓槽同，每至梢間其長加1尺，其廣（寬）4寸（3×0.4=1.2尺），厚0.7寸（3×0.7=2.1寸）。

貼生：似爲柱頭及檐口生起所貼之木條，或類如大木作制度中的"生頭木"，其長隨帳身間架之深廣，其斷面爲0.7寸（3×0.7=2.1寸）見方。

枓槽臥棍：以帳身進深推算，其深12.5尺，枓槽臥棍長約12.1尺，斷面爲1寸（3×1=3寸）見方。每鋪作一朵，用棍2條。

絞鑰匙頭上下順身棍：此似爲順帳身面廣方向所施之棍，且與上下枓槽鑰匙頭版相接，其長隨帳身開間之廣，其斷面方1寸（3×1=3寸）。

立棍：或與上下順身棍相對應之立棍，其長7寸（3×0.7=2.1尺），斷面方1寸（3×1=3寸）。每鋪作一朵，施用立棍2條。

厦瓦版：疑爲"厦瓬版"之誤，其長隨帳身間架之面廣與進深，每至梢間，其長加出角長1.25寸，其廣（寬）0.9寸（3×0.9=2.7寸），其厚0.5寸，爲實尺。

槫脊：即腰檐之正脊，或類如清式建築之"博脊"，其長同帳身面廣，脊廣（高）1.5寸（3×1.5=4.5寸），厚0.7寸（3×0.7=2.1寸）。

角脊：即清式建築之"戧脊"，其長6寸（3×0.6＝1.8尺）。其曲廣（高）1.5寸（3×1.5=4.5寸），厚0.7寸（3×0.7=2.1寸）。

瓦隴條：包括瓦頭之瓦隴條，長9寸（3×0.9=2.7尺），其方0.35寸（3×0.35=1.05寸）。

瓦口子：承托瓦隴之瓦口子，其長隨帳身開間之廣。每至梢間，加出角長度2.5尺。其廣（高）0.3寸（3×0.3=0.9寸），其厚0.5寸，爲實尺。

〔9.1.4〕
平坐

平坐：高一尺八寸，長與廣皆隨帳身。六鋪作卷頭重栱造四出角。於壓厦版上施鴈翅版，槽內名件並準腰檐法。**上施單鉤闌，高七寸。**撮項雲栱造。

陳注："六鋪作卷頭重栱，材一寸八分。"①

平坐高1.8尺，其面廣與進深，皆與帳身之面廣、進深相同。柱頭上施六鋪作出三杪重栱造，且在帳身平坐下四角皆用轉角鋪作。

鋪作之上施壓厦版，版上之外緣施鴈翅版。其柱槽以內諸名件，與腰檐中所施諸名件相同。

壓厦版與鴈翅版之上，施單鉤闌，其高7寸，采用撮項雲栱造做法。

① [宋]李誡. 營造法式（陳明達點注本）. 第一册. 第198頁. 小木作制度四. 佛道帳. 批注. 浙江攝影出版社. 2020年

平坐諸名件

普拍方：長隨間之廣，<small>合角在外，</small>其廣一寸二分，厚一寸。

夾科槽版：長隨間之深廣，其廣九寸，厚一寸一分。

科槽鑰匙頭版：<small>每深一尺，則長四寸，</small>其廣厚同科槽版。<small>逐間段數亦同。</small>

壓廈版：長同科槽版，<small>每梢間加長一尺五寸，</small>廣九寸五分，厚一寸一分。

科槽臥榥：<small>每深一尺，則長九寸六分五厘，</small>方一寸六分。<small>每鋪作一朵用二條。</small>

立榥：長九寸，方一寸六分。<small>每鋪作一朵用四條。</small>

鴈翅版：長隨壓廈版，其廣二寸五分，厚五分。

坐面版：長隨科槽內，其廣九寸，厚五分。

關于普拍方條之小注"合角在外"之"角"字，徐注："'陶本'爲'用'字，誤。"[1]陳注：改"用"爲"角"。[2]

傅書局合校本改"用"爲"角"，并注："角，按'壁藏平坐'條改正。故宮本誤作'用'。"[3]傅建工合校本注："劉批陶本：陶本、丁本、故宮本均作'合用'，而壁藏平坐條作'合角'，因據改。熹年謹按：文津四庫本、張本亦作'合用'，誤。"[4]

普拍方：施于平坐柱頭之上、櫨枓之下，其長隨帳身間架之廣，進深與開間方向普拍方，至角成合角造，其合角尺寸在此長度之外；方寬1.2（寸）×1.8=2.16寸，厚1（寸）×1.8=1.8寸。

夾科槽版：未知與腰檐所施夾科槽版是如何關係？其長隨帳身開間之進深與間廣，版廣（寬）9寸（1.8×0.9=1.62尺），厚1.1寸（1.8×1.1=1.98寸）。

科槽鑰匙頭版：以帳身進深推之，帳身進深12.5尺，科槽鑰匙頭版長5尺，其廣厚與科槽版同，則其版廣（寬）1.62尺，厚1.98寸。逐間所施版之段數亦與科槽版同。

壓廈版：施于平坐科栱之上，其長同科槽版，每至梢間則加長1.5尺；其廣（寬）9.5寸（1.8×0.95=1.71尺），厚1.1寸（1.8×1.1=1.98寸）。

科槽臥榥：施于科槽版上之橫木條，以帳身進深推之，每深1尺，長9.65寸，則臥榥長12.1尺，榥之斷面方1.6寸（1.8×1.6=2.88寸）。每朵鋪作對應施用科槽臥榥2條。

立榥：平坐構架內所施立木，其長9寸（1.8×0.9=1.62尺），斷面方1.6寸（1.8×1.6=2.88寸）；每朵鋪作對應施用立榥4條。疑與科槽臥榥結合使用，每一臥榥之兩端施立榥2條。

鴈翅版：施于平坐壓廈版上之外緣，其長隨壓廈版，其廣（寬）2.5寸

① 梁思成. 梁思成全集. 第七卷. 第230頁. 小木作制度四. 佛道帳. 脚注1. 中國建築工業出版社. 2001年

② [宋]李誡. 營造法式（陳明達點注本）. 第一冊. 第198頁. 小木作制度四. 佛道帳. 批注. 浙江攝影出版社. 2020年

③ [宋]李誡，傅熹年彙校. 營造法式合校本. 第二冊. 小木作制度四. 佛道帳. 校注. 中華書局. 2018年

④ [宋]李誡，傅熹年校注. 合校本營造法式. 第316頁. 小木作制度四. 佛道帳. 注5. 中國建築工業出版社. 2020年

（1.8×2.5=4.5寸），厚0.5寸（1.8×0.5=0.9寸）。

坐面版：覆于壓廈版上，即平坐頂面之版，其長隨枓槽内之空檔，其廣（寬）9寸（1.8×0.9=1.62尺），厚0.5寸（1.8×0.5=0.9寸）。

〔9.1.5〕
天宮樓閣

天宮樓閣：共高七尺二寸，深一尺一寸至一尺三寸。出跳及檐並在柱外。下層爲副階；中層爲平坐；上層爲腰檐；檐上爲九脊殿結瓦。

天宮樓閣是一組小尺度小木作殿閣模型，高7.2尺，進深1.1—1.3尺。有出跳枓栱及出檐。樓閣或爲重檐狀，下層爲副階，中層爲平坐，平坐之上設腰檐。腰檐之上，施九脊殿屋頂并結瓦。

［9.1.5.1］
樓閣首層

其殿身，茶樓， 有挾屋者，**角樓，並六鋪作單杪重昂。** 或單栱或重栱。**角樓長一瓣半，殿身及茶樓各長三瓣。殿挾及龜頭，並五鋪作單杪單昂。** 或單栱或重栱。**殿挾長一瓣，龜頭長二瓣。行廊四鋪作，單杪，** 或單栱或重栱，**長二瓣，**

分心。 材廣六分。**每瓣用補間鋪作兩朵。** 兩側龜頭等制度並準此。

陳注："茶樓、角樓、殿挾、龜頭、行廊"[1]，及"五鋪，四鋪，材六分。"[2]均爲標示性點注。

較爲複雜的天宮樓閣，其九脊殿，除殿身外，或有茶樓及兩側挾屋、角樓等，其檐下采用六鋪作單杪雙昂做法；殿挾屋及龜頭屋，其枓栱用五鋪作單杪單昂；行廊枓栱用四鋪作單杪。其橫栱，可用單栱，亦可用重栱。

枓栱用材高0.6寸，則其分值僅0.04寸。

這裏所用的長度單位——"瓣"，似指下文所述帳身之下所安"芙蓉瓣"。其角樓長1.5瓣，殿身及茶樓各長3瓣，殿挾屋長1瓣，龜頭屋長2瓣，行廊長2瓣。依下文所述，每瓣長1.2尺，隨瓣用龜脚，其上與鋪作相對應。

由此可知，這裏的"瓣"是確定佛道帳之面廣開間數量的一個重要單位。但《法式》文本中，除了前文"造佛道帳之制"中提到的"作五間造"，及這裏給出的諸殿屋之瓣數外，并未給出面廣方向的任何明確數據。這或也是爲了使佛道帳設計實施在正立面開間上提供更多變化之選擇可能。

① [宋]李誡. 營造法式（陳明達點注本）. 第一册. 第199頁. 小木作制度四. 佛道帳. 批注. 浙江攝影出版社. 2020年

② [宋]李誡. 營造法式（陳明達點注本）. 第一册. 第199頁. 小木作制度四. 佛道帳. 批注. 浙江攝影出版社. 2020年

中層平坐

中層平坐：用六鋪作卷頭造。平坐上用單鈎闌，高四寸。料子蜀柱造。

天宫樓閣中層平坐，用六鋪作出三卷頭。平坐之上施單鈎闌，鈎闌高4寸。鈎闌尋杖下用料子蜀柱造。

〔9.1.5.3〕
上層殿屋

上層殿樓、龜頭之内，唯殿身施重檐重檐謂殿身並副階，其高五尺者不用**外，其餘制度並準下層之法**。其科槽版及最上結瓦壓脊、瓦隴條之類，並量宜用之。

陳注："重檐"。①

中層平坐之上，承以上層樓閣殿屋。其兩頭角樓、龜頭屋所夾之殿屋、挾屋等，除了采用重檐屋頂并有副階之殿身，且高度不超過5尺者之外，其餘諸殿樓、龜頭屋等做法，皆與下層制度相同。

上層樓殿、龜頭之内部構造所施料槽版，即最上殿頂所施結瓦壓脊、瓦隴條諸做法，亦參照下層制度，量宜用之。

〔9.1.6〕
帳上所用鈎闌

帳上所用鈎闌：應用小鈎闌者，並通用此制度。

佛道帳帳坐、帳身，及天宫樓閣諸層之上所用鈎闌，皆爲小鈎闌，其做法與如下所述鈎闌制度相通用。

〔9.1.6.1〕
重臺鈎闌

重臺鈎闌：共高八寸至一尺二寸，其鈎闌並準樓閣殿亭鈎闌制度。下同。**其名件等，以鈎闌每尺之高，積而爲法：**

望柱：長視高，加四寸，**每高一尺，則方二寸。**通身八瓣。

蜀柱：長同上，廣二寸，厚一寸；其上方一寸六分，刻作癭項。

雲栱：長三寸，廣一寸五分，厚九分。

地霞：長五寸，廣同上，厚一寸三分。

尋杖：長隨間廣，方九分。

盆唇木：長同上，廣一寸六分，厚六分。

束腰：長同上，廣一寸，厚八分。

上華版：長隨蜀柱内，其廣二寸，厚四分。四面各别出卯，合入池槽。下同。

下華版：長厚同上，卯入至蜀柱卯，**廣一寸五分。**

地栿：長隨望柱内，廣一寸八分，厚一寸一分。上兩棱連梯混各四分。

---

① [宋]李誡. 營造法式〔陳明達點注本〕. 第一册. 第200頁. 小木作制度四. 佛道帳. 批注. 浙江攝影出版社. 2020年

上文"蜀柱"條,"刻作瘦項",陶本:"刻瘦項"。陳注:"刻爲"①,即其意爲"刻爲瘦項"。

上文"上華版"條小注"合入池槽",陳注:改"合"爲"令",并注"令？竹本。"②即"令入池槽"。

重臺鉤闌:其總高爲0.8—1.2尺,鉤闌上諸構件及其尺寸,均參照樓閣殿亭之鉤闌制度。有如下疑同:"造佛道帳之制"結尾小注:"後鉤闌兩等,皆以每寸之高,積而爲法",未包括重臺鉤闌諸名件尺寸推測。重臺鉤闌諸名件尺寸,仍以鉤闌每尺之高,積而爲法。

望柱:其長在鉤闌之高基礎上,再加4寸;以鉤闌高1.2尺計之,柱之斷面2.4寸見方,且其柱通身爲八棱形。

蜀柱:其長同鉤闌高,下同。以鉤闌高1.2尺計,則蜀柱廣(寬)2.4寸,厚1.2寸;其上方1.92寸,盆唇木上,雲栱之下,刻爲瘦項。

雲栱:長3.6寸,廣(寬)1.8寸,厚1.08寸。

地霞:長6寸,廣(寬)1.8寸,厚1.3寸。

尋杖:其長隨殿樓開間之廣,亦兩望柱間之廣,斷面爲1.08寸見方。

盆唇木:其長同尋杖,其廣(寬)1.92寸,厚0.72寸。

束腰:長亦與尋杖、盆唇同,其廣

(寬)1.2寸,厚0.96寸。

上華版:其長隨梁蜀柱內之净距,其廣(寬)2.4寸,厚0.48寸。華版四面各出卯,并插入四面之池槽中。下華版亦同。

下華版:長與厚皆與上華版同,其卯插至蜀柱卯,版廣(寬)1.8寸。

地栿:長隨兩望柱內之净距,其廣(寬)2.16寸,厚1.32寸。地栿上面之兩棱,爲連梯混,其混各入栿之面0.48寸。

[9.1.6.2]
單鉤闌

單鉤闌: 高五寸至一尺者,並用此法。**其名件等,以鉤闌每寸之高,積而爲法。**

望柱: 長視高,加二寸,方一分八厘。

蜀柱: 長同上,制度同重臺鉤闌法。**自盆唇木上,雲栱下,作撮項胡桃子。**

雲栱: 長四分,廣二分,厚一分。

尋杖: 長隨間之廣,方一分。

盆唇木: 長同上,廣一分八厘,厚八厘。

華版: 長隨蜀柱內,廣三分。以厚四分爲定法。

地栿: 長隨望柱內,其廣一分五厘,厚一分二厘。

上文"蜀柱"條中"自盆唇木上,

① [宋]李誡. 營造法式(陳明達點注本). 第一册. 第200頁. 小木作制度四. 佛道帳. 批注. 浙江攝影出版社. 2020年

② [宋]李誡. 營造法式(陳明達點注本). 第一册. 第201頁. 小木作制度四. 佛道帳. 批注. 浙江攝影出版社. 2020年

雲栱下”，陳注：“上至雲？”①傅書局合校本注：改爲“自盆脣木上至雲栱下”，并注：“疑脱‘至’字。上下兩字若依圖樣核對，似有顛倒。”②傅建工合校本注：“劉批陶本：疑脱‘至’字，爲補入。熹年謹按：故宮本、文津四庫本、張本均無‘至’字。”③

單鉤闌：鉤闌高度在0.5—1尺者，并用此法。其鉤闌諸名件等，皆以鉤闌每寸之高，積而爲法。

望柱：其長在鉤闌之高基礎上，再加2寸，以鉤闌每寸之高計之，其鉤闌高1尺，則其柱斷面爲1.8寸見方。以下諸名件，均以鉤闌高1尺計。

蜀柱：長同鉤闌之高，蜀柱制度與重臺鉤闌蜀柱同。以鉤闌每寸之高計之，其蜀柱廣（寬）2寸，厚1寸；其上方1.6寸，自盆脣木上，雲栱之下，作撮項胡桃子。

雲栱：雲栱長4寸，廣（寬）2寸，厚1寸。

尋杖：其長隨兩望柱之間净距，尋杖斷面1寸見方。

盆脣木：其長同尋杖，其廣（寬）1.8寸，厚0.8寸。

華版：長隨兩蜀柱内之净距，其廣（寬）3寸，其厚0.4寸。

地栿：長隨兩望柱内之净距，其廣（寬）1.5寸，厚1.2寸。

［9.1.6.3］
科子蜀柱鉤闌

科子蜀柱鉤闌：高三寸至五寸者，并用此法。**其名件等，以鉤闌每寸之高，積而爲法。**

蜀柱：長視高，卯在内，廣二分四厘，厚一分二厘。

尋杖：長隨間廣，方一分三厘。

盆脣木：長同上，廣二分，厚一分二厘。

華版：長隨蜀柱内，其廣三分。以厚三分爲定法。

地栿：長隨間廣，其廣一分五厘，厚一分二厘。

上文“尋杖”條中的“長隨間廣”，陳注：“之廣”④，即其意爲“長隨間之廣”。

科子蜀柱鉤闌：這是一種在盆脣之上施科子蜀柱，以承托尋杖而不用望柱的鉤闌形式。若鉤闌高度在3—5寸者，并用此法。其鉤闌諸名件等，皆以鉤闌每寸之高，積而爲法。以下諸名件，以鉤闌高5寸計之。

蜀柱：其長與鉤闌高度相同，其中包含插入尋杖與地栿之卯的長度；其廣（寬）1.2寸，厚0.6寸。

尋杖：其長隨所對應樓殿開間之廣，其斷面方0.65寸。

盆脣木：長與尋杖同，其廣（寬）1寸，厚0.6寸。

① [宋]李誡. 營造法式（陳明達點注本）. 第一册. 第202頁. 小木作制度四. 佛道帳. 批注. 浙江攝影出版社. 2020年
② [宋]李誡，傅熹年彙校. 營造法式合校本. 第二册. 小木作制度四. 佛道帳. 校注. 中華書局. 2018年
③ [宋]李誡，傅熹年校注. 合校本營造法式. 第316頁. 小木作制度四. 佛道帳. 注6. 中國建築工業出版社. 2020年
① [宋]李誡. 營造法式（陳明達點注本）. 第一册. 第203頁. 小木作制度四. 佛道帳. 批注. 浙江攝影出版社. 2020年

華版：長隨兩蜀柱内净距，其廣（寬）1.5寸，其厚0.3寸。

地栿：長與尋杖同，對應樓殿開間之廣，其廣（寬）0.75寸，厚0.6寸。

〔9.1.7〕
踏道圜橋子

踏道圜橋子：高四尺五寸，斜拽長三尺七寸至五尺五寸，面廣五尺。下用龜腳，上施連梯、立旌，四周纏難子合版，内用棍。兩頰之内，逐層安促、踏版，上隨圜勢，施鈎闌、望柱。

踏道圜橋子，施于佛道帳之前的踏階，其外輪廓形式爲曲圜式飛虹橋狀，有如敦煌壁畫中表現的唐代殿堂臺基前用以登臨臺基的拱形踏階。橋高4.5尺；斜拽長，這裏似指具有斜向拽腳的圜橋子之曲圜長度，其長3.7—5.5尺；從下文的橋"每廣一尺"，促版、踏版"長九寸六分"推測，橋之面廣指的是圜橋子橋面寬度，其廣（寬）5尺。

橋子下用龜腳，上施連梯與立旌；并沿橋身兩頰之外側框内施合版，四周纏難子。兩頰内側用木條，即棍相連，并逐層安促版與踏版。兩頰之上，隨橋子之圜勢，施以鈎闌、望柱。

踏道圜橋子諸名件

龜腳：每橋子高一尺，則長二寸，廣六分，厚四分。

連梯桯：其廣一寸，厚五分。

連梯棍：長隨廣。其方五分。

立柱：長視高，方七分。

攏立柱上棍：長與方並同連梯棍。

兩頰：每高一尺，則加六寸，曲廣四寸，厚五分。

促版、踏版：每廣一尺，則長九寸六分。廣一寸三分，踏版又加三分。厚二分三厘。

踏版棍：每廣一尺，則長加八分。方六分。

背版：長隨柱子内，廣視連梯與上棍内。以厚六分爲定法。

月版：長視兩頰及柱子内，廣隨兩頰與連梯内。以厚六分爲定法。

龜腳：以橋子高4.5尺推計，其龜腳長0.9寸，廣（寬）2.7寸，厚1.8寸。

連梯桯：桯廣（寬）4.5寸，厚2.25寸。

連梯棍：棍長隨橋子之廣，即5尺。棍之斷面方2.25寸。

立柱：施于下棍與上棍間的立柱，其長視橋體高，柱斷面爲3.15寸見方。

攏立柱上棍：長與方并同連梯棍。

兩頰：橋子兩側之頰，以橋子每高1尺，長加0.6尺，則頰長7.2尺，頰之曲廣（寬）1.8尺，厚2.25寸。

促版、踏版：促版（立版）與踏版（臥版），構成了一個踏步，以橋廣5尺計，促版與踏版各長4.8尺，促版廣（寬）5.85寸，踏版廣（寬）7.2寸，版厚1.04尺。

踏版棍：似爲承托踏版荷載之木條，其長以橋廣5尺加之，棍長5.4尺，棍之斷面方2.7寸。

背版：似爲橋之結構版，其長隨兩立柱之内，其廣（寬）爲連梯與上棍間的高度差，其厚0.6寸。

月版：似與兩頰相附之版，其長視兩頰及立柱之内，其廣（寬）即兩頰與連梯之内的净距，其厚0.6寸。

雖可以按橋子每尺之高，推算出主要名件尺寸，但橋子諸名件，如連梯、立柱及背版、月版等，彼此構造關係，仍難厘清。

〔9.1.8〕
山華蕉葉造

上層如用山華蕉葉造者，帳身之上，更不用結瓷。其壓厦版，於橑檐方外出四十分，上施混肚方。方上用仰陽版，版上安山華蕉葉，共高二尺七寸七分。其名件廣厚，皆取自普拍方至山華每尺之高，積而爲法。

上文"橑檐方"，傅書局合校本改"橑"爲"撩"，并注："撩，故宫本。"[1]

如果佛道帳上層采用山華蕉葉造做法，其帳身之上，則不用采用屋頂結瓷形式。其鋪作枓栱上所施壓厦版，向外伸出40分°。這裏的"分°"當爲所用枓栱材分之"分°"。《法式》"佛道帳"部分給出了兩組鋪作用材，一組是帳身闘八藻井所用枓栱，另一組是天宫樓閣所用枓栱，兩者用材皆爲6分，即其材廣0.6寸，分°值0.04寸。或可以將材廣0.6寸，看作整組佛道帳所用材，其分°值爲0.04寸。

如此可推知，佛道帳上層之壓厦版，自橑檐方向外伸出長度爲1.6寸。版上施混肚方，其方上部刻爲肚狀凸混線脚。混肚方上用仰陽版，版上安山華蕉葉。

上文言到，"其名件廣厚，皆取自普拍方至山華每尺之高，積而爲法"，但文中并未明確給出自普拍方之山華蕉葉的高度，且這裏的高度所指是山華蕉葉之底部，還是蕉葉之上端，亦未作説明。

這段文中，唯一給出的高度，即所謂"共高"2.77尺，或可以將此尺寸看作緊接其後所言"每尺之高，積而爲法"的基數？下文諸名件尺寸，以此基數推出，僅作參考。

① [宋]李誠，傅熹年彙校. 營造法式合校本. 第二册. 小木作制度四. 佛道帳. 校注. 中華書局. 2018年

山華蕉葉造諸名件

頂版：長隨間廣，其廣隨深。以厚七分爲定法。

混肚方：廣二寸，厚八分。

仰陽版：廣二寸八分，厚三分。

山華版：廣厚同上。

仰陽上下貼：長同仰陽版，其廣六分，厚二分四厘。

合角貼：長五寸六分，廣厚同上。

柱子：長一寸六分，廣厚同上。

楅：長三寸二分，廣同上，厚四分。

山華蕉葉高2.77尺，其諸名件廣厚尺寸，以其每尺之高，積而爲法。

頂版：似即施于橑檐方上之壓厦版，其長隨開間之廣，其廣隨進深之深。文中所給其厚爲絕對尺寸，即厚爲0.7寸。

混肚方：施于壓厦版上之外緣，其廣（寬）5.54寸，厚2.22寸。

仰陽版：其廣（寬）7.76寸，厚0.83寸。

山華版：版之廣厚皆同上，即廣（寬）7.76寸，厚0.83寸。

仰陽上下貼：施于仰陽版之上下，雖言其"長同仰陽版"，但上文中并未給出仰陽版之長。其廣（寬）1.66寸，厚0.66寸。

合角貼：合角貼似爲山華蕉葉左右兩盡端所施之貼，其與仰陽上下貼如何銜接，亦未知。其長1.55尺，廣（寬）1.66寸，厚0.66寸。

柱子：其柱似施于山華蕉葉內側，并對其起到支撐作用之柱，其長1.11尺，其廣（寬）1.66寸，厚0.66寸。

楅：楅或橫施于柱子之間，以承托山華蕉葉，其長8.86寸，寬1.66寸，厚1.1寸。

〔9.1.9〕
佛道帳芙蓉瓣

凡佛道帳芙蓉瓣，每瓣長一尺二寸，隨瓣用龜腳。上對鋪作。**結瓷瓦隴條，每條相去如隴條之廣。**至角隨宜分布。**其屋蓋舉折及科栱等分數，並準大木作制度隨材減之。卷殺瓣柱及飛子亦如之。**

上文"卷殺瓣柱"，陳注：改"卷殺"爲"殺蒜"，并注："殺蒜，四庫本，丁本。"[1]傅書局合校本注：改"卷殺"爲"殺蒜"，并注："殺蒜，四庫本、丁本皆作'殺蒜'。'卷'字二本皆無。故宮本亦無'卷'字。"[2]

蒜，音li，意爲草木稀疏狀；又與"蒜"通，未知其字在這裏作何解？若將其字作"蒜"解，或可將其文"殺蒜瓣柱"理解爲"殺蒜瓣柱"，其意或有

① [宋]李誡. 營造法式（陳明達點注本）. 第一册. 第206頁. 小木作制度四. 佛道帳. 批注. 浙江攝影出版社. 2020年

② [宋]李誡，傅熹年彙校. 營造法式合校本. 第二册. 小木作制度四. 佛道帳. 校注. 中華書局. 2018年

將其柱之外觀削斫爲多柱組合的"蒜瓣"柱，類如現存宋代寧波保國寺大殿內的多瓣式柱樣？未可知。

由前文"造佛道帳之制"條所言"帳身下安芙蓉瓣、疊澀、門窗、龜脚坐。"則芙蓉瓣安于佛道帳帳身之下，以承托帳坐之疊澀、帳身之門窗等；在"帳坐"條中又有言："自龜脚上，每澀至上鈎闌，逐層並作芙蓉瓣造。"或可以理解爲，組成佛道帳諸名件，除了結構骨架之外，其外觀部分皆以標準的寬度，即"芙蓉瓣"，相互拼合而成。每瓣的長度爲1.2尺。

再以前文"帳身"條中"帳身：高一丈二尺五寸，長與廣皆隨帳坐，量瓣數隨宜取間。"且帳坐、帳身中一些名件，多以"每一瓣用一條"，或"逐瓣用之"等做法推之，則這裏的"瓣"，也是構成佛道帳帳坐、帳身，及天宮樓閣、山華蕉葉等部分的橫向度量單位。其每一瓣之長，爲1.2尺，以此構成了佛道帳諸層結構在面廣方向的一個基本模數。

帳坐、帳身之芙蓉瓣，下與龜脚相對，上與帳身所施鋪作相對。

帳身上用屋蓋，結瓷的瓦隴條之寬，亦與隴條之間的間距相當。至翼角，其瓦隴條以櫳檔，亦隨宜分布。

其屋蓋之舉折與枓栱，亦應參照大木作制度做法，隨其材分比例減縮而定。帳身柱子及飛子的卷殺，亦如大木作制度做法。

第10章

《營造法式》卷第十

小木作制度五

營造法式卷第十

通直郎管修蓋皇弟外第專一提舉修蓋班直諸軍營房等臣李誡奉

聖旨編修

小木作制度五

牙脚帳

九脊小帳

壁帳

【10.0】
本章導言

本章所述之牙脚帳、九脊小帳及壁帳，均屬置于房屋室内，類似小木作殿屋模型式樣的木龕式裝置。其功能仍有可能是用作供奉佛道偶像，或用于供奉先祖牌位的神龕。

【10.1】
牙脚帳

牙脚帳者，基座爲牙脚坐之帳。帳分上、中、下三段。其上、中、下三段，即牙脚坐、帳身、山華仰陽版，又各分爲三段造。

造牙脚帳之制

造牙脚帳之制：共高一丈五尺，廣三丈，内外攏共深八尺。以此爲率。**下段用牙脚坐；坐下施龜脚。中段帳身上用隔枓；下用鋜脚。上段山華仰陽版；六鋪作。每段各分作三段造。其名件廣厚，皆隨逐層每尺之高，積而爲法。**

牙脚帳，高15尺，通面廣30尺，内外攏共深，即帳之進深8尺。這8尺進深，爲牙脚帳諸段進深的標準尺寸。

帳分爲三段：下段爲牙脚坐，坐下施龜脚，類似于前文所説之龜脚坐。

中段爲帳身；帳身下爲鋜脚，上用隔枓。

上段爲山華仰陽版，其式或類于前文所説的山華蕉葉版。在帳身之上，山華仰陽版之下，施六鋪作枓栱。

每段各分三段造。各段之名件廣厚，皆以各層的高度，隨每尺之高，積而爲法。

〔10.1.1〕
牙脚坐

牙脚坐：高二尺五寸，長三丈二尺，深一丈。坐頭在内，**下用連梯、龜脚。中用束腰、壓青牙子、牙頭、牙脚，背版、填心。上用梯盤、面版，安重臺鉤闌，高一尺。**其鉤闌並準佛道帳制度。

牙脚坐，高2.5尺，長32尺，深10尺。這些尺寸中，包括其坐頭尺寸。牙脚坐下用連梯、龜脚，類如須彌坐式；中用束腰、壓青牙子、牙頭、牙脚、背版、填心；上用梯盤、面版，形成牙脚坐的上表面。上安帳身，四周施重臺鉤闌，鉤闌高度1尺。鉤闌做法與佛道帳中鉤闌制度相同。

牙脚坐諸名件

龜腳：每坐高一尺，則長三寸，廣一寸二分，厚一寸四分。

連梯：隨坐深長。其廣八分，厚一寸二分。

角柱：長六寸二分，方一寸六分。

束腰：長隨角柱內。其廣一寸，厚七分。

牙頭：長三寸二分，廣一寸四分，厚四分。

牙腳：長六寸二分，廣二寸四分，厚同上。

填心：長三寸六分，廣二寸八分，厚同上。

壓青牙子：長同束腰，廣一寸六分，厚二分六厘。

上梯盤：長同連梯，其廣二寸，厚一寸四分。

面版：長廣皆隨梯盤長深之內，厚同牙頭。

背版：長隨角柱內，其廣六寸二分，厚三分二厘。

束腰上貼絡柱子：長一寸，兩頭叉瓣在外，方七分。

束腰上襯版：長三分六厘，廣一寸，厚同牙頭。

連梯榥：每深一尺，則長八寸六分。方一寸。每面廣一尺用一條。

立榥：長九寸，方同上。隨連梯榥用五條。

梯盤榥：長同連梯，方同上。用同連梯榥。

上文"束腰上襯版"條中"長三分六厘。"陳注："三寸六分？"[1]

傅書局合校本注："疑爲'三寸六分'之誤。廣一寸厚四分，而長祇三分六厘，似不可能。下文'九脊小帳'束腰襯版廣厚略同，而長二寸八分，故改正之。"[2]

傅建工合校本注："劉批陶本：丁本作'三分六厘'，疑爲'三寸六分'之誤。廣一寸，厚四分，而長祇三分六厘，似不可能。下文'九脊小帳'束腰襯版廣厚略同，而長二寸八分，故改正之。熹年謹按：故宮本、文津四庫本、張本亦均作'三分六厘'。然劉批合理，故從之。"[3]

龜腳：以每坐高1尺，其長3寸，坐高2.5尺，龜腳長7.5寸，其廣（寬）3寸，厚3.5寸。以下名件諸尺寸，皆以牙腳坐高推之。

連梯：其長隨坐之深，即長10尺。其廣（寬）0.8寸（2.5×0.8=2寸），厚1.2寸（2.5×1.2=3寸）。以下龜腳諸名件廣厚尺寸，均以此法推出。

角柱：長1.55尺，斷面4寸見方。

束腰：長隨兩角柱之內净距。其廣（高）2.5寸，厚1.75寸。

牙頭：長8寸，廣3.5寸，厚1寸。

① [宋]李誠. 營造法式（陳明達點注本）. 第一册. 第209頁. 小木作制度五. 牙腳帳. 批注. 浙江攝影出版社. 2020年

② [宋]李誠，傅熹年彙校. 營造法式合校本. 第二册. 小木作制度五. 牙腳帳. 校注. 中華書局. 2018年

③ [宋]李誠，傅熹年校注. 合校本營造法式. 第324頁. 小木作制度五. 牙腳帳. 注1. 中國建築工業出版社. 2020年

牙脚：長1.55尺，廣6寸，厚1寸。

填心：長9寸，廣（寬）7寸，厚1寸。

壓青牙子：長與束腰同，廣（寬）4寸，厚0.65寸。

上梯盤：長與連梯同，則長10尺，其廣（寬）5寸，厚3.5寸。

面版：其長與廣皆隨上梯盤之長與深之內，厚與牙頭同，則厚1寸。

背版：長隨兩角柱內之净距，其廣（寬）1.55尺，厚0.8寸。

束腰上貼絡柱子：形式或類似石作制度殿階基上之隔身版柱，其長2.5寸（束腰兩頭所貼柱之叉瓣在外），柱斷面1.75寸見方。

束腰上襯版：以傅先生所改之3.6寸推之，其版長9寸，廣（寬）2.5寸，厚1寸。

連梯栿：以牙脚坐之深推之，每深1尺，其長8.6寸；牙脚坐深10尺，其栿長8.6尺，栿斷面方2.5寸。以牙脚坐之面廣，每廣1尺，用連梯栿1條。

立栿：立栿之長，仍以坐高推之，其高2.25尺，斷面方2.5寸。隨連梯栿用之，每條連梯栿上施立栿5條。

梯盤栿：其長與連梯栿同，則長8.6尺；栿之斷面方2.5寸。亦以牙脚坐每面廣1尺，施梯盤栿1條，與連梯栿同。

〔10.1.2〕

帳身

帳身：高九尺，長三丈，深八尺。內外槽柱上用隔科，下用錠脚。四面柱內安歡門、帳帶，兩側及後壁皆施心柱、腰串、難子安版。前面每間兩邊，並用立頰、泥道版。

帳身是牙脚帳的主體，高9尺，長30尺，深8尺，似比其牙脚坐，四面各向內縮回1尺。其帳用柱子、隔科、錠脚承托山華仰陽版，并以柱子之間的歡門、帳帶等形成前立面。兩側及後壁用心柱、腰串，并以難子安版。前面每間的兩側施立頰，安泥道版。

帳身諸名件

內外帳柱：長視帳身之高，每高一尺，則方四分五厘。

虛柱：長三寸，方四分五厘。

內外槽上隔科版：長隨每間之深廣，其廣一寸二分四厘，厚一分七厘。

上隔科仰托栿：長同上，廣四分，厚二分。

上隔科內外上下貼：長同上，廣二分，厚一分。

上隔科內外上柱子：長五分。下柱子：長三分四厘。其廣厚並同上。

383

内外歡門：長同上。其廣二分，厚一分
　　　　五厘。

內外帳帶：長三寸四分，方三分六厘。

裏槽下鋜脚版：長隨每間之深廣。其廣
　　　　七分，厚一分七厘。

鋜脚仰托榥：長同上，廣四分，厚二分。

鋜脚內外貼：長同上，廣二分，厚一分。

鋜脚內外柱子：長五分，廣二分，厚同上。

兩側及後壁合版：長同立頬，廣隨帳
　　　　柱、心柱內。其厚一分。

心柱：長同上，方三分五厘。

腰串：長隨帳柱內，方同上。

立頬：長視上下仰托榥內，其廣三分六
　　　　厘，厚三分。

泥道版：長同上。其廣一寸八分，厚
　　　　一分。

難子：長同立頬，方一分。安平棊亦用此。

平棊：華文等並準殿內平棊制度。

桯：長隨枓槽四周之內。其廣二分三
　　　　厘，厚一分六厘。

背版：長廣隨桯。以厚五分爲定法。

貼：長隨桯內，其廣一分六厘。厚同背版。

難子並貼華：厚同貼。每方一尺，用華子
　　　　二十五枚或十六枚。

福：長同桯，其廣二分三厘，厚一分
　　　　六厘。

護縫：長同背版，其廣二分。厚同貼。

上文"虛柱"條中"長三寸，方四
分五厘。"陳注："疑'三寸五分'或

'三寸六分'，虛柱。"①

　　傅書局合校本注："卷九'天宮樓
閣'佛道帳及卷十'九脊小帳'之
虛柱，亦方四分五厘，而長則三寸
五分，故疑爲'三寸五分'或'三
寸六分'之誤。"②

　　傅建工合校本注："劉批陶本：卷
九天宮樓閣佛道帳及卷十'九脊小
帳'之虛柱皆長過帳帶。九脊小帳
之虛柱亦方四分五厘，而長則三寸
五分。故疑'三寸'爲'三寸五
分'或'三寸六分'之誤。熹年謹
按：故宮本、瞿本、文津四庫本均
作'三寸'，故不改。"③

　　上文"內外歡門"條中"其廣二
分，厚一分五厘"，陳注："疑爲'一
寸二分'或'一寸五分'。"④傅書
局合校本注："疑爲'廣一寸二分'
或'一寸五分'之誤，佛道帳及
九脊小帳歡門之廣與厚均爲十與
一之比。"⑤

　　傅建工合校本注："劉批陶本：
'廣二分'疑爲'一寸二分'或'一
寸五分'之誤。佛道帳及九脊小帳
歡門之廣與厚均爲十與一之比。熹
年謹按：故宮本、文津四庫本、張
本、丁本、瞿本均作'其廣二分'，
故不改，記劉批備考。"⑥

　　上文"桯"條中"長隨枓槽四周之
內"，陳注："'枓槽四周之內'，可

① [宋]李誡. 營造法式（陳明達點注本）. 第一冊. 第
　210頁. 小木作制度五. 牙脚帳. 批注. 浙江攝影出
　版社. 2020年
② [宋]李誡，傅熹年彙校. 營造法式合校本. 第二冊.
　小木作制度五. 牙脚帳. 校注. 中華書局. 2018年
③ [宋]李誡，傅熹年校注. 合校本營造法式. 第324頁.
　小木作制度五. 牙脚帳. 注2. 中國建築工業出版
　社. 2020年

④ [宋]李誡. 營造法式（陳明達點注本）. 第一冊. 第
　211頁. 小木作制度五. 牙脚帳. 批注. 浙江攝影出
　版社. 2020年
⑤ [宋]李誡，傅熹年彙校. 營造法式合校本. 第二冊.
　小木作制度五. 牙脚帳. 校注. 中華書局. 2018年
⑥ [宋]李誡，傅熹年校注. 合校本營造法式. 第324頁.
　小木作制度五. 牙脚帳. 注3. 中國建築工業出版
　社. 2020年

知'枓槽'指面積。"[1]

内外帳柱：帳身内外槽柱，其長視帳身之高；帳身高9尺，其内外柱高亦9尺。以帳身之高推計，每高1尺，方0.45寸，則内外柱截面方4.05寸。

虛柱：柱根不落地的垂柱，以傅先生所改"長三寸六分"推計，其長0.36尺（9×0.36=3.24尺），斷面方0.45寸（9×0.45=4.05寸）。

内外槽上隔枓版：施于内外帳柱槽上之隔枓版，其長隨帳身間架之進深與面廣。其廣（寬）0.124寸（9×0.124=1.116寸），厚0.017寸（9×0.017=0.153寸）。以下帳身諸名件廣厚尺寸，均以此法推算出。

上隔枓仰托棍：施于上隔枓上之木條，其長與内外槽上隔枓版同，其廣（寬）3.6寸，厚1.8寸。

上隔枓内外上下貼：施于上隔枓内外之下貼，其長同仰托棍，其廣（寬）1.8寸，厚0.09寸。

上隔枓内外上柱子：施于上隔枓内外之上柱子，柱高（長）4.5寸；施于上隔枓内外之下柱子：柱高（長）3.06寸，其寬1.8寸，厚0.09寸。

内外歡門：其長同上柱子，即長4.5寸，其廣（寬）1.8寸，厚1.35寸。

内外帳帶：帶長3.06尺，斷面方3.24寸。

裏槽下鋜腳版：施于裏槽柱根處，其長隨帳身每間之進深與面廣。版廣（寬）6.3寸，厚1.53寸。

鋜腳仰托棍：長與裏槽下鋜腳版同，棍廣（寬）3.6寸，厚1.8寸。

鋜腳内外貼：長與鋜腳仰托棍同，貼廣（寬）1.8寸，厚0.9寸。

鋜腳内外柱子：柱子高（長）4.5寸，廣（寬）1.8寸，厚0.9寸。

兩側及後壁合版：施于帳身兩側及後壁，其長與立頰同，即上下仰托棍内高差，廣（寬）隨帳柱與心柱間之净距。其厚0.9寸。

心柱：長與立頰同，柱斷面方3.15寸。

腰串：其長爲兩根帳柱之間距，斷面方3.15寸。

立頰：長爲上下仰托棍之高差。頰廣（寬）3.24寸，厚2.7寸。

泥道版：長與立頰同，版廣（寬）1.62尺，厚0.9寸。

難子：長與立頰同，其方0.9寸。安平棊難子亦方0.9寸。

平棊：其内華文等，與房屋殿内平棊中所施華文制度同。

桯：其長隨枓槽四周之内。其廣（寬）2.07寸，厚1.44寸。

背版：版之長與廣（寬）隨桯之内。其厚以0.45寸爲定法。

貼：施于背版，其長隨桯之内，

① [宋]李誡. 營造法式（陳明達點注本）. 第一冊. 第212頁. 小木作製度五. 牙腳帳. 批注. 浙江攝影出版社. 2020年

貼廣（寬）1.44寸，厚0.45寸。

難子並貼華：厚0.45寸。每1尺見方之平棊版，用華子25枚或16枚。

福：長與桯同。福廣（寬）2.07寸，厚1.44寸。

護縫：長與背版同。其廣（寬）1.8寸，厚0.45寸。

〔10.1.3〕

帳頭

帳頭：共高三尺五寸。枓槽長二丈九尺七寸六分，深七尺七寸六分。六鋪作，單杪重昂重栱轉角造。其材廣一寸五分。柱上安枓槽版。鋪作之上用壓廈版。版上施混肚方、仰陽山華版。每間用補間鋪作二十八朵。

陳注："六鋪作，材一寸五分。"[①]

牙脚帳帳頭，爲山華仰陽版造。外觀似略近仰斗狀，枓槽長，即帳頭面廣，爲29.76尺，進深爲7.76尺。每面各比帳身外廓縮入1.2寸，或爲帳身向內收分所致。

帳身之上，山華仰陽版下，用六鋪作單杪重昂枓栱，其材高度爲1.5寸。但爲什麼這裏特別提出了"轉角造"？或是因爲未施柱頭造枓栱？僅從上文所言"每間用補間鋪作二十八朵"，似并未能

證明帳頭之下未設柱頭鋪作。

以牙脚帳全文未給出其帳的開間數，僅給出面廣3丈、進深8尺，則即使將其帳分爲三開間，每間間廣1丈，亦難施安28朵補間鋪作。若將其面廣3丈分爲5間，假設每間間廣6尺，其兩側進深方向各爲一間，間廣8尺，總有7間，假設其每間施用補間鋪作4朵，則合爲28朵，在邏輯上似乎還説得通。故這裏似應改爲"逐間共用補間鋪作二十八朵"爲宜？

鋪作之上用壓廈版，版上施混肚方及仰陽山華版。逐間需施補間鋪作28朵。可知，將密集的補間枓栱作爲檐口下主要裝飾構件的做法，在宋代小木作制度中已經形成。

帳頭諸名件

普拍方：長隨間廣，其廣一寸二分，厚四分七厘。 絞頭在外。

內外槽並兩側夾枓槽版：長隨帳之深廣，其廣三寸，厚五分七厘。

壓廈版：長同上， 至角加一尺三寸， **其廣三寸二分六厘，厚五分七厘。**

混肚方：長同上， 至角加一尺五寸， **其廣二分，厚七分。**

頂版：長隨混肚方內。 以厚六分爲定法。

仰陽版：長同混肚方， 至角加一尺六寸， **其廣二寸五分，厚三分。**

① [宋]李誡. 營造法式（陳明達點注本）. 第一册. 第213頁. 小木作制度五. 牙脚帳. 批注. 浙江攝影出版社. 2020年

仰陽上下貼：下貼長同上，上貼隨合角貼內，廣五分，厚二分五厘。

仰陽合角貼：長隨仰陽版之廣，其廣厚同上。

山華版：長同仰陽版，至角加一尺九寸，其廣二寸九分，厚三分。

山華合角貼：廣五分，厚二分五厘。

臥棍：長隨混肚方內，其方七分。每長一尺用一條。

馬頭棍：長四寸，方七分。用同臥棍。

楅：長隨仰陽山華版之廣，其方四分。每山華用一條。

上文"頂版"條中"長隨混肚方內"，陳注："'長'下疑脫'廣'字。"[1]傅書局合校本注："疑脫'廣'字。"[2]又補注："故宮本無'廣'字。"[3]

傅建工合校本注："劉批陶本：疑脫'廣'字。熹年謹按：故宮本、文津四庫本、張本、瞿本均無'廣'字，故不改，記劉批備考。"[4]

從頂版之尺寸邏輯推測，陳、傅兩位先生所疑爲確，或應爲"長廣隨混肚方內"。抑或可以不加"廣"字，因其頂版進深方向當由頂版之合版構成。

普拍方：當施于內外帳柱之上，其長隨帳身開間之廣，其廣厚尺寸當以帳頭每尺之高，積而爲法，以帳頭高3.5尺，則普拍方廣（寬）1.2寸（3.5×1.2=4.2

寸），厚0.47寸（3.5×0.47=1.645寸）。方之絞頭在兩角柱之外。

內外槽並兩側夾枓槽版：長隨帳頭之進深與面廣，則內外槽版長隨面廣，其長29.76尺；兩側夾版隨進深，其長7.76尺；以帳頭高3.5尺推之，枓槽版廣（寬）3寸（3.5×0.3=1.05尺），厚0.57寸（3.5×0.57=1.995寸）。以下帳頭諸名件廣厚尺寸，均以此法推算出。

壓廈版：長隨枓槽版，至帳身轉角，版亦加長1.3尺，則壓廈版順身方向長32.36尺，進深方向長10.36尺；版廣（寬）1.14尺，厚2寸。

混肚方：長與枓槽版、壓廈版同，且至角還需加長1.5尺，則其順身方向長32.76尺，進深方向長10.76尺；其方廣（寬）0.7寸，厚2.45寸。

頂版：施于帳頂混肚方所環之內，故其長即混肚方內，去除帳頂兩側混肚方寬1.4尺，則帳頭順身頂版長32.62尺；頂版厚度爲絕對尺寸，其厚0.6寸。進深方向則以頂版之合版拼合而成。

仰陽版：長與混肚方同，至轉角需加長1.6尺，則順身方向的仰陽版長32.96尺；版廣（寬）8.75寸，厚1.05寸。

仰陽上下貼：其上下貼之長相同，且上貼隨合角貼之內，貼廣（寬）1.75寸，厚0.88寸。

仰陽合角貼：合角貼之長與仰陽版之廣（寬）同，則長8.75寸，其廣（寬）

① [宋]李誡. 營造法式（陳明達點注本）. 第一册. 第214頁. 小木作制度五. 牙脚帳. 批注. 浙江攝影出版社. 2020年

② [宋]李誡，傅熹年彙校. 營造法式合校本. 第二册. 小木作制度五. 牙脚帳. 校注. 中華書局. 2018年

③ [宋]李誡，傅熹年彙校. 營造法式合校本. 第二册. 小木作制度五. 牙脚帳. 校注. 中華書局. 2018年

④ [宋]李誡，傅熹年校注. 合校本營造法式. 第324頁. 小木作制度五. 牙脚帳. 注4. 中國建築工業出版社. 2020年

1.75寸，厚0.88寸，與仰陽上下貼同。

山華版：長與仰陽版同，至角長加1.9尺，則山華版順身方向長33.56尺；進深方向長11.56尺；版廣（高）1.02尺，厚1.05寸。

山華合角貼：施于山華版之合角處，其廣（寬）1.75寸，厚0.88寸。

臥棍：施于帳頂混肚方內之木條，其長隨混肚方所環之內，斷面方2.45寸。混肚方每長1尺，用臥棍1條，則兩棍距離爲1尺。

馬頭棍：不詳其所施位置。其長1.4尺，斷面方2.45寸。用法與臥棍同，每長1尺，用馬頭棍1條，則兩棍距離爲1尺。

楅：施于仰陽山華版內壁，其長隨仰陽山華版之廣（高），則長1.02尺，其斷面方1.4寸。每一山華版，用楅1條。

〔10.1.4〕
牙脚帳一般

凡牙脚帳坐，每一尺作一壺門，下施龜脚，合對鋪作。其所用枓栱名件分數，並準大木作制度隨材減之。

牙脚帳坐有束腰、角柱，類如石作制度之殿階基，其束腰內，每1尺，作一壺門。坐之下施以龜脚，坐下龜脚與束腰內壺門、帳頭下鋪作等，上下對應。這裏的"壺門"，類如佛道帳之芙蓉瓣，以每一壺門廣1尺，起到了牙脚帳之龜脚、壺門、鉤闌、鋪作及仰陽山華等之上下對應的模數化體系功能。

其鋪作所用枓栱名件及材分分數，與大木作制度做法相同，祇需以其所用材分大小爲標準，減而用之。

【10.2】
九脊小帳

所謂"九脊"，指其帳之屋頂形式爲廈兩頭造，即後世的歇山式屋頂。九脊小帳，即采用了九脊屋頂形式的佛道帳，因其尺寸較小，故稱"小帳"。

造九脊小帳之制

造九脊小帳之制：自牙脚坐下龜脚至脊，共高一丈二尺，鴟尾在外，**廣八尺，內外攏共深四尺。下段、中段與牙脚帳同；上段五鋪作、九脊殿結宠造。其名件廣厚，皆隨逐層每尺之高，積而爲法。**

九脊小帳自牙脚坐下之龜脚至帳頭屋頂之脊，共高12尺，其高度不包含屋脊上之鴟尾高度。小帳通面廣8尺，內外攏深相當于通進深，其深4尺。

九脊小帳亦分上、中、下三段。下段與中段，爲牙脚坐與帳身，與牙脚帳

388

做法相同。上段爲九脊殿形式，上覆瓦，檐下用五鋪作。各部分構件尺寸依據諸段各層高度，以每尺之高積而爲法，推算而出。

〔10.2.1〕
牙脚坐

牙脚坐：高二尺五寸，長九尺六寸，_{坐頭在内}深五尺。自下連梯、龜脚，上至面版安重臺鈎闌，並準牙脚帳坐制度。

牙脚坐高2.5尺；面廣長度9.6尺，其長内含牙脚坐頭；進深5尺。九脊小帳之牙脚坐，亦由連梯、龜脚，至坐之面版組成；至坐頂面版，在帳身之外，面版四周，施安重臺鈎闌。諸做法與牙脚帳坐制度相同。

牙脚坐諸名件

龜脚：每坐高一尺，則長三寸，廣一寸二分，厚六分。

連梯：長隨坐深，其廣二寸，厚一寸二分。

角柱：長六寸二分，方一寸二分。

束腰：長隨角柱内，其廣一寸，厚六分。

牙頭：長二寸八分，廣一寸四分，厚三分二厘。

牙脚：長六寸二分，廣二寸，厚同上。

填心：長三寸六分，廣二寸二分，厚同上。

壓青牙子：長同束腰，隨深廣。_{減一寸五分；其廣一寸六分，厚二分四厘。}

上梯盤：長厚同連梯，廣一寸六分。

面版：長廣皆隨梯盤内，厚四分。

背版：長隨角柱内，其廣六寸二分，厚同壓青牙子。

束腰上貼絡柱子：長一寸，_{別出兩頭叉瓣}，方六分。

束腰錠脚内襯版：長二寸八分，廣一寸，厚同填心。

連梯梶：長隨連梯内，方一寸，_{每廣一尺用一條。}

立梶：長九寸，_{卯在内}，方同上。_{隨連梯梶用三條。}

梯盤梶：長同連梯，方同上。_{用同連梯梶。}

上文"壓青牙子：長同束腰，隨深廣。_{減一寸五分；其廣一寸六分，厚二分四厘}"，陳注："注文應爲本文。"[1]傅書局合校本注："是本文，非注。"[2]即其文應爲"壓青牙子：長同束腰，隨深廣減一寸五分；其廣一寸六分，厚二分四厘。"傅建工合校本注："劉批陶本：'減'字以下陶本誤作小字注文，應改爲大字正文。熹年謹按：故宮本、四庫本、張本均爲小字注文，然劉批與文義合，故從之。"[3]

① [宋]李誡. 營造法式（陳明達點注本）. 第一册. 第216頁. 小木作制度五. 九脊小帳. 批注. 浙江攝影出版社. 2020年

② [宋]李誡, 傅熹年彙校. 營造法式合校本. 第二册. 小木作制度五. 九脊小帳. 校注. 中華書局. 2018年

③ [宋]李誡, 傅熹年校注. 合校本營造法式. 第333頁. 小木作制度五. 九脊小帳. 注1. 中國建築工業出版社. 2020年

上文"立棍"條小注"隨連梯棍用三條"，陳注："'條'作'路'"。[①]即其文似應爲"隨連梯棍用三路"。

龜脚：依牙脚坐每尺之高，積而爲法，其每高1尺，龜脚長3寸計，則其龜脚長7.5寸；其廣（寬）1.2寸（2.5×1.2=3寸），厚0.6寸（2.5×0.6=1.5寸）。如下諸名件廣厚尺寸，均依此法，以牙脚坐高2.5尺推算之。

連梯：長隨牙脚坐進深，則其深5尺；其廣（寬）5寸，厚3寸。

角柱：柱高（長）1.55尺，柱截面方3寸。

束腰：長隨兩角柱之間凈距，束腰廣（寬）2.5寸，厚1.5寸。

牙頭：其長7寸，廣（寬）3.5寸，厚0.8寸。

牙脚：長1.55尺，廣（寬）5寸，厚0.8寸。

填心：長9寸，廣（寬）5.5寸，厚0.8寸。

壓青牙子：長與束腰同，但其文所謂"隨深廣。減一寸五分"似與"長同束腰"兩者有衝突，未解其意。其廣（寬）4寸，厚0.6寸。

上梯盤：長如連梯，與牙脚坐深同，其長5尺，厚3寸，亦與連梯同，其廣（寬）4寸。

面版：其爲牙脚坐頂版，長與廣（寬）皆隨上梯盤框架之內，其厚1寸。

背版：長隨兩角柱內凈距，其廣（寬）1.55尺，厚0.6寸，與壓青牙子同。

束腰上貼絡柱子：柱子高（長）2.5寸，兩頭叉瓣別出，柱斷面方1.5寸。此束腰貼絡柱子，疑與石作制度之殿階基束腰上所施隔身版柱作用相類。

束腰鋜脚內襯版：似施于束腰之內，其長7寸，廣（寬）2.5寸，厚0.8寸，與填心同。

連梯棍：棍之長隨連梯之內，其斷面方2.5寸。以面廣每1尺用棍1條，則兩棍間距亦爲1尺。

立棍：牙脚坐內之立木，其長2.25尺，包括上下卯之長度，棍斷面方2.5寸。隨連梯棍，以面廣每1尺用棍3條。

梯盤棍：其長與連梯同，棍之斷面方2.5寸。亦以面廣每1尺，用棍1條，與連梯棍同。

〔10.2.2〕
帳身

帳身：一間，高六尺五寸，廣八尺，深四尺。其內外槽柱至泥道版，並準牙脚帳制度。唯後壁兩側並不用腰串。

九脊小帳之帳身，其平面尺寸：面廣8尺，進深4尺，略小于牙脚坐平面（面廣9.6尺，進深5尺）。帳身左右比其坐各

① 〔宋〕李誡. 營造法式（陳明達點注本）. 第一冊. 第217頁. 小木作制度五. 九脊小帳. 批注. 浙江攝影出版社. 2020年

縮進8寸，前後比帳坐各縮進2.5寸。

帳身內外槽柱至泥道版，其做法制度與牙腳帳同。與牙腳帳不同的是，其後壁及兩側均不用腰串。

帳身諸名件

內外帳柱：長視帳身之高，方五分。

虛柱：長三寸五分，方四分五厘。

內外槽上隔枓版：長隨帳柱內，其廣一寸四分二厘，厚一分五厘。

上隔枓仰托榥：長同上，廣四分三厘，厚二分八厘。

上隔枓內外上下貼：長同上，廣二分八厘，厚一分四厘。

上隔枓內外上柱子：長四分八厘；下柱子：長三分八厘，廣厚同上。

內歡門：長隨立頰內。**外歡門**：長隨帳柱內。其廣一寸五分，厚一分五厘。

內外帳帶：長三寸二分，方三分四厘。

裏槽下鋜腳版：長同上隔枓上下貼，其廣七分二厘，厚一分五厘。

鋜腳仰托榥：長同上，廣四分三厘，厚二分八厘。

鋜腳內外貼：長同上，廣二分八厘，厚一分四厘。

鋜腳內外柱子：長四分八厘，廣二分八厘，厚一分四厘。

兩側及後壁合版：長視上下仰托榥，廣隨帳柱、心柱內，其厚一分。

心柱：長同上，方三分六厘。

立頰：長同上，廣三分六厘，厚三分。

泥道版：長同上，廣隨帳柱、立頰內，厚同合版。

難子：長隨立頰及帳身版、泥道版之長廣，其方一分。

平棊：華文等並準殿內平棊制度。作三段造。

　程：長隨枓槽四周之內，其廣六分三厘，厚五分。

　背版：長廣隨程。以厚五分爲定法。

　貼：長隨程內，其廣五分。厚同上。

　貼絡華文：厚同上。每方一尺，用華子二十五枚或十六枚。

　福：長同背版，其廣六分，厚五分。

　護縫：長同上，其廣五分。厚同貼。

　難子：長同上，方二分。

上文"兩側及後壁合版"條中"長視上下仰托榥"，陳注："'榥'下疑脫'內'字。"[1]即其文似應爲"長視上下仰托榥內"。

上文"平棊"條下之"程"條行文，陳注："平棊各件尺寸太大，例如：程之大竟過帳柱，疑全誤。"[2]傅書局合校本注："平棊各件尺寸太大，例如：程之大竟過帳柱。其他如貼、福、護縫、難子皆然，恐全部有誤。"[3]又補注："宋本所載尺寸即如此。"[4]傅建工合校本注："劉批陶本：平棊各件尺寸太大，如程之大

① [宋]李誠. 營造法式（陳明達點注本）. 第一冊. 第219頁. 小木作制度五. 九脊小帳. 批注. 浙江攝影出版社. 2020年

② [宋]李誠. 營造法式（陳明達點注本）. 第一冊. 第219頁. 小木作制度五. 九脊小帳. 批注. 浙江攝影出版社. 2020年

③ [宋]李誠, 傅熹年彙校. 營造法式合校本. 第二冊. 小木作制度五. 九脊小帳. 校注. 中華書局. 2018年

④ [宋]李誠, 傅熹年彙校. 營造法式合校本. 第二冊. 小木作制度五. 九脊小帳. 校注. 中華書局. 2018年

竟過帳柱，其他如貼、榑、護縫、難子皆然，恐全部有誤。熹年謹按：宋刊本明代補版及故宮本此頁之文均如此，故未改。"①

内外帳柱：帳身内外槽之柱，柱長（高）視帳身之高，則長6.5尺；以柱之截面方0.5寸計，則其方6.5×0.5=3.25寸。

虛柱：柱長0.35尺（6.5×0.35=2.275尺），其方0.45寸（6.5×0.45=2.925寸）。如下帳身諸名件廣厚尺寸，均依此法，以帳身高6.5尺推算之。

内外槽上隔科版：施于内外柱槽之上，其長隨帳柱内之净距，其廣（寬）9.23寸，厚0.98寸。

上隔科仰托榥：榥之長仍隨帳柱内之净距，榥廣（寬）2.8寸，厚1.82寸。

上隔科内外上下貼：長與仰托榥同，其廣（寬）1.82寸，厚0.91寸。

上隔科内外上柱子：柱高（長）3.12寸；下柱子：柱高（長）2.47寸；其廣（寬）1.82寸，厚0.91寸，與上下貼同。

内歡門：其長隨兩立頰内之净距。外歡門：其長隨兩帳柱内之净距。其廣（寬）9.75寸，厚0.98寸。

内外帳帶：帶長2.08尺，斷面方2.21寸。

裏槽下鋜脚版：其版長與上隔科上下貼之長同，即與上隔科仰托榥同；其廣（寬）4.68寸，厚0.98寸。

鋜脚仰托榥：其長同裏槽下鋜脚版，則與上隔科仰托榥亦同；廣（寬）2.78寸，厚1.82寸。

鋜脚内外貼：其長同鋜脚仰托榥，廣（寬）1.82寸，厚0.91寸。

鋜脚内外柱子：施于鋜脚内外，柱高（長）3.12寸，廣（寬）1.82寸，厚0.91寸。

兩側及後壁合版：施于帳身之兩側與後壁，其長即上下仰托榥間之距離，版廣（寬）以帳柱與心柱内净距爲則，版厚0.65寸。

心柱：柱高（長）亦爲上下仰托榥間距離，柱方2.34寸。

立頰：其長與心柱高同，其廣（寬）2.34寸，厚1.95寸。

泥道版：其長與心柱、立頰長同，其廣（寬）以帳柱及立頰内至間距爲則，厚與合版同，則厚0.65寸。

難子：施于立頰、帳身版、泥道版之邊緣，其長隨立頰及帳身版、泥道版之長與廣，其方0.65寸。

平棊：其内所施華文等，以大木作殿内平棊制度同，并分爲三段造作。

桯：似爲承托平棊之桯，其長隨科槽四周之内，廣（寬）4.1寸，厚3.25寸。誠如前文所引陳、傅兩位先生之言，其桯尺寸偏大，桯之厚與帳柱截面尺寸相當，桯之廣甚至超過帳柱。未知造成這一較大尺寸的個中原因。

背版：即平棊背版，其長與廣，隨

① [宋]李誠，傅熹年校注. 合校本營造法式. 第333頁. 小木作制度五.九脊小帳. 注2. 中國建築工業出版社. 2020年

縱橫之桯。厚爲絕對尺寸，其厚0.5寸。

貼：施于背版下，其長隨桯之內，其廣（寬）0.5寸，厚亦0.5寸。

貼絡華文：華文厚0.5寸。以每平棊方1尺，用華子25枚或16枚。

楅：施于背版之後，其長同背版，楅廣（寬）3.9寸，厚3.25寸。

護縫：長與楅同，其廣（寬）3.25寸，厚亦0.5寸，與貼之厚相同。

難子：長與護縫同，其方1.3寸。

〔10.2.3〕

帳頭

帳頭：自普拍方至脊共高三尺，鴟尾在外，**廣八尺，深四尺。四柱，五鋪作，下出一杪，上施一昂，材廣一寸二分，厚八分，重栱造。上用壓厦版，出飛檐，作九脊結瓦。**

帳頭爲九脊殿式，自普拍方至脊高3尺（不含鴟尾高度）。帳頭面廣8尺，進深4尺，與帳身同。帳用4柱，則面廣1間，進深1間；檐下用五鋪作單杪單昂；材高1.2寸，材厚0.8寸。其用材尺寸略小于牙腳帳之1.5寸用材，且兩者都不在《法式》"大木作制度"所規定之"八等材"內。

枓栱之上用壓厦版，出飛檐，形成九脊殿形式；屋頂之上爲結瓦形式。其牙腳坐（高2.5尺）、帳身（高6.5尺）與

帳頭（高3尺），累加高度爲12尺，正與上文所述九脊小帳的總高尺寸相符。

帳頭諸名件

普拍方：長隨深廣，絞頭在外，**其廣一寸，厚三分。**

枓槽版：長厚同上，減二寸，**其廣二寸五分。**

壓厦版：長厚同上，每壁加五寸，**其廣二寸五分。**

栿：長隨深，加五寸，**其廣一寸，厚八分。**

大角梁：長七寸，廣八分，厚六分。

子角梁：長四寸，曲廣二寸，厚同上。

貼生：長同壓厦版，加七寸，**其廣六分，厚四分。**

脊榑：長隨廣，其廣一寸，厚八分。

脊榑下蜀柱：長八寸，廣厚同上。

脊串：長隨榑，其廣六分，厚五分。

叉手：長六寸，廣厚皆同角梁。

山版：每深一尺，則長九寸，**廣四寸五分。**以厚六分爲定法。

曲椽：每深一尺，則長八寸，**曲廣同脊串，厚三分。**每補間鋪作一朵用三條。

厦頭椽：每深一尺，則長五寸，**廣四分，厚同上。**角同上。

從角椽：長隨宜，均攤使用。

大連檐：長隨深廣，每壁加一尺二寸，**其廣同曲椽，厚同貼生。**

前後廈瓦版：長隨榑。每至角加一尺五寸。其廣自脊至大連檐隨材合縫，以厚五分爲定法。

兩廈頭廈瓦版：長隨深，加同上，其廣自山版至大連檐。合縫同上，厚同上。

飛子：長二寸五分，尾在內，廣二分五厘，厚二分三厘。角內隨宜取曲。

白版：長隨飛檐，每壁加二尺，其廣三寸。厚同廈瓦版。

壓脊：長隨廈瓦版，其廣一寸五分，厚一寸。

垂脊：長隨脊至壓廈版外，其曲廣及厚同上。

角脊：長六寸，廣厚同上。

曲闌榑脊：共長四尺，廣一寸，厚五分。

前後瓦隴條：每深一尺，則長八寸五分，廈頭者長五寸五分；若至角，並隨角斜長。方三分，相去空分同。

搏風版：每深一尺，則長四寸五分，曲廣一寸二分。以厚七分爲定法。

瓦口子：長隨子角梁內，其曲廣六分。

垂魚：其長一尺二寸；每長一尺，即廣六寸；厚同搏風版。

惹草：其長一尺，每長一尺，即廣七寸，厚同上。

鴟尾：共高一尺一寸，每高一尺，即廣六寸，厚同壓脊。

上文"科槽版"條中"其廣二寸五分"，傅書局合校本注：改爲"其廣二寸二分"，并注："二，據宋本改。"①

上文"壓廈版"條中"其廣二寸五分"，傅建工合校本改爲"其廣二寸二分"，并注："熹年謹按：'二'字陶本誤作'五'，據宋本改。張本不誤，作'二'。"②

上文"廈頭椽"條小注"角同上"，陳注：改"角"爲"用"，并注："用，竹本。"③傅書局合校本注：改"角"爲"用"，并注："用，據宋本。"④傅建工合校本注："熹年謹按：'用'字陶本誤作'角'，據宋本改。張本不誤。"⑤

上文"曲闌榑脊"，陳注：改"榑"爲"搏"。⑥傅書局合校本注，改"榑"爲"搏"，并注："搏，據宋本。"⑦傅建工合校本注："熹年謹按：'搏脊'陶本誤作'榑脊'，據宋本改。張本不誤。"⑧從名件名稱與字義看，應從陳先生、傅先生所改。

上文"垂魚"與"惹草"條小注"其長"，陶本："共長"。其處有徐伯安先生注："'陶本'爲'共'字，誤。"⑨

普拍方：長隨帳頭之進深（4尺）與面廣（8尺），方之絞頭在外；以帳頭之高3尺推而算之，其廣（寬）1寸（3×1=3寸），厚0.3寸（3×0.3=0.9寸）。下同。

科槽版：版長與普拍方同，亦同帳頭進深與面廣，但減2寸，其厚0.9寸；

① [宋]李誡，傅熹年彙校. 營造法式合校本. 第二册. 小木作制度五. 九脊小帳. 校注. 中華書局. 2018年
② [宋]李誡，傅熹年校注. 合校本營造法式. 第333頁. 小木作制度五. 九脊小帳. 注3. 中國建築工業出版社. 2020年
③ [宋]李誡. 營造法式（陳明達點注本）. 第一册. 第222頁. 小木作制度五. 九脊小帳. 批注. 浙江攝影出版社. 2020年
④ [宋]李誡，傅熹年彙校. 營造法式合校本. 第二册. 小木作制度五. 九脊小帳. 校注. 中華書局. 2018年
⑤ [宋]李誡，傅熹年校注. 合校本營造法式. 第333頁. 小木作制度五. 九脊小帳. 注4. 中國建築工業出版社. 2020年
⑥ [宋]李誡. 營造法式（陳明達點注本）. 第一册. 第223頁. 小木作制度五. 九脊小帳. 批注. 浙江攝影出版社. 2020年
⑦ [宋]李誡，傅熹年彙校. 營造法式合校本. 第二册. 小木作制度五. 九脊小帳. 校注. 中華書局. 2018年
⑧ [宋]李誡，傅熹年校注. 合校本營造法式. 第333頁. 小木作制度五. 九脊小帳. 注5. 中國建築工業出版社. 2020年
⑨ 梁思成. 梁思成全集. 第七卷. 第237頁. 小木作制度五. 九脊小帳. 脚注1和脚注2. 中國建築工業出版社. 2001年

版廣（寬）7.5寸。

壓厦版：長同枓槽版，亦與帳頭深廣同，但每壁加5寸，厚0.9寸，廣（寬）7.5寸。

枓：長隨帳頭進深，并加5寸，則其長4.5尺；廣（寬）3寸，厚2.4寸。

大角梁：長2.1尺，廣（寬）2.4寸，厚1.8寸。

子角梁：長1.2尺，曲廣（寬）6寸，厚1.8寸。

貼生：長與壓厦版同，亦與帳頭深廣同，但須加長7寸，其廣（寬）1.8寸，厚1.2寸。

脊榑：長隨帳頭之廣，即長8尺，其廣3寸，厚2.4寸。

脊榑下蜀柱：柱高（長）2.4尺，廣3寸，厚2.4寸。

脊串：長隨脊榑之長，亦爲8尺，其廣（寬）1.8寸，厚1.5寸。

叉手：長1.8尺，廣（寬）2.4寸，厚1.8寸，與（大）角梁同。

山版：帳頭每進深1尺，山版長0.9尺，則其長3.6尺；版廣（寬）1.35尺。山版之厚爲實尺，其厚0.6寸。

曲椽：帳頭每進深1尺，曲椽長0.8尺，則曲椽長3.2尺；椽之曲廣（寬）1.8寸，與脊串同，椽厚0.9寸。每補間鋪作1朵，施用曲椽3條。

厦頭椽：帳頭每進深1尺，厦頭椽長0.5尺，則其椽長2尺；椽廣（寬）1.2寸，厚0.9寸。依陳、傅先生所改，則知其厦頭椽施用方式與曲椽相同。

從角椽：其長隨翼角排布，均攤使用。

大連檐：其長隨帳頭之進深與面廣，但每壁須加長1.2尺。如順身大連檐，其長10.4尺；山面大連檐，其長6.4尺；其廣（寬）1.8寸同曲椽，厚同貼生。

前後厦瓦版：長隨脊榑，即長8尺；但每至角須加長1.5尺。其廣（寬）自脊至大連檐，須隨材合縫，其厚爲實尺，版厚0.5寸。

兩厦頭厦瓦版：即厦兩頭造之兩山出際處厦瓦版，其長隨進深，即長4尺；但至角須加長1.5尺。其廣（寬）自山版至大連檐。版宜隨材合縫，厚0.5寸。

飛子：長7.5寸，含飛子尾長，其廣（寬）0.75寸，厚0.69寸。至翼角處，其飛子隨宜取曲。

白版：未詳白版施于何處。其長隨飛檐，每壁加長2尺，其廣（寬）9寸。厚與厦瓦版同，則厚0.5寸。

壓脊：長與厦瓦版同，即長4尺，其廣（寬）4.5寸，厚3寸。

垂脊：長隨脊至壓厦版外，其曲寬（曲廣）4.5寸，厚3寸。

角脊：長1.8尺，廣4.5寸，厚3寸。

曲闌榑脊，其名似有誤，或應稱"曲闌搏脊"或"曲闌榑脊"，疑即清式所稱"博脊"，共長4尺，脊廣（高）

3寸，厚1.5寸。

前後瓦隴條：以帳頭每進深1尺，其長0.85尺，則前後瓦隴條長3.4尺，厦頭處瓦隴條長1.65尺；若至角，瓦隴條皆隨其角之斜長。瓦之方0.9寸，瓦隴條之間相互間距亦爲0.9寸。

搏風版：以帳頭每進深1尺，其長0.45尺，則搏風版長1.8尺，版曲廣（寬）4.8寸。搏風版厚爲絕對尺寸，其厚0.7寸。

瓦口子：其長隨子角梁之內，其曲廣（寬）2.4寸。

垂魚：長爲實尺，其長1.2尺；每長1尺，其廣6寸，則垂魚廣（寬）7.2寸；厚0.7寸，與搏風版同。

惹草：長亦爲實尺，其長1尺，每長1尺，其廣7寸，則惹草廣（寬）7寸，厚0.7寸。

鴟尾：其高爲實尺，共高1.1尺，每高1尺，即廣6寸，則鴟尾廣（寬）6.6寸，其厚3寸，與壓脊同。

〔10.2.4〕
九脊小帳一般

凡九脊小帳，施之於屋一間之內。其補間鋪作前後各八朵，兩側各四朵。坐內壺門等，並準牙腳帳制度。

因九脊小帳僅有一間，故其在房屋內部的設置，也宜置于一間之內。因采用了九脊屋頂形式，其補間鋪作比較細密，前後檐各有補間鋪作8朵，左右兩山各有補間鋪作4朵。以其帳坐"長九尺六寸，坐頭在內，深五尺"推算，其前後檐與兩山，各以每8寸施一鋪作，加之帳身柱頭各施鋪作，則諸尺寸恰相吻合。其下亦對帳坐壺門、龜腳。由此推知，九脊小帳以每廣0.8尺，施一龜腳、壺門，上對鋪作，其中仍存有以"0.8尺"爲長度單位之模數化體系。再加上四根腳柱上的轉角鋪作，其檐下所施鋪作達28朵之多。

九脊小帳之牙腳坐內所施壺門等做法，皆與前文所述牙腳帳之帳坐制度相類。據《法式》卷第三十二之附圖，九脊小帳，若用牙腳坐，亦可稱爲"九脊牙腳小帳"。

【10.3】
壁帳

從《法式》行文看，所謂"壁帳"，似直接安于室內牆壁之上的小木作帳室，與山西大同下華嚴寺遼代薄伽教藏殿內的兩山及後壁上所施之經藏櫥在設置形態與做法上多少有一些類似。祇是薄伽教藏殿的兩山與後壁所施的屬于壁藏類或經藏類小木作，壁帳似乎較之要簡單了許多。

造壁帳之制

造壁帳之制：高一丈三尺至一丈六尺。<small>山華、仰陽在外。</small>**其帳柱之上安普拍方，方上施隔枓及五鋪作下昂重栱，出角、入角造。其材廣一寸二分，厚八分。每一間用補間鋪作一十三朵。鋪作上施壓厦版、混肚方，**<small>混肚方上與梁下齊。</small>**方上安仰陽版及山華。**<small>仰陽版、山華在兩梁之間。</small>**帳内上施平棊。兩柱之内並用叉子栱。其名件廣厚，皆取帳身間内每尺之高，積而爲法。**

上文"兩柱之内並用叉子栱……每尺之高，積而爲法。"陳注："叉子栱，'高'作'廣'"。[①]傅書局合校本改"高"爲"廣"，[②]即"皆取帳身間内每尺之廣，積而爲法"。從"帳身間内"之上下文，確似應以"每尺之廣"，積而爲法。

關于"壁帳"條，其文"其名件廣厚，皆取帳身間内每尺之高，積而爲法"，既取"帳身間内"，當以"每尺之廣"取之，其上下文邏輯似通。若取"每尺之高"，似或取壁帳通高，或取壁帳"逐層之高"。傅熹年先生將文中的"高"改爲"廣"，即"皆取帳身間内每尺之廣，積而爲法"，從上下文邏輯上，就比較通了。令人疑惑的是，其文中并未給出帳身間内之廣的尺寸。

但其文中給出了"每一間用補間鋪作一十三朵"這一概念，且明確其枓栱用材廣1.2寸，厚0.8寸，則其材分°之分°值應爲0.08寸。從文中可知，壁帳所用枓栱爲五鋪作下昂重栱造。既有重栱，必然有慢栱，則根據泥道慢栱的長度與補間鋪作的朵數，或能推測出此一壁帳的帳身間内之廣的大概範圍。

慢栱長92分°，若間内施13朵補間鋪作，其間廣之内，應有15朵鋪作。而兩端柱頭鋪作各計半鋪，則有14朵完整鋪作，即應有14條慢栱的長度，其總長應爲92 × 14 = 1288分°；以每1分°長0.08寸，則14條慢栱總長約爲103.04寸（約爲10.3尺）。如此，則若將這些鋪作施之于12—15尺的間廣範圍之内，是都有可能安置進去的，祇是鋪作與鋪作之間的間距大小，有一些差別。

基于如上分析，這裏或假設其壁帳帳身間内之廣爲12尺。

壁帳通高13—16尺（不含頂部的仰陽版及山華）。其形式是在帳柱之上，安普拍方，方上施隔枓，上用五鋪作，下昂重栱造，似爲雙下昂做法。其壁帳疑爲可沿室内墙壁轉角設置，故其檐下枓栱亦爲"出角、入角"兩種做法。

枓栱用材高1.2寸，厚0.8寸。每一間，施補間鋪作13朵。枓栱之上施壓厦版、混肚方，上安仰陽版與山華。

帳内上施平棊。前後兩柱之間用"叉

① [宋]李誠. 營造法式（陳明達點注本）. 第一册. 第224頁. 小木作制度五. 壁帳. 批注. 浙江攝影出版社. 2020年

② [宋]李誠，傅熹年彙校. 營造法式合校本. 第二册. 小木作制度五. 壁帳. 校注. 中華書局. 2018年

子栿”，疑爲如同大木作制度平梁上所施
“叉手”一樣的梁栿形式。其帳身各部分
構件尺寸依據帳身高度尺寸推算而出。

壁帳諸名件

帳柱：長視高，每間廣一尺，則方三分
八厘。

仰托棍：長隨間廣，其廣三分，厚
二分。

隔科版：長同上，其廣一寸一分，厚
一分。

隔科貼：長隨兩柱之內，其廣二分，厚
八厘。

隔科柱子：長隨貼內，廣厚同貼。

科槽版：長同仰托棍，其廣七分六厘，
厚一分。

壓厦版：長同上，其廣八分，厚一分。
科槽版及壓厦版，如減材分，即廣隨所用減之。

混肚方：長同上，其廣四分，厚二分。

仰陽版：長同上，其廣七分，厚一分。

仰陽貼：長同上，其廣二分，厚八厘。

合角貼：長視仰陽版之廣，其厚同仰
陽貼。

山華版：長隨仰陽版之廣，其厚同壓
厦版。

平棊：華文並準殿內平棊制度。長廣並隨間內。

背版：長隨平棊，其廣隨帳之深。以
厚六分爲定法。

桯：長隨背版四周之廣，其廣二分，
厚一分六厘。

貼：長隨桯四周之內，其廣一分六
厘。厚同上。

難子並貼華：每方一尺，用貼絡華
二十五枚或十六枚。

護縫：長隨平棊，其廣同桯。厚同背版。

楅：廣三分，厚二分。

上文“山華版”條中“長隨仰陽版
之廣”，陳注：“無‘之’字”。[1]

上文“桯”條中“長隨背版四周之廣”，
陶本：“隨背版四周之廣”。陳注：“‘桯’
下疑脫‘長’字。”[2]傅書局合校本注：
“疑脫‘長’字。宋本無‘長’字。”[3]
徐注：“‘陶本’無‘長’字，誤。”[4]

帳柱：壁帳之框架柱。其長視壁帳
之高，以壁帳高1.3—1.6尺，其柱高隨
不同壁帳高度有所變化。帳柱斷面尺
寸，依陳先生與傅先生之判斷，取帳身
間內每尺之廣推之。設如其帳身間內之
廣爲12尺，以每間之廣，積而爲法，則
其柱方0.38寸（12×0.38=4.56寸），故
其截面爲4.56寸見方。

仰托棍：其長隨間廣，則長12尺，
其廣（寬）0.3寸（12×0.3=3.6寸），厚
0.2寸（12×0.2=2.4寸）。如下壁帳諸名
件廣厚尺寸，均依此法，以帳身間內之
廣12尺推之。

隔科版，據傅先生，或稱“隔科
版”：版長12尺，與仰托棍同，其廣

① [宋]李誡. 營造法式（陳明達點注本）. 第一冊. 第
226頁. 小木作制度五. 壁帳. 批注. 浙江攝影出版
社. 2020年
② [宋]李誡. 營造法式（陳明達點注本）. 第一冊. 第
226頁. 小木作制度五. 壁帳. 批注. 浙江攝影出版
社. 2020年
③ [宋]李誡，傅熹年彙校. 營造法式合校本. 第二冊.
小木作制度五. 壁帳. 校注. 中華書局. 2018年
④ 梁思成. 梁思成全集. 第七卷. 第238頁. 小木作制
度五. 壁帳. 腳注1. 中國建築工業出版社. 2001年

（寬）1.32尺，厚1.2寸。

隔科貼，或隔科貼：長隨帳柱兩柱之内净距，其廣（寬）2.4寸，厚0.96寸。

隔科柱子，或隔科柱子：柱子高（長）隨隔科貼之内，其廣（寬）2.4寸，厚0.96寸。

科槽版：長與仰托榥同，亦長12尺，其廣（寬）9.12寸，厚1.2寸。

壓厦版：長與科槽版同，亦長12尺，其廣（寬）9.6寸，厚1.2寸（科槽版及壓厦版，如其科栱材廣有所減低，則其版之寬，亦須隨所用之材減之）。

混肚方：長與壓厦版同，即長12尺，其廣（寬）4.8寸，厚2.4寸。

仰陽版：長與混肚方同，亦長12尺，其廣（寬）8.4寸，厚1.2寸。

仰陽貼：長與仰陽版同，長12尺，其廣（寬）2.4寸，厚0.96寸。

合角貼：其長視仰陽版之廣，則長8.4寸；其厚與仰陽貼同，即厚0.96寸。

山華版：長隨仰陽版之廣，亦長8.4寸；其厚與壓厦版同，則厚1.2寸。

平棊：其内所施華文，與大木作殿閣内平棊制度相同。平棊之長與廣（寬），皆須以帳身間内之廣深相契合。

背版：施于平棊桯之上，其長隨平棊之長，其廣（寬）隨帳身之進深。其厚度爲絕對尺寸，其厚0.6寸。

桯：平棊之桯，長隨平棊背版四周之廣，其廣（寬）2.4寸，厚1.92寸。

貼：施于背版之下，桯之内，其長隨桯四周之内，其廣（寬）1.92寸，其"厚同上"，從行文看，似指與桯厚相同，但從貼之應取厚度，亦可能應與更上一條之"背版"的厚度相同。這裏取與背版厚度同，其厚0.6寸。

難子並貼華：難子纏施于桯之内，以每其方1尺，内施貼絡華25枚或16枚。

護縫：與難子及貼同施于平棊版下，其長隨平棊，其廣（寬）2.4寸，與桯之寬同。其厚0.6寸，與背版同。

楅：施于平棊背版之上，平棊桯之間，其廣（寬）3.6寸，厚2.4寸。

〔10.3.2〕
壁帳一般

凡壁帳上山華、仰陽版後，每華尖皆施楅一枚。所用飛子、馬銜，皆量宜用之。其科栱等分數，並準大木作制度。

上文"皆量宜用之"，陶本："皆量宜造之"。徐注："'陶本'爲'造'字，誤。"[1]

壁帳上山華與仰陽版之後，每華尖都須施楅一枚，以起到固定山華及仰陽版作用。壁帳檐口飛子須根據帳身間内之廣量宜施用，但其正文中，并未提到設有檐口，僅施以壓厦版，其上則施仰

① 梁思成. 梁思成全集. 第七卷. 第238頁. 小木作制度五. 壁帳. 脚注2. 中國建築工業出版社. 2001年

陽山華版，未知這裏的"飛子"究竟施于何處。另所謂"馬銜"，本如《法式》卷第八"造拒馬叉子之制"中所提到的"兩邊用馬銜木"，但本章中雖提到"叉子栿"，其意疑與"叉子"截然不同，則這裏的"馬銜木"似乎更像是施于壁帳頂部前後所連桿之上，用以固定或拉結壁帳頂部的仰陽山華版的木構件？未

可知。

另外一個令人不解之處是，《法式》中有關"壁帳"的行文中未提及壁帳坐，也沒有提及其帳柱究竟落在什麼形式的臺座之上。這也會爲推測其完整的形象，造成了不小的困惑。

壁帳所用鋪作科栱諸分數，皆以大木作科栱制度爲準。

400

第 11 章

《营造法式》卷第十一

小木作制度六

營造法式卷第十一

通直郎管修蓋專一提舉修蓋班直諸軍營房等臣李誡奉

聖旨編修

小木作制度六

轉輪經藏

壁藏

【11.0】
本章導言

轉輪經藏與壁藏，與前文之佛道帳、牙脚帳、九脊小帳、壁帳之間的根本不同是：所謂“帳”，實爲“龕”，是用于供奉神佛或牌位的；而所謂“藏”，實爲“櫥櫃”，是用于藏經的，如佛寺中用于貯藏佛經，或道觀中用于貯藏道經的櫥櫃。因爲，無論佛經與道經，都具有某種神聖的象徵意義，故轉輪經藏或壁藏，也都是造型極其精美、裝飾極其華麗的小木作形式。

【11.1】
轉輪經藏

轉輪經藏是由南朝梁時高僧傅大士開創的。據明人撰《客座贅語》：“大士傅弘，東陽郡烏傷人。……梁武聞之，延於鍾山定林寺，……常以經目繁多，人不能遍閱，乃建大層龕，一柱八面，實以諸經，運行不礙，謂之輪藏。”[1]作爲一種可以轉動的巨大藏經櫥櫃，其機械性原理及製造難度，在那個時代都是相當高的。南北朝時的中國人能夠創造出這樣龐大的轉動性經藏，也可以稱得上是機械史上的一個奇觀。

雖然是一個轉動的機械性貯藏設

施，但其外觀仍然保持了一座八角形殿閣的形式，故其外槽帳身柱上，施以腰檐、平坐。檐下與平坐下，應有枓栱。平坐之上，再施以小尺度的木構殿閣造型，寓意佛國世界的天宮樓閣。

〔11.1.1〕
造經藏之制

造經藏之制：共高二丈，徑一丈六尺，八棱，每棱面廣六尺六寸六分。内外槽柱；外槽帳身柱上腰檐、平坐，坐上施天宫樓閣。八面制度並同，其名件廣厚，皆隨逐層每尺之高，積而爲法。

上文“共高二丈”，陳注：“‘二’作‘三’”[2]，又更正爲“二”，并注：“明證‘二’不誤。”[3]又注：“一至三等材殿身内用。”[4]似指“轉輪經藏”所用之處。

傅建工合校本此處改爲“共高三丈”，并注：“熹年謹按：故宮本作‘二’，宋本作‘三’，據宋本改。四庫本、張本同宋本。”[5]

轉輪經藏高20尺，平面八角形，直徑16尺；八角形每面寬度6.66尺。

經藏内外施柱，稱“内外槽柱”。外槽帳身柱上有腰檐、平坐；平坐之上施天宫樓閣。轉輪經藏八個面的外觀及

① [明]顧起元. 客座贅語. 卷三. 傅大士. 第82頁. 中華書局. 1987年
② [宋]李誡. 營造法式（陳明達點注本）. 第二册. 第1頁. 小木作制度六. 轉輪經藏. 批注. 浙江攝影出版社. 2020年
③ [宋]李誡. 營造法式（陳明達點注本）. 第二册. 第1頁. 小木作制度六. 轉輪經藏. 批注. 浙江攝影出版社. 2020年
④ [宋]李誡. 營造法式（陳明達點注本）. 第二册. 第1頁. 小木作制度六. 轉輪經藏. 批注. 浙江攝影出版社. 2020年
⑤ [宋]李誡, 傅熹年校注. 合校本營造法式. 第351頁. 小木作制度六. 轉輪經藏. 注1. 中國建築工業出版社. 2020年

細部做法相同。

　　轉輪經藏各部分構件尺寸是按照各層的高度，以每尺之高、積而爲法的方式推算而出的。

内外槽柱、外槽帳身諸名件

　　外槽帳身：柱上用隔枓、歡門、帳帶造，高一丈二尺。

　　帳身外槽柱：長視高，廣四分六厘，厚四分。歸瓣造。

　　隔枓版：長隨帳柱内，其廣一寸六分，厚一分二厘。

　　仰托棍：長同上，廣三分，厚二分。

　　隔枓内外貼：長同上，廣二分，厚九厘。

　　内外上下柱子：上柱長四分，下柱長三分，廣厚同上。

　　歡門：長同隔枓版，其廣一寸二分，厚一分二厘。

　　帳帶：長二寸五分，方二分六厘。

　　上文“隔枓版”條，對“其廣一寸六分”句中的“六”，陳注：“疑應作‘一’。”[1]

　　傅書局合校本注：改“六”爲“一”，即“其廣一寸一分”，又注：“宋本即作‘一寸六分’。”[2]傅建工合校本注：“劉批陶本：隔枓版廣疑應作一寸一分，因上卷凡有隔枓版處，其廣均等于上下貼廣并上下柱子長

之總和，故應作‘一’。如是則帳帶長度亦足矣。熹年謹按：南宋本即作‘一寸六分’，文津四庫本、張本同宋本，亦作‘一寸六分’，故未改，録劉批備考。”[3]

　　外槽帳身：經藏外槽帳身，柱上用隔枓、歡門、帳帶造，其高12尺。

　　帳身外槽柱：外槽柱高（長）視帳身之高，其高12尺；柱廣（寬）0.46寸（12×0.46=5.52寸），厚0.4寸（12×0.4=4.8寸）。柱爲歸瓣造。其意似爲：外槽柱依外槽帳身平面八角形之八瓣，各歸一瓣，即八角形之一面布置？

　　隔枓版：版長隨帳柱内之净距，其廣（寬）0.11尺（12×0.11=1.32尺，據傅先生研究改。若按未改之尺寸推測，其廣0.16尺，則12×0.16=1.92尺），厚0.12寸（12×0.12=1.44寸）。如下外槽帳身諸名件廣厚尺寸均依此法，以帳身之高12尺推算而出。

　　仰托棍：長與隔枓版同，即帳柱内净距，其廣（寬）3.6寸，厚2.4寸。

　　隔枓内外貼：長與仰托棍同，即帳柱内净距，貼廣（寬）2.4寸，厚1.08寸。

　　内外上下柱子：上柱高（長）4.8寸，下柱高（長）3.6寸；柱廣（寬）2.4寸，厚1.08寸，與隔枓内外貼同。以貼廣2.4寸，上下貼廣之和爲4.8寸，再加

① [宋]李誠. 營造法式（陳明達點注本）. 第二册. 第2頁. 小木作制度六. 轉輪經藏. 批注. 浙江攝影出版社. 2020年

② [宋]李誠, 傅熹年彙校. 營造法式合校本. 第二册. 小木作制度六. 轉輪經藏. 校注. 中華書局. 2018年

③ [宋]李誠, 傅熹年校注. 合校本營造法式. 第351頁. 小木作制度六. 轉輪經藏. 注3. 中國建築工業出版社. 2020年

上下柱子之長4.8寸與3.6寸，則其和爲1.32尺，正與傅先生所分析之隔科版廣尺寸相合。

歡門：長與隔科版同，即隨帳柱內淨距；歡門廣（寬）1.44尺，厚1.44寸。

帳帶：帶長3尺，帶之斷面爲3.12寸見方。

〔11.1.2〕
腰檐並結瓷

腰檐並結瓷：共高二尺，科槽徑一丈五尺八寸四分。_{科槽及出檐在外。}**內外並六鋪作重栱，用一寸材，**_{厚六分六厘。}**每瓣補間鋪作五朵：外跳單杪重昂；裏跳並卷頭。其柱上先用普拍方施科栱，上用壓厦版，出椽並飛子、角梁、貼生。依副階舉折結瓷。**

陳注："六鋪作，材一寸，厚六分六。"①

外槽帳柱上所施腰檐及其結瓷高度爲2尺，轉輪外槽之科槽徑爲15.84尺；但這一尺寸，不包括科槽及其出挑外檐的尺寸。

腰檐外施六鋪作單杪雙昂重栱造科栱，材高1寸，材厚0.66寸，其分°值爲0.066寸；科栱裏轉出三杪華栱，每兩帳柱間用補間鋪作5朵。

柱頭之上，用普拍方，方上施科栱；

科栱之上用壓厦版，壓厦版之上爲出檐椽子與飛子，并角梁、貼生（類如大木作之生頭木）。

腰檐起舉，按照大木作殿閣之副階起舉方式，即以副階進深之1/2高度，爲其舉高，亦即搏脊槫之上皮標高。腰檐屋頂之上，仍爲結瓷做法。

腰檐諸名件

普拍方：長隨每瓣之廣，_{絞角在外。}**其廣二寸，厚七分五厘。**

科槽版：長同上，廣三寸五分，厚一寸。

壓厦版：長同上，_{加長七寸，}**廣七寸五分，厚七分五厘。**

山版：長同上，廣四寸五分，厚一寸。

貼生：長同山版，_{加長六寸，}**方一分。**

角梁：長八寸，廣一寸五分，厚同上。

子角梁：長六寸，廣同上，厚八分。

搏脊槫：長同上，_{加長一寸，}**廣一寸五分，厚一寸。**

曲椽：長八寸，曲廣一寸，厚四分。_{每補間鋪作一朵用三條，與從椽取勻分擘。}

飛子：長五寸，方三分五厘。

白版：長同山版，_{加長一尺，}**廣三寸五分。**_{以厚五分爲定法。}

井口榥：長隨徑，方二寸。

立榥：長視高，方一寸五分。_{每瓣用三條。}

馬頭榥：方同上。_{用數亦同上。}

厦瓦版：長同山版，_{加長一尺，}**廣五寸。**_{以厚五分爲定法。}

① [宋]李誡. 營造法式（陳明達點注本）. 第二冊. 第2頁. 小木作制度六. 轉輪經藏. 批注. 浙江攝影出版社. 2020年

瓦隴條：長九寸，方四分。瓦頭在内。

瓦口子：長厚同厦瓦版，曲廣三寸。

小山子版：長廣各四寸，厚一寸。

搏脊：長同山版，加長二寸，廣二寸五分，厚八分。

角脊：長五寸，廣二寸，厚一寸。

上文"曲椽"條小注"每補間鋪作一朵用三條，與從椽取勻分擘"，傅書局合校本在"從"字後加一"角"字，即"與從角椽取勻分擘。"并注："角，疑脱'角'字。宋本無'角'字。"[①]傅建工合校本注："劉批陶本：疑脱'角'字。熹年謹按：南宋本亦如此，故未改，録劉批備考。"[②]

另文中"立榥"條小注"每瓣用三條"，陳注："'條'作'路'"。[③]傅書局合校本改"條"爲"路"[④]，則其文改爲"每瓣用三路"。傅建工合校本注："熹年謹按：陶本作'三條'，據宋本改'三路'。"[⑤]

另上文"厦瓦版"，陳注："'瓦'作'厊'"。[⑥]傅書局合校本注：改"瓦"爲"厊"。[⑦]

"普拍方"條小注"絞角在外"，疑當爲"絞頭在外"。參見下節"平坐"之"普拍方"條。

普拍方：方長隨八角轉輪一面（瓣）之間廣，方之絞角（頭）在柱外。以腰

檐高2尺推而計之，其方廣（寬）2寸（2×2=4寸），厚0.75寸（2×0.75=1.5寸）。如下腰檐諸名件廣厚尺寸均依此法，以腰檐之高2尺推算而出。

枓槽版：版與普拍方長同，亦隨一瓣間廣；版廣（寬）7寸，厚2寸。

壓厦版：長與枓槽版同，隨一瓣間廣，但須加長7寸；版廣（寬）1.5尺，厚1.5寸。

山版：長與壓厦版同，隨一瓣間廣，廣（寬）9寸，厚2寸。

貼生：其長與山版同，亦隨一瓣間廣，但須加長6寸，其斷面方0.2寸。

角梁：長1.6尺，廣（寬）3寸，厚似與山版同，則厚2寸。

子角梁：長1.2尺，廣（寬）3寸，厚1.6寸。

搏脊槫：槫長似與山版同，隨一瓣間廣，并加長1寸；槫廣（寬）3寸，厚2寸。

曲椽：長1.6寸，曲廣（寬）2寸，厚0.8寸。每補間鋪作1朵用曲椽3條，并與翼角之從角椽取勻分布。據《法式》卷第八"小木作制度三·井亭子"有："從角椽：長取宜，勻攤使用。"及《法式》卷第十"小木作制度五·九脊小帳"有："從角椽：長隨宜，均攤使用。"可知"從角椽"係多用于小木作之亭帳翼角處的椽子。

飛子：長1尺，斷面方0.7寸。

白版：白版爲何物？未詳。其長與

① [宋]李誡，傅熹年彙校．營造法式合校本．第二册．小木作制度六．轉輪經藏．校注．中華書局．2018年
② [宋]李誡，傅熹年校注．合校本營造法式．第351頁．小木作制度六．轉輪經藏．注4．中國建築工業出版社．2020年
③ [宋]李誡．營造法式（陳明達點注本）．第二册．第4頁．小木作制度六．轉輪經藏．批注．浙江攝影出版社．2020年
④ [宋]李誡，傅熹年彙校．營造法式合校本．第二册．小木作制度六．轉輪經藏．校注．中華書局．2018年
⑤ [宋]李誡，傅熹年校注．合校本營造法式．第351頁．小木作制度六．轉輪經藏．注5．中國建築工業出版社．2020年
⑥ [宋]李誡．營造法式（陳明達點注本）．第二册．第4頁．小木作制度六．轉輪經藏．批注．浙江攝影出版社．2020年
⑦ [宋]李誡，傅熹年彙校．營造法式合校本．第二册．小木作制度六．轉輪經藏．校注．中華書局．2018年

山版，即隨一瓣間廣，并加長1尺；版廣（寬）7寸；版厚爲實尺，其厚0.5寸。

井口榥：當指八角形内所施之井口，騎長隨八角之徑，榥斷面方4寸。

立榥：榥之長視腰檐之高，其高2尺；榥斷面方3寸﹝每瓣施用立榥3條（或3路？）﹞。

馬頭榥：斷面亦爲3寸見方，與立榥同。每瓣施用數亦爲3條，與立榥同。

厦瓦版：其長與山版，隨一瓣間廣，并加長1尺；其廣（寬）1尺。版厚爲實尺，其厚0.5寸。

瓦隴條：長1.8尺，斷面方0.8寸。長度中包含瓦頭尺寸。

瓦口子：長與厦瓦版同，厚0.5寸，曲廣（寬）6寸。

小山子版：長與廣（寬）各爲8寸，厚2寸。

搏脊：長與山版同，則隨一瓣間廣，但須加長2寸；廣（寬）5寸，厚1.6寸。

角脊：腰檐之角脊，長1尺，寬4寸，厚2寸。

〔11.1.3〕
平坐

平坐：高一尺，枓槽徑一丈五尺八寸四分，墜厦版出頭在外，**六鋪作，卷頭重棋，用一寸材。每瓣用補間鋪作九**

朵。上施單鉤闌，高六寸。撮項雲棋造，其鉤闌準佛道帳制度。

陳注："六鋪作，材一寸。"[1]

轉輪經藏之平坐，高1尺；其八角形枓槽徑爲15.84尺；柱頭之上用六鋪作，爲重棋三卷頭做法，枓棋用材1寸，即其材厚0.66寸，其材分之分°值爲0.066寸；似每瓣開間内用補間鋪作9朵。

平坐之上施單鉤闌，鉤闌高6寸，尋杖下用撮項雲棋造。其鉤闌諸做法，與佛道帳之鉤闌制度相同。

平坐諸名件

普拍方：長隨每瓣之廣，絞頭在外，方一寸。

枓槽版：長同上，其廣九寸，厚二寸。

墜厦版：長同上，加長七寸五分，廣九寸五分，厚二寸。

鴈翅版：長同上，加長八寸，廣二寸五分，厚八分。

井口榥：長同上，方三寸。

馬頭榥：每直徑一尺，則長一寸五分，方三分，每瓣用三條。

鉬面版：長同井口榥，減長四寸，廣一尺二寸，厚七分。

普拍方：與腰檐普拍方同，方長隨

① [宋]李誡. 營造法式（陳明達點注本）. 第二册. 第5頁. 小木作制度六. 轉輪經藏. 批注. 浙江攝影出版社. 2020年

八角轉輪一面（瓣）之間廣，方之絞頭在外，以平坐高1尺推計，平坐普拍方斷面方1寸。如下平坐諸名件廣厚尺寸，均依平坐之高1尺推算而出。

科槽版：長與普拍方同，隨八角轉輪一瓣之間廣，其廣（寬）9寸，厚2寸。

壓厦版：長與科槽版同，隨一瓣之間廣，但須加長7.5寸；版廣（寬）9.5寸，厚2寸。

鴈翅版：長與壓厦版同，隨一瓣之間廣，且加長8寸；廣（寬）2.5寸，厚0.8寸。

井口榥：當與腰檐井口榥對應，其長與普拍方同，隨一瓣之間廣，榥斷面方3寸。

馬頭榥：以每科槽徑1尺，則長1.5寸；科槽徑爲15.84尺，其榥長2.38尺。榥之斷面方0.3寸，每一面（瓣）用榥3條。

鈿面版：長與井口榥同，即如普拍方，隨一瓣之間廣，但須減長4寸；廣（寬）1.2尺，厚0.7寸。

〔11.1.4〕
天宮樓閣

天宮樓閣：三層，共高五尺，深一尺。下層副階内角樓子，長一瓣，六鋪作，單杪重昂。角樓挾屋長一瓣，茶樓子長二瓣，並五鋪作，單杪單昂。行廊長二瓣，分心，**四鋪作，**以上並或單栱或重栱造，**材廣五分，厚三分三厘，每瓣用補間鋪作兩朵，其中層平坐上安單鉤闌，高四寸。**枓子蜀柱造，其鉤闌準佛道帳制度。**鋪作並用卷頭，與上層樓閣所用鋪作之數，並準下層之制。**其結瓦名件，準腰檐制度，量所宜減之。

陳注："六鋪作、五鋪作、四鋪作，材五分。"[1]

傅建工合校本在此條行文後有傅先生所附説明："宋刊本卷第十一第三頁止，爲原版。版心有刻工名金榮。本頁已據該頁校定，故宮本行款與此頁全同。"[2]與此相類之説明，在傅建工合校本的卷第十一中多次出現，惟刻工名不盡相同，不再重提。

平坐上所施天宮樓閣高度，有3層，共高5尺，樓閣進深1尺。天宮樓閣首層爲副階；其副階内角樓子，面廣爲1瓣。

但是，角樓子之長的1瓣，似與上文八角形科槽之1瓣的意義，似有不同。這裏的"瓣"疑爲後文所言"芙蓉瓣"之瓣，其瓣長6.6寸。即角樓子面廣6.6寸，用六鋪作單杪重昂科栱。

角樓挾屋面廣，亦爲1瓣，即6.6寸；茶樓子長2瓣，則其面廣爲1.32尺。角樓挾屋與茶樓子，所用科栱爲五鋪作單杪單昂。

① [宋]李誡. 營造法式（陳明達點注本）. 第二册. 第6頁. 小木作制度六. 轉輪經藏. 批注. 浙江攝影出版社. 2020年

② [宋]李誡, 傅熹年校注. 合校本營造法式. 第342頁. 小木作制度六. 轉輪經藏. 天宮樓閣. 正文後附. 中國建築工業出版社. 2020年

連接角樓挾屋與茶樓子之行廊，長2瓣，則行廊面廣亦爲1.32尺。行廊平面爲分心造，其柱上用四鋪作枓栱。這種不同相鄰建築之間所用枓栱鋪作數的差別，在一定程度上也會反映大木作制度中相鄰建築之間所用鋪作數的不同。

角樓、角樓挾屋、茶樓子及行廊所用枓栱，或爲單栱造，或爲重栱造。其枓栱用材0.5寸，材厚0.33寸，則其材分之分°值爲0.033寸。

每瓣（即在6.6寸面廣範圍內）用補間鋪作2朵。依此分°值，用單栱造，其泥道用瓜子栱，每一鋪作橫向長度爲62分°，若用補間鋪作2朵，加之兩側各留0.5朵，其枓栱長度爲6.14寸，似可以布置得下。但若其泥道用令栱，其長72分°，枓栱總長爲7.13寸，則難以在1瓣之內，布置下2朵補間鋪作了。若用重栱造，則更無可能。此爲一問題，存疑。

諸鋪作之出杪皆用卷頭。且上層樓閣所用鋪作數，與下層所用鋪作數對應一致。中層平坐之上，施單鉤闌，其高4寸。其鉤闌爲枓子蜀柱，做法與佛道帳制度相同。

天宮樓閣屋頂之結瓦做法，參照腰檐瓦頂形式，衹是尺寸宜相應減小。

① [宋]李誡. 營造法式（陳明達點注本）. 第二冊. 第7頁. 小木作制度六. 轉輪經藏. 批注. 浙江攝影出版社. 2020年

[11.1.4.1]

裏槽坐

裏槽坐：高三尺五寸。並帳身及上層樓閣，共高一丈三尺；帳身直徑一丈。**面徑一丈一尺四寸四分；枓槽徑九尺八寸四分；下用龜腳；腳上施車槽、疊澀等。其制度並準佛道帳坐之法。內門窗上設平坐；坐上施重臺鉤闌，高九寸。**雲栱瘦項造，其鉤闌準佛道帳制度。**用六鋪作卷頭；其材廣一寸，厚六分六厘。每瓣用補間鋪作五朵，**門窗或用壺門、神龕。**並作芙蓉瓣造。**

陳注："六鋪作，材一寸。"①

轉輪經藏裏槽坐，高3.5尺；以其坐高度，再加上坐上帳身及上層樓閣，共高13尺。八角形帳身平面直徑10尺。八角形平面之裏槽，兩面相對之徑爲11.44尺；枓槽直徑9.84尺。結合其外槽帳身枓槽徑15.84尺，可以推算出裏槽與外槽間的距離爲4.4尺。以枓槽計之，枓槽與外槽之間距離爲6尺，如此似可形成類似房屋外檐廊子的空間效果。

裏槽之下用龜腳，腳上施車槽、疊澀等。裏槽柱上施門窗；內門窗之上用平坐；坐上施重臺鉤闌，鉤闌高爲9寸，鉤闌之尋杖下用雲栱瘦項，其做法與佛道帳中重臺鉤闌相同。

裏槽帳身柱上用六鋪作枓栱，出三

卷頭。科栱用材，廣1寸，材厚0.66寸，其材分之分°值爲0.066寸。

裏槽坐每瓣有補間鋪作5朵。這裏的"每瓣"當爲裏槽八角形平面之每一面。即裏槽每面之柱上，均施補間鋪作5朵。

其門窗，則表現爲壺門、神龕的形式。裏槽坐下做芙蓉瓣造形式。

裏槽坐諸名件

龜脚：長二寸，廣八分，厚四分。

車槽上下澁：長隨每瓣之廣，加長一寸，其廣二寸六分，厚六分。

車槽：長同上，減長一寸，廣二寸，厚七分。安華版在外。

上子澁：兩重，在坐腰上下者，長同上，減長二寸，廣二寸，厚三分。

下子澁：長厚同上，廣二寸三分。

坐腰：長同上，減長三寸五分，廣一寸三分，厚一寸。安華版在外。

坐面澁：長同上，廣二寸三分，厚六分。

猴面版：長同上，廣三寸，厚六分。

明金版：長同上，減長二寸，廣一寸八分，厚一分五厘。

普拍方：長同上，絞頭在外，方三分。

枓槽版：長同上，減長七寸，廣二寸，厚三分。

壓厦版：長同上，減長一寸，廣一寸五分，厚同上。

車槽華版：長隨車槽，廣七分，厚同上。

坐腰華版：長隨坐腰，廣一寸，厚同上。

坐面版：長廣並隨猴面版內，厚二分五厘。

坐內背版：每枓槽徑一尺，則長二寸五分；廣隨坐高。以厚六分爲定法。

猴面梯盤棍：每枓槽徑一尺，則長八寸；方一寸。

猴面鈿版棍：每枓槽徑一尺，則長二寸；方八分。每瓣用三條。

坐下榻頭木並下臥棍：每枓槽徑一尺，則長八寸；方同上。隨瓣用。

榻頭木立棍：長九寸，方同上。隨瓣用。

拽後棍：每枓槽徑一尺，則長二寸五分；方同上。每瓣上下用六條。

柱脚方並下臥棍：每枓槽徑一尺，則長五寸；方一寸。隨瓣用。

柱脚立棍：長九寸，方同上。每瓣上下用六條。

龜脚：以裏槽坐高3.5尺推之，龜脚長2寸（3.5×2=7寸），廣（寬）0.8寸（3.5×0.8=2.8寸），厚0.4寸（3.5×0.4=1.4寸）。如下裏槽坐諸名件廣厚尺寸，均依此法，以裏槽坐之高3.5尺推算而出。

車槽上下澁：澁長隨裏槽坐每瓣之廣，即八角形平面裏槽坐之一面（瓣）之長，并加長1寸；其廣（寬）9.1寸，厚2.1寸。

車槽：其長亦隨裏槽坐每瓣之廣，并減長1寸；廣（寬）7寸，厚2.45寸，不含車槽中所安華版之尺寸。

上子澀：澀有兩重，在坐腰之上下；上子澀長隨裏槽坐每瓣之廣，但須減長2寸；廣（寬）7寸，厚1.05寸。

下子澀：長與上子澀同，厚1.05寸，廣（寬）8.05寸。

坐腰：長與上下子澀同，但所減之長爲3.5寸；廣（寬）4.55寸，厚3.5寸，不含坐腰中所安華版之尺寸。

坐面澀：長與坐腰同，廣（寬）8.05寸，厚2.1寸。

猴面版：長與坐面澀同，廣（寬）1.05尺，厚2.1寸。

明金版：長與猴面版同，但減其長2寸；版廣（寬）6.3寸，厚0.53寸。

普拍方：長與明金版同，仍隨裏槽坐每瓣之廣，其絞頭在外；普拍方之斷面爲1.05寸見方。

枓槽版：長與普拍方同，隨裏槽坐每瓣之廣，且減長7寸；版廣（寬）7寸，厚1.05寸。

壓厦版：長與枓槽版同，隨裏槽坐每瓣之廣，但減長1寸；版廣（寬）5.25寸，厚1.05寸，與枓槽版同。

車槽華版：長隨車槽，即隨裏槽坐每瓣之廣，并減長1寸；廣（寬）2.45寸，厚仍爲1.05寸。

坐腰華版：其長隨坐腰，隨裏槽坐每瓣之廣；版廣（寬）1寸，厚1.05寸。

坐面版：長廣並隨猴面版之內，即隨裏槽坐每瓣之廣；版厚0.88寸。

坐內背版：以每枓槽徑1尺，長2.5寸計，其枓槽徑9.84尺，其背版長2.46尺；版廣（寬）隨裏槽坐高，即高2.5尺。厚爲實尺，其厚0.6寸。

猴面梯盤榥：以每枓槽徑1尺，長0.8尺計，其榥長7.87尺；榥之斷面方3.5寸。

猴面鈿版榥：每枓槽徑1尺，長0.2尺計，其榥長1.96尺，榥斷面方2.8寸。其八角形平面裏槽坐，每一面（瓣）用榥3條。

坐下榻頭木並下臥榥：以每枓槽徑1尺，其長0.8尺，則裏槽坐下之榻頭木及其下臥榥長7.87尺；其木與榥之斷面皆方2.8寸。榻頭木與臥榥隨其瓣使用。

榻頭木立榥：榥長3.15尺，榥斷面方2.8寸。以隨其瓣使用。

拽後榥：以每枓槽徑1尺，長0.25尺，其長2.46尺；榥斷面方2.8寸。隨八角每瓣之面，上下用6條。

柱腳方並下臥榥：以每枓槽徑1尺，長0.5尺計，柱腳方及其下臥榥長4.92尺；其方與榥之斷面方3.5寸。隨其瓣使用。

柱腳立榥：榥長3.15寸，斷面方3.5寸，與柱腳方及下臥榥同。亦隨八角每

411

瓣之面，上下用6條。

[11.1.4.2]

帳身

帳身：高八尺五寸，徑一丈，帳柱下用鋜
　　腳，上用隔枓，四面並安歡門、帳
　　帶，前後用門。柱內兩邊皆施立頰、
　　泥道版造。

　　帳身施于裏槽坐之上，其高8.5尺；
平面亦爲八角形，徑10尺；八角各施帳
柱，帳柱之下用鋜腳，之上用隔枓；其
鋜腳類如大木作柱根之地栿，隔枓或類
如大木作柱頭間之闌額？帳身四面皆安
歡門、帳帶；其前後則用門。

　　兩帳柱之內，其兩側邊施立頰，并
做泥道版造。

帳身諸名件

帳柱：長視高，其廣六分，厚五分。

下鋜腳上隔枓版：各長隨帳柱內，廣八
　　分，厚二分四厘；內上隔枓版廣一
　　寸七分。

下鋜腳上隔枓仰托榥：各長同上，廣三
　　分六厘，厚二分四厘。

下鋜腳上隔枓內外貼：各長同上，廣二
　　分四厘，厚一分一厘。

下鋜腳及上隔枓上內外柱子：各長六分
　　六厘。上隔枓內外下柱子：長五分
　　六厘，廣厚同上。

立頰：長視上下仰托榥內，廣厚同仰
　　托榥。

泥道版：長同上，廣八分，厚一分。

難子：長同上，方一分。

歡門：長隨兩立頰內，廣一寸二分，厚
　　一分。

帳帶：長三寸二分，方二分四厘。

門子：長視立頰，廣隨兩立頰內。 合版令
　　足兩扇之數，以厚八分爲定法。

帳身版：長同上，廣隨帳柱內，厚一分
　　二厘。

帳身版上下及兩側內外難子：長同上，
　　方一分二厘。

　　上文中"下鋜腳上隔枓版"條中"厚
二分四厘"，陳注："'二'作'一'"。[①]
傅書局合校本注：改"二"爲"一"，
其文改爲"廣八分，厚一分四厘。"[②]
傅建工合校本注："熹年謹按：陶本作
'二分'，據宋本改'一分'。"[③]

　　上文"下鋜腳及上隔枓上內外柱子"
條中"廣厚同上"，傅書局合校本注：
加"各"，改爲"各廣厚同上"。[④]疑
與上文"各長六分六厘"相對應。

　　帳柱：帳柱之長視帳身之高，則高
8.5尺；柱廣（寬）0.6寸（8.5×0.6=5.1
寸），厚0.5寸（8.5×0.5=4.25寸）。如下
帳身諸名件廣厚尺寸，均依此法，以帳
身之高8.5尺推算而出。

① [宋]李誠. 營造法式（陳明達點注本）. 第二冊. 第
　10頁. 小木作制度六. 轉輪經藏. 批注. 浙江攝影
　出版社. 2020年
② [宋]李誠，傅熹年彙校. 營造法式合校本. 第二冊.
　小木作制度六. 轉輪經藏. 校注. 中華書局. 2018年
③ [宋]李誠，傅熹年校注. 合校本營造法式. 第351頁.
　小木作制度六. 轉輪經藏. 注6. 中國建築工業出版
　社. 2020年
④ [宋]李誠，傅熹年彙校. 營造法式合校本. 第二冊.
　小木作制度六. 轉輪經藏. 校注. 中華書局. 2018年

下鋜脚上隔科版：兩帳柱間之下鋜脚上隔科版，其各長均隨兩帳柱内淨距；其廣（寬）6.8寸，厚1.19寸（按"厚一分四厘"推之）；内上隔科版廣（寬）1.445尺。

下鋜脚上隔科仰托榥：上下仰托榥，各長與兩帳柱内淨距同，其廣（寬）3.06寸，厚2.04寸。

下鋜脚上隔科内外貼：上下内外之貼，各長與上下仰托榥同，爲兩帳柱内淨距；其廣（寬）2.04寸，厚0.94寸。

下鋜脚及上隔科上内外柱子：其内外柱子各長5.61寸。上隔科内外下柱子，長4.76寸，其各廣（寬）2.04寸，各厚0.94寸，與内外之貼同。

立頰：兩帳柱内之立頰，其長視上下仰托榥之内，廣厚與仰托榥同，則立頰廣（寬）3.06寸，厚2.04寸。

泥道版：長與立頰同，亦視上下仰托榥之内；廣（寬）6.8寸，厚0.85寸。

難子：長與泥道版同，方0.85寸。

歡門：長隨兩立頰之内，廣（寬）1.02尺，厚0.85寸。

帳帶：帶長2.72尺，帶之斷面方2.04寸。

門子：門高（長）與立頰之長同，門廣（寬）隨兩立頰内之淨距。使門合版，令恰爲兩扇門之數。門厚爲實尺，其厚0.8寸。

帳身版：施于不設門之帳身面，其長同門子，即與兩側立頰長同；廣（寬）隨兩帳柱間淨距，厚1.02寸。

帳身版上下及兩側内外難子：帳身版上下即内外側，均施難子。其長同帳身，難子斷面方1.02寸。

［11.1.4.3］
帳頭

柱上帳頭：共高一尺，徑九尺八寸四分。

<small>檐及出跳在外。</small>**六鋪作，卷頭重栱造；其材廣一寸，厚六分六厘。每瓣用補間鋪作五朵，上施平棊。**

陳注："六鋪作，材一寸。"[1]

帳柱之上，承以帳頭，其高1尺，帳頭八角平面之徑9.84尺。其徑不含帳頭上之出檐，及科栱出跳尺寸。

帳柱之上施六鋪作出三杪重栱造科栱，科栱用材爲1寸，材厚0.66寸，其材分的分°值爲0.066寸。

以其八角形之一面，即一瓣，施用補間鋪作5朵；裏轉鋪作之上，施以平棊。

帳頭諸名件

普拍方：長隨每瓣之廣，<small>絞頭在外，</small>**廣三寸，厚一寸二分。**

科槽版：長同上，廣七寸五分，厚

① [宋]李誡. 營造法式（陳明達點注本）. 第二册. 第11頁. 小木作制度六. 轉輪經藏. 批注. 浙江攝影出版社. 2020年

二寸。

壓厦版：長同上，_{加長七寸，}**廣九寸，厚一寸五分。**

角㭼：_{每徑一尺，則長三寸，}**廣四寸，厚三寸。**

算桯方：廣四寸，厚二寸五分，_{長用兩等：一，每徑一尺，長六寸二分；二，每徑一尺，長四寸八分。}

平棊：_{貼絡華文等，並準殿內平棊制度。}

桯：長隨內外算桯方及算桯方心，廣二寸，厚一分五厘。

背版：長廣隨桯四周之內。_{以厚五分為定法。}

楅：_{每徑一尺，則長五寸七分；}**方二寸。**

護縫：長同背版，廣二寸。_{以厚五分為定法。}

貼：長隨桯內，廣一寸二分。_{厚同上。}

難子並貼絡華：_{厚同貼。}**每方一尺，用華子二十五枚或十六枚。**

上文"普拍方"條，陳注："絞頭"^①，當爲標示。

普拍方：帳柱柱頭上所施普拍方，其長隨八角帳頭每一面（瓣）之間廣，即兩帳柱之凈距，普拍方之絞頭在柱外；方廣（寬）3寸，厚1.2寸。如下帳頭諸名件廣厚尺寸，均依帳頭之高1尺推算而出。

科槽版：長與普拍方同，亦爲一瓣

之廣；版廣（寬）7.5寸，厚2寸。

壓厦版：施于科槽版上，長同科槽版，但須加長7寸；廣（寬）9寸，厚1.5寸。

角㭼：施于帳頭之轉角，以帳頭每徑1尺，則長3寸計，其徑9.84尺，角㭼長2.95寸，㭼廣（寬）4寸，厚3寸。

算桯方：施于帳頭裏轉科栱之上，其廣（寬）4寸，厚2.5寸。算桯方長度分兩等：其一，以帳頭每徑1尺，其長6.2寸，則以其徑長9.84尺計之，算桯方長6.1尺；其二，以帳頭每徑1尺，其長4.8寸，則以其徑長9.84尺計之，算桯方長4.72尺。此兩等之長似指"內外算桯方"長度之不同。

平棊：平棊之內貼絡華文等做法，皆以大木作殿閣內平棊制度相同。

桯：此似爲施于算桯方間之桯，其長隨內外算桯方之長，并隨算桯方間心至心距離，桯廣（寬）2寸，厚0.15寸。

背版：施于平棊方之上，版之長與廣（寬），隨平棊桯四周之內。版厚爲實尺，其厚0.5寸。

楅：以帳頭每徑1尺，則長5.7寸計，楅長5.61尺；楅之斷面方2寸。

護縫：長與背版同，廣（寬）2寸。護縫厚爲實尺，其厚0.5寸。

貼：施于桯與背版相接處，其長隨桯四周之內，其廣（寬）1.2寸。厚0.5寸，與護縫之厚同。

① [宋]李誡. 營造法式（陳明達點注本）. 第二冊. 第11頁. 小木作制度六，轉輪經藏. 批注. 浙江攝影出版社. 2020年

難子並貼絡華：難子之厚0.5寸，與貼同。難子四周之內背版之下貼絡華子，以每1平方尺，施用華子25枚或16枚。

［11.1.4.4］
轉輪

轉輪：高八尺，徑九尺，當心用立軸，長一丈八尺，徑一尺五寸；上用鐵鐧釧，下用鐵鵞臺桶子。 如造地藏，其輻量所用增之。**其輪七格，上下各劄輻掛輞；每格用八輞，安十六輻，盛經匣十六枚。**

轉輪，爲轉輪經藏可以轉動的部分，高8尺，直徑9尺；轉輪中心施以直立轉軸，軸長18尺，轉軸直徑1.5尺。軸之上端，用鐵鐧釧；下端用鐵鵞臺桶子，以承轉動之軸。

轉輪似依其上下分爲7格，上下每格，分別劄以輪輻，挂以格輞。每格似按八角平面，施用8輞；其輞分內輞、外輞，內外輞共16根輻，則每格可盛裝經匣16枚。如此，則7格或可盛裝經匣112枚。

轉輪諸名件

輻： 每徑一尺，則長四寸五分，**方三分。**
外輞：徑九尺， 每徑一尺，則長四寸八分，**曲廣七分，厚二分五厘。**
內輞：徑五尺， 每徑一尺，則長三寸八分，**曲廣五分，厚四分。**
外柱子：長視高，方二分五厘。
內柱子：長一寸五分，方同上。
立頰：長同外柱子，方一分五厘。
鈿面版：長二寸五分，外廣二寸二分，內廣一寸二分。 以厚六分爲定法。
格版：長二寸五分，廣一寸二分。 厚同上。
後壁格版：長廣一寸二分。 厚同上。
難子：長隨格版、後壁版四周，方八厘。
托輻牙子：長二寸，廣一寸，厚三分。 隔間用。
托根： 每徑一尺，則長四寸；**方四分。**
立絞棍：長視高，方二分五厘。 隨輻用。
十字套軸版：長隨外平坐上外徑，廣一寸五分，厚五分。
泥道版：長一寸一分，廣三分二厘， 以厚六分爲定法。
泥道難子：長隨泥道版四周，方三厘。

輻：轉輪之輻，以其輪每徑1尺，長4.5寸，輪徑9尺，輻長4.05尺；以轉輪之高8尺推計，其輻斷面方0.3寸（8×0.3=2.4寸）。

外輞：輞徑9尺，以每徑1尺，長4.8寸計，外輞長4.32尺；其廣厚則以轉輪每尺之高，積而爲法，則其寬（曲廣）0.7寸（8×0.7=5.6寸），厚0.25寸（8×0.25=2寸）。如下轉輪諸名件廣厚尺寸，均依此法，以轉輪之高8尺推算而出。

内輞：輞徑5尺，以每徑1尺，長3.8寸，内輞長1.9尺；輞寬（曲廣）4寸，厚3.2寸。

外柱子：轉輪外柱子，柱之長視轉輪之高，則柱高（長）8尺；柱斷面方2寸。

内柱子：轉輪内柱子，其高（長）1.2尺，柱斷面方2寸，與外柱子同。

立頰：轉輪外柱子所附立頰，其長與外柱子同，即長8尺，斷面方1.2寸。

鈿面版：轉輪輞表面安有諸寶裝飾之面版，版長2尺，其外緣廣（寬）1.76尺，版内緣廣（寬）9.6寸。鈿面版厚爲實尺，其厚0.6寸。

格版：版長2尺，廣（寬）9.6寸，厚0.6寸，與鈿面版同。

後壁格版：版長9.6寸，廣（寬）亦9.6寸，厚0.6寸。

難子：纏貼于格版與後壁版四周之難子，其長亦隨格版及後壁版四周，斷面方0.64寸。

托輻牙子：牙子長2.6尺，廣（寬）8寸，厚2.4寸。托輻牙子隔間用之。

托棖：以轉輪每徑1尺，長4寸計，托棖長3.6尺，棖斷面方3.6寸。

立絞棍：棍長視轉輪高，則長8尺，棍之斷面方2寸。立絞棍隨輻用。

十字套軸版：長隨外平坐上外徑，以轉輪平坐枓槽徑15.84尺計，其長似亦

爲15.84尺；軸版廣（寬）1.2尺，厚4寸。

泥道版：版長8.8寸，廣（寬）2.56寸，版厚爲實尺，其厚0.6寸。

泥道難子：難子纏貼于泥道版四周，長隨版四周之長，斷面方0.24寸。

[11.1.4.5]
經匣

經匣：長一尺五寸，廣六寸五分，高六寸。_{盝頂在内。}上用趄塵盝頂，陷頂開帶，四角打卯，下陷底。每高一寸，以二分爲盝頂斜高；以一分三厘爲開帶。四壁版長隨匣之長廣，每匣高一寸，則廣八分，厚八厘。頂版、底版，每匣長一尺，則長九寸五分；每匣廣一寸，則廣八分八厘；每匣高一寸，則厚八厘。子口版長隨匣四周之内，每高一寸，則廣二分，厚五厘。

上文給出了貯藏于轉輪經藏内之經匣的具體做法。

經匣長1.5尺，廣（寬）6.5寸，高6寸。匣頂爲盝頂形式，其高6寸含盝頂之高。經匣上用"趄塵盝頂"。趄者，"斜"也。其頂邊緣似爲斜置；其盝頂形式爲"陷頂開帶，四角打卯"的做法，經匣之底，似亦有低陷凹入的造型。

以經匣每高1寸，盝頂斜高0.02寸，開帶0.013寸，則盝頂斜高1.2寸，開帶0.78寸。但未詳這裏所言"開帶"爲何

416

物？未知是否指盝頂上其形若帶狀之屋脊？

經匣四壁版，長隨經匣之長與廣，則左右壁版長1.5尺，前後壁版長6.5寸。以每匣高1寸，版廣0.8寸計，其版廣（寬）4.8寸，厚0.48寸。

以每匣長1尺，頂版、底版長0.95尺計，則其頂版、底版長1.425寸。

以每匣廣1寸，頂版、底版廣0.88寸計，則其頂版、底版廣（寬）5.72寸。

以每匣高1寸，頂版、底版厚0.08寸，則其頂版、底版厚0.48寸。

經匣之子口版，長隨匣四周之內，以匣每高1寸，子口版高0.2寸，厚0.05寸，則其子口版高1.2寸，厚0.3寸。

［11.1.4.6］
經藏坐

凡經藏坐芙蓉瓣，長六寸六分，下施龜脚。上對鋪作。**套軸版安於外槽平坐之上。其結宠、瓦隴條之類，並準佛道帳制度。舉折等亦如之。**

本節文字最後一段，説了四方面問題：

（1）經藏坐下芙蓉瓣的尺寸，每瓣長0.66尺，瓣下有龜脚；瓣的分布與經藏帳身柱上的鋪作相對應，故芙蓉瓣似有轉輪經藏的某種模數化作用。

（2）十字套軸版，大約相當于現代

意義上的“軸承”，安于外槽平坐之上。

（3）經藏腰檐及天宮樓閣結宠及挂瓦隴條等做法，與佛道帳制度相同。

（4）轉輪經藏上屋頂舉折，亦與佛道帳上屋頂舉折做法相同。

【11.2】
壁藏

壁藏，與前文中的壁帳有類似之處，都是緊貼室內墻壁而設的。祇是壁藏的功能是貯藏佛經，而壁帳之功能，則是用來供奉佛像。

現存山西大同下華嚴寺薄伽教藏殿內兩山及後壁之小木作，應是宋遼時期佛殿內小木作壁藏的典型例證。

〔11.2.1〕
造壁藏之制

造壁藏之制：共高一丈九尺，身廣三丈，兩擺子各廣六尺，內外槽共深四尺。坐頭及出跳皆在柱外。**前後與兩側制度並同，其名件廣厚，皆取逐層每尺之高，積而爲法。**

上文“兩擺子”，陳注：“‘子’作‘手’”。[1]傅書局合校本注：改“子”爲“手”[2]，其文即爲：“兩擺手各廣六尺”。

① [宋]李誡. 營造法式（陳明達點注本）. 第二册. 第16頁. 小木作制度六. 壁藏. 批注. 浙江攝影出版社. 2020年

② [宋]李誡, 傅熹年彙校. 營造法式合校本. 第二册. 小木作制度六. 壁藏. 校注. 中華書局. 2018年

陳注：“一至三等材殿身内用。”①似指“壁藏”所用之處，當爲使用一至三等材之殿堂建築的殿身之内所設壁藏。

上文所言“壁藏”，平面似爲“八”字形，壁藏總高19尺，通面廣30尺，左右兩擺手各廣6尺。如此，則中央主體部分面寬18尺，可分爲3間，每間間廣似亦爲6尺；左右兩擺手各爲一間，間廣亦爲6尺。與《法式》卷第三十二所附“天宫壁藏”圖所示大體上相契合。

其内外槽深4尺，大約相當于壁藏進深。但這一尺寸，不包括經藏坐之坐頭及上部檐口等出跳部分的尺寸。其各部分構件尺寸，是按照每層的高度，以每尺之高、積而爲法的方式推算而出的。

這段文字中，唯一令人不解的是，經藏之前後與兩側的做法相同？其前部與兩側制度相同，容易理解，但後部緊貼牆壁，當無須與前部做法相類同？

壁藏造型頗爲複雜，包括了壁藏坐、帳身、腰檐及壓厦版、平坐、天宫樓閣等部分，類如一組包括了複雜殿屋造型的建築模型。

〔11.2.2〕
壁藏坐

坐：高三尺，深五尺二寸，長隨藏身之廣。下用龜脚，脚上施車槽、疊澀等。其制度並準佛道帳坐之法。唯坐腰之内，造神龕壼門，門外安重臺鉤闌，高八寸。上設平坐，坐上安重臺鉤闌。高一尺，用雲栱瘦項造。其鉤闌準佛道帳制度。用五鋪作卷頭，其材廣一寸，厚六分六厘。每六寸六分施補間鋪作一朵。其坐並芙蓉瓣造。

陳注：“五鋪作，材一寸。”②

壁藏坐高3尺，進深5.2尺，坐長與壁藏本體面廣長度相當，其長30尺。坐下用龜脚，脚上施車槽、疊澀等；龜脚、車槽和疊澀等做法，與佛道帳坐做法相同。壁藏坐造型類如須彌坐形式，其坐腰，即束腰内，設以壼門、神龕；門外亦施重臺鉤闌。

坐腰之上設以平坐，平坐上安重臺鉤闌。鉤闌高1尺，其尋杖下用雲栱瘦項造，做法與佛道帳中之重臺鉤闌同。

平坐用五鋪作出兩卷頭科栱，其材廣1寸，厚0.66寸，則其科栱材分之分°值爲0.066寸。其平坐科栱，以每6.6寸施補間鋪作1朵；坐下仍用芙蓉瓣，瓣長亦爲6.6寸，與其上鋪作對應。

① [宋]李誡. 營造法式（陳明達點注本）. 第二册. 第16頁. 小木作制度六. 壁藏. 批注. 浙江攝影出版社. 2020年

② [宋]李誡. 營造法式（陳明達點注本）. 第二册. 第17頁. 小木作制度六. 壁藏. 批注. 浙江攝影出版社. 2020年

壁藏坐諸名件

龜腳：每坐高一尺，則長二寸，廣八分，厚五分。

車槽上下澁：<small>後壁側當者，長隨坐之深加二寸；內上澁面前長減坐八尺。</small>廣二寸五分，厚六分五厘。

車槽：長隨坐之深廣，廣二寸，厚七分。

上子澁：兩重，長同上，廣一寸七分，厚三分。

下子澁：長同上，廣二寸，厚同上。

坐腰：長同上，<small>減五寸，</small>廣一寸二分，厚一寸。

坐面澁：長同上，廣二寸，厚六分五厘。

猴面版：長同上，廣三寸，厚七分。

明金版：長同上，<small>每面減四寸，</small>廣一寸四分，厚二分。

料槽版：長同車槽上下澁，<small>側當減一尺二寸，面前減八尺，擺手面前廣減六寸，</small>廣二寸三分，厚三分四厘。

壓厦版：長同上，<small>側當減四寸，面前減八尺，擺手面前減二寸，</small>廣一寸六分，厚同上。

神龕、壺門背版：長隨料槽，廣一寸七分，厚一分四厘。

壺門牙頭：長同上，廣五分，厚三分。

柱子：長五分七厘，廣三分四厘，厚同上。<small>隨瓣用。</small>

面版：長與廣皆隨猴面版內。<small>以厚八分爲定法。</small>

普拍方：長隨料槽之深廣，方三分四厘。

下車槽卧棍：<small>每深一尺，則長九寸，卯在內。</small>方一寸一分。<small>隔瓣用。</small>

柱腳方：長隨料槽內深廣，方一寸二分。<small>絞縫在內。</small>

柱腳方立棍：長九寸，<small>卯在內，</small>方一寸一分。<small>隔瓣用。</small>

榻頭木：長隨柱腳方內，方同上。<small>絞縫在內。</small>

榻頭木立棍：長九寸一分，<small>卯在內，</small>方同上。<small>隔瓣用。</small>

拽後棍：長五寸，<small>卯在內。</small>方一寸。

羅文棍：長隨高之斜長，方同上。<small>隔瓣用。</small>

猴面卧棍：<small>每深一尺，則長九寸，卯在內。</small>方同榻頭木。<small>隔瓣用。</small>

龜腳：以坐之高，積而爲法。其壁藏坐高3尺，則其龜腳長2寸（3×2=6寸），廣（寬）0.8寸（3×0.8=2.4寸），厚0.5寸（3×0.5=1.5寸）。如下壁藏坐諸名件廣厚尺寸均依此法，以壁藏坐之高3尺推算而出。

車槽上下澁：施于壁藏後壁與兩側側當，其長隨坐之深，加2寸；以坐身5.2尺，則其澁長5.4尺；內上澁，以正面前部之長，減坐8尺。其前長30尺，減坐8尺，則餘22尺，爲內上澁之長。

車槽上下澁廣（寬）7.5寸，厚1.95寸。

車槽：長隨坐之深廣，坐深5.2尺，面廣30尺。疑其槽沿坐之面前及兩側施之，則車槽長似爲40.4尺？槽廣（寬）6寸，厚2.1寸。

上子澁：澁有兩重，疑沿車槽上緣施之，其長與車槽同，澁廣（寬）5.1寸，厚0.9寸。

下子澁：沿車槽下緣施之，長與車槽同，澁廣（寬）6寸，厚0.9寸。

坐腰：即壁藏坐之束腰，其長與車槽同，但減長5寸，則坐腰長似爲39.9尺；束腰廣（寬）3.6寸，厚3寸。

坐面澁：澁施于壁藏坐的坐面之上，其長與車槽同，則長40.4尺；澁廣（寬）6寸，厚1.95寸。

猴面版：長與坐面澁同，版廣（寬）9寸，厚2.1寸。

明金版：長與猴面版同，但每面減4寸，以前面兩側計其長，則正及兩側三面有減，其長約39.2寸？版廣（寬）4.2寸，厚0.6寸。

枓槽版：長同車槽上下澁，側當減1.2尺，面前減8寸，擺手面前廣減6寸，故枓槽版長約30尺；其廣（寬）6.9寸，厚1.02寸。

壓廈版：長與車槽上下澁同，側當減4寸，面前減8尺，擺手面前減2寸，則壓廈版長約31.6寸；版廣（寬）4.8寸，厚與枓槽版同，爲1.02寸。

神龕、壺門背版：長隨枓槽之長，則長30尺；廣（寬）5.1寸，厚0.42寸。

壺門牙頭：長與壺門背版同，則長30尺；廣（寬）1.5寸，厚0.9寸。

柱子：柱子長1.71寸，廣（寬）1.02寸，厚0.9寸。隨其下芙蓉瓣用，疑每隔6.6寸施1柱？

面版：疑即壁藏坐正面之版，其長與廣（寬）皆隨猴面版之內，似長40.4尺，寬9寸。其厚0.8寸爲實尺。

普拍方：長隨枓槽之進深與面廣，即深5.2尺，廣30尺；斷面方1.02寸。

下車槽臥棍：以坐每深1尺，棍長9寸，則其棍長4.68尺，含兩側之卯長。棍斷面方3.3寸。棍隔瓣而用，以一瓣長6.6寸，若棍施于瓣之中，則其兩棍間之距離似爲1.32尺。

柱脚方：長隨枓槽內之進深與面廣，則其長與普拍方同；柱脚方斷面爲3.6寸見方。方兩側出頭之絞廳尺寸包括在內。未知"絞廳"與"絞頭"之差別何在？

柱脚方立棍：或施于柱脚方上？其長2.7尺，含卯之長度；棍斷面方3.3寸。與下車槽臥棍同，立棍亦隔瓣而用。

榻頭木：這裏的"長隨柱脚方內"意義未詳。以榻頭木可能是位于壁藏坐上部，且與柱脚方呈平行施設，故這裏疑其文當爲："長隨柱脚方"，其後的

"内"字疑爲衍文。其長與柱腳方長度相同，其斷面方3.3寸，與立棍同。其出頭絞廳亦在内。

榻頭木立棍：棍長2.73尺，含其卯長度；棍斷面方3.3寸。亦隔瓣而施。

拽後棍：棍長1.5尺，含其卯之長；斷面方3寸。

羅文棍：棍之長隨壁藏坐高之斜長，其斷面方3寸。亦隔瓣而用。

猴面臥棍：以壁藏坐每進深1尺，其長9寸，則猴面臥棍長4.68尺，其卯之長在内。棍之斷面方3.3寸，與榻頭木同。猴面臥棍亦隔瓣而用。

〔11.2.3〕
帳身

帳身：高八尺，深四尺，帳柱上施隔科；下用錠腳；前面及兩側皆安歡門、帳帶。 帳身施版門子。**上下截作七格。** 每格安經匣四十枚。**屋内用平棊等造。**

帳身是貯藏經匣之所，高8尺，進深4尺。結構爲在帳柱之上部施隔科，下部安錠腳；帳身前面及兩側安歡門、帳帶；帳身施版門子。

帳身之上下分爲7格，與轉輪經藏同，每格内施安經匣40枚，可知其格應該比較大，或不再有横向的分隔。帳柱

以内，則類如大木作佛殿内，施以平棊造等做法。

帳身諸名件

帳内外槽柱： 長視帳身之高，方四分。

内外槽上隔科版： 長隨帳柱内，廣一寸三分，厚一分八厘。

内外槽上隔科仰托棍： 長同上，廣五分，厚二分二厘。

内外槽上隔科内外上下貼： 長同上，廣五分二厘，厚一分二厘。

内外槽上隔科内外上柱子： 長五分，廣厚同上。

内外槽上隔科内外下柱子： 長三分六厘，廣厚同上。

内外歡門： 長同仰托棍，廣一寸二分，厚一分八厘。

内外帳帶： 長三寸，方四分。

裏槽下錠腳版： 長同上隔科版，廣七分二厘，厚一分八厘。

裏槽下錠腳仰托棍： 長同上，廣五分，厚二分二厘。

裏槽下錠腳外柱子： 長五分，廣二分二厘，厚一分二厘。

正後壁及兩側後壁心柱： 長視上下仰托棍内，其腰串長隨心柱内，各方四分。

帳身版： 長視仰托棍、腰串内，廣隨帳柱、心柱内。以厚八分爲定法。

帳身版内外難子：長隨版四周之廣，方一分。

逐格前後格楱：長隨間廣，方二分。

鈿版楱：每深一尺，則長五寸五分，廣一分八厘，厚一分五厘。每廣六寸用一條。

逐格鈿面版：長同前後兩側格楱，廣隨前後格楱内。以厚六分爲定法。

逐格前後柱子：長八寸，方二分。每厢小間用二條。

格版：長二寸五分，廣八分五厘，厚同鈿面版。

破間心柱：長視上下仰托楱内，其廣五分，厚三分。

摺疊門子：長同上，廣隨心柱、帳柱内。以厚一分爲定法。

格版難子：長隨格版之廣。其方六厘。

裏槽普拍方：長隨間之深廣。其廣五分，厚二分。

平棊：華文等準佛道帳制度。

上文"内外槽上隔科内外上下貼"條，"廣五分二厘"，陳注："'五'作'二'"[1]，即改爲"廣二分二厘"。

上文"裏槽下鋜脚版"條與"裏槽下鋜脚仰托楱"之間，陳注："似缺'裏槽下鋜脚外貼'一項。"[2]傅書局合校本注："宋本第十一頁補版：'裏槽下鋜外貼：長同上，廣二分二厘，厚一分二厘。'各本均無下鋜貼尺寸，缺之則製圖不完成，不知

脱簡，抑原書疏脱。謹按製圖所得并參酌上文'上隔科上下貼'條補入。"[3]又補注："宋本即無此條。"[4]傅建工合校本注："劉批陶本：各本均無下鋜貼尺寸，缺之則製圖不完成，不知脱簡抑原書疏缺，謹按製圖所得，并參酌上文'上隔科上下貼'條補入下條：'裏槽下鋜外貼：長同上，廣二分二厘，厚一分二厘。'熹年謹按：南宋本亦無此條，故未改，録劉批備考。"[5]

上文"摺疊門子"條小注"以厚一分爲定法"中的"分"字，徐注："'陶本'爲'寸'字。"[6]其文應爲"以厚一寸爲定法"。傅建工合校本與陶本同，爲"以厚一寸爲定法。"[7]

帳内外槽柱：内外槽柱高（長）視帳身之高，帳身高8尺，其柱長8尺；以帳身每尺之高，積而爲法，以其柱斷面之方0.4寸，則方8×0.4=3.2寸。

内外槽上隔科版：内外槽柱之上端所施隔科版，長隨帳柱内净距，廣（寬）0.13尺（8×0.13=1.04尺），厚0.18寸（8×0.18=1.44寸）。如下帳身諸名件廣厚尺寸，均依此法，以帳身之高8尺，推算而出。

内外槽上隔科仰托楱：長與上隔科版同，即長隨柱内净距；廣（寬）4寸，厚1.76寸。

内外槽上隔科内外上下貼：施于上

① [宋]李誠. 營造法式（陳明達點注本）. 第二册. 第20頁. 小木作制度六. 壁藏. 批注. 浙江攝影出版社. 2020年

② [宋]李誠. 營造法式（陳明達點注本）. 第二册. 第21頁. 小木作制度六. 壁藏. 批注. 浙江攝影出版社. 2020年

③ [宋]李誠, 傅熹年彙校. 營造法式合校本. 第二册. 小木作制度六. 壁藏. 校注. 中華書局. 2018年

④ [宋]李誠, 傅熹年彙校. 營造法式合校本. 第二册. 小木作制度六. 壁藏. 校注. 中華書局. 2018年

⑤ [宋]李誠, 傅熹年校注. 合校本營造法式. 第362頁. 小木作制度六. 壁藏. 注1. 中國建築工業出版社. 2020年

⑥ 梁思成. 梁思成全集. 第七卷. 第244頁. 小木作制度六. 壁藏. 脚注1. 中國建築工業出版社. 2001年

⑦ [宋]李誠, 傅熹年校注. 合校本營造法式. 第357頁. 小木作制度六. 壁藏. "摺疊門子"條小注. 中國建築工業出版社. 2020年

隔枓内外之上下。長與上隔枓同，亦隨柱内净距；廣（寬）1.76寸，厚0.96寸。

内外槽上隔枓内外上柱子：長4寸，廣（寬）1.76寸，厚0.96寸，與隔枓内外上下貼同。

内外槽上隔枓内外下柱子：長2.88寸，廣（寬）1.76寸，厚0.96寸，與上柱子同。

内外歡門：内外槽上施歡門，長同上隔枓仰托槫，亦爲帳柱内净距。廣（寬）9.6寸，厚1.44寸。

内外帳帶：帳帶長2.4尺，斷面方3.2寸。

裏槽下鋜脚版：長同上隔枓版，爲帳柱内净距；廣（寬）5.76寸，厚1.44寸。

裏槽下鋜脚外貼：依傅先生研究，裏槽下鋜脚版之外貼，長與下鋜脚版同，爲帳柱内净距；廣（寬）1.76寸，厚0.96寸。

裏槽下鋜脚仰托槫：施于裏槽柱下端，長與下鋜脚版同，爲帳柱内净距；廣（寬）4寸，厚1.76寸。

裏槽下鋜脚外柱子：施于裏槽下鋜脚版之外，仰托槫之上，其長4寸，廣（寬）1.76寸，厚0.96寸。

正後壁及兩側後壁心柱：施于正後壁與兩側後壁之當心，長視上下仰托槫之間，心柱之間施腰串，腰串長隨心柱内之净距；心柱與腰串，斷面各爲3.2寸見方。

帳身版：版之長視上下仰托槫與腰串之内净距，版廣（寬）隨帳柱與心柱内净距。版之厚0.8寸，爲實尺。

帳身版内外難子：纏貼于帳身版内外之難子，其長隨版四周之廣，難子斷面方0.8寸。

逐格前後格槫：帳身前後以格槫分爲若干格，其格槫長隨帳柱開間之廣，槫之斷面方1.6寸。

鈿版槫：承鈿面版之槫，以帳身每進深1尺，槫長5.5寸，以帳身深4尺，其槫長2.2尺；槫廣（寬）1.44寸，厚1.2寸。以帳身面每廣6寸，施用鈿版槫1條。

逐格鈿面版：鈿面版逐格施之，其長與前後兩側格槫同，其廣（寬）隨前後格槫之内净距。鈿面版厚0.6寸，爲實尺。

逐格前後柱子：逐格前後施柱子，柱子高（長）6.4尺，柱斷面方1.6寸。每藏經匣之小間内，施用柱子2條。

格版：似與鈿面版同施于前後隔槫之間，其長2尺，廣（寬）6.8寸，厚0.6寸，與鈿面版同。

破間心柱：長視上下仰托槫之内，廣（寬）4寸，厚2.4寸。

摺叠門子：其門可折叠，門長亦視上下仰托槫之内，門廣（寬）隨心柱與帳柱内之净距。若據徐先生，門厚1寸，但以其爲可折叠之門，則1寸似嫌較厚；若仍以陶本原文推之，則其門子厚0.1寸。

格版難子：難子長隨格版之廣，則其長6.8寸；難子斷面方0.48寸。

裏槽普拍方：施于帳身裏槽柱頭之上，其長隨帳身間架之進深與間廣。其廣（寬）4寸，厚1.6寸。

平棊：帳身內屋頂之平棊下，施用華文等做法，與佛道帳內平棊制度相同。

〔11.2.4〕
經匣

經匣：盝頂及大小等並準轉輪藏經匣制度。

經匣：其貯藏佛經之經匣，所用盝頂形式及尺寸大小等，皆與轉輪經藏中的經匣制度相同。

〔11.2.5〕
腰檐

腰檐：高一尺，科槽共長二丈九尺八寸四分，深三尺八寸四分，科栱用六鋪作，單杪雙昂；材廣一寸，厚六分六厘。上用壓厦版出檐結瓦。

陳注："六鋪作，材一寸。"[1]
上文"腰檐：高一尺"，陳注："'一'作'二'"。[2]傅書局合校本

注："宋本第十二頁，原版：'二尺'。故宮本製圖亦以二尺爲合。"[3]

則腰檐高2尺，腰檐科槽通長29.84尺，進深3.84尺。科槽柱上用六鋪作出單杪雙昂科栱。其科栱用材，高1寸，材厚0.66寸，其材分制度之分°值爲0.066寸。腰檐之上用壓厦版，出檐，并用結瓦頂。

腰檐諸名件

普拍方：長隨深廣，絞頭在外，廣二寸，厚八分。

科槽版：長隨後壁及兩側擺手深廣，前面長減八寸，廣三寸五分，厚一寸。

壓厦版：長同科槽版，減六寸，前面長減同上，廣四寸，厚一寸。

科槽鑰匙頭：長隨深廣，厚同科槽版。

山版：長同普拍方，廣四寸五分，厚一寸。

出入角角梁：長視斜高，廣一寸五分，厚同上。

出入角子角梁：長六寸，卯在內，曲廣一寸五分，厚八分。

抹角方：長七寸，廣一寸五分，厚同角梁。

貼生：長隨角梁內，方一寸。折計用。

曲椽：長八寸，曲廣一寸，厚四分。每補間鋪作一朵用三條，從角勻攤。

① [宋]李誡. 營造法式（陳明達點注本）. 第二册. 第23頁. 小木作制度六. 壁藏. 批注. 浙江攝影出版社. 2020年
② [宋]李誡. 營造法式（陳明達點注本）. 第二册. 第23頁. 小木作制度六. 壁藏. 批注. 浙江攝影出版社. 2020年
③ [宋]李誡，傅熹年彙校. 營造法式合校本. 第二册. 小木作制度六. 壁藏. 校注. 中華書局. 2018年

飛子：長五寸，尾在內，方三分五厘。

白版：長隨後壁及兩側擺手，到角長加一尺，前面長減九尺，廣三寸五分。以厚五分爲定法。

厦瓦版：長同白版，加一尺三寸，前面長減八尺，廣九寸，厚同上。

瓦隴條：長九寸，方四分。瓦頭在內，隔間勻攤。

搏脊：長同山版，加二寸，前面長減八尺。其廣二寸五分，厚一寸。

角脊：長六寸，廣二寸，厚同上。

搏脊槫：長隨間之深廣，其廣一寸五分，厚同上。

小山子版：長與廣皆二寸五分，厚同上。

山版枓槽臥棍：長隨枓槽內，其方一寸五分，隔瓣上下用二枚。

山版枓槽立棍：長八寸，方同上，隔瓣用二枚。

上文"枓槽版"條小注"前面長減八寸"，陳注：改"寸"爲"尺"，并注："尺，故宮本。"[1]即"前面長減八尺"。傅書局合校本未作改動。

上文"壓厦版"條小注"減六寸"，陳注：改"減"爲"加"，并注："加，竹本。"[2]

上文"抹角方"條，陳注："抹角方，卷九，一百九十六頁，有抹角栿。"[3]其頁數指陳點注本之頁數。

上文"曲椽"條小注"用三條"，陳注："'三'作'二'"[4]，即"用二條"。

上文"曲椽"條小注"從角勻攤"，傅書局合校本注：改"勻"爲"均"[5]，其文爲"從角均攤"。上文"瓦隴條"條小注"隔間勻攤"，傅書局合校本注：改"勻"爲"均"[6]，其文爲"隔間均攤"。

上文"厦瓦版"，陳注："'瓦'作'厎'"。[7]傅書局合校本注：改"瓦"爲"厎"[8]。

上文"白版"條中小注"前面長減九尺"，陳注："六，故宮本。"[9]傅書局合校本注："故宮本、丁本作'六'，陶本作'九'。應以圖定之。"[10]又補注："'九尺'，宋本。"[11]

普拍方：帳柱柱頭之上所施普拍方，其長隨枓槽之進深與間廣；方之絞頭在柱外，以腰檐高2尺推計，普拍方廣（寬）2寸（2×2=4寸），厚0.8寸（2×0.8=1.6寸）。如下腰檐諸名件廣厚尺寸，均依此法，以腰檐之高2尺，推算而出。

枓槽版：枓槽版之長隨壁藏後壁及兩側擺手之進深與間廣，但前之面長減8寸，版廣（寬）7寸，厚2寸。

壓厦版：長與枓槽版同，但減6寸，前柱面長亦減8寸；廣（寬）8寸，厚2寸。

① [宋]李誡. 營造法式（陳明達點注本）. 第二册. 第23頁. 小木作制度六. 壁藏. 批注. 浙江攝影出版社. 2020年
② [宋]李誡. 營造法式（陳明達點注本）. 第二册. 第23頁. 小木作制度六. 壁藏. 批注. 浙江攝影出版社. 2020年
③ [宋]李誡. 營造法式（陳明達點注本）. 第二册. 第24頁. 小木作制度六. 壁藏. 批注. 浙江攝影出版社. 2020年
④ [宋]李誡. 營造法式（陳明達點注本）. 第二册. 第24頁. 小木作制度六. 壁藏. 批注. 浙江攝影出版社. 2020年
⑤ [宋]李誡，傅熹年彙校. 營造法式合校本. 第二册. 小木作制度六. 壁藏. 校注. 中華書局. 2018年
⑥ [宋]李誡，傅熹年彙校. 營造法式合校本. 第二册. 小木作制度六. 壁藏. 校注. 中華書局. 2018年
⑦ [宋]李誡. 營造法式（陳明達點注本）. 第二册. 第24頁. 小木作制度六. 壁藏. 批注. 浙江攝影出版社. 2020年
⑧ [宋]李誡，傅熹年彙校. 營造法式合校本. 第二册. 小木作制度六. 壁藏. 校注. 中華書局. 2018年
⑨ [宋]李誡. 營造法式（陳明達點注本）. 第二册. 第24頁. 小木作制度六. 壁藏. 批注. 浙江攝影出版社. 2020年
⑩ [宋]李誡，傅熹年彙校. 營造法式合校本. 第二册. 小木作制度六. 壁藏. 校注. 中華書局. 2018年
⑪ [宋]李誡，傅熹年彙校. 營造法式合校本. 第二册. 小木作制度六. 壁藏. 校注. 中華書局. 2018年

科槽鑰匙頭：長隨科槽之進深與面廣，厚與科槽版同，其厚2寸。

山版：長與兩山普拍方長同，廣（寬）9寸，厚2寸。

出入角角梁：出角與入角之角梁，梁長視角梁之斜高，梁廣（寬）3寸，厚2寸。

出入角子角梁：出角與入角之子角梁，梁長1.2尺，其卯尺寸在內，梁之寬（曲廣）3寸，厚1.6寸。

抹角方：類如大木作殿閣之抹角梁，長1.4尺，廣（寬）3寸，厚2寸，與角梁同。

貼生：角梁貼生，其長隨角梁之內，貼生斷面方2寸。所謂"折計用"，其意未詳，似爲隨角梁長度；其貼生斷面或會有折減變化？

曲椽：腰簷用曲椽，長1.6尺，寬（曲廣）2寸，厚0.8寸（每補間鋪作1朵，施用曲椽3條，至翼角處；其椽須均匀分布）。

飛子：簷口所出飛子，長1尺，飛子尾尺寸包含在內；飛子斷面0.7寸見方。

白版：白版之長，隨腰簷後壁及兩側擺手之長，到壁藏轉角，其長加1尺，壁藏前之正面長度所減尺寸，暫按9尺計，半廣（寬）7寸。版厚爲實尺，其厚0.5寸。

厦瓦版：長與白版同，亦爲腰簷後壁及兩側擺手長，但加長1.3尺，前之正面長度減8尺；版廣（寬）1.8尺，厚0.5寸，與白版同。

瓦隴條：長1.8尺，斷面爲0.8寸見方。其瓦頭尺寸在內，且其瓦頭須隨瓦隴條間隔施用，均匀攤布。

搏脊：搏脊之長與山版同，但須加長2寸，其前之正面長度減8尺。其廣（寬）5寸，厚2寸。

角脊：長1.2尺，廣（寬）4寸，厚2寸，與搏脊同。

搏脊槫：槫之長隨帳身間架之進深與面廣，其廣（寬）3寸，厚2寸。

小山子版：長與廣皆爲5寸，厚2寸。

山版科槽臥榥：榥之長隨科槽之內净距，榥之斷面方3寸；每隔1（芙蓉）瓣之上下，各用榥2枚。

山版科槽立榥：榥長1.6尺，斷面3寸見方；其每隔一（芙蓉）瓣，各施用立榥2枚。

〔11.2.6〕
平坐

平坐：高一尺，科槽長隨間之廣，共長二丈九尺八寸四分，深三尺八寸四分，安單鈎闌，高七寸。其鈎闌準佛道賬制度。**用六鋪作卷頭，材之廣厚及用壓厦版，並準腰簷之制。**

陳注："六鋪作，材一寸。"[1]

腰檐之上，施平坐。其高1尺，平坐之科槽，總長29.84尺，深3.84尺。平坐上安單鉤闌，高7寸。其鉤闌做法，與佛道帳中的單鉤闌做法一致。

平坐科栱爲六鋪作出三杪，科栱用材與腰檐科栱用材一致，則其材高1寸，材厚0.66寸，其材分°制度之分°值爲0.066寸。平坐所用壓厦版等，亦與腰檐做法相同。

平坐諸名件

普拍方：**長隨間之深廣**，_{合角在外}，**方一寸。**

科槽版：**長隨後壁及兩側擺手**，_{前面減八尺}，**廣九寸**，_{子口在内}，**厚二寸。**

壓厦版：**長同科槽版**，_{至出角加七寸五分，前面減同上}，**廣九寸五分，厚同上。**

鴈翅版：**長同科槽版**，_{至出角加九寸，前面減同上}，**廣二寸五分，厚八分。**

科槽内上下卧棵：**長隨科槽内，其方三寸。**_{隨瓣隔間上下用。}

科槽内上下立棵：**長隨坐高，其方二寸五分。**_{隨卧棵用二條。}

鈿面版：**長同普拍方。**_{以厚七分爲定法。}

腰檐之科槽與平坐之科槽上下對應，平坐科槽坐落在腰檐上部的科槽

版、山版上所施之普拍方上。

普拍方：方隨平坐科槽布置，其長隨科槽間架之進深與面廣，方之合角在科槽之外，普拍方斷面方1寸。如下平坐諸名件廣厚尺寸，均依平坐之高1尺推算而出。

科槽版：版長隨後壁及兩側擺手之長，前面長度減8尺，版廣（寬）9寸，其中含子口長度尺寸，版厚2寸。

壓厦版：施于科槽上部，其長與科槽版同，至出轉角，則將版加長7.5寸，平坐前之正面長度仍減8尺。版寬（廣）9.5寸，版厚2寸，與科槽版同。

鴈翅版：施于平坐四周邊緣，其長與科槽版同，至出角則加長9，前之正面減長8尺，與科槽版、壓厦版同。版廣（寬）2.5寸，其厚0.8寸。

科槽内上下卧棵：科槽之内上下施卧棵，其長隨科槽内之净距，棵斷面方3寸。與芙蓉瓣對應，且隔間施之，安于科槽之上下。

科槽内上下立棵：科槽之内所施立棵，其長隨平坐高，則僅長1尺，其斷面方2.5寸。上下立棵隨卧棵施用，每卧棵1條，對應施立棵2條。

鈿面版：似施于普拍方外側之飾有諸寶的面版，其長與普拍方同，則其寬亦應爲1寸，與普拍方同；其厚則爲實尺，鈿面版厚0.7寸。

① [宋]李誡. 營造法式（陳明達點注本）. 第二册. 第25頁. 小木作制度六. 壁藏. 批注. 浙江攝影出版社. 2020年

〔11.2.7〕

天宮樓閣

天宮樓閣：高五尺，深一尺，用殿身、茶樓、角樓、龜頭殿、挾屋、行廊等造。

平坐之上設天宮樓閣，其高5尺，樓閣進深1尺。

天宮樓閣中有殿屋、茶樓、角樓、龜頭殿、挾屋、行廊等豐富的建築造型，組合成一種瓊樓玉宇的天宮景象。

天宮樓閣似爲重檐，或兩層做法，故其下有副階及行廊。

天宮樓閣在高度方向，仍可分爲三層：下層：副階及副階内之殿身、茶樓子、角樓之首層；中層：副階上平坐；上層：平坐上天宮樓閣。

［11.2.7.1〕

下層副階

下層副階：内殿身長三瓣，茶樓子長二瓣，角樓長一瓣，並六鋪作單杪雙昂造，龜頭、殿挾各長一瓣，並五鋪作單杪單昂造；行廊長二瓣，分心四鋪作造。其材並廣五分，厚三分三厘。出入轉角，間内並用補間鋪作。

陳注："材廣五分。"[1]

所謂"下層副階"，指的是天宮樓閣的首層檐，這一層被副階圍繞，故稱"下層副階"。副階之内的平面包括：副階之内的殿身，其面廣3（芙蓉）瓣；茶樓子，面廣2（芙蓉）瓣；角樓，面廣1（芙蓉）瓣。這裏的"瓣"，應與其具有模數作用的芙蓉瓣有關，從上下文中可知，其"瓣"長6.6寸。這或也同時是天宮樓閣中所施殿身、茶樓及角樓的開間尺寸？

其殿身及茶樓子、角樓檐下用六鋪作單杪雙下昂科栱；無副階的龜頭殿、挾屋檐下用五鋪作單杪單下昂科栱；而連接殿身等的行廊，平面爲分心造，且僅用四鋪作科栱。殿身、茶樓、角樓及行廊的科栱用材，材高0.5寸，則厚0.33寸，其材分制度的分°值爲0.033寸。

其轉角之出角、入角，以及副階開間之内，皆施補間鋪作。但未知所施補間鋪作朵數？

［11.2.7.2〕

平坐與天宮樓閣

中層副階上平坐：安單鉤闌，高四寸。

其鉤闌準佛道帳制度。其平坐並用卷頭鋪作等，及上層平坐上天宮樓閣，並準副階法。

① [宋]李誡. 營造法式（陳明達點注本）. 第二册. 第27頁. 小木作制度六. 壁藏. 批注. 浙江攝影出版社. 2020年

所謂"中層副階上平坐",第一,指的是天宮樓閣之中層;第二,指的是副階屋頂之上所設平坐。

平坐之上安單鉤闌,其高4寸。

平坐下所施枓栱,皆用出卷頭鋪作形式。其枓栱及材分值與副階枓栱同。

其上層,即施于平坐上的天宮樓閣。天宮樓閣上所用鋪作,亦與下層副階同。但因副階枓栱爲五鋪作單杪單昂,而依大木作鋪作之制,副階枓栱應比殿身枓栱減一鋪作,則上層樓閣之檐下,或用六鋪作單杪雙昂枓栱。

〔11.2.8〕
壁藏芙蓉瓣

凡壁藏芙蓉瓣,每瓣長六寸六分。其用龜腳至舉折等,並準佛道帳之制。

這裏的"壁藏芙蓉瓣"暗示了芙蓉瓣可通用于整座壁藏,或可進一步驗證,芙蓉瓣是小木作制度中的某種模數

化處理形式。其每瓣長6.6寸,可貫通于壁帳上下,包括龜腳,即上部枓栱鋪作等。或也對其結構枓槽、臥棍、立棍等的分布,都起到一定的規定性作用。

壁藏中其餘自龜腳至舉折等各部分做法,亦與佛道帳中相應做法一致。

傅建工合校本在本卷行文之末附以說明:"宋刊本卷第十一第十四頁止,爲原版。本頁已據該頁校定。故宮本行款與此頁全同。本卷全部用國家圖書館所藏南宋刊本校定。卷第十一共十四頁,全。内第二、九、十一頁爲明代補版,餘爲宋版。卷重已據宋本校改者,即不再録入他本所校。"①

① [宋]李誡,傅熹年校注. 合校本營造法式. 第362頁. 小木作制度六. 行文末注. 中國建築工業出版社. 2020年

第12章

《營造法式》卷第十二

彫作制度、旋作制度、鋸作制度、竹作制度

通直郎管修葢皇弟外第專一提舉修葢班直諸軍營房等臣李誡奉

聖旨編修

彫作制度

混作

起突卷葉華　　剔地窪葉華

旋作制度

殿堂等雜用名件　　照壁版寶床上名件

佛道帳上名件

鋸作制度

用材植　　抨墨

就餘材

竹作制度

造笆　　隔截編道

竹栅　　護殿檐雀眼網

地面棊文簟　　障日篛等簟

竹笍索

【12.0】
本章導言

梁思成先生在本卷首加注:"卷第十二包括四種工作的制度。其中彫作和混作都是關于裝飾花紋和裝飾性小'名件'的做法。彫作的名件是雕刻出來的。旋作則是用旋車旋出來的。鋸作制度在性質上與前兩作極不相同,是關于節約木材,使材盡其用的措施的規定;在《法式》中是值得後世借鑒的東西。至于竹作制度中所說的品種和方法,是我國竹作千百年來一直沿用的做法。"①

【12.1】
彫作制度

彫作制度,即雕刻工藝與做法,內容覆蓋現代人所稱之圓雕、高浮雕、淺浮雕、綫刻等藝術表現形式,及其雕鑿、鐫斫與加工、製作方法與規則。《法式》"彫作制度"一節,主要涉及彫混作、彫插寫生華、起突卷葉華、剔地窪葉華等四種雕斫工藝與方法,及與之相關的宋代建築名件。

〔12.1.1〕
混作

彫混作之制,有八品:

一曰神仙, 真人、女真、金童、玉女之類同; **二曰飛仙,** 嬪伽、共命鳥之類同; **三曰化生,** 以上並手執樂器或芝草、華果、缾盤、器物之屬; **四曰拂菻,** 蕃王、夷人之類同,手內牽拽走獸,或執旌旗、矛、戟之屬; **五曰鳳皇,** 孔雀、仙鶴、鸚鵡、山鷓、練鵲、錦雞、鴛鴦、鵝、鴨、鳧、鴈之類同; **六曰師子,** 狻猊、麒麟、天馬、海馬、羚羊、仙鹿、熊、象之類同。

以上並施之於鉤闌柱頭之上或牌帶四周, 其牌帶之內,上施飛仙,下用嚬痳真人等。如係御書,兩旁作昇龍,並在起突華地之外, **及照壁版之類亦用之。**

七曰角神, 寶藏神之類同。

施之於屋出入轉角大角梁之下,及帳坐腰內之類亦用之。

八曰纏柱龍, 盤龍、坐龍、牙魚之類同。

施之於帳及經藏柱之上, 或纏寶山,或 **盤於藻井之內。**

凡混作彫刻成形之物,令四周皆備。其人物及鳳皇之類,或立或坐,並於仰覆蓮華或覆瓣蓮華坐上用之。

梁注"混作":"彫作中的混作,按本篇末尾所說,是'彫刻成形之物,令四周皆備。'從這樣的定義

① 梁思成. 梁思成全集. 第七卷. 第248頁. 卷題. 注1. 中國建築工業出版社. 2001年

來說，就是今天我們所稱'圓雕'。從雕刻題材來說，混作的題材全是人物鳥獸。八品之中，前四品是人物；第五品是鳥類；第六品是獸類；第七品的角神，事實上也是人物；至于第八品的龍，就自成一類了。"①

上文"拂菻"，陶本："拂林"，梁注："菻，音歷。"②傅書局合校本注：改"菻"爲"檁"③，即"拂檁"。

上文"鳳皇"，傅書局合校本注：改"皇"爲"凰"。④

上文"羚羊"之"羚"（音zhu），陳注："羚"。⑤傅書局合校本注："羚"字應爲"羱"之缺筆字。并注："羚，宋本避諱，《永樂大典·匠字卷》亦作'羱'（缺末筆），亦待考。"⑥傅建工合校本注："熹年謹按：宋本避宋諱，'羱'字缺末筆。"⑦

上文"七曰角神"條，陳注："大木：出入轉角。"⑧

上文"品"似非指"品級"，更像指類別。

雕造混作之前四品：

第一品，真人，爲神仙；女真，爲女神仙；金童、玉女，則爲仙童形象。

第二品，飛仙。據殿閣至廳堂、亭榭轉角上下用套獸、嬪伽、蹲獸、滴當火珠等，可知"嬪伽"可用于角梁，類如角神形式，是一種能夠飛舞的仙女造型。共命鳥，是佛經中提到的一種鳥，如《雜寶藏經》："昔雪山中。有鳥名爲共命。一身二頭。一頭常食美果。欲使身得安隱。一頭便生嫉妒之心。"⑨其爲雙頭鳥造型，亦蘊涵飛仙之意。

第三品，化生，多爲人物形象。造型多爲手執樂器，或手捧芝草、華果、餅盤、器物之類。

第四品，拂菻，指拂菻國。原指古拜占庭。據《北史》：從敦煌出發，走北道："從伊吾經蒲類海、鐵勒部、突厥可汗庭，度北流河水、至拂菻國，達于西海。"⑩可知北朝人，已對與西海相鄰之拂菻有所了解。又作"拂林"。宋人將拂菻人及外來蕃王、夷人等，也納入裝飾範疇。多爲以人牽獸、執旗，或執矛、戟等形象。

第五品，以鳳凰爲代表的各種鳥類。

第六品，以獅子爲代表的各種走獸。其意是表現中原地區較罕見的珍禽異獸。

如上6種雕刻題材，用于各種鉤闌望柱頭，及匾額之牌帶四周。牌帶内刻以飛仙，下刻寶牀真人。若御書匾額，則在兩側牌帶，雕以飛龍。其下浮雕裝飾花紋（起突華地）以作襯底。殿閣或廊屋照壁版上，也會用到這6種雕刻題材。

第七品，角神。主要施于房屋大角

① 梁思成. 梁思成全集. 第七卷. 第248頁. 彫作制度. 混作. 注2. 中國建築工業出版社. 2001年
② 梁思成. 梁思成全集. 第七卷. 第248頁. 彫作制度. 混作. 注3. 中國建築工業出版社. 2001年
③ [宋]李誡，傅熹年彙校. 營造法式合校本. 第二册. 彫作制度. 校注. 中華書局. 2018年
④ [宋]李誡，傅熹年彙校. 營造法式合校本. 第二册. 彫作制度. 校注. 中華書局. 2018年
⑤ [宋]李誡. 營造法式（陳明達點注本）. 第二册. 第31頁. 彫作制度. 混作. 批注. 浙江攝影出版社. 2020年
⑥ [宋]李誡，傅熹年彙校. 營造法式合校本. 第二册. 彫作制度. 校注. 中華書局. 2018年
⑦ [宋]李誡，傅熹年校注. 合校本營造法式. 第366頁. 彫作制度. 混作. 注1. 中國建築工業出版社. 2020年
⑧ [宋]李誡. 營造法式（陳明達點注本）. 第二册. 第31頁. 彫作制度. 混作. 批注. 浙江攝影出版社. 2020年
⑨ [北魏]吉迦夜、曇曜譯. 雜寶藏經. 共命鳥緣. 參見[唐杜甫著]. [清]仇兆鰲注. 杜詩詳注. 卷之二十二. 嶽麓山道林二寺行. 第1987頁. 中華書局. 1979年
⑩ [唐]李延壽. 北史. 卷三十八. 列傳第二十六. 裴矩. 第1389頁. 中華書局. 1974年

梁下，或佛道帳須彌坐束腰（帳坐腰内）位置。

第八品，主要爲龍，可爲纏柱龍，或盤龍、坐龍，以及牙魚之類。

梁注："纏柱龍的實例，山西太原晉祠聖母殿一例最爲典型；但是否宋代原物，我們還不能肯定。山東曲阜孔廟大成殿石柱上纏柱龍，更是傑出的作品。這兩例都見于殿屋廊柱，而不是像本篇所説'施之于帳及經藏柱之上。'"①

以宋人所稱之禁奢規定："仍毋得爲牙魚、飛魚、奇巧飛動若龍形者。"②可知，牙魚似爲一種奇巧飛動若龍形的魚。纏柱龍，宋時主要用于佛道帳或轉輪經藏之柱上。其柱之上，亦可雕以纏繞的寶山造型。曲蜿纏繞的龍形雕刻，還可盤繞于藻井之内。這種藻井，在明清時期殿堂遺存中似較多見。

彫混作中成形之物，還須做到"令四周皆備"，要將所彫鐫之人物、鳥獸、龍魚等外觀形象表現得充分完整。其中，人物與鳳凰等形象，可爲立像，亦可爲坐像。或將之施于雕有仰覆蓮華，或覆瓣蓮華的須彌坐上。

上文"六曰師子"之"師"，即指"獅子"。羱，音huán。字義有二：一，指一種細角山羊；二，指一種與羊相像的

兇猛野獸。羜，音zhù，指羔羊。

〔12.1.2〕
彫插寫生華

彫插寫生華之制，有五品：

一曰牡丹華；二曰芍藥華；三曰黃葵華；四曰芙蓉華；五曰蓮荷華。

以上並施之於栱眼壁之内。

凡彫插寫生華，先約栱眼壁之高廣，量宜分布畫樣，隨其卷舒，彫成華葉，於寶山之上，以華盆安插之。

梁注："本篇所説的僅僅是栱眼壁上的雕刻裝飾花紋。這樣的實例，特別是宋代的，我們還没有看到。其所以稱爲'插寫生華'，可能因爲是（如末句所説）'以華盆（花盆）安插之'的緣故。"③

上述5種花飾，牡丹華、蓮荷華同時出現在小木作、彩畫作；芙蓉華見于小木作；牡丹華還用于石作。但芍藥華、黃葵華，僅見于彫作的彫插寫生華中。

插寫生華主要用于殿閣、廳堂等屋檐下栱眼壁内。畫樣據壁内所留壁面大小酌情構圖，并參照栱眼壁内泥道栱卷頭曲綫走勢，勾勒配置華葉形象。華葉下雕以寶山，并以華盆托之。形式類如一組浮雕盆景。

① 梁思成. 梁思成全集. 第七卷. 第248頁. 彫作制度. 混作. 注4. 中國建築工業出版社. 2001年
② [宋]李攸. 宋朝事實. 卷十三. 儀注三. 第214頁. 中華書局. 1955年
③ 梁思成. 梁思成全集. 第七卷. 第248頁. 彫作制度. 彫插寫生華. 注5. 中國建築工業出版社. 2001年

〔12.1.3〕
起突卷葉華

彫剔地起突或透突**卷葉華之制，有三品：**

一曰海石榴華；二曰寶牙華；三曰寶相華，謂皆卷葉者，牡丹華之類同。**每一葉之上，三卷者爲上，兩卷者次之，一卷者又次之。**

以上並施之於梁、額裏帖同，**格子門腰版、牌帶、鉤闌版、雲栱、尋杖頭、橡頭盤子；**如殿閣橡頭盤子，或盤起突龍鳳之類，**及華版。凡貼絡，如平棊心中角內，若牙子版之類皆用之。或於華內間以龍、鳳、化生、飛禽、走獸等物。**

凡彫剔地起突華，皆於版上壓下四周隱起。身內華葉等彫鎪，葉內翻卷，令表裏分明。剔削枝條，須圜混相壓。其華文皆隨版內長廣，勻留四邊，量宜分布。

上文小注"謂皆卷葉者"，陳注：改"皆"爲"背"。[1]

上文小注"裏帖同"，陳注："'裏'應作'裏'，'帖'作'貼'。"[2]傅書局合校本注：改"裏帖"爲"裏貼"。[3]

上文"葉內翻卷"，傅書局合校本注：改"翻"爲"飜"[4]；傅建工合校本未改。

梁注："剔地起突華的做法，是'於版上壓下四周隱起'的，和混作的'成形之物，四周備'的不同，

亦即今天所稱'浮雕'。"[5]

本條所列三品華文，海石榴華與寶相華，可用于彫作、彩畫作、石作；寶牙華，僅見于彫作與彩畫作。三種華葉雕刻形式，又以卷葉分出品級：每一葉，以三卷者爲上；二卷者次之；一卷者再次之。似以彫鎪難度與藝術品位而論。如梁注："'葉內翻卷，令表裏分明'，這是雕刻裝飾卷葉花紋的重要原則。一般學的設計人員對這'表裏分明'應該特別注意。"[6]

梁注："'透突'可能是指花紋的一些部分是鏤透的，比較接近'四周皆備'。也可以説是突起很高的高浮雕。"[7]對"彫鎪"一詞，梁先生亦作釋："鎪，音搜，雕鏤也；亦寫作'鎪'。"[8]

上文所列三種剔地起突卷葉華雕刻，主要用于梁栿、闌額（包括闌額內側），及格子門腰版，匾額之牌的兩旁側帶（牌帶），鉤闌版，或鉤闌上之雲栱、尋杖頭和橡頭，如殿閣橡頭盤子，或盤繞的龍形浮雕等，及鉤闌等華版之上。

這裏將彫混作與彫剔地起突華兩種雕刻方法作了明確區分。由此推測，上條所述彫插寫生華，亦屬于剔地起突華範疇，祇是構圖上表現爲以盆插花形式。

① [宋]李誡. 營造法式（陳明達點注本）. 第二册. 第33頁. 彫作制度. 起突卷葉華. 批注. 浙江攝影出版社. 2020年
② [宋]李誡. 營造法式（陳明達點注本）. 第二册. 第33頁. 彫作制度. 起突卷葉華. 批注. 浙江攝影出版社. 2020年
③ [宋]李誡, 傅熹年彙校. 營造法式合校本. 第二册. 彫作制度. 起突卷葉華. 校注. 中華書局. 2018年
④ [宋]李誡, 傅熹年彙校. 營造法式合校本. 第二册. 彫作制度. 起突卷葉華. 校注. 中華書局. 2018年
⑤ 梁思成. 梁思成全集. 第七卷. 第248頁. 彫作制度. 起突卷葉華. 注6. 中國建築工業出版社. 2001年
⑥ 梁思成. 梁思成全集. 第七卷. 第249頁. 彫作制度. 起突卷葉華. 注9. 中國建築工業出版社. 2001年
⑦ 梁思成. 梁思成全集. 第七卷. 第249頁. 彫作制度. 起突卷葉華. 注7. 中國建築工業出版社. 2001年
⑧ 梁思成. 梁思成全集. 第七卷. 第249頁. 彫作制度. 起突卷葉華. 注8. 中國建築工業出版社. 2001年

剔地起突華是在雕刻版面上，將圖底壓下，圖案隱起，形成華葉、枝條等形式。既要使雕花紋飾構圖平整如隱起狀，又要令葉內翻卷，看出花葉表裏關係。枝條還須圜混相壓，勿使突兀凸顯。其意是在平面構圖下，表現出圖面空間感。若雕爲透突華，則可在枝條、華葉間，露出孔洞，似更接近高浮雕做法。

所謂"貼絡"，當屬一種工藝，似將雕琢成形紋飾，粘貼在需要裝飾的建築名件上。如平棊心中角內，或如牙子版（有可能類似明清建築倒挂楣子兩端角下類如雀替的"花牙子"做法？）之類，都可用之。在雕剔地起突華，或做貼絡花飾時，華文之內，可穿插雕鏤龍、鳳、化生、飛禽、走獸等，以增加紋飾生動感。

〔12.1.4〕
剔地窪葉華

彫剔地_{或透突}窪葉_{或平卷葉}華之制，有七品：

一曰海石榴華；二曰牡丹華，_{芍藥華、寶相華之類，卷葉或寫生者並同}；三曰蓮荷華；四曰萬歲藤；五曰卷頭蕙草，_{長生草及蠻雲蕙草之類同}；六曰蠻雲，_{胡雲及蕙草雲之類同}。

以上所用，及華內間龍、鳳之類並同上。

凡彫剔地窪葉華，先於平地隱起華頭及枝條，_{其枝梗並交起相壓}。減壓下四周葉外空地。亦有平彫透突_{或壓地}諸華者，其所用並同上。若就地隨刃彫壓出華文者，謂之實彫，施之於雲棋、地霞、鵞項或叉子之首，_{及叉子鋌脚版內}，及牙子版，垂魚、惹草等皆用之。

上文"有七品"，陳注："六，竹本。"[1]其下文亦僅列"六品"。

上文"六曰蠻雲"小注_{"胡雲"}，陳注："彩畫作制度作'吳雲'。"[2]

傅建工合校本注："卷第十四彩畫作制度內作'吳雲'，未審孰是？熹年謹按：宋本即作'胡雲'，故不改。"[3]又注："梁思成先生《營造法式注釋》此條注云：'胡雲，有些抄本作'吳雲'……'胡''吳'在當時可能是同音……既然版本不同，未知孰是？指出存疑。'"[4]

上文小注_{"叉子鋌脚版"}之"鋌"字，傅書局合校本注："鋌，宋本誤'鋋'爲'鋌'。"[5]傅建工合校本注："熹年謹按：'鋌'字宋本誤作'鋋'，因知此南宋翻刻本亦可能偶有誤字。故宮本、文津四庫本、張本均沿宋本之誤作'鋋'。"[6]

上文"惹草"，陶本："惹華"。陳注：改"華"爲"草"。[7]傅書局合校本注："'惹華'應作'惹草'"。[8]

① [宋]李誡. 營造法式（陳明達點注本）. 第二冊. 第34頁. 彫作制度. 剔地窪葉華. 批注. 浙江攝影出版社. 2020年
② [宋]李誡. 營造法式（陳明達點注本）. 第二冊. 第34頁. 彫作制度. 剔地窪葉華. 批注. 浙江攝影出版社. 2020年
③ [宋]李誡, 傅熹年校注. 合校本營造法式. 第370頁. 彫作制度. 剔地窪葉華. 注1. 中國建築工業出版社. 2020年
④ [宋]李誡, 傅熹年校注. 合校本營造法式. 第370頁. 彫作制度. 剔地窪葉華. 注2. 中國建築工業出版社. 2020年
⑤ [宋]李誡, 傅熹年彙校. 營造法式合校本. 第二冊. 彫作制度. 剔地窪葉華. 校注. 中華書局. 2018年
⑥ [宋]李誡, 傅熹年校注. 合校本營造法式. 第370頁. 彫作制度. 剔地窪葉華. 注3. 中國建築工業出版社. 2020年
⑦ [宋]李誡. 營造法式（陳明達點注本）. 第二冊. 第35頁. 彫作制度. 剔地窪葉華. 批注. 浙江攝影出版社. 2020年
⑧ [宋]李誡, 傅熹年彙校. 營造法式合校本. 第二冊. 彫作制度. 剔地窪葉華. 校注. 中華書局. 2018年

寫生華、卷葉華、窪葉華三種花飾，字面上似難以區別理解。故梁先生詳細釋之："彫作制度内，按題材之不同，可以分爲動物（人物、鳥、獸）和植物（各種花、葉）兩大類。按這兩大類，也制訂了不同的雕法。人物、鳥、獸用混作，即我們所稱圓雕；花、葉裝飾則用浮雕。花、葉裝飾中，又分爲寫生華、卷葉華、窪葉華三類。但是，從'制度'的文字解説中，又很難看出它們之間的顯著差別。從使用的位置上看，寫生華僅用于栱眼壁；後兩類則使用位置相同，區別好像祇在卷葉和窪葉上。卷葉和窪葉的區別也很微妙，好像是在雕刻方法上。卷葉是'於版上壓下四周隱起。……葉内翻卷，令表裏分明。剔削枝條，須圜混相壓'。窪葉則'先於平地隱起華頭及枝條，其枝梗并交起相壓，減壓下四周葉外空地'。從這些詞句看，祇能理解爲起突卷葉華是突出于構件的結構面以外，并且比較接近于圓雕的高浮雕，而窪葉華是從構件的結構面（平地）上向裏刻入（剔地），因而不能'圜混相壓'的淺浮雕。但是，這種雕法還可以有深淺之別：有雕得較深，'壓地平彫透突'的，也有'就地隨刃彫壓出華文者，謂之實彫'。"①

并指出："關于三類不同名稱的花飾的區別，我們祇能作如上的推測，請讀者并參閲'石作制度'。"②

換言之，寫生華僅用于栱眼壁内，又采用"插寫生華"形式，襯以寶山、華盆，更接近彩繪盆景表現手法，類如架上的陳設。卷葉華形式，爲表現"葉内翻卷""表裏分明"，枝條"圜混相壓"的效果，似更接近真實花卉形象，似惟高浮雕纔可以表達其意。窪葉華形式，花及枝條爲隱起，圖形四周圖底下壓，略近淺浮雕做法。惟其深淺有差，纔有了"平彫透突或壓地"與"實彫"的區别。

關于這兩種雕刻方法的區别，梁注："平雕突透的具體做法也祇能按文義推測，可能是華紋并不突出到結構面之外，而把'地'壓得極深，以取得較大的立體感的手法。"③而"實雕的具體做法，從文義上和舉出的例子上看，就比較明確：就是就構件的輪廓形狀，不壓四周的'地'，以浮雕華紋加工裝飾的做法。"④這一分析，對于理解這兩種雕刻做法的微妙差别，已相當清晰。

關于平卷葉與窪葉的區别，梁注："平卷葉和窪葉的具體樣式和它們之間的差別，都不清楚。從字面上推測，窪葉可能是平鋪的葉子，葉的

① 梁思成. 梁思成全集. 第七卷. 第249頁. 彫作制度. 剔地窪葉華. 注10. 中國建築工業出版社. 2001年
② 梁思成. 梁思成全集. 第七卷. 第249頁. 彫作制度. 剔地窪葉華. 注10. 中國建築工業出版社. 2001年
③ 梁思成. 梁思成全集. 第七卷. 第249頁. 彫作制度. 剔地窪葉華. 注13. 中國建築工業出版社. 2001年
④ 梁思成. 梁思成全集. 第七卷. 第249頁. 彫作制度. 剔地窪葉華. 注14. 中國建築工業出版社. 2001年

陽面（即表面）向外；不卷起，有表無裏；而平卷葉則葉是翻卷的，‘表裏分明’，但是極淺的浮雕，不像起突的卷葉那樣突起，所以叫平卷葉。但這也祇是推測而已。”[1]可知，梁先生對其研究與推測的任何結論，都表現出極慎重態度。

彫剔地窪葉華，有7種（品）雕刻題材。

前三品：海石榴華、牡丹華、蓮荷華，以及與之相類的芍藥華、寶相華等，屬于花卉類題材，在彫作、彩畫作及小木作、石作中，都可能出現。

第四、第五品，即萬歲藤、卷頭蕙草，及與之相類的長生草、蠻雲蕙草，屬于草葉類題材。

第六品，蠻雲，及與之相類的胡雲和蕙草雲，似乎指的是雲紋類題材。

《法式》未給出第七品窪葉華題材名目，僅提出“以上所用，及華內間龍、鳳之類並同上”。未知這“華內間龍、鳳”雕刻題材，是否暗示了第七品剔地窪葉華做法？

關于胡雲，梁注：“胡雲，有些抄本作‘吳雲’，它又是作爲蠻雲的小注出現的，‘胡’‘吳’在當時可能是同音。‘胡’‘蠻’則亦同義。既然版本不同，未知孰是？指出存

疑。”[2]這一疑問，似惟有待兩宋遼金時期彩畫或雕刻紋樣方面有新發現時，或能得以解決。

關于剔地窪葉華雕刻手法，如《法式》文本描述，又細分爲“平彫透突”與“實彫”兩種。所應用位置，則有雲栱、地霞、鵞項或叉子之首，及叉子錠腳版内。亦可用于牙子版、垂魚、惹草等。其中雲栱、地霞、鵞項爲鉤闌上名件；叉子，可以是拒馬叉子，亦可能是普通叉子，相當于今日之栅欄；叉子錠腳版，似爲支撐叉子之根部，與地面接觸的某種構件。垂魚、惹草係屋頂出際搏風版上的附屬構件。牙子版，仍如前文所推測，類如明清建築倒挂楣子兩端“花牙子”做法？

【12.2】
旋作制度

梁注：“旋作的名件就是那些平面或斷面是圓形的，用腳踏‘車床’，用手握的刀具車出來（即旋出來）的小名件。它們全是裝飾性的小東西。”[3]

這一工藝涉及三個方面建築名件的“制度”，梁思成以批評的口吻對其加以詮釋：“‘制度’中共有三篇，祇

① 梁思成. 梁思成全集. 第七卷. 第249頁. 彫作制度. 剔地窪葉華. 注11. 中國建築工業出版社. 2001年
② 梁思成. 梁思成全集. 第七卷. 第249頁. 彫作制度. 剔地窪葉華. 注12. 中國建築工業出版社. 2001年
③ 梁思成. 梁思成全集. 第七卷. 第251頁. 旋作制度. 小標題. 注1. 中國建築工業出版社. 2001年

有‘殿堂等雜用名件’一篇是用在殿堂屋宇上的，我們對它作了一些注釋。‘照壁版寶牀上名件’看來像是些布景性質的小‘道具’。我們還不清楚‘寶牀’是什麽，也不清楚它和照壁版的具體關係。從這些名件的名稱上，可以看出這‘寶牀’簡直就像小孩子‘擺家家’的玩具，明確地反映了當時封建統治階級生活之庸俗無聊。由于這些東西在《法式》中竟然慎重其事地予以訂出‘制度’，也反映了它的普遍性。對于研究當時統治階級的生活，也可以作爲一個方面的參考資料。至于‘佛道帳上名件’，就連這一小點參考價值也沒有了。”[1]這一視角多少反映了20世紀中葉那個特殊歷史時期，中國知識階層在學術研究中所處的尷尬境遇。

旋作，主要涉及造型爲圓形的裝飾性小構件的加工與製作。

〔12.2.1〕
殿堂等雜用名件

造殿堂屋宇等雜用名件之制：

椽頭盤子：大小隨椽之徑。若椽徑五寸，即厚一寸。如徑加一寸，則厚加二分；減亦如之。加至厚一寸二分止；減至厚六

分止。

揹角梁寶餅：每餅高一尺，即肚徑六寸；頭長三寸三分，足高二寸。餘作餅身。**餅上施仰蓮胡桃子，下坐合蓮。若餅高加一寸，則肚徑加六分，減亦如之。或作素寶餅，即肚徑加一寸。**

蓮華柱頂：每徑一寸，其高減徑之半。

柱頭仰覆蓮華胡桃子：二段或三段造。**每徑廣一尺，其高同徑之廣。**

門上木浮漚：每徑一寸，即高七分五厘。

鉤闌上蔥臺釘：每高一寸，即徑一分。釘頭隨徑，高七分。

蓋蔥臺釘筒子：高視釘加一寸。每高一寸，即徑廣二分五厘。

上文“揹角梁寶餅”，陳注：“揹，音支。”[2]傅書局合校本注：改“揹”爲“楂”[3]，即“楂角梁寶餅”。

上文“鉤闌上蔥臺釘”條中“即徑一分”，陳注：“‘一’作‘二’”。[4]傅書局合校本注：改“一”爲“二”[5]，爲“即徑二分”。

本條所述均爲殿堂屋宇中各種雜用圓形小構件。

其一，椽頭盤子。遮擋于外檐出挑椽子端頭前的圓形構件，起到對椽頭的保護作用。椽頭盤子直徑與椽徑同，厚度隨椽頭大小而有區別。椽徑爲5寸，盤厚1寸；椽徑每加粗1寸，盤厚加0.2

① 梁思成. 梁思成全集. 第七卷. 第251頁. 旋作制度. 小標題. 注1. 中國建築工業出版社. 2001年
② [宋]李誡. 營造法式（陳明達點注本）. 第二册. 第35頁. 旋作制度. 殿堂等雜用名件. 批注. 浙江攝影出版社. 2020年
③ [宋]李誡, 傅熹年彙校. 營造法式合校本. 第二册. 旋作制度. 殿堂等雜用名件. 校注. 中華書局. 2018年
④ [宋]李誡. 營造法式（陳明達點注本）. 第二册. 第36頁. 旋作制度. 殿堂等雜用名件. 批注. 浙江攝影出版社. 2020年
⑤ [宋]李誡, 傅熹年彙校. 營造法式合校本. 第二册. 旋作制度. 殿堂等雜用名件. 校注. 中華書局. 2018年

寸；椽徑每減細1寸，盤厚亦減薄0.2寸。然而，盤子厚度，最厚不超過1.2寸；最薄不低于0.6寸。

其二，揹角梁寶缾。梁注："揹，音支，支持也。寶缾（瓶）是放在角由昂之上以支承大角梁的構件，有時刻作力士形象，稱'角神'。清代亦稱'寶瓶'。"①

徐注："'角由昂'即'轉角鋪作'上方的由昂。"②

寶瓶高1尺，瓶肚直徑0.6尺，瓶頭長度0.33尺，瓶足高度0.2尺，所餘0.47尺的高度即爲瓶身。瓶上端刻爲仰蓮胡桃子造型，瓶足之下刻爲合蓮（疑即覆蓮）形式。瓶高加1寸，瓶肚直徑加0.6寸；瓶高減1寸，瓶肚直徑亦減0.6寸。如果是不加雕飾的"素寶瓶"，則瓶高每增1寸，其肚徑亦增1寸。

其三，蓮華柱頂。未知這裏的"柱頂"，指的是殿閣屋宇的柱子之頂，還是鉤闌望柱之頂？以其柱頂直徑每長1寸，柱頂高度爲0.5寸推測，此處蓮華柱頂，似指鉤闌望柱頂，其造型被鐫斫爲蓮花形式。

其四，柱頭仰覆蓮華胡桃子。據《法式》"小木作制度"："鉤闌望柱：……方一寸五分。破瓣、仰覆蓮華，單胡桃子造。"柱頭，似仍指鉤闌望柱頭。胡桃，俗稱"核桃"；又一説，是一種比核桃略小的硬殼乾果。兩種情況都屬某

種圓潤如桃子狀的果實。仰覆蓮華胡桃子可分二段或三段刻製。似是在所雕覆蓮與仰蓮之上，承托一個胡桃子造型。

以柱頭徑1尺，柱頭高亦爲1尺，未言及相應尺寸增減情況，可以推測其徑及高，爲確定尺寸。

其五，門上木浮漚。梁注："漚，音嫗，水泡也。浮漚在這裏是指門釘，取其形似浮在水面上的半圓球形水泡。"③

其六，鉤闌上蔥臺釘。梁注："蔥臺釘是什麽，不清楚。"④這裏試析之：蔥，即葱，則"蔥臺"疑有可能是從"葱臺"而來。唐人有詩："遠殿鉤闌壓玉階，内人輕語憑蔥臺；皆言明主垂衣理，不假朱雲傍檻來。"⑤"蔥臺"似爲鉤闌上的一種構件，例如尋杖下成排豎立的小柱？

蔥臺與蒜臺一樣，係蔥生長過程中出現的端頭有棗核般花蕊的花莖。如《御定佩文韻府》引："張祜贈廬山僧詩：粉牌新薤葉，竹節小蔥臺。"⑥這裏與"新薤葉"相對應的"小蔥臺"，似指蔥臺。又《茶經》："火筴，一名筯，若常用者，圓直一尺三寸，頂平截無蔥臺、勾鎖之屬，以鐵或熟銅製之。"⑦清人朱彝尊特別提到《茶經》中所説這一用具："我昔誦茶經，其具得火筴；圓直無蔥臺，修長過銅鎝。"⑧似可推測，這裏的"蔥臺"疑指如火箸狀圓直鐵棍盡端，有

① 梁思成. 梁思成全集. 第七卷. 第251頁. 旋作制度. 殿堂等雜用名件. 注2. 中國建築工業出版社. 2001年

② 梁思成. 梁思成全集. 第七卷. 第251頁. 旋作制度. 殿堂等雜用名件. 腳注1. 中國建築工業出版社. 2001年

③ 梁思成. 梁思成全集. 第七卷. 第251頁. 旋作制度. 殿堂等雜用名件. 注3. 中國建築工業出版社. 2001年

④ 梁思成. 梁思成全集. 第七卷. 第251頁. 旋作制度. 殿堂等雜用名件. 注4. 中國建築工業出版社. 2001年

⑤ [清]彭定求等編. 全唐詩. 卷七百三十五. 和凝. 宮詞百首. 第8384頁. 中華書局. 1960年

⑥ 文淵閣四庫全書. 子部. 類書類. 御定佩文韻府. 卷十之三. 臺

⑦ 文淵閣四庫全書. 子部. 譜録類. 飲饌之屬. [唐]陸羽. 茶經. 卷中. 火筴. 參見[宋]蘇軾. 蘇軾文集編年箋注. 卷一（賦二十七首）. 菜羹賦. 箋注. 第867頁. 巴蜀社. 2011年

⑧ 文淵閣四庫全書. 集部. 別集類. 清代. 曝書亭集. 卷十三. 寒夜集古藤書屋分賦得火箸

一個如蔥臺一樣的端頭。

據《法式》卷第二十八“諸作用釘料例”：“蔥臺頭釘：長一尺二寸，蓋下方五分，重一十一兩。長一尺一寸，蓋下方四分八厘，重一十兩一分。長一尺，蓋下方四分六厘，重八兩五錢。”可知，蔥臺是一種釘子的端頭部位。蔥臺頭釘似爲斷面呈方形的釘子，其長1.2尺時，釘頭（蓋）之下的釘子斷面方0.5寸。由重量分析，此蔥臺頭釘，非“旋作制度”之“蔥臺釘”，更像是某種用來固定木構件的外形方直有蔥臺帽頭的鐵釘。

據《法式》卷第二十四“諸作功限一”：“鉤闌上蔥臺釘，高五寸，每一十六枚：每增減五分，各加減二枚。”此說與《法式》“旋作制度”中的“鉤闌上蔥臺釘”似爲同一物。以其高5寸，每一鉤闌（兩望柱間？）用16枚，是否可以推測：鉤闌上蔥臺釘，是木製鉤闌上一種蔥臺式釘頭裝飾件，形如細圓柱，長約0.5尺。以上文所云“每高一寸，即徑一分。釘頭隨徑，高七分”推算，釘直徑0.5寸，釘頭直徑亦爲0.5寸，釘頭高0.7寸。若按傅先生校正之“每高一寸，即徑二分”，則釘長0.5尺，釘直徑1.0寸，釘頭直徑亦爲1.0寸，釘頭高0.7寸。

其七，蓋蔥臺釘筒子。似即覆蓋于前文所說“鉤闌上蔥臺釘”之外的圓筒形木構件。形式似爲套在圓形蔥臺釘之

上，高度僅比蔥臺釘高1寸，其徑以高度定：“每高一寸，即徑廣二分五厘。”如在高5寸釘外套6寸釘筒子，則蓋蔥臺釘筒子徑約爲1.5寸。猜測“鉤闌上蔥臺釘”與“蓋蔥臺釘筒子”應是同時用于鉤闌上的兩種相互搭配的圓形木構件。其真實形式究爲何種樣式？如何在殿堂鉤闌上使用？仍有待實物遺存的發現。

〔12.2.2〕
照壁版寶牀上名件

造殿内照壁版上寶牀等所用名件之制：

香鑪：徑七寸，其高減徑之半。

注子：共高七寸。每高一寸，即肚徑七分。兩段造，其項高，徑取高十分中以三分爲之。

注盌：徑六寸。每徑一寸，則高八分。

酒杯：徑三寸。每徑一寸，即高七分。足在內。

杯盤：徑五寸。每徑一寸，即厚一分。足子徑二寸五分。每徑一寸，即高四分。心子並同。

鼓：高三寸。每高一寸，即肚徑七分。兩頭隱出皮厚及釘子。

鼓坐：徑三寸五分。每徑一寸，即高八分。兩段造。

杖鼓：長三寸。每長一寸，鼓大面徑七分，小面徑六分，腔口徑五分，腔腰徑二分。

蓮子：徑三寸。其高減徑之半。

荷葉：徑六寸。每徑一寸，即厚一分。

卷荷葉：長五寸。其卷徑減長之半。

披蓮：徑二寸八分。每徑一寸，即高八分。

蓮蓓蕾：高三寸。每高一寸，即徑七分。

上文“杯盤”條中“每徑一寸，即厚一分”，陳注“一寸”：“‘一’作‘二’”[①]，依陳先生注，其句應爲：“每徑二寸，即厚一分”。

傅書局合校本注：改爲“每徑一寸，即厚二分”。[②]傅建工合校本注：“熹年謹按：陶本誤作‘一分’，據宋本改爲‘二分’。故宫本、四庫本不誤。”[③]

上文“蓮蓓蕾”，陳注：“‘蓓蕾’作‘菩藟’”。[④]傅書局合校本注：改“蓓蕾”爲“菩藟”[⑤]，即“蓮菩藟”。

《法式》卷第七“小木作制度二”：“凡殿閣照壁版，施之於殿閣槽內，及照壁門窗之上者皆用之。”另據梁注：“照壁版則用于左右兩縫并列的柱之間，不用格眼而用木板填心。”[⑥]可知殿內照壁版係施于殿閣建築室內左右兩柱間，用來遮蔽前後空間的木隔斷。照壁版上寶牀，疑即緊依殿内照壁版設置的桌案或床榻。

本條所列諸名件，有兩種可能：

（1）寶牀爲一附有多種圓形裝飾的床具，上文所列爲床具上的附屬裝飾件。

（2）寶牀類如某種供案似的桌案，上文所列爲用于禮拜或祭供儀式的器物，或是供室内主、客消遣時所用之生活娛樂器具。

限于對古人日常生活認知不足，難究其詳。此處不對每一具體名件作進一步分析，留待後來學者探究。

〔12.2.3〕

佛道帳上名件

造佛道等帳上所用名件之制：

火珠：高七寸五分，肚徑三寸。每肚徑一寸，即尖長七分。每火珠高加一寸，即肚徑加四分；減亦如之。

滴當火珠：高二寸五分。每高一寸，即肚徑四分。每肚徑一寸，即尖長八分。胡桃子下合蓮長七分。

瓦頭子：每徑一寸，其長倍柱之廣。若作瓦錢子，每徑一寸，即厚三分；減亦如之。加至厚六分止，減至厚二分止。

寶柱子：作仰合蓮華、胡桃子、寶餅相間；通長造，長一尺五寸；每長一寸，即徑廣八厘。如坐內紗窗旁用者，每長一寸，即徑廣一分。若腰坐車槽內用者，每長一寸，即徑廣四分。

貼絡門盤：每徑一寸，其高減徑之半。

貼絡浮漚：每徑五分，即高三分。

平棊錢子：徑一寸。以厚五分爲定法。

① [宋]李誡．營造法式（陳明達點注本）．第二册．第37頁．旋作制度．照壁版寶牀上名件．批注．浙江攝影出版社．2020年

② [宋]李誡，傅熹年彙校．營造法式合校本．第二册．旋作制度．照壁版寶牀上名件．校注．中華書局．2018年

③ [宋]李誡，傅熹年校注．合校本營造法式．第374頁．旋作制度．照壁版寶牀上名件．注1．中國建築工業出版社．2020年

④ [宋]李誡．營造法式（陳明達點注本）．第二册．第38頁．旋作制度．照壁版寶牀上名件．批注．浙江攝影出版社．2020年

⑤ [宋]李誡，傅熹年彙校．營造法式合校本．第二册．旋作制度．照壁版寶牀上名件．校注．中華書局．2018年

⑥ 梁思成．梁思成全集．第七卷．第203—205頁．小木作制度二．殿閣照壁版．注33．中國建築工業出版社．2001年

角鈴：每一朵九件：大鈴、蓋子、簧子各一，角内子角鈴
共六。

大鈴：高二寸。每高一寸，即肚徑廣
八分。

蓋子：徑同大鈴。其高減半。

簧子：徑及高皆減大鈴之半。

子角鈴：徑及高皆減簧子之半。

圓櫨枓：大小隨材分。高二十分，徑三十二分。

虛柱蓮華鋑子：用五段。上段徑四寸；下四
段各遞減二分。以厚三分爲定法。

虛柱蓮華胎子：徑五寸。每徑一寸，即高
六分。

上文"瓦頭子"條中"每徑一寸，其長倍柱之廣"，陳注："'柱'作'徑'"。[①]傅書局合校本注：改"柱"爲"徑"，其注爲："'柱'作'徑'"。[②]據兩位先生，則其文即爲："每徑一寸，其長倍徑之廣"。

上文"寶柱子"條中"每長一寸，即徑廣一分"，傅書局合校本注：改"徑廣一分"爲"徑廣二分"。[③]陳注"徑廣一分"："'一'作'二'"。[④]傅建工合校本注："熹年謹按：'徑廣二分'，陶本誤作'徑廣一分'，據宋本改。四庫本、張本不誤。"[⑤]

另此條中的"腰坐車槽"，傅書局合校本注：改"腰坐車槽"爲"坐腰車槽"。[⑥]

上文"平棊鋑子"條小注"以厚五分爲

定法"，傅書局合校本注："以，行文刪去。"[⑦]

《法式》卷第九"小木作制度四"："造佛道帳之制：……上層施天宮樓閣；次平坐；次腰檐。帳身下安芙蓉瓣、疊澁、門窗、龜腳坐。"佛道帳包括臺座、帳身、腰檐、平坐與天宮樓閣，共5層。上文所列諸名件係佛道帳各部分所施圓形小構件。

火珠源自佛教，南北朝時，成爲佛教建築的一種流行裝飾符號，形式略似在圓形寶珠外，裹覆向上如尖的火焰紋飾。這裏所説的火珠，疑似位于佛道帳腰檐翼角之裝飾構件。其高7.5寸，圓珠肚徑3寸；其上火焰紋尖，以其肚徑1寸，尖高0.7寸推知，高2.1寸。火珠加高1寸，肚徑加0.4寸，減亦如之。

滴當火珠，似將腰檐上所覆瓦之檐口處滴水瓦當斫爲火珠形式。其高2.5寸，以每高1寸，肚徑0.4寸計，則肚徑1寸。以每肚徑1寸，火焰尖高0.8寸計，其尖高0.8寸。滴當火珠下，似用胡桃子，其下以長0.7寸覆（合）蓮承托？

瓦頭子，似爲與滴當火珠對應的勾頭瓦當，其形爲圓，徑1寸，瓦頭子長2寸。瓦鋑子，疑爲用于平坐之上天宮樓閣屋檐處，尺度更爲細小的瓦頭子？其徑1寸，厚0.3寸。厚可至0.6寸，薄可至0.2寸。

① [宋]李誡. 營造法式（陳明達點注本）. 第二册. 第38頁. 旋作制度. 佛道帳上名件. 批注. 浙江攝影出版社. 2020年

② [宋]李誡，傅熹年彙校. 營造法式合校本. 第二册. 旋作制度. 佛道帳上名件. 校注. 中華書局. 2018年

③ [宋]李誡，傅熹年彙校. 營造法式合校本. 第二册. 旋作制度. 佛道帳上名件. 校注. 中華書局. 2018年

④ [宋]李誡. 營造法式（陳明達點注本）. 第二册. 第39頁. 旋作制度. 佛道帳上名件. 批注. 浙江攝影出版社. 2020年

⑤ [宋]李誡，傅熹年校注. 合校本營造法式. 第376頁. 旋作制度. 佛道帳上名件. 注1. 中國建築工業出版社. 2020年

⑥ [宋]李誡，傅熹年彙校. 營造法式合校本. 第二册. 旋作制度. 佛道帳上名件. 校注. 中華書局. 2018年

⑦ [宋]李誡，傅熹年彙校. 營造法式合校本. 第二册. 旋作制度. 佛道帳上名件. 校注. 中華書局. 2018年

寶柱子，以其上有仰覆（合）蓮華、胡桃子、寶鉼等雕飾，疑爲帳身下腰坐上的鉤闌望柱。其長1.5尺；徑以每長1寸，徑0.08寸，則其徑1.2寸。坐內紗窗旁寶柱子，每長1寸，徑0.02寸；以柱長1.5尺計，徑0.75寸。另文中提到的"若腰坐車槽內"所用之寶柱子，未解其意。

貼絡門盤、貼絡浮漚，當指佛道帳上的裝飾性門扇，及門扇上所飾門釘。其各有尺寸。

平棊錢子，似爲佛道帳內平棊頂上的圓形飾件。

角鈴及以下大鈴、蓋子、簧子、子角鈴，疑爲腰檐翼角等處所懸裝飾性鈴鐸，及與鈴鐸相關的各種圓形配件，亦各有尺寸。

圜櫨科，應是帳身檐下柱頭與補間科栱及平坐科栱諸鋪作之下，所施圓形櫨科。其大小隨材分。據"小木作制度四"，佛道帳帳坐上鋪作用材，"材廣一寸八分，腰檐平坐準此。"則其材高"1.8寸"，折合分°值爲1分2厘。其圜櫨科，高20分°，徑32分°，則高2.4寸、徑3.8寸。

最後兩項名件：虛柱蓮華錢子與虛柱蓮華胎子，未知所指爲何物，亦不詳其用于何處，待考。

【12.3】
鋸作制度

鋸作係大木作與小木作等工程前期，主要是爲破解原木或大料。這一工作與如何合理使用材料，如何節約木料等方面問題，關涉尤深。如梁注："鋸作制度雖然很短，僅僅三篇，約二百字，但是它是《營造法式》中關于節約用材的一些原則性的規定。"[1]

用于殿堂的大型原木，宋人稱爲"模枋"："宋時寢殿巨材謂之模枋。模枋者，人立其兩旁不相見，但以手摸之而已。今之皇木徑亦逾丈，其最中爲棟者，每莖價近萬金，而昇拽之費不與焉。然川貴箐峒中亦不易得也。"[2]

史料中記載了宋太祖一則故事："梓人掄材，往往截長爲短，斫大爲小，略無顧惜之意，心每惡之。因觀《建隆遺事》，載太祖時，以寢殿梁損，須大木換易。三司奏聞，恐他木不堪，乞以模枋一條截用模枋者，以人立木之兩傍，但可手模，不可得見，其大可知。上批曰：'截你爺頭，截你娘頭，別尋進來。'於是止。嘉祐中，修三司，敕內一項云：'敢以大截小，長截短，並以違制論。'即此敕也。"[3]可知合理裁割木料，節約木材，在宋代是一件十分重要的事情。

① 梁思成. 梁思成全集. 第七卷. 第252頁. 鋸作制度. 小標題. 注1. 中國建築工業出版社. 2001年
② [明]謝肇淛. 五雜俎. 卷之十. 物部二. 第194頁. 上海書店出版社. 2009年
③ [宋]周密. 齊東野語. 卷一. 梓人掄材. 第13—14頁. 浙江古籍出版社. 2015年

用材植

用材植之制：凡材植，須先將大方木可以入長大料者，盤截解割；次將不可以充極長極廣用者，量度合用名件，亦先從名件就長或就廣解割。

上文"先從名件就長或就廣"，傅書局合校本注：在"名件"後加"中"字，改爲"先從名件中就長或就廣"，并注："中，陶本脱'中'字。"[1]傅建工合校本注："熹年謹按：故宮本、陶本脱'中'字，據宋本補。"[2]

梁注："'用材植'一篇講的是不要大材小用，儘可能用大料做大構件。"[3]

〔12.3.2〕
抨墨

抨繩墨之制：凡大材植，須合大面在下，然後垂繩取正抨墨。其材植廣而薄者，先自側面抨墨。務在就材充用，勿令將可以充長大用者截割爲細小名件。
若所造之物，或斜、或訛、或尖者，並結角交解。 謂如飛子，或顛倒交斜解割，可以兩就長用之類。

梁注："'抨墨'一篇講下綫，用料的原則和方法，務求使木材得到

充分利用，'勿令將可以充長大（構件）用者截割爲細小名件。'"[4]

上文"須合大面在下"之"合"字，陳注："令?"[5]傅書局合校本注："令?"[6]

兩個與木材合理截割相關的術語：一是結角交解；二是交斜解割。

兩種做法見于：

（1）《法式》卷第五"大木作制度二"有關飛子做法："凡飛子須兩條通造；先除出兩頭於飛魁內出者，後量身內，令隨檐長，結角解開。"此處提到與"交斜解割"意思相近描述："凡飛魁，又謂之大連檐，廣厚並不越材。小連檐廣加栔二分。至三分。，厚不得越栔之厚。並交斜解造。"

（2）《法式》卷第六"小木作制度一"有關破子檽做法："每用一條，方四分，結角解作兩條，則自得上項廣厚也。"

梁先生在大木作研究中亦有注："'結角解開''交斜解造'都是節約工料的措施。將長條方木縱向劈開成兩條完全相同的、斷面作三角形或不等邊四角形的長條謂之'交斜解造'。將長條方木，橫向斜劈成兩段完全相同的、一頭方整、一頭斜殺的木條，謂之'結角解開'。"[7]

兩種做法都需通過抨墨下綫得以實現。

① [宋]李誠，傅熹年彙校. 營造法式合校本. 第二冊. 鋸作制度. 用材植. 校注. 中華書局，2018年
② [宋]李誠，傅熹年校注. 合校本營造法式. 第377頁. 鋸作制度. 用材植. 注1. 中國建築工業出版社. 2020年
③ 梁思成. 梁思成全集. 第七卷. 第252頁. 鋸作制度. 小標題. 注1. 中國建築工業出版社. 2001年
④ 梁思成. 梁思成全集. 第七卷. 第252頁. 鋸作制度. 小標題. 注1. 中國建築工業出版社. 2001年
⑤ [宋]李誠. 營造法式（陳明達點注本）. 第二冊. 第41頁. 鋸作制度. 抨墨. 批注. 浙江攝影出版社. 2020年
⑥ [宋]李誠，傅熹年彙校. 營造法式合校本. 第二冊. 鋸作制度. 抨墨. 校注. 中華書局. 2018年
⑦ 梁思成. 梁思成全集. 第七卷. 第157頁. 大木作制度二. 檐. 注102. 中國建築工業出版社. 2001年

〔12.3.3〕
就餘材

就餘材之制：凡用木植内，如有餘材，可以別用或作版者，其外面多有璺裂，須審視名件之長廣量度，就璺解割。或可以帶璺用者，即留餘材於心内，就其厚別用或作版，勿令失料。 如璺裂深或不可就者，解作臁版。

上文"即留餘材"，陳注："'留'作'那'"。[1]傅書局合校本注：改"留"爲"那"。[2]據兩先生，改爲"即那餘材"。

梁注："'就餘材'一篇講的是利用下脚料的方法，要求做到'勿令失料'，這些規定雖然十分簡略，但它提出了'千方百計充分利用木料以節約木材'這樣一個重要的原則。"[3]

另有兩個疑難字，梁先生亦注："璺，音問，裂紋也。"[4]及"臁，音標，肥也；今寫作'膘'。臁版是什麼。不清楚；可能是'打小補丁'用的板子？"[5]

其意是，即使是有裂紋的木料，及一些邊角餘料，也應儘可能利用。

【12.4】
竹作制度

梁先生特別指出："竹，作爲一種建築材料，是中國、日本和東南亞一帶所特有的；在一些熱帶地區，它甚至是主要的建築材料。但是在我國，竹祇能算是一種輔助材料。"[6]

關于"竹作制度"，梁注："'竹作制度'中所舉的幾個品種和製作方法，除'竹笆'一項今天很少見到外，其餘各項還沿用一直到今天，做法也基本上沒有改變。"[7]

"竹作制度"所涉内容，除"造笆""隔截編道"略與建築構件有所關聯，其他如竹子栅欄、護檐雀用的竹網、地面用竹簟、遮光用竹席，或竹編繩索等，僅可歸在建築附屬物類下。

〔12.4.1〕
造笆

造殿堂等屋宇所用竹笆之制：每間廣一尺，用經一道， 經，順椽用。若竹徑二寸一分至徑一寸七分者，廣一尺用經一道；徑一寸五分至一寸者，廣八寸用經一道；徑八分以下者，廣六寸用經一道。**每經一道，用竹四片。緯亦如之。** 緯，橫鋪椽上。**殿閣等至散舍，如六椽以上，所用竹並徑三寸二分至徑二寸三分。若四椽以下者，徑一寸二分至徑四分。**

① [宋]李誡. 營造法式（陳明達點注本）. 第二册. 第41頁. 鋸作制度. 就餘材. 批注. 浙江攝影出版社. 2020年
② [宋]李誡, 傅熹年彙校. 營造法式合校本. 第二册. 鋸作制度. 就餘材. 校注. 中華書局. 2018年
③ 梁思成. 梁思成全集. 第七卷. 第252頁. 鋸作制度. 小標題. 注1. 中國建築工業出版社. 2001年
④ 梁思成. 梁思成全集. 第七卷. 第252頁. 鋸作制度. 就餘材. 注2. 中國建築工業出版社. 2001年
⑤ 梁思成. 梁思成全集. 第七卷. 第252頁. 鋸作制度. 就餘材. 注3. 中國建築工業出版社. 2001年
⑥ 梁思成. 梁思成全集. 第七卷. 第253頁. 竹作制度. 小標題. 注1. 中國建築工業出版社. 2001年
⑦ 梁思成. 梁思成全集. 第七卷. 第253頁. 竹作制度. 小標題. 注1. 中國建築工業出版社. 2001年

其竹不以大小，並劈作四破用之。如竹徑八分至徑四分者，並椎破用之。下同。

上文小注"廣一尺用經一道"，陶本："廣一寸用經一道"。陳注："'寸'作'尺'"。① 傅書局合校本注：改"寸"爲"尺"，并注："尺，陶本誤'尺'爲'寸'，據宋本改。"② 傅建工合校本注："熹年謹按：'廣一尺'陶本誤作'廣一寸'，據宋本改。張本不誤。"③

上文小注"並椎破用之"之"椎"字，陳注："推，竹本。"④ 但從上下文看，內含敲打之意的"椎"字似更合適。

梁注："竹笆就等于用竹片編成的望板，一直到今天，北方許多低質量的民房中，還多用荊條編的荊笆，鋪在椽子上，上面再鋪苫背（厚約三四寸的草泥）宽瓦。"⑤

關于"椎破"，梁注："'椎破用之'，椎就是錘；這裏所説是否不用刀劈而用錘子將竹錘裂，待考。"⑥

宋時竹笆應用範圍較廣，從殿閣到散屋，幾乎覆蓋各種等級房屋。惟其所用竹子粗細不同：大跨度房屋，如六椽以上所用竹，其徑在3.2寸至2.3寸間；四椽以下者，徑1.2寸至0.4寸。竹笆如竹席一般，分經緯編織成片。所用竹徑越細，編織密度越大。如竹徑在2.1寸至1.7寸時，每1尺寬，爲一道經緯；徑1.5寸至1寸，每0.8尺寬度，爲一道經緯。每一經緯，由4道竹片組成。緯緯亦同。所謂經緯者，以椽子走向爲準，與椽子走向平行則爲經，與椽子走向橫向交叉則爲緯。

較粗之竹，用于編織竹笆的竹片是用刀劈開使用的，每竹劈爲4片。但竹徑細至0.8寸至0.4寸間者，則用"椎破"方式。《搜神記》記常山人張顥忽見墜地一物："化爲圓石。顥椎破之，得一金印。"⑦《夷堅志》："立取斧椎破。"⑧ 二者都與梁先生所言"錘裂"之意接近。

竹笆在屋頂上的用法，見《法式》"瓦作制度·用瓦之制"。明人撰《農政全書·築岸法》提到："又兩水相夾，易於浸倒，須用木樁，甚則用竹笆，又甚則石礩，方可成功。"⑨ 可知竹笆還可用于水利工程中的圍岸做法。

竹笆亦用于戰爭時城墻上的掩體，如明人撰《武編》引宋人語曰："洞子外密處，以大麻繩橫編，如荊竹笆相似，以備炮石眾多，攻壞女頭，即於兩邊連進洞子向前，以代女頭。"⑩ 女頭，即女兒墻，相當于城墻上的雉堞。

無論用于房屋望板，還是河岸護笆，或戰事中的城墻女頭防護，皆因竹笆製作簡易，搬運輕便，且能起到板狀薄片之遮護作用。

① [宋]李誡. 營造法式（陳明達點注本）. 第二冊. 第42頁. 竹作制度. 造笆. 批注. 浙江攝影出版社. 2020年
② [宋]李誡，傅熹年彙校. 營造法式合校本. 第二冊. 竹作制度. 造笆. 校注. 中華書局. 2018年
③ [宋]李誡，傅熹年校注. 合校本營造法式. 第379頁. 竹作制度. 造笆. 注1. 中國建築工業出版社. 2020年
④ [宋]李誡. 營造法式（陳明達點注本）. 第二冊. 第42頁. 竹作制度. 造笆. 批注. 浙江攝影出版社. 2020年
⑤ 梁思成. 梁思成全集. 第七卷. 第253頁. 竹作制度. 造笆. 注2. 中國建築工業出版社. 2001年
⑥ 梁思成. 梁思成全集. 第七卷. 第253頁. 竹作制度. 造笆. 注3. 中國建築工業出版社. 2001年
⑦ [東晉]干寶. 搜神記. 卷九. 參見[宋]吳淑撰注. 事類賦注. 卷之七. 地部二. 石. 第146頁. 中華書局. 1989年
⑧ [宋]洪邁. 夷堅志. 夷堅支戊卷第三. 錢林宗. 第1075頁. 中華書局. 2006年
⑨ [明]徐光啓. 石聲漢校注. 石定枎訂補. 農政全書校注. 卷十五. 水利. 東南水利下. 築岸法. 第436頁. 中華書局. 2020年
⑩ [明]唐順之. 武編. 前卷二. 戰. 參見[宋]陳規. 守城録. 靖康朝野僉言後序. 第754頁. 大象出版社. 2019年

〔12.4.2〕

隔截編道

造隔截壁桯内竹編道之制：每壁高五尺，分作四格。上下各橫用經一道。凡上下貼桯者，俗謂之壁齒；不以經數多寡，皆上下貼桯各用一道。下同。**格内橫用經三道。**共五道。**至橫經縱緯相交織之。**或高少而廣多者，則縱經橫緯織之。**每經一道用竹三片，**以竹篾釘之，**緯用竹一片。若栱眼壁高二尺以上，分作三格，**共四道，**高一尺五寸以下者，分作兩格，**共三道。**其壁高五尺以上者，所用竹徑三寸二分至徑二寸五分；如不及五尺，及栱眼壁、屋山内尖斜壁所用竹，徑二寸三分至徑一寸，並劈作四破用之。**露籬所用同。

上文"至橫經縱緯相交織之"，傅書局合校本注：改"至"爲"並"，即"並橫經縱緯相交織之"，并注："並，文津文宜從之。"[1]

上文"徑二寸三分至徑一寸"，陳注："（至徑一）寸五分，竹本。"[2]

梁注："'隔截編道'就是隔斷墙木框架内竹編（以便抹灰泥）的部分。"[3]編道，其意似爲用竹編織爲若干經道、緯道之意。《法式》卷第二十八"諸作用釘料例·諸作等第"："織笆，編道竹柵，打篦、笍索、夾載蓋棚，同。"這裏的"編道竹柵"，其意與"織笆"同，可證。

隔截編道内，以木爲桯，高5尺壁，

分爲4格。高度較高者，以橫竹爲經，縱竹爲緯編之。高度較小，而間距較大者，則以縱竹爲經，橫竹爲緯編之。上下貼桯各用一道竹，稱爲"壁齒"。格内橫用經3道，加上上下兩道貼桯壁齒，合爲5道。每經一道，用竹3片，每緯一道，用竹1片。

除了隔斷墙之外，栱眼壁上也會用隔截編道做法。如栱眼壁高2尺以上，橫分3格，設竹經4道；高1.5尺以下，橫分2格，設竹經3道。換言之，栱眼壁内，恒以橫向爲經，不以縱向爲經。

隔斷墙高度超過5尺者，用于編織隔截編道之竹，其徑應取3.2寸至2.5寸之間。墙高不及5尺者及栱眼壁内，或房屋兩山山花部分（山内尖斜壁）用竹，徑取2.3寸至1寸。無論粗細，竹均劈作4片使用。室外所設露籬，用竹做法亦然。

〔12.4.3〕

竹柵

造竹柵之制：每高一丈，分作四格。制度與編道同。**若高一丈以上者，所用竹徑八分；如不及一丈者，徑四分。**並去梢全用之。

上文小注"制度與編道同"，陳注："'與'下有'竹'字"[4]；傅書局合校本注："與"下加"竹"字[5]，即"制度與竹編道同"。

① [宋]李誡，傅熹年彙校．營造法式合校本．第二册．竹作制度．隔截編道．校注．中華書局．2018年
② [宋]李誡．營造法式（陳明達點注本）．第二册．第43頁．竹作制度．隔截編道．批注．浙江攝影出版社．2020年
③ 梁思成．梁思成全集．第七卷．第254頁．竹作制度．隔截編道．注4．中國建築工業出版社．2001年
④ [宋]李誡．營造法式（陳明達點注本）．第二册．第43頁．竹作制度．竹柵．批注．浙江攝影出版社．2020年
⑤ [宋]李誡，傅熹年彙校．營造法式合校本．第二册．竹作制度．竹柵．校注．中華書局．2018年

前文所引《法式》卷第二十八"諸作用釘料例"："織笆，編道竹柵、打篙、笍索、夾截蓋棚，同。"則竹柵，似爲用于室外的竹製輕隔斷，類如房屋內所用隔斷墙，可以隔截編道方式造作。其高10尺，內可橫分4格。經緯編織方式，與隔截編道做法同。因無須隔斷墙那樣較强的結構要求，故用竹亦較細。高度超過10尺，所用竹徑0.8寸；高度不及10尺，竹徑僅爲0.4寸。所用竹均砍去梢部不用。

這種以竹柵分割室內外空間的做法，在今日中國南方及東南亞諸國，似仍較常見。

〔12.4.4〕

護殿檐雀眼網

造護殿閣檐枓栱及托窗欞內竹雀眼網之制：用渾青篾。每竹一條，以徑一寸二分爲率。**劈作篾一十二條；刮去青，廣三分。從心斜起，以長篾爲經，至四邊却折篾入身內；以短篾直行作緯，往復織之。其雀眼徑一寸。**以篾心爲則。**如於雀眼內，間織人物及龍、鳳、華、雲之類，並先於雀眼上描定，隨描道織補。施之於殿檐枓栱之外。如六鋪作以上，即上下分作兩格；隨間之廣，分作兩間或三間，當縫施竹貼釘之。**竹貼，每竹徑一寸二分，分作四片。其窗欞內用者同。**其上下或用木貼釘之。**其木貼廣二寸，厚六分。

梁注："'渾青篾'的定義待考。'青'可能是指竹外皮光滑的部分。下文的'白'是指竹內部沒有皮的部分。"[1]

關于木貼做法與尺寸，梁注："參閱卷第七'小木作制度'末篇。"[2]《法式》"小木作制度二"專有"護殿閣檐竹網木貼"一條。

渾青篾，既用于護殿檐雀眼網，也用于殿閣內地面茱文簟。二者皆爲房屋之附屬部分。其意如梁先生釋，是用輕薄竹之外皮編織的細緻竹網或竹簟（席）。

編織方式，似以長篾斜向爲經，短篾直行爲緯，往復編織。有趣的是，護殿檐雀眼網雖爲殿閣上的附屬之物，亦需加以藝術裝點，故其雀眼之內，間織人物、龍、鳳、華、雲等紋樣。

編織方法，以檐下鋪作高度爲準，六鋪作以上較高者，上下分2格，寬度以間之廣，分作2至3間（似依補間鋪作數，單補間者，分爲2間；雙補間者，分爲3間）；鋪作縫處，用竹貼將其網釘于鋪作之上。若用于窗欞內之竹網，其上下可用竹貼釘，也可用木貼釘。所用竹貼，爲徑1.2寸竹子，劈作4片使用。木貼則用寬2寸、厚0.6寸的薄木片釘之。

① 梁思成. 梁思成全集. 第七卷. 第254頁. 竹作制度. 護殿檐雀眼網. 注5. 中國建築工業出版社. 2001年

② 梁思成. 梁思成全集. 第七卷. 第254頁. 竹作制度. 護殿檐雀眼網. 注6. 中國建築工業出版社. 2001年

〔12.4.5〕

地面棊文簟

造殿閣內地面棊文簟之制：用渾青篾，廣一分至一分五厘；刮去青，横以刀刃拖令厚薄勻平；次立兩刃，於刃中摘令廣狹一等。從心斜起，以縱篾爲則，先擡二篾，壓三篾，起四篾，又壓三篾，然後横下一篾織之。復於起四處擡二篾，循環如此。至四邊尋斜取正，擡三篾至七篾織水路。水路外摺邊，歸篾頭於身內。當心織方勝等，或華文、龍、鳳。並染紅、黃篾用之。其竹用徑二寸五分至徑一寸。障日篛等簟同。

梁注："簟，音店，竹席也。"[1]
陳注："簟，徒玷切。"[2]

上文所言"於刃中摘令廣狹一等"，梁注："'一等'即'一致''相等'或'相同'。"[3]

這裏的"一等"非"等級"之等，而爲"相等"之等。如《墨子》云："守爲行堞，堞高六尺而一等。"[4]其所云"一等"，即爲"一致""相同"之意。

本條所涉，是鋪于殿閣內地面上，有方格狀棊文的竹席。所用竹篾，同護殿檐雀眼網一樣，爲細薄的渾青篾。編織方式，從心斜起，縱横交織。至四邊尋斜取正，形成方席形狀。席子當心，織以方勝紋樣，或織成華文、龍、鳳等裝飾紋樣。爲取美觀，還可將竹篾染成

紅、黃色，以使席紋與圖樣鮮麗。篾用徑2.5寸或1寸竹子表皮刮削而成。下文所述"障日篛等簟"，亦采用同樣的竹徑與製作方式削製竹篾。

〔12.4.6〕

障日篛等簟

造障日篛等所用簟之制：以青白篾相雜用，廣二分至四分，從下直起，以縱篾爲則，擡三篾，壓三篾，然後横下一篾織之。復自擡三處，從長篾一條內，再起壓三；循環如此。若造假棊文，並擡四篾，壓四篾，横下兩篾織之。復自擡四處，當心再擡；循環如此。

梁注："篛，音榻，窗也。障日篛大概是窗上遮陽的竹席。"[5]陳注："篛，音踏。"[6]

"篛"屬罕見字。障日，即遮蔽陽光的直射。《三輔黃圖》中提到，漢宮內有琳池，池中多荷葉："一莖四葉，狀如駢蓋，……宮人貴之，每遊燕出入，必皆含嚼，或剪以爲衣，或折以障日，以爲戲弄。"[7]這是用荷葉障日。

據《唐兩京城坊考》，唐大明宮麟德殿："殿東即寢殿之北相連，各有障日閣，凡內宴多於此。"[8]這是以亭閣障日。宋代史料載，宋真宗天禧三年（1019年）："正陽門習儀，皇太子立於

① 梁思成. 梁思成全集. 第七卷. 第254頁. 竹作制度. 地面棊文簟. 注7. 中國建築工業出版社. 2001年
② [宋]李誡. 營造法式（陳明達點注本）. 第二册. 第45頁. 竹作制度. 地面棊文簟. 批注. 浙江攝影出版社. 2020年
③ 梁思成. 梁思成全集. 第七卷. 第254頁. 竹作制度. 地面棊文簟. 注8. 中國建築工業出版社. 2001年
④ [清]孫詒讓. 墨子閒詁. 卷十四. 備梯第五十六. 第543頁. 中華書局. 2001年
⑤ 梁思成. 梁思成全集. 第七卷. 第254頁. 竹作制度. 障日篛等簟. 注9. 中國建築工業出版社. 2001年
⑥ [宋]李誡. 營造法式（陳明達點注本）. 第二册. 第45頁. 竹作制度. 障日篛等簟. 批注. 浙江攝影出版社. 2020年
⑦ 何清谷校釋. 三輔黃圖校釋. 卷之四. 池沼. 琳池. 第273頁. 中華書局. 2005年
⑧ [清]徐松撰. [清]張穆校補. 唐兩京城坊考. 卷之一. 西京. 大明宮. 第24頁. 中華書局. 1985年

御坐之西，左右以天氣暄煦，持傘障日，太子不許，復遮以扇，太子又以手却之。"①這是以傘障日。

以竹編之篛，且具障日功能，則推測其爲窗上用于遮陽的竹席是爲恰當。《法式》卷第二十六"諸作料例一"："障日篛，每三片，各長一丈，廣二尺：徑一寸三分竹，二十一條；_{劈篾在內。}"似爲每一篛，由3片各長10尺、寬2尺的竹席組成？篛之尺寸，與一般窗子尺寸，亦較相近。

篛，是用徑爲1.3寸之竹，劈爲竹篾編織而成，每片用竹篾21條。篾寬0.2寸至0.4寸，以青白相雜，從下直起，以縱篾爲準，抬3篾，壓3篾，再橫下1篾編織。如此循環往復。篛，亦可編出假碁文裝飾紋樣，方法是抬4篾，壓4篾，再橫下2篾編織，繼而循環，以形成碁文紋飾。

〔12.4.7〕

竹笍索

造綰繫鷹架竹笍索之制：每竹一條，_{竹徑二寸五分至一寸，}**劈作一十一片；每片揭作二片，作五股辮之。每股用篾四條或三條**_{若純青造，用青白篾各二條，合青篾在外；如青白篾相間，用青篾一條，白篾二條}**造成，廣一寸五分，厚四分。每條長二百尺，臨時量度所用長短截之。**

梁注："笍，音瑞。竹笍索就是竹篾編的繩子。這裏'綰繫鷹架竹笍索'，'鷹架'就是腳手架。本篇所講就是綁腳手架用的竹繩的做法。後世綁腳手架多用蔴繩。但在古代，我國本無棉花。棉花是從西亞引進來的。蔴是織布穿衣的主要原料。所以綁腳手架就用竹繩。"②

陳注："笍，音綴。"③"笍"爲多音字，作"竹"講時，音瑞；作"帶刺之馬鞭"講時，音綴。這裏當依梁先生之注。

上文"作五股辮之"，陶本："作五股瓣之"。陳注："'瓣'作'辮'"。④傅書局合校本注：改"瓣"爲"辮"，并注："辮，'瓣'疑應作'辮'"。⑤另上文"_{合青篾在外}"，陳注："合"爲"令？"。⑥傅書局合校本注："合，宋本。'合'疑爲'令'。"⑦傅建工合校本注："劉批陶本：'合'疑爲'令'。熹年謹按：宋本即作'合'，存劉批備考。"⑧

上文所引梁先生之注，有重要物質史、經濟史價值。

明人周元筆記，記一潘姓畫工："偶鄉間富翁吳姓者構巨室，因日促上梁，未及施采畫。既成，嫌其太樸，浼爲加飾，搭鷹架令潘棲息其上，而運筆

① [宋]李焘. 續資治通鑑長編. 卷九十四. 真宗. 天禧三年. 第2171頁. 中華書局. 2004年
② 梁思成. 梁思成全集. 第七卷. 第254頁. 竹作制度. 竹笍索. 注10. 中國建築工業出版社. 2001年
③ [宋]李誡. 營造法式（陳明達點注本）. 第二冊. 第45頁. 竹作制度. 竹笍索. 批注. 浙江攝影出版社. 2020年
① [宋]李誡. 營造法式（陳明達點注本）. 第二冊. 第46頁. 竹作制度. 竹笍索. 批注. 浙江攝影出版社. 2020年
⑤ [宋]李誡，傅熹年彙校. 營造法式合校本. 第二冊. 竹作制度. 竹笍索. 校注. 中華書局. 2018年
⑥ [宋]李誡. 營造法式（陳明達點注本）. 第二冊. 第46頁. 竹作制度. 竹笍索. 批注. 浙江攝影出版社. 2020年
⑦ [宋]李誡，傅熹年彙校. 營造法式合校本. 第二冊. 竹作制度. 竹笍索. 校注. 中華書局. 2018年
⑧ [宋]李誡，傅熹年校注. 合校本營造法式. 第384頁. 竹作制度. 竹笍索. 注1. 中國建築工業出版社. 2020年

焉。"①這裏的"采畫"即"彩畫"，鷹架，則指專爲繪製梁棟彩畫而搭造的脚手架。明人顧起元亦提到："雪浪修塔時，所構鷹架與塔頂埒。"②其意：所搭脚手架之高，與塔頂相齊。

縮，意爲盤繞成結；縶，意爲綁縶。梁先生將"縮縶鷹架竹笍索"，釋爲用以綁縶搭造脚手架的竹製繩索。竹

繩索以青、白竹篾編造而成。所用竹爲徑2.5寸至1寸的細竹，劈成11片，每片剝離成2片，再合爲5股擰編爲辮子狀。每股用篾4條或3條，可青、白篾相間編之。竹繩截面似爲寬1.5寸、厚0.4寸的扁平狀，如此則便于彎折綁縶。每條繩長200尺。使用時可臨時量度長短而截之。

① [明]周元. 涇林續記
② [明]顧起元. 客座贅語. 卷七. 異僧

第13章

《營造法式》卷第十三

瓦作制度、泥作制度

營造法式卷第十三

通直郎管修蓋皇弟外第專一提舉修蓋班直諸軍營房等臣李誡奉
聖旨編修

瓦作制度

結瓦　　　　　　用瓦

甋瓪屋脊　　　　用鴟尾

用獸頭等

泥作制度

壘牆　　　　　　用泥

畫壁　　　　　　立竈　轉煙　直拔

釜鑊竈　　　　　茶鑪

壘射垛

【13.0】
本章導言

《法式》"瓦作制度"與"窰作制度"兩個章節互爲補充。窰作制度給出的甋瓦與瓪瓦尺寸，與瓦作制度不同等第建築用瓦尺寸差異等，可相互印證，有助于理解宋代房屋等第與建築分類。

因時代差異，宋代瓦作與清代瓦作在形式與做法上有很大差別。宋代屋脊用鴟尾，清代以鴟吻爲主，兩者在構造與造型上有差異。宋代壘脊以瓪瓦爲主，清代則有一整套相互匹配的瓦件，其壘造方法也不盡相同。宋代所謂"剪邊"與清代屋瓦"剪邊"做法之間，似無關聯。宋代垂脊、角脊用蹲獸、嬪伽做法，與清代岔脊上用仙人、走獸做法也有很多差別。簡單地從清代瓦頂、屋脊及角獸等做法推測宋代相應做法，仍有較大難度。

由于時代久遠，較爲確定的宋代屋頂覆瓦及飾件，難見尚存實例。故很難從《法式》還原宋代屋瓦做法準確形式與構造。但《法式》文本中透露出的房屋等第秩序與用瓦尺寸關聯，對于今人理解宋代建築等第分級，與不同等第與造型之間差異，似有一條較清晰的綫索。

【13.1】
瓦作制度

關于瓦作制度，梁先生指出："我國的瓦和瓦作制度有着極其悠久的歷史和傳統。遺留下來的實物證明，遠在周初，亦即在公元前十個世紀以前，我們的祖先已經創造了瓦，用來覆蓋屋頂。毫無疑問，瓦的製作是從仰韶、龍山等文化的製陶術的基礎上發展而來的，在瓦的類型、形式和構造方法上，大約到漢朝就已基本上定型了。漢代石闕和無數的明器上可以看出，今天在北京太和殿屋頂上所看到的，就是漢代屋頂的嫡系子孫。《營造法式》的瓦作制度以及許多宋、遼、金實物都證明，這種'制度'已經沿用了至少二千年。除了一些細節外，明清的瓦作和宋朝的瓦作基本上是一樣的。"[①]

〔13.1.1〕
結瓲

關于"結瓲"一词，梁注："'結瓲'的'瓲'字（吾化切，去聲'wà'）各本原文均作'瓦'。在清代，將瓦施之屋面的工作叫作'瓲瓦'。《康熙字典》引《集韻》，'施

① 梁思成. 梁思成全集. 第七卷. 第255—256頁. 瓦作制度. 小標題. 注1. 中國建築工業出版社. 2001年

瓦於屋也'。'瓦'是名詞，'瓬'是動詞。因此《法式》中'瓦'字凡作動詞用的，我們把它一律改作'瓬'，使詞義更明確、準確。"①

徐注："'陶本'爲'瓦'，誤。"②

這一基于清代建築實踐及《康熙字典》詮釋所作之釋，不僅涉及版本問題，也涉及古人在傳抄付印過程中對個別字詞可能產生的誤解。

結瓬屋宇之制

上文涉及用于高等級殿閣、廳堂及亭榭等的甋瓦與瓪瓦結合之結瓬方法，其法爲下鋪仰瓪瓦，上壓甋瓦，兩隴甋瓦距離，即瓦隴行距，與甋瓦寬度相當，同時須勻分隴行，自下而上鋪裝。正式瓬瓦前，先在屋面上拽勘（排布？）隴行，并將相接瓦口縫隙修斫嚴密，之後再將瓦揭開，鋪上灰泥，正式瓬瓦。

"拽勘隴行"這道工序，與清代屋頂瓬瓦之"沖壟"做法有點兒類似。據劉大可《中國古建築瓦石營法》："沖壟是在大面積瓬瓦之前先瓬幾壟瓦，以此作爲對整個瓦面的高低及囊相的分區控制。"③瓬結完甋瓪瓦之後，在所留房屋正脊當溝處，先砌大當溝瓦，再砌線道瓦，然後在其上壘砌屋脊瓦。

[13.1.1.1]

甋瓦

結瓬屋宇之制有二等：

一曰甋瓦：施之於殿閣、廳堂、亭榭等。其結瓬之法：先將甋瓦齊口斫去下棱，令上齊直；次斫去甋瓦身內裏棱，令四角平穩，角內或有不穩，須斫令平正，**謂之解撟。於平版上安一半圈，**高廣與甋瓦同，**將甋瓦斫造畢，於圈內試過，謂之擺窠。下鋪仰瓪瓦。**上壓四分，下留六分。散瓪仰合，瓦並準此。**兩甋瓦相去，隨所用甋瓦之廣，勻分隴行，自下而上。**其甋瓦須先就屋上拽勘隴行，修斫口縫令密，再揭起，方用灰結瓬。**瓬畢，先用大當溝，次用線道瓦，然後壘脊。**

關于幾個相關術語，梁注：

（1）甋瓦，"甋瓦即筒瓦，甋音'同'。"④

（2）解撟："解撟（撟，音矯，含義亦同矯正的'矯'）這道工序是清代瓦作中所沒有的。它本身包括'齊口斫去下棱'和'斫去甋瓦身內裏棱'兩步。什麼是'下棱'？什麼是'身內裏棱'？我們都不清楚，從文義上推測，可能宋代的瓦出窯之後，還有許多很不整齊的，但又是燒製過程中

<hr>

① 梁思成. 梁思成全集. 第七卷. 第256頁. 瓦作制度. 結瓬. 注2. 中國建築工業出版社. 2001年
② 梁思成. 梁思成全集. 第七卷. 第255頁. 瓦作制度. 結瓬. 腳注1. 中國建築工業出版社. 2001年
③ 劉大可. 中國古建築瓦石營法. 第252頁. 中國建築工業出版社. 2015年
④ 梁思成. 梁思成全集. 第七卷. 第256頁. 瓦作制度. 結瓬. 注3. 中國建築工業出版社. 2001年

不可少的，因而留下來的‘棱’。在結窰以前，需要把這些不規則的部分研掉。這就是‘解撟’。”①

（3）攧窠：“研造完畢，還要經過‘攧窠’這一道檢驗關。以保證所有的瓦都大小一致，下文小注中還說‘瓪瓦須……修研口縫令密’。這在清代瓦作中都是没有的。清代的瓦，一般都是‘齊直’‘四角平穩’的，尺寸大小也都是一致的。由此可以推測，製陶的工藝技術，在我國雖然已經有了悠久的歷史，而且宋朝的陶瓷都達到很高的水平，但還有諸如此類的缺點；同時由此可見，製瓦的技術，從宋到清初的六百餘年中，還在繼續改進、發展。”②

上文“解撟”，傅書局合校本注：改“撟”爲“橋”③，即“解橋”。上文“窰畢”，陶本：“瓦畢”。傅書局合校本注：改“瓦”爲“瓬”，即“瓬畢”。④

梁先生之注，將宋代房屋窰瓦做法與古代製瓦技術發展歷史，融合在屋頂結窰施工中一個具體操作性問題上。透過宋人這道工序，折射出的是自宋至清，製瓦技術的發展與屋頂窰瓦在施工技術上的進步。

雖然清代製瓦技術有所提高，但在清代屋頂結窰過程中，類似於解撟或攧窠的工序還是有的。劉大可在“屋面窰

瓦”一節，提到“審瓦”：“在窰瓦之前應對瓦件逐塊檢查，這道工序叫‘審瓦’。”⑤其意與宋代屋面窰瓦前，對未達標準之瓦加以“解撟”修整，并“攧窠”檢查，似一脉相承。

“大當溝”本義是結窰過程中，屋面前後坡交匯于屋脊處形成的“當溝”。此處之意思，指一種瓦，即大當溝瓦，如《法式》卷第十三“瓦作制度·壘屋脊”條：“常行散屋：若六椽用大當溝瓦者，正脊高七層；用小當溝瓦者，高五層。”

宋代屋脊，會用大當溝瓦或小當溝瓦。疑與清代正脊所用“壓當條”瓦件類似。清代正脊吻獸下，另有“吻下當溝”瓦件，名稱似沿襲自古代。

“線道瓦”是與當溝瓦同時使用以壘砌屋脊的瓦，相當于壘造屋脊根部線脚的瓦。疑與清代正脊上所用“群色條”瓦件相類似。

[13.1.1.2]

瓪瓦

二曰瓪瓦：施之於廳堂及常行屋舍等。其結窰之法：兩合瓦相去，隨所用合瓦廣之半，先用當溝等壘脊畢，乃自上而至下，勻拽隴行。 其仰瓦並小頭向下，合瓦小頭在上。

梁注：“瓪瓦即板瓦；瓪，音板。”⑥板瓦，爲清代稱謂。另注“仰瓦”

---

① 梁思成. 梁思成全集. 第七卷. 第256頁. 瓦作制度. 結窰. 注4. 中國建築工業出版社. 2001年

② 梁思成. 梁思成全集. 第七卷. 第256頁. 瓦作制度. 結窰. 注4. 中國建築工業出版社. 2001年

③ [宋]李誡, 傅熹年彙校. 營造法式合校本. 第三册. 瓦作制度. 結窰. 校注. 中華書局. 2018年

④ [宋]李誡, 傅熹年彙校. 營造法式合校本. 第三册. 瓦作制度. 結窰. 校注. 中華書局. 2018年

⑤ 劉大可. 中國古建築瓦石營法. 第252頁. 中國建築工業出版社. 2015年

⑥ 梁思成. 梁思成全集. 第七卷. 第256頁. 瓦作制度. 結窰. 注5. 中國建築工業出版社. 2001年

與"合瓦"："仰瓦是凹面向上安放的瓦，合瓦則凹面向下，覆蓋在左右兩隴仰瓦間的縫上。"① 這裏的"仰瓦"與"合瓦"，都是瓪瓦。

上文所言，是將瓪瓦之仰瓦與合瓦結合的屋頂結瓬做法，用于等級較低的廳堂、常行屋舍（散屋）等上。過程是先用當溝瓦壘砌屋脊，再均勻分布各行瓦隴。兩隴合瓦的行距，是所用合瓦寬度的一半。然後，自上而下鋪砌仰瓦與合瓦，務使瓦隴均勻分布。瓬瓪瓦時，仰瓦小頭向下，合瓦小頭在上。

［13.1.1.3］
鷰頷版與狼牙版

凡結瓬至出檐，仰瓦之下，小連檐之上，用鷰頷版，華廢之下用狼牙版。 若殿宇七間以上，鷰頷版廣三寸，厚八分；餘屋並廣二寸，厚五分爲率。每長二尺，用釘一枚；狼牙版同。其轉角合版處，用鐵葉裹釘。**其當檐所出華頭瓪瓦，身内用蔥臺釘。** 下入小連檐，勿令透。**若六椽以上，屋勢緊峻者，於正脊下第四瓪瓦及第八瓪瓦背當中用著蓋腰釘。** 先於棧笆或箔上約度腰釘遠近，橫安版兩道，以透釘脚。

上文"身内用蔥臺釘"，傅書局合校本注：釋"蔥"爲"葱"，并注："蔥與葱同。"②

此段文字，梁先生有五注：

（1）"華廢就是兩山出際時，在垂脊之外，瓦隴與垂脊成正角的瓦。清代稱'排山勾滴'。"③

（2）"鷰頷版和狼牙版，在清代稱'瓦口'。版的一邊按瓦隴距離和仰瓪瓦的弧綫斫造，以承檐口的仰瓦。"④

（3）"華頭瓪瓦就是一端有瓦當的瓦，清代稱'勾頭'。華頭瓪瓦背上都有一個洞，以備釘蔥臺釘，以防止瓦往下溜。蔥臺釘上要加蓋釘帽，在'制度'中沒有提到。"⑤

（4）"蔥臺釘在清代沒有專名。"⑥

（5）"清代做法也在同樣情況下用腰釘，但也沒有腰釘這一專名。"⑦

值得注意的是，檐口部位的小連檐之上，用鷰頷版；出際華廢之下，用狼牙版。兩者當口曲綫是不同的。兩種版的尺寸，會隨房屋等級與大小而變化。高等級建築，如七開間以上殿宇，鷰頷版寬3寸，厚0.8寸；等級較低的餘屋，所用鷰頷版寬2寸，厚0.5寸。兩者之間，還有與之等級及大小匹配的其他鷰頷版尺寸。要將鷰頷版固定在小連檐上，或將狼牙版固定在出際山花上，需每隔2尺用釘一枚。在鷰頷版或狼牙版轉角合版處，用鐵葉裹壓兩版接縫，然後用釘。

凡在檐口處用華頭瓪瓦，瓦身之内

① 梁思成. 梁思成全集. 第七卷. 第256頁. 瓦作制度. 結瓬. 注6. 中國建築工業出版社. 2001年
② [宋]李誡, 傅熹年彙校. 營造法式合校本. 第三册. 瓦作制度. 結瓬. 校注. 中華書局. 2018年
③ 梁思成. 梁思成全集. 第七卷. 第256頁. 瓦作制度. 結瓬. 注7. 中國建築工業出版社. 2001年
④ 梁思成. 梁思成全集. 第七卷. 第256頁. 瓦作制度. 結瓬. 注8. 中國建築工業出版社. 2001年
⑤ 梁思成. 梁思成全集. 第七卷. 第256頁. 瓦作制度. 結瓬. 注9. 中國建築工業出版社. 2001年
⑥ 梁思成. 梁思成全集. 第七卷. 第256頁. 瓦作制度. 結瓬. 注10. 中國建築工業出版社. 2001年
⑦ 梁思成. 梁思成全集. 第七卷. 第256頁. 瓦作制度. 結瓬. 注11. 中國建築工業出版社. 2001年

要用蔥臺釘，使釘釘入小連檐内，但不要釘透。屋頂跨度在六架椽屋以上，且屋頂起舉高度較峻峭時，正脊下第四排甋瓦與第八排甋瓦瓦背中心，要用腰釘將瓦固定在屋面上。腰釘上，用釘帽覆蓋，稱"著蓋腰釘"。爲使腰釘落在木板上，需在屋頂所覆作爲鋪襯之用的柴棧、版棧、竹笆或葦箔上，約度腰釘之可能位置，橫安兩道木板，以使腰釘有透釘脚處。

上文所提"棧笆或箔"，見下文"用瓦之制"條的表述及注釋。

〔13.1.2〕
用瓦

用瓦之制：

殿閣、廳堂等，五間以上，用甋瓦長一尺四寸，廣六寸五分。仰甋瓦長一尺六寸，廣一尺。三間以下，用甋瓦長一尺二寸，廣五寸。仰甋瓦長一尺四寸，廣八寸。

散屋用甋瓦，長九寸，廣三寸五分。仰甋瓦長一尺二寸，廣六寸五分。

小亭榭之類，柱心相去方一丈以上者，用甋瓦長八寸，廣三寸五分。仰甋瓦長一尺，廣六寸。若方一丈者，用甋瓦長六寸，廣二寸五分。仰甋瓦長八寸五分，廣五寸五分。如方九尺以下者，用甋瓦長四寸，廣二寸三分。仰甋瓦長六寸，廣四寸五分。

廳堂等用散甌瓦者，五間以上，用甌瓦長一尺四寸，廣八寸。

廳堂三間以下，門樓同，及廊屋六椽以上，用甌瓦長一尺三寸，廣七寸。或廊屋四椽及散屋，用甌瓦長一尺二寸，廣六寸五分。以上仰瓦、合瓦並同。至檐頭，並用重脣甌瓦。其散甌瓦結瓷者，合瓦仍用垂尖華頭甌瓦。

上文小注"至檐頭，並用重脣甌瓦"，陶本："甋瓦"。梁注："重脣甌瓦，各版均作'重脣甋瓦'，甋瓦顯然是甌瓦之誤，這裏予以改正。'重脣甌瓦'即清代所稱'花邊瓦'，瓦的一端加一道比較厚的邊，并沿凸面折角，用作仰瓦時下垂，用作合瓦時翹起，用于檐口上。清代如意頭形的'滴水'瓦，在宋代似還未出現。"[1]傅建工合校本此處爲"重脣甋瓦"。[2]

梁注："合瓦檐口用的垂尖華頭甌瓦，在清代官式中没有這種瓦，但各地有用這種瓦的。"[3]

上文講三間以下廳堂及門樓、廊屋用瓦，從等級上看，當皆用甌瓦。透過上下文，梁先生發現《法式》文字之誤，并更正之，使其意思較易理解。

本段文字描述了宋代不同等級建築的用瓦制度，如表13.1.1所示。

① 梁思成. 梁思成全集. 第七卷. 第257頁. 瓦作制度. 用瓦. 注12. 中國建築工業出版社. 2001年
② [宋]李誡，傅熹年校注. 合校本營造法式. 第390頁. 瓦作制度. 用瓦. 正文小注. 中國建築工業出版社. 2020年
③ 梁思成. 梁思成全集. 第七卷. 第257頁. 瓦作制度. 用瓦. 注13. 中國建築工業出版社. 2001年

房屋等级	用瓦房屋	甋瓦屋頂				散瓪瓦屋頂				備注
		甋瓦（尺）		仰瓪瓦（尺）		仰瓪瓦（尺）		合瓦（尺）		
		長	廣	長	廣	長	廣	長	廣	
殿閣廳堂	五間以上	1.4	0.65	1.6	1					
	三間以下	1.2	0.5	1.4	0.8					
散屋	用甋瓦	0.9	0.35	1.2	0.65					
小亭榭柱心相去	1丈以上	0.8	0.35	1	0.6					
	1丈	0.6	0.25	0.85	0.55					
	0.9丈以下	0.4	0.23	0.6	0.45					
廳堂用散瓪瓦	五間以上					1.4	0.8	1.4	0.8	檐頭并用重唇瓪瓦
廳堂門樓	三間以下					1.3	0.7	1.3	0.7	
廊屋及散屋	六椽以上					1.2	0.65	1.2	0.65	
	四椽					1.2	0.65	1.2	0.65	檐頭合瓦用垂尖華頭瓪瓦

〔13.1.3〕

瓦下鋪襯

凡瓦下鋪襯，柴棧爲上，版棧次之。如用竹笆、葦箔，若殿閣七間以上，用竹笆一重，葦箔五重；五間以下，用竹笆一重，葦箔四重；廳堂等五間以上，用竹笆一重，葦箔三重；如三間以下至廊屋，並用竹笆一重，葦箔二重。 以上如不用竹笆，更加葦箔兩重；若用荻箔，則兩重代葦箔三重。**散屋用葦箔三重或兩重。其柴棧之上，先以膠泥徧泥，次以純石灰施瓦。** 若版及笆、箔上用純灰結瓷者，不用泥抹，並用石灰隨抹施瓷。其祇用泥結瓷者，亦用泥先抹版及笆、箔，然後結瓷。**所用之瓦，須水浸過，然後用之。** 其用泥以灰點節縫者同。若祇用泥或破灰泥，及澆灰下瓦者，其瓦更不用水浸。壘脊亦同。

梁注：“柴棧、版棧，大概就是後世所稱‘望板’，兩者有何區別不詳。”[1]又注：“荻和葦同屬禾本科水生植物，荻箔和葦箔究竟有什麽區別，尚待研究。”[2]

并注其做法：“徧即遍，‘徧泥’就是普遍抹泥。”[3]“點縫就是今天所稱‘勾縫’。”[4]“破灰泥見本卷

① 梁思成. 梁思成全集. 第七卷. 第257頁. 瓦作制度. 用瓦. 注14. 中國建築工業出版社. 2001年

② 梁思成. 梁思成全集. 第七卷. 第257頁. 瓦作制度. 用瓦. 注15. 中國建築工業出版社. 2001年

③ 梁思成. 梁思成全集. 第七卷. 第257頁. 瓦作制度. 用瓦. 注16. 中國建築工業出版社. 2001年

④ 梁思成. 梁思成全集. 第七卷. 第257頁. 瓦作制度. 用瓦. 注17. 中國建築工業出版社. 2001年

‘泥作制度’‘用泥’篇‘合破灰’一條。”①

上文“凡瓦下鋪襯”，陶本：“凡瓦下補襯”，陳注：改“補”爲“鋪”，并注：“鋪，據文義。”②傅書局合校本注：改“襯”爲“榇”。③

上文“次以純石灰施瓷”，陶本：“次以純石灰施瓦”。其小注中之“並用石灰隨抹施瓷”，陶本：“並用石灰隨抹施瓦”。

陳注：“‘瓦’作‘厎’”。④傅書局合校本注：改“施瓦”爲“拖厎”。⑤傅建工合校本注：“熹年謹按：‘拖’陶本誤作‘施’，據宋本改。張本不誤。”⑥另上文“不用泥抹”，傅書局合校本注：改“抹”爲“扶”。⑦傅建工合校本注：“熹年謹按：‘泥扶’陶本誤作‘泥抹’，據宋本改。張本不誤。”⑧

《法式》文本中對房屋“用瓦之制”之瓦下所用鋪襯，亦作了説明。“襯”的簡寫爲“衬”，“榇”之簡寫爲“榇”。榇（榇），音chen，意爲棺木或頌琴。在這裏若爲“鋪榇”，未解其意？似仍以“鋪襯”爲當。

對于柴棧與版棧的區別，《法式》文本中并沒有給出一個解釋。棧，有“柵”之意，略近豎排的木條。《藝文類聚》引《莊子》論“治馬”：“連之以羈絆，編之以皂棧。”⑨這裏的“皂棧”，即爲馬圈的圍欄。從文義上推測，“柴棧”像是厚度較大的木方；版棧，則似較爲平薄的木板。故瓦下鋪襯，柴棧爲上，版棧次之。另外，還可以用竹笆、葦箔做瓦下鋪襯。

從《法式》行文看，作爲鋪襯材料，荻箔比葦箔的質量似乎要高一些。宋人《談苑》，記宋將夏竦統師西伐，發榜懸賞元昊頭顱：“元昊使人入市賣箔，陝西荻箔甚高，倚之食肆門外，佯爲食訖遺去。至晚食肆竊喜，以爲有所獲也，徐展之，乃元昊購竦之榜，懸箔之端。”⑩可知荻箔既高且挺，可以豎立于門旁。葦箔似更爲常用，如《農政全書》，講養蠶之豎槌之法：“四角，按二長椽。椽上，平鋪葦箔。”⑪《授時通考》，講種植櫻桃：“結實時，須張網以驚鳥雀，置葦箔以護風雨。”⑫從《法式》行文看，無論房屋等級大小，須先鋪柴棧或版棧，然後在棧（望板）上，再鋪竹笆、葦箔，或荻箔，再在棧柴等之上遍塗膠泥；之後，用純石灰瓷瓦。其瓷瓦做法或純用石灰而不用泥，或用泥，兩者亦有差異。

結合梁先生注，宋代房屋瓦下鋪襯基本做法似較易理解了。《法式》瓦下鋪襯做法如表13.1.2所示。

① 梁思成. 梁思成全集. 第七卷. 第257頁. 瓦作制度. 用瓦. 注18. 中國建築工業出版社. 2001年
② [宋]李誡. 營造法式（陳明達點校本）. 第二册. 第51頁. 瓦作制度. 用瓦. 批注. 浙江攝影出版社. 2020年
③ [宋]李誡. 傅熹年彙校. 營造法式合校本. 第三册. 瓦作制度. 用瓦. 校注. 中華書局. 2018年
④ [宋]李誡. 營造法式（陳明達點校本）. 第二册. 第52頁. 瓦作制度. 用瓦. 批注. 浙江攝影出版社. 2020年
⑤ [宋]李誡. 傅熹年彙校. 營造法式合校本. 第三册. 瓦作制度. 用瓦. 校注. 中華書局. 2018年
⑥ [宋]李誡. 傅熹年校注. 合校本營造法式. 第391頁. 瓦作制度. 用瓦. 注1. 中國建築工業出版社. 2020年
⑦ [宋]李誡. 傅熹年彙校. 營造法式合校本. 第三册. 瓦作制度. 用瓦. 校注. 中華書局. 2018年
⑧ [宋]李誡. 傅熹年校注. 合校本營造法式. 第391頁. 瓦作制度. 用瓦. 注2. 中國建築工業出版社. 2020年
⑨ [唐]歐陽詢. 藝文類聚. 卷九十三. 獸部上. 馬. 第1613頁. 上海古籍出版社. 1982年
⑩ [宋]孔平仲. 談苑. 卷一. 第301頁. 大象出版社. 2019年
⑪ [明]徐光啓. 石聲漢校注. 石定枎訂補. 農政全書校注. 卷三十三. 蠶桑. 蠶事圖譜. 蠶槌. 第1183頁. 中華書局. 2020年
⑫ [清]楊鞏編. 農學合編. 卷七. 林類. 果實. 櫻桃. 第182頁. 中華書局. 1956年

房屋等级	柴栈或版栈	竹笆	葦箔	荻箔	膠泥	純石灰	備注
殿閣七間以上	柴栈或版栈	一重	五重	不詳	遍泥	施窊	若不用泥抹用石灰隨抹施窊
殿閣五間以下	柴栈或版栈	一重	四重	不詳	遍泥	施窊	
廳堂等五間以上	柴栈或版栈	一重	三重	不詳	遍泥	施窊	
廳堂等三間以下廊屋	版栈？	一重或不用	二重或三重	二重	遍泥	施窊	若衹用泥結窊，用泥先抹版及笆箔然後結窊
散屋	版栈？		三重（二重）	二重	遍泥	施窊	

〔13.1.4〕

壘屋脊

壘屋脊之制：

殿閣：若三間八椽或五間六椽，正脊高三十一層，垂脊低正脊兩層。並線道瓦在內。下同。

堂屋：若三間八椽或五間六椽，正脊高二十一層。

廳屋：若間、椽與堂等者，正脊減堂脊兩層。餘同堂法。

門樓屋：一間四椽，正脊高一十一層或一十三層；若三間六椽，正脊高一十七層。其高不得過廳。如殿門者，依殿制。

廊屋：若四椽，正脊高九層。

常行散屋：若六椽用大當溝瓦者，正脊高

七層；用小當溝瓦者，高五層。

營房屋：若兩椽，脊高三層。

凡壘屋脊，每增兩間或兩椽，則正脊加兩層。殿閣加至三十七層止；廳堂二十五層止；門樓一十九層止；廊屋一十一層止；常行散屋大當溝者九層止；小當溝者七層止；營房屋五層止。正脊，於線道瓦上厚一尺至八寸；垂脊減正脊二寸。正脊十分中上收二分；垂脊上收一分。線道瓦在當溝瓦之上，脊之下，殿閣等露三寸五分，堂屋等三寸，廊屋以下並二寸五分。其壘脊瓦並用本等。其本等用長一尺六寸至一尺四寸瓪瓦者，壘脊瓦衹用長一尺三寸瓦。合脊甋瓦亦用本等。其本等用八寸、六寸甋瓦者，合脊用長九寸甋瓦。令合垂脊甋瓦在正脊甋瓦之下。其線道上及合脊甋瓦下，並用白石灰各泥一道，謂之白道。若甋瓪瓦結窊，其當溝瓦所壓甋瓦頭，並勘縫刻項子，深三分，令與當溝瓦相銜。

上文"合脊瓶瓦"小注"合脊用長九寸瓶瓦"，傅書局合校本注："卷第十九窯作制度無長九寸之瓦，存疑？或係特製供合脊用者？"[1]

上文內容較複雜難解，梁注：

（1）對"壘屋脊"條總釋："在瓦作中，屋脊這部分的做法，以清代的做法，實例和《法式》中的'制度'相比較，可以看到很大的差別。清代官式建築的屋脊，比宋代官式建築的屋脊，在製作和施工方法上都有了巨大的發展。宋代的屋脊，是用瓪瓦壘成的。所用的瓦就是結窯屋頂用的瓦，按屋的大小和等第決定用瓦的尺寸和層數。但在清代，脊已經成了一種預製的構件，并按大小，等第之不同，做成若干型號，而且還做成各式各樣的線道、當溝等等'成龍配套'，簡化了施工的操作過程，也增強了脊的整體性和堅固性。這是一個不小的改進，但在藝術形象方面，由於燒製脊和線道等都是各用一個模子，一次成坯，一次燒成，因而增加了許多線道（線脚），使形象趨向煩瑣，使宋、清兩代屋脊的區別更加顯著。至于這種發展和轉變，在從北宋末到清初這六百年間，是怎樣逐漸形成的，還有待進一步研究。"[2]

上注既是對宋、清屋脊做法的不同所做的比較，也是從製作方法、屋脊結窯方式，及各自利弊加以的分析。還將屋脊瓦件製造及結窯方式納入藝術鑒賞趣味範疇，反映梁先生在《法式》研究中除了關注技術層面的發展與變化外，始終堅持從建築藝術史視角分析與觀察不同時代實例中出現的種種現象。

（2）釋"壘屋脊"條所列房屋等第："在封建社會的等級制度下，房屋也有它的等第。在前幾卷的大木作、小木作制度中，雖然也可以多少看出一些等第次序，但都不如這裏以脊瓦層數排列舉出的，從殿閣到營房等七個等第明確、清楚；特別是堂屋與廳屋，大木作中一般稱'廳堂'，這裏卻明確了堂屋比廳屋高一等。但是，具體地什麼樣的叫'堂'，什麼樣的叫'廳'，還是不明確。推測可能是按它們的位置和用途而定的。"[3]

《法式》中幾乎所有尺寸性規定，都會與房屋大小與等第序列發生聯繫，大部分等第分割，多以不同開間殿閣、不同開間廳堂、亭榭、常行散屋等分列，惟有"壘屋脊"條，出現了1）殿閣；2）堂屋；3）廳屋；4）門樓屋；5）廊屋；6）常行散屋；7）營房屋，共7個等級。這一等級分割，如殿閣、堂屋等，因開間數不同，還可能有進一步切割。但這

① [宋]李誡，傅熹年彙校. 營造法式合校本. 第三册. 瓦作制度. 壘屋脊. 校注. 中華書局. 2018年

② 梁思成. 梁思成全集. 第七卷. 第258頁. 瓦作制度. 壘屋脊. 注19. 中國建築工業出版社. 2001年

③ 梁思成. 梁思成全集. 第七卷. 第258頁. 瓦作制度. 壘屋脊. 注20. 中國建築工業出版社. 2001年

裏所分的7個等級，至少從基本類型上，將宋代建築等級制度揭示了出來。

（3）釋宋代疊屋脊用瓦層數及砌築方法："這裏所謂'層'，是指疊脊所用瓦的層數。但僅僅根據這層數，我們還難以確知脊的高度。這是因爲除層數外，還須看所用瓦的大小、厚度。由于一塊瓪瓦不是一塊平板，而是一個圓筒的四分之一（即90°）；這樣的弧面疊叠起來，高度就不等于各層厚度相加的和。例如（按卷第十五'窰作制度'）長一尺六寸的瓪瓦，'大頭廣九寸五分，厚一寸；小頭廣八寸五分，厚八分。'若按大頭相疊，則每層高度實際約爲一寸四分強，三十一層共計約高四尺三寸七分左右。但是，這些瓪瓦究竟怎樣疊砌？大頭與小頭怎樣安排？怎樣相互交疊銜接？是否用灰墊砌？等等問題，在'制度'中都沒有交代。由于屋頂是房屋各部分中經常必須修繕的部分，所以現存宋代建築實物中，已不可能找到宋代屋頂的原物。因此，對于宋代瓦屋頂，特別是疊脊的做法，我們所知還是很少的。"[1]

此注與上注一樣，把研究中所遇疑難問題提出，將其放在建築史大背景下，引發一些使人深入思考之問題。其中所談"現存宋代建築實物中，已不可能找到宋代屋頂的原物"這一判斷，對理解現存古代木構建築遺存有深刻意義。但其注所言屋脊瓪瓦相叠是"弧面疊叠"及"高度就不等于各層厚度相加的和"這一判斷，與宋遼時期尚存實例中所見之疊脊瓦做法之間，似有不同，故這一判斷還須斟酌。

（4）釋大、小當溝瓦："這裏提到'大當溝瓦'和'小當溝瓦'，二者的區別未說明，在'瓦作'和'窰作'的制度中也沒有說明。在清代瓦作中，當溝已成爲一種定型的標準瓦件，有各種不同的大小型號。在宋代，它是否已經定型預製，抑或需要用瓪瓦臨時斫造，不得而知。"[2]

（5）釋正脊厚度："最大的瓪瓦大頭廣，在'用瓦'篇中是一尺，次大的廣八寸，因此這就是以一塊瓪瓦的寬度（廣）作爲正脊的厚度。但'窰作制度'中，最大的瓪瓦的大頭廣僅九寸五分，不知應怎樣理解？"[3]

由此注似可一窺梁先生在研究過程中的所思所考，是如何細緻與縝密。

（6）釋線道瓦："這裏沒有說明線道瓦用幾層。可能僅用一層而已。到了清朝，在正脊之下，當溝之上，却已經有了許多'壓當條''群色條''黄道'等重叠的線道了。"[4]

由此仍可看出，梁先生始終是在以

① 梁思成. 梁思成全集. 第七卷. 第258頁. 瓦作制度. 疊屋脊. 注21. 中國建築工業出版社. 2001年
② 梁思成. 梁思成全集. 第七卷. 第258頁. 瓦作制度. 疊屋脊. 注22. 中國建築工業出版社. 2001年
③ 梁思成. 梁思成全集. 第七卷. 第258頁. 瓦作制度. 疊屋脊. 注23. 中國建築工業出版社. 2001年
④ 梁思成. 梁思成全集. 第七卷. 第258頁. 瓦作制度. 疊屋脊. 注24. 中國建築工業出版社. 2001年

一位建築史學家，而非古代建築技術專家的視角觀察與思考問題。

（7）釋刻項子："在最上一節甋瓦上還要這樣'刻項子'，是清代瓦作所沒有的。"[①]

這一做法之意，是若甋瓪瓦結窊屋頂在屋脊處，當溝瓦會壓住最上一節甋瓦上端端頭，這時要在甋瓦上端端頭項部表面鑿刻一道深約0.3寸的溝槽，稱爲"刻項子"。這道溝槽是爲了與其上所壓的當溝瓦相銜接。清代建築中未見這一做法。

其文所述房屋等第與屋脊用瓦壘砌層數如表13.1.3所示。

宋代房屋脊飾，除了屋脊、垂脊等外，還有相應的走獸飾件。這方面內容，亦見于《法式》"瓦作制度"之"壘屋脊"條。

宋代不同等第建築"壘屋脊"做法 表13.1.3

房屋等第	房屋間架	正脊壘瓦	房屋差異	壘脊變化	脊高極限	線道瓦外露（寸）	備注
殿閣	三間八椽 五間六椽	31層	每增兩間或增兩椽	加2層	37層	3.5寸	垂脊比正脊低2層
堂屋	三間八椽 五間六椽	21層	每增兩間或增兩椽	加2層	25層	3寸	垂脊比正脊低2層？
廳屋	若間、椽與堂等（如同上）	正脊減2層（如19層）	每增兩間或增兩椽	加2層	25層	3寸	垂脊比正脊低2層？
門樓屋	一間四椽	11或13層	每增兩間或增兩椽	加2層	19層	3寸	高不過廳殿門依殿制
	三間六椽	17層					
廊屋	四椽	9層	每增兩間或增兩椽	加2層	11層	2.5寸	
常行散屋	六椽 大當溝瓦	7層	每增兩間或增兩椽	加2層	9層	2.5寸	
	六椽 小當溝瓦	5層			7層	2.5寸	
營房	兩椽	3層	每增兩間或增兩椽	加2層	5層	2.5寸	

壘脊瓦均用房屋所用本瓦，合脊甋瓦亦用本瓦。正脊于線道瓦上厚1尺至0.8尺，
垂脊厚減正脊0.2尺；正脊收分0.2，垂脊收分0.1。垂脊線道瓦均不外露（在內）

① 梁思成. 梁思成全集. 第七卷. 第258頁. 瓦作制度. 壘屋脊. 注25. 中國建築工業出版社. 2001年

施走獸

其殿閣於合脊甋瓦上施走獸者，其走獸有九品，一曰行龍，二曰飛鳳，三曰行師，四曰天馬，五曰海馬，六曰飛魚，七曰牙魚，八曰狻猊，九曰獬豸，相間用之。**每隔三瓦或五瓦安獸一枚。**其獸之長隨所用甋瓦，謂如用一尺六寸甋瓦，即獸長一尺六寸之類。**正脊當溝瓦之下垂鐵索，兩頭各長五尺。**以備修整絠繫棚架之用。五間者十條，七間者十二條，九間者十四條，並勻分布用之。若五間以下，九間以上，並約此加減。**垂脊之外，橫施華頭甋瓦及重屑甌瓦者，謂之華廢。常行屋垂脊之外，順施甌瓦相壘者，謂之剪邊。**

上文小注"狻獅"，陳注："'獅'作'猊'"。[1]傅書局合校本注："狻猊"。[2]

上文小注"以備修整絠繫棚架之用"，陶本："以備修整絠繫棚架之用"。陳注："'棚'作'棚'"。[3]

梁注："清代角脊（合脊）上用獸是節節緊接使用，而不是這樣'每隔三瓦或五瓦'繞'安獸'一枚。"[4]

上文小注"五間者十條"，傅建工合校本注："熹年謹按：宋本'條'誤

作'餘'，已據上文改正。故宮本、張本亦誤作'餘'，文津四庫本不誤。"[5]

上文"剪邊"，梁注："這種'剪邊'不是清代的剪邊瓦。"[6]

梁先生所注説明兩個問題：第一，宋代所稱"合脊"，與清代餞脊及角脊（或統稱"岔脊"）是一個意思，都是覆壓于房屋翼角處角梁之上的瓦脊；第二，宋代合脊上用獸，與清代餞脊或角脊上用獸不同。宋代合脊上，獸與獸之間距離似大一些。

宋代"剪邊"似僅用于常行散屋，是在垂脊之外，順施甌瓦相壘者，稱爲"剪邊"，與清代具有裝飾性剪邊瓦做法，在意思上截然不同。

宋代合脊甋瓦上走獸，與清代角脊上所用仙人、走獸排列方法，似已相當接近。清代："小獸（小跑）的名稱及先後順序是：龍、鳳、獅子、天馬、海馬、狻猊、押魚、獬豸、斗牛、行什（'行'讀作'xíng'）。"[7]或可將兩者羅列比較，如表13.1.4所示。

宋代合脊與清代岔脊上用獸名稱比較 表13.1.4

宋代	一品	二品	三品	四品	五品	六品	七品	八品	九品		相間用之
合脊	行龍	飛鳳	行師	天馬	海馬	飛魚	牙魚	狻獅	獬豸		
清代	第一	第二	第三	第四	第五	第六	第七	第八	第九	第十	順序用之
岔脊	龍	鳳	獅子	天馬	海馬	狻猊	押魚	獬豸	斗牛	行什	

[1] [宋]李誡. 營造法式（陳明達點注本）. 第二册. 第54頁. 瓦作制度. 壘屋脊. 批注. 浙江攝影出版社. 2020年

[2] [宋]李誡，傅熹年彙校. 營造法式合校本. 第三册. 瓦作制度. 壘屋脊. 校注. 中華書局. 2018年

[3] [宋]李誡. 營造法式（陳明達點注本）. 第二册. 第54頁. 瓦作制度. 壘屋脊. 批注. 浙江攝影出版社. 2020年

[4] 梁思成. 梁思成全集. 第七卷. 第258頁. 瓦作制度. 壘屋脊. 注26. 中國建築工業出版社. 2001年

[5] [宋]李誡，傅熹年校注. 合校本營造法式. 第395頁. 瓦作制度. 壘屋脊. 注1. 中國建築工業出版社. 2020年

[6] 梁思成. 梁思成全集. 第七卷. 第258頁. 瓦作制度. 壘屋脊. 注27. 中國建築工業出版社. 2001年

[7] 劉大可. 中國古建築瓦石營法. 第268頁. 中國建築工業出版社. 2015年

另宋代房屋在正脊當溝瓦下，要垂兩頭各長5尺的鐵索，以備修整屋面，縮繫棚架時所用。五間壓10條，七間壓12條，九間壓14條，均勻分布。推測鐵索爲一連續鐵製鏈條，覆壓于正脊當溝瓦下，則兩頭用力時不會拽脱。但這種鐵索如何覆壓，修整屋面時又如何搭造并縮繫棚架，都不清楚。

此外，上文對垂脊之外所施的華廢、剪邊加以了解釋。高等級房屋，垂脊外，横施華頭瓪瓦及重屑瓯瓦者，稱"華廢"；等級較低之常行屋，垂脊外，順壘瓯瓦者，稱"剪邊"。當是對不同等級建築相同位置之兩種不同做法的表述。

〔13.1.5〕
用鴟尾

用鴟尾之制：

殿屋，八椽九間以上，其下有副階者，鴟尾高九尺至一丈，若無副階高八尺；五間至七間，不計椽數，高七尺至七尺五寸，三間高五尺至五尺五寸。

樓閣，三層檐者與殿五間同；兩層檐者與殿三間同。

殿挾屋，高四尺至四尺五寸。

廊屋之類，並高三尺至三尺五寸。若廊屋轉角，即用合角鴟尾。

小亭殿等，高二尺五寸至三尺。

凡用鴟尾，若高三尺以上者，於鴟尾上用鐵

脚子及鐵束子安搶鐵。其搶鐵之上，施五叉拒鵲子。三尺以下不用。身兩面用鐵鞠。身内用柏木椿或龍尾；唯不用搶鐵。拒鵲加襻脊鐵索。

梁注："本篇末了這一段是講固定鴟尾的方法。一種是用搶鐵的，一種是用柏木椿或龍尾的。搶鐵，鐵脚子和鐵束子具體做法不詳。從字面上看，烏頭門柱前後用斜柱（稱'搶柱'）扶持。'搶'的含義是'斜'；書法用筆，'由蹲而斜上急出'（如挑）叫作'搶'，'舟迎側面之風斜行曰搶'。因此搶鐵可能是斜撑的鐵杆，但怎樣與鐵脚子、鐵束子交接，脚子、束子又怎樣用于鴟尾上，都不清楚。拒鵲子是裝飾性的東西。鐵鞠則用以將若干塊的鴟尾鞠在一起，像我們今天鞠破碗那樣。柏木椿大概即清代所稱'吻椿'。龍尾與柏木椿的區别不詳。"[1]

《法式》卷第二十六"諸作料例一·瓦作"提到：安卓3尺高鴟尾，每一隻，用"鐵脚子：四枚，各長五寸。……鐵束：一枚，長八寸。……搶鐵：三十二片，長視身三分之一。每高增一尺，加八片。大頭廣二寸，小頭廣一寸爲定法。"另用各長1尺的鞠子6道。推測鐵脚子，似

① 梁思成. 梁思成全集. 第七卷. 第259頁. 瓦作制度. 用鴟尾. 注28. 中國建築工業出版社. 2001年

位于鴟尾根部四隅，略如清式鴟吻之吻座；鐵束子長0.8尺，還分大小頭，大頭寬0.2尺，小頭寬0.12尺，不知是否有拉結固定4塊鐵脚子的作用？搶鐵爲薄鐵片狀，長約1尺，大頭寬0.2尺，小頭寬0.1尺，每隻鴟尾，用32片搶鐵。其做法是否會環繞并斜戧于鴟尾四周，起到扶持鴟尾之作用？搶鐵之上再安拒鵲叉子，拒鵲加襻脊鐵索，將拒鵲與屋脊拉結在一起。

關于鴟尾與拒鵲叉子，《宋史》："諸州正牙門及城門，並施鴟尾，不得施拒鵲。"[1]可知，宋代除宫殿、寺觀外，各級衙門正堂及城門樓建築，也可設置鴟尾。此外，拒鵲叉子不僅具功能與裝飾作用，還具一定等級標志性。

上文給出了不同等級與大小建築所用鴟尾尺寸，如表13.1.5所示。

宋代建築用鴟尾之制

表13.1.5

房屋等第	房屋間架	鴟尾高（尺）	其他情況	備注
殿屋	八椽九間以上有副階	9—10		
殿屋	八椽九間以上無副階	8		可知九間以上殿屋至少進深八椽
殿屋	五間—七間不計椽數	7—7.5		未詳有無副階
殿屋	三間	5—5.5		
樓閣	三層檐	7—7.5		
樓閣	二層檐	5—5.5		
殿挾屋		4—4.5		未詳與主殿關係
廊屋之類		3—3.5	若廊屋轉角，即用合角鴟尾	
小亭殿		2.5—3		

其鴟尾序列，未給出廳堂類建築，如堂屋、廳屋等的尺寸，不知是否應參照殿屋（五間至七間）的做法

〔13.1.6〕
用獸頭等

用獸頭等之制：

殿閣垂脊獸，並以正脊層數爲祖。

正脊三十七層者，獸高四尺；三十五層者，獸高三尺五寸；三十三層者，獸高三尺；三十一層者，獸高二尺五寸。

堂屋等：正脊獸，亦以正脊層數爲祖。其

垂脊並降正脊獸一等用之。謂正脊獸高一尺四寸者，垂脊獸高一尺二寸之類。

正脊二十五層者，獸高三尺五寸；二十三層者，獸高三尺；二十一層者，獸高二尺五寸；一十九層者，獸高二尺。

廊屋等：正脊及垂脊獸祖並同上。散屋亦同。

正脊九層者，獸高二尺；七層者，獸高一尺八寸。

散屋等：正脊七層者，獸高一尺六寸；五層者，獸高一尺四寸。

殿、閣、廳、堂、亭、榭轉角，上下用套獸、嬪伽、蹲獸、滴當火珠等：

四阿殿九間以上，或九脊殿十一間以上者，套獸徑一尺二寸，嬪伽高一尺六寸；蹲獸八枚，各高一尺；滴當火珠高八寸。套獸施之於子角梁首，嬪伽施於角上，蹲獸在嬪伽之後。其滴當火珠在檐頭華頭瓪瓦之上。下同。

四阿殿七間或九脊殿九間，套獸徑一尺；嬪伽高一尺四寸，蹲獸六枚，各高九寸；滴當火珠高七寸。

四阿殿五間，九脊殿五間至七間，套獸徑八寸；嬪伽高一尺二寸；蹲獸四枚，各高八寸；滴當火珠高六寸。廳堂三間至五間以上，如五鋪作造厦兩頭者，亦用此制，唯不用滴當火珠。下同。

九脊殿三間或廳堂五間至三間，枓口跳及四鋪作造厦兩頭者，套獸徑六寸，嬪伽高一尺，蹲獸兩枚，各高六寸；滴當火珠高五寸。

亭榭厦兩頭者，四角或八角撮尖亭子同，如用八寸瓪瓦，套獸徑六寸；嬪伽高八寸；蹲獸四枚，各高六寸；滴當火珠高四寸。若用六寸瓪瓦，套獸徑四寸；嬪伽高六寸；蹲獸四枚，各高四寸，如枓口跳或四鋪作，蹲獸祇用兩枚；滴當火珠高三寸。

廳堂之類，不厦兩頭者，每角用嬪伽一枚，高一尺；或祇用蹲獸一枚，高六寸。

佛道寺觀等殿閣正脊當中用火珠等數：

殿閣三間，火珠徑一尺五寸；五間，徑二尺；七間以上，並徑二尺五寸。火珠並兩焰，其夾脊兩面造盤龍或獸面。每火珠一枚，內用柏木竿一條，亭榭所用同。

亭榭鬬尖用火珠等數：

四角亭子：方一丈至一丈二尺者，火珠徑一尺五寸；方一丈五尺至二丈者，徑二尺。火珠四焰或八焰；其下用圓坐。

八角亭子，方一丈五尺至二丈者，火珠徑二尺五寸；方三丈以上者，徑三尺五寸。

凡獸頭皆順脊用鐵鉤一條，套獸上以釘安之。嬪伽用蔥臺釘。滴當火珠坐於華頭瓪瓦滴當釘之上。

上文"堂屋等"條之"降正脊獸一等用之"，傅建工合校本注："熹年謹按：宋刊本‘正’字重複，删去其一。文津四庫本、故宮本、張本不誤。”①

上文“殿、閣、廳、堂、亭、榭轉角”，陶本：“殿間廳堂亭榭轉角”。陳注：改“間”爲“閣”。②傅書局合校本注：改“間”爲“閣”。③按陳、傅兩位先生，其文爲：“殿閣至廳堂、亭榭轉角”。從上下文推測，則“殿閣、廳堂、亭榭至轉角，上下用套獸、嬪伽、蹲獸、滴當火珠等”似更符合邏輯，疑原文有“至”，歷代抄印中字序發生了訛誤。

上文“九脊殿三間”條中“枓口跳”，陶本：“枓口挑”。陳注：改“挑”爲“跳”。④傅建工合校本注：“熹年謹按：‘枓口跳’陶本誤作‘枓口挑’，據宋本改正。張本不誤。”⑤

上文“亭榭厦兩頭者”條小注“如枓口跳”，陶本：“如枓口挑”。陳注：“‘挑’作‘跳’”。⑥傅書局合校本注：改“挑”爲“跳”，并注：“枓口跳”。⑦

上文“佛道寺觀等殿閣正脊”，陶本：“佛道寺觀等殿間正脊”。陳注：“‘間’作‘閣’”。⑧傅書局合校本注：改“間”爲“閣”。⑨

上文“四角亭子”條中“方一丈五尺至二丈者，徑二尺”，梁注：“各版原文都作‘徑一尺’，對照上下文遞增的比例、尺度，一尺顯然是二尺之誤。就此改正。”⑩

關于此條之“徑一尺”，陳注：“‘一’作‘二’”。⑪傅書局合校本注：改“一”爲“二”⑫，即“徑二尺”。傅建工合校本注：“熹年謹按：諸本誤作‘徑一尺’，宋本作‘徑二尺’，據改。”⑬

梁注：“嬪伽在清代稱‘仙人’，蹲獸在清代稱‘走獸’。宋代蹲獸都用雙數；清代走獸都用單數。”⑭可知，清代與宋代，在用獸頭的稱謂及排列上是有差別的。

又注：“滴當火珠在清代做成光潔的饅頭形，叫作‘釘帽’”。⑮《法式》文本中原本令人費解的“滴當火珠”的意思與位置，從梁先生注中，似較容易理解了。滴當火珠顯然具有遮護瓦釘的功能性價值。

關于佛道寺觀等殿閣正脊上用“火珠”，梁先生又注：“這裏衹規定火珠徑的尺寸，至于高度，没有説明，可能就是一個圓球，外加火焰形裝

① [宋]李誡，傅熹年校注. 合校本營造法式. 第400頁. 瓦作制度. 用獸頭等. 注1. 中國建築工業出版社. 2020年
② [宋]李誡. 營造法式（陳明達點注本）. 第二册. 第57頁. 瓦作制度. 用獸頭等. 批注. 浙江攝影出版社. 2020年
③ [宋]李誡，傅熹年彙校. 營造法式合校本. 第三册. 瓦作制度. 用獸頭等. 校注. 中華書局. 2018年
④ [宋]李誡. 營造法式（陳明達點注本）. 第二册. 第58頁. 瓦作制度. 用獸頭等. 批注. 浙江攝影出版社. 2020年
⑤ [宋]李誡，傅熹年校注. 合校本營造法式. 第400頁. 瓦作制度. 用獸頭等. 注2. 中國建築工業出版社. 2020年
⑥ [宋]李誡. 營造法式（陳明達點注本）. 第二册. 第59頁. 瓦作制度. 用獸頭等. 批注. 浙江攝影出版社. 2020年
⑦ [宋]李誡，傅熹年彙校. 營造法式合校本. 第三册. 瓦作制度. 用獸頭等. 校注. 中華書局. 2018年

⑧ [宋]李誡. 營造法式（陳明達點注本）. 第二册. 第59頁. 瓦作制度. 用獸頭等. 批注. 浙江攝影出版社. 2020年
⑨ [宋]李誡，傅熹年彙校. 營造法式合校本. 第三册. 瓦作制度. 用獸頭等. 校注. 中華書局. 2018年
⑩ 梁思成. 梁思成全集. 第七卷. 第260頁. 瓦作制度. 用獸頭等. 注32. 中國建築工業出版社. 2001年
⑪ [宋]李誡. 營造法式（陳明達點注本）. 第二册. 第60頁. 瓦作制度. 用獸頭等. 批注. 浙江攝影出版社. 2020年
⑫ [宋]李誡，傅熹年彙校. 營造法式合校本. 第三册. 瓦作制度. 用獸頭等. 校注. 中華書局. 2018年
⑬ [宋]李誡，傅熹年校注. 合校本營造法式. 第400頁. 瓦作制度. 用獸頭等. 注3. 中國建築工業出版社. 2020年
⑭ 梁思成. 梁思成全集. 第七卷. 第260頁. 瓦作制度. 用獸頭等. 注29. 中國建築工業出版社. 2001年
⑮ 梁思成. 梁思成全集. 第七卷. 第260頁. 瓦作制度. 用獸頭等. 注30. 中國建築工業出版社. 2001年

飾。火珠下面還應該有座。"[1]此"火珠"非"滴當火珠"之火珠，而是具有佛教意味的裝飾性火珠，尺寸亦較大。

關于安獸頭所用鐵鉤，梁注："鐵鉤的具體用法待考。"[2]

清代安卓仙人、走獸等，未見用鐵鉤之構造做法，這裏提到的鐵鉤，用法令人費解。但也反映了清代屋頂瓦飾，較宋代在構造技術上有進步。

上文對宋代屋頂瓦飾用獸頭之制，敘述得較細緻。其要點在，建築物垂脊、角脊等用獸頭之制，既與房屋建築等級有關，亦與房屋正脊所疊甋瓦層數有關。故其文有："殿閣垂脊獸，並以正脊層數爲祖"和"堂屋等：正脊獸，亦以正脊層數爲祖"及"廊屋等：正脊及垂脊獸祖並同上"。

據《法式》文本，宋代不同建築用獸頭之制，如表13.1.6—表13.1.8所示。

宋代建築正脊及垂脊用獸頭之制   表13.1.6

房屋等第	正脊疊瓦層數	正脊獸高（尺）	垂脊獸高（尺）	備注
殿閣	37層		4	陶本原文似未給出正脊獸高度
	35層		3.5	
	33層		3	
	31層		2.5	
堂屋	25層	3.5	3	垂脊降正脊獸一等等差參照殿閣垂脊獸高等差
	23層	3	2.5	
	21層	2.5	2	
	19層	2	1.8	
廊屋等	9層	2	1.8	廊屋等正脊及垂脊獸祖并同上
	7層	1.8	1.6	
散屋等	7層	1.6	1.4	散屋亦同
	5層	1.4	1.2	
殿閣、廳堂、亭榭至轉角，上下用套獸、嬪伽、蹲獸、滴當火珠等				

① 梁思成. 梁思成全集. 第七卷. 第260頁. 瓦作制度. 用獸頭等. 注31. 中國建築工業出版社. 2001年

② 梁思成. 梁思成全集. 第七卷. 第260頁. 瓦作制度. 用獸頭等. 注33. 中國建築工業出版社. 2001年

房屋等第	房屋開間	套獸徑（尺）	嬪伽高（尺）	蹲獸數（枚）	蹲獸高（尺）	滴當火珠高（尺）	備注
四阿殿	9間以上	1.2	1.6	8	1	0.8	
	7間	1	1.4	6	0.9	0.7	
	5間	0.8	1.2	4	0.8	0.6	
九脊殿	11間以上	1.2	1.6	8	1	0.8	
	9間	1	1.4	6	0.9	0.7	
	5—7間	0.8	1.2	4	0.8	0.6	
	3間	0.6	1	2	0.6	0.5	
廳堂厦兩頭	3—5間	0.6	1	2	0.6	不用滴當火珠	五鋪作
廳堂厦兩頭	3—5間	0.6	1	2	0.6	0.5	枓口跳、四鋪作
廳榭厦兩頭	四角或八角撮尖亭同	0.6	0.8	4	0.4	0.3	如用0.8尺瓪瓦
亭堂不厦兩頭	每角用嬪伽1枚	似不用套獸	1	1	0.6	不用滴當火珠	或祇用蹲獸

建築類型	殿閣開間數及亭榭尺寸（尺）	火珠徑（尺）	火珠數（火珠并兩焰）	備注
殿閣	7間以上	2.5	1枚	其夾脊兩面造盤龍或獸面。每火珠一枚，內用柏木竿一條
	5間	2	1枚	
	3間	1.5	1枚	
亭榭鬭尖四角亭子	方15—20尺	2	疑僅于鬭尖頂用火珠1枚（下同）	火珠四焰或八焰；其下用圓坐
	方10—12尺	1.5		
亭榭鬭尖八角亭子	方30尺以上	3.5	疑僅1枚	這裏的"鬭尖"或"撮尖"，相當于清代建築的"攢尖"
	方15—20尺	2.5		

凡獸頭皆順脊用鐵鉤一條。套獸上以釘安之。嬪伽用蔥臺釘。滴當火珠坐于華頭瓪瓦滴當釘之上

上文最後一句話所指，可能囊括了不同等級與類型的房屋，如殿閣、亭榭等，其獸頭均順脊用鐵鉤；套獸上皆以釘安之；嬪伽皆用蔥臺釘；滴當火珠均

坐于華頭瓪瓦之上。

另據《宋史》："凡公宇，棟施瓦獸，門設桎梏。"[1]可知，宋代除宮殿、寺觀外，不同等級衙署建築的屋頂，亦可施以瓦飾獸頭。

【13.2】
泥作制度

《法式》"泥作制度"主要涉及用土坯壘築的墻體及墻體表面，包括可以用來繪製壁畫的畫壁表面之抹泥、抹灰泥并壓光等所用材料及施工做法。其"用泥"一段有關各種灰泥做法與配比，對于理解古人墻面抹灰及表面收壓處理所用的材料與方式，有重要意義。

文中述及壘砌各種爐竈，如立竈、釜竈、鑊竈、茶鑪的方法及内部構造，對于了解古人所用各種爐竈之造型、構造與做法，有參考價值。

其文提到之"壘射垛"，形若城墻射垛。但從文字敘述上，似又并非宋代用于防衛性的城墻射垛。這段文字被放在"泥作制度"一節，疑似用土坯壘砌之具功能性與觀賞性構築物。

〔13.2.1〕
壘牆

壘牆之制：高廣隨間。每牆高四尺，則厚一尺。每高一尺，其上斜收六分。每面斜收向上各三分。**每用坯壘三重，鋪襻竹一重。若高增一尺，則厚加二寸五分；減亦如之。**

上文小注"斜收向上各三分"，傅書局合校本注："向，宋本誤'白'。"[2]傅建工合校本注："熹年謹按：宋本作'斜收白上'，誤。故宮本、張本、丁本等亦均沿宋本之誤，惟文津四庫本、晁載之《續談助》摘抄北宋崇寧本不誤，均作'斜收向上'，據改。"[3]

上文"若高增一尺，則厚加二寸五分"，陶本："二尺五寸"，與前文"每牆高四尺，則厚一尺"不符。梁先生糾正之："各版原文都作'厚加二尺五寸'，顯然是二寸五分之誤。"[4]陳注："應爲'寸''分'"[5]，即"厚加二寸五分"。傅建工合校本注："劉批陶本：依每墻高四尺，則厚一尺之比率，疑'厚加二尺五寸'爲'二寸五分'之誤。熹年謹按：宋本、文津四庫本、張本均誤作'二尺五寸'，據劉批改。"[6]

梁注："壘，音激，磚未燒者，今天一般叫作'土坯'。"[7]又注"襻

① [元]脱脱等. 宋史. 卷一百五十四. 志第一百七. 輿服六. 臣庶室屋制度. 第3600頁. 中華書局. 1985年
② [宋]李誠，傅熹年彙校. 營造法式合校本. 第三册. 泥作制度. 壘牆. 校注. 中華書局. 2018年
③ [宋]李誠，傅熹年校注. 合校本營造法式. 第401頁. 泥作制度. 壘牆. 注1. 中國建築工業出版社. 2020年
④ 梁思成. 梁思成全集. 第七卷. 第260頁. 泥作制度. 壘牆. 注3. 中國建築工業出版社. 2001年
⑤ [宋]李誠. 營造法式（陳明達點注本）. 第二册. 第61頁. 泥作制度. 壘牆. 批注. 浙江攝影出版社. 2020年
⑥ [宋]李誠，傅熹年校注. 合校本營造法式. 第401頁. 泥作制度. 壘牆. 注2. 中國建築工業出版社. 2020年
⑦ 梁思成. 梁思成全集. 第七卷. 第260頁. 泥作制度. 壘牆. 注1. 中國建築工業出版社. 2001年

竹"："每隔幾層土坯加些竹鋼，今天還有這種做法，也同我們在結構中加鋼筋同一原理。"[1]此處梁先生注釋中的"竹鋼"疑爲"竹筋"之誤。

陳注："壘墼牆也，參功限、壕寨。"[2]

清人撰《訂訛類編續補》："《字林》，'塼未燒曰墼'。《坤蒼》：'形土爲方曰墼'。今之土塼也。以木爲模。實其中。非築而何。"[3]《儀禮注疏》："舍外寢，於中門之外，屋下壘墼爲之，不塗墍，所謂堊室也。"[4]可知，坯墼，即土坯。則此處所壘之牆爲土坯牆。每壘三重，鋪襻竹一重。襻竹，梁先生釋爲"竹筋"。

壘土坯牆，高廣隨房屋開間。牆隨高度有收分，每高1尺，其上每面斜收0.03尺。以高4尺計，其底厚1尺，每面收分0.12尺，共收分0.24尺，則上厚0.76尺。每高增1尺，則厚加0.25尺。以牆高5尺計，其底厚1.25尺，每面收分0.15尺，共收分0.3尺，其上厚0.95尺。以此類推。

〔13.2.2〕

用泥其名有四：一曰垷，二曰墐，三曰塗，四曰泥

用石灰等泥塗之制：先用麤泥搭絡不平處，候稍乾，次用中泥趁平；又候稍乾，次用細泥爲襯；上施石灰泥畢，候水脈定，收壓五遍，令泥面光澤。乾厚一分三厘，其破灰泥不用中泥。

合紅灰：每石灰一十五斤，用土朱五斤，非殿閣者，用石灰一十七斤，土朱三斤，赤土一十一斤八兩。

合青灰：用石灰及軟石炭各一半。如無軟石炭，每石灰一十斤用麤墨一斤或墨煤一十一兩，膠七錢。

合黃灰：每石灰三斤，用黃土一斤。

合破灰：每石灰一斤，用白蔑土四斤八兩。每用石灰十斤，用麥麩九斤。收壓兩遍，令泥面光澤。

細泥：一重作灰襯用**方一丈，用麥𥝰一十五斤。**城壁增一倍。麤泥同。

麤泥：一重方一丈，用麥𥝰八斤。搭絡及中泥作襯減半。

麤細泥：施之城壁及散屋内外。先用麤泥，次用細泥，收壓兩遍。

凡和石灰泥，每石灰三十斤，用麻擣二斤。其和紅、黃、青灰等，即通計所用土朱、赤土、黃土、石灰等斤數在石灰之内。如青灰内，若用墨煤或麤墨者，不計數。**若礦石灰，每八斤可以充十斤之用。**每礦石灰三十斤，加麻擣一斤。

上文"泥塗之制"，陳注："'塗'作'壁'。"[5]傅書局合校本注："壁，誤'塗'"[6]，即"泥壁之制"。上文小注"所用土朱、赤土、黃土、石灰等斤數"，陳注"石灰"之"灰"："炭，竹本"。[7]傅書局合校本注：改"石灰"爲"石炭"。[8]

① 梁思成. 梁思成全集. 第七卷. 第260頁. 泥作制度. 壘牆. 注2. 中國建築工業出版社. 2001年
② [宋]李誡. 營造法式（陳明達點注本）. 第二册. 第61頁. 泥作制度. 壘牆. 批注. 浙江攝影出版社. 2020年
③ [清]杭世駿. 訂訛類編續補. 卷下. 雜物訛. 築墼. 第370頁. 中華書局. 2006年
④ [清]阮元校刻. 十三經注疏. 儀禮注疏. 卷第四十一. 第2516頁. 中華書局. 2009年
⑤ [宋]李誡. 營造法式（陳明達點注本）. 第二册. 第61頁. 泥作制度. 用泥. 批注. 浙江攝影出版社. 2020年
⑥ [宋]李誡，傅熹年彙校. 營造法式合校本. 第三册. 泥作制度. 用泥. 校注. 中華書局. 2018年
⑦ [宋]李誡. 營造法式（陳明達點注本）. 第二册. 第62頁. 泥作制度. 用泥. 批注. 浙江攝影出版社. 2020年
⑧ [宋]李誡，傅熹年彙校. 營造法式合校本. 第三册. 泥作制度. 用泥. 校注. 中華書局. 2018年

本節文字，疑難字較多，也有一些難解的術語，故梁先生作了仔細注釋。注一："垷，音現，泥塗也。"[1]注二："墐，音覲，塗也。"[2]注三："水脈大概是指泥中所含水分。'候水脈定'就是'等到泥中含（水量）已經不是濕淋淋的，而是已經定下來，潮而不濕，還有可塑性但不稀而軟的狀態的時候。'"[3]這幾條注，是就"泥"與"塗"所作的注。

梁先生另注"軟石炭"："軟石炭可能就是泥煤。"[4]注"白蔑土"："白蔑土是什麼土？待考。"[5]注"麰"："麰，音確，殼也。"[6]注"蒒"："蒒，音涓，麥莖也。"[7]這幾條注，是就和青灰、和細泥及和麤泥時所添加的輔料而作的注。梁先生注釋中"音確"似有誤，疑爲"音穀"。

梁先生對泥施之于城壁作注："從這裏可以看出，宋代的城牆還是土牆，牆面抹泥。元大都的城牆也是土牆。一直到明朝，全國的城牆纔普遍甃磚。"[8]另注"麻擣"："麻擣在清朝北方稱'蔴刀'。"[9]并注"礦石灰"："礦石灰和石灰的區別待考。"[10]

從泥抹城壁出發，梁先生闡釋了一個城市史與建築史的話題。另外兩條注，仍屬和泥時添加相應輔料的問題。

上文記錄的是宋代抹泥、和泥、和灰泥等做法，提到了細泥、中泥、麤泥、麤細泥，與紅灰、青灰、黃灰、破灰、及石灰泥（麻擣灰）等用于不同位置灰泥的和製方法，用石灰等泥塗的塗抹及收壓方式。其中，細泥、麤泥、麤細泥似以所用位置不同，或抹灰泥的層面不同而區分之，其和製材料與方法亦有區別。

紅灰、青灰、黃灰，似爲晾乾後呈現爲不同顏色的灰泥，分別用于有不同色彩需求的牆面上，可能較多用于宮苑、寺觀之殿閣或牆垣上。

細泥、麤泥，屬于過程中所抹之泥，稱"灰襯""搭絡"，略近抹灰泥過程中的襯底或找平之意。

破灰，似因摻了白蔑土與麥麰會較光潔，疑是用于表面收壓的灰泥。麤細泥用于城壁或散屋內外，其表面無需收壓十分細密。

礦石灰，不僅用于和製各種灰泥，還用于安砌贔屭碑坐、笏頭碣碑坐，及壘砌釜竈等。可能是一種粘結力較強的灰泥。

〔13.2.3〕
畫壁

造畫壁之制：先以麤泥搭絡畢。候稍乾，再用泥橫被竹篾一重，以泥蓋平。又候稍乾，釘麻華，以泥分披令勻，又用泥蓋平；以上

① 梁思成. 梁思成全集. 第七卷. 第261頁. 泥作制度. 用泥. 注4. 中國建築工業出版社. 2001年
② 梁思成. 梁思成全集. 第七卷. 第261頁. 泥作制度. 用泥. 注5. 中國建築工業出版社. 2001年
③ 梁思成. 梁思成全集. 第七卷. 第261頁. 泥作制度. 用泥. 注6. 中國建築工業出版社. 2001年
④ 梁思成. 梁思成全集. 第七卷. 第261頁. 泥作制度. 用泥. 注7. 中國建築工業出版社. 2001年
⑤ 梁思成. 梁思成全集. 第七卷. 第261頁. 泥作制度. 用泥. 注8. 中國建築工業出版社. 2001年
⑥ 梁思成. 梁思成全集. 第七卷. 第261頁. 泥作制度. 用泥. 注9. 中國建築工業出版社. 2001年
⑦ 梁思成. 梁思成全集. 第七卷. 第261頁. 泥作制度. 用泥. 注10. 中國建築工業出版社. 2001年
⑧ 梁思成. 梁思成全集. 第七卷. 第261頁. 泥作制度. 用泥. 注11. 中國建築工業出版社. 2001年
⑨ 梁思成. 梁思成全集. 第七卷. 第261頁. 泥作制度. 用泥. 注12. 中國建築工業出版社. 2001年
⑩ 梁思成. 梁思成全集. 第七卷. 第261頁. 泥作制度. 用泥. 注13. 中國建築工業出版社. 2001年

用麤泥五重，厚一分五厘。若栱眼壁，祇用麤、細泥各一重，上施沙泥，收壓三遍。方用中泥細襯，泥上施沙泥，候水脈定，收壓十遍，令泥面光澤。

凡和沙泥，每白沙二斤，用膠土一斤，麻擣洗擇淨者七兩。

梁注："畫壁就是畫壁畫用的墙壁。本篇所講的是抹壓墙面的做法。"①

上文"竹篾"，陳注："篾"②，不解其注之義。

上文小注"上施沙泥"，傅建工合校本注："熹年謹按：故宮本'上'誤'重'，據宋本改。張本亦誤作'重'，陶本不誤。"③

這裏提到竹篾、麻華、沙泥等抹畫壁時需添加的輔助材料。竹篾需用麤細泥抹壓于墙面上，起到墙面拉筋作用。麻華，疑爲細散的蔴絲，釘于墙面襯泥上，再用泥細加披抹，使之平整，最後用泥蓋平。前後抹5道泥，都用麤泥，總厚0.15寸。其上用中泥細襯一遍，上用沙泥，在墙面晾至適當時機，收壓10遍，使其表面光澤。

沙泥是用白沙2斤，膠土1斤，再摻0.7斤的干净麻擣，和製而成。待晾乾後即可在其墙面上作畫，是爲"畫壁"。

宋代房屋栱眼壁內，往往會施彩繪圖案。若在栱眼壁內抹製畫壁，則祇需用麤泥與細泥各一道，表面再以沙泥收壓光整即可。

〔13.2.4〕
立竈轉煙、直拔

造立竈之制：並臺共高二尺五寸。其門、突之類，皆以鍋口徑一尺爲祖加減之。鍋徑一尺者一斗；每增一斗，口徑加五分，加至一石止。

轉煙連二竈：門與突並隔煙後。

門：高七寸，廣五寸。每增一斗，高、廣各加二分五厘。

身：方出鍋口徑四周各三寸。爲定法。

臺：長同上，廣亦隨身，高一尺五寸至一尺二寸。一斗者高一尺五寸；每加一斗者，減二分五厘，減至一尺二寸五分止。

腔內後項子：高同門，其廣二寸，高廣五分。項子內斜高向上入突，謂之搶煙；增減亦同門。

隔煙：長同臺，厚二寸，高視身出一尺。爲定法。

隔鍋項子：廣一尺，心內虛，隔作兩處，令分煙入突。

直拔立竈：門及臺在前，突在煙匱之上。

自一鍋至連數鍋。

門、身、臺等：並同前制。唯不用隔煙。

煙匱子：長隨身，高出竈身一尺五寸，廣六寸。爲定法。

山華子：斜高一尺五寸至二尺，長隨煙匱子，在煙突兩旁匱子之上。

① 梁思成. 梁思成全集. 第七卷. 第261頁. 泥作制度. 畫壁. 注14. 中國建築工業出版社. 2001年
② [宋]李誡. 營造法式（陳明達點注本）. 第二冊. 第63頁. 泥作制度. 畫壁. 批注. 浙江攝影出版社. 2020年
③ [宋]李誡，傅熹年校注. 合校本營造法式. 第404頁. 泥作制度. 畫壁. 注1. 中國建築工業出版社. 2020年

凡竈突，高視屋身，出屋外三尺。如時暫用，不在屋下者，高三尺。突上作鞾頭出煙。**其方六寸。或鍋增大者，量宜加之。加至方一尺二寸止。並以石灰泥飾。**

梁注："這篇'立竈'和下兩篇'釜鑊竈''茶鑪子'，是按照幾種不同的盛器而設計的。立竈是對鍋加熱用的。釜竈和鑊竈則專爲釜或鑊之用。按《辭海》的解釋，三者的不同的斷面大致可理解如下：鍋'⌣'；釜'⎵'；鑊'⌣'。爲什麼不同的盛器需要不同的竈，我們就不得而知了，至于《法式》中的鍋、釜、鑊，是否就是這幾種，也很難回答。例如今天廣州方言就把鍋叫作'鑊'，根本不用'鍋'字。此外，竈的各部分的專門名稱，也是我們弄不清的。因此，除了少數詞句稍加注釋，對這幾篇一些不清楚的地方，我們就'避而不談'了。"①

上文"直拔立竈"，傅建工合校本注："熹年謹按：故宮本、張本'拔'誤'板'，據宋本改。陶本不誤。"②

上文"門、身、臺等"條小注，徐注："原'油印本'漏印'唯不用隔煙'五字，今補。"③油印本指梁先生撰《營造法式注釋》之油印草稿本。

梁又注："突，煙突就是烟囱。"④

上文"腔内後項子：高同門，其廣二寸，高廣五分"，梁注："'高廣五分'四字含義不明。可能有錯誤或遺漏。"⑤

上文小注"如時暫用，不在屋下者"，梁注："即臨時或短期間使用，不在室内（即露天）者。"⑥

梁先生從古代盛器的角度，解釋了與鍋、釜、鑊有關的幾種爐竈，同時也揭示了古人所用爐竈的不同。

鍋，據西漢揚雄："車釭，齊、燕、海岱之間謂之鍋，或謂之錕。自關而西謂之釭，盛膏者乃謂之鍋。"⑦西漢時的齊、燕、海岱地區，鍋，指車上一種圓形配件——釭。在關中地區，鍋，是一種盛器。

釜，據揚雄："釜，自關而西或謂之釜，或謂之鍑。鍑亦釜之總名。"⑧鍑乃古代一種盛器：《説文》曰：鍑（音富），如釜而大口，釜也。"⑨可知，釜即鍑，屬鍋的一種。釜，亦爲古字，且爲漢代關中方言。亦即鍋與釜，均出自漢代關中方言，其意爲用于爐竈上蒸煮的盛器。

鑊，亦爲一種盛器。《史記》提到"湯鑊之罪"。⑩《漢書》："置大鑊中，取桃灰毒藥並煮之。"⑪鑊是一種大而深的盛器，可置于火上煮物。

竈的出現更早，《管子》言：天子職責之一是："教民樵室鑽鐩，墐竈泄

① 梁思成. 梁思成全集. 第七卷. 第262頁. 泥作制度. 立竈. 注15. 中國建築工業出版社. 2001年
② [宋]李誡, 傅熹年校注. 合校本營造法式. 第406頁. 泥作制度. 立竈. 注1. 中國建築工業出版社. 2020年
③ 梁思成. 梁思成全集. 第七卷. 第262頁. 泥作制度. 立竈. 脚注1. 中國建築工業出版社. 2001年
④ 梁思成. 梁思成全集. 第七卷. 第262頁. 泥作制度. 立竈. 注16. 中國建築工業出版社. 2001年
⑤ 梁思成. 梁思成全集. 第七卷. 第262頁. 泥作制度. 立竈. 注17. 中國建築工業出版社. 2001年
⑥ 梁思成. 梁思成全集. 第七卷. 第262頁. 泥作制度. 立竈. 注18. 中國建築工業出版社. 2001年
⑦ [清]錢繹撰集. 方言箋疏. 卷第九. 第316頁. 中華書局. 1991年
⑧ [清]錢繹撰集. 方言箋疏. 卷之五. 第171頁. 中華書局. 1991年
⑨ [宋]李昉. 太平御覽. 卷七百五十七. 器物部二. 釜. 參見[宋]呂大臨. 考古圖. 卷九. 秦漢器. 周陽侯甒鍑. 第138頁. 上海書店出版社. 2016年
⑩ [漢]司馬遷. 史記. 卷七十九. 范睢蔡澤列傳第十九. 第2414頁. 中華書局. 1982年
⑪ [漢]班固. 漢書. 卷五十三. 景十三王傳第二十三. 廣川惠王劉越. 第2429頁. 中華書局. 1962年

井，所以壽民也。"①堇者，泥塗也。則堇竈，即以泥及坏墼壘砌爐竈。

上文所言之竈，有門、有突、有身、有臺；另有轉煙、隔煙、隔鍋、項子，以及煙匣子、山華子等，皆爲構成爐竈的各個組成部分。

竈臺。一般高2.5尺。臺上設鍋口，徑1尺。所用鍋容量爲1斗，容量每增1斗，口徑增0.05尺。至鍋容量增至1石，徑約1.45尺時，鍋徑最大。

竈口，即竈門，位于竈之正面，以鍋徑1尺，臺高2.5尺時，門高0.7尺，廣（寬）0.5尺。鍋容量每增1斗，門之高、廣各增0.025尺。若仍以鍋容量至1石計，竈門最高0.925尺，最寬0.725尺。

竈身之方，以鍋徑外增0.3尺。則鍋徑1尺時，身廣1.6尺，深亦1.6尺；鍋徑1.45尺，身廣2.05尺，深亦2.05尺。

竈臺之長、廣隨竈身，鍋徑1尺，竈臺長、廣各1.6尺；徑1.45尺，竈臺長、廣各2.05尺。鍋臺高似隨鍋徑而降。鍋容量1斗，鍋徑1尺，其高1.5尺；容量每增斗，高降0.025尺。鍋容量至1石，高降0.225尺，鍋臺高1.275尺。鍋臺至低，不可低于1.25尺。其高隨鍋徑降低原因，或因鍋愈大，竈口直徑亦大，竈腔亦大，則需通過降低竈臺高度，增加火與鍋底接觸面。

腔內後項子，是竈腔通往煙突的連接口。其行文"高廣五分"與"高同門，其廣二寸"似有矛盾，梁先生疑有缺漏。若聯繫前文竈門隨容量增減，及後文項子"增減亦同門"等義，在這裏的行文中若改爲，"每增一斗，項子高廣各加五分"，似與上下文有所呼應？其義亦比較容易理解。

腔內後項子的內部爲"_{斜高向上入突，謂之搶煙}"。這裏的"搶"，既有斜向之意，亦有主動將煙搶先導入之意。

隔煙，防止煙倒灌室內的一種煙道措施。隔鍋項子，疑爲兩個以上鍋，各有其煙道，并采用"分煙入突"的處理模式。

如上爲一般鍋竈的砌築與塗抹方式。

直拔立竈，是一種不用隔煙措施的爐竈。竈腔與煙匣子相接。煙匣子，似爲一位于竈臺後部上方，集聚煙氣的空腔；高出竈身1.5尺，寬0.6尺。煙匣子直接與煙突相接，將所聚煙氣直拔向外。

山華子，位于煙突兩旁匣子上，長與匣子同，呈傾斜向上形態，可能具有將煙轉向煙突而出的輔助性作用，或亦增加竈臺上部煙匣子、煙突等的形式美化效果？未可知。

竈突者，烟囱也。其高視屋身高而定，要比煙突之出屋面處，再高出3尺。若是臨時搭砌竈臺，且不在室內者，其突高3尺即可。其突上端要砌成一個轉頭形式，以利出烟。這裏的"轉

① [明]劉績補注. 管子補注. 輕重己第八十五. 輕重十八. 第3901頁. 鳳凰出版社. 2016年

頭", 不詳其形式, 疑是將頂面封住, 端頭之下四面開口, 既防止有風倒灌, 又能使烟氣順利排出。煙突爲方形, 其方0.6尺。隨鍋徑增大, 煙突亦增大, 最大可至1.2尺見方。這裏所指, 似爲烟囪内部孔洞截面尺寸。煙突外, 宜用石灰泥塗抹, 使其平整光潔, 且不會泄露烟氣。

〔13.2.5〕
釜鑊竈

造釜鑊竈之制: 釜竈, 如蒸作用者, 高六寸。餘並入地内。其非蒸作用, 安鐵甑或瓦甑者, 量宜加高, 加至三尺止。鑊竈高一尺五寸, 其門、項之類, 皆以釜口徑以每增一寸, 鑊口徑以每增一尺爲祖加減之。釜口徑一尺六寸者一石; 每增一石, 口徑加一寸, 加至一十石止。鑊口徑三尺, 增至八尺止。

釜竈: 釜口徑一尺六寸。

　　門: 高六寸, 於竈身内高三寸, 餘入地, 廣五寸。每徑增一寸, 高、廣各加五分。如用鐵甑者, 竈門用鐵鑄造, 及門前後各用生鐵版。

　　腔内後項子: 高、廣, 搶煙及增加並後突, 並同立竈之制。如連二或連三造者, 並壘向後。其向後者, 每一釜加高五寸。

鑊竈: 鑊口徑三尺。用塼壘造。

　　門: 高一尺二寸, 廣九寸。每徑增一尺, 高、廣各加三寸。用鐵竈門, 其門前後各用鐵版。

　　腔内後項子: 高視身。搶煙同上。若鑊

口徑五尺以上者, 底下當心用鐵柱子。

　　後駝項突: 方一尺五寸。並二坯壘。斜高二尺五寸, 曲長一丈七尺。令出墙外四尺。

凡釜鑊竈面並取圜, 泥造。其釜鑊口徑四周各出六寸。外泥飾與立竈同。

本條有疑難字, 梁注: "甑, 音'净', 底有七孔, 相當于今天的籠屜。"[1]其注"甑"音似有誤, 故徐伯安再注: "甑, zèng, 蒸食炊器, 或盛物瓦器, 此處所指爲前者。"[2]

上文"後駝項突", 陶本: "後駝頂突"。陳注: "'頂'作'項'"。[3]傅書局合校本注: 改"頂"爲"項"。并注: "'項'字誤'頂'"。[4]

釜鑊竈, 談及了釜竈與鑊竈。釜竈似較小, 釜口徑1.6尺, 似可以用坯壘之; 其門高0.6尺, 廣(寬)0.5尺。鑊竈較大, 鑊口徑3尺, 須用磚壘造; 其門高1.2尺, 寬0.9尺。比之鍋口徑1尺, 門高0.7尺, 寬0.5尺的立竈, 尺度要大一些。

無論釜或鑊竈, 其腔子、腔内後項子、搶煙、後突等, 與裹竈做法相同。不同的是, 鑊竈有用兩坯并壘砌的後駝項突, 形式爲斜高2.5尺, 曲長1.7尺, 出墙外4尺。

① 梁思成. 梁思成全集. 第七卷. 第263頁. 泥作制度. 釜鑊竈. 注19. 中國建築工業出版社. 2001年
② 梁思成. 梁思成全集. 第七卷. 第263頁. 泥作制度. 釜鑊竈. 脚注1. 中國建築工業出版社. 2001年
③ [宋]李誠. 營造法式(陳明達點注本). 第二册. 第66頁. 泥作制度. 釜鑊竈. 批注. 浙江攝影出版社. 2020年
④ [宋]李誠, 傅熹年彙校. 營造法式合校本. 第三册. 泥作制度. 釜鑊竈. 校注. 中華書局. 2018年

釜竈與鑊竈，臺面形式爲圓環狀，表面用灰泥抹光，與立竈之方形臺面，明顯不同。另因釜與鑊，爲蒸煮器物，其竈尺寸較大，用火亦強。除鑊口用磚壘造外，凡用鐵甑處，竈口均用鐵鑄造，竈門前後亦用生鐵版。鑊竈腔內底下當心，還要用鐵柱子。然竈臺外觀用灰泥塗抹光整，則與立竈同。

〔13.2.6〕
茶鑪

造茶鑪之制：高一尺五寸。其方、廣等皆以高一尺爲祖加減之。

面：方七寸五分。

口：圜徑三寸五分，深四寸。

吵眼：高六寸，廣三寸。內搶風斜高向上八寸。

凡茶鑪，底方六寸，內用鐵燎杖八條。其泥飾同立竈之制。

茶鑪爲爐竈中的一種，以煮茶爲主要功能。尺寸較立竈、釜竈、鑊竈等均小。高1.5尺，爐面方0.75尺；爐臺方、廣，以其高1尺爲則，隨高度增加而增大。若其爐高1尺，其爐口圜徑爲0.35尺，深0.4尺。

吵眼，疑爲與立竈、釜竈或鑊竈的竈門相類似的孔眼，位於茶鑪正面。也有可能是一種專爲茶鑪設置的孔眼，能够起到向爐內通風助燃的作用？以其爐

高1尺時，其孔高0.6尺，廣（寬）0.3尺。爐內與吵眼相對應處，有搶風，即傾斜向上的排烟道，其斜高向上0.8尺。

其爐高1尺時，其茶鑪底僅方0.6尺，其面却方0.75尺，或可知，其爐疑是上大下小的倒方錐臺形？茶鑪表面以灰泥抹飾，令其平整光潔。

〔13.2.7〕
壘射垛

壘射垛之制：先築牆，以長五丈，高二丈爲率。牆心內長二丈，兩邊牆各長一丈五尺；兩頭斜收向裏各三尺。**上壘作五峯。其峯之高下，皆以牆每一丈之長積而爲法。**

中峯：每牆長一丈，高二尺。

次中兩峯：各高一尺二寸。其心至中峯心各一丈。

兩外峯：各高一尺六寸。其心至次中兩峯各一丈五尺。

子垛：高同中峯。廣減高一尺，厚減高之半。

兩邊踏道：斜高視子垛，長隨垛身。厚減高之半。分作一十二踏；每踏高八寸三分，廣一尺二寸五分。

子垛上當心踏臺：長一尺二寸，高六寸，面廣四寸。厚減面之半，分作三踏，每一尺爲一踏。

凡射垛五峯，每中峯高一尺，則其下各厚三寸；上收令方，減下厚之半。上收至方一尺五寸止。其兩峯之間，並先約度上收之廣，相對垂繩，令縋至墻上，

爲兩峯頻内圓勢。其峯上各安蓮華坐瓦火珠各一枚。當面以青石灰、白石灰，上以青灰爲緣泥飾之。

梁注："從本篇'制度'可以看出，這種'射垛'并不是城墻上防禦敵箭的射垛，而是宮墻上射垛形的牆頭裝飾。正是因爲這原因，所以屬于'泥作'。"[1]

因其峰上各安蓮華坐瓦火珠一枚，當面以青石灰、白石灰，上以青灰爲緣泥飾之，有裝飾性效果，與梁先生推測相合。但也可能是古代習射之人練習射箭時的標靶？

除作爲宮墻上的射垛形牆頭裝飾外，射垛還有操練軍隊之功能，《册府元龜》提到，唐文宗太和元年（827年）十一月有詔："若要習射，並請令本司各制射垛教試，不得將弓箭出城，假託習射從之。"[2]用于習射的射垛，具有臨時性質，似亦可用"泥作"壘砌築造。其作用大約相當于習射時所用的箭靶？

以其墻長5丈，高2丈爲率，墻分3段，中心一段長2丈，左右各長1.5丈，斜收向裏各3尺，約形成一微斜向裏的"八"字形。從上文所言"射垛五峯"之間，形成頻内圓勢，似也可看出，五峰不在一條直線上，兩側四峰，略向内移，故需通過頻内圓勢，使其在一個圓環面上展開。由此或也可推測，這裏所壘的射垛，并非一個連續城墻面上的射垛，而是以5丈長、2丈高爲一個單位，以坯墼壘砌的墩臺狀砌體。

所謂子垛及踏道、踏臺，似爲登臺檢查射箭者所射之箭是否命中時所登之臺，未可知。

① 梁思成. 梁思成全集. 第七卷. 第263頁. 泥作制度. 壘射垛. 注20. 中國建築工業出版社. 2001年

② [宋]王欽若等編纂. 册府元龜. 卷六十五. 帝王部（六十五）. 發號令第四. 第688頁. 鳳凰出版社. 2016年

第14章

《營造法式》卷第十四

彩畫作制度

通直郎管修蓋皇弟外第專一提舉修蓋班直諸軍營房等臣李誡奉

聖旨編修

彩畫作制度

【14.0】
本章導言

梁先生在《法式》"彩畫作制度·總制度"一節所作注釋，闡釋了他的一些研究體會與思考。茲謹以先生這段注文，作爲本章導言。

梁注："在現存宋代建築實物中，雖然有爲數不算少的木構殿堂和磚石塔，也有少數小木作和瓦件，但彩畫實例則可以説没有。這是因爲在過去八百餘年的漫長歲月中，每次重修，總要油飾一新，原有的彩畫就被刮去重畫，至少也要重新描補一番。即使有極少數未經這樣描畫的，顏色也全變了，祇能大致看出圖案花紋而已，但在中國的古代建築中，色彩是構成它的藝術形象的一個重要因素，由於這方面實物缺少，因此也使我們難以構成一幅完整的宋代建築形象圖。在《營造法式》的研究中，'彩畫作制度'及其圖樣也因此成爲我們最薄弱的一個方面，雖然《法式》中還有其他我們不太懂的方面如各種竈的砌法、磚瓦窑的砌法等，但不直接影響我們對建築本身的了解。至于彩畫作，我們對它没有足够的了解，就不能得出宋代建築的全貌，

'彩畫作制度'是我們在全書中感到困難最多、最大，但同時又不能忽略而不予注釋的一卷。"[1]在這裏，梁先生不僅强調了彩畫作制度在《法式》研究中的重要與不可或缺性，也突出談到這一研究的困難性。

接着，梁先生又談到："卷第十四中所解説的彩畫就有五大類，其中三種還附有略加改變的'變'種，再加上幾種滲雜的雜間裝，可謂品種繁多；比之清代官式祇有的'和璽'和'旋子'兩種，就複雜得多了。在這兩者的比較中，我們看到了彩畫裝飾由繁而簡的這一歷史事實。遺憾的是除去少數明代彩畫實例外，我們没有南宋、金、元的實例來看出它的發展過程。但從大木作結構方面，我們也看到一個相應的由繁而簡的發展。因此可以説，這一趨勢是一致的，是歷代匠師在幾百年結構、施工方面積累的經驗的基礎上，逐步改進的結果。"[2]

這段注不僅將清代官式彩畫與宋代彩畫的區别作了一個扼要説明，也透過彩畫這一裝飾元素闡釋了先生對中國建築史的一個重要觀點，即從北宋，經南宋、金、元至明、清，中國建築經歷了一個由繁而簡的發展過程。這一過程不僅體現在大木作結構上，也體現在彩畫裝飾上。

① 梁思成. 梁思成全集. 第七卷. 第266頁. 彩畫作制度. 小標題. 注1. 中國建築工業出版社. 2001年

② 梁思成. 梁思成全集. 第七卷. 第266—267頁. 彩畫作制度. 小標題. 注1. 中國建築工業出版社. 2001年

這種透過建築史視角觀察與研究《營造法式》文本做法，幾乎貫穿梁先生《營造法式注釋》全書始終。

【14.1】
總制度

梁注："這裏所謂'總制度'主要是説明各種染料的泡製和着色的方法。"①

宋代"彩畫作制度"基礎是各種染料的製作與着色，其中包括襯地、貼真金地、五彩地、碾玉裝或青緑棱間裝、沙泥畫壁等做法，及各種顏料調色與襯色的調製方法與過程。

從《法式》文本可知，宋代將建築彩畫分爲用于不同等級房屋的6個等級，分別是：（1）五彩徧裝；（2）碾玉裝；（3）青緑疊暈棱間裝；（4）解緑裝；（5）丹粉裝；（6）雜間裝。其中，前三種似用于等級最高或較高的殿閣、廳堂、亭榭等；第四與第五種用于等級稍低的一般性屋舍；雜間裝，則似可與不同等級彩畫相搭配，用于建築群中等級較低之附屬性房屋。

爲便于表述，本書將"彩畫作制度·總制度"條文本，按其文序及内容，分爲6個小節。

〔14.1.1〕
彩畫之制

彩畫之制：先徧襯地。次以草色和粉，分襯所畫之物。其襯色上，方布細色或疊暈，或分間剔填。應用五彩裝及疊暈碾玉裝者，並以楮筆描畫。淺色之外，並旁描道，量留粉暈。其餘並以墨筆描畫。淺色之外，並用粉筆蓋壓墨道。

梁思成先生釋"草色"："這個'草色'的'草'字，應理解如'草稿''草圖'的'草'字，與下文'細色'的'細'字是相對詞，并不是一種草緑色。"②

古人有"草書""草字"之説，其意約近"潦草"。而"潦草"又略近粗率、隨便之意。如朱子言："今人事無小大，皆潦草過了。"③這裏的"草色"似有簡單之色意，或有潦草着色意，與"草稿""草圖"有相通之處，是彩畫最初所擬之圖案草底？

上文之意是：繪製彩畫，先要遍鋪一道襯底（地），襯底應是整幅彩畫底色。然後用較爲單一顏色（草色）和以"粉"，分別繪襯出所繪之物，這是打草稿階段。打完草稿，就可以在襯色之上細緻繪製圖形（方布細色），并對所繪圖形或作疊暈處理，或分別對每一開間

① 梁思成. 梁思成全集. 第七卷. 第267頁. 彩畫作制度. 總制度. 注2. 中國建築工業出版社. 2001年
② 梁思成. 梁思成全集. 第七卷. 第267頁. 彩畫作制度. 總制度. 注3. 中國建築工業出版社. 2001年
③ [宋]黎靖德編. 朱子語類. 卷一百一十六. 朱子十三. 訓門人四. 第2791頁. 中華書局. 1982年

彩畫填以顔色（分間剔填）。

關于"疊暈"，梁注："疊暈是用不同深淺同一顔色由淺到深或由深到淺地排列使用，清代稱'退暈'。"[1]同時，梁先生又對下一句作注："'旁'即'傍'，即靠着或沿着之意。"[2]

關于"細色"或"疊暈"，文中提出若繪製五彩裝或疊暈碾玉裝時，要以赭色筆描畫圖樣。并沿（旁）所描畫圖形之邊綫（描道），適當留出粉地與疊暈之底色（暈留粉暈）。線道與疊暈之外其餘部分，則用墨筆描畫成形。淺色之外，再用粉筆着色蓋壓墨綫。所謂墨筆、粉筆，當是古代繪畫中兩種用筆。如《朱子語類》："嘗看上蔡論語，其初將紅筆抹出，後又用青筆抹出，又用黄筆抹出，三四番後，又用墨筆抹出，是要尋那精底。"[3]朱子還談到，其看某書："初用銀朱畫出合處；及再觀，則不同矣，乃用粉筆；三觀，則又用墨筆。數過之後，則全與元看時不同矣。"[4]這裏的紅筆、青筆、黄筆、銀朱、粉筆、墨筆等，當指筆的不同用色。《法式》文本中這句話，疑爲先以墨綫描繪，淺色之外，再用粉色蓋壓墨綫（墨道）之意。

〔14.1.2〕
襯地之法

襯地之法：

凡枓栱、梁柱及畫壁，皆先以膠水徧刷。其貼金地以鰾膠水。

貼真金地：候鰾膠水乾，刷白鉛粉，候乾，又刷；凡五遍。次又刷土朱鉛粉，同上，亦五遍。上用熟薄膠水貼金，以綿按，令著實。候乾，以玉或瑪瑙或生狗牙斫令光。

五彩地：其碾玉裝，若用青綠疊暈者同。候膠水乾，先以白土徧刷；候乾，又以鉛粉刷之。

碾玉裝或青綠棱間者：刷雌黄合綠者同。候膠水乾，用青澱和茶土刷之。每三分中，一分青澱，二分茶土。

沙泥畫壁：亦候膠水乾，以好白土縱横刷之。先立刷，候乾，次横刷，各一遍。

上文"貼真金地"條小注"令著寔"，陳注：改"寔"爲"實"。[5]另對小注"或生狗牙斫令光"，傅書局合校本注：改"斫"爲"研"，并注："斫狼牙長狗牙短，包金作研光均用狼牙。"[6]另傅建工合校本注："熹年謹按：故宮本、張本'真金'誤作'員金'，據文津四庫本改。"[7]

上文"和茶土刷之"與小注"二分茶土"，傅書局合校本注：改"茶"爲"茶"，并注："茶，據故宮本、四

① 梁思成. 梁思成全集. 第七卷. 第267頁. 彩畫作制度. 總制度. 注4. 中國建築工業出版社. 2001年
② 梁思成. 梁思成全集. 第七卷. 第267頁. 彩畫作制度. 總制度. 注5. 中國建築工業出版社. 2001年
③ [宋]黎靖德編. 朱子語類. 卷第一百二十. 朱子十七. 訓門人八. 第2887頁. 中華書局. 1982年
④ [宋]黎靖德編. 朱子語類. 卷第一百四. 朱子一. 自論爲學工夫. 第2614頁. 中華書局. 1982年
⑤ [宋]李誡. 營造法式（陳明達點注本）. 第二册. 第72頁. 彩畫作制度. 總制度. 批注. 浙江攝影出版社. 2020年
⑥ [宋]李誡，傅熹年彙校. 營造法式合校本. 第三册. 彩畫作制度. 總制度. 校注. 中華書局. 2018年
⑦ [宋]李誡，傅熹年注. 合校本營造法式. 第418頁. 彩畫作制度. 總制度. 注1. 中國建築工業出版社. 2020年

庫本改。"①即"和茶土刷之"與"二分茶土"。傅建工合校本注:"熹年謹按:'茶'陶本誤'茶',據故宮本、四庫本、張本改。"②

關于"茶土",梁注:"茶土是什麽?不很清楚。"③

上文講"襯地"之法。先在需繪彩畫處(如枓栱、梁柱及畫壁上)普遍刷一道膠水。需作貼金地處,要刷鰾膠水。鰾膠是用魚鰾或豬皮等熬製的膠,此膠黏度高,抗水性强,被膠接的木料不怕受潮和水泡。多用于粘木頭。鰾膠分爲魚鰾、豬皮鰾、水膠三種。

襯地有四種:一爲貼金地;二爲五彩地;三爲碾玉裝或青緑棱間裝地;四爲沙泥畫壁。前三種似繪于枓栱、梁柱上,第四種似繪于墙,或栱眼壁上。

其一,貼真金地,用力最甚。先用鰾膠水遍刷;乾後,刷5遍白鉛粉;乾後,再刷5遍土朱色鉛粉。之後,再在其上用熟薄膠水貼金。貼金是一細緻過程,邊貼邊用綿按壓,使服帖着實(著寔)。待鰾膠水乾後,用玉、瑪瑙,或生狗牙抹壓。這三種工具都是質硬而光潔之物,以使貼金表面光潔平整(斫令光)。

其二,五彩地(或用青緑疊暈的碾玉裝地),遍刷膠水乾後,再先後遍刷白土與鉛粉各一遍。

其三,碾玉裝或青緑棱間裝地(或刷雌黄合緑色地),遍刷膠水乾後,再刷一遍青澱和茶土。其中,以一分青澱與二分茶土摻和之。以上文之説,未知茶土爲何?推測以茶有"苦"之意,是否指所謂"苦土"?苦土,也叫"氧化鎂"或"燈粉"。分輕質和重質兩種:輕質體積蓬鬆,爲白色無定形粉末。無嗅無味無毒。主要用作製備陶瓷、搪瓷、耐火坩鍋和耐火磚的原料,也用作磨光劑、黏合劑及塗料和紙張的填料。

其四,沙泥畫壁,參考《法式》"泥作制度·畫壁"條。先遍刷膠水乾後,再刷白土。刷白土方式是,先上下立刷,再左右橫刷,各一遍。

四種彩畫襯地方法,皆先遍刷膠水,再塗襯地之色。其中,以沙泥畫壁上的襯地做法最爲簡單,而以貼金襯地做法最爲細緻繁密。另外,在木質材料上做襯地,工序較爲繁複;在土質墙壁上做襯地,工序稍簡單。

〔14.1.3〕
調色之法

調色之法:

白土:茶土同。**先揀擇令淨,用薄膠湯**凡下云用湯者同。其稱熱湯者非,後同。**浸少時,候化盡,淘出細華,**凡色之極細而淡者皆謂之華,後同。**入别器中,澄定,傾去**

① [宋]李誡,傅熹年彙校. 營造法式合校本. 第三册. 彩畫作制度. 總制度. 校注. 中華書局. 2018年
② [宋]李誡,傅熹年校注. 合校本營造法式. 第418頁. 彩畫作制度. 總制度. 注1. 中國建築工業出版社. 2020年
③ 梁思成. 梁思成全集. 第七卷. 第267頁. 彩畫作制度. 總制度. 注6. 中國建築工業出版社. 2001年

清水，量度再入膠水用之。

鉛粉：先研令極細，用稍濃水和成劑，<small>如貼真金地，並以鰾膠水和之，</small>再以熱湯浸少時，候稍溫，傾去；再用湯研化，令稀稠得所用之。

代赭石：<small>土朱、土黃同。如塊小者不擣。</small>先擣令極細，次研，以湯淘取華。次取細者；及澄去砂石、麤脚不用。

藤黃：量度所用，研細，以熱湯化，淘去砂脚，不得用膠。<small>籠罩粉地用之。</small>

紫礦：先擘開，捛去心內綿無色者，次將面上色深者，以熱湯撋取汁，入少湯用之。若於華心內斡淡或朱地內壓深用者，熬令色深淺得所用之。

朱紅：<small>黃丹同。</small>以膠水調令稀稠得所用之。<small>其黃丹用之多澁燥者，調時用生油一點。</small>

螺青：<small>紫粉同。</small>先研令細，以湯調取清用。<small>螺青澄去淺脚，充合碧粉用；紫粉淺脚充合朱用。</small>

雌黃：先擣次研，皆要極細；用熱湯淘細華於別器中，澄去清水，方入膠水用之。<small>其淘澄下麤者，再研再淘細華方可用。</small>忌鉛粉黃丹地上用。惡石灰及油不得相近。<small>亦不可施之於縑素。</small>

上文"鉛粉"條，"用稍濃水"之"水"，陳注："膠水，竹本"。[1]即爲"用稍濃膠水"。

上文"紫礦"，傅書局合校本注：

改"紫"爲"綿"，并注："綿，據故宮本、四庫本改。"[2]傅建工合校本注："熹年謹按：故宮本、張本、丁本、文津四庫本均作'綿礦'，惟陶本作'紫礦'，因條文中有'心內綿無色者'句，故從故宮本。"[3]

上文"朱紅"條小注"<small>調時用生油一點</small>"，徐注："'陶本'中'用'字爲'入'字，誤。"[4]

本段文字講顏色調製之法。調色要用湯，用水。梁注："簡單地稱'湯'的，含義略如'汁'；'熱湯'是開水、熱水，或經過加熱的各種'湯'。"[5]這是對"熱湯"所作注。另有注："'稍濃水'怎樣，'稍濃'？待考。"[6]水非湯，何以"稍濃"？令人費解。

赭石屬氧化物類礦物剛玉族赤鐵礦，主含三氧化二鐵，呈暗棕紅色或灰黑色，可作顏料。代赭石，亦爲氧化物類礦物剛玉族赤鐵礦，似爲一中藥名。

藤黃科植物，樹名爲"海藤"，又名"藤黃"，其樹皮滲出的黃色樹脂有毒，經煉製，可作用于繪畫的黃色顏料。

據《本草綱目》卷一上："紫礦亦木也，自玉石品而取焉。"別名"紫鉚"或"膠蟲樹"，蝶形花科。紫礦屬落葉喬木，花可製紅色或黃色染料。

黃丹，中藥名，爲橙紅色或橙黃

① [宋]李誡. 營造法式（陳明達點注本）. 第二冊. 第73頁. 彩畫作制度. 總制度. 批注. 浙江攝影出版社. 2020年

② [宋]李誡, 傅熹年彙校. 營造法式合校本. 第三冊. 彩畫作制度. 總制度. 校注. 中華書局. 2018年

③ [宋]李誡, 傅熹年校注. 合校本營造法式. 第418頁. 彩畫作制度. 總制度. 注3. 中國建築工業出版社. 2020年

④ 梁思成, 梁思成全集. 第七卷. 第266頁. 彩畫作制度. 總制度. 脚注1. 中國建築工業出版社. 2001年

⑤ 梁思成. 梁思成全集. 第七卷. 第267頁. 彩畫作制度. 總制度. 注7. 中國建築工業出版社. 2001年

⑥ 梁思成. 梁思成全集. 第七卷. 第267頁. 彩畫作制度. 總制度. 注8. 中國建築工業出版社. 2001年

色粉末，光澤黯淡，不透明；細膩光滑，無粗粒。別名“鉛丹”“陶丹”“鉛黃”“黃丹”“桃丹粉”等。

螺青，顏色名，是一種近黑的青色。陶宗儀《輟耕録‧寫山水訣》卷八：“畫石之妙，用藤黃水浸入墨筆，自然潤色。不可多用，多則要滯筆。間用螺青入墨，亦妙。”

雌黃，包含有礦物和藥物兩種形態。中藥部分爲硫化物類礦物雌黃的礦石，塊狀或粒狀集合體，呈不規則塊狀。深紅色或橙紅色，條痕淡橘紅色，晶面有金剛石樣光澤。

顏色調製所涉原料有白土（茶土）、鉛粉與代赭石（土朱、土黃），這幾種顏料，似主要用于繪製彩畫前的襯地。另有藤黃、紫礦、朱紅（黃丹）、螺青（紫粉）、雌黃幾種顏料，更像是以各種色彩的三原色（紅、黃、藍）爲基礎調色所準備的，儘管并不那麼純粹，例如，也準備了紫色原料。

不同原料調製方法各有區別。對于襯地白土、茶土、鉛粉，大體上是先將原料揀擇乾净，并搗碎碾細，用淡淡的摻有膠的稀湯（薄膠水），或稍有粘結力的水（稍濃水，疑亦摻加少量膠水；或貼金地時，鉛粉用鰾膠水）浸泡少

時。然後，將極細而淡的色粒（細華）淘出，使之澄清後，將清水傾除，所餘即可用爲顏料。使用時，或量度和以膠水用之，或以熱湯浸，傾去清水後，再以湯研化，令稀稠適當即可使用。

顏料調製基本方法，除搗碎、研細外，仍用湯淘細華，并使澄清。凡砂礫、粗顆粒皆不用。不同顏料似有一些不同工序，如調製藤黃，除籠罩粉地時外，一般不用膠；紫礦，需用熱湯浸泡攪動（捼）後取其色漿（汁），再少量加湯用之。朱紅與黃丹，要用膠水調製。螺青與紫粉，仍研細用湯調取清而用。其用法又有差別，螺青要澄去淺脚，與碧粉調和使用；紫粉的淺脚，可與朱色合而用之。所謂淺脚，當是調製澄清過程中，尚可漂浮的顆粒狀物。雌黃調製更爲細緻，搗碎研細後，還要細加研磨，使之顆粒極細，用熱湯將細顆粒淘至別器，澄去清水，再用膠水調和而用。對于淘澄所餘稍粗顆粒，要反復研磨、淘澄出細華方可用。

關于雌黃顏料，要忌在鉛粉、黃丹所作襯地上使用，也勿將這種顏料靠近粗陋石灰，或有油漬之物；亦不可在細絹（縑素）之上用這種顏料作畫。

〔14.1.4〕
襯色之法

襯色之法：

> 青：**以螺青合鉛粉爲地**。鉛粉二分，螺青一分。
>
> 綠：**以槐華汁合螺青、鉛粉爲地**。粉青同上。用槐華一錢煎汁。
>
> 紅：**以紫粉合黃丹爲地**。或衹用黃丹。

上文小注"或衹用黃丹"，陶本："或衹以黃丹"。徐注："'以'字誤。"[1]

本段文字似爲解釋用于襯地之色的方法。這裏給出了三種襯色之法：

（1）青色，用二分鉛粉、一分螺青調合而成。

（2）綠色，在一分螺青、二分鉛粉所合青色基礎上，加以一錢槐華所熬汁液的合之而成。槐華，即槐花，可爲染料。據《天工開物》："凡槐樹十餘年後方生花實。花初試未開者曰槐蕊，綠衣所需，猶紅花之成紅也。取者張度簁稠其下而承之。以水煮一沸，漉乾捏成餅，入染家用。既放之。花色漸入黃，收用者以石灰少許曬拌而藏之。"[2]

（3）紅色，用紫粉與黃丹調合而成，或衹用黃丹。關于紫粉，據《天工開物》："燕脂，古造法以紫餅染綿者爲上，紅花汁及山榴花汁者次之。近濟寧路但取染殘紅花滓爲之，值甚賤。其滓乾者名曰紫粉，丹青家或收用，染家則糟粕棄也。"[3]

由上文推測，宋代彩畫襯地之色，爲青、綠、紅三種顏色，或單獨，或彼此調合而刷繪之。

〔14.1.5〕
取石色之法

取石色之法：

> 生青、層青同，**石綠、朱砂：並各先擣令略細**，若浮淘青，但研令細；**用湯淘出向上土、石、惡水、不用**；**收取近下水內淺色**，入別器中，**然後研令極細，以湯淘澄，分色輕重，各入別器中。先取水內色淡者謂之青華**；石綠者謂之綠華；朱砂者謂之朱華；**次色稍深者，謂之三青**，石綠謂之三綠，朱砂謂之三朱；**又色漸深者，謂之二青**；石綠謂之二綠，朱砂謂之二朱；**其下色最重者，謂之大青**；石綠謂之大綠，朱砂謂之深朱；**澄定，傾去清水，候乾收之。如用時，量度入膠水用之。**

中國古代顏料分石色與水色。石色來自天然礦石，原料多爲透明或半透明天然礦物質結晶體，經研磨而成粉末狀後，用時再調入適當比例膠，即可作爲顏料使用。水色則是用植物汁液經加工製作而成，或稱"草木之色"。據《農

① 梁思成. 梁思成全集. 第七卷. 第266頁. 彩畫作制度. 總制度. 脚注2. 中國建築工業出版社. 2001年
② [明]宋應星. 天工開物. 彰施第三. 諸色質料. 槐花. 參見[清]衞杰. 蠶桑萃編. 卷六. 染政. 料物類. 槐花. 第162頁. 中華書局. 1956年
③ [明]宋應星. 天工開物. 彰施第三. 諸色質料. 造紅花餅法（附燕脂）. 參見[清]衞杰. 蠶桑萃編. 卷六. 染政. 料物類. 附燕脂. 第161頁. 中華書局. 1956年

政全書》，若飾宮室之墙，“欲設色，以所用色代瓦屑而和之。石色爲上，草木爲下。”[1]即對石色與水色需加以區別。

上文乃製取石色之法，仍以青、綠、紅三色爲主，分別取自生青（或層青）、石綠、朱砂三種原料。

青色，取自生青或層青。生青，疑即青礞石，亦有稱“生青礞石”者，可入藥。《本草綱目》：“礞石，江北諸山往往有之，以旴山出者爲佳。有青、白二種，以青者爲佳。”[2]層青，似又稱“曾青”，亦可入藥。《本草綱目》：“曾，音層。其青層層而生，故名。……《造化指南》云：曾青生銅礦中，乃石綠之得道者。……《衡山記》云：山有曾青岡，出曾青，可合仙藥。”[3]

綠色，取自石綠。《本草綱目》：“《造化指南》云：銅得紫陽之氣而生綠，綠二百年而生石綠，銅始生其中焉。曾、空二青，則石綠之得道者，均謂之礦。”[4]一說，銅在空氣中受潮并氧化後所產生之綠色鹼式碳酸銅，似可在銅礦中發現。

朱砂，《天工開物》：“凡朱砂、水銀、銀朱，原同一物，所以異名者，由精粗老嫩而分也。”[5]可知，朱砂與古人所稱水銀、銀朱同爲一物。又“凡朱砂上品者，穴土十餘丈乃得之。始見其苗，磊然白石，謂之朱砂床。近床之

砂，有如雞子大者。其次砂不入藥，祇爲研供畫用與升煉水銀者。”[6]朱砂中的上品可以入藥，略次者可用作顏料，或煉製水銀的原料。

取石色之法，即將礦石原料搗碎後，放入水中，漂浮仍有色者再研磨令細。而將所淘出之土、石，及渾濁之水，棄之不用。收取近下水內淺色，裝入別的器物中，再研磨至極細，用湯（當即水）淘澄，按色之輕重，分別置于不同器物中。淘澄過程，是將不同顏色，分爲4個層次提取。以青色爲例，表面最淡者，爲青華（綠華、朱華同）；次而色稍深者，漸次分別爲三青（三綠、三朱）；二青（二綠、二朱）；大青（大綠、深朱）。方法是，澄定之後，傾去清水，待晾乾後，分別收取之。待用時，再按比例調入膠水。

〔14.1.6〕
用色之制

五色之中，唯青、綠、紅三色爲主，餘色隔間品合而已。其爲用亦各不同。且如用青，自大青至青華，外暈用白；朱、綠同；大青之內，用墨或礦汁壓深。此祇可以施之於裝飾等用，但取其輪奐鮮麗，如組繡華錦之文爾。至於窮要妙、奪生意，則謂之畫。其用色之制，隨其所寫，或淺或深，或輕或重，千變萬化，任其自然，雖不可以立言，其色

① [明] 徐光啓撰. 石聲漢校注. 石定枎訂補. 農政全書校注. 卷二十. 水利. 泰西水法下. 五曰塗. 第283頁. 中華書局. 2020年
② [明]李時珍. 本草綱目. 石部第十卷. 石之四（石類下四十種）. 礞石（宋《嘉祐》）
③ [明]李時珍. 本草綱目. 石部第十卷. 石之四(石類下四十種). 曾青(《本經》上品). 參見[清]劉獻廷. 廣陽雜記. 卷第四. 第223頁. 中華書局. 1957年
④ [明]李時珍. 本草綱目. 石部第十卷. 石之四(石類下四十種). 空青(《本經》上品). 參見[清]章學誠. 文史通義注. 卷二. 內篇二. 言公下. 第215頁. 華東師範大學出版社. 2012年
⑤ [明]宋應星. 天工開物. 丹青第十六. 朱. 參見[宋]周去非. 嶺外代答校注. 卷七. 金石門. 煉水銀. 第274頁. 中華書局. 1999年
⑥ [明]宋應星. 天工開物. 丹青第十六. 朱. 參見[宋]周去非. 嶺外代答校注. 卷七. 金石門. 煉水銀. 第274頁. 中華書局. 1999年

之所相，亦不出於此。唯不用大青、大綠、深朱、雌黃、白土之類。

關于這段"五色之中"行文，梁注："各版在這下面有小注一百四十九個字，闡述了繪製彩畫用色的主要原則，并明確了彩畫裝飾和畫的區別，對我們來説，這一段小注的內容比正文所説的各種顏料的具體泡製方法重要得多。因此我們擅自把小注'升級'爲正文，并頂格排版，以免被讀者忽略。"①

如梁先生言，這段文字是古人有關繪畫創作與建築彩畫之區別，及建築彩畫"用色之制"之根本訣竅的精妙表述。

首先，中國人自古有"五色"之説，五色對應五行、五方，即青（東方木）、朱（南方火）、白（西方金）、黑（北方水）、黃（中央土）。古人作畫，亦主張五色具。《宋朝名畫評》云："工丹青，狀花竹者，雖一蕊一葉必須五色具焉，而後見畫之爲用也。"②《法式》則認爲，五色中以青、綠、紅三色最爲重要。而青與綠，在古人那裏，都屬與五方五行之"東方木"相關的五色之"青"範疇。

儘管古人偶然也會提到青、黃、赤三色，如宋人《雲笈七籤》："於是天尊仰而含笑，有青、黃、赤三色之氣從口中而出，光明徹照，十方內外，無幽無隱，一切曉明。"③但并不能説明在宋人

那裏已有紅、黃、藍三原色概念。中國人了解三原色理念，恐已是清代受到外來文化影響後之事，如《清稗類鈔》提到："綺花館在頤和園。有機匠居之，織綢緞焉。每年分賞王公大臣之疋頭，皆取材於是。僅黃、藍、紅三色作壽字花紋，總其成者爲尚衣某。"④

由上文可知，宋人將青、綠、紅三色作爲基本色來用，其餘色彩僅作爲隔離區分（隔間品合）這三種基本色時所用之色。如用青，則從大青、二青、三青，至青華，由深至淺，最淺處之外，用白色漸呈疊暈效果；深色大青之內，以墨或礦汁更爲壓深；朱或綠也采用相同方式。這樣一種由淺入深，疊暈而白，壓深而墨的方式，僅僅用于裝飾，以取其對比強烈、奪人眼目之效，恰如織錦中所用組繡華錦之紋樣的鮮麗效果一樣。

其上是説裝飾，包括建築彩畫。作者也談到繪畫，所謂"窮要妙，奪生意"纔能稱之爲畫。而繪畫創作用色，顯然不拘一格，且變化萬千，即所謂"隨其所寫，或淺或深，或輕或重，千變萬化，任其自然"。儘管有種種變化，繪畫之用色，亦仍以青、綠、紅等基本色爲主組合而成，祇是不會用到大青、大綠、深朱等最爲深沉之色，亦不會用到雌黃、白土等十分生硬的顏色。

《夢溪筆談》："館閣新書淨本有誤

① 梁思成. 梁思成全集. 第七卷. 第267頁. 彩畫作制度. 總制度. 注9. 中國建築工業出版社. 2001年
② [宋]劉道醇. 宋朝名畫評. 卷三. 花竹翎毛門第四. 參見曾棗莊、劉琳主編. 全宋文. 第十冊. 卷一九八. 李宗諤一. 黃筌竹贊. 第59頁. 上海書畫出版社－安徽教育出版社. 2006年
③ [宋]張君房編. 雲笈七籤. 卷之八十. 符圖. 洞玄靈寶三部八景二十四住圖. 第1816-1817頁. 中華書局. 2003年
④ 徐珂編撰. 清稗類鈔. 第一冊目録. 宮苑類. 綺花館. 第163頁. 中華書局. 2010年

書處，以雌黄塗之。嘗校改字之法：刮洗則傷紙，紙貼之又易脫，粉塗則字不沒，塗數遍方能漫滅。唯雌黄一漫則滅，仍久而不脫。古人謂之鉛黄，蓋用之有素矣。"①這或即古人繪畫不用雌黄色原因之一。然而，在宋代建築彩畫中，無論大青、大綠、深朱，還是雌黄、白土等色，還是會經常用到的，但取其輪奐鮮麗之效果。

在這裏作者對古人在繪畫創作與建築彩畫之間在用色上的不同，分析得十分獨到而深刻，既可幫助理解建築彩畫用色之真諦，亦可提高對古人在繪畫中用色意匠之理解。這或也是梁先生尤爲重視這段文字之原因所在。

【14.2】
五彩徧裝

梁注："顧名思義，'五彩徧裝'不但是五色繽紛，而且是'遍地開花'的。這是明、清彩畫中所没有的。從'制度'和'圖樣'中可以看出，不但在梁栿、闌額上畫各種花紋，甚至枓、栱、椽子、飛子上也畫五顏六色的彩畫。這和明清以後的彩畫在風格上，在裝飾效果上有極大的不同，在國内已看不見了，但在日本一些平安、鐮倉時期

的古建築中，還可以看到。"②

這段注文不僅有建築史視角，還有國際視角，深刻透析了宋代彩畫與明清彩畫之根本不同，也透露出中日建築史間某種關聯，不僅是對本節内容最好的總結與概括，也對理解中國古代建築彩畫的發展歷史頗有助益。

〔14.2.1〕
一般規則

五彩徧裝之制：梁、栱之類，外稜四周皆留緣道，用青、綠或朱疊暈，梁栱之類緣道，其廣二分。料栱之類，其廣一分。**内施五彩諸華間雜，用朱或青、綠剔地，外留空緣，與外緣道對暈。**其空緣之廣，減外緣道三分之一。

關于上文，梁先生有兩注：

（1）關于彩畫緣道之廣："原文作'其廣二分'，按文義是指材分之分，故寫作'分。'。"③這裏的"分。"是梁先生爲了便于理解《法式》中的材分制度而創造的一個字，音同"份"，參見"大木作制度"部分。

（2）關于"外留空緣"："空緣用什麽顏色，未説明。"④

此處將彩畫分爲外稜四周之"緣道"與"内"兩個部分。"内"，結合後文，字義當爲"身内"。緣道，又進一步細

① [宋]沈括. 夢溪筆談. 卷一. 故事一. 第12頁. 大象出版社. 2019年
② 梁思成. 梁思成全集. 第七卷. 第269頁. 彩畫作制度. 五彩徧裝. 注10. 中國建築工業出版社. 2001年
③ 梁思成. 梁思成全集. 第七卷. 第269頁. 彩畫作制度. 五彩徧裝. 注11. 中國建築工業出版社. 2001年
④ 梁思成. 梁思成全集. 第七卷. 第269頁. 彩畫作制度. 五彩徧裝. 注12. 中國建築工業出版社. 2001年

分爲“空緣”與“外緣道”。

緣道，一般位于建築構件的邊緣，相當于勾勒出一個建築構件外輪廓。緣道所留的寬度，梁栿類爲2分°，枓栱類爲1分°，此外，還留有空緣，其寬爲外緣道寬度的1/3。具體所留寬度，需以每座建築所用枓栱材分值折算而出。

緣道內用青（或綠、朱）疊暈，方法有如清代彩畫之“退暈”，即以單色由淺入深刷繪。外緣道之外所留空緣，與外緣道對暈。其意當是用不同色相顏色相對疊暈，以强化對構件邊緣的勾勒效果。

身內則繪以諸樣華文，或以諸華之間相互交叉錯雜之構圖而繪之。勾勒出諸華輪廓後，再用朱，或青、綠色剔地，即對華文邊綫以內部分着以朱，或青、綠色，令華文效果趨于豐滿圓潤、鮮麗輪奐。

〔14.2.2〕
華文九品

華文有九品：一曰海石榴華， 寶牙華、太平華之類同；**二曰寶相華，** 牡丹華之類同；**三曰蓮荷華，** 以上宜於梁、額、橑檐方、椽、柱、枓、栱、材、昂、栱眼壁及白版內；凡名件之上，皆可通用。其海石榴，若華葉肥大，不見枝條者，謂之鋪地卷成；如華葉肥大而微露枝條者，謂之枝條卷成；並亦通用。其牡丹華及蓮荷華，或作寫生畫者，施之於梁、額

或栱眼壁內；**四曰團窠寶照，** 團窠柿蒂、方勝合羅之類；以上宜於方桁、枓栱內、飛子面，相間用之；**五曰圈頭合子；六曰豹脚合暈，** 梭身合暈、連珠合暈、偏暈之類同；以上宜於方桁內、飛子及大、小連檐，相間用之；**七曰瑪瑙地，** 玻璃地之類同；以上宜於方桁、枓內，相間用之；**八曰魚鱗旗脚，** 宜於梁、栱下，相間用之；**九曰圈頭柿蒂，** 胡瑪瑙之類同；以上宜於枓內，相間用之。

上文“四曰團窠寶照”及其小注“團窠柿蒂”，陶本：“團科”“柿蒂”，陳注“柿蒂”之“蒂”：“蒂，竹本”。[1]

傅書局合校本注：改“團科”爲“團窠”，并注：“團窠，丁本、四庫本，‘窠’作‘科’，或誤作‘枓’。按《新唐書·車服志》六品以下服綾小窠無文，應以窠爲當。”[2] 傅建工合校本注：“劉批陶本：按《新唐書》車服志：六品以下服綾，‘小窠無文’，故‘科’應作‘窠’。”[3]

華文，即花紋。宋代彩畫中的華文，分爲9種題材。前3種華文是可以通用的，即石榴華（寶牙華、太平華）、寶相華（牡丹華）、蓮荷華。但主要還是相間用于梁栿、闌額（內額）、椽子、柱子、枓、栱、昂、栱眼壁及白版內。

除了這3種通用華文之外，還有如下幾種僅用于特殊位置上的華文。

① [宋]李誡. 營造法式（陳明達點注本）. 第二册. 第77頁. 彩畫作制度. 五彩徧裝. 批注. 浙江攝影出版社. 2020年

② [宋]李誡，傅熹年彙校. 營造法式合校本. 第三册. 彩畫作制度. 五彩徧裝. 校注. 中華書局. 2018年

③ [宋]李誡，傅熹年校注. 合校本營造法式. 第424頁. 彩畫作制度. 五彩徧裝. 注1. 中國建築工業出版社. 2020年

（4）團窠寶照（團窠柿蒂、方勝合羅）：相間用于方子、槫桁、枓栱、飛子；

（5）圈頭合子；

（6）豹脚合暈（梭身合暈、連珠合暈、偏暈）：相間用于方子、槫桁、飛子、大連檐、小連檐；

（7）瑪瑙地（玻璃地）：相間用于方子、槫桁、枓子内；

（8）魚鱗旗脚：相間用于梁栿下、栱下；

（9）圈頭柿蒂（胡瑪瑙）：相間用枓子之内。

五彩徧裝華文九品施配名件及位置如表14.2.1所示。

五彩徧裝華文九品施配名件及位置　　　　　　　　　　　　　　　　表14.2.1

華文九品	梁栿	額	柱	枓栱材昂	方子橑檐方	槫桁	栱眼壁	椽子	飛子	大小連檐
石榴華	●	●	●	●	●	●	●	●		
寶牙華	●	●	●	●	●	●	●	●		
太平華	●	●	●	●	●	●	●	●		
寶相華	●	●	●	●	●	●	●	●		
牡丹華	●	●					●			
蓮荷華	●	●	●	●	●	●	●	●		
團窠寶照				●	●	●			●	
團窠柿蒂				●	●	●			●	
方勝合羅				●	●	●			●	
圈頭合子					●	●			●	●
豹脚合暈					●	●			●	●
梭身合暈					●	●			●	●
連珠合暈					●	●			●	●
偏暈					●	●			●	●
瑪瑙地				枓內●	●	●				
玻璃地				枓內●	●	●				
魚鱗旗脚	梁下●			栱下●						
圈頭柿蒂				枓內●						
胡瑪瑙				枓內●						

498

《法式》所云"團窠華文"，似指團花如窠狀圖案，爲大略呈圓形輪廓的主題紋樣。柿蒂，是一種兩曲綫相切呈尖拱角狀紋樣。團窠柿蒂，即曲綫相合如尖拱角狀團窠華文。方勝華文，爲斜置四方如菱形，内有華文；圈頭合子，似在華文外圍以方框，或其他形式外圈，形成的圖案。

豹脚合暈，與之後的梭身合暈、連珠合暈似有關聯，爲兩個圖形銜合疊暈之意，故"豹脚合暈"，有兩曲綫相切如豹脚狀？梭身合暈，其圖案應與古人織錦所用梭子輪廓較接近。連珠，其意爲兩個以上圓形珠子相互連綴而成。偏暈，似爲偏于一側之疊暈。瑪瑙地，或玻璃地，似爲將古人傳説中的珍寶瑪瑙，或玻璃等抽象并圖案化形成的一種紋樣。旗脚，似將古人所持旗幟邊角抽象并圖案化。

上文所列九品華文，除梁先生外，諸多學者皆有關注與研究，如孫大章、郭黛姮、李路珂、陳彤等，并繪有相應圖形，可資參考。[①]

〔14.2.3〕
瑣文六品

瑣文有六品：一曰瑣子，聯環瑣、瑪瑙瑣、疊環之類同；**二曰簟文，**金鋌、文銀鋌、方環之類同；**三曰羅地龜文，**六出龜文、交脚龜文之類同；**四**

曰四出，六出之類同；以上宜以橑檐方、槫、柱頭及枓内；其四出、六出，亦宜於栱頭、椽頭、方桁，相間用之。**五曰劍環，**宜於枓内，相間用之；**六曰曲水，**或作王字及萬字，或作枓底及鑰匙頭，宜於普拍方内外用之。

上文"簟文"小注"文銀鋌"，傅書局合校本注："故宫本無'鋌'字。"[②]

瑣文，是一種更爲圖案化的裝飾紋樣，是可能早在漢代就已形成的一種圖案形式。據《雍録》："漢給事中夕入青瑣門拜青瑣者，孟康曰：以青畫戶邊，鏤中，天子制也。師古曰：青瑣者爲連瑣文而青塗也。故給事所拜在此門也。"[③]

《法式》瑣文圖案分爲6種。前4種如下：

（1）瑣子（連環瑣、瑪瑙瑣、疊環）；

（2）簟文（金鋌、銀鋌、方環）；

（3）羅地龜文（六出龜文、交脚龜文）；

（4）四出（六出）等。

這4種瑣文用途稍寬泛一些，可用于橑檐方、槫、柱頭、枓子内等處，而"四出（六出）"還可用于栱頭、椽頭、方桁等處。

（5）劍環。主要用于枓内；

（6）曲水（或作王字、萬字、枓底、

① 關於宋代彩畫華文圖樣，孫大章著《中國古代建築彩畫》、郭黛姮著《中國古代建築史》（第三卷中有專門章節）、李路珂著《〈營造法式〉彩畫研究》等都多有探究；其中，尤以陳彤撰《〈營造法式〉彩畫錦紋探微》一文，在此前基礎上作了比較深入的研究與探討。這些相關著作與文章皆有重要的參考價值。

② [宋]李誡，傅熹年彙校. 營造法式合校本. 第三册. 彩畫作制度. 五彩編裝. 校注. 中華書局. 2018年

③ [宋]程大昌. 雍録. 卷十. 青瑣

鑰匙頭等）。主要用于普拍方内外。

　　瑣子，是一種不僅見于彩畫作，也見于小木作中的相連瑣文式圖案。唐時："上賜虢國照夜璣，秦國七寶冠，國忠瑣子金帶，皆希代之寶。"①這裏的瑣子金帶，亦呈連貫瑣文圖案形式。上文提到的連環瑣、瑪瑙瑣、疊環等，都屬以瑣子形態環環相扣的圖案。

　　簟文，似爲古人織席時采用的一種圖案。唐人撰《竹賦》："則五離十折，絲剖毫分，縈九華於紈扇，結雙雉於簟文。"②縱橫交錯的簟席紋樣，給人以啓發，形成宋代彩畫一種紋飾，其形還有金鋌、銀鋌、方環等式樣。

　　從羅地龜文名目，可知是如龜文狀瑣文；羅地，則如羅織于地之效果。另六出龜文，似爲兩個方向龜文相互咬合連瑣而成的圖案。交脚龜文，疑爲兩龜文呈相互交錯形式。四出與六出，皆爲以中心點向四個方向，或六個方向，延伸相互交錯連接的瑣文圖案。

　　劍環，似將刀劍上之環佩抽象爲瑣文的一種圖案，因其形式較獨特，且較小巧，故適于面積較小的枓內。

　　曲水，爲水式紋樣曲折連環而成的瑣文。至于王字、萬（卍）字、枓底（覆枓之底）、鑰匙頭等，皆爲簡單圖形的重複與連瑣，可形成一些連續形態的瑣文圖案，用于普拍方内外。

　　五彩徧裝瑣文六品施配名件及位置如表14.2.2所示。

五彩徧裝瑣文六品施配名件及位置　　　　　　　　　　　　　　表14.2.2

瑣文六品	瑣文類型	柱頭	枓子内	橑檐方	槫	栱頭	方桁	椽頭	普拍方内外
瑣子	瑣子	●	●	●	●				
	連環瑣	●	●	●					
	瑪瑙瑣	●	●	●	●				
	疊環	●	●	●	●				
簟文	簟文	●	●	●	●				
	金鋌	●	●	●	●				
	銀鋌	●	●	●	●				
	方環	●	●	●	●				
龜文	羅地龜文	●	●	●	●				
	六出龜文	●	●	●	●				
	交脚龜文	●	●	●	●				
四出	四出	●	●	●	●	●	●	●	
	六出	●	●	●	●		●	●	

① [宋]曾慥編. 類說. 卷一. 杜甫詩. 參見王步高主編. 唐詩三百首匯評（修訂本）. 卷三. 七言古詩. 白居易. 长恨歌. 第247頁. 鳳凰出版社. 2017年

② [清]董誥等編. 全唐文. 卷九百六十一. 闕名二. 竹賦. 第9982頁. 中華書局. 1983年

瑣文六品	瑣文類型	柱頭	枓子内	橑檐方	槫	栱頭	方桁	椽頭	普拍方内外
劍環	劍環		●						
曲水	曲水								●
	王字								●
	萬字								●
	枓底								●
	鑰匙頭								●

〔14.2.4〕

華文及其内形象繪製

凡華文施之於梁、額、柱者，或間以行龍、飛禽、走獸之類於華内，其飛走之物用赭筆描之於白粉地上，或更以淺色拂淡。 若五彩及碾玉裝華内，宜用白畫；其碾玉華内者，亦宜用淺色拂淡，或以五彩裝飾。**如方桁之類全用龍鳳走飛者，則徧地以雲文補空。**

梁注：“這裏所謂‘白粉地’就是上文‘襯地之法’中‘五彩地’一條下所説的‘先以白土遍刷，……又以鉛粉刷之’的‘白粉地’。我們理解是，在彩畫全部完成後，這一遍‘白粉地’就全部被遮蓋起來，不露在表面了。”[①]

上文是説如何在建築物木構件上繪製彩畫。若在殿閣、廳堂或亭榭梁栿、闌額、内額或柱子上繪製華文，并在華文内穿插繪製行龍、飛禽、走獸等，則用赭色筆將所繪形象描摹于之前襯地時遍刷的白粉地上，然後，用較淺顏色輕拂畫面，使畫面變得清淡柔和。

若五彩徧裝，或碾玉裝華文内之形象，則用“白畫”方式繪製。白畫，疑即中國畫中的白描。唐《酉陽雜俎》提到：“南中三門裏東壁上，吳道玄白畫地獄變，筆力勁怒。……院門上白畫樹石，頗似閻立德。”[②]

若在碾玉裝華文内所繪，也要用淺色輕拂，使之稍淡，或用五彩在形象周邊加以襯托。若在方子或桁槫内以繪製行龍、飛禽或走獸爲主要題材，則要在這些形象周圍空地上滿布雲文。其中原委是，這些形象被繪于柱頭以上的方子，或梁栿以上的桁槫之上，故以表現天空的雲文爲背景，與室内空間氣氛更爲協調。

① 梁思成. 梁思成全集. 第七卷. 第269頁. 彩畫作制度. 五彩徧裝. 注13. 中國建築工業出版社. 2001年

② [唐]段成式. 酉陽雜俎校箋. 續集卷五. 寺塔記上. 第1789—1790頁. 中華書局. 2015年

〔14.2.5〕

飛仙、飛禽、走獸、雲文

飛仙之類有二品：一曰飛仙；二曰嬪伽。共命鳥之類同。

飛禽之類有三品：一曰鳳皇，鸞、鶴、孔雀之類同；二曰鸚鵡，山鷓、練鵲、錦雞之類同；三曰鴛鴦，谿鶒、鵝、鴨之類同。其騎跨飛禽人物有五品：一曰真人；二曰女真；三曰仙童；四曰玉女；五曰化生。

走獸之類有四品：一曰師子，麒麟、狻猊、獬豸之類同；二曰天馬，海馬、仙鹿之類同；三曰羜羊，山羊、華羊之類同；四曰白象，馴犀、黑熊之類同。其騎跨、牽拽走獸人物有三品：一曰拂菻；二曰獠蠻；三曰化生。若天馬、仙鹿、羜羊，亦可用真人等騎跨。

雲文有二品：一曰吳雲；二曰曹雲。蕙草雲、蠻雲之類同。

上文"一曰鳳皇"，陳注："凰"。①

上文小注中"谿鶒"，鶒，音chì，一種水鳥。《漢語大字典》引《說文新附》："鶒，谿鶒，從鳥，式聲。"②

上文"三曰鴛鴦"條小注"三曰仙童"之"仙"，陳注："圖樣作'金'"。③傅書局合校本注："卷第三十三圖樣，'仙'作'金'。"④又注："故宮本、四庫本均作仙。"⑤傅建工合校本注："劉批陶本：卷第三十三圖樣'仙'作'金'。熹年謹按：故宮本、文津四庫本、張本等均作'仙'，故未改，存劉批備考。"⑥

上文"三曰羜羊"條小注"華羊"，傅書局合校本注："華羊，疑是黃羊。"⑦另"羜羊"，傅書局合校本注："羜羊，避宋諱，缺末筆。"⑧傅建工合校本注："劉校故宮本：避宋諱，'羜'字缺末筆。"⑨

上文"雲文有二品"條小注"蕙草雲、蠻雲之類同"，傅書局合校本注：前加"用"字，爲"用蕙草雲、蠻雲之類同"。并注："用，據故宮本增。"⑩另注："吳雲，卷第十二彫作制度作'胡雲'，未知孰是？"⑪及注："曹雲，吳雲、曹雲均無圖，形狀與出處不明。"⑫陳注"吳雲"："彫作作'胡'"。⑬傅建工合校本注："劉批陶本：吳雲、曹雲皆無圖，其形狀與出處不明。《法式》卷第五"陽馬"條有曹殿一種，同冠以'曹'字，是否有連帶關係，待考。"⑭

① [宋]李誡. 營造法式（陳明達點注本）. 第二冊. 第79頁. 彩畫作制度. 五彩徧裝. 批注. 浙江攝影出版社. 2020年
② 漢語大字典. 第1922頁. 鳥部. 鶒. 四川辭書出版社-湖北辭書出版社. 1993年
③ [宋]李誡. 營造法式（陳明達點注本）. 第二冊. 第79頁. 彩畫作制度. 五彩徧裝. 批注. 浙江攝影出版社. 2020年
④ [宋]李誡, 傅熹年彙校. 營造法式合校本. 第三冊. 彩畫作制度. 五彩徧裝. 校注. 中華書局. 2018年
⑤ [宋]李誡, 傅熹年彙校. 營造法式合校本. 第三冊. 彩畫作制度. 五彩徧裝. 校注. 中華書局. 2018年
⑥ [宋]李誡, 傅熹年校注. 合校本營造法式. 第424頁. 彩畫作制度. 五彩徧裝. 注2. 中國建築工業出版社. 2020年
⑦ [宋]李誡, 傅熹年彙校. 營造法式合校本. 第三冊. 彩畫作制度. 五彩徧裝. 校注. 中華書局. 2018年
⑧ [宋]李誡, 傅熹年彙校. 營造法式合校本. 第三冊. 彩畫作制度. 五彩徧裝. 校注. 中華書局. 2018年
⑨ [宋]李誡, 傅熹年校注. 合校本營造法式. 第424頁. 彩畫作制度. 五彩徧裝. 注3. 中國建築工業出版社. 2020年
⑩ [宋]李誡, 傅熹年彙校. 營造法式合校本. 第三冊. 彩畫作制度. 五彩徧裝. 校注. 中華書局. 2018年
⑪ [宋]李誡, 傅熹年彙校. 營造法式合校本. 第三冊. 彩畫作制度. 五彩徧裝. 校注. 中華書局. 2018年
⑫ [宋]李誡, 傅熹年彙校. 營造法式合校本. 第三冊. 彩畫作制度. 五彩徧裝. 校注. 中華書局. 2018年
⑬ [宋]李誡. 營造法式（陳明達點注本）. 第二冊. 第80頁. 彩畫作制度. 五彩徧裝. 批注. 浙江攝影出版社. 2020年
⑭ [宋]李誡, 傅熹年校注. 合校本營造法式. 第425頁. 彩畫作制度. 五彩徧裝. 注4. 中國建築工業出版社. 2020年

梁先生注文中"拂菻"一词:"菻,
音懍。在我國古史籍中稱東羅馬帝
國爲'拂菻',這裏是西方'胡人'
的意思。"①

上文當仍爲前文所述華文内"間以
行龍、飛禽、走獸之類"之話題的延
續,祇是將華文内所間繪之形象具體
化,其中包括飛仙、飛禽、走獸、雲文
四個方面内容。

飛仙兩種:飛仙、嬪伽(共命鳥)。

飛禽三種:鳳皇(鸞、鶴、孔雀)、
鸚鵡(山鷓、練鵲、錦雞)、鴛鴦(谿鴂、
鵁、鴨);而騎跨飛禽的人物則有五種:
真人、女真、仙童、玉女、化生。

走獸四種:師子(麒麟、狻猊、獬
豸)、天馬(海馬、仙鹿)、羜羊(山
羊、華羊)、白象(馴犀、黑熊);而騎
跨、牽拽走獸的人物則有三種:拂菻、
獠蠻、化生。或較馴順的動物如天馬、
仙鹿、羜羊,可由真人騎跨。

雲文兩種:吳雲、曹雲(蕙草雲、
蠻雲)。

彩畫中出現的這些飛仙、飛禽、走
獸等,也多出現于彫混作中。其中"師
子",即獅子;"鳳皇",即鳳凰。羜
羊,指出生僅5個月的小羊。②

兩種雲文:即吳雲與曹雲之分法,
與大木作兩種屋頂,吳殿與曹殿,在稱
謂上有相類之處。據《法式》"大木作制

度二":"凡造四阿殿閣,……俗謂之吳殿,亦
曰五脊殿。"與"凡堂廳並厦兩頭造,……俗
謂之曹殿,又曰漢殿,亦曰九脊殿。"未知吳雲與曹
雲和吳殿與曹殿之間,是否有什麼關聯?

前文推測,吳、曹之分,可能是借
用三國之"東吳"與"曹魏"之義,曹
殿,疑指北方地區(似亦與兩漢統治中
心地區相近)房屋屋頂(九脊)做法?
吳殿,疑指江南地區房屋屋頂(五脊)
做法?或曹雲、吳雲,亦以區別北方、
南方雲文裝飾之差異?

〔14.2.6〕

間裝之法

**間裝之法:青地上華文,以赤黃、紅、綠
相間;外棱用紅疊暈,紅地上,華文
青、綠,心内以紅相間;外棱用青或
綠疊暈。綠地上華文,以赤黃、紅、
青相間;外棱用青、紅、赤黃疊暈。**
其牙頭青、綠,地用赤黃;牙朱,地以二綠;若枝條
綠,地用藤黃汁,罩以丹華或薄礦水節淡;青、紅地,
如白地上單枝條,用二綠,隨墨以綠華合粉,罩以三
綠、二綠節淡。

梁注:"'節淡'的準確含義待
考。"③

所謂"間裝之法",字面意思乃不同
色相相間而用的一種彩畫繪製方法。如

① 梁思成. 梁思成全集. 第七卷. 第269頁. 彩畫作
制度. 五彩徧裝. 注14. 中國建築工業出版社.
2001年

② [唐]歐陽詢. 藝文類聚. 卷九十四. 獸部中. 羊.
參見李增杰、王甫輯注. 兼名苑輯注. 十五. 獸畜
類. 羝. "羔,一名羜. 羊子也。"第119頁. 中華
書局. 2001年

③ 梁思成. 梁思成全集. 第七卷. 第269頁. 彩畫作
制度. 五彩徧裝. 注15. 中國建築工業出版社.
2001年

以青色爲地，其上華文則以赤黃、紅、綠色相間繪之；華文外棱，用紅色疊暈。同理，以紅色爲地，其上華文則以青、綠相間，心内仍以紅相間；華文外棱，以青、紅、赤黃疊暈。其原則大體是，若以冷色調爲地，華文以暖色調繪製，其心或外棱，仍用冷色調疊暈，以反襯華文效果。反之，以暖色調爲地，華文以冷色調繪製，其心内及外棱仍用暖色調，以反襯華文效果。華文圖案本身，也會用不同色彩，相間使用，以使華文更得鮮麗。

　　青、綠地上華文相間之法見表14.2.3。

青、綠地上華文相間之法　　　　　　　　　　　　　　　　　　　　　　　表14.2.3

華文襯地	華文相間用色	外棱紅疊暈		外棱青、綠疊暈	牙頭青、綠	牙朱	枝條綠	白地單枝條
青地	赤黃	外棱襯地紅地	華文青	青疊暈或綠疊暈	牙頭襯地赤黃地	地用二綠	地用藤黃汁罩丹華或薄礦水節淡	二綠隨墨以綠華合粉罩三綠、二綠節淡
	紅		心内紅					
	綠		華文綠					
綠地	赤黃	外棱青、紅、赤黃疊暈		未見記述	未見記述	地用青、紅		
	紅							
	青							

　　其文中"牙頭"或"牙"，疑即華文圖案中向外凸出的輪廓綫。牙頭爲青、綠色時，地用赤黃色；牙頭爲朱色時，地用二綠色；若華文中枝條爲綠色，地用藤黃汁；爲防止藤黃顏色過于生硬，用丹華或薄礦水節淡。若其地爲青或紅色，直接在底色（白地）上繪單枝條時，用二綠；再隨墨以綠華合粉，即其華文是以摻有墨且合以粉的綠色勾勒的，然後在綠色華文上，罩以三綠、二綠，使其節淡。基本原則仍是華文爲冷色調，地爲暖色調。

但若其地或華文色彩過于強烈或生硬，則應采取罩色方式，使其變得柔和清淡（節淡）。如藤黃色地，罩以丹華或薄礦水；隨墨并以綠華合粉的華文，罩以三綠、二綠。這裏"節淡"之意，與前文所言"拂淡"，雖在方法上可能有所不同，意思卻有相近之處。

　　《抱朴子》："第一之丹名曰丹華。當先作玄黃，用雄黃水、礬石水、戎鹽、鹵鹽、礜石、牡蠣、赤石脂、滑石、胡粉各數十斤，以爲六一泥，火之三十六日成，服七之日仙。"①丹華本爲道家所

① ［晋］葛洪. 抱朴子. 卷四. 金丹. 九丹

504

煉金丹之一，但這裏的"丹華"當爲一種顏色。參考《抱朴子》，其色可能與黃、赤兩色有所關聯。

薄礦水，似指"取石色之法"中泡製礦石，提取諸色時澄出的淡而有色之水。另所謂二緑、三緑，參見前文"取石色之法"。

〔14.2.7〕

疊暈之法

《法式》文本用了兩段文字闡述"疊暈之法"。

疊暈之法之一：

疊暈之法：自淺色起，先以青華，緑以緑華、紅以朱華粉，**次以三青，**緑以三緑，紅以三朱，**次以二青，**緑以二緑，紅以二朱，**次以大青，**緑以大緑，紅以深朱；**大青之内，用深墨壓心，**緑以深色草汁罩心；朱以深色紫礦罩心；

青華之外，留粉地一暈。紅、緑準此，其暈内二緑華，或用藤黃汁罩加；華文、緣道等狹小，或在高遠處，即不用三青等及深色壓罩。**凡染赤黃，先布粉地，次以朱華合粉壓暈，次用藤黃通罩，次以深朱壓心。**若合草緑汁，以螺青華汁，用藤黃相和，量宜入好墨數點及膠少許用之。

上文小注"或用藤黃汁罩加"之"加"，陳注："如"①，其文或爲"或用藤黃汁罩；如華文、緣道等狹小，或在高遠處"。

前一段文字是説彩畫疊暈的一般性繪製方法。宋代彩畫疊暈的基本原則，是從外向内，由淺入深。如用青色，最外用青華，次以三青、二青、大青；大青之内，用深墨壓心。同樣情況，可以用于緑色、紅色。祇是在其壓心處，緑以深色草汁罩之，紅以深色紫礦罩之。

青、緑、紅等色疊暈之法見表14.2.4。

青、緑、紅等色疊暈之法   表14.2.4

暈色＼工序	諸華之外	第一道	第二道	第三道	第四道	深色壓心	罩色
青色疊暈	留粉地一暈	青華	三青	二青	大青	深墨壓	暈内二緑華或藤黃汁罩
緑色疊暈	留粉地一暈	緑華	三緑	二緑	大緑	深色草汁	
紅色疊暈	留粉地一暈	朱華粉	三朱	二朱	深朱	深色紫礦	
染赤黃	布粉地	朱華合粉壓暈				深朱壓心	藤黃通罩
					合草緑汁	螺青華、藤黃加墨	
若華文、緣道狹小，或在高遠處，不用三青（三緑、三朱）等及深色壓罩							

① [宋]李誡. 營造法式（陳明達點注本）. 第二册. 第81頁. 彩畫作制度. 五彩徧裝. 批注. 浙江攝影出版社. 2020年

華文最外緣，如青華之外，要留出一圍（一暈）粉地。紅、綠華之外亦作同樣處理。疊暈色之內，綠色再用二綠華，紅色用藤黃汁加暈一道。若華文，或邊緣（緣道）過于狹小，及在房屋内外較高遠，視覺難以仔細觀察處，其心内則可以不同三青或其他深色壓罩。

此外，若用赤黃色疊暈，大致遵循前述規則，先遍刷粉地，用朱華合粉壓暈，再用藤黃通罩一遍，最後以深朱色壓心。若以草綠汁壓暈，則用螺青華汁與藤黃相和，再適當加入一點好墨與膠即可。螺青，爲青色一種；螺青華，是一種較爲淺淡青色。螺青華汁與藤黃相和，當爲一種較淺綠色，若再點入一點墨，則顯現爲一種較中和的淡綠色。

五彩徧裝之枓、栱、昂及梁、額部分

疊暈之法之二：

疊暈之法：凡枓、栱、昂及梁、額之類，應外棱緣道並令深色在外，其華内剔地色，並淺色在外，與外棱對暈，令淺色相對。其華葉等暈，並淺色在外，以深色壓心。 <small>凡外緣道用明金者，梁栿、枓栱之類，金緣之廣與疊暈同。金緣内用青或綠壓之。</small>

<small>其青、綠廣比外緣五分之一。</small>

上文"疊暈之法"，陳注："用疊，

竹本。"[1]傅書局合校本注："疊"前加"用"字，并注："用，據故宫本增用字。"[2]即"用疊暈之法"。傅建工合校本注："熹年謹按：據故宫本增'用'字。"[3]

上文小注"凡外緣道用明金者"，傅書局合校本注："社友校本，'明'字作'間'，存疑。"[4]

後一段文字，敘述了如何在枓、栱、昂、梁、額等建築名件上，作疊暈的彩畫處理。結合下文，似可將這裏的梁、額理解爲房屋室内梁栿與内額，而非外檐之檐額、闌額。

在枓、栱、昂及梁、額上施疊暈之法，基本原則是這些構件外棱若做緣道疊暈處理，則應使深色在外；其華文之内，則勒描（剔）以地色，并將華文淺色設在華文外側，與外棱做對暈處理。即外棱緣道，自外向内，由深入淺；其内華文，由内向外，亦由深而淺，兩者相交處，以淺色相對。凡華葉疊暈，皆使淺色在外，由淺入深，并以深色壓心。

若外緣道用金色，則梁栿、枓栱外緣道，其金色緣道寬度，與疊暈寬度相同。金色緣道内，用青色或綠色壓之，而青、綠二色寬度，相當于其外金色緣道寬度的1/5。

① [宋]李誡. 營造法式（陳明達點注本）. 第二册. 第81頁. 彩畫作制度. 五彩徧裝. 批注. 浙江攝影出版社. 2020年
② [宋]李誡，傅熹年彙校. 營造法式合校本. 第三册. 彩畫作制度. 五彩徧裝. 校注. 中華書局. 2018年
③ [宋]李誡，傅熹年校注. 合校本營造法式. 第425頁. 彩畫作制度. 五彩徧裝. 注5. 中國建築工業出版社. 2020年
④ [宋]李誡，傅熹年彙校. 營造法式合校本. 第三册. 彩畫作制度. 五彩徧裝. 校注. 中華書局. 2018年

〔14.2.8〕

五彩徧裝之制

關于"五彩徧裝之制"，《法式》文本僅述及柱、額、椽、飛，及連檐幾個方面的彩畫繪製，未論及殿閣、廳堂、亭榭室內諸梁栱、平棊等名件上的彩畫。直覺上觀察，"五彩徧裝"似主要指房屋外檐柱額、椽飛等可見部分的彩畫繪製，甚至未談及枓栱、栱眼壁等處。

緣由或因前文所述疊暈之法，重點所談恰是枓、栱、昂及梁、額之類。或可推測，宋人將枓栱、梁額等與室內關聯較密切的構件，納入疊暈彩畫範疇內，而將柱子、外檐的檐額、大額及由額，室外椽子、飛子及大連檐等對建築外觀有較大影響的構件，納入"五彩徧裝"範疇。

本書對"五彩徧裝"的討論，亦按其文所述位置，作一簡單分割，即先談柱、額部分，後談椽、飛部分。

[14.2.8.1]

五彩徧裝

凡五彩徧裝，柱頭_{謂額入處}作細錦或瑣文，柱身自柱櫍上亦作細錦，與柱頭相應，錦之上下，作青、紅或綠疊暈一道。其身內作海石榴等華，_{或於華內間以飛鳳之類}。或於碾玉華內間以五彩飛鳳之類，或間四入瓣窠，或四出尖窠，_{窠內間以化生或龍、鳳之類}。櫍作青瓣或紅瓣疊

量蓮華。檐額或大額及由額兩頭近柱處，作三瓣或兩瓣如意頭角葉，_{長加廣之半}，如身內紅地，即以青地作碾玉，或亦用五彩裝。_{或隨兩邊緣道作分腳如意頭。}

上文小注"謂額入處"，傅書局合校本注："謂疑爲'闌額'之誤。"[1]上文"或間四入瓣窠，或四出尖窠，_{窠內間以化生或龍、鳳之類}"，陶本："或間四入瓣科，或四出尖科，_{科內間以化生或龍、鳳之類}"，傅書局合校本注：改"科"爲"窠"，并注："窠，故宮本，後同。"[2]傅建工合校本注："劉批陶本：'科'當作'窠'。"[3]

上文描述了在柱子與檐額、大額、由額上繪製五彩徧裝的彩畫方法。柱頭處（闌額與柱子相接處），繪以細錦文或瑣文；柱身，在柱櫍之上，繪以細錦，以與柱頭上的細錦呼應。細錦文之上（柱櫍之上）與下（柱頭之下），各作青色，或紅、綠色疊暈一道。而在柱身身內，則繪海石榴華等華文。華文內間以飛鳳等圖形。

[14.2.8.2]

五彩徧裝之柱、額部分

柱身身內也可以繪碾玉華，并在華內間以五彩飛鳳等形象。或在碾玉華之間，插入四入瓣團窠圖案，或四出尖團

① [宋]李誡，傅熹年彙校．營造法式合校本．第三冊．彩畫作制度．五彩徧裝．校注．中華書局．2018年
② [宋]李誡，傅熹年彙校．營造法式合校本．第三冊．彩畫作制度．五彩徧裝．校注．中華書局．2018年
③ [宋]李誡，傅熹年校注．合校本營造法式．第425頁．彩畫作制度．五彩徧裝．注6．中國建築工業出版社．2020年

窠圖案。團窠之内，還可繪化生，或龍、鳳之類的形象。柱子下部的柱櫍表面，則繪以青瓣或紅瓣疊暈的蓮華。

上文提到的檐額，指房屋檐口下通長的額，十分顯眼。大額，似指闌額；由額位于大（闌）額之下。無論哪一種額，其彩畫基本方法，都是繪作三瓣或兩瓣如意頭角葉。角葉之長，相當于其寬1.5倍。若額身之内所刷爲紅地，則兩頭近柱處，用青地作碾玉裝，也可作五彩裝。或隨額兩邊緣道，繪作分脚如意頭。

換言之，柱子上下兩端，或額之左右兩端，皆作專門的彩繪處理，如柱之上下用細錦、瑣文，并間以紅、綠疊暈；額之兩端用如意頭角葉，或分脚如意頭。柱身内，或額身内，則用碾玉裝或五彩裝華文。柱身内，還可在華文之内間以五彩飛鳳，或間以有化生或龍、鳳形象的團窠圖案。

[14.2.8.3]

五彩徧裝之椽、飛部分

椽頭面子，隨徑之圜，作疊暈蓮華，青、紅相間用之；**或作出焰明珠，或作簇七車釗明珠，**皆淺色在外，**或作疊暈寶珠，深色在外，令近上，疊暈向下棱，當中點粉爲寶珠心；或作疊暈合螺瑪瑙。近頭處作青、綠、紅暈子三道，每道廣不過一寸。身内作通用六等華，外或用青、綠、紅地作團窠，或方**

勝，或兩尖，或四入瓣。白地外用淺色，青以青華、綠以綠華、朱以朱彩圈之，**白地内隨瓣之方圜**或兩尖或四入瓣同。**描華，用五彩淺色間裝之。**其青、綠、紅地作團窠、方勝等，亦施之科栱、梁栿之類者，謂之海錦，亦曰淨地錦。**飛子作青、綠連珠及棱身暈，或作方勝，或兩尖，或團窠。兩側壁，如下面用徧地華，即作兩暈青、綠棱間；若下面素地錦，作三暈或兩暈青、綠棱間。飛子頭作四角柿蒂，**或作瑪瑙。**如飛子徧地華，即椽用素地錦。**若椽作徧地華，即飛子用素地錦。**白版或作紅、青、綠地内兩尖窠素地錦。大連檐立面作三角疊暈柿蒂華。**或作霞光。

上文"或作簇七車釗明珠"，陶本："一作簇七車釗明珠"。陳注：改"一"爲"或"，并注："或，丁本"。①

上文小注"朱以朱彩圈之"之"彩"字，陳注："粉，竹本。"②上文小注"其青、綠、紅地作團窠"，陶本："團科"，陳注：改"科"爲"科"。③

上文"飛子作青、綠連珠及棱身暈"，傅書局合校本注：改"棱"爲"梭"，并注："梭，據故宫本、四庫本改。"④又補注曰："梭，陶本誤'棱'。參考畫作圖樣，梭形自明。"⑤傅建工合校本注："熹年謹按：'梭'陶本誤作'棱'，據故宫本、四庫本改。"⑥

梁注："這裏所稱'白地''白版'

① [宋]李誡. 營造法式（陳明達點注本）. 第二册. 第82頁. 彩畫作制度. 五彩徧裝. 批注. 浙江攝影出版社. 2020年
② [宋]李誡. 營造法式（陳明達點注本）. 第二册. 第83頁. 彩畫作制度. 五彩徧裝. 批注. 浙江攝影出版社. 2020年
③ [宋]李誡. 營造法式（陳明達點注本）. 第二册. 第83頁. 彩畫作制度. 五彩徧裝. 批注. 浙江攝影出版社. 2020年
④ [宋]李誡, 傅熹年彙校. 營造法式合校本. 第三册. 彩畫作制度. 五彩徧裝. 校注. 中華書局. 2018年
⑤ [宋]李誡, 傅熹年彙校. 營造法式合校本. 第三册. 彩畫作制度. 五彩徧裝. 校注. 中華書局. 2018年
⑥ [宋]李誡, 傅熹年注. 合校本營造法式. 第425頁. 彩畫作制度. 五彩徧裝. 注7. 中國建築工業出版社. 2020年

的‘白’不是白色之意，而是‘不畫花紋’之意。”①

上文“作紅、青、綠地內兩尖窠”，陶本：“尖科”，陳注：改“科”爲“科”。②

但是，結合後文“碾玉裝”有關“飛子”彩畫行文提到：“飛子正面作合暈，兩旁並退暈，或素綠。仰版素紅。或亦碾玉裝。”推測上文“白版”之“版”與“仰版”間似有關聯，疑指覆蓋于飛子上的望板，祇因其版上未加紋飾，僅爲襯地之色，故稱“白版”。

椽頭面子，指檐椽椽頭向外的圓形表面。隨椽徑之環形，作疊暈蓮華，以青、紅二色相間用之；也可作出焰明珠，即火珠；或簇七車釧明珠。釧者，如手鐲般圓環形腕飾；車釧，套于車軸外之鐵製零件，其形爲環；簇七車釧明珠，似爲7個圓環簇成一圍，如明珠狀。火珠與車釧明珠的疊暈方式，是淺色在外。

也可作疊暈寶珠，其方法是深色在外。要使寶珠形式接近椽頭面上方，向椽頭面下棱疊暈，當中點粉爲寶珠心。或作疊暈合螺瑪瑙，其輪廓似應接近合螺瑪瑙形式。

椽身接近椽頭部位，作青、綠、紅暈子三道，每道寬不過1寸。椽身內則繪作通用六等華，其外用青、綠、紅地作團窠，或方勝，或兩尖，或四入瓣等。其圖形之外的底色上，爲未繪任何

形象之白地；白地外可用淺色（青華、綠華、珠彩）圈之；白地內所繪圖形輪廓綫描繪成華，并用五彩淺色間裝之。這裏的“通用六等華”，未知是何種華文？疑即上文“華文九品”中，品級較低，且可通用的紋樣，如圈頭柿蒂、瑪瑙地等較爲簡單且可重複的圖形。

這種將青、綠、紅地繪成團窠、方勝形式的做法，亦可用于枓栱、梁栿上。這種圖案的繪製方法，稱爲“海錦”，或稱“淨地錦”。

飛子或飛椽，斷面近方形。飛子頭用青、綠連珠，圖形外棱作棱身暈；也可作方勝、兩尖、團窠等圖形。飛子兩側壁彩畫，依據飛子底面彩畫確定，如其底面爲徧地華，兩側壁則作兩暈青、綠棱間繪；若飛子底面爲素地錦，則作三暈或兩暈青、綠棱間繪。

此外，飛子與椽子的彩畫題材之間，亦具某種關聯，若飛子爲徧地華，椽子則用素地錦；反之，若椽子用徧地華，飛子則用素地錦。覆蓋于飛子之上的望板表面，或僅刷以襯地之色，如紅、青、綠色，即“白版”；或亦可在紅、青、綠地之內，作兩尖窠素地錦圖案。

椽子與飛子之間是一條橫長木條，即大連檐。其外露之立面上的彩畫，繪以三角疊暈柿蒂華，或繪霞光圖案。

施五彩徧裝房屋諸名件所用華文見表14.2.5。

① 梁思成. 梁思成全集. 第七卷. 第269頁. 彩畫作制度. 五彩徧裝. 注16. 注17. 中國建築工業出版社. 2001年

② [宋]李誡. 營造法式（陳明達點注本）. 第二册. 第83頁. 彩畫作制度. 五彩徧裝. 批注. 浙江攝影出版社. 2020年

施五彩徧裝房屋諸名件所用華文　　表14.2.5

彩畫 名件	五彩徧裝彩畫：諸華文、瑣文、疊暈				
柱頭 入額處	細錦 或瑣文	錦之上下 青、紅、緑疊暈			
柱身	海石榴華 華內間飛鳳	碾玉華內間 五彩飛鳳	間四入瓣窠 四出尖窠	窠內間 化生或龍鳳	
柱櫍	青瓣或紅瓣 疊暈蓮華				
檐額 大額 由額	兩頭近柱處 三瓣或四瓣 如意頭角葉	身內紅地 以青地作碾玉 或五彩裝	兩邊緣道 分脚如意頭		
椽頭 面子	隨徑之圜 作疊暈蓮華 青、紅相間用之 淺色在外	出焰明珠 淺色在外	簇七車釧明珠 淺色在外	疊暈寶珠 深色在外 令近上 疊暈向下棱 當中點粉爲 寶珠心	疊暈合螺瑪瑙 近頭處作三道 青、緑、紅暈子
椽身內	通用六等華	外用青、緑、紅 地作團窠、方 勝、兩尖、 四入瓣	白地外用淺色圈 青以青華 緑以緑華 朱以朱彩	白地內隨瓣描華 用五彩淺色間裝	飛子用徧地華 椽用素地錦
枓栱			青、緑、紅地作團窠、方勝等 亦施之于枓栱、梁栿，謂之“海錦”或“淨地錦”		
梁栿					
飛子	青、緑連珠 棱身暈	方勝、兩尖 團窠	四角柿蔕	瑪瑙	椽作徧地華 飛子用素地錦
飛子側壁	兩暈青緑棱間	三暈或兩暈 青緑棱間			
飛子底面	徧地華	素地錦			
椽飛處 白版	紅、青、緑地內 兩尖窠素地錦				
大連檐 立面	三角疊暈柿蔕華				

【14.3】
碾玉裝

梁注：“碾玉裝是以青綠兩色爲主的彩畫裝飾。裝飾所用的花紋題材，如華文、瑣文、雲文等，基本上和五裝間裝所用的一樣，但不用五彩，而祇用青、綠兩色，間以少量的黃色和白色做點綴，明、清的旋子彩畫就是在色調上繼承了碾玉裝發展成型的，清式旋子彩畫中有‘石碾玉’一品，還繼承了宋代名稱。”①

此注不僅厘清了碾玉裝與五彩徧裝的區別，還從中國建築史的視角，對宋代彩畫碾玉裝對後世彩畫的影響提出了見解。

上文雖談碾玉裝彩畫，但所涉建築名件，前一部分爲梁、栱類；中一部分爲柱子，包括柱頭、柱櫍及柱身；後一部分爲椽子與飛子。故其行文所述及彩畫所繪之構件、位置及先後順序，與前文“五彩徧裝”基本一致。

〔14.3.1〕
碾玉裝之梁、栱部分

碾玉裝之制：梁、栱之類，外棱四周皆留緣道，緣道之廣，並同五彩之制，**用青或綠疊暈，如綠**緣內，於淡綠地上描華，用深青剔地，外留空緣，與外緣道對暈綠緣內者，用綠處以青，用青處以綠。

華文及瑣文等，並同五彩所用。華文內唯無寫生及豹腳合暈，偏暈，玻璃地，魚鱗旗腳，外增龍牙蕙草一品；瑣文內無瑣子，**用青、綠二色疊暈亦如之。**內有青綠不可隔間處，於綠淺暈中用藤黃汁罩，謂之菉豆褐。

其卷成華葉及瑣文，並旁赭筆暈留粉道，從淺色起，暈至深色。其地以大青、大綠剔之。亦有華文稍肥者，綠地以二青；其青地以二綠，隨華榦淡後，以粉筆傍墨道描者，謂之映粉碾玉，宜小處用。

梁注：“這裏的‘二青’‘二綠’是指華文以顏色而言，即：若是綠地，華文即用二青；若是青地，華文即用二綠。”②

上文小注“綠緣內者”，傅書局合校本注：于前加“青”字，并注：“青，依上下文義，應爲青緣。”③傅建工合校本注：“熹年謹按：‘諸本作‘綠緣’，依上下文義，似應爲‘青緣’。”④

上文“並旁赭筆”，傅書局合校本注：“旁，疑‘傍’之誤。”⑤

碾玉裝繪于梁、栱部分時，其名件外緣皆留出緣道，所留緣道寬度，與五彩徧裝中所留緣道寬度一致。緣道內用

① 梁思成. 梁思成全集. 第七卷. 第269頁. 彩畫作制度. 碾玉裝. 注18. 中國建築工業出版社. 2001年
② 梁思成. 梁思成全集. 第七卷. 第269頁. 彩畫作制度. 碾玉裝. 注19. 中國建築工業出版社. 2001年
③ [宋]李誡，傅熹年彙校. 營造法式合校本. 第三冊. 彩畫作制度. 碾玉裝. 校注. 中華書局. 2018年
④ [宋]李誡，傅熹年校注. 合校本營造法式. 第427頁. 彩畫作制度. 碾玉裝. 注1. 中國建築工業出版社. 2020年
⑤ [宋]李誡，傅熹年彙校. 營造法式合校本. 第三冊. 彩畫作制度. 碾玉裝. 校注. 中華書局. 2018年

青或緑疊暈。若在緑緣之內，則先在淡緑上描華，然後用深青色描勒出華文襯地，其外再留出空緣，并與外緣道對暈，即緑緣之內，凡用緑處，以青色對暈；凡用青處，以緑色對暈。

凡梁、栱所留緣道之內，即爲各名件本身，如梁身、栱身等，其上所繪華文、瑣文等，與五彩裝中所用華文、瑣文一致。祇是華文中，不用寫生華，及豹脚合暈、偏暈、玻璃地、魚鱗旗脚、龍牙蕙草一品等華文；瑣文中，不用瑣子文。其中原委，或因這幾種華文及瑣子，需用五彩纔能表達清晰？抑或因房屋等級限制，這類題材不宜使用？未可知。

用青、緑兩色疊暈，做法與五彩裝同。疊暈內，若有青、緑兩色相接，且不可隔間之處，則在緑淺暈中罩以藤黃汁，這樣形成的色彩效果，稱爲"菉豆褐"。菉豆，疑即緑豆？菉豆褐當爲一種由淺緑與黃色合成，接近褐色的顏色。

上文"其卷成華葉及瑣文……"之意疑來自前文"華文九品"條^{其海石榴，若華葉肥大，不見枝條者，謂之鋪地卷成；如華葉肥大而微露枝條者，謂之枝條卷成；並亦通用。}即"鋪地卷成"或"枝條卷成"的肥大華葉與瑣文，其華文傍以赭色緣條，并留出粉道，粉道之內，由淺而深，形成疊暈。華葉或瑣文圖案之外底色（地）上，用

色調較重的大青或大緑加以勾勒或襯托。

也有華文稍肥厚一點者，若用緑地，其華文著二青色；若用青地，華文著二緑色。然後將襯地與華文一起斡淡。所謂"斡淡"，朱子有云："如善畫者，祇一點墨，便斡淡得開。"①大意是將較深之色適當拂淡。之後，再用粉色筆觸傍著華文墨道加以描勒。這種做法被稱爲"映粉碾玉"。即以粉綫將碾玉裝華文反襯而出。上文言，這種做法"宜小處用"，其意不詳。疑指這是一種并非通用的彩繪技法，僅出現在一些特殊地方。

〔14.3.2〕

碾玉裝之柱子與椽、飛部分

凡碾玉裝，柱碾玉或間白畫，或素緑。柱頭用五彩錦。或祇碾玉。**櫨作紅暈或青暈蓮華，椽頭作出焰明珠，或簇七明珠，或蓮華，身內碾玉或素緑。飛子正面作合暈，兩旁並退暈，或素緑。仰版素紅。**或亦碾玉裝。

上文小注"^{或祇碾玉}"，陶本："^{或只碾玉}"。陳注：改"王"爲"玉"。②

與五彩徧裝中有關柱、椽、飛上彩畫做法相對應，這段文字是講以碾玉裝彩畫繪飾的柱、椽、飛。

凡用碾玉裝彩畫，柱身之上可用碾

① [宋]黎靖德編. 朱子語類. 卷六十七. 易三. 綱領下. 論後世易象. 第1676頁. 中華書局. 1986年

② [宋]李誠. 營造法式（陳明達點注本）. 第二册. 第84頁. 彩畫作制度. 碾玉裝. 批注. 浙江攝影出版社. 2020年

玉裝繪，或用間白畫，亦可用素綠。但如梁注："'間白畫'具體如何'間'法待考。"[1]另《法式》卷第二十五"諸作功限二·彩畫作"中提到："通刷素綠同"，推測"素綠"似指用綠色通刷柱身，不加其他色彩。但未知其綠，究是大綠、二綠、三綠？還是綠華？

柱身用碾玉裝（間白畫、素綠）畫法者，其柱頭用五彩錦文，或與柱身同，祇用碾玉裝。柱櫍則作紅色疊暈，或作青暈蓮華。

椽頭繪以出焰明珠，或簇七明珠，或蓮華。椽身內則用碾玉裝，或用素綠。

飛子正面，即飛子頭，作合暈；飛子兩側壁，則作退暈，或通刷素綠。

梁注："'合暈''退暈'，如何'合'，如何'退'，待考。"[2]

結合前文，五彩徧裝做法中，飛子"兩側壁，如下面用徧地華，即作兩暈青、綠棱間；若下面素地錦，作三暈或兩暈青、綠棱間。"未知"合暈"或"退暈"與這裏的"兩暈青、綠棱間"，或"三暈或兩暈青、綠棱間"做法之間有何關聯？

這裏所説"仰版"，當指覆蓋于飛子之上的望版。可刷以素紅，或與梁、柱等處一樣，仍用碾玉裝。素紅，即單色無華文襯地做法，故亦可能是前文所稱之"白版"。

施碾玉裝房屋諸名件所用華文見表14.3.1。

施碾玉裝房屋諸名件所用華文　　　　　　　　　　　　　　　　　　表14.3.1

名件＼彩畫	華文及瑣文等，并同五彩所用				
梁、柱之類	外棱四周留緣道	用青或綠疊暈	綠緣內淡綠上描華深綠剔地外留空緣	綠緣內用綠處以青用青處以綠	華文內唯無寫生及豹脚合暈、徧暈、玻璃地、魚鱗旗脚，外增龍牙蕙草一品；瑣文內無瑣子
柱	碾玉或間白畫	素綠			
柱頭	五彩錦	或祇碾玉			
柱櫍	紅暈蓮華	青暈蓮華	與外緣道對暈		
椽頭	出焰明珠	簇七明珠	蓮華		
椽身內	碾玉	素綠			
飛子	合暈				
飛子側壁	退暈	素綠			
仰版	素紅	碾玉			

① 梁思成. 梁思成全集. 第七卷. 第269頁. 彩畫作制度. 碾玉裝. 注20. 中國建築工業出版社. 2001年

② 梁思成. 梁思成全集. 第七卷. 第269頁. 彩畫作制度. 碾玉裝. 注21. 中國建築工業出版社. 2001年

【14.4】
青緑疊暈棱間裝三暈帶紅棱間裝附

青緑疊暈棱間裝之制：凡枓、栱之類，外棱緣廣一分。

外棱用青疊暈者，身内用緑疊暈，外棱用緑者，身内用青，下同。其外棱緣道淺色在内，身内淺色在外，道壓粉線。**謂之兩暈棱間裝。**外棱用青華、二青、大青，以墨壓深；身内用緑華、三緑、二緑、大緑，以草汁壓深；若緑在外緣，不用三緑。如青在身内，更加三青。

其外棱緣道用緑疊暈，淺色在内，**次以青疊暈，**淺色在外，**當心又用緑疊暈者，**深色在内，**謂之三暈棱間裝。**皆不用二緑、三青，其外緣廣與五彩同。其内均作兩暈。

若外棱緣道用青疊暈，次以紅疊暈，淺色在外，先用朱華粉，次用二朱，次用深朱，以紫礦壓深。**當心用緑疊暈者，**若外緣用緑者，當心以青，**謂之三暈帶紅棱間裝。**

上文“外棱緣廣一分”，陶本：“外棱緣廣二分”，陳注：改“二”爲“一”，并注：“一，丁本。”[①]傅書局合校本注：“二，依前文五彩徧裝外棱緣道枓栱應廣一分，故宫本誤。”[②]傅建工合校本注：“劉校故宫本：故宫本作‘外棱緣廣二分’，依前文五彩徧裝，外棱緣道應廣‘一分’，故宫本誤。熹年謹按：張本誤作‘外棱緣廣二分’。”[③]

上文小注“道壓粉線”，陳注：改“道”爲“通”，并注：“通，竹本”。[④]依陳先生，其文或爲“其外棱緣道淺色在内，身内淺色在外，通壓粉線”。

梁注：“這些疊暈棱間裝的特點就在主要用青、緑兩色疊暈（但也有‘三暈帶紅’一種），除柱頭、柱櫍、椽頭、飛子頭有花紋外，枓栱上就祇用疊暈。清代旋子彩畫好像就是這種疊暈棱間裝的繼承和發展。”[⑤]

這裏提到清代旋子彩畫與宋代青緑疊暈棱間裝彩畫間，可能存在某種關聯，反映出對《法式》研究的建築史視角。透過《法式》本段行文可知，青緑疊暈棱間裝彩畫，與五彩徧裝彩畫、碾玉裝彩畫一樣，亦分别出現在枓栱、柱子、柱櫍及椽子與飛子等幾個部分。

〔14.4.1〕
青緑疊暈棱間裝之枓、栱部分

與“五彩徧裝”情况一樣，枓、栱上用青緑疊暈棱間裝彩畫，仍在外棱四周留緣道，緣道之寬爲1分°。

① [宋]李誡. 營造法式（陳明達點注本）. 第二册. 第85頁. 彩畫作制度. 青緑疊暈棱間裝. 批注. 浙江攝影出版社. 2020年

② [宋]李誡，傅熹年彙校. 營造法式合校本. 第三册. 彩畫作制度. 青緑疊暈棱間裝. 校注. 中華書局. 2018年

③ [宋]李誡，傅熹年校注. 合校本營造法式. 第429頁. 彩畫作制度. 青緑疊暈棱間裝. 注1. 中國建築工業出版社. 2020年

④ [宋]李誡. 營造法式（陳明達點注本）. 第二册. 第85頁. 彩畫作制度. 青緑疊暈棱間裝. 批注. 浙江攝影出版社. 2020年

⑤ 梁思成. 梁思成全集. 第七卷. 第270頁. 彩畫作制度. 青緑疊暈棱間裝. 注22. 中國建築工業出版社. 2001年

［14.4.1.1］

兩暈棱間裝

若外棱用青疊暈者，身內即用綠疊暈；反之，外棱用綠，身內則用青。其他部分若采用青綠疊暈做法時亦然。具體做法：在外棱緣道內，應使淺色在內；身內反之，使淺色在外。這種"青–綠"或"綠–青"疊暈組合方法，稱"兩暈棱間裝"。

其疊暈方法如下：

外棱依序爲：青華、二青、大青，由淺入深，然後以墨壓深；

身內依序爲：綠華、三綠、二綠、大綠，亦由淺入深，然後以草汁更加壓深。

但是，若綠在外緣，則不用三綠；若青在身內，需更加三青。其意是説，若綠在外緣，不宜太淺；青在身內，似應更淺。

［14.4.1.2］

三暈棱間裝

如果外棱緣道用綠疊暈，淺色在內；然後，以青疊暈，淺色在外；則身內（當心）又用綠疊暈，深色在內。這種從外到內"綠–青–綠"疊暈組合方法，稱爲"三暈棱間裝"。

［14.4.1.3］

三暈帶紅棱間裝

但若外棱緣道用青疊暈，然後用紅疊暈。以紅疊暈方法：自外向內，由淺入深，其淺色在外；先用朱華粉，次用二朱，再用深朱，最後用紫礦壓深。其身內（當心）則用綠疊暈。如此由外緣道向身內當心，形成"青–紅–綠"疊暈組合。同樣情況，若外棱緣道用綠疊暈，中間用紅，身內用青，形成"綠–紅–青"疊暈組合。兩種情況都稱爲"三暈帶紅棱間裝"。

〔14.4.2〕

青綠疊暈棱間裝之柱子與椽、飛部分

凡青綠疊暈棱間裝，柱身內筍文，或素綠或碾玉裝；柱頭作四合青綠退暈如意頭；櫨作青暈蓮華，或作五彩錦，或團窠、方勝、素地錦。椽素綠身；其頭作明珠、蓮華。飛子正面、大小連檐，並青綠退暈，兩旁素綠。

上文"團窠"，陶本："團科"。傅書局合校本注：改"科"爲"窠"。① 傅建工合校本注："劉批陶本：'科'應作'窠'，後同。"②

上文"其頭作明珠"，陶本："共頭作明珠"，陳注："'共'應作'其'。"③ 傅建工合校本注："劉批陶本：諸本誤

① ［宋］李誡，傅熹年彙校. 營造法式合校本. 第三册. 彩畫作制度. 青綠疊暈棱間裝. 校注. 中華書局. 2018年

② ［宋］李誡，傅熹年校注. 合校本營造法式. 第429頁. 彩畫作制度. 青綠疊暈棱間裝. 注2. 中國建築工業出版社. 2020年

③ ［宋］李誡. 營造法式（陳明達點注本）. 第二册. 第86頁. 彩畫作制度. 青綠疊暈棱間裝. 批注. 浙江攝影出版社. 2020年

作'共'，依文義改作'其'。"①

梁注："這一段內所提到的'筍文'、柱身的碾玉裝、'四合如意頭'等等具體樣式和畫法均待考。"②另注："退暈、疊暈、合暈三者的區別待考。"③

這三個概念，在《法式》行文中反復穿插出現，似難以區分幾種做法間彼此的區別。

這段文字敘述的是將青綠棱間裝彩畫施于柱子與椽、飛上的一些做法。

[14.4.2.1]
柱上施青綠疊暈棱間裝

柱上施青綠疊暈棱間裝：若柱身之內，華文用筍文，也可用素綠，或碾玉裝做法。若柱頭，參考"五彩徧裝"中柱頭部位做法。這裏的"柱頭"指柱頭兩側額之入柱處。所繪內容爲四合青綠退暈如意頭。

若柱櫍，則作青暈蓮華。所繪蓮華，較大可能應采用"覆蓮"形式，或作五彩錦圖案，亦可作團窠、方勝及素地錦紋樣。

[14.4.2.2]
椽、飛上施青綠疊暈棱間裝

椽子部分：椽身爲素綠；椽頭圜面則作明珠或蓮華。

飛子部分：飛子正面，即飛子頭，用青綠疊暈做法；飛子兩側壁，則用素綠。

前文"五彩徧裝"有關椽、飛子部分的敘述，祇提到了大連檐立面；惟在這裏，同時提到"大小連檐"。與飛子頭做法一樣，大小連檐立面上，均施以青綠疊暈做法。

梁先生提到的"退暈、疊暈、合暈"之區別，仍需留待後來研究者深究。

施青綠疊暈棱間裝等房屋諸名件所用華文見表14.4.1。

施青綠疊暈棱間裝等房屋諸名件所用華文 表14.4.1

名件 ＼ 彩畫	青綠疊暈棱間裝、三暈棱間裝、三暈帶紅棱間裝				
枓栱之類	外棱用青疊暈	外棱用綠疊暈	緣道淺色在內	外棱青華、二青、大青	以墨壓深
	身內用綠疊暈	身內用青疊暈	身內淺色在外（兩暈棱間裝）	身內綠華、三綠、二綠、大綠	以草汁壓深
	若綠在外緣，不用三綠；若青在身內，更加三青				

① [宋]李誡，傅熹年校注. 合校本營造法式. 第429頁. 彩畫作制度. 青綠疊暈棱間裝. 注3. 中國建築工業出版社. 2020年
② 梁思成. 梁思成全集. 第七卷. 第270頁. 彩畫作制度. 青綠疊暈棱間裝. 注23. 中國建築工業出版社. 2001年
③ 梁思成. 梁思成全集. 第七卷. 第270頁. 彩畫作制度. 青綠疊暈棱間裝. 注24. 中國建築工業出版社. 2001年

名件＼彩畫	青綠疊暈棱間裝、三暈棱間裝、三暈帶紅棱間裝				
三暈棱間裝（外棱緣道）	用綠疊暈（淺在內）	次以青疊暈（淺在外）	當心用綠疊暈（深在內）		
三暈帶紅棱間裝（外棱緣道）	用青疊暈	次以紅疊暈（淺在外）	當心用綠疊暈	朱華粉、二朱、深紅	以紫礦壓深
	若外緣用綠		當心以青		
柱身內	筍文	素綠	碾玉裝		
柱頭	四合青綠退暈如意頭				
柱櫍	青暈蓮華	五彩錦	團窠素地錦	方勝素地錦	
椽身內	素綠				
椽頭	明珠	蓮華			
飛子正面	青綠退暈				
飛子兩旁	素綠				
大連檐	青綠退暈				
小連檐	青綠退暈				

【14.5】

解綠裝飾屋舍 解綠結華裝附

傅書局合校本注："解綠裝飾，據文義此法爲相間用青綠二色勾畫緣道，非專用綠緣，似應作'解緣裝'，緣、綠二字，字形相近，致誤。"[1]傅建工合校本，此標題仍爲"解綠裝飾屋舍"，并注："熹年謹按：故宮本、四庫本此條標題均作'解綠裝飾屋舍'，後附'解綠結華裝'，然《永樂大典》卷一八二四四第十二頁上所收《法式》此圖標題作'解緣裝名件'，其下注文曰'凡青綠並大青在外，青華在中，粉綫在內。凡綠緣並大綠在外，綠華在中，粉綠（線）在內'（丁本此圖標題亦與大典本圖相同，作'解緣裝名件'）。查文津閣四庫本《法式》卷第三十四，此圖標題雖作'解綠裝名件'，但其下注文曰'凡青綠並大青在外，青華在中，粉綠在內。凡綠緣並大綠在外，綠華在中，粉綠在內。'亦有一處作'緣'字。詳審此條文義，所解之緣道在構件邊緣，相鄰兩構件交替用青、綠二色，并非祇用綠色。大典本'凡青綠並大青在外，青華在中，粉綫在内’句即表明其特點，故其名似以作‘解緣裝’較‘解緑裝’爲妥，可更好界定此做法間用青緑爲緣道之特點。然目前祇有《永樂大典》和丁本此圖作‘解緣裝’。文津四庫本注中有一處作‘緣’字，證據尚不够充分，故暫未加改正，録此以供進一步探討。”①

梁注：“解緑裝飾的主要特徵是：除柱之外，所有梁、枋、枓、栱等構件，一律刷土朱色，而外棱用青緑疊暈緣道。與此相反，柱則用緑色，而柱頭、柱脚用朱。此外，還有在枓、栱、方、桁等構件的朱地上用青、緑畫華的，謂之‘解緑結華’。用這種配色的彩畫，在清代彩畫中是少見的。北京清故宮欽安殿内部彩畫，以紅色爲主，是與此類似的罕見的一例。

從本篇以及下一篇‘丹粉刷飾屋舍’的文義看來，‘解緑’的‘解’字應理解爲‘勾’——例如‘勾畫輪廓’或‘勾抹灰縫’的‘勾’。”②

梁先生此注，不僅詮釋了“解緑裝”之“解”字的本義，也對解緑裝、解緑結華裝的基本做法作了説明。若以“解”作“勾”解，則傅先生注認爲“緑”乃“緣”之誤，則“解緣”即“勾緣”，或更直白一點，“勾勒緣道”之意，則其意似更容易理解了。

〔14.5.1〕
枓栱、方桁等施解緑裝

解緑刷飾屋舍之制：應材、昂、枓、栱之類，身内通刷土朱；其緣道及鵟尾、八白等，並用青緑疊暈相間。 若枓用緑，即栱用青之類。**緣道疊暈，並深色在外，粉綫在内。** 先用青華或緑華在中，次用大青或大緑在外，後用粉綫在内。**其廣狹長短，並同丹粉刷飾之制；唯檐額或梁栿之類，並四周各用緣道，兩頭相對作如意頭。** 由額及小額並同。**若畫松文，即身内通刷土黄；先以墨筆界畫，次以紫檀間刷，** 其紫檀用深墨合土朱，令紫色。**心内用墨點節。** 栱、梁等下面用合朱通刷。又有於丹地内用墨或紫檀點簇六毬文與松文名件相雜者，謂之卓柏裝。

枓、栱、方、桁，緣内朱地上間諸華者，謂之解緑結華裝。

上文“並同丹粉刷飾之制”，梁注：“丹粉刷飾見下一篇。”③

上文“身内通刷土黄”，陶本：“身内通用土黄”，陳注：改“用”爲“刷”，并注：“刷，丁本。”④

其枓栱、方桁用解緑裝者，構件身内通刷土朱；外棱緣道，則用青緑疊暈相間施之。如枓用緑，則栱用青。這裏的“鵟尾、八白”，似爲彩畫圖案形式，似指鵟尾形圖案，及後文“丹粉刷飾屋

① [宋]李誡，傅熹年校注．合校本營造法式．第431頁．彩畫作制度．解緑裝飾屋舍．注1．中國建築工業出版社．2020年
② 梁思成．梁思成全集．第七卷．第270頁．彩畫作制度．解緑裝飾屋舍．注25．中國建築工業出版社．2001年
③ 梁思成．梁思成全集．第七卷．第270頁．彩畫作制度．解緑裝飾屋舍．注26．中國建築工業出版社．2001年
④ [宋]李誡．營造法式（陳明達點注本）．第二册．第87頁．彩畫作制度．解緑裝飾屋舍．批注．浙江攝影出版社．2020年

舍"條的"檐額或大額刷八白者"中的"八白"圖案等？亦即，若在方、桁中，有鸞尾或八白圖案處，其圖形之外緣道，與外棱緣道一樣，亦以青綠疊暈方式繪製。

外棱緣道青綠疊暈方式，一般采用深色在外、粉綫在内的做法：先用青華或綠華等淺色在中，然後其外用大青、大綠疊暈，内用粉綫進一步壓淺，以形成疊暈效果。緣道疊暈長短寬窄可參考下一節"丹粉刷飾"中的相應内容。

若除了枓、栱、方、桁棱間緣道外，其構件身内（即上文所稱的"緣内"），在遍刷朱色襯地上，間而繪以諸樣華文者，被稱爲"解綠結華裝"。此似即解綠裝的一種變通形式。

〔14.5.2〕
檐額、梁栿等施解綠裝

檐額（似應包括闌額、由額等）或室内梁栿，身内亦通刷朱，四周各用青綠疊暈緣道，兩頭繪作青綠疊暈如意頭。曲額與小額，不見于大木作制度表述，故未知其所指。可能是位于柱頭左右某種額方，當無疑。其彩畫形式，與檐額及室内梁栿同。

如果檐額、梁栿四周緣道處繪以松文，身内則通刷土黄。一般做法：先用墨筆，勾勒出松文圖案，再以紫檀筆，刷以間色。色用深墨與土朱相合，使其間色近紫。在土黄與青綠疊暈松文圖案間，間以紫色。松文當心，用墨點綴。松文，可能指松樹的枝葉紋樣，而非松木紋理。

無論栱，或梁栿（上文未提及枓、額）之下，即人仰視所能看到的底面，皆用合朱通刷。然後，在紅色襯地上，用墨或紫檀（紫色），點繪簇六毬文。這種簇六毬文與松文圖案相間而用者，稱"卓柏裝"。柏與松，意思接近。故"卓柏"者，似是通過簇六毬文圖案，將松（柏）文圖案反襯得更爲突出？

〔14.5.3〕
柱子與椽、榑上施解綠裝

柱頭及脚並刷朱，用雌黄畫方勝及團華，或以五彩畫四斜或簇六毬文錦。其柱身内通刷合綠，畫作筍文。 或祇用素綠。緣頭或作青綠暈明珠；若椽身通刷合綠者，其榑亦作綠地筍文或素綠。

上文小注"緣頭或作青綠暈明珠"之"緣頭"，陳注："'緣'應作'椽'"。[1] 傅書局合校本注：改"緣"爲"椽"[2]，即"椽頭或作青綠暈明珠"。

從其下文有"若椽身通刷合綠者"看，見地恰到。

① [宋]李誡. 營造法式（陳明達點注本）. 第二册. 第87頁. 彩畫作制度. 解綠裝飾屋舍. 批注. 浙江攝影出版社. 2020年

② [宋]李誡，傅熹年彙校. 營造法式合校本. 第三册. 彩畫作制度. 解綠裝飾屋舍. 校注. 中華書局. 2018年

解緑裝屋舍做法中，柱頭及柱脚皆刷爲朱色襯地，再用雌黄色繪出方勝或團華圖案；亦可用五彩裝畫法，繪出四斜或簇六毬文錦圖案。柱身之内通刷合緑爲襯地，再在其上繪筍文圖案。亦可將柱身通刷爲素緑色。

上文提到的"緣頭"，推測似爲"椽頭"之誤寫。其意似説，在解緑裝做法中，椽頭可以繪作"青緑暈明珠"，即將椽頭繪以青緑疊暈的明珠形式。這一形式，尤其適用于椽頭部位。

緊接之下文提到"椽身"。椽身若通刷合緑，其下承托屋椽諸根榑子，也可通刷爲緑色襯地，襯地上繪以筍文圖案。或在榑身上，用素緑刷飾。

〔14.5.4〕

額上（栱眼壁）壁内影作施解緑裝

凡額上壁内影作，長廣制度與丹粉刷飾同。身内上棱及兩頭亦以青緑疊暈爲緣，或作翻卷華葉。 身内通刷土朱，其翻卷華葉並以青緑疊暈。 **枓下蓮華並以青暈。**

關于額上壁内影作，梁注："南北朝時期的補間鋪作，在額上施叉手，其上安枓以承方（或桁）。叉手或直或曲，略似'人'字形。雲岡、天龍山石窟中都有實例；河南省登封會善寺的淨藏禪師塔，始建于唐天寶五年（746年），是現存最晚的實例。以後就没有這種做法了。這裏的影作，顯然就是把這種補間鋪作變成裝飾彩畫的題材，畫在栱眼壁上。它的來源是很明瞭的。"[1]

《法式》"彩畫作制度"中，除了在"華文九品"處及"丹粉刷飾"處提到了栱眼壁上的彩畫外，其他部分，主要談及的皆是枓栱、方桁、梁額、柱子、椽飛部分的彩畫繪製。但在解緑裝中，特別加入了"額上壁内影作"，以對栱眼壁中的彩畫加以描述。

闌額之上的栱眼壁内所繪影作，其長寬尺度，與下文述及之單粉刷飾中栱眼壁内影作長寬尺度一樣。其壁内影作（即後文"畫影作於當心"的補間鋪作形式）身内上棱及兩端，也要留出青緑疊暈緣道，或在緣道内繪製翻卷華葉圖案；其華葉也要以青緑疊暈方式繪製。影作身内，通刷土朱色。影作之枓下蓮華，亦用青緑疊暈方式繪製。

施解緑裝解緑結華裝屋舍諸名件所用色彩及華文見表14.5.1。

① 梁思成. 梁思成全集. 第七卷. 第270—217頁. 彩畫作制度. 解緑裝飾屋舍. 注27. 中國建築工業出版社. 2001年

彩畫 名件	身内通刷土朱，緣道并用青綠疊暈相間，謂之"解綠裝"； 緣内朱地上間諸華，謂之"解綠結華裝"				
材昂 料栱 之類	身内	通刷土朱			并同 丹粉刷飾制度
	緣道及 鴛尾、八白等	青、綠疊暈相間 若枓用綠，則栱用青	緣道疊暈 深色在外 粉綫在内	青華（綠華）在中 大青（大綠）在外 粉綫在内	丹地内用墨或 紫檀點簇六毬文 與松文名件相雜 謂之"卓柏裝"
檐額 梁栱 之類	四周各用緣道 栱、梁下用 合朱通刷	兩頭相對作如意頭 （由額、小額并同）	若畫松文 身内 通刷土黄	先以墨綫界畫 次以紫檀間刷 心内用墨點節	
柱頭 柱脚	并刷朱	用雌黄畫 方勝、團華	以五彩畫 四斜	以五彩畫 簇六毬文錦	
柱身内	通刷合綠	畫筍文			
	素綠	緣頭青綠暈明珠			
椽身	通刷合綠	其槫作綠地筍文 或素綠			
額上 壁内影作	身内上棱及兩頭 以青綠疊暈爲緣	或翻卷華葉	或身内通刷 土朱	其翻卷華葉 并以青綠疊暈	枓下蓮華 并以青暈

【14.6】
丹粉刷飾屋舍（黄土刷飾附）

丹粉刷飾屋舍之制：應材木之類，面上用土朱通刷，下棱用白粉闌界緣道，兩盡頭斜訛向下，**下面用黄丹通刷。**昂、栱下面及耍頭正面同。**其白緣道長、廣等依下項。**

梁注："用紅土或黄土刷飾，清代也有，祇用于倉庫之類，但都是單色，没有像這裏所規定，在有枓栱的、比較'高級'的房屋上也用紅土、黄土的，也没有用土朱、黄土、黑、白等色配合裝飾的。"[1]

這亦是從建築史的視角，對丹粉或黄土刷飾屋舍所作的分析。

丹粉，即紅色粉末狀顏料。宋代將作監下設有專司丹粉燒製機構。《宋史》："丹粉所，掌燒變丹粉，以供繪飾。"[2]丹粉似用鉛燒製，《宋史》提到："尚書省言：'徐禋以東南黑鉛留給鼓鑄之餘，悉造丹粉，鬻以濟用。'"[3]據清人筆記："方書金、銀、玉、石、銅、鐵，俱可入湯藥，惟錫不入。間用鉛粉，亦與錫異。錫白而鉛黑，且須鍛作

① 梁思成. 梁思成全集. 第七卷. 第271頁. 彩畫作制度. 丹粉刷飾屋舍. 注28. 中國建築工業出版社. 2001年

② [元]脱脱等. 宋史. 卷一百六十五. 志第一百一十八. 職官五. 將作監. 第3919頁. 中華書局. 1985年

③ [元]脱脱等. 宋史. 卷一百八十五. 志第一百三十八. 食貨下七. 阬冶. 第4529頁. 中華書局. 1985年

丹粉用之。"①未知黑色鉛粉如何鍛成紅色丹粉？

或因丹粉與黃土刷飾，在各種彩畫中所處等級較低，使用範圍亦最寬泛，故本段文字，所涉房屋各部分名件範圍最廣，名目最多，內容也最豐富。由此或可對宋代建築內外各部分的彩畫繪飾有一較爲全面的透視。

〔14.6.1〕
丹粉（黃土）刷飾之枓、栱等處

枓、栱之類： 栿、額、替木、叉手、托腳、駝峯、大連檐、搏風版等同。**隨材之廣，分爲八分，以一分爲白緣道。其廣雖多，不得過一寸；雖狹不得過五分。**

栱頭及替木之類， 綽幕、仰楷、角梁等同，**頭下面刷丹，於近上棱處刷白。鴛尾長五寸至七寸；其廣隨材之厚，分爲四分，兩邊各以一分爲尾。** 中心空二分。**上刷橫白，廣一分半。** 其要頭及梁頭正面用丹處，刷望山子。其上長隨高三分之二；其下廣隨厚四分之二；斜收向上，當中合尖。

上文"雖狹不得過五分"，梁注："即最寬不得超過一寸，最窄面不得小于五分。"②

上文小注"其上長隨高三分之二"，陶本："上其長隨高三分之二"，陳注："'上其'應作'其上'"。③

丹粉（黃土）刷飾枓、栱之類的構件（例如包括梁栿、闌額、替木、叉手、托腳、駝峯、大連檐、搏風版等構件），一般按照其構件材廣（即諸構件斷面高度）將其高分爲8分°，留出1分°之高爲白緣道（即不繪華文，僅有襯地之色的緣道）。這1分°高之緣道，即使在斷面較大的構件中，也不宜超過1寸；在斷面較小的構件中，不宜小于0.5寸。

栱頭，或替木（以及綽幕方、仰楷、角梁等），一般是在構件端頭下面，刷以丹粉，在接近上棱之處刷白，以形成鴛尾圖形。鴛尾長5寸至7寸；其寬由構件厚度（材厚）確定，即將構件厚度分爲4分°，構件沿厚度兩側，各留1分°爲鴛尾分叉之寬；中心空出2分°爲鴛尾分叉之空檔寬。鴛尾上橫刷白地，其寬1.5分°。

梁注："'仰楷'這一名稱在前面'大木作制度'中從來沒有提到過，具體是什麽？待考。"④

關于"仰楷"，據《康熙字典》釋"楷"："《唐韻》徒合切，音沓。柱上木也。……又曰楷。又《廣韻》他合切，《類篇》託合切，音塔。義同。"《法式》卷第五"大木作制度二·侏儒柱"中亦有："蜀柱下安合楷者，長不過梁之半。"未知仰楷是否即承托蜀柱之合楷？

① [清]陸以湉. 冷廬雜識. 卷二. 錫. 第86頁. 中華書局. 1984年
② 梁思成. 梁思成全集. 第七卷. 第271頁. 彩畫作制度. 丹粉刷飾屋舍. 注29. 中國建築工業出版社. 2001年
③ [宋]李誡. 營造法式（陳明達點注本）. 第二册. 第89頁. 彩畫作制度. 丹粉刷飾屋舍. 批注. 浙江攝影出版社. 2020年
④ 梁思成. 梁思成全集. 第七卷. 第271頁. 彩畫作制度. 丹粉刷飾屋舍. 注30. 中國建築工業出版社. 2001年

在要頭，或梁頭正面刷飾丹粉處，繪以望山子圖形。梁注："'望山子'具體畫法待考。"①

望山子上部長度是構件高度的2/3；下部寬度是構件厚度的2/4。推測，望山子略近山字形，兩側斜收向上，當中合頂爲尖。

這裏雖僅述及栱頭、替木、要頭、梁頭，但文中提及梁栿、闌額、叉手、托脚、駝峯、大連檐、搏風版、綽幕方、仰楂、角梁等，其刷丹粉，留白緣道，及端頭繪鸞尾等做法及尺寸比例，與上文所述相同。

〔14.6.2〕
丹粉（黃土）刷飾之檐額或大額

檐額或大額刷八白者，如裏面，**隨額之廣。若廣一尺以下者，分爲五分；一尺五寸以下者，分爲六分；二尺以上者，分爲七分，各當中以一分爲八白。**其八白兩頭近柱，更不用朱闌斷，謂之入柱白。**於額身內均之作七隔；其隔之長隨白之廣，**俗謂之七朱八白。

檐額或大額（疑即闌額），其上刷八白時，方法如額之裏側一樣，按照額之高度而定。若其高小于1尺，將其額之高分爲5份；若其高小于1.5尺，將其

額之高分爲6份；若其高超過2尺以上，將其額之高分爲7份。各以當中1份之寬，爲額上所刷"八白"的高度。八白兩頭，接近額兩端柱頭，且不用朱色闌斷，使白色與柱子相接，稱"入柱白"。如此，則其額身之內平均爲7個間隔，每個間隔長度，與所刷"八白"高度（白之廣）相同。這種彩畫做法，俗稱"七朱八白"。

〔14.6.3〕
丹粉（黃土）刷飾之柱子、椽、檁等

柱頭刷丹，柱脚同，**長隨額之廣，上下並解粉線。柱身、椽、檁及門、窗之類，皆通刷土朱。**其破子窗子桯及屏風難子正側並椽頭，並刷丹。**平闇或版壁，並用土朱刷版並桯，丹刷子桯及牙頭護縫。**

傅書局合校本注："牙頭護縫，此下疑有脫文，據《法式》卷第二十五，彩畫作功限，牙頭應抹綠或解染青綠，未知孰是？"②又注："故宮本、四庫本、張本均如此。"③傅建工合校本注："劉批陶本：此下疑有脫簡。據《法式》卷第二十五彩畫作功限，牙頭應抹綠或解染青綠，未審孰是？熹年謹按：故宮本、文津四庫本、張本均如此。"④

① 梁思成. 梁思成全集. 第七卷. 第271頁. 彩畫作制度. 丹粉刷飾屋舍. 注31. 中國建築工業出版社. 2001年
② [宋]李誡, 傅熹年彙校. 營造法式合校本. 第三冊. 彩畫作制度. 丹粉刷飾屋舍. 校注. 中華書局. 2018年
③ [宋]李誡, 傅熹年彙校. 營造法式合校本. 第三冊. 彩畫作制度. 丹粉刷飾屋舍. 校注. 中華書局. 2018年
④ [宋]李誡, 傅熹年校注. 合校本營造法式. 第435頁. 彩畫作制度. 丹粉刷飾屋舍. 注1. 中國建築工業出版社. 2020年

柱頭與柱脚，用丹粉刷飾；所刷丹粉長度，與柱頭兩側闌額高度（額之廣）相當。在所刷丹粉上下邊緣，用粉綫勾勒。柱身內，及椽子、檁子和門、窗之類，通刷土朱。土朱，即代赭石，色爲赭紅。《本草綱目》："時珍曰：赭，赤色也。代，即雁門也。今俗呼爲土朱、鐵朱。"①

破子窗，即破子櫺窗；子桯，即窗桯；難子，爲壓縫條；牙頭護縫，用于護版門、軟門等護蓋板縫的木條，其端部爲牙頭狀。如上文言，破子櫺窗四周子桯、屏風上難子，正、側兩面，刷以丹粉。同時需刷丹粉的，還有椽子頭。

室內吊頂處的平闇，或作爲隔墻用的版壁，其內嵌版及四周之桯，通刷土朱色。其子桯及牙頭護縫，刷以丹粉。

兩相比較，丹粉所飾部位，比土朱所飾之處顯要，且使用量較少。土朱則可用于較大面積構件上的紅色刷飾。

〔14.6.4〕

丹粉（黃土）刷飾之額上壁內影作

額上壁內，或有補間鋪作遠者，亦於栱眼壁內，**畫影作於當心。其上先畫料，以蓮華承之。**身內刷朱或丹，隔間用之。若身內刷朱，則蓮華用丹刷；若身內刷丹，則蓮華用朱刷；皆以粉筆解出華瓣。**中作項子，其廣隨宜。**至五寸止。**下分兩脚，長取壁內五分之三，**兩頭各空一分，**身內廣隨項，兩頭收斜尖向內五**

寸。**若影作華脚者，身內刷丹，則翻卷葉用土朱；或身內刷土朱，則翻卷葉用丹，**皆以粉筆壓棱。

丹粉（黃土）刷飾之"額上壁內影作"，與解綠裝飾屋舍一樣，是房屋闌額之上栱眼壁內所繪補間鋪作的影作。影作繪與闌額之上的壁內，若有補間鋪作，且彼此距離較遠，亦可在其栱眼壁內繪製。

額上所畫補間鋪作影作，繪于兩鋪作間當心。其上先畫料，料下用蓮華承托。蓮華下中間繪項子，項子寬與其上料子、蓮華尺寸相隨宜。項子下，分爲兩脚，略近古之"人"字栱形態。兩脚所跨長度，取栱眼壁內空檔距離的3/5。兩脚兩端，各留出空檔距離的1/5爲空隙。兩脚身內寬，隨項子寬度定，兩脚兩頭各收爲斜尖狀，并向內收入0.5尺。

若壁內影作兩脚，繪爲華脚，則其身內刷以丹粉，華脚之翻卷葉刷以土朱；或華脚身內刷土朱，翻卷葉刷丹粉。兩種情況，都要用粉綫，勒壓邊棱。

〔14.6.5〕

丹粉（黃土）刷飾之一般規則

若刷土黃者，制度並同。唯以土黃代土朱用之。其影作內蓮華用朱或丹，並以粉筆解出華瓣。

① [明]李時珍. 本草綱目. 石部第十卷. 石之四（石類下四十種）. 代赭石（《本經》下品）

若刷土黃解墨緣道者，唯以墨代粉刷緣道。其墨緣道之上，用粉線壓棱。亦有栱、栱等下面合用丹處皆用黃土者，亦有祇用墨緣，更不用粉線壓棱者，制度並同。其影作內蓮華，並用墨刷，以粉筆解出華瓣；或更不用蓮華。

凡丹粉刷飾，其土朱用兩遍，用畢並以膠水攏罩。若刷土黃則不用。若刷門、窗，其破子窗子桯及護縫之類用丹刷，餘並用土朱。

上文小注"其破子窗子桯及護縫之類"，陶本："其破子窗子桯及影縫之類"。傅書局合校本注：在"破子"後加"櫺"，并注："櫺，疑奪'櫺'字，然所在皆是，或省稱'破子窗'歟。"[1]又注：改"影縫"爲"護縫"。[2]傅建工合校本注："劉批陶本：諸本作'影'，依文義應爲'護'。"[3]

土朱做法同樣適用于刷土黃，祇是以土黃代替土朱即可。其額上壁內影作中的蓮華，仍用土朱或丹粉繪製，并用粉色筆勾勒出蓮華葉瓣。

如果刷土黃，用墨壓緣道時，則以墨代替粉來刷緣道。在刷繪好的墨緣道上，用粉綫壓其邊棱。也有在梁栱，或栱下，原本應該用丹粉處，若改用刷黃土時，可以祇用墨刷緣道，且其緣道不用粉綫壓棱。具體做法，與用丹粉等時做法一樣。其額上壁內影作中所繪蓮華，也要用墨刷，并用粉色筆觸勾勒出華瓣。其影作內亦可不繪蓮華。

凡上文提到用丹粉刷飾之處，相應之用土朱處，亦要刷飾兩遍；刷畢，要將刷丹粉處與刷土朱處，用膠水攏罩一遍。若以土黃代刷土朱處，則不用膠水攏罩。此外，若刷飾門、窗，則破子櫺窗的子桯及護縫（難子）等處，宜用丹粉刷飾，其餘部分則用土朱刷飾。

丹粉黃土刷飾屋舍諸名件所用色彩見表14.6.1。

丹粉黃土刷飾屋舍諸名件所用色彩　　　　　　　　　　　　　　　　　　　表14.6.1

名件 ＼ 彩畫			
	應材木之類，面上用土朱通刷，下棱用白粉闌界緣道，兩盡頭斜訛向下，下面用黃丹通刷。昂、栱下面及耍頭正面同		
其白緣道	枓、栱之類（栿、額、替木、叉手、托腳、駞峯、大連檐、搏風版等同） 隨材之廣，分爲8分，以1分爲白緣道。廣不過1寸，狹不過0.5寸		上刷橫白，廣一分半
	栱頭、替木之類（綽幕、仰楂、角梁等同） 頭下面刷丹，近上棱處刷白。鴟尾長5—7寸； 其廣隨材之厚，分爲4分，兩邊各以1分爲尾，中心空2分		
耍頭 梁頭	正面用丹處，刷望山子。其上長隨高2/3；其下廣隨厚2/4； 斜收向上，當中合尖		

① [宋]李誡，傅熹年彙校. 營造法式合校本. 第三册. 彩畫作制度. 丹粉刷飾屋舍. 校注. 中華書局. 2018年

② [宋]李誡，傅熹年彙校. 營造法式合校本. 第三册. 彩畫作制度. 丹粉刷飾屋舍. 校注. 中華書局. 2018年

③ [宋]李誡，傅熹年校注. 合校本營造法式. 第435頁. 彩畫作制度. 丹粉刷飾屋舍. 注2. 中國建築工業出版社. 2020年

彩畫　名件	應材木之類，面上用土朱通刷，下棱用白粉闌界緣道，兩盡頭斜訛向下. 下面用黃丹通刷。 昂、栱下面及要頭正面同	
檐額 大額	刷八白者，如裹面. 隨額之廣（七朱八白） 廣1尺以下，分爲5分；1.5尺以下，分爲6分；2尺以上，分爲7分。 各當中以1分爲八白；額身內均之作七隔；其長隨白之廣	八白兩頭入柱（不用朱闌斷） 入柱白
柱頭	長隨額之廣，上下並解粉線	柱脚同
柱身、 椽、檁 門窗之類	皆刷土朱。 破子窗子桯及屏風難子正側并椽頭，并刷丹； 平闇、版壁，并用土朱刷版并桯，丹刷子桯及牙頭護縫	平闇 版壁
額上壁內 或 補間鋪作遠者	畫影作于當心。 其上先畫枓，以蓮華承之；身內刷朱或丹，隔間用之。 若身內刷朱，蓮華用丹；身內刷丹，蓮華用朱。 皆以粉筆解出華瓣。 若影作華脚者，身內刷丹，翻卷葉用土朱； 或身內刷丹，翻卷葉用丹，皆以粉筆壓棱	中作項子， 其廣隨宜 （至5寸止） 下分兩脚， 長取壁內3/5； 兩頭各空1分； 兩頭收斜尖， 向內5寸
	若刷土黃者，制度并同，唯以土黃代朱用之。 其影作內蓮華用朱或丹，并以粉筆解出華瓣	
	若刷土黃解墨緣道者，唯以墨代刷緣道。 其墨緣道之上，用粉綫壓棱。 栿、栱之下合用丹處用黃土，祇用墨綠，不用粉綫壓棱； 其影作內蓮華，并用墨刷，以粉筆解出華瓣；不用蓮華	丹粉刷飾，土朱兩遍，以膠水攏罩； 若刷黃土則不用
門、窗	破子櫺窗子桯及護縫之類用丹刷	餘并用土朱

【14.7】
雜間裝

雜間裝之制：皆隨每色制度，相間品配，令華色鮮麗，各以逐等分數爲法。

五彩間碾玉裝。 五彩徧裝六分，碾玉裝四分。

碾玉間畫松文裝。 碾玉裝三分，畫松裝七分。

青綠三暈棱間及碾玉間畫松文裝。 青綠三暈棱間裝三分，碾玉裝二分，畫松裝四分。

畫松文間解綠赤白裝。 畫松文裝五分，解綠赤白裝五分。

畫松文卓柏間三暈棱間裝。 畫松文裝六分，三暈棱間裝一分，卓柏裝二分。

上文小注"碾玉裝二分"，陳注：改"二"爲"三"，并注："三，竹本。"① 傅書局合校本注：改"二分"爲"三分"，并注："三，故宮本"。② 又上文小注"三暈棱間裝一分"，陳注："二，竹本"。③ 傅書局合校本注："一分"爲"二分"。④

① [宋]李誡. 營造法式（陳明達點注本）. 第二册. 第92頁. 彩畫作制度. 雜間裝. 批注. 浙江攝影出版社. 2020年
② [宋]李誡，傅熹年彙校. 營造法式合校本. 第三册. 彩畫作制度. 雜間裝. 校注. 中華書局. 2018年
③ [宋]李誡. 營造法式（陳明達點注本）. 第二册. 第92頁. 彩畫作制度. 雜間裝. 批注. 浙江攝影出版社. 2020年
④ [宋]李誡，傅熹年彙校. 營造法式合校本. 第三册. 彩畫作制度. 雜間裝. 校注. 中華書局. 2018年

梁注："這些用不同華文'相間匹配'的雜間裝，在本篇中雖然開出它們搭配的比例，但具體做法，我們就很難知道了。"①

雜間裝，意爲色彩相雜而間裝之。《荀子》："衣被則服五采，雜間色，重文繡，加飾之以珠玉。"②又《太平御覽》引《孫卿子》："天子至尊重無上矣。衣被則五彩，雜間色，重文繡，加飾之以珠玉。"③其意是説，天子之衣被，應用五彩，并雜以相間之色。

一般規則，依據每色既有制度，彼此間相間匹配；爲使華色鮮麗，要以各色制度在其中所占不同比例爲則。《法式》給出了幾種雜間裝各色制度的匹配比例。

〔14.7.1〕
五彩間碾玉裝

即由五彩徧裝與碾玉裝兩種彩畫作制度相間品配而成的房屋裝飾彩畫。其中五彩徧裝占全房屋彩畫量的60%，碾玉裝占全房屋彩畫量的40%。

〔14.7.2〕
碾玉間畫松文裝

畫松文裝，疑以松樹紋樣爲主要題

材的彩畫裝飾。《法式》中，有幾處涉及畫松文裝：（1）解綠裝飾屋舍，有在檐額與梁栿四周緣道上畫松文裝（栱梁下似亦有與畫松文名件相雜處）；（2）解綠赤白及解綠結華裝屋舍，畫松文亦同；（3）兩暈棱間內有畫松文裝名件處。

"松文"的詞義有二：其一，以松樹枝葉爲題材的華文；其二，松文，爲一種刀劍名稱。《夢溪筆談》："魚腸即今蟠鋼劍也，又謂之松文。取諸魚燔熟，褫去脅，視見其腸，正如今之蟠鋼劍文也。"④又《夷堅志》："又在荆南寄信，但言我今番帶去松文劍一口。"⑤可知"松文"爲刀劍上一種類似魚腸的紋飾。

然而，《法式》卷第三十四，有"兩暈棱間內畫松文裝名件第十五"圖樣，圖中所繪松文，似三葉松針形式的圖案。或可認定，《法式》所言"松文"，是松樹枝葉，即松針，而非古人刀劍上之紋飾。

碾玉間畫松文裝，爲碾玉裝與畫松文裝兩者相間品配而成之彩畫。其中碾玉裝在全屋彩畫中的占比30%，畫松文裝在全屋彩畫中占比70%。

〔14.7.3〕
青綠三暈棱間及碾玉間畫松文裝

這是一種三品彩畫相互匹配的彩畫裝飾，由青綠三暈棱間裝、碾玉裝與畫

① 梁思成. 梁思成全集. 第七卷. 第272頁. 彩畫作制度. 雜間裝. 注32. 中國建築工業出版社. 2001年
② 梁啓雄. 荀子簡釋. 第十八篇. 正論. 第243頁. 中華書局. 1983年
③ [宋]李昉等. 太平御覽. 卷七百七. 服用部九. 被. 第3152頁. 中華書局. 1960年
④ [宋]沈括. 夢溪筆談. 卷十九. 器用. 第144頁. 大象出版社. 2019年
⑤ [宋]洪邁. 夷堅志. 夷堅志補卷第十三. 韓小五郎. 第145頁. 大象出版社. 2019年

松文裝，三者相間品配而成之。其中青綠三暈棱間在全屋彩畫中占比30%；碾玉裝占比20%；畫松文裝占比40%。

《法式》這裏可能出現一點訛誤：從行文看，三種彩畫各自所占比例總和，并非整座房屋全部彩畫內容。很可能其行文中提到的某種彩畫，在全屋彩畫中所占比例有誤？例如，本段上文小注"碾玉裝二分"實爲"碾玉裝三分"之誤，陳、傅先生均加以更正。則這裏的情況很可能與上文一樣，是將"碾玉裝三分"誤抄爲"碾玉裝二分"，若將其更正，則其各裝彩畫的比例，恰好可以相互匹配。

抑或其文未錯而另有他因？例如，從所有需畫彩畫部位，留出約10%，不作彩繪處理，僅留襯地之色？未可知。

〔14.7.4〕
畫松文間解綠赤白裝

畫松文裝與解綠赤白裝兩者相間品配。這裏兩種彩畫在全屋彩畫中的比例，各爲50%。相信這是一種較易繪製、品級較低的彩畫搭配方式，可能用於等級較低的廊屋、餘屋、散屋等房舍。

〔14.7.5〕
畫松文卓柏間三暈棱間裝

畫松文卓柏間，應是兩品彩畫，一是畫松文裝，二是畫卓柏裝。《法式》中除了在"彩畫作制度·雜間裝"中提到"卓柏裝"外，在"諸作功限二·彩畫作"也提到："解綠赤白，廊屋、散舍、華架之類，……若間結華或卓柏，……"之語。可知"卓柏"做法，略近"結華"，即在解綠赤白彩畫基礎上，間以華文或卓柏。"卓柏"，似以柏樹枝葉爲紋飾的彩畫品類。

這裏當是畫松文裝、三暈棱間裝、卓柏裝三者相間品配而成的房屋裝飾彩畫。其中，從陶本原文看，其畫松文裝，在全屋彩畫中占比60%；三暈棱間裝，在全屋彩畫中占比10%；卓柏裝，在全屋彩畫中占比20%。但其中的行文"三暈棱間裝一分"，陳先生與傅先生皆改爲："三暈棱間裝二分"，則其占比爲20%，恰好與其他彩畫比例相匹配。

〔14.7.6〕
彩畫作雜間裝一般規則

凡雜間裝以此分數爲率，或用間紅青綠三暈棱間裝與五彩徧裝及畫松文等相間裝者，各約此分數，隨宜加減之。

其意是説，凡采用不同彩畫類型相間品配而成的雜間裝彩畫，要以如上所列各自在全屋彩畫中所占比例爲標準配置。若是以紅青緑三暈棱間裝與五彩徧裝及畫松文裝等彩畫，相間品配者，亦可參照如上比例關係，隨宜加減幾種彩畫各自所占比重，而確定之。

雜間裝各色制度相間品配比例見表14.7.1。

雜間裝各色制度相間品配比例　　　　　　　　　　　表14.7.1

雜間裝	五彩徧裝 三棱棱間裝	碾玉裝	畫松文裝	解緑赤白裝 卓柏裝
五彩間碾玉裝	五彩徧裝六分	碾玉裝四分		
碾玉間畫松文裝		碾玉裝三分	畫松裝七分	
青緑三暈棱間及 碾玉間畫松文裝	青緑三暈棱間裝三分	碾玉裝二分	畫松裝四分	
畫松文間解緑赤白裝			畫松文裝五分	解緑赤白裝五分
畫松文卓柏 間三暈棱間裝	三暈棱間裝一分		畫松文裝六分	卓柏裝二分

【14.8】
煉桐油

煉桐油之制：用文武火煎桐油令清，先煠膠令焦，取出不用，次下松脂攪，候化；又次下研細定粉。粉色黃，滴油於水内成珠；以手試之，黏指處有絲縷，然後下黃丹。漸次去火，攪令冷，合金漆用。如施之於彩畫之上者，以亂線揩捩用之。

梁注：“煠，音‘萛’（yè），把物品放在沸油裏進行處理。”[1]

桐油，疑爲古人調漆時所用的溶液。《本草綱目》：“時珍曰：今人貨漆，多雜桐油，故多毒。”[2]

從上文看，這裏所煉桐油，是爲調“合金漆用”。似也可用桐油調合其他顔色，施于彩畫。如《法式》卷第二十七“諸作料例二·彩畫作”：“應刷染木植，每面方一尺，各使下項：……熟桐油，一錢六分。若在闇處不見風日者，加十分之一。”可知，彩畫刷繪過程，需加入少量熟桐油。繪製過程，還需用亂線將桐油揩捩均勻而用之。

桐油煉製方式如上文，先用微（文）火與强（武）火煎桐油，使其變得清凈一些，將膠放入油中；膠變焦後，將其取出

---

① 梁思成. 梁思成全集. 第七卷. 第272頁. 彩畫作制度. 煉桐油. 注33. 中國建築工業出版社. 2001年

② [明]李時珍. 本草綱目. 木部第三十五卷上. 木之二（喬木類五十二種）. 漆（《本經》上品）

不用。然後，在油中放入松脂，并攪動之，使松脂化于油中。再向油中放入經過研磨的細粉。其粉爲黄色，目的是使油"定"之。這時，取少許油滴入水中，使成油珠狀。以手試其油珠，若在黏指處有絲縷，則向油中再下黄丹。漸漸消去煎油之火，攪動熟油，使其變冷。這樣就可以用來調合金漆而用之。

其過程中，向油中所加黄色細粉及黄丹等，除調製桐油成分外，還有增添黄色，使之與其後所調金漆，在色調上達成統一。

第15章

《營造法式》卷第十五

塼作制度、窰作制度

營造法式卷第十五

通直郎管修蓋皇弟外第專一提舉修蓋班直諸軍營房等臣李誡奉

聖旨編修

【15.0】
本章導言

磚（塼）、瓦作爲一種依靠土質材料燒製而成的建築材料，在歷史上出現得很早。中國人有所謂"秦磚-漢瓦"之説，其意似言，秦代出現了磚，漢代出現了瓦。這一説法其實不够準確，因爲出于房屋對防雨的需求，瓦的出現很可能早于秦漢時期。

上古時期建築，在材料上的最重要突破之一，就是屋瓦的出現與使用。有資料證明，由黏土塑形，并入窑燒製而成的陶器，或稱"瓦器"，其產生年代由來已久。依現代考古，早在距今5000年前的仰韶文化時期，就已出現各種原始的彩陶器物。從文獻上推知，古人很早就熟悉瓦的製作，《禹貢説斷》云："考工記，用土爲瓦，謂之搏埴之工。是埴爲黏土，故土黏曰埴。"[①]其意是説，瓦，或瓦器，是由黏土燒製而成的。

以考古發掘和史料發現，似可證明陶製器物的出現，比用于覆蓋房屋頂部的屋瓦出現得要早。最初的陶器，主要是實用性的，如上古之人强調儉約，所謂"不存外飾，處坎以斯，雖復一樽之酒，二簋之食，瓦缶之器，納此至約，自進於牖，乃可羞之於王公，薦之於宗廟，故終無咎也。"[②]所謂"缶"，指盛酒的瓦器。這裏説的是舉行祭祀之禮時，祭祀者的道德表現與其所求未來吉兇間之關係。同時也知，古人將"不存外飾"的陶簋瓦缶之器作爲祭祀禮器這一做法，看作"至約"之禮。

上古時期，瓦器還可作爲棺椁，以藏納死者屍骨。《周易正義》提到："《禮記》云，'有虞氏瓦棺。'"[③]《禮記正義》爲"有虞氏瓦棺，夏后氏堲周。"作注："火熟曰堲，燒土冶以周於棺也。或謂之土周，由是也。……何云：'冶土爲塼，四周於棺。'"[④]其意是説，"燒土爲塼，四周於棺"的做法，早在夏代時就已出現。

古人還用瓦甓砌水井内壁。《漢上易傳》釋易卦："古者甃井爲瓦裏，自下達上。"[⑤]這裏用來壘井之"瓦"，很可能是"塼"的某種早期形式。《周易正義》爲"井甃，無咎"作疏："子夏《傳》曰：'甃亦治也，以塼壘井，脩井之壞，謂之爲甃。'"[⑥]子夏是春秋時人，可知春秋時已有用塼甃砌井壁的做法。

《爾雅注疏》："瓴甋謂之甓。甌塼也。今江東呼瓴甓。瓴，靈。甋，的。甓，蒲覓切。今江東呼甓爲瓴。[疏]'瓴甋謂之甓'。釋曰：瓴甋一名甓。郭云：'甋塼也。今江東呼瓴甓。'"[⑦]另清人《訂譌類編》："甓。瓴甋也。長門賦注。江東呼甓爲瓴甋。"[⑧]可知，江南地區磚的燒製與應用的歷史也很悠久。

至遲在春秋時期，就已出現用瓦覆蓋

---

① [清]阮元校刻. 十三經注疏. 尚書正義. 卷第六. 夏書. 禹貢. 第311頁. 中華書局. 2009年

② [清]阮元校刻. 十三經注疏. 周易正義. 卷第三. 坎. 第86頁. 中華書局. 2009年

③ [清]阮元校刻. 十三經注疏. 周易正義. 卷第八. 繫辭下. 第181頁. 中華書局. 2009年

④ [清]阮元校刻. 十三經注疏. 禮記正義. 卷第六. 檀弓上第三. 第2762頁. 中華書局. 2009年

⑤ [宋]朱震. 漢上易傳. 下經夬傳第五. 井. 巽下坎上. 第290頁. 中華書局. 2020年

⑥ [清]阮元校刻. 十三經注疏. 周易正義. 卷第五. 井. 第123頁. 中華書局. 2009年

⑦ [清]阮元校刻. 十三經注疏. 爾雅注疏. 卷第五. 釋宮第五. 第5651頁. 中華書局. 2009年

⑧ [清]杭世駿. 訂譌類編. 卷六. 雜物譌. 甓是甋. 第239頁. 中華書局. 2006年

屋頂的做法。據《春秋左傳》魯隱公八年（公元前715年）："秋七月庚午，宋公、齊侯、衞侯盟於瓦屋。"[①]《春秋左傳正義》疏曰："齊侯尊宋，使主會，故宋公序齊上，瓦屋，周地。"[②]可知，這裏的"瓦屋"，似指周天子所轄區域的一個地名，但這一地名也反映出，在此地有一座用瓦覆蓋屋頂的宮室。由此至少透露了兩個信息：第一，在公元前8世紀，已有用瓦葺蓋屋頂的房屋；第二，這一時期，以瓦爲頂的房屋十分稀少，纔會出現以"瓦屋"作爲地名來稱謂的做法。

春秋戰國時期，瓦頂房屋已較多見，《史記》載晉平公時（公元前557—前532年），因平公好音樂，請師曠彈奏悲苦之音，"師曠不得已，援琴而鼓之。一奏之，有白雲從西北起；再奏之，大風至而雨隨之，飛廊瓦，左右皆奔走。平公恐懼，伏於廊屋之間。"[③]這時的連廊上亦用瓦覆蓋，則主要殿堂上用瓦，應是較爲普遍之事。

墨子時期城門上的門樓屋，亦采用了瓦頂。《墨子》："城百步以突門，突門各爲窋窐，竇入門四五尺，爲亓門上瓦屋，毋令水潦能入門中。"[④]即春秋時期的城牆，已設防禦性突門，門上設瓦屋，大約相當于後世城牆上的敵樓。《史記》亦載戰國秦趙戰爭時，"秦軍軍武安西，秦軍鼓噪勒兵，武安屋瓦盡振。"[⑤]其時約是趙惠文王在位期間（公元前298—前266年）。

古人將陶器的始創，歸在昆吾名下，并將瓦屋營造，視作追求奢侈的象徵。《呂氏春秋》："奚仲作車，蒼頡作書，后稷作稼，臯陶作刑，昆吾作陶，夏鯀作城。"[⑥]昆吾可能是夏代人。以《史記》："桀爲瓦室，紂爲象郎。"其注："案《世本》曰：'昆吾作陶'。張華《博物記》亦云：'桀作瓦，蓋是昆吾爲桀作也。'"[⑦]則昆吾與夏桀疑爲同時代人。

【15.1】
塼作制度

〔15.1.1〕
用塼

《法式》中"塼作制度"的核心是如何根據房屋不同等級用塼，其文用一個專門條目，對宋代建築"塼作制度"中的"用塼"規則加以了規定。

［15.1.1.1］
用塼之制

殿閣、廳堂、亭榭、行廊、散屋等用塼

用塼之制：

殿閣等十一間以上，用塼方二尺，厚三寸。

① [清]阮元校刻. 十三經注疏. 春秋左傳正義. 卷第四. 八年. 第3762頁. 中華書局. 2009年
② [清]阮元校刻. 十三經注疏. 春秋左傳正義. 卷第四. 八年. 第3762頁. 中華書局. 2009年
③ [漢]司馬遷. 史記. 卷二十四. 樂書第二. 第1236頁. 中華書局. 1982年
④ [清]孫詒讓. 墨子閒詁. 卷十四. 備突第六十一. 第52頁. 中華書局. 2001年
⑤ [漢]司馬遷. 史記. 卷八十一. 廉頗藺相如列傳第二十一. 第2445頁. 中華書局. 1982年
⑥ [秦]呂不韋編. 呂氏春秋集釋. 卷第十七. 審分覽第五. 君守. 第443頁. 中華書局. 2009年
⑦ [漢]司馬遷. 史記. 卷一百二十八. 龜策列傳第六十八. 第3226頁. 中華書局. 1982年

殿閣等七間以上，用塼方一尺七寸，厚二寸八分。

殿閣等五間以上，用塼方一尺五寸，厚二寸七分。

殿閣、廳堂、亭榭等，用塼方一尺三寸，厚二寸五分。 以上用條塼，並長一尺三寸，廣六寸五分，厚二寸五分。如階脣用壓闌塼，長二尺一寸，廣一尺一寸，厚二寸五分。

行廊、小亭榭、散屋等，用塼方一尺二寸，厚二寸。 用條塼長一尺二寸，廣六寸，厚二寸

梁注："'塼作制度'和'窰作制度'内許多磚、瓦以及一些建築部分，我們繪了一些圖樣予以説明，還將各種不同的規格，不同尺寸的磚瓦等表列以醒眉目，但由于文字敘述不夠準確、全面，其中有許多很不清楚的地方，我們祇能提出問題，以請教于高明。"[1]

徐注："關于磚、窰兩作制度圖釋和磚、瓦規格表格没有來得及繪製。"[2]

上文"殿閣等五間以上"條，"厚二寸七分"之"七"，陳注："五，竹本"。[3]

北宋時所用的磚，尺寸上隨房屋等級與開間的不同而有所差別。這裏給出5種不同等級及相應的用塼尺寸：

第一等級，用于開間11間以上的大型殿閣，用塼尺寸最大：方2尺，厚0.3尺。

第二等級，用于開間7間以上（包括9開間）的較大殿閣，用塼尺寸：方1.7尺，厚0.28尺。

第三等級，用于開間5間以上的中等規模殿閣，用塼尺寸：方1.5尺，厚0.27尺。

第四等級，用于開間小于5間的規模較小的殿閣，如3開間殿閣，及等級較低、不同開間的廳堂與亭榭。用塼尺寸：方1.3尺，厚0.25尺。

第五等級，廊子、小亭榭及散屋，用塼尺寸最小：方1.2尺，厚0.2尺。

除這5種方塼外，建築物中還可能用到另外三種長方形條塼：

（1）第一到第四等級殿閣所用的條塼：《法式》上文小注"以上用條塼，並長一尺三寸，廣六寸五分，厚二寸五分。如階脣用壓闌塼，長二尺一寸，廣一尺一寸，厚二寸五分。"

即無論是高等級，還是中、低規模的殿閣，及廳堂、亭榭建築，所用條塼均爲長1.3尺、寬0.65尺、厚0.25尺的長方形塼。這種條塼，恰爲第四等級房屋所用方塼的"半塼"尺寸。

（2）在較大體量房屋之臺基或踏階邊緣，即"階脣"位置，用長2.1尺、寬1.1尺、厚0.25尺的長方形條塼。這種用于臺階邊緣的條塼，稱"壓闌塼"。

① 梁思成. 梁思成全集. 第七卷. 第273—274頁. 塼作制度. 小標題. 注1. 中國建築工業出版社. 2001年

② 梁思成. 梁思成全集. 第七卷. 第274頁. 塼作制. 小標題. 腳注1. 中國建築工業出版社. 2001年

③ [宋]李誡. 營造法式（陳明達點注本）. 第二册. 第96頁. 塼作制度. 用塼. 批注. 浙江攝影出版社. 2020年

（3）廊子、小亭榭及散屋等低等級
房屋，若用條塼，依《法式》上文小
注"用條塼長一尺二寸，廣六寸，厚二寸。"這種條
塼，恰爲第五等級房屋所用方塼的"半
塼"尺寸。

[15.1.1.2]

城壁用塼

城壁所用走趄塼，長一尺二寸，面廣五寸
五分，底廣六寸，厚二寸。趄條塼，
面長一尺一寸五分，底長一尺二寸，
廣六寸，厚二寸。牛頭塼，長一尺三
寸，廣六寸五分，一壁厚二寸五分，
一壁厚二寸二分。

梁注："本篇'用塼之制'，主
要規定方塼尺寸，共五種大小，條
塼祇有兩種，是最小兩方塼的'半
塼'。下面各篇，除少數指明用條
塼或方塼者外，其餘都不明確。至
于城壁所用三種不同規格的磚，用
在何處，怎麼用法，也不清楚。"[1]

又注："趄，音疽（ju），或音
且（qie）。"[2]

用于城牆壁上的三種磚：走趄塼、趄

條塼與牛頭塼。這裏的"趄"，意爲"傾
斜"。從形狀看，走趄塼是一種在寬度方
向上，上下面不同，面狹底寬，側面爲傾
斜狀的楔形磚。長1.2尺，上面寬0.55尺，
底面寬0.6尺，厚0.2尺。趄條塼則爲在長
度方向上，上下面不同，頂面長1.15尺，
底面長1.2尺，寬0.6尺，厚0.2尺的楔形
磚。牛頭塼，也是一種異形磚，左右兩側
厚度不同，其長1.3尺，寬0.65尺，一側厚
度爲0.25尺，另一側厚度爲0.22尺。

似可推測，這三種城壁磚，可能是隨
城牆傾斜角度而砌築之磚。走趄塼與趄條
塼厚度相同，應是砌置于一個層面上，且
走趄塼長度與趄條塼底面長度相同。牛頭
塼在長、寬、厚三個維度上，比走趄塼與
趄條塼尺寸都要大一些。三者似因縱橫交
錯的砌築位置不同而有所區別。

因宋代用塼實例，尤其是城牆遺存
極爲罕見，對于上文描述的用塼之制，
特別是幾種城壁磚的定義及用法，梁先
生采取了極慎重的態度。需補充一點，
其注中未提到另外一種尺寸較大的條
塼——壓闌塼。壓闌塼與石作制度的壓
塼石在使用功能與位置上較爲接近。

主要用塼尺寸一覽見表15.1.1。

主要用塼尺寸一覽 表15.1.1

用塼位置	用塼	長（尺）	寬（尺）	厚（尺）	備注
殿閣等十一間以上	方塼（一等）	2	2	0.3	疑用爲地面塼
殿閣等七間以上	方塼（二等）	1.7	1.7	0.28	疑用爲地面塼

① 梁思成. 梁思成全集. 第七卷. 第274頁. 塼作制
度. 用塼. 注2. 中國建築工業出版社. 2001年

② 梁思成. 梁思成全集. 第七卷. 第274頁. 塼作制
度. 用塼. 注3. 中國建築工業出版社. 2001年

用塼位置	用塼	長（尺）	寬（尺）	厚（尺）	備注
殿閣等五間以上	方塼（三等）	1.5	1.5	0.27	疑用爲地面塼
殿閣、廳堂、亭榭等	方塼（四等）	1.3	1.3	0.25	疑用爲地面塼
以上建築	條塼	1.3	0.65	0.25	如上方塼之半塼
以上建築的階屑	壓闌塼（條塼）	2.1	1.1	0.25	殿閣、廳堂、亭榭等臺基階屑
行廊、小亭榭、散屋等	小方塼（五等）	1.2	1.2	0.2	行廊、小亭榭、散屋等地面塼
以上建築	條塼	1.2	0.6	0.2	如上小方塼之半塼
城壁用走趄塼	楔形條塼	1.2	（面）0.55 （底）0.6	0.2	用法不詳
城壁用趄條塼	楔形條塼	（面）1.15 （底）1.2	0.6	0.2	用法不詳
城壁用牛頭塼	楔形條塼	1.3	0.65	（一側）0.25 （另一側）0.22	用法不詳

〔15.1.2〕

壘階基_{其名有四：一曰階，二曰陛，三曰陔，四曰墒}

《法式》"塼作制度·壘階基"給出了古人有關房屋階基的4種名稱：

（1）階。"階基"之意，如殿階基，或廳堂階基等，相當于殿閣或廳堂的臺基。

（2）陛。《法式》"總釋下·階"："《説文》：除，殿階也。階，陛也。"可知，陛，即階，亦即殿閣或廳堂之臺基。

（3）陔。《法式》"總釋下·階"："陔，階次也。"又"殿階次序謂之陔。"則陔，爲殿階次序，是不同層級的殿階。

（4）墒。《法式》"總釋下·階"："除謂之階；階謂之墒。"墒，亦爲階之意。

此外，《法式》提到陛、除、城、阼、岰（岂）等與"階"意思相近的術語，如"總釋下·階"："《義訓》：殿基謂之陛_{音堂}……階下齒謂之城_{七仄切}。東階謂之阼。霤外砌謂之岰。"這些術語是古人對殿閣或廳堂臺基不同部分的一些稱謂，如"陛"即殿基，"城"爲登階之踏步（齒）；"阼"爲登階之東側踏階，亦稱"主階"。

岰，這裏説是"霤外砌"。"霤"爲屋檐，應遮蓋住房屋臺基；則"岰"似爲殿閣或廳堂主要臺基之外所砌築之階，或與"陔"，即階次的意思相近？抑或僅僅是護持臺基的側階？

壘砌階基之制

壘砌階基之制：用條塼。殿堂、亭榭，階高四尺以下者，用二塼相並；高五尺以上至一丈者，用三塼相並。樓臺基高一丈以上至二丈者，用四塼相並；高二丈至三丈以上者，用五塼相並；高四丈以上者，用六塼相並。普拍方外階頭，自柱心出三尺至三尺五寸。每階外細塼高十層，其內相並塼高八層。**其殿堂等階，若平砌，每階高一尺，上收一分五厘；如露齦砌，每塼一層，上收一分。**粗壘二分。**樓臺、亭榭，每塼一層，上收二分。**粗壘五分。

上文"普拍方外階頭，自柱心出三尺至三尺五寸。"陳注："三等材，六十、七十份。"[①]以三等材之分°值爲0.5寸，則60分°長3尺；70分°長3.5尺。

壘砌階基，用塼砌築房屋臺基做法。砌築階基所用塼是條塼。上文"×塼相並"，似指房屋臺基四周側壁磚砌體的厚度。如殿堂、亭榭臺基，低於4尺，可以兩磚相并側壁；高5—10尺，用三塼相並側壁。高大房屋臺基，如樓臺臺基，其高若爲10—20尺，則用四塼相並側壁。如此遞進，如臺基高20—30

尺，用五塼相並；高40尺以上，用六塼相並。大致規則：殿堂、亭榭、樓臺，臺基愈高，臺基側壁愈厚。臺基側壁內，爲以土夯築的房屋基座。

《法式》進一步給出了壘砌階基的做法：在殿堂、亭榭、樓臺檐柱柱縫外臺基部分，即"普拍方外階頭"，從檐柱柱縫，即柱心綫，向外出3—3.5尺，乃此房屋臺基邊緣綫。其壘砌方法：在最外緣用細塼砌10層高度。細塼以裏，襯砌臺基側壁磚，用"×塼相並"砌法，壘砌8層高度。亦即，磚築臺基外露部分，用細塼壘砌。這一部分磚砌體可以砌成須彌坐，或其他造型，亦可有相應華文雕飾。細塼以裏的相并磚，更多起到房屋臺基四周圍護結構的作用。

唯一令人不解的是，整部《法式》文本，僅在此處提到了"細塼"，這種塼是否前文所提到的各種用塼中的一種？或是某種當時較通用的特殊磚？亦未可知。

這裏還提出了兩種殿堂臺基砌築方式：一是"平砌"，另一是"露齦砌"。平砌，可以理解爲，其臺基外壁爲平整的外觀；露齦砌，可理解爲有明顯疊澀收分的外觀。若是平砌，臺基要做整體收分。平砌臺基收分斜率爲，每高1尺，收分0.015尺，即按1.5%斜率收分。若是露齦砌，則加砌一層磚，須向內退收0.01尺。如果是粗壘做法，則每加砌

① [宋]李誠. 營造法式（陳明達點注本）. 第二册. 第98頁. 塼作制度. 壘階基. 批注. 浙江攝影出版社. 2020年

一層磚，須向内退收0.02尺。

若樓臺或亭榭，其露齦砌收分斜率會更大。如加砌一層磚，向内退收0.02尺；若是粗壘做法，每加砌一層磚，須向内退收0.05尺。或因殿閣之類屬宫殿、廟宇建築，其外在環境更接近居住性、生活性空間；而樓臺、亭榭之類，屬景觀建築，其周圍環境可能更爲自然、粗獷，故臺基壘砌收分的斜率亦較明顯。

〔15.1.3〕
鋪地面

鋪地面，指用地面磚鋪砌殿閣、廳堂、亭榭等的臺基頂面，包括室内、副階廊内及臺基階唇壓闌磚以裏的地面。

鋪砌殿堂等地面磚之制

鋪砌殿堂等地面磚之制：用方磚，先以兩磚面相合，磨令平；次斫四邊，以曲尺較令方正；其四側斫令下棱收入一分。殿堂等地面，每柱心内方一丈者，令當心高二分；方三丈者，高三分。如廳堂、廊舍等，亦可以兩椽爲計。**柱外階廣五尺以下者，每一尺令自柱心起至階齦垂二分；廣六尺以上者，垂三分。其階齦壓闌，用石或亦用磚。其階外散水，量檐上滴水遠近鋪砌；向外側磚砌線道二周。**

本節提到三個方面問題：

（1）如何用磚

鋪地面，對應不同等級的殿閣、廳堂、亭榭，使用不同尺寸的方磚，即地面磚。鋪砌之前，要對毛磚加以打磨、削斫，使其方正，以保證磚與磚間的接縫嚴密；亦通過將方磚四個側面削斫，使每一側面下棱向内收入0.01尺，以保證鋪砌完成的地面能够嚴絲合縫。

（2）室内地面磚鋪砌

若殿堂等高等級建築，其身内前後兩柱軸綫的距離爲1丈時，要將室内中心點地面磚的標高，抬高0.02尺。但若前後兩柱軸綫的距離爲3丈時，則應將室内中心點地面磚的標高，抬高0.03尺。室内中心之外所鋪的地面磚，似應以平滑相接的鋪砌方式，形成漸次向外的微微斜面，有如現代建築"泛水"做法。

若等級較低的房屋，如廳堂、廨舍等，如梁注："含義不太明確，可能是説：'可以用兩椽的長度作一丈計算。'"[1]其意是，以室内中心前後兩柱間每兩椽步架距離，相當于殿堂室内1丈的柱心距離爲標準，進行推算。即若是廳堂、廨舍，其室内前後柱軸綫距離爲兩椽架時，室内中心點地面標高應抬高0.02尺。中心點之外的地面，亦呈類似"泛水"傾斜面。

① 梁思成. 梁思成全集. 第七卷. 第274頁. 磚作制
　度. 鋪地面. 注5. 中國建築工業出版社. 2001年

（3）外檐檐柱縫之外臺基面地面塼鋪砌

臺基邊緣距離檐柱柱縫寬度小于5尺時，按照向外取2%的泛水坡度鋪地面塼。若臺基邊緣距離檐柱柱縫寬度，大于6尺，則應按向外有3%的泛水坡度鋪砌地面塼。臺基四面邊緣部位，即階齦處，改用壓闌塼或壓闌石鋪砌。

關于“階齦”一詞，梁注：“階齦與‘用塼’一篇中的‘階唇’，‘壘階基’一篇中的‘階頭’，像是同物異名。”①

在房屋臺基之外，亦用磚鋪散水。散水鋪砌寬度，按照屋頂檐口滴水距離臺基遠近確定。散水仍可用地面方塼鋪砌，但在散水外側邊，則用側磚砌線道兩圈，以界定散水邊緣，并起到穩固散水作用。

上文有關“柱外階廣”的描述，梁質疑道：“前一篇‘壘階基之制’中説‘自柱心出三尺至三尺五寸’，與這裏的‘五尺’乃至‘六尺以上’有出入。”②

這裏關注的是房屋臺基邊緣與檐柱柱縫距離的大小。這是一個關乎臺基與屋身關係的設計比例，而非建造技術的問題。兩種不同的表述方式，顯現爲兩種設計思路與不同的外觀形式。由此可見，梁先生對建築比例這一設計問題尤爲關注。

〔15.1.4〕

牆下隔減

關于“牆下隔減”，梁注：“隔減是什麽？從本篇文字，并聯繫到卷第六‘小木作制度’‘破子櫺窗’和‘版櫺窗’兩篇中也提到‘隔減窗坐’，可以斷定它就是墻壁下從階基面以上用磚砌的一段墻，在它上面纔是墻身。所以叫‘牆下隔減’，亦即清代所稱‘裙肩’。從表面上看，很像今天我們建築中的護墻。不過我們的護墻是抹上去的，而隔減則是整個墻的下部。”③“牆下隔減”即房屋四周圍護墻體與臺基頂面接觸的那一段高度部分。

又梁注：“由于隔減的位置和用磚砌造的做法，又考慮到華北黄土區墻壁常有鹽碱化的現象，我們推測‘隔減’的‘減’字很可能原來是‘鹼’字。在一般土墻下，先砌這樣一段磚墻以隔鹼，否則‘隔減’兩個字很難理解。由于‘鹼’筆畫太繁，當時的工匠就借用同音的‘減’字把它‘簡化’了。”④

① 梁思成．梁思成全集．第七卷．第274頁．塼作制度．鋪地面．注7．中國建築工業出版社．2001年

② 梁思成．梁思成全集．第七卷．第274頁．塼作制度．鋪地面．注6．中國建築工業出版社．2001年

③ 梁思成．梁思成全集．第七卷．第274—275頁．塼作制度．牆下隔減．注8．中國建築工業出版社．2001年

④ 梁思成．梁思成全集．第七卷．第274—275頁．塼作制度．牆下隔減．注8．中國建築工業出版社．2001年

梁先生對"隔減"一詞的推測性詮釋，是合乎古代工匠的用詞邏輯的。

壘砌牆隔減之制

壘砌牆隔減之制：殿閣外有副階者，其內牆下隔減，長隨牆廣。下同。**其廣六尺至四尺五寸。**自六尺以減五寸爲法，減至四尺五寸止。**高五尺至三尺四寸。**自五尺以減六寸爲法，至三尺四寸止。**如外無副階者，**廳堂同。**廣四尺至三尺五寸，高三尺至二尺四寸。若廊屋之類，廣三尺至二尺五寸，高二尺至一尺六寸。其上收同階基制度。**

上文"若廊屋之類"中"高二尺至一尺六寸"句，傅書局合校本注：改"一尺六寸"爲"一尺五寸"。并注："五，據晁載之《續談助》抄北宋本《法式》作'一尺五寸'。"[1]傅建工合校本注："熹年謹按：諸本均作'一尺六寸'，唯晁載之《續談助》摘抄北宋崇寧本作'□尺五寸'，今從《續談助》摘抄北宋本作'一尺五寸'。"[2]

牆下隔減的砌築方式：殿閣外有副階者，房屋外牆在殿身檐柱縫，其隔減牆"長隨牆廣"。如梁注："這個'長隨牆廣'就是'長度同牆的長度'。"[3]即隔減牆長度與房屋外牆長度一致。

關于牆下隔減之廣，梁注："這個'廣六尺至四尺五寸'的'廣'就是我們所說的厚，即厚六尺至四尺五寸。"[4]

所謂"殿閣外有副階者"，屬高等級的殿閣建築，其牆下隔減厚度控制在6尺至4.5尺之間。則牆下隔減厚度，依殿閣規模等級，自6尺始，以5寸比率遞減，至4.5尺止。

如十一間以上最高等級的殿閣，隔減厚6尺；七間以上殿閣，隔減厚減0.5尺，厚5.5尺；五間以上殿閣，隔減厚再減0.5尺，厚5尺；規模較小但有副階的殿閣，如殿身三間殿閣，隔減厚再減0.5尺，其厚4.5尺。換言之，殿閣外有副階者，牆下隔減厚度，最小不少于4.5尺。

牆下隔減，在高度方向亦有收減。如殿閣外有副階高等級建築，牆下隔減，最高爲5尺。隨建築尺度差別以0.6尺折減率漸次減低，假設最高等級的十一間以上的殿閣，隔減高5尺；七間至九間者，減0.6尺，隔減高4.4尺；五間以上者，再減0.6尺，隔減高3.8尺。有副階但規模較小的殿閣，如殿身爲三間的殿閣，似比上一等級的殿閣隔減高度，僅減少0.4尺，其高減至3.4尺止。

無副階殿閣，或廳堂，牆下隔減厚度爲4尺至3.5尺不等，高度爲3尺至2.4尺不等。對應于前文所說的用塼等級，

① [宋]李誡，傅熹年彙校. 營造法式合校本. 第三冊. 塼作制度. 牆下隔減. 校注. 中華書局. 2018年
② [宋]李誡，傅熹年校注. 合校本營造法式. 第443頁. 塼作制度. 牆下隔減. 注1. 中國建築工業出版社. 2020年

③ 梁思成. 梁思成全集. 第七卷. 第275頁. 塼作制度. 牆下隔減. 注9. 中國建築工業出版社. 2001年
④ 梁思成. 梁思成全集. 第七卷. 第275頁. 塼作制度. 牆下隔減. 注10. 中國建築工業出版社. 2001年

則殿閣三間無副階者，或廳堂等，牆下隔減厚4尺，高3尺；廊子及散屋等，牆下隔減厚減0.5尺，爲3.5尺；隔減高亦減0.6尺，爲2.4尺。上文未談及亭榭，可能因爲亭榭屬不設外牆建築，亦不用牆下隔減。

更低等級的"廊屋之類"，牆下隔減厚，依廊屋大小，可控制在3尺至2.5尺；隔減高，可控制在2尺至1.6尺間。

亦即宋代建築牆下隔減，最低等級的廊屋，其厚也有2.5尺，其高也有1.6尺。

高度方向上，牆下隔減亦有收分。因其砌築方式爲平砌，而非露齔砌，牆下隔減收分與前文所述平砌房屋階基收分同，以每高1尺，收分0.015尺爲率，即按1.5%的斜率收分。

牆下隔減尺寸一覽見表15.1.2。

牆下隔減尺寸一覽 表15.1.2

房屋等级	地面塼（見"用塼"）	牆下隔減長（尺）	牆下隔減厚（尺）	牆下隔減高（尺）	備注
殿閣等十一間以上	方2尺方塼（一等）	長隨間廣殿身外牆長	6	5	有副階
殿閣等七間以上	方1.7尺塼（二等）	長隨間廣殿身外牆長	5.5	4.4	有副階
殿閣等五間以上	方1.5尺塼（三等）	長隨間廣殿身外牆長	5	3.8	有副階
三間殿閣	方1.3尺塼（四等）	長隨間廣殿身外牆長	4.5	3.4	有副階
三間殿閣及廳堂	方1.3尺塼（四等）	長隨間廣外牆長	4	3	無副階
行廊、散屋等	方1.2尺塼（五等）	長隨間廣廊牆及屋牆長	3.5	2.4	有牆行廊及散屋

〔15.1.5〕

踏道

踏道，登高之踏步道。宋以前稱"梯道"，北魏人撰《水經注》："數十日梯道成，上其巔，作祠屋，留止其旁。"[1]《高僧傳》："山路艱危，壁立千仞。昔有人鑿石通路，傍施梯道。"[2]或稱"階道"，《太平御覽》引南朝人撰《南康記》："飜見石蒙穿窿，高十餘丈，頭可受二十人坐也。今四面有階道，仿佛人冢。"[3]又稱"階級"，《藝文類聚》：

① [北魏]酈道元. 陳橋驛校. 水經注校證. 卷二十六. 淄水. 第621頁. 中華書局. 2007年
② [南朝梁]釋慧皎. 高僧傳. 卷第三. 譯經下. 宋江陵辛寺釋法顯. 第88頁. 中華書局. 1992年
③ [宋]李昉等. 太平御覽. 卷九百四十一. 鱗介部十三. 螺. 第4181頁. 中華書局. 1960年

"左墄右平者，以文塼相亞次，墄者爲階級也。"[1]

自北宋始，漸用"踏道"一詞表徵高低登降之步道，《宋史》："各祗候直身立，降踏道歸幕次。"[2]《東京夢華錄》："壇面方圓大丈許，有四踏道。正南曰午階，東曰卯階，西曰酉階，北曰子階。"[3]這裏的四階，指環壇而設的四條踏道。由所稱"階"可知，北宋時踏道、階道、階級，其意同。

造踏道之制

造踏道之制：廣隨間廣，每階基高一尺，底長二尺五寸，每一踏高四寸，廣一尺。兩頰各廣一尺二寸，兩頰內線道各厚二寸。若階基高八塼，其兩頰內地栿、柱子等，平雙轉一周；以次單轉一周，退入一寸；又以次單轉一周，當心爲象眼。每階基加三塼，兩頰內單轉加一周；若階基高二十塼以上者，兩頰內平雙轉加一周。踏道下線道亦如之。

上文"兩頰各廣"之"頰"，傅建工合校本注："劉校故宮本：丁本、故宮本皆作'類'，依下文應作'頰'，因據改。熹年謹按：張本亦誤作'類'。然晁載之《續談助》摘抄北宋崇寧本、文津四庫本均作'頰'，不誤，因據改。"[4]

踏道寬，與所對應房屋開間間廣同。踏道投影長度，即踏道底長，隨房屋臺基（階基）高度推定，每高1尺，踏道底長2.5尺。其中，每一踏，高0.4尺，寬1尺。則每臺基高1尺，有踏階2.5步。踏階，清式稱"踏垛"。如此，若高6尺臺基，有15步踏階；高10尺臺基，有25步踏階，如此等等。

踏道兩側有兩頰，兩頰間爲踏階。塼砌踏道兩頰，與石砌踏道兩側"副子"之意相類。兩頰下側面，即清代所稱"象眼"。梁注："兩頰就是踏道兩旁的斜坡面，清代稱'垂帶'。'兩頰內'是指踏道側面兩頰以下，地以上，階基以前那個正角三角形的垂直面。清代稱這整個三角形垂直面部分爲'象眼'。"[5]

砌築踏道及兩頰用塼，如梁注："從本篇所規定的一些尺寸可以看出，這裏所用的是最小一號的，即方一尺二寸，厚二寸的磚。'踏高四寸'是兩磚，'頰廣一尺二寸'是一磚之廣；'線道厚二寸'是一磚等。"[6]

可知，砌築踏道用塼，是前文"用塼之制"中提到的"行廊、小亭榭、散屋等，用塼方一尺二寸，厚二寸"之磚。這是宋代方塼中型號最小的磚，除用作行廊、小亭榭、散屋等地面塼外，也用作踏道磚。

① [唐]歐陽詢. 藝文類聚. 卷六十二. 居處部二. 殿. 第1122頁. 上海古籍出版社. 1982年
② [元]脫脫等. 宋史. 卷一百二十一. 志第七十四. 禮二十四. 閱武. 第2635頁. 中華書局. 1985年
③ [宋]孟元老. 東京夢華錄. 卷十. 駕詣郊壇行禮. 第75頁. 大象出版社. 2019年
④ [宋]李誡，傅熹年校注. 合校本營造法式. 第444頁. 塼作制度. 踏道. 注1. 中國建築工業出版社. 2020年
⑤ 梁思成. 梁思成全集. 第七卷. 第275頁. 塼作制度. 踏道. 注12. 中國建築工業出版社. 2001年
⑥ 梁思成. 梁思成全集. 第七卷. 第275頁. 塼作制度. 踏道. 注11. 中國建築工業出版社. 2001年

踏階上用時，每兩層磚叠砌成一步踏階。上一步踏階磚，與下一步踏階磚之間，有2寸的銜壓搭接，從而使下一步踏階露出1尺的踏步寬度，如此叠壓砌築，直至臺基頂面。兩頰表面，以一磚長寬尺寸砌築。兩頰下有向內叠澁收進的線道，一層線道厚2寸，恰好可用一磚砌築。

兩頰之下，另有柱子、地栿。所謂柱子，指用磚砌築的與臺基相鄰，類似臺基四隅的"角柱"之垂直於地面的立柱；地栿是與踏道柱子相垂直，平砌於地面，與臺基立面垂直，如地梁狀的砌體。踏道兩側，由兩頰、柱子與地栿形成一個直角三角形外輪廓。

關于兩頰下做法，梁注："從字面上理解，'平雙轉'可能是用兩層磚（四寸）沿兩頰內的三面砌一周。"①

又梁注："與清代'象眼'的定義不同，祇指三角形內'退入'最深處的池子爲'象眼'。"②

臺基高8磚時，其兩頰內，由兩頰、柱子與地栿三個方向圍合而成的三角形，用兩層磚沿兩頰之內、柱子之前、地栿之上的三角形內，環砌一周。這一"平雙轉"線道厚度爲4寸。再向內，用一層磚，向內退入1寸，再沿這一三角形內，環砌一周，稱"單轉一周"；之後，再向內退入1寸，并沿三角形內，再單轉一周。這一三角形的中心位置，

仍爲一如凹池狀小三角形，宋人稱爲"象眼"。

如上做法，是以8磚厚的臺基高，即有4步踏階高度標準推算的。若臺基高每增加3磚（1.5步踏階）厚度，兩頰下三角形內，要增加單轉一周的線道。若臺基高，超過20磚厚，即高于4尺，或多于10步踏階時，其兩頰下三角形內，要增加平雙轉一周。

上文結尾所云"踏道下線道亦如之"，其意模糊。或可推測，踏道最下一步踏階前亦有磚砌線道，略近清式踏道第一步踏階前鋪砌之"燕窩石"，以起穩定踏階整體結構作用。若果如此，則如其文述，若臺基高于20磚厚時，踏道下線道在原有基礎上亦應再增加一道。

〔15.1.6〕
慢道

慢道，梁注："慢道是不做踏步的斜面坡道，以便車馬上下。清代稱爲'馬道'，亦稱'蹉䃆'"。③

漢代宮殿前所設登臨臺基步道爲"左城右平"，據《三輔黃圖》："左城右平。右乘車上，故使之平；左以人上，故爲之階級。城，階級也。"④可知，"右平"之道，即爲慢道。

① 梁思成. 梁思成全集. 第七卷. 第275頁. 塼作制度. 踏道. 注13. 中國建築工業出版社. 2001年
② 梁思成. 梁思成全集. 第七卷. 第275頁. 塼作制度. 踏道. 注14. 中國建築工業出版社. 2001年
③ 梁思成. 梁思成全集. 第七卷. 第275頁. 塼作制度. 慢道. 注15. 中國建築工業出版社. 2001年
④ 何清谷校注. 三輔黃圖校注. 卷之二. 漢宮. 未央宮. 第135頁. 三秦出版社. 2006年

壘砌慢道之制

壘砌慢道之制：城門慢道，每露臺塼基高一尺，拽脚斜長五尺。其廣減露臺一尺。**廳堂等慢道，每階基高一尺，拽脚斜長四尺；作三瓣蟬翅；當中隨間之廣。**取宜約度。兩頰及線道，並同踏道之制。**每斜長一尺，加四寸爲兩側翅瓣下之廣。若作五瓣蟬翅，其兩側翅瓣下取斜長四分之三。凡慢道面塼露艱，皆深三分。**如華塼即不露艱。

這裏給出了兩種慢道：一是城門慢道，另一是廳堂等慢道。

城門慢道是聯繫地面與城墻上露臺間的坡道。據梁注："露臺是慢道上端與城墻上面平的臺子，慢道和露臺一般都作爲凸出體靠着城墻內壁面砌造。由于城門樓基座一般都比城墻厚約一倍左右，加厚的部分在城壁內側，所以這加出來的部分往往就決定城門慢道和露臺的寬度。"[①]廳堂等慢道，是聯繫地面與廳堂等臺基頂面的坡道。

城門慢道坡度，按每高1尺，拽脚斜長5尺起坡。城門慢道寬度，則比其所連接露臺伸出城墻的寬度減1尺。廳堂慢道坡度，按每高1尺，其拽脚斜長4尺起坡。兩種慢道坡度不同，城門慢道坡度更緩一些。

關于慢道坡度計算方法，梁注："'拽脚斜長'的準確含義不大明確。根據'大木作制度'所常用的'斜長'和'小木作''胡梯'篇中的拽脚，我們認爲應理解爲慢道斜坡的長度，作爲一個不等邊直角三角形，垂直的短邊（勾）是階基和露臺的高；水平的長邊（股）是拽脚，斜角的最長邊（弦）就是拽脚斜長。從幾何製圖的角度看來，這種以弦的長度來定水平長度的設計方法未免有點故意繞彎路，自找麻煩，不如直接定出拽脚的長度更簡便些。不知爲什麽要這樣做？"[②]

試作一點推算：若勾長1尺，弦長5尺，則其股之長約爲4.9尺，坡度約爲20%強；若勾長1尺，弦長4尺，則其股長爲3.87尺，坡度約爲26%弱。這兩個數據，很難算得十分準確。

但若假設《法式》原文可能有誤，其原意本爲，"城門慢道，每露臺塼基高一尺，拽脚長五尺。……廳堂等慢道，每階基高一尺，拽脚長四尺。"即去掉"拽脚"之後的那個"斜"字，其算法既極簡單，又很精準。如此，則城門慢道基高（勾）1尺，拽脚長（股）5尺，坡度爲20%；廳堂等慢道階基高（勾）1尺，拽脚長（股）4尺，坡度25%。以上述算法得出的坡度差極小。這種微小坡度差，在古代工程上，應不會作進

---

① 梁思成. 梁思成全集. 第七卷. 第275頁. 塼作制度. 慢道. 注16. 中國建築工業出版社. 2001年

② 梁思成. 梁思成全集. 第七卷. 第275頁. 塼作制度. 慢道. 注17. 中國建築工業出版社. 2001年

一步精密追求，且這種算法也易被工匠掌握與計算。因此，這裏或可作一推測：《法式》這段文字表述可能出現一點訛誤。若這一推測成立，則梁先生這一疑團亦能釋然。

關于"蟬翅"，梁注："這種三瓣、五瓣的'蟬翅'，祇能從文義推測，可能就是三道或五道并列的慢道。其所以稱作'蟬翅'，可能是兩側翅瓣是上小下大的，形似蟬翅，但是，雖然兩側翅瓣下之廣有這樣的規定，但翅瓣上之廣都未提到，因此我們祇能推測。至于'翅瓣'的'瓣'，按'小木作制度'中所常見的'瓣'字理解，在一定範圍內的一個面常稱爲'瓣'。所以，這個'翅瓣'可以理解爲一道慢道的面。"①

這一注釋不僅解釋了"蟬翅"的文義，也從一個側面了解了宋代慢道的設計。其文"廳堂等慢道，……作三瓣蟬翅；當中隨間之廣。取宜約度。兩頰及線道，並同踏道之制"透露了兩個信息：

（1）蟬翅，直接對應的是"廳堂等慢道"，其"三瓣蟬翅"當中的一瓣寬度"隨間之廣"。即中間一瓣蟬翅寬，與臺基上房屋開間的寬度相當。由此或也可從一個側面證明了梁先生所作"蟬翅即慢道"的推測。其文似以"取宜約度"定義兩側翅瓣寬度，以及兩側翅瓣寬度，根據當中翅瓣寬度，約度取宜。

（2）慢道兩側有兩頰，以踏道兩頰各廣1.2尺，則慢道兩頰亦應各廣1.2尺。兩頰下有以兩頰與柱子、地栿形成的直角三角形；三角形內有層層退進，及雙轉一周或單轉一周的疊澀磚線道及象眼，這些做法與踏道做法同。

遺憾的是，三道"蟬瓣"彼此間如何處理，除兩側兩頰外，在當中蟬瓣與兩側蟬瓣間，是否亦各有如兩頰之類似"副子"做法，還是夾以踏步，這裏都未給出説明。其後文提到的"五瓣蟬翅"亦有同樣問題存在。

這段行文，特別提到慢道翅瓣隨斜長增加，在寬度上有所增加："每斜長一尺，加四寸爲兩側翅瓣下之廣。"從這句話觀察，三瓣蟬翅之左右兩翅瓣寬，是由慢道整體斜長確定。每斜長1尺，兩側翅瓣下增加的寬度爲0.4尺，如此累加，則慢道底部會比頂部寬度要大，恰如蟬之兩翅。

五瓣蟬翅寬度似較確定："若作五瓣蟬翅，其兩側翅瓣下取斜長四分之三。"其意是説，若作五瓣蟬翅，左右兩側翅瓣寬，可通過慢道整體斜長確定，其寬相當于斜長的3/4。若斜長很長，這將是一個相當寬的翅瓣寬度。

三瓣或五瓣蟬翅式慢道，很像是在廳堂等建築物臺基前，有一類似喇叭口式的坡道。其作用或有防止人數眾多時

① 梁思成. 梁思成全集. 第七卷. 第275—276頁. 塼作制度. 慢道. 注18. 中國建築工業出版社. 2001年

一擁而入產生的擁擠感？或還有方便車馬登臨臺基時的方向轉環功能？未可知。

仍存兩個疑問：一是，這種三瓣或五瓣蟬翅慢道，是僅僅用于廳堂等臺基前，還是亦可用于城壁露臺前？從邏輯上判斷，惟有廳堂等建築物前慢道可對稱布置，城壁露臺多依城牆內壁設置，很難對稱向兩側拓展，較大可能是，這種多翅瓣慢道主要布置在廳堂等建築物臺基之前。

二是，翅瓣寬度隨斜長增加的做法，是將所有翅瓣寬度都增加，還是僅增加最外兩側翅瓣的寬度？從如上行文及邏輯上觀察，較大可能是，三瓣蟬翅慢道，其左右兩側翅瓣的寬度隨斜長的增加而增加，當中一道翅瓣寬度保持不變；五瓣蟬翅慢道，亦僅隨慢道斜長，增加左右兩側翅瓣的寬度，當中三道翅瓣的寬度亦保持不變。如此在設計、施工及外觀上，都較合理。這一推測與前文"若作五瓣蟬翅，其兩側翅瓣下取斜長四分之三"，即僅給出"兩側翅瓣"寬度確定的方式，是相吻合的。

上文行文之末尾，提到慢道面磚的砌築方法："凡慢道面磚露齦，皆深三分。如華磚即不露齦。"梁先生釋曰："這種'露齦'就是將慢道面砌成鋸齒形，齒尖向上 ∧∧∧∧∧ ，以防滑步。清代

稱這種'露齦'也作'蹉躞'。"[1]

磚棱出露高度約爲0.03尺，但若用具雕斫紋樣的"華磚"，則不露齦。原因可能是，華磚表面有凹凸紋樣，已起到坡道防滑作用，不必再作鋸齒狀面磚砌築處理。

〔15.1.7〕
須彌坐

"須彌"一詞來自佛教，史料中最早出自傳說東漢初年傳入中國的佛教《四十二章經》："佛言：吾視王侯之位，如過隙塵；……視佛道，如眼前華；視禪定，如須彌柱。"[2]中國本土文獻則始見于晉人撰《拾遺記》："昆侖山者，西方曰須彌山，對七星之下，出碧海之中。上有九層，第六層有五色玉樹，蔭翳五百里，夜至水上，其光如燭。"[3]晉人誤將佛教宇宙觀中的須彌山，與中國古代神話中的昆侖山混爲一談。兩者都是各自文化中的宇宙之山。

《晉書》中提到赫連勃勃建統萬城，刻石城南，以頌其德，其中有："雖如來、須彌之寶塔，帝釋、忉利之神宮，尚未足以喻其麗，方其飾矣。"[4]《魏書》亦有："始作五級佛圖、耆闍崛山及須彌山殿，加以繢飾。"[5]説明魏晉南北朝時，已用佛塔或佛殿象徵佛教宇宙須彌山了。

① 梁思成. 梁思成全集. 第七卷. 第276頁. 塼作制度. 慢道. 注19. 中國建築工業出版社. 2001年
② [明]蕅益智旭. 佛説四十二章經解. 第102頁. 巴蜀書社. 2014年
③ [晉]王嘉撰.[梁]蕭綺錄. 拾遺記校注. 卷十. 昆侖山. 第221頁. 中華書局. 1981年
④ [唐]房玄齡等. 晉書. 卷一百三十. 載記第三十. 赫連勃勃. 第3212頁. 中華書局. 1974年
⑤ [北齊]魏收. 魏書. 卷一百一十四. 志第二十. 釋老志十. 第3030頁. 中華書局. 1974年

北宋時期，如《營造法式》，出現"須彌坐""須彌臺坐""須彌華臺坐"等稱謂，大體上是將"須彌"作爲石作、塼作、小木作等建造工藝中出現的某種臺坐來表述的。

壘砌須彌坐之制

壘砌須彌坐之制：共高一十三塼，以二塼相並，以此爲率。自下一層與地平，上施單混肚塼一層。次上牙脚塼一層，比混肚塼下鼹收入一寸，**次上罨牙塼一層，**比牙脚出三分，**次上合蓮塼一層，**比罨牙收入一寸五分，**次上束腰塼一層，**比合蓮下鼹收入一寸，**次上仰蓮塼一層，**比束腰出七分，**次上壺門、柱子塼三層，**柱子比仰蓮收入一寸五分，壺門比柱子收入五分，**次上罨澁塼一層，**比柱子出五分，**次上方澁平塼兩層，**比罨澁出五分。**如高下不同，約此率隨宜加減之。**如殿階基作須彌坐砌壘者，其出入並依角石柱制度，或約此法加減。

關于上文，梁注："參閱卷第三'石作制度'中'角石''角柱''殿階基'三篇及各圖。"[1]其意是說，磚築須彌坐與石作殿階基的做法，在許多方面十分接近。

上文"共高一十三塼"，陳注："方塼厚3寸、2.8寸、2.7寸；條塼2.5寸"。[2]若各以"一十三塼"計之，則須彌坐高度大約可在3.9尺、3.64尺、3.51尺及3.25尺左右。

關于這"一十三"層磚，陳先生逐一備注推計：

（1）自下一層與地平，上施單混肚塼一層；（2）次上牙脚塼一層；（3）次上罨牙塼一層；（4）次上合蓮塼一層；（5）次上合蓮塼一層；（6）次上束腰塼一層；（7）次上仰蓮塼一層；（8—10）次上壺門、柱子塼三層；（11）次上罨澁塼一層；（12—13）次上方澁平塼兩層。[3]合計恰好13層。

上文小注"比牙脚出三分"，陶本："比身脚出三分"，陳注：改"身"爲"牙"。[4]傅書局合校本注：改"身脚"爲"牙脚"，并注："牙，據四庫本改。"[5]傅建工合校本注："熹年謹按：故宮本、張本、陶本'牙'誤'身'，據四庫本改正。"[6]

上文給出了一座磚築須彌坐基本做法：須彌坐以13層磚高度壘砌而成，坐四周磚壁各層磚，是用"兩塼相並"方式砌築。但是，這裏所説的13層磚，并未給出磚之尺寸，亦未給出須彌坐總高，故整段文字所給出的裏進外出尺寸，不是一個絶對尺寸，而是一個比例控制性相對尺寸。例如，假設上文描述尺寸，是以最小尺寸磚，即厚度爲0.2尺磚壘砌的，則采用其他尺寸磚砌築時，相應尺寸，亦應采用擴大之比例加以調整。

① 梁思成. 梁思成全集. 第七卷. 第276頁. 塼作制度. 須彌坐. 注20. 中國建築工業出版社. 2001年
② [宋]李誡. 營造法式（陳明達點注本）. 第二册. 第101頁. 塼作制度. 須彌坐. 批注. 浙江攝影出版社. 2020年
③ [宋]李誡. 營造法式（陳明達點注本）. 第二册. 第101頁. 塼作制度. 須彌坐. 批注. 浙江攝影出版社. 2020年
④ [宋]李誡. 營造法式（陳明達點注本）. 第二册. 第101頁. 塼作制度. 須彌坐. 批注. 浙江攝影出版社. 2020年
⑤ [宋]李誡, 傅熹年彙校. 營造法式合校本. 第三册. 塼作制度. 須彌坐. 校注. 中華書局. 2018年
⑥ [宋]李誡, 傅熹年注. 合校本營造法式. 第446頁. 塼作制度. 須彌坐. 注1. 中國建築工業出版社. 2020年

先假設須彌坐用厚0.2尺的方塼砌築。第一層從地面起砌。第二層爲"單混肚塼"，這是一層將上棱磨成圓混線脚的磚。第三層爲"牙脚塼"，這層磚向內收，其外緣比其下單混肚塼的下棱（下齦）退進0.1尺。第四層爲"罨牙塼"，這裏可理解爲向外出挑的一層磚；出挑距離，比須彌坐最下一層磚（身脚），向外伸出0.03尺。或可將"罨"理解爲"掩"，則"罨牙塼"似有遮掩其下之"牙脚塼"的意思？亦似爲一種理解。

第五層爲"合蓮塼"，這層磚似爲雕刻成葉合而覆的蓮瓣式樣，即覆蓮式雕磚；其外緣要從罨牙塼外棱向內收進0.15尺。第六層是一層"束腰塼"，其外緣要比其下合蓮塼下棱向內收進0.1尺。第七層是一層雕斫爲仰蓮形狀的"仰蓮塼"，這層磚比束腰塼向外凸伸0.07尺。

第八、第九與第十層，連續三層磚，砌成一個由隔身板柱（柱子）與壺門組成的總厚度爲0.6尺的較大層；這一層內可能會有一些裝飾性華文雕刻。其中，柱子比仰蓮塼向內收進0.15尺，壺門又比柱子向內收進0.05尺。

這一由連續三層磚組成的柱子與壺門之上，是第十一層磚。這是一層向外出挑的"罨澁塼"，比其下柱子外緣挑出0.05尺。最上兩層磚，即第十二與第十三層，是叠砌在一起并向外出挑的"方澁平塼"，比其下罨澁塼向外凸伸0.05尺。

上文并未明確壘砌須彌坐用塼尺寸。若以最小的方塼砌築，每層磚厚爲0.2尺，須彌坐總高爲2.6尺。若用稍大尺寸的磚，如用厚度爲0.25尺的方塼砌築，須彌坐總高爲3.25尺；如用厚度爲0.27尺的方塼砌築，須彌坐總高爲3.51尺；如用厚度爲0.28尺的方塼砌築，須彌坐總高爲3.64尺。若用最大尺寸的磚，即厚度爲0.3尺的方塼砌築，須彌坐總高可達3.9尺。依上文推測比例，隨用塼不同，各層磚收進與出挑，也會隨之發生變化，如其文所述："如高下不同，約此率隨宜加減之。"變化比率，當以各種磚不同厚度之比例爲則。

若將整座殿堂建築臺基，即殿階基，用塼壘砌成須彌坐式樣，其砌築方式，包括角柱、壺門、壘澁等做法，可參照"石作制度"角柱與殿階基的做法砌築，亦可參照上文所述的須彌坐砌築方法，按比例隨宜加減而成。

不同用塼所砌須彌坐尺寸一覽見表15.1.3。

用塼尺寸 位置	方1.2尺塼 （厚0.2尺）	方1.3尺塼 （厚0.25尺）	方1.5尺塼 （厚0.27尺）	方1.7尺塼 （厚0.28尺）	方2尺方塼 （厚0.3尺）
第一層塼	厚0.2尺 平砌	厚0.25尺 平砌	厚0.27尺 平砌	厚0.28尺 平砌	厚0.3尺 平砌
單混肚塼 （第二層）	厚0.2尺 下齦與首層齊	厚0.25尺 下齦與首層齊	厚0.27尺 下齦與首層齊	厚0.28尺 下齦與首層齊	厚0.3尺 下齦與首層齊
牙脚塼 （第三層）	厚0.2尺 退0.1尺	厚0.25尺 退0.125尺	厚0.27尺 退0.135尺	厚0.28尺 退0.14尺	厚0.3尺 退0.15尺
罨牙塼 （第四層）	厚0.2尺 出0.03尺	厚0.25尺 出0.0375尺	厚0.27尺 出0.0405尺	厚0.28尺 出0.042尺	厚0.3尺 出0.045尺
合蓮塼 （第五層）	厚0.2尺 退0.15尺	厚0.25尺 退0.1875尺	厚0.27尺 退0.2025尺	厚0.28尺 退0.21尺	厚0.3尺 退0.225尺
束腰塼 （第六層）	厚0.2尺 退0.1尺	厚0.25尺 退0.125尺	厚0.27尺 退0.135尺	厚0.28尺 退0.14尺	厚0.3尺 退0.15尺
仰蓮塼 （第七層）	厚0.2尺 出0.07尺	厚0.25尺 出0.0875尺	厚0.27尺 出0.0945尺	厚0.28尺 出0.098尺	厚0.3尺 出0.105尺
柱子與壺門 （合三層塼）	總厚0.6尺	總厚0.75尺	總厚0.81尺	總厚0.84尺	總厚0.9尺
柱子壺門收進	退0.15尺	退0.1875尺	退0.2025尺	退0.21尺	退0.225尺
	再退0.05尺	再退0.0625尺	再退0.0675尺	再退0.07尺	再退0.075尺
罨澁塼 （第十一層）	厚0.2尺 出0.05尺	厚0.25尺 出0.0625尺	厚0.27尺 出0.0675尺	厚0.28尺 出0.07尺	厚0.3尺 出0.075尺
方澁平塼 （合兩層塼）	厚0.4尺 出0.05尺	厚0.5尺 出0.0625尺	厚0.54尺 出0.0675尺	厚0.56尺 出0.07尺	厚0.6尺 出0.075尺
須彌坐總高	2.6尺	3.25尺	3.51尺	3.64尺	3.9尺

〔15.1.8〕

塼牆

壘塼牆之制

壘塼牆之制：每高一尺，底廣五寸，每面斜收一寸，若矗砌，斜收一寸三分，以此爲率。

底廣，意爲牆底厚。牆高1尺，底厚0.5尺，高厚比2∶1。區別于“壕寨制度”每牆厚3尺，其高9尺，高厚比3∶1之夯土牆。令人不解的是，何以夯土牆高厚比，會比塼牆高厚比大？存疑。

塼牆每高1尺，每面斜收0.1尺，兩面各爲10%斜率。若牆高9尺，底厚4.5尺，每面斜收0.9尺，頂部餘厚2.7尺，亦與"壕寨制度"中，"其上斜收，比厚減半"做法不同，以夯土牆高9尺、底厚3尺、頂部厚度僅爲1.5尺相較之，塼牆收分斜率比夯土牆略小。

塼牆若爲粗砌，收分斜率會提高。若墻高1尺，每面斜收0.13尺。仍以墻高9尺，底厚4.5尺，則每側收分1.17尺，頂厚2.16尺。同樣高度下，其頂厚甚至不及底厚的1/2。如此觀察，粗砌塼牆收分斜率，似大于夯土牆。古人何以會這樣設計墻體？亦存疑。

〔15.1.9〕
露道

砌露道之制

砌露道之制：長廣量地取宜，兩邊各側砌雙線道，其内平鋪砌或側塼虹面壘砌，兩邊各側砌四塼爲線。

露道爲磚砌甬道，其道内爲"平鋪砌"，或"側塼虹面壘砌"。關于"虹面"，梁注："指道的斷面中間高于兩邊。"[1]

文中未給出露道寬度，其長與寬應隨地形取宜。道兩側各側砌兩道磚線道，略近于近世道路兩旁路牙。線道以内可用平磚鋪砌，亦可用側磚砌築方式形成中央隆起，向兩邊找泛水坡做法。

道兩側各用4道側磚砌出線道。

〔15.1.10〕
城壁水道

壘城壁水道之制

壘城壁水道之制：隨城之高，勻分蹬踏。每踏高二尺，廣六寸，以三塼相並，用趄條塼。**面與城平，廣四尺七寸。水道廣一尺一寸，深六寸；兩邊各廣一尺八寸。地下砌側塼散水，方六尺。**

梁注："這種水道是在土城的墻面上的排水道。磚城祇需要在城頭女墻下開排水孔，讓水順墻面流下去。但在土墻面上則有必要用磚砌出這種下水道，以保護土城。"[2]

上文小注"用趄條塼"，陶本："用趄模塼"，傅建工合校本注："朱批陶本：城壁用走趄塼有三種，一曰：走趄，二曰趄條，三曰牛頭。故此處混曰'趄模塼'也。"[3]

城壁水道是沿土築城墻内、外壁用磚砌築的排水道。上文所述寬4.7尺，其内均勻分布，高2尺，寬0.6尺，用3塊厚度爲0.2尺的趄條塼相并砌築，頂面與城墻頂面平的蹬踏，可能是指城墻頂面用以收集雨水的磚砌水池。池中勻布的蹬

① 梁思成. 梁思成全集. 第七卷. 第276頁. 塼作制度. 露道. 注21. 中國建築工業出版社. 2001年
② 梁思成. 梁思成全集. 第七卷. 第276頁. 塼作制度. 城壁水道. 注22. 中國建築工業出版社. 2001年

③ [宋]李誡，傅熹年校注. 合校本營造法式. 第448頁. 塼作制度. 城壁水道. 注1. 中國建築工業出版社. 2020年

踏，是爲方便城牆上人員走動。

與每一水池相對應的是水道。水道可沿城壁上下方向砌築，故稱"城壁水道"。其寬1.1尺，深0.6尺，兩側各有1.8尺道壁寬度，用以保護水道兩側的夯土城牆。對應每一水道排水口城牆底部地面，用側磚砌一個6尺見方的散水臺，以防止沿城壁水道排水口流下的水對城牆地基造成損害。

〔15.1.11〕
卷輂河渠口

壘砌卷輂河渠磚口之制

壘砌卷輂河渠磚口之制：長廣隨所用，單眼卷輂者，先於渠底鋪地面磚一重。每河渠深一尺，以二磚相並壘兩壁磚，高五寸。如深廣五尺以上者，心內以三磚相並。其卷輂隨圜分側用磚。 覆背磚同。**其上繳背順鋪條磚。如雙眼卷輂者，兩壁磚以三磚相並，心內以六磚相並。餘並同單眼卷輂之制。**

梁注："參閱卷第三'石作制度·卷輂水窗'篇。"[1]説明其基本砌築方式，與"石作制度·卷輂水窗"做法接近。

上文"隨圜分側用磚"之"分"，傅建工合校本注："劉校故宮本：故宮本'分'誤'分'。熹年謹按：文津四庫本、丁本、陶本不誤。"[2]

石作卷輂水窗，廣"隨渠河之廣"，磚作卷輂河渠磚口，"長廣隨所用"。或可推測，磚作卷輂河渠口，疑是城牆或圍垣上所開水口，長寬隨河渠流量與設計所需大小而定？做法應是如石作卷輂水窗，先在河床底面上打築木橛（地釘），木橛上鋪設3路木襯方，用碎磚瓦打築與襯方間空隙，使與襯方找平。然後，在襯方上鋪砌地面磚？

按上文描述，先在河渠底，鋪地面磚一重。每河渠深1尺，以二磚相並方式，壘砌河渠兩壁。每重砌高0.5尺。則河渠兩壁，可能是用方1.3尺、厚0.25尺的方磚，或長1.3尺、寬0.65尺、厚0.25尺的條磚砌築。若河渠深5尺，兩壁砌高當有10重。水深或卷輂之順水方向長度均超過5尺者，則用三磚相並方式砌築兩壁。文中所言："心內以三磚相並"，從上下文看，似仍指兩壁，與前文以"二磚相並"壘砌河渠兩壁做法對應。

兩壁之上壘砌卷輂，其方式"隨圜分側用磚"，兩側隨起拱曲綫環式壘砌，其上所覆蓋背磚，亦沿相同曲綫環砌。背磚之上，順鋪條磚，形成拱券之繳背。

若是雙眼卷輂，兩壁以三磚相並方式砌築，兩卷輂之間，即所謂"心內"，亦起一中央拱壁。中央拱壁需用六磚相並方式砌築。其餘河渠岸兩廂側壁版，及卷輂外兩側河岸與隨岸走勢之"八"

---

① 梁思成. 梁思成全集. 第七卷. 第276頁. 磚作制度. 卷輂河渠口. 注23. 中國建築工業出版社. 2001年

② [宋]李誡，傅熹年校注. 合校本營造法式. 第449頁. 磚作制度. 卷輂河渠口. 注1. 中國建築工業出版社. 2020年

字形斜分四擺手做法，應參照石作"卷輂水窗"做法。

〔15.1.12〕

接甑口

關于"接甑口"，梁注："本篇實際上應該是卷第十三'泥作制度'中'立竈'和'釜鑊竈'的一部分。竈身是泥或土坯砌的，這接甑口就是今天我們所稱鍋臺和爐膛，是要磚砌的。"①

同時，梁對"甑"加以解釋，見《法式》卷第十三"釜鑊竈"中"釜竈，如蒸作用者，高六寸。餘並入地內。其非蒸作用，安鐵甑或瓦甑者，量宜加高，加至三尺止。"梁先生注："甑，音'净'，底有七孔，相當于今天的籠屜。"②徐伯安又對梁注再加注："甑，zèng，蒸食炊器，或盛物瓦器，此處所指爲前者。"③

據《漢語大字典》："《説文》：'甑，甗也。從瓦，曾聲。'"④并分別釋其義爲："蒸食飲器"與"盛物瓦器"。⑤故"甑"字之發音，應從徐注。依"釜鑊竈"所云，"甑"可以爲瓦製，亦可爲鐵製，但都屬蒸食器物類。故接甑口是用磚壘砌，可以與甑相接的鍋臺口或爐膛口。

壘接甑口之制

壘接甑口之制：口徑隨釜或鍋。先以口徑圍樣，取逐層塼定樣，斫磨口徑。內以二塼相並，上鋪方塼一重爲面。或衹用條塼覆面。**其高隨所用。**塼並倍用純灰下。

爐竈接甑口直徑，應依釜或鍋大小定其圓口徑，用磚依其圓逐層砌築，然後將竈口削斫爲圓形口徑。竈身內用二塼相並方式砌築。頂面平鋪方塼一重爲竈面。亦可用條塼鋪砌竈面。竈的高度隨使用者方便而定。壘砌接甑口（鍋臺或爐膛）的磚砌體外表，用純灰抹兩道面層。

〔15.1.13〕

馬臺

壘馬臺之制

壘馬臺之制：高一尺六寸，分作兩踏。上踏方二尺四寸，下踏廣一尺，以此爲率。

磚砌馬臺，制度類如石作，梁注："參閱卷第三'石作制度·馬臺'篇。"⑥

石作馬臺，用長3.8尺，高、寬各2.2尺的石材雕造。外餘1.8尺，頂面爲

① 梁思成. 梁思成全集. 第七卷. 第277頁. 塼作制度. 接甑口. 注24. 中國建築工業出版社. 2001年
② 梁思成. 梁思成全集. 第七卷. 第263頁. 泥作制度. 釜鑊竈. 注19. 中國建築工業出版社. 2001年
③ 梁思成. 梁思成全集. 第七卷. 第263頁. 泥作制度. 釜鑊竈. 腳注1. 中國建築工業出版社. 2001年
④ 漢語大字典. 瓦部. 第602頁. 甑. 四川辭書出版社-湖北辭書出版社. 1993年
⑤ 漢語大字典. 瓦部. 第602頁. 甑. 四川辭書出版社-湖北辭書出版社. 1993年
⑥ 梁思成. 梁思成全集. 第七卷. 第277頁. 塼作制度. 馬臺. 注25. 中國建築工業出版社. 2001年

長、寬各2尺方形。其高2.2尺，下分作兩踏，每踏寬0.9尺。

磚疊馬臺分爲兩踏，上踏方2.4尺，下踏步深1尺，則馬臺當爲長3.4尺、寬2.4尺的磚砌體。臺高1.6尺，每踏高似爲0.8尺。顯然，磚砌馬臺比石馬臺低0.6尺，但比其頂面寬0.4尺。推測磚砌馬臺用方1.2尺、厚0.2尺的磚，"四塼相並"疊砌而成。每踏高4皮磚，總高8皮磚。下踏外露1尺，上踏叠壓下踏0.2尺。

〔15.1.14〕

馬槽

壘馬槽之制

壘馬槽之制：高二尺六寸，廣三尺，長隨間廣，或隨所用之長。**其下以五塼相並，壘高六塼。其上四邊壘塼一周，高三塼。次於槽內四壁，側倚方塼一周。**其方塼後隨斜分斫貼，壘三重。**方塼之上，鋪條塼覆面一重，次於槽底鋪方塼一重爲槽底面。**塼並用純灰下。

上文小注"其方塼後隨斜分斫貼，壘三重"，傅書局合校本注：在"貼"後加"之、次"二字，即"其方塼後隨斜分斫貼之，次壘三重"，并注："之、次，據晁載之《續談助》摘抄北宋本補二字。"[1]傅建工合校本注："熹年謹按：據晁載之

《續談助》摘抄北宋崇寧本改補注文'之、次'二字。故宮本、文津四庫本、張本均脫此二字。"[2]

上文小注"塼並用純灰下"，傅書局合校本注：在"用"字前加"倍"字，即"塼並倍用純灰下"，并注："馬槽非用純灰則不堅固，'倍'字依前接甋口條增補。"[3]

磚砌馬槽，高2.6尺，寬3尺。馬槽長，可隨鄰近房屋一間之廣定，亦可依所需長度定。馬槽臺座以五塼相並方式砌築，高6皮磚。推測用邊長1.5尺，厚0.27尺方塼壘砌。以五塼相並，5磚并長7.5尺。壘高6磚，高1.62尺。其上四邊壘塼一周，砌高3重磚。

推測四邊壘塼用長1.3尺、寬0.65尺、厚0.25尺的條塼壘砌。3磚高0.75尺，其槽寬餘1.7尺。槽內四壁襯砌1.3尺見方，厚0.25尺方塼3層一周，其槽寬餘1.2尺，與石製水槽子池寬同。方塼之後，隨斜分斫貼3層磚，形成槽四邊外側斜面，頂面覆鋪一層寬0.65尺、厚0.25尺的條塼，以作槽幫壓沿。沿上皮距地高約2.62尺。

槽底鋪1.2尺方塼一重，爲馬槽底面。槽底、槽幫內外，以純灰抹面，保證槽內外表面光滑。

① [宋]李誡，傅熹年彙校. 營造法式合校本. 第三册. 塼作制度. 馬槽. 校注. 中華書局，2018年
② [宋]李誡，傅熹年校注. 合校本營造法式. 第449頁. 塼作制度. 馬槽. 注1. 中國建築工業出版社. 2020年
③ [宋]李誡，傅熹年彙校. 營造法式合校本. 第三册. 塼作制度. 馬槽. 校注. 中華書局，2018年

〔15.1.15〕

井

古人以井爲主要水源，井之砌築十分重要，《法式》關於磚築水"井"甃砌方式，描述頗詳盡。

甃井之制

甃井之制：以水面徑四尺爲法。

用磚：若長一尺二寸，廣六寸，厚二寸條磚，除抹角就圓，實收長一尺，視高計之，每深一丈，以六百口壘五十層。若深廣尺寸不定，皆積而計之。

底盤版：隨水面徑斜，每片廣八寸，牙縫搭掌在外。其厚以二寸爲定法。

凡甃造井，於所留水面徑外，四周各廣二尺開掘。其磚甋用竹並蘆蒉編夾。壘及一丈，閃下甃砌。若舊井損脫難於修補者，即於徑外各展掘一尺，攏套接壘下甃。

上文"隨水面徑斜"，傅書局合校本注：改"斜"爲"料"，并注："料，據故宮本、四庫本改。"[1]傅建工合校本注："熹年謹按：'斜'字故宮本、文津四庫本、張本均作'料'。"[2]

上文"若舊井損脫"，陶本："若舊井損兌"，陳注："脫？"[3]傅書局合校本注："兌，疑爲'脫'字。"[4]傅建工合校本注："劉批陶本：諸本作

'兌'，疑爲'脫'字。"[5]

一口磚甃水井，以井內有4尺直徑水面爲基準推算，井底爲直徑4尺圓形。井壁用長1.2尺、寬0.6尺、厚0.2尺的條磚壘砌。井壁抹角就圓甃砌，并向井口傾斜內收，實留井口圓徑1尺。以《法式》"石作制度·井口石"："造井口石之制：每方二尺五寸，則厚一尺。心內開鑿井口，徑一尺。"可兩相印證。

若井深10尺，則壘砌50層高。以每皮磚厚0.2尺，與10尺井壁高相合。用條磚600塊，平均每層用12塊。以井底徑4尺，井口徑1尺，井深10尺，上下井徑均分略近2.3尺，井壁平均圍長約7.22尺；12磚，每磚約需長0.60寸，可知以條磚窄邊順圓而砌，井壁厚度1.2尺。若井底大小與井筒深淺不同，則參照此法推計。

關于井底鋪"底盤版"，對上文之述，梁先生存疑："什麼是'徑斜'？磚作怎樣有'牙縫搭掌'？都不清楚。"[6]此問之一，或可從傅先生改"斜"爲"料"，得一解。

或亦可理解爲，以井底圓心向外圓，沿半徑放射綫斜鋪，將1.2尺的條磚與方磚切割，呈楔形磚片周環鋪砌，至底盤外徑爲3尺時，每片外寬0.8寸，

① [宋]李誡，傅熹年彙校. 營造法式合校本. 第三册. 磚作制度. 井. 校注. 中華書局，2018年
② [宋]李誡，傅熹年校注. 合校本營造法式. 第452頁. 磚作制度. 井. 注1. 中國建築工業出版社. 2020年
③ [宋]李誡、營造法式（陳明達點注本）. 第二册. 第105頁. 磚作制度. 井. 批注. 浙江攝影出版社. 2020年
④ [宋]李誡，傅熹年彙校. 營造法式合校本. 第三册. 磚作制度. 井. 校注. 中華書局，2018年
⑤ [宋]李誡，傅熹年校注. 合校本營造法式. 第452頁. 磚作制度. 井. 注2. 中國建築工業出版社. 2020年
⑥ 梁思成. 梁思成全集. 第七卷. 第277頁. 磚作制度. 井. 注26. 中國建築工業出版社. 2001年

可用12片鋪之，寬出部分可相互搭接，似即可稱"牙縫搭掌"？若井底圍徑4尺時，其外圓圍長12.56尺，需用1.2尺的方塼10塊餘。若仍用12片鋪之，每兩片間亦有牙狀搭接？抑或自徑3—4尺間，將1.2尺的方塼沿圓徑放射線方向與井壁所壘之磚搭接？此三者都可能屬所謂"牙縫搭掌"做法？未可知。底盤版厚0.2寸，恰合一磚之厚。

井壁甃造，是在所留水面徑外，沿四周開挖2尺寬度，沿水面徑邊緣用竹并蘆蕟編夾出環形塼甋形式。梁注："這個'塼甋'從本條所説看來，像是砌磚時所用的'模子'。"[1]又釋"蕟"："蕟，音費（fèi）。粗竹席。"[2]蕟，《漢語大字典》中則注其發音爲fà，其本義爲古人所説的一種草名。

蘆蕟，似爲蘆席。以竹子與蘆席，圍成一圓環形，并搭成收分如井壁式樣，形成井壁模子，則可沿環外甃砌井壁，壘高10尺，即井深。

所謂"壘及一丈，閃下甃砌。"閃下，有餘下之意。壘，爲粗砌，如混水磚砌法。甃，爲細砌，如清水磚砌法。在井壁超過10尺高度後，似爲始出地面，當以清水磚砌築方式，仔細甃砌，以形成井沿與井口外觀。其上或壓井口石？

若在已損脱無法修整的舊井基礎上，則沿原井壁外圍，再擴展1尺，新壘井壁，攏套舊井之外，彼此搭接壘砌。井底亦鋪"底盤版"。

【15.2】
窰作制度

窰作，指磚、瓦及琉璃作諸名件燒製工藝與技術。這部分涉及瓦、磚、琉璃瓦、青掍瓦等，及燒變次序、壘造窰做法等。包括磚、瓦、琉璃燒製方法，與燒製窰式樣與壘造。

〔15.2.1〕

瓦 其名有二：一曰瓦，二曰㼧

標題小注"二曰㼧"，陶本："二曰瓬"，梁注："瓬，音斛（hu），坯也。"[3]陳注："瓬，四庫本。"[4]傅書局合校本注：改"瓬"爲"瓬"，并注："瓬，四庫本作'瓬'，《玉篇》：'瓬，坯也'。非瓦脊之瓬也。"[5]傅建工合校本注："劉批陶本：故宫本、丁本作'瓬'，四庫本作'瓬'。《玉篇》：'瓬'，坯也。非瓦脊之瓬也。應從四庫本作'瓬'。"[6]

瓦，主要用于屋頂覆蓋，防止雨水對屋頂結構造成侵蝕。中國建築最早的

① 梁思成. 梁思成全集. 第七卷. 第277頁. 塼作制度. 井. 注27. 中國建築工業出版社. 2001年
② 梁思成. 梁思成全集. 第七卷. 第277頁. 塼作制度. 井. 注28. 中國建築工業出版社. 2001年
③ 梁思成. 梁思成全集. 第七卷. 第278頁. 窰作制度. 瓦. 注1. 中國建築工業出版社. 2001年
④ [宋]李誡. 營造法式（陳明達點注本）. 第二册. 第105頁. 窰作制度. 瓦. 批注. 浙江攝影出版社. 2020年
⑤ [宋]李誡, 傅熹年彙校. 營造法式合校本. 第三册. 窰作制度. 瓦. 校注. 中華書局. 2018年
⑥ [宋]李誡, 傅熹年校注. 合校本營造法式. 第455頁. 窰作制度. 瓦. 注1. 中國建築工業出版社. 2020年

屋頂爲茅草覆蓋，所謂上古堯時，"堂高三尺，采椽不斲，茅茨不翦。"① 自商周至秦漢，漸出現覆瓦屋頂。

坡形瓦屋，既可防雨，亦能排雨水。《周禮》定義草葺屋頂與瓦葺屋頂坡度："葺屋三分，瓦屋四分。"②《法式》"看詳·舉折"條，提到這句話："葺屋三分，瓦屋四分。鄭司農注云：各分其修，以其一爲峻。"葺屋，指用茅草葺蓋之屋頂；瓦屋，指以瓦覆蓋之屋頂。

瓦，有兩種稱謂：1）瓦；2）甋。據上文引梁注可知，"甋"有瓦坯之意。

［15.2.1.1］
造瓦坯

造瓦坯：用細膠土不夾砂者，前一日和泥造坯。 鴟、獸事件同。**先於輪上安定札圈，次套布筒，以水搭泥撥圈，打搭收光，取札並布筒曒曝。** 鴟、獸事件捏造，火珠之類用輪牀收托。**其等第依下項。**

梁注："自周至唐、宋二千餘年間留下來的瓦，都有布紋，但明、清以後，布紋消失了，這說明在宋、明之間，製陶技術有了一個重要的改革，《法式》中仍用布筒，可能是用布筒階基的末期了。"③ 此處的"布筒階基"疑應爲"布筒階段"。

并注"曒"："曒，音shài，'曬'字的俗字。《改併四聲篇海》引《俗字

背篇》：'曒，曝也。俗作。'《正字通·日部》：曒，俗曬字。"④

瓦坯及鴟尾、走獸等屋頂飾件，皆用不夾砂的細膠黏土製作。于燒製前一日和泥造坯。札圈，似爲圓模。在輪上轉動札圈，以使瓦坯呈圓筒狀；用布筒使坯易與模脫離。其他如鴟尾、走獸等瓦件，采用類似泥塑的做法捏造。屋頂等處所施火珠，則用輪牀，旋轉成形後收托。坯成形後，去札并布筒，曝曬日下，以備入窰燒製。

瓦不僅分甋瓦、瓪瓦，還有尺寸大小的差別，《法式》分別對不同等第的兩種瓦加以描述。

［15.2.1.2］
甋瓦

甋瓦：

長一尺四寸，口徑六寸，厚八分。 仍留曝乾並燒變所縮分數。下準此。

長一尺二寸，口徑五寸，厚五分。

長一尺，口徑四寸，厚四分。

長八寸，口徑三寸五分，厚三分五厘。

長六寸，口徑三寸，厚三分。

長四寸，口徑二寸五分，厚二分五厘。

上文"厚八分"之"八"，陳注："六，丁本。"⑤ 傅書局合校本注：改"八分"爲"六分"，并注："六，四庫本作六。

① 王叔岷. 史記斠證. 卷八十七. 李斯列傳第二十七. 第2634頁. 中華書局. 2007年
② [清]阮元校刻. 十三經注疏. 周禮注疏. 卷第四十二. 匠人. 第2017頁. 中華書局. 2009年
③ 梁思成. 梁思成全集. 第七卷. 第278頁. 窰作制度. 瓦. 注2. 中國建築工業出版社. 2001年
④ 梁思成. 梁思成全集. 第七卷. 第278頁. 窰作制度. 瓦. 注3. 中國建築工業出版社. 2001年
⑤ [宋]李誡. 營造法式（陳明達點注本）. 第二冊. 第106頁. 窰作制度. 瓦. 批注. 浙江攝影出版社. 2020年

依下列各瓦比例似以‘六’爲是。”①

這裏給出了6種等第的瓪瓦尺寸。要求所給尺寸，在製坯時，要留出曝乾并燒製過程所發生的縮變餘量。但以何種比例留出，并未指明，似爲經驗性數字。

[15.2.1.3]
甋瓦

甋瓦：

長一尺六寸，大頭廣九寸五分，厚一寸；小頭廣八寸五分，厚八分。

長一尺四寸，大頭廣七寸，厚七分；小頭廣六寸，厚六分。

長一尺三寸，大頭廣六寸五分，厚六分；小頭廣五寸五分，厚五分五厘。

長一尺二寸，大頭廣六寸，厚六分；小頭廣五寸，厚五分。

長一尺，大頭廣五寸，厚五分；小頭廣四寸，厚四分。

長八寸，大頭廣四寸五分，厚四分；小頭廣四寸，厚三分五厘。

長六寸，大頭廣四寸，厚同上。小頭廣三寸五分，厚三分。

這裏給出了7種等第的甋瓦尺寸。所給尺寸，在製坯時，亦應留出曝乾并燒製過程所發生的縮變餘量。

[15.2.1.4]
造瓦坯之制

凡造瓦坯之制：候曝微乾，用刀嫠畫，每桶作四片。 甋瓦作二片；線道瓦於每片中心畫一道，條子十字嫠畫。**線道條子瓦，仍以水飾露明處一邊。**

上文“用刀嫠畫”，陶本：“用刀嫠畫”。梁注：“‘嫠’字不見于字典。”② 疑爲“剺”字之誤。剺，音li，意爲用刀劃、割。

瓦坯初件爲一圓筒，初坯完成微乾，即用刀割劃成瓦。一般甋瓦坯，割爲4片；甋瓦坯，割爲2片；線道瓦，以一片甋瓦坯，在中心再劃割一道；條子瓦，則用一片甋瓦坯，按十字劃割成4片。

不同等第的甋瓦、瓪瓦尺寸一覽見表15.2.1。

《法式》未給出線道瓦、條子瓦的相應尺寸，故上表中亦未列。對應不同等第的甋瓦與瓪瓦，或有不同尺寸的線道瓦、條子瓦？

---

① [宋]李誡，傅熹年彙校. 營造法式合校本. 第三冊. 窰作制度. 瓦. 校注. 中華書局. 2018年

② 梁思成. 梁思成全集. 第七卷. 第278頁. 窰作制度. 瓦. 注4. 中國建築工業出版社. 2001年

用瓦等第	瓪瓦（尺）			瓪瓦（尺）					備註
	長	口徑	厚	長	大頭		小頭		
					寬	厚	寬	厚	
一等	1.4	0.6	0.08	1.6	0.95	0.1	0.85	0.08	殿閣等十一間以上
二等	1.2	0.5	0.05	1.4	0.7	0.07	0.6	0.06	殿閣等七間以上
三等	1	0.4	0.04	1.3	0.65	0.06	0.55	0.055	殿閣等五間以上
四等	0.8	0.35	0.035	1.2	0.6	0.06	0.5	0.05	殿閣、廳堂等三間以上
五等	0.6	0.3	0.03	1	0.5	0.05	0.4	0.04	小廳堂、亭榭、散屋等
六等	0.4	0.25	0.025	0.8	0.45	0.04	0.4	0.035	餘屋類
七等				0.6	0.4	0.04	0.35	0.03	餘屋類

〔15.2.2〕

塼其名有四：一曰甓；二曰瓴甋；三曰瑴；四曰甋甎

梁注："甓，音辟；瓴甋，音陵的；'瑴'字不見于字典；甋甎，音鹿專。"[1]

造塼坯

造塼坯：前一日和泥打造。其等第依下項。

方塼：

二尺，厚三寸。

一尺七寸，厚二寸八分。

一尺五寸，厚二寸七分。

一尺三寸，厚二寸五分。

一尺二寸，厚二寸。

條塼：

長一尺三寸，廣六寸五分，厚二寸五分。

長一尺二寸，廣六寸，厚二寸。

壓闌塼：長二尺一寸，廣一尺一寸，厚二寸五分。

塼碇：方一尺一寸五分，厚四寸三分。

牛頭塼：長一尺三寸，廣六寸五分，一壁厚二寸五分，一壁厚二寸二分。

走趄塼：長一尺二寸，面廣五寸五分，底廣六寸，厚二寸。

趄條塼：面長一尺一寸五分，底長一尺二寸，廣六寸，厚二寸。

鎮子塼：方六寸五分，厚二寸。

凡造塼坯之制：皆先用灰襯隔模匣，次入泥；以杖剖脫曝令乾。

① 梁思成. 梁思成全集. 第七卷. 第278頁. 窯作制度. 塼. 注5. 中國建築工業出版社. 2001年

關于上文"壓闌磚"等，梁注："以下各種特殊規格的磚，除壓闌磚名稱本身説明用途外，其他五種用途及用法都不清楚。"[1]

上文"以杖剖脱曝令乾"，傅書局合校本注：改"剖"爲"刮"，并注："刮，據故宮本、四庫本改。"[2]傅建工合校本注："熹年謹按：陶本、張本誤作'剖'，故宮本、四庫本作'刮'，據改。"[3]

磚坯做法類似瓦坯，于燒製前一日和泥打造。方式：先在磚模匣内用灰襯隔，然後將坯泥放入。成形後用杖剖脱模匣，曝曬于日下，令其漸乾。

其中的"磚碇"，是一種尺寸不大，但厚度較厚的方磚，未知是否與"石作制度"中的石碇，即柱礎石有一定的相類之處？如將其用作尺寸較爲細小的連廊柱下的柱礎，似乎也是有可能的。另所謂"鎮子磚"，亦不知用于何處？從"鎮子"之意，與古代文人所用"鎮紙"（亦稱"鎮子"）似乎有一些關聯。鎮紙，一般是用金屬或玉石等製作，但若以磚燒製，就可以價格低廉，這也可能會是普通文人的一種選擇？這裏權作猜測，僅供參考。

上文除磚碇、鎮子磚外，其他各類磚及相應尺寸，已見于前文"磚作制度·用磚"一節描述。故在前文"主要用磚尺寸一覽"（表15.1.1）基礎上，再增加這裏所説的兩類磚，以作補遺。

主要用磚尺寸一覽（補遺）見表15.2.2。

主要用磚尺寸一覽（補遺）　　　　　　　　　　　　　　　　　表15.2.2

用磚位置	用磚	長（尺）	寬（尺）	厚（尺）	備注
未詳	磚碇	1.15	1.15	0.43	方磚
未詳	鎮子磚	0.65	0.65	0.2	方磚

〔15.2.3〕

瑠璃瓦等炒造黄丹附

[15.2.3.1]

造瑠璃瓦

凡造瑠璃瓦等之制：藥以黄丹、洛河石和銅末，用水調匀。冬月用湯。甋瓦於背面，鴟、獸之類於安卓露明處，青掍同，並徧澆刷。瓪瓦於仰面内中心。重唇瓪瓦仍於背上澆大頭；其線道、條子瓦，澆唇一壁。

燒造瑠璃瓦用藥，有黄丹、洛河石

① 梁思成. 梁思成全集. 第七卷. 第278頁. 窰作制度. 磚. 注6. 中國建築工業出版社. 2001年
② [宋]李誡，傅熹年彙校. 營造法式合校本. 第三册. 窰作制度. 磚. 校注. 中華書局. 2018年
③ [宋]李誡，傅熹年校注. 合校本營造法式. 第457頁. 窰作制度. 磚. 注1. 中國建築工業出版社. 2020年

與銅末。黃丹，爲中藥，呈橙紅或橙黃色狀。宋代彩畫作、瑠璃瓦作中多用之。《雲林石譜》："洛河石：西京洛河水中出碎石，頗多青白，間有五色斑斕。採其最白者，入鉛和諸藥，可燒變假玉或瑠璃用之。"①洛河石當研成末用之。銅末，亦可入藥。將三種藥，用水調勻，冬季用湯調，塗于甋瓦背面，或鴟尾、走獸等安卓後可能露明之處。然後，再全面澆刷一遍。青掍瓦，亦塗于背面等露明處，亦遍澆刷。

瓪瓦，塗于仰面内中心。重脣瓪瓦，除仰面内中心外，在瓦背大頭處亦澆塗。其餘如線道、條子瓦等，澆塗外露脣沿部位。

［15.2.3.2］
炒造黄丹

凡合瑠璃藥所用黃丹闕炒造之制，以黑錫、盆硝等入鑊，煎一日爲粗扇，出候冷，搗羅作末；次日再炒，塼蓋罨；第三日炒成。

梁注"*扇，同'釉'。*"②

炒造黃丹是爲調製瑠璃釉藥物而用。如上文，其藥用黃丹、洛河石末、銅末等調製而成。

黃丹闕，似即黃丹。調製瑠璃藥所用黃丹闕，要與黑錫、盆硝等入于鐵鑊中，炒煎一日者，爲粗釉。傾倒出後，

候其冷却，搗碎過羅篩，使之成末狀。第二日再炒，用磚覆蓋。第三日方炒造成功。

〔15.2.4〕
青掍瓦 滑石掍、茶土掍

青掍瓦等之制：以乾坯用瓦石磨擦， 甋瓦於背，瓪瓦於仰面，磨去布文； **次用水濕布揩拭，候乾；次以洛河石掍研；次摻滑石末令勻。** 用茶土掍者，準先摻茶土，次以石掍研。

梁注："這三種瓦具體有什麼區別，不清楚。"③青掍瓦 滑石掍、茶土掍 在清代似已失傳。

上文標題及正文小注"茶土"，傅書局合校本注：改"茶土"爲"茶土"，并注："茶，故宮本、四庫本。"④傅建工合校本注："熹年謹按：'茶土'陶本誤'茶土'，據故宮本、四庫本、張本改。"⑤

掍，義爲"混"或"混合"，亦有"掍邊、緣邊"的意思。古人之青色，略近黑。從後文"燒變次序"條描述其燒製工藝："先燒芟草，次蒿草、松柏柴、羊屎、麻籸、濃油，蓋罨不令透煙。"可知這種略近黑之色，是通過特殊烟熏工藝達成的。

青掍瓦，亦分甋瓦、瓪瓦。在燒製

① ［宋］杜綰. 雲林石譜. 卷中. 洛河石. 第18頁. 上海書店出版社. 2015年
② 梁思成. 梁思成全集. 第七卷. 第279頁. 窰作制度. 瑠璃瓦等. 注7. 中國建築工業出版社. 2001年
③ 梁思成. 梁思成全集. 第七卷. 第279頁. 窰作制度. 青掍瓦. 注8. 中國建築工業出版社. 2001年

④ ［宋］李誡. 傅熹年彙校. 營造法式合校本. 第三冊. 窰作制度. 青掍瓦. 校注. 中華書局. 2018年
⑤ ［宋］李誡. 傅熹年校注. 合校本營造法式. 第459頁. 窰作制度. 青掍瓦. 注1. 中國建築工業出版社. 2020年

前乾坯狀態，要先用瓦石將瓯瓦背部、瓯瓦仰面等外露部分，磨去布文，并用浸水濕布揩拭。待乾後，再以洛河石碾磨；之後，摻入滑石末再加磨拭，使其表面光亮。效果當是一種表面有光澤，且防水性能較好的青黑色瓦。

茶土或茶土，未解其爲何種土。"茶"似有白色之意，若稱"茶土"，疑指略近白色之土。則"茶土掍"，可能是在磨去布文坯面上，先摻白土？若稱"茶土"，則似應摻"茶土"？再用洛河石碾磨，令表面光潤，再加燒製。

由此推測，滑石掍，其意亦相類，先磨去布文，再摻滑石末，以石碾磨入坯面縫隙中，令光潤，再加燒製。相信茶（茶）土掍與滑石掍，亦應各有其瓯瓦、瓯瓦的區別。

〔15.2.5〕

燒變次序

凡燒變塼瓦之制：素白窯，前一日裝窯，次日下火燒變，又次日上水窨，更三日開窯，候冷透，及七日出窯。青掍窯，_{裝窯、燒變、出窯日分準上法。}**先燒芟草，**_{茶土掍者，止於曝窯內搭帶，燒變不用柴草、羊屎、油粬。}**次蒿草、松柏柴、羊屎、麻粬、濃油，蓋鴟不令透煙。瑠璃窯，前一日裝窯，次日下火燒變，三日開窯，候火冷，至第五日出窯。**

上文小注"_{止於曝窯內搭帶}"，陶本："_{止於曝露內搭帶}"，陳注"露"字："窯"。[1] 傅書局合校本注：改"露"爲"窯"，并注："窯，誤'露'，依四庫本改正。"[2] 傅建工合校本注："劉批陶本：故宮本作'露內'，文津四庫本作'窯內'，據文津四庫本改。"[3]

上文"候火冷"，陶本："火候冷"，傅建工合校本注："劉批陶本：陶本作'火候冷'，依文義改正。熹年謹按：上二項張亦均誤。"[4]

上文小注及正文中"羊屎"之"屎"，陳注："糞"。[5]

梁注："窨，音蔭（yìn）；封閉使冷却意。"[6]又注："粬，音申（shēn）；糧食、油料等加工後剩下的渣滓。油粬即油渣。"[7]

這裏給出了主要三種瓦的燒製方法：

（1）素白窯。疑燒製色近深灰布瓦之窯。方法：第一日裝窯；第二日下火燒變；第三日，澆水并封閉窯口，三日後開窯，繼續冷却，至第七日出窯。

（2）青掍窯（及茶土掍窯）。燒製青掍瓦之窯。其裝窯、燒變、出窯時間節點與素白窯同。燒製過程，先燒芟草。芟，本義爲"除"。芟草，似爲芟除而來之雜草。燒芟草時，窯內可搭帶放置一些茶土掍瓦坯，與青掍瓦同時燒製。茶土掍窯進一步燒製過程，無須加

① [宋]李誡. 營造法式（陳明達點注本）. 第二冊. 第111頁. 窯作制度. 燒變次序. 批注. 浙江攝影出版社. 2020年

② [宋]李誡，傅熹年彙校. 營造法式合校本. 第三冊. 窯作制度. 燒變次序. 校注. 中華書局. 2018年

③ [宋]李誡，傅熹年校注. 合校本營造法式. 第460頁. 窯作制度. 燒變次序. 注1. 中國建築工業出版社. 2020年

④ [宋]李誡，傅熹年校注. 合校本營造法式. 第460頁. 窯作制度. 燒變次序. 注2. 中國建築工業出版社. 2020年

⑤ [宋]李誡. 營造法式（陳明達點注本）. 第二冊. 第111頁. 窯作制度. 燒變次序. 批注. 浙江攝影出版社. 2020年

⑥ 梁思成. 梁思成全集. 第七卷. 第279頁. 窯作制度. 燒變次序. 注9. 中國建築工業出版社. 2001年

⑦ 梁思成. 梁思成全集. 第七卷. 第279頁. 窯作制度. 燒變次序. 注10. 中國建築工業出版社. 2001年

入柴草、羊屎、油秕等物作爲燃料。

若燒製青掍瓦，其後還需再加蒿草、松柏柴、羊屎、麻秕、濃油等燃料，進一步燒製。第二階段燒製，要將擬燒之青掍瓦坯加以掩蓋，使所起烟霧不致外泄，以達到薰烤青掍瓦面效果。

（3）瑠璃窰。第一日裝窰；第二日下火燒變；第三日開窰。然後，令其自然冷却，至第五日即可出窰。

上文未給出滑石掍瓦的燒製方法。或亦可搭帶于青掍窰燒製第一階段？未可知。

〔15.2.6〕
壘造窰

[15.2.6.1]
壘窰之制

壘窰之制：大窰高二丈二尺四寸，徑一丈八尺。 外圍地在外，曝窰同。

梁注："窰有火窰及曝窰兩種。除尺寸、比例有所不同外，在用途上有何不同，待考。"[1]

疑梁先生所提"火窰"，似"大窰"之誤。陶本似未提及"火窰"，僅有大窰與曝窰。

壘造大窰，高22.4尺，徑18尺。外圍地不包含在此尺寸内。

[15.2.6.2]
窰諸段尺寸

門：高五尺六寸，廣二尺六寸。 曝窰高一丈五尺四寸，徑一丈二尺八寸。門高同大窰，廣二尺四寸。

平坐：高五尺六寸，徑一丈八尺， 曝窰一丈二尺八寸，**壘二十八層。** 曝窰同。**其上壘五币，高七尺，** 曝窰壘三币，高四尺二寸。**壘七層。** 曝窰同。

收頂：七币，高九尺八寸，壘四十九層。 曝窰四币，高五尺六寸，壘二十八層；逐層各收入五寸，遞減半塼。

龜殼窰眼暗突：底腳長一丈五尺， 上留空分，方四尺二寸，蓋窂實收長二尺四寸。曝窰同。**廣五寸，壘二十層。** 曝窰長一丈八尺，廣同大窰，壘一十五層。

牀：長一丈五尺，高一尺四寸，壘七層。 曝窰長一丈八尺，高一尺六寸，壘八層。

壁：長一丈五尺，高一丈一尺四寸，壘五十七層。 下作出煙口子、承重托柱。其曝窰長一丈八尺，高一丈，壘五十層。

門兩壁：各廣五尺四寸，高五尺六寸，壘二十八層，仍壘脊。 子門同。曝窰廣四尺八寸，高同大窰。

子門兩壁：各廣五尺二寸，高八尺，壘四十層。

外圍：徑二丈九尺，高二丈，壘一百層。 曝窰徑二丈三尺，高一丈八尺，壘五十四層。

池：徑一丈，高二尺，壘一十層。 曝窰徑八尺，高一尺，壘五層。

踏道：長三丈八尺四寸。 曝窰長二丈。

① 梁思成. 梁思成全集. 第七卷. 第280頁. 窰作制度. 壘造窰. 注11. 中國建築工業出版社. 2001年

上文三處小注"_{曝窰長一丈八尺}"，陳先生均有注，改"尺"爲"寸"，其注曰："寸，竹本"。[①]即據竹本，則應："_{曝窰長一丈八寸}"。

上文"外圍"條小注"_{高一丈八尺}"，陶本："_{高一丈八寸}"。

上文小注"_{蓋罨實收}"，傅書局合校本注：改"罨"爲"暗"，并注："暗，'罨'應作'暗'，據故宮本、四庫本改。"[②]傅建工合校本注："熹年謹按：'暗'陶本誤'罨'，據故宮本、四庫本、張本改。"[③]

關于"曝窰"，《法式》"諸作料例二"："瑠璃瓦並事件：並隨藥料，每窰計之。_{謂曝窰。}"或可推知，曝窰，疑是專用于燒製瑠璃瓦及瑠璃飾件之窰。如此，大窰則屬可燒製包括布瓦、青掍瓦等各種磚、瓦之窰。

壘造窰諸段尺寸，均爲實尺。

門：其高5.6尺，門寬（廣）2.6尺。

曝窰：總高15.4尺，窰徑12.8尺。

曝窰門高5.6尺，與大窰同，寬（廣）2.4尺。

平坐：未知平坐是否施于窰之底部。平坐高5.6尺，其徑18尺（曝窰平坐徑12.8尺）。其坐壘砌28層（曝窰壘砌層數同）。其上壘5帀，高7尺（曝窰壘3帀，高4.2）。壘7層（曝窰所壘層數同）。"帀"不知是何種單位，從行文中

可知，每壘一帀，高1.4尺，每帀壘高7層，每層厚0.2尺。

但這裏的"壘七層"從上下文看，文字似有缺失。從其下文"七帀，高九尺八寸，壘四十九層"及"_{四帀，高五尺六寸，壘二十八層}"，可知每一帀，壘7層，每一層2寸，恰爲一磚厚度。則這裏應加上"一帀"，即似應爲"一帀壘七層"，或可以依前文順序，則應爲"其上壘五帀，高七尺，_{曝窰壘三帀，高四尺二寸。}壘三十五層"纔比較合理？是否傳抄之誤？存疑。

收頂：似指窰頂，壘7帀，其高9.8，壘49層。曝窰收頂壘4帀，高5.6尺，壘28層；逐層各向内收入5寸，遞減半磚。

龜殼窰眼暗突：暗突之底脚長15尺（上留空分，方4.2尺，蓋罨實收長2.4尺。曝窰同）。廣5寸，壘20層（曝窰眼暗突之底脚長18尺，寬[廣]亦5寸，與大窰同，壘15層）。

牀：似指窰牀，其長15尺，高1.4尺，壘7層（曝窰牀長18尺，高1.6尺，壘8層）。

壁：窰壁長15尺，高11.4尺，壘57層（壁之下作出煙口子、承重托柱。曝窰壁長18尺，高10尺，壘50層）。

門兩壁：門兩壁各寬（廣）5.4尺，高5.6尺，壘28層，仍壘門脊（子門做法與之同。曝窰門兩壁寬[廣]4.8尺，高5.6

① [宋]李誡. 營造法式（陳明達點注本）. 第二册. 第112頁和第113頁. 窰作制度. 壘造窰. 批注. 浙江攝影出版社. 2020年

② [宋]李誡, 傅熹年彙校. 營造法式合校本. 第三册. 窰作制度. 壘造窰. 校注. 中華書局, 2018年

③ [宋]李誡, 傅熹年校注. 合校本營造法式. 第462頁. 窰作制度. 壘造窰. 注1. 中國建築工業出版社. 2020年

尺，與大窯同）。

子門兩壁：各寬（廣）5.2尺，高8尺，壘40層。

外圍：徑29尺，高20尺，壘100層（曝窯徑20.2尺，高18尺，壘54層）。

池：徑10尺，高2尺，壘10層（曝窯徑8尺，高1尺，壘5層）。

踏道：長38.4尺（曝窯長20尺）。

帀，不知爲何種單位？以其文，如《法式》上文"平坐，……其上壘五帀，高七尺，曝窯壘三帀，高四尺二寸。壘七層。曝窯同。"與"收頂：七帀，高九尺八寸，壘四十九層。曝窯四帀，高五尺六寸，壘二十八層。"可知，每壘一帀，高1.4尺，每帀壘高7層，每層厚0.2尺。

若果如此，文中在述及所壘5帀與3帀時，所言"壘七層。曝窯同"，其意應爲："（每帀）壘七層。曝窯同。"且每壘一層，厚0.2尺，相當于壘窯所用條塼一磚之厚。如此可知，這裏的"一帀"，似爲用條塼壘砌的窯內某一構造層？

以每帀有7層磚厚，合壘高1.4尺。以此爲一個高度單位，大窯平坐，壘5帀，厚35層，高7尺；曝窯平坐，壘3帀，厚21層，高4.2尺；大窯收頂，壘7帀，厚49層，高9.8尺；曝窯收頂，壘4帀，厚28層，高5.6尺。

傅建工合校本此段文字凡出現"帀"處，皆改"帀"爲"匝"。從字義看，"匝"顯然是一個合乎上下文文義的範疇。但其文未談及所改之因。

壘造窯（大窯、曝窯）主要尺寸一覽見表15.2.3。

壘造窯（大窯、曝窯）主要尺寸一覽　　　　　　　　　　　　　　　　表15.2.3

大窯（尺）		壘砌層數	曝窯（尺）		壘砌層數	備注
窯身主體			窯身主體			
高	22.4		高	15.4		
徑	18		徑	12.8		
窯門高	5.6		窯門高	5.6		
窯門廣	2.6		窯門廣	2.4		
平坐上壘5帀 每帀7層		高7尺 35層		平坐上壘3帀 每帀7層	高4.2尺 21層	每層厚0.2尺
平坐高	5.6	28層	平坐高	5.6	28層	
平坐徑	18		平坐徑	12.8		
收頂	7帀高9.8尺	49層	收頂	4帀高5.6尺	28層	逐層收入0.5尺

565

大窑（尺）		壘砌層數	曝窑（尺）		壘砌層數	備注
龜殼窑眼暗突（尺）			龜殼窑眼暗突（尺）			
底脚長	15.9		底脚長	18		
上留空分	方4.2		上留空分	方4.2		
實收長	2.4		實收長	2.4		
底脚廣	0.5	20層	底脚廣	0.5	15層	
窑牀（尺）			窑牀（尺）			
長	15		長	18		
高	1.4	7層	高	1.6	8層	每層厚0.2
壁（尺）			壁（尺）			
長	15		長	18		出煙口子、承
高	11.4	57層	高	10	50層	重托柱
門兩壁（尺）			門兩壁（尺）			
各廣	5.4		各廣	4.8		
高	5.6	28層	高	5.6	28層	壘脊
子門兩壁（尺）			子門兩壁（尺）			
各廣	5.2		各廣	未詳		
高	8	40層	高	未詳		壘脊
外圍（尺）			外圍（尺）			
徑	29		徑	20.2		
高	20	100層	高	18	54層	上有暗突
窑池（尺）			窑池（尺）			窑池下作蛾眉
徑	10		徑	8		壘砌
高	2	10層	高	1	5層	
踏道（尺）			踏道（尺）			
長	38.4		長	20		
壘窑用塼，長1.2尺，廣0.6尺，厚0.2尺條塼。平坐、窑門、子門、窑牀、踏外圍道，皆并二砌						

[15.2.6.3]
壘窯一般

凡壘窯，用長一尺二寸、廣六寸、厚二寸條塼。平坐並窯門，子門、窯牀，踏外圍道，皆並二砌。其窯池下面，作蛾眉壘砌承重。上側使暗突出煙。

　　上文"踏外圍道"，陳注："外圍踏道，竹本。"[1]

　　關于"蛾眉"，梁注："從字面上理解，蛾眉大概是我們今天所稱'弓形拱（券）'（segmental arch），即小于180°弧的拱（券）。"[2]

　　壘窯所用磚，長1.2尺，寬（廣）6寸，厚2寸。

　　文中其他尺寸，應爲大窯、曝窯、外圍及窯周圍諸部分，如門、子門、池、踏道等部分的具體尺寸。根據這些尺寸與描述，或可以還原宋代燒製磚瓦之大窯與曝窯的可能形式。

①　[宋]李誡. 營造法式（陳明達點注本）. 第二册. 第113頁. 窯作制度. 壘造窯. 批注. 浙江攝影出版社. 2020年

②　梁思成. 梁思成全集. 第七卷. 第280頁. 窯作制度. 壘造窯. 注12. 中國建築工業出版社. 2001年

《营造法式》卷第十六

——壕寨功限、石作功限

通直郎管修蓋皇弟外第專一提舉修蓋班直諸軍營房等臣李誡奉

聖旨編修

【16.0】
本章導言

將"功限"兩字連爲一個術語初見于唐代，究其原初之意，與《法式》中的"功限"并不相同。例如，初唐人楊場任國子祭酒時，上書朝廷："唐興，二監舉者千百數，當選者十之二，考功覆校以第，謂經明行修，故無多少之限。今考功限天下明經、進士歲百人，二監之得無幾，然則學徒費官稟，而博士濫天禄者也。"① 這裏所言"功"似爲考取功名之"功"，其"功"爲名詞；而"限"爲動詞，其所"限"者，數量也。其意爲當選"考功"者，"限"于每年百人之數。如此，則"限"亦有了"數量"之内涵。

宋代時，"功限"一詞已與工程相關。神宗熙寧三年（1070年），爲促進御河漕運通流，朝廷"又益發壯城兵三千，仍詔提舉官程昉等促迫功限。"② 此"功限"，已是一名詞，指修河工程勞作所需做之"功"及其功完成之"限"。功限，即指完成這一工程的工作量指標。

宋元豐初年（1078年），已將"功限"與"料例"兩個術語，聯繫在一起使用："元豐元年，工部言：'文思院上下界諸作工料條格，該說不盡，功限例各寬剩，乞委官檢照前後料例功限，編爲定式。'"③ 其中似已暗含後來由官方編纂《營造法式》之最初肇因。

元人編《文獻通考》，提到《營造法式》編纂過程與内容，其言："《將作營造法式》三十四卷，《看詳》一卷"④，當指崇寧《法式》。并引："陳氏曰：熙寧初，始詔修定，至元祐六年書成。紹聖四年命誠重修，元符三年上，崇寧二年頒印。前二卷爲《總釋》，其後曰《制度》、曰《功限》、曰《料例》、曰《圖樣》，而壕寨石作，大小木、彫、鏇、鋸作，泥瓦，彩畫刷飾，又各分類，匠事備矣。"⑤

功限概念，約在北宋神宗朝，漸出現于官方有關工程文件，至宋《營造法式》頒行，概念漸趨明確，即"功限"與"料例"，結合"制度"與"圖樣"，成爲各類工程，尤其是土木營造工程之設計、施工及管理的重要範疇。

其實，"功限"一詞，不僅限于土木營造及水利工程，《續資治通鑑長編》載，北宋元符元年（1098年）："工部言：'文思院上下界金銀、珠玉、象牙、玳瑁、銅鐵、丹漆、皮麻等諸作工料，最爲浩瀚。上下界見行條格及該說不盡功限，例各寬剩，至於逐旋勘驗裁減，並無的據。欲乞委官一員，將文思院上下界應幹作分，據年例依令合造之物，檢照前後造過工作料狀，逐一制撰的確料例功限，編爲定式。'"⑥

① [宋]歐陽修、宋祁. 新唐書. 卷一百三十. 列傳第五十五. 裴陽宋楊崔李解. 楊場傳. 第4495頁. 中華書局. 1985年

② [元]脱脱等. 宋史. 卷九十五. 志第四十八. 河渠五. 御河. 第2354頁. 中華書局. 1985年

③ [元]脱脱等. 宋史. 卷一百六十五. 志第一百一十八. 職官五. 少府監. 第3917頁. 中華書局. 1985年

④ [元]馬端臨. 文獻通考. 卷二百二十九. 經籍考五十六. 子（雜藝術）. 第6281頁. 中華書局. 2001年

⑤ [元]馬端臨. 文獻通考. 卷二百二十九. 經籍考五十六. 子（雜藝術）. 第6282頁. 中華書局. 2001年

⑥ [宋]李燾. 續資治通鑑長編. 卷四百九十四. 哲宗元符元年. 第11748頁. 中華書局. 2004年

《法式》中所涉"功限"，當僅限于與土木營造有關壕寨、石作、大木作、小木作、磚作、泥作、瓦作、彩畫作、窰作類工程範圍。

【16.1】
壕寨功限

〔16.1.1〕
總雜功

［16.1.1.1］
諸物料計功單位

諸土乾重六十斤爲一擔。諸物準此。如麤重物用八人以上、石段用五人以上可舉者，或瑠璃瓦名件等每重五十斤，爲一擔。

諸石每方一尺，重一百四十三斤七兩五錢。

方一寸，二兩三錢。磚，八十七斤八兩。方一寸，一兩

四錢。瓦，九十斤六兩二錢五分。方一寸，一兩四錢五分。

諸木每方一尺，重依下項：

黃松，寒松、赤甲松同，二十五斤。方一寸，四錢。

白松，二十斤。方一寸，三錢二分。

山雜木，謂海棗、榆、槐木之類，三十斤。方一寸，四錢八分。

上文"諸石每方一尺"，梁注："'方一尺'是指一立方尺，但下文許多地方，'尺'有時是立方尺，有時是平方尺，有時又僅僅是長度，讀者須注意，按文義去理解它。"[1]

上文"諸土乾重六十斤爲一擔"，陳注："卷三，築基：每方一尺，用土二擔。"[2]

諸物料計功單位見表16.1.1。

諸物料計功單位　　　　　　　　　　　　　　　　　表16.1.1

壕寨物料	計功單位	每一計功單位重（斤）	每一立方寸重（兩）	備注
諸土（諸物）	擔	60（乾重）		
麤重物	可舉重量	8人以上可舉		
石段	可舉重量	5人以上可舉		
瑠璃瓦名件	擔	50		
諸石	每方一尺（1立方尺）	143.75	2.3	
磚		87.8	1.4	
瓦		90.625	1.45	

① 梁思成. 梁思成全集. 第七卷. 第284頁. 壕寨功限. 總雜功. 注1. 中國建築工業出版社. 2001年

② [宋]李誡. 營造法式（陳明達點注本）. 第二册. 第117頁. 壕寨功限. 總雜功. 批注. 浙江攝影出版社. 2020年

壕寨物料	計功單位	每一計功單位重（斤）	每一立方寸重（兩）	備注
黄松 （寒松、赤甲松）	每方一尺 （1立方尺）	25	0.4	
白松		20	0.32	
山雜木 （海棗、榆、槐）		30	0.48	

[16.1.1.2]

般運、掘土諸功

諸於三十里外般運物一擔，往復一功；若一百二十步以上，約計每往復共一里，六十擔亦如之。牽拽舟、車、栿，地里準此。

諸功作般運物，若於六十步外往復者，謂七十步以下者，並祇用本作供作功。或無供作功者，每一百八十擔一功。或不及六十步者，每短一步加一擔。

諸於六十步内掘土般供者，每七十尺一功。

如地堅硬或砂礓相雜者，減二十尺。

諸自下就土供壇基牆等，用本功。如加塼版高一丈以上用者，以一百五十擔一功。

諸掘土裝車及簽籃，每三百三十擔一功。如地堅硬或砂礓相雜者，裝一百三十擔。

上文"以上，約計"，陶本："以工紐計"。陳注："'紐'應爲'細'，

參閱'築城'篇。"[1]傅書局合校本注："般，應作搬。"[2]另注"紐計，似一名詞。"[3]傅建工合校本注："朱批陶本：'紐計'似係一名詞。熹年謹按：故宫本、文津四庫本，張本均作'紐計'。"[4]

徐注："陶本作'若一百二十步以工紐計每往復共一里'。誤。注釋本將'工紐'改爲'上約'是正確的。但'上約'間逗號應前移到步，以間。"[5]據徐先生，這段話似應爲："諸於三十里外般運物一擔，往復一功；若一百二十步，以上約計每往復共一里，六十擔亦如之。"但其句中有一"若"字，則梁注釋本斷句似更爲恰當。

上文小注"如地堅硬或砂礓相雜者，裝一百三十擔"句，陳注："'一'安諸于六十步内，掘土般功比例應爲'二'。"[6]

① [宋]李誡. 營造法式（陳明達點注本）. 第二册. 第118頁. 壕寨功限. 總雜功. 批注. 浙江攝影出版社. 2020年

② [宋]李誡, 傅熹年彙校. 營造法式合校本. 第三册. 壕寨功限. 總雜功. 校注. 中華書局. 2018年

③ [宋]李誡, 傅熹年彙校. 營造法式合校本. 第三册. 壕寨功限. 總雜功. 校注. 中華書局. 2018年

④ [宋]李誡, 傅熹年校注. 合校本營造法式. 第468頁. 壕寨功限. 總雜功. 注1. 中國建築工業出版社. 2020年

⑤ 梁思成. 梁思成全集. 第七卷. 第284頁. 壕寨功限. 總雜功. 腳注1. 中國建築工業出版社. 2001年

⑥ [宋]李誡. 營造法式（陳明達點注本）. 第二册. 第118頁. 壕寨功限. 總雜功. 批注. 浙江攝影出版社. 2020年

另文中"般運"之"般"，意同"搬"，下同。籮，有三意：其一，一種盛物的竹器，音cuo；其二，裝炭的簍子，音zha；其三，與"參差"之"差"同義，音ci。[1]皆見《漢語大字典》。故籮籃，似爲古代施工中一種用來盛土或石的竹筐。

般運、掘土諸功見表16.1.2。

般運、掘土諸功   表16.1.2

般運功	搬運距離或重量	計功	本作供作功	備注
1擔	30里外	往復1功	祇用本作功	牽拽舟、車、栿，地里準此
60擔	120步以上往復共1里	1功	祇用本作功	
180擔	60步外往復70步以下者	1功	祇用本作功無供作功者	不及六十步者，每短一步加一擔
掘土般供				
每70尺	60步以內	1功		如地堅硬或砂礓相雜者，減二十尺
自下就土供壇基牆		本功		
加膊版高1丈以上	150擔	1功		如地堅硬或砂礓相雜者，裝一百三十擔
掘土裝車及籮籃	330擔	1功		

[16.1.1.3]

磨褫塼石、脫造壘牆諸功

諸磨褫石段，每石面二尺一功。

諸磨褫二尺方塼，每六口一功。<small>一尺五寸方塼八口，壓門塼一十口，一尺三寸方塼一十八口，一尺二寸方塼二十三口，一尺三寸條塼三十五口同。</small>

諸脫造壘牆條墼，長一尺二寸，廣六寸，厚二寸，<small>乾重十斤，</small>**每一百口一功。**<small>和泥起壓在內。</small>

上文小注"<small>一尺五寸方塼八口</small>"，陳注：改"五"爲"七"；小注"<small>壓門塼一十口</small>"，陶本爲"<small>壓門塼一寸口</small>"，陳注：改"寸"

爲"十"；小注"<small>一尺三寸方塼一十八口</small>"，陳注：改"三"爲"五"[2]，則其文改爲"<small>一尺七寸方塼八口，壓門塼一十口，一尺五寸方塼一十八口。</small>"

另上文小注"<small>壓門塼</small>"，陳注：改"門"爲"闌"[3]，即"<small>壓闌塼</small>"。

仍上文小注"<small>壓門塼一十口</small>"，傅書局合校本注："十，陶本誤'寸'。"[4]

又上文小注"<small>一尺二寸方塼二十三口</small>"，陶本："<small>一尺三寸方塼二十三口</small>"。傅書局合校本亦改"三"爲"二"，即"<small>一尺二寸方塼二十三口</small>"。[5]陳點注本未改，不詳注。

上文"諸脫造壘牆條墼，……厚二

① 漢語大字典. 第1248頁. 竹部. 籮. 四川辭書出版社·湖北辭書出版社. 1993年
② [宋]李誠. 營造法式（陳明達點注本）. 第二冊. 第119頁. 壕寨功限. 總雜功. 批注. 浙江攝影出版社. 2020年
③ [宋]李誠. 營造法式（陳明達點注本）. 第二冊. 第119頁. 壕寨功限. 總雜功. 批注. 浙江攝影出版社. 2020年
④ [宋]李誠，傅熹年彙校. 營造法式合校本. 第三冊. 壕寨功限. 總雜功. 校注. 中華書局. 2018年
⑤ [宋]李誠，傅熹年彙校. 營造法式合校本. 第三冊. 壕寨功限. 總雜功. 校注. 中華書局. 2018年

寸”，傅建工合校本注：“劉校故宮本：丁本作‘三’，故宮本作‘二’，從故宮本。熹年謹按：張本作‘三’，文津四庫本同故宮本，亦作‘二’。”①

上文“每一百口一功”，陳注：改“一百口”爲“二百口”，并注：“二，四庫本。”②并特別標注出“墼”③字。傅書局合校本注：改爲“每二百口一功”，其注：“據故宮本、四庫本、張蓉鏡本改。”④傅建工合校本注：“劉批陶本：丁本、陶本作‘一’，故宮本、四庫本作‘二’，從故宮本。熹年謹按：張本同故宮本，亦作‘二’。因知丁本雖出于張本，二者亦偶有差誤。”⑤

關于“磨褫”，“磨”意爲“打磨”；“褫”有“剝除、脫離”意，大約接近石作功限中的“打剝”與“麤搏”。將表面較爲粗糙的石段或毛磚，剝離其毛棱、刺角，打磨其表面，以用于房屋基礎或墙體的砌築。

上文“條墼”，條，有條狀、長方形等意。墼，據《漢語大字典》：“磚坯；土磚。《說文·土部》：‘墼，未燒也。’《廣韻·錫韻》：‘墼，土墼。’”⑥又“明楊慎《丹鉛續録拾遺·周紆築墼》：《字林》：‘磚未燒曰墼。’《埤蒼》：‘形土爲方曰墼。’今之土墼也，以木爲模，實其中。”⑦故“壘墙條墼”爲壘墙用的長方形土坯。

磨褫磚石、脫造條墼用功見表16.1.3。

磨褫磚石、脫造條墼用功		表16.1.3
營造工作	額度	每計1功
磨褫石段	2（平方）尺石面	6口
磨褫方磚、壓門磚、條磚	2（平方）尺方磚	6口
	1.5尺方磚	8口
	壓門磚	10口
	1.3尺方磚	18口
	1.2尺方磚	23口
	1.3尺條磚	35口
脫造壘墙條墼	長1.2尺、廣0.6尺、厚0.2尺，乾重10斤	100口（200口）

〔16.1.2〕
築基

諸殿、閣、堂、廊等基址開掘，出土在内，若去岸一丈以上，即別計般土功，**方八十尺，**謂每長、廣、方、深各一尺爲計，**就土鋪填打築六十尺，各一功。若用碎磚瓦、石札者，其功加倍。**

上文“方八十尺”，陳注：“方，立方。”⑧傅書局合校本注：“札與渣同。”⑨

① [宋]李誡，傅熹年校注. 合校本營造法式. 第468頁. 壕寨功限. 總雜功. 注2. 中國建築工業出版社. 2020年
② [宋]李誡. 營造法式（陳明達點注本）. 第二册. 第119頁. 壕寨功限. 總雜功. 批注. 浙江攝影出版社. 2020年
③ [宋]李誡. 營造法式（陳明達點注本）. 第二册. 第119頁. 壕寨功限. 總雜功. 批注. 浙江攝影出版社. 2020年
④ [宋]李誡，傅熹年彙校. 營造法式合校本. 第三册. 壕寨功限. 總雜功. 中華書局. 2018年
⑤ [宋]李誡，傅熹年校注. 合校本營造法式. 第468頁. 壕寨功限. 總雜功. 注3. 中國建築工業出版社. 2020年
⑥ 漢語大字典. 土部. 第206頁. 墼. 四川辭書出版社–湖北辭書出版社. 1993年
⑦ 漢語大字典. 土部. 第206頁. 墼. 四川辭書出版社–湖北辭書出版社. 1993年
⑧ [宋]李誡. 營造法式（陳明達點注本）. 第二册. 第119頁. 壕寨功限. 築基. 批注. 浙江攝影出版社. 2020年
⑨ [宋]李誡，傅熹年彙校. 營造法式合校本. 第三册. 壕寨功限. 築基. 校注. 中華書局. 2018年

功限，是宋代對用工計量的一個定義。"功"者，計算工作量的單位；"限"者，完成某一造作或安卓工作的工作量指標。房屋營造勞動者，按照所計功限多少，獲得報酬。無論什麼工種，都可按其工作難度與完成其造作或安卓所用之功的數量，確定其所完成的工作量——功限。"壕寨功限·築基"一節，是對開掘與填築房屋地基或基礎所做功的一個定量性描述：開挖一個深1尺、方廣80尺的土基，可計爲1功；填埋、夯築一個厚1尺、方廣60尺的土層，也計爲1功。同時發生的勞動，如將從地基中挖出的土，搬運至距離基坑多于1丈的距離之外，就要單獨計算搬運之功；如填埋、夯築一塊厚1尺、方廣60尺的土基時，同時填入或夯築了碎塼瓦、石札，從而加大工作量與難度，則應計爲2個功。

所謂1功，一般情況下，是一個熟練而强壯勞動者，在一個標準日内（冬日爲短，夏日爲長，春秋日則比較標準），應完成之工作量。挖土、搬運、填埋、夯築等，大約都屬技術含量較低的普通用工，其功限計算，主要依據量化的勞作，而非技術難度。

基址開掘、地基打築計功見表16.1.4。

基址開掘、地基打築計功   表16.1.4

勞作内容	單位計功量	計功	備注
諸殿、閣、堂、廊等基址開掘	80（立方）尺	1功	去岸一丈以上，別計般土功
就土鋪填打築	60（立方）尺	1功	"尺"以每長、廣、深、方各一尺計，即1立方尺
用碎塼瓦、石札等鋪填打築	60（立方）尺	2功	

〔16.1.3〕

築城

諸開掘及填築城基，每各五十尺一功。削掘舊城及就土修築女頭牆及護嶮牆者亦如之。諸於三十步内供土築城，自地至高一丈，每一百五十擔一功。自一丈以上至二丈每一百擔，自二丈以上至三丈每九十擔，自三丈以上至四丈每七十五擔，自四丈以上至五丈每五十五擔同。其地步及城高下不等，準此細計。諸紐草葽二百條，或斫橛子五百枚，若劃削

城壁四十尺，般取塼椽功在内，各一功。

上文小注"準此細計"，陳注："細"[1]。關于《法式》文本中反復出現的"細計""紐計""約計"，孰爲確是，仍難有定。

上文"五十尺"似爲城牆長度。據《法式》卷第三"壕寨制度"："築城之制：每高四十尺，則厚加高二十尺；……城

① [宋]李誡. 營造法式（陳明達點注本）. 第二册. 第120頁. 壕寨功限. 築城. 批注. 浙江攝影出版社. 2020年

基開地深五尺，其厚隨城之厚。"據此推測，城基深度一般爲5尺，厚度約60尺。每開掘并填築一段深5尺、寬60尺、長50尺的城墙土基，可計爲1功。

嶮，同"險"。"護嶮墙"即護險墙。據《徐霞客游記》："前有小臺，石橫臥崖端，若欄之護險。"[1]其"欄"當爲高險之處防護欄，則"護嶮墙"，即高大城墙險要處之防護墙。

除新築城墙外，上文還給出另外兩種施工狀態：（1）"削掘舊城"，在舊城基之上建城；（2）"修築女頭墙及護嶮墙"。

據宋人《守城録》："女頭墙，舊制於城外邊約地六尺一個，高者不過五尺，作'山'字樣。兩女頭間留女口一個。"[2]可知"女頭墙"是設置在城墙頂部外側如"山"字狀，中間有"女口"的雉堞。

《守城録》："修築裏城，祇於裏壕根上，增築高二丈以上，上設護險墙。下臨裏壕，須闊五丈、深二丈以上。攻城者或能上大城，則有裏壕阻隔，便能使過裏壕，則裏城亦不可上。"[3]則護嶮墙可能指內城護城壕內側較矮的防護墙，以增加在護城壕內側巡行士兵安全，既防止士兵誤入壕溝，亦防止敵人從壕溝中襲擊士兵。

女頭墙與護嶮墙，均爲較低矮土墙，其用工也與填築城墙墙基一樣，每50尺（可能指長度）爲1功。

填築城墙取土範圍，一般爲30步以內，填築用功之計量，隨城墙高度增高而減少。如從地面至高約1丈位置，每運填150擔土，爲1功；自1丈至2丈高度，每運填100擔土；自2丈至3丈高度，每運填90擔土；自3丈至4丈高度，每運填75擔土；自4丈至5丈高度，每運填55擔土，都計爲1功。

兩個推測：（1）一般城墙高度應控制在40—50尺間；（2）城墙填築，不像房屋基座夯築那樣，每填一層土，要間隔着夯填一層碎塼瓦或石札，且逐層夯打。城墙面積較大，其墙體部分主要用土填埋，不摻雜碎塼瓦或石札。填築過程，逐漸增加上部壓力。隨城墙高度增加，下層填土變得十分堅實，似不必逐層細密夯打。

上文"諸紐草葽"條，所謂"紐草葽"，"紐"同"扭"，指將草扭結成草繩的過程。"斫橛子"，則是製作木橛子過程。"劃削城壁"，似是對夯築完成的城墙外壁加以劃削修整，使其整齊堅實。其功限分別爲，每扭200條草葽，斫製500枚木橛子，劃削40尺長城壁，均各計爲1功。其中，劃削城壁功限中，還包括將原附在城壁之外的模板——膊椽——搬取開的工作量。這裏或從一個側面證明之前的推測：膊椽，指夯築墙體時，設于墙兩側的模板，是正確的判斷。

築城計功見表16.1.5。

① [明]徐弘祖. 徐霞客游記校注. 粵西游日記四. 十二日. 第720頁. 中華書局. 2017年

② [宋]陳規、湯璹. 守城録. 卷二. 守城機要. 女頭墙. 第17頁. 大象出版社. 2019年

③ [宋]陳規、湯璹. 守城録. 卷二. 守城機要. 修築裏城. 第19頁. 大象出版社. 2019年

勞作內容	單位計功量	計功	備注
開掘、填築城基	各50尺	1功	假設城基深5尺、厚60尺
削掘舊城	各50尺	1功	
就土修築女頭牆	各50尺	1功	
就土修築護嶮牆	各50尺	1功	
三十步內供土築城	每150擔	1功	自地高1丈至2丈
三十步內供土築城	每90擔	1功	高2丈以上至3丈
三十步內供土築城	每75擔	1功	高3丈以上至4丈
三十步內供土築城	每55擔	1功	高4丈以上至5丈
紐草葽	200條	1功	
斫橛子	500枚	1功	
劃削城壁	40尺	1功	搬取膊椽功在內

供土築城，若其距離地步遠近及城墙高下不等，可以參考上文所給標準之數推測計算

〔16.1.4〕

築牆

諸開掘牆基，每一百二十尺一功。若就土築牆，其功加倍。諸用葽、橛就土築牆，每五十尺一功。就土抽紕築屋下牆同；露牆六十尺亦準此。

用葽，即用草葽；用橛，即用木橛子，類如"築城"中所用草葽與木橛子。築牆計功見表16.1.6。

築牆計功　　　　　　　　　　　　　　　　　　　　　　　　　　　　　表16.1.6

造作內容	單位計功量	計功	備注
諸開掘牆基	120尺	1功	
就土築牆	60尺	1功	或120尺2功
諸用葽、橛就土築牆	50尺	1功	
就土抽紕築屋下牆	50尺	1功	
露牆	60尺	1功	

〔16.1.5〕
穿井

諸穿井開掘，自下出土，每六十尺一功。若

深五尺以上，每深一尺，每功減一尺，減至二十尺止。

諸穿井開掘計功見表16.1.7。

諸穿井開掘計功　　　　　　　　　　　　　　　　　　　　　　表16.1.7

勞作内容	單位計功量	計功	備注
自下出土	60（立方）尺	1功	深5尺以内
深6尺，自下出土	59（立方）尺	1功	深5尺以上，每深1尺，每功減1（立方）尺，減至20尺深止
深10尺，自下出土	55（立方）尺	1功	
深15尺，自下出土	45（立方）尺	1功	
深20尺，自下出土	40（立方）尺	1功	

〔16.1.6〕
般運功

［16.1.6.1］
諸舟船般載物

諸舟船般載物，裝卸在内，依下項：

一去六十步外般物裝船，每一百五十擔；

如麤重物一件，及一百五十斤以上者減半；

一去三十步外取掘土兼般運裝船者，每一百擔；一去一十五步外者加五十擔；

沂流拽船，每六十擔；

順流駕放，每一百五十擔；

右（上）各一功。

上文"沂流拽船"，梁注："沂流即逆流。"[1]

上文"右（上）各一功"，陶本竪排爲"右各一功"，下文同。

諸舟船般載計功見表16.1.8。

諸舟船般載計功　　　　　　　　　　　　　　　　　　　　　　表16.1.8

諸舟船般載物（含裝卸）	單位計功量		計功	備注
般物裝船	60步外	150擔	1功	
150斤以上者	60步外	75擔	1功	比上減半
	30步外	150擔	1功	
麤重物1件	30步外		1功	未知重量

① 梁思成. 梁思成全集. 第七卷. 第285頁. 壕寨功
限. 般運功. 注2. 中國建築工業出版社. 2001年

諸舟船般載物（含裝卸）	單位計功量		計功	備注
取掘土兼般運裝船	30步外	100擔	1功	
取掘土兼般運裝船	15步外	150擔	1功	
沂流拽船		60擔	1功	未知距離
順流駕放		150擔	1功	未知距離

[16.1.6.2]

諸車般載物

諸車般載物裝卸、拽車在内，**依下項：**

螭車載麤重物：

重一千斤以上者，每五十斤：

重五百斤以上者，每六十斤：

右（上）各一功。

犢轆車載麤重物：

重一千斤以下者，每八十斤一功。

驢拽車：

每車裝物重八百五十斤爲一運。其重物一

件重一百五十斤以上者，別破裝卸功。

獨輪小車子，扶、駕二人：

每車子裝物重二百斤。

梁注："犢、轆二字都音鹿。螭車、犢轆車具體形制待考。"①

《漢語大字典》有注，其注一："犢，lu，'犢轆'同'轆轤'。"其注二："犢，du，車名。《字彙·屋韻》：'犢，車名。'"②

由此或可推知，"犢"在此處的讀音爲"度"。其車類如井口之上用于提升水桶的轆轤，或其車輪之形式，與"轆轤"之形相類。另"轆"有兩意：其一，"象聲詞，車聲。"③其二，"同'轆'，車軌迹。《集韻·屋韻》：'轆，《博雅》：車軌道之轥轆。或從録。'《正字通·車部》：'轆，同轆。'"④

上文"螭車"不知是什麼車？據《遼史》："青幰車，二螭頭、蓋部皆飾以銀，駕用駝，公主下嫁以賜之。……送終車，車樓純飾以錦，螭頭以銀，下縣鐸，後垂大氈，駕以牛。"⑤其車顯然有等級功能，以"螭"爲裝飾。

但《法式》中所言"螭車"，爲營造施工用車，載麤重物，故不具裝飾與等級意義。較大可能是用牛或駝等力量較大之牲畜所拖拽之車，稱爲"螭車"，以喻其車之載運之力，有如"螭"一般勇猛有力，亦未可知。

諸車般載物計功見表16.1.9。

① 梁思成. 梁思成全集. 第七卷. 第285頁. 壕寨功限. 般運功. 注3. 中國建築工業出版社. 2001年

② 漢語大字典. 車部. 第1483頁. 犢. 四川辭書出版社-湖北辭書出版社. 1993年

③ 漢語大字典. 車部. 第1476頁. 轆. 四川辭書出版

社-湖北辭書出版社. 1993年

④ 漢語大字典. 車部. 第1476頁. 轆. 四川辭書出版社-湖北辭書出版社. 1993年

⑤ [元]脱脱等. 遼史. 卷五十五. 志第二十四. 儀衛志一. 國輿. 第901頁. 中華書局. 1974年

諸車般載物（含裝卸、拽車）	單位計功量		計功	備注
螭車載龘重物	重1000斤以上	每50斤	1功	
	重500斤以上	每60斤	1功	
轆轤車載龘重物	重1000斤以下	每80斤	1功	
驢拽車	每車裝物	重850斤	1功	或稱1運
	重150斤以上物料	1件	1功	裝卸功另計
獨輪小車子	每車載物	200斤	1功	扶、駕二人

［16.1.6.3］

諸河內繫栿駕放牽拽般運竹木

諸河內繫栿駕放，牽拽般運竹、木依下項：

　　慢水泝流，<small>謂蔡河之類，</small>**牽拽每七十三尺；**<small>如</small>

<small>水淺，每九十八尺；</small>

　　順流駕放，<small>謂汴河之類，</small>**每二百五十尺；**<small>縮繫在</small>

<small>內；若細碎及三十件以上者，二百尺。</small>

　　出漉，每一百六十尺；<small>其重物一件長三十尺以上</small>

<small>者，八十尺；</small>

　　右（上）各一功。

上文小注"<small>其重物一件長三十尺以上者</small>"，傅建工合校本注："劉校故宮本：故宮本無'十'字，似脫簡。熹年謹按：故宮本作'一'，四庫本作'十'，據劉校及四庫本改'十'。陶本作'十'，不誤。"[1]

"漉"有濕漉之意，亦有乾涸、竭盡之意。出漉，疑有將水流中所漂運之物拖拽而出之意。

河內繫栿駕放牽拽般運竹、木計功見表16.1.10。

河內繫栿駕放牽拽般運竹、木計功　　　　　　　　　表16.1.10

諸河內繫栿駕放牽拽般運竹、木	單位計功量		計功	備注
慢水泝流	牽拽	每73尺	1功	謂蔡河之類
	如水淺	每98尺	1功	
順流駕放	縮繫在內	每250尺	1功	謂汴河之類
	若細碎及30件以上	每200尺	1功	
出漉		每160尺	1功	
	重物一件長30尺以上	每80尺	1功	

---

① [宋]李誡，傅熹年校注. 合校本營造法式. 第473頁.
壕寨功限. 般運功. 注1. 中國建築工業出版社.
2020年

〔16.1.7〕

供諸作功

諸工作破供作功依下項：

　瓦作結瓷；

　泥作；

　塼作；

　鋪壘安砌；

　砌壘井；

　窰作壘窰；

　右（上）本作每一功，供作各二功。

大木作釘椽，每一功，供作一功。

小木作安卓，每一件及三功以上者，每一功，供作五分功。平棊、藻井、棋眼、照壁、裹栿版，安卓雖不及三功者並計供作功，即每一件供作不及一功者不計。

梁注："散耗財物曰'破'；這裏是說需要計算這筆開支。"[1]另注："'供作'，定義不太清楚。"[2]

傅書局合校本注："'破'字不知何解？宋人公文中有作'解''減除'解者。"[3]

《宋史》："紹興以來，士大夫多流離，困厄之餘，未有闕以處之。於是許以承務郎以上權差宮觀一次，續又有選人在部無闕可入與破格嶽廟者，亦有以宰執恩例陳乞而與之者，月破供給。非責降官並月破供給，依資序降二等支。"[4]

《文獻通考》："詔：'……可與逐月支破供給：統制、副統制月一百五十貫，統領官以至準備將各支給有差，庶可贍足其家，責以後效。'"[5]

《續資治通鑑》紹興五年冬十月："乙酉。罷宮觀月破供給錢。"[6]

由如上文獻或可推知，宋人的"破供給"似爲一個名詞，疑如"破例供給"，或"非正規"的"供給"。以此推測，則上文"破供作"，大約是彌補性的"供作"，非正規的"供作"。其後文"本作"功與"供作"功之區分，似也包含了這一意思。

以前文"轤摣車"小注其重物一件重一百五十斤以上者，別破裝卸功中的"別破"，有"另計"的意思。與這裏的"破供作"，抑或可理解爲"超出本供的額外的供作"。故梁先生之釋，更接近原義。

供諸作功見表16.1.11。

供諸作功　　　　　　　　　　　　　　　　　　　表16.1.11

供諸工作破供作內容	單位計功量		備注
	本作功	破供作功	
瓦作結瓷	1功	2功	
泥作	1功	2功	

① 梁思成. 梁思成全集. 第七卷. 第285頁. 壕寨功限. 供諸作功. 注4. 中國建築工業出版社. 2001年
② 梁思成. 梁思成全集. 第七卷. 第285頁. 壕寨功限. 供諸作功. 注5. 中國建築工業出版社. 2001年
③ [宋]李誡, 傅熹年彙校. 營造法式合校本. 第三册. 壕寨功限. 供諸作功. 校注. 中華書局. 2018年
④ [元]脫脫等. 宋史. 卷一百七十. 志第一百二十三. 職官十（雜制）. 宮觀. 第4082頁. 中華書局. 1985年
⑤ [元]馬端臨. 文獻通考. 卷一百五十四. 兵考六. 兵制. 建炎十三年. 第4614頁. 中華書局. 2011年
⑥ [清]畢沅. 續資治通鑑. 卷一百十六. 宋紀一百十六. 紹興五年（金天會十三年）. 第3075頁. 中華書局. 1957年

供諸工作 破供作內容	單位計功量		備注
	本作功	破供作功	
塼作	1功	2功	
鋪壘安砌	1功	2功	
砌壘井	1功	2功	
大木作釘椽	1功	1功	
小木作安卓	每1功	0.5功	每1件及3功以上
平棊、藻井、栱眼、照壁、裹栿版，安卓雖不及三功者並計供作功，即每一件供作不及一功者不計			

【16.2】

石作功限

〔16.2.1〕

總造作功

平面每廣一尺，長一尺五寸；打剝、麤搏、細漉、斫砟在內。

四邊褊棱鑿搏縫，每長二丈；應有棱者準此；

面上布墨蠟，每廣一丈，長二丈。安砌在內。減地平鈒者，先布墨蠟而後彫鎸；其剔地起突及壓地隱起華者，並彫鎸畢方布蠟；或亦用墨。

右（上）各一功。如平面柱礎在牆頭下用者，減本功四分功；若牆內用者，減本功七分功。下同。

凡造作石段、名件等，除造覆盆及鎸鑿圜混若成形物之類外，其餘皆先計平面及褊棱功。如有彫鎸者，加彫鎸功。

上文"面上布墨蠟，每廣一丈，長二丈"，徐注："'陶本'作'每廣一尺，長二丈。'"[1]傅書局合校本，其文爲"面上布墨蠟，每廣一尺，長二丈。"[2]

石作總造計功見表16.2.1。

石作總造作功　　　　　　　　　　　　　　　　表16.2.1

勞作內容	單位計功量	計功	備注
打剝、麤搏、細漉、斫砟	平面每廣1尺，長1.5尺	1功	
四邊褊棱鑿搏縫	每長20尺	1功	應有棱者準此
面上布墨蠟	每廣1尺，長20尺	1功	安砌在內
減地平鈒者，先布墨蠟而後彫鎸；其剔地起突及壓地隱起華者，並彫鎸畢方布蠟；或亦用墨			
平面柱礎在牆頭下用者		0.6功	減本功四分功
平面柱礎在牆內用者		0.3功	減本功七分功
凡造作石段、名件等，除造覆盆及鎸鑿圜混若成形物之類外，其餘皆先計平面打剝、麤搏、細漉、斫砟等功及褊棱功。如有彫鎸者，加彫鎸功			

① 梁思成. 梁思成全集. 第七卷. 第285頁. 石作功限. 總造作功. 腳注1. 中國建築工業出版社. 2001年

② [宋]李誡，傅熹年彙校. 營造法式合校本. 第三冊. 石作功限. 總造作功. 正文. 中華書局. 2018年

〔16.2.2〕

柱礎

柱礎方二尺五寸，造素覆盆：

造作功：

每方一尺，一功二分；方三尺，方三尺五寸，

各加一分功；方四尺，加二分功；方五尺，加三分

功；方六尺，加四分功。

彫鎸功： 其彫鎸功並於素覆盆所得功上加之。

方四尺，造剔地起突海石榴華，内間

化生，四角水地内間魚獸之類，或亦用華，下

同，八十功。方五尺，加五十功；方六尺，加

一百二十功。

方三尺五寸，造剔地起突水地雲龍，或

牙魚、飛魚，寶山，五十功。方四尺，加

三十功；方五尺，加七十五功；方六尺，加一百功。

方三尺，造剔地起突諸華，三十五功。

方三尺五寸，加五功；方四尺，加一十五功；方五

尺，加四十五功；方六尺，加六十五功。

方二尺五寸，造壓地隱起諸華，一十四

功。方三尺，加一十一功；方三尺五寸，加

一十六功；方四尺，加二十六功；方五尺，加

四十六功；方六尺，加五十六功。

方二尺五寸，造減地平鈒諸華，六功。

方三尺，加二功；方三尺五寸，加四功；方四

尺，加九功；方五尺，加一十四功；方六尺，加

二十四功。

方二尺五寸，造仰覆蓮華，一十六功。

若造鋪地蓮華，減八功。

方二尺，造鋪地蓮華，五功。 若造仰覆蓮

華，加八功。

上文"彫鎸功"條無小注，陳加小注

"其彫鎸功並於素覆盆所得功上加之。"①未解其注之

意，似爲强調。

上文"方二尺五寸，造減地平鈒諸

華"條小注"方三尺，加二功"，陶本："方一尺，

加二功"，陳注："'一'應作'三'"②。

從上下文看，梁、陳兩位先生所改，顯

然是正確的。

柱礎造作、彫鎸計功見表16.2.2。

柱礎造作、彫鎸計功 　表16.2.2

造素覆盆柱礎	單位計功量	計功	備注
方2.5尺	每方1尺，1.2功	3功	素覆盆
方3尺	每方1尺，1.3功	3.9功	每尺加0.1功
方3.5尺	每方1尺，1.3功	4.55功	每尺加0.1功
方4尺	每方1尺，1.4功	5.6功	每尺加0.2功
方5尺	每方1尺，1.5功	7.5功	每尺加0.3功
方6尺	每方1尺，1.6功	9.6功	每尺加0.4功

① [宋]李誡. 營造法式（陳明達點注本）. 第二册. 第
126頁. 石作功限. 柱礎. 批注. 浙江攝影出版社.
2020年

② [宋]李誡. 營造法式（陳明達點注本）. 第二册. 第127頁. 石
作功限. 柱礎. 批注. 浙江攝影出版社. 2020年

造素覆盆柱礎	單位計功量	計功	備注
彫鐫功	其彫鐫功並於素覆盆所得功上加之		
造剔地起突海石榴華內間化生	四角水地內間魚獸之類，或亦用華		下同
方4尺		80功	
方5尺	加50功	130功	
方6尺	加120功	200功	
造剔地起突水地雲龍、寶山			或牙魚、飛魚
方3.5尺		50功	以方3.5尺起
方4尺	加30功	80功	
方5尺	加75功	125功	
方6尺	加100功	150功	
造剔地起突諸華			
方3尺		35功	以方3尺起
方3.5尺	加5功	40功	
方4尺	加15功	50功	
方5尺	加45功	80功	
方6尺	加65功	100功	
造壓地隱起諸華			
方2.5尺		14功	以方2.5尺起
方3尺	加11功	25功	
方3.5尺	加16功	30功	
方4尺	加26功	40功	
方5尺	加46功	60功	
方6尺	加56功	70功	
造減地平鈒諸華			
方2.5尺		6功	以方2.5尺起
方3尺	加2功	8功	
方3.5尺	加4功	10功	
方4尺	加9功	15功	
方5尺	加14功	20功	
方6尺	加24功	30功	
造仰覆蓮華	仰覆蓮、鋪地蓮，似僅方2尺、方2.5尺兩種		以方2尺起
方2尺		13功	加鋪地蓮華8功
方2.5尺		16功	
造鋪地蓮華			
方2尺		5功	
方2.5尺		8功	減仰覆蓮華8功
素覆盆柱礎，覆蓋方2.5—6尺等尺寸；各類彫鐫式柱礎，則尺寸不等，以仰覆蓮、鋪地蓮柱礎最小			

〔16.2.3〕

角石角柱

角石：

安砌功：

角石一段，方二尺，厚八寸，一功。

彫鐫功：

角石兩側造剔地起突龍鳳間華或雲文，一十六功。若面上鐫作師子，加六功；造壓地隱起華，減一十功；減地平鈒華，減一十二功。

角柱：城門角柱同。

造作剜鑿功：

疊澀坐角柱，兩面共二十功。

安砌功：

角柱每高一尺，方一尺，二分五厘功。

彫鐫功：

方角柱，每長四尺，方一尺，造剔地起突龍鳳間華或雲文，兩面共六十功。若造壓地隱起華，減二十五功。

疊澀坐角柱，上、下澀造壓地隱起華，兩面共二十功。

版柱上造剔地起突雲地昇龍，兩面共一十五功。

上文"角柱"條小注"城門角柱同"，陶本："城門确柱同"。陳注："角？"[1]傅書局合校本注："角，誤'确'。故宮本、四庫本、張蓉鏡均誤作'确'。"[2]傅建工合校本注："劉批陶本：'角'誤'确'。丁本、故宮本亦誤作'确'。熹年謹按：故宮本、文津四庫本、張本均誤作'确'，然依文義應作'角'，據劉批改。"[3]

上文"方角柱"條，"每長四尺，方一尺"，陳注："一尺六寸"[4]，即其文爲"每長四尺，方一尺六寸"，未知其據。

在殿階基之角石的外側面上，有可能雕鑿有剔地起突的龍鳳造型，間以華文，或間以雲文等圖案。這樣的彫鐫功，計爲16功。在角石的上表面上，有可能雕以獅子，則這時的角石，其實是起到了"角獸石"的作用。增加的角獸（獅子）彫鐫功，計爲6功。則這一上部有彫鐫有角獸的角石，其彫鐫功總計爲18功。

如果僅僅在角石的兩個側面上，雕以壓地隱起華式紋樣，則祇需計爲6功（減除了10功）；如果雕以減地平鈒式圖案，則祇需計4功（減除了12功）。

角石、角柱造作、彫鐫計功見表16.2.3。

① [宋]李誡. 營造法式（陳明達點注本）. 第二册. 第128頁. 石作功限. 角石（角柱）. 批注. 浙江攝影出版社. 2020年

② [宋]李誡，傅熹年彙校. 營造法式合校本. 第三册. 石作功限. 角石（角柱）. 批注. 中華書局. 2018年

③ [宋]李誡，傅熹年校注. 合校本營造法式. 第479頁. 石作功限. 角石（角注）. 注1. 中國建築工業出版社. 2020年

④ [宋]李誡. 營造法式（陳明達點注本）. 第二册. 第128頁. 石作功限. 角石（角柱）. 批注. 浙江攝影出版社. 2020年

造作内容	單位計功量	計功	備注
角石安砌			
安砌角石一段	方2尺，厚0.8尺	1功	
角石彫鐫			
兩側造剔地起突龍鳳間華	方2尺，厚0.8尺	16功	或雲文
面上鐫作師子		22功	加6功
造壓地隱起華		6功	減10功
造減地平鈒華		4功	減12功
角柱（城門角柱同）造作剜鑿			
疊澀坐角柱		共20功	兩面
角柱安砌			
安砌角柱	每高1尺，方1尺	0.25功	
方角柱	角柱彫鐫		兩面彫鐫
造剔地起突龍鳳間華	每長4尺，方1尺	60功	或雲文
造壓地隱起華		35功	減25功
疊澀坐角柱	角柱彫鐫		兩面彫鐫
上、下澀造壓地隱起華	每長4尺，方1尺	20功	
版柱上造剔地起突雲龍昇龍		15功	

〔16.2.4〕

殿階基

殿階基一坐：

　彫鐫功：每一段，

　　頭子上減地平鈒華，二功。

　　束腰造剔地起突蓮華，二功。 版柱子上減地

　　　平鈒華同。

　　撻澀減地平鈒華，二功。

　安砌功：每一段，

土襯石，一功。 壓闌、地面石同。

頭子石，二功。 束腰石、隔身版柱子、撻澀同。

　　關于上文"每一段"，梁注："卷第三'石作制度·殿階基'：'石段長三尺，廣二尺，厚六寸。'"[1]又注："撻澀是什麼樣的做法，不詳。"[2]并注："頭子或頭子石，在卷第三'石作制度'中未提到過。"[3]

　　殿階基彫鐫、安砌計功見表16.2.4。

① 梁思成. 梁思成全集. 第七卷. 第287頁. 石作功限. 殿階基. 注6. 中國建築工業出版社. 2001年

② 梁思成. 梁思成全集. 第七卷. 第287頁. 石作功限. 殿階基. 注7. 中國建築工業出版社. 2001年

③ 梁思成. 梁思成全集. 第七卷. 第287頁. 石作功限. 殿階基. 注8. 中國建築工業出版社. 2001年

殿階基彫鐫、安砌計功

造作內容	單位計功量	計功	備註
殿階基一座	彫鐫功		
頭子上減地平鈒華	長3尺，廣2尺，厚0.6尺	2功	每一段
束腰造剔地起突蓮華	同上	2功	
版柱子上減地平鈒華	同上	2功	同上
	安砌功		
土襯石 （壓闌石、地面石）	長3尺，廣2尺，厚0.6尺	1功	
頭子石 （束腰石、隔身版柱子、撻澁）	同上	2功	

〔16.2.5〕

地面石壓闌石

地面石、壓闌石：

安砌功：

每一段，長三尺，廣二尺，厚六寸，
一功。

彫鐫功：

壓闌石一段，階頭廣六寸，長三尺，造
剔地起突龍鳳間華，二十功。若龍鳳
間雲文，減二功；造壓地隱起華，減一十六功；造
減地平鈒華，減一十八功。

地面石、壓闌石安砌、彫鐫計功見
表16.2.5。

地面石、壓闌石安砌、彫鐫計功

造作內容	單位計功量	計功	備註
地面石、壓闌石	安砌功		
每一段	長3尺，廣2尺，厚0.6尺	1功	
	壓闌石彫鐫功		
造剔地起突龍鳳間華	階頭高（廣）0.6尺，長3尺	20功	
造龍鳳間雲文	同上	18功	減2功
造壓地隱起華	同上	4功	減16功
造減地平鈒華	同上	2功	減18功

588

〔16.2.6〕

殿階螭首

殿階螭首，一隻，長七尺，

　造作鐫鑿，四十功；

　安砌，一十功。

殿階螭首造作、彫鐫、安砌計功見表16.2.6

殿階螭首造作、彫鐫、安砌計功　　　表16.2.6

造作内容	單位計功量	計功	備注
造作鐫鑿	長7尺	40功	1隻
安砌		10功	1隻

〔16.2.7〕

殿内鬭八

殿階心内鬭八，一段，共方一丈二尺，

彫鐫功：

　鬭八心内造剔地起突盤龍一條，雲卷水
　　地：四十功。

　鬭八心外諸窠格内，並造壓地隱起龍
　　鳳、化生諸華，三百功。

安砌功：

　每石二段，一功。

上文"雲卷水地"，陶本："雲捲水地"。傅書局合校本注："捲，應作捲。"[1]

上文"諸窠格内"，陶本："諸料格内"，徐注："'陶本'作'料'，誤。"[2]其"料"，亦可能是"科"之誤抄。而"科"與"窠"同音，故《法式》將"科""料""窠"等字傳抄有誤的情況出現頻次較多。

傅書局合校本則改爲"鬭八心外諸科格内"。[3]

殿内鬭八彫鐫、安砌計功見表16.2.7。

殿内鬭八彫鐫、安砌計功　　　　　　　　　　　　　　　　　　　　表16.2.7

造作内容	單位計功量	計功	備注
殿階心内鬭八	彫鐫功		
鬭八心内造剔地起突盤龍，雲卷水地	1段，方12尺	40功	1條
鬭八心外諸窠格内 並造壓地隱起龍鳳、化生諸華		300功	
殿階心内鬭八	安砌功		
殿階心内鬭八	每石2段	1功	

---

① [宋]李誡. 傅熹年彙校. 營造法式合校本. 第三册. 石作功限. 殿内鬭八. 批注. 中華書局. 2018年

② 梁思成. 梁思成全集. 第七卷. 第287頁. 石作功限. 殿内鬭八. 脚注1. 中國建築工業出版社. 2001年

③ [宋]李誡. 傅熹年彙校. 營造法式合校本. 第三册. 石作功限. 殿内鬭八. 正文. 中華書局. 2018年

〔16.2.8〕

踏道

踏道石，每一段長三尺，廣二尺，厚六寸，

　安砌功：

　　土襯石，每一段，一功。踏子石同。

象眼石，每一段，二功。副子石同。

彫鐫功：

　　副子石，一段，造減地平鈒華，二功。

踏道石等安砌、彫鐫計功見表16.2.8。

踏道石等安砌、彫鐫計功　　　　　　　　　　　表16.2.8

造作内容	單位計功量		計功	備注
踏道石	每1段，長3尺，廣2尺，厚0.6尺			
安砌功				
土襯石（踏子石）	長3尺，廣2尺，厚0.6尺		1功	每1段
象眼石（副子石）	同上		2功	每1段
彫鐫功				
副子石（減地平鈒華）	長3尺，廣2尺，厚0.6尺		2功	1段

〔16.2.9〕

單鉤闌重臺鉤闌、望柱

單鉤闌，一段，高三尺五寸，長六尺，

　造作功：

　　剜鑿尋杖至地栿等事件，内萬字不透，共八十功。

　　尋杖下若作單托神，一十五功。雙托神倍之。

　　華版内若作壓地隱起華、龍或雲龍，加四十功。若萬字透空亦如之。

重臺鉤闌：如素造，比單鉤闌每一功加五分功；若盆脣、瘦項、地栿、蜀柱並作壓地隱起華，大小華版並作剔地起突華造者，一百六十功。

望柱：

　　六瓣望柱，每一條，長五尺，徑一尺，出上下卯，共一功。

　　造剔地起突纏柱雲龍，五十功。

　　造壓地隱起諸華，二十四功。

　　造減地平鈒華，一十一功。

　　柱下坐造覆盆蓮華，每一枚，七功。

　　柱上鐫鑿像生、師子，每一枚，二十功。

　安卓：六功。

　　上文"重臺鉤闌"條之"瘦項"，陶本："櫻項"，徐注："'陶本'作'櫻'，誤。"[1]傅書局合校本改爲"瘦"[2]。陳注：改"櫻"爲"瘦"。[3]

① 梁思成. 梁思成全集. 第七卷. 第288頁. 石作功限. 單鉤闌（重臺鉤闌、望柱）. 脚注1. 中國建築工業出版社. 2001年

② [宋]李誡, 傅熹年彙校. 營造法式合校本. 第三册. 石作功限. 單鉤闌（重臺鉤闌、望柱）. 批注. 中華書局. 2018年

③ [宋]李誡. 營造法式（陳明達點注本）. 第二册. 第132頁. 石作功限. 單鉤闌（重臺鉤闌、望柱）. 批注. 浙江攝影出版社. 2020年

另上文"六瓣望柱"，陳注：改"六"爲"八"。[1]傅書局合校本注："八，據四庫本。"[2]傅建工合校本注："熹年謹按：陶本誤作'六瓣'，據故宫本、四庫本、張本改。"[3]

上文"造減地平鈒華，一十一功"，傅書局合校本注："一十二功"。[4]

單鉤闌重臺鉤闌、望柱等安砌、彫鐫計功見表16.2.9。

單鉤闌重臺鉤闌、望柱等安砌、彫鐫計功　　　　　　　　　　　　　　　　　　表16.2.9

造作内容	計功	備注
單鉤闌	高3.5尺，長6尺	1段
	造作功	
剜鑿尋杖至地栿等事件	80功	内萬字不透
尋杖下作單托神	15功	
尋杖下作雙托神	30功	
華版内若作壓地隱起華、龍或雲龍	55功	若萬字透空亦如之
	彫鐫功	
重臺鉤闌	比單鉤闌每1功 加0.5功	素造
盆脣、瘿項、地栿、蜀柱並作壓地隱起華，大小華版並作剔地起突華	160功	
望柱	造作與彫鐫	
六瓣望柱（長5尺，徑1尺）	（疑造作）共1功	每1條，出上下卯
剔地起突纏柱雲龍	50功	
壓地隱起諸華	24功	
減地平鈒華	11功	
柱下坐造覆盆蓮華	7功	每1枚
柱上鐫鑿像生、師子	20功	每1枚
	安卓功	
應包括如上各項	6功	

〔16.2.10〕

螭子石

安鉤闌螭子石一段，

鑿剜眼、剜口子，共五分功。

螭子石一段之尺寸，可據《法式》卷第三"石作制度·螭子石"中"造螭子石之制：施之於階棱鉤闌蜀柱卯之下，其長一尺，廣四寸，厚七寸。"螭子石雖屬鉤闌組成部分，但"石作制度"

① [宋]李誡. 營造法式（陳明達點注本）. 第二冊. 第133頁. 石作功限. 單鉤闌（重臺鉤闌、望柱）. 批注. 浙江攝影出版社. 2020年
② [宋]李誡，傅熹年彙校. 營造法式合校本. 第三冊. 石作功限. 單鉤闌（重臺鉤闌、望柱）. 批注. 中華書局. 2018年
③ [宋]李誡，傅熹年校注. 合校本營造法式. 第485頁. 石作功限. 單鉤闌（重臺鉤闌）. 注1. 中國建築工業出版社. 2020年
④ [宋]李誡，傅熹年彙校. 營造法式合校本. 第三冊. 石作功限. 單鉤闌（重臺鉤闌、望柱）. 批注. 中華書局. 2018年

與"石作功限"，都將"螭子石"與鈎闌分開，并獨立設置專條敘述。

鈎闌螭子石安鑿計功見表16.2.10。

鈎闌螭子石安鑿計功　　　　　　表16.2.10

造作內容	計功	備注
螭子石	長1尺，廣0.4尺，厚0.7尺	每1段
	安鈎闌螭子石	
鑿劄眼、剜口子	共0.5功	1段

〔16.2.11〕

門砧限_{卧立柣、將軍石、止扉石}

門砧一段，

彫鐫功：

造剔地起突華或盤龍，

長五尺，二十五功；

長四尺，一十九功；

長三尺五寸，一十五功；

長三尺，一十二功。

安砌功：

長五尺，四功；

長四尺，三功；

長三尺五寸，一功五分；

長三尺，七分功。

門限，每一段，長六尺，方八寸，

彫鐫功：

面上造剔地起突華或盤龍，二十六功。

若外側造剔地起突行龍間雲文，又加四功。

卧立柣一副，

剜鑿功：

卧柣，長二尺，廣一尺，厚六寸，每一段三功五分。

立柣，長三尺，廣同卧柣，厚六寸，_{側面上分心鑿金口一道，}五功五分。

安砌功：

卧、立柣，各五分功。

將軍石一段，長三尺，方一尺：

造作，四功。_{安立在內。}

止扉石，長二尺，方八寸：

造作，七功。_{剜口子、鑿栓寨眼子在內。}

上文"立柣"條小注"_{側面上分心鑿金口一道}"，陶本："_{側面上分心鑿金字一道}"，徐注："'陶本'作'金字'，誤。"[1]未知梁先生與徐先生之所據，傅書局合校本仍爲"_{側面上分心鑿金字一道。}"[2]傅建工合校本改"金字"爲"金口"。[3]"金口"疑指在立柣石上所開鑿的用以插拔活動門檻的豎直開口，此處似應從梁注釋本與傅建工合校本。

門砧限_{卧立柣、將軍石、止扉石}安砌、彫鐫等計功見表16.2.11。

① 梁思成. 梁思成全集. 第七卷. 第288頁. 石作功限. 門砧限. 腳注2. 中國建築工業出版社. 2001年

② [宋]李誡，傅熹年彙校. 營造法式合校本. 第三冊. 石作功限. 門砧限. 正文小注. 中華書局. 2018年

③ [宋]李誡，傅熹年校注. 合校本營造法式. 第488頁. 石作功限. 門砧限. 中國建築工業出版社. 2020年

門砧限卧立株、將軍石、止扉石安砌、彫鐫等計功　　　　　　　　　　表16.2.11

造作內容	單位計功量	計功	單位計功量	計功	備注
門砧	彫鐫功		安砌功		1段
造剔地起突華或盤龍	長5尺	25功	長5尺	4功	
	長4尺	19功	長4尺	3功	
	長3.5尺	15功	長3.5尺	1.5功	
	長3尺	12功	長3尺	0.7功	
門限	彫鐫功				每1段
面上造剔地起突華或盤龍	長6尺，方0.8尺		26功		
外側造剔地起突行龍間雲文	同上		30功		又加4功
卧、立株	剜鑿功		安砌功		1副
長2尺，廣1尺，厚0.6尺	每1段	3.5功	每1段	0.5功	卧株
長3尺，廣1尺，厚0.6尺（側面上分心鑿金口一道）	每1段	5.5功	每1段	0.5功	立株
將軍石	造作功		安立功		1段
長3尺，方1尺	4功		含安立功		
止扉石	造作功		安立功		1枚
長2尺，方0.8尺	7功		含剜口子、鑿栓寨眼子功		

〔16.2.12〕

地栿石

城門地栿石、土襯石：

造作剜鑿功，每一段：

地栿，一十功；

土襯，三功。

安砌功：

地栿，二功；

土襯，二功。

城門地栿石、土襯石造作、安砌計功見表16.2.12。

城門地栿石、土襯石造作、安砌計功　　　　　　　　　　　　　　　表16.2.12

造作內容	單位計功量	計功	單位計功量	計功	備注
城門地栿石、土襯石	造作剜鑿功		安砌功		
地栿	每1段	10功		2功	
土襯	每1段	3功		2功	

〔16.2.13〕

流盃渠

〔16.2.13.1〕

剜鑿水渠造

流盃渠一坐，剜鑿水渠造，每石一段，方三尺，厚一尺二寸，

造作，一十功。開鑿渠道，加二功。

安砌，四功。出水斗子，每一段加一功。

彫鐫功：

河道兩邊面上絡周華，各廣四寸；造壓地隱起寶相華、牡丹華，每一段三功。

上文"河道兩邊"之"河"，傅書局合校本注："渠，依上文改。"[①] 其文爲"渠道兩邊面上絡周華"。傅建工合校本未作修改，仍爲"河道兩邊"。[②]

〔16.2.13.2〕

砌壘底版造

流盃渠一坐，砌壘底版造，

造作功：

心内看盤石，一段，長四尺，廣三尺五寸；

廂壁石及項子石，每一段；

右（上）各八功。

底版石，每一段，三功。

斗子石，每一段，一十五功。

安砌功：

看盤及廂壁、項子石、斗子石，每一段各五功。地架，每段三功。

底版石，每一段，三功。

彫鐫功：

心内看盤石，造別地起突華，五十功。

若間以龍鳳，加二十功。

河道兩邊面上徧造壓地隱起華，每一段，二十功。若間以龍鳳，加一十功。

流盃渠造作、安砌、彫鐫計功見表16.2.13。

流盃渠造作、安砌、彫鐫計功　　　　　　　　　　　　　　　表16.2.13

造作内容	單位計功量	計功	單位計功量	計功	備注
剜鑿水渠造	造作功		安砌功		
方3尺，厚1.2尺	每石1段	10功		4功	
	加開鑿渠道2功	12功	加出水斗子1功	5功	
造壓地隱起寶相華、牡丹華	彫鐫功（河道兩邊面上絡周華，各廣四寸）				
	每1段		3功		

① [宋]李誡，傅熹年彙校. 營造法式合校本. 第三册. 石作功限. 流盃渠. 批注. 中華書局. 2018年

② [宋]李誡，傅熹年校注. 合校本營造法式. 第490頁. 石作功限. 流盃渠. 正文. 中國建築工業出版社. 2020年

造作內容	單位計功量	計功	單位計功量	計功	備注
砌壘底版造	造作功		安砌功		
心內看盤石 長4尺，廣3.5尺	1段	8功	每1段	5功	
廂壁石及項子石	每1段	8功	每1段	5功	
底版石	每1段	3功	每1段	3功	
斗子石	每1段	15功	每1段	5功	
地架			每1段	3功	
	彫鐫功（心內看盤石）				
造剔地起突華	每1段		50功		
間以龍鳳	每1段		70功		
	彫鐫功（河道兩邊面上徧造）				
壓地隱起華	每1段		20功		
間以龍鳳	每1段		30功		

〔16.2.14〕

壇

壇一坐，

彫鐫功：

頭子、版柱子、撻澀造，減地平鈒華，
每一段，各二功。束腰剔地起突造蓮華亦

如之。

安砌功：

土襯石，每一段，一功。

頭子、束腰、隔身版柱子、撻澀石，每
一段，各二功。

關于上文"撻澀"，傅書局合校本
注："他章各作均作'疊澀'，此章
獨標'撻澀'，宜再校他本。"[1]傅
建工合校本此處未作注釋。聯繫前文
梁注："撻澀是什麼樣的做法，不
詳。"[2]是否可將這裏的"撻澀"理解爲
與"疊澀"同義？

壇彫鐫、安砌計功見表16.2.14。

① [宋]李誡，傅熹年彙校. 營造法式合校本. 第三册.
石作功限. 壇. 批注. 中華書局. 2018年

② 梁思成. 梁思成全集. 第七卷. 第287頁. 石作功
限. 殿階基. 注7. 中國建築工業出版社. 2001年

造作內容	單位計功量	計功	備注
	彫鐫功（頭子、版柱子、挞澁）		
造減地平鈒華	每1段	2功	
束腰剔地起突造蓮華	每1段	2功	
	安砌功		
土襯石	每1段	1功	
頭子、束腰、隔身版柱子、挞澁石	每1段	各2功	

〔16.2.15〕

卷輂水窗

卷輂水窗石， 河渠同，**每一段長三尺，廣二尺，厚六寸，**

開鑿功：

下熟鐵鼓卯，每二枚，一功。

安砌：一功。

上文"每二枚，一功"，傅書局合校本注："三，據故宮本、四庫本、張蓉鏡本校改。"[1]即改爲"每三枚，一功。"傅建工合校本注："熹年謹按：丁本、陶本誤作'二'，故宮本、文津四庫本、張本、瞿本均作'三'，今從故宮本。"[2]

上文"開鑿功"與"下熟鐵鼓卯"應是兩件事情。從文中看，"下熟鐵鼓卯，每二枚"，計爲一功，那麼，開鑿一段"長三尺，廣二尺，厚六寸"的卷輂水窗石，所用功似乎應該要多一些。其文在這裏似有遺漏。

另外，其"安砌"所用功，未說明是安砌其中一段"卷輂水窗石"，還是一整座"卷輂水窗"。但從用功量來推測，其"安砌：一功"仍可能是指安砌一段卷輂水窗石所用功。

卷輂水窗開鑿、安砌計功見表16.2.15。

卷輂水窗開鑿、安砌計功　　　　　　　　　　　　　　　　　　　表16.2.15

造作內容	單位計功量	計功	備注
卷輂水窗石，每1段 長3尺，廣2尺，厚0.6尺	開鑿功？		河渠同
下熟鐵鼓卯	每2（或3）枚	1功	
	安砌功		
卷輂水窗	每1段	1功	

① [宋]李誠，傅熹年彙校. 營造法式合校本. 第三冊. 石作功限. 卷輂水窗. 批注. 中華書局. 2018年

② [宋]李誠，傅熹年校注. 合校本營造法式. 第493頁. 石作功限. 卷輂水窗. 注1. 中國建築工業出版社. 2020年

〔16.2.16〕

水槽

水槽，長七尺，高、廣各二尺，深一尺八寸，

　　造作開鑿，共六十功。

　　石質水槽，長7尺，高2尺，寬（廣）2尺，深1.8尺。其造作開鑿共用60功。顯然，水槽無彫鑴、安砌諸事，僅僅是將一塊石頭加以開鑿斫磨而成。

〔16.2.17〕

馬臺

馬臺，一坐，高二尺二寸，長三尺八寸，廣二尺二寸，

　　造作功：

　　剗鑿踏道，三十功。疊澀造二十功。

彫鑴功：

　　造剔地起突華，一百功。

　　造壓地隱起華，五十功。

　　造減地平鈒華，二十功。

　　臺面造壓地隱起水波內出沒魚獸，加一十功。

　　上文"剗鑿踏道"條之"三十功"，傅書局合校本注："二，據故宮本、四庫本、張蓉鏡本改。"[1]即改爲"二十功"。傅建工合校本注："熹年謹按：陶本誤作'三十功'，據故宮本、四庫本、張本改。"[2]

　　其後小注"疊澀造二十功"，陶本："疊澀造加二十功"。從文義看，疊澀造似應比剗鑿造在用工上要簡單一些，陶本中"加"字應删。

　　馬臺造作、彫鑴計功見表16.2.16。

馬臺造作、彫鑴計功　　　　　　　　　　　　　　　　　　表16.2.16

造作內容	單位計功量	計功	備注
馬臺，一坐	造作功		
高2.2尺，長3.8尺，廣2.2尺	剗鑿踏道	30（或20？）功	
	疊澀造	20（或50？）功	加20功？
	彫鑴功		
造剔地起突華		100功	
造壓地隱起華		50功	
造減地平鈒華		20功	
臺面造壓地隱起水波內出沒魚獸		加10功	

① [宋]李誡，傅熹年彙校. 營造法式合校本. 第三册. 石作功限. 馬臺. 批注. 中華書局. 2018年

② [宋]李誡，傅熹年校注. 合校本營造法式. 第495頁. 石作功限. 馬臺. 注1. 中國建築工業出版社. 2020年

〔16.2.18〕
井口石

井口石並蓋口拍子，一副，

　造作鐫鑿功：

　　透井口石，方二尺五寸，井口徑一尺，

共一十二功。造素覆盆，加二功；若華覆
盆，加六功。

安砌，二功。

井口石開鑿、安砌計功見表16.2.17。

井口石開鑿、安砌計功　　　　　　　　　　　　　　　　　表16.2.17

造作内容	單位計功量	計功	備注
井口石並蓋口拍子	造作鐫鑿功		1副
透井口石（方2.5尺）	井口徑1尺	12功	
造素覆盆		14功	加2功
造華覆盆		18功	加6功
安砌功			
井口石並蓋口拍子		2功	

〔16.2.19〕
山棚錠腳石

山棚錠腳石，方二尺，厚七寸，

　造作開鑿：共五功。

　安砌：一功。

　　據《宋史》，北宋京城汴梁在上元節時："東華、左右掖門、東西角樓、城門大道、大宮觀寺院，悉起山棚，張樂陳燈，皇城雉堞亦徧設之。"[1]可知宋代時，山棚是較多見的一種臨時性建築。

　　山棚需用錠腳石加以固定，錠腳石每方2尺，厚0.7尺。其造作開鑿，每一錠腳石，共需5功；安砌1功。

〔16.2.20〕
幡竿頰

幡竿頰，一坐，

　造作開鑿功：

　　頰，二條，及開栓眼，共十六功；

　　錠腳，六功。

　彫鐫功：

　　造剔地起突華，一百五十功；

　　造壓地隱起華，五十功；

　　造減地平鈒華，三十功。

　安卓：一十功。

　　上文"頰"條中"共十六功"，陳注：改"十"爲"五十"，其注曰："五十，竹本。"[2]即其文爲"共五十六功"。

　　幡竿頰造作、彫鐫計功見表16.2.18。

① [元]脱脱等. 宋史. 卷一百一十三. 志第六十六. 禮十六（嘉禮四）. 宴饗、遊觀、賜酺. 第2698頁. 中華書局. 1985年

② [宋]李誡. 營造法式（陳明達點注本）. 第二册. 第142頁. 石作功限. 幡竿頰. 批注. 浙江攝影出版社. 2020年

造作內容	單位計功量	計功	備注
幡竿頰，一坐	造作開鑿功		
頰	2條	16功	含開栓眼
錠脚		6功	
	彫鑴功		
造剔地起突華		150功	
造壓地隱起華		50功	
造減地平鈒華		30功	
	安卓功		
幡竿頰	一坐	10功	

〔16.2.21〕

贔屭碑

贔屭鼇坐碑，一坐，

　彫鑴功：

　　碑首，造剔地起突盤龍、雲盤，共
　　　二百五十一功；

　　鼇坐，寫生鑴鑿，共一百七十六功；

　　土襯，周回造剔地起突寶山、水地等，
　　　七十五功；

　　碑身，兩側造剔地起突海石榴華或雲
　　　龍，一百二十功；

　　絡周造減地平鈒華，二十六功。

　安砌功：

　　土襯石，共四功。

　贔屭碑彫鑴、安砌計功見表16.2.19。

贔屭碑彫鑴、安砌計功　　　　　　　　　　　　　　　　　　表16.2.19

造作內容	單位計功量	計功	備注
贔屭鼇坐碑，一坐	彫鑴功		
造剔地起突盤龍、雲盤	碑首	251功	
寫生鑴鑿	鼇坐	176功	
周回造剔地起突寶山、水地等	土襯	75功	
兩側造剔地起突海石榴華或雲龍	碑身	120功	
造減地平鈒華	絡周	26功	
	安砌功		
贔屭鼇坐碑，一坐	土襯石	共4功	

〔16.2.22〕
笏頭碣

笏頭碣，一坐，

彫鐫功：

碑身及額，絡周造減地平鈒華，二十功；

方直坐上造減地平鈒華，一十五功；

疊澁坐，剜鑿，三十九功；

疊澁坐上造減地平鈒華，三十功。

　上文未述及安砌一坐笏頭碣的所用功，但笏頭碣無疑有安砌的工作，故其文中似有遺漏。

　笏頭碣彫鐫、安砌計功見表16.2.20。

笏頭碣彫鐫、安砌計功　　　　　　　　　　　　　　　　　　　　　　表16.2.20

造作內容	單位計功量	計功	備注
笏頭碣，一坐	彫鐫功		
造減地平鈒華	碑身及額	20	絡周
造減地平鈒華	方直坐上	15	
剜鑿	疊澁坐	39	
造減地平鈒華	疊澁坐	30	

600

第17章

《營造法式》卷第十七

——大木作功限一

通直郎管修蓋皇弟外第專一提舉修蓋班直諸軍營房等臣李誡奉

聖旨編修

大木作功限一

材等	材長	造作用功	備注
六等材	40尺	1功	以六等材爲準
七等材	45尺	1功	材長增5尺
八等材	50尺	1功	材長增10尺

【17.0】
本章導言

大木作制度由兩個基本體系組成：一個是枓栱體系，包括材分制度、枓栱做法及各種不同形式的鋪作組成。另一個是柱梁體系，包括除了枓栱之外的所有房屋構架層面的各種組成名件及做法。

本章內容集中在房屋枓栱加工、製作、安裝等營造環節所需內容與功限。從中或也可透視不同等級房屋所用的不同鋪作及組成這些鋪作的各種名件細節。對于了解不同鋪作本身內在構成，亦有助益。

【17.1】
栱、枓等造作功

造作功並以第六等材爲準。

材：長四十尺，一功。 材每加一等，遞減四尺；材每減一等，遞增五尺。

栱、枓等造作功見表17.1.1。

栱、枓等造作功　　　　　　表17.1.1

材等	材長	造作用功	備注
一等材	20尺	1功	材長減20尺
二等材	24尺	1功	材長減16尺
三等材	28尺	1功	材長減12尺
四等材	32尺	1功	材長減8尺
五等材	36尺	1功	材長減4尺

〔17.1.1〕
栱

栱：

令栱，一隻，二分五厘功。

華栱，一隻；

泥道栱，一隻；

瓜子栱，一隻；

右（上）各二分功。

慢栱，一隻，五分功。

若材每加一等，各隨逐等加之：華栱、令栱、泥道栱、瓜子栱、慢栱，並各加五厘功。若材每減一等，各隨逐等減之：華栱減二厘功；令栱減三厘功；泥道栱、瓜子栱，各減一厘功；慢栱減五厘功。其自第四等加第三等，於遞加功內減半加之。加足材及枓、柱、榑之類並準此。

若造足材栱，各於逐等栱上更加功限：華栱、令栱各加五厘功；泥道栱、瓜子栱，各加四厘功；慢栱加七厘功，其材每加、減一等，遞加、減各一厘功。如角內列栱，各以栱頭爲計。

諸栱造作功見表17.1.2，諸足材栱造作功見表17.1.3。

諸栱造作功 表17.1.2

材等	華栱	令栱	泥道栱	瓜子栱	慢栱	備注
一等材	0.425功	0.475功	0.425功	0.425功	0.725功	遞加5厘功
二等材	0.375功	0.425功	0.375功	0.375功	0.675功	遞加5厘功
三等材	0.325功	0.375功	0.325功	0.325功	0.625功	減半加2.5厘功
四等材	0.3功	0.35功	0.3功	0.3功	0.6功	遞加5厘功
五等材	0.25功	0.3功	0.25功	0.25功	0.55功	加5厘功
六等材	0.2功	0.25功	0.2功	0.2功	0.5功	以六等材爲準
七等材	0.18功	0.22功	0.19功	0.19功	0.45栱	隨材等減功
八等材	0.16功	0.19功	0.18功	0.18功	0.4功	隨材等減功

諸足材栱造作功 表17.1.3

材等	足材華栱	足材令栱	足材泥道栱	足材瓜子栱	足材慢栱	備注
一等材	0.565功	0.575功	0.515功	0.515功	0.845功	遞加各1厘功
二等材	0.465功	0.515功	0.455功	0.455功	0.785功	遞加各1厘功
三等材	0.405功	0.455功	0.395功	0.395功	0.725功	遞加各1厘功
四等材	0.38功	0.42功	0.36功	0.36功	0.69功	遞加各1厘功
五等材	0.31功	0.36功	0.3功	0.3功	0.62功	遞加各1厘功
其材加一等，遞加各一厘功；其材減一等，遞減各一厘功						
六等材	加5厘	加5厘	加4厘	加4厘	加7厘	在原標準上各加
六等材	0.25功	0.3功	0.24功	0.24功	0.57功	以六等材爲準
七等材	0.22功	0.26功	0.22功	0.22功	0.51栱	遞減各1厘功
八等材	0.19功	0.22功	0.2功	0.2功	0.45功	遞減各1厘功
如角內列栱，各以栱頭所用栱與材爲計						

〔17.1.2〕

枓

枓：

櫨枓，一隻，五分功。材每增減一等，遞加減各一分功。

交互枓，九隻，材每增減一等，遞加減各一隻；

齊心枓，十隻，加減同上；

散枓，十一隻，加減同上；

右（上）各一功。

出跳上名件：

昂尖，十一隻，一功。加減同交互枓法。

爵頭，一隻；

華頭子，一隻；

右（上）各一分功。材每增減一等，遞加減各二厘功。身內並同材法。

諸足材栱造作功見表17.1.4

諸足材栱造作功　　　　　　　　　　　表17.1.4

材等	櫨枓	交互枓	齊心枓	散枓	昂尖	爵頭	華頭子	備注
一等材	1隻1功	4隻1功	5隻1功	6隻1功	6隻1功	1隻0.2功	1隻0.2功	
二等材	1隻0.9功	5隻1功	6隻1功	7隻1功	7隻1功	1隻0.18功	1隻0.18功	
三等材	1隻0.8功	6隻1功	7隻1功	8隻1功	8隻1功	1隻0.16功	1隻0.16功	
四等材	1隻0.7功	7隻1功	8隻1功	9隻1功	9隻1功	1隻0.14功	1隻0.14功	
五等材	1隻0.6功	8隻1功	9隻1功	10隻1功	10隻1功	1隻0.12功	1隻0.12功	
六等材	1隻0.5功	9隻1功	10隻1功	11隻1功	11隻1功	1隻0.1功	1隻0.1功	標準
七等材	1隻0.4功	10隻1功	11隻1功	12隻1功	12隻1功	1隻0.08功	1隻0.08功	
八等材	1隻0.3功	11隻1功	12隻1功	13隻1功	13隻1功	1隻0.06功	1隻0.06功	

【17.2】
殿閣外檐補間鋪作用栱、枓等數

殿閣等外檐，自八鋪作至四鋪作，內外並重栱計心，外跳出下昂，裏跳出卷頭，每補間鋪作一朵用栱、昂等數下項。八鋪作裏跳用七鋪作，若七鋪作裏跳用六鋪作，其六鋪作以下，裏外跳並同。轉角者準此。

關于上文小注，陳注："安散枓數及六鋪作祇有第二杪內華栱，外華頭子，裏轉應爲五鋪。"[1]又注："裏外跳鋪數的關係。"[2]

〔17.2.1〕

自八鋪作至四鋪作各通用

自八鋪作至四鋪作各通用：

單材華栱：一隻，若四鋪作插昂，不用；

泥道栱，一隻；

① [宋]李誠. 營造法式（陳明達點注本）. 第二冊. 第151頁. 大木作功限一. 殿閣外檐補間鋪作用栱枓等數. 批注. 浙江攝影出版社. 2020年

② [宋]李誠. 營造法式（陳明達點注本）. 第二冊. 第151頁. 大木作功限一. 殿閣外檐補間鋪作用栱枓等數. 批注. 浙江攝影出版社. 2020年

令栱，二隻；

兩出耍頭，一隻，並隨昂身上下斜勢，分作二隻，內四鋪作不分；

襯方頭，一條，足材，八鋪作，七鋪作，各長一百二十分°；六鋪作，五鋪作，各長九十分°；四鋪作，長六十分°。

櫨枓，一隻；

闇栔，二條，一條長四十六分°，一條長七十六分°；

八鋪作、七鋪作又加二條；各長隨補間之廣；

昂栓，二條，八鋪作，各長一百三十分°；七鋪作，各長一百一十五分°；六鋪作，各長九十五分°；五鋪作，各長八十分°；四鋪作，各長五十分°。

上文"昂栓"條，陳注："此昂栓用途？長度如何解釋？"[1]

八鋪作至四鋪作各通用栱、枓見表17.2.1。

八鋪作至四鋪作各通用栱、枓　　　　　　　　　　　　　　　　　　　表17.2.1

栱、枓	八鋪作	七鋪作	六鋪作	五鋪作	四鋪作	備注
單材華栱	1隻	1隻	1隻	1隻	1隻	四鋪作插昂不用
泥道栱	1隻	1隻	1隻	1隻	1隻	
令栱	2隻	2隻	2隻	2隻	2隻	
兩出耍頭	1隻	1隻	1隻	1隻	1隻	耍頭隨昂身上下斜勢分爲2隻，若裏轉爲四鋪作則不分
襯方頭（足材）	1條	1條	1條	1條	1條	
	120分°	120分°	90分°	90分°	60分°	
櫨枓	1隻	1隻	1隻	1隻	1隻	
闇栔	4條	4條	2條	2條	2條	一條長46分°；一條長76分°
	各加2條，長隨補間之廣					
昂栓	2條	2條	2條	2條	2條	
	130分°	115分°	95分°	80分°	50分°	

〔17.2.2〕

八鋪作、七鋪作各獨用

八鋪作、七鋪作各獨用：

第二杪華栱，一隻，長四跳；

第三杪外華頭子，內華栱：一隻，長六跳。

〔17.2.3〕

六鋪作、五鋪作各獨用

六鋪作、五鋪作各獨用：

第二杪外華頭子，內華栱，一隻，長四跳。

① ［宋］李誡. 營造法式（陳明達點注本）. 第二冊. 第152頁. 大木作功限一. 殿閣外檐補間鋪作用栱枓等數. 批注. 浙江攝影出版社. 2020年

八鋪作獨用

八鋪作獨用：

第四杪内華栱，一隻。 外隨昂、槫斜，長

七十八分°。

〔17.2.5〕

四鋪作獨用

四鋪作獨用：

第一杪外華頭子，内華栱，一隻。 長兩

跳；若卷頭，不用。

諸鋪作各獨用見表17.2.2。

諸鋪作各獨用　　　　　　　　　　　　　　　　　　　　　　　　　表17.2.2

栱、枓	八鋪作	七鋪作	六鋪作	五鋪作	四鋪作	備注
第二杪華栱	1隻	1隻				長4跳
第三杪 外華頭子、内華栱	1隻	1隻				長6跳
第二杪 外華頭子、内華栱			1隻	1隻		長4跳
第四杪内華栱 （外隨昂、槫斜）	1隻					長78分°
第一杪 外華頭子、内華栱					1隻	長2跳， 若卷頭不用

〔17.2.6〕

八鋪作至四鋪作各用

自八鋪作至四鋪作各用：

瓜子栱：

八鋪作，七隻；

七鋪作，五隻；

六鋪作，四隻；

五鋪作，二隻； 四鋪作不用。

慢栱：

八鋪作，八隻；

七鋪作，六隻；

六鋪作，五隻；

五鋪作，三隻；

四鋪作，一隻。

下昂：

八鋪作，三隻， 一隻身長三百分°；一隻身長

二百七十分°；一隻身長一百七十分°；

七鋪作，二隻， 一隻身長二百七十分°；一隻身

長一百七十分°；

六鋪作，二隻， 一隻身長二百四十分°；一隻身

長一百五十分°；

五鋪作，一隻，身長一百二十分°；

四鋪作插昂，一隻，身長四十分°。

交互枓：

八鋪作，九隻；

七鋪作，七隻；

六鋪作，五隻；

五鋪作，四隻；

四鋪作，二隻。

齊心枓：

八鋪作，一十二隻；

七鋪作，一十隻；

六鋪作，五隻；五鋪作同；

四鋪作，三隻。

散枓：

八鋪作，三十六隻；

七鋪作，二十八隻；

六鋪作，二十隻；

五鋪作，一十六隻；

四鋪作，八隻。

上文"瓜子栱"條中"六鋪作，四隻"，陳注："三。按散枓數二，三隻。"①疑其意似爲：六鋪作用瓜子栱3隻（似未含泥道瓜子栱），每一瓜子栱上用2隻散枓，共3隻瓜子栱。

上文"慢栱"條中，"六鋪作，五

隻"，陳注："四。安散枓數二，四隻。"②疑其意似爲：六鋪作用慢栱4隻（若不含泥道慢栱，則裏轉應爲六鋪作），每一慢栱上用2隻散枓，共4隻慢栱。其前後文，先後用"按"與"安"，未解其意之差別？

上文"下昂"條中"八鋪作，三隻"，陳注："出跳加一架之數。"③這裏似指其文後注中所提到的昂身長度數？

上文"交互枓"條中"六鋪作，五隻"，陳注：改"五"爲"六"。④并注："裏跳五鋪數。"⑤其意似爲，若六鋪作裏轉五鋪作時，用交互枓5隻，但若裏外跳均爲六鋪作時，則應用交互枓6隻。

上文"齊心枓"，陳注："與昂相交各栱，及昂上栱，均不用。"⑥

上文"齊心枓"條中"六鋪作，五隻"，陳注："泥道、瓜栱、令栱各一。"⑦又補注："六隻。"⑧以外檐六鋪作，裏轉五鋪作枓栱，則有泥道栱一，令栱二，瓜子栱三，若各用1隻齊心枓，確爲6隻。

上文"齊心枓"條中"四鋪作，三隻"，陳注："同掙昂，如柱頭不用。泥道栱、令栱心各一隻。"⑨

① [宋]李誡. 營造法式（陳明達點注本）. 第二冊. 第153頁. 大木作功限一. 殿閣外檐補間鋪作用栱枓等數. 批注. 浙江攝影出版社. 2020年

② [宋]李誡. 營造法式（陳明達點注本）. 第二冊. 第153頁. 大木作功限一. 殿閣外檐補間鋪作用栱枓等數. 批注. 浙江攝影出版社. 2020年

③ [宋]李誡. 營造法式（陳明達點注本）. 第二冊. 第154頁. 大木作功限一. 殿閣外檐補間鋪作用栱枓等數. 批注. 浙江攝影出版社. 2020年

④ [宋]李誡. 營造法式（陳明達點注本）. 第二冊. 第154頁. 大木作功限一. 殿閣外檐補間鋪作用栱枓等數. 批注. 浙江攝影出版社. 2020年

⑤ [宋]李誡. 營造法式（陳明達點注本）. 第二冊. 第154頁. 大木作功限一. 殿閣外檐補間鋪作用栱枓

等數. 批注. 浙江攝影出版社. 2020年

⑥ [宋]李誡. 營造法式（陳明達點注本）. 第二冊. 第155頁. 大木作功限一. 殿閣外檐補間鋪作用栱枓等數. 批注. 浙江攝影出版社. 2020年

⑦ [宋]李誡. 營造法式（陳明達點注本）. 第二冊. 第155頁. 大木作功限一. 殿閣外檐補間鋪作用栱枓等數. 批注. 浙江攝影出版社. 2020年

⑧ [宋]李誡. 營造法式（陳明達點注本）. 第二冊. 第155頁. 大木作功限一. 殿閣外檐補間鋪作用栱枓等數. 批注. 浙江攝影出版社. 2020年

⑨ [宋]李誡. 營造法式（陳明達點注本）. 第二冊. 第155頁. 大木作功限一. 殿閣外檐補間鋪作用栱枓等數. 批注. 浙江攝影出版社. 2020年

上文"散料"條中"六鋪作，二十隻"，陳注："裏跳六鋪，應爲二十四。

裏跳五鋪數。"[1]

八鋪作至四鋪作各用栱、料見表17.2.3。

八鋪作至四鋪作各用栱、料　　　　　　　　　　　　　　　　　　表17.2.3

栱、料	八鋪作	七鋪作	六鋪作	五鋪作	四鋪作	備注
瓜子栱	7隻	5隻	4隻	2隻		四鋪作不用
慢栱	8隻	6隻	5隻	3隻	1隻	
下昂	3隻	2隻	2隻	1隻	1隻	四鋪作插昂
	1隻長300 1隻長270 1隻長170	1隻長270 1隻長170	1隻長240 1隻長150	長120	長40	長度單位：分°
交互料	9隻	7隻	5隻	4隻	2隻	
齊心料	12隻	10隻	5隻	5隻	3隻	
散料	36隻	28隻	20隻	16隻	8隻	

【17.3】
殿閣身槽内補間鋪作用栱、料等數

殿閣身槽内裏外跳，並重栱計心出卷頭。每補間鋪作一朵，用栱、料等數下項。

殿閣身槽内裏外跳，一般指有周匝副階重檐殿閣上檐外跳及裏轉科栱。其所出料栱，用重栱計心造出卷頭做法。每補間鋪作一朵，用栱、料等數如下。

〔17.3.1〕
七鋪作至四鋪作各通用

自七鋪作至四鋪作各通用：

　　泥道栱，一隻；

　　令栱，二隻；

　　兩出耍頭，一隻，七鋪作，長八跳；六鋪作，長六跳；五鋪作，長四跳；四鋪作，長兩跳；

　　襯方頭，一隻，長同上；

　　櫨料，一隻；

　　闇栔，二條，一條長七十六分°；一條長四十六分°。

七鋪作至四鋪作各通用栱、料見表17.3.1。

① [宋]李誠. 營造法式（陳明達點注本）. 第二冊. 第155頁. 大木作功限一. 殿閣外檐補間鋪作用栱料等數. 批注. 浙江攝影出版社. 2020年

609

栱、枓	七鋪作	六鋪作	五鋪作	四鋪作	備注
泥道栱	1隻	1隻	1隻	1隻	
令栱	2隻	2隻	2隻	2隻	
兩出耍頭	1隻	1隻	1隻	1隻	
	長8跳	長6跳	長4跳	長2跳	隨鋪作各長同上
襯方頭	1隻	1隻	1隻	1隻	
櫨枓	1隻	1隻	1隻	1隻	
闇栔	2條	2條	2條	2條	
	所用2條闇栔，一條長76分°，一條長46分°				

〔17.3.2〕

七鋪作至五鋪作各通用

自七鋪作至五鋪作各通用：

瓜子栱：

　　七鋪作，六隻；

　　六鋪作，四隻；

　　五鋪作，二隻。

七鋪作至五鋪作各通用栱、枓見表17.3.2。

七鋪作至五鋪作各通用栱、枓　　表17.3.2

栱、枓	七鋪作	六鋪作	五鋪作	四鋪作	備注
瓜子栱	6隻	4隻	2隻	無	

〔17.3.3〕

七鋪作至四鋪作各通用

自七鋪作至四鋪作各通用：

華栱：

　　七鋪作，四隻，一隻長八跳；一隻長六跳；一隻長四跳；一隻長兩跳；

　　六鋪作，三隻，一隻長六跳；一隻長四跳；一隻長兩跳；

　　五鋪作，二隻，一隻長四跳；一隻長兩跳；

　　四鋪作，一隻，長兩跳。

慢栱：

　　七鋪作，七隻；

　　六鋪作，五隻；

　　五鋪作，三隻；

　　四鋪作，一隻。

交互枓：

　　七鋪作，八隻；

　　六鋪作，六隻；

　　五鋪作，四隻；

　　四鋪作，二隻。

齊心枓：

　　七鋪作，一十六隻；

　　六鋪作，一十二隻；

五鋪作，八隻；

四鋪作，四隻。

散枓：

七鋪作，三十二隻；

六鋪作，二十四隻；

五鋪作，一十六隻；

四鋪作，八隻。

上文"華栱"，傅書局合校本注："'兩出'，故宮本。"[1]即應改爲"兩出華栱"。傅建工合校本注："熹年謹按：據故宮本、四庫本、張本增'兩出'二字。"[2]

七鋪作至四鋪作各通用栱、枓見表17.3.3。

七鋪作至四鋪作各通用栱、枓　　　　　　　　　　　　　　　　　　表17.3.3

栱、枓	七鋪作	六鋪作	五鋪作	四鋪作	備注
兩出華栱（各長）	4隻	3隻	2隻	1隻	
	8跳、6跳4跳、2跳	6跳4跳、2跳	4跳、2跳	2跳	依鋪作數不同，逐跳華栱各長跳數
慢栱	7隻	5隻	3隻	1隻	
交互枓	8隻	6隻	4隻	2隻	
齊心枓	16隻	12隻	8隻	4隻	
散枓	32隻	24隻	16隻	8隻	

【17.4】
樓閣平坐補間鋪作用栱、枓等數

樓閣平坐，自七鋪作至四鋪作，並重栱計心，外跳出卷頭，裏跳挑斡棚栿及穿串上層柱身，每補間鋪作一朵，使栱、枓等數下項。

樓閣上層坐落于平坐上，承托平坐之枓栱；自七鋪作至四鋪作，均爲重栱計心造；外跳出卷頭，裏跳挑斡棚栿及穿串上層柱身。每補間鋪作一朵，其用栱、枓等數如下。

《法式》卷第十八"大木作功限二"中亦有："樓閣平坐，自七鋪作至四鋪作，並重栱計心，外跳出卷頭，裏跳挑斡棚栿及穿串上層柱身，……"則知，樓閣平坐中所用栿，稱爲"棚栿"。或因其栿形式，類如平頂之棚架上所用之栿，故稱"棚栿"？亦未可知。平坐枓栱之裏跳挑斡，可以承托棚栿，并可穿串上層立柱柱身之伸入平坐部分。

① [宋]李誠，傅熹年彙校．營造法式合校本．第三冊．大木作功限一．目錄．校注．中華書局．2018年

② [宋]李誠，傅熹年校注．合校本營造法式．第513頁．大木作功限一．殿閣身槽內補間鋪作用栱枓等數．注1．中國建築工業出版社．2020年

七鋪作至四鋪作各通用

自七鋪作至四鋪作各通用：

泥道栱，一隻；

令栱，一隻；

耍頭，一隻，七鋪作，身長二百七十分°；六鋪作，身長二百四十分°；五鋪作，身長二百一十分°；四鋪作，身長一百八十分°；

襯方，一隻，七鋪作，身長三百分°；六鋪作，身長二百七十分°；五鋪作，身長二百四十分°；四鋪作，身長二百一十分°。

櫨枓，一隻；

闇栔，二條，一條長七十六分°；一條長四十六分°。

上文"耍頭"條，陳注："出跳加一架之數。"[1]這裏似指其後注中所提到的耍頭長度數。

上文"襯方"條小注"六鋪作，身長二百七十分°。"，陶本："一鋪作，身長二百七十分"。陳注："'一'應作'六'。"[2]

七鋪作至四鋪作各通用栱、枓見表17.4.1。

七鋪作至四鋪作各通用栱、枓　　　　　　　　　　表17.4.1

栱、枓	七鋪作	六鋪作	五鋪作	四鋪作	備注
泥道栱	1隻	1隻	1隻	1隻	
令栱	1隻	1隻	1隻	1隻	
耍頭	1隻	1隻	1隻	1隻	隨鋪作數不同，耍頭身長分°數
	270分°	240分°	210分°	180分°	
襯方	1隻	1隻	1隻	1隻	隨鋪作數不同，襯方頭身長分°數
	300分°	270分°	240分°	210分°	
櫨枓	1隻	1隻	1隻	1隻	
闇栔	2條	2條	2條	2條	
	所用2條闇栔，一條長76分°，一條長46分°				

七鋪作至五鋪作各通用

自七鋪作至五鋪作各通用：

瓜子栱：

七鋪作，三隻；

六鋪作，二隻；

五鋪作，一隻。

七鋪作至五鋪作各通用栱、枓見表17.4.2。

① [宋]李誡. 營造法式（陳明達點注本）. 第二册. 第160頁. 大木作功限一. 樓閣平坐補間鋪作用栱枓等數. 批注. 浙江攝影出版社. 2020年

② [宋]李誡. 營造法式（陳明達點注本）. 第二册. 第160頁. 大木作功限一. 樓閣平坐補間鋪作用栱枓等數. 批注. 浙江攝影出版社. 2020年

七鋪作至五鋪作各通用栱、枓　　表17.4.2

栱、枓	七鋪作	六鋪作	五鋪作	四鋪作	備注
瓜子栱	3隻	2隻	1隻	無	

〔17.4.3〕
七鋪作至四鋪作各用

自七鋪作至四鋪作各用：

華栱：

　七鋪作，四隻，一隻身長一百五十分°；一隻身長一百二十分°；一隻身長九十分°；一隻身長六十分°；

　六鋪作，三隻，一隻身長一百二十分°；一隻身長九十分°；一隻身長六十分°；

　五鋪作，二隻，一隻身長九十分°；一隻身長六十分°；

　四鋪作，一隻，身長六十分°。

慢栱：

　七鋪作，四隻；

　六鋪作，三隻；

　五鋪作，二隻；

　四鋪作，一隻。

交互科：

　七鋪作，四隻；

　六鋪作，三隻；

　五鋪作，二隻；

　四鋪作，一隻。

齊心科：

　七鋪作，九隻；

　六鋪作，七隻；

　五鋪作，五隻；

　四鋪作，三隻。

散科：

　七鋪作，一十八隻；

　六鋪作，一十四隻；

　五鋪作，一十隻；

　四鋪作，六隻。

上文"華栱"條中"七鋪作，四隻"，陳注："裏轉長三十分。"[1]似指鋪作華栱裏轉（出跳？）長度。

七鋪作至四鋪作各通用栱、枓見表17.4.3。

七鋪作至四鋪作各通用栱、枓　　　　　　　　　　　　　　　　表17.4.3

栱、枓	七鋪作	六鋪作	五鋪作	四鋪作	備注
華栱 （各長）	4隻	3隻	2隻	1隻	
	150分°、120分° 90分°、60分°	120分° 90分°、60分°	90分° 60分°	60分°	依鋪作數不同，逐跳華栱各長數
慢栱	4隻	3隻	2隻	1隻	
交互科	4隻	3隻	2隻	1隻	
齊心科	9隻	7隻	5隻	3隻	
散科	18隻	14隻	10隻	6隻	

① [宋]李誡. 營造法式（陳明達點注本）. 第二冊. 第161頁. 大木作功限一. 樓閣平坐補間鋪作用栱枓等數. 批注. 浙江攝影出版社. 2020年

【17.5】
枓口跳每縫用栱、枓等數

枓口跳，每柱頭外出跳一朵，用栱、枓等
下項：

    泥道栱，一隻；

    華栱頭，一隻；

    櫨枓，一隻；

    交互枓，一隻；

    散枓，二隻；

    闇栔，二條。

關于上文，陳注："何以無齊心枓？"[1]

上文"闇栔，二條"，陳注："方桁一，橑簷方一，三鋪作。"[2]陳先生在這裏提到的"三鋪作"，似認爲"枓口跳"做法即爲"三鋪作"。惟《法式》中未見"三鋪作"之説。

枓口跳每縫用栱、枓見表17.5.1。

枓口跳每縫用栱、枓   表17.5.1

栱、枓	泥道栱	華栱頭	櫨枓	交互枓	散枓	闇栔	備註
所用個數	1隻	1隻	1隻	1隻	2隻	2條	每柱頭外出跳

【17.6】
把頭絞項作每縫用栱、枓等數

把頭絞項作，每柱頭用栱、枓等下項：

    泥道栱，一隻；

    耍頭，一隻；

    櫨枓，一隻；

    齊心枓，一隻；

    散枓，二隻；

    闇栔，二條。

上文"把頭絞項作"，傅書局合校本改"把"爲"杷"，并注："'杷'，同前。"[3]傅建工合校本注："熹年謹按：張本、陶本作'把'，故宮本、文津四庫本作'杷'，故宮本卷三十八亦有'杷頭栱'，據以改正。此即一斗三升枓栱，如交栿項，即爲'杷頭絞項'。"[4]

上文"齊心枓，一隻"，陳注："何以有齊心枓？"[5]上文"闇栔，二條"，陳注："方桁一。"[6]

把頭絞項作每縫用栱、枓見表17.6.1。

把頭絞項作每縫用栱、枓   表17.6.1

栱、枓	泥道栱	耍頭	櫨枓	齊心枓	散枓	闇栔	備註
所用個數	1隻	1隻	1隻	1隻	2隻	2條	每柱頭用栱、枓

① [宋]李誡. 營造法式（陳明達點注本）. 第二册. 第164頁. 大木作功限一. 枓口跳每縫用栱枓等數. 批注. 浙江攝影出版社. 2020年

② [宋]李誡. 營造法式（陳明達點注本）. 第二册. 第164頁. 大木作功限一. 枓口跳每縫用栱枓等數. 批注. 浙江攝影出版社. 2020年

③ [宋]李誡, 傅熹年彙校. 營造法式合校本. 第三册. 大木作功限一. 把頭絞項作每縫用栱枓等數. 校注. 中華書局. 2018年

④ [宋]李誡, 傅熹年校注. 合校本營造法式. 第519頁. 大木作功限一. 杷頭絞項每縫用栱枓等數. 注1. 中國建築工業出版社. 2020年

⑤ [宋]李誡. 營造法式（陳明達點注本）. 第二册. 第165頁. 大木作功限一. 把頭絞項作每縫用栱枓等數. 批注. 浙江攝影出版社. 2020年

⑥ [宋]李誡. 營造法式（陳明達點注本）. 第二册. 第165頁. 大木作功限一. 把頭絞項作每縫用栱枓等數. 批注. 浙江攝影出版社. 2020年

【17.7】
鋪作每間用方桁等數

〔17.7.1〕
八鋪作至四鋪作每一間一縫
內外用方桁等

自八鋪作至四鋪作，每一間一縫內、外用方桁等下項：

方桁：

八鋪作，一十一條；

七鋪作，八條；

六鋪作，六條；

五鋪作，四條；

四鋪作，二條；

橑檐方，一條。

遮椽版，難子加版數一倍；方一寸爲定。

八鋪作，九片；

七鋪作，七片；

六鋪作，六片；

五鋪作，四片；

四鋪作，二片。

上文"六鋪作，六條"，陳注："裏轉五鋪作祇五條。"[1]

上文"遮椽版"條小注"方一寸爲定"，陳注："定法。"[2]上文"遮椽版"條，"六鋪作，六片"，陳注："裏轉五鋪作，祇用五片。"[3]

八鋪作至四鋪作每一間一縫內外用方桁等見表17.7.1。

八鋪作至四鋪作每一間一縫內外用方桁等   表17.7.1

方桁等	八鋪作	七鋪作	六鋪作	五鋪作	四鋪作	備注
方桁	11條	8條	6條	4條	2條	每一間一縫內外用方桁等
橑檐方	1條	1條	1條	1條	1條	
遮椽版	9片	7片	6片	4片	2片	
難子	18片	14片	12片	8片	4片	難子方1寸

〔17.7.2〕
殿槽內自八鋪作至四鋪作每一間一縫
內外用方桁等

殿槽內，自八鋪作至四鋪作，每一間一縫內、外用方桁等下項：

方桁：

七鋪作，九條；

六鋪作，七條；

五鋪作，五條；

四鋪作，三條。

① [宋]李誡. 營造法式（陳明達點注本）. 第二冊. 第165頁. 大木作功限一. 鋪作每間用方桁等數. 批注. 浙江攝影出版社. 2020年

② [宋]李誡. 營造法式（陳明達點注本）. 第二冊. 第166頁. 大木作功限一. 鋪作每間用方桁等數. 批

注. 浙江攝影出版社. 2020年

③ [宋]李誡. 營造法式（陳明達點注本）. 第二冊. 第166頁. 大木作功限一. 鋪作每間用方桁等數. 批注. 浙江攝影出版社. 2020年

遮椽版：

　　七鋪作，八片；

　　六鋪作，六片；

　　五鋪作，四片；

　　四鋪作，二片。

上文"殿槽内，自八鋪作至四鋪作"，陳注："'八'應作'七'。"[1]因其後文自"七鋪作"開始敘述。

殿槽内自八鋪作至四鋪作每一間一縫内外用方桁等見表17.7.2。

殿槽内自八鋪作至四鋪作每一間一縫内外用方桁等　　　　　　　　　　表17.7.2

方桁等	八鋪作	七鋪作	六鋪作	五鋪作	四鋪作	備注
方桁	未知	9條	7條	5條	3條	每一間一縫内外用方桁等
遮椽版	未知	8片	6片	4片	2片	
	上文中并未給出殿槽内八鋪作每一間一縫内外用方桁、遮椽版數					

〔17.7.3〕

平坐八鋪作至四鋪作每間外出跳用方桁等

平坐，自八鋪作至四鋪作，每間外出跳用方桁等下項：

　　方桁：

　　七鋪作，五條；

　　六鋪作，四條；

　　五鋪作，三條；

　　四鋪作，二條。

遮椽版：

　　七鋪作，四片；

　　六鋪作，三片；

　　五鋪作，二片；

　　四鋪作，一片；

　　鴟翅版，一片，廣三十分°。

上文"自八鋪作至四鋪作"，陳注："'八'應作'七'。"[2]修改原因同上。

平坐八鋪作至四鋪作每間外出跳用方桁等見表17.7.3。

平坐八鋪作至四鋪作每間外出跳用方桁等　　　　　　　　　　表17.7.3

方桁等	八鋪作	七鋪作	六鋪作	五鋪作	四鋪作	備注
方桁	未知	5條	4條	3條	2條	平坐八鋪作至四鋪作每間外出跳用方桁等
遮椽版	未知	4片	3片	2片	1片	
鴟翅版（廣30分°）	未知	1片	1片	1片	1片	
	上文中未給出平坐八鋪作每間外出跳用方桁、遮椽版等數					

① [宋]李誡. 營造法式（陳明達點注本）. 第二册. 第166頁. 大木作功限一. 鋪作每間用方桁等數. 批注. 浙江攝影出版社. 2020年

② [宋]李誡. 營造法式（陳明達點注本）. 第二册. 第167頁. 大木作功限一. 鋪作每間用方桁等數. 批注. 浙江攝影出版社. 2020年

〔17.7.4〕

枓口跳每間内前後檐用方桁等

枓口跳，每間内前、後檐用方桁等下項：

　方桁，二條；

　橑檐方，二條。

　　傅書局合校本注："橑。"[1]

〔17.7.5〕

把頭絞項作每間内前後檐用方桁

把頭絞項作，每間内前、後檐用方桁下項：

　方桁：二條。

　　傅書局合校本注："把。"[2]
　　枓口跳、把頭絞項作每間内前後檐用方桁見表17.7.4。

枓口跳、把頭絞項作每間内前後檐用方桁　　　　　　　　　　　　表17.7.4

方桁等	枓口跳每間内前後檐	把頭絞項作每間内前後檐	備注
方桁	2條	2條	
橑檐方	2條	無	

〔17.7.6〕

單栱偷心造鋪作

凡鋪作，如單栱或偷心造，或柱頭内騎絞梁栿處，出跳皆隨所用鋪作除減枓栱。如單栱造者，不用慢栱，其瓜子栱並改作令栱。若裏跳別有增減者，各依所出之跳加減。其鋪作安勘、絞割、展拽，每一朵，昂栓、闇契、闇枓口安劄及行繩墨等功並在内，以上轉角者並準此。取所用枓、栱等造作功，十分中加四分。

　　上文"如單栱或偷心造"，陶本："如單栱及偷心造"，未知梁先生修改所據。
　　上文小注"闇枓口安劄"，陳注：改"闇"爲"開"[3]，即"開枓口安劄"。

雖未知陳先生修改之依據，但從行文看，"開枓口安劄"似更與上下文義合。

上文殿閣外檐、殿閣身槽内、樓閣平坐諸補間鋪作，均爲重栱計心造做法。故這裏給出了如上諸種情況下，若用單栱偷心造時，所用枓栱及其造作、安勘、絞割、展拽等所用功的情況。

如爲單栱造，鋪作内不用慢栱，其瓜子栱改爲令栱。

鋪作單栱造者，其鋪作之安勘、絞割、展拽及每一朵之昂栓、闇契、闇枓口安劄、行繩墨等功，在上文所列栱、枓等造作用功數之基礎上，再增加4/10的用功量。

① [宋]李誡，傅熹年彙校. 營造法式合校本. 第三册. 大木作功限一. 鋪作每間用方桁等數. 校注. 中華書局. 2018年
② [宋]李誡，傅熹年彙校. 營造法式合校本. 第三册. 大木作功限一. 鋪作每間用方桁等數. 校注. 中華書局. 2018年

③ [宋]李誡. 營造法式〔陳明達點注本〕. 第二册. 第169頁. 大木作功限一. 鋪作每間用方桁等數. 批注. 浙江攝影出版社. 2020年

第18章

《營造法式》卷第十八

——大木作功限二

營造法式卷第十八

通直郎管修蓋皇弟外第專一提舉修蓋班直諸軍營房等臣李誡奉

聖旨編修

大木作功限二

【18.0】
本章導言

本章是對"大木作功限一"所涉房屋鋪作栱、枓構成及其所用功限等内容的延伸，關注重點仍在房屋枓栱鋪作，祇是將前一章未能敘述完結，但却是房屋枓栱組成及其做法中最爲複雜、獨特部分，即殿閣外檐轉角鋪作所用栱、枓情況，加以深入討論。

轉角鋪作是鋪作組成中最爲複雜難解的部分，殿閣外檐轉角鋪作及樓閣平坐轉角鋪作，都是鋪作設計與施工中的難點，本章在討論各種房屋所用不同鋪作數轉角鋪作的同時，也對每一鋪作内部栱、枓的構成，逐一進行了解析。

從不同名件所用功限數額關係，或也能够對古代房屋鋪作諸名件加工過程複雜程度，有一定理解。

【18.1】
殿閣外檐轉角鋪作用栱、枓等數

殿閣等自八鋪作至四鋪作，内、外並重栱計心，外跳出下昂，裏跳出卷頭，每轉角鋪作一朵用栱、昂等數，下項。

〔18.1.1〕
八鋪作至四鋪作各通用

自八鋪作至四鋪作各通用：

華栱列泥道栱，二隻， 若四鋪作插昂，不用；

角内耍頭，一隻， 八鋪作至六鋪作，身長一百一十七分°；五鋪作、四鋪作，身長八十四分°；

角内由昂，一隻， 八鋪作，身長四百六十分°；七鋪作，身長四百二十分°；六鋪作，身長三百七十六分°；五鋪作，身長三百三十六分°；四鋪作，身長一百四十分°；

櫨枓，一隻；

闇栔，四條， 二條長三十一分°；二條長二十一分°。

上文"闇栔"條小注"長三十一分°"，陳注：改"三十一"爲"三十六"，并注："六，竹本。"[1]傅書局合校本注："'六'，四庫本亦作三十六分。"[2]即其文應爲："二條長三十六分°"。傅建工合校本注："熹年謹按：張本、陶本作'三十一分°'，據故宮本、四庫本改爲'三十六分°'。"[3]

八鋪作至四鋪作各通用栱、枓等見表18.1.1。

① [宋]李誠. 營造法式（陳明達點注本）. 第二册. 第172頁. 大木作功限二. 殿閣外檐轉角鋪作用栱枓等數. 批注. 浙江攝影出版社. 2020年
② [宋]李誠, 傅熹年彙校. 營造法式合校本. 第三册. 大木作功限二. 殿閣外檐轉角鋪作用栱枓等數. 校注. 中華書局. 2018年
③ [宋]李誠, 傅熹年校注. 合校本營造法式. 第531頁. 大木作功限二. 殿閣外檐轉角鋪作用栱枓等數. 注1. 中國建築工業出版社. 2020年

栱、枓等	八鋪作	七鋪作	六鋪作	五鋪作	四鋪作	備注
華栱列泥道栱	2隻	2隻	2隻	2隻	2隻	四鋪作插昂不用
角内耍頭（身長）	1隻	1隻	1隻	1隻	1隻	依鋪作數不同，其長各不相同
	117分°	117分°	117分°	84分°	84分°	
角内由昂（身長）	1隻	1隻	1隻	1隻	1隻	依鋪作數不同，其長各不相同
	460分°	420分°	376分°	336分°	140分°	
櫨枓	1隻	1隻	1隻	1隻	1隻	
闇栔（兩種長度）	4條	4條	4條	4條	4條	依四庫本修改，其中2條長36分°
	2條長36分°；2條長21分°					

〔18.1.2〕

八鋪作至五鋪作各通用

自八鋪作至五鋪作各通用：

慢栱列切几頭，二隻；

瓜子栱列小栱頭分首，二隻， 身長二十八分°；

角内華栱，一隻；

足材耍頭，二隻， 八鋪作、七鋪作，身長九十分°；六鋪作、五鋪作，身長六十五分°；

襯方，二條， 八鋪作、七鋪作，長一百三十分°；六鋪作、五鋪作，長九十分°。

上文"瓜子栱列小栱頭分首"條，梁注："'分首'不見于'大木作制度'，含義不清楚。"[1]陳注："分首身長，指兩栱頭間之長。"[2]其意似言"分首"即瓜子栱之栱頭與小栱頭之栱頭兩者之間的栱身部分？

八鋪作至五鋪作各通用栱、枓等見表18.1.2。

八鋪作至五鋪作各通用栱、枓等　　　　　　　　　　　　　　　　　　　　　　　表18.1.2

栱、枓等	八鋪作	七鋪作	六鋪作	五鋪作	備注
慢栱列切几頭	2隻	2隻	2隻	2隻	
瓜子栱列小栱頭分首	2隻	2隻	2隻	2隻	身長28分°
角内華栱	1隻	1隻	1隻	1隻	
足材耍頭（身長）	2隻	2隻	2隻	2隻	兩種身長
	90分°	90分°	65分°	65分°	
襯方（身長）	2條	2條	2條	2條	兩種身長
	130分°	130分°	90分°	90分°	

① 梁思成. 梁思成全集. 第七卷. 第298頁. 大木作功限二. 殿閣外檐轉角鋪作用栱、枓等數. 注1. 中國建築工業出版社. 2001年

② [宋]李誡. 營造法式（陳明達點注本）. 第二册. 第172頁. 大木作功限二. 殿閣外檐轉角鋪作用栱枓等數. 批注. 浙江攝影出版社. 2020年

〔18.1.3〕

八鋪作至六鋪作各通用

自八鋪作至六鋪作各通用：

令栱，二隻；

瓜子栱列小栱頭分首，二隻，_{身內交隱鴛鴦}
_{栱，長五十三分°}；

令栱列瓜子栱，二隻，_{外跳用}；

慢栱列切几頭分首，二隻，_{外跳用，身長}
_{二十八分°}；

令栱列小栱頭，二隻，_{裏跳用}；

瓜子栱列小栱頭分首，四隻，_{裏跳用，八鋪}
_{作添二隻}；

慢栱列切几頭分首，四隻，_{八鋪作同上}。

八鋪作至六鋪作各通用見表18.1.3。

八鋪作至六鋪作各通用   表18.1.3

栱、枓等	八鋪作	七鋪作	六鋪作	備注
令栱	2隻	2隻	2隻	
瓜子栱列小栱頭分首	2隻	2隻	2隻	身內交隱鴛鴦栱長53分°
令栱列瓜子栱	2隻	2隻	2隻	外跳用
慢栱列切几頭分首	2隻	2隻	2隻	外跳用身長28分°
令栱列小栱頭	2隻	2隻	2隻	裏跳用
瓜子栱列小栱頭分首	6隻	4隻	4隻	裏跳用
慢栱列切几頭分首	6隻	4隻	4隻	

〔18.1.4〕

八鋪作、七鋪作各獨用

八鋪作、七鋪作各獨用：

華頭子，二隻，_{身連間內方桁}；

瓜子栱列小栱頭，二隻，_{外跳用，八鋪作添}
_{二隻}；

慢栱列切几頭，二隻，_{外跳用，身長五十三分°}；

華栱列慢栱，二隻，_{身長二十八分°}；

瓜子栱，二隻，_{八鋪作添二隻}；

第二杪華栱，一隻，_{身長七十四分°}；

第三杪外華頭子、內華栱，一隻，_{身長}
_{一百四十七分°}。

上文"第二杪華栱"條、"第三杪外華頭子、內華栱"條，陳注："此二條應增'角內'二字。"[1]即其文似應爲"角內第二杪華栱""角內第三杪外華頭子、內華栱"。

八鋪作、七鋪作各獨用見表18.1.4。

① [宋]李誡. 營造法式（陳明達點注本）. 第二冊. 第174頁. 大木作功限二. 殿閣外檐轉角鋪作用栱枓等數. 批注. 浙江攝影出版社. 2020年

栱、枓等	八鋪作	七鋪作	備注
華頭子	2隻	2隻	身連間内方桁
瓜子栱列小栱頭	4隻	2隻	外跳用
慢栱列切几頭	2隻	2隻	外跳用（身長35分°）
華栱列慢栱	2隻	2隻	身長28分°
瓜子栱	4隻	2隻	
第二杪華栱	1隻	1隻	身長74分°
第三杪外華頭子、内華栱	1隻	1隻	身長147分°

〔18.1.5〕

六鋪作、五鋪作各獨用

六鋪作、五鋪作各獨用：

華頭子列慢栱，二隻。 身長二十八分°。

六鋪作、五鋪作各獨用見表18.1.5。

六鋪作、五鋪作各獨用　　　　　表18.1.5

栱、枓等	六鋪作	五鋪作	備注
華頭子列慢栱	2隻	2隻	身長28分°

〔18.1.6〕

八鋪作獨用

八鋪作獨用：

慢栱，二隻；

慢栱列切几頭分首，二隻， 身内交隱鴛鴦

栱，長七十八分°；

第四杪内華栱，一隻， 外隨昂、樽斜，一百

一十七分°。

上文小注“外隨昂、樽斜，一百一十七分°。”，陳注：在“斜”字後，增“身長”① 二字。

八鋪作獨用見表18.1.6。

八鋪作獨用　　　　　　　　表18.1.6

栱、枓等	八鋪作	備注
慢栱	2隻	
慢栱列切几頭分首	2隻	身内交隱鴛鴦栱，長78分°
第四杪内華栱	1隻	外隨昂、樽斜，117分°

〔18.1.7〕

五鋪作獨用

五鋪作獨用：

令栱列瓜子栱，二隻， 身内交隱鴛鴦栱，身長

五十六分°。

五鋪作獨用見表18.1.7。

五鋪作獨用   表18.1.7

栱、枓等	五鋪作	備注
令栱列瓜子栱	2隻	身内交隱鴛鴦栱，身長56分。

〔18.1.8〕

四鋪作獨用

四鋪作獨用：

令栱列瓜子栱分首，二隻，身長三十分。；

華頭子列泥道栱，二隻；

耍頭列慢栱，二隻，身長三十分。；

角内外華頭子，内華栱，一隻，若卷頭造，不用。

四鋪作獨用見表18.1.8。

四鋪作獨用   表18.1.8

栱、枓等	四鋪作	備注
令栱列瓜子栱分首	2隻	身長30分。
華頭子列泥道栱	2隻	
耍頭列慢栱	2隻	身長30分。
角内外華頭子，内華栱	1隻	若卷頭造，不用

〔18.1.9〕

八鋪作至四鋪作各用

自八鋪作至四鋪作各用：

交角昂：

八鋪作，六隻，二隻身長一百六十五分。；二隻身長一百四十分。；二隻身長百一十五分。；

七鋪作，四隻，二隻身長一百四十分。；二隻身長一百一十五分。；

六鋪作，四隻，二隻身長一百分。；二隻身長七十五分。；

五鋪作，二隻，身長七十五分。；

四鋪作，二隻，身長三十五分。。

角内昂：

八鋪作，三隻，一隻身長四百二十分。；一隻身長三百八十分。；一隻身長二百分。；

七鋪作，二隻，一隻身長三百八十分。；一隻身長二百四十分。；

六鋪作，二隻，一隻身長三百三十六分。；一隻身長一百七十五分。；

五鋪作、四鋪作，各一隻，五鋪作，身長一百七十五分。；四鋪作，身長五十分。。

交互枓：

八鋪作，一十隻；

七鋪作，八隻；

六鋪作，六隻；

五鋪作，四隻；

四鋪作，二隻。

齊心枓：

八鋪作，八隻；

七鋪作，六隻；

六鋪作，二隻。五鋪作、四鋪作同。

平盤枓：

八鋪作，一十一隻；

七鋪作，七隻；六鋪作同；

五鋪作：六隻；

四鋪作，四隻。

散科：

八鋪作，七十四隻；

七鋪作，五十四隻；

六鋪作，三十六隻；

五鋪作，二十六隻；

四鋪作，一十二隻。

八鋪作至四鋪作各用見表18.1.9。

八鋪作至四鋪作各用　　　　　　　　　　　　　　　　　　　表18.1.9

栱、枓等	八鋪作	七鋪作	六鋪作	五鋪作	四鋪作	備注
交角昂	6隻	4隻	4隻	2隻	2隻	身長各以2隻計
交角昂	165分° 140分° 115分°	140分° 115分°	100分° 75分°	75分°	35分°	身長各以2隻計
角內昂	3隻	2隻	2隻	1隻	1隻	身長各以1隻計
角內昂	420分° 380分° 200分°	380分° 240分°	336分° 175分°	175分°	50分°	身長各以1隻計
交互枓	10隻	8隻	6隻	4隻	2隻	
齊心枓	8隻	6隻	2隻	2隻	2隻	
平盤枓	11隻	7隻	7隻	6隻	4隻	
散枓	74隻	54隻	36隻	26隻	12隻	

【18.2】
殿閣身內轉角鋪作用栱、枓等數

殿閣身槽內裏外跳，並重栱計心出卷頭，每轉角鋪作一朵用栱、枓等數下項。

〔18.2.1〕
七鋪作至四鋪作各通用

自七鋪作至四鋪作各通用：

華栱列泥道栱，三隻，外跳用；

令栱列小栱頭分首，二隻，裏跳用；

角內華栱，一隻；

角內兩出耍頭，一隻，七鋪作，身長二百八十八分°；六鋪作，身長一百四十七分°；五鋪作，身長七十七分°；四鋪作，身長六十四分°；

櫨枓，一隻；

闇㮇，四條，二條長三十一分°；二條長二十一分°。

上文“華栱列泥道栱，三隻”，陳注：改“三隻”爲“二隻”，并注：“二，竹本。”[1]

上文“角內兩出耍頭”條小注“七鋪作，身長二百八十八分°；六鋪作，身長一百四十七分°；五鋪

① [宋]李誡. 營造法式（陳明達點注本）. 第二册. 第179頁. 大木作功限二. 殿閣身內轉角鋪作用栱枓等數. 批注. 浙江攝影出版社. 2020年

作，身長七十七分° ；四鋪作，身長六十四分° ”，陳注："七鋪作，長288；六鋪作，長218；五鋪作，長148；四鋪作，長78。"[1]

上文"闇栔，四條"，陳注：改"四條"爲"六條"，并注："六，竹本。"[2]

陳注似爲對上文小注中"角内兩出要頭"身長數字的更正，陶本中長度值似無規則，陳先生所列長度數值，自七鋪作至四鋪作之角内兩出要頭身長，呈70分°差值有序遞減，應更合乎不同鋪作間要頭長度差異數。

四鋪作至七鋪作，其最後一跳，爲26分° （四至五鋪作爲30分°），而要頭伸出令栱心之外長度，爲23分°。兩者之和爲49分°，即柱頭與補間鋪作，每增加一鋪作，要頭長度增加值爲49分°。轉角鋪作，需以其45°斜長推算，則爲49分°長度的$\sqrt{2}$倍，亦即約長70分°。此或可作一佐證。

七鋪作至四鋪作各通用見表18.2.1。

七鋪作至四鋪作各通用　　　　　　　　　　　　　　　　　　表18.2.1

栱、枓等	七鋪作	六鋪作	五鋪作	四鋪作	備注
華栱列泥道栱	3隻	3隻	3隻	3隻	外跳用
令栱列小栱頭分首	2隻	2隻	2隻	2隻	裏跳用
角内華栱	1隻	1隻	1隻	1隻	
角内兩出要頭	1隻	1隻	1隻	1隻	要頭身長
	288分°	147分°	77分°	64分°	
櫨枓	1隻	1隻	1隻	1隻	
闇栔	4條	4條	4條	4條	2種長度各2條
	2條長31分° ；2條長21分°				

〔18.2.2〕

七鋪作至五鋪作各通用

自七鋪作至五鋪作各通用：

瓜子栱列小栱頭分首：二隻。 外跳用，身長二十八分°。

慢栱列切几頭分首：二隻。 外跳用，身長二十八分°。

角内第二杪華栱：一隻。 身長七十七分°。

七鋪作至五鋪作各通用見表18.2.2。

① [宋]李誡. 營造法式（陳明達點注本）. 第二冊. 第179頁. 大木作功限二. 殿閣身内轉角鋪作用栱枓等數. 批注. 浙江攝影出版社. 2020年

② [宋]李誡. 營造法式（陳明達點注本）. 第二冊. 第179頁. 大木作功限二. 殿閣身内轉角鋪作用栱枓等數. 批注. 浙江攝影出版社. 2020年

栱、枓等	七鋪作	六鋪作	五鋪作	備注
瓜子栱列小栱頭分首	2隻	2隻	2隻	外跳用，長28分°
慢栱列切几頭分首	2隻	2隻	2隻	外跳用，長28分°
角内第二杪華栱	1隻	1隻	1隻	身長77分°

〔18.2.3〕

七鋪作、六鋪作各獨用

七鋪作、六鋪作各獨用：

瓜子栱列小栱頭分首，二隻，身内交隱鴛鴦栱，身長五十三分°；

慢栱列切几頭分首，二隻，身長五十三分°；

令栱列瓜子栱，二隻；

華栱列慢栱，二隻；

騎栿令栱，二隻；

角内第三杪華栱，一隻，身長一百四十七分°。

七鋪作、六鋪作各獨用見表18.2.3。

栱、枓等	七鋪作	六鋪作	備注
瓜子栱列小栱頭分首	2隻	2隻	身内交隱鴛鴦栱，身長53分°
慢栱列切几頭分首	2隻	2隻	身長53分°
令栱列瓜子栱	2隻	2隻	
華栱列慢栱	2隻	2隻	
騎栿令栱	2隻	2隻	
角内第三杪華栱	1隻	1隻	身長147分°

〔18.2.4〕

七鋪作獨用

七鋪作獨用：

慢栱列切几頭分首，二隻，身内交隱鴛鴦栱；身長七十八分°；

瓜子栱列小栱頭，二隻；

瓜子丁頭栱，四隻；

角内第四杪華栱，一隻，身長二百一十七分°。

七鋪作獨用見表18.2.4。

七鋪作獨用　　　　　　　　　　　表18.2.4

栱、枓等	七鋪作	備注
慢栱列切几頭分首	2隻	身内交隱鴛鴦栱，長78分。
瓜子栱列小栱頭	2隻	
瓜子丁頭栱	4隻	
角内第四杪華栱	1隻	身長217分。

〔18.2.5〕
五鋪作獨用

五鋪作獨用：

　　騎栿令栱分首，二隻。身内交隱鴛鴦栱，身長五十三分。

五鋪作獨用見表18.2.5。

五鋪作獨用　　　　　　　　　　　表18.2.5

栱、枓等	五鋪作	備注
騎栿令栱分首	2隻	身内交隱鴛鴦栱，長53分。

〔18.2.6〕
四鋪作獨用

四鋪作獨用：

　　令栱列瓜子栱分首，二隻，身長二十分；
　　耍頭列慢栱，二隻，身長三十分。

上文"令栱列瓜子栱分首"條小注"身長二十分。"，陳注：改爲"身長三十分。"，并注："三，竹本。"①

四鋪作獨用見表18.2.6。

四鋪作獨用　　　　　　　　　　　表18.2.6

栱、枓等	四鋪作	備注
令栱列瓜子栱分首	2隻	身長20分。
耍頭列慢栱	2隻	身長30分。

〔18.2.7〕
七鋪作至五鋪作各用

自七鋪作至五鋪作各用：

　　慢栱列切几頭：
　　　　七鋪作，六隻；
　　　　六鋪作，四隻；
　　　　五鋪作，二隻。
　　瓜子栱列小栱頭，數並同上。

七鋪作至五鋪作各用見表18.2.7。

七鋪作至五鋪作各用　　　　　　　表18.2.7

栱、枓等	七鋪作	六鋪作	五鋪作	備注
慢栱列切几頭	6隻	4隻	2隻	
瓜子栱列小栱頭	6隻	4隻	2隻	

① [宋]李誡. 營造法式（陳明達點注本）. 第二册. 第181頁. 大木作功限二. 殿閣身内轉角鋪作用栱枓等數. 批注. 浙江攝影出版社. 2020年

七鋪作至四鋪作各用

自七鋪作至四鋪作各用：

交互枓：

七鋪作，四隻，六鋪作同；

五鋪作，二隻，四鋪作同。

平盤枓：

七鋪作，一十隻；

六鋪作，八隻；

五鋪作，六隻；

四鋪作，四隻。

散枓：

七鋪作，六十隻；

六鋪作，四十二隻；

五鋪作，二十六隻；

四鋪作，一十二隻。

七鋪作至四鋪作各用見表18.2.8。

七鋪作至四鋪作各用　　　　　　　　　　　　　　　　　　表18.2.8

栱、枓等	七鋪作	六鋪作	五鋪作	四鋪作	備注
交互枓	4隻	4隻	2隻	2隻	
平盤枓	10隻	8隻	6隻	4隻	
散枓	60隻	42隻	26隻	12隻	

【18.3】
樓閣平坐轉角鋪作用栱、枓等數

樓閣平坐，自七鋪作至四鋪作，並重栱計心，外跳出卷頭，裏跳挑斡棚栿及穿串上層柱身，每轉角鋪作一朵用栱、枓等數下項。

七鋪作至四鋪作各通用

自七鋪作至四鋪作各通用：

第一杪角內足材華栱，一隻，身長四十二分°；

第一杪入柱華栱，二隻，身長三十二分°；

第一杪華栱列泥道栱，二隻，身長三十二分°；

角內足材耍頭，一隻，七鋪作，身長二百一十分°；六鋪作，身長一百六十八分°；五鋪作，身長一百二十六分°；四鋪作，身長八十四分°；

耍頭列慢栱分首，二隻，七鋪作，身長一百五十二分°；六鋪作，身長一百二十二分°；五鋪作，身長九十二分°；四鋪作，身長六十二分°；

入柱耍頭，二隻，長同上；

耍頭列令栱分首，二隻，長同上；

襯方，三條，七鋪作內，二條單材，長一百八十分°；一條足材，長二百五十二分°；六鋪作內，二條單材，長一百五十分°；一條足材，長二百一十分°；

五鋪作内，二條單材，長一百二十分°；一條足材，

長一百六十八分°；四鋪作内，二條單材，長九十

分°；一條足材，長一百二十六分°；

櫨枓，三隻；

闇栔，四條，二條長六十八分°，二條長五十三分°。

上文"襯方"條小注，陳注："襯方用單材或足材之分。"[1]

七鋪作至四鋪作各通用見表18.3.1。

七鋪作至四鋪作各通用　　　　　　　　　　表18.3.1

栱、枓等	七鋪作	六鋪作	五鋪作	四鋪作	備注
第一杪角内足材華栱	1隻	1隻	1隻	1隻	身長42分°
第一杪入柱華栱	2隻	2隻	2隻	2隻	身長32分°
第一杪華栱列泥道栱	2隻	2隻	2隻	2隻	身長32分°
角内足材要頭（身長）	1隻	1隻	1隻	1隻	身長隨鋪作數各不相同
	210分°	168分°	126分°	84分°	
要頭列慢栱分首（身長）	2隻	2隻	2隻	2隻	身長隨鋪作數各不相同
	152分°	122份°	92分°	62分°	
入柱要頭（身長）	2隻	2隻	2隻	2隻	長與要頭列慢栱分首同
	152分°	122份°	92分°	62分°	
要頭列令栱分首（身長）	2隻	2隻	2隻	2隻	長與要頭列慢栱分首同
	152分°	122份°	92分°	62分°	
襯方（身長）	3條	3條	3條	3條	襯方單材各2條足材各1條
	單材180分°足材252分°	單材150分°足材210分°	單材120分°足材168分°	單材90分°足材126分°	
櫨枓	3隻	3隻	3隻	3隻	
闇栔（身長）	4條	4條	4條	4條	闇栔各2種身長
	2條68分°2條53分°	2條68分°2條53分°	2條68分°2條53分°	2條68分°2條53分°	

〔18.3.2〕

七鋪作至五鋪作各通用

自七鋪作至五鋪作各通用：

第二杪角内足材華栱，一隻， 身長八十四分°；

第二杪入柱華栱，二隻， 身長六十三分°；

第三杪華栱列慢栱，二隻， 身長六十三分°。

① [宋]李誡. 營造法式（陳明達點注本）. 第二冊. 第184頁. 大木作功限二. 樓閣平坐轉角鋪作用栱枓等數. 批注. 浙江攝影出版社. 2020年

上文"第二杪入柱華栱"條小注"身長六十三分。"，陳注："二，竹本。"①傅書局合校本注："'二'，應作'六十二分'。"②

又"第三杪華栱列慢栱"條，陳注：改"第三"爲"第二"，其注："二"。③

傅書局合校本注："'二'，華栱列慢栱實際上祇能第二杪，故宫本即作二。"④此條小注"身長六十三分。"，陳注：改"六十三"爲"六十二"，并注："二，竹本。"⑤

七鋪作至五鋪作各通用見表18.3.2。

七鋪作至五鋪作各通用 表18.3.2

栱、枓等	七鋪作	六鋪作	五鋪作	備注
第二杪角内足材華栱	1隻	1隻	1隻	身長84分。
第二杪入柱華栱	2隻	2隻	2隻	身長63（2）分。
第二杪華栱列慢栱	2隻	2隻	2隻	身長63（2）分。

〔18.3.3〕

七鋪作、六鋪作、五鋪作各用

七鋪作、六鋪作、五鋪作各用：

耍頭列方桁，二隻，七鋪作，身長一百五十二分；六鋪作，身長一百二十二分；五鋪作，身長九十一分；

華栱列瓜子栱分首：

七鋪作，六隻，二隻身長一百二十二分；二隻身長九十二分；二隻身長六十二分；

六鋪作，四隻，二隻身長九十二分；二隻身長六十二分；

五鋪作，二隻，身長六十二分。

上文"耍頭列方桁"條小注"五鋪作，身長九十一分。"，陳注"一"："二"⑥，即"九十二分。"。未知其改所據。傅書局合校本注："'二'，疑應作'九十二分。'。"⑦傅建工合校本改"九十一分。"爲"九十二分。"。⑧

七鋪作、六鋪作、五鋪作各用見表18.3.3。

① [宋]李誠. 營造法式（陳明達點注本）. 第二册. 第185頁. 大木作功限二. 樓閣平坐轉角鋪作用栱枓等數. 批注. 浙江攝影出版社. 2020年
② [宋]李誠. 傅熹年彙校. 營造法式合校本. 第三册. 大木作功限二. 樓閣平坐轉角鋪作用栱枓等數. 校注. 中華書局. 2018年
③ [宋]李誠. 營造法式（陳明達點注本）. 第二册. 第185頁. 大木作功限二. 樓閣平坐轉角鋪作用栱枓等數. 批注. 浙江攝影出版社. 2020年
④ [宋]李誠. 傅熹年彙校. 營造法式合校本. 第三册. 大木作功限二. 樓閣平坐轉角鋪作用栱枓等數. 校注. 中華書局. 2018年

⑤ [宋]李誠. 營造法式（陳明達點注本）. 第二册. 第185頁. 大木作功限二. 樓閣平坐轉角鋪作用栱枓等數批注. 浙江攝影出版社. 2020年
⑥ [宋]李誠. 營造法式（陳明達點注本）. 第二册. 第185頁. 大木作功限二. 樓閣平坐轉角鋪作用栱枓等數批注. 浙江攝影出版社. 2020年
⑦ [宋]李誠. 傅熹年彙校. 營造法式合校本. 第三册. 大木作功限二. 樓閣平坐轉角鋪作用栱枓等數. 校注. 中華書局. 2018年
⑧ [宋]李誠. 傅熹年校注. 合校本營造法式. 第538頁. 大木作功限二. 樓閣平坐轉角鋪作用栱枓等數. 中國建築工業出版社. 2020年

栱、枓等	七鋪作	六鋪作	五鋪作	備注
耍頭列方桁（身長）	2隻	2隻	2隻	鋪作不同，身長各不相同
	152分°	122分°	92分°	
華栱列瓜子栱分首（身長）	6隻	4隻	2隻	鋪作不同，所用數量不同，身長亦各有不同
	2隻122分° 2隻92分° 2隻62分°	2隻92分° 2隻62分°	62分°	

〔18.3.4〕

七鋪作、六鋪作各用

七鋪作、六鋪作各用：

交角耍頭：

七鋪作，四隻，二隻身長一百五十二分°；二隻身長一百二十二分°；

六鋪作，二隻，身長一百二十二分°。

華栱列慢栱分首：

七鋪作，四隻，二隻身長一百二十二分°；二隻身長九十二分°；

六鋪作，二隻，身長九十二分°。

七鋪作、六鋪作各用見表18.3.4。

栱、枓等	七鋪作	六鋪作	備注
交角耍頭	4隻	2隻	鋪作不同，數量身長各有不同
	2隻152分°；2隻122分°	122分°	
華栱列慢栱分首	4隻	2隻	鋪作不同，數量身長各有不同
	2隻122分°，2隻92分°	92分°	

〔18.3.5〕

七鋪作、六鋪作各獨用

七鋪作、六鋪作各獨用：

第三杪角内足材華栱，一隻，身長二十六分°；

第三杪入柱華栱，二隻，身長九十二分°；

第三杪華栱列柱頭方，二隻，身長九十二分°。

上文"第三杪角内足材華栱"條小注"身長二十六分°"，陳注："一百二十六分°。"[1] 傅書局合校本注："應作一百二十六分°。諸本均無'一百'二字。"[2] 傅建工合校本注："劉批陶本：諸本皆脱'一百'二字。熹年謹按：四庫本、張本亦脱'一百'二字。據劉批改。"[3]

① [宋]李誡. 營造法式（陳明達點注本）. 第二册. 第187頁. 大木作功限二. 樓閣平坐轉角鋪作用栱枓等數. 批注. 浙江攝影出版社. 2020年

② [宋]李誡，傅熹年彙校. 營造法式合校本. 第三册. 大木作功限二. 樓閣平坐轉角鋪作用栱枓等數. 校注.

中華書局. 2018年

③ [宋]李誡，傅熹年校注. 合校本營造法式. 第542頁. 大木作功限二. 樓閣平坐轉角鋪作用栱枓等數. 注1. 中國建築工業出版社. 2020年

從結構與構造邏輯上看，角内華栱身長僅"二十六分°"顯然偏短，其身長應爲一百二十六分°。以劉、陳、傅先生所批改爲是。

七鋪作、六鋪作各獨用見表18.3.5。

七鋪作、六鋪作各獨用　　　表18.3.5

栱、枓等	七鋪作	六鋪作	備注
第三杪角内足材華栱	1隻	1隻	身長126分°
第三杪入柱華栱	2隻	2隻	身長92分°
第三杪華栱列柱頭方	2隻	2隻	身長92分°

〔18.3.6〕
七鋪作獨用

七鋪作獨用：

第四杪入柱華栱，二隻，身長一百二十二分°；

第四杪交角華栱，二隻，身長九十二分°；

第四杪華栱列柱頭方，二隻，身長一百二十二分°；

第四杪角内華栱，一隻，身長一百六十八分°。

七鋪作獨用見表18.3.6。

七鋪作獨用　　　表18.3.6

栱、枓等	七鋪作	備注
第四杪入柱華栱	2隻	身長122分°
第四杪交角華栱	2隻	身長92分°
第四杪華栱列柱頭方	2隻	身長122分°
第四杪角内華栱	1隻	身長168分°

〔18.3.7〕
七鋪作至四鋪作各用

自七鋪作至四鋪作各用：

交互枓：

七鋪作，二十八隻；

六鋪作，一十八隻；

五鋪作，一十隻；

四鋪作，四隻。

齊心枓：

七鋪作，五十隻；

六鋪作，四十一隻；

五鋪作，一十九隻；

四鋪作，八隻。

平盤枓：

七鋪作，五隻；

六鋪作，四隻；

五鋪作，三隻；

四鋪作，二隻。

散枓：

七鋪作，一十八隻；

六鋪作，一十四隻；

五鋪作，一十隻；

四鋪作，六隻。

上文"齊心枓"條中"四鋪作，八隻"，傅書局合校本注："'七'，'八'疑爲'七'。故宮本作'八'。"[1]傅建工合校本注："劉批陶本：'八'疑爲'七'。"[2]以平坐轉角鋪作四鋪作

---

① [宋]李誠，傅熹年彙校. 營造法式合校本. 第三册. 大木作功限二. 樓閣平坐轉角鋪作用栱枓等數. 校注. 中華書局. 2018年

② [宋]李誠，傅熹年校注. 合校本營造法式. 第542頁. 大木作功限二. 樓閣平坐轉角鋪作用栱枓等數. 校注2. 中國建築工業出版社. 2020年

所用齊心枓，以其90°轉角外側每一側
邊各有兩層四隻計，似應爲“八隻”。

七鋪作至四鋪作各用見表18.3.7。

表18.3.7

栱、枓等	七鋪作	六鋪作	五鋪作	四鋪作	備注
交互枓	28隻	18隻	10隻	4隻	各鋪作用數不同
齊心枓	50隻	41隻	19隻	8隻	
平盤枓	5隻	4隻	3隻	2隻	
散枓	18隻	14隻	10隻	6隻	

【18.4】
轉角鋪作一般

凡轉角鋪作，各隨所用，每鋪作枓栱一朵，如四鋪作，五鋪作，取所用栱、枓等造作功，於十分中加八分爲安勘、絞割、展拽功。若六鋪作以上，加造作功一倍。

凡轉角鋪作，以其殿閣外檐轉角、殿閣身內轉角、樓閣平坐轉角等不同位置，各隨其用。每一轉角用轉角鋪作一朵，如四鋪作、五鋪作，其所用栱、枓等造作功，在原造作功基礎上，再增加8/10爲安勘、絞割、展拽之功。若六鋪作以上，則在原所用功基礎上，再增加一倍之功，爲其造作功。

其原造作功，可見于《法式》“大木作功限一”之“栱、枓等造作功”。

第19章

《營造法式》卷第十九

——大木作功限三

通直郎管修蓋臬弟外第専一提舉修蓋班直諸軍營房等臣李誡奉

聖旨編修

大木作功限三

殿堂梁柱等事件功限

城門道功限　樓臺鋪作準殿閣法

倉廠庫屋功限　其名件以七寸五分材為祖計之更不加減常行散屋同

常行散屋功限　官府廊屋之類同

跳舍行牆功限　望火樓功限

營屋功限　其名件以五寸材為祖計之

拆修挑拔舍屋功限　飛檐同

薦拔抽換柱栿等功限

【19.0】
本章導言

大木構架乃木構建築組成之最重要最基本要素。包括柱、額、梁、槫、角梁及輔助性的駝峯、綽幕、替木等，構成了架構起一座房屋的基本構架。

房屋構架各組成部分及其相應尺寸、數量，及加工製作、安裝這些房屋構件名件的過程與所用功限，對于進一步理解木構建築體系，甚或對還原古代木構建築設計與施工過程并探索其中一些未解之謎，具有重要參考價值。

【19.1】
殿堂梁、柱等事件功限

〔19.1.1〕
造作功

［19.1.1.1］
梁

造作功：

月梁，材每增減一等，各遞加減八寸。直梁準此。

八椽栿，每長六尺七寸；六椽栿以下至四椽栿，各遞加八寸；四椽栿至三椽栿，加一尺六寸；三椽栿至兩椽栿及丁栿、乳栿，各加二尺四寸；

直梁，

八椽栿，每長八尺五寸；六椽栿以下至四椽栿，各遞加一尺；四椽栿至三椽栿，加二尺；三椽栿至兩椽栿及丁栿、乳栿，各加三尺。

右（上）各一功。

上文"月梁"條小注"材每增減一等，各遞加減八寸"，梁注："這裏未先規定以哪一等材'爲祖計之'，則'每增減一等'，又從哪一等起增或減呢?"[1]

《法式》卷第十七"大木作功限一"，在"栱、枓等造作功"中提到："造作功並以第六等材爲準。"這是《法式》大木作功限部分，唯一提到造作功所用標準材等之處，且這裏用到了"並以"這個詞，或可以推測，其殿堂梁柱等事件造作功，疑或亦以"六等材"爲準，進行推算。

殿堂梁栿造作功（月梁）見表19.1.1。
殿堂梁栿造作功（直梁）見表19.1.2。

殿堂梁栿造作功（月梁）　　　　　　　　　　　　　　　　　　　表19.1.1

月梁	八椽栿	六椽栿	五椽栿	四椽栿	三椽栿	二椽栿	丁栿	乳栿	備註
一等材	2.7尺	3.5尺	4.3尺	5.1尺	6.7尺	9.1尺	9.1尺	9.1尺	每長
二等材	3.5尺	4.3尺	5.1尺	5.9尺	7.5尺	9.9尺	9.9尺	9.9尺	每長

① 梁思成. 梁思成全集. 第七卷. 第304頁. 大木作功限三. 殿堂梁、柱等事件功限. 注1. 中國建築工業出版社. 2001年

月梁	八椽栿	六椽栿	五椽栿	四椽栿	三椽栿	二椽栿	丁栿	乳栿	備注
三等材	4.3尺	5.1尺	5.9尺	6.7尺	8.3尺	10.7尺	10.7尺	10.7尺	每長
四等材	5.1尺	5.9尺	6.7尺	7.5尺	9.1尺	11.5尺	11.5尺	11.5尺	每長
五等材	5.9尺	6.7尺	7.5尺	8.3尺	9.9尺	12.3尺	12.3尺	12.3尺	每長
六等材	6.7尺	7.5尺	8.3尺	9.1尺	10.7尺	13.1尺	13.1尺	13.1尺	每長
七等材	7.5尺	8.3尺	9.1尺	9.9尺	11.5尺	13.9尺	13.9尺	13.9尺	每長
八等材	8.3尺	9.1尺	9.9尺	10.7尺	12.3尺	14.7尺	14.7尺	14.7尺	每長
	本表所列諸月梁尺寸，各爲其梁所用造作功之1功的長度尺寸								

殿堂梁栿造作功（直梁） 表19.1.2

直梁	八椽栿	六椽栿	五椽栿	四椽栿	三椽栿	二椽栿	丁栿	乳栿	備注
一等材	4.5尺	5.5尺	6.5尺	7.5尺	9.5尺	12.5尺	12.5尺	12.5尺	每長
二等材	5.3尺	6.3尺	7.3尺	8.3尺	10.3尺	13.3尺	13.3尺	13.3尺	每長
三等材	6.1尺	7.1尺	8.1尺	9.1尺	11.1尺	14.1尺	14.1尺	14.1尺	每長
四等材	6.9尺	7.9尺	8.9尺	9.9尺	11.9尺	14.9尺	14.9尺	14.9尺	每長
五等材	7.7尺	8.7尺	9.7尺	10.7尺	12.7尺	15.7尺	15.7尺	15.7尺	每長
六等材	8.5尺	9.5尺	10.5尺	11.5尺	13.5尺	16.5尺	16.5尺	16.5尺	每長
七等材	9.3尺	10.3尺	11.3尺	12.3尺	14.3尺	17.3尺	17.3尺	17.3尺	每長
八等材	10.1尺	11.1尺	12.1尺	13.1尺	15.1尺	18.1尺	18.1尺	18.1尺	每長
	本表所列諸直梁尺寸，各爲其梁所用造作功之1功的長度尺寸								

［19.1.1.2］

柱

柱，每一條長一丈五尺，徑一尺一寸，一功。穿鑿功在内。若角柱，每一功加一分功。如徑增一寸，加一分二厘功。如一尺三寸以上，每徑增一寸，又遞加三厘功。若長增一尺五寸，加本功一分功；或徑一尺一寸以下者，每減一寸，減一分七厘功，減至一分五厘止；或用方柱，每一功減二分功。若壁内闇柱，圜者每一功減三分功，方者減一分功。如祇用柱頭額者，減本功一分功。

柱（圜柱）造作功見表19.1.3。

徑＼長	15尺	16.5尺	18尺	19.5尺	21尺	備注
0.8尺	0.52功	0.62功	0.72	0.82功	0.92功	減0.15功
0.9尺	0.67功	0.77功	0.87	0.97功	1.07功	減0.16功
1尺	0.83功	0.93功	1.03	1.13功	1.23功	減0.17功
1.1尺	1功	1.1功	1.2功	1.3功	1.4功	以徑1.1尺爲準
1.2尺	1.12功	1.22功	1.32功	1.42功	1.52功	加0.12功
1.3尺	1.27功	1.37功	1.47功	1.57功	1.67功	加0.15功
1.4尺	1.45功	1.55功	1.65功	1.75功	1.85功	加0.18功
1.5尺	1.66功	1.76功	1.86功	1.96功	2.06功	加0.21功
1.6尺	1.9功	2功	2.1功	2.2功	2.3功	加0.24功
1.7尺	2.17功	2.27功	2.37功	2.47功	2.57功	加0.27功
1.8尺	2.47功	2.57功	2.67功	2.77功	2.87功	加0.3功
1.9尺	2.8功	2.9功	3功	3.1功	3.2功	加0.33功
2尺	3.16功	3.26功	3.36功	3.46功	3.56功	加0.36功

穿鑿功在內，若角柱，每1功加1分功。即在原用功基礎上，加其功的1/10。如長15尺，徑1.1尺柱，一般柱用1功，角柱用1.1功；長18尺，徑1.6尺柱，一般柱用3功，角柱用3.3功

從上表可看出，圜柱造作功，無論柱徑如何，以長15尺柱所用造作功爲標準，柱長每增1.5尺，其造作功，在15尺柱用功基礎上，增加0.1功。若所用柱長24尺，徑2尺，以柱徑長15尺，其造作功爲3.16功，則其長增加9尺，即增加了6個1.5尺長度，需增加0.6功，則其造作功爲3.76功。

若方柱，每一功減2分功，即在圜柱所用功基礎上，減去2/10，即爲相同長度及徑圍之方柱所用造作功。但這裏的方柱之邊長如何與圜柱之徑相對應？尚不清楚。另壁內闇柱、圜柱，減其本功的3/10；方者，減其本功的1/10。

但上文所言"柱頭額"，疑爲檐柱柱頭之闌額及殿閣內槽柱柱頭上之屋內額的總稱。所謂"祇用柱頭額"，疑其柱似不用地栿、綽幕、腰串等，故其柱的造作功，爲減其本功的1/10。

其方柱、壁內闇柱等所用造作功，不列表。

[19.1.1.3]
馱峯、綽幕等

馱峯，每一坐，兩瓣或三瓣卷殺，高二尺五寸，長五尺，厚七寸；

綽幕三瓣頭，每一隻；

柱礩，每一枚；

右（上）各五分功。材每增減一等，綽幕頭各加減五厘功；柱礩各加減一分功。其駝峯若高增五寸，長增一尺，加一分功；或作氈笠樣造，減二分功。

上文"駝峯，每一坐"條，傅建工合校本注："熹年謹按：'駝峯每一坐'五字張本、丁本均脱，據故宮本、四庫本補入。"[1]

駝峯、綽幕、柱礩造作功見表19.1.4。

駝峯、綽幕、柱礩造作功

表19.1.4

一坐駝峯（厚均爲0.7尺）		氈笠樣造	材等	綽幕	柱礩	備注
高1.5尺，長3尺	0.3功	0.1功	一等材	0.75功	1功	1枚
高2尺，長4尺	0.4功	0.2功	二等材	0.7功	0.9功	1枚
高2.5尺，長5尺	0.5功	0.3功	三等材	0.65功	0.8功	1枚
高3尺，長6尺	0.6功	0.4功	四等材	0.6功	0.7功	1枚
高3.5尺，長7尺	0.7功	0.5功	五等材	0.55功	0.6功	1枚
駝峯高度與長度應有一定局限，這裏暫以其高1.5尺、長3尺爲最小，并以其高3.5尺、長7尺爲最大可能尺寸來推算			六等材	0.5功	0.5功	1枚
			七等材	0.45功	0.4功	1枚
			八等材	0.4功	0.3功	1枚

［19.1.1.4］
角梁、襻間、替木等

大角梁，每一條，一功七分。材每增減一等，各加減三分功。

子角梁，每一條，八分五厘功。材每增減一等，各加減一分五厘功。

續角梁，每一條，六分五厘功。材每增減一等，各加減一分功。

襻間、脊串、順身串，並同材。

替木一枚，卷殺兩頭，共七厘功。身内同材；楷子同；若作華楷；加功三分之一。

普拍方，每長一丈四尺；材每增減一等，各加減一尺。

橑檐方，每長一丈八尺五寸；加減同上；

槫，每長二丈；加減同上；如草架，加一倍；

劄牽，每長一丈六尺；加減同上；

大連檐，每長五丈；材每增減一等，各加減五尺；

小連檐，每長一百尺；材每增減一等，各加減一丈；

椽，纏研事造者，每長一百三十尺；如研棱事造者，加三十尺；若事造圜椽者，加六十尺；材每增減一等，各加減十分之一；

飛子，每三十五隻；材每增減一等，各加減三隻；

大額，每長一丈四尺二寸五分；材每增減一等，各加減五寸；

由額，每長一丈六尺；加減同上，照壁方、承椽串同；

① [宋]李誡，傅熹年校注. 合校本營造法式. 第548頁. 大木作功限三. 殿堂梁柱等事件功限. 注1. 中國建築工業出版社. 2020年

托脚，每長四丈五尺；<small>材每增減一等，各加減四</small>

<small>尺；又手同；</small>

平闇版，每廣一尺，長十丈；<small>遮椽版、白版同；</small>

<small>如要用金漆及法油者，長即減三分；</small>

生頭，每廣一尺，長五丈；<small>搏風版、敦桥、矮</small>

<small>柱同；</small>

樓閣上平坐内地面版，每廣一尺，厚二寸，牙縫造；<small>長同上；若直縫造者，長增一倍；</small>

右（上）各一功。

上文"續角梁"條，傅建工合校本注："劉批故宫本：'續角梁'疑爲'隱角梁'之誤。熹年謹按：文津四

庫本亦作'續角梁'，故不改，存劉批備考。"①

上文"椽"條，"纏斫事造"與"<small>斫棱事造</small>"，梁注："'纏斫事造''<small>斫棱事造</small>'的做法均待考。下面還有'<small>事造圍椽</small>'。從這幾處提法來看，'事造'大概是'從事'某種'造作'的意思。作爲疑問提出。"②

上文"襻間、脊串、順身串，並同材"，陳注："順身串"③，并注："卷十七，材長四十尺，一功。"④

角梁、襻間、替木等造作功見表19.1.5。

角梁、襻間、替木等造作功　　　　　　　　　　　　　　　　　　表19.1.5

材等	一等材	二等材	三等材	四等材	五等材	六等材	七等材	八等材	備注
大角梁	3.2功	2.9功	2.6功	2.3功	2功	1.7功	1.4功	1.1功	每1條
子角梁	1.6功	1.45功	1.3功	1.15功	1功	0.85功	0.75功	0.6功	每1條
續角梁	1.15功	1.05功	0.95功	0.85功	0.75功	0.65功	0.55功	0.45功	每1條
襻間	同材	同材	同材	同材	同材	同材	同材	同材	1功
脊串	同材	同材	同材	同材	同材	同材	同材	同材	1功
順身串	同材	同材	同材	同材	同材	同材	同材	同材	1功
替木	同材	同材	同材	同材	同材	同材	同材	同材	1枚 0.07功
楷子	同材	同材	同材	同材	同材	同材	同材	同材	1枚 0.07功
華楷	同材	同材	同材	同材	同材	同材	同材	同材	1枚 0.093功
普拍方	9尺	10尺	11尺	12尺	13尺	14尺	15尺	16尺	1功
橑檐方	13.5尺	14.5尺	15.5尺	16.5尺	17.5尺	18.5尺	19.5尺	20.5尺	1功

① [宋]李誡，傅熹年校注. 合校本營造法式. 第548頁. 大木作功限三. 殿堂梁柱等事件功限. 注2. 中國建築工業出版社. 2020年

② 梁思成. 梁思成全集. 第七卷. 第304頁. 大木作功限三. 殿堂梁、柱等事件功限. 注2. 中國建築工業出版社. 2001年

③ [宋]李誡. 營造法式（陳明達點注本）. 第二册. 第194頁. 大木作功限三. 殿堂梁柱等事件功限. 批注. 浙江攝影出版社. 2020年

④ [宋]李誡. 營造法式（陳明達點注本）. 第二册. 第194頁. 大木作功限三. 殿堂梁柱等事件功限. 批注. 浙江攝影出版社. 2020年

材等	一等材	二等材	三等材	四等材	五等材	六等材	七等材	八等材	備注
榑	15尺	16尺	17尺	18尺	19尺	20尺	21尺	22尺	1功
草架榑	10尺	12尺	14尺	16尺	18尺	20尺	22尺	24尺	1功
劄牽	11尺	12尺	13尺	14尺	15尺	16尺	17尺	18尺	1功
大連檐	25尺	30尺	35尺	40尺	45尺	50尺	55尺	60尺	1功
小連檐	50尺	60尺	70尺	80尺	90尺	100尺	110尺	120尺	1功
椽纏斫	76.8尺	85.3尺	94.8尺	105.3尺	117尺	130尺	143尺	157.3尺	1功
椽斫棱	141.1尺	128.3尺	116.6尺	129.6尺	144尺	160尺	176尺	193.6尺	1功
事造圜椽	112.2尺	124.7尺	138.5尺	153.9尺	171尺	190尺	209尺	229.9尺	1功
飛子	20隻	23隻	26隻	29隻	32隻	35隻	38隻	42隻	1功
大額	11.75尺	12.25尺	12.75尺	13.25尺	13.75尺	14.25尺	14.75尺	15.25尺	1功
由額	13.5尺	14尺	14.5尺	15尺	15.5尺	16尺	16.5尺	17尺	1功
照壁方	13.5尺	14尺	14.5尺	15尺	15.5尺	16尺	16.5尺	17尺	1功
承椽串	13.5尺	14尺	14.5尺	15尺	15.5尺	16尺	16.5尺	17尺	1功
托脚	25尺	29尺	33尺	37尺	41尺	45尺	49尺	53尺	1功
叉手	25尺	29尺	33尺	37尺	41尺	45尺	49尺	53尺	1功
平闇版	每廣1尺，長10丈；如用金漆及法油者長減3分，爲每廣1尺，長99.97尺								1功
遮椽版	同平闇版								1功
白版	同平闇版								1功
生頭	每廣1尺，長50尺								1功
搏風版	同生頭								1功
敦桥	同生頭								1功
矮柱	同生頭								1功
樓閣上平坐內地面版　　牙縫造	每廣1尺，厚0.2尺，長50尺								1功
樓閣上平坐內地面版　　直縫造	每廣1尺，厚0.2尺，長100尺								1功

表中材等與計功，仍以六等材所計功爲標準，上下增減。用功，材等降低，用功量減少；用料，材等增高，用料尺寸增加

〔19.1.2〕
名件安勘、絞割功

凡安勘、絞割屋內所用名件、柱額等，加造作名件功四分；<small>如有草架、壓槽方、襻間、闌柊、橙柱固濟等方木在內；</small>**卓立、搭架、釘椽、結裹，又加二分**。<small>倉廒、庫屋功限及常行散屋功限準此。其卓立、搭架等，若樓閣五間，三層以上者，自第二層平坐以上，又加二分功。</small>

　　安勘、絞割屋內所用名件、柱額，在上文所述造作功基礎上，每一功應在本功基礎上，再加0.4功；其所加功中，包括草架、壓槽方、襻間、闌柊、橙柱固濟等方木所用造作功。

　　卓立、搭架、釘椽、結裹等工序，每一功，在其本功基礎上，再加0.2功。

　　倉廒、庫屋與常行散屋之名件造作與安勘、絞割等功限，以上文所述殿堂梁柱等事件功限爲準推計。

　　其卓立、搭架等，例如樓閣五間，且三層以上者，自第二層平坐以上起，其卓立搭架、釘椽、結裹等之每一功，須在此前所計功基礎上，再加0.2功。

【19.2】
城門道功限<small>樓臺鋪作準殿閣法</small>

〔19.2.1〕
造作功

造作功：

排叉柱，長二丈四尺，廣一尺四寸，厚九寸，每一條，一功九分二厘。<small>每長增減一尺，各加減八厘功。</small>

洪門柣，長二丈五尺，廣一尺五寸，厚一尺，每一條，一功九分二厘五毫。<small>每長增減一尺，各加減七厘七毫功。</small>

狼牙柣，長一丈二尺，廣一尺，厚七寸，每一條，八分四厘功。<small>每長增減一尺，各加減七厘功。</small>

托腳，長七尺，廣一尺，厚七寸，每一條，四分九厘功。<small>每長增減一尺，各加減七厘功。</small>

蜀柱，長四尺，廣一尺，厚七寸，每一條，二分八厘功。<small>每長增減一尺，各加減七厘功。</small>

夜叉木，長二丈四尺，廣一尺五寸，厚一尺，每一條，三功八分四厘。<small>每長增減一尺，各加減一分六厘功。</small>

永定柱，事造頭口，每一條，五分功。

檐門方，長二丈八尺，廣二尺，厚一尺二寸，每一條，二功八分。<small>每長增減一尺，各加減一厘功。</small>

盝頂版，每七十尺，一功。

散子木，每四百尺，一功。

跳方，柱脚方、鴈翅版同，**功同平坐**。

上文"夜叉木"條，陶本："涎衣木"，陳注："夜叉（木）？"[1]徐注："'陶本'作'涎衣木'。"[2]傅書局合校本注："故宮本爲'涎衣木'，夜叉木。"[3]并注"夜叉木在築城之制内，特定尺寸與此不同。社中初校本因'涎衣'不可解，誤引'夜叉'，茲加審定尺寸懸殊不當混用。"[4]傅建工合校本仍爲"涎衣木"，并注："朱批陶本：'涎衣'與'扆庨'同音。百里奚妻以'扆庨烹雞'見《列女傳》。"[5]

依傅先生之注，可據《漢語大字典》："'扆庨'，門閂。《玉篇·戶部》：'扆，扆庨，戶牡。'《廣韻·琰韻》：'扆，扆庨，戶牡，所以止扉。'《顏氏家訓·書證》：古樂府歌《百里奚詞》曰：'百里奚，五羊皮。憶別時，烹伏雌，吹扆庨；今日富貴忘我爲！'吹，當作炊煮之炊……然則當時貧困，並以門牡木作薪炊耳。……宋陸游《舍北行飯》：'自掩柴門上扆庨。'"[6]則以"涎衣木"爲"扆庨木"之同音字，似可證之。

上文提到的"跳方"，未知是位于什麼位置上的"方子"。

上文所提"散子木"，《法式》中僅見于"大木作功限三"，另宋人撰《武經總要》關于"攻城器"中提到："上植四柱，柱頭設涎衣梁，上鋪散子木爲蓋，中留方竅，廣二尺，容人上下。"[7]疑即散鋪于城門内頂部，類如椽檁之類，承托其上城門的木條。

城門道諸名件造作功見表19.2.1。

城門道諸名件造作功　　　　　　　　　　　　　　　　　　　　　　　表19.2.1

名件	減2尺	減1尺	標準計功長	增1尺	增2尺	增3尺	備註
排叉柱	長22尺	長23尺	長24尺 廣1.4尺 厚0.9尺	長25尺	長26尺	長27尺	
	1.76功	1.84功	1.92功	2功	2.08功	2.16功	
洪門栿	23尺	24尺	長25尺 廣1.5尺 厚1尺	26尺	27尺	28尺	
	1.771功	1.848功	1.925功	2.002功	2.079功	2.156功	
狼牙栿	10尺	11尺	長12尺 廣1尺 厚0.7尺	13尺	14尺	15尺	
	0.7功	0.77功	0.84功	0.91功	0.98功	1.05功	

① [宋]李誡. 營造法式（陳明達點注本）. 第二冊. 第197頁. 大木作功限三. 城門道功限. 批注. 浙江攝影出版社. 2020年

② 梁思成. 梁思成全集. 第七卷. 第305頁. 大木作功限三. 城門道功限. 腳注1. 中國建築工業出版社. 2001年

③ [宋]李誡，傅熹年彙校. 營造法式合校本. 第三冊. 大木作功限三. 城門道功限. 校注. 中華書局. 2018年

④ [宋]李誡，傅熹年彙校. 營造法式合校本. 第三冊. 大

木作功限三. 城門道功限. 校注. 中華書局. 2018年

⑤ [宋]李誡，傅熹年校注. 合校本營造法式. 第550頁. 大木作功限三. 城門道功限. 注2. 中國建築工業出版社. 2020年

⑥ 漢語大字典. 第948頁. 戶部. 扆. 四川辭書出版社-湖北辭書出版社. 1993年

⑦ [宋]曾公亮、丁度. 武經總要前集. 卷十. 攻城法. 第559頁. 鄭振鐸編. 中國古代版畫叢刊. 第一册. 上海古籍出版社. 1988年

名件	減2尺	減1尺	標準計功長	增1尺	增2尺	增3尺	備注
托脚	長5尺	長6尺	長7尺 廣1尺 厚0.7尺	長8尺	長9尺	長10尺	
	0.35功	0.42功	0.49功	0.56功	0.63功	0.7功	
蜀柱	長2尺	長3尺	長4尺 廣1尺 厚0.7尺	長5尺	長6尺	長7尺	
	0.14功	0.21功	0.28功	0.35功	0.42功	0.49功	
夜叉木	長22尺	長23尺	長24尺 廣1.5尺 厚1尺	長25尺	長26尺	長27尺	
	3.52功	3.68功	3.84功	4功	4.16功	4.32功	
檐門方	長26尺	長27尺	長28尺 廣2尺 厚1.2尺	長29尺	長30尺	長31尺	
	2.78功	2.79功	2.8功	2.81功	2.82功	2.83功	
永定柱 事造頭口	每1條	盝頂版	每70尺	散子木	每400尺	盝頂版未知用于何處，散子木見上文	
	0.5功		1功		1功		

跳方、柱脚方、鴈翅版同，功同平坐。但大木作功限有關平坐條，并未提到跳方、柱脚方之功限

〔19.2.2〕

展抅、安勘、穿攏功

凡城門道，取所用名件等造作功，五分中加一分爲展抅、安勘、穿攏功。

凡上文所述及之城門到諸名件等造作功，其本功中每0.5功，需增加0.1功，以爲城門道營建過程中之展抅、安勘、穿攏等工序所用功。

【19.3】

倉廒、庫屋功限_{其名件以七寸五分材爲祖計之，更不加減。常行散屋同}

倉廒、庫屋諸名件

造作功：

衝脊柱，_{謂十架椽屋用者，}**每一條，三功五分。**_{每增減兩椽，各加減五分之一。}

四椽栿，每一條，二功。_{壺門柱同。}

八椽栿項柱，一條，長一丈五尺，徑一尺二寸，一功三分。如轉角柱，每一功加一分功。

三椽栿，每一條，一功二分五厘。

角栿，每一條，一功二分。

大角梁，每一條，一功一分。

乳栿，每一條；

椽，共長三百六十尺；

大連檐，共長五十尺；

小連檐，共長二百尺；

飛子，每四十枚；

白版，每廣一尺，長一百尺；

橫抹，共長三百尺；

搏風版，共長六十尺；

　　右（上）各一功。

下檐柱：每一條，八分功。

兩丁栿，每一條，七分功。

子角梁，每一條，五分功。

槏柱，每一條，四分功。

續角梁，每一條，三分功。

壁版柱，每一條，二分五厘功。

剳牽，每一條，二分功。

榑，每一條；

矮柱，每一枚；

壁版，每一片；

　　右（上）各一分五厘功。

枓，每一隻，一分二厘功。

脊串，每一條；

蜀柱，每一枚；

生頭，每一條；

脚版，每一片；

　　右（上）各一分功。

護替木楷子，每一隻，九厘功。

額，每一片，八厘功。

仰合楷子，每一隻，六厘功。

替木，每一枚；

叉手，每一片；托脚同。

　　右（上）各五厘功。

　　上文"八椽栿項柱"條小注"每一功加一分功"，陶本："每功加一分功"，陳注：在"功"字前增"一"字，即"一功"。[1]

　　上文"三椽栿"條中"每一條，一功二分五厘"，徐注："'陶本'作'一功二分'，誤。"[2]實核陶本此處無誤，疑徐先生將下句"角栿"所計功誤爲"三椽栿"所用功。又上文"兩丁栿"條，徐注："'陶本'作'下栿'，誤。"[3]傅書局合校本此處未改，仍爲"兩下栿"[4]。參見後文引其本傅注。

　　倉廒、庫屋功限見表19.3.1。

① [宋]李誡. 營造法式（陳明達點注本）. 第二册. 第198頁. 大木作功限三. 倉廒庫屋功限. 批注. 浙江攝影出版社. 2020年

② 梁思成. 梁思成全集. 第七卷. 第305頁. 大木作功限三. 倉廒、庫屋功限. 脚注2. 中國建築工業出版社. 2001年

③ 梁思成. 梁思成全集. 第七卷. 第305頁. 大木作功限三. 倉廒、庫屋功限. 脚注3. 中國建築工業出版社. 2001年

④ [宋]李誡，傅熹年彙校. 營造法式合校本. 第三册. 大木作功限三. 倉廒庫屋功限. 正文. 中華書局. 2018年

名件	十二架椽屋	十架椽屋	八架椽屋	六架椽屋	四架椽屋	二架椽屋	備注
衝脊柱	4.2功	3.5功	2.8功	2.24功	1.792功	1.434功	每1條

名件	功限	備注	名件	功限	備注
四椽栿	2功	每1條	椽	1功	共長360尺
壺門柱	2功	每1條	大連檐	1功	共長50尺
八椽栿項柱1條	1.3功	長15尺徑1.2尺	小連檐	1功	共長200尺
轉角柱	1.43功	1條	飛子	1功	每40枚
三椽栿	1.25功	每1條	白版	1功	每廣1尺長100尺
角栿	1.2功	每1條	橫抹	1功	共長300尺
大角梁	1.1功	每1條	搏風版	1功	共長60尺
乳栿	1功	每1條	下檐柱	0.8功	每1條
兩丁栿	0.7功	每1條	脊串	0.1功	每1條
子角梁	0.5功	每1條	蜀柱	0.1功	每1枚
襻柱	0.4功	每1條	生頭	0.1功	每1條
續角梁	0.3功	每1條	腳版	0.1功	每1片
壁版柱	0.25功	每1條	護替木楷子	0.09功	每1隻
剳牽	0.2功	每1條	額	0.08功	每1片
槫	0.15功	每1條	仰合楷子	0.06功	每1隻
矮柱	0.15功	每1條	替木	0.05功	每1枚
壁版	0.15功	每1片	叉手	0.05功	每1片
枓	0.12功	每1隻	托腳	0.05功	每1片

【19.4】
常行散屋功限官府廊屋之類同

常行散屋諸名件

造作功：

四椽栿，每一條，二功。

三椽栿，每一條，一功二分。

乳栿，每一條；

椽，共長三百六十尺；

連檐，每長二百尺；

搏風版，每長八十尺；

右（上）各一功。

兩椽栿，每一條，七分功。

駝峯，每一坐，四分功。

槫，每一條，二分功。梢槫，加二厘功。

剳牽，每一條，一分五厘功。

料，每一隻；

生頭木，每一條；

脊串，每一條；

蜀柱，每一條；

　　右（上）各一分功。

額，每一條，九厘功。側項額同。

替木，每一枚，八厘功。梢槫下用者，加一厘功。

叉手，每一片；托腳同；

楷子，每一隻；

　　右（上）各五厘功。

右（上）若枓口跳以上，其名件各依本法。

　　上文“椽，共長三百六十尺”，陳注：“四十八條。”①

　　上文“連檐，每長二百尺”，陶本：

“連椽”，陳注：改“椽”爲“檐”。②傅書局合校本注：“檐，‘連椽’疑爲‘連檐’之誤。”③又注：“四庫本作‘連檐’，故宮本作‘連椽’。”④傅建工合校本注：“劉批陶本：諸本均作‘連椽’，實爲‘連檐’之誤。熹年謹按：故宮本、張本亦誤作‘連椽’。然文津四庫本即作‘連檐’，因據改。”⑤

　　上文“楷子，每一隻”，陳注：“二〇一頁，仰合楷子，一隻，六厘功。”⑥這裏的頁數指陳點注本第二冊第201頁，亦即本書上節“倉厫、庫屋功限”中的內容。

　　常行散屋功限見表19.4.1。

常行散屋功限　　　　　　　　　　　　　　　　　　　　　表19.4.1

名件	功限	備注	名件	功限	備注
四椽栿	2功	每1條	料	0.1功	每1隻
三椽栿	1.2功	每1條	生頭木	0.1功	每1條
乳栿	1功	每1條	脊串	0.1功	每1條
椽	1功	共長360尺	蜀柱	0.1功	每1條
連檐	1功	每長200尺	額	0.09功	每1條
搏風版	1功	每長80尺	側項額	0.09功	每1條
兩椽栿	0.7功	每1條	替木	0.08功	每1枚
駝峯	0.4功	每1坐	梢槫下替木	0.09功	每1枚
槫	0.2功	每條	叉手	0.05功	每1片
梢槫	0.22功	每條	托腳	0.05功	每1片
剳牽	0.15功	每1條	楷子	0.05功	每1隻
常行散屋諸名件，若其屋用枓口跳以上，則其名件造作功各依本表中所列之功					

①　[宋]李誡. 營造法式（陳明達點注本）. 第二冊. 第202頁. 大木作功限三. 常行散屋功限. 批注. 浙江攝影出版社. 2020年

②　[宋]李誡. 營造法式（陳明達點注本）. 第二冊. 第202頁. 大木作功限三. 常行散屋功限. 批注. 浙江攝影出版社. 2020年

③　[宋]李誡, 傅熹年彙校. 營造法式合校本. 第三冊. 大木作功限三. 常行散屋功限. 校注. 中華書局. 2018年

④　[宋]李誡, 傅熹年彙校. 營造法式合校本. 第三冊. 大木作功限三. 常行散屋功限. 校注. 中華書局. 2018年

⑤　[宋]李誡, 傅熹年校注. 合校本營造法式. 第557頁. 大木作功限三. 常行散屋功限. 注1. 中國建築工業出版社. 2020年

⑥　[宋]李誡. 營造法式（陳明達點注本）. 第二冊. 第203頁. 大木作功限三. 常行散屋功限. 批注. 浙江攝影出版社. 2020年

【19.5】
跳舍行牆功限

跳舍行牆諸名件

造作功：穿鑿、安勘等功在內：

柱，每一條，一分功。楝同。

椽，共長四百尺；杚巴子所用同；

連檐，共長三百五十尺；杚巴子同上；

　右（上）各一功。

跳子，每一枚，一分五厘功。角內者，加二

　厘功。

替木，每一枚，四厘功。

梁注："跳舍行牆是一種什麼建築或牆？杚巴子、跳子又是些什麼名件？都是還找不到答案的疑問。"[1]

據《漢語大字典》："杚，《說文》：'杚，平也。從木，氣聲。'……（一）gai，同'槩'。量穀物時用以刮平斗斛的器具。《玉篇·木部》：'杚'同'槩'。（二）ge，'杚椥'，方言，老樹根。"[2]

杚，作"平"解時，音gu，其意：把東西弄平。故上文中與屋頂之"椽"或"連檐"相關聯的"杚巴子"，疑是房屋建造過程中，用來找平椽或連檐的某種材料或器具？

跳舍行牆功限見表19.5.1。

跳舍行牆功限　　　　　　　　　　　　表19.5.1

名件	功限	備注	名件	功限	備注
柱	0.1功	每1條	杚巴子	1功	共長350尺
楝	0.1功	每1條	跳子	0.15功	每1枚
椽	1功	共長400尺	角內跳子	0.17功	每1枚
連檐	1功	共長350尺	替木	0.04功	每1枚

【19.6】
望火樓功限

望火樓諸名件

望火樓一坐，四柱，各高三十尺；基高十尺；上方五尺，下方一丈一尺。

　造作功：

柱，四條，共一十六功。

椇，三十六條，共二功八分八厘。

梯脚，二條，共六分功。

平栿，二條，共二分功。

蜀柱，二枚；

搏風版，二片；

　右（上）各共六厘功。

楝，三條，共三分功。

① 梁思成. 梁思成全集. 第七卷. 第306頁. 大木作功限三. 跳舍行牆功限. 注3. 中國建築工業出版社. 2001年

② 漢語大字典. 第488頁. 木部. 杚. 四川辭書出版社-湖北辭書出版社. 1993年

角柱，四條；

厦瓦版，二十片；

　右（上）各共八分功。

護縫，二十二條，共二分二厘功。

壓脊，一條，一分二厘功。

坐版，六片，共三分六厘功。

右（上）以上穿鑿，安卓，共四功四分八厘。

望火樓功限見表19.6.1。

望火樓功限　　　　　　　　　　　　　　　　　　　　　　　表19.6.1

名件	功限	備注	名件	功限	備注
柱	共16功	4條	角柱	0.8功	4條
棍	共2.88功	36條	厦瓦版	0.8功	20片
梯脚	共0.6功	2條	護縫	0.22功	22條
平枕	共0.2功	2條	壓脊	0.12功	1條
蜀柱	0.06功	2枚	坐版	0.36功	6片
搏風版	0.06功	2片	以上望火樓諸名件	共4.48功	穿鑿安卓
榑	共0.3功	3條			
望火樓一坐，四柱，各高三十尺；基高十尺；上方五尺，下方一丈一尺					

【19.7】

營屋功限_{其名件以五寸材爲祖計之}

營屋諸名件

造作功：

枕項柱，每一條；

兩椽枕，每一條；

　右（上）各二分功。

四椽下檐柱，每一條，一分五厘功。三椽

　　者，一分功；兩椽者，七厘五毫功。

枓，每一隻；

榑，每一條；

　右（上）各一分功。_{梢榑加二厘功。}

搏風版，每共廣一尺，長一丈，九厘功。

蜀柱，每一條；

額，每一片；

　右（上）各八厘功。

牽，每一條，七厘功。

脊串，每一條，五厘功。

連檐，每長一丈五尺；

替木，每一隻；

　右（上）各四厘功。

叉手，每一片，二厘五毫功。_{蜀翅，三分中減}

　　_{二分功。}

椽，每一條，一厘功。

右（上）以上釘椽，結裹，每一椽四分功。

652

上文"叉手"條，梁注："蚕翅是什麼？待考。"[1]陳注："蚕翅？"[2]

據《漢語大字典》："蚕，……《莊子·天下》：'由天地之道，觀惠施之能，其猶一蚊一蚕之勞者也。'"[3]蚕，乃昆蟲名，"蚕翅"似爲與叉手相關，形如蚕之兩翅的構件，仍未知實例如何。

上文"每一椽"，梁注："這'椽'是衡量單位，'每一椽'就是每一架椽的幅度。"[4]

另其文特別提到"營屋功限"中的"名件以五寸材爲祖計之"，仍有令人不解之處。若以材廣計之，《法式》所規定之八等材，斷面高度并無恰爲5寸者，六等材，其廣（高）6寸；七等材，其廣（高）5.25寸。惟有斷面厚度爲5寸者，如三等材，其厚5寸。

但是，若以材之厚爲諸名件推計之標準，亦不合理，且營屋係等級較低房屋，以三等材爲祖推算，顯得過于豪奢。結合前文大木作栱、枓功限，是以六等材爲祖推計的，則這裏的"五寸材"，是否即是七等材（材廣5.25寸）之簡稱？未可知。若果如此，則或可推知，宋代營屋建造采用等級較低的"七等材"爲其功限與料例之標準？

營屋功限見表19.7.1。

營屋功限   表19.7.1

名件	功限	備註	名件	功限	備註
枓項柱	0.2功	每1條	額	0.08功	每1片
兩椽枓	0.2功	每1條	牽	0.07功	每1條
四椽下檐柱	0.15功	每1條	脊串	0.05功	每1條
三椽下檐柱	0.1功	每1條	連檐	0.04功	每長15尺
兩椽下檐柱	0.075功	每1條	替木	0.04功	每1隻
枓	0.1功	每1隻	叉手	0.025功	每1片
榑	0.1功	每1條	蚕翅	0.008功	每1片
梢榑	0.12功	每1條	椽	0.01功	每1條
搏風版	0.09功	每廣1尺長10尺	釘椽結裹	0.4功	每1椽架
蜀柱	0.08功	每1條	本表中諸名件，以5寸材爲祖計之		

① 梁思成. 梁思成全集. 第七卷. 第307頁. 大木作功限三. 營屋功限. 注4. 中國建築工業出版社. 2001年

② [宋]李誡. 營造法式（陳明達點注本）. 第二册. 第208頁. 大木作功限三. 營屋功限. 批注. 浙江攝影出版社. 2020年

③ 漢語大字典. 第1183頁. 虫部. 蚕. 四川辭書出版社-湖北辭書出版社. 1993年

④ 梁思成. 梁思成全集. 第七卷. 第307頁. 大木作功限三. 營屋功限. 注5. 中國建築工業出版社. 2001年

【19.8】
拆修、挑、拔舍屋功限飛檐同

拆修鋪作舍屋，每一椽：

榑檁衮轉、脫落，全拆重修，一功二分。科口跳之類，八分功；單科隻替以下，六分功。

揭箔翻修，挑拔柱木，修整檐宇，八分功。科口跳之類，六分功；單科隻替以下，五分功。

連瓦挑拔，推薦柱木，七分功。科口跳之類以下，五分功；如相連五間以上，各減功五分之一。

重別結裹飛檐，每一丈，四分功。如相連五丈以上，減功五分之一；其轉角處，加功三分之一。

上文"每一椽"，梁注："這'椽'是衡量單位，'每一椽'就是每一架椽的幅度。"[1]

又上文小注"單科隻替"，梁注："'單科隻替'雖不見于'大木作制度'中，但從文義上理解，無疑就是跳頭上施一科，科上安替木以承橑檐方（橑檐榑[2]）的做法，如山西大同華嚴寺海會殿（已毀）所見。"[3]

上文"揭箔翻修"，陶本："揭箔番修"。傅書局合校本注："翻，'番'疑'翻'。故宮本即作'番'。"[4]

拆修鋪作舍屋、結裹飛檐等功限見表19.8.1。

拆修鋪作舍屋、結裹飛檐等功限　　表19.8.1

工序	功限	備注
榑檁衮轉、脫落，全拆重修	1.2功	每1椽
科口跳之類	0.8功	每1椽
單科隻替以下	0.6功	每1椽
揭箔翻修，挑拔柱木，修整檐宇	0.8功	每1椽
科口跳之類	0.6功	每1椽
單科隻替以下	0.5功	每1椽
連瓦挑拔，推薦柱木	0.7功	每1椽
科口跳之類以下	0.5功	每1椽
如相連5間以上	0.56功（各減功1/5）	每1椽
重別結裹飛檐	0.4功	每10尺
如相連50尺以上	0.32功（減功1/5）	每10尺
其轉角處結裹飛檐	0.53功（加功1/3）	每10尺

【19.9】
薦拔、抽換柱、栿等功限

薦拔、抽換殿宇樓閣等柱、栿之類，每一條。

〔19.9.1〕
殿宇、樓閣

殿宇、樓閣：

平柱：

有副階者，以長二丈五尺爲率，一十功。每

① 梁思成. 梁思成全集. 第七卷. 第307頁. 大木作功限三. 營屋功限. 注5. 中國建築工業出版社. 2001年

② 梁先生此處注文中的"橑檐榑"，疑爲"橑風榑"之誤。

③ 梁思成. 梁思成全集. 第七卷. 第307頁. 大木作功限三. 拆修、挑、拔舍屋功限. 注6. 中國建築工業出版社. 2001年

④ [宋]李誡, 傅熹年彙校. 營造法式合校本. 第三册. 大木作功限三. 拆修挑拔舍屋功限. 校注. 中華書局. 2018年

增減一尺，各加減八分功。其廳堂、三門、亭臺栿項柱，減功三分之一。

無副階者，以長一丈七尺爲率，**六功。**每增減一尺，各加減五分功。其廳堂、三門、亭臺下檐柱，減功三分之一。

副階平柱：以長一丈五尺爲率，**四功。**每增減一尺，各加減三分功。

角柱：比平柱每一功加五分功。廳堂、三門、亭臺同。下準此。

明栿：

　六架椽，八功；草栿，六功五分。

　四架椽，六功；草栿，五功。

　三架椽，五功；草栿，四功。

　兩丁栿，乳栿同。**四功。**草栿，三功；草乳栿同。

牽，六分功。剳牽，減功五分之一。

椽，每一十條，一功。如上、中架，加數二分之一。

上文"無副階者"條，傅建工合校本注："熹年謹按：此下丁本脫'六功。每增減一尺，各加、減五分功。其廳堂、三門、亭臺'二十字，據故宮本補。張本、陶本不脫。"①

上文"兩丁栿"，陶本："兩下栿"，徐注："'陶本'作'下栿'，誤。"② 陳注：改"下"爲"丁"③，即"兩丁栿"。傅書局合校本未作改動，仍爲"兩下栿"。④

疑梁、陳、徐三位先生認爲是"兩丁栿"，傅先生認爲是"兩下栿"，參見下文所引傅書局合校本注。上文出現"三門"一詞，似指佛教寺院之"三門"。

薦拔、抽換殿宇樓閣等柱、栿見表19.9.1。

薦拔、抽換殿宇樓閣等柱、栿　　　　　　　　　　　　　　表19.9.1

名件	功限						備注
平柱 有副階者	25尺	24尺	23尺	22尺	22尺	20尺	每增減1尺， 各加減8分功
	10功	9.2功	8.4功	7.6功	6.8功	6功	
廳堂、三門 亭臺栿項柱	6.66功	6.13功	5.6功	5.07功	4.53功	4功	減功1/3
平柱 無副階者	20尺	19尺	18尺	17尺	16尺	15尺	每增減1尺， 各加減5分功
	7.5功	7功	6.5功	6功	5.5功	5功	
廳堂、三門 亭臺下檐柱	5功	4.67功	4.33功	4功	3.67功	3.33功	減功1/3

① [宋]李誡，傅熹年校注. 合校本營造法式. 第566頁. 大木作功限三. 薦拔抽換柱栿等功限. 注1. 中國建築工業出版社. 2020年

② 梁思成. 梁思成全集. 第七卷. 第308頁. 大木作功限三. 薦拔、抽換柱、栿等功限. 腳注1. 中國建築工業出版社. 2001年

③ [宋]李誡. 營造法式（陳明達點注本）. 第二册. 第210頁. 大木作功限三. 薦拔抽換柱栿等功限. 批注. 浙江攝影出版社. 2020年

④ [宋]李誡，傅熹年彙校. 營造法式合校本. 第三册. 大木作功限三. 薦拔抽換柱栿等功限. 正文. 中華書局. 2018年

名件	功限						備注
副階平柱	18尺	17尺	16尺	15尺	14尺	13尺	每增減1尺，各加減3分功
	4.9功	4.6功	4.3功	4功	3.7功	3.4功	
角柱 無副階者	20尺	19尺	18尺	17尺	16尺	15尺	比平柱每1功加5分功
	11.25功	10.5功	9.75功	9功	8.25功	7.5功	
副階角柱	18尺	17尺	16尺	15尺	14尺	13尺	比平柱每1功加5分功
	7.35功	6.9功	6.45功	6功	5.55功	5.1功	
廳堂、三門、亭臺等角柱，亦準此，即比其平柱每1功加5分功							

名件	功限	備注	名件	功限	備注
六架椽 明栿	8功		兩丁栿 草栿	3功	
六架椽 草栿	6.5功		明乳栿	4功	
四架椽 明栿	6功		草乳栿	3功	
四架椽 草栿	5功		牽	0.6功	
三架椽 明栿	5功		劄牽	0.48功	
三架椽 草栿	4功		椽	1功	每10條
兩丁栿 明栿	4功		上架椽	1.5功	中架椽同

〔19.9.2〕

料口跳以下，六架椽以上舍屋

料口跳以下，六架椽以上舍屋：

栿，六架椽，四功。四架椽，二功；三架椽，一功八分；兩丁栿，一功五分；乳栿，一功五分。

牽，五分功。劄牽減功五分之一。

栿項柱，一功五分。下檐柱，八分功。

上文小注"兩丁栿"，陶本："兩下栿"，傅書局合校本注："下，故宮本作'兩下栿'。"[1]

薦拔、抽換（料口跳以下，六架椽以上舍屋）見表19.9.2。

① [宋]李誡，傅熹年彙校. 營造法式合校本. 第三冊. 大木作功限三. 薦拔抽換柱栿等功限. 校注. 中華書局. 2018年

名件	功限	備注	名件	功限	備注
六架橼栿	4功		牽	0.5功	
四架橼栿	2功		劄牽	0.4功	
三架橼栿	1.8功		栿項柱	1.5功	
兩丁（下）栿	1.5功		下檐柱	0.8功	據傅先生，爲"下"
乳栿	1.5功				

〔19.9.3〕

單枓隻替以下，四架橼以上舍屋

單枓隻替以下，四架橼以上舍屋： 枓口跳

之類四橼以下舍屋同：

栿，四架橼，一功五分。 三架橼，一功二

分；兩丁栿並乳栿，各一功。

牽，四分功。 劄牽減功五分之一。

栿項柱，一功。 下檐柱，五分功。

橼，每一十五條，一功。 中、下架加數二

分之一。

上文"牽，四分功"，梁注："'牽'與'劄牽'的具體區別待考。"[1]

《法式》卷第一"總釋上·梁"："重桴乃飾。 重桴，在外作兩重牽也。"中的"牽"似爲"桴"意。《漢語大字典》，釋"桴"："房屋的二梁，也泛指房棟。《爾雅·釋宮》：'棟謂之桴。'郭璞注：'屋檼'。《説文·木部》：'桴，棟名。'"又引段玉裁注："'桴，眉棟也……鄭注《鄉射禮記》曰：'五架之屋，正中曰棟，次曰楣，前曰庪。'注《鄉飲酒禮》曰：'楣，前梁也。'"[2]以上諸釋，似仍難解"牽"與"劄牽"之間的關聯？

又《法式》卷第五"大木作制度二·梁"："三曰劄牽。若四鋪作至八鋪作出跳，廣兩材；如不出跳，並不過一材一栔。 草牽梁準此。"中的"牽"，疑與這裏所言"草牽梁"，即未雕斫成月梁形式的"劄牽"，似更爲接近。

薦拔、抽換（單枓隻替以下，四架橼以上舍屋）見表19.9.3。

薦拔、抽換（單枓隻替以下，四架橼以上舍屋）　　　　　　　　　　　　　表19.9.3

名件	功限	備注	名件	功限	備注
四架橼栿	1.5功		劄牽	0.32功	
三架橼栿	1.2功		栿項柱	1功	
兩丁栿	1功		下檐柱	0.5功	
乳栿	1功		橼	1功	每15條
牽	0.4功		中架橼	1.5功	下架橼同

① 梁思成. 梁思成全集. 第七卷. 第308頁. 大木作
　　功限三. 薦拔、抽換柱、栿等功限. 注7. 中國建
　　築工業出版社. 2001年

② 漢語大字典. 木部. 第512頁. 桴. 四川辭書出版
　　社-湖北辭書出版社. 1993年

图书在版编目（CIP）数据

《营造法式注释》补疏. 上编 / 王贵祥疏；钟晓青
校. —北京：中国建筑工业出版社，2023.8
ISBN 978-7-112-29116-8

Ⅰ.①营… Ⅱ.①王… ②钟… Ⅲ.①《营造法式》
—注释 Ⅳ.①TU-092.44

中国国家版本馆CIP数据核字（2023）第170522号

责任编辑：孫書妍
書籍設計：張悟静
責任校對：王　燁
特邀編審：劉慈慰　董蘇華
資料人員：楊　芸

本書爲國家社會科學基金重大項目"《營造法式》研究與
注疏"（項目號：17ZDA185）的子課題之一，且獲得清
華大學自主科研課題"《營造法式》與宋遼金建築案例研
究"（項目號：2017THZWYX05）的支持。

《營造法式注釋》補疏

王貴祥　疏
鍾曉青　校

*
中國建築工業出版社出版、發行（北京海淀三里河路9號）
各地新華書店、建築書店經銷
北京鋒尚製版有限公司製版
北京富誠彩色印刷有限公司印刷
*
開本：965毫米×1270毫米　1/16　印張：83¼　插頁：14　字數：1580千字
2024年7月第一版　　2024年7月第一次印刷
定價：298.00圓（上編、下編）
ISBN 978-7-112-29116-8
　　（41854）